BKI Baukosten 2026 Altbau

Statistische Kostenkennwerte für Gebäude

BKI Baukosten 2026 Altbau:
Statistische Kostenkennwerte für Gebäude

BKI Baukosteninformationszentrum (Hrsg.)
Stuttgart: BKI, 2026

Mitarbeit:
Hannes Spielbauer (Geschäftsführer)
Brigitte Lechler (Geschäftsführerin)
Dokumentation: Catrin Baumeister, Julia Bellmann, Anna Bertling, Heike Elsäßer,
Sabine Egenberger, Irmgard Schauer, Sibylle Vogelmann
Produktmanagement: Michael Blank, Virginia Lammet, Wolfgang Mandl, Patrick Jeske, Thomas Schmid, Tabea Stanfield
Jeannette Sturm

Fachautoren:
Univ.-Prof. Dr.-Ing. Wolfdietrich Kalusche
Dr.-Ing. Sebastian Herke
Wolfgang Mandl

Layout, Satz:
Marvin Bisceglie
Hans-Peter Freund
Thomas Fütterer

Fachliche Begleitung:
Beirat Baukosteninformationszentrum
Stephan Weber (Vorsitzender)
Markus Lehrmann (stellv. Vorsitzender)
Prof. Dr. Bert Bielefeld
Markus Fehrs
Andrea Geister-Herbolzheimer
Prof. Dr. Wolfdietrich Kalusche
David Meuer
Elise Pischetsrieder
Markus Weise

Anschrift:
Seelbergstraße 4, 70372 Stuttgart
Kundenbetreuung: (0711) 954 854-0
Baukosten-Hotline: (0711) 954 854-41
Telefax: (0711) 954 854-54
info@bki.de, www.bki.de

Vorwort

Kompetente Kostenermittlung im Altbau, insbesondere in frühen Planungsphasen, bildet einen wichtigen Bestandteil der heutigen Architekt*innenleistungen. Den Kostenermittlungen kommt zudem seitens der Bauherr*innen und Auftraggeber*innen eine entscheidende Bedeutung zu. Gerade im Altbau entstehen durch die besonderen Rahmenbedingungen spezielle Einflüsse auf die Baukosten.

Wertvolle Baukosten-Erfahrungswerte für den Altbau liegen in Form von abgerechneten Bauleistungen oder Kostenfeststellungen in den Architekturbüros vor. Oft fehlt jedoch die Zeit, diese qualifiziert zu dokumentieren, um sie für Folgeprojekte zu verwenden. Diese Dienstleistung erbringt das BKI mit der Bereitstellung aktueller Baukosten-Fachinformationen.

Nach aktueller DIN 276 müssen bereits bei der Kostenschätzung die Gesamtkosten nach Kostengruppen in der zweiten Ebene der Kostengliederung ermittelt werden. Für die Kostenberechnung wird die 3.Ebene der DIN benötigt. Der vorliegende Band „BKI Baukosten 2026 Altbau Gebäude" enthält Kostenkennwerte für jede dieser Kostenermittlungsstufen. Darüber hinaus können die Kennwerte der Elementarten für die weiteren Kostenermittlungsstufen angewendet werden. Sämtliche Kennwerte zu den Gebäudearten 1.-3.Ebene sowie die Elementarten liegen mit dieser Ausgabe in komplett aktualisierter Fassung vor.

Die Fachbuch-/eBook-Reihe BKI Baukosten Altbau 2026 (Statistische Kostenkennwerte) besteht aus den zwei Teilen:
BKI Baukosten Gebäude Altbau 2026
BKI Baukosten Positionen Altbau 2026

Die Bände sind aufeinander abgestimmt und unterstützen die Anwender*innen in allen Planungsphasen. Am Beginn der jeweiligen Veröffentlichung erhalten die Nutzer*innen eine ausführliche Erläuterung zur fachgerechten Anwendung, z.B. der BKI Regionalfaktoren. Weitergehende Praxistipps und wertvolle Hinweise zur sicheren Kostenplanung werden auch in den BKI-Workshops vermittelt. Zudem steht für Anwendungsfragen eine kompetente Fach-Hotline zur Verfügung.

Der Dank des BKI gilt allen Architekt*innen, die Daten und Unterlagen zur Verfügung stellen. Sie profitieren von der Dokumentationsarbeit des BKI und unterstützen nebenbei den eigenen Berufsstand. Die veröffentlichten Projekte bilden eine fundierte und anschauliche Dokumentation gebauter Architektur, die sich zur Kostenermittlung von Folgeobjekten und zu Akquisitionszwecken hervorragend eignet.

Zur Pflege der Baukostendatenbanken sucht BKI weitere Altbau-Objekte aus allen Bundesländern. Bewerbungsbögen zur Objekt-Veröffentlichung werden im Internet unter www.bki.de/projekt-veroeffentlichung zur Verfügung gestellt. Auch die Bereitstellung von Leistungsverzeichnissen mit Positionen und Vergabepreisen ist möglich, weitere Informationen dazu finden Sie unter www.bki.de/lv-daten. BKI berät Sie gerne auch persönlich über alle Möglichkeiten, Objektdaten zu veröffentlichen. Für die Lieferung von Daten erhalten Sie eine Vergütung und weitere Vorteile.

Besonderer Dank gilt abschließend auch dem BKI-Beirat, der mit seinem Expert*innenwissen aus der Architektenpraxis, den Architekten- und Ingenieurkammern, Normausschüssen und Universitäten zum Gelingen der BKI-Fachinformationen beiträgt.

Wir wünschen allen Anwender*innen des Fachbuchs/eBooks viel Erfolg in allen Phasen der Kostenplanung und vor allem eine große Übereinstimmung zwischen geplanten und realisierten Baukosten im Sinne zufriedener Bauherr*innen. Anregungen und Kritik zur Verbesserung unserer BKI-Veröffentlichungen sind uns jederzeit willkommen.

Hannes Spielbauer - Geschäftsführer
Brigitte Lechler - Geschäftsführerin

Baukosteninformationszentrum
Deutscher Architektenkammern GmbH
Stuttgart, im August 2026

Inhalt Seite

Benutzerhinweise

Übersicht Gebäudearten nach 1. und 2. Ebene DIN 276

Gebäudearten mit Kostenkennwerten bis 3. Ebene DIN 276

Kostenkennwerte für die 3. Ebene DIN 276 KG 300+400 - Bauelemente

Elementarten für die 3. Ebene DIN 276 KG 300+400 - Abbrechen

Elementarten für die 3. Ebene DIN 276 KG 300 - Wiederherstellen

Elementarten für die 3. Ebene DIN 276 KG 300+400 - Herstellen

Elementarten für die 3. Ebene DIN 276 KG 300+400 - Herstellen (Fortsetzung)

Anhang

Einführung

Dieses Fachbuch wendet sich an Architekt*innen, Ingenieur*innen, Sachverständige und an alle sonstigen Fachleute, die mit Kostenermittlungen von Hochbaumaßnahmen befasst sind. Es beinhaltet Orientierungswerte, die vor Planungsbeginn oder bei der Grundlagenermittlung, Vorplanung, Entwurfsplanung benötigt werden, um Baukosten bei Altbauten zu ermitteln. Alle Kennwerte basieren auf der Analyse realer, abgerechneter Vergleichsobjekte, die in den BKI-Baukostendatenbanken verfügbar sind. Das Baukosteninformationszentrum erhebt kontinuierlich Daten in allen Bundesländern, um die Datenbanken zu erweitern und zu aktualisieren. BKI bietet Vergütungen für Datenlieferungen und weitere Vorteile für die kooperierenden Architekt*innen.

Im Tabellenteil werden Kostenkennwerte für 37 Gebäudearten angegeben. Zu jeder Gebäudeart sind alle Objekte dargestellt, die zur Kennwertbildung herangezogen wurden. Dies erlaubt es den Anwender*innen, bei der Kostenermittlung von der Kostenkennwertmethode zur Objektvergleichsmethode zu wechseln, bzw. die ermittelten Kosten anhand ausgewählter Objekte auf Plausibilität zu prüfen. Die ausführlichen Dokumentationen dieser Objekte können beim Herausgeber angefordert werden.
Ergänzend zum vorliegenden Fachbuch erscheint zeitgleich das Fachbuch BKI Baukosten Altbau Positionen, in dem für differenzierte Kostenermittlungen und Ausschreibungen die Bauleistungen in leistungsbereichsorientierter Anordnung veröffentlicht werden.

Ergänzend zu den Fachbüchern aus dem Bereich Altbau bringt BKI jährlich drei Fachbücher mit statistischen Kostenkennwerten für den Neubau heraus:
BKI Baukosten Gebäude (Teil 1),
BKI Baukosten Bauelemente (Teil 2),
BKI Baukosten Positionen (Teil 3).

Benutzerhinweise

1. Definitionen
Kostenkennwerte sind Werte, die das Verhältnis von Kosten zu einer Bezugseinheit darstellen. Bezugseinheiten sind vorzugsweise Grundflächen und Rauminhalte nach DIN 277 sowie die in der DIN 276, „Abschnitt 6 Mengen und Bezugseinheiten", festgelegten und empfohlenen Werte.

Elementarten (EA) sind bestimmte, nach Konstruktion, Material, Abmessungen und sonstigen Eigenschaften unterschiedliche Ausführungen von Bauelementen. Sie sind durch eine 7-stellige Ordnungszahl gekennzeichnet, bestehend aus:
- Kostengruppe DIN 276 (KG): 3-stellig
- OZ Ordnungstruktur (2-stellig) und Ordnungszahl (2-stellig)

2. Kostenstand und Mehrwertsteuer
Kostenstand aller Kennwerte ist das 2. Quartal 2026. Alle Kostenkennwerte dieser Fachbuchreihe enthalten die Mehrwertsteuer. Die Angabe aller Kostenkennwerte erfolgt in Euro. Die vorliegenden Kosten- und Planungskennwerte sind Orientierungswerte, Sie können nicht als Richtwerte im Sinne einer verpflichtenden Obergrenze angewendet werden.

3. Datengrundlage - Haftung
Grundlage der Daten sind statistische Analysen abgerechneter Bauvorhaben. Die Daten wurden mit größtmöglicher Sorgfalt vom BKI erhoben und zusammengestellt. Für die Richtigkeit, Aktualität und Vollständigkeit dieser Daten, Analysen und Tabellen übernehmen jedoch weder die Herausgeber*in noch BKI eine Haftung, ebenso nicht für Druckfehler und fehlerhafte Angaben. Die Benutzung dieses Fachbuchs und die Umsetzung der darin erhaltenen Informationen erfolgen auf eigenes Risiko.

Angesichts der vielfältigen Kosteneinflussfaktoren müssen Anwender*innen die genannten Orientierungswerte eigenverantwortlich prüfen und entsprechend dem jeweiligen Verwendungszweck anpassen.

4. Anwendungsbereiche

Kostenermittlungen für das Bauen im Bestand sind komplexer als für Neubauten, da auch die Beschaffenheit des Gebäudes vor der Baumaßnahme mit einbezogen werden muss. Grundsätzlich steigt die Genauigkeit der Kostenaussage nach dem Gaus`schen Fehlerausgleichgesetz durch die Verwendung mehrerer Rechensätze.
Je höher der Anspruch an die Genauigkeit der Kostenaussage, desto mehr Rechenansätze sollten ihr zu Grunde liegen. Der Anspruch an die Genauigkeit der Kostenaussage ist wiederum abhängig vom Verwendungszweck der Kostenermittlung.
Insofern ist grundsätzlich von dem*der Anwender*in zu beurteilen, welche Methode gerade auch im Hinblick auf die Zuverlässigkeit des Ergebnisses angewendet werden kann.
Die Kostenkennwerte der ersten und zweiten Ebene dienen im Allgemeinen als Orientierungswerte für Planungsüberlegungen oder Kostenermittlungen vor oder in den ersten Planungsphasen, für Mittelbedarfsplanungen von Investoren, für Plausibilitätsprüfungen von Kostenermittlungen, für Begutachtungen von Beleihungsanträgen durch Kreditinstitute, für Wertermittlungsgutachten u. ä. Zwecke.
Die formalen Anforderungen hinsichtlich der Darstellung der Ergebnisse einer Kostenermittlung sind in DIN 276:2018-12 unter Ziffer 4 Grundsätze der Kostenplanung festgelegt.

5. Geltungsbereiche

Die genannten Kostenkennwerte spiegeln in etwa das durchschnittliche Baukostenniveau in Deutschland für die jeweilige Kategorie von Gebäudearten wider. Die Geltungsbereiche der Tabellenwerte sind fließend. Die „von-/bis-Werte" markieren weder nach oben noch nach unten absolute Grenzwerte. Um diesen Sachverhalt zu verdeutlichen, werden von den dokumentierten Objekten objektbezogene Kostenkennwerte angegeben, die teilweise außerhalb des statistisch ermittelten „Streubereichs" (Standardabweichung) liegen. Es empfiehlt sich daher, ergänzend die Kostendokumentationen bestimmter Objekte beim BKI zu beschaffen, um die Ermittlungsergebnisse ggf. anhand der Daten dieser Vergleichsobjekte zu überprüfen.

6. Berechnung der Kostenkennwerte

Im Fachbuch Baukosten Gebäude Altbau wird eine Berechnung der Streubereiche der in der jeweiligen Gebäudeart vorhandenen Kostenkennwerte durchgeführt. Dadurch ergeben sich „von-/bis-Werte".
Auf der ersten Seite jeder Gebäudeart wird in der Grafik „Vergleichsobjekte" einerseits der Streubereich für alle Kostenkennwerte dieser Gebäudeart als heller Balken und andererseits der Bereich zwischen den „von-/bis-Werten" als dunkler Balken angegeben. Um dem Umstand Rechnung zu tragen, dass im Bauwesen Abweichungen nach oben wahrscheinlicher sind als Abweichungen nach unten, werden die Werte oberhalb des Mittelwertes getrennt von den Werten unterhalb des Mittelwertes betrachtet. Besonders teure Gebäude haben somit keinen Einfluss auf die statistischen Werte unterhalb des Mittelwerts. Der Mittelwert liegt als Durchschnittswert nicht zwingend in der Mitte des Streubereiches (z. B. 25 27 31). In den Grafiken mit den Vergleichsobjekten wird kenntlich gemacht, ob nur ein Einzelwert vorliegt (z. B. - 27 -), oder ob mehrere Werte vorliegen, die aber noch keine Berechnung der Bandbreite zulassen (z. B. 27 27 27). Der Vorteil dieser Betrachtungsweise liegt in der genaueren Wiedergabe der Realitäten im Bauwesen. Nachfolgend werden die Berechnungsprinzipien der einzelnen statistischen Kostenkennwerte erläutert:

Min = Minimaler Kostenkennwert:
Dieser Kostenkennwert bezieht sich auf den Wert innerhalb einer Stichprobe, der den minimalen Kostenkennwert aller Werte in dieser Stichprobe aufweist. Der minimale Kostenkennwert wird nur bei Kostenkennwerten von Positionen angegeben (Baukosten Positionen Neubau/Altbau und Baupreise kompakt Neubau/Altbau).

Von = Mittelwert abzüglich Standardabweichung der Daten unterhalb des Mittelwerts:
Dieser Kostenkennwert berücksichtigt die

Standardabweichung als Maß für die Streubreite aller Kostenkennwerte unterhalb des Mittelwerts. Dadurch ist dies ein gewichteter Wert, der den Abstand der Kostenkennwerte zum Mittelwert berücksichtigt. Das bedeutet, dass unter Umständen besonders günstige Gebäude in der Stichprobe einen geringeren Einfluss auf den „Von" Wert haben als Gebäude, deren Kostenkennwerte näher am Mittelwert liegen.

Mittelwert = mittlerer Kostenkennwert pro Gebäudeart:
Dieser Kostenkennwert wird als arithmetischer Mittelwert durch Addition aller vorhandenen Kostenkennwerte und Teilung der dadurch entstandenen Summe der Kostenkennwerte durch die Anzahl der Kostenkennwerte ermittelt.

Bis = Mittelwert zuzüglich Standardabweichung der Daten oberhalb des Mittelwerts:
Dieser Kostenkennwert berücksichtigt die Standardabweichung als Maß für die Streubreite aller Kostenkennwerte oberhalb des Mittelwerts. Dadurch ist dies ein gewichteter Wert, der den Abstand der Kostenkennwerte zum Mittelwert berücksichtigt. Das bedeutet, dass unter Umständen besonders teure Gebäude in der Stichprobe einen geringeren Einfluss auf den „Bis" Wert haben als Gebäude, deren Kostenkennwerte näher am Mittelwert liegen.

Max = Maximaler Kostenkennwert:
Dieser Kostenkennwert bezieht sich auf den Wert innerhalb einer Stichprobe, der den maximalen Kostenkennwert aller Werte in dieser Stichprobe aufweist. Der maximale Kostenkennwert wird nur bei Kostenkennwerten von Positionen angegeben (Baukosten Positionen Neubau/Altbau und Baupreise kompakt Neubau/Altbau).

7. Kosteneinflüsse
In den Bandbreiten der Kostenkennwerte spiegeln sich die vielfältigen Kosteneinflüsse aus Nutzung, Markt, Gebäudegeometrie, Ausführungsstandard, Projektgröße etc. wider. Die Orientierungswerte können nicht schematisch übernommen werden, sondern müssen entsprechend den spezifischen Planungsbedingungen überprüft und ggf. angepasst werden. Mögliche Einflüsse, die eine Anpassung der Orientierungswerte erforderlich machen, können sein:
- besondere Nutzungsanforderungen
- Bauzustand vor der geplanten Baumaßnahme
- Standortbedingungen (Erschließung, Immission, Topographie)
- Bauwerksgeometrie (Grundrissform, Geschosszahlen, Geschosshöhen, Dachform, Dachaufbauten)
- Bauwerksqualität (gestalterische, funktionale und konstruktive Besonderheiten),
- Baumarkt (Zeit, regionaler Baumarkt, Vergabeart).

8. Budgetierung nach Kostengruppen
Die in den Tabellen „Kostenkennwerte für die Kostengruppen der 1. und 2. Ebene DIN 276" genannten Prozentanteile ermöglichen eine erste grobe Aufteilung der ermittelten Bauwerkskosten in „Teilbudgets". Solche geschätzten „Teilbudgets" können als Kontrollgrößen dienen für die entsprechenden, zu einem späteren Zeitpunkt und anhand genauerer Planungsunterlagen ermittelten Kosten (Kostenkontrolle).

Aus Prozentsätzen abgeleitete Kostenaussagen können ferner zur Überprüfung von Kostenermittlungen dienen, die auf büroeigenen Kostendaten oder den Angaben Dritter basieren (Plausibilitätskontrolle).
Die Ableitung von überschlägig geschätzten Teilbudgets schafft auch die Voraussetzung, dass die kostenplanerisch relevanten Kostenanteile erkennbar werden, bei denen z.B. die Entwicklung kostensparender Alternativen primär Erfolg verspricht (Kostentransparenz, Kostenplanung, Kostensteuerung).

9. Budgetierung nach Vergabeeinheiten
In den Tabellen „Kostenkennwerte für Leistungsbereiche" sind nur die Leistungsbereichskosten in die Prozentsätze eingegangen, die den Kostengruppen 300 und 400 zuzuordnen sind; also nicht z.B. Erdarbeiten

nach LB 002, die nach DIN 276 ggf. zur Kostengruppe 500 (Außenanlagen) gehören. Die unter „Rohbau“ und „Ausbau“ zusammengefassten Leistungsbereiche sind nicht exakt der Kostengruppe 300 gleichzusetzen (nur näherungsweise!). Mit Hilfe der angegebenen Prozentsätze lassen sich die ermittelten Bauwerkskosten in Teilbudgets für einzelne Leistungsbereiche aufteilen. Man sollte jedoch nicht den Eindruck erwecken, die Kosten solcher Teilbudgets nach Leistungsbereichen seien bereits (wie später unerlässlich) aus Einzelansätzen „Menge x Einheitspreis“ positionsweise ermittelt worden. Die auf diese Weise überschlägig ermittelten Leistungsbereichskosten können aber zur Kostenkontrolle der späteren Ausschreibungsergebnisse herangezogen werden.

10. Regionalisierung der Daten

Grundlage der BKI Regionalfaktoren sind Daten aus der amtlichen Bautätigkeitsstatistik der statistischen Landesämter, eigene Berechnungen auch unter Verwendung von Schwerpunktpositionen und regionale Umfragen. Zusätzlich wurden vom BKI Verfahren entwickelt, um die Eingangsdaten auf Plausibilität prüfen und ggf. anpassen zu können. Auf der Grundlage dieser Berechnungen hat BKI einen bundesdeutschen Mittelwert gebildet. Anhand des Mittelwertes lassen sich die einzelnen Land- und Stadtkreise prozentual einordnen.
Diese Prozentwerte wurden die Grundlage der BKI Deutschlandkarte mit „Regionalfaktoren für Deutschland".

Für die größeren Inseln Deutschlands wurden separate Regionalfaktoren ermittelt. Dazu wurde der zugehörige Landkreis in Festland und Inseln unterteilt. Alle Inseln eines Landkreises erhalten durch dieses Verfahren den gleichen Regionalfaktor. Der Regionalfaktor des Festlandes enthält keine Inseln mehr und ist daher gegenüber früheren Ausgaben verringert.

Die Kosten der Objekte der BKI Datenbanken wurden auf den Bundesdurchschnitt umgerechnet. Für den*die Anwender*in bedeutet die Umrechnung der Daten auf den Bundesdurchschnitt, dass einzelne Kostenkennwerte oder das Ergebnis einer Kosten-ermittlung mit dem Regionalfaktor des Standorts des geplanten Objekts multipliziert werden können. Die BKI Stadt-/Landkreisfaktoren befinden sich im Anhang des Buchs.

11. ABC-Analyse

Die Kostengruppen der 3. Ebene nach DIN 276 wurden bei der Objektübersicht (s. S. 24-25, Punkt 6) im Sinne einer ABC-Analyse ausgewertet.
Empirische Untersuchungen des Mengen-Wert-Verhältnisses von Teilen eines Ganzen zeigen häufig, dass auf einen mengenmäßig geringen Umfang der Teile ein hoher Wertanteil entfällt. Dagegen machen die anderen Teile einen geringeren Wert aus.

Übertragen auf die hier vorliegende Auswertung bedeutet dies, dass mit einer relativ geringen Anzahl von Kostengruppen ein sehr großer Anteil der Baukosten berechnet werden kann. Es werden die Kostengruppen ausgewiesen, die in der Summe 80% der Kosten der Baukonstruktion oder der Technischen Anlagen ausmachen. Wenn weniger als drei Kostengruppen zur Erreichung der 80%-Grenze nötig wären, werden jedoch zumindest diese drei ausgewiesen. Es wird jeweils angegeben, wie groß der Anteil der übrigen Kostengruppen ist.

12. Baunebenkosten

Seit in Kraft treten der HOAI 2013 mit deutlicher Anhebung der Honorarsätze sind die bisher in der KG 700 dokumentierten Kosten evtl. nicht ausreichend, um die Kosten zukünftiger Projekte abzuleiten. Daher hat BKI entschieden, auf die Ausweisung der KG 700 zunächst zu verzichten.

Die überschlägige Ermittlung der Baunebenkosten wird in dem Fachartikel „Orientierungswerte und frühzeitige Ermittlung der Baunebenkosten ausgewählter Gebäudearten“ von Univ.-Prof. Dr.-Ing. Wolfdietrich Kalusche und Dr.-Ing. Sebastian Herke erläu-

tert (erschienen im Fachbuch „BKI Baukosten Gebäude Neubau 2026").
Für eine genauere Ermittlung der Honorare empfehlen wir den BKI Honorarermittler 2026. Die Tabellenwerte der aktuellen HOAI sind hier integriert. Näheres dazu erfahren Sie unter: www.bki.de/honorarermittler

13. Objekte ohne Gebäudeartenzuordnung
(nicht in dieser Ausgabe enthalten)
Gerade im Altbau gelingt es nicht immer, alle Objekte den Gebäudearten für sinnvolle statistischen Auswertung zuzuordnen. Dafür sind viele Maßnahmen beim Bauen im Bestand zu individuell. Diese Objekte werden jedoch in verschiedenen Verzeichnissen dargestellt, um den Nutzer auf die verfügbaren Einzeldokumentationen hinzuweisen.

14. Urheberrechte
Alle Objektinformationen sind urheberrechtlich geschützt. Dies gilt auch für die daraus abgeleiteten Auswertungen (Statistiken). Die Urheberrechte liegen bei den jeweiligen Büros, Personen bzw. beim BKI. Es ist ausschließlich eine Anwendung der Daten im Rahmen der praktischen Kostenplanung im Hochbau zugelassen. Die Nutzung der Objektinformationen für einen anderen als den Vertragszweck ist nicht zulässig. Dies gilt auch für die daraus abgeleiteten Auswertungen (Statistiken). Eine Vervielfältigung des Werks oder von Teilen daraus außer für den Vertragszweck ist nur mit ausdrücklicher Genehmigung des Herausgebers gestattet. Auch eine Übersetzung oder Bearbeitung, insbesondere eine Übertragung des Werks oder Teilen daraus in elektronische Systeme, ist nur mit ausdrücklicher Genehmigung des Herausgebers gestattet.

Neue BKI Altbau-Dokumentationen 2025-2026

1300-0270 Verwaltungsgebäude (75 AP)
Modernisierungen; Büro- und Verwaltungsgebäude
ZRS Architekten GvA mbH
Berlin

1300-0301 Bürogebäude, Dachsanierung
Modernisierungen; Büro- und Verwaltungsgebäude
Architekturbüro Maurer
München

1300-0303 Bürogebäude, TG, Brandschutz
Modernisierungen; Büro- und Verwaltungsgebäude
Architekturbüro Maurer
München

1300-0312 Büro (7 AP)
Umbauten; Büro- und Verwaltungsgebäude
freiraum4plus
Wiesbaden

1300-0322 Wohn-/Geschäftshaus, Fassade
Modernisierungen; Büro- und Verwaltungsgebäude
werkArchitektur Yvonne Werk
Berlin

1300-0324 Gründerzentrum (20 AP)
Umbauten; Büro- und Verwaltungsgebäude
Liebnerstadtfeld Architekten
Magdeburg

1300-0329 Bürogebäude (8 AP)
Modernisierungen; Büro- und Verwaltungsgebäude
esfandiary möller architekten PartG mbB
Lüneburg

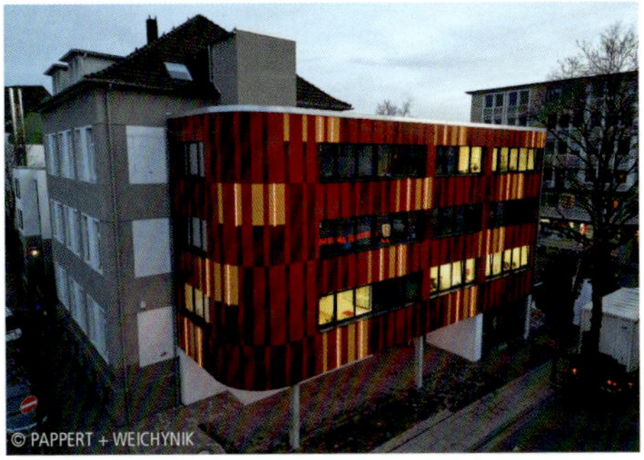

1300-0336 Bürogebäude (34 AP)
Erweiterungen; Büro- und Verwaltungsgebäude
PAPPERT + WEICHYNIK Architekten PartG mbB
Bielefeld

1300-0339 Bürogebäude (40 AP)
Erweiterungen; Büro- und Verwaltungsgebäude
Brüggemann + Jeßnitz Architekten Part GmbB
Winsen (Aller)

2200-0072 Labor (10 AP)
Erweiterungen; Gebäude anderer Art
Eneff Architekten I Partnerschaft von Architekten
München

3200-0032 Palliativstation (12 Betten)
Erweiterungen; Gebäude anderer Art
Planungsring Mumm + Partner GbR
Treia

3200-0034 Krankenhaus
Erweiterungen; Gebäude anderer Art
Felix+Jonas Architekten GmbH
München

4100-0254 Grundschule (3 Klassen)
Erweiterungen; Schulen
QUITTMANNARCHITEKTEN
Unna

4100-0256 Grundschule (120 Schüler)
Erweiterungen; Schulen
meuer - planen beraten Architekten GmbH
München

4100-0268 Gymnasium (9 Klassen, 206 Schüler)
Erweiterungen; Schulen
Hinck Architekten
Stade

4200-0037 Fachakademie, Berufsfachschule
Umbauten; Schulen
PH2 Architektur + Stadtplanung
Eschlkam

4400-0404 Kindergarten (40 Kinder)
Erweiterungen; Kindergärten
Butzlaff Tewes Architekten + Ingenieure
Brande-Hörnerkirchen

4400-0405 Kindertagesstätte (62 Kinder)
Erweiterungen; Kindergärten
Keul und Müller Architekten Part GmbB
Aßlar

4400-0421 Kindertagesstätte (50 Kinder)
Erweiterungen; Kindergärten
köhler + otto architekten PartGmbB
Bad Wünnenberg

4400-0429 Kindertagesstätte (40 Kinder)
Erweiterungen; Kindergärten
Hochbauamt Heidelberg und AAg Architekten GmbH
Heidelberg

4400-0439 Kindertagesstätte (65 Kinder)
Erweiterungen; Kindergärten
Kern Architekten PartGmbB
Mindelheim

6100-1493 Dachgeschoss (2 WE)
Umbauten; Ein- und Zweifamilienhäuser
KAPALAARCHITEKTUR Carsten Kapala
Herne

6100-1536 Mehrfamilienhaus (12 WE)
Modernisierungen; Wohngeb. n. 1945: mit Tragkonstruktion
Ingenieurbüro Gerdom
Bad Essen

6100-1545 Einfamilienhaus
Umbauten; Ein- und Zweifamilienhäuser
TILIA-Innovation GmbH, Dipl.-Ing. Christian Schulz
Leipzig

6100-1609 Dachgeschosswohnung, Turmzimmer
Umbauten; Wohnungen
werkArchitektur Yvonne Werk
Berlin

6100-1623 Dachgeschosswohnung
Umbauten; Wohnungen
werkArchitektur Yvonne Werk
Berlin

6100-1713 Einfamilienhaus
Modernisierungen; Ein- und Zweifamilienhäuser nach 1945
Innenarchitekturinsel Dipl. Ing. Innenarchitektin
Yvonne Habermann, Prien am Chiemsee

6100-1731 Einfamilienhaus
Erweiterungen; Wohngebäude: Anbau
nagy-architektur
Köln

6100-1733 Mehrfamilienhaus (11 WE)
Instandsetzungen; Wohngebäude
Ahola Architekten Halle
Halle

6100-1746 Einfamilienhaus, Aufstockung
Erweiterungen; Wohngebäude: Aufstockung
Gütig Architektur
Bornholm-Hersel

Fotopräsentation der Objekte

© Ahola Architekten

6100-1753 Mehrfamilienhaus (8 WE)
Instandsetzungen; Wohngebäude
Ahola Architekten
Braunschweig

© ding.fest dessau

6100-1760 Mehrfamilienhaus (4 WE)
Instandsetzungen; Wohngebäude
ding.fest dessau architektur & energieberatung
Dessau-Roßlau

© werkgruppe drei

6200-0133 Pflegeheim (22 Betten)
Umbauten; Gebäude anderer Art
DIETRICH I UNTERTRIFALLER GmbH, Bregenz und
werkgruppe drei I Staiger Weltin I PartGmbB, Konstanz

© Lutz Zimmermann

7200-0096 Geschäftshaus, Foyer
Umbauten; Gewerbegebäude
Katrin Reinhold Dipl.-Innenarchitektin
Leipzig

© Lars Gruber Architekturfotografie

9100-0173 Bibliothek, Lernzentrum
Umbauten; Gebäude anderer Art
grüningerarchitekten I BDA, Darmstadt und
Innenarchitektinnen Simone Ferrari, Claudia Witte

© Peter Wolf

9100-0204 Stadtbücherei (120 Plätze)
Modernisierungen; Gebäude anderer Art
a5 Planung GmbH
Bad Nauheim

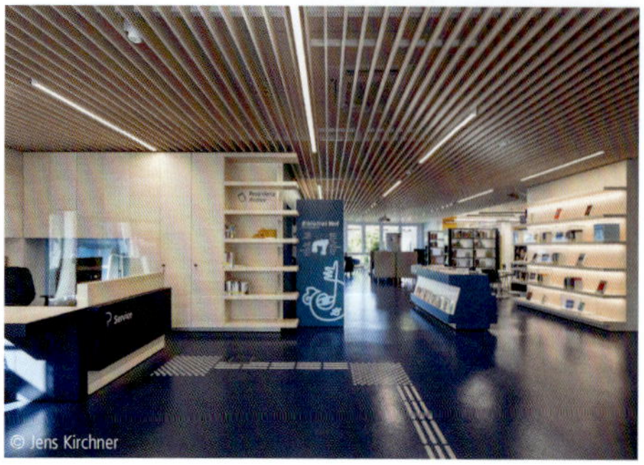

© Jens Kirchner

9100-0213 Stadtbücherei
Modernisierungen; Gebäude anderer Art
UKW Innenarchitekten PartGmbB
Krefeld

© Bieling Architekten AG

9100-0215 Stiftsgebäude, Gemeindesaal, Büros
Umbauten; Gemeindezentren
Bieling Architekten AG
Kassel

© Werner Huthmacher

9100-0222 Ausstellungsgebäude
Erweiterungen; Gebäude anderer Art
Andreas Heller Architects & Designers
Hamburg

© Seweryn Zelazny

9100-0228 Kammermusiksaal (80 Sitzplätze)
Erweiterungen; Gebäude anderer Art
mamuth I Dipl.Ing. Timm Helbach I freier Architekt
dwb BDA, Mainz

© Dr.-Ing. Formazin & Partner GbR

9100-0230 Kreisarchiv
Erweiterungen; Gebäude anderer Art
Dr.-Ing. Formazin & Partner GbR
Ahrensfelde

© NC ARCHITEKTEN

9100-0237 Dorfsaal
Erweiterungen; Gebäude anderer Art
NC ARCHITEKTEN Nicolaus-Chatterjee PartGmbB
Wachtberg

9700-0032 Friedhofskapelle
Instandsetzungen; Sakralbauten
⌂ Dohse und Partner Architekten mbB
Hamburg

9700-0038 Kolumbarium
Umbauten; Gebäude anderer Art
⌂ B-WERK ARCHITEKTEN BDA
Spelle

Erläuterungen

(1)

300
Bauwerk — Baukonstruktionen in €/m² BGF

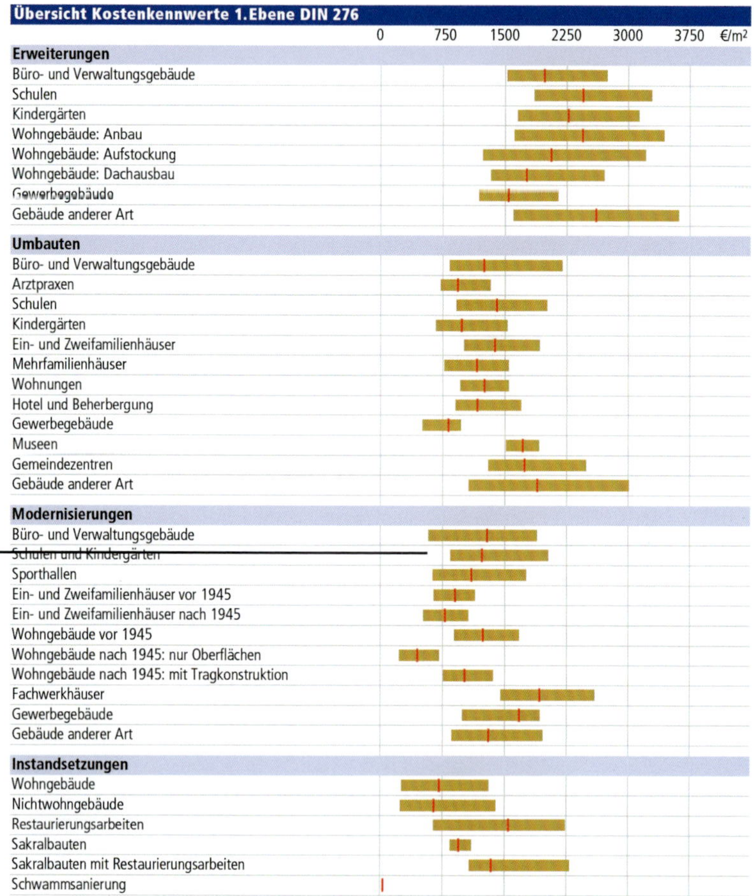

Kosten:
Stand 2. Quartal 2026
Bundesdurchschnitt
inkl. 19% MwSt.

(2) Einheit: m²
Brutto-Grundfläche (BGF)

(3)

Kostenstand: 2. Quartal 2026, Bundesdurchschnitt, **inkl. 19% MwSt.**

Erläuterung nebenstehender Tabellen und Abbildungen

Alle Kostenkennwerte enthalten die Mehrwertsteuer. Kostenstand: 2. Quartal 2026.
Kosten und Kostenkennwerte umgerechnet auf den Bundesdurchschnitt.

Übersicht Kostenkennwerte der 1. und 2. Ebene DIN 276 für Gebäudearten im Altbau

①

Kostengruppen der 1. und 2. Ebene nach DIN 276:2018-12 mit Nummer und Bezeichnung

②

Anzeige der Bezugseinheit. Die Bezugseinheiten der Kostenkennwerte entsprechen der DIN 277:2021-08 bzw. der DIN 276:2018-12 Mengen und Bezugseinheiten.

③

Kostenkennwerte der Gebäudearten mit Angabe von Streubereich (dunkler Balken) und Mittelwert (roter Mittelstrich).

Die Skalierung der Kostengruppe wurde den Wertebereichen angepasst. Daher gibt es unterschiedliche Skalierung in den verschiedenen Kostengruppen. Der Mittelwert liegt nicht zwingend in der Mitte des Streubereichs. Nähere Erläuterungen hierzu enthält das Kapitel Benutzerhinweise unter: 6. Berechnung der Kostenkennwerte.

(1)

Modernisierungen

Wohngebäude nach 1945 mit Tragkonstruktion

(2)

Kostenkennwerte für die Kosten des Bauwerks (Kostengruppen 300+400 nach DIN 276)

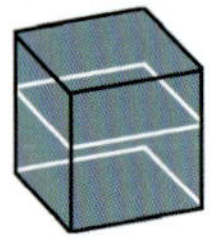
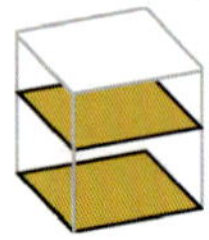
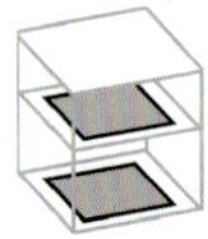
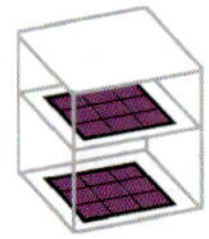

BRI 480 €/m³	**BGF 1.365 €/m²**	**NUF 2.145 €/m²**	**NE 2.585 €/NE**
von 335 €/m³	von 980 €/m²	von 1.540 €/m²	von 1.855 €/NE
bis 595 €/m³	bis 1.965 €/m²	bis 3.160 €/m²	bis 3.340 €/NE
			NE: Wohnfläche

Objektbeispiele

Kosten:
Stand 2. Quartal 2026
Bundesdurchschnitt
inkl. 19% MwSt.

(3)

6100-1536

6100-1207

6100-0904

(4)

Kosten der 14 Vergleichsobjekte **Seiten 508 bis 515**

- ● KKW
- ▶ min
- ▷ von
- | Mittelwert
- ◁ bis
- ◀ max

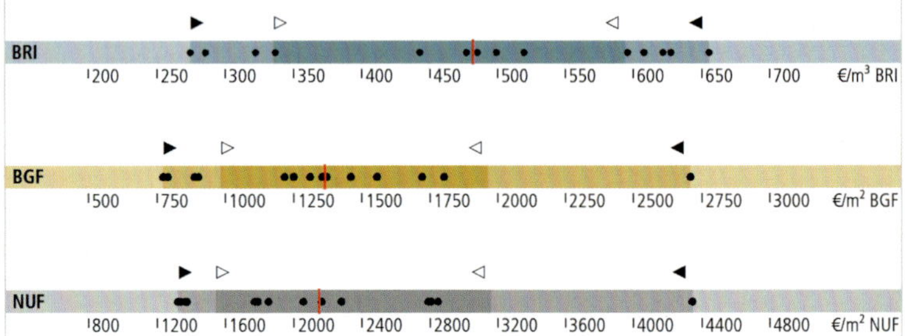

 Kostenstand: 2. Quartal 2026, Bundesdurchschnitt, **inkl. 19% MwSt.**

Erläuterung nebenstehender Tabellen und Abbildungen

Alle Kostenkennwerte enthalten die Mehrwertsteuer. Kostenstand: 2. Quartal 2026.
Kosten und Kostenkennwerte umgerechnet auf den Bundesdurchschnitt.

Kostenkennwerte für die Kosten des Bauwerks (Kostengruppe 300+400 DIN 276)

①

Bezeichnung der Gebäudeart

②

Kostenkennwerte für die Kosten des Bauwerks (KG 300 + 400)
Angabe von Streubereich (Standardabweichung; „von-/bis"-Werte) und Mittelwert (Fettdruck).
- Bauwerkskosten : Summe der Kostengruppen 300 und 400 (DIN 276)
- Kostengruppe 300: Bauwerk-Baukonstruktionen
- Kostengruppe 400: Bauwerk-Technische Anlagen
- BRI : Brutto-Rauminhalt (DIN 277, R+S); BRI DG : Brutto-Rauminhalt des Dachgeschosses
- BGF: Brutto-Grundfläche (DIN 277, R+S); BGF DG : Brutto-Grundfläche des Dachgeschosses
- NUF: Nutzungsfläche (DIN 277, R+S); NUF DG: Nutzungsfläche des Dachgeschosses

Auf volle 5 bzw. 10€ gerundete Werte

③

Zeigt Abbildungen beispielhaft ausgewählter Vergleichsobjekte aus der jeweiligen Gebäudeart. Die Objektnummer verweist auf die in den BKI-Baukostendatenbanken verfügbare Objektdokumentation.

Vergleichsobjekte

④

Die Punkte zeigen auf die objektbezogenen Kostenkennwerte €/m² BGF der Vergleichsobjekte. Diese Tabelle verdeutlicht den Sachverhalt, dass die Kostenkennwerte realer und abgerechneter Einzelobjekte auch außerhalb des statistisch ermittelten Streubereichs (Standardabweichung) liegen können. Der farbintensive innere Bereich stellt diesen Streubereich (von-bis) grafisch mit der Angabe des Mittelwerts dar. Von den statistisch ausgewerteten Vergleichsobjekten können beim BKI bei Bedarf die ausführlichen Kostendokumentationen angefordert werden. Die Breiten der Streubereiche variieren bei den unterschiedlichen Gebäudearten.

Kostenkennwerte für die Kostengruppen der 1. und 2.Ebene DIN 276

①

KG	Kostengruppen der 1.Ebene	Einheit	▷	€/Einheit	◁	▷	% an 300+400	◁
100	Grundstück	m²GF	–	–	–	–	–	–
200	Vorbereitende Maßnahmen	m²GF	< 1	**6**	17	0,1	**0,5**	1,2
300	Bauwerk – Baukonstruktionen	m²BGF	754	**1.016**	1.360	68,3	**76,2**	84,9
400	Bauwerk – Technische Anlagen	m²BGF	194	**347**	621	15,1	**23,8**	31,7
	Bauwerk 300+400	m²BGF	982	**1.363**	1.965	100,0	**100,0**	100,0
500	Außenanlagen und Freiflächen	m²AF	78	**191**	726	2,7	**6,1**	18,8
600	Ausstattung und Kunstwerke	m²BGF	8	**35**	127	0,5	**1,9**	6,9
700	Baunebenkosten	m²BGF	–	–	–	–	–	–
800	Finanzierung	m²BGF	–	–	–	–	–	–

②

KG	Kostengruppen der 2.Ebene	Einheit	▷	€/Einheit	◁	▷	% an 1.Ebene	◁
310	Baugrube / Erdbau	m³BGI	71	**174**	425	0,5	**1,2**	2,8
320	Gründung, Unterbau	m²GRF	149	**465**	925	1,3	**4,4**	13,4
330	Außenwände / vertikal außen	m²AWF	345	**469**	541	29,4	**44,8**	64,2
340	Innenwände / vertikal innen	m²IWF	197	**314**	527	5,2	**14,6**	25,2
350	Decken / horizontal	m²DEF	242	**358**	481	7,6	**16,1**	25,8
360	Dächer	m²DAF	333	**492**	661	6,6	**13,3**	19,4
370	Infrastrukturanlagen		–	–	–	–	–	–
380	Baukonstruktive Einbauten	m²BGF	< 1	**6**	12	< 0,1	**< 0,1**	0,6
390	Sonst. Maßnahmen für Baukonst.	m²BGF	29	**56**	91	3,4	**5,6**	9,7
300	**Bauwerk – Baukonstruktionen**	**m²BGF**					**100,0**	
410	Abwasser-, Wasser-, Gasanlagen	m²BGF	39	**87**	178	0,6	**21,2**	29,1
420	Wärmeversorgungsanlagen	m²BGF	49	**103**	136	21,2	**36,6**	50,3
430	Raumlufttechnische Anlagen	m²BGF	16	**47**	103	2,1	**11,2**	21,2
440	Elektrische Anlagen	m²BGF	29	**62**	135	14,0	**22,2**	42,8
450	Kommunikationstechnische Anlagen	m²BGF	8	**18**	72	2,9	**5,5**	10,1
460	Förderanlagen	m²BGF	–	**53**	–	0,0	**1,8**	21,9
470	Nutzungsspez. / verfahrenstech. Anl.	m²BGF	4	**28**	53	0,0	**0,6**	4,6
480	Gebäude- und Anlagenautomation	m²BGF	–	–	–	–	–	–
490	Sonst. Maßnahmen f. techn. Anl.	m²BGF	< 1	**2**	5	< 0,1	**0,9**	6,1
400	**Bauwerk – Technische Anlagen**	**m²BGF**					**100,0**	

③

Prozentanteile der Kosten 2.Ebene an den Kosten des Bauwerks nach DIN 276 (Von/Mittel/Bis)

KG	Kostengruppe	%
310	Baugrube / Erdbau	1,0
320	Gründung, Unterbau	3,3
330	Außenwände / vertikal außen	35,8
340	Innenwände / vertikal innen	10,7
350	Decken / horizontal	12,1
360	Dächer	10,1
370	Infrastrukturanlagen	
380	Baukonstruktive Einbauten	< 0,1
390	Sonst. Maßnahmen für Baukonst.	4,5
410	Abwasser-, Wasser-, Gasanlagen	5,3
420	Wärmeversorgungsanlagen	8,1
430	Raumlufttechnische Anlagen	2,8
440	Elektrische Anlagen	4,3
450	Kommunikationstechnische Anlagen	1,1
460	Förderanlagen	0,5
470	Nutzungsspez. / verfahrenstech. Anl.	0,2
480	Gebäude- und Anlagenautomation	
490	Sonst. Maßnahmen f. techn. Anl.	< 0,1

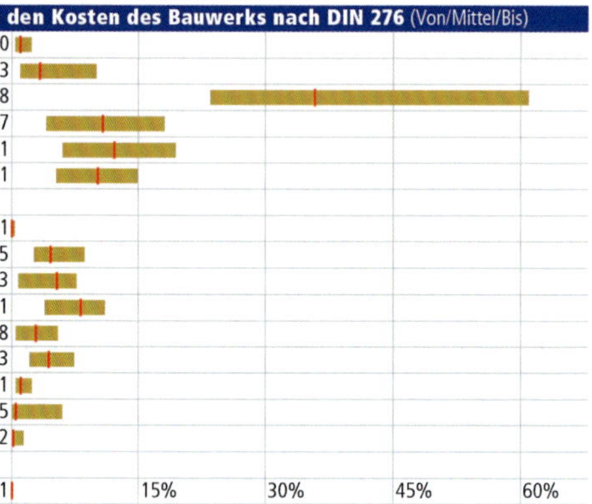

 Erläuterungen zu den Tabellen siehe Seite 30

Kostenstand: 2.Quartal 2026, Bundesdurchschnitt, **inkl. 19% MwSt.**

Erläuterung nebenstehender Baukostentabellen

Alle Kostenkennwerte enthalten die Mehrwertsteuer. Kostenstand: 2. Quartal 2026.
Kosten und Kostenkennwerte umgerechnet auf den Bundesdurchschnitt.
Die Bezugseinheiten der Kostenkennwerte entsprechen der DIN 277:2021-08 bzw. der DIN 276:2018-12 Mengen und Bezugseinheiten.

Kostenkennwerte für die Kostengruppen der 1. und 2. Ebene DIN 276

①

Kostenkennwerte in €/Einheit für die Kostengruppen 200 bis 600 der 1. Ebene DIN 276 mit Angabe von Mittelwert (Spalte: €/Einheit) und Standardabweichung („von-/bis"-Werte). Anteil der jeweiligen Kostengruppen in Prozent der Bauwerkskosten (100%) mit Angabe von Mittelwert (Spalte: % an 300 + 400) und Streubereich („von-/bis"-Werte). Die Werte in den Spalten „von" bzw. „bis" sind aus statistischen Gründen nicht addierbar, sonstige Abweichungen sind rundungsbedingt.

②

Angaben zum Bauwerk, jedoch für Kostengruppen der 2. Ebene DIN 276. Die Kostenkennwerte zur Kostengruppe 300 (Bauwerk-Baukonstruktionen) sind wegen den unterschiedlichen Bezugseinheiten nicht addierbar.
Bei der Ermittlung der Kostenkennwerte dieser Tabelle variiert der Stichprobenumfang von Kostengruppe zu Kostengruppe und auch gegenüber dem Stichprobenumfang der Tabelle der 1. Ebene. Um kostenplanerisch realistische Kostenkennwerte für die einzelnen Kostengruppen angeben zu können, wurden bei jeder Kostengruppe nur diejenigen Objekte einbezogen, bei denen für die betreffende Kostengruppe auch tatsächlich Kosten angefallen sind.
Zur Berechnung der Prozentanteile wurden jedoch alle Objekte herangezogen, zwischen den Kostenkennwerten und den Prozentanteilen kann daher kein direkter Bezug hergeleitet werden.
Beispiel: Da Wohngebäude nicht immer eine Förderanlage enthalten, ergibt sich bezogen auf die gesamte Stichprobe der geringe mittlere Prozentanteil von nur 1,8% an den Kosten der Technischen Anlagen. Diesem Prozentsatz steht der Kostenkennwert von 53€/m² BGF gegenüber, ermittelt aus den wenigen Objekten, bei denen Kosten für Förderanlagen abgerechnet worden sind.

Prozentualer Anteil der Kostengruppen der 2. Ebene an den Kosten des Bauwerks nach DIN 276

③

Die grafische Darstellung verdeutlicht, welchen durchschnittlichen Anteil die Kostengruppen der 2. Ebene DIN 276 an den Bauwerkskosten (Kostengruppe 300 + 400 = 100%) haben. Für Kostenermittlungen werden die kostenplanerisch besonders relevanten Kostengruppen auch optisch sofort erkennbar. Der rote Strich markiert den durchschnittlichen Prozentanteil; der farbige Balken visualisiert den „Streubereich" (Standardabweichung). Bei der Aufsummierung aller Prozentanteile der Kostengruppen sind Abweichungen zu 100% rundungsbedingt.

Modernisierungen

Wohngebäude nach 1945 mit Tragkonstruktion

Kosten:
Stand 2. Quartal 2026
Bundesdurchschnitt
inkl. 19% MwSt.

▷ von
ø Mittel
◁ bis

Kostenkennwerte für die Kostengruppen der 3. Ebene DIN 276

	KG	Kostengruppen der 3. Ebene	Einheit	▷	€/Einheit	◁	▷	€/m²BGF	◁
	311	**Herstellung**	m³	71	**170**	422	5	**12**	29
		Herstellen	m³	71	**170**	422	5	**12**	29
	312	**Umschließung**	m²	6	**10**	14	1	**2**	2
		Herstellen	m²	6	**10**	14	1	**2**	2
①	322	**Flachgründungen und Bodenplatten**	m²	327	**446**	793	11	**32**	102
		Abbrechen	*m²*	*18*	***64***	*136*	*< 1*	***4***	*14*
		Wiederherstellen	m²	7	**79**	151	2	**5**	7
		Herstellen	m²	263	**379**	852	9	**28**	91
②	323	**Tiefgründungen**	m²	–	**724**	–	–	**156**	–
		Herstellen	m²	–	**724**	–	–	**156**	–
③	324	**Gründungsbeläge**	m²	94	**136**	221	6	**18**	29
		Abbrechen	*m²*	*2*	***11***	*17*	*< 1*	***2***	*5*
		Herstellen	m²	89	**132**	220	6	**17**	28
	325	**Abdichtungen und Bekleidungen**	m²	17	**54**	113	< 1	**8**	25
		Abbrechen	*m²*	–	***3***	–	–	***< 1***	–
		Herstellen	m²	17	**53**	111	< 1	**8**	25
	326	**Dränagen**	m²	11	**18**	26	1	**4**	6
		Herstellen	m²	11	**18**	26	1	**4**	6
④	331	**Tragende Außenwände**	m²	295	**453**	780	22	**58**	117
		Abbrechen	*m²*	*25*	***122***	*310*	*5*	***12***	*31*
		Wiederherstellen	m²	54	**100**	146	28	**36**	45
		Herstellen	m²	184	**324**	455	19	**45**	82
	332	**Nichttragende Außenwände**	m²	199	**274**	422	1	**5**	8
		Herstellen	m²	199	**274**	422	2	**6**	8
	333	**Außenstützen**	m	137	**247**	482	2	**8**	18
		Herstellen	m	137	**247**	482	4	**9**	22
⑤	334	**Außenwandöffnungen**	m²	806	**1.022**	1.353	73	**117**	158
		Abbrechen	*m²*	*24*	***50***	*92*	*2*	***6***	*11*
		Wiederherstellen	m²	6	**14**	22	< 1	**2**	4
		Herstellen	m²	772	**974**	1.278	71	**111**	148
	335	**Außenwandbekleidungen, außen**	m²	162	**234**	358	118	**169**	314
		Abbrechen	*m²*	*2*	***10***	*35*	*< 1*	***6***	*22*
⑥		Wiederherstellen	m²	8	**15**	33	4	**10**	17
		Herstellen	m²	142	**225**	334	102	**164**	277
	336	**Außenwandbekleidungen, innen**	m²	55	**74**	112	16	**31**	46
		Abbrechen	*m²*	*4*	***6***	*9*	*2*	***3***	*3*
		Wiederherstellen	m²	6	**19**	29	< 1	**12**	15
		Herstellen	m²	43	**65**	110	10	**26**	37
	337	**Elem. Außenwandkonstruktionen**	m²	–	**784**	–	–	**34**	–
		Herstellen	m²	–	**784**	–	–	**34**	–
	338	**Lichtschutz zur KG 330**	m²	280	**476**	1.039	19	**33**	44
		Abbrechen	*m²*	*12*	***26***	*57*	*< 1*	***2***	*3*
		Herstellen	m²	275	**461**	994	19	**32**	42
	339	**Sonstiges zur KG 330**	m²	3	**12**	24	3	**11**	23
		Abbrechen	*m²*	*< 1*	***2***	*5*	*< 1*	***2***	*4*
		Wiederherstellen	m²	< 1	**1**	2	< 1	**1**	1
		Herstellen	m²	2	**11**	21	2	**9**	18
	341	**Tragende Innenwände**	m²	225	**429**	634	16	**35**	79
		Abbrechen	*m²*	*22*	***166***	*273*	*4*	***10***	*19*
		Herstellen	m²	167	**284**	470	11	**26**	83

 Erläuterungen zu den Tabellen siehe Seite 32

Kostenstand: 2. Quartal 2026, Bundesdurchschnitt, inkl. 19% MwSt.

Erläuterung nebenstehender Baukostentabelle

Alle Kostenkennwerte enthalten die Mehrwertsteuer. Kostenstand: 2. Quartal 2026.
Kosten und Kostenkennwerte umgerechnet auf den Bundesdurchschnitt.

Kostenkennwerte für Kostengruppen der 3. Ebene nach DIN 276

①

Kostengruppen-Nummer nach DIN 276:2018-12

②

Kostengruppen-Bezeichnung nach DIN 276:2018-12 (zum Teil abgekürzt)

③

Einheit der Kostengruppe nach DIN 277:2021-08 bzw. der DIN 276:2018-12 Mengen und Bezugseinheiten

④

Kostenkennwerte der jeweiligen Kostengruppen in € bezogen auf die Einheit
Mittelwerte: siehe Spalte „€/Einheit"
Standardabweichung: siehe Spalten „von/bis"

⑤

Kostenkennwerte der jeweiligen Kostengruppen in € bezogen auf die BGF
Mittelwerte: siehe Spalte „€/Einheit"
Standardabweichung: siehe Spalten „von/bis"

Bei manchen Kostengruppen, vor allem aus der Gebäudetechnik, ist als Bezugsmenge die BGF vorgegeben. In diesen Fällen sind die Kostenkennwerte in den linken Spalten (€/Einheit) und in den rechten Spalten (€/m² BGF) identisch.

⑥

Die Kostengruppen wurden in die Maßnahmen Abbrechen, Wiederherstellen und Herstellen unterteilt. Die Kosten für Abbrechen, Wiederherstellen und Herstellen zur 3. Ebene nach DIN 276 können aufaddiert werden. Da nicht alle Vergleichsobjekte für jede Maßnahme Kostenkennwerte aufweisen, können zwischen den Kostenkennwerten der 3. Ebene und den maßnahmenbezogenen Kostenkennwerten Abweichungen auftreten.

Abbruchmengen werden bei der Ermittlung der Kennwerte auf der 3. Ebene nicht berücksichtigt, deshalb sind diese Werte in *kursiv* abgebildet.

Maßnahmen, die üblicherweise keine Daten enthalten, wurden bewusst aus der Darstellung entfernt.

Prozentanteile der Kosten für Leistungsbereiche nach STLB (Kosten Bauwerk nach DIN 276)

	LB	Leistungsbereiche	▷	% an 300+400	◁
(1)	LB	Leistungsbereiche	▷	% an 300+400	◁
	000	Baustellen-, Sicherheitseinr. inkl. 001, 089	1,8	**3,8**	6,7
	002	Erdarbeiten	0,5	**1,0**	2,4
	006	Spezialtiefbauarbeiten inkl. 005	–	**–**	–
	009	Entwässerungskanalarbeiten inkl. 011	< 0,1	**0,2**	0,4
	010	Drän- und Versickerarbeiten	< 0,1	**0,1**	0,3
	012	Mauerarbeiten	1,0	**2,8**	5,9
	013	Betonarbeiten	2,2	**5,7**	15,8
	014	Natur-, Betonwerksteinarbeiten	< 0,1	**0,2**	0,5
	016	Zimmer- und Holzbauarbeiten	0,6	**4,5**	13,4
	017	Stahlbauarbeiten	0,0	**1,1**	3,3
	018	Abdichtungsarbeiten	0,2	**0,7**	1,9
	020	Dachdeckungsarbeiten	0,3	**1,8**	4,6
	021	Dachabdichtungsarbeiten	0,7	**2,6**	6,1
	022	Klempnerarbeiten	0,9	**1,7**	2,4
(2)		**Rohbau**	17,4	**26,3**	33,3
	023	Putz- und Stuckarbeiten, Wärmedämmsysteme	7,8	**14,6**	36,0
	024	Fliesen- und Plattenarbeiten	0,6	**2,9**	5,7
	025	Estricharbeiten	0,4	**1,2**	2,4
	026	Fenster, Außentüren inkl. 029, 032	5,4	**9,6**	15,9
	027	Tischlerarbeiten	0,3	**2,6**	4,5
	028	Parkett-, Holzpflasterarbeiten	0,0	**1,0**	3,1
	030	Rollladenarbeiten	0,3	**1,5**	3,5
	031	Metallbauarbeiten inkl. 035	1,0	**3,6**	10,3
	034	Maler- und Lackiererarb. - Beschicht. inkl. 037	0,8	**2,5**	5,7
	036	Bodenbelagarbeiten	< 0,1	**1,1**	2,7
	038	Vorgehängte hinterlüftete Fassaden	< 0,1	**1,7**	8,5
	039	Trockenbauarbeiten	1,2	**3,8**	6,7
(2)		**Ausbau**	36,6	**46,1**	60,4
	040	Wärmeversorgungsanl. - Betriebseinr. inkl. 041	3,4	**7,0**	10,4
	042	Gas- u. Wasseranl. - Leitung., Armat. inkl. 043	0,5	**1,6**	2,4
	044	Abwasseranl. - Leitungen, Abläufe, Armaturen	0,2	**0,9**	1,5
	045	Gas, Wasser, Entwässerung - Ausstattung inkl. 046	0,4	**2,2**	4,0
	047	Dämm- und Brandschutzarb. an techn. Anlagen	0,2	**0,7**	1,5
	049	Feuerlöschanlagen, Feuerlöschgeräte	< 0,1	**< 0,1**	< 0,1
	050	Blitzschutz-/Erdungsanlagen, Überspannungssch.	< 0,1	**< 0,1**	0,2
	052	Mittelspannungsanlagen	–	**–**	–
	053	Niederspannungsanl. - Kabel inkl. 054	1,9	**3,9**	7,3
	055	Sicherheits- u. Ersatzstromversorgungsanl.	0,0	**< 0,1**	0,3
	057	Gebäudesystemtechnik	–	**–**	–
	058	Leuchten und Lampen inkl. 059	< 0,1	**0,4**	0,9
	060	Such, Signal, Zeit, Anten., akust. Anl. inkl. 064	0,1	**0,4**	1,2
	061	Kommunikations- u. Übertragungsnetze inkl. 062	0,1	**0,5**	1,3
	063	Gefahrenmeldeanlagen	0,0	**< 0,1**	0,5
	069	Aufzüge	< 0,1	**0,5**	5,7
	070	Gebäudeautomation	–	**–**	–
	075	Raumlufttechnische Anlagen inkl. 078	0,6	**2,7**	5,6
(2)		**Gebäudetechnik**	13,1	**21,2**	29,3
(3)	084	Abbruch, Rückbau, Schadstoffsanierung	3,1	**6,0**	8,5
		Sonstige Leistungsbereiche inkl. 008, 033, 051	< 0,1	**0,4**	1,3

© BKI Baukosteninformationszentrum; Erläuterungen zu den Tabellen siehe Seite 34 — Kostenstand: 2. Quartal 2026, Bundesdurchschnitt, inkl. 19% MwSt.

Erläuterung nebenstehender Baukostentabelle

Alle Kostenkennwerte enthalten die Mehrwertsteuer. Kostenstand: 2. Quartal 2026.
Kosten und Kostenkennwerte umgerechnet auf den Bundesdurchschnitt.

Prozentanteile der Kosten für Leistungsbereiche nach STLB (Kosten des Bauwerks DIN 276)

①

LB-Nummer nach Standardleistungsbuch (STLB).
Bezeichnung des Leistungsbereichs (zum Teil abgekürzt).

Die grafische Darstellung verdeutlicht, welchen durchschnittlichen Anteil die einzelnen Leistungsbereiche an den Bauwerkskosten (Kostengruppe 300 + 400 = 100%) haben. Für Kostenermittlungen werden die kostenplanerisch besonders relevanten Leistungsbereiche auch optisch sofort erkennbar. Der senkrechte Strich markiert den durchschnittlichen Prozentanteil (Mittelwert); der farbige Balken visualisiert den „Streubereich" (Standardabweichung). Bei der Aufsummierung aller Prozentanteile der Leistungsbereiche sind Abweichungen zu 100% rundungsbedingt.

Anteil der jeweiligen Leistungsbereiche in Prozent der Bauwerkskosten (100%):
Mittelwerte: siehe Spalte „% an 300 + 400"
Standardabweichung: siehe Spalten „von/bis"

②

Prozentanteile für „Leistungsbereichspakete" als Zusammenfassung bestimmter Leistungsbereiche. Leistungsbereiche mit relativ geringem Kostenanteil wurden in Einzelfällen mit anderen Leistungsbereichen zusammengefasst.

Beispiel:
LB 000 Baustelleneinrichtung zusammengefasst mit
LB 001 Gerüstarbeiten (Angabe: inkl. 001)
vollständige Leistungsbereichsgliederung siehe Seite 74

③

Ergänzende, den STLB-Leistungsbereichen nicht zuordenbare Leistungsbereiche, zusammengefasst mit den LB-Nr. 008, 033, 051 u.a.

Anmerkung:
Die Werte in den Spalten „von" bzw. „bis" sind aus statistischen Gründen nicht addierbar, sonstige Abweichungen sind rundungsbedingt.
Bei zu geringem Stichprobenumfang entfallt bei einzelnen Leistungsbereichen die Angabe „von/bis".

Objektübersicht zur Gebäudeart

(1)-(2)

Wohngebäude nach 1945 mit Tragkonstruktion

(3)

(4)

€/m² BGF

min	770	€/m²
von	980	€/m²
Mittel	**1.365**	**€/m²**
bis	1.965	€/m²
max	2.705	€/m²

(5)

Kosten:
Stand 2. Quartal 2026
Bundesdurchschnitt
inkl. 19% MwSt.

(6)

6100-1536 Mehrfamilienhaus (12 WE)

BRI 4.284 m³ **BGF** 1.551 m² **NUF** 927 m²

© Maren Reinker

Baujahr: 1978
Bauzustand: mittel
Aufwand: hoch
Nutzung während der Bauzeit: ja
Nutzungsänderung: nein
Grundrissänderungen: wenige
Tragwerkseingriffe: wenige

a) Land: Niedersachsen
b) Kreis: Osnabrück
c) Standard: mittel
d) Bauzeit: 39 Wochen
e) Kennwerte: bis 3. Ebene DIN 276
f) veröffentlicht: BKI Objektdaten A13

BGF **788 €/m²**

a) **Planung:** Ingenieurbüro Gerdom; Bad Essen

b) Sanierung Mehrfamilienhaus mit 12 Wohneinheiten

1. Ebene: 300 Bauwerk – Baukonstruktionen: 78%, **400 Bauwerk – Technische Anlagen:** 22%
3. Ebene: Baukonstruktionen: A: 335 Außenwandbekleidungen, außen 4%, 363 Dachbeläge 4%, Sonstige 2%, W: 359 Sonstiges zur KG 350 3%, Sonstige < 1%, H: 334 Außenwandöffnungen 24%, 335 Außenwandbekleidungen, außen 36%, 363 Dachbeläge 15%, 392 Gerüste 4%, Sonstige 7%, **Technische Anlagen:** A: Sonstige 1%, W: Sonstige < 1%, H: 421 Wärmeerzeugungsanlagen 15%, 422 Wärmeverteilnetze 21%, 431 Lüftungsanlagen 28%, 444 Niederspannungsinstallationsanlagen 19%, 452 Such- und Signalanlagen 6%, 455 Audiovisuelle Medien- und Antennenanlagen 4%, Sonstige 6%

6200-0098 Studentenwohnheim (213 WE)

BRI 19.018 m³ **BGF** 6.761 m² **NUF** 3.905 m²

Baujahr: 1975
Bauzustand: schlecht
Aufwand: mittel
Nutzung während der Bauzeit: ja
Nutzungsänderung: nein
Grundrissänderungen: wenige
Tragwerkseingriffe: wenige

Land: Saarland
Kreis: Saarbrücken, Regionalverband
Standard: hoch
Bauzeit: 52 Wochen
Kennwerte: bis 3. Ebene DIN 276
veröffentlicht: BKI Objektdaten A12

BGF **771 €/m²**

(7)

(8)

A Abbrechen
W Wiederherstellen
H Herstellen

Planung: Prof. Rollmann + Partner Architekten PartGmbB; Homburg

Energetische Fassaden- und Dachsanierung des Studierendenwohnheims.

1. Ebene: 300 Bauwerk – Baukonstruktionen: 99%, **400 Bauwerk – Technische Anlagen:** < 1%
3. Ebene: Baukonstruktionen: A: Sonstige 2%, W: Sonstige 3%, H: 334 Außenwandöffnungen 20%, 335 Außenwandbekleidungen, außen 54%, 336 Außenwandbekleidungen, innen 3%, 392 Gerüste 9%, Sonstige 9%, **Technische Anlagen:** A: Sonstige 3%, W: 445 Beleuchtungsanlagen 29%, 446 Blitzschutz- und Erdungsanlagen 4%, 452 Such- und Signalanlagen 7%, H: 429 Sonstiges zur KG 420 19%, 446 Blitzschutz- und Erdungsanlagen 26%, 456 Gefahrenmelde- und Alarmanlagen 3%, 492 Gerüste 8%

 Kostenstand: 2. Quartal 2026, Bundesdurchschnitt, **inkl. 19% MwSt.**

Erläuterung nebenstehender Baukostentabellen

Alle Kostenkennwerte enthalten die Mehrwertsteuer. Kostenstand: 2. Quartal 2026.
Kosten und Kostenkennwerte umgerechnet auf den Bundesdurchschnitt.

Tabellen zur Objektübersicht

①

Objektnummer und Objektbezeichnung

②

Angaben zu Brutto-Rauminhalt (BRI), Brutto-Grundfläche (BGF) und Nutzungsfläche (NUF) nach DIN 277

③

Abbildung des Objekts mit Nennung wichtiger Kosteneinflussfaktoren beim Bauen im Bestand. (Baujahr bezeichnet den Erstellungszeitpunkt des Objekts, nicht die Bauzeit der dokumentierten Maßnahme)

④

a) Angaben zum Bundesland b) Angaben zum Kreis; c) Angaben zum Standard d) Angaben zur Bauzeit e) „Kennwerte" gibt die Kostengliederungstiefe nach DIN 276 an. Die BKI Objekte sind unterschiedlich detailliert dokumentiert. f) Hinweis auf das BKI Fachbuch, in dem dieses Objekt veröffentlicht wurde (siehe Abkürzungsverzeichnis).

⑤

a) Planendes und/oder ausführendes Architekturbüro. b) Beschreibung der Nutzung des Objekts und zusätzliche Hinweise bei besonderen Kosteneinflüssen durch spezielle Nutzungsanforderungen oder spezielle Grundstückssituationen.

⑥

Angaben zu den kostenintensivsten Kostengruppen bei Baukonstruktionen und technischen Anlagen mit Ausweisung des prozentualen Kostenanteils unterteilt in Abbrechen, Wiederherstellen und Herstellen. Die Auswertungen zeigen, welche Bauleistungen beim jeweiligen Objekt am kostenintensivsten waren und erleichtern damit die Suche nach passenden Vergleichsobjekten.

⑦

Kosten des Bauwerks (KG 300+400) in €/m² BGF.

⑧

Lineare Skala mit Angabe der Kosten des Objekts (KG 300+400 in €/m² BGF) als schwarzer Punkt und Angabe der „min-/max-"-Werte und des Mittelwertes (Ø) der zugehörigen Gebäudeart als farbige Bereiche.

(1)–(2) (3) (4) (5) (6) (7) (8)

Erweiterungen

Schulen

Objektübersicht zur Gebäudeart

4100-0256 Grundschule (4 Klassen, 120 Schüler)* **BRI** 2.867 m³ **BGF** 793 m² **NUF** 544 m²

Nutzung während der Bauzeit: nein
Nutzungsänderung: nein

a) Land: Bayern
b) Kreis: Freising
c) Standard: mittel
d) Bauzeit: 35 Wochen*
e) Kennwerte: bis 3. Ebene DIN 276
f) veröffentlicht: BKI Objektdaten S7

BGF **3.538 €/m²****

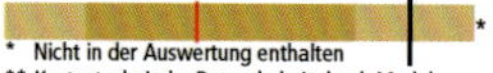

* Nicht in der Auswertung enthalten
** Kostentechnische Besonderheit durch Modulbauweise

BGF		
min	1.990	€/m²
von	2.515	€/m²
Mittel	**3.340**	**€/m²**
bis	4.255	€/m²
max	5.030	€/m²

a) **Planung:** meuer - planen beraten Architekten GmbH; München

b) Zweigeschossige Erweiterung einer Grundschule um vier Klassenzimmer mit Gruppen- und Nebenräumen auf ein bauseitig erstelltes Untergeschoss.

Kosten:
Stand 2. Quartal 2026
Bundesdurchschnitt
inkl. 19% MwSt.

1. Ebene: 300 Bauwerk – Baukonstruktionen: 59%, **400 Bauwerk – Technische Anlagen:** 41%
3. Ebene: Baukonstruktionen: A: Sonstige 2%, H: 331 Tragende Außenwände 6%, 334 Außenwandöffnungen 13%, 335 Außenwandbekleidungen, außen 19%, 355 Elementierte Deckenkonstruktionen 6%, 363 Dachbeläge 21%, 364 Dachbekleidungen 18%, 391 Baustelleneinrichtung 7%, Sonstige 8%, **Technische Anlagen:** H: 411 Abwasseranlagen 4%, 431 Lüftungsanlagen 82%, 442 Eigenstromversorgungsanlagen 11%, Sonstige 3%

4100-0194 Schule (12 Klassen, 336 Schüler) **BRI** 6.899 m³ **BGF** 1.778 m² **NUF** 1.190 m²

© Martin Kaeswurm

Baujahr: 1971
Bauzustand: mittel
Aufwand: hoch
Nutzung während der Bauzeit: ja
Nutzungsänderung: nein
Grundrissänderungen: umfangreiche
Tragwerkseingriffe: wenige

Land: Niedersachsen
Kreis: Harburg
Standard: hoch
Bauzeit: 83 Wochen
Kennwerte: bis 3. Ebene DIN 276
veröffentlicht: BKI Objektdaten A12

BGF **2.275 €/m²**

A Abbrechen
W Wiederherstellen
H Herstellen

Planung: Bosse Westphal Schäffer Architekten; Winsen/Luhe

Erweiterung Schulgebäude mit Klassen- und Gruppenräumen

1. Ebene: 300 Bauwerk – Baukonstruktionen: 72%, **400 Bauwerk – Technische Anlagen:** 28%
3. Ebene: Baukonstruktionen: A: Sonstige < 1%, W: Sonstige < 1%, H: 322 Flachgründungen und Bodenplatten 4%, 324 Gründungsbeläge 5%, 335 Außenwandbekleidungen, außen 11%, 337 Elementierte Außenwandkonstruktionen 16%, 341 Tragende Innenwände 5%, 344 Innenwandöffnungen 4%, 345 Innenwandbekleidungen 6%, 351 Deckenkonstruktionen 6%, 353 Deckenbeläge 4%, 361 Dachkonstruktionen 6%, 363 Dachbeläge 7%, Sonstige 27%, **Technische Anlagen:** A: Sonstige < 1%, W: Sonstige < 1%, H: 412 Wasseranlagen 5%, 421 Wärmeerzeugungsanlagen 4%, 422 Wärmeverteilnetze 5%, 423 Raumheizflächen 6%, 431 Lüftungsanlagen 31%, 444 Niederspannungsinstallationsanlagen 16%, 445 Beleuchtungsanlagen 15%, 461 Aufzugsanlagen 5%, 481 Automationseinrichtungen 3%, Sonstige 9%

Erläuterung nebenstehender Baukostentabellen

Alle Kostenkennwerte enthalten die Mehrwertsteuer. Kostenstand: 2. Quartal 2026.
Kosten und Kostenkennwerte umgerechnet auf den Bundesdurchschnitt.

Tabellen zur Objektübersicht (Modulbau)

(1-7)

Siehe Seite 34-35

(8)

In diesem Band sind Objekte in Holzmodulbauweise abgebildet. Für die Kostengliederung der DIN 276 stellen diese Modulbauten wegen ihrer zwangsläufigen Durchmischung von Kosten der Baukonstruktionen, der technischen Anlagen und der Baunebenkosten eine Besonderheit dar. Die Kosten der Basismodule beinhalten Kosten der KG 300 und KG 400 sowie anteilige Kosten des GU an KG 700, daher werden die Kosten dieser Objekte nicht in der statistischen Auswertung berücksichtigt. Die Objekte sind jeweils mit dem Hinweis „Kostentechnische Besonderheit durch Modulbauweise" markiert.

① ② ③ ④

324
Gründungsbeläge

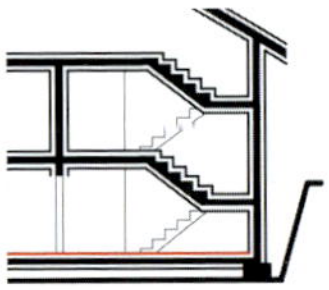

Kosten:
Stand 2.Quartal 2026
Bundesdurchschnitt
inkl. 19% MwSt.

Einheit: m²
Gründungsbelagsfläche

▷ von
Ø Mittel
◁ bis

Gebäudeart	▷	€/Einheit	◁	KG an 300
Erweiterungen				
Büro- und Verwaltungsgebäude	157	**200**	246	3,1%
Schulen	90	**171**	200	3,0%
Kindergärten	174	**210**	229	8,8%
Wohngebäude: Anbau	188	**310**	480	4,3%
Wohngebäude: Aufstockung	–	**65**	–	< 0,1%
Wohngebäude: Dachausbau	–	**–**	–	–
Gewerbegebäude	74	**135**	213	5,7%
Gebäude anderer Art	195	**266**	408	6,1%
Umbauten				
Büro- und Verwaltungsgebäude	104	**217**	331	2,5%
Arztpraxen	–	**–**	–	–
Schulen	134	**238**	359	3,7%
Kindergärten	134	**215**	304	8,2%
Ein- und Zweifamilienhäuser	125	**227**	273	2,2%
Mehrfamilienhäuser	82	**172**	267	1,0%
Wohnungen	248	**289**	331	1,8%
Hotel und Beherbergung	267	**285**	303	1,5%
Gewerbegebäude	16	**93**	169	5,7%
Museen	–	**566**	–	6,1%
Gemeindezentren	235	**378**	565	4,6%
Gebäude anderer Art	125	**242**	341	10,8%
Modernisierungen				
Büro- und Verwaltungsgebäude	76	**164**	249	1,8%
Schulen und Kindergärten	136	**226**	289	3,0%
Sporthallen	89	**191**	251	8,8%
Ein- und Zweifamilienhäuser vor 1945	119	**264**	454	3,7%
Ein- und Zweifamilienhäuser nach 1945	70	**156**	276	1,3%
Wohngebäude vor 1945	101	**217**	311	2,8%
Wohngebäude nach 1945: nur Oberflächen	23	**41**	86	0,1%
Wohngebäude nach 1945: mit Tragkonstruktion	94	**136**	221	1,2%
Fachwerkhäuser	–	**115**	–	0,4%
Gewerbegebäude	82	**105**	129	0,1%
Gebäude anderer Art	174	**363**	538	3,1%
Instandsetzungen				
Wohngebäude	79	**144**	221	0,7%
Nichtwohngebäude	105	**169**	302	6,8%
Restaurierungsarbeiten	17	**265**	395	1,0%
Sakralbauten	284	**560**	836	7,1%
Sakralbauten mit Restaurierungsarbeiten	184	**307**	541	7,4%
Schwammsanierung	–	**–**	–	–

Kostenstand: 2.Quartal 2026, Bundesdurchschnitt, **inkl. 19% MwSt.**

Erläuterung nebenstehender Tabelle

Alle Kostenkennwerte enthalten die Mehrwertsteuer. Kostenstand: 2. Quartal 2026.
Kosten und Kostenkennwerte umgerechnet auf den Bundesdurchschnitt.

Gebäudearten-bezogene Kostenkennwerte für die Kostengruppen der 3. Ebene DIN 276

①

Ordnungszahl und Bezeichnung der Kostengruppe nach DIN 276:2018-12. Einheit und Mengenbezeichnung der Bezugseinheit nach DIN 276:2018-12, auf die die Kostenkennwerte in der Spalte „€/Einheit" bezogen sind.

DIN 277:2021-08 bzw. DIN 276:2018-12 Mengen und Bezugseinheiten

②

Bezeichnung der Gebäudearten, gegliedert nach der Bauwerksartensystematik der BKI-Baukostendatenbanken.

③

Kostenkennwerte für die jeweilige Gebäudeart und die jeweilige Kostengruppe (Bauelement) mit Angabe von Mittelwert (Spalte: €/Einheit) und Streubereich (Spalten: von-/bis-Werte unter Berücksichtigung der Standardabweichung).
Bei Gebäudearten mit noch schmaler Datenbasis wird nur der Mittelwert angegeben. Insbesondere in diesen Fällen wird empfohlen, die Kosten projektbezogen über Elementarten bzw. positionsweise zu ermitteln.

④

Durchschnittlicher Anteil der Kosten der jeweiligen Kostengruppe in Prozent der Kosten für Baukonstruktionen (Kostengruppe 300 nach DIN 276 = 100%) bzw. Technische Anlagen (Kostengruppe 400 nach DIN 276 = 100%).

(2) (3) (4) (5) (1)

324 Gründungsbeläge

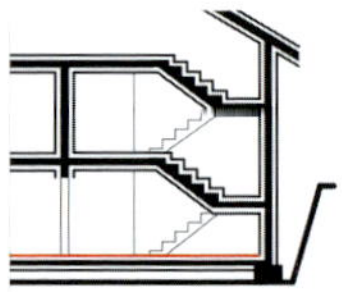

KG.OZ	Abbrechen	▷	€/Einheit	◁	LB an EA
324.10	**Estrich**				
01	**GR Estrich, Verbundestrich, bis 25mm, abbrechen** Bodenaufbau auf Gründungsplatte, als Verbundestrich, bis 25mm, abbrechen und entsorgen Einheit: m² Belagsfläche 084 Abbruch-, Rückbau- und Schadstoffsanierungsarbeiten	34,00	**37,00**	46,00	100,0%
02	**GR Estrich, Verbundestrich, bis 50mm, abbrechen** Bodenaufbau auf Gründungsplatte, als Verbundestrich, bis 50mm, abbrechen und entsorgen Einheit: m² Belagsfläche 084 Abbruch-, Rückbau- und Schadstoffsanierungsarbeiten	37,00	**45,00**	57,00	100,0%
03	**GR Estrich, Verbundestrich, bis 70mm, abbrechen** Bodenaufbau auf Gründungsplatte, als Verbundestrich, bis 70mm, abbrechen und entsorgen Einheit: m² Belagsfläche 084 Abbruch-, Rückbau- und Schadstoffsanierungsarbeiten	47,00	**57,00**	72,00	100,0%
04	**GR Estrich, schwimmend, abbrechen** Bodenaufbau auf Gründungsplatte, als schwimmender Estrich, mit Dämmung, abbrechen und entsorgen Einheit: m² Belagsfläche 084 Abbruch-, Rückbau- und Schadstoffsanierungsarbeiten	42,00	**52,00**	62,00	100,0%
05	**GR Estrich, bewehrt, schwimmend, abbrechen** Bodenaufbau auf Gründungsplatte, als schwimmender Estrich, bewehrt, mit Dämmung, abbrechen und entsorgen Einheit: m² Belagsfläche 084 Abbruch-, Rückbau- und Schadstoffsanierungsarbeiten	56,00	**68,00**	83,00	100,0%
06	**GR Heizestrich, mit Dämmung, abbrechen** Bodenaufbau auf Gründungsplatte, als Heizestrich, mit Dämmung, abbrechen und entsorgen Einheit: m² Belagsfläche 084 Abbruch-, Rückbau- und Schadstoffsanierungsarbeiten	71,00	**80,00**	96,00	100,0%
07	**GR Heizestrich, bewehrt, mit Heizrohren, abbrechen** Bodenaufbau auf Gründungsplatte, als Heizestrich, bewehrt, mit Heizrohren, mit Dämmung, abbrechen und entsorgen Einheit: m² Belagsfläche 084 Abbruch-, Rückbau- und Schadstoffsanierungsarbeiten	95,00	**104,00**	124,00	100,0%
324.20	**Fliesen und Platten**				
01	**GR Fliesen, Estrich, Unterbau, Sockelfliesen, abbrechen** Bodenaufbau auf Gründungsplatte, aus Fliesen mit Estrich bis 70mm, inkl. Sockelfliesen, abbrechen und entsorgen Einheit: m² Belagsfläche 084 Abbruch-, Rückbau- und Schadstoffsanierungsarbeiten	75,00	**87,00**	107,00	100,0%
02	**GR Fliesen, Mörtelbett, Sockelfliesen, abbrechen** Bodenaufbau auf Gründungsplatte, aus Fliesen in Mörtelbett bis 50mm, inkl. Sockelfliesen, abbrechen und entsorgen Einheit: m² Belagsfläche 084 Abbruch-, Rückbau- und Schadstoffsanierungsarbeiten	46,00	**53,00**	61,00	100,0%

 Kostenstand: 2. Quartal 2026, Bundesdurchschnitt, **inkl. 19% MwSt.**

Erläuterung nebenstehender Tabelle

Alle Kostenkennwerte enthalten die Mehrwertsteuer. Kostenstand: 2. Quartal 2026.
Kosten und Kostenkennwerte umgerechnet auf den Bundesdurchschnitt.

Kostenkennwerte für Elementarten

---

①

Ordnungszahl und Bezeichnung der Kostengruppe nach DIN 276:2018-12.

②

Ordnungszahl (5-stellig) für Elementarten (EA), darin bedeutet:

KG	Kostengruppe 3. Ebene DIN 276 (Bauelement):	3-stellige Ordnungszahl
OZ	Ordnungsstruktur und Ordnungszahl:	jeweils 2-stellige

③

Angaben zu Elementarten in der Reihenfolge von oben nach unten

- Bezeichnung der Gliederungsstruktur
- Beschreibung der Elementart als Kurz- und Langtext
- Einheit und Mengenbezeichnung der Bezugseinheit, auf die die Kostenkennwerte in der Spalte „€/Einheit" bezogen sind (je nach Elementart ggf. unterschiedliche Bezugseinheiten!)
- Ordnungszahl und Bezeichnung der Leistungsbereiche (nach STLB), die im Regelfall bei der Ausführung der jeweiligen Elementart beteiligt sind.

④

Kostenkennwerte für die jeweiligen Elementarten mit Angabe von Mittelwert (Spalte: €/Einheit) und Streubereich (Spalten: von-/bis-Werte unter Berücksichtigung der Standardabweichung).

⑤

Anteil der Leistungsbereiche in Prozent der Kosten für die jeweilige Elementart (Kosten EA = 100%) als Orientierungswert für die Überführung in eine vergabeorientierte Kostengliederung. Je nach Einzelfall und Vergabepraxis können ggf. auch andere Leistungsbereiche beteiligt sein und die Prozentanteile von den Orientierungswerten entsprechend abweichen.

Häufig gestellte Fragen

Fragen zur Flächenberechnung (DIN 277):

1. Wie wird die BGF berechnet?	Die Brutto-Grundfläche ist die Summe der Grundflächen aller Grundrissebenen. Nicht dazu gehören die Grundflächen von nicht nutzbaren Dachflächen (Kriechböden) und von konstruktiv bedingten Hohlräumen (z. B. über abgehängter Decke). (DIN 277:2021-08) Bei den Gebäudearten Dachausbau und Aufstockung nur bezogen auf die Grundrissebene des Dachs.
2. Gehört der Keller bzw. eine Tiefgarage mit zur BGF?	Ja, im Gegensatz zur Geschossfläche nach § 20 Baunutzungsverordnung (BauNVo) gehört auch der Keller bzw. die Tiefgarage zur BGF.
3. Wie werden Luftgeschosse (z. B. Züblinhaus) nach DIN 277 berechnet?	Die Rauminhalte der Luftgeschosse zählen zum Regelfall der Raumumschließung (R) BRI (R). Die Grundflächen der untersten Ebene der Luftgeschosse und Stege, Treppen, Galerien etc. innerhalb der Luftgeschosse zählen zur Brutto-Grundfläche BGF (R). Vorsicht ist vor allem bei Kostenermittlungen mit Kostenkennwerten des Brutto-Rauminhalts geboten.
4. Welchen Flächen ist die Garage zuzurechnen?	Die Stellplatzflächen von Garagen werden zur Nutzungsfläche gezählt, die Fahrbahn ist Verkehrsfläche.
5. Wird die Diele oder ein Flur zur Nutzungsfläche gezählt?	Normalerweise nicht, da eine Diele oder ein Flur zur Verkehrsfläche gezählt wird. Wenn die Diele aber als Wohnraum genutzt werden kann, z. B. als Essplatz, wird sie zur Nutzungsfläche gezählt.
6. Zählt eine nicht umschlossene oder nicht überdeckte Terrasse einer Sporthalle, die als Eingang und Fluchtweg dient, zur Nutzungsfläche?	Die Terrasse ist nicht Bestandteil der Grundflächen des Bauwerks nach DIN 277. Sie bildet daher keine BGF und damit auch keine Nutzungsfläche. Die Funktion als Eingang oder Fluchtweg ändert daran nichts.

7. Zählt eine Außentreppe zum Keller zur BGF?	Wenn die Treppe allseitig umschlossen ist, z. B. mit einem Geländer, ist sie als Verkehrsfläche zu werten. Nach DIN 277:2021-08 gilt: Grundflächen und Rauminhalte sind nach ihrer Zugehörigkeit zu den folgenden Bereichen getrennt zu ermitteln: Regelfall der Raumumschließung (R): Räume und Grundflächen, die Nutzungen der Netto-Raumfläche entsprechend Tabelle 1 aufweisen und die bei allen Begrenzungsflächen des Raums (Boden, Decke, Wand) vollständig umschlossen sind. Dazu gehören nicht nur Innenräume, die von der Witterung geschützt sind, sondern auch solche allseitig umschlossenen Räume, die über Öffnungen mit dem Außenklima verbunden sind; Sonderfall der Raumumschließung (S): Räume und Grundflächen, die Nutzungen der Netto-Raumfläche entsprechend Tabelle 1 aufweisen und mit dem Bauwerk konstruktiv verbunden sind, jedoch nicht bei allen Begrenzungsflächen des Raums (Boden, Decke, Wand) vollständig umschlossen sind (z. B. Loggien, Balkone, Terrassen auf Flachdächern, unterbaute Innenhöfe, Eingangsbereiche, Außentreppen). Die Außentreppe stellt also demnach einen Sonderfall der Raumumschließung (S) dar. Wenn die Treppe allerdings über einen Tiefgarten ins UG führt, wird sie zu den Außenanlagen gezählt. Sie bildet dann keine BGF. Die Kosten für den Tiefgarten mit Treppe sind bei den Außenanlagen zu erfassen.
8. Ist eine Abstellkammer mit Heizung eine Technikfläche?	Es kommt auf die überwiegende Nutzung an. Wenn über 50% der Kammer zum Abstellen genutzt werden können, wird sie als Abstellraum gezählt. Es kann also Gebäude ohne Technikfläche geben.
9. Ist die NUF gleich der Wohnfläche?	Nein, die DIN 277 kennt den Begriff Wohnfläche nicht. Zur Nutzungsfläche gehören grundsätzlich keine Verkehrsflächen, während bei der Wohnfläche zumindest die Verkehrsflächen innerhalb der Wohnung hinzugerechnet werden. Die Abweichungen sind dadurch meistens nicht unerheblich.

Fragen zur Wohnflächenberechnung (WoFlV):

10. Wie wird die Wohnfläche (NE: Wohnfläche) bei Wohngebäuden bei BKI berechnet?	Die Berechnung der bei BKI auf der Startseite der Wohngebäude angegebenen "NE: Wohnfläche" erfolgt nach der Wohnflächenberechnung WoFlV.

11. Wird ein Hobbyraum im Keller zur Wohnfläche gezählt?	Wenn der Hobbyraum nicht innerhalb der Wohnung liegt, wird er nicht zur Wohnfläche gezählt. Beim Einfamilienhaus gilt: Das ganze Haus stellt die Wohnung dar. Der Hobbyraum liegt also innerhalb der Wohnung und wird mitgezählt, wenn er die Qualitäten eines Aufenthaltsraums nach LBO aufweist.
12. Wird eine Diele oder ein Flur zur Wohnfläche gezählt?	Wenn die Diele oder der Flur in der Wohnung liegt ja, ansonsten nicht.
13. In welchem Umfang sind Balkone oder Terrassen bei der Wohnfläche zu rechnen?	Balkone und Terrassen werden von BKI zu einem Viertel zur Wohnfläche gerechnet. Die Anrechnung zur Hälfte wird nicht verwendet, da sie in der WoFIV als Ausnahme definiert ist.
14. Zählt eine Empore/Galerie im Zimmer als eigene Wohnfläche oder Nutzungsfläche?	Wenn es sich um ein unlösbar mit dem Baukörper verbundenes Bauteil handelt, zählt die Empore mit. Anders beim nachträglich eingebauten Hochbett, das zählt zum Mobiliar. Für die verbleibende Höhe über der Empore ist die 1 bis 2m Regel nach WoFIV anzuwenden: „Die Grundflächen von Räumen und Raumteilen mit einer lichten Höhe von mindestens zwei Metern sind vollständig, von Räumen und Raumteilen mit einer lichten Höhe von mindestens einem Meter und weniger als zwei Metern sind zur Hälfte anzurechnen."

Fragen zur Kostengruppenzuordnung (DIN 276):

15. Wo werden Abbruchkosten zugeordnet?	Abbruchkosten ganzer Gebäude im Sinne von „Bebaubarkeit des Grundstücks herstellen" werden der KG 212 Abbruchmaßnahmen zugeordnet. Abbruchkosten einzelner Bauteile, insbesondere bei Sanierungen werden den jeweiligen Kostengruppen der 2. oder 3. Ebene (Wände, Decken, Dächer) zugeordnet. Wo diese Aufteilung nicht möglich ist, werden die Abbruchkosten der KG 394 Abbruchmaßnahmen zugeordnet, weil z. B. die Abbruchkosten verschiedenster Bauteile pauschal abgerechnet wurden. Analog gilt dies auch für die Kostengruppen 400 und 500.

16. Wo muss ich die Kosten des Aushubs für Abwasser- oder Wasserleitungen zuordnen?	Diese Kosten werden wie auch alle anderen Rohrgraben- und Schachtaushubskosten der KG 311 zugeordnet, sofern der Aushub unterhalb des Gebäudes anfällt. Die Kosten für Rohrgraben- und Schachtaushub zwischen Gebäudeaußenkante und Grundstücksgrenze gehören in die KG 511. Die Kosten des Rohrgraben- und Schachtaushubs innerhalb von Erschließungsflächen werden der KG 220 ff. oder KG 230 ff. zugeordnet.
17. Wie werden Eigenleistungen bewertet?	Nach DIN 276:2018-12, gilt: 4.2.11 Die Werte von unentgeltlich eingebrachten Gütern und Leistungen (z. B. Materialien, Eigenleistungen) sind den betreffenden Kostengruppen zuzurechnen, aber gesondert auszuweisen. Dafür sind die aktuellen Marktwerte dieser Güter und Leistungen zu ermitteln und einzusetzen. Nach HOAI §4 (2) gilt: Als anrechenbare Kosten nach Absatz 2 gelten ortsübliche Preise, wenn der Auftraggeber: • selbst Lieferungen oder Leistungen übernimmt • von bauausführenden Unternehmern oder von Lieferanten sonst nicht übliche Vergünstigungen erhält • Lieferungen oder Leistungen in Gegenrechnung ausführt oder • vorhandene oder vorbeschaffte Baustoffe oder Bauteile einbauen lässt.

Fragen zu Kosteneinflussfaktoren:

18. Welchen Einfluss hat die Konjunktur auf die Baukosten?	Der Einfluss der Konjunktur auf die Baukosten wird häufig überschätzt. Er ist meist geringer als der anderer Kosteneinflussfaktoren. BKI Untersuchungen haben ergeben, dass die Baukosten bei mittlerer Konjunktur manchmal höher sind als bei hoher Konjunktur.

19. Gibt es beim BKI Regionalfaktoren?

Der Anhang dieser Ausgabe enthält eine Liste der Regionalfaktoren aller deutschen Land- und Stadtkreise, sowie für die Nord- und Ostsee-Inseln. Die Faktoren wurden auf Grundlage von Daten aus den statistischen Landesämtern gebildet, die wiederum aus den Angaben der Antragsteller von Bauanträgen entstammen. Die Regionalfaktoren werden von BKI zusätzlich als farbiges Poster im DIN A1 Format angeboten.
Die Faktoren geben Aufschluss darüber, inwiefern die Baukosten in einer bestimmten Region Deutschlands teurer oder günstiger liegen als im Bundesdurchschnitt. Sie können dazu verwendet werden, die BKI Baukosten an das besondere Baupreisniveau einer Region anzupassen.
Die Angaben wurden durch Untersuchungen des BKI weitgehend verifiziert. Dennoch können Abweichungen zu den angegebenen Werten entstehen. In Grenznähe zu einem Land-Stadtkreis mit anderen Baupreisfaktoren sollte dessen Baupreisniveau mit berücksichtigt werden, da die Übergänge zwischen den Land-Stadtkreisen fließend sind. Die Besonderheiten des Einzelfalls können ebenfalls zu Abweichungen führen.
Siehe auch Benutzerhinweise, 10. Regionalisierung der Daten (Seite 11).

20. Standardzuordnung

Einige Gebäudearten werden vom BKI nach ihrem Standard in „einfach", „mittel" und „hoch" unterteilt. Diese Unterteilung wurde immer dann vorgenommen, wenn der Standard als ein wesentlicher Kostenfaktor festgestellt wurde. Grundsätzlich gilt, dass immer mehrere Kosteneinflussfaktoren auf die Kosten und damit auf die Kostenkennwerte einwirken. Einige dieser vielen Faktoren seien hier aufgelistet:

- Zeitpunkt der Ausschreibung
- Art der Ausschreibung
- Regionale Konjunktur
- Gebäudegröße
- Lage der Baustelle, Erreichbarkeit

usw.

Wenn bei einem Gebäude große Mengen an Bauteilen hoher Qualität die übrigen Kosteneinflussfaktoren überlagern, dann wird von einem „hohen Standard" gesprochen.
Für Gebäudearten mit Standardunterteilung gibt es in „BKI Baukosten Gebäude, Statistische Kostenkennwerte" zu Beginn der jeweiligen Gebäudeart ein Arbeitsblatt zur Standardeinordnung.

21. Wie gehe ich mit der aktuellen Baukostenentwicklung um?	Zur Bewertung aktueller Baukostenentwicklungen führen wir zusätzlich Befragungen zu regionalen Baukosten-Niveaus nach Leistungsbereichen durch. Die Ergebnisse stellen wir den Anwender*innen der BKI-Fachbuchreihe zur Verfügung, unter www.bki.de/baukostenentwicklungen. Damit können die Risiken kurzfristiger Materialpreis- und Lohnkosten-Veränderungen verbessert prognostiziert werden, wie sie die normkonforme Kostenplanung nach DIN 276 verlangt.

Fragen zur Handhabung der von BKI herausgegebenen Bücher:

22. Ist die MwSt. in den Kostenkennwerten enthalten?	Bei allen Kostenkennwerten in „BKI Baukosten" ist die gültige MwSt. enthalten (zum Zeitpunkt der Herausgabe 19%). In „BKI Baukosten Positionen Neubau, Statistische Kostenkennwerte" und „BKI Baukosten Positionen Altbau, Statistische Kostenkennwerte" werden die Kostenkennwerte, wie bei Positionspreisen üblich, zusätzlich ohne MwSt. dargestellt. Kostenstand und MwSt. wird auf jeder Seite als Fußzeile angegeben.
23. Hat das Baujahr der Objekte einen Einfluss auf die angegebenen Kosten?	Nein, alle Kosten wurden über den Baupreisindex auf einen einheitlichen zum Zeitpunkt der Herausgabe aktuellen Kostenstand umgerechnet. Der Kostenstand wird auf jeder Seite als Fußzeile angegeben. Allenfalls sind Korrekturen zwischen dem Kostenstand zum Zeitpunkt der Herausgabe und dem aktuellen Kostenstand durchzuführen.
24. Wo finde ich weitere Informationen zu den einzelnen Objekten einer Gebäudeart?	Alle Objekte einer Gebäudeart sind einzeln mit Kurzbeschreibung, Angabe der BGF und anderer wichtiger Kostenfaktoren aufgeführt. Die Objektdokumentationen sind veröffentlicht in den Fachbüchern „Objektdaten" und können als PDF-Datei unter ihrer Objektnummer bei BKI bestellt werden, Telefon: 0711 954 854-41.
25. Was mache ich, wenn ich keine passende Gebäudeart finde?	In aller Regel findet man verwandte Gebäudearten, deren Kostenkennwerte der 2. Ebene (Grobelemente) wegen ähnlicher Konstruktionsart übernommen werden können.

26. Wo findet man Kostenkennwerte für Abbruch?	Im Fachbuch „BKI Baukosten Gebäude Altbau - Statistische Kostenkennwerte" gibt es Elementarten zu Abbruch und Demontagearbeiten. Im Fachbuch „BKI Baukosten Positionen Altbau - Statistische Kostenkennwerte" gibt es Mustertexte für Teilleistungen zu „LB 384 - Abbruch-, Rückbau- und Schadstoffsanierungsarbeiten". Im Fachbuch „BKI Baupreise kompakt Altbau" gibt es Positionspreise und Kurztexte zu „LB 384 - Abbruch-, Rückbau- und Schadstoffsanierungsarbeiten". Die Mustertexte für Teilleistungen zu „LB 384 - Abbruch-, Rückbau- und Schadstoffsanierungsarbeiten" und deren Positionspreise sind auch auf der DVD BKI Positionen und im BKI Kostenplaner enthalten.
27. Warum ist die Summe der Kostenkennwerte in der Kostengruppen (KG) 310-390 nicht gleich dem Kostenkennwert der KG 300, aber bei der KG 400 ist eine Summenbildung möglich?	In den Kostengruppen 310-390 ändern sich die Einheiten (310 Baugrube/Erdbau gemessen in m^3, 320 Gründung, Unterbau gemessen in m^2); eine Addition der Kostenkennwerte ist nicht möglich. In den Kostengruppen 410-490 ist die Bezugsgröße immer BGF, dadurch ist eine Addition prinzipiell möglich.
28. Manchmal stimmt die Summe der Kostenkennwerte der 2. Ebene der Kostengruppe 400 trotzdem nicht mit dem Kostenkennwert der 1. Ebene überein; warum nicht?	Die Anzahl der Objekte, die auf der 1. Ebene dokumentiert werden, kann von der Anzahl der Objekte der 2. Ebene abweichen. Dann weichen auch die Kostenkennwerte voneinander ab, da es sich um unterschiedliche Stichproben handelt. Es fallen auch nicht bei allen Objekten Kosten in jeder Kostengruppe an (Beispiel KG 461 Aufzugsanlagen).
29. Nutzungskosten, Lebenszykluskosten	Seit 2010 bringt BKI in Zusammenarbeit mit dem Institut für Bauökonomie der Universität Stuttgart ein Fachbuch mit Nutzungskosten ausgewählter Objekte heraus. Die Reihe wird kontinuierlich erweitert. Das Fachbuch Nutzungskosten Gebäude 2020/2021 fasst einzelne Objekte zu statistischen Auswertungen zusammen.
30. Lohn- und Materialkosten	BKI dokumentiert Baukosten nicht getrennt nach Lohn- und Materialanteil.
31. Gibt es Angaben zu Kostenflächenarten?	Nein, BKI hält die Grobelementmethode für geeigneter. Solange Grobelementmengen nicht vorliegen, besteht die Möglichkeit der Ableitung der Grobelementmengen aus den Verhältniszahlen von Vergleichsobjekten (siehe Planungskennwerte und Baukostensimulation).

32. Sind die im Fachbuch „BKI Baukosten Gebäude Altbau" angegebenen Mengenwerte Mengen nach DIN 276, oder die tatsächlich jeweils bearbeiteten Mengen?	Die im Fachbuch „BKI Baukosten Gebäude Altbau" angegebenen Mengenwerte sind anders als im Fachbuch „BKI Baukosten Gebäude Neubau" nicht Mengen nach DIN 276, sondern die abgerechneten Mengen, die bei den jeweiligen Objekten gemäß der Maßnahme nach der jeweiligen Kostengruppe tatsächlich bearbeitet wurden.

Fragen zu weiteren BKI Produkten:

33. Sind die Inhalte von „BKI Baukosten Gebäude (Teil 1), Statistische Kostenkennwerte" und „BKI Baukosten Bauelemente (Teil 2), Statistische Kostenkennwerte" auch im Kostenplaner enthalten?	Ja, im BKI Kostenplaner Statistik sind alle Objekte mit den Kosten bis zur 3. Ebene nach DIN 276 enthalten. Im BKI Kostenplaner Statistik plus sind zudem die vom BKI gebildeten Ausführungsklassen und Elementarten enthalten. Darüber hinaus ermöglicht der BKI Kostenplaner den Zugriff auf alle Einzeldokumentationen von tausenden Objekten.
34. Worin unterscheiden sich die Fachbuchreihen „BKI Baukosten" und „BKI Objektdaten"	In der Fachbuchreihe BKI Objektdaten erscheinen abgerechnete Einzelobjekte eines bestimmten Teilbereichs des Bauens (A=Altbau, N=Neubau, E=Energieeffizientes Bauen, IR=Innenräume, F=Freianlagen). In der Fachbuchreihe BKI Baukosten erscheinen hingegen statistische Kostenkennwerte von Gebäudearten, die aus den Einzelobjekten gebildet werden. Die Kostenplanung mit Einzelobjekten oder mit statistischen Kostenkennwerten haben spezifische Vor- und Nachteile: Planung mit Objektdaten (BKI Objektdaten): • Vorteil: Wenn es gelingt ein vergleichbares Einzelobjekt oder passende Bauausführungen zu finden ist die Genauigkeit besser als mit statistischen Kostenkennwerten. Die Unsicherheit, die der Streubereich (von-bis-Werte) mit sich bringt, entfällt. • Nachteil: Passende Vergleichsobjekte oder Bauausführungen zu finden kann mühsam oder erfolglos sein. Planung mit statistischen Kostenkennwerten (BKI Baukosten): • Vorteil: Über die BKI Gebäudearten ist man recht schnell am Ziel, aufwändiges Suchen entfällt. • Nachteil: Genauere Prüfung, ob die Mittelwerte übernommen werden können oder noch nach oben oder unten angepasst werden müssen, ist unerlässlich.

35. In welchen Produkten dokumentiert BKI Positionspreise?

Preise für Positionen mit statistischer Auswertung werden in „BKI Baukosten Positionen, Statistische Kostenkennwerte Neubau (Teil 3) und Altbau (Teil 5)" und „BKI Baupreise kompakt Neu- und Altbau" herausgegeben.
In Software-Form sind Preise mit den vorformulierten BKI-Mustertexten in der Software „BKI Kostenplaner - Statistik plus [Positionen]" und „BKI Positionen" enthalten.
Ausgewählte Positionspreise enthalten die Fachbücher „Konstruktionsdetails K1 bis K4", „Objektdaten Gebäudetechnik G1 bis G7" sowie die BKI „Objektdaten Freianlagen" und „Objektdaten Innenräume".
Im Sonderband Objektdaten S2 - Barrierefreies Bauen erscheint eine Auswahl von besonderen Positionen zum Barrierefreien Bauen.

36. Worin unterscheiden sich die Bände N1 bis N22 (A1 bis A13)

Die Bücher unterscheiden sich lediglich durch die Auswahl der dokumentierten Einzelobjekte. Der Aufbau der Bände ist gleich. In der BKI Fachbuchreihe Objektdaten erscheinen in unregelmäßigen Abständen Folgebände mit neu dokumentierten Einzelobjekten. Speziell bei den Altbaubänden A1 bis A13 ist es nützlich, alle Bände zu besitzen, da es im Bereich Altbau notwendig ist, mit passenden Vergleichsobjekten zu planen. Je mehr Vergleichsobjekte vorhanden sind, desto höher ist die „Trefferquote". Bände der Fachbuchreihe Objektdaten sollten deshalb langfristig aufbewahrt werden.

BKI plant für zukünftige Ausgaben des vorliegenden Fachbuchs zusätzlich sogenannte Aufwandsdaten zu erfassen. Sofern ausreichend Daten akquiriert werden können, erfolgt die Publikation dieser Daten wie im Folgenden beschrieben:

37. Was ist mit Aufwandsdaten gemeint?	Aufwandsdaten stellen den Zeitaufwand für Produktivleistungen eines Architekturauftrags dar. Als Produktivleistungen gelten: • Beratung bzgl. Planung und die Ausführung des Bauvorhabens • Erstellung von Zeichnungen, Berechnungen und Beschreibungen • Koordination und Integration der Beiträge fachlich Beteiligter • Erstellung von Genehmigungsunterlagen • Vorbereitung und Mitwirken bei der Vergabe • Objektüberwachung und Mitwirken bei der Abnahme u.v.m. Produktivleistungen werden nicht nur von Mitarbeiter*innen, sondern auch von Inhaber*innen/Partner*innen und Dritten erbracht und den Personalaufwendungen zugeordnet. In den BKI-Objektdokumentationen werden – soweit vom Objektplaner angegeben – die Aufwandsdaten für Produktivleistungen der Leistungsphasen 1 bis 8 dargestellt. Die Angabe des Zeitaufwands erfolgt in Arbeitstagen (1 AT = 8 Stunden).

Diese Liste wird laufend erweitert und im Internet unter www.bki.de/faq-kostenplanung.html veröffentlicht.

Bauen im Bestand – Regelwerke, Begriffe, Verfahren und Beispiele

von Univ.-Prof. Dr.-Ing. Wolfdietrich Kalusche und Dr.-Ing. Sebastian Herke

Bauen im Bestand – Regelwerke, Begriffe, Verfahren und Beispiele

von Univ.-Prof. Dr.-Ing. Wolfdietrich Kalusche und Dr.-Ing. Sebastian Herke
- 15. Fassung, August 2026

Das Fachbuch „BKI Baukosten Gebäude, Statistische Kostenkennwerte Altbau" und die Reihe BKI Objektdaten Altbau A1 bis A13 enthalten Kostenkennwerte, Erläuterungen und Abbildungen zu den Maßnahmen im Bestand. Die vorhandenen Daten wurden auf Objektebene der jeweiligen hauptsächlichen Maßnahme, also Erweiterung, Umbau, Modernisierung oder Instandsetzung zugeordnet. Das schließt nicht aus, dass im Einzelnen auch andere Maßnahmen durchgeführt wurden.

Die Kostenkennwerte und die nach Kostengruppen zusammengefassten Teilleistungen (Positionen) werden weiter unterschieden in:

- Herstellen; das sind Teilleistungen, die sowohl bei Umbauten, Erweiterungen als auch Modernisierungen vorkommen.
- Wiederherstellen; hierbei handelt es sich überwiegend um Instandsetzungen, teilweise auch um Verbesserung.
- Abbrechen; enthält nicht nur den Abbruch, sondern auch die Beseitigung von Bauteilen.

Für die Kostenplanung von Maßnahmen im Bestand ist diese Unterscheidung ausreichend. Wenn der oder die Architekt*in zusätzlich die Baunebenkosten ermittelt, kann der oder die Bauherr*in die Höhe der Investition gut einschätzen. [1]

Für weitergehende Fragestellungen im Zusammenhang mit der Finanzierung, insbesondere für die Beantragung von Zuschüssen bei Modernisierungen oder zur Ermittlung der zulässigen Modernisierungsumlage im Mietwohnungsbau ist es bei der Abrechnung von Bauleistungen erforderlich, nach weiteren Gesichtspunkten zu differenzieren. Das Augenmerk liegt hierbei auf der Abgrenzung von Maßnahmen der Modernisierung und Instandsetzung.

Denn anders als bei Instandsetzungen kann der oder die Eigentümer*in für Modernisierungsarbeiten Zuschüsse beantragen oder es kann nach dem geltenden Mietrecht eine Modernisierungsumlage erfolgen. Die möglichen Zuschüsse beim Bauen im Bestand sind bei jeder Maßnahme erneut zu prüfen. Es kann abschließend keine Auflistung erfolgen, da die gesetzlichen Bestimmungen von Jahr zu Jahr variieren. Instandsetzungen hingegen sind von Eigentümer*innen im Rahmen der Verpflichtungen eines Mietvertrags nach BGB (Bürgerliches Gesetzbuch) selbst zu tragen. Daher kommt es bei den Maßnahmen im Bestand nicht nur auf die sorgfältige Planung und Überwachung der Maßnahmen, sondern im Hinblick auf die Finanzierung auch auf die genaue und nachvollziehbare Abrechnung an. Grundlage hierfür sind die Abrechnungsdaten auf Positionsebene und Eigenberechnungen.

341
Tragende Innenwände

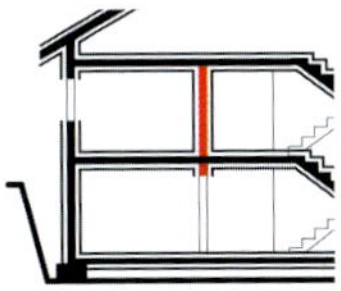

KG.OZ	Herstellen	▷	€/Einheit	◁	LB an EA
341.10	**Mauerwerkswand**				
01	**IW Mauerwerk, Betonsteine, 24cm** Innenwand aus Mauerwerk, Beton-Hohlblocksteinen, 24 cm Einheit: m² Wandfläche 012 Mauerarbeiten	148,00	**154,00**	174,00	100,0%
02	**IW Mauerwerk, Porenbeton-Plansteine, 24cm** Innenwand aus Mauerwerk, Porenbeton-Plansteinen, 24 cm Einheit: m² Wandfläche 012 Mauerarbeiten	151,00	**161,00**	169,00	100,0%
03	**IW Mauerwerk, Kalksandsteine, 17,5cm** Innenwand aus Kalksandsteinen, Lochsteine17,5 cm Einheit: m² Wandfläche 012 Mauerarbeiten	126,00	**134,00**	146,00	100,0%

Abb. 1a: BKI-Kennwerte für Herstellen – Beispiele

345
Innenwand-bekleidungen

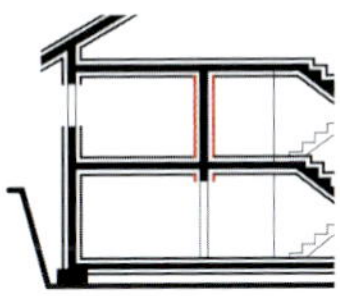

KG.OZ	Wiederherstellen	▷	€/Einheit	◁	LB an EA
345.10	**Oberflächenbehandlung**				
01	**IW Beschichtung, ausbessern** Beschichtung auf Innenwänden ausbessern Einheit: m² Beschichtungsfläche 034 Maler- und Lackierarbeiten - Beschichtungen	9,80	**11,00**	13,00	100,0%
02	**IW Beschichtung, Ölfarbe, anschleifen** Beschichtung mit Ölfarbe, auf Innenwänden, anschleifen Einheit: m² Beschichtungsfläche 034 Maler- und Lackierarbeiten - Beschichtungen	3,10	**3,50**	4,00	100,0%
03	**IW Holzflächen, anschleifen, grundieren** Holzflächen im Innenbereich anschleifen und grundieren Einheit: m² Beschichtungsfläche 034 Maler- und Lackierarbeiten - Beschichtungen	8,90	**9,90**	12,00	100,0%
04	**IW Metallflächen, anschleifen** Metallflächen im Innenbereich anschleifen Einheit: m² Beschichtungsfläche 034 Maler- und Lackierarbeiten - Beschichtungen	6,00	**6,90**	7,90	100,0%

Abb. 1b: BKI-Kennwerte für Wiederherstellen – Beispiele

363
Dachbeläge

KG.OZ	Abbrechen	▷	€/Einheit	◁	LB an EA
363.10	**Abdichtung**				
01	**DA Bitumenabdichtung, einlagig, abbrechen** Dachabdichtung mit Bitumenbahnen, einlagig, abbrechen und entsorgen Einheit: m² Belagsfläche 084 Abbruch-, Rückbau- und Schadstoffsanierungsarbeiten	29,00	**31,00**	41,00	100,0%
02	**DA Bitumenabdichtung, zweilagig, abbrechen** Dachabdichtung mit Bitumenbahnen, zweilagig, abbrechen und entsorgen Einheit: m² Belagsfläche 084 Abbruch-, Rückbau- und Schadstoffsanierungsarbeiten	31,00	**37,00**	46,00	100,0%
03	**DA Bitumenabdichtung, einlagig, Kiesschüttung, abbrechen** Dachabdichtung mit Bitumenbahnen, einlagig, abbrechen und entsorgen Einheit: m² Belagsfläche 084 Abbruch-, Rückbau- und Schadstoffsanierungsarbeiten	48,00	**52,00**	67,00	100,0%

Abb. 1c: BKI-Kennwerte für Abbrechen – Beispiele

Der Immobilienbestand in der Bundesrepublik Deutschland wird durch Altbauten geprägt.
80 Prozent des Wohnungsbestandes wurde vor 1990 errichtet. 50 Prozent des Wohnungsbestandes entstand in den Nachkriegsjahrzehnten zwischen 1949 bis 1978 und ist somit zum größten Teil vor Inkrafttreten der ersten Wärmeschutzverordnung gebaut worden. [2] Über zwei Drittel der Bautätigkeit im Hochbau werden bereits seit mehreren Jahren im Bestand durchgeführt. Maßnahmen im Bestand sind danach zu unterscheiden, ob sie der Erhaltung oder der Veränderung eines Objekts dienen. Zu einer Veränderung zählen Umbauten, Erweiterungen und Modernisierungen mit wesentlichen Eingriffen in die Bausubstanz. Zur Erhaltung eines Bauwerks sind die Instandhaltung mit Wartung (Verzögerung des Abnutzungsvorrats und regelmäßige Pflege), Inspektion (Feststellung des Ist-Zustands), Instandsetzung (Wiederherstellung eines Soll-Zustands) und Verbesserung (Anpassung eines Ist-Zustands an erhöhte Anforderungen) erforderlich.

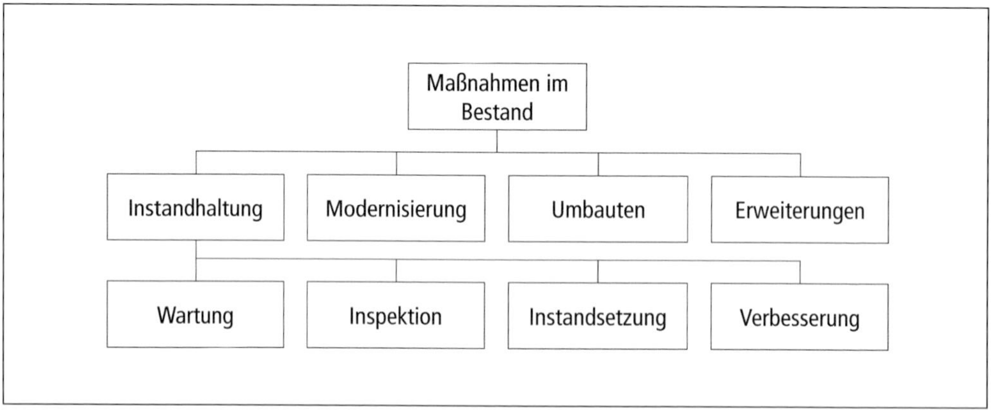

Abb. 2: Maßnahmen im Bestand zur Erhaltung und Veränderung eines Gebäudes [3]

Die in der Abbildung genannten Maßnahmen werden in der Verordnung über die Honorare für Architekten- und Ingenieurleistungen (HOAI 2021), in der DIN 31051:2019-06, Grundlagen der Instandhaltung, und in den Modernisierungsrichtlinien der Länder definiert. Ihre möglichst genaue Unterscheidung ist nicht nur für die Kennwertbildung, sondern auch für die Objektplanung mit der Kostenplanung, für den Architekt*innenvertrag und die Vergütung der Planungsleistungen sowie für die Finanzierung der Maßnahmen von Bedeutung. Das Bauen im Bestand wird nach den geltenden Regelwerken definiert und mit einem Beispiel erläutert.
Die einzelnen Maßnahmen spiegeln sich im Lebenszyklus eines Objekts in Projekten wider.
Der Begriff des Lebenszyklus bezeichnet die „Anzahl von Phasen, die eine Einheit durchläuft, beginnend mit der Konzeption und endend mit der Entsorgung". Der Lebenszyklus eines Objekts kann neben den verschiedenen Projekten aus einer oder mehreren Phasen der Nutzung bestehen, die teilweise durch vorübergehenden Leerstand unterbrochen werden. [4]

Neubau (Projekt)	DIN 276:2018-12
Leerstand vor der Nutzung	DIN 18960:2020-11
Nutzung	DIN 18960:2020-11
Modernisierung/Verbesserung (Projekt)	DIN 276:2018-12
Nutzung	DIN 18960:2020-11
Umbau, Erweiterung (Projekt)	DIN 276:2018-12
Nutzung	DIN 18960:2020-11
Leerstand bis Abbruch	DIN 18960:2020-11
Abbruch und Beseitigung (Projekt)	DIN 276:2018-12

Abb. 3: Lebenszyklus eines Gebäudes und die Grundlagen der Kostenermittlung [5]

Instandhaltung

Eine Instandhaltung umfasst die „Kombination aller technischen und administrativen Maßnahmen sowie Maßnahmen des Managements während des Lebenszyklus eines Objekts, die dem Erhalt oder der Wiederherstellung ihres funktionsfähigen Zustands dient, sodass es die geforderte Funktion erfüllen kann." [6]

Sie schließt ein:
- die Berücksichtigung der inner- und außerbetrieblichen Forderungen,
- die Abstimmung der Instandhaltungsziele mit den Unternehmenszielen,
- die Berücksichtigung entsprechender Instandhaltungsstrategien.

Zum besseren Verständnis wird der sehr allgemein gehaltene, teilweise sogar schwer verständliche Normtext durch beispielhafte Maßnahmen am Bauteil Holz-Kastenfenster veranschaulicht. Holz-Kastenfenster sind eine der bewährtesten Fensterkonstruktionen, da sie durch hohe Gebrauchs- und Funktionseigenschaften überzeugen und viele Vorteile für den Nutzer bieten. Der Bestand verbauter Holz-Kastenfenster in Deutschland liegt nach Aussage des Verbandes der Fenster- und Fassadenhersteller e.V. bei etwa 50 Millionen Stück. Beim Eingriff in den Bestand und im Fall denkmalrechtlicher Vorgaben bei einem Austausch von Fenstern sind Instandhaltungsmaßnahmen an Holz-Kastenfenstern allerdings sehr aufwendig. [7]

Wartung

„Maßnahmen zur Verzögerung des Abbaus des vorhandenen Abnutzungsvorrats", so lautet der Normtext der DIN 31051:2019-06, in Form der Wartung sind unbedingt erforderlich.
Zur Wartung eines Holz-Kastenfensters gehören beispielsweise:
- Reinigen des Fensters (Reinigen der Glas- und der farbbeschichteten Oberfläche, Entfernen von Verschmutzungen an den Dichtstoffen),
- Herstellen der Gangbarkeit (schleifende, klemmende Stellen des Flügelrahmens),
- Herstellen der Schließbarkeit (Funktion der Verriegelungselemente in eine wirksame Verriegelungsposition),
- Erneuern der Glasfalz (Entfernen der Kittreste, Herstellen der Glasfalz),
- Nachverkleben defekter Eckverbindungen,
- Erneuern von Fensterecken,
- Verschließen offener Brüstungsfugen und von Rissen. [8]

Inspektion

Ist nach DIN 31051:2019-06 die „Prüfung auf Konformität der maßgeblichen Merkmale eines Objekts, durch Messung, Beobachtung oder Funktionsprüfung".
Das kann an einem Holz-Kastenfenster sein:
- Überprüfen (optisch) der Oberflächen auf Risse und Spannungen im Holz, insbesondere im Randbereich und an den An- und Abschlüssen,
- Überprüfen der mechanischen Festigkeit von Profilen,
- Überprüfen der Funktionsfähigkeit der mechanischen Elemente wie Scharniere und Beschläge. [9]

Inspektion und Wartung werden oft in einem Arbeitsgang durchgeführt.

Instandsetzung

Gemäß DIN 31051:2019-06 ist das eine „physische Maßnahme, die ausgeführt wird, um die Funktion eines fehlerhaften Objekts wiederherzustellen". Dabei wird der zum bestimmungsgemäßen Gebrauch geeignete Zustand wiederhergestellt.

Bei der Instandsetzung eines Holz-Kastenfensters geht es um eine vollständige Überarbeitung (Runderneuerung) des gesamten Bauteils. Schadhafte Elemente, wie Falzprofilierungen und Beschläge, werden durch solche aus gleichem Material und mit gleichen Querschnitten ersetzt. Hinzu kommt das Entlacken und Neubeschichten aller wetterseitigen Elemente. Dies ist im Allgemeinen nach 7 Jahren zu empfehlen.

Zur Instandsetzung zählen alle Maßnahmen, die zur Erhaltung oder Wiederherstellung der Flügel- bzw. Blendrahmenfunktion erforderlich sind. Dabei wird hauptsächlich eine tischlermäßige Überarbeitung des Fensters vorgenommen:
- Erneuern der Falzprofilierung am Unterstück (Stufenfalz),
- Erneuern defekter oder unzureichend dimensionierter Wassernasen,
- Erneuern von stark geschädigten Rahmenteilen,
- Schleifen und Kantenrunden,
- Überarbeiten der Beschläge,
- Entlacken und Neubeschichten der Holzteile,
- Entglasen und Neuverglasen. [10]

Verbesserung

Das ist die „Kombination aller technischen und administrativen Maßnahmen sowie Maßnahmen des Managements zur Steigerung der immanenten Zuverlässigkeit und/oder Instandhaltbarkeit und/oder Sicherheit eines Objekts, ohne seine ursprüngliche Funktion zu ändern", so der Wortlaut der Norm DIN 31051:2019-06.

Es empfiehlt sich bei der Definition der Verbesserung auch die gesteigerte Funktionsfähigkeit einzubeziehen, wenn also nach der durchgeführten Maßnahme die Funktionsfähigkeit über dem ursprünglichen Niveau liegt. Das ist dann der Fall, wenn beispielsweise ein Bauteil nicht nur in den funktionsfähigen Zustand zurückgeführt wird, sondern den aktuellen Anforderungen, den allgemein anerkannten Regeln der Technik, angepasst wird.

Wenn die Bauteile eines Holz-Kastenfensters erhebliche Schäden aufweisen und eine Instandsetzung (Runderneuerung) erforderlich wird, ist es ratsam, zusätzliche Maßnahmen zur Verbesserung der Fenstereigenschaften durchzuführen. Dazu gehört die Erhöhung der Dichtigkeit (Luftdurchlässigkeit, Tauwasserbildung und Dampfdruckausgleich) sowie des Wärme- und Schallschutzes. Das erfolgt am besten durch den nachträglichen Einbau von Lüftungsöffnungen nach Anforderungen des Wärmeschutzes oder das Anbringen eines Sichtschutzes oder spezieller Folien für den sommerlichen Wärmeschutz. Bei einer Verbesserung nach dem Gebäudeenergiegesetz (GEG 2024) wird ein U_W-Wert von < 1,3 W/(m²K) gefordert. [11,12]

Zur administrativen Verbesserung der Funktionssicherheit zählt z. B. die Vereinbarung einer regelmäßigen Wartung und Inspektion oder vorhandener Wartungszyklen in kürzeren Zeitabständen.

Wird eine Runderneuerung in Folge einer Kosten-Nutzen-Analyse als nicht vorteilhaft angesehen, kann eine vollständige Erneuerung und damit der Austausch des Holz-Kastenfensters in Betracht gezogen werden. Dabei wird, um denkmalrechtlichen Aspekten gerecht zu werden, in der Praxis häufig ein optisch ähnliches Fenster aus anderen Baumaterialien (Kunststoff oder Aluminium) eingebaut. Ein solches Fenster hat verbesserte Dämm- und Schalleigenschaften. Somit stellt diese Maßnahme in Abgrenzung zur Instandhaltung eine Modernisierung dar. Die Verfasser dieses Beitrages befürworten allerdings in solchen Fällen einen Materialwechsel aus gestalterischen Gründen eher nicht.

Modernisierung

Der Begriff der Modernisierung wird ganz wesentlich durch seine Anwendung im deutschen Miet- und Förderrecht geprägt.

Als Modernisierungen gelten bauliche Maßnahmen:
- die Endenergie nachhaltig einsparen,
- die nicht erneuerbare Primärenergie nachhaltig einsparen oder das Klima nachhaltig schützen,
- die den Wasserverbrauch nachhaltig reduzieren,
- die den Gebrauchswert der Mietsache bzw. des Wohnraums oder des Wohngebäudes nachhaltig erhöhen,
- die allgemeinen Wohnverhältnisse auf Dauer verbessern,
- die keine Erhaltungsmaßnahmen sind oder
- die neuen Wohnraum schaffen. [13,14,15]

Es liegt z. B. eine Modernisierung vor, wenn der Wärme-, Schall- oder Brandschutz erhöht wird. Zu den Modernisierungen können aber auch die Steigerungen der Wohnqualität durch bessere Raumausnutzung, Belichtung und Belüftung zählen sowie bauliche Maßnahmen zur Verbesserung der Verkehrswege, wie Aufzüge und Ausstattungen für Behinderte oder ältere Menschen. Die nachhaltige Erhöhung des Gebrauchswertes bezieht sich dabei nicht nur auf Wohngebäude, sondern zum Beispiel auch auf Grünanlagen oder raumbildende Ausbauten.

Art und Umfang einer Modernisierung können sehr unterschiedlich sein. Deshalb ist vorab und im Hinblick auf die Nutzung zu klären, welchen Anforderungen das modernisierte Objekt genügen soll und welche rechtlichen, wirtschaftlichen und organisatorischen Bedingungen zu beachten sind. Vor allem unter dem Gesichtspunkt der finanziellen Förderung sind die Maßnahmen von Bedeutung, welche in den Programmen und Richtlinien zur Förderung der Modernisierung und Instandsetzung der einzelnen Bundesländer beschrieben werden.

Als Maßnahmen zur Erhöhung des Gebrauchswertes von Wohnraum und Verbesserung der Wohnverhältnisse sind beispielsweise im Einzelnen förderfähig:
- Maßnahmen der Verbesserung des Zuschnitts, des Zugangs zu Wohnungen und Wohngebäuden sowie der Beweglichkeit in Wohnungen (Barrierefreies Bauen), der natürlichen Belichtung und Belüftung und des Schallschutzes, der Energie- und Wasserversorgung sowie Entwässerung, der sanitären Einrichtungen.

Und:
- Maßnahmen zur Herstellung der Barrierefreiheit von Wohnungen nach DIN 18040-2:2011-09, Barrierefreies Bauen - Planungsgrundlagen - Teil 2: Wohnungen, einschließlich der barrierefreien Zugänglichkeit zur Wohnung und zum Wohngebäude, [...].

Zu den Maßnahmen, die der Einsparung von Energie und Wasser dienen, zählen:
- bauliche Maßnahmen zum Wärmeschutz oder zur Einsparung von Heizenergie, zum Beispiel die nachträgliche Wärmedämmung von Außenwänden, Kellerdecken oder Dächern, die Erneuerung von Fenstern, die Erneuerung der Heizungstechnik auf Basis fossiler Brennstoffe (Brennwertkessel, Klein-Blockheizkraftwerke), Maßnahmen zur Nutzung erneuerbarer Energien, [...]. [16,17]

Maßnahmen, die der Verbesserung dienen, können den Maßnahmen der Modernisierung zugeordnet werden, wenn Sie entsprechend den Modernisierungsrichtlinien der Länder als Modernisierungsmaßnahmen eingestuft werden.

Umbauten und Erweiterungen

Umbauten sind Umgestaltungen eines vorhandenen Objekts mit wesentlichen Eingriffen in Konstruktion oder Bestand. Bei einem Umbau handelt es sich somit um einen teilweisen Neubau nach einem teilweisen Abbruch von Baukonstruktionen und Technischen Anlagen. Erweiterungen können als Ergänzung eines vorhandenen Bauwerkes durch Aufstockung oder Anbau erfolgen. [18]

Im Rahmen des hier behandelten Themas ist eine Abgrenzung der Begriffe Instandhaltung, Modernisierung und Umbau erforderlich. Modernisierung und Umbau gehören insoweit zusammen, als sie gemäß § 36 der HOAI 2021 zu den Leistungen im Bestand zählen. So sind Umbauten und Erweiterungen zu den Modernisierungsmaßnahmen zu zählen, wenn z. B. Umbaumaßnahmen zur Schaffung von Barrierefreiheit durchgeführt werden. [19]

Abbruch und Beseitigung

Gebäude oder Teile davon werden abgebrochen, wenn sie nicht mehr den Anforderungen entsprechen oder einer anderen Nutzung, z. B. einer Straßenverbreiterung, im Wege sind. Abbruch ist die „planvolle Teilung eines vorherigen Ganzen in zwei oder mehrere Teile, bei Anwendung geeigneter Verfahren zum ganzen oder partiellen Zerlegen von baulichen oder technischen Anlagen". [20] Der Abbruch und die Beseitigung von Bauteilen fallen auch im Zusammenhang mit Instandsetzungen und Modernisierungen an. Sie sind meist zeitaufwendig und kostenintensiv. Die VDI-Richtlinie 6210:2016-02 unterscheidet dabei in Demontage und Entkernung. So findet häufig die Demontage, ein sogenannter zerstörungsarmer Abbruch von Anlagen, durch „Lösen der Verbindungen und/oder Herstellen von Trennschlitzen und Abheben der Bauteile [...] mit dem Ziel der Wieder- oder Weiterverwendung der ausgebauten Bauteile", statt. Die Entkernung hingegen bezeichnet den „Abbruch von Bauteilen [...] eines Gebäudes bis auf den Rohbauzustand." Die Entkernung dient einer umfangreichen Vorbereitung der Modernisierung von Objekten.

Architektenvertrag und Vergütung beim Bauen im Bestand

In der Praxis werden Instandsetzungen, Verbesserungen und Modernisierungen an einem Objekt oft gleichzeitig durchgeführt. Für die ausführenden Firmen ist die Unterscheidung dieser Leistungen insoweit interessant, als sie nicht wie Neubauleistungen kalkuliert werden können. Für den Architekten geht es einerseits darum, den eigenen Aufwand für Planung und Überwachung richtig einzuschätzen und anderseits darum, die Leistungen im Architektenvertrag richtig zuzuordnen und mit dem Auftraggeber die angemessene Vergütung zu regeln.

Im Juli 2019 entschied der Europäische Gerichtshof, dass die Mindest- und Höchstsätze der HOAI nicht mit dem EU-Recht vereinbar sind. Die neue HOAI 2021 ist mit dem 01.01.2021 in Kraft getreten und löst die HOAI 2013 ab. Sie berücksichtigt nun einen Orientierungsrahmen, welche Honorare aus Sicht des Verordnungsgebers angemessen sind.

Die baulichen Maßnahmen im Bestand werden in vier Paragraphen zusammengefasst:

- § 2 Begriffsbestimmungen, es werden unter anderem die Begriffe Umbauten, Modernisierungen, Instandsetzungen und Instandhaltung erklärt und gegenüber anderen Maßnahmen abgegrenzt.
  - Abs. 5 „Umbauten" sind Umgestaltungen eines vorhandenen Objekts mit wesentlichen Eingriffen in Konstruktion oder Bestand.
  - Abs. 6 „Modernisierungen" sind bauliche Maßnahmen zur nachhaltigen Erhöhung des Gebrauchswertes eines Objekts, soweit sie nicht als Erweiterungsbauten, Umbauten oder Instandhaltungen „Instandsetzungen" anzusehen sind.
  - Abs. 8 „Instandsetzungen" sind Maßnahmen zur Wiederherstellung des zum bestimmungsgemäßen Gebrauch geeigneten Zustandes (Soll-Zustandes) eines Objekts, soweit sie nicht zu Wiederaufbauten zählen.
  - Abs. 9 „Instandhaltungen" sind Maßnahmen zur Erhaltung des Soll-Zustandes eines Objekts.

- § 4 Abs. 3, die „mitzuverarbeitende Bausubstanz" (mvB) wurde wieder in die HOAI 2021 aufgenommen und ist auch in der HOAI 2021 unverändert enthalten. Der Begriff existierte als „vorhandene Bausubstanz" schon in der HOAI 1996 und wurde mit der Novellierung der HOAI 2009 gestrichen.

- § 12 Instandsetzungen und Instandhaltungen, entspricht dem § 36 der HOAI 2009, wobei die Möglichkeit der Erhöhung des Honorars für die Leistungsphase 8 Objektüberwachung - Bauüberwachung und Dokumentation um bis zu 50 Prozent erhalten geblieben ist.

- § 36 Umbauten und Modernisierungen von Gebäuden und Innenräumen, entspricht dem § 35 Leistungen im Bestand nach HOAI 2009. Die Maßnahmen im Bestand werden konkret als Umbau und Modernisierung benannt. Der Begriff „Leistungen im Bestand" ist entfallen. Der Umbauzuschlag, der bisher 20 bis 80 Prozent betragen konnte, ist auf bis zu 33 Prozent bei Maßnahmen an Gebäuden festgelegt. Bei Maßnahmen im Innenausbau ist der Umbauzuschlag auf bis zu 50 Prozent festgelegt. Sollte jedoch bei Vertragsgestaltung keine schriftliche Vereinbarung zum Umbauzuschlag erfolgen, gilt in diesem Fall ein Zuschlag von 20 Prozent als vereinbart.

Die genannten Änderungen sind der Anwendung in der Praxis geschuldet, in der Umbauzuschläge nach HOAI 2009 von bis zu 80 Prozent selten gewährt wurden. Dem Mehraufwand in der Objektplanung konnte somit nicht genügend Rechnung getragen werden. Die Erhöhung der Honorare beim Bauen im Bestand ergibt sich auch durch die Anpassungen der Mindest- und Höchstsätze der Honorartafeln.

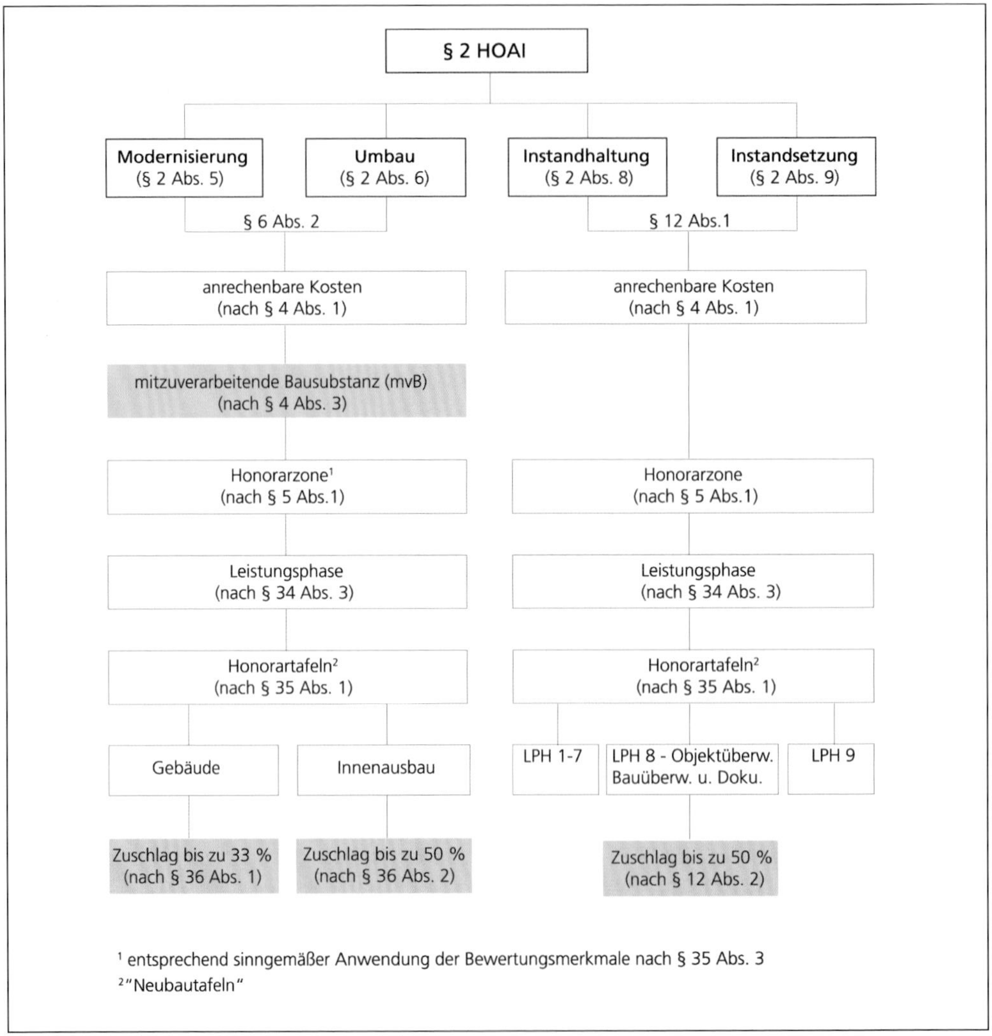

Abb. 4: Anwendung der HOAI 2021 beim Bauen im Bestand [21]

Die HOAI 2021 sieht zwei Möglichkeiten vor, die Honorare für das Bauen im Bestand anzupassen:
- die mitzuverarbeitende Bausubstanz (mvB) und
- den Umbauzuschlag.

Die vertragliche Vereinbarung des Umbauzuschlags ist dabei abhängig vom Verhandlungsgeschick des Objektplaners. Der Umbauzuschlag ist individuell entsprechend dem Schwierigkeitsgrad des Objekts zu bestimmen. Es werden dem oder der Bauherr*in hierbei besondere Kenntnisse der Bauprozesse abverlangt. Die mitzuverarbeitende Bausubstanz ist hingegen gesondert zu ermitteln und durch den oder die Objektplaner*in detailliert auszuweisen. Die DIN 276:2018-12, Kosten im Bauwesen, stellt dabei ein geeignetes Mittel zur Anwendung dar. Die Abgrenzung der mvB stellt die Objektplaner in der Praxis jedoch immer wieder vor große Probleme.

Grundsätzlich zählt die gebaute Umgebung nicht automatisch zur mvB. Die HOAI 2021 beschreibt die mitzuverarbeitende Bausubstanz in § 2 Absatz 7 als „der Teil des zu planenden Objekts, der bereits durch Bauleistungen hergestellt ist und durch Planungs- oder Überwachungsleistungen technisch oder gestalterisch mitverarbeitet wird."

Die zeichnerische Darstellung des Bauteils berechtigt also noch nicht zur Anrechnung. Vielmehr sind die Bauteile in die Planung einzubeziehen. Der konstruktive oder aber der gestalterische Eingriff allein ist dabei entscheidend. Die technische Anwendung ist dabei leicht nachzuweisen, etwa durch statische oder konstruktive Maßnahmen, die am entsprechenden Bauteil durchgeführt werden. Der gestalterische Aspekt lässt sich hingegen schwieriger abgrenzen.
So ist fraglich, ob eine zeichnerische Verarbeitung allein genügt, um nach Definition der HOAI 2021 als mitzuverarbeitende Bausubstanz zu gelten. [22]

Abgrenzung der Maßnahmen in Beispielen

Welche einzelnen Maßnahmen bei Wohnbauten und den dazu gehörenden Außenanlagen anfallen und wie diese zuzuordnen sind, zeigt Abbildung 5. Die Zuordnung ist nicht immer ganz einfach, häufig ist sie auch Gegenstand von Rechtsstreitigkeiten.

Die in der nachfolgenden Abbildung gezeigten Beispiele sind eine Auswahl von häufig vorkommenden Maßnahmen. Ihre genaue Unterscheidung ist weniger von wissenschaftlicher Bedeutung als vielmehr vom wirtschaftlichen Interesse des Eigentümers in Bezug auf die Finanzierung von Maßnahmen und die Mietpreisbildung.

Für eine (förderfähige) Modernisierung kann der oder die Eigentümer*in des Objekts zum einen Fördermittel erhalten und zum anderen als Vermieter*in nach § 559 Absatz 1 BGB 8 Prozent der Modernisierungskosten auf die Jahresmiete umlegen. [23]
Die Kosten einer Instandsetzung und einer Verbesserung, wenn sie nicht als Modernisierungsmaßnahme förderfähig ist, hat der Vermieter eines Wohngebäudes dagegen aus der so genannten Nettokaltmiete zu finanzieren. [24]

Instandsetzungskosten sind Ausgaben des Vermieters in unregelmäßigen Zeitabständen. Einnahmen hierfür erfolgen periodisch über die Nettokaltmiete. Der oder die Vermieter*in muss Rücklagen bilden, um bei notwendigen Instandsetzungsmaßnahmen zu reagieren. Eine entsprechende Instandhaltungsstrategie ist dabei von entscheidender Bedeutung.

Nr.	Maßnahmen am Gebäude und an den Außenanlagen	Instand-setzung	Verbesse-rung	Moderni-sierung
1	Der Anstrich des Treppenhausgeländers wird erneuert.	x		
2	In das Treppenhaus eines Wohngebäudes wird nachträglich ein Personenaufzug eingebaut.			x
3	Eine Wohnungseingangstür in einem Mehrfamilienhaus wird nicht ausgebessert und neu gestrichen, sondern durch eine neue, den derzeitigen Schallschutzanforderungen entsprechende Tür ersetzt.			x
4	Eine defekte Klingelanlage wird nicht repariert, sondern durch einen Türöffner mit Gegensprechanlage ersetzt.			x
5	Defekte Ziegel der Dachkonstruktion eines Wohnhauses werden ersetzt.	x		
6	Eine schadhafte Fassade wird ausgebessert und darüber hinaus entsprechend des gültigen GEG wärmegedämmt.			x
7	Einfachverglaste Holzfenster werden durch doppelverglaste Wärme- und Schallschutzfenster aus Kunststoff ersetzt.			x
8	In den Bädern eines Wohnhauses werden die alten Toilettenspülkästen auf 6l-Wasserkästen umgerüstet und Spartasten eingebaut.			x
9	Einlassen von Schläuchen in ein Unterdach zum Einblasen von Helium, um mittels eines Gassensors Undichtigkeiten leichter feststellen zu können.		x	
10	In einem Wohnhaus werden alle Ofenheizungen entfernt und durch eine moderne Zentralheizung, welche die Anforderungen des gültigen GEG erfüllt, ersetzt.			x
11	In jeder Wohnung eines Mehrfamilienhauses werden (eichpflichtige) Wasserzähler eingebaut, damit eine verbrauchsabhängige Wasserabrechnung möglich ist.			x
12	An einem Mehrfamilienhaus werden nachträglich neue Balkone angebracht.			x
13	Lose, beschädigte oder ausgetretene Treppenstufen werden abgebrochen und durch neue ersetzt.	x		
14	Schadhafte Gehwegplatten auf dem Grundstück einer Wohnanlage werden ersetzt.	x		
15	Im Hinterhof eines Wohngebäudes wird ein Kinderspielplatz errichtet.			x
16	Kleine Kratzer und ein stumpfer Belag in der Badewanne werden ausgebessert.	x		
17	Ein Frostschaden in den wasserführenden Leitungen wird behoben.	x		
18	In einem Altbau werden die Bleirohre der Abwasser- und Wasserinstallationen durch Kunststoffrohre ersetzt.	x		
19	Alte, innenliegende Briefkästen eines Mehrfamilienhauses werden durch eine moderne Briefkastenanlage ersetzt.			x
20	Die Kellerdecke wird entsprechend des gültigen GEG wärmegedämmt.			x

Abb. 5: Zwanzig Beispiele zu Instandsetzung, Verbesserung und Modernisierung [25, 26, 27]

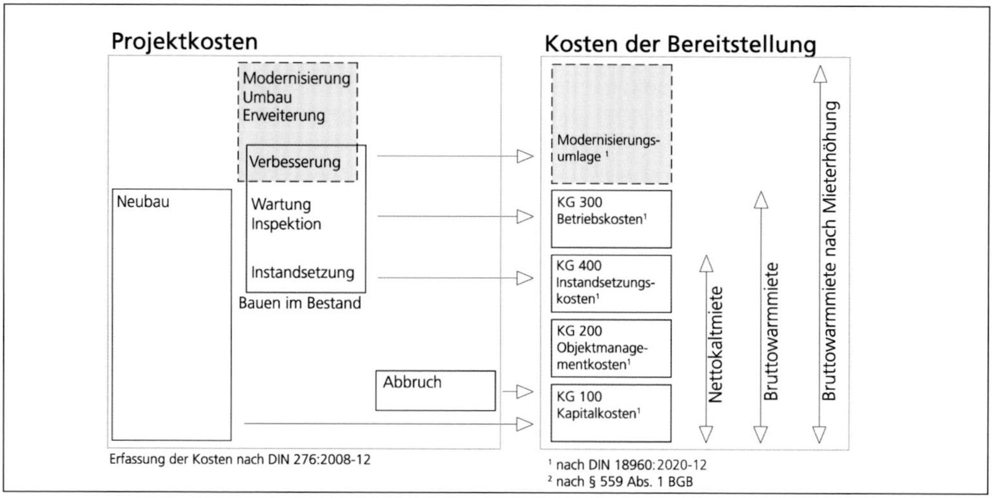

Abb. 6: Kostenumlage von Bauen, Erhalten und Verbessern zu Kosten der Bereitstellung eines Objekts als Grundlage für Nutzung und Erlöse (Mieten)

Folgende bauliche Maßnahmen nach DIN 31051:2019-06 sind Ausnahmen zur oben beschriebenen Regel und durch den Mieter gesondert zu tragen. Dabei sind aktuelle Rechtsprechungen sowie vertragliche Regelungen im Mietvertrag zu beachten:

- Schönheitsreparaturen (z. B. Streichen der Wände, Heizkörper, Innentüren und Innenbereiche der Fenster),
- Kleinreparaturen (z. B. Reparatur der Installationsgegenstände wie Mischbatterien und Druckspüler),
- Kosten nach Betriebskostenverordnung (z. B. für Wartung der Aufzugsanlage, Überprüfen der Betriebsbereitschaft und -sicherheit der Etagenheizung). [28, 29]

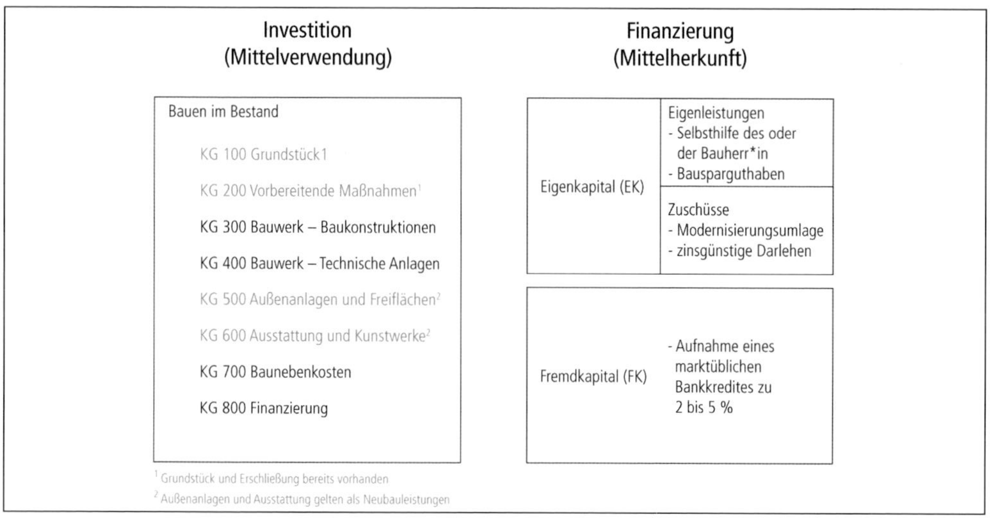

Abb. 7: Gegenüberstellung von Investition und Finanzierung beim Bauen im Bestand

Beispiel – Kosten der energetischen Modernisierung

Im folgenden Beispiel wird exemplarisch die energetische Modernisierung eines Mehrfamilienhauses betrachtet. Der Schwerpunkt der Berechnung liegt auf den entstandenen Baukosten, dem umlagefähigen Modernisierungsanteil und der Modernisierungsumlage auf die Nettokaltmiete.

Die verwendeten Kostenkennwerte sind einer Maßnahme entnommen, die im Jahr 2012 durchgeführt wurde. Das Vorhaben ist unter der Objektnummer 6100-0781 in der BKI-Reihe Objektdaten Altbau A8 dokumentiert worden. Das Gebäude enthält insgesamt 8 Wohneinheiten (WE). Ausstattung und Lage wurden als mittlerer Standard bewertet.

Kostengruppe (KG)	Bauelement	Maßnahme	Kosten in €/m² BGF	Kosten in €/m² WFL	umlagefähiger Modernisierungsanteil	umlagefähige Kosten in €/m² WFL
334	Außentüren und -fenster	Austausch Fenster	102,00	204,00	50% [1]	102,00
335	Außenwandbekleidung außen	Dämmung Fassade	80,00	160,00	85% [1]	136,00
336	Außenwandbekleidung innen	Dämmung Kellerwand	20,00	40,00	90% [1]	36,00
344	Innentüren und -fenster	Austausch WE-Türen	9,00	18,00	50% [1]	9,00
353	Deckenbekleidung	Dämmung Kellerdecke	18,00	36,00	95% [1]	34,20
364	Dachbekleidung	Dämmung Dachgeschoss	4,50	9,00	95% [1]	8,55
391	Baustelleneinrichtung	–	5,00	10,00	70% [2]	7,00
392	Gerüste	Fassadengerüst	10,00	20,00	85% [3]	17,00
300	**Bauwerk – Baukonstruktionen**		**250,00** [4]	**500,00**	**70%** [2]	**350,00**
700	**Baunebenkosten** gerundet		**50,00** [5]	**100,00**	**70%** [2]	**70,00**
Summe (KG 300+700) gerundet						**420,00**

1 Werte eines, den Autoren bekannten, Wohnungsunternehmens
2 entspricht dem Mittelwert der umlagefähigen Kosten der KG 300 (gerundet)
3 entspricht dem umlagefähigen Modernisierungsanteil der KG 331 – Dämmung Fassade
4 entspricht den Kosten der ausgewählten Teilleistungen nach BKI Objektdaten Altbau A8 – Objektnummer 6100-0781
5 entspricht 20% der KG 300

Abb. 8: Baukosten der Kostengruppen 300 und 700 einer energetischen Modernisierung inkl. Modernisierungsanteil (extrapoliert 1. Quartal 2026, inkl. MwSt.; DIN 276:2018-12) [30]

Die Kostenkennwerte der 3. Ebene nach DIN 276:2018-12 ergeben sich aus den Teilleistungen (Positionen) der KG 300 Bauwerk – Baukonstruktionen, zuzüglich der Annahme für die KG 700 Baunebenkosten. Als Grundlage der Baunebenkosten (KG 700) dient vorbehaltlich einer genaueren Ermittlung ein Kostenwert von 20 Prozent der Bauwerkskosten (Auf-Hundert-Rechnung) für die Aufwendungen der Bauherrenaufgaben, Architekten- und Ingenieurleistungen, Gutachten und Beratung sowie Allgemeine Baunebenkosten. [31]

Die Kostenkennwerte, welche nach BKI auf die Brutto-Grundflächen (BGF nach DIN 277:2021-8) bezogen sind, werden auf die Wohnfläche (WFL nach WoFIV) umgerechnet. [32, 33] Dabei wird ein Planungskennwert aus dem Verhältnis der Wohnfläche zur Brutto-Grundfläche angewendet. Dieser Wert lässt Rückschlüsse über die wirtschaftliche Flächenausnutzung des Objekts zu. Im vorliegenden Beispiel wird auf der Grundlage statistischer Daten ein Verhältniswert von 0,50 WFL/BGF für ein unterkellertes Mehrfamilienhaus mit 6 bis 19 Wohneinheiten gewählt. [34]

Bestimmte Prozentwerte zum umlagefähigen Modernisierungsanteil bei baulichen Maßnahmen werden in der Praxis diskutiert, sie resultieren aus Erfahrungen oder der Rechtsprechung. Für die weitere Berechnung werden Erfahrungswerte der Autoren angewendet. Deren Übertragbarkeit auf andere Projekte ist in jedem Fall sorgfältig zu überprüfen.

So sind zum Beispiel die Kosten des Wärmedämmverbundsystems (WDV-System) der KG 335 Außenwandbekleidung, außen in Instandsetzungs- und Modernisierungskosten aufzuteilen. Die Kosten der energetischen Maßnahmen, wie der Dämmung, sind vollständig umzulegen. Die Kosten für den anschließenden Anstrich sind als Instandsetzungsmaßnahme gesondert zu betrachten. Die Autoren sehen im vorliegenden Fall einen Anteil von 85 Prozent für das WDV-System der Fassade als ausreichend an. Entsprechend dieser Aufteilung sind die Kosten der KG 392 Gerüste, welche ausschließlich bei Fassadenarbeiten anfallen, mit demselben Prozentwert umzulegen.

Der umlagefähige Modernisierungsanteil der Kosten der Baukonstruktionen (KG 300) beträgt im Mittel etwa 70 Prozent. Dieser dient als eine Grundlage auch für die Modernisierungsumlage der KG 700.

Eine detaillierte Aufschlüsselung und Abgrenzung der einzelnen Kosten ist im Sinne der Vermieter. Andernfalls kann der Mieter Widerspruch gegen eine ungenügend begründete Modernisierungsmaßnahme und der damit einhergehenden Modernisierungsumlage sowie Mieterhöhung einlegen.

Beispiel – Mieterhöhung nach Modernisierung

Erläuterung	Wert	Einheit	Berechnung
Regionalfaktor Berlin	1,141		BKI 2026
umlagefähige Kosten (2026, Berlin)	480,00	€/m² WFL	420,00 €/m² WFL x 1,141 (gerundet)

Abb. 9: Berechnung der Mieterhöhung nach Modernisierung

Die ermittelten Kosten aus dem Beispiel werden für die Berechnung der Modernisierungsumlage exemplarisch auf ein Objekt mit dem Standort Berlin bezogen. Dazu erfolgt, wie in Abbildung 9 dargestellt, die Aktualisierung der Kostenwerte mittels Regionalfaktor von Berlin (Faktor 1,141) im Vergleich zum Bundesdurchschnitt (BKI-Daten = 1,000).

Erläuterung	Wert	Einheit	Berechnung
Modernisierungsumlage pro Jahr	38,40	€/m² WFL	480,00 €/m² WFL x 0,08
zinsverbilligte Darlehen	1,00	%	Kreditanstalt für Wiederaufbau (KfW)

Nominalzins	3,00	%	Kreditinstitut (Laufzeit 10 Jahre)
Zinsvergünstigung	2,00	%	Differenz Darlehen und Nominalzins
Zinsvergünstigung	9,60	€/m² WFL	480,00 €/m² WFL x 0,02
Modernisierungsumlage pro Jahr	28,80	€/m² WFL	(38,40 - 9,60) €/m² WFL
Modernisierungsumlage pro Monat	2,40	€/m² WFL	28,80 €/m² WFL / 12 Monate (gerundet, Kappungsgrenze vernachlässigt)
Nettokaltmiete vor Modernisierung	3,60	€/m² WFL	entsprechend Mietvertrag
Nettokaltmiete nach Modernisierung	6,00	€/m² WFL	(3,60 + 2,40) €/m² WFL
Nettokaltmiete Mietspiegel (2026, Berlin)	7,30	€/m² WFL	Mietspiegel, mittlere Wohnlage, 1950 bis 1964, ab 45m²

Abb. 10: Berechnung der Mieterhöhung nach Modernisierung

In einem zweiten Schritt werden die umlagefähigen Kosten in Höhe von 480,00 €/m² WFL mittels der gesetzlich zulässigen Modernisierungsumlage von 8 Prozent pro Jahr auf die Nettokaltmiete umgelegt. Zu berücksichtigen sind des Weiteren Vergünstigungen in Form von zinsverbilligten Darlehen, wie sie zum Beispiel die Kreditanstalt für Wiederaufbau (KfW) vergibt. Auch Eigenleistungen der Mieter sind anteilig zu berücksichtigen und verringern die umlagefähigen Modernisierungskosten. Im aktuellen Beispiel wird ein zinsverbilligtes Darlehen der KfW von 1 Prozent gewählt. Die Zinsvergünstigung gegenüber einem marktüblichen Zinssatz liegt bei etwa 2 Prozent. Diese sind den umlagefähigen Modernisierungskosten gegenzurechnen. [35, 36]

Bei der Modernisierung ist zu beachten, dass die Kosten der Energieeinsparmaßnahmen in einem angemessenen Verhältnis zur tatsächlichen Energieeinsparung stehen. Die Mieterhöhung sollte aber nicht unangemessen hoch sein und sich mit dem Wirtschaftsstrafgesetzt (WiStrG) vereinbaren lassen. [37]

Neben der Modernisierungsumlage von 8 Prozent kann entsprechend § 558 BGB eine zusätzliche Mieterhöhung folgen, wenn die Miete:
– in den letzten 15 Monaten unverändert ist,
– in den letzten 36 Monaten nicht um mehr als 20 Prozent erhöht wurde und
– die ortsübliche Vergleichsmiete nicht übersteigt.

Bei Mieterhöhungen sind des Weiteren mögliche Kappungsgrenzen und regionale Mietpreisspiegel, die nicht überschritten werden dürfen, zu beachten. Die Grundlage der Mieterhöhung nach § 558 BGB bildet die Nettokaltmiete, welche vor sechs Jahren zur folgenden Mieterhöhung bestand. Mieterhöhungen in Folge von Modernisierungsmaßnahmen oder einer Betriebskostenerhöhung bleiben unberücksichtigt. Die Kappungsgrenze von 20 Prozent kann hierbei durch landesrechtliche Regelungen auf 15 Prozent herabgesetzt werden. Die Voraussetzung dafür ist gegeben, „wenn die ausreichende Versorgung der Bevölkerung mit Mietwohnungen zu angemessenen Bedingungen [...] besonders gefährdet ist". [38]

Fazit

Die Notwendigkeit einer nachvollziehbaren Unterscheidung der Erhaltung (Wartung, Inspektion, Instandsetzung und Verbesserung, wenn letztere nicht als Modernisierungsmaßnahme geltend gemacht werden kann) einerseits und der Veränderung eines Gebäudes (durch Modernisierung) andererseits ist in der Praxis von großer Bedeutung.
An die Vorbereitung und Durchführung entsprechender Maßnahmen im Bestand, insbesondere die Kostenplanung von Instandsetzungen und Modernisierungen sowie die Wirtschaftlichkeitsermittlung für das Objekt insgesamt werden hohe Anforderungen gestellt. Sie müssen von allen am Projekt Beteiligten entsprechend berücksichtigt werden. Es stehen damit vielfältige und anspruchsvolle Aufgaben für Architekten, Ingenieure und ausführende Firmen in den nächsten Jahrzehnten an. Die BKI-Kennwerte sollen hierbei eine wertvolle Arbeitshilfe sein.

Literatur

[1] Kalusche, Wolfdietrich; Herke, Sebastian: Orientierungswerte und frühzeitige Ermittlung der Baunebenkosten ausgewählter Gebäudearten, In: Baukosteninformationszentrum Deutscher Architektenkammern (Hrsg.): BKI Baukosten Gebäude 2026 – Statistische Kostenkennwerte Teil 1, Stuttgart 2026, Seiten 126 bis 147

[2] Statistisches Bundesamt – Destatis (Hrsg.): Zensus 9. Mai 2011 – Gebäude und Wohnungen Bundesrepublik Deutschland, Stand Mai 2013

[3] Kalusche, Wolfdietrich: Kostenplanung beim Altbau, In: Deutsches Architektenblatt 05/2007, Seiten 64 bis 66

[4] Kalusche, Wolfdietrich: Die neue DIN 18960 – Nutzungskosten im Hochbau, In: GEFMA (Hrsg.): Facility Management 2008 – Tagungsband, VDE Verlag GmbH, Berlin 2008, Seiten 115 bis 126

[5] Kalusche, Wolfdietrich: Lebenszykluskosten von Gebäuden – Grundlage ist die neue DIN 18960:2008-02, Nutzungskosten im Hochbau, In: Bauingenieur 11/2008, Band 83, Seiten 495 bis 501

[6] DIN 31051:2019-06, Grundlagen der Instandhaltung

[7] Verband der Fenster- und Fassadenhersteller e.V. (Hrsg.): VFF Leitfaden HO.09 – Runderneuerung von Kastenfenster aus Holz, Frankfurt am Main 2003

[8] ebd.

[9] ebd.

[10] ebd.

[11] Gesetz zur Einsparung von Energie und zur Nutzung erneuerbarer Energien zur Wärme- und Kälteerzeugung in Gebäuden* (Gebäudeenergiegesetz - GEG), Fassung von 2024, Anlage 1 (zu § 15 Absatz 1)

[12] Fachabteilung Holzfenster im Verband der Fenster- und Fassadenhersteller e.V. (Hrsg.): Zusätzliche Technische Vertragsbedingungen (ZTV) zur Ausschreibung der Aufarbeitung und Instandsetzung (Runderneuerung) von Kastenfenstern aus Holz, Frankfurt am Main 2003

[13] Bürgerliches Gesetzbuch (BGB), Fassung von 2022, zuletzt geändert 2018, § 555b

[14] Wohnraumförderungsgesetz (WoFG), Fassung von 2001, zuletzt geändert 2019, § 16

[15] Verordnung über wohnungswirtschaftliche Berechnungen nach dem Zweiten Wohnungsbaugesetz (Zweite Berechnungsverordnung – II. BV), Fassung von 1990, zuletzt geändert 2007, § 11

[16] Landeswohnraumförderungsprogramm – Förderung selbstgenutzten Wohneigentums, Baden-Württemberg 2012

[17] Richtlinie zur Förderung der energetischen Sanierung von Wohngebäuden in Baden-Württemberg 2012

[18] Verordnung über die Honorare für Architekten- und Ingenieurleistungen (Honorarordnung für Architekten und Ingenieure – HOAI), Fassung von 2021, § 2
[19] Locher, Ulrich; Koeble, Wolfgang; Zahn, Alexander (Hrsg.): Kommentar zur HOAI 2013, 12. Aufl., Köln 2014, Seiten 410 ff.
[20] VDI 6210:2016-02, Abbruch von baulichen und technischen Anlagen
[21] Lechner, Hans; Herke, Sebastian: Bauen im Bestand – Grundlagen und Beispiele, In: Kalusche, Wolfdietrich (Hrsg.): Handbuch HOAI 2013, Stuttgart 2013, Seiten 159 bis 186
[22] Locher, a. a. O., Seiten 410 ff.
[23] Bürgerliches Gesetzbuch (BGB), Fassung von 2002, zuletzt geändert 2022, § 559
[24] DIN 18960:2020-12, Nutzungskosten im Hochbau
[25] www.mieterverein-muenchen.de, aufgerufen am 10.07.2014
[26] Kalusche, Wolfdietrich: Instandsetzung und Modernisierung im Wohnungsbau, In: Altinger, Gernot; Heegemann, Ingo; Jurecka, Andreas (Hrsg.): Festschrift Hans Georg Jodl, Selbstverlag Institut für interdisziplinäres Bauprozessmanagement TU Wien 2007, Seiten 123 bis 140
[27] www.bmgev.de, aufgerufen am 10.07.2014
[28] Kinne, Harald; Schach, Klaus; Bieber, Hans-Jürgen: Miet- und Mietprozessrecht, 7. Aufl., Freiburg 2013, Seiten 146 ff.
[29] Verordnung über die Aufstellung von Betriebskosten (Betriebskostenverordnung – BetrKV), Fassung von 2003, zuletzt geändert 2021, § 2
[30] Baukosteninformationszentrum Deutscher Architektenkammern (Hrsg.): BKI Objektdaten A8 Altbau – Kosten abgerechneter Bauwerke, Stuttgart 2013, Seiten 420 bis 425
[31] Kalusche, a. a. O., 2014, Seiten 44 bis 55
[32] DIN 277-1:2021-08, Grundflächen und Rauminhalte von Hochbauten
[33] Verordnung zur Berechnung der Wohnfläche (Wohnflächenverordnung – WoFlV), Fassung von 2004
[34] Kalusche, Wolfdietrich: Grundflächen und Planungskennwerte von Wohngebäuden, In: Gralla, Mike; Sundermeier, Matthias (Hrsg.): Innovation im Baubetrieb. Wirtschaft – Technik – Recht. Festschrift für Universitätsprofessor Dr.-Ing. Udo Blecken, Technische Universität Dortmund, Werner Verlag, Köln 2011, Seiten 35 bis 47
[35] Bürgerliches Gesetzbuch (BGB), Fassung von 2002, zuletzt geändert 2022, § 559 Abs. 1
[36] Deutscher Mieterbund (Hrsg.): Modernisierung durch den Vermieter – Alles über Modernisierung, Sanierung und Energieeinsparung, Frankfurt am Main 2013
[37] Gesetz zur weiteren Vereinfachung des Wirtschaftsstrafrechts (WiStrG), Fassung von 1975, zuletzt geändert 2017, § 5
[38] Bürgerliches Gesetzbuch (BGB), Fassung von 2002, zuletzt geändert 2022, § 558 Abs. 3

Abkürzungsverzeichnis
Gliederung in Leistungsbereiche nach STLB

Abkürzungsverzeichnis

Abkürzung	Bezeichnung
AF	Außenanlagenfläche
AP	Arbeitsplätze
APP	Appartement
AW	Außenwand
AWF	Außenwandfläche
BGF	Brutto-Grundfläche (Summe der Regelfall (R)- und Sonderfall (S)-Flächen nach DIN 277)
BGI	Baugrubeninhalt
bis / von	oberer / unterer Grenzwert des Streubereichs um einen Mittelwert
BRI	Brutto-Rauminhalt (Summe der Regelfall (R)- und Sonderfall (S)-Rauminhalte nach DIN 277)
BRI/BGF (m)	Verhältnis von Brutto-Rauminhalt zur Brutto-Grundfläche angegeben in Meter
BRI/NUF (m)	Verhältnis von Brutto-Rauminhalt zur Nutzungsfläche angegeben in Meter
BSH	Brettschichtholz
CG	Schaumglas
DA	Dach
DAF	Dachfläche
DE	Decken
DEF	Deckenfläche
DHH	Doppelhaushälfte
DIN 276	Kosten im Bauwesen (DIN 276:2018-12)
DIN 277	Grundflächen und Rauminhalte im Hochbau (DIN 277:2021-08)
EA	Elementarten
ELW	Einliegerwohnung
EPS	expandierter Polystyrolschaum
€/Einheit	Spaltenbezeichnung für Mittelwerte zu den Kosten bezogen auf eine Einheit der Bezugsgröße
€/m² BGF	Spaltenbezeichnung für Mittelwerte zu den Kosten bezogen auf Brutto-Grundfläche
FZ	Faserzementplatte
GF	Grundstücksfläche
GK	Gipskarton
GR	Gründung
Fläche/BGF (%)	Anteil der angegebenen Fläche zur Brutto-Grundfläche in Prozent
Fläche/NUF (%)	Anteil der angegebenen Fläche zur Nutzungsfläche in Prozent
GRF	Gründungsfläche
inkl.	einschließlich
IW	Innenwand
IWF	Innenwandfläche
KFZ	Kraftfahrzeug
KG	Kostengruppe
KGF	Konstruktions-Grundfläche (Summe der Regelfall (R)- und Sonderfall (S)-Flächen nach DIN 277)
KG an 300	Kostenanteil der jeweiligen Kostengruppe in % an der Kostengruppe 300 Bauwerk-Baukonstruktionen
KG an 400	Kostenanteil der jeweiligen Kostengruppe in % an der Kostengruppe 400 Bauwerk-Technische Anlagen
KSP	kaltselbstklebende Polymerbitumenbahn
LB	Leistungsbereich
LB an EA	Kostenanteil des Leistungsbereichs in % an der Elementart
MDS	mineralische Dichtschlämme
Menge/BGF	Menge der genannten Kostengruppen-Bezugsgröße bezogen auf die Menge der Brutto-Grundfläche
Menge/NUF	Menge der genannten Kostengruppen-Bezugsgröße bezogen auf die Menge der Nutzungsfläche
MW	Mineralwolle
NE	Nutzeinheit
NUF	Nutzungsfläche (Summe der Regelfall (R)- und Sonderfall (S)-Flächen nach DIN 277)
NRF	Netto-Raumfläche (Summe der Regelfall (R)- und Sonderfall (S)-Flächen nach DIN 277)
Obj.-Nr.	Nummer des Objekts in den BKI-Baukostendatenbanken

Abkürzungsverzeichnis (Fortsetzung)

Abkürzung	Bezeichnung
OSB	Oriented Strand Board, Spanplatte
OZ	Ordnungszahl
PE / PE-HD / PP / PS / XPS	Polyethylen / Polyethylen, hohe dichte / Polypropylen / Polystyrol / extrudiertes Polystyrol
PMBC	kunststoffmodifizierte Bitumendickbeschichtungen
STLB	Standardleistungsbuch
STP	Stellplatz
sb / wb	scheuerbeständig / waschbeständig
TF	Technikfläche (Summe der Regelfall (R)- und Sonderfall (S)-Flächen nach DIN 277)
TG	Tiefgarage
TSD	Trittschalldämmung
UK	Unterkonstruktion
uP / aP	unter Putz / auf Putz
VF	Verkehrsfläche (Summe der Regelfall (R)- und Sonderfall (S)-Flächen nach DIN 277)
VHF	vorgehängte Konstruktion
VSG	Verbund-Sicherheitsglas
WDVS	Wärmedämmverbundsystem
WE	Wohneinheit
WFL	Wohnfläche
WRG	Wärmerückgewinnung
WU	wasserundurchlässig
Ø	Mittelwert
300+400	Zusammenfassung der Kostengruppen Bauwerk-Baukonstruktionen und Bauwerk-Technische Anlagen
% an 300+400	Kostenanteil der jeweiligen Kostengruppe an den Kosten des Bauwerks
% an 300	Kostenanteil der jeweiligen Kostengruppe an der Kostengruppe Bauwerk-Baukonstruktionen
% an 400	Kostenanteil der jeweiligen Kostengruppe an der Kostengruppe Bauwerk-Technische Anlagen

BKI Abkürzung	Bezeichnung BKI Bücher
A6	BKI Objektdaten A6 Altbau, 2. Auflage, erschienen 2011
A7	BKI Objektdaten A7 Altbau, erschienen 2011*
A8	BKI Objektdaten A8 Altbau, erschienen 2013
A9	BKI Objektdaten A9 Altbau, erschienen 2015
A10	BKI Objektdaten A10 Altbau, erschienen 2016
A11	BKI Objektdaten A11 Altbau, erschienen 2021
A12	BKI Objektdaten A12 Altbau, erschienen 2024
A13	BKI Objektdaten A13 Altbau, erschienen 2026
E2	BKI OBJEKTE E2 Energieeffizientes Bauen im Altbau, erschienen 2002*
E4	BKI Objektdaten E4 Energieeffizientes Bauen, erschienen 2011
E5	BKI Objektdaten E5 Energieeffizientes Bauen, erschienen 2013
E6	BKI Objektdaten E6 Energieeffizientes Bauen, erschienen 2015
E7	BKI Objektdaten E7 Energieeffizientes Bauen, erschienen 2017
E8	BKI Objektdaten E8 Energieeffizientes Bauen, erschienen 2020
E9	BKI Objektdaten E9 Energieeffizientes Bauen, erschienen 2021
N1	BKI OBJEKTE N1 Neubau/Altbau, erschienen 1998*
N2	BKI OBJEKTE N2 Neubau/Altbau, erschienen 1999*
IR1	BKI Objektdaten IR1 Innenräume, erschienen 2016
IR2	BKI Objektdaten IR2 Innenräume, erschienen 2025

* Bücher als Printausgabe bereits vergriffen und können im eBook Format erworben werden

Gliederung in Leistungsbereiche nach STLB-Bau

Als Beispiel für eine ausführungsorientierte Ergänzung der Kostengliederung werden im Folgenden die Leistungsbereiche des Standardleistungsbuches für das Bauwesen in einer Übersicht dargestellt.

000 Baustelleneinrichtungen, Sicherheitseinrichtungen
001 Gerüstarbeiten
002 Erdarbeiten
003 Landschaftsbauarbeiten
004 Landschaftsbauarbeiten, Pflanzen
005 Brunnenbauarbeiten und Aufschlussbohrungen
006 Spezialtiefbauarbeiten
007 Untertagebauarbeiten
008 Wasserhaltungsarbeiten
009 Entwässerungskanalarbeiten
010 Drän- und Versickerungsarbeiten
011 Abscheider- und Kleinkläranlagen
012 Mauerarbeiten
013 Betonarbeiten
014 Natur-, Betonwerksteinarbeiten
016 Zimmer- und Holzbauarbeiten
017 Stahlbauarbeiten
018 Abdichtungsarbeiten
019 Kampfmittelräumarbeiten
020 Dachdeckungsarbeiten
021 Dachabdichtungsarbeiten
022 Klempnerarbeiten
023 Putz- und Stuckarbeiten, Wärmedämmsysteme
024 Fliesen- und Plattenarbeiten
025 Estricharbeiten
026 Fenster, Außentüren
027 Tischlerarbeiten
028 Parkettarbeiten, Holzpflasterarbeiten
029 Beschlagarbeiten
030 Rollladenarbeiten
031 Metallbauarbeiten
032 Verglasungsarbeiten
033 Baureinigungsarbeiten
034 Maler- und Lackierarbeiten - Beschichtungen
035 Korrosionsschutzarbeiten an Stahlbauten
036 Bodenbelagsarbeiten
037 Tapezierarbeiten
038 Vorgehängte hinterlüftete Fassaden
039 Trockenbauarbeiten
040 Wärmeversorgungsanlagen - Betriebseinrichtungen
041 Wärmeversorgungsanlagen - Leitungen, Armaturen, Heizflächen
042 Gas- und Wasseranlagen - Leitungen, Armaturen
043 Druckrohrleitungen für Gas, Wasser und Abwasser
044 Abwasseranlagen - Leitungen, Abläufe, Armaturen
045 Gas-, Wasser- und Entwässerungsanlagen - Ausstattung, Elemente, Fertigbäder
046 Gas-, Wasser- und Entwässerungsanlagen - Betriebseinrichtungen
047 Dämm- und Brandschutzarbeiten an technischen Anlagen
049 Feuerlöschanlagen, Feuerlöschgeräte
050 Blitzschutz- / Erdungsanlagen, Überspannungsschutz
051 Kabelleitungstiefbauarbeiten
052 Mittelspannungsanlagen
053 Niederspannungsanlagen - Kabel / Leitungen, Verlegesysteme, Installationsgeräte
054 Niederspannungsanlagen - Verteilersysteme und Einbaugeräte
055 Sicherheits- und Ersatzstromversorgungsanlagen
057 Gebäudesystemtechnik
058 Leuchten und Lampen
059 Sicherheitsbeleuchtungsanlagen
060 Such-, Signal-, Zeitdienst-, Antennen-, elektroakustische Anlagen, Medientechnik
061 Kommunikations- und Übertragungsnetze
062 Kommunikationsanlagen
063 Gefahrenmeldeanlagen
064 Zutrittskontroll-, Zeiterfassungssysteme
069 Aufzüge
070 Gebäudeautomation
075 Raumlufttechnische Anlagen
078 Kälteanlagen für raumlufttechnische Anlagen
080 Straßen, Wege, Plätze
081 Betonerhaltungsarbeiten
082 Bekämpfender Holzschutz
084 Abbruch-, Rückbau- und Schadstoffsanierungsarbeiten
085 Rohrvortriebsarbeiten
087 Abfallentsorgung, Verwertung und Beseitigung
089 Verkehrssicherungsarbeiten
090 Baulogistik
091 Stundenlohnarbeiten
096 Bauarbeiten an Bahnübergängen
097 Bauarbeiten an Gleisen und Weichen
098 Witterungsschutzmaßnahmen

Die BKI-Gliederung des vorliegenden Fachbuchs orientiert sich am Standardleistungsbuch für das Bauwesen. Die Nummern der Leistungsbereiche werden jedoch beim Altbau mit 3xx gekennzeichnet.

Übersicht Kostenkennwerte der 1. und 2. Ebene DIN 276 für Gebäudearten

300 Bauwerk — Baukonstruktionen in €/m³ BRI

Kosten:
Stand 2. Quartal 2026
Bundesdurchschnitt
inkl. 19% MwSt.

Einheit: m³
Brutto-Rauminhalt (BRI)

Übersicht Kostenkennwerte 1. Ebene DIN 276

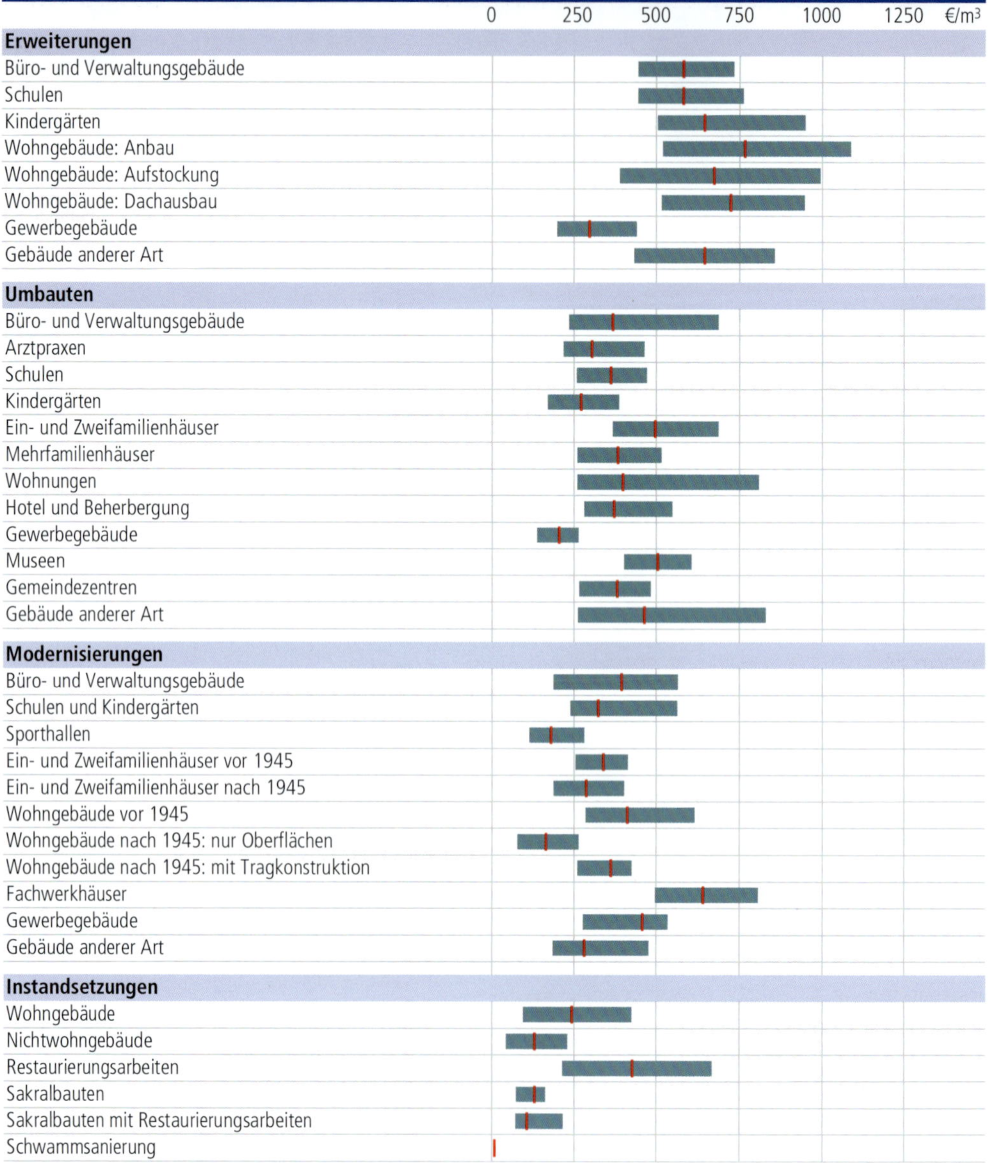

Übersicht Kostenkennwerte 1.Ebene DIN 276

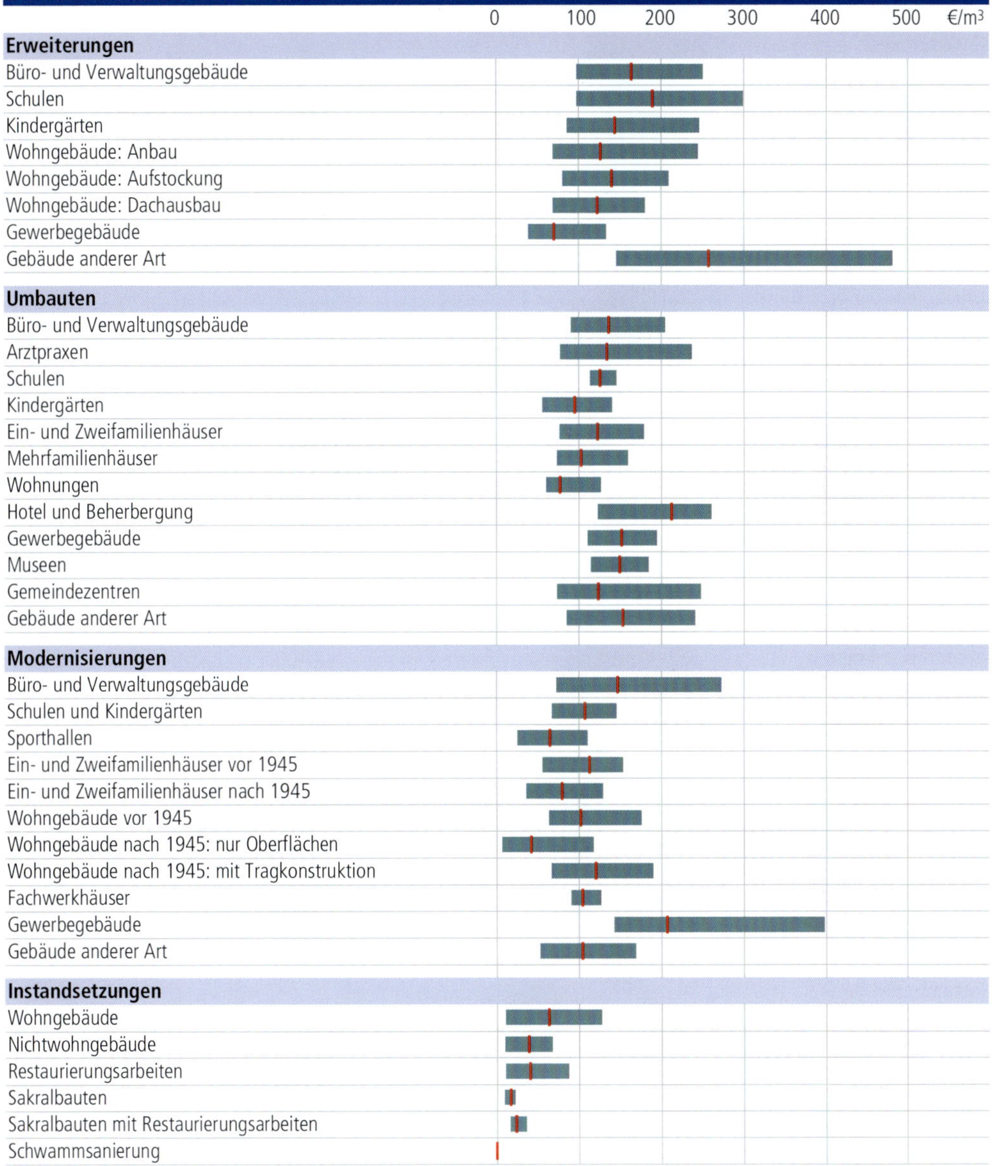

Einheit: m³
Brutto-Rauminhalt (BRI)

300 Bauwerk — Baukonstruktionen in €/m² BGF

Kosten:
Stand 2. Quartal 2026
Bundesdurchschnitt
inkl. 19% MwSt.

Einheit: m²
Brutto-Grundfläche (BGF)

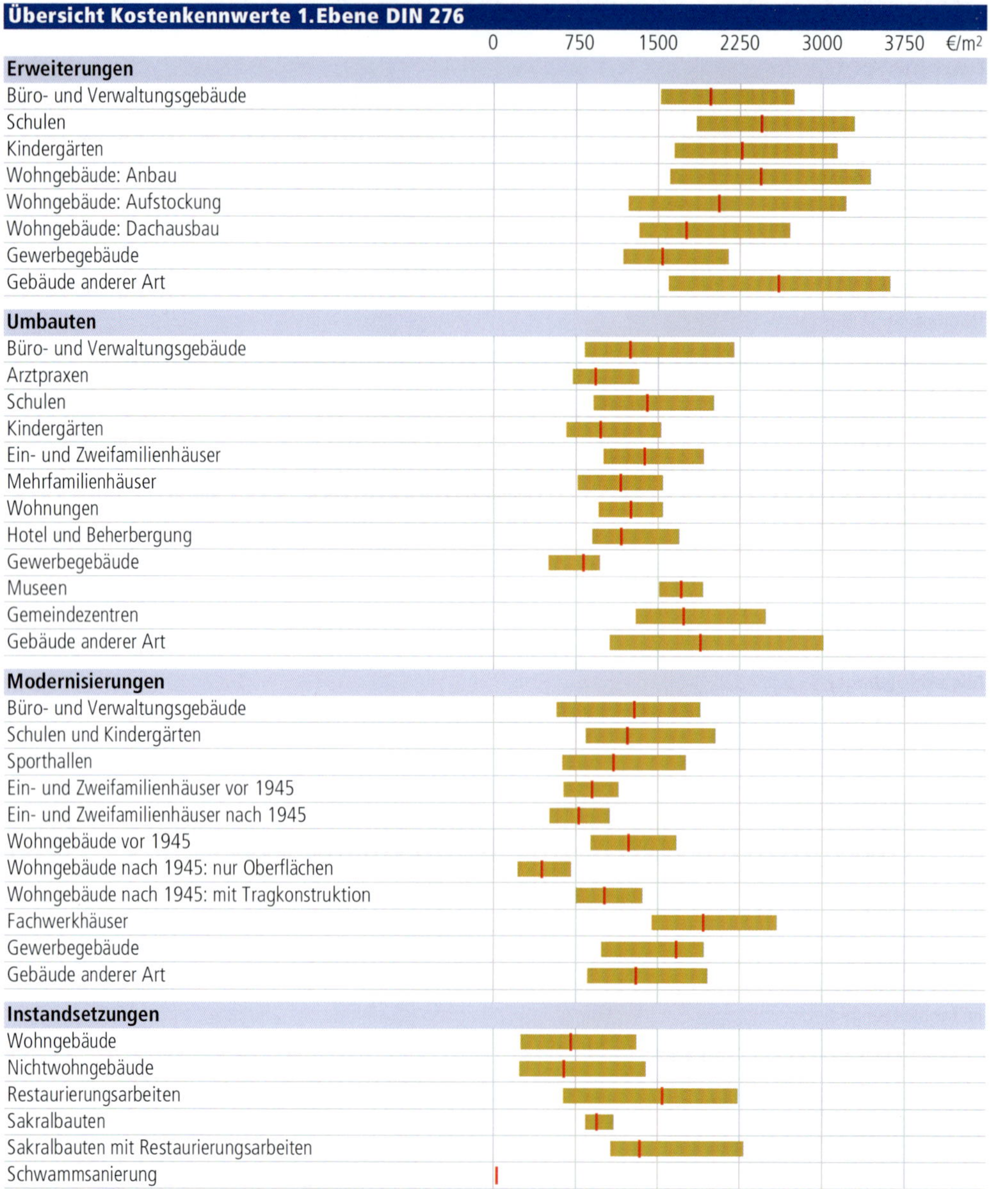

Übersicht Kostenkennwerte 1.Ebene DIN 276

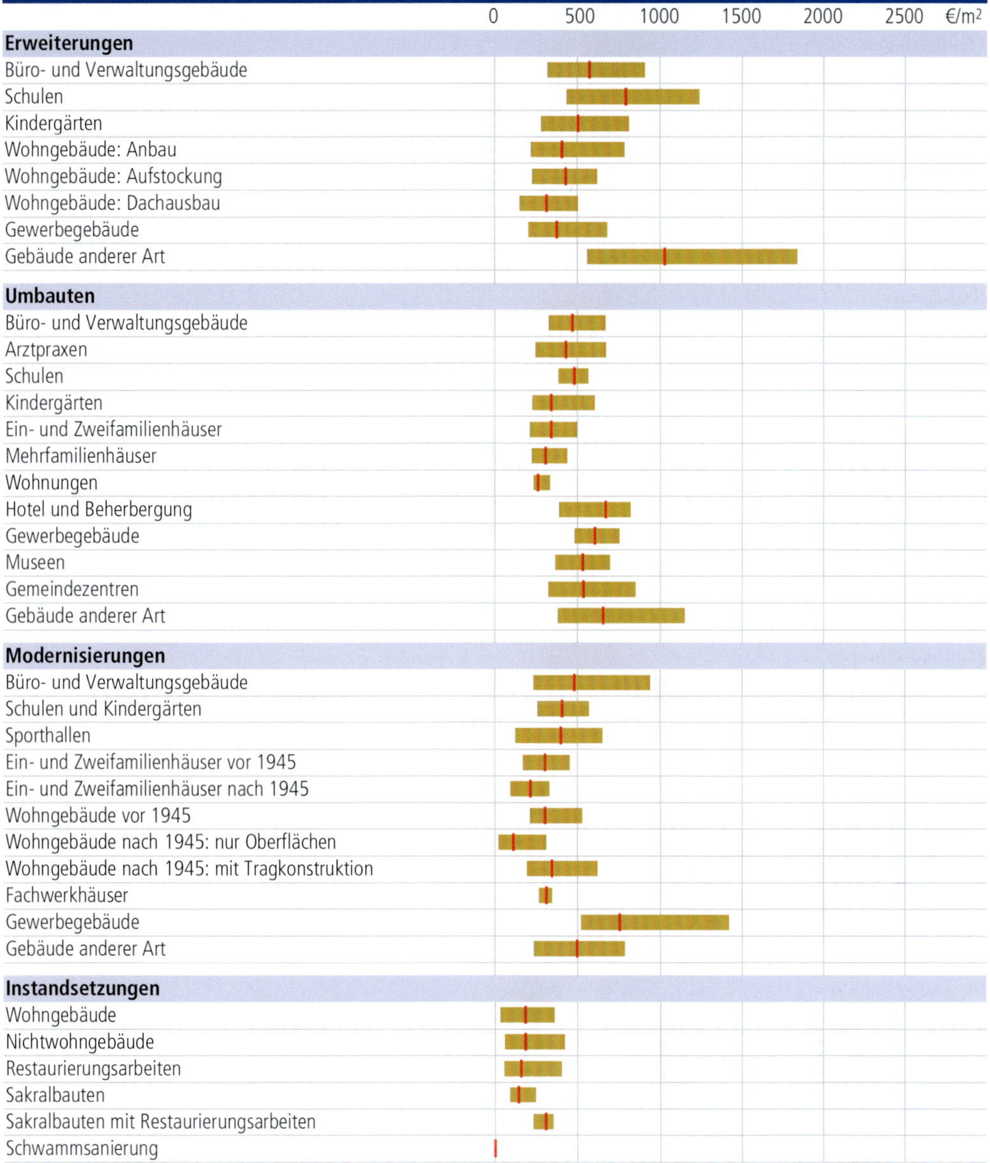

Einheit: m²
Brutto-Grundfläche (BGF)

Übersicht-
1. + 2. Ebene
Erweiterung
Umbau
Moderni-
sierung
Instand-
setzung
Bau-
elemente
Abbrechen
Wieder-
herstellen
Herstellen

310 Baugrube/Erdbau in €/m³

Kosten:
Stand 2. Quartal 2026
Bundesdurchschnitt
inkl. 19% MwSt.

Einheit: m³
Baugrubenrauminhalt /
Erdbaurauminhalt

Übersicht Kostenkennwerte 2. Ebene DIN 276

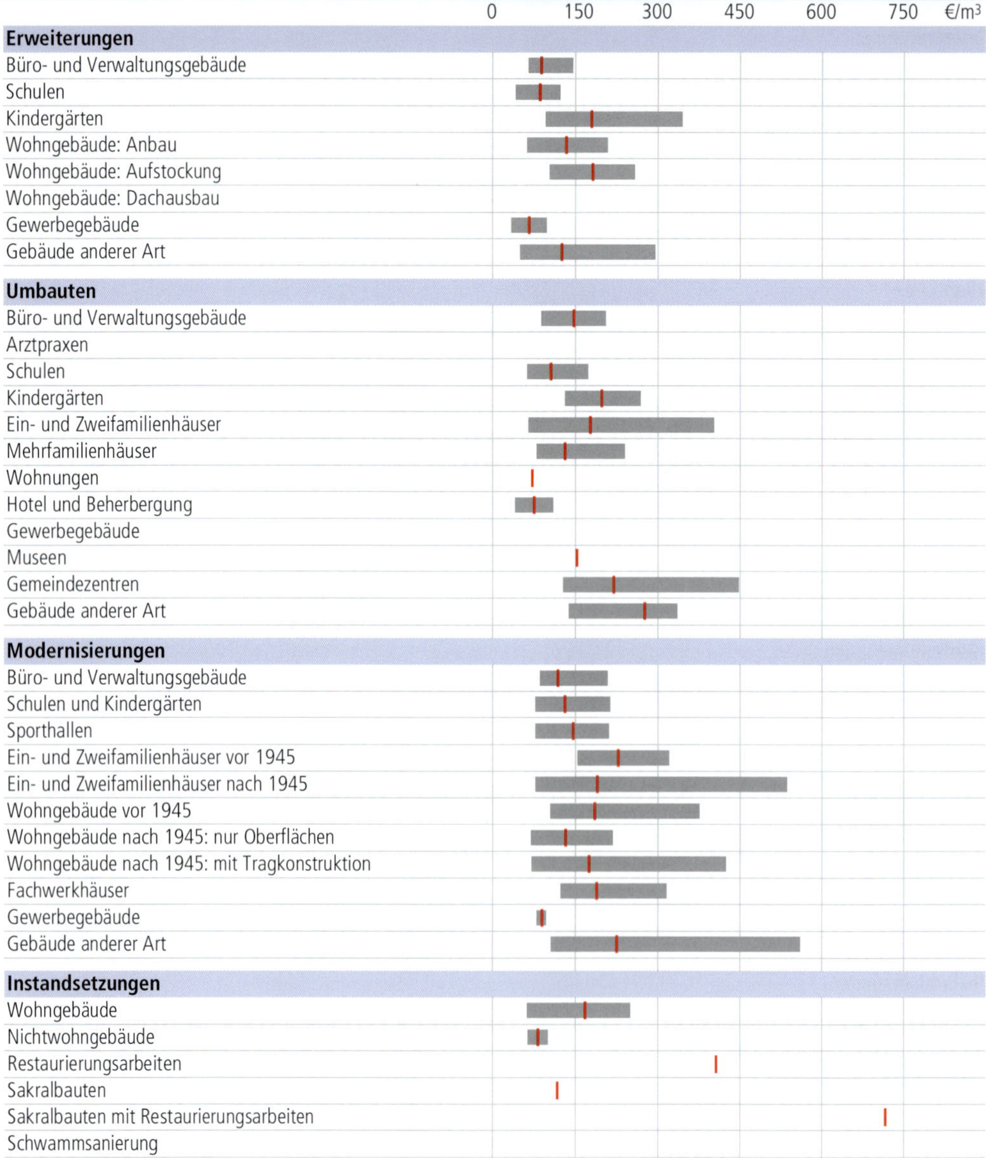

Übersicht Kostenkennwerte 2.Ebene DIN 276

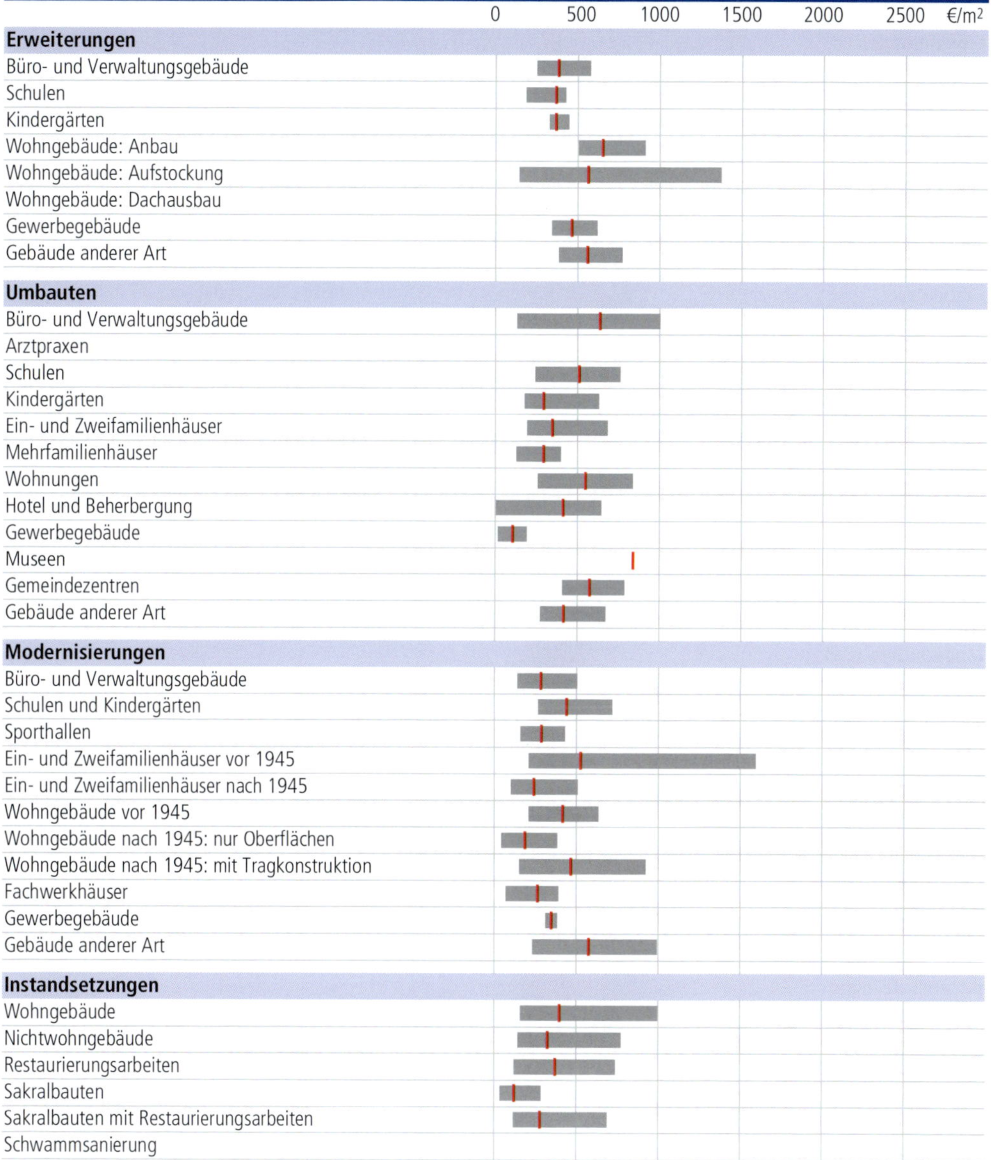

Einheit: m²
Gründungsfläche/
Unterbaufläche

Kostenstand: 2. Quartal 2026, Bundesdurchschnitt, **inkl. 19% MwSt.**

330 Außenwände/ Vertikale Baukonstruktionen, außen in €/m²

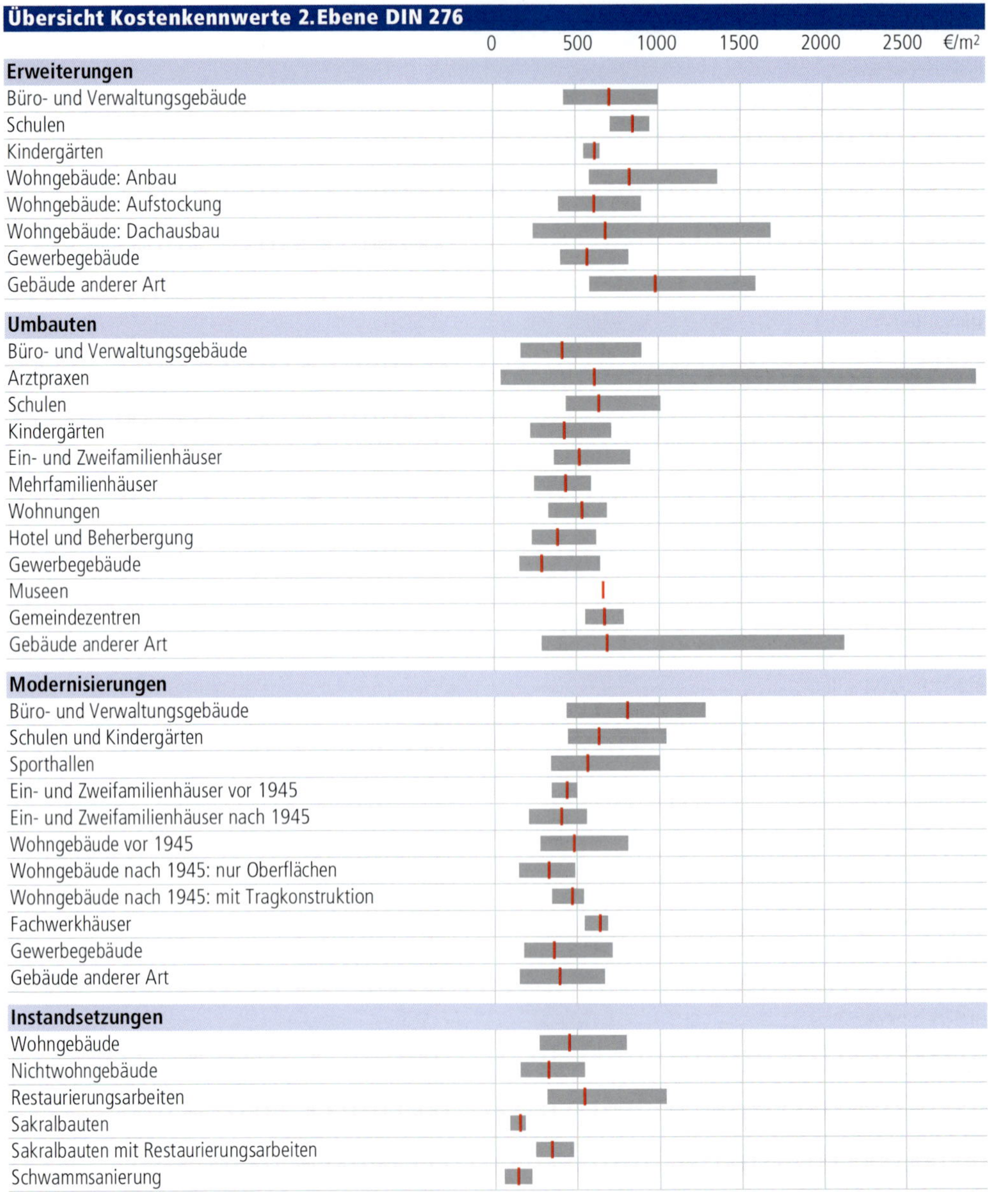

Kosten:
Stand 2. Quartal 2026
Bundesdurchschnitt
inkl. 19% MwSt.

Einheit: m²
Außenwandfläche/
Fläche der vertikalen
Baukonstruktionen

Übersicht Kostenkennwerte 2.Ebene DIN 276

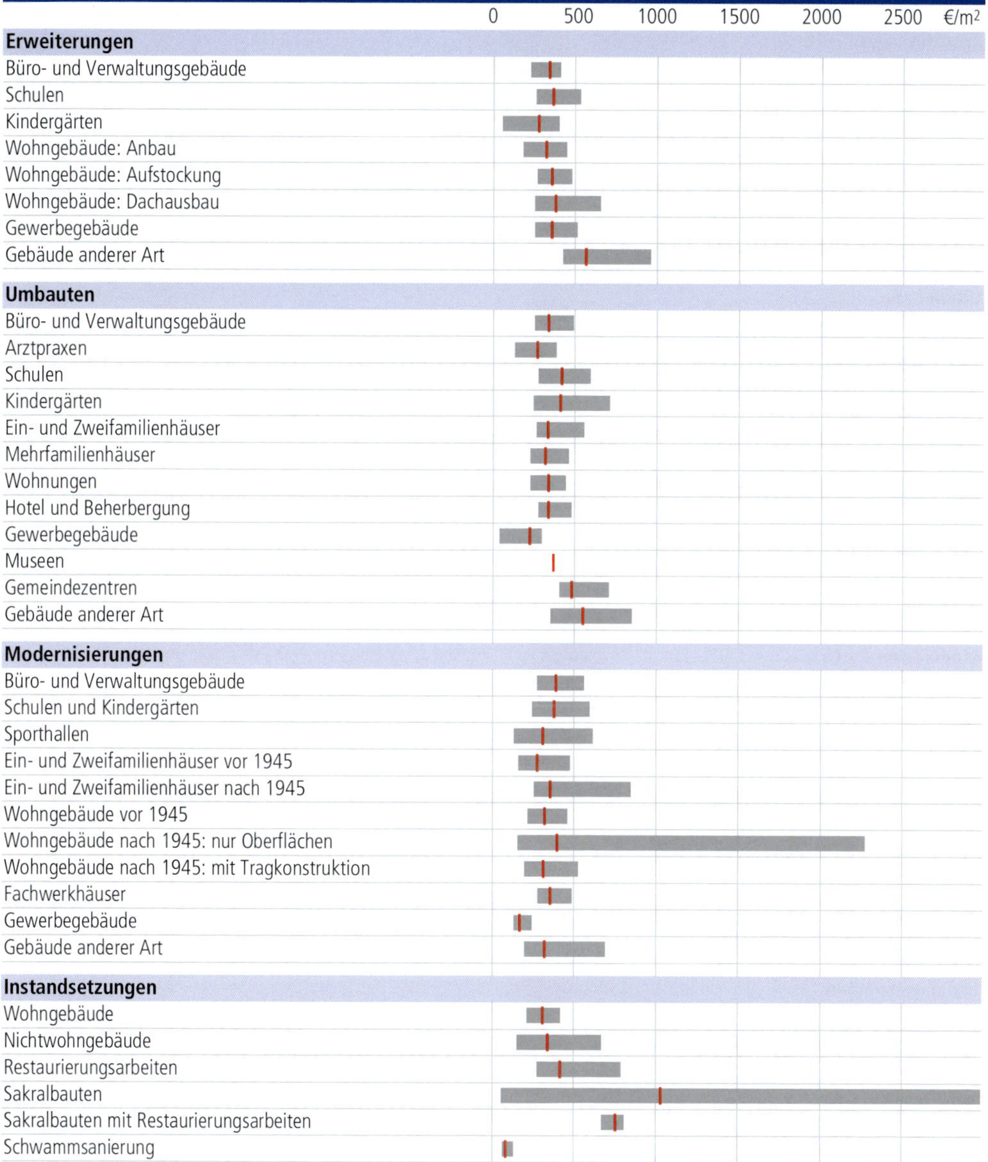

Einheit: m²
Innenwandfläche/
Fläche der vertikalen
Baukonstruktionen

350 Decken/ Horizontale Baukonstruktionen in €/m²

Kosten:
Stand 2. Quartal 2026
Bundesdurchschnitt
inkl. 19% MwSt.

Einheit: m²
Deckenfläche/
Fläche der horizontalen
Baukonstruktionen

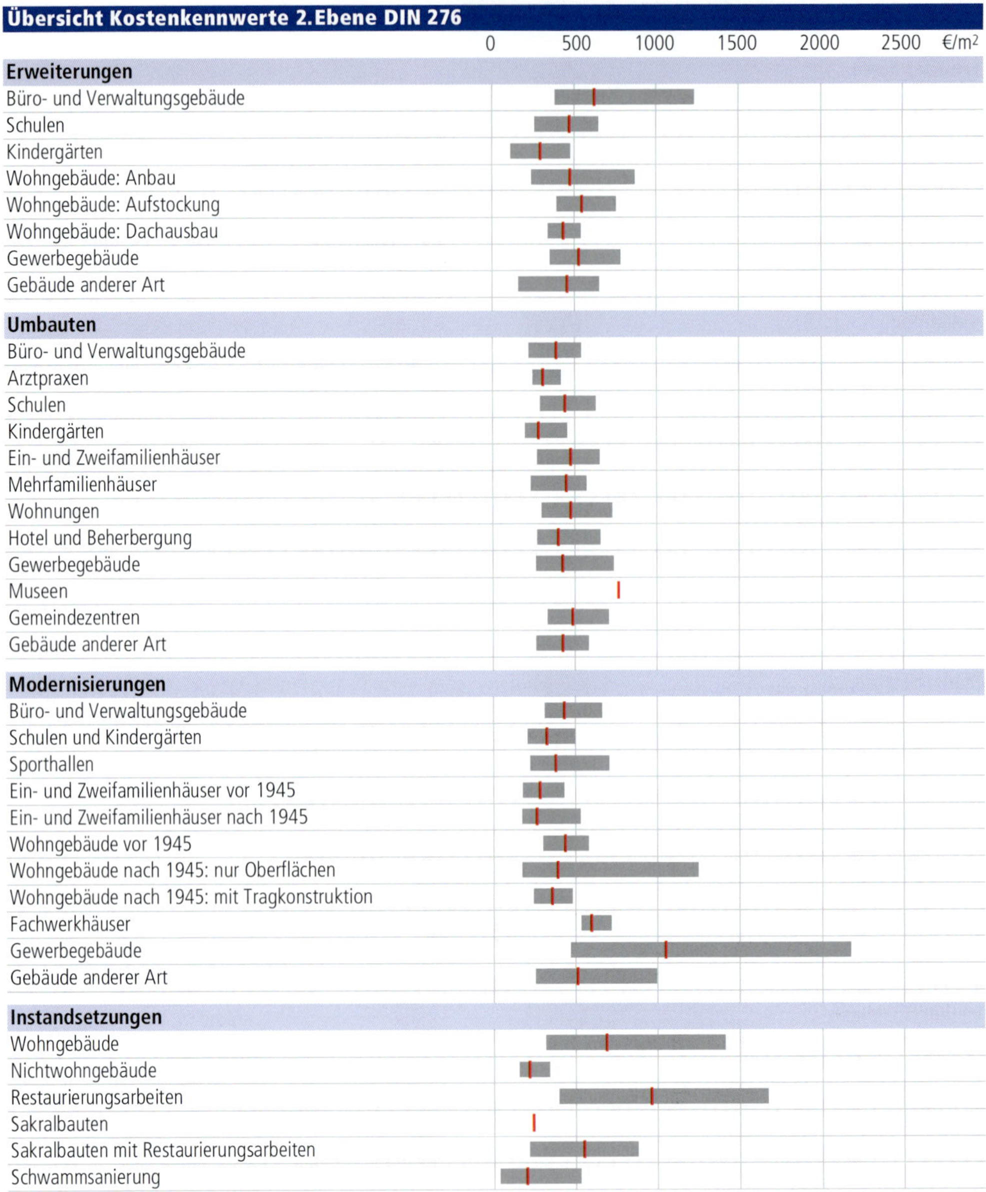

Übersicht Kostenkennwerte 2.Ebene DIN 276

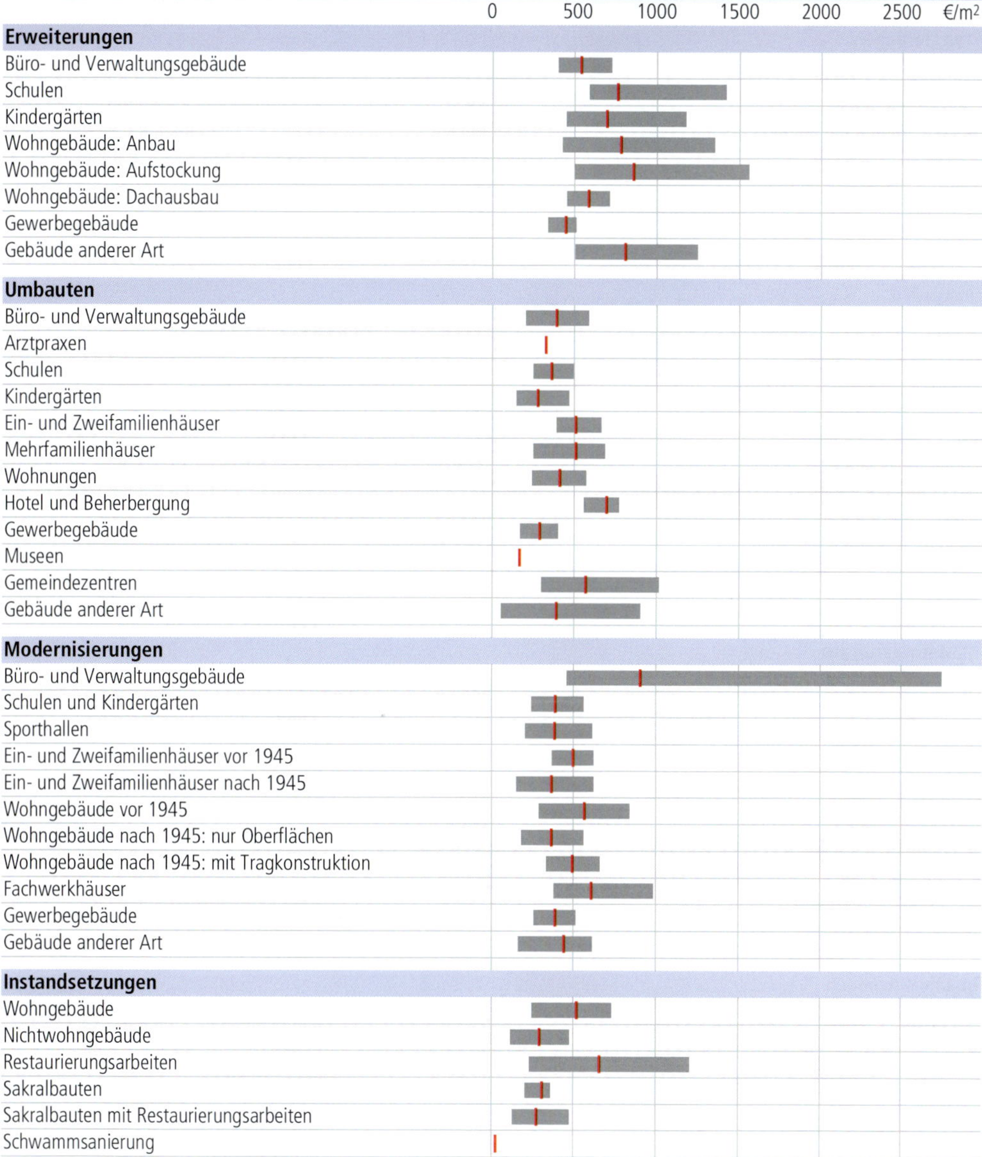

Einheit: m²
Dachfläche

380
Baukonstruktive Einbauten in €/m² BGF

Kosten:
Stand 2. Quartal 2026
Bundesdurchschnitt
inkl. 19% MwSt.

Einheit: m²
Brutto-Grundfläche (BGF)

Übersicht Kostenkennwerte 2. Ebene DIN 276

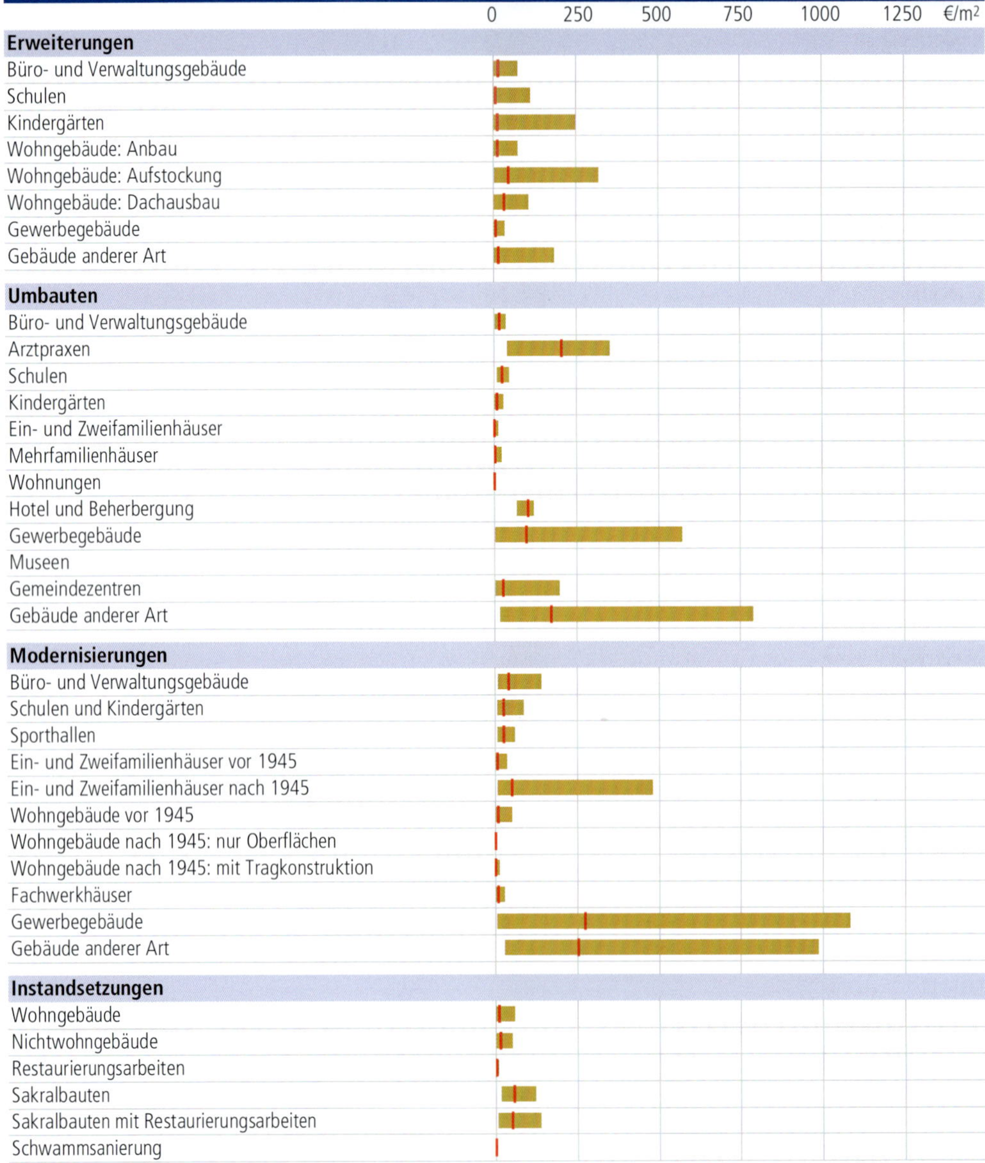

Sonstige Maßnahmen für Baukonstruktionen in €/m² BGF

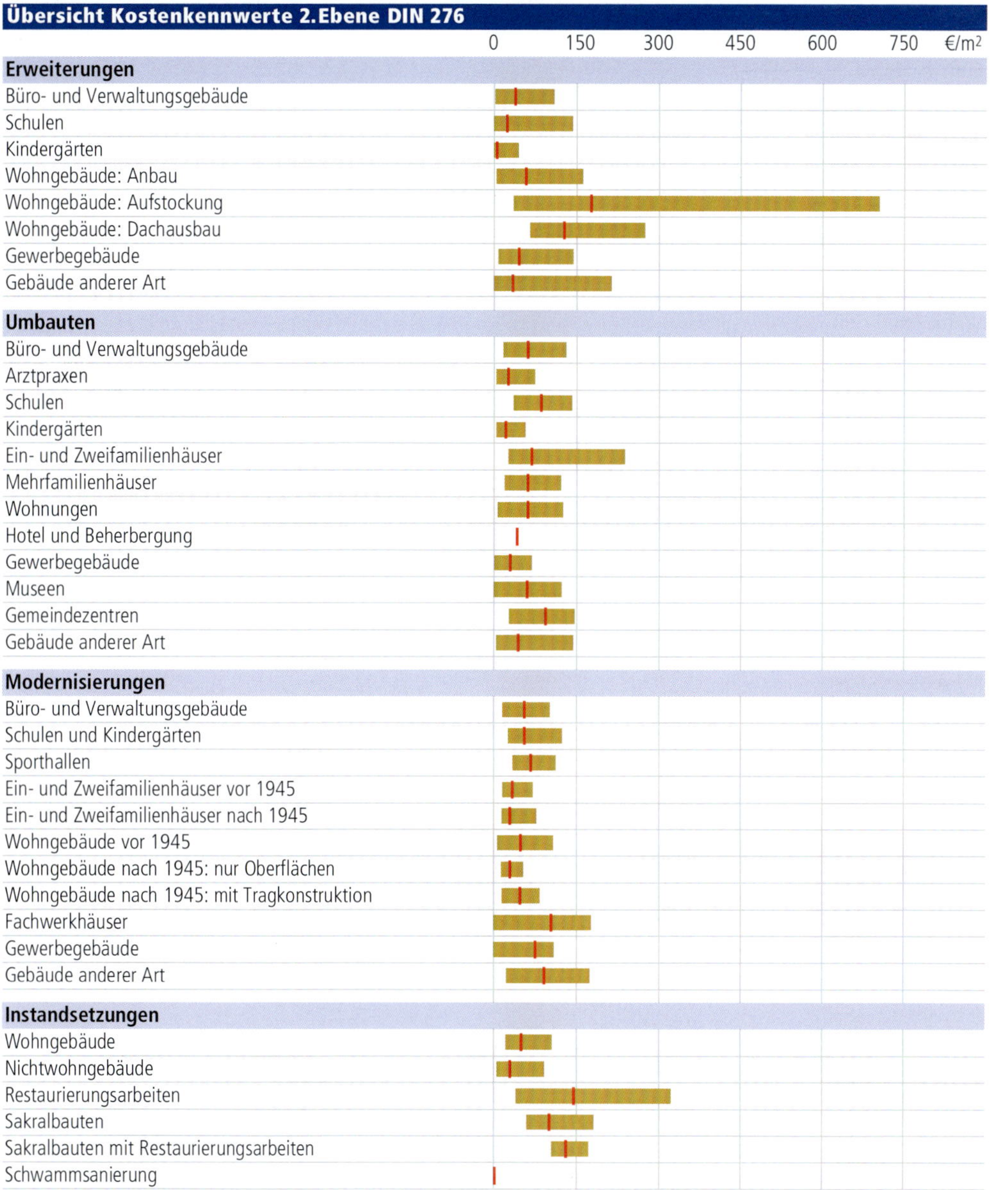

Einheit: m²
Brutto-Grundfläche (BGF)

410 Abwasser-, Wasser-, Gasanlagen in €/m² BGF

Kosten:
Stand 2. Quartal 2026
Bundesdurchschnitt
inkl. 19% MwSt.

Einheit: m²
Brutto-Grundfläche (BGF)

Übersicht Kostenkennwerte 2. Ebene DIN 276

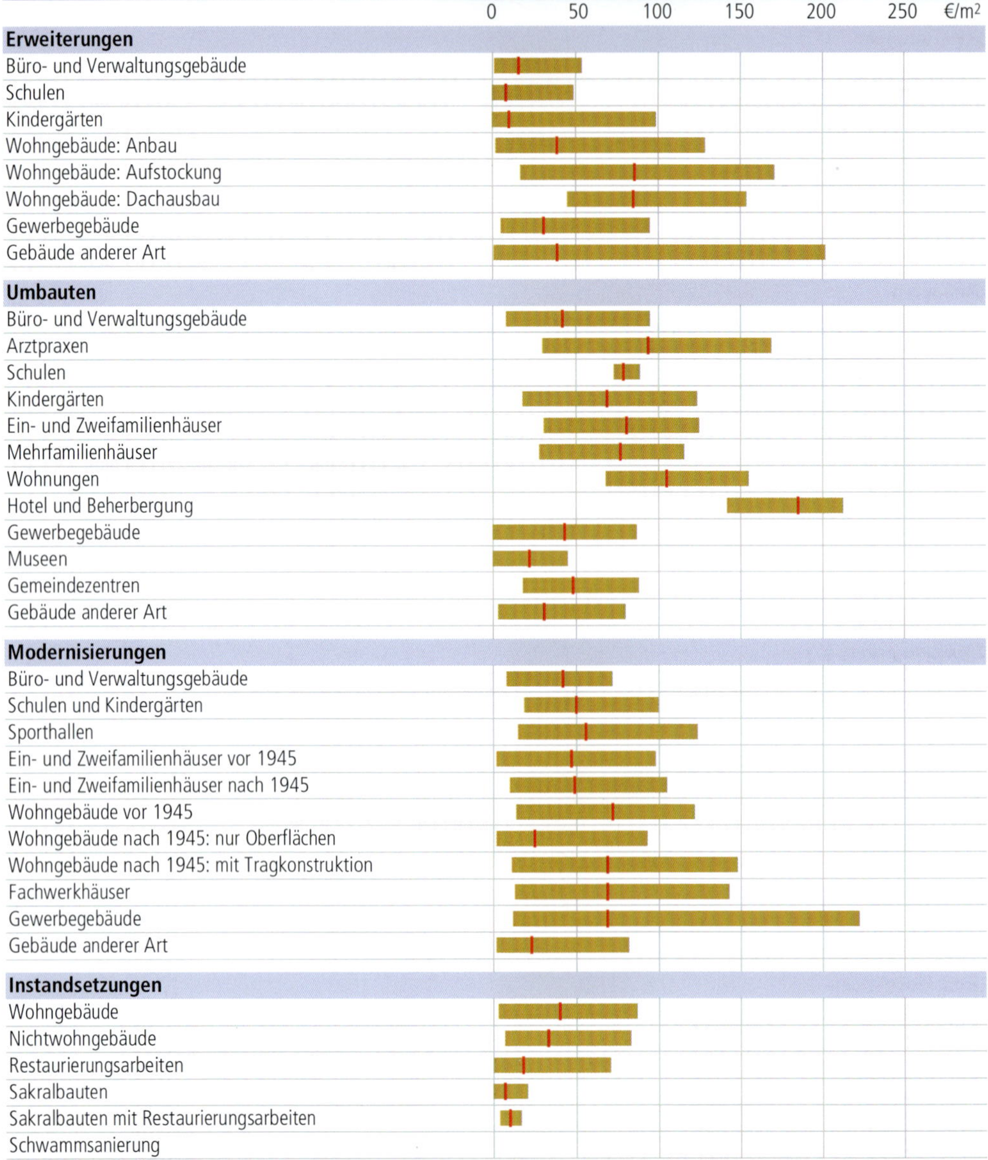

Übersicht Kostenkennwerte 2. Ebene DIN 276

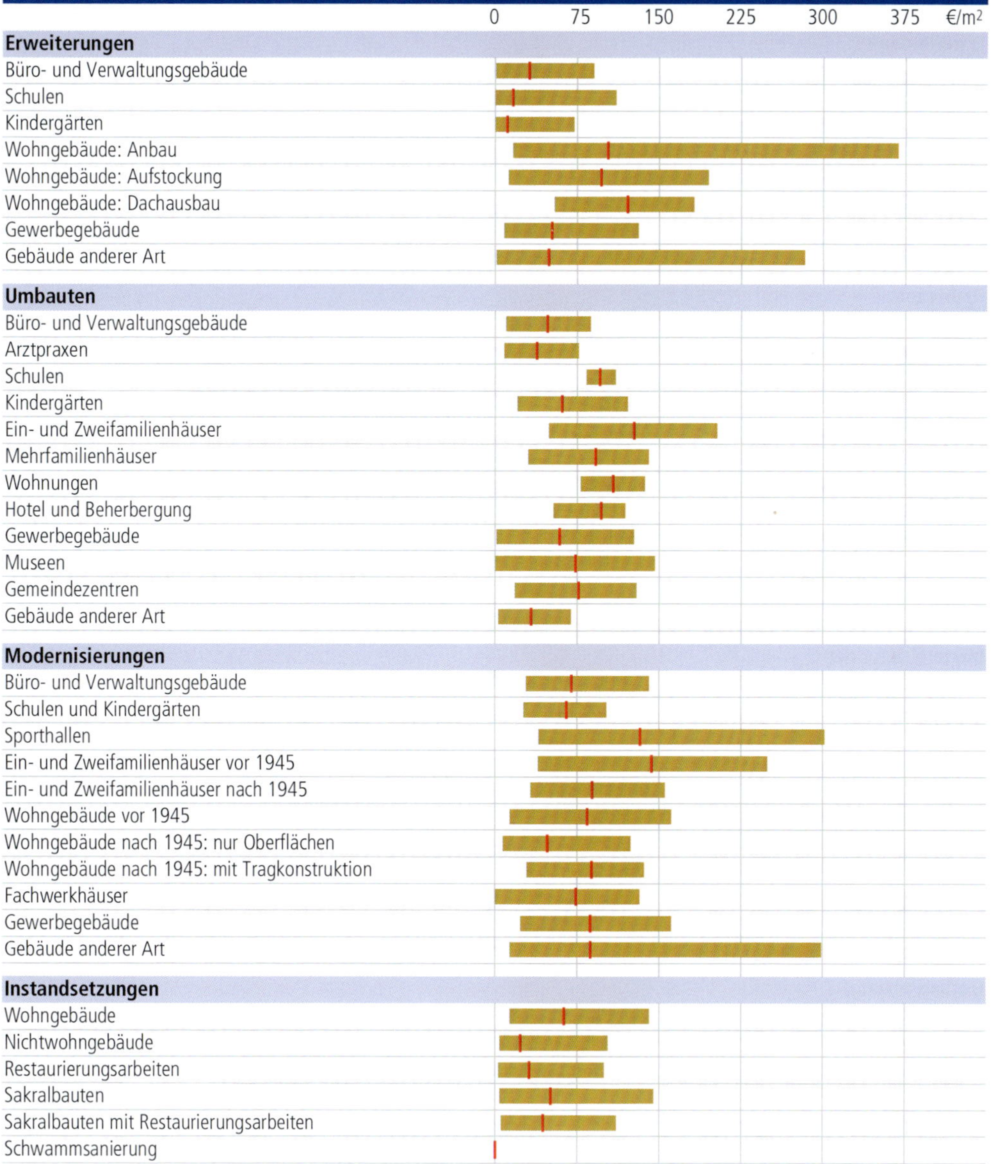

Einheit: m²
Brutto-Grundfläche (BGF)

430 Raumlufttechnische Anlagen in €/m² BGF

Kosten:
Stand 2. Quartal 2026
Bundesdurchschnitt
inkl. 19% MwSt.

Einheit: m²
Brutto-Grundfläche (BGF)

Übersicht Kostenkennwerte 2. Ebene DIN 276

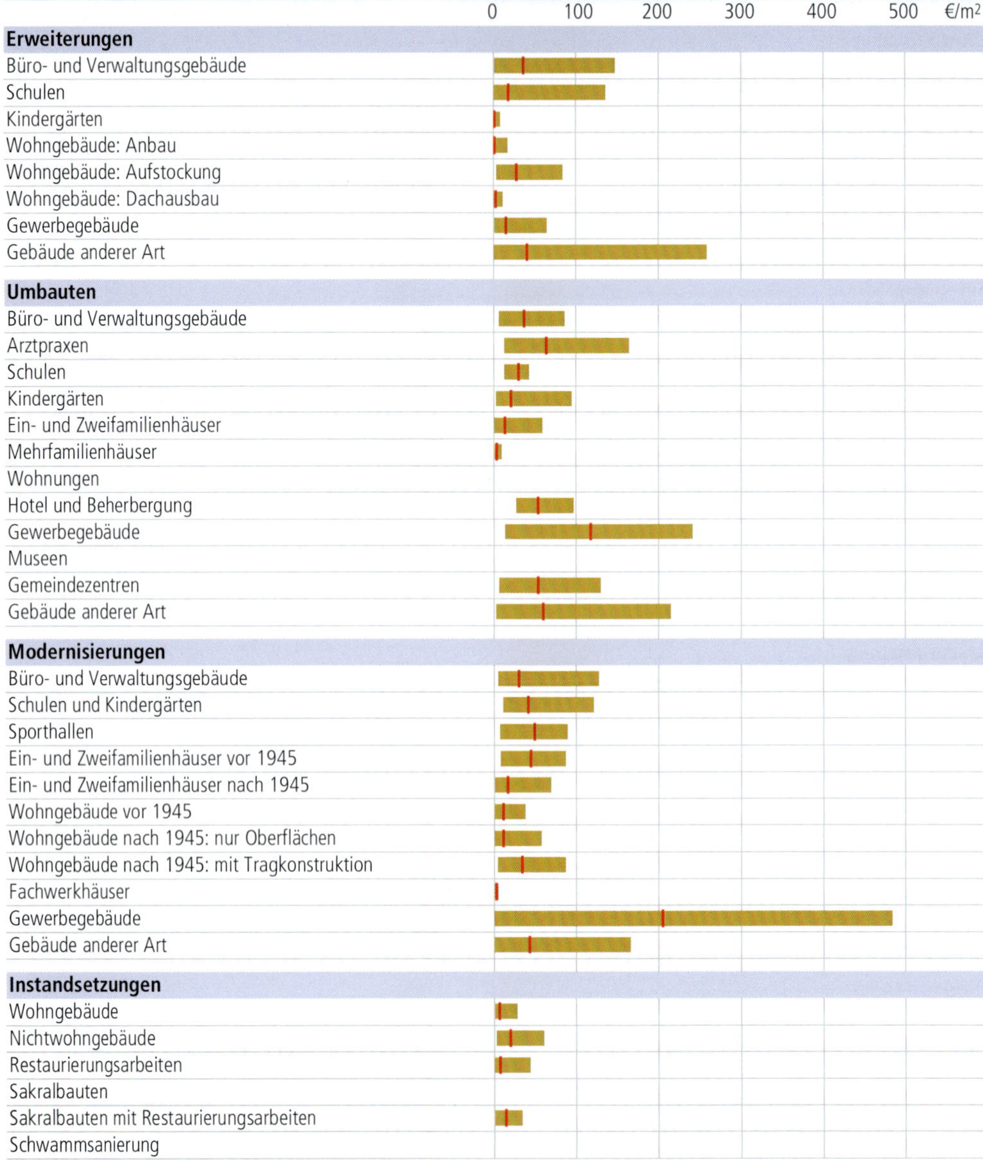

Übersicht Kostenkennwerte 2. Ebene DIN 276

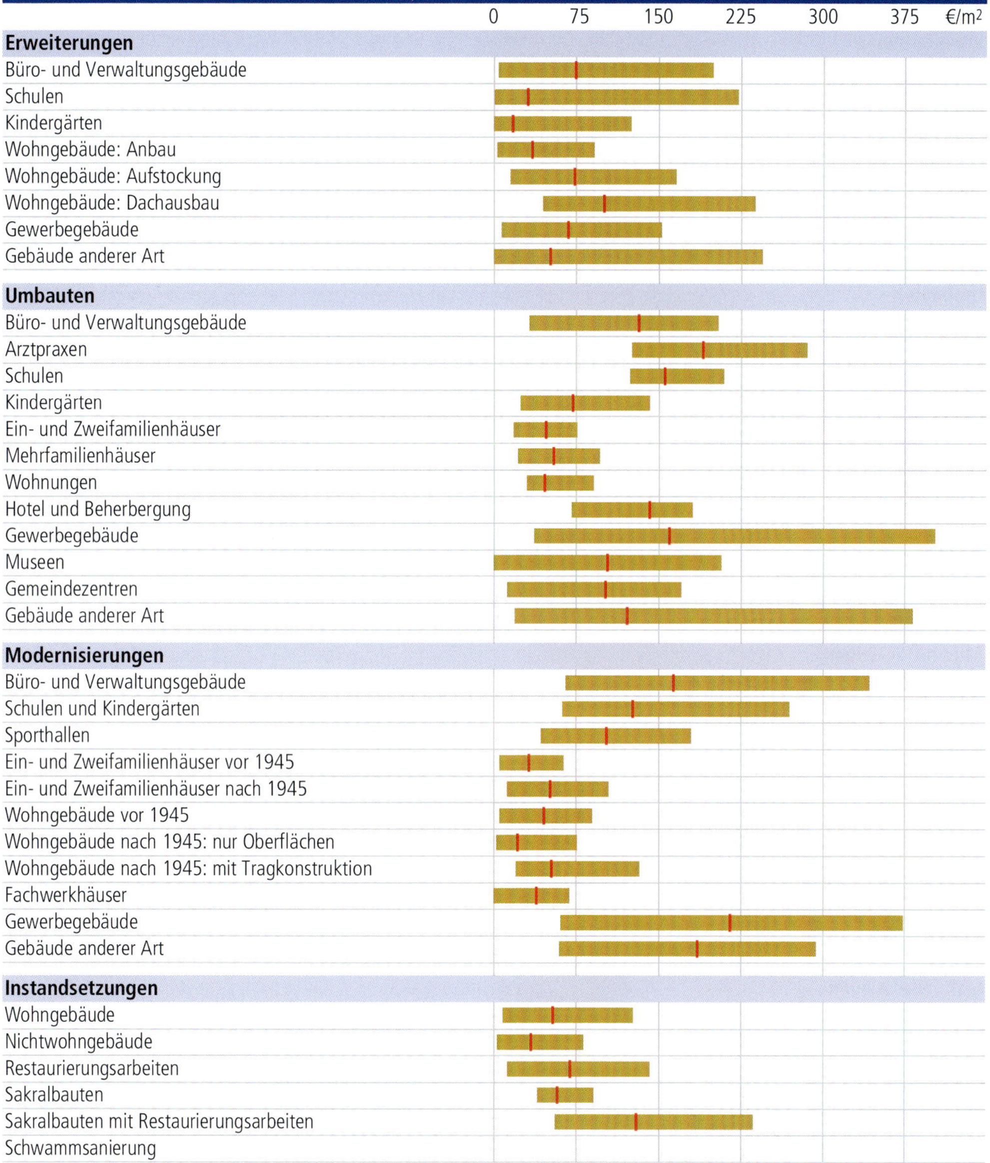

Einheit: m²
Brutto-Grundfläche (BGF)

450 Kommunikations-, sicherheits- und informationstechnische Anlagen in €/m² BGF

Kosten:
Stand 2. Quartal 2026
Bundesdurchschnitt
inkl. 19% MwSt.

Einheit: m²
Brutto-Grundfläche (BGF)

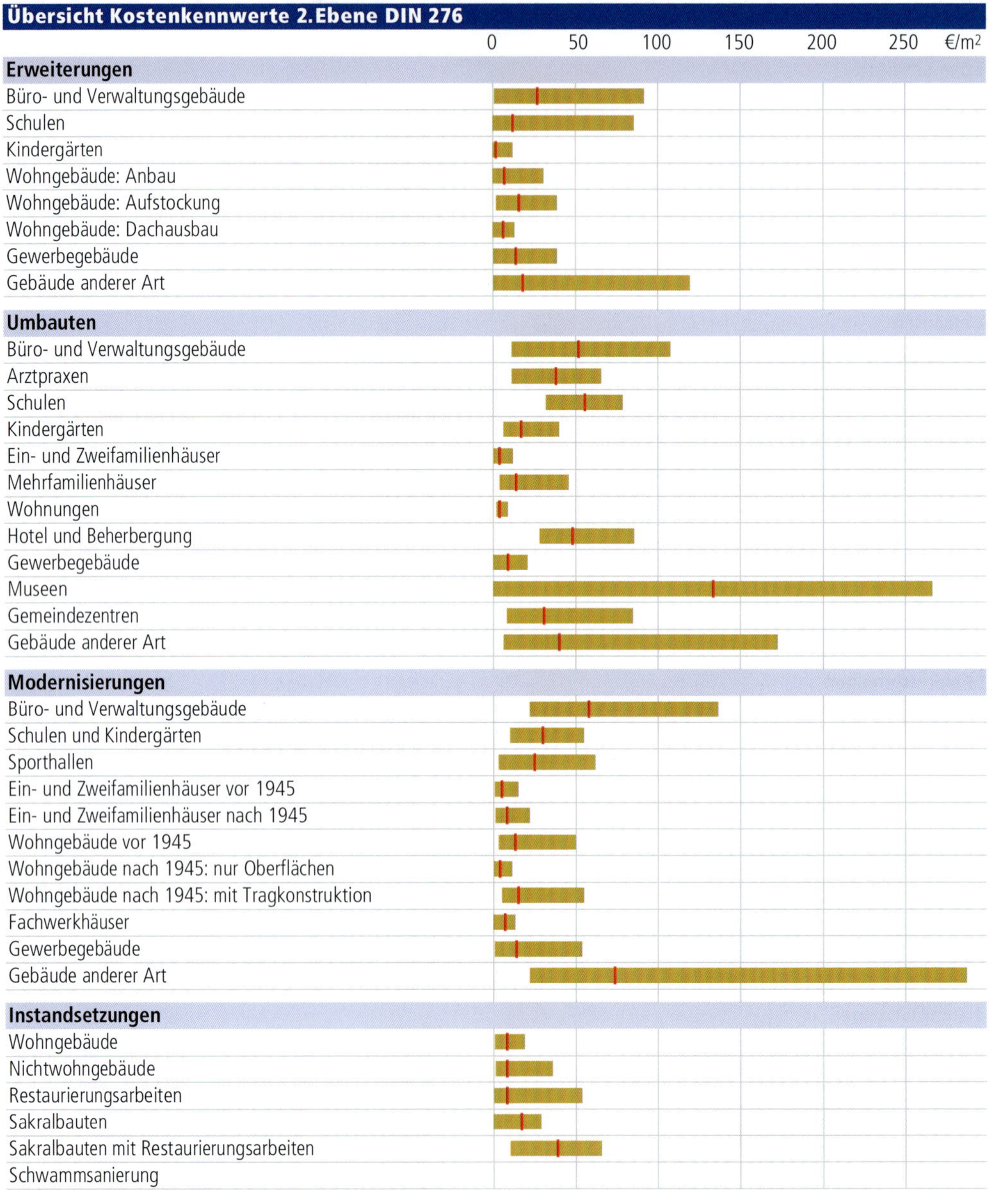

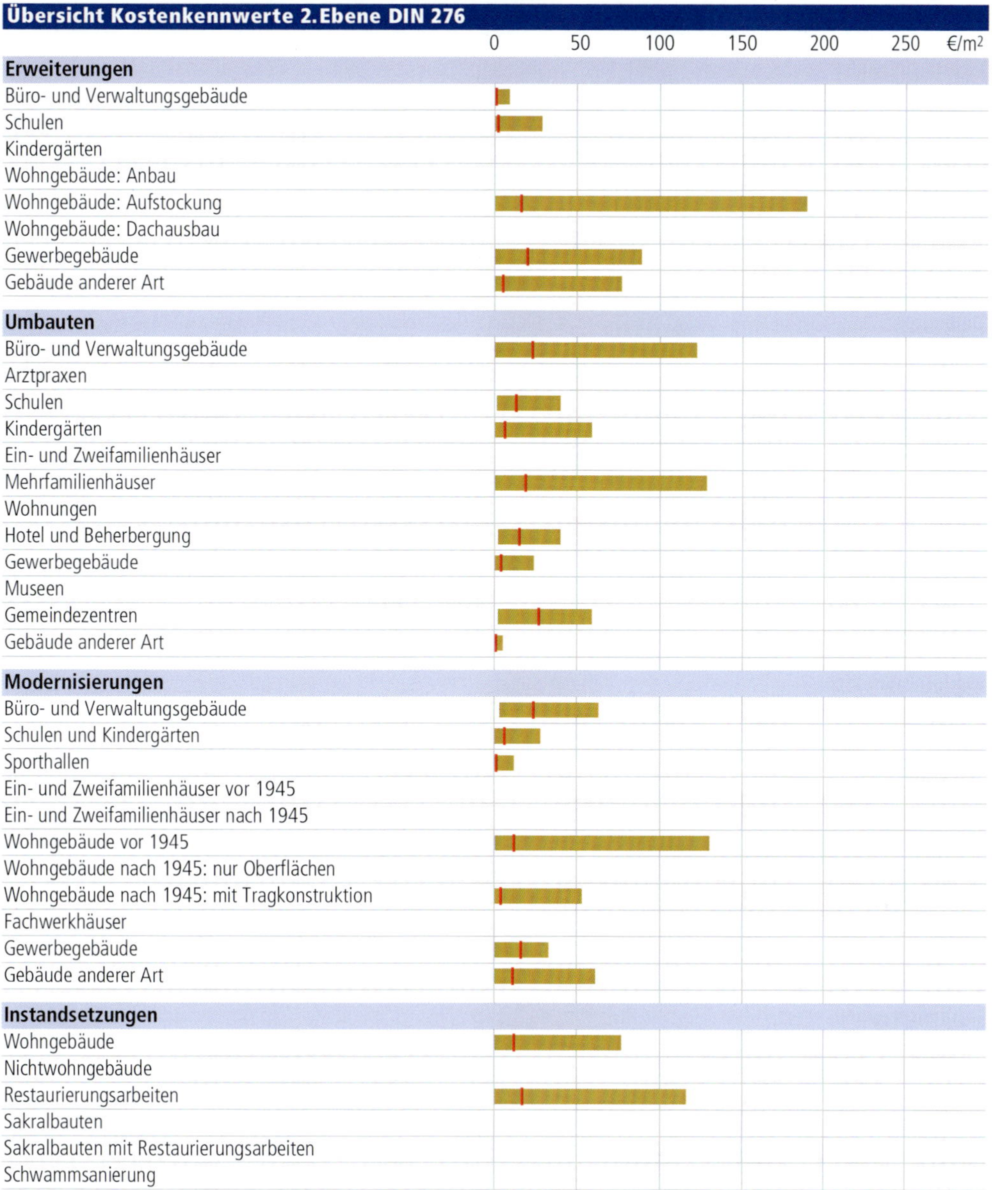

Einheit: m²
Brutto-Grundfläche (BGF)

470 Nutzungsspezifische und verfahrenstechnische Anlagen in €/m² BGF

Kosten:
Stand 2. Quartal 2026
Bundesdurchschnitt
inkl. 19% MwSt.

Einheit: m²
Brutto-Grundfläche (BGF)

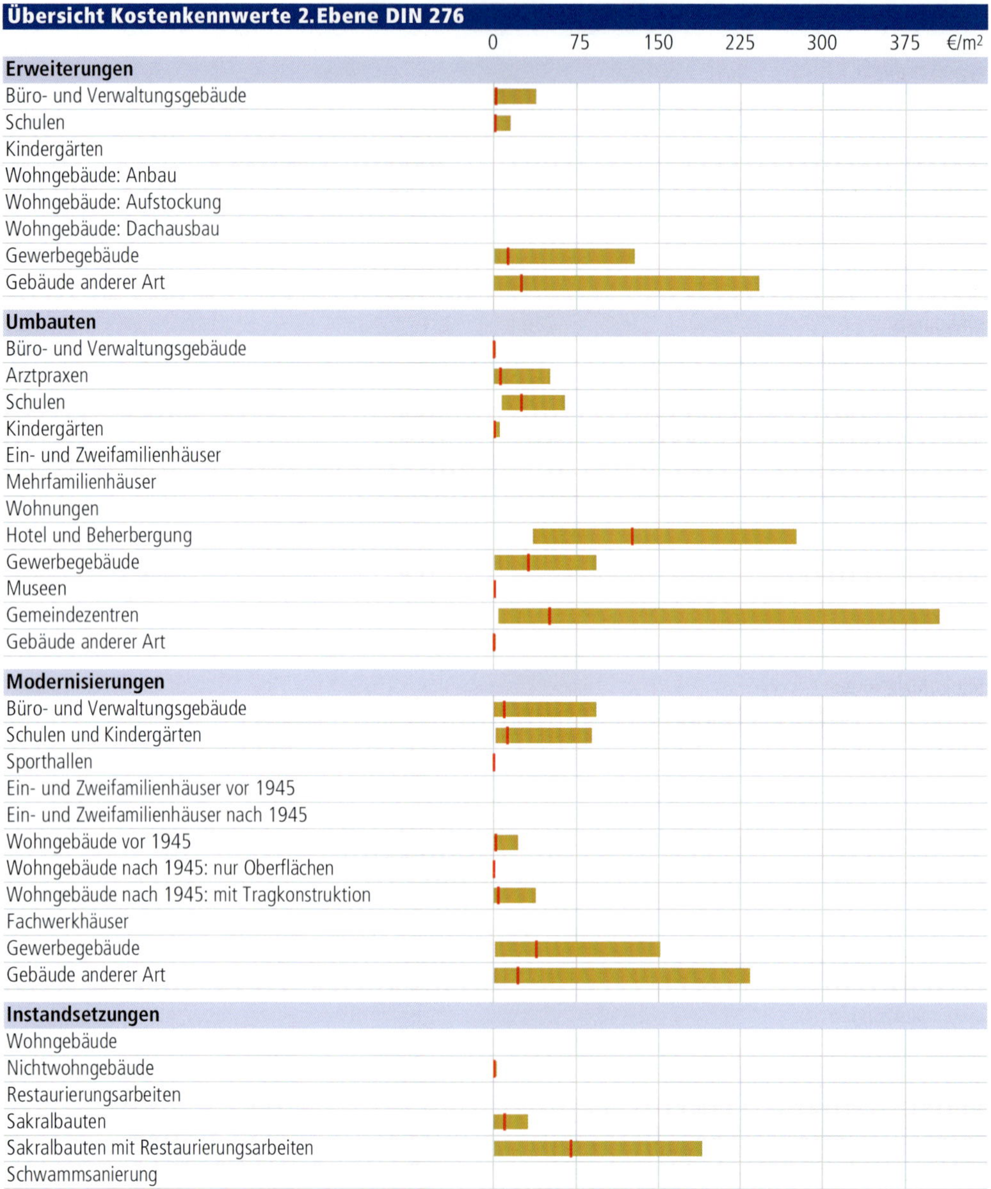

Übersicht Kostenkennwerte 2. Ebene DIN 276

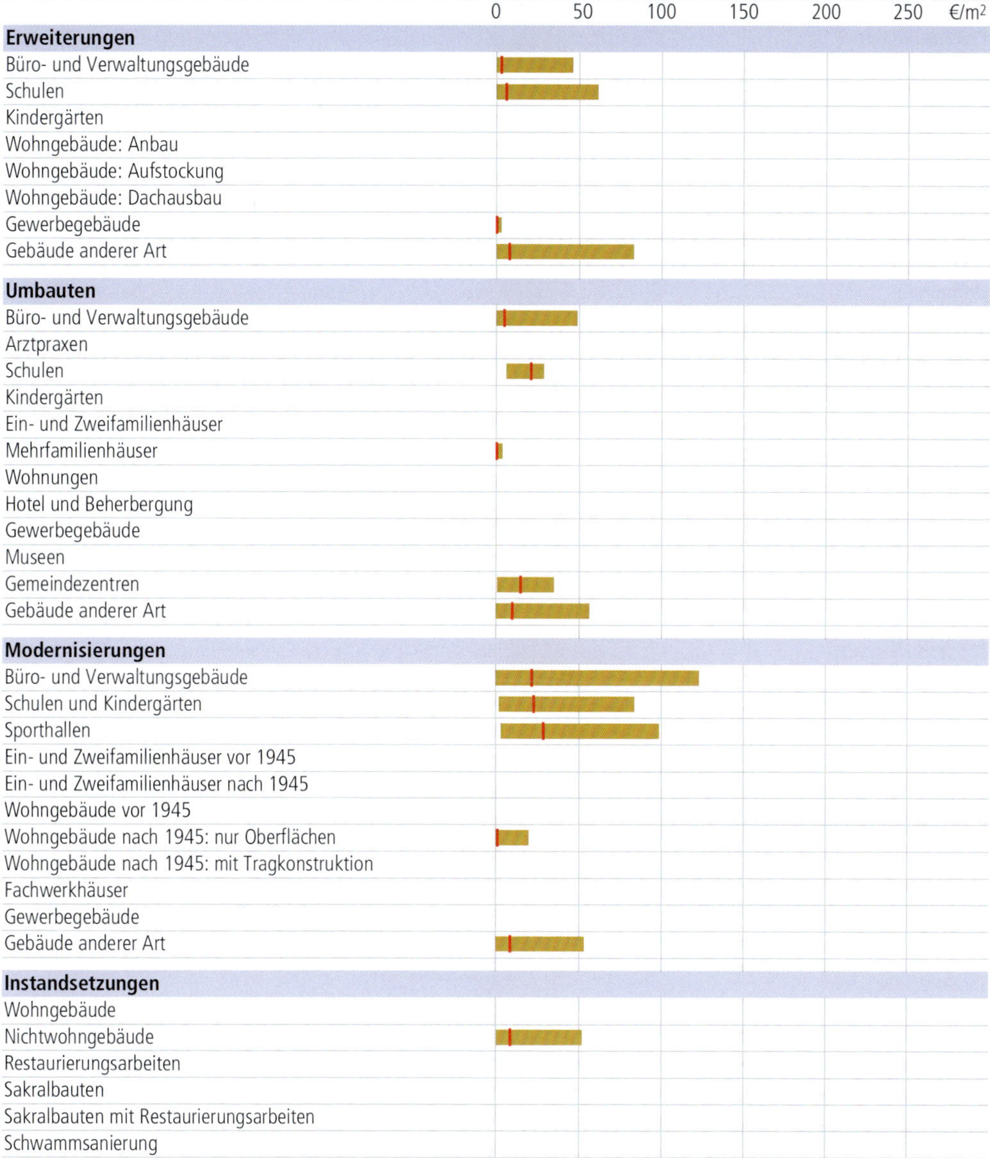

Einheit: m²
Brutto-Grundfläche (BGF)

Übersicht-
1. + 2. Ebene
Erweiterung
Umbau
Moderni-
sierung
Instand-
setzung
Bau-
elemente
Abbrechen
Wieder-
herstellen
Herstellen

490 Sonstige Maßnahmen für technische Anlagen in €/m² BGF

Kosten:
Stand 2. Quartal 2026
Bundesdurchschnitt
inkl. 19% MwSt.

Einheit: m²
Brutto-Grundfläche (BGF)

Übersicht Kostenkennwerte 2. Ebene DIN 276

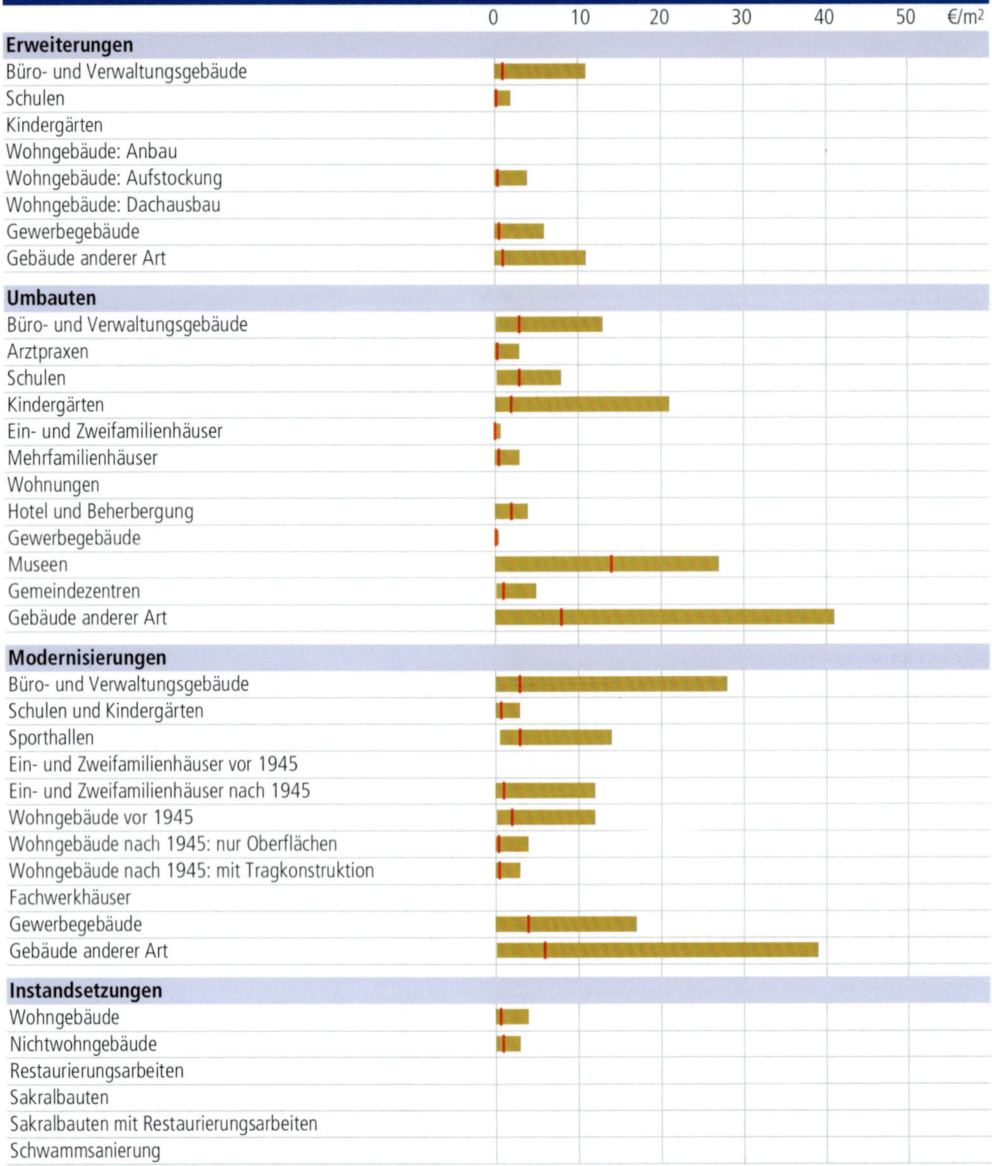

Gebäudearten

mit Kostenkennwerten der 1. bis 3. Ebene DIN 276

Erweiterungen

Umbauten

Modernisierungen

Instandsetzungen

Büro- und Verwaltungsgebäude

Kostenkennwerte für die Kosten des Bauwerks (Kostengruppen 300+400 nach DIN 276)

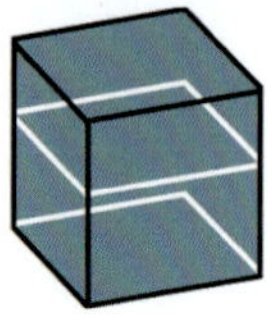

BRI 745 €/m³
von 575 €/m³
bis 980 €/m³

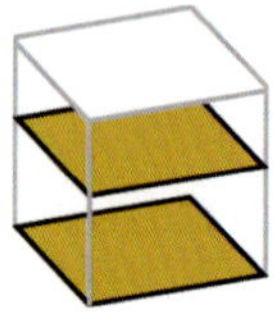

BGF 2.555 €/m²
von 1.960 €/m²
bis 3.770 €/m²

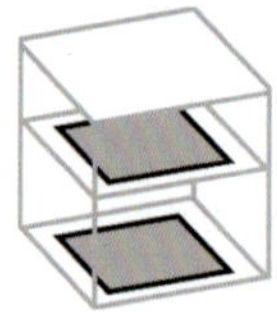

NUF 3.780 €/m²
von 2.565 €/m²
bis 5.270 €/m²

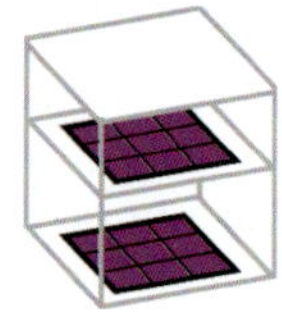

NE 82.060 €/NE
von 56.920 €/NE
bis 129.605 €/NE
NE: Arbeitsplätze

Kosten:
Stand 2. Quartal 2026
Bundesdurchschnitt
inkl. 19% MwSt.

Objektbeispiele

1300-0336

1300-0221

1300-0290

Kosten der 16 Vergleichsobjekte

Seiten 106 bis 112

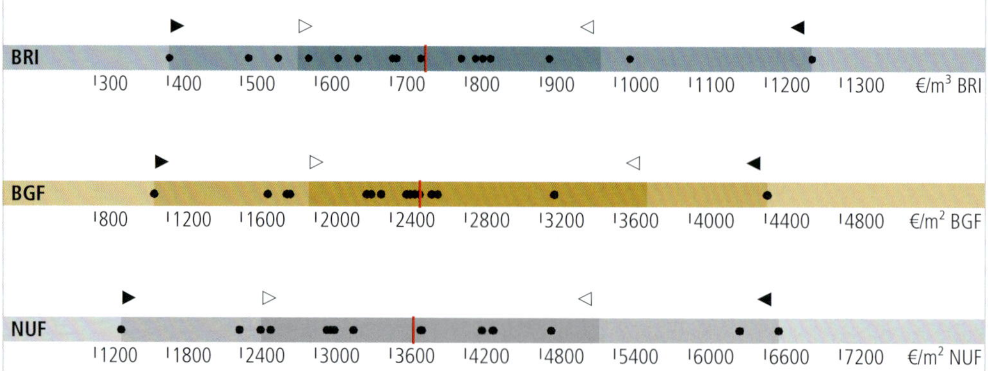

- ● KKW
- ▶ min
- ▷ von
- | Mittelwert
- ◁ bis
- ◀ max

Kostenkennwerte für die Kostengruppen der 1. und 2.Ebene DIN 276

KG	Kostengruppen der 1.Ebene	Einheit	▷	€/Einheit	◁	▷	% an 300+400	◁
100	Grundstück	m²GF	–	**–**	–	–	**–**	–
200	Vorbereitende Maßnahmen	m²GF	2	**3**	8	0,2	**2,6**	7,6
300	Bauwerk – Baukonstruktionen	m²BGF	1.524	**1.982**	2.745	74,1	**78,5**	87,2
400	Bauwerk – Technische Anlagen	m²BGF	321	**573**	907	12,8	**21,5**	25,9
	Bauwerk 300+400	m²BGF	1.960	**2.555**	3.772	100,0	**100,0**	100,0
500	Außenanlagen und Freiflächen	m²AF	50	**137**	308	1,7	**4,8**	11,0
600	Ausstattung und Kunstwerke	m²BGF	7	**22**	48	0,4	**0,8**	1,3
700	Baunebenkosten	m²BGF	–	**–**	–	–	**–**	–
800	Finanzierung	m²BGF	–	**–**	–	–	**–**	–

KG	Kostengruppen der 2.Ebene	Einheit	▷	€/Einheit	◁	▷	% an 1.Ebene	◁
310	Baugrube / Erdbau	m³BGI	65	**88**	145	0,2	**2,3**	5,4
320	Gründung, Unterbau	m²GRF	249	**381**	577	2,0	**6,7**	20,4
330	Außenwände / vertikal außen	m²AWF	429	**706**	999	30,8	**36,6**	50,7
340	Innenwände / vertikal innen	m²IWF	226	**347**	411	12,8	**17,5**	27,6
350	Decken / horizontal	m²DEF	381	**629**	1.235	4,5	**13,9**	17,3
360	Dächer	m²DAF	400	**540**	728	12,7	**16,1**	18,9
370	Infrastrukturanlagen		–	**–**	–	–	**–**	–
380	Baukonstruktive Einbauten	m²BGF	13	**34**	132	0,5	**1,8**	5,5
390	Sonst. Maßnahmen für Baukonst.	m²BGF	50	**88**	138	3,4	**5,2**	9,0
300	**Bauwerk – Baukonstruktionen**	**m²BGF**					**100,0**	
410	Abwasser-, Wasser-, Gasanlagen	m²BGF	16	**37**	66	4,8	**10,6**	22,7
420	Wärmeversorgungsanlagen	m²BGF	18	**70**	104	8,4	**14,7**	19,0
430	Raumlufttechnische Anlagen	m²BGF	36	**114**	167	2,9	**16,3**	34,8
440	Elektrische Anlagen	m²BGF	104	**172**	229	34,0	**42,9**	57,6
450	Kommunikationstechnische Anlagen	m²BGF	39	**71**	124	4,6	**12,9**	25,7
460	Förderanlagen	m²BGF	–	**9**	–	0,0	**0,2**	1,6
470	Nutzungsspez. / verfahrenstech. Anl.	m²BGF	1	**20**	38	< 0,1	**1,0**	6,6
480	Gebäude- und Anlagenautomation	m²BGF	–	**46**	–	0,0	**1,1**	8,0
490	Sonst. Maßnahmen f. techn. Anl.	m²BGF	2	**9**	15	< 0,1	**0,5**	2,0
400	**Bauwerk – Technische Anlagen**	**m²BGF**					**100,0**	

Prozentanteile der Kosten 2.Ebene an den Kosten des Bauwerks nach DIN 276 (Von/Mittel/Bis)

KG	Kostengruppe	%
310	Baugrube / Erdbau	1,8
320	Gründung, Unterbau	5,2
330	Außenwände / vertikal außen	29,9
340	Innenwände / vertikal innen	14,0
350	Decken / horizontal	11,2
360	Dächer	13,0
370	Infrastrukturanlagen	
380	Baukonstruktive Einbauten	1,5
390	Sonst. Maßnahmen für Baukonst.	4,1
410	Abwasser-, Wasser-, Gasanlagen	1,8
420	Wärmeversorgungsanlagen	3,0
430	Raumlufttechnische Anlagen	3,2
440	Elektrische Anlagen	7,9
450	Kommunikationstechnische Anlagen	2,8
460	Förderanlagen	< 0,1
470	Nutzungsspez. / verfahrenstech. Anl.	0,2
480	Gebäude- und Anlagenautomation	0,3
490	Sonst. Maßnahmen f. techn. Anl.	< 0,1

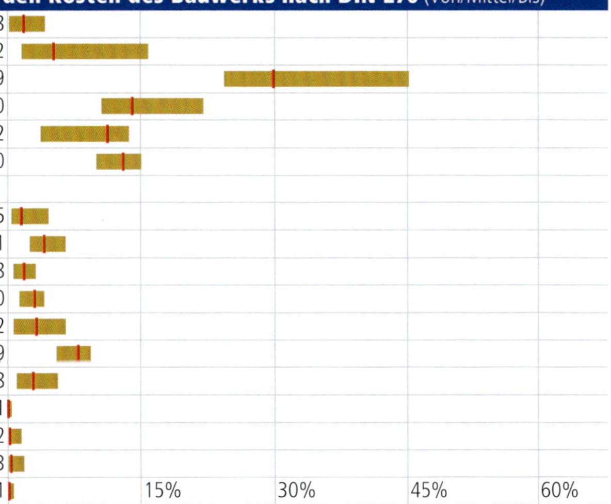

 Erläuterungen zu den Tabellen siehe Seite 28

Kostenstand: 2. Quartal 2026, Bundesdurchschnitt, **inkl. 19% MwSt.**

Kosten:
Stand 2. Quartal 2026
Bundesdurchschnitt
inkl. 19% MwSt.

▷ von
ø Mittel
◁ bis

Kostenkennwerte für die Kostengruppen der 3. Ebene DIN 276

KG	Kostengruppen der 3. Ebene	Einheit	▷	€/Einheit	◁	▷	€/m² BGF	◁
311	**Herstellung**	m³	54	**64**	80	33	**68**	124
	Herstellen	m³	54	**64**	80	33	**68**	124
312	**Umschließung**	m²	25	**589**	1.152	< 1	**41**	81
	Herstellen	m²	25	**589**	1.152	< 1	**41**	81
322	**Flachgründungen und Bodenplatten**	m²	255	**333**	398	30	**120**	385
	Abbrechen	*m²*	*55*	***89***	*152*	*5*	***18***	*44*
	Herstellen	m²	238	**267**	345	26	**106**	342
323	**Tiefgründungen**	m²	–	**321**	–	–	**38**	–
	Herstellen	m²	–	**321**	–	–	**38**	–
324	**Gründungsbeläge**	m²	157	**200**	246	47	**101**	261
	Abbrechen	*m²*	*2*	***12***	*18*	*2*	***4***	*6*
	Wiederherstellen	m²	3	**4**	6	< 1	**2**	3
	Herstellen	m²	135	**189**	244	42	**97**	259
325	**Abdichtungen und Bekleidungen**	m²	9	**29**	52	2	**8**	13
	Herstellen	m²	9	**29**	52	2	**8**	13
326	**Dränagen**	m²	–	**24**	–	–	**10**	–
	Herstellen	m²	–	**24**	–	–	**10**	–
331	**Tragende Außenwände**	m²	323	**597**	1.199	55	**117**	214
	Abbrechen	*m²*	*78*	***217***	*379*	*9*	***22***	*33*
	Wiederherstellen	m²	138	**214**	290	2	**67**	132
	Herstellen	m²	212	**381**	800	36	**80**	161
332	**Nichttragende Außenwände**	m²	251	**379**	579	2	**61**	94
	Abbrechen	*m²*	*30*	***66***	*102*	*4*	***17***	*30*
	Herstellen	m²	224	**335**	550	2	**50**	74
333	**Außenstützen**	m	–	**756**	–	–	**54**	–
	Herstellen	m	–	**756**	–	–	**54**	–
334	**Außenwandöffnungen**	m²	353	**1.008**	1.395	42	**142**	243
	Abbrechen	*m²*	*3*	***30***	*45*	*2*	***4***	*5*
	Wiederherstellen	m²	44	**58**	71	13	**20**	27
	Herstellen	m²	277	**969**	1.379	35	**132**	234
335	**Außenwandbekleidungen, außen**	m²	121	**277**	418	125	**166**	234
	Abbrechen	*m²*	*3*	***6***	*8*	*1*	***3***	*4*
	Wiederherstellen	m²	–	**73**	–	–	**32**	–
	Herstellen	m²	114	**261**	413	113	**159**	233
336	**Außenwandbekleidungen, innen**	m²	66	**122**	205	24	**38**	58
	Abbrechen	*m²*	*13*	***28***	*44*	*4*	***9***	*13*
	Herstellen	m²	63	**111**	179	23	**34**	48
337	**Elem. Außenwandkonstruktionen**	m²	788	**1.306**	1.785	115	**182**	349
	Abbrechen	*m²*	*2*	***5***	*8*	*< 1*	***2***	*3*
	Wiederherstellen	m²	–	**2**	–	–	**< 1**	–
	Herstellen	m²	784	**1.303**	1.785	114	**181**	346
338	**Lichtschutz zur KG 330**	m²	223	**384**	802	16	**33**	40
	Abbrechen	*m²*	*5*	***25***	*45*	*< 1*	***2***	*2*
	Wiederherstellen	m²	–	**< 1**	–	–	**< 1**	–
	Herstellen	m²	220	**371**	757	16	**32**	39
339	**Sonstiges zur KG 330**	m²	2	**10**	23	2	**7**	17
	Abbrechen	*m²*	*< 1*	***< 1***	*1*	*< 1*	***< 1***	*1*
	Wiederherstellen	m²	–	**6**	–	–	**4**	–
	Herstellen	m²	3	**16**	23	3	**12**	17

KG	Kostengruppen der 3. Ebene	Einheit	▷	€/Einheit	◁	▷	€/m² BGF	◁
341	**Tragende Innenwände**	m²	183	**283**	360	19	**52**	85
	Abbrechen	*m²*	*4*	***94***	*184*	*1*	***6***	*14*
	Herstellen	m²	172	**246**	287	23	**59**	86
342	**Nichttragende Innenwände**	m²	124	**217**	639	21	**60**	82
	Abbrechen	*m²*	*19*	***176***	*491*	*6*	***9***	*11*
	Herstellen	m²	92	**129**	156	15	**56**	77
343	**Innenstützen**	m	211	**262**	290	12	**16**	17
	Abbrechen	*m*	*–*	***< 1***	*–*	*–*	***< 1***	*–*
	Herstellen	m	211	**262**	290	12	**16**	17
344	**Innenwandöffnungen**	m²	502	**943**	1.242	48	**110**	164
	Abbrechen	*m²*	*4*	***6***	*8*	*< 1*	***< 1***	*< 1*
	Wiederherstellen	m²	–	**183**	–	–	**4**	–
	Herstellen	m²	881	**1.093**	1.247	100	**131**	177
345	**Innenwandbekleidungen**	m²	40	**59**	149	57	**85**	211
	Abbrechen	*m²*	*–*	***3***	*–*	*–*	***4***	*–*
	Wiederherstellen	m²	< 1	**6**	11	< 1	**8**	15
	Herstellen	m²	39	**57**	139	56	**81**	195
346	**Elem. Innenwandkonstruktionen**	m²	386	**702**	1.147	10	**21**	33
	Abbrechen	*m²*	*–*	***6***	*–*	*–*	***< 1***	*–*
	Wiederherstellen	m²	–	**82**	–	–	**3**	–
	Herstellen	m²	337	**680**	1.141	8	**20**	33
351	**Deckenkonstruktionen**	m²	367	**748**	2.222	45	**98**	158
	Abbrechen	*m²*	*25*	***60***	*114*	*4*	***5***	*8*
	Wiederherstellen	m²	–	**309**	–	–	**12**	–
	Herstellen	m²	251	**650**	2.108	23	**92**	144
353	**Deckenbeläge**	m²	146	**192**	260	78	**94**	157
	Abbrechen	*m²*	*5*	***12***	*24*	*2*	***6***	*13*
	Wiederherstellen	m²	2	**16**	29	1	**8**	14
	Herstellen	m²	126	**178**	255	68	**88**	157
354	**Deckenbekleidungen**	m²	92	**164**	263	16	**52**	75
	Abbrechen	*m²*	*9*	***11***	*13*	*3*	***5***	*7*
	Wiederherstellen	m²	–	**269**	–	–	**9**	–
	Herstellen	m²	88	**132**	248	25	**60**	73
355	**Elementierte Deckenkonstruktionen**	m²	–	**1.379**	–	–	**22**	–
	Herstellen	m²	–	**1.379**	–	–	**22**	–
359	**Sonstiges zur KG 350**	m²	12	**31**	60	5	**15**	21
	Abbrechen	*m²*	*–*	***< 1***	*–*	*–*	***< 1***	*–*
	Wiederherstellen	m²	–	**1**	–	–	**< 1**	–
	Herstellen	m²	21	**38**	62	14	**18**	22
361	**Dachkonstruktionen**	m²	99	**196**	305	41	**72**	130
	Abbrechen	*m²*	*15*	***34***	*65*	*7*	***8***	*9*
	Wiederherstellen	m²	21	**49**	78	15	**19**	22
	Herstellen	m²	95	**195**	268	54	**74**	145
362	**Dachöffnungen**	m²	1.467	**2.864**	4.376	2	**5**	14
	Abbrechen	*m²*	*24*	***208***	*392*	*< 1*	***< 1***	*< 1*
	Herstellen	m²	1.450	**2.760**	4.111	2	**5**	14
363	**Dachbeläge**	m²	217	**305**	460	69	**121**	163
	Abbrechen	*m²*	*8*	***27***	*50*	*4*	***9***	*23*
	Wiederherstellen	m²	< 1	**5**	9	< 1	**2**	3
	Herstellen	m²	200	**282**	450	60	**113**	159

KG	Kostengruppen der 3. Ebene	Einheit	▷	€/Einheit	◁	▷	€/m² BGF	◁
364	**Dachbekleidungen**	m²	77	**156**	234	22	**98**	191
	Abbrechen	*m²*	*15*	***18***	*21*	–	***7***	–
	Wiederherstellen	m²	2	**8**	14	1	**3**	5
	Herstellen	m²	74	**147**	224	20	**94**	190
369	**Sonstiges zur KG 360**	m²	4	**9**	17	1	**4**	6
	Abbrechen	*m²*	–	***1***	–	–	***< 1***	–
	Herstellen	m²	4	**9**	17	1	**4**	6
381	**Allgemeine Einbauten**	m²	7	**34**	132	7	**34**	132
	Abbrechen	*m²*	–	***13***	–	–	***13***	–
	Herstellen	m²	5	**31**	132	5	**31**	132
382	**Besondere Einbauten**	m²	–	**8**	–	–	**8**	–
	Herstellen	m²	–	**8**	–	–	**8**	–
386	**Orientierungs- u. Informationssys.**	m²	–	**8**	–	–	**8**	–
	Herstellen	m²	–	**8**	–	–	**8**	–
391	**Baustelleneinrichtung**	m²	13	**31**	49	13	**31**	49
	Herstellen	m²	13	**31**	49	13	**31**	49
392	**Gerüste**	m²	17	**25**	47	17	**25**	47
	Herstellen	m²	17	**25**	47	17	**25**	47
394	**Abbruchmaßnahmen**	m²	–	**16**	–	–	**16**	–
	Abbrechen	*m²*	–	***16***	–	–	***16***	–
395	**Instandsetzungen**	m²	–	**8**	–	–	**8**	–
	Wiederherstellen	m²	–	**8**	–	–	**8**	–
397	**Zusätzliche Maßnahmen**	m²	11	**16**	41	11	**16**	41
	Abbrechen	*m²*	–	***7***	–	–	***7***	–
	Herstellen	m²	10	**15**	29	10	**15**	29
399	**Sonstiges zur KG 390**	m²	–	**5**	–	–	**5**	–
	Herstellen	m²	–	**5**	–	–	**5**	–

Kosten:
Stand 2. Quartal 2026
Bundesdurchschnitt
inkl. 19% MwSt.

▷ von
ø Mittel
◁ bis

KG	Kostengruppen der 3. Ebene	Einheit	▷	€/Einheit	◁	▷	€/m² BGF	◁
411	**Abwasseranlagen**	m²	10	**24**	52	10	**24**	52
	Abbrechen	*m²*	–	***< 1***	–	–	***< 1***	–
	Herstellen	m²	10	**24**	52	10	**24**	52
412	**Wasseranlagen**	m²	5	**14**	28	5	**14**	28
	Abbrechen	*m²*	*< 1*	***< 1***	*< 1*	*< 1*	***< 1***	*< 1*
	Wiederherstellen	m²	–	**< 1**	–	–	**< 1**	–
	Herstellen	m²	5	**14**	27	5	**14**	27
419	**Sonstiges zur KG 410**	m²	1	**4**	10	1	**4**	10
	Wiederherstellen	m²	–	**< 1**	–	–	**< 1**	–
	Herstellen	m²	1	**4**	10	1	**4**	10
421	**Wärmeerzeugungsanlagen**	m²	6	**17**	40	6	**17**	40
	Abbrechen	*m²*	–	***< 1***	–	–	***< 1***	–
	Herstellen	m²	6	**17**	40	6	**17**	40
422	**Wärmeverteilnetze**	m²	18	**31**	50	18	**31**	50
	Abbrechen	*m²*	*< 1*	***1***	*2*	*< 1*	***1***	*2*
	Herstellen	m²	17	**30**	49	17	**30**	49
423	**Raumheizflächen**	m²	19	**41**	56	19	**41**	56
	Abbrechen	*m²*	*< 1*	***< 1***	*< 1*	*< 1*	***< 1***	*< 1*
	Herstellen	m²	18	**41**	56	18	**41**	56
431	**Lüftungsanlagen**	m²	6	**41**	59	6	**41**	59
	Herstellen	m²	6	**41**	59	6	**41**	59
432	**Teilklimaanlagen**	m²	12	**66**	173	12	**66**	173
	Herstellen	m²	12	**66**	173	12	**66**	173
433	**Klimaanlagen**	m²	8	**70**	131	8	**70**	131
	Herstellen	m²	8	**70**	131	8	**70**	131
434	**Kälteanlagen**	m²	–	**109**	–	–	**109**	–
	Herstellen	m²	–	**109**	–	–	**109**	–
442	**Eigenstromversorgungsanlagen**	m²	5	**16**	27	5	**16**	27
	Herstellen	m²	5	**16**	27	5	**16**	27
444	**Niederspannungsinstallationsanl.**	m²	64	**100**	143	64	**100**	143
	Abbrechen	*m²*	*1*	***1***	*2*	*1*	***1***	*2*
	Herstellen	m²	63	**99**	143	63	**99**	143
445	**Beleuchtungsanlagen**	m²	46	**81**	109	46	**81**	109
	Abbrechen	*m²*	–	***< 1***	–	–	***< 1***	–
	Wiederherstellen	m²	–	**< 1**	–	–	**< 1**	–
	Herstellen	m²	45	**80**	109	45	**80**	109
451	**Telekommunikationsanlagen**	m²	< 1	**4**	9	< 1	**4**	9
	Herstellen	m²	< 1	**4**	9	< 1	**4**	9
452	**Such- und Signalanlagen**	m²	2	**4**	7	2	**4**	7
	Herstellen	m²	2	**4**	7	2	**4**	7
453	**Zeitdienstanlagen**	m²	–	**8**	–	–	**8**	–
	Herstellen	m²	–	**8**	–	–	**8**	–
455	**Audiovis. Medien- u. Antennenanl.**	m²	–	**9**	–	–	**9**	–
	Herstellen	m²	–	**9**	–	–	**9**	–
456	**Gefahrenmelde- und Alarmanlagen**	m²	4	**21**	42	4	**21**	42
	Herstellen	m²	4	**21**	42	4	**21**	42
457	**Datenübertragungsnetze**	m²	18	**31**	49	18	**31**	49
	Abbrechen	*m²*	*< 1*	***< 1***	*< 1*	*< 1*	***< 1***	*< 1*
	Wiederherstellen	m²	–	**4**	–	–	**4**	–
	Herstellen	m²	18	**31**	49	18	**31**	49

KG	Kostengruppen der 3. Ebene	Einheit	▷	€/Einheit	◁	▷	€/m² BGF	◁
461	**Aufzugsanlagen**	m²	–	**9**	–	–	**9**	–
	Herstellen	m²	–	**9**	–	–	**9**	–
476	**Weitere nutzungsspezifische Anl.**	m²	–	**37**	–	–	**37**	–
	Herstellen	m²	–	**37**	–	–	**37**	–
481	**Automationseinrichtungen**	m²	–	**40**	–	–	**40**	–
	Herstellen	m²	–	**40**	–	–	**40**	–
499	**Sonstiges zur KG 490**	m²	–	**15**	–	–	**15**	–
	Herstellen	m²	–	**15**	–	–	**15**	–

Kosten:
Stand 2. Quartal 2026
Bundesdurchschnitt
inkl. 19% MwSt.

▷ von
ø Mittel
◁ bis

Prozentanteile der Kosten für Leistungsbereiche nach STLB (Kosten Bauwerk nach DIN 276)

LB	Leistungsbereiche	▷	% an 300+400	◁
000	Baustellen-, Sicherheitseinr. inkl. 001, 089	1,9	**2,8**	4,4
002	Erdarbeiten	0,2	**1,4**	4,2
006	Spezialtiefbauarbeiten inkl. 005	0,0	**0,5**	3,1
009	Entwässerungskanalarbeiten inkl. 011	< 0,1	**0,3**	1,0
010	Drän- und Versickerarbeiten	0,0	**< 0,1**	0,4
012	Mauerarbeiten	1,2	**4,3**	6,7
013	Betonarbeiten	1,7	**6,3**	11,1
014	Natur-, Betonwerksteinarbeiten	< 0,1	**0,7**	1,4
016	Zimmer- und Holzbauarbeiten	2,4	**7,8**	15,5
017	Stahlbauarbeiten	0,2	**0,7**	1,7
018	Abdichtungsarbeiten	< 0,1	**0,2**	0,5
020	Dachdeckungsarbeiten	0,1	**2,4**	13,5
021	Dachabdichtungsarbeiten	0,0	**1,6**	2,6
022	Klempnerarbeiten	0,7	**2,1**	3,8
	Rohbau	20,4	**31,3**	41,5
023	Putz- und Stuckarbeiten, Wärmedämmsysteme	1,9	**4,0**	6,6
024	Fliesen- und Plattenarbeiten	0,3	**1,5**	4,0
025	Estricharbeiten	0,6	**1,4**	2,9
026	Fenster, Außentüren inkl. 029, 032	5,6	**10,3**	14,7
027	Tischlerarbeiten	2,2	**6,2**	25,2
028	Parkett-, Holzpflasterarbeiten	0,0	**< 0,1**	0,1
030	Rollladenarbeiten	0,3	**1,3**	1,9
031	Metallbauarbeiten inkl. 035	2,3	**4,4**	11,6
034	Maler- und Lackiererarb. - Beschicht. inkl. 037	2,3	**4,4**	9,4
036	Bodenbelagarbeiten	1,1	**2,6**	4,1
038	Vorgehängte hinterlüftete Fassaden	0,2	**2,5**	7,1
039	Trockenbauarbeiten	5,4	**7,0**	10,6
	Ausbau	37,5	**45,6**	55,0
040	Wärmeversorgungsanl. - Betriebseinr. inkl. 041	0,9	**2,6**	3,6
042	Gas- u. Wasseranl. - Leitung., Armat. inkl. 043	0,2	**0,4**	0,7
044	Abwasseranl. - Leitungen, Abläufe, Armaturen	< 0,1	**0,4**	0,7
045	Gas, Wasser, Entwässerung - Ausstattung inkl. 046	0,1	**0,9**	1,9
047	Dämm- und Brandschutzarb. an techn. Anlagen	0,1	**0,4**	1,2
049	Feuerlöschanlagen, Feuerlöschgeräte	0,0	**< 0,1**	0,2
050	Blitzschutz-/Erdungsanlagen, Überspannungssch.	< 0,1	**0,1**	0,2
052	Mittelspannungsanlagen	–	**–**	–
053	Niederspannungsanl. - Kabel inkl. 054	2,9	**4,6**	6,7
055	Sicherheits- u. Ersatzstromversorgungsanl.	–	**–**	–
057	Gebäudesystemtechnik	–	**–**	–
058	Leuchten und Lampen inkl. 059	1,2	**2,9**	4,5
060	Such, Signal, Zeit, Anten., akust. Anl. inkl. 064	< 0,1	**0,2**	0,4
061	Kommunikations- u. Übertragungsnetze inkl. 062	0,4	**1,2**	2,0
063	Gefahrenmeldeanlagen	< 0,1	**0,5**	1,1
069	Aufzüge	0,0	**< 0,1**	0,4
070	Gebäudeautomation	0,0	**0,3**	1,7
075	Raumlufttechnische Anlagen inkl. 078	0,9	**3,6**	6,3
	Gebäudetechnik	11,7	**18,2**	21,2
084	Abbruch, Rückbau, Schadstoffsanierung	1,9	**4,2**	8,4
	Sonstige Leistungsbereiche inkl. 008, 033, 051	< 0,1	**0,6**	1,7

Büro- und Verwaltungsgebäude

€/m² BGF

min	1.125	€/m²
von	1.960	€/m²
Mittel	**2.555**	**€/m²**
bis	3.770	€/m²
max	4.410	€/m²

Kosten:
Stand 2. Quartal 2026
Bundesdurchschnitt
inkl. 19% MwSt.

A Abbrechen
W Wiederherstellen
H Herstellen

Objektübersicht zur Gebäudeart

1300-0212 Kirchenamt (77 AP)

BRI 6.739 m³ **BGF** 1.971 m² **NUF** 1.301 m²

Bauzustand: mittel
Aufwand: mittel
Nutzung während der Bauzeit: nein
Nutzungsänderung: nein
Grundrissänderungen: umfangreiche
Tragwerkseingriffe: umfangreiche

Land: Niedersachsen
Kreis: Gifhorn
Standard: mittel
Bauzeit: 26 Wochen
Kennwerte: bis 3. Ebene DIN 276
veröffentlicht: BKI Objektdaten A10

BGF 1.741 €/m²

Planung: k.A.

Bei dem Büro- und Verwaltungsgebäude mit 77 Arbeitsplätzen wurden zwei Gebäudeteile aufgestockt, ein Treppenhaus neu gebaut und das Bestandsgebäude entkernt und neu strukturiert.

1. Ebene: 300 Bauwerk – Baukonstruktionen: 76%, **400 Bauwerk – Technische Anlagen:** 24%
3. Ebene: Baukonstruktionen: **A:** Sonstige 9%, **W:** Sonstige < 1%, **H:** 334 Außenwandöffnungen 6%, 335 Außenwandbekleidungen, außen 12%, 337 Elementierte Außenwandkonstruktionen 8%, 342 Nichttragende Innenwände 6%, 344 Innenwandöffnungen 8%, 345 Innenwandbekleidungen 5%, 351 Deckenkonstruktionen 4%, 353 Deckenbeläge 5%, 354 Deckenbekleidungen 5%, 361 Dachkonstruktionen 4%, 363 Dachbeläge 4%, 364 Dachbekleidungen 3%, Sonstige 20%, **Technische Anlagen:** **A:** Sonstige 1%, **H:** 411 Abwasseranlagen 7%, 412 Wasseranlagen 9%, 422 Wärmeverteilnetze 11%, 423 Raumheizflächen 5%, 444 Niederspannungsinstallationsanlagen 35%, 445 Beleuchtungsanlagen 10%, 457 Datenübertragungsnetze 10%, Sonstige 11%

1300-0207 Kirchenverwaltung (80 AP)

BRI 8.091 m³ **BGF** 2.455 m² **NUF** 1.482 m²

Baujahr: 1537
Bauzustand: mittel
Aufwand: mittel
Nutzung während der Bauzeit: nein
Nutzungsänderung: ja
Grundrissänderungen: wenige
Tragwerkseingriffe: wenige

Land: Thüringen
Kreis: Erfurt, Stadt
Standard: mittel
Bauzeit: 82 Wochen
Kennwerte: bis 3. Ebene DIN 276
veröffentlicht: BKI Objektdaten A10

BGF 2.616 €/m²

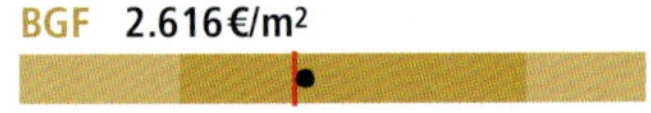

Planung: Steinblock Architekten; Magdeburg

Anbau eines Bürotrakts im Zuge des Umbaus von denkmalgeschützten Universitätsgebäuden zum Verwaltungskomplex.
Kosteneinfluss Grundstück: Beengter Bauraum, Baugrubenverbau

1. Ebene: 300 Bauwerk – Baukonstruktionen: 78%, **400 Bauwerk – Technische Anlagen:** 22%
3. Ebene: Baukonstruktionen: **A:** Sonstige < 1%, **W:** Sonstige < 1%, **H:** 312 Umschließung 4%, 331 Tragende Außenwände 5%, 334 Außenwandöffnungen 14%, 335 Außenwandbekleidungen, außen 10%, 337 Elementierte Außenwandkonstruktionen 5%, 341 Tragende Innenwände 4%, 344 Innenwandöffnungen 8%, 351 Deckenkonstruktionen 8%, 353 Deckenbeläge 4%, 354 Deckenbekleidungen 3%, 361 Dachkonstruktionen 3%, 363 Dachbeläge 7%, Sonstige 24%, **Technische Anlagen:** **H:** 422 Wärmeverteilnetze 3%, 423 Raumheizflächen 9%, 431 Lüftungsanlagen 9%, 442 Eigenstromversorgungsanlagen 5%, 444 Niederspannungsinstallationsanlagen 17%, 445 Beleuchtungsanlagen 14%, 456 Gefahrenmelde- und Alarmanlagen 9%, 457 Datenübertragungsnetze 4%, 476 Weitere nutzungsspezifische Anlagen 6%, 481 Automationseinrichtungen 7%, Sonstige 16%

 Erläuterungen zu den Tabellen siehe Seite 34 und 36 Kostenstand: 2. Quartal 2026, Bundesdurchschnitt, **inkl. 19% MwSt.**

2200-0027 Institutsgebäude ökologische Raumentwicklung

BRI 11.213 m³ **BGF** 3.378 m² **NUF** 2.066 m²

Baujahr: 1968
Bauzustand: mittel
Aufwand: mittel
Nutzung während der Bauzeit: nein
Nutzungsänderung: ja
Grundrissänderungen: einige
Tragwerkseingriffe: einige

Land: Sachsen
Kreis: Dresden, Stadt
Standard: mittel
Bauzeit: 78 Wochen
Kennwerte: bis 3. Ebene DIN 276
veröffentlicht: BKI Objektdaten A9

BGF 2.346 €/m²

Planung: F29 Architekten GmbH; Dresden

Aufstockung in Teilbereichen um zwei Obergeschosse auf das bestehende Gebäude.

1. Ebene: 300 Bauwerk – Baukonstruktionen: 82%, **400 Bauwerk – Technische Anlagen:** 18%
3. Ebene: Baukonstruktionen: **A**: Sonstige 4%, **W**: Sonstige < 1%, **H**: 324 Gründungsbeläge 3%, 332 Nichttragende Außenwände 4%, 335 Außenwandbekleidungen, außen 13%, 337 Elementierte Außenwandkonstruktionen 18%, 344 Innenwandöffnungen 5%, 351 Deckenkonstruktionen 8%, 353 Deckenbeläge 4%, 354 Deckenbekleidungen 4%, 363 Dachbeläge 3%, 364 Dachbekleidungen 6%, Sonstige 28%, **Technische Anlagen:** **A**: Sonstige 1%, **W**: Sonstige 1%, **H**: 411 Abwasseranlagen 3%, 412 Wasseranlagen 4%, 423 Raumheizflächen 4%, 431 Lüftungsanlagen 15%, 434 Kälteanlagen 26%, 444 Niederspannungsinstallationsanlagen 14%, 445 Beleuchtungsanlagen 12%, 456 Gefahrenmelde- und Alarmanlagen 6%, 457 Datenübertragungsnetze 5%, Sonstige 9%

1300-0148 Bürogebäude

BRI 583 m³ **BGF** 162 m² **NUF** 109 m²

Bauzustand: mittel
Aufwand: mittel
Nutzung während der Bauzeit: ja
Nutzungsänderung: nein
Grundrissänderungen: wenige
Tragwerkseingriffe: wenige

Land: Bayern
Kreis: Mühldorf a. Inn
Standard: mittel
Bauzeit: 13 Wochen
Kennwerte: bis 3. Ebene DIN 276
veröffentlicht: BKI Objektdaten A7

BGF 3.273 €/m²

Planung: Architektur Seidel; Mühldorf/Inn

Erweiterung einer bestehenden Steuerkanzlei durch einen eingeschossigen, nicht unterkellerten Anbau. Die Erschließung der Erweiterung kann sowohl durch das bestehende Gebäude als auch separat erfolgen.

1. Ebene: 300 Bauwerk – Baukonstruktionen: 78%, **400 Bauwerk – Technische Anlagen:** 22%
3. Ebene: Baukonstruktionen: **A**: Sonstige 4%, **H**: 311 Herstellung 5%, 322 Flachgründungen und Bodenplatten 13%, 324 Gründungsbeläge 10%, 331 Tragende Außenwände 8%, 334 Außenwandöffnungen 7%, 335 Außenwandbekleidungen, außen 6%, 337 Elementierte Außenwandkonstruktionen 7%, 341 Tragende Innenwände 4%, 344 Innenwandöffnungen 4%, 361 Dachkonstruktionen 6%, 363 Dachbeläge 7%, 364 Dachbekleidungen 5%, Sonstige 14%, **Technische Anlagen:** **H**: 411 Abwasseranlagen 9%, 421 Wärmeerzeugungsanlagen 5%, 422 Wärmeverteilnetze 7%, 423 Raumheizflächen 7%, 432 Teilklimaanlagen 24%, 444 Niederspannungsinstallationsanlagen 22%, 445 Beleuchtungsanlagen 15%, 457 Datenübertragungsnetze 7%, Sonstige 4%

Übersicht- 1. + 2. Ebene
Erweiterung
Umbau
Modernisierung
Instandsetzung
Bauelemente
Abbrechen
Wiederherstellen
Herstellen

€/m² BGF

min	1.125	€/m²
von	1.960	€/m²
Mittel	**2.555**	**€/m²**
bis	3.770	€/m²
max	4.410	€/m²

Kosten:
Stand 2. Quartal 2026
Bundesdurchschnitt
inkl. 19% MwSt.

Objektübersicht zur Gebäudeart

1300-0134 Bürogebäude

BRI 451 m³ **BGF** 146 m² **NUF** 106 m²

Baujahr: 1965
Bauzustand: mittel
Aufwand: hoch
Nutzung während der Bauzeit: ja
Nutzungsänderung: nein
Grundrissänderungen: wenige
Tragwerkseingriffe: einige

Land: Bayern
Kreis: Landshut
Standard: mittel
Bauzeit: 18 Wochen
Kennwerte: bis 3. Ebene DIN 276
veröffentlicht: BKI Objektdaten A6

BGF 2.292 €/m²

Planung: schmidtundheinz dipl.-ing. heike schmidt, rudolf heinz; moosburg a.d. Isar

Ergänzung der bestehenden Büroräume im Erdgeschoss durch den Ausbau des Dachgeschosses mit zwei Einzelbüros, einem Besprechungsraum, einer Teeküche und einem Empfangsbereich mit Garderobe.

1. Ebene: 300 Bauwerk – Baukonstruktionen: 82%, **400 Bauwerk – Technische Anlagen:** 18%
3. Ebene: Baukonstruktionen: A: Sonstige 2%, **W:** Sonstige 4%, **H:** 331 Tragende Außenwände 4%, 334 Außenwandöffnungen 11%, 335 Außenwandbekleidungen, außen 5%, 341 Tragende Innenwände 4%, 342 Nichttragende Innenwände 4%, 344 Innenwandöffnungen 10%, 345 Innenwandbekleidungen 10%, 351 Deckenkonstruktionen 5%, 353 Deckenbeläge 8%, 361 Dachkonstruktionen 3%, 364 Dachbekleidungen 14%, 381 Allgemeine Einbauten 7%, Sonstige 8%, **Technische Anlagen: H:** 422 Wärmeverteilnetze 5%, 423 Raumheizflächen 15%, 433 Klimaanlagen 31%, 444 Niederspannungsinstallationsanlagen 16%, 445 Beleuchtungsanlagen 29%, Sonstige 5%

1300-0118 Rathaus

BRI 2.140 m³ **BGF** 764 m² **NUF** 606 m²

Land: Hessen
Kreis: Vogelsbergkreis
Standard: mittel
Bauzeit: 52 Wochen
Kennwerte: bis 3. Ebene DIN 276
veröffentlicht: www.bki.de

BGF 1.125 €/m²

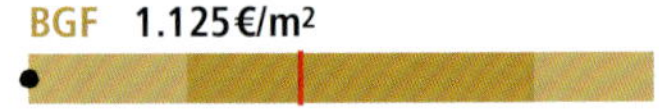

Planung: Architekt Dipl.-Ing. (TH) Josef Michael Ruhl; Herbstein

Rathaus mit Büroräumen, Gemeindekasse, Sitzungsräume und Personalraum mit Teeküche.

1. Ebene: 300 Bauwerk – Baukonstruktionen: 91%, **400 Bauwerk – Technische Anlagen:** 9%
3. Ebene: Baukonstruktionen: A: Sonstige 10%, **W:** 331 Tragende Außenwände 13%, 335 Außenwandbekleidungen, außen 3%, Sonstige 6%, **H:** 331 Tragende Außenwände 7%, 332 Nichttragende Außenwände 7%, 334 Außenwandöffnungen 4%, 335 Außenwandbekleidungen, außen 10%, 336 Außenwandbekleidungen, innen 5%, 345 Innenwandbekleidungen 7%, 353 Deckenbeläge 6%, 363 Dachbeläge 11%, Sonstige 11%, **Technische Anlagen: A:** Sonstige < 1%, **H:** 411 Abwasseranlagen 9%, 412 Wasseranlagen 17%, 421 Wärmeerzeugungsanlagen 6%, 444 Niederspannungsinstallationsanlagen 67%, Sonstige < 1%

A Abbrechen
W Wiederherstellen
H Herstellen

Objektübersicht zur Gebäudeart

1300-0336 Bürogebäude (34 AP)

BRI 2.340 m³ **BGF** 727 m² **NUF** 435 m²

© PAPPERT + WEICHYNIK

Baujahr: 1904
Bauzustand: mittel
Aufwand: niedrig
Nutzung während der Bauzeit: ja
Nutzungsänderung: nein
Grundrissänderungen: wenige
Tragwerkseingriffe: wenige

Land: Nordrhein-Westfalen
Kreis: Bielefeld, Stadt
Standard: mittel
Bauzeit: 70 Wochen
Kennwerte: bis 1. Ebene DIN 276
veröffentlicht: BKI Objektdaten A13

BGF 2.649 €/m²

Planung: PAPPERT + WEICHYNIK Architekten PartG mbB; Bielefeld

Erweiterung eines Bürogebäudes für 34 Arbeitsplätze

1. Ebene: 300 Bauwerk – Baukonstruktionen: 78%, **400 Bauwerk – Technische Anlagen:** 22%

1300-0339 Bürogebäude (40 AP)*

BRI 5.071 m³ **BGF** 1.183 m² **NUF** 673 m²

© Brüggemann + Jeßnitz

Baujahr: 1940
Bauzustand: gut
Aufwand: mittel
Nutzung während der Bauzeit: ja
Nutzungsänderung: nein
Grundrissänderungen: wenige
Tragwerkseingriffe: wenige

Land: Niedersachsen
Kreis: Hannover, Region
Standard: hoch
Bauzeit: 113 Wochen
Kennwerte: bis 1. Ebene DIN 276
veröffentlicht: BKI Objektdaten A13

BGF 5.806 €/m²

*

* Nicht in der Auswertung enthalten

Planung: Brüggemann + Jeßnitz; Winsen (Aller)

Bürogebäude als Bildungs- und Verwaltungszentrum mit 40 Arbeitsplätzen

1. Ebene: 300 Bauwerk – Baukonstruktionen: 79%, **400 Bauwerk – Technische Anlagen:** 21%

7200-0103 Büro-/Ausstellungsgebäude (8 AP), Garage

BRI 1.902 m³ **BGF** 567 m² **NUF** 409 m²

© Jörg Hempel

Baujahr: 2018
Bauzustand: gut
Aufwand: mittel
Nutzung während der Bauzeit: nein
Nutzungsänderung: nein
Grundrissänderungen: keine
Tragwerkseingriffe: wenige

Land: Hessen
Kreis: Main-Kinzig-Kreis
Standard: einfach
Bauzeit: 17 Wochen
Kennwerte: bis 1. Ebene DIN 276
veröffentlicht: BKI Objektdaten A13

BGF 1.844 €/m²

Planung: CCM GmbH; Flörsbachtal

Büro- und Ausstellungsgebäude für acht Mitarbeiter, Garage mit zwei Stellplätzen

1. Ebene: 300 Bauwerk – Baukonstruktionen: 74%, **400 Bauwerk – Technische Anlagen:** 26%

Übersicht- 1. + 2. Ebene
Erweiterung
Umbau
Moderni- sierung
Instand- setzung
Bau- elemente
Abbrechen
Wieder- herstellen
Herstellen

€/m² BGF

min	1.125	€/m²
von	1.960	€/m²
Mittel	**2.555**	**€/m²**
bis	3.770	€/m²
max	4.410	€/m²

Kosten:
Stand 2. Quartal 2026
Bundesdurchschnitt
inkl. 19% MwSt.

A Abbrechen
W Wiederherstellen
H Herstellen

Objektübersicht zur Gebäudeart

1300-0290 Bürogebäude (16 AP)

BRI 838 m³ **BGF** 270 m² **NUF** 154 m²

Baujahr: 1999
Bauzustand: mittel
Aufwand: niedrig
Nutzungsänderung: nein
Grundrissänderungen: wenige
Tragwerkseingriffe: wenige

Land: Nordrhein-Westfalen
Kreis: Recklinghausen
Standard: einfach
Bauzeit: 48 Wochen
Kennwerte: bis 1. Ebene DIN 276
veröffentlicht: BKI Objektdaten A12
BGF **2.522 €/m²**

Planung: Steinke + Zils Architekten und Partner mbB; Marl

Anbau von Bürogebäude mit 16 Arbeitsplätzen an Bestandsgebäude.

1. Ebene: 300 Bauwerk – Baukonstruktionen: 76%, **400 Bauwerk – Technische Anlagen:** 24%

1300-0267 Bürogebäude (150 AP)

BRI 14.679 m³ **BGF** 4.201 m² **NUF** 2.761 m²

Baujahr: 1996
Bauzustand: gut
Aufwand: hoch
Nutzung während der Bauzeit: ja
Nutzungsänderung: nein
Grundrissänderungen: einige

Land: Niedersachsen
Kreis: Heidekreis
Standard: mittel
Bauzeit: 74 Wochen
Kennwerte: bis 1. Ebene DIN 276
veröffentlicht: BKI Objektdaten A11
BGF **4.407 €/m²**

Planung: Johannes Schneider Architekt BDA; Bremen

Das Bürogebäude mit 150 Arbeitsplätzen wurde als Erweiterung an der ersten von vier Lager- und Produktionshallen angebaut. Der lange schmale Baukörper passt sich an Grundstück und Bestand an. Horizontal gibt es in den ersten drei Etagen Wegeverbindungen zur Produktionshalle. Die Erweiterung wird über die vorhandene Gas-Kesselanlage mit Wärme versorgt.

1. Ebene: 300 Bauwerk – Baukonstruktionen: 70%, **400 Bauwerk – Technische Anlagen:** 30%

1300-0232 Bürogebäude (57 AP)

BRI 4.125 m³ **BGF** 954 m² **NUF** 657 m²

Baujahr: 2013

Land: Sachsen
Kreis: Leipzig, Stadt
Standard: hoch
Bauzeit: 61 Wochen
Kennwerte: bis 1. Ebene DIN 276
veröffentlicht: BKI Objektdaten A11
BGF **4.411 €/m²**

Planung: Martin Faßauer Bürogemeinschaft Baukomplex; Leipzig

Erweiterung eines Bürogebäudes um 57 Arbeitsplätze. Der gesamte Rohbau entstand in Stahlbeton. Die Fassade wurde als vorgehängte, gedämmte Glas-Metallfassade ausgeführt. Das Dach wurde als Flachdachkonstruktion mit extensiver Dachbegrünung realisiert.

1. Ebene: 300 Bauwerk – Baukonstruktionen: 76%, **400 Bauwerk – Technische Anlagen:** 24%

Objektübersicht zur Gebäudeart

1300-0221 Bürogebäude (36 AP)

BRI 6.218 m³ **BGF** 1.709 m² **NUF** 1.133 m²

Baujahr: 1950
Bauzustand: mittel
Aufwand: mittel
Nutzung während der Bauzeit: ja
Nutzungsänderung: nein
Grundrissänderungen: einige
Tragwerkseingriffe: einige

Land: Bayern
Kreis: Weilheim-Schongau
Standard: mittel
Bauzeit: 65 Wochen
Kennwerte: bis 1. Ebene DIN 276
veröffentlicht: BKI Objektdaten A10

BGF 2.551 €/m²

Planung: Architekturbüro Manfred Ullmann; Burggen

Bürogebäude mit 36 Arbeitsplätzen und Mehrzweckraum. Der Stahlbeton-Erweiterungsbau ist mit einem Wärmedämmverbundsystem versehen. Die Fenster sind als Holz-Alu-Pfosten-Riegel-Konstruktion ausgeführt. Die Trennwände wurden in Leichtbau-, bzw. Trockenbaukonstruktion errichtet. Ein Stahlbetonflachdach rundet den schlichten Baukörper ab.

1. Ebene: 300 Bauwerk – Baukonstruktionen: 71%, **400 Bauwerk – Technische Anlagen:** 29%

1300-0191 Schulungs- und Verwaltungsgebäude

BRI 5.802 m³ **BGF** 1.473 m² **NUF** 1.106 m²

Baujahr: 1975
Bauzustand: gut
Aufwand: mittel
Nutzung während der Bauzeit: ja
Nutzungsänderung: nein
Grundrissänderungen: wenige
Tragwerkseingriffe: keine

Land: Rheinland-Pfalz
Kreis: Bad Dürkheim
Standard: mittel
Bauzeit: 44 Wochen
Kennwerte: bis 1. Ebene DIN 276
veröffentlicht: BKI Objektdaten A9

BGF 2.479 €/m²

Planung: P4_ARCHITEKTEN BDA; Frankenthal

Anbau eines Schulungs- und Verwaltungsgebäudes als Kopfbau an eine bestehende Produktionshalle mit Verwaltungsgebäude.

1. Ebene: 300 Bauwerk – Baukonstruktionen: 72%, **400 Bauwerk – Technische Anlagen:** 28%

1300-0186 Büro und Werkstattgebäude

BRI 1.094 m³ **BGF** 284 m² **NUF** 207 m²

Baujahr: 1980
Bauzustand: mittel
Aufwand: mittel
Nutzung während der Bauzeit: ja
Nutzungsänderung: nein
Grundrissänderungen: wenige
Tragwerkseingriffe: keine

Land: Berlin
Kreis: Berlin, Stadt
Standard: mittel
Bauzeit: 39 Wochen
Kennwerte: bis 1. Ebene DIN 276
veröffentlicht: BKI Objektdaten A8

BGF 2.270 €/m²

Planung: Arge4architekten GbR; Potsdam

Erweiterung eines Gewerbebaus mit Büro im EG und Werkstatt im UG.

1. Ebene: 300 Bauwerk – Baukonstruktionen: 81%, **400 Bauwerk – Technische Anlagen:** 19%

€/m² BGF

min	1.125	€/m²
von	1.960	€/m²
Mittel	**2.555**	**€/m²**
bis	3.770	€/m²
max	4.410	€/m²

Kosten:
Stand 2. Quartal 2026
Bundesdurchschnitt
inkl. 19% MwSt.

Objektübersicht zur Gebäudeart

1300-0161 Bürogebäude

BRI 224 m³ **BGF** 75 m² **NUF** 60 m²

Bauzustand: mittel
Aufwand: mittel
Nutzung während der Bauzeit: nein
Nutzungsänderung: nein
Grundrissänderungen: wenige
Tragwerkseingriffe: keine

Land: Mecklenburg-Vorpommern
Kreis: Nordwestmecklenburg
Standard: einfach
Bauzeit: 35 Wochen
Kennwerte: bis 1. Ebene DIN 276
veröffentlicht: BKI Objektdaten A7

BGF 2.499 €/m²

Planung: Hempel:Architekten; Wismar

Anbau eines Bürogebäudes, Büro- und Konferenznutzung **Kosteneinfluss Nutzung:** Anbau an Bestandsgebäude

1. Ebene: 300 Bauwerk – Baukonstruktionen: 92%, **400 Bauwerk – Technische Anlagen:** 8%

1300-0109 Verwaltungsgebäude

BRI 1.480 m³ **BGF** 521 m² **NUF** 406 m²

Bauzustand: mittel
Aufwand: mittel
Nutzung während der Bauzeit: ja
Nutzungsänderung: nein
Grundrissänderungen: einige
Tragwerkseingriffe: wenige

Land: Baden-Württemberg
Kreis: Esslingen
Standard: mittel
Bauzeit: 91 Wochen
Kennwerte: bis 2. Ebene DIN 276
veröffentlicht: www.bki.de

BGF 1.860 €/m²

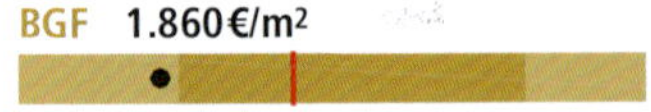

Planung: Hartmaier + Partner Freie Architekten; Münsingen

Erweiterung eines Verwaltungsgebäudes durch einen Anbau und Umbau des bestehenden Dachgeschosses mit Teilabbruch und Umbau Bestandsbüros. **Kosteneinfluss Nutzung:** Anschluss Heizung an bestehende Anlage; Lagerbehälter vorhanden.

1. Ebene: 300 Bauwerk – Baukonstruktionen: 78%, **400 Bauwerk – Technische Anlagen:** 22%

A Abbrechen
W Wiederherstellen
H Herstellen

Kostenkennwerte für die Kosten des Bauwerks (Kostengruppen 300+400 nach DIN 276)

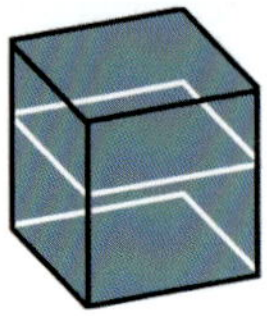

BRI 770 €/m³
von 595 €/m³
bis 980 €/m³

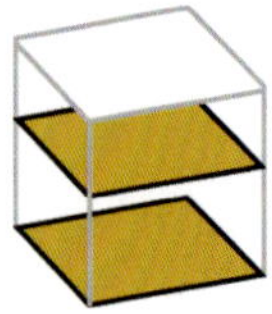

BGF 3.240 €/m²
von 2.515 €/m²
bis 4.255 €/m²

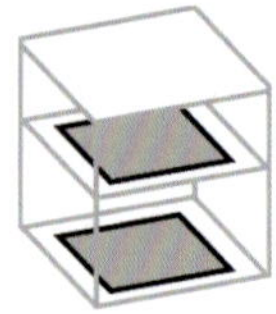

NUF 5.250 €/m²
von 3.950 €/m²
bis 6.900 €/m²

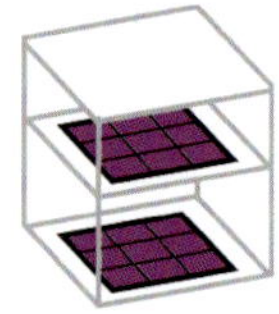

NE 30.650 €/NE
von 17.680 €/NE
bis 57.305 €/NE
NE: Schüler

Kosten:
Stand 2. Quartal 2026
Bundesdurchschnitt
inkl. 19% MwSt.

Objektbeispiele

4100-0268

4100-0190

4100-0236

Kosten der 28 Vergleichsobjekte

Seiten 122 bis 133

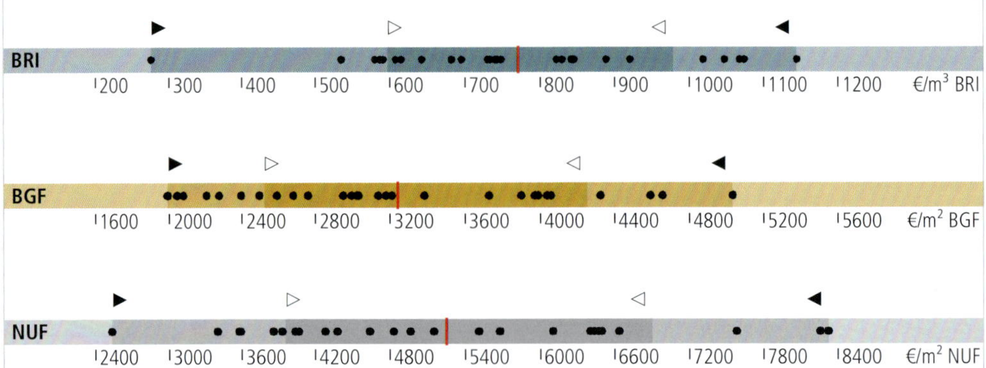

- ● KKW
- ▶ min
- ▷ von
- | Mittelwert
- ◁ bis
- ◀ max

Kostenkennwerte für die Kostengruppen der 1. und 2. Ebene DIN 276

KG	Kostengruppen der 1. Ebene	Einheit	▷	€/Einheit	◁	▷	% an 300+400	◁
100	Grundstück	m² GF	–	**–**	–	–	**–**	–
200	Vorbereitende Maßnahmen	m² GF	3	**16**	52	0,7	**2,1**	4,8
300	Bauwerk – Baukonstruktionen	m² BGF	1.852	**2.446**	3.293	66,9	**75,7**	87,0
400	Bauwerk – Technische Anlagen	m² BGF	434	**791**	1.239	13,0	**24,3**	33,1
	Bauwerk 300+400	m² BGF	2.517	**3.238**	4.253	100,0	**100,0**	100,0
500	Außenanlagen und Freiflächen	m² AF	81	**203**	419	2,3	**6,0**	8,9
600	Ausstattung und Kunstwerke	m² BGF	32	**115**	292	0,8	**3,0**	6,1
700	Baunebenkosten	m² BGF	–	**–**	–	–	**–**	–
800	Finanzierung	m² BGF	–	**–**	–	–	**–**	–

KG	Kostengruppen der 2. Ebene	Einheit	▷	€/Einheit	◁	▷	% an 1. Ebene	◁
310	Baugrube / Erdbau	m³ BGI	42	**86**	122	1,1	**2,4**	3,8
320	Gründung, Unterbau	m² GRF	183	**364**	426	5,1	**7,8**	11,0
330	Außenwände / vertikal außen	m² AWF	713	**848**	951	32,5	**35,3**	40,5
340	Innenwände / vertikal innen	m² IWF	262	**370**	536	8,4	**13,7**	18,1
350	Decken / horizontal	m² DEF	257	**474**	652	8,6	**15,4**	23,8
360	Dächer	m² DAF	587	**762**	1.418	14,3	**17,5**	28,1
370	Infrastrukturanlagen		–	**–**	–	–	**–**	–
380	Baukonstruktive Einbauten	m² BGF	5	**55**	155	0,2	**1,2**	5,4
390	Sonst. Maßnahmen für Baukonst.	m² BGF	94	**133**	192	5,4	**6,7**	7,5
300	**Bauwerk – Baukonstruktionen**	**m² BGF**					**100,0**	
410	Abwasser-, Wasser-, Gasanlagen	m² BGF	28	**46**	57	6,8	**13,6**	39,7
420	Wärmeversorgungsanlagen	m² BGF	44	**91**	163	10,2	**19,6**	33,8
430	Raumlufttechnische Anlagen	m² BGF	69	**123**	176	3,4	**16,2**	26,1
440	Elektrische Anlagen	m² BGF	64	**174**	258	21,4	**31,2**	47,4
450	Kommunikationstechnische Anlagen	m² BGF	17	**65**	98	4,7	**11,3**	16,2
460	Förderanlagen	m² BGF	28	**29**	31	0,0	**1,6**	4,2
470	Nutzungsspez. / verfahrenstech. Anl.	m² BGF	7	**14**	20	0,0	**0,7**	2,0
480	Gebäude- und Anlagenautomation	m² BGF	22	**55**	74	0,8	**5,4**	12,1
490	Sonst. Maßnahmen f. techn. Anl.	m² BGF	< 1	**1**	2	< 0,1	**0,3**	0,6
400	**Bauwerk – Technische Anlagen**	**m² BGF**					**100,0**	

Prozentanteile der Kosten 2. Ebene an den Kosten des Bauwerks nach DIN 276 (Von/Mittel/Bis)

KG	Kostengruppe	%
310	Baugrube / Erdbau	1,9
320	Gründung, Unterbau	5,8
330	Außenwände / vertikal außen	27,4
340	Innenwände / vertikal innen	10,3
350	Decken / horizontal	12,4
360	Dächer	13,5
370	Infrastrukturanlagen	
380	Baukonstruktive Einbauten	1,1
390	Sonst. Maßnahmen für Baukonst.	5,2
410	Abwasser-, Wasser-, Gasanlagen	1,9
420	Wärmeversorgungsanlagen	3,9
430	Raumlufttechnische Anlagen	4,4
440	Elektrische Anlagen	7,2
450	Kommunikationstechnische Anlagen	2,7
460	Förderanlagen	0,5
470	Nutzungsspez. / verfahrenstech. Anl.	0,2
480	Gebäude- und Anlagenautomation	1,5
490	Sonst. Maßnahmen f. techn. Anl.	< 0,1

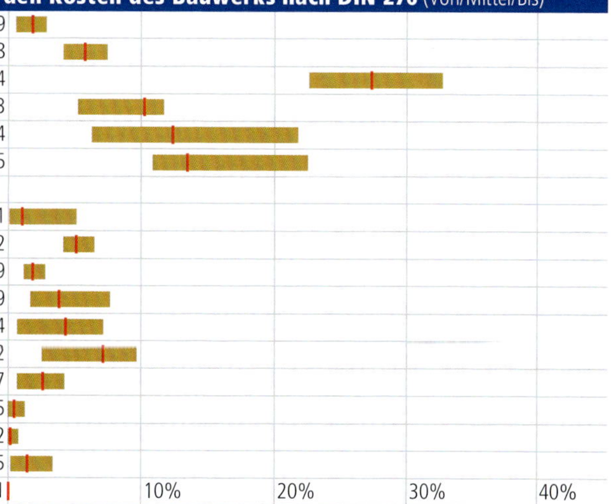

Kostenstand: 2. Quartal 2026, Bundesdurchschnitt, **inkl. 19% MwSt.**

Kostenkennwerte für die Kostengruppen der 3. Ebene DIN 276

KG	Kostengruppen der 3. Ebene	Einheit	▷	€/Einheit	◁	▷	€/m² BGF	◁
311	**Herstellung**	m^3	36	**83**	121	19	**45**	78
	Herstellen	m^3	36	**83**	121	19	**45**	78
313	**Wasserhaltung**	m^3	–	**12**	–	–	**17**	–
	Herstellen	m^3	–	**12**	–	–	**17**	–
321	**Baugrundverbesserung**	m^2	2	**37**	72	1	**10**	20
	Herstellen	m^2	2	**37**	72	1	**10**	20
322	**Flachgründungen und Bodenplatten**	m^2	161	**2.521**	11.963	56	**79**	119
	Abbrechen	m^2	*25*	***370***	*1.058*	*2*	***10***	*14*
	Herstellen	m^2	148	**2.299**	10.905	51	**73**	109
324	**Gründungsbeläge**	m^2	90	**171**	200	39	**60**	79
	Abbrechen	m^2	–	***5***	–	–	***2***	–
	Wiederherstellen	m^2	–	**11**	–	–	**4**	–
	Herstellen	m^2	90	**167**	193	39	**58**	78
325	**Abdichtungen und Bekleidungen**	m^2	21	**82**	310	3	**9**	18
	Abbrechen	m^2	–	***164***	–	–	***2***	–
	Herstellen	m^2	12	**49**	118	3	**9**	18
331	**Tragende Außenwände**	m^2	255	**414**	1.011	58	**145**	487
	Abbrechen	m^2	–	***41***	–	–	***20***	–
	Wiederherstellen	m^2	–	**19**	–	–	**9**	–
	Herstellen	m^2	254	**402**	951	58	**139**	459
332	**Nichttragende Außenwände**	m^2	189	**560**	1.662	7	**12**	26
	Abbrechen	m^2	–	***1.310***	–	–	***21***	–
	Herstellen	m^2	147	**233**	319	6	**7**	8
333	**Außenstützen**	m	254	**364**	520	9	**23**	49
	Herstellen	m	254	**364**	520	9	**23**	49
334	**Außenwandöffnungen**	m^2	1.109	**1.398**	2.071	47	**115**	193
	Abbrechen	m^2	*10*	***30***	*59*	*< 1*	***5***	*8*
	Wiederherstellen	m^2	–	**37**	–	–	**1**	–
	Herstellen	m^2	1.062	**1.366**	2.069	46	**111**	187
335	**Außenwandbekleidungen, außen**	m^2	190	**319**	417	96	**175**	238
	Abbrechen	m^2	*16*	***25***	*42*	*8*	***17***	*34*
	Wiederherstellen	m^2	< 1	**8**	12	2	**5**	10
	Herstellen	m^2	199	**300**	431	89	**162**	214
336	**Außenwandbekleidungen, innen**	m^2	49	**74**	88	16	**21**	28
	Abbrechen	m^2	*3*	***5***	*6*	*< 1*	***2***	*2*
	Wiederherstellen	m^2	1	**3**	4	< 1	**1**	2
	Herstellen	m^2	52	**71**	90	15	**20**	25
337	**Elem. Außenwandkonstruktionen**	m^2	750	**1.087**	1.260	224	**367**	644
	Herstellen	m^2	750	**1.087**	1.260	224	**367**	644
338	**Lichtschutz zur KG 330**	m^2	160	**253**	337	21	**29**	36
	Herstellen	m^2	160	**253**	337	21	**29**	36
339	**Sonstiges zur KG 330**	m^2	6	**15**	23	6	**10**	14
	Abbrechen	m^2	*2*	***4***	*6*	*1*	***4***	*6*
	Herstellen	m^2	–	**21**	–	–	**13**	–
341	**Tragende Innenwände**	m^2	173	**358**	834	79	**91**	121
	Abbrechen	m^2	–	***228***	–	–	***25***	–
	Herstellen	m^2	132	**301**	518	72	**85**	121
342	**Nichttragende Innenwände**	m^2	112	**130**	158	9	**23**	77
	Abbrechen	m^2	*29*	***32***	*35*	*2*	***2***	*3*
	Herstellen	m^2	98	**117**	167	8	**22**	77

Kosten:
Stand 2. Quartal 2026
Bundesdurchschnitt
inkl. 19% MwSt.

▷ von
ø Mittel
◁ bis

KG	Kostengruppen der 3. Ebene	Einheit	▷	€/Einheit	◁	▷	€/m^2 BGF	◁
343	**Innenstützen**	m	304	**407**	670	6	**10**	18
	Herstellen	m	304	**407**	670	6	**10**	18
344	**Innenwandöffnungen**	m^2	1.032	**1.106**	1.364	54	**74**	140
	Abbrechen	m^2	*3*	***11***	*19*	*< 1*	***< 1***	*1*
	Wiederherstellen	m^2	–	**11**	–	–	**< 1**	–
	Herstellen	m^2	1.020	**1.100**	1.364	54	**73**	140
345	**Innenwandbekleidungen**	m^2	34	**54**	68	30	**61**	84
	Abbrechen	m^2	*2*	***7***	*16*	*1*	***7***	*18*
	Wiederherstellen	m^2	< 1	**2**	3	< 1	**2**	4
	Herstellen	m^2	35	**49**	70	32	**56**	88
346	**Elem. Innenwandkonstruktionen**	m^2	437	**878**	1.610	3	**16**	22
	Abbrechen	m^2	–	***13***	–	–	***< 1***	–
	Herstellen	m^2	434	**873**	1.610	3	**15**	22
349	**Sonstiges zur KG 340**	m^2	–	**10**	–	–	**6**	–
	Herstellen	m^2	–	**10**	–	–	**6**	–
351	**Deckenkonstruktionen**	m^2	257	**506**	1.230	77	**153**	345
	Abbrechen	m^2	–	***56***	–	–	***2***	–
	Herstellen	m^2	256	**492**	1.174	76	**153**	345
353	**Deckenbeläge**	m^2	179	**196**	218	83	**108**	202
	Abbrechen	m^2	–	***23***	–	–	***10***	–
	Wiederherstellen	m^2	–	**45**	–	–	**19**	–
	Herstellen	m^2	150	**183**	218	73	**102**	202
354	**Deckenbekleidungen**	m^2	30	**98**	166	27	**67**	206
	Abbrechen	m^2	–	***6***	–	–	***3***	–
	Wiederherstellen	m^2	–	**2**	–	–	**1**	–
	Herstellen	m^2	26	**96**	166	25	**66**	206
355	**Elementierte Deckenkonstruktionen**	m^2	–	**1.660**	–	–	**12**	–
	Herstellen	m^2	–	**1.660**	–	–	**12**	–
359	**Sonstiges zur KG 350**	m^2	16	**59**	80	9	**31**	45
	Abbrechen	m^2	–	***< 1***	–	–	***< 1***	–
	Wiederherstellen	m^2	–	**< 1**	–	–	**< 1**	–
	Herstellen	m^2	15	**58**	80	8	**31**	44
361	**Dachkonstruktionen**	m^2	218	**293**	345	72	**111**	165
	Abbrechen	m^2	–	***68***	–	–	***32***	–
	Herstellen	m^2	218	**280**	325	72	**104**	151
362	**Dachöffnungen**	m^2	1.691	**3.035**	5.724	1	**5**	11
	Herstellen	m^2	1.691	**3.035**	5.724	1	**5**	11
363	**Dachbeläge**	m^2	257	**340**	610	116	**171**	383
	Abbrechen	m^2	*< 1*	***74***	*125*	*10*	***39***	*92*
	Wiederherstellen	m^2	–	**< 1**	–	–	**< 1**	–
	Herstellen	m^2	234	**295**	415	106	**148**	292
364	**Dachbekleidungen**	m^2	61	**113**	185	23	**48**	79
	Abbrechen	m^2	*5*	***6***	*8*	*1*	***2***	*3*
	Wiederherstellen	m^2	–	**1**	–	–	**< 1**	–
	Herstellen	m^2	58	**111**	180	22	**47**	77
365	**Elementierte Dachkonstruktionen**	m^2	–	**1.418**	–	–	**18**	–
	Herstellen	m^2	–	**1.418**	–	–	**18**	–
369	**Sonstiges zur KG 360**	m^2	12	**28**	50	5	**13**	23
	Abbrechen	m^2	–	***5***	–	–	***2***	–
	Herstellen	m^2	12	**27**	48	5	**12**	22

KG	Kostengruppen der 3. Ebene	Einheit	▷	€/Einheit	◁	▷	€/m² BGF	◁
381	**Allgemeine Einbauten**	m²	< 1	**43**	128	< 1	**43**	128
	Abbrechen	*m²*	–	***< 1***	–	–	***< 1***	–
	Herstellen	m²	< 1	**64**	128	< 1	**64**	128
382	**Besondere Einbauten**	m²	8	**17**	27	8	**17**	27
	Herstellen	m²	8	**17**	27	8	**17**	27
391	**Baustelleneinrichtung**	m²	34	**57**	129	34	**57**	129
	Herstellen	m²	34	**57**	129	34	**57**	129
392	**Gerüste**	m²	30	**43**	63	30	**43**	63
	Herstellen	m²	30	**43**	63	30	**43**	63
397	**Zusätzliche Maßnahmen**	m²	15	**23**	52	15	**23**	52
	Herstellen	m²	15	**23**	52	15	**23**	52
398	**Provisorische Baukonstruktionen**	m²	–	**39**	–	–	**39**	–
	Herstellen	m²	–	**39**	–	–	**39**	–

Kosten:
Stand 2. Quartal 2026
Bundesdurchschnitt
inkl. 19% MwSt.

▷ von
ø Mittel
◁ bis

KG	Kostengruppen der 3. Ebene	Einheit	▷	€/Einheit	◁	▷	€/m^{2}BGF	◁
411	**Abwasseranlagen**	m^2	13	**19**	29	13	**19**	29
	Abbrechen	m^2	–	**2**	–	–	**2**	–
	Herstellen	m^2	13	**19**	28	13	**19**	28
412	**Wasseranlagen**	m^2	15	**23**	33	15	**23**	33
	Abbrechen	m^2	–	**5**	–	–	**5**	–
	Herstellen	m^2	15	**22**	31	15	**22**	31
419	**Sonstiges zur KG 410**	m^2	1	**3**	4	1	**3**	4
	Herstellen	m^2	1	**3**	4	1	**3**	4
421	**Wärmeerzeugungsanlagen**	m^2	2	**17**	32	2	**17**	32
	Abbrechen	m^2	–	**< 1**	–	–	**< 1**	–
	Herstellen	m^2	4	**22**	32	4	**22**	32
422	**Wärmeverteilnetze**	m^2	14	**38**	73	14	**38**	73
	Abbrechen	m^2	1	**2**	4	1	**2**	4
	Herstellen	m^2	14	**37**	71	14	**37**	71
423	**Raumheizflächen**	m^2	16	**39**	61	16	**39**	61
	Abbrechen	m^2	–	**1**	–	–	**1**	–
	Wiederherstellen	m^2	–	**2**	–	–	**2**	–
	Herstellen	m^2	16	**38**	60	16	**38**	60
431	**Lüftungsanlagen**	m^2	69	**123**	176	69	**123**	176
	Abbrechen	m^2	–	**< 1**	–	–	**< 1**	–
	Wiederherstellen	m^2	–	**2**	–	–	**2**	–
	Herstellen	m^2	69	**123**	176	69	**123**	176
442	**Eigenstromversorgungsanlagen**	m^2	–	**23**	–	–	**23**	–
	Herstellen	m^2	–	**23**	–	–	**23**	–
443	**Niederspannungsschaltanlagen**	m^2	–	**11**	–	–	**11**	–
	Herstellen	m^2	–	**11**	–	–	**11**	–
444	**Niederspannungsinstallationsanl.**	m^2	45	**93**	164	45	**93**	164
	Abbrechen	m^2	< 1	**2**	4	< 1	**2**	4
	Wiederherstellen	m^2	–	**6**	–	–	**6**	–
	Herstellen	m^2	43	**91**	163	43	**91**	163
445	**Beleuchtungsanlagen**	m^2	59	**85**	111	59	**85**	111
	Abbrechen	m^2	–	**< 1**	–	–	**< 1**	–
	Wiederherstellen	m^2	–	**6**	–	–	**6**	–
	Herstellen	m^2	55	**84**	111	55	**84**	111
446	**Blitzschutz- und Erdungsanlagen**	m^2	2	**5**	8	2	**5**	8
	Abbrechen	m^2	< 1	**< 1**	< 1	< 1	**< 1**	< 1
	Herstellen	m^2	2	**5**	8	2	**5**	8
451	**Telekommunikationsanlagen**	m^2	2	**8**	14	2	**8**	14
	Herstellen	m^2	2	**8**	14	2	**8**	14
454	**Elektroakustische Anlagen**	m^2	3	**7**	13	3	**7**	13
	Herstellen	m^2	3	**7**	13	3	**7**	13
455	**Audiovis. Medien- u. Antennenanl.**	m^2	–	**4**	–	–	**4**	–
	Herstellen	m^2	–	**4**	–	–	**4**	–
456	**Gefahrenmelde- und Alarmanlagen**	m^2	12	**33**	63	12	**33**	63
	Herstellen	m^2	12	**33**	63	12	**33**	63
457	**Datenübertragungsnetze**	m^2	23	**39**	64	23	**39**	64
	Herstellen	m^2	23	**39**	64	23	**39**	64
461	**Aufzugsanlagen**	m^2	28	**29**	31	28	**29**	31
	Herstellen	m^2	28	**29**	31	28	**29**	31
471	**Küchentechnische Anlagen**	m^2	–	**11**	–	–	**11**	–
	Herstellen	m^2	–	**11**	–	–	**11**	–

KG	Kostengruppen der 3. Ebene	Einheit	▷	€/Einheit	◁	▷	€/m² BGF	◁
473	**Medienversorgungsanlagen**	m²	–	**9**	–	–	**9**	–
	Herstellen	m²	–	**9**	–	–	**9**	–
474	**Feuerlöschanlagen**	m²	–	**7**	–	–	**7**	–
	Wiederherstellen	m²	–	**7**	–	–	**7**	–
481	**Automationseinrichtungen**	m²	22	**42**	53	22	**42**	53
	Herstellen	m²	22	**42**	53	22	**42**	53
482	**Schaltschränke, Automation**	m²	–	**8**	–	–	**8**	–
	Herstellen	m²	–	**8**	–	–	**8**	–
484	**Kabel, Leitungen u. Verlegesys.**	m²	–	**7**	–	–	**7**	–
	Herstellen	m²	–	**7**	–	–	**7**	–
485	**Datenübertragungsnetze**	m²	10	**12**	14	10	**12**	14
	Herstellen	m²	10	**12**	14	10	**12**	14

Kosten:
Stand 2. Quartal 2026
Bundesdurchschnitt
inkl. 19% MwSt.

▷ von
ø Mittel
◁ bis

Prozentanteile der Kosten für Leistungsbereiche nach STLB (Kosten Bauwerk nach DIN 276)

LB	Leistungsbereiche	▷	% an 300+400	◁
000	Baustellen-, Sicherheitseinr. inkl. 001, 089	3,3	**4,3**	5,9
002	Erdarbeiten	1,3	**2,3**	3,8
006	Spezialtiefbauarbeiten inkl. 005	–	**–**	–
009	Entwässerungskanalarbeiten inkl. 011	< 0,1	**0,2**	0,3
010	Drän- und Versickerarbeiten	0,0	**< 0,1**	< 0,1
012	Mauerarbeiten	1,8	**4,4**	7,8
013	Betonarbeiten	9,8	**16,0**	24,9
014	Natur-, Betonwerksteinarbeiten	0,6	**1,6**	2,9
016	Zimmer- und Holzbauarbeiten	0,5	**1,7**	5,4
017	Stahlbauarbeiten	0,0	**0,5**	1,4
018	Abdichtungsarbeiten	0,2	**0,5**	0,7
020	Dachdeckungsarbeiten	–	**–**	–
021	Dachabdichtungsarbeiten	3,5	**4,7**	8,8
022	Klempnerarbeiten	1,0	**3,1**	11,4
	Rohbau	25,3	**39,3**	46,3
023	Putz- und Stuckarbeiten, Wärmedämmsysteme	2,0	**3,8**	6,8
024	Fliesen- und Plattenarbeiten	< 0,1	**0,5**	1,2
025	Estricharbeiten	1,4	**1,7**	2,1
026	Fenster, Außentüren inkl. 029, 032	< 0,1	**6,0**	7,7
027	Tischlerarbeiten	1,8	**3,0**	4,6
028	Parkett-, Holzpflasterarbeiten	0,0	**0,7**	3,5
030	Rollladenarbeiten	0,3	**1,0**	1,4
031	Metallbauarbeiten inkl. 035	6,9	**10,8**	26,2
034	Maler- und Lackiererarb. - Beschicht. inkl. 037	1,7	**2,3**	3,2
036	Bodenbelagarbeiten	0,3	**1,3**	2,5
038	Vorgehängte hinterlüftete Fassaden	0,0	**0,2**	0,8
039	Trockenbauarbeiten	0,7	**3,5**	4,6
	Ausbau	30,6	**34,8**	49,6
040	Wärmeversorgungsanl. - Betriebseinr. inkl. 041	1,5	**3,6**	7,1
042	Gas- u. Wasseranl. - Leitung., Armat. inkl. 043	0,3	**0,6**	1,2
044	Abwasseranl. - Leitungen, Abläufe, Armaturen	0,2	**0,4**	0,7
045	Gas, Wasser, Entwässerung - Ausstattung inkl. 046	0,3	**0,6**	1,2
047	Dämm- und Brandschutzarb. an techn. Anlagen	0,5	**1,1**	1,9
049	Feuerlöschanlagen, Feuerlöschgeräte	0,0	**< 0,1**	0,3
050	Blitzschutz-/Erdungsanlagen, Überspannungssch.	< 0,1	**0,2**	0,3
052	Mittelspannungsanlagen	–	**–**	–
053	Niederspannungsanl. - Kabel inkl. 054	1,6	**4,2**	5,7
055	Sicherheits- u. Ersatzstromversorgungsanl.	–	**–**	–
057	Gebäudesystemtechnik	–	**–**	–
058	Leuchten und Lampen inkl. 059	0,8	**2,9**	4,0
060	Such, Signal, Zeit, Anten., akust. Anl. inkl. 064	0,1	**0,3**	0,6
061	Kommunikations- u. Übertragungsnetze inkl. 062	0,4	**1,2**	2,1
063	Gefahrenmeldeanlagen	0,2	**1,0**	2,1
069	Aufzüge	0,0	**0,3**	1,6
070	Gebäudeautomation	0,2	**1,3**	3,2
075	Raumlufttechnische Anlagen inkl. 078	1,3	**4,2**	8,4
	Gebäudetechnik	11,5	**21,9**	34,1
084	Abbruch, Rückbau, Schadstoffsanierung	0,2	**3,2**	7,5
	Sonstige Leistungsbereiche inkl. 008, 033, 051	0,5	**0,9**	1,5

Objektübersicht zur Gebäudeart

4100-0256 Grundschule (4 Klassen, 120 Schüler)* — BRI 2.867 m³ — BGF 793 m² — NUF 544 m²

Nutzung während der Bauzeit: nein
Nutzungsänderung: nein

Land: Bayern
Kreis: Freising
Standard: mittel
Bauzeit: 35 Wochen*
Kennwerte: bis 3. Ebene DIN 276
veröffentlicht: BKI Objektdaten S7
BGF **3.538 €/m²****

* Nicht in der Auswertung enthalten
** Kostentechnische Besonderheit durch Modulbauweise

Planung: meuer - planen beraten Architekten GmbH; München

Zweigeschossige Erweiterung einer Grundschule um vier Klassenzimmer mit Gruppen- und Nebenräumen auf ein bauseitig erstelltes Untergeschoss.

1. Ebene: 300 Bauwerk – Baukonstruktionen: 59%, **400 Bauwerk – Technische Anlagen:** 41%
3. Ebene: Baukonstruktionen: A: Sonstige 2%, **H:** 331 Tragende Außenwände 6%, 334 Außenwandöffnungen 13%, 335 Außenwandbekleidungen, außen 19%, 355 Elementierte Deckenkonstruktionen 6%, 363 Dachbeläge 21%, 364 Dachbekleidungen 18%, 391 Baustelleneinrichtung 7%, Sonstige 8%, **Technische Anlagen: H:** 411 Abwasseranlagen 4%, 431 Lüftungsanlagen 82%, 442 Eigenstromversorgungsanlagen 11%, Sonstige 3%

4100-0194 Schule (12 Klassen, 336 Schüler) — BRI 6.899 m³ — BGF 1.778 m² — NUF 1.190 m²

© Martin Kaeswurm

Baujahr: 1971
Bauzustand: mittel
Aufwand: hoch
Nutzung während der Bauzeit: ja
Nutzungsänderung: nein
Grundrissänderungen: umfangreiche
Tragwerkseingriffe: wenige

Land: Niedersachsen
Kreis: Harburg
Standard: hoch
Bauzeit: 83 Wochen
Kennwerte: bis 3. Ebene DIN 276
veröffentlicht: BKI Objektdaten A12
BGF **2.275 €/m²**

Planung: Bosse Westphal Schäffer Architekten; Winsen/Luhe

Erweiterung Schulgebäude mit Klassen- und Gruppenräumen

1. Ebene: 300 Bauwerk – Baukonstruktionen: 72%, **400 Bauwerk – Technische Anlagen:** 28%
3. Ebene: Baukonstruktionen: A: Sonstige < 1%, **W:** Sonstige < 1%, **H:** 322 Flachgründungen und Bodenplatten 4%, 324 Gründungsbeläge 5%, 335 Außenwandbekleidungen, außen 11%, 337 Elementierte Außenwandkonstruktionen 16%, 341 Tragende Innenwände 5%, 344 Innenwandöffnungen 4%, 345 Innenwandbekleidungen 6%, 351 Deckenkonstruktionen 6%, 353 Deckenbeläge 4%, 361 Dachkonstruktionen 6%, 363 Dachbeläge 7%, Sonstige 27%, **Technische Anlagen: A:** Sonstige < 1%, **W:** Sonstige < 1%, **H:** 412 Wasseranlagen 5%, 421 Wärmeerzeugungsanlagen 4%, 422 Wärmeverteilnetze 5%, 423 Raumheizflächen 6%, 431 Lüftungsanlagen 31%, 444 Niederspannungsinstallationsanlagen 16%, 445 Beleuchtungsanlagen 15%, 461 Aufzugsanlagen 5%, 481 Automationseinrichtungen 3%, Sonstige 9%

BGF		
min	1.990	€/m²
von	2.515	€/m²
Mittel	**3.240**	**€/m²**
bis	4.255	€/m²
max	5.030	€/m²

Kosten:
Stand 2. Quartal 2026
Bundesdurchschnitt
inkl. 19% MwSt.

A Abbrechen
W Wiederherstellen
H Herstellen

4100-0173 Ganztagsschule (9 Klassen, 225 Schüler)

BRI 7.669 m³ | **BGF** 1.861 m² | **NUF** 958 m²

Bauzustand: mittel
Aufwand: niedrig
Nutzung während der Bauzeit: ja
Nutzungsänderung: nein
Grundrissänderungen: keine
Tragwerkseingriffe: keine

Land: Bremen
Kreis: Bremen, Stadt
Standard: hoch
Bauzeit: 65 Wochen
Kennwerte: bis 3. Ebene DIN 276
veröffentlicht: BKI Objektdaten A12

BGF 2.204 €/m²

Planung: Architekten_FSB; Bremen

Erweiterung Gemeinschaftsschule für 225 Schüler

1. Ebene: 300 Bauwerk – Baukonstruktionen: 80%, **400 Bauwerk – Technische Anlagen:** 20%
3. Ebene: Baukonstruktionen: A: Sonstige < 1%, **W:** Sonstige < 1%, **H:** 311 Herstellung 4%, 331 Tragende Außenwände 4%, 335 Außenwandbekleidungen, außen 13%, 337 Elementierte Außenwandkonstruktionen 11%, 341 Tragende Innenwände 4%, 344 Innenwandöffnungen 3%, 345 Innenwandbekleidungen 5%, 351 Deckenkonstruktionen 8%, 353 Deckenbeläge 5%, 354 Deckenbekleidungen 3%, 361 Dachkonstruktionen 4%, 363 Dachbeläge 8%, Sonstige 27%, **Technische Anlagen:** A: Sonstige < 1%, **W:** Sonstige 2%, **H:** 411 Abwasseranlagen 3%, 412 Wasseranlagen 5%, 431 Lüftungsanlagen 25%, 444 Niederspannungsinstallationsanlagen 19%, 445 Beleuchtungsanlagen 10%, 456 Gefahrenmelde- und Alarmanlagen 16%, 481 Automationseinrichtungen 11%, 485 Datenübertragungsnetze 3%, Sonstige 8%

4500-0015 Ausbildungsgebäude, Aufstockung

BRI 1.830 m³ | **BGF** 510 m² | **NUF** 370 m²

Baujahr: 1953
Bauzustand: mittel
Aufwand: hoch
Nutzung während der Bauzeit: nein
Nutzungsänderung: nein
Grundrissänderungen: wenige
Tragwerkseingriffe: wenige

Land: Niedersachsen
Kreis: Braunschweig, Stadt
Standard: mittel
Bauzeit: 48 Wochen
Kennwerte: bis 3. Ebene DIN 276
veröffentlicht: BKI Objektdaten A10

BGF 2.947 €/m²

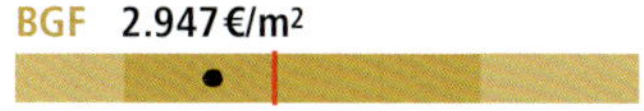

Planung: Architekturbüro Baukontor Braunschweig; Braunschweig

Aufstockung eines Ausbildungsgebäudes

1. Ebene: 300 Bauwerk – Baukonstruktionen: 80%, **400 Bauwerk – Technische Anlagen:** 20%
3. Ebene: Baukonstruktionen: A: 363 Dachbeläge 4%, Sonstige 5%, **W:** Sonstige < 1%, **H:** 311 Herstellung 4%, 322 Flachgründungen und Bodenplatten 5%, 331 Tragende Außenwände 19%, 334 Außenwandöffnungen 9%, 335 Außenwandbekleidungen, außen 9%, 342 Nichttragende Innenwände 3%, 353 Deckenbeläge 4%, 361 Dachkonstruktionen 6%, 363 Dachbeläge 12%, 364 Dachbekleidungen 4%, Sonstige 15%, **Technische Anlagen:** A: Sonstige < 1%, **W:** Sonstige 1%, **H:** 422 Wärmeverteilnetze 11%, 423 Raumheizflächen 4%, 431 Lüftungsanlagen 8%, 444 Niederspannungsinstallationsanlagen 33%, 445 Beleuchtungsanlagen 21%, 456 Gefahrenmelde- und Alarmanlagen 4%, 457 Datenübertragungsnetze 11%, Sonstige 7%

Objektübersicht zur Gebäudeart

4100-0161 Real- und Grundschule (300 Schüler) - Passivhaus

BRI 12.357 m³ **BGF** 3.618 m² **NUF** 2.092 m²

© Andreas Rossmann

Baujahr: 1984
Bauzustand: schlecht
Aufwand: hoch
Nutzung während der Bauzeit: nein
Nutzungsänderung: nein
Grundrissänderungen: umfangreiche
Tragwerkseingriffe: umfangreiche

Land: Mecklenburg-Vorpommern
Kreis: Ludwigslust-Parchim
Standard: mittel
Bauzeit: 69 Wochen
Kennwerte: bis 3. Ebene DIN 276
veröffentlicht: BKI Objektdaten A11

BGF **2.075 €/m²**

BGF

min	1.990 €/m²
von	2.515 €/m²
Mittel	**3.240 €/m²**
bis	4.255 €/m²
max	5.030 €/m²

Kosten:
Stand 2. Quartal 2026
Bundesdurchschnitt
inkl. 19% MwSt.

Planung: Andreas Rossmann Freier Architekt BDA; Schwerin

Erweiterung mit vier Klassenräumen und Pausenhalle sowie Umbau zu einer Real- und Grundschule mit 300 Schülern (13 Klassen).

1. Ebene: 300 Bauwerk – Baukonstruktionen: 61%, **400 Bauwerk – Technische Anlagen:** 39%
3. Ebene: Baukonstruktionen: **A:** Sonstige 12%, **W:** Sonstige 3%, **H:** 322 Flachgründungen und Bodenplatten 4%, 324 Gründungsbeläge 5%, 331 Tragende Außenwände 4%, 334 Außenwandöffnungen 11%, 335 Außenwandbekleidungen, außen 7%, 341 Tragende Innenwände 5%, 344 Innenwandöffnungen 5%, 345 Innenwandbekleidungen 4%, 353 Deckenbeläge 4%, 361 Dachkonstruktionen 5%, 363 Dachbeläge 6%, 398 Provisorische Baukonstruktionen 3%, Sonstige 23%, **Technische Anlagen:** **A:** Sonstige 2%, **W:** Sonstige < 1%, **H:** 412 Wasseranlagen 3%, 421 Wärmeerzeugungsanlagen 4%, 422 Wärmeverteilnetze 9%, 423 Raumheizflächen 9%, 431 Lüftungsanlagen 17%, 444 Niederspannungsinstallationsanlagen 8%, 445 Beleuchtungsanlagen 9%, 456 Gefahrenmelde- und Alarmanlagen 7%, 457 Datenübertragungsnetze 5%, 461 Aufzugsanlagen 3%, 481 Automationseinrichtungen 7%, Sonstige 16%

4100-0116 Mittelschule*

BRI 30.160 m³ **BGF** 7.424 m² **NUF** 4.761 m²

© Atelier Raggl

Baujahr: 1975
Bauzustand: schlecht
Aufwand: hoch
Nutzung während der Bauzeit: ja
Nutzungsänderung: nein
Grundrissänderungen: wenige
Tragwerkseingriffe: wenige

Land: Österreich
Kreis: Vorarlberg
Standard: hoch
Bauzeit: 83 Wochen
Kennwerte: bis 3. Ebene DIN 276
veröffentlicht: www.bki.de

BGF **1.488 €/m²**

* Nicht in der Auswertung enthalten

Planung: Atelier Raggl Bauplanungs GmbH; AT Röns

Mittelschule mit elf Klassen und 205 Schülern **Kosteneinfluss Nutzung:** Die Realisierung des Objektes erfolgte in zwei Bauabschnitten.

1. Ebene: 300 Bauwerk – Baukonstruktionen: 68%, **400 Bauwerk – Technische Anlagen:** 32%
3. Ebene: Baukonstruktionen: **A:** Sonstige 6%, **W:** Sonstige 4%, **H:** 324 Gründungsbeläge 4%, 334 Außenwandöffnungen 15%, 335 Außenwandbekleidungen, außen 8%, 345 Innenwandbekleidungen 6%, 346 Elementierte Innenwandkonstruktionen 3%, 353 Deckenbeläge 4%, 354 Deckenbekleidungen 5%, 363 Dachbeläge 12%, 364 Dachbekleidungen 7%, 381 Allgemeine Einbauten 5%, Sonstige 22%, **Technische Anlagen:** **A:** Sonstige 1%, **W:** Sonstige 2%, **H:** 412 Wasseranlagen 8%, 421 Wärmeerzeugungsanlagen 7%, 423 Raumheizflächen 3%, 431 Lüftungsanlagen 24%, 444 Niederspannungsinstallationsanlagen 18%, 445 Beleuchtungsanlagen 12%, 473 Medienversorgungsanlagen, Medizin- und labortechnische Anlagen 3%, 481 Automationseinrichtungen 3%, Sonstige 19%

A Abbrechen
W Wiederherstellen
H Herstellen

Objektübersicht zur Gebäudeart

4100-0115 Hauptschule*

BRI 32.187 m³ **BGF** 9.243 m² **NUF** 5.303 m²

Baujahr: 1972
Bauzustand: mittel
Aufwand: mittel
Nutzung während der Bauzeit: nein
Nutzungsänderung: nein
Grundrissänderungen: einige
Tragwerkseingriffe: einige

Land: Österreich
Kreis: Vorarlberg
Standard: mittel
Bauzeit: 52 Wochen
Kennwerte: bis 3. Ebene DIN 276
veröffentlicht: www.bki.de

BGF 1.565 €/m²

* Nicht in der Auswertung enthalten

Planung: DI Ralph Broger; AT Bezau

Das dreigeschossige Gebäude steht im Ortszentrum. Es wurde 1969-1972 in Massivbauweise erstellt. Im August 2005 richtete ein Hochwasser schwere Schäden im Untergeschoss an. Der Wärme- und Brandschutz wurden verbessert. Die Turnhalle wurde auf Normgröße erweitert.

1. Ebene: 300 Bauwerk – Baukonstruktionen: 76%, **400 Bauwerk – Technische Anlagen:** 24%
3. Ebene: Baukonstruktionen: A: 394 Abbruchmaßnahmen 5%, Sonstige 2%, **W:** Sonstige 2%, **H:** 334 Außenwandöffnungen 12%, 335 Außenwandbekleidungen, außen 8%, 344 Innenwandöffnungen 6%, 345 Innenwandbekleidungen 4%, 351 Deckenkonstruktionen 10%, 353 Deckenbeläge 10%, 354 Deckenbekleidungen 9%, 363 Dachbeläge 4%, 381 Allgemeine Einbauten 4%, Sonstige 24%, **Technische Anlagen: A:** Sonstige < 1%, **W:** Sonstige < 1%, **H:** 411 Abwasseranlagen 3%, 412 Wasseranlagen 8%, 431 Lüftungsanlagen 30%, 444 Niederspannungsinstallationsanlagen 24%, 445 Beleuchtungsanlagen 9%, 471 Küchentechnische Anlagen 5%, 481 Automationseinrichtungen 5%, Sonstige 13%

4200-0029 Berufsschulzentrum, Verbindungsbau

BRI 3.496 m³ **BGF** 868 m² **NUF** 504 m²

Baujahr: 1910

Land: Sachsen
Kreis: Chemnitz, Stadt
Standard: mittel
Bauzeit: 17 Wochen
Kennwerte: bis 3. Ebene DIN 276
veröffentlicht: BKI Objektdaten A9

BGF 2.992 €/m²

Planung: iproplan Planungsgesellschaft mbH; Chemnitz

Berufsschulzentrum für technische und handwerkliche Berufsfelder

1. Ebene: 300 Bauwerk – Baukonstruktionen: 96%, **400 Bauwerk – Technische Anlagen:** 4%
3. Ebene: Baukonstruktionen: H: 322 Flachgründungen und Bodenplatten 3%, 335 Außenwandbekleidungen, außen 3%, 337 Elementierte Außenwandkonstruktionen 23%, 341 Tragende Innenwände 4%, 344 Innenwandöffnungen 5%, 351 Deckenkonstruktionen 12%, 353 Deckenbeläge 7%, 354 Deckenbekleidungen 7%, 361 Dachkonstruktionen 6%, 363 Dachbeläge 4%, 381 Allgemeine Einbauten 4%, 391 Baustelleneinrichtung 5%, Sonstige 17%, **Technische Anlagen: H:** 411 Abwasseranlagen 24%, 412 Wasseranlagen 14%, 421 Wärmeerzeugungsanlagen 3%, 422 Wärmeverteilnetze 6%, 423 Raumheizflächen 30%, 444 Niederspannungsinstallationsanlagen 10%, 446 Blitzschutz- und Erdungsanlagen 7%, 456 Gefahrenmelde- und Alarmanlagen 4%, Sonstige 2%

BGF

min	1.990	€/m²
von	2.515	€/m²
Mittel	**3.240**	**€/m²**
bis	4.255	€/m²
max	5.030	€/m²

Kosten:
Stand 2. Quartal 2026
Bundesdurchschnitt
inkl. 19% MwSt.

A Abbrechen
W Wiederherstellen
H Herstellen

Objektübersicht zur Gebäudeart

4100-0268 Gymnasium (9 Klassen, 206 Schüler)

BRI 2.982 m³ **BGF** 924 m² **NUF** 613 m²

Baujahr: 2006
Bauzustand: gut
Aufwand: niedrig
Nutzung während der Bauzeit: ja
Nutzungsänderung: nein
Grundrissänderungen: keine
Tragwerkseingriffe: keine

Land: Niedersachsen
Kreis: Stade
Standard: mittel
Bauzeit: 57 Wochen
Kennwerte: bis 1. Ebene DIN 276
veröffentlicht: BKI Objektdaten A13
BGF 2.675 €/m²

Planung: Hinck Architekten; Stade

Erweiterung eines Gymnasium um neun Klassen für 206 Schüler

1. Ebene: 300 Bauwerk – Baukonstruktionen: 62%, **400 Bauwerk – Technische Anlagen:** 38%

4100-0254 Grundschule (3 Klassen, 75 Schüler)

BRI 2.540 m³ **BGF** 404 m² **NUF** 291 m²

Baujahr: 1955
Bauzustand: mittel
Aufwand: niedrig
Nutzung während der Bauzeit: ja
Nutzungsänderung: nein
Grundrissänderungen: wenige
Tragwerkseingriffe: wenige

Land: Nordrhein-Westfalen
Kreis: Unna
Standard: mittel
Bauzeit: 69 Wochen
Kennwerte: bis 1. Ebene DIN 276
veröffentlicht: BKI Objektdaten A13
BGF 4.655 €/m²

Planung: QUITTMANNARCHITEKTEN; Unna

Grundschulerweiterung um drei Klassenräume

1. Ebene: 300 Bauwerk – Baukonstruktionen: 68%, **400 Bauwerk – Technische Anlagen:** 32%

4100-0236 Grundschule (150 Schüler), Hort (180 Schüler)

BRI 9.150 m³ **BGF** 2.284 m² **NUF** 1.362 m²

Baujahr: 1954, 1961, 1996
Bauzustand: gut
Aufwand: mittel
Nutzung während der Bauzeit: ja
Nutzungsänderung: nein
Grundrissänderungen: einige
Tragwerkseingriffe: wenige

Land: Nordrhein-Westfalen
Kreis: Kleve
Standard: hoch
Bauzeit: 61 Wochen
Kennwerte: bis 1. Ebene DIN 276
veröffentlicht: BKI Objektdaten A12
BGF 3.385 €/m²

Planung: Gelderner Bau Gesellschaft mbH; Geldern

Erweiterung der bestehenden Grundschule um weitere Klassen- und Horträume sowie eine Mensa für insgesamt 330 Schüler.

1. Ebene: 300 Bauwerk – Baukonstruktionen: 70%, **400 Bauwerk – Technische Anlagen:** 30%

Objektübersicht zur Gebäudeart

4100-0234 Grundschule (6 Klassen, 142 Schüler) — BRI 7.211 m³ | BGF 1.459 m² | NUF 882 m²

Baujahr: 1971
Bauzustand: gut
Aufwand: mittel
Nutzung während der Bauzeit: ja
Nutzungsänderung: nein
Grundrissänderungen: wenige
Tragwerkseingriffe: einige

Land: Brandenburg
Kreis: Prignitz
Standard: mittel
Bauzeit: 130 Wochen
Kennwerte: bis 1. Ebene DIN 276
veröffentlicht: BKI Objektdaten A12

BGF 5.032 €/m²

Planung: ELZ Architekten BDA; Potsdam

Erweiterung der Grundschule um drei Klassenräume und drei Horträume, sowie einem eingeschossigen Mehrzweckraum.

1. Ebene: 300 Bauwerk – Baukonstruktionen: 81%, **400 Bauwerk – Technische Anlagen:** 19%

4100-0232 Schulmensa (54 Sitzplätze), Betreuungsräume — BRI 1.086 m³ | BGF 287 m² | NUF 235 m²

Baujahr: 1956
Bauzustand: mittel
Aufwand: mittel
Nutzung während der Bauzeit: ja
Nutzungsänderung: nein
Grundrissänderungen: wenige
Tragwerkseingriffe: wenige

Land: Hessen
Kreis: Fulda
Standard: mittel
Bauzeit: 35 Wochen
Kennwerte: bis 1. Ebene DIN 276
veröffentlicht: BKI Objektdaten A12

BGF 4.055 €/m²

Planung: schmitt roggel architekten PartGmbB; Fulda

Erweiterung einer Grundschule mit vier Klassen und 80 Schülern um eine Mensa und Nachmittags-Betreuungsräume.

1. Ebene: 300 Bauwerk – Baukonstruktionen: 53%, **400 Bauwerk – Technische Anlagen:** 47%

4100-0228 Ganztagsschule (309 Schüler), Mensa — BRI 8.356 m³ | BGF 1.938 m² | NUF 1.185 m²

Baujahr: 1955
Bauzustand: mittel
Aufwand: niedrig
Nutzung während der Bauzeit: ja
Nutzungsänderung: nein
Grundrissänderungen: wenige
Tragwerkseingriffe: keine

Land: Hessen
Kreis: Kassel, Stadt
Standard: mittel
Bauzeit: 135 Wochen
Kennwerte: bis 1. Ebene DIN 276
veröffentlicht: BKI Objektdaten A12

BGF 3.971 €/m²

Planung: HHS Planer + Architekten AG; Kassel

Schulerweiterung zur Ganztagsnutzung mit Mensa für 15 Klassen und 309 Schüler. **Kosteneinfluss Grundstück:** Südlich des Ganztagsbaus steht ein erhaltenswerter Baum, der besondere Baumschutzmaßnahmen erforderte.

1. Ebene: 300 Bauwerk – Baukonstruktionen: 75%, **400 Bauwerk – Technische Anlagen:** 25%

BGF

min	1.990	€/m²
von	2.515	€/m²
Mittel	**3.240**	**€/m²**
bis	4.255	€/m²
max	5.030	€/m²

Kosten:
Stand 2. Quartal 2026
Bundesdurchschnitt
inkl. 19% MwSt.

A Abbrechen
W Wiederherstellen
H Herstellen

Objektübersicht zur Gebäudeart

4100-0226 Grundschule (8 Klassen, 224 Schüler)

BRI 18.754 m³ **BGF** 4.057 m² **NUF** 2.471 m²

© bharchitekten

Baujahr: 1964
Bauzustand: schlecht
Aufwand: hoch
Nutzung während der Bauzeit: nein
Nutzungsänderung: nein
Grundrissänderungen: einige
Tragwerkseingriffe: umfangreiche

Land: Bayern
Kreis: Fürstenfeldbruck
Standard: hoch
Bauzeit: 122 Wochen
Kennwerte: bis 1. Ebene DIN 276
veröffentlicht: BKI Objektdaten A12
BGF **3.899 €/m²**

Planung: bharchitektengesellschaft mbH; München

Schulerweiterung mit Mensa, Aula und acht Klassenzimmern sowie Verwaltungsflächen. **Kosteneinfluss Grundstück:** Gründung auf gewachsenem Kies, Keller im Grundwasserbereich; Wasserhaltung erforderlich, Spezialtiefbau

1. Ebene: 300 Bauwerk – Baukonstruktionen: 68%, **400 Bauwerk – Technische Anlagen:** 32%

4100-0238 Gemeinschaftsschule (6 Klassen, 168 Schüler)

BRI 3.500 m³ **BGF** 1.075 m² **NUF** 727 m²

© Brigida González

Land: Baden-Württemberg
Kreis: Hohenlohekreis
Standard: mittel
Bauzeit: 70 Wochen
Kennwerte: bis 1. Ebene DIN 276
veröffentlicht: BKI Objektdaten A13
BGF **3.726 €/m²**

Planung: Wiechers Beck GvA mbH; Berlin

Schulerweiterung für sechs Klassen und 168 Schüler

1. Ebene: 300 Bauwerk – Baukonstruktionen: 76%, **400 Bauwerk – Technische Anlagen:** 24%

4100-0214 Grundschule (300 Schüler) mit Mensa

BRI 10.842 m³ **BGF** 2.388 m² **NUF** 1.452 m²

© Zaeske Architekten BDA

Land: Hessen
Kreis: Main-Taunus-Kreis
Standard: mittel
Bauzeit: 91 Wochen
Kennwerte: bis 1. Ebene DIN 276
veröffentlicht: BKI Objektdaten A12
BGF **4.035 €/m²**

Planung: Zaeske Architekten BDA Partnerschaftsgesellschaft mbB; Wiesbaden

Grundschule mit zwölf Klassenräumen für 300 Schüler sowie sechs Gruppenräumen sowie Mensa für Bestand und Neubau.

1. Ebene: 300 Bauwerk – Baukonstruktionen: 69%, **400 Bauwerk – Technische Anlagen:** 31%

4100-0203 Schule (2 Klassen, 47 Schüler)

BRI 680 m³ **BGF** 158 m² **NUF** 113 m²

Baujahr: 1982
Bauzustand: mittel
Aufwand: niedrig
Nutzung während der Bauzeit: ja
Nutzungsänderung: nein
Grundrissänderungen: wenige
Tragwerkseingriffe: keine

Land: Niedersachsen
Kreis: Hannover, Region
Standard: mittel
Bauzeit: 35 Wochen
Kennwerte: bis 1. Ebene DIN 276
veröffentlicht: BKI Objektdaten A11

BGF 4.590 €/m²

Planung: TW. Architekten Többen Woschek; Hannover

Eingeschossige Schulerweiterung mit begrüntem Satteldach für zwei Klassen und 47 Schüler.

1. Ebene: 300 Bauwerk – Baukonstruktionen: 94%, **400 Bauwerk – Technische Anlagen:** 6%

4100-0201 Grundschule (8 Klassen), Kita (5 Gruppen)

BRI 12.150 m³ **BGF** 2.585 m² **NUF** 1.515 m²

Baujahr: 1933
Bauzustand: gut
Aufwand: niedrig
Nutzung während der Bauzeit: ja
Nutzungsänderung: nein
Grundrissänderungen: wenige
Tragwerkseingriffe: keine

Land: Schleswig-Holstein
Kreis: Stormarn
Standard: mittel
Bauzeit: 83 Wochen
Kennwerte: bis 1. Ebene DIN 276
veröffentlicht: BKI Objektdaten A11

BGF 3.020 €/m²

Planung: bof architekten partnerschaft mbb bücking ostrop & flemming; Hamburg

Grundschulerweiterung mit acht Klassen und Kindertagesstätte mit fünf Gruppen, für insgesamt 200 Kinder.

1. Ebene: 300 Bauwerk – Baukonstruktionen: 76%, **400 Bauwerk – Technische Anlagen:** 24%

4100-0202 Gemeinschaftsschule (9 Klassen, 245 Schüler)

BRI 14.624 m³ **BGF** 3.465 m² **NUF** 2.415 m²

Baujahr: 1968

Land: Schleswig-Holstein
Kreis: Plön
Standard: mittel
Bauzeit: 87 Wochen
Kennwerte: bis 1. Ebene DIN 276
veröffentlicht: BKI Objektdaten A11

BGF 2.492 €/m²

Planung: Trapez Architektur GmbH; Hamburg

Erweiterung einer Gemeinschaftsschule um neun Klassen (245 Schüler) und zwei Fachräume.

1. Ebene: 300 Bauwerk – Baukonstruktionen: 74%, **400 Bauwerk – Technische Anlagen:** 26%

BGF

min	1.990	€/m²
von	2.515	€/m²
Mittel	**3.240**	**€/m²**
bis	4.255	€/m²
max	5.030	€/m²

Kosten:
Stand 2. Quartal 2026
Bundesdurchschnitt
inkl. 19% MwSt.

Objektübersicht zur Gebäudeart

4100-0196 Grundschule (8 Klassen, 240 Schüler)

BRI 5.732 m³ **BGF** 1.336 m² **NUF** 686 m²

© Bodo Mertoglu

Land: Bayern
Kreis: Starnberg
Standard: hoch
Bauzeit: 65 Wochen
Kennwerte: bis 1. Ebene DIN 276
veröffentlicht: BKI Objektdaten A11
BGF 3.133 €/m²

Planung: s+p dinkel Architektur GmbH; Gilching

Erweiterungsbau für eine Grundschule mit acht Klassen und 240 Schülern.

1. Ebene: 300 Bauwerk – Baukonstruktionen: 74%, **400 Bauwerk – Technische Anlagen:** 26%

4100-0190 Gesamtschule, Mensa - Passivhaus

BRI 14.474 m³ **BGF** 3.505 m² **NUF** 1.999 m²

© Roman Mensing

Baujahr: 1969

Land: Nordrhein-Westfalen
Kreis: Aachen, Städteregion
Standard: mittel
Bauzeit: 78 Wochen
Kennwerte: bis 1. Ebene DIN 276
veröffentlicht: BKI Objektdaten A11
BGF 4.324 €/m²

Planung: KRESINGS Architekten; Münster

Erweiterung einer Gesamtschule mit Mensa (212 Sitzplätze), Teamräumen, Fachräumen und Verwaltung als Passivhaus.

1. Ebene: 300 Bauwerk – Baukonstruktionen: 71%, **400 Bauwerk – Technische Anlagen:** 29%

4100-0184 Grundschule (9 Klassen, 173 Schüler), Hort

BRI 8.895 m³ **BGF** 2.243 m² **NUF** 1.413 m²

© Marcus Ebener

Baujahr: 2014

Land: Schleswig-Holstein
Kreis: Stormarn
Standard: mittel
Bauzeit: 56 Wochen
Kennwerte: bis 1. Ebene DIN 276
veröffentlicht: BKI Objektdaten A11
BGF 2.757 €/m²

Planung: acollage. architektur urbanistik; Hamburg

Erweiterungsbau einer Grundschule mit neun Klassen und 173 Schülern sowie einem Kinderhort.

1. Ebene: 300 Bauwerk – Baukonstruktionen: 83%, **400 Bauwerk – Technische Anlagen:** 17%

A Abbrechen
W Wiederherstellen
H Herstellen

4100-0210 Gesamtschule (16 Klassen, 352 Schüler)

BRI 37.826 m³ **BGF** 6.954 m² **NUF** 3.359 m²

Baujahr: 1955
Bauzustand: gut
Aufwand: mittel
Grundrissänderungen: keine
Tragwerkseingriffe: wenige

Land: Niedersachsen
Kreis: Wolfsburg, Stadt
Standard: hoch
Bauzeit: 135 Wochen
Kennwerte: bis 1. Ebene DIN 276
veröffentlicht: BKI Objektdaten A12

BGF 3.988 €/m²

Planung: Schneider + Sendelbach Architektentenges. mbH; Braunschweig

Gesamtschule mit 16 Klassen für 352 Schüler

1. Ebene: 300 Bauwerk – Baukonstruktionen: 81%, **400 Bauwerk – Technische Anlagen:** 19%

4200-0033 Ausbildungsstätte Abbundhalle

BRI 8.412 m³ **BGF** 1.139 m² **NUF** 917 m²

Baujahr: 1975

Land: Schleswig-Holstein
Kreis: Segeberg
Standard: einfach
Bauzeit: 74 Wochen
Kennwerte: bis 1. Ebene DIN 276
veröffentlicht: BKI Objektdaten A11

BGF 2.041 €/m²

Planung: BAS Architekten GmbH; Bad Segeberg

Ausbildungsstätte für Zimmerleute mit Abbundhalle, Praxis- und Theorieräumen.

1. Ebene: 300 Bauwerk – Baukonstruktionen: 77%, **400 Bauwerk – Technische Anlagen:** 23%

4100-0159 Gymnasium, Fachklassentrakt (128 Schüler)

BRI 3.991 m³ **BGF** 1.058 m² **NUF** 725 m²

Land: Niedersachsen
Kreis: Gifhorn
Standard: mittel
Bauzeit: 17 Wochen
Kennwerte: bis 1. Ebene DIN 276
veröffentlicht: BKI Objektdaten A10

BGF 3.174 €/m²

Planung: k.A.

Erweiterung um einen Fachklassentrakt (Biologie) mit vier Klassen, Archiv und Lehrsammlung.

1. Ebene: 300 Bauwerk – Baukonstruktionen: 68%, **400 Bauwerk – Technische Anlagen:** 32%

BGF

min	1.990	€/m²
von	2.515	€/m²
Mittel	**3.240**	**€/m²**
bis	4.255	€/m²
max	5.030	€/m²

Kosten:
Stand 2. Quartal 2026
Bundesdurchschnitt
inkl. 19% MwSt.

A Abbrechen
W Wiederherstellen
H Herstellen

Objektübersicht zur Gebäudeart

4100-0180 Gymnasium (6 Klassen, 150 Schüler)

BRI 5.463 m³ **BGF** 1.260 m² **NUF** 734 m²

© Ulrich Weichert

Baujahr: 1972

Land: Bayern
Kreis: Weißenburg-Gunzenhausen
Standard: mittel
Bauzeit: 70 Wochen
Kennwerte: bis 1. Ebene DIN 276
veröffentlicht: BKI Objektdaten A11
BGF 3.207 €/m²

Planung: CLEMENS FROSCH DIPL.-ING. ARCHITEKT; Pappenheim

Erweiterungsbau eines Gymnasiums mit sechs Klassen für 150 Schüler.

1. Ebene: 300 Bauwerk – Baukonstruktionen: 84%, **400 Bauwerk – Technische Anlagen:** 16%

4100-0119 Realschule (4 Klassen, 100 Schüler)

BRI 1.491 m³ **BGF** 368 m² **NUF** 231 m²

© Zastrow + Zastrow Architekten und Stadtplaner

Baujahr: 1997

Land: Schleswig-Holstein
Kreis: Plön
Standard: hoch
Bauzeit: 22 Wochen
Kennwerte: bis 1. Ebene DIN 276
veröffentlicht: BKI Objektdaten A8
BGF 3.030 €/m²

Planung: Zastrow + Zastrow Architekten und Stadtplaner; Kiel

Erweiterung einer Realschule, aufgeständertes Gebäude mit vier Klassenzimmern, Flur und WC. **Kosteneinfluss Grundstück:** Aufgeständertes Gebäude auf dem Schulhof. Schulhoffläche bleibt dadurch erhalten.

1. Ebene: 300 Bauwerk – Baukonstruktionen: 87%, **400 Bauwerk – Technische Anlagen:** 13%

4200-0023 Berufliches Gymnasium (9 Klassen), Aula

BRI 6.276 m³ **BGF** 1.493 m² **NUF** 984 m²

© Stefan Marquardt

Land: Hessen
Kreis: Hersfeld-Rotenburg
Standard: mittel
Bauzeit: 70 Wochen
Kennwerte: bis 1. Ebene DIN 276
veröffentlicht: BKI Objektdaten A8
BGF 2.585 €/m²

Planung: DORBRITZ ARCHITEKTEN BDA; Bad Hersfeld

Berufliches Gymnasium mit acht Klassenzimmern, Aula (350 Personen), Lehrerstützpunkt und Sanitärräumen.

1. Ebene: 300 Bauwerk – Baukonstruktionen: 74%, **400 Bauwerk – Technische Anlagen:** 26%

Objektübersicht zur Gebäudeart

4100-0117 Anbau Fluchttreppenhäuser (2 St)

BRI 598 m³ **BGF** 174 m² **NUF** k.A.

Baujahr: 1952

Land: Hessen
Kreis: Wiesbaden, Stadt
Standard: mittel
Bauzeit: 43 Wochen
Kennwerte: bis 1. Ebene DIN 276
veröffentlicht: BKI Objektdaten A8

BGF **1.991 €/m²**

Planung: karl r. gold diplomingenieure architekten; Hochheim

Anbau von zwei Fluchttreppenhäusern an ein bestehendes Schulgebäude. Die Anbindung erfolgt über kleine Stege an die Mittelflure des Schulgebäudes.

1. Ebene: 300 Bauwerk – Baukonstruktionen: 97%, **400 Bauwerk – Technische Anlagen:** 3%

4100-0127 Grund- und Mittelschule (22 Klassen, 494 Schüler)

BRI 3.701 m³ **BGF** 1.054 m² **NUF** 656 m²

Land: Sachsen
Kreis: Mittelsachsen
Standard: mittel
Bauzeit: 96 Wochen
Kennwerte: bis 1. Ebene DIN 276
veröffentlicht: BKI Objektdaten A8

BGF **2.394 €/m²**

Planung: Krieger-Bauplanungs GmbH; Chemnitz

Erweiterung einer bestehenden Grundschule mit 22 Klassen und 494 Schülern. **Kosteneinfluss Nutzung:** Eigenständiges Gebäude als Anbau an bestehende Grundschule, einschließlich eines Verbindungsbaus als 2. Fluchtweg.

1. Ebene: 300 Bauwerk – Baukonstruktionen: 71%, **400 Bauwerk – Technische Anlagen:** 29%

Kostenkennwerte für die Kosten des Bauwerks (Kostengruppen 300+400 nach DIN 276)

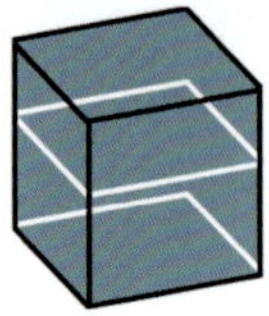

BRI 790 €/m³
von 615 €/m³
bis 1.135 €/m³

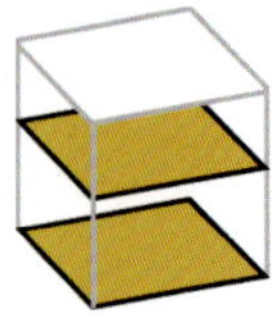

BGF 2.770 €/m²
von 2.005 €/m²
bis 3.705 €/m²

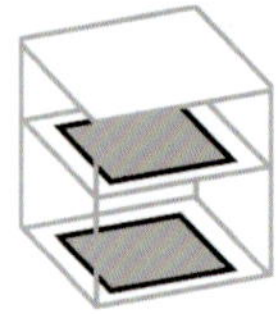

NUF 4.470 €/m²
von 3.025 €/m²
bis 6.470 €/m²

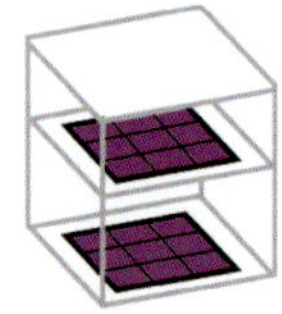

NE 32.315 €/NE
von 18.135 €/NE
bis 49.500 €/NE
NE: Kinder

Objektbeispiele

Kosten:
Stand 2. Quartal 2026
Bundesdurchschnitt
inkl. 19% MwSt.

4400-0439

4400-0295

4400-0421

Kosten der 20 Vergleichsobjekte

Seiten 140 bis 147

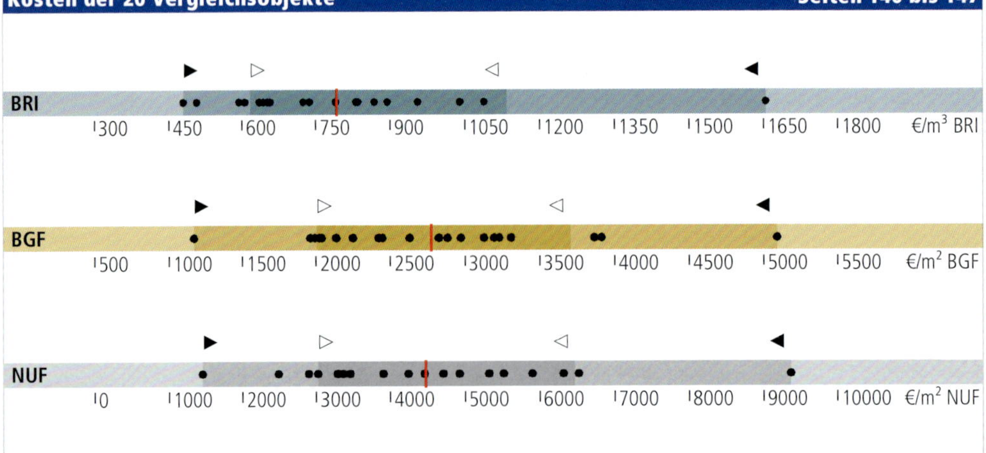

- ● KKW
- ► min
- ▷ von
- | Mittelwert
- ◁ bis
- ◄ max

Kostenkennwerte für die Kostengruppen der 1. und 2.Ebene DIN 276

KG	Kostengruppen der 1.Ebene	Einheit	▷	€/Einheit	◁	▷	% an 300+400	◁
100	Grundstück	m²GF	–	**–**	–	–	**–**	–
200	Vorbereitende Maßnahmen	m²GF	3	**26**	104	0,7	**2,1**	4,3
300	Bauwerk – Baukonstruktionen	m²BGF	1.654	**2.267**	3.135	74,0	**81,7**	88,4
400	Bauwerk – Technische Anlagen	m²BGF	280	**505**	810	11,6	**18,3**	26,0
	Bauwerk 300+400	m²BGF	2.004	**2.772**	3.706	100,0	**100,0**	100,0
500	Außenanlagen und Freiflächen	m²AF	17	**111**	284	2,9	**6,9**	12,8
600	Ausstattung und Kunstwerke	m²BGF	23	**152**	323	2,0	**6,3**	17,5
700	Baunebenkosten	m²BGF	–	**–**	–	–	**–**	–
800	Finanzierung	m²BGF	–	**–**	–	–	**–**	–

KG	Kostengruppen der 2.Ebene	Einheit	▷	€/Einheit	◁	▷	% an 1.Ebene	◁
310	Baugrube / Erdbau	m³BGI	96	**179**	345	0,6	**2,7**	7,0
320	Gründung, Unterbau	m²GRF	326	**367**	447	11,6	**15,7**	21,8
330	Außenwände / vertikal außen	m²AWF	551	**615**	652	34,4	**37,2**	42,9
340	Innenwände / vertikal innen	m²IWF	52	**280**	405	7,4	**12,4**	14,9
350	Decken / horizontal	m²DEF	113	**296**	479	1,7	**6,1**	13,3
360	Dächer	m²DAF	449	**697**	1.172	17,6	**18,2**	19,2
370	Infrastrukturanlagen		–	**–**	–	–	**–**	–
380	Baukonstruktive Einbauten	m²BGF	2	**125**	248	< 0,1	**4,8**	14,2
390	Sonst. Maßnahmen für Baukonst.	m²BGF	31	**42**	64	1,7	**2,9**	3,6
300	**Bauwerk – Baukonstruktionen**	**m²BGF**					**100,0**	
410	Abwasser-, Wasser-, Gasanlagen	m²BGF	5	**65**	105	1,9	**24,8**	37,2
420	Wärmeversorgungsanlagen	m²BGF	57	**71**	80	19,0	**27,6**	32,6
430	Raumlufttechnische Anlagen	m²BGF	5	**8**	11	0,0	**2,0**	3,2
440	Elektrische Anlagen	m²BGF	76	**114**	180	31,4	**42,0**	63,2
450	Kommunikationstechnische Anlagen	m²BGF	3	**10**	14	1,4	**3,6**	5,0
460	Förderanlagen	m²BGF	–	**–**	–	–	**–**	–
470	Nutzungsspez. / verfahrenstech. Anl.	m²BGF	–	**–**	–	–	**–**	–
480	Gebäude- und Anlagenautomation	m²BGF	–	**–**	–	–	**–**	–
490	Sonst. Maßnahmen f. techn. Anl.	m²BGF	–	**–**	–	–	**–**	–
400	**Bauwerk – Technische Anlagen**	**m²BGF**					**100,0**	

Prozentanteile der Kosten 2.Ebene an den Kosten des Bauwerks nach DIN 276 (Von/Mittel/Bis)

KG	Kostengruppe	%
310	Baugrube / Erdbau	2,3
320	Gründung, Unterbau	13,3
330	Außenwände / vertikal außen	31,4
340	Innenwände / vertikal innen	10,4
350	Decken / horizontal	5,1
360	Dächer	15,4
370	Infrastrukturanlagen	
380	Baukonstruktive Einbauten	4,1
390	Sonst. Maßnahmen für Baukonst.	2,4
410	Abwasser-, Wasser-, Gasanlagen	4,0
420	Wärmeversorgungsanlagen	4,4
430	Raumlufttechnische Anlagen	0,3
440	Elektrische Anlagen	6,4
450	Kommunikationstechnische Anlagen	0,5
460	Förderanlagen	
470	Nutzungsspez. / verfahrenstech. Anl.	
480	Gebäude- und Anlagenautomation	
490	Sonst. Maßnahmen f. techn. Anl.	

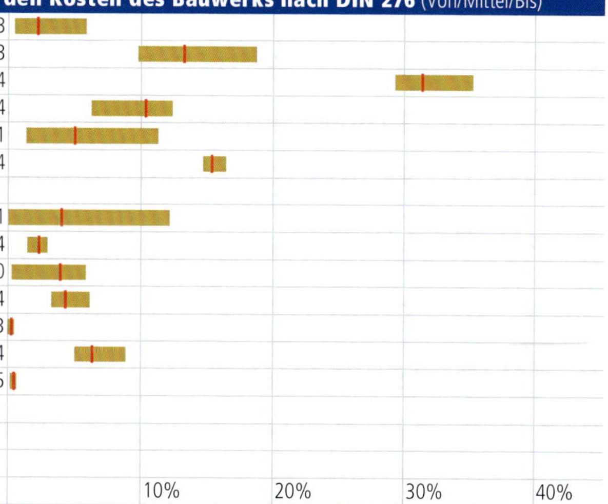

Kostenkennwerte für die Kostengruppen der 3. Ebene DIN 276

KG	Kostengruppen der 3. Ebene	Einheit	▷	€/Einheit	◁	▷	€/m² BGF	◁
311	**Herstellung**	m³	96	**179**	345	9	**46**	118
	Herstellen	m³	96	**179**	345	9	**46**	118
322	**Flachgründungen und Bodenplatten**	m²	155	**264**	430	50	**71**	112
	Abbrechen	*m²*	–	***61***	–	–	***6***	–
	Herstellen	m²	110	**243**	332	45	**69**	112
324	**Gründungsbeläge**	m²	174	**210**	229	91	**126**	195
	Abbrechen	*m²*	*4*	***11***	*25*	*2*	***8***	*21*
	Herstellen	m²	169	**200**	219	89	**118**	173
325	**Abdichtungen und Bekleidungen**	m²	27	**57**	117	10	**33**	76
	Herstellen	m²	27	**57**	117	10	**33**	76
329	**Sonstiges zur KG 320**	m²	–	**11**	–	–	**6**	–
	Herstellen	m²	–	**11**	–	–	**6**	–
331	**Tragende Außenwände**	m²	179	**228**	317	45	**67**	109
	Abbrechen	*m²*	–	***10***	–	–	***1***	–
	Herstellen	m²	178	**225**	307	44	**67**	109
333	**Außenstützen**	m	–	**422**	–	–	**8**	–
	Herstellen	m	–	**422**	–	–	**8**	–
334	**Außenwandöffnungen**	m²	401	**741**	1.082	< 1	**102**	158
	Abbrechen	*m²*	–	***91***	–	*< 1*	***6***	*11*
	Wiederherstellen	m²	–	**133**	–	–	**58**	–
	Herstellen	m²	268	**629**	991	117	**118**	119
335	**Außenwandbekleidungen, außen**	m²	296	**393**	587	142	**160**	190
	Abbrechen	*m²*	–	***14***	–	–	***7***	–
	Herstellen	m²	288	**389**	587	140	**158**	190
336	**Außenwandbekleidungen, innen**	m²	67	**93**	135	15	**40**	57
	Abbrechen	*m²*	*< 1*	***3***	*5*	*< 1*	***2***	*4*
	Wiederherstellen	m²	–	**18**	–	–	**5**	–
	Herstellen	m²	65	**85**	116	22	**37**	61
337	**Elem. Außenwandkonstruktionen**	m²	–	**676**	–	–	**363**	–
	Herstellen	m²	–	**676**	–	–	**363**	–
338	**Lichtschutz zur KG 330**	m²	–	**201**	–	–	**81**	–
	Abbrechen	*m²*	–	***27***	–	–	***11***	–
	Wiederherstellen	m²	–	**175**	–	–	**70**	–
339	**Sonstiges zur KG 330**	m²	5	**7**	9	4	**6**	8
	Abbrechen	*m²*	–	***5***	–	–	***4***	–
	Herstellen	m²	–	**9**	–	–	**8**	–
341	**Tragende Innenwände**	m²	121	**252**	383	25	**29**	32
	Abbrechen	*m²*	*18*	***53***	*88*	*5*	***5***	*6*
	Herstellen	m²	103	**199**	295	19	**23**	27
342	**Nichttragende Innenwände**	m²	86	**129**	173	11	**18**	24
	Abbrechen	*m²*	–	***21***	–	–	***3***	–
	Herstellen	m²	86	**119**	152	11	**16**	21
343	**Innenstützen**	m	–	**138**	–	–	**8**	–
	Herstellen	m	–	**138**	–	–	**8**	–
344	**Innenwandöffnungen**	m²	875	**1.288**	1.701	41	**73**	105
	Abbrechen	*m²*	–	***19***	–	–	***< 1***	–
	Herstellen	m²	856	**1.278**	1.701	40	**73**	105

Kosten:
Stand 2. Quartal 2026
Bundesdurchschnitt
inkl. 19% MwSt.

▷ von
ø Mittel
◁ bis

KG	Kostengruppen der 3. Ebene	Einheit	▷	€/Einheit	◁	▷	€/m² BGF	◁
345	**Innenwandbekleidungen**	m²	54	**60**	71	44	**73**	129
	Abbrechen	*m²*	–	***1***	–	–	***< 1***	–
	Wiederherstellen	m²	–	**9**	–	–	**7**	–
	Herstellen	m²	53	**56**	60	41	**71**	129
346	**Elem. Innenwandkonstruktionen**	m²	567	**998**	1.429	3	**27**	52
	Abbrechen	*m²*	–	***463***	–	–	***1***	–
	Herstellen	m²	567	**766**	966	2	**27**	52
351	**Deckenkonstruktionen**	m²	35	**142**	249	15	**64**	114
	Wiederherstellen	m²	–	**35**	–	–	**15**	–
	Herstellen	m²	–	**249**	–	–	**114**	–
352	**Deckenöffnungen**	m²	–	**2.721**	–	–	**2**	–
	Herstellen	m²	–	**2.721**	–	–	**2**	–
353	**Deckenbeläge**	m²	–	**113**	–	–	**44**	–
	Herstellen	m²	–	**113**	–	–	**44**	–
354	**Deckenbekleidungen**	m²	87	**93**	98	30	**32**	33
	Herstellen	m²	87	**93**	98	30	**32**	33
355	**Elementierte Deckenkonstruktionen**	m²	–	**1.926**	–	–	**22**	–
	Herstellen	m²	–	**1.926**	–	–	**22**	–
359	**Sonstiges zur KG 350**	m²	–	**24**	–	–	**11**	–
	Herstellen	m²	–	**24**	–	–	**11**	–
361	**Dachkonstruktionen**	m²	151	**221**	357	48	**70**	83
	Herstellen	m²	151	**221**	357	48	**70**	83
362	**Dachöffnungen**	m²	–	**2.000**	–	–	**69**	–
	Herstellen	m²	–	**2.000**	–	–	**69**	–
363	**Dachbeläge**	m²	217	**279**	379	55	**100**	130
	Abbrechen	*m²*	–	***10***	–	–	***5***	–
	Wiederherstellen	m²	–	**68**	–	–	**10**	–
	Herstellen	m²	183	**249**	293	45	**93**	124
364	**Dachbekleidungen**	m²	110	**197**	365	35	**64**	121
	Abbrechen	*m²*	–	***11***	–	–	***10***	–
	Wiederherstellen	m²	–	**15**	–	–	**13**	–
	Herstellen	m²	100	**189**	365	35	**56**	99
365	**Elementierte Dachkonstruktionen**	m²	–	**900**	–	–	**35**	–
	Herstellen	m²	–	**900**	–	–	**35**	–
369	**Sonstiges zur KG 360**	m²	–	**< 1**	–	–	**< 1**	–
	Abbrechen	*m²*	–	***< 1***	–	–	***< 1***	–
381	**Allgemeine Einbauten**	m²	2	**105**	208	2	**105**	208
	Abbrechen	*m²*	–	***1***	–	–	***1***	–
	Wiederherstellen	m²	–	**< 1**	–	–	**< 1**	–
	Herstellen	m²	–	**208**	–	–	**208**	–
382	**Besondere Einbauten**	m²	–	**40**	–	–	**40**	–
	Herstellen	m²	–	**40**	–	–	**40**	–
391	**Baustelleneinrichtung**	m²	17	**31**	51	17	**31**	51
	Herstellen	m²	17	**31**	51	17	**31**	51
392	**Gerüste**	m²	–	**13**	–	–	**13**	–
	Herstellen	m²	–	**13**	–	–	**13**	–
396	**Materialentsorgung**	m²	–	**6**	–	–	**6**	–
	Abbrechen	*m²*	–	***6***	–	–	***6***	–

KG	Kostengruppen der 3. Ebene	Einheit	▷	€/Einheit	◁	▷	€/m² BGF	◁
411	**Abwasseranlagen**	m²	9	**21**	43	9	**21**	43
	Abbrechen	*m²*	*1*	***2***	*2*	*1*	***2***	*2*
	Wiederherstellen	m²	–	**2**	–	–	**2**	–
	Herstellen	m²	8	**19**	41	8	**19**	41
412	**Wasseranlagen**	m²	51	**58**	65	51	**58**	65
	Abbrechen	*m²*	–	***3***	–	–	***3***	–
	Herstellen	m²	49	**57**	65	49	**57**	65
419	**Sonstiges zur KG 410**	m²	–	**14**	–	–	**14**	–
	Herstellen	m²	–	**14**	–	–	**14**	–
421	**Wärmeerzeugungsanlagen**	m²	10	**17**	24	10	**17**	24
	Herstellen	m²	10	**17**	24	10	**17**	24
422	**Wärmeverteilnetze**	m²	22	**24**	27	22	**24**	27
	Herstellen	m²	22	**24**	27	22	**24**	27
423	**Raumheizflächen**	m²	24	**34**	53	24	**34**	53
	Abbrechen	*m²*	–	***5***	–	–	***5***	–
	Herstellen	m²	24	**33**	48	24	**33**	48
429	**Sonstiges zur KG 420**	m²	–	**4**	–	–	**4**	–
	Abbrechen	*m²*	–	***3***	–	–	***3***	–
	Herstellen	m²	–	**1**	–	–	**1**	–
431	**Lüftungsanlagen**	m²	5	**8**	11	5	**8**	11
	Herstellen	m²	5	**8**	11	5	**8**	11
444	**Niederspannungsinstallationsanl.**	m²	52	**89**	158	52	**89**	158
	Abbrechen	*m²*	–	***25***	–	–	***25***	–
	Herstellen	m²	51	**81**	132	51	**81**	132
445	**Beleuchtungsanlagen**	m²	12	**19**	22	12	**19**	22
	Herstellen	m²	12	**19**	22	12	**19**	22
446	**Blitzschutz- und Erdungsanlagen**	m²	< 1	**6**	9	< 1	**6**	9
	Herstellen	m²	< 1	**6**	9	< 1	**6**	9
451	**Telekommunikationsanlagen**	m²	< 1	**< 1**	1	< 1	**< 1**	1
	Herstellen	m²	< 1	**< 1**	1	< 1	**< 1**	1
452	**Such- und Signalanlagen**	m²	1	**2**	2	1	**2**	2
	Herstellen	m²	1	**2**	2	1	**2**	2
455	**Audiovis. Medien- u. Antennenanl.**	m²	4	**10**	16	4	**10**	16
	Herstellen	m²	4	**10**	16	4	**10**	16
456	**Gefahrenmelde- und Alarmanlagen**	m²	–	**2**	–	–	**2**	–
	Herstellen	m²	–	**2**	–	–	**2**	–
457	**Datenübertragungsnetze**	m²	–	**2**	–	–	**2**	–
	Herstellen	m²	–	**2**	–	–	**2**	–

Kosten:
Stand 2. Quartal 2026
Bundesdurchschnitt
inkl. 19% MwSt.

▷ von
ø Mittel
◁ bis

Prozentanteile der Kosten für Leistungsbereiche nach STLB (Kosten Bauwerk nach DIN 276)

LB	Leistungsbereiche	▷	% an 300+400	◁
000	Baustellen-, Sicherheitseinr. inkl. 001, 089	1,6	**2,3**	2,8
002	Erdarbeiten	0,7	**2,6**	4,3
006	Spezialtiefbauarbeiten inkl. 005	–	**–**	–
009	Entwässerungskanalarbeiten inkl. 011	0,3	**0,8**	1,1
010	Drän- und Versickerarbeiten	–	**–**	–
012	Mauerarbeiten	4,2	**10,2**	15,3
013	Betonarbeiten	5,2	**9,4**	12,9
014	Natur-, Betonwerksteinarbeiten	0,0	**0,2**	0,4
016	Zimmer- und Holzbauarbeiten	2,2	**2,9**	3,6
017	Stahlbauarbeiten	0,0	**0,6**	1,2
018	Abdichtungsarbeiten	0,6	**0,7**	0,8
020	Dachdeckungsarbeiten	1,8	**4,2**	6,1
021	Dachabdichtungsarbeiten	0,0	**0,2**	0,3
022	Klempnerarbeiten	0,5	**2,8**	4,8
	Rohbau	33,0	**36,8**	41,3
023	Putz- und Stuckarbeiten, Wärmedämmsysteme	1,5	**5,2**	8,7
024	Fliesen- und Plattenarbeiten	0,2	**1,1**	1,6
025	Estricharbeiten	1,4	**2,3**	3,9
026	Fenster, Außentüren inkl. 029, 032	8,9	**12,2**	14,5
027	Tischlerarbeiten	1,1	**5,4**	8,9
028	Parkett-, Holzpflasterarbeiten	–	**–**	–
030	Rollladenarbeiten	0,0	**1,1**	2,3
031	Metallbauarbeiten inkl. 035	0,5	**3,2**	4,9
034	Maler- und Lackiererarb. - Beschicht. inkl. 037	1,9	**2,5**	3,3
036	Bodenbelagarbeiten	2,3	**2,9**	3,4
038	Vorgehängte hinterlüftete Fassaden	0,0	**1,6**	3,1
039	Trockenbauarbeiten	4,5	**8,1**	11,3
	Ausbau	40,5	**45,6**	49,3
040	Wärmeversorgungsanl. - Betriebseinr. inkl. 041	2,9	**3,3**	3,8
042	Gas- u. Wasseranl. - Leitung., Armat. inkl. 043	0,1	**1,0**	1,7
044	Abwasseranl. - Leitungen, Abläufe, Armaturen	0,2	**0,4**	0,7
045	Gas, Wasser, Entwässerung - Ausstattung inkl. 046	1,0	**2,1**	3,1
047	Dämm- und Brandschutzarb. an techn. Anlagen	0,3	**0,5**	0,7
049	Feuerlöschanlagen, Feuerlöschgeräte	–	**–**	–
050	Blitzschutz-/Erdungsanlagen, Überspannungssch.	0,2	**0,3**	0,5
052	Mittelspannungsanlagen	–	**–**	–
053	Niederspannungsanl. - Kabel inkl. 054	3,4	**4,5**	5,5
055	Sicherheits- u. Ersatzstromversorgungsanl.	–	**–**	–
057	Gebäudesystemtechnik	–	**–**	–
058	Leuchten und Lampen inkl. 059	0,7	**1,2**	1,6
060	Such, Signal, Zeit, Anten., akust. Anl. inkl. 064	< 0,1	**< 0,1**	< 0,1
061	Kommunikations- u. Übertragungsnetze inkl. 062	0,2	**0,4**	0,6
063	Gefahrenmeldeanlagen	0,0	**< 0,1**	< 0,1
069	Aufzüge	–	**–**	–
070	Gebäudeautomation	–	**–**	–
075	Raumlufttechnische Anlagen inkl. 078	0,1	**0,3**	0,5
	Gebäudetechnik	12,5	**14,2**	15,5
084	Abbruch, Rückbau, Schadstoffsanierung	2,1	**3,5**	5,3
	Sonstige Leistungsbereiche inkl. 008, 033, 051	–	**–**	–

Übersicht- 1. + 2. Ebene
Erweiterung
Umbau
Moderni- sierung
Instand- setzung
Bau- elemente
Abbrechen
Wieder- herstellen
Herstellen

€/m² BGF

min	1.170	€/m²
von	2.005	€/m²
Mittel	**2.770**	**€/m²**
bis	3.705	€/m²
max	5.090	€/m²

Kosten:
Stand 2. Quartal 2026
Bundesdurchschnitt
inkl. 19% MwSt.

Objektübersicht zur Gebäudeart

4400-0140 Kindertagesstätte, Personalraum

BRI 176 m³ **BGF** 56 m² **NUF** 46 m²

Bauzustand: mittel
Aufwand: mittel
Nutzung während der Bauzeit: ja
Nutzungsänderung: nein
Grundrissänderungen: wenige
Tragwerkseingriffe: wenige

Land: Nordrhein-Westfalen
Kreis: Düren
Standard: mittel
Bauzeit: 18 Wochen
Kennwerte: bis 3. Ebene DIN 276
veröffentlicht: BKI Objektdaten A8

BGF 2.037 €/m²

Planung: FRANKE Architektur I Innenarchitektur; Düren

Erweiterung von Personal- und Besprechungszimmer in der heilpädagogisch-integrativen Kindertagesstätte.

1. Ebene: 300 Bauwerk – Baukonstruktionen: 86%, **400 Bauwerk – Technische Anlagen:** 14%
3. Ebene: Baukonstruktionen: **A**: Sonstige 5%, **W**: 334 Außenwandöffnungen 3%, 338 Lichtschutz zur KG 330 4%, Sonstige < 1%, **H**: 322 Flachgründungen und Bodenplatten 6%, 324 Gründungsbeläge 10%, 325 Abdichtungen und Bekleidungen 4%, 331 Tragende Außenwände 6%, 334 Außenwandöffnungen 7%, 335 Außenwandbekleidungen, außen 8%, 336 Außenwandbekleidungen, innen 3%, 345 Innenwandbekleidungen 7%, 361 Dachkonstruktionen 4%, 363 Dachbeläge 8%, 364 Dachbekleidungen 6%, 381 Allgemeine Einbauten 12%, Sonstige 5%, **Technische Anlagen:** **A**: 444 Niederspannungsinstallationsanlagen 9%, Sonstige 2%, **H**: 421 Wärmeerzeugungsanlagen 3%, 422 Wärmeverteilnetze 7%, 423 Raumheizflächen 17%, 444 Niederspannungsinstallationsanlagen 46%, 445 Beleuchtungsanlagen 4%, 446 Blitzschutz- und Erdungsanlagen 4%, 455 Audiovisuelle Medien- und Antennenanlagen 6%, Sonstige 2%

4400-0180 Kindergarten (4 Gruppen, 76 Kinder)

BRI 2.385 m³ **BGF** 760 m² **NUF** 388 m²

Land: Hamburg
Kreis: Hamburg, Stadt
Standard: mittel
Bauzeit: 35 Wochen
Kennwerte: bis 3. Ebene DIN 276
veröffentlicht: BKI Objektdaten A10

BGF 1.991 €/m²

Planung: Architekturbüro Prell und Partner; Hamburg

Erweiterung eines Kindergartens um vier Gruppen (76 Kinder)

1. Ebene: 300 Bauwerk – Baukonstruktionen: 85%, **400 Bauwerk – Technische Anlagen:** 15%
3. Ebene: Baukonstruktionen: **A**: Sonstige < 1%, **H**: 311 Herstellung 7%, 322 Flachgründungen und Bodenplatten 3%, 324 Gründungsbeläge 5%, 331 Tragende Außenwände 3%, 335 Außenwandbekleidungen, außen 8%, 337 Elementierte Außenwandkonstruktionen 21%, 344 Innenwandöffnungen 6%, 346 Elementierte Innenwandkonstruktionen 3%, 351 Deckenkonstruktionen 7%, 361 Dachkonstruktionen 5%, 362 Dachöffnungen 4%, 363 Dachbeläge 6%, 391 Baustelleneinrichtung 3%, Sonstige 17%, **Technische Anlagen:** **A**: Sonstige < 1%, **H**: 411 Abwasseranlagen 14%, 412 Wasseranlagen 22%, 419 Sonstiges zur KG 410 5%, 422 Wärmeverteilnetze 9%, 423 Raumheizflächen 10%, 431 Lüftungsanlagen 4%, 444 Niederspannungsinstallationsanlagen 23%, 445 Beleuchtungsanlagen 7%, Sonstige 6%

A Abbrechen
W Wiederherstellen
H Herstellen

4400-0203 Kinderkrippe (2 Gruppen), Gemeinderäume

BRI 2.122 m³ **BGF** 870 m² **NUF** 697 m²

© Neumann-Berking und Bendorf Planungsgesellschaft

Bauzustand: mittel
Aufwand: hoch
Nutzung während der Bauzeit: nein
Nutzungsänderung: ja
Grundrissänderungen: einige
Tragwerkseingriffe: wenige

Land: Niedersachsen
Kreis: Gifhorn
Standard: mittel
Bauzeit: 43 Wochen
Kennwerte: bis 3. Ebene DIN 276
veröffentlicht: BKI Objektdaten A9

BGF 1.168 €/m²

Planung: nb+b Neumann-Berking u. Bendorf Planungsgesellschaft mbH; Wolfsburg

Um- und Anbau einer Schule zur Kinderkrippe und zu Gemeinderäumen.

1. Ebene: 300 Bauwerk – Baukonstruktionen: 82%, **400 Bauwerk – Technische Anlagen:** 18%
3. Ebene: Baukonstruktionen: A: Sonstige 4%, **W:** Sonstige 4%, **H:** 322 Flachgründungen und Bodenplatten 4%, 324 Gründungsbeläge 10%, 331 Tragende Außenwände 4%, 334 Außenwandöffnungen 12%, 335 Außenwandbekleidungen, außen 20%, 336 Außenwandbekleidungen, innen 4%, 344 Innenwandöffnungen 4%, 345 Innenwandbekleidungen 5%, 354 Deckenbekleidungen 3%, 361 Dachkonstruktionen 5%, 363 Dachbeläge 5%, 364 Dachbekleidungen 3%, 365 Elementierte Dachkonstruktionen 4%, Sonstige 9%, **Technische Anlagen: A:** Sonstige 3%, **W:** Sonstige 1%, **H:** 411 Abwasseranlagen 5%, 412 Wasseranlagen 23%, 421 Wärmeerzeugungsanlagen 11%, 422 Wärmeverteilnetze 11%, 423 Raumheizflächen 10%, 444 Niederspannungsinstallationsanlagen 19%, 445 Beleuchtungsanlagen 11%, Sonstige 4%

4400-0132 Kindergarten, Aufstockung*

BRI 4.518 m³ **BGF** 1.434 m² **NUF** 884 m²

© Werner Muxel Holzhandel und Entwurfsplanung

Baujahr: 1971
Bauzustand: schlecht
Aufwand: mittel
Nutzung während der Bauzeit: ja
Nutzungsänderung: nein
Grundrissänderungen: wenige
Tragwerkseingriffe: wenige

Land: Österreich
Kreis: Vorarlberg
Standard: mittel
Bauzeit: 39 Wochen
Kennwerte: bis 3. Ebene DIN 276
veröffentlicht: www.bki.de

BGF 1.917 €/m²

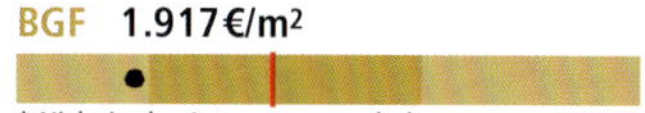

* Nicht in der Auswertung enthalten

Planung: Werner Muxel Holzhandel und Entwurfsplanung; AT Altach

Der Kindergarten wurde um ein Geschoss (2 Gruppen) erweitert, das bestehende Erdgeschoss (2 Gruppen) wurde saniert.

1. Ebene: 300 Bauwerk – Baukonstruktionen: 76%, **400 Bauwerk – Technische Anlagen:** 24%
3. Ebene: Baukonstruktionen: A: Sonstige 4%, **W:** Sonstige < 1%, **H:** 331 Tragende Außenwände 8%, 334 Außenwandöffnungen 13%, 335 Außenwandbekleidungen, außen 11%, 341 Tragende Innenwände 3%, 351 Deckenkonstruktionen 9%, 353 Deckenbeläge 5%, 361 Dachkonstruktionen 11%, 363 Dachbeläge 13%, Sonstige 23%, **Technische Anlagen: A:** Sonstige < 1%, **W:** Sonstige < 1%, **H:** 411 Abwasseranlagen 4%, 412 Wasseranlagen 10%, 422 Wärmeverteilnetze 7%, 431 Lüftungsanlagen 25%, 444 Niederspannungsinstallationsanlagen 10%, 445 Beleuchtungsanlagen 18%, 461 Aufzugsanlagen 10%, 481 Automationseinrichtungen 7%, Sonstige 8%

Objektübersicht zur Gebäudeart

€/m² BGF

min	1.170	€/m²
von	2.005	€/m²
Mittel	**2.770**	**€/m²**
bis	3.705	€/m²
max	5.090	€/m²

Kosten:
Stand 2. Quartal 2026
Bundesdurchschnitt
inkl. 19% MwSt.

4400-0405 Kindertagesstätte (3 Gruppen, 62 Kinder) — **BRI** 2.740 m³ **BGF** 707 m² **NUF** 413 m²

Baujahr: 1897
Bauzustand: schlecht
Aufwand: hoch
Nutzung während der Bauzeit: nein
Nutzungsänderung: nein
Grundrissänderungen: einige
Tragwerkseingriffe: einige

Land: Hessen
Kreis: Lahn-Dill-Kreis
Standard: mittel
Bauzeit: 70 Wochen
Kennwerte: bis 1. Ebene DIN 276
veröffentlicht: BKI Objektdaten A13
BGF 3.230 €/m²

Planung: Keul und Müller Architekten Part GmbB; Aßlar

Kindertagesstätte mit drei Gruppen für 62 Kinder

1. Ebene: 300 Bauwerk – Baukonstruktionen: 79%, **400 Bauwerk – Technische Anlagen:** 21%

4400-0404 Kindergarten (2 Gruppen, 40 Kinder) — **BRI** 3.345 m³ **BGF** 935 m² **NUF** 418 m²

Baujahr: 1957
Bauzustand: mittel
Aufwand: mittel
Nutzung während der Bauzeit: ja
Nutzungsänderung: nein
Grundrissänderungen: wenige
Tragwerkseingriffe: wenige

Land: Schleswig-Holstein
Kreis: Pinneberg
Standard: mittel
Bauzeit: 61 Wochen
Kennwerte: bis 1. Ebene DIN 276
veröffentlicht: BKI Objektdaten A13
BGF 2.826 €/m²

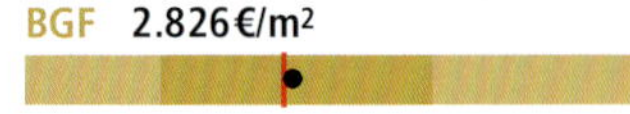

Planung: Butzlaff Tewes Architekten + Ingenieure; Brande-Hörnerkirchen

Kindergarten mit zwei Gruppen für 40 Kinder

1. Ebene: 300 Bauwerk – Baukonstruktionen: 70%, **400 Bauwerk – Technische Anlagen:** 30%

4400-0429 Kindertagesstätte (2 Gruppen, 40 Kinder)* — **BRI** 1.813 m³ **BGF** 444 m² **NUF** 285 m²

Baujahr: 1993
Bauzustand: gut
Aufwand: niedrig
Nutzung während der Bauzeit: ja
Nutzungsänderung: nein
Grundrissänderungen: wenige

Land: Baden-Württemberg
Kreis: Heidelberg, Stadt
Standard: hoch
Bauzeit: 56 Wochen
Kennwerte: bis 1. Ebene DIN 276
veröffentlicht: BKI Objektdaten A13
BGF 4.617 €/m²

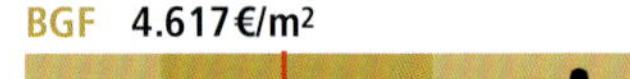

* Nicht in der Auswertung enthalten

Planung: Hochbauamt Heidelberg und AAg Architekten GmbH; Heidelberg

Erweiterung einer Kindertagesstätte um zwei Gruppen für insgesamt 40 Kinder

1. Ebene: 300 Bauwerk – Baukonstruktionen: 79%, **400 Bauwerk – Technische Anlagen:** 21%

A Abbrechen
W Wiederherstellen
H Herstellen

Objektübersicht zur Gebäudeart

4400-0421 Kindertagesstätte (2 Gruppen, 50 Kinder) — BRI 800 m³ | BGF 225 m² | NUF 134 m²

Baujahr: 1993
Bauzustand: gut
Aufwand: niedrig
Nutzung während der Bauzeit: ja
Nutzungsänderung: nein
Grundrissänderungen: wenige
Tragwerkseingriffe: wenige

Land: Nordrhein-Westfalen
Kreis: Paderborn
Standard: mittel
Bauzeit: 74 Wochen
Kennwerte: bis 1. Ebene DIN 276
veröffentlicht: BKI Objektdaten A13
BGF 3.863 €/m²

Planung: köhler + otto architekten PartGmbB; Bad Wünnenberg

Erweiterung der Kindertagesstätte

1. Ebene: 300 Bauwerk – Baukonstruktionen: 95%, **400 Bauwerk – Technische Anlagen:** 5%

4400-0439 Kindertagesstätte (3 Gruppen, 65 Kinder) — BRI 923 m³ | BGF 300 m² | NUF 163 m²

Baujahr: 1730
Bauzustand: mittel
Aufwand: mittel
Nutzung während der Bauzeit: ja
Nutzungsänderung: nein
Grundrissänderungen: wenige
Tragwerkseingriffe: einige

Land: Bayern
Kreis: Unterallgäu
Standard: hoch
Bauzeit: 56 Wochen
Kennwerte: bis 1. Ebene DIN 276
veröffentlicht: BKI Objektdaten A13
BGF 5.088 €/m²

Planung: Kern Architekten PartGmbB; Mindelheim

Erweiterung der bestehenden Kindertagesstätte mit drei Gruppen für 65 Kinder um einen Mehrzweckraum, Küche und Speiseraum

1. Ebene: 300 Bauwerk – Baukonstruktionen: 77%, **400 Bauwerk – Technische Anlagen:** 23%

4400-0295 Kindertagesstätte, Nebenräume (40 Kinder) — BRI 795 m³ | BGF 250 m² | NUF 185 m²

Baujahr: 1950

Land: Baden-Württemberg
Kreis: Esslingen
Standard: mittel
Bauzeit: 35 Wochen
Kennwerte: bis 1. Ebene DIN 276
veröffentlicht: BKI Objektdaten A11
BGF 3.309 €/m²

Planung: KILTZ KAZMAIER ARCHITEKTEN; Kirchheim unter Teck

Erweiterung vom Schulpavillon zur Kindertagesstätte (2 Gruppen, 40 Kinder).

1. Ebene: 300 Bauwerk – Baukonstruktionen: 79%, **400 Bauwerk – Technische Anlagen:** 21%

€/m² BGF

min	1.170 €/m²
von	2.005 €/m²
Mittel	**2.770 €/m²**
bis	3.705 €/m²
max	5.090 €/m²

Kosten:
Stand 2. Quartal 2026
Bundesdurchschnitt
inkl. 19% MwSt.

A Abbrechen
W Wiederherstellen
H Herstellen

Objektübersicht zur Gebäudeart

4400-0281 Kinder- und Familienzentrum

BRI 6.011 m³ **BGF** 1.730 m² **NUF** 936 m²

© VON M GmbH

Baujahr: 1994
Bauzustand: gut
Aufwand: hoch
Nutzung während der Bauzeit: nein
Nutzungsänderung: ja
Grundrissänderungen: einige
Tragwerkseingriffe: wenige

Land: Baden-Württemberg
Kreis: Ludwigsburg
Standard: hoch
Bauzeit: 74 Wochen
Kennwerte: bis 1. Ebene DIN 276
veröffentlicht: BKI Objektdaten A10
BGF 2.883 €/m²

Planung: VON M GmbH; Stuttgart

Kinder- und Familienzentrum (105 Kinder, 6 Gruppen) in bestehendem Gebäude und Neubau. Rückbau des Bestands bis auf die tragende Substanz und Neubau, neuer Erschließungskern.

1. Ebene: 300 Bauwerk – Baukonstruktionen: 72%, **400 Bauwerk – Technische Anlagen:** 28%

4400-0269 Kinderkrippe (2 Gruppen, 30 Kinder)

BRI 2.219 m³ **BGF** 766 m² **NUF** 498 m²

© Johannsen und Partner

Baujahr: 2003
Bauzustand: gut
Aufwand: mittel
Nutzung während der Bauzeit: ja
Nutzungsänderung: nein
Grundrissänderungen: wenige
Tragwerkseingriffe: keine

Land: Hamburg
Kreis: Hamburg, Stadt
Standard: mittel
Bauzeit: 43 Wochen
Kennwerte: bis 1. Ebene DIN 276
veröffentlicht: BKI Objektdaten A10
BGF 2.132 €/m²

Planung: Johannsen und Partner; Hamburg

Erweiterung einer Kindertagesstätte um zwei Gruppen für 30 Kinder.

1. Ebene: 300 Bauwerk – Baukonstruktionen: 84%, **400 Bauwerk – Technische Anlagen:** 16%

4400-0219 Kindertagesstätte (3 Gruppen, 40 Kinder)

BRI 2.325 m³ **BGF** 675 m² **NUF** 522 m²

© Schwille Freie Architekten

Baujahr: 1967
Bauzustand: mittel
Aufwand: mittel
Nutzung während der Bauzeit: ja
Nutzungsänderung: ja
Grundrissänderungen: wenige
Tragwerkseingriffe: keine

Land: Baden-Württemberg
Kreis: Esslingen
Standard: mittel
Bauzeit: 43 Wochen
Kennwerte: bis 1. Ebene DIN 276
veröffentlicht: BKI Objektdaten A9
BGF 2.242 €/m²

Planung: Schwille Freie Architekten BDA; Reutlingen

Erweiterung einer Kindertagesstätte. Insgesamt drei Gruppen mit 40 Kindern.

1. Ebene: 300 Bauwerk – Baukonstruktionen: 80%, **400 Bauwerk – Technische Anlagen:** 20%

4400-0248 Kinderkrippe (2 Gruppen, 24 Kinder)

BRI 1.397 m³ | **BGF** 341 m² | **NUF** 226 m²

© CLEMENS FROSCH ARCHITEKT

Baujahr: 1972
Bauzustand: mittel
Aufwand: niedrig
Nutzung während der Bauzeit: nein
Nutzungsänderung: nein
Grundrissänderungen: wenige
Tragwerkseingriffe: keine

Land: Bayern
Kreis: Nürnberg, Stadt
Standard: hoch
Bauzeit: 83 Wochen
Kennwerte: bis 1. Ebene DIN 276
veröffentlicht: BKI Objektdaten A10
BGF 3.913 €/m²

Planung: CLEMENS FROSCH ARCHITEKT; Pappenheim

Erweiterung einer Kinderkrippe um zwei Gruppen für insgesamt 24 Kinder

1. Ebene: 300 Bauwerk – Baukonstruktionen: 85%, **400 Bauwerk – Technische Anlagen:** 15%

4400-0280 Kinderkrippe, zwei Schlafräume

BRI 388 m³ | **BGF** 77 m² | **NUF** 50 m²

© Lauhoff Architekten

Baujahr: 1989
Bauzustand: mittel
Aufwand: niedrig
Nutzung während der Bauzeit: ja
Nutzungsänderung: nein
Grundrissänderungen: wenige
Tragwerkseingriffe: keine

Land: Nordrhein-Westfalen
Kreis: Herford
Standard: mittel
Bauzeit: 17 Wochen
Kennwerte: bis 1. Ebene DIN 276
veröffentlicht: BKI Objektdaten A10
BGF 3.197 €/m²

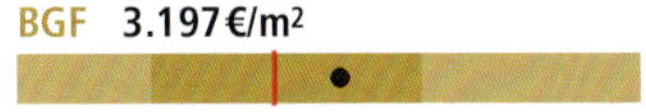

Planung: Lauhoff Architekten; Melle

Baumhaus auf Stahlstützen mit zwei Schlafräumen (11 Kinder) für eine Kinderkrippe, einschließlich Spiel- und Bewegungsflächen.

1. Ebene: 300 Bauwerk – Baukonstruktionen: 95%, **400 Bauwerk – Technische Anlagen:** 5%

4400-0228 Kinderkrippe (1 Gruppe, 20 Kinder)

BRI 1.030 m³ | **BGF** 251 m² | **NUF** 151 m²

© ZACHARIAS PLANUNGSGRUPPE

Baujahr: 1960
Bauzustand: mittel
Aufwand: mittel
Nutzung während der Bauzeit: ja
Nutzungsänderung: nein
Grundrissänderungen: wenige
Tragwerkseingriffe: keine

Land: Nordrhein-Westfalen
Kreis: Rhein-Sieg-Kreis
Standard: mittel
Bauzeit: 17 Wochen
Kennwerte: bis 1. Ebene DIN 276
veröffentlicht: BKI Objektdaten A9
BGF 2.973 €/m²

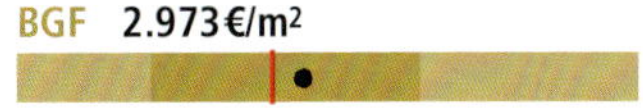

Planung: ZACHARIAS PLANUNGSGRUPPE; Sankt Augustin

Kinderkrippe für 20 Kinder als eigenständige Erweiterung einer bestehenden Kindertagesstätte.

1. Ebene: 300 Bauwerk – Baukonstruktionen: 77%, **400 Bauwerk – Technische Anlagen:** 23%

€/m² BGF

min	1.170	€/m²
von	2.005	€/m²
Mittel	**2.770**	**€/m²**
bis	3.705	€/m²
max	5.090	€/m²

Kosten:
Stand 2. Quartal 2026
Bundesdurchschnitt
inkl. 19% MwSt.

A Abbrechen
W Wiederherstellen
H Herstellen

Objektübersicht zur Gebäudeart

4400-0179 Kindertagesstätte (2 Gruppen)

BRI 2.174 m³ **BGF** 545 m² **NUF** 328 m²

Baujahr: 1999

Land: Nordrhein-Westfalen
Kreis: Paderborn
Standard: einfach
Bauzeit: 26 Wochen
Kennwerte: bis 1. Ebene DIN 276
veröffentlicht: BKI Objektdaten A8
BGF **2.020 €/m²**

Planung: jacobs. Architekturbüro; Paderborn

Erweiterung eines bestehenden Kindergartens um zwei Gruppen auf nun vier Gruppen.

1. Ebene: 300 Bauwerk – Baukonstruktionen: 85%, **400 Bauwerk – Technische Anlagen:** 15%

4400-0198 Kindertagesstätte, Mensa (8 Gruppen, 170 Kinder)

BRI 6.406 m³ **BGF** 1.740 m² **NUF** 892 m²

Baujahr: 1965
Bauzustand: gut
Aufwand: niedrig
Nutzung während der Bauzeit: ja
Nutzungsänderung: nein
Grundrissänderungen: wenige
Tragwerkseingriffe: keine

Land: Hessen
Kreis: Kassel, Stadt
Standard: mittel
Bauzeit: 52 Wochen
Kennwerte: bis 1. Ebene DIN 276
veröffentlicht: BKI Objektdaten A9
BGF **2.416 €/m²**

Planung: Baufrösche Architekten und Stadtplaner GmbH; Kassel

Kindertagesstätte und Mensa, acht Gruppen, 170 Kinder und Mensa für 60 Personen.

1. Ebene: 300 Bauwerk – Baukonstruktionen: 66%, **400 Bauwerk – Technische Anlagen:** 34%

4400-0175 Kindertagesstätte (1 Gruppe, 10 Kinder)

BRI 673 m³ **BGF** 204 m² **NUF** 121 m²

Land: Nordrhein-Westfalen
Kreis: Siegen-Wittgenstein
Standard: mittel
Bauzeit: 30 Wochen
Kennwerte: bis 1. Ebene DIN 276
veröffentlicht: BKI Objektdaten A8
BGF **1.960 €/m²**

Planung: Susanne Hoffmann-Stein Architektin; Siegen

Erweiterung einer bestehenden Kindertagesstätte (4 Gruppen, 75 Kinder) um eine Gruppe für unter Dreijährige mit Aufenthaltsraum zum Spielen und Schlafen; Küche.

1. Ebene: 300 Bauwerk – Baukonstruktionen: 84%, **400 Bauwerk – Technische Anlagen:** 16%

Objektübersicht zur Gebäudeart

4400-0196 Kindertagesstätte (2 Gruppen, 24 Kinder) — BRI 1.390 m³ | BGF 385 m² | NUF 284 m²

Land: Bayern
Kreis: Rosenheim, Stadt
Standard: mittel
Bauzeit: 30 Wochen
Kennwerte: bis 1. Ebene DIN 276
veröffentlicht: BKI Objektdaten A8

BGF 3.127 €/m²

Planung: wulf architekten gmbh; Stuttgart

Erweiterung Kindertagesstätte, zwei Gruppen, 24 Kinder, Gruppenräume, Mehrzweckraum, Ruheräume, Wickelräume, Büro, Technik, Garderobe, WC und Windfang.

1. Ebene: 300 Bauwerk – Baukonstruktionen: 85%, **400 Bauwerk – Technische Anlagen:** 15%

4400-0181 Kindertagesstätte (2 Gruppen, 27 Kinder) — BRI 1.015 m³ | BGF 252 m² | NUF 178 m²

Baujahr: ca. 1955

Land: Sachsen
Kreis: Bautzen
Standard: mittel
Bauzeit: 35 Wochen
Kennwerte: bis 1. Ebene DIN 276
veröffentlicht: BKI Objektdaten A8

BGF 2.442 €/m²

Planung: Architekturbüro weise bauplanung; Dresden

Kindertagesstätte für 27 Kinder mit einer Hortgruppe und einer Krippengruppe.

1. Ebene: 300 Bauwerk – Baukonstruktionen: 79%, **400 Bauwerk – Technische Anlagen:** 21%

4400-0122 Kindergarten (1 Gruppe, 20 Kinder) — BRI 555 m³ | BGF 189 m² | NUF 164 m²

Bauzustand: mittel
Aufwand: mittel
Nutzung während der Bauzeit: nein
Nutzungsänderung: nein
Grundrissänderungen: wenige
Tragwerkseingriffe: keine

Land: Niedersachsen
Kreis: Hannover, Region
Standard: hoch
Bauzeit: 39 Wochen
Kennwerte: bis 1. Ebene DIN 276
veröffentlicht: BKI Objektdaten A7

BGF 2.630 €/m²

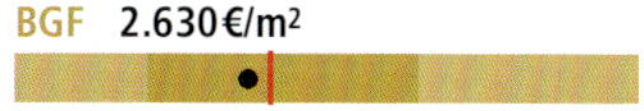

Planung: Architekturbüro Peterburs; Langenhagen

Erweiterung um eine integrative Gruppe (20 Kinder) mit Gruppenraum, Therapieräumen, Bad und Spielflur.

1. Ebene: 300 Bauwerk – Baukonstruktionen: 90%, **400 Bauwerk – Technische Anlagen:** 10%

Wohngebäude Anbau

Kostenkennwerte für die Kosten des Bauwerks (Kostengruppen 300+400 nach DIN 276)

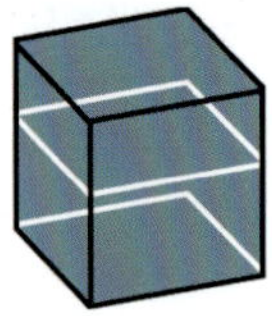

BRI 895 €/m³
von 615 €/m³
bis 1.330 €/m³

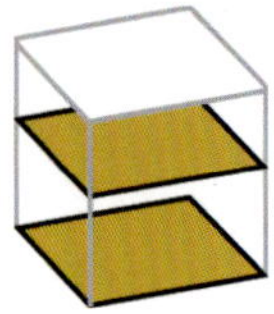

BGF 2.850 €/m²
von 1.960 €/m²
bis 4.275 €/m²

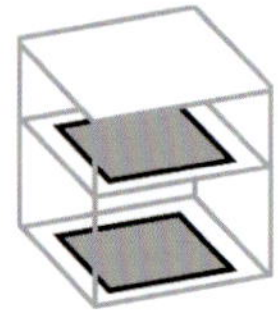

NUF 3.825 €/m²
von 2.725 €/m²
bis 5.965 €/m²

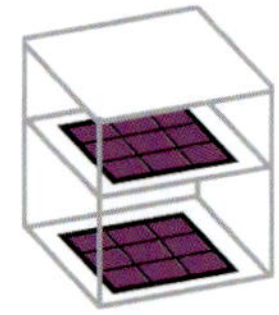

NE 3.825 €/NE
von 2.830 €/NE
bis 5.480 €/NE
NE: Wohnfläche

Objektbeispiele

Kosten:
Stand 2. Quartal 2026
Bundesdurchschnitt
inkl. 19% MwSt.

6100-1415

6100-1179

6100-0976

6100-0902

6100-1693

6100-1013

Kosten der 21 Vergleichsobjekte

Seiten 156 bis 164

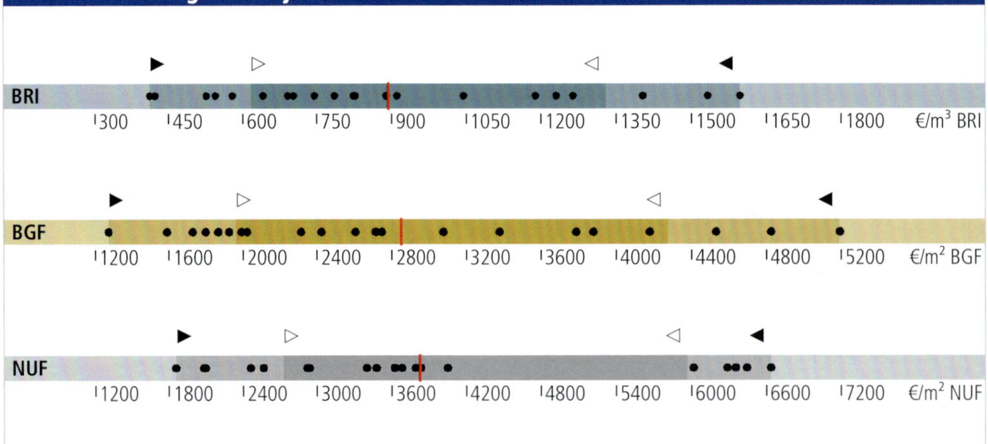

- ● KKW
- ▶ min
- ▷ von
- | Mittelwert
- ◁ bis
- ◀ max

Kostenkennwerte für die Kostengruppen der 1. und 2.Ebene DIN 276

KG	Kostengruppen der 1.Ebene	Einheit	▷	€/Einheit	◁	▷	% an 300+400	◁
100	Grundstück	m² GF	–	**–**	–	–	**–**	–
200	Vorbereitende Maßnahmen	m² GF	6	**18**	80	0,5	**1,7**	6,2
300	Bauwerk – Baukonstruktionen	m² BGF	1.611	**2.442**	3.440	81,8	**86,2**	92,8
400	Bauwerk – Technische Anlagen	m² BGF	220	**406**	786	7,2	**13,8**	18,2
	Bauwerk 300+400	m² BGF	1.961	**2.848**	4.274	100,0	**100,0**	100,0
500	Außenanlagen und Freiflächen	m² AF	28	**150**	461	2,0	**4,6**	11,8
600	Ausstattung und Kunstwerke	m² BGF	4	**10**	18	< 0,1	**0,3**	0,5
700	Baunebenkosten	m² BGF	–	**–**	–	–	**–**	–
800	Finanzierung	m² BGF	–	**–**	–	–	**–**	–

KG	Kostengruppen der 2.Ebene	Einheit	▷	€/Einheit	◁	▷	% an 1.Ebene	◁
310	Baugrube / Erdbau	m³ BGI	63	**133**	209	0,6	**1,8**	3,1
320	Gründung, Unterbau	m² GRF	505	**649**	911	5,5	**10,3**	16,4
330	Außenwände / vertikal außen	m² AWF	586	**827**	1.363	36,5	**43,9**	50,6
340	Innenwände / vertikal innen	m² IWF	181	**325**	450	4,5	**7,9**	10,6
350	Decken / horizontal	m² DEF	239	**476**	875	3,6	**10,4**	17,8
360	Dächer	m² DAF	428	**781**	1.352	12,8	**20,2**	28,4
370	Infrastrukturanlagen		–	**–**	–	–	**–**	–
380	Baukonstruktive Einbauten	m² BGF	46	**65**	118	0,0	**1,1**	3,1
390	Sonst. Maßnahmen für Baukonst.	m² BGF	37	**112**	181	1,9	**4,4**	6,2
300	**Bauwerk – Baukonstruktionen**	**m² BGF**					**100,0**	
410	Abwasser-, Wasser-, Gasanlagen	m² BGF	27	**81**	159	8,4	**21,1**	34,1
420	Wärmeversorgungsanlagen	m² BGF	85	**196**	445	34,0	**52,9**	77,9
430	Raumlufttechnische Anlagen	m² BGF	–	**17**	–	0,0	**0,3**	2,9
440	Elektrische Anlagen	m² BGF	33	**67**	108	8,3	**22,5**	33,9
450	Kommunikationstechnische Anlagen	m² BGF	18	**26**	47	0,5	**3,2**	7,5
460	Förderanlagen	m² BGF	–	**–**	–	–	**–**	–
470	Nutzungsspez. / verfahrenstech. Anl.	m² BGF	–	**–**	–	–	**–**	–
480	Gebäude- und Anlagenautomation	m² BGF	–	**–**	–	–	**–**	–
490	Sonst. Maßnahmen f. techn. Anl.	m² BGF	–	**–**	–	–	**–**	–
400	**Bauwerk – Technische Anlagen**	**m² BGF**					**100,0**	

Prozentanteile der Kosten 2.Ebene an den Kosten des Bauwerks nach DIN 276 (Von/Mittel/Bis)

KG	Kostengruppe	%
310	Baugrube / Erdbau	1,5
320	Gründung, Unterbau	9,1
330	Außenwände / vertikal außen	38,1
340	Innenwände / vertikal innen	6,8
350	Decken / horizontal	8,9
360	Dächer	17,7
370	Infrastrukturanlagen	
380	Baukonstruktive Einbauten	0,9
390	Sonst. Maßnahmen für Baukonst.	3,8
410	Abwasser-, Wasser-, Gasanlagen	3,1
420	Wärmeversorgungsanlagen	6,7
430	Raumlufttechnische Anlagen	< 0,1
440	Elektrische Anlagen	2,9
450	Kommunikationstechnische Anlagen	0,6
460	Förderanlagen	
470	Nutzungsspez. / verfahrenstech. Anl.	
480	Gebäude- und Anlagenautomation	
490	Sonst. Maßnahmen f. techn. Anl.	

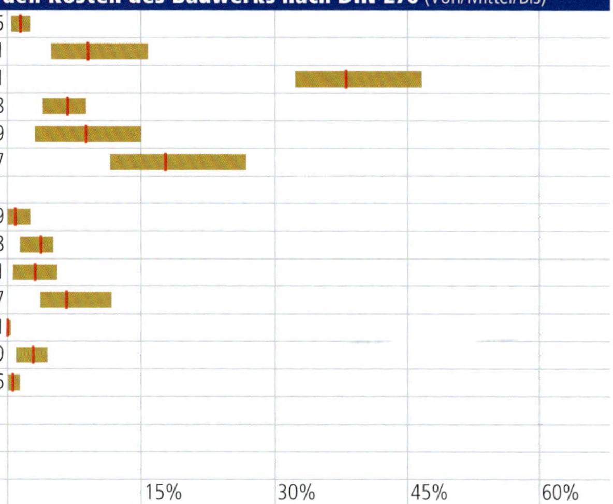

Kostenstand: 2. Quartal 2026, Bundesdurchschnitt, **inkl. 19% MwSt.**

Kosten:
Stand 2. Quartal 2026
Bundesdurchschnitt
inkl. 19% MwSt.

Kostenkennwerte für die Kostengruppen der 3. Ebene DIN 276

KG	Kostengruppen der 3. Ebene	Einheit	▷	€/Einheit	◁	▷	€/m² BGF	◁
311	**Herstellung**	m³	63	**133**	208	19	**44**	83
	Herstellen	m³	63	**133**	208	19	**44**	83
312	**Umschließung**	m²	–	**3**	–	–	**< 1**	–
	Herstellen	m²	–	**3**	–	–	**< 1**	–
313	**Wasserhaltung**	m³	–	**3**	–	–	**1**	–
	Herstellen	m³	–	**3**	–	–	**1**	–
321	**Baugrundverbesserung**	m²	–	**220**	–	–	**8**	–
	Herstellen	m²	–	**220**	–	–	**8**	–
322	**Flachgründungen und Bodenplatten**	m²	243	**368**	511	62	**131**	223
	Abbrechen	*m²*	*17*	***32***	*48*	*8*	***12***	*20*
	Herstellen	m²	229	**355**	491	59	**127**	218
324	**Gründungsbeläge**	m²	188	**310**	480	25	**109**	165
	Abbrechen	*m²*	–	***15***	–	–	***6***	–
	Wiederherstellen	m²	–	**648**	–	–	**39**	–
	Herstellen	m²	182	**275**	389	21	**115**	165
325	**Abdichtungen und Bekleidungen**	m²	30	**50**	78	6	**21**	34
	Herstellen	m²	30	**50**	78	6	**21**	35
326	**Dränagen**	m²	27	**43**	71	7	**40**	106
	Wiederherstellen	m²	–	**8**	–	–	**4**	–
	Herstellen	m²	21	**40**	71	5	**39**	106
331	**Tragende Außenwände**	m²	304	**572**	1.052	102	**182**	293
	Abbrechen	*m²*	*32*	***135***	*330*	*13*	***25***	*41*
	Wiederherstellen	m²	–	**193**	–	–	**185**	–
	Herstellen	m²	211	**444**	781	85	**145**	286
332	**Nichttragende Außenwände**	m²	–	**94**	–	–	**10**	–
	Herstellen	m²	–	**94**	–	–	**10**	–
333	**Außenstützen**	m	115	**202**	272	8	**21**	41
	Abbrechen	*m*	–	***7***	–	–	***2***	–
	Herstellen	m	113	**201**	272	8	**21**	40
334	**Außenwandöffnungen**	m²	800	**1.155**	1.673	134	**316**	473
	Abbrechen	*m²*	*12*	***30***	*53*	*3*	***7***	*15*
	Wiederherstellen	m²	26	**88**	143	< 1	**13**	17
	Herstellen	m²	724	**1.099**	1.602	122	**306**	464
335	**Außenwandbekleidungen, außen**	m²	120	**207**	462	97	**172**	241
	Abbrechen	*m²*	*1*	***2***	*4*	*1*	***2***	*3*
	Wiederherstellen	m²	10	**17**	20	18	**31**	56
	Herstellen	m²	114	**202**	459	95	**163**	221
336	**Außenwandbekleidungen, innen**	m²	45	**84**	193	35	**66**	143
	Abbrechen	*m²*	*2*	***7***	*9*	*2*	***4***	*6*
	Wiederherstellen	m²	7	**30**	45	14	**18**	25
	Herstellen	m²	43	**81**	174	38	**66**	138
337	**Elem. Außenwandkonstruktionen**	m²	482	**1.234**	1.505	168	**371**	627
	Abbrechen	*m²*	–	***302***	–	*29*	***61***	*94*
	Herstellen	m²	482	**1.159**	1.395	209	**434**	628
338	**Lichtschutz zur KG 330**	m²	324	**429**	547	30	**104**	275
	Abbrechen	*m²*	–	***42***	–	–	***2***	–
	Wiederherstellen	m²	–	**41**	–	1	**1**	2
	Herstellen	m²	281	**418**	531	44	**116**	314

▷ von
ø Mittel
◁ bis

KG	Kostengruppen der 3. Ebene	Einheit	▷	€/Einheit	◁	▷	€/m² BGF	◁
339	**Sonstiges zur KG 330**	m²	8	**16**	38	9	**24**	58
	Abbrechen	*m²*	*1*	***2***	*4*	*2*	***4***	*8*
	Wiederherstellen	m²	–	**2**	–	–	**2**	–
	Herstellen	m²	7	**16**	38	8	**25**	58
341	**Tragende Innenwände**	m²	280	**476**	840	45	**59**	67
	Abbrechen	*m²*	–	***106***	–	–	***18***	–
	Herstellen	m²	240	**441**	840	45	**53**	69
342	**Nichttragende Innenwände**	m²	172	**227**	639	13	**43**	68
	Abbrechen	*m²*	*63*	***169***	*443*	*12*	***16***	*25*
	Herstellen	m²	153	**171**	187	11	**40**	69
343	**Innenstützen**	m	374	**376**	378	4	**76**	148
	Abbrechen	*m*	–	***5***	–	–	***2***	–
	Herstellen	m	–	**374**	–	4	**75**	147
344	**Innenwandöffnungen**	m²	431	**918**	1.422	28	**69**	145
	Abbrechen	*m²*	*49*	***54***	*58*	*2*	***5***	*9*
	Wiederherstellen	m²	76	**85**	94	2	**5**	8
	Herstellen	m²	720	**1.009**	1.590	38	**76**	142
345	**Innenwandbekleidungen**	m²	47	**79**	120	45	**70**	116
	Abbrechen	*m²*	*2*	***4***	*7*	*2*	***6***	*8*
	Wiederherstellen	m²	11	**20**	34	10	**23**	44
	Herstellen	m²	37	**68**	112	34	**57**	81
351	**Deckenkonstruktionen**	m²	343	**706**	1.584	26	**97**	182
	Abbrechen	*m²*	*77*	***353***	*629*	*15*	***20***	*25*
	Wiederherstellen	m²	–	**32**	–	–	**10**	–
	Herstellen	m²	318	**583**	1.116	22	**89**	168
352	**Deckenöffnungen**	m²	–	**2.355**	–	–	**9**	–
	Herstellen	m²	–	**2.355**	–	–	**9**	–
353	**Deckenbeläge**	m²	206	**281**	371	98	**118**	151
	Abbrechen	*m²*	*17*	***28***	*40*	*9*	***12***	*22*
	Wiederherstellen	m²	–	**145**	–	–	**80**	–
	Herstellen	m²	221	**284**	353	102	**116**	142
354	**Deckenbekleidungen**	m²	18	**72**	152	6	**26**	50
	Abbrechen	*m²*	–	***5***	–	–	***1***	–
	Wiederherstellen	m²	–	**9**	–	–	**5**	–
	Herstellen	m²	20	**79**	152	7	**29**	50
355	**Elementierte Deckenkonstruktionen**	m²	342	**807**	1.737	14	**52**	162
	Herstellen	m²	342	**807**	1.737	20	**68**	162
359	**Sonstiges zur KG 350**	m²	32	**62**	92	10	**24**	38
	Wiederherstellen	m²	–	**21**	–	–	**7**	–
	Herstellen	m²	11	**51**	92	3	**21**	38
361	**Dachkonstruktionen**	m²	252	**384**	719	69	**150**	252
	Abbrechen	*m²*	*19*	***60***	*153*	*5*	***26***	*51*
	Herstellen	m²	225	**351**	699	61	**136**	240
362	**Dachöffnungen**	m²	1.848	**3.208**	6.374	16	**37**	93
	Abbrechen	*m²*	–	***314***	–	–	***10***	–
	Herstellen	m²	1.807	**3.130**	6.374	16	**35**	83
363	**Dachbeläge**	m²	195	**399**	678	114	**238**	338
	Abbrechen	*m²*	*13*	***27***	*50*	*7*	***18***	*26*
	Wiederherstellen	m²	20	**27**	35	13	**14**	15
	Herstellen	m²	174	**382**	647	104	**227**	328

KG	Kostengruppen der 3. Ebene	Einheit	▷	€/Einheit	◁	▷	€/m² BGF	◁
364	**Dachbekleidungen**	m²	50	**126**	200	27	**73**	151
	Abbrechen	*m²*	*< 1*	***3***	*5*	*< 1*	***3***	*5*
	Wiederherstellen	m²	–	**42**	–	–	**31**	–
	Herstellen	m²	30	**121**	192	22	**69**	149
365	**Elementierte Dachkonstruktionen**	m²	–	**2.491**	–	–	**179**	–
	Herstellen	m²	–	**2.491**	–	–	**179**	–
366	**Lichtschutz zur KG 360**	m²	–	**499**	–	–	**16**	–
	Herstellen	m²	–	**499**	–	–	**16**	–
369	**Sonstiges zur KG 360**	m²	5	**7**	9	4	**5**	6
	Herstellen	m²	5	**7**	9	4	**5**	6
381	**Allgemeine Einbauten**	m²	37	**59**	118	37	**59**	118
	Herstellen	m²	37	**59**	118	37	**59**	118
389	**Sonstiges zur KG 380**	m²	–	**23**	–	–	**23**	–
	Herstellen	m²	–	**23**	–	–	**23**	–
391	**Baustelleneinrichtung**	m²	22	**57**	118	22	**57**	118
	Abbrechen	*m²*	*–*	***61***	*–*	*–*	***61***	*–*
	Herstellen	m²	18	**50**	86	18	**50**	86
392	**Gerüste**	m²	15	**31**	54	15	**31**	54
	Herstellen	m²	15	**31**	54	15	**31**	54
393	**Sicherungsmaßnahmen**	m²	–	**83**	–	–	**83**	–
	Herstellen	m²	–	**83**	–	–	**83**	–
394	**Abbruchmaßnahmen**	m²	8	**48**	69	8	**48**	69
	Abbrechen	*m²*	*8*	***48***	*69*	*8*	***48***	*69*
397	**Zusätzliche Maßnahmen**	m²	5	**18**	28	5	**18**	28
	Abbrechen	*m²*	*–*	***20***	*–*	*–*	***20***	*–*
	Herstellen	m²	5	**15**	29	5	**15**	29

Kosten:
Stand 2. Quartal 2026
Bundesdurchschnitt
inkl. 19% MwSt.

▷ von
ø Mittel
◁ bis

KG	Kostengruppen der 3. Ebene	Einheit	▷	€/Einheit	◁	▷	€/m^2 BGF	◁
411	**Abwasseranlagen**	m^2	10	**26**	46	10	**26**	46
	Abbrechen	*m^2*	*< 1*	***< 1***	*< 1*	*< 1*	***< 1***	*< 1*
	Herstellen	m^2	10	**26**	46	10	**26**	46
412	**Wasseranlagen**	m^2	59	**86**	126	59	**86**	126
	Abbrechen	*m^2*	*< 1*	***2***	*4*	*< 1*	***2***	*4*
	Herstellen	m^2	52	**85**	118	52	**85**	118
419	**Sonstiges zur KG 410**	m^2	5	**11**	29	5	**11**	29
	Herstellen	m^2	5	**11**	29	5	**11**	29
421	**Wärmeerzeugungsanlagen**	m^2	47	**148**	464	47	**148**	464
	Abbrechen	*m^2*	*10*	***15***	*20*	*10*	***15***	*20*
	Wiederherstellen	m^2	–	**15**	–	–	**15**	–
	Herstellen	m^2	53	**165**	469	53	**165**	469
422	**Wärmeverteilnetze**	m^2	10	**23**	52	10	**23**	52
	Abbrechen	*m^2*	–	***< 1***	–	–	***< 1***	–
	Wiederherstellen	m^2	–	**2**	–	–	**2**	–
	Herstellen	m^2	9	**23**	52	9	**23**	52
423	**Raumheizflächen**	m^2	43	**68**	122	43	**68**	122
	Abbrechen	*m^2*	*2*	***4***	*6*	*2*	***4***	*6*
	Herstellen	m^2	42	**66**	120	42	**66**	120
429	**Sonstiges zur KG 420**	m^2	17	**52**	113	17	**52**	113
	Abbrechen	*m^2*	*2*	***5***	*7*	*2*	***5***	*7*
	Herstellen	m^2	16	**50**	111	16	**50**	111
431	**Lüftungsanlagen**	m^2	–	**17**	–	–	**17**	–
	Herstellen	m^2	–	**17**	–	–	**17**	–
444	**Niederspannungsinstallationsanl.**	m^2	35	**60**	108	35	**60**	108
	Abbrechen	*m^2*	*< 1*	***2***	*3*	*< 1*	***2***	*3*
	Herstellen	m^2	34	**60**	108	34	**60**	108
445	**Beleuchtungsanlagen**	m^2	7	**24**	55	7	**24**	55
	Herstellen	m^2	7	**24**	55	7	**24**	55
446	**Blitzschutz- und Erdungsanlagen**	m^2	5	**7**	18	5	**7**	18
	Herstellen	m^2	5	**7**	18	5	**7**	18
451	**Telekommunikationsanlagen**	m^2	3	**5**	10	3	**5**	10
	Herstellen	m^2	3	**5**	10	3	**5**	10
452	**Such- und Signalanlagen**	m^2	1	**5**	6	1	**5**	6
	Herstellen	m^2	1	**5**	6	1	**5**	6
454	**Elektroakustische Anlagen**	m^2	< 1	**8**	13	< 1	**8**	13
	Herstellen	m^2	< 1	**8**	13	< 1	**8**	13
455	**Audiovis. Medien- u. Antennenanl.**	m^2	4	**9**	13	4	**9**	13
	Herstellen	m^2	4	**9**	13	4	**9**	13
457	**Datenübertragungsnetze**	m^2	6	**13**	20	6	**13**	20
	Herstellen	m^2	6	**13**	20	6	**13**	20

Prozentanteile der Kosten für Leistungsbereiche nach STLB (Kosten Bauwerk nach DIN 276)

LB	Leistungsbereiche	5% 10% 15% 20%	▷	% an 300+400	◁
000	Baustellen-, Sicherheitseinr. inkl. 001, 089		1,2	**2,8**	4,3
002	Erdarbeiten		0,6	**1,7**	2,7
006	Spezialtiefbauarbeiten inkl. 005		–	**–**	–
009	Entwässerungskanalarbeiten inkl. 011		< 0,1	**0,4**	1,0
010	Drän- und Versickerarbeiten		< 0,1	**0,4**	2,5
012	Mauerarbeiten		0,8	**2,9**	6,9
013	Betonarbeiten		4,0	**10,2**	19,1
014	Natur-, Betonwerksteinarbeiten		< 0,1	**0,6**	4,1
016	Zimmer- und Holzbauarbeiten		2,5	**8,3**	18,6
017	Stahlbauarbeiten		0,0	**1,1**	3,8
018	Abdichtungsarbeiten		< 0,1	**0,8**	1,5
020	Dachdeckungsarbeiten		0,1	**1,6**	5,3
021	Dachabdichtungsarbeiten		0,8	**4,6**	10,7
022	Klempnerarbeiten		1,5	**2,9**	5,2
	Rohbau		30,6	**38,3**	45,1
023	Putz- und Stuckarbeiten, Wärmedämmsysteme		1,7	**6,1**	10,4
024	Fliesen- und Plattenarbeiten		0,3	**2,5**	5,1
025	Estricharbeiten		0,7	**1,5**	2,6
026	Fenster, Außentüren inkl. 029, 032		5,9	**12,6**	17,3
027	Tischlerarbeiten		0,4	**2,7**	5,7
028	Parkett-, Holzpflasterarbeiten		1,4	**3,8**	6,7
030	Rollladenarbeiten		0,7	**2,6**	6,6
031	Metallbauarbeiten inkl. 035		0,7	**3,5**	13,7
034	Maler- und Lackiererarb. - Beschicht. inkl. 037		1,4	**3,0**	4,9
036	Bodenbelagarbeiten		0,0	**0,4**	4,6
038	Vorgehängte hinterlüftete Fassaden		0,0	**0,6**	6,3
039	Trockenbauarbeiten		2,0	**4,9**	9,5
	Ausbau		38,7	**44,3**	49,4
040	Wärmeversorgungsanl. - Betriebseinr. inkl. 041		3,4	**6,3**	11,3
042	Gas- u. Wasseranl. - Leitung., Armat. inkl. 043		0,0	**0,6**	1,3
044	Abwasseranl. - Leitungen, Abläufe, Armaturen		0,1	**0,5**	1,1
045	Gas, Wasser, Entwässerung - Ausstattung inkl. 046		0,0	**1,5**	3,4
047	Dämm- und Brandschutzarb. an techn. Anlagen		< 0,1	**< 0,1**	0,4
049	Feuerlöschanlagen, Feuerlöschgeräte		–	**–**	–
050	Blitzschutz-/Erdungsanlagen, Überspannungssch.		0,0	**0,1**	0,2
052	Mittelspannungsanlagen		–	**–**	–
053	Niederspannungsanl. - Kabel inkl. 054		0,9	**2,5**	4,5
055	Sicherheits- u. Ersatzstromversorgungsanl.		–	**–**	–
057	Gebäudesystemtechnik		–	**–**	–
058	Leuchten und Lampen inkl. 059		< 0,1	**0,5**	2,0
060	Such, Signal, Zeit, Anten., akust. Anl. inkl. 064		0,0	**0,2**	0,4
061	Kommunikations- u. Übertragungsnetze inkl. 062		< 0,1	**0,3**	0,8
063	Gefahrenmeldeanlagen		–	**–**	–
069	Aufzüge		–	**–**	–
070	Gebäudeautomation		–	**–**	–
075	Raumlufttechnische Anlagen inkl. 078		0,0	**< 0,1**	0,4
	Gebäudetechnik		5,5	**12,6**	17,3
084	Abbruch, Rückbau, Schadstoffsanierung		2,6	**4,9**	7,6
	Sonstige Leistungsbereiche inkl. 008, 033, 051		0,0	**< 0,1**	< 0,1

Kostenstand: 2. Quartal 2026, Bundesdurchschnitt, **inkl. 19% MwSt.**

€/m² BGF

min	1.275	€/m²
von	1.960	€/m²
Mittel	**2.850**	**€/m²**
bis	4.275	€/m²
max	5.190	€/m²

Kosten:
Stand 2. Quartal 2026
Bundesdurchschnitt
inkl. 19% MwSt.

A Abbrechen
W Wiederherstellen
H Herstellen

Objektübersicht zur Gebäudeart

6100-1166 Einfamilienhaus

BRI 1.024 m³ **BGF** 348 m² **NUF** 219 m²

Baujahr: 1970
Bauzustand: gut
Aufwand: hoch
Nutzung während der Bauzeit: nein
Nutzungsänderung: nein
Grundrissänderungen: umfangreiche
Tragwerkseingriffe: einige

Land: Niedersachsen
Kreis: Hannover, Region
Standard: mittel
Bauzeit: 65 Wochen
Kennwerte: bis 3. Ebene DIN 276
veröffentlicht: BKI Objektdaten A10
BGF 2.310 €/m²

Planung: .rott .schirmer .partner; Großburgwedel

Erweiterung und Sanierung eines Einfamilienhauses.

1. Ebene: 300 Bauwerk – Baukonstruktionen: 80%, **400 Bauwerk – Technische Anlagen:** 20%
3. Ebene: Baukonstruktionen: A: Sonstige 5%, **W:** Sonstige 1%, **H:** 311 Herstellung 4%, 322 Flachgründungen und Bodenplatten 5%, 324 Gründungsbeläge 7%, 331 Tragende Außenwände 6%, 334 Außenwandöffnungen 11%, 335 Außenwandbekleidungen, außen 12%, 336 Außenwandbekleidungen, innen 3%, 337 Elementierte Außenwandkonstruktionen 7%, 344 Innenwandöffnungen 3%, 353 Deckenbeläge 6%, 361 Dachkonstruktionen 3%, 363 Dachbeläge 8%, 364 Dachbekleidungen 5%, Sonstige 14%, **Technische Anlagen:** A: Sonstige < 1%, **H:** 411 Abwasseranlagen 8%, 412 Wasseranlagen 18%, 421 Wärmeerzeugungsanlagen 37%, 423 Raumheizflächen 13%, 429 Sonstiges zur KG 420 4%, 444 Niederspannungsinstallationsanlagen 11%, Sonstige 9%

6100-1179 Einfamilienhaus

BRI 990 m³ **BGF** 304 m² **NUF** 187 m²

Baujahr: 1907
Bauzustand: schlecht
Aufwand: hoch
Nutzung während der Bauzeit: nein
Nutzungsänderung: ja
Grundrissänderungen: umfangreiche
Tragwerkseingriffe: einige

Land: Brandenburg
Kreis: Potsdam, Stadt
Standard: hoch
Bauzeit: 43 Wochen
Kennwerte: bis 3. Ebene DIN 276
veröffentlicht: BKI Objektdaten A10
BGF 3.878 €/m²

Planung: Hertzberg Weber Architekten PartGmbB; Potsdam

Umbau und Erweiterung eines Einfamilienhauses (Baujahr 1907). **Kosteneinfluss Nutzung:** Denkmalschutz, Gestaltungssatzung, Wärmeschutz, Schallschutz

1. Ebene: 300 Bauwerk – Baukonstruktionen: 85%, **400 Bauwerk – Technische Anlagen:** 15%
3. Ebene: Baukonstruktionen: A: Sonstige 7%, **W:** 331 Tragende Außenwände 6%, Sonstige 2%, **H:** 324 Gründungsbeläge 5%, 334 Außenwandöffnungen 13%, 335 Außenwandbekleidungen, außen 7%, 336 Außenwandbekleidungen, innen 6%, 345 Innenwandbekleidungen 3%, 351 Deckenkonstruktionen 5%, 353 Deckenbeläge 3%, 361 Dachkonstruktionen 7%, 363 Dachbeläge 8%, 364 Dachbekleidungen 6%, 381 Allgemeine Einbauten 4%, Sonstige 18%, **Technische Anlagen:** A: Sonstige 1%, **H:** 411 Abwasseranlagen 10%, 412 Wasseranlagen 23%, 421 Wärmeerzeugungsanlagen 8%, 422 Wärmeverteilnetze 3%, 423 Raumheizflächen 11%, 429 Sonstiges zur KG 420 11%, 444 Niederspannungsinstallationsanlagen 23%, Sonstige 8%

6100-0849 Doppelhaushälfte

BRI 280m³ **BGF** 97m² **NUF** 79m²

Baujahr: 1953
Bauzustand: schlecht
Aufwand: mittel
Nutzung während der Bauzeit: nein
Nutzungsänderung: nein
Grundrissänderungen: keine
Tragwerkseingriffe: wenige

Land: Nordrhein-Westfalen
Kreis: Unna
Standard: mittel
Bauzeit: 13 Wochen
Kennwerte: bis 3. Ebene DIN 276
veröffentlicht: BKI Objektdaten A9

BGF 1.988€/m²

Planung: n3 architektur Dipl. Ing. Jutta Gerth; Dortmund

Erneuerung eines Anbaus an Doppelhaushälfte **Kosteneinfluss Nutzung:** Die ausgewiesenen Mengen BGF und BRI beziehen sich auf den erneuerten Wintergarten und das angrenzende Zimmer im EG des Bestandsgebäudes.

1. Ebene: 300 Bauwerk – Baukonstruktionen: 92%, **400 Bauwerk – Technische Anlagen:** 8%
3. Ebene: Baukonstruktionen: A: 337 Elementierte Außenwandkonstruktionen 5%, 361 Dachkonstruktionen 3%, Sonstige 2%, **W:** 353 Deckenbeläge 4%, Sonstige 4%, **H:** 331 Tragende Außenwände 14%, 334 Außenwandöffnungen 23%, 336 Außenwandbekleidungen, innen 3%, 338 Lichtschutz zur KG 330 4%, 361 Dachkonstruktionen 7%, 362 Dachöffnungen 5%, 363 Dachbeläge 16%, Sonstige 9%, **Technische Anlagen: A:** 423 Raumheizflächen 3%, Sonstige 2%, **H:** 411 Abwasseranlagen 26%, 423 Raumheizflächen 22%, 444 Niederspannungsinstallationsanlagen 7%, 445 Beleuchtungsanlagen 41%

6100-0976 Einfamilienhaus

BRI 315m³ **BGF** 90m² **NUF** 80m²

Baujahr: 1984
Bauzustand: gut
Aufwand: mittel
Nutzung während der Bauzeit: ja
Nutzungsänderung: nein
Grundrissänderungen: wenige
Tragwerkseingriffe: einige

Land: Nordrhein-Westfalen
Kreis: Paderborn
Standard: hoch
Bauzeit: 31 Wochen
Kennwerte: bis 3. Ebene DIN 276
veröffentlicht: BKI Objektdaten A9

BGF 2.606€/m²

Planung: STELLWERKSTATT architekturbüro; Detmold

Anbau eines Wintergartens als Erweiterung des Wohnraums **Kosteneinfluss Nutzung:** Einbau von geplanter Filigrandecke war aufgrund beengter Baugrundstückszufahrt nicht möglich.

1. Ebene: 300 Bauwerk – Baukonstruktionen: 95%, **400 Bauwerk – Technische Anlagen:** 5%
3. Ebene: Baukonstruktionen: A: Sonstige 2%, **H:** 322 Flachgründungen und Bodenplatten 10%, 324 Gründungsbeläge 7%, 331 Tragende Außenwände 5%, 334 Außenwandöffnungen 15%, 335 Außenwandbekleidungen, außen 9%, 338 Lichtschutz zur KG 330 4%, 353 Deckenbeläge 4%, 361 Dachkonstruktionen 10%, 363 Dachbeläge 14%, 364 Dachbekleidungen 6%, 391 Baustelleneinrichtung 4%, Sonstige 10%, **Technische Anlagen: A:** 423 Raumheizflächen 5%, **H:** 411 Abwasseranlagen 12%, 421 Wärmeerzeugungsanlagen 25%, 423 Raumheizflächen 53%, 446 Blitzschutz- und Erdungsanlagen 5%

Übersicht-1. + 2. Ebene | Erweiterung | Umbau | Modernisierung | Instandsetzung | Bauelemente | Abbrechen | Wiederherstellen | Herstellen

€/m² BGF

min	1.275	€/m²
von	1.960	€/m²
Mittel	**2.850**	**€/m²**
bis	4.275	€/m²
max	5.190	€/m²

Kosten:
Stand 2. Quartal 2026
Bundesdurchschnitt
inkl. 19% MwSt.

Objektübersicht zur Gebäudeart

6100-0902 Einfamilienhaus, Wintergarten

BRI 401 m³ **BGF** 124 m² **NUF** 85 m²

Bauzustand: mittel
Aufwand: mittel
Nutzung während der Bauzeit: ja
Nutzungsänderung: nein
Grundrissänderungen: umfangreiche
Tragwerkseingriffe: einige

Land: Sachsen
Kreis: Dresden, Stadt
Standard: hoch
Bauzeit: 39 Wochen
Kennwerte: bis 3. Ebene DIN 276
veröffentlicht: BKI Objektdaten A8

BGF 4.530 €/m²

Planung: TSSB architekten.ingenieure; Dresden

An ein Einfamilienhaus wurde ein Wintergarten angebaut. **Kosteneinfluss Nutzung:** Im Bestandsgebäude wurden neue Fenster und Türen eingebaut und neu gestrichen. Die Heizungsanlage wurde erneuert. **Kosteneinfluss Grundstück:** Abfangen der Bestandskellerwand mit Winkelstützwänden.

1. Ebene: 300 Bauwerk – Baukonstruktionen: 85%, **400 Bauwerk – Technische Anlagen:** 15%
3. Ebene: Baukonstruktionen: A: Sonstige 1%, **W:** Sonstige < 1%, **H:** 322 Flachgründungen und Bodenplatten 5%, 324 Gründungsbeläge 3%, 331 Tragende Außenwände 4%, 334 Außenwandöffnungen 15%, 335 Außenwandbekleidungen, außen 6%, 337 Elementierte Außenwandkonstruktionen 9%, 338 Lichtschutz zur KG 330 7%, 343 Innenstützen 4%, 344 Innenwandöffnungen 5%, 361 Dachkonstruktionen 8%, 363 Dachbeläge 11%, 365 Elementierte Dachkonstruktionen 5%, Sonstige 16%, **Technische Anlagen: H:** 421 Wärmeerzeugungsanlagen 85%, 423 Raumheizflächen 7%, 444 Niederspannungsinstallationsanlagen 3%, Sonstige 4%

6100-0673 Einfamilienhaus

BRI 717 m³ **BGF** 269 m² **NUF** 171 m²

Land: Berlin
Kreis: Berlin, Stadt
Standard: mittel
Bauzeit: 48 Wochen
Kennwerte: bis 3. Ebene DIN 276
veröffentlicht: BKI Objektdaten A6

BGF 1.865 €/m²

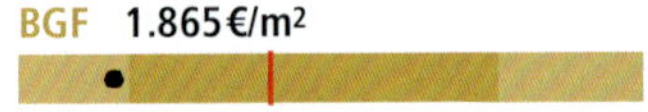

Planung: Thomas Bettels Dipl.-Ing. Architekt; Berlin

Erweiterung eines zweigeschossigen unterkellerten Einfamilienhauses mit einer Holzrahmenkonstruktion. **Kosteneinfluss Grundstück:** Hammergrundstück mit Geh-, Fahr- und Leitungsrecht

1. Ebene: 300 Bauwerk – Baukonstruktionen: 86%, **400 Bauwerk – Technische Anlagen:** 14%
3. Ebene: Baukonstruktionen: A: 361 Dachkonstruktionen 3%, Sonstige 3%, **W:** Sonstige 1%, **H:** 322 Flachgründungen und Bodenplatten 4%, 331 Tragende Außenwände 12%, 335 Außenwandbekleidungen, außen 9%, 338 Lichtschutz zur KG 330 4%, 342 Nichttragende Innenwände 5%, 345 Innenwandbekleidungen 4%, 351 Deckenkonstruktionen 6%, 353 Deckenbeläge 7%, 354 Deckenbekleidungen 4%, 361 Dachkonstruktionen 5%, 363 Dachbeläge 6%, 381 Allgemeine Einbauten 3%, Sonstige 25%, **Technische Anlagen: A:** Sonstige 2%, **W:** 421 Wärmeerzeugungsanlagen 6%, **H:** 412 Wasseranlagen 25%, 422 Wärmeverteilnetze 10%, 423 Raumheizflächen 18%, 444 Niederspannungsinstallationsanlagen 18%, 445 Beleuchtungsanlagen 5%, 455 Audiovisuelle Medien- und Antennenanlagen 6%, Sonstige 10%

A Abbrechen
W Wiederherstellen
H Herstellen

Objektübersicht zur Gebäudeart

6100-0602 Reihenhaus

BRI 100 m³ | **BGF** 40 m² | **NUF** 35 m²

Bauzustand: mittel
Aufwand: mittel
Nutzung während der Bauzeit: ja
Nutzungsänderung: nein
Grundrissänderungen: wenige
Tragwerkseingriffe: wenige

Land: Niedersachsen
Kreis: Wilhelmshaven, Stadt
Standard: mittel
Bauzeit: 30 Wochen
Kennwerte: bis 3. Ebene DIN 276
veröffentlicht: www.bki.de
BGF 3.075 €/m²

Planung: Architekt Dipl.-Ing. Jens-Uwe Seyfarth; Wennigsen

Wohnraumerweiterung durch Anbau an ein Reihenhaus (15 m² BGF).

1. Ebene: 300 Bauwerk – Baukonstruktionen: 92%, **400 Bauwerk – Technische Anlagen:** 8%
3. Ebene: Baukonstruktionen: A: Sonstige 4%, W: Sonstige 3%, H: 322 Flachgründungen und Bodenplatten 8%, 324 Gründungsbeläge 7%, 326 Dränagen 4%, 331 Tragende Außenwände 3%, 334 Außenwandöffnungen 5%, 337 Elementierte Außenwandkonstruktionen 21%, 338 Lichtschutz zur KG 330 12%, 345 Innenwandbekleidungen 3%, 361 Dachkonstruktionen 5%, 363 Dachbeläge 9%, 364 Dachbekleidungen 3%, 391 Baustelleneinrichtung 4%, Sonstige 10%, **Technische Anlagen:** A: Sonstige < 1%, H: 422 Wärmeverteilnetze 7%, 423 Raumheizflächen 69%, 444 Niederspannungsinstallationsanlagen 21%, Sonstige 1%

6100-0577 Einfamilienhaus

BRI 175 m³ | **BGF** 58 m² | **NUF** 42 m²

Land: Rheinland-Pfalz
Kreis: Kaiserslautern
Standard: hoch
Bauzeit: 18 Wochen
Kennwerte: bis 3. Ebene DIN 276
veröffentlicht: www.bki.de
BGF 2.745 €/m²

Planung: Ingenieurbüro Hermann Jagsch Dipl.-Ing. Christina Jagsch; Kaiserslautern

Wohnraumerweiterung eines Einfamilienhauses durch einen zweigeschossigen, nicht unterkellerten Anbau mit Flachdach.

1. Ebene: 300 Bauwerk – Baukonstruktionen: 97%, **400 Bauwerk – Technische Anlagen:** 3%
3. Ebene: Baukonstruktionen: A: Sonstige 2%, W: Sonstige 4%, H: 322 Flachgründungen und Bodenplatten 7%, 324 Gründungsbeläge 4%, 331 Tragende Außenwände 13%, 334 Außenwandöffnungen 16%, 335 Außenwandbekleidungen, außen 8%, 336 Außenwandbekleidungen, innen 3%, 339 Sonstiges zur KG 330 3%, 351 Deckenkonstruktionen 8%, 353 Deckenbeläge 4%, 361 Dachkonstruktionen 5%, 363 Dachbeläge 7%, Sonstige 14%

€/m² BGF

min	1.275 €/m²
von	1.960 €/m²
Mittel	**2.850 €/m²**
bis	4.275 €/m²
max	5.190 €/m²

Kosten:
Stand 2. Quartal 2026
Bundesdurchschnitt
inkl. 19% MwSt.

A Abbrechen
W Wiederherstellen
H Herstellen

Objektübersicht zur Gebäudeart

6100-0580 Einfamilienhaus

BRI 380 m³ **BGF** 117 m² **NUF** 98 m²

Land: Schleswig-Holstein
Kreis: Segeberg
Standard: hoch
Bauzeit: 26 Wochen
Kennwerte: bis 3. Ebene DIN 276
veröffentlicht: www.bki.de
BGF 3.378 €/m²

Planung: Architekt Karsten Bergmann; Hamburg

Anbau in Holzbauweise, Wohnraumerweiterung, zwei Kinderzimmer und Bad.

1. Ebene: 300 Bauwerk – Baukonstruktionen: 79%, **400 Bauwerk – Technische Anlagen:** 21%
3. Ebene: Baukonstruktionen: A: Sonstige 5%, **H:** 322 Flachgründungen und Bodenplatten 4%, 324 Gründungsbeläge 6%, 334 Außenwandöffnungen 17%, 337 Elementierte Außenwandkonstruktionen 25%, 353 Deckenbeläge 5%, 355 Elementierte Deckenkonstruktionen 6%, 361 Dachkonstruktionen 3%, 363 Dachbeläge 10%, Sonstige 19%, **Technische Anlagen: A:** Sonstige 3%, **H:** 411 Abwasseranlagen 5%, 412 Wasseranlagen 12%, 419 Sonstiges zur KG 410 4%, 421 Wärmeerzeugungsanlagen 15%, 422 Wärmeverteilnetze 9%, 423 Raumheizflächen 10%, 429 Sonstiges zur KG 420 19%, 444 Niederspannungsinstallationsanlagen 11%, 445 Beleuchtungsanlagen 4%, Sonstige 8%

6100-0475 Einfamilienhaus, barrierefrei

BRI 942 m³ **BGF** 231 m² **NUF** 190 m²

Baujahr: 1968
Bauzustand: mittel
Aufwand: mittel
Nutzung während der Bauzeit: ja
Nutzungsänderung: nein
Grundrissänderungen: umfangreiche
Tragwerkseingriffe: wenige

Land: Baden-Württemberg
Kreis: Ravensburg
Standard: mittel
Bauzeit: 18 Wochen
Kennwerte: bis 3. Ebene DIN 276
veröffentlicht: www.bki.de
BGF 1.725 €/m²

Planung: Morent - Lutz - Winterkorn Architektur + Design; Ravensburg

Umbau eines Wohnhauses zur barrierefreien Nutzung; Anbau Garage, Erweiterung Bad.

1. Ebene: 300 Bauwerk – Baukonstruktionen: 82%, **400 Bauwerk – Technische Anlagen:** 18%
3. Ebene: Baukonstruktionen: A: 331 Tragende Außenwände 3%, Sonstige 5%, **W:** Sonstige 5%, **H:** 322 Flachgründungen und Bodenplatten 3%, 331 Tragende Außenwände 10%, 334 Außenwandöffnungen 6%, 335 Außenwandbekleidungen, außen 10%, 344 Innenwandöffnungen 6%, 345 Innenwandbekleidungen 4%, 353 Deckenbeläge 10%, 363 Dachbeläge 14%, 392 Gerüste 5%, Sonstige 19%, **Technische Anlagen: A:** Sonstige < 1%, **W:** Sonstige < 1%, **H:** 411 Abwasseranlagen 8%, 412 Wasseranlagen 36%, 423 Raumheizflächen 23%, 444 Niederspannungsinstallationsanlagen 29%, Sonstige 2%

6100-0455 Reihenendhaus (1 WE)

BRI 825 m³ **BGF** 267 m² **NUF** 183 m²

Baujahr: 1975
Bauzustand: schlecht
Aufwand: mittel
Nutzung während der Bauzeit: nein
Nutzungsänderung: nein
Grundrissänderungen: wenige
Tragwerkseingriffe: keine

Land: Rheinland-Pfalz
Kreis: Worms, Stadt
Standard: mittel
Bauzeit: 65 Wochen
Kennwerte: bis 3. Ebene DIN 276
veröffentlicht: www.bki.de
BGF **1.273 €/m²**

Planung: Jürgen Conrad Dipl.-Ing. Freier Architekt; Worms

Wohnhaus, erweitert durch neuen Zugang.

1. Ebene: 300 Bauwerk – Baukonstruktionen: 82%, **400 Bauwerk – Technische Anlagen:** 18%
3. Ebene: Baukonstruktionen: **A:** Sonstige 8%, **W:** Sonstige 4%, **H:** 331 Tragende Außenwände 9%, 334 Außenwandöffnungen 17%, 335 Außenwandbekleidungen, außen 10%, 336 Außenwandbekleidungen, innen 8%, 351 Deckenkonstruktionen 3%, 353 Deckenbeläge 15%, 354 Deckenbekleidungen 4%, Sonstige 22%, **Technische Anlagen:** **A:** 421 Wärmeerzeugungsanlagen 4%, Sonstige 2%, **H:** 412 Wasseranlagen 14%, 421 Wärmeerzeugungsanlagen 18%, 423 Raumheizflächen 10%, 429 Sonstiges zur KG 420 11%, 444 Niederspannungsinstallationsanlagen 22%, 446 Blitzschutz- und Erdungsanlagen 8%, 454 Elektroakustische Anlagen 3%, 455 Audiovisuelle Medien- und Antennenanlagen 4%, Sonstige 4%

6100-1731 Einfamilienhaus

BRI 122 m³ **BGF** 38 m² **NUF** 32 m²

Baujahr: 1930
Bauzustand: mittel
Aufwand: mittel
Nutzung während der Bauzeit: ja
Nutzungsänderung: nein
Grundrissänderungen: wenige
Tragwerkseingriffe: einige

Land: Nordrhein-Westfalen
Kreis: Köln, Stadt
Standard: hoch
Bauzeit: 35 Wochen
Kennwerte: bis 1. Ebene DIN 276
veröffentlicht: BKI Objektdaten A13
BGF **5.191 €/m²**

Planung: nagy-architektur; Köln

Erweiterung eines Einfamilienhauses um ein Schlafzimmer mit Bad.

1. Ebene: 300 Bauwerk – Baukonstruktionen: 82%, **400 Bauwerk – Technische Anlagen:** 18%

€/m² BGF

min	1.275	€/m²
von	1.960	€/m²
Mittel	**2.850**	**€/m²**
bis	4.275	€/m²
max	5.190	€/m²

Kosten:
Stand 2. Quartal 2026
Bundesdurchschnitt
inkl. 19% MwSt.

Objektübersicht zur Gebäudeart

6100-1693 Einfamilienhaus

BRI 757m³ **BGF** 275m² **NUF** 211m²

Baujahr: 1938
Bauzustand: gut
Aufwand: hoch
Nutzung während der Bauzeit: nein
Nutzungsänderung: nein
Grundrissänderungen: einige
Tragwerkseingriffe: umfangreiche

Land: Saarland
Kreis: Saarbrücken, Regionalverband
Standard: mittel
Bauzeit: 52 Wochen
Kennwerte: bis 1. Ebene DIN 276
veröffentlicht: BKI Objektdaten A13
BGF **1.590€/m²**

Planung: UIU STUDIO ARCHITEKTUR; Saarbrücken
Anbau an ein Einfamilienhaus, Instandsetzung und Modernisierung des Bestands, insgesamt 167m² Wohnfläche.

1. Ebene: 300 Bauwerk – Baukonstruktionen: 86%, **400 Bauwerk – Technische Anlagen:** 14%

6100-1415 Zweifamilienhaus

BRI 393m³ **BGF** 134m² **NUF** 90m²

Land: Mecklenburg-Vorpommern
Kreis: Vorpommern-Rügen
Standard: hoch
Bauzeit: 48 Wochen
Kennwerte: bis 1. Ebene DIN 276
veröffentlicht: BKI Objektdaten A11
BGF **2.422€/m²**

Planung: PI ARCHITEKTEN GmbH; Ribnitz-Damgarten
Mehrgenerationenwohnen Anbau an ein denkmalgeschütztes Wohnhaus.

1. Ebene: 300 Bauwerk – Baukonstruktionen: 89%, **400 Bauwerk – Technische Anlagen:** 11%

6100-1012 Einfamilienhaus

BRI 539m³ **BGF** 164m² **NUF** 131m²

Baujahr: 1890

Land: Baden-Württemberg
Kreis: Karlsruhe, Stadt
Standard: mittel
Bauzeit: 39 Wochen
Kennwerte: bis 1. Ebene DIN 276
veröffentlicht: BKI Objektdaten A8
BGF **2.712€/m²**

Planung: Bisch.Otteni Architekten und Innenarchitekten; Karlsruhe
Einfamilienhaus als Erweiterung in einer Hinterhofbebauung (133m² WFL).

1. Ebene: 300 Bauwerk – Baukonstruktionen: 89%, **400 Bauwerk – Technische Anlagen:** 11%

A Abbrechen
W Wiederherstellen
H Herstellen

6100-1037 Wohngebäude, barrierefrei (15 WE)

BRI 5.193 m³ **BGF** 1.648 m² **NUF** 1.133 m²

Baujahr: 1900
Bauzustand: schlecht
Aufwand: hoch
Nutzung während der Bauzeit: nein
Nutzungsänderung: nein
Grundrissänderungen: einige
Tragwerkseingriffe: keine

Land: Brandenburg
Kreis: Prignitz
Standard: einfach
Bauzeit: 61 Wochen
Kennwerte: bis 1. Ebene DIN 276
veröffentlicht: BKI Objektdaten A9
BGF 2.019 €/m²

Planung: °pha Architekten BDA Banniza, Hermann, Öchsner PartGmbB; Nauen

Wohngebäude mit 15 barrierefreien Wohnungen (888 m² WFL). Aufteilung in Neubau (10 WE) und Altbau (5 WE).

1. Ebene: 300 Bauwerk – Baukonstruktionen: 82%, **400 Bauwerk – Technische Anlagen:** 18%

6100-1013 Einfamilienhaus - KfW 130

BRI 615 m³ **BGF** 168 m² **NUF** 126 m²

Baujahr: 1924
Bauzustand: mittel
Aufwand: mittel
Nutzung während der Bauzeit: ja
Nutzungsänderung: nein
Grundrissänderungen: wenige
Tragwerkseingriffe: keine

Land: Nordrhein-Westfalen
Kreis: Aachen, Städteregion
Standard: mittel
Bauzeit: 35 Wochen
Kennwerte: bis 1. Ebene DIN 276
veröffentlicht: BKI Objektdaten A8
BGF 1.923 €/m²

Planung: amunt architekten martenson und nagel theissen; Aachen / Stuttgart

Einfamilienhaus (144 m² WFL)

1. Ebene: 300 Bauwerk – Baukonstruktionen: 83%, **400 Bauwerk – Technische Anlagen:** 17%

6100-0950 Wintergarten

BRI 267 m³ **BGF** 63 m² **NUF** 62 m²

Land: Hamburg
Kreis: Hamburg, Stadt
Standard: hoch
Bauzeit: 17 Wochen
Kennwerte: bis 1. Ebene DIN 276
veröffentlicht: BKI Objektdaten A8
BGF 3.788 €/m²

Planung: Architekturbüro Prell und Partner; Hamburg

Neubau eines großflächig verglasten Wintergartens mit gleichzeitiger Erweiterung des Kinderzimmers eines bestehenden Wohngebäudes.

1. Ebene: 300 Bauwerk – Baukonstruktionen: 91%, **400 Bauwerk – Technische Anlagen:** 9%

€/m² BGF

min	1.275	€/m²
von	1.960	€/m²
Mittel	**2.850**	**€/m²**
bis	4.275	€/m²
max	5.190	€/m²

Kosten:
Stand 2. Quartal 2026
Bundesdurchschnitt
inkl. 19% MwSt.

Objektübersicht zur Gebäudeart

6100-0848 Doppelhaushälfte, Anbau Badezimmer

BRI 51 m³ **BGF** 16 m² **NUF** 12 m²

© puschmann architektur

Baujahr: 1933

Land: Nordrhein-Westfalen
Kreis: Bochum, Stadt
Standard: einfach
Bauzeit: 9 Wochen
Kennwerte: bis 1. Ebene DIN 276
veröffentlicht: BKI Objektdaten A8

BGF 4.823 €/m²

Planung: puschmann architektur Jonas Puschmann; Recklinghausen

Badanbau an eine Doppelhaushälfte (Baujahr 1933) **Kosteneinfluss Grundstück:** Bestandsgebäude ist eine DHH (Baujahr 1933). Das neue Bad wurde als Grenzbebauung angebaut.

1. Ebene: 300 Bauwerk – Baukonstruktionen: 79%, **400 Bauwerk – Technische Anlagen:** 21%

6100-0956 Zweifamilienhaus

BRI 129 m³ **BGF** 39 m² **NUF** 24 m²

© B19 ARCHITEKTEN BDA

Land: Thüringen
Kreis: Wartburgkreis
Standard: mittel
Bauzeit: 31 Wochen
Kennwerte: bis 1. Ebene DIN 276
veröffentlicht: BKI Objektdaten A8

BGF 1.795 €/m²

Planung: B19 ARCHITEKTEN BDA; Barchfeld-Immelborn

Anbau an ein Zweifamilienhaus (30m² WFL). Essen, Bad und Flur. **Kosteneinfluss Nutzung:** Der Anbau wird von beiden Familien genutzt. Der großzügig verglaste Bereich kann für Familienfeiern und als allgemeiner Treffpunkt genutzt werden. **Kosteneinfluss Grundstück:** Durch den Anbau wird der großzügige Garten im Wohnhaus spürbarer, die Wohnqualität wird aufgewertet.

1. Ebene: 300 Bauwerk – Baukonstruktionen: 93%, **400 Bauwerk – Technische Anlagen:** 7%

6100-0954 Wohnhaus, ELW - KfW 40

BRI 557 m³ **BGF** 169 m² **NUF** 109 m²

© architekturbüro arch +/- 4

Land: Baden-Württemberg
Kreis: Göppingen
Standard: hoch
Bauzeit: 61 Wochen
Kennwerte: bis 1. Ebene DIN 276
veröffentlicht: BKI Objektdaten A8

BGF 4.176 €/m²

Planung: architekturbüro arch +/- 4 Freier Architekt (Dipl. Ing.) Niko Moll; Bissingen

Wohnhaus (125m² WFL) mit ELW im EG und drei Kinderzimmern im OG als Erweiterung des Nachbargebäudes. Anbindung über einen Steg. **Kosteneinfluss Grundstück:** Anbau an ein bestehendes EFH. Im OG sind die drei neuen Kinderzimmer über einen Steg mit dem Bestandsgebäude verbunden. Ein späterer Rückbau des Stegs ist möglich, so dass ein eigenständiges Wohnhaus entstehen kann.

1. Ebene: 300 Bauwerk – Baukonstruktionen: 82%, **400 Bauwerk – Technische Anlagen:** 18%

A Abbrechen
W Wiederherstellen
H Herstellen

Kostenkennwerte für die Kosten des Bauwerks (Kostengruppen 300+400 nach DIN 276)

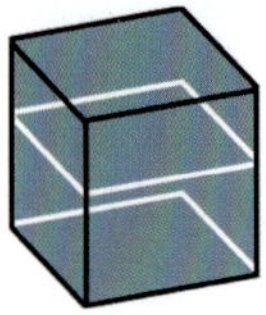

BRI 815 €/m³
von 480 €/m³
bis 1.195 €/m³

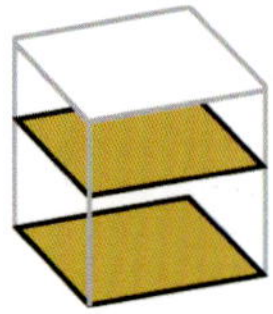

BGF 2.495 €/m²
von 1.465 €/m²
bis 3.765 €/m²

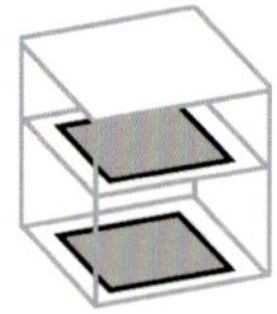

NUF 3.595 €/m²
von 2.260 €/m²
bis 5.335 €/m²

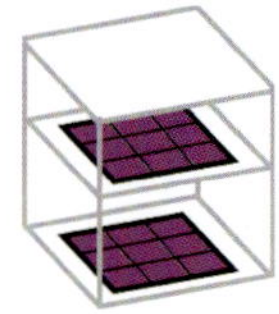

NE 3.885 €/NE
von 2.530 €/NE
bis 6.170 €/NE
NE: Wohnfläche

Objektbeispiele

Kosten:
Stand 2. Quartal 2026
Bundesdurchschnitt
inkl. 19% MwSt.

6100-1180

6100-1746

6100-1175

6100-1144

6100-0791

6100-1501

Kosten der 18 Vergleichsobjekte

Seiten 174 bis 182

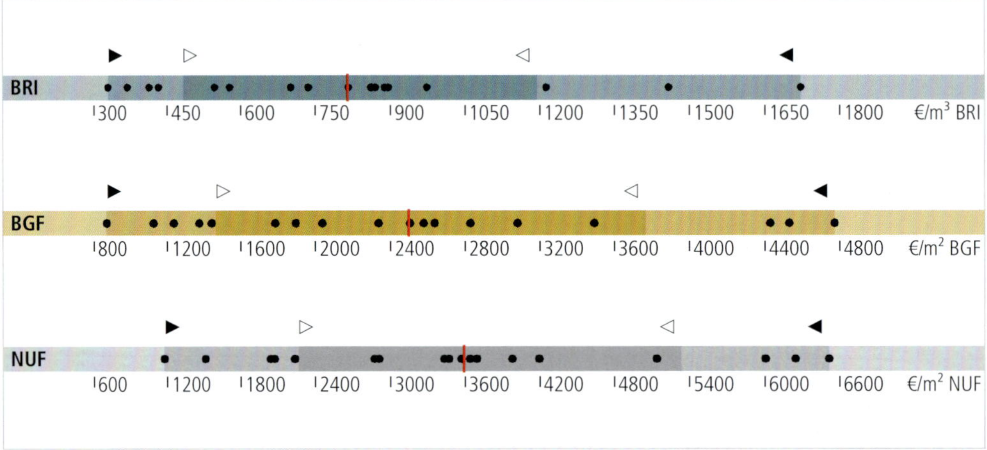

- ● KKW
- ▶ min
- ▷ von
- | Mittelwert
- ◁ bis
- ◀ max

Kostenkennwerte für die Kostengruppen der 1. und 2.Ebene DIN 276

KG	Kostengruppen der 1.Ebene	Einheit	▷	€/Einheit	◁	▷	% an 300+400	◁
100	Grundstück	m² GF	–	**–**	–	–	**–**	–
200	Vorbereitende Maßnahmen	m² GF	< 1	**< 1**	< 1	< 0,1	**< 0,1**	< 0,1
300	Bauwerk – Baukonstruktionen	m² BGF	1.231	**2.064**	3.217	77,9	**82,4**	88,3
400	Bauwerk – Technische Anlagen	m² BGF	228	**432**	621	11,7	**17,6**	22,1
	Bauwerk 300+400	m² BGF	1.463	**2.496**	3.765	100,0	**100,0**	100,0
500	Außenanlagen und Freiflächen	m² AF	61	**283**	1.165	1,4	**3,6**	4,8
600	Ausstattung und Kunstwerke	m² BGF	15	**27**	82	0,4	**0,8**	1,9
700	Baunebenkosten	m² BGF	–	**–**	–	–	**–**	–
800	Finanzierung	m² BGF	–	**–**	–	–	**–**	–

KG	Kostengruppen der 2.Ebene	Einheit	▷	€/Einheit	◁	▷	% an 1.Ebene	◁
310	Baugrube / Erdbau	m³ BGI	103	**181**	259	0,0	**0,2**	1,0
320	Gründung, Unterbau	m² GRF	142	**563**	1.378	< 0,1	**0,4**	1,6
330	Außenwände / vertikal außen	m² AWF	398	**613**	901	15,9	**26,1**	39,9
340	Innenwände / vertikal innen	m² IWF	270	**362**	482	10,2	**15,5**	20,4
350	Decken / horizontal	m² DEF	393	**550**	758	11,0	**17,0**	23,9
360	Dächer	m² DAF	499	**859**	1.559	17,7	**29,7**	39,5
370	Infrastrukturanlagen		–	**–**	–	–	**–**	–
380	Baukonstruktive Einbauten	m² BGF	24	**115**	392	0,4	**2,2**	10,7
390	Sonst. Maßnahmen für Baukonst.	m² BGF	75	**265**	717	4,5	**9,0**	18,9
300	**Bauwerk – Baukonstruktionen**	**m² BGF**					**100,0**	
410	Abwasser-, Wasser-, Gasanlagen	m² BGF	65	**129**	179	21,7	**27,3**	38,7
420	Wärmeversorgungsanlagen	m² BGF	96	**146**	255	22,7	**31,5**	41,8
430	Raumlufttechnische Anlagen	m² BGF	24	**56**	98	2,9	**9,7**	23,9
440	Elektrische Anlagen	m² BGF	66	**111**	208	13,3	**23,4**	31,2
450	Kommunikationstechnische Anlagen	m² BGF	10	**24**	46	2,5	**4,7**	8,1
460	Förderanlagen	m² BGF	26	**143**	261	0,0	**3,2**	24,6
470	Nutzungsspez. / verfahrenstech. Anl.	m² BGF	–	**–**	–	–	**–**	–
480	Gebäude- und Anlagenautomation	m² BGF	–	**–**	–	–	**–**	–
490	Sonst. Maßnahmen f. techn. Anl.	m² BGF	2	**4**	6	0,0	**0,1**	0,7
400	**Bauwerk – Technische Anlagen**	**m² BGF**					**100,0**	

Prozentanteile der Kosten 2.Ebene an den Kosten des Bauwerks nach DIN 276 (Von/Mittel/Bis)

KG	Kostengruppe	%
310	Baugrube / Erdbau	0,1
320	Gründung, Unterbau	0,3
330	Außenwände / vertikal außen	21,1
340	Innenwände / vertikal innen	12,6
350	Decken / horizontal	13,9
360	Dächer	24,4
370	Infrastrukturanlagen	
380	Baukonstruktive Einbauten	1,8
390	Sonst. Maßnahmen für Baukonst.	7,4
410	Abwasser-, Wasser-, Gasanlagen	4,8
420	Wärmeversorgungsanlagen	5,6
430	Raumlufttechnische Anlagen	2,1
440	Elektrische Anlagen	4,2
450	Kommunikationstechnische Anlagen	0,9
460	Förderanlagen	0,6
470	Nutzungsspez. / verfahrenstech. Anl.	
480	Gebäude- und Anlagenautomation	
490	Sonst. Maßnahmen f. techn. Anl.	< 0,1

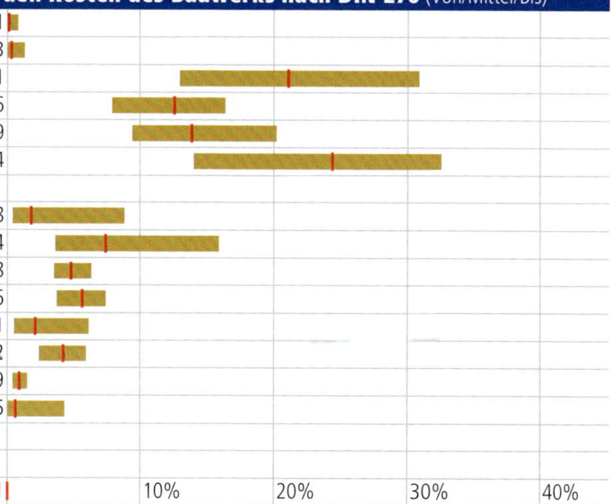

 Kostenstand: 2.Quartal 2026, Bundesdurchschnitt, **inkl. 19% MwSt.**

Kosten:
Stand 2. Quartal 2026
Bundesdurchschnitt
inkl. 19% MwSt.

▷ von
ø Mittel
◁ bis

Kostenkennwerte für die Kostengruppen der 3. Ebene DIN 276

KG	Kostengruppen der 3. Ebene	Einheit	▷	€/Einheit	◁	▷	€/m² BGF	◁
311	**Herstellung**	m³	103	**181**	259	7	**12**	16
	Herstellen	m³	103	**181**	259	7	**12**	16
322	**Flachgründungen und Bodenplatten**	m²	58	**786**	1.316	4	**8**	13
	Abbrechen	*m²*	*162*	***182***	*203*	*2*	***2***	*3*
	Herstellen	m²	58	**713**	1.243	4	**7**	11
324	**Gründungsbeläge**	m²	–	**65**	–	–	**12**	–
	Herstellen	m²	–	**65**	–	–	**12**	–
331	**Tragende Außenwände**	m²	225	**324**	454	51	**123**	234
	Abbrechen	*m²*	*38*	***48***	*58*	*14*	***27***	*39*
	Wiederherstellen	m²	–	**14**	–	–	**6**	–
	Herstellen	m²	205	**296**	442	47	**108**	203
332	**Nichttragende Außenwände**	m²	81	**310**	518	7	**26**	38
	Abbrechen	*m²*	–	***344***	–	–	***23***	–
	Herstellen	m²	79	**241**	349	9	**21**	34
333	**Außenstützen**	m	90	**228**	388	6	**13**	32
	Herstellen	m	90	**228**	388	6	**13**	32
334	**Außenwandöffnungen**	m²	627	**958**	1.556	77	**149**	269
	Abbrechen	*m²*	*14*	***29***	*50*	*2*	***4***	*6*
	Wiederherstellen	m²	7	**9**	11	< 1	**1**	1
	Herstellen	m²	615	**944**	1.544	76	**147**	268
335	**Außenwandbekleidungen, außen**	m²	119	**218**	405	59	**144**	229
	Abbrechen	*m²*	*4*	***7***	*12*	*3*	***5***	*10*
	Wiederherstellen	m²	–	**24**	–	–	**59**	–
	Herstellen	m²	110	**212**	402	63	**136**	233
336	**Außenwandbekleidungen, innen**	m²	57	**92**	129	18	**40**	85
	Abbrechen	*m²*	*1*	***5***	*9*	*< 1*	***2***	*4*
	Wiederherstellen	m²	–	**10**	–	–	**2**	–
	Herstellen	m²	55	**90**	128	17	**39**	85
337	**Elem. Außenwandkonstruktionen**	m²	–	**2.206**	–	–	**59**	–
	Herstellen	m²	–	**2.206**	–	–	**59**	–
338	**Lichtschutz zur KG 330**	m²	254	**513**	840	20	**55**	125
	Abbrechen	*m²*	–	***5***	–	–	***< 1***	–
	Herstellen	m²	254	**512**	839	20	**55**	124
339	**Sonstiges zur KG 330**	m²	9	**28**	67	8	**21**	45
	Abbrechen	*m²*	*< 1*	***6***	*13*	*< 1*	***4***	*9*
	Wiederherstellen	m²	–	**4**	–	–	**4**	–
	Herstellen	m²	8	**26**	65	8	**19**	43
341	**Tragende Innenwände**	m²	175	**299**	481	27	**87**	162
	Abbrechen	*m²*	*27*	***69***	*189*	*7*	***10***	*14*
	Herstellen	m²	166	**271**	418	23	**83**	159
342	**Nichttragende Innenwände**	m²	119	**174**	256	35	**70**	107
	Abbrechen	*m²*	*11*	***26***	*54*	*4*	***11***	*33*
	Herstellen	m²	93	**155**	231	29	**62**	99
343	**Innenstützen**	m	131	**151**	184	2	**4**	8
	Herstellen	m	131	**151**	184	2	**4**	8
344	**Innenwandöffnungen**	m²	499	**730**	1.073	38	**83**	167
	Abbrechen	*m²*	*2*	***20***	*38*	*< 1*	***2***	*4*
	Wiederherstellen	m²	5	**11**	17	< 1	**< 1**	< 1
	Herstellen	m²	489	**724**	1.071	37	**82**	167

KG	Kostengruppen der 3. Ebene	Einheit	▷	€/Einheit	◁	▷	€/m² BGF	◁
345	**Innenwandbekleidungen**	m²	67	**96**	195	55	**119**	165
	Abbrechen	*m²*	*< 1*	***< 1***	*1*	*< 1*	***< 1***	*1*
	Wiederherstellen	m²	< 1	**4**	8	< 1	**6**	12
	Herstellen	m²	67	**95**	194	55	**117**	162
346	**Elem. Innenwandkonstruktionen**	m²	–	**939**	–	< 1	**2**	3
	Abbrechen	*m²*	*–*	***102***	*–*	*< 1*	***< 1***	*< 1*
	Herstellen	m²	–	**836**	–	–	**3**	–
351	**Deckenkonstruktionen**	m²	307	**495**	927	27	**86**	193
	Abbrechen	*m²*	*19*	***88***	*225*	*5*	***8***	*11*
	Herstellen	m²	300	**466**	890	29	**92**	193
352	**Deckenöffnungen**	m²	–	**723**	–	–	**2**	–
	Herstellen	m²	–	**723**	–	–	**2**	–
353	**Deckenbeläge**	m²	264	**332**	547	106	**200**	311
	Abbrechen	*m²*	*3*	***15***	*41*	*2*	***9***	*26*
	Wiederherstellen	m²	–	**21**	–	–	**17**	–
	Herstellen	m²	250	**321**	544	101	**192**	308
354	**Deckenbekleidungen**	m²	35	**59**	92	2	**19**	28
	Abbrechen	*m²*	*–*	***8***	*–*	*–*	***< 1***	*–*
	Wiederherstellen	m²	–	**9**	–	–	**5**	–
	Herstellen	m²	32	**57**	92	5	**19**	29
355	**Elementierte Deckenkonstruktionen**	m²	1.344	**1.700**	2.191	50	**120**	189
	Abbrechen	*m²*	*–*	***28***	*–*	*–*	***1***	*–*
	Herstellen	m²	1.330	**1.693**	2.189	49	**120**	189
359	**Sonstiges zur KG 350**	m²	16	**41**	59	10	**25**	53
	Abbrechen	*m²*	*–*	***5***	*–*	*–*	***2***	*–*
	Wiederherstellen	m²	–	**2**	–	–	**1**	–
	Herstellen	m²	16	**40**	59	10	**24**	53
361	**Dachkonstruktionen**	m²	195	**342**	604	90	**217**	368
	Abbrechen	*m²*	*19*	***42***	*69*	*14*	***40***	*119*
	Herstellen	m²	165	**312**	575	69	**188**	303
362	**Dachöffnungen**	m²	1.295	**3.162**	5.392	13	**46**	117
	Abbrechen	*m²*	*19*	***252***	*382*	*< 1*	***3***	*7*
	Wiederherstellen	m²	–	**220**	–	–	**< 1**	–
	Herstellen	m²	1.435	**3.074**	5.570	12	**45**	116
363	**Dachbeläge**	m²	226	**427**	730	117	**309**	509
	Abbrechen	*m²*	*10*	***42***	*78*	*9*	***29***	*100*
	Wiederherstellen	m²	2	**6**	11	1	**3**	4
	Herstellen	m²	206	**392**	699	103	**285**	468
364	**Dachbekleidungen**	m²	51	**95**	149	26	**69**	190
	Abbrechen	*m²*	*13*	***25***	*39*	*3*	***13***	*40*
	Wiederherstellen	m²	–	**2**	–	–	**2**	–
	Herstellen	m²	49	**94**	142	29	**70**	175
365	**Elementierte Dachkonstruktionen**	m²	–	**1.071**	–	–	**30**	–
	Herstellen	m²	–	**1.071**	–	–	**30**	–
366	**Lichtschutz zur KG 360**	m²	391	**797**	1.069	21	**89**	226
	Herstellen	m²	391	**797**	1.069	21	**89**	226
369	**Sonstiges zur KG 360**	m²	13	**44**	131	8	**32**	89
	Abbrechen	*m²*	*1*	***2***	*3*	*< 1*	***< 1***	*< 1*
	Herstellen	m²	13	**43**	130	8	**32**	89

KG	Kostengruppen der 3. Ebene	Einheit	▷	€/Einheit	◁	▷	€/m² BGF	◁
381	**Allgemeine Einbauten**	m²	23	**102**	326	23	**102**	326
	Abbrechen	*m²*	–	***1***	–	–	***1***	–
	Wiederherstellen	m²	–	**< 1**	–	–	**< 1**	–
	Herstellen	m²	23	**101**	325	23	**101**	325
382	**Besondere Einbauten**	m²	–	**1**	–	–	**1**	–
	Herstellen	m²	–	**1**	–	–	**1**	–
386	**Orientierungs- u. Informationssys.**	m²	–	**2**	–	–	**2**	–
	Abbrechen	*m²*	–	***< 1***	–	–	***< 1***	–
	Wiederherstellen	m²	–	**1**	–	–	**1**	–
387	**Schutzeinbauten**	m²	–	**92**	–	–	**92**	–
	Herstellen	m²	–	**92**	–	–	**92**	–
391	**Baustelleneinrichtung**	m²	34	**82**	175	34	**82**	175
	Herstellen	m²	34	**82**	175	34	**82**	175
392	**Gerüste**	m²	32	**117**	343	32	**117**	343
	Herstellen	m²	32	**117**	343	32	**117**	343
393	**Sicherungsmaßnahmen**	m²	–	**6**	–	–	**6**	–
	Herstellen	m²	–	**6**	–	–	**6**	–
394	**Abbruchmaßnahmen**	m²	16	**45**	131	16	**45**	131
	Abbrechen	*m²*	*16*	***45***	*131*	*16*	***45***	*131*
396	**Materialentsorgung**	m²	2	**14**	73	2	**14**	73
	Abbrechen	*m²*	*< 1*	***37***	*73*	*< 1*	***37***	*73*
	Herstellen	m²	< 1	**2**	7	< 1	**2**	7
397	**Zusätzliche Maßnahmen**	m²	9	**60**	299	9	**60**	299
	Herstellen	m²	9	**60**	299	9	**60**	299
398	**Provisorische Baukonstruktionen**	m²	6	**12**	17	6	**12**	17
	Herstellen	m²	6	**12**	17	6	**12**	17

Kosten:
Stand 2. Quartal 2026
Bundesdurchschnitt
inkl. 19% MwSt.

▷ von
ø Mittel
◁ bis

KG	Kostengruppen der 3. Ebene	Einheit	▷	€/Einheit	◁	▷	€/m² BGF	◁
411	**Abwasseranlagen**	m²	9	**22**	38	9	**22**	38
	Abbrechen	*m²*	*< 1*	***3***	*8*	*< 1*	***3***	*8*
	Wiederherstellen	m²	1	**2**	4	1	**2**	4
	Herstellen	m²	8	**20**	36	8	**20**	36
412	**Wasseranlagen**	m²	56	**102**	161	56	**102**	161
	Abbrechen	*m²*	*< 1*	***3***	*5*	*< 1*	***3***	*5*
	Herstellen	m²	55	**101**	160	55	**101**	160
413	**Gasanlagen**	m²	< 1	**15**	29	< 1	**15**	29
	Herstellen	m²	< 1	**15**	29	< 1	**15**	29
419	**Sonstiges zur KG 410**	m²	6	**9**	12	6	**9**	12
	Herstellen	m²	6	**9**	12	6	**9**	12
421	**Wärmeerzeugungsanlagen**	m²	23	**53**	74	23	**53**	74
	Abbrechen	*m²*	*3*	***5***	*9*	*3*	***5***	*9*
	Herstellen	m²	45	**60**	69	45	**60**	69
422	**Wärmeverteilnetze**	m²	15	**31**	54	15	**31**	54
	Abbrechen	*m²*	*–*	***1***	*–*	*–*	***1***	*–*
	Herstellen	m²	16	**31**	56	16	**31**	56
423	**Raumheizflächen**	m²	17	**49**	86	17	**49**	86
	Abbrechen	*m²*	*–*	***< 1***	*–*	*–*	***< 1***	*–*
	Wiederherstellen	m²	2	**17**	47	2	**17**	47
	Herstellen	m²	16	**44**	71	16	**44**	71
429	**Sonstiges zur KG 420**	m²	13	**60**	180	13	**60**	180
	Abbrechen	*m²*	*3*	***15***	*27*	*3*	***15***	*27*
	Herstellen	m²	11	**51**	154	11	**51**	154
431	**Lüftungsanlagen**	m²	24	**56**	98	24	**56**	98
	Abbrechen	*m²*	*4*	***8***	*13*	*4*	***8***	*13*
	Wiederherstellen	m²	–	**< 1**	–	–	**< 1**	–
	Herstellen	m²	24	**54**	96	24	**54**	96
443	**Niederspannungsschaltanlagen**	m²	–	**4**	–	–	**4**	–
	Herstellen	m²	–	**4**	–	–	**4**	–
444	**Niederspannungsinstallationsanl.**	m²	56	**91**	143	56	**91**	143
	Abbrechen	*m²*	*2*	***3***	*5*	*2*	***3***	*5*
	Wiederherstellen	m²	< 1	**8**	15	< 1	**8**	15
	Herstellen	m²	50	**88**	141	50	**88**	141
445	**Beleuchtungsanlagen**	m²	8	**32**	111	8	**32**	111
	Abbrechen	*m²*	*–*	***1***	*–*	*–*	***1***	*–*
	Wiederherstellen	m²	–	**2**	–	–	**2**	–
	Herstellen	m²	8	**32**	111	8	**32**	111
446	**Blitzschutz- und Erdungsanlagen**	m²	1	**4**	6	1	**4**	6
	Herstellen	m²	1	**4**	6	1	**4**	6
451	**Telekommunikationsanlagen**	m²	1	**3**	6	1	**3**	6
	Wiederherstellen	m²	–	**< 1**	–	–	**< 1**	–
	Herstellen	m²	1	**3**	6	1	**3**	6
452	**Such- und Signalanlagen**	m²	4	**9**	19	4	**9**	19
	Wiederherstellen	m²	–	**1**	–	–	**1**	–
	Herstellen	m²	4	**9**	19	4	**9**	19
454	**Elektroakustische Anlagen**	m²	–	**2**	–	–	**2**	–
	Herstellen	m²	–	**2**	–	–	**2**	–
455	**Audiovis. Medien- u. Antennenanl.**	m²	3	**6**	10	3	**6**	10
	Abbrechen	*m²*	*< 1*	***< 1***	*2*	*< 1*	***< 1***	*2*
	Herstellen	m²	3	**5**	9	3	**5**	9

KG	Kostengruppen der 3. Ebene	Einheit	▷	€/Einheit	◁	▷	€/m2 BGF	◁
456	**Gefahrenmelde- und Alarmanlagen**	m2	5	**19**	59	5	**19**	59
	Abbrechen	*m2*	–	***2***	–	–	***2***	–
	Herstellen	m2	5	**19**	56	5	**19**	56
457	**Datenübertragungsnetze**	m2	4	**8**	14	4	**8**	14
	Herstellen	m2	4	**8**	14	4	**8**	14
461	**Aufzugsanlagen**	m2	26	**143**	261	26	**143**	261
	Herstellen	m2	26	**143**	261	26	**143**	261
491	**Baustelleneinrichtung**	m2	–	**2**	–	–	**2**	–
	Herstellen	m2	–	**2**	–	–	**2**	–
497	**Zusätzliche Maßnahmen**	m2	–	**6**	–	–	**6**	–
	Herstellen	m2	–	**6**	–	–	**6**	–

Kosten:
Stand 2. Quartal 2026
Bundesdurchschnitt
inkl. 19% MwSt.

▷ von
ø Mittel
◁ bis

Prozentanteile der Kosten für Leistungsbereiche nach STLB (Kosten Bauwerk nach DIN 276)

LB	Leistungsbereiche	▷	% an 300+400	◁
000	Baustellen-, Sicherheitseinr. inkl. 001, 089	3,9	**7,1**	15,5
002	Erdarbeiten	< 0,1	**0,2**	0,7
006	Spezialtiefbauarbeiten inkl. 005	0,0	**< 0,1**	< 0,1
009	Entwässerungskanalarbeiten inkl. 011	0,0	**< 0,1**	0,3
010	Drän- und Versickerarbeiten	–	**–**	–
012	Mauerarbeiten	2,2	**4,1**	6,9
013	Betonarbeiten	1,7	**3,8**	9,7
014	Natur-, Betonwerksteinarbeiten	< 0,1	**0,8**	3,2
016	Zimmer- und Holzbauarbeiten	3,9	**9,7**	16,8
017	Stahlbauarbeiten	0,2	**2,2**	5,9
018	Abdichtungsarbeiten	< 0,1	**0,1**	0,4
020	Dachdeckungsarbeiten	0,5	**4,5**	12,5
021	Dachabdichtungsarbeiten	0,5	**3,5**	7,2
022	Klempnerarbeiten	1,5	**4,2**	12,0
	Rohbau	34,1	**40,0**	51,4
023	Putz- und Stuckarbeiten, Wärmedämmsysteme	2,5	**6,3**	12,9
024	Fliesen- und Plattenarbeiten	1,4	**2,9**	6,3
025	Estricharbeiten	0,1	**0,9**	1,7
026	Fenster, Außentüren inkl. 029, 032	2,6	**5,8**	9,0
027	Tischlerarbeiten	1,8	**5,2**	11,3
028	Parkett-, Holzpflasterarbeiten	1,0	**2,2**	3,2
030	Rollladenarbeiten	0,6	**2,1**	4,6
031	Metallbauarbeiten inkl. 035	1,3	**2,7**	4,6
034	Maler- und Lackiererarb. - Beschicht. inkl. 037	1,7	**2,7**	4,1
036	Bodenbelagarbeiten	< 0,1	**0,3**	1,0
038	Vorgehängte hinterlüftete Fassaden	0,0	**0,5**	5,8
039	Trockenbauarbeiten	2,6	**5,0**	9,4
	Ausbau	28,2	**36,6**	40,2
040	Wärmeversorgungsanl. - Betriebseinr. inkl. 041	3,2	**4,8**	6,5
042	Gas- u. Wasseranl. - Leitung., Armat. inkl. 043	0,8	**1,5**	2,4
044	Abwasseranl. - Leitungen, Abläufe, Armaturen	0,3	**0,7**	1,0
045	Gas, Wasser, Entwässerung - Ausstattung inkl. 046	1,2	**2,3**	3,9
047	Dämm- und Brandschutzarb. an techn. Anlagen	0,1	**0,4**	1,0
049	Feuerlöschanlagen, Feuerlöschgeräte	–	**–**	–
050	Blitzschutz-/Erdungsanlagen, Überspannungssch.	< 0,1	**0,1**	0,3
052	Mittelspannungsanlagen	–	**–**	–
053	Niederspannungsanl. - Kabel inkl. 054	2,4	**3,7**	5,4
055	Sicherheits- u. Ersatzstromversorgungsanl.	0,0	**< 0,1**	< 0,1
057	Gebäudesystemtechnik	–	**–**	–
058	Leuchten und Lampen inkl. 059	0,2	**0,6**	2,0
060	Such, Signal, Zeit, Anten., akust. Anl. inkl. 064	< 0,1	**0,3**	0,5
061	Kommunikations- u. Übertragungsnetze inkl. 062	0,2	**0,4**	0,7
063	Gefahrenmeldeanlagen	< 0,1	**0,4**	1,8
069	Aufzüge	0,0	**0,6**	4,3
070	Gebäudeautomation	–	**–**	–
075	Raumlufttechnische Anlagen inkl. 078	0,6	**2,2**	5,9
	Gebäudetechnik	12,5	**18,1**	21,8
084	Abbruch, Rückbau, Schadstoffsanierung	4,0	**5,2**	7,8
	Sonstige Leistungsbereiche inkl. 008, 033, 051	< 0,1	**0,1**	0,2

Wohngebäude Aufstockung

€/m² BGF

min	870	€/m²
von	1.465	€/m²
Mittel	**2.495**	**€/m²**
bis	3.765	€/m²
max	4.770	€/m²

Kosten:
Stand 2. Quartal 2026
Bundesdurchschnitt
inkl. 19% MwSt.

A Abbrechen
W Wiederherstellen
H Herstellen

Objektübersicht zur Gebäudeart

6100-1501 Mehrfamilienhaus, Aufstockung (2 WE) — BRI 2.151 m³ BGF 576 m² NUF 434 m²

Baujahr: 1895
Bauzustand: schlecht
Aufwand: hoch
Nutzung während der Bauzeit: nein
Nutzungsänderung: ja
Grundrissänderungen: umfangreiche
Tragwerkseingriffe: umfangreiche

Land: Hamburg
Kreis: Hamburg, Stadt
Standard: hoch
Bauzeit: 56 Wochen
Kennwerte: bis 3. Ebene DIN 276
veröffentlicht: BKI Objektdaten A12
BGF **4.528 €/m²**

Planung: Ostermann Architekten; Hamburg

Im Zuge einer Komplettsanierung des Mehrfamilienhauses wurde das Dach vollständig abgebrochen und mit zwei hochwertigen Wohnungen mit Dachterrassen neu aufgebaut (377,46m² WFL).

1. Ebene: 300 Bauwerk – Baukonstruktionen: 83%, **400 Bauwerk – Technische Anlagen:** 17%
3. Ebene: Baukonstruktionen: **A**: Sonstige 5%, **W**: Sonstige < 1%, **H**: 334 Außenwandöffnungen 8%, 335 Außenwandbekleidungen, außen 5%, 344 Innenwandöffnungen 3%, 345 Innenwandbekleidungen 4%, 351 Deckenkonstruktionen 3%, 353 Deckenbeläge 8%, 361 Dachkonstruktionen 9%, 363 Dachbeläge 10%, 366 Lichtschutz zur KG 360 6%, 381 Allgemeine Einbauten 11%, 392 Gerüste 11%, Sonstige 18%, **Technische Anlagen:** **A**: Sonstige 3%, **W**: Sonstige < 1%, **H**: 411 Abwasseranlagen 4%, 412 Wasseranlagen 19%, 422 Wärmeverteilnetze 5%, 423 Raumheizflächen 8%, 429 Sonstiges zur KG 420 14%, 444 Niederspannungsinstallationsanlagen 18%, 445 Beleuchtungsanlagen 17%, 456 Gefahrenmelde- und Alarmanlagen 7%, Sonstige 5%

6100-1431 Gründerzeitgebäude, Aufstockung (2 WE) — BRI 1.512 m³ BGF 588 m² NUF 400 m²

Baujahr: 1911
Bauzustand: gut
Aufwand: mittel
Nutzung während der Bauzeit: ja
Nutzungsänderung: nein
Grundrissänderungen: wenige
Tragwerkseingriffe: einige

Land: Hamburg
Kreis: Hamburg, Stadt
Standard: mittel
Bauzeit: 30 Wochen
Kennwerte: bis 3. Ebene DIN 276
veröffentlicht: BKI Objektdaten A12
BGF **4.426 €/m²**

Planung: Ostermann Architekten; Hamburg

Mehrfamilienhaus

1. Ebene: 300 Bauwerk – Baukonstruktionen: 82%, **400 Bauwerk – Technische Anlagen:** 18%
3. Ebene: Baukonstruktionen: **A**: 394 Abbruchmaßnahmen 4%, Sonstige < 1%, **W**: Sonstige 3%, **H**: 331 Tragende Außenwände 5%, 335 Außenwandbekleidungen, außen 3%, 341 Tragende Innenwände 6%, 342 Nichttragende Innenwände 3%, 345 Innenwandbekleidungen 5%, 351 Deckenkonstruktionen 8%, 353 Deckenbeläge 6%, 355 Elementierte Deckenkonstruktionen 5%, 361 Dachkonstruktionen 6%, 363 Dachbeläge 10%, 391 Baustelleneinrichtung 6%, 392 Gerüste 7%, 397 Zusätzliche Maßnahmen 5%, Sonstige 18%, **Technische Anlagen:** **A**: Sonstige < 1%, **W**: 423 Raumheizflächen 6%, Sonstige < 1%, **H**: 411 Abwasseranlagen 7%, 412 Wasseranlagen 13%, 422 Wärmeverteilnetze 7%, 423 Raumheizflächen 9%, 431 Lüftungsanlagen 6%, 444 Niederspannungsinstallationsanlagen 10%, 461 Aufzugsanlagen 33%, Sonstige 9%

6100-1404 Mehrfamilienhaus, Aufstockung (2 WE)

BRI 849m³ **BGF** 259m² **NUF** 198m²

Baujahr: 1955
Bauzustand: mittel
Aufwand: hoch
Nutzung während der Bauzeit: ja
Nutzungsänderung: ja
Grundrissänderungen: umfangreiche
Tragwerkseingriffe: wenige

Land: Hamburg
Kreis: Hamburg, Stadt
Standard: hoch
Bauzeit: 118 Wochen
Kennwerte: bis 3. Ebene DIN 276
veröffentlicht: BKI Objektdaten A11

BGF 4.771€/m²

Planung: sw I a sternberg werner architekten PartG mbB; Ahrensburg

Aufstockung eines Mehrfamilienhauses

1. Ebene: 300 Bauwerk – Baukonstruktionen: 86%, **400 Bauwerk – Technische Anlagen:** 14%
3. Ebene: Baukonstruktionen: **A**: Sonstige 2%, **H**: 331 Tragende Außenwände 5%, 334 Außenwandöffnungen 4%, 335 Außenwandbekleidungen, außen 8%, 341 Tragende Innenwände 4%, 353 Deckenbeläge 10%, 361 Dachkonstruktionen 9%, 362 Dachöffnungen 4%, 363 Dachbeläge 16%, 369 Sonstiges zur KG 360 3%, 391 Baustelleneinrichtung 5%, 392 Gerüste 8%, 397 Zusätzliche Maßnahmen 9%, Sonstige 12%, **Technische Anlagen:** **A**: 429 Sonstiges zur KG 420 5%, Sonstige 3%, **W**: Sonstige < 1%, **H**: 411 Abwasseranlagen 4%, 412 Wasseranlagen 13%, 413 Gasanlagen 4%, 421 Wärmeerzeugungsanlagen 10%, 422 Wärmeverteilnetze 3%, 423 Raumheizflächen 5%, 429 Sonstiges zur KG 420 28%, 431 Lüftungsanlagen 9%, 444 Niederspannungsinstallationsanlagen 11%, Sonstige 5%

6100-1175 Mehrfamilienhaus (6 WE) - Passivhaus

BRI 2.024m³ **BGF** 742m² **NUF** 553m²

Baujahr: 1971
Bauzustand: mittel
Aufwand: hoch
Nutzung während der Bauzeit: ja
Nutzungsänderung: nein
Grundrissänderungen: einige
Tragwerkseingriffe: wenige

Land: Hamburg
Kreis: Hamburg, Stadt
Standard: hoch
Bauzeit: 17 Wochen
Kennwerte: bis 3. Ebene DIN 276
veröffentlicht: BKI Objektdaten E6

BGF 1.125€/m²

Planung: Hans-Jörg Peter Dipl.-Ing. Architekt hh-Energieberatung.de; Hamburg

Mehrfamilienhaus (6 WE), Staffelgeschoss-Aufstockung

1. Ebene: 300 Bauwerk – Baukonstruktionen: 80%, **400 Bauwerk – Technische Anlagen:** 20%
3. Ebene: Baukonstruktionen: **A**: Sonstige 5%, **W**: Sonstige < 1%, **H**: 331 Tragende Außenwände 4%, 334 Außenwandöffnungen 13%, 335 Außenwandbekleidungen, außen 16%, 351 Deckenkonstruktionen 5%, 353 Deckenbeläge 6%, 361 Dachkonstruktionen 13%, 363 Dachbeläge 14%, 366 Lichtschutz zur KG 360 3%, Sonstige 20%, **Technische Anlagen:** **A**: Sonstige 1%, **W**: Sonstige < 1%, **H**: 411 Abwasseranlagen 6%, 412 Wasseranlagen 19%, 421 Wärmeerzeugungsanlagen 18%, 422 Wärmeverteilnetze 5%, 423 Raumheizflächen 4%, 431 Lüftungsanlagen 13%, 444 Niederspannungsinstallationsanlagen 21%, Sonstige 13%

Übersicht- 1. + 2. Ebene
Erweiterung
Umbau
Modernisierung
Instandsetzung
Bauelemente
Abbrechen
Wiederherstellen
Herstellen

Objektübersicht zur Gebäudeart

€/m² BGF

min	870	€/m²
von	1.465	€/m²
Mittel	**2.495**	**€/m²**
bis	3.765	€/m²
max	4.770	€/m²

Kosten:
Stand 2. Quartal 2026
Bundesdurchschnitt
inkl. 19% MwSt.

6100-1143 Mehrfamilienhaus (5 WE), Büro

BRI 1.276 m³ **BGF** 484 m² **NUF** 312 m²

Baujahr: 1967
Bauzustand: mittel
Aufwand: hoch
Nutzung während der Bauzeit: ja
Nutzungsänderung: nein
Grundrissänderungen: einige
Tragwerkseingriffe: einige

Land: Nordrhein-Westfalen
Kreis: Rhein-Sieg-Kreis
Standard: mittel
Bauzeit: 48 Wochen
Kennwerte: bis 3. Ebene DIN 276
veröffentlicht: BKI Objektdaten A10
BGF **1.441 €/m²**

Planung: Concavis Architekten + Ingenieure; Bornheim

Erweiterung eines Mehrfamilienhauses mit Büro von zwei auf fünf Wohneinheiten (WFL 229m²).

1. Ebene: 300 Bauwerk – Baukonstruktionen: 80%, **400 Bauwerk – Technische Anlagen:** 20%
3. Ebene: Baukonstruktionen: **A**: Sonstige 8%, **W**: Sonstige < 1%, **H**: 331 Tragende Außenwände 6%, 335 Außenwandbekleidungen, außen 6%, 342 Nichttragende Innenwände 5%, 344 Innenwandöffnungen 4%, 345 Innenwandbekleidungen 8%, 351 Deckenkonstruktionen 9%, 353 Deckenbeläge 10%, 355 Elementierte Deckenkonstruktionen 3%, 361 Dachkonstruktionen 4%, 363 Dachbeläge 8%, 364 Dachbekleidungen 3%, 391 Baustelleneinrichtung 4%, 392 Gerüste 3%, Sonstige 17%, **Technische Anlagen:** **A**: Sonstige 1%, **H**: 412 Wasseranlagen 17%, 421 Wärmeerzeugungsanlagen 18%, 422 Wärmeverteilnetze 8%, 423 Raumheizflächen 10%, 431 Lüftungsanlagen 6%, 444 Niederspannungsinstallationsanlagen 28%, 455 Audiovisuelle Medien- und Antennenanlagen 4%, 456 Gefahrenmelde- und Alarmanlagen 4%, Sonstige 5%

6100-0850 Mehrfamilienhaus (5 WE), Gewerbe

BRI 2.100 m³ **BGF** 735 m² **NUF** 445 m²

Baujahr: 1969
Bauzustand: mittel
Aufwand: hoch
Nutzung während der Bauzeit: ja
Nutzungsänderung: nein
Grundrissänderungen: wenige
Tragwerkseingriffe: wenige

Land: Hamburg
Kreis: Hamburg, Stadt
Standard: mittel
Bauzeit: 22 Wochen
Kennwerte: bis 3. Ebene DIN 276
veröffentlicht: BKI Objektdaten A9
BGF **1.234 €/m²**

Planung: Buss Architektur Dipl. Ing. Architekt Christian Buss; Hamburg

Modernisierung eines Mehrfamilienhauses mit vier bestehenden Wohnungen und zwei Gewerbeeinheiten und Aufstockung um ein weiteres Dachgeschoss.

1. Ebene: 300 Bauwerk – Baukonstruktionen: 74%, **400 Bauwerk – Technische Anlagen:** 26%
3. Ebene: Baukonstruktionen: **A**: Sonstige 6%, **W**: Sonstige < 1%, **H**: 331 Tragende Außenwände 5%, 334 Außenwandöffnungen 12%, 335 Außenwandbekleidungen, außen 19%, 336 Außenwandbekleidungen, innen 3%, 345 Innenwandbekleidungen 6%, 351 Deckenkonstruktionen 4%, 353 Deckenbeläge 8%, 363 Dachbeläge 11%, Sonstige 26%, **Technische Anlagen:** **A**: Sonstige 2%, **W**: 444 Niederspannungsinstallationsanlagen 5%, Sonstige 2%, **H**: 411 Abwasseranlagen 5%, 412 Wasseranlagen 13%, 421 Wärmeerzeugungsanlagen 22%, 422 Wärmeverteilnetze 5%, 431 Lüftungsanlagen 33%, 444 Niederspannungsinstallationsanlagen 6%, Sonstige 7%

A Abbrechen
W Wiederherstellen
H Herstellen

6100-0791 Mehrfamilienhaus (11 WE)

BRI 3.719 m³ **BGF** 1.203 m² **NUF** 747 m²

© Matthias Rosin

Baujahr: 1955
Bauzustand: schlecht
Aufwand: hoch
Nutzung während der Bauzeit: nein
Nutzungsänderung: nein
Grundrissänderungen: einige
Tragwerkseingriffe: einige

Land: Bayern
Kreis: Rosenheim
Standard: mittel
Bauzeit: 35 Wochen
Kennwerte: bis 3. Ebene DIN 276
veröffentlicht: BKI Objektdaten A8
BGF **1.783 €/m²**

Planung: Dipl.-Ing. Architekt Energieberater Martin Schaub; Rosenheim

Modernisierung des Mehrfamilienhauses mit acht Wohnungen aus dem Baujahr 1955. DG-Aufstockung mit drei weiteren Wohnungen erfolgte als Dickholzkonstruktion.

1. Ebene: 300 Bauwerk – Baukonstruktionen: 74%, **400 Bauwerk – Technische Anlagen:** 26%
3. Ebene: Baukonstruktionen: A: Sonstige 5%, **H:** 331 Tragende Außenwände 8%, 334 Außenwandöffnungen 10%, 335 Außenwandbekleidungen, außen 17%, 342 Nichttragende Innenwände 9%, 344 Innenwandöffnungen 5%, 345 Innenwandbekleidungen 7%, 351 Deckenkonstruktionen 3%, 353 Deckenbeläge 6%, 355 Elementierte Deckenkonstruktionen 5%, 361 Dachkonstruktionen 6%, 363 Dachbeläge 3%, Sonstige 16%, **Technische Anlagen:** A: Sonstige 6%, **H:** 411 Abwasseranlagen 6%, 412 Wasseranlagen 20%, 421 Wärmeerzeugungsanlagen 15%, 422 Wärmeverteilnetze 7%, 423 Raumheizflächen 4%, 431 Lüftungsanlagen 25%, 444 Niederspannungsinstallationsanlagen 9%, Sonstige 9%

6100-0984 Mehrfamilienhaus, Aufstockung - Effizienzhaus 70

BRI 3.125 m³ **BGF** 875 m² **NUF** 642 m²

© Dipl.-Ing. (FH) Hanns-Peter Benl

Baujahr: 1972
Bauzustand: mittel
Aufwand: mittel
Nutzung während der Bauzeit: ja
Nutzungsänderung: nein
Grundrissänderungen: wenige
Tragwerkseingriffe: wenige

Land: Bayern
Kreis: München, Stadt
Standard: hoch
Bauzeit: 65 Wochen
Kennwerte: bis 3. Ebene DIN 276
veröffentlicht: BKI Objektdaten A9
BGF **3.079 €/m²**

Planung: Planungsbüro Dipl.-Ing. (FH) Hanns-Peter Benl; Neuötting

Mehrfamilienhaus, Aufstockung, als Effizienzhaus 70

1. Ebene: 300 Bauwerk – Baukonstruktionen: 81%, **400 Bauwerk – Technische Anlagen:** 19%
3. Ebene: Baukonstruktionen: A: 363 Dachbeläge 5%, Sonstige < 1%, **H:** 334 Außenwandöffnungen 12%, 341 Tragende Innenwände 5%, 344 Innenwandöffnungen 8%, 345 Innenwandbekleidungen 5%, 353 Deckenbeläge 8%, 361 Dachkonstruktionen 9%, 363 Dachbeläge 21%, 381 Allgemeine Einbauten 7%, 391 Baustelleneinrichtung 4%, Sonstige 16%, **Technische Anlagen:** A: Sonstige 2%, **H:** 411 Abwasseranlagen 5%, 412 Wasseranlagen 31%, 423 Raumheizflächen 11%, 431 Lüftungsanlagen 13%, 444 Niederspannungsinstallationsanlagen 25%, 452 Such- und Signalanlagen 4%, 461 Aufzugsanlagen 4%, Sonstige 5%

€/m² BGF

min	870	€/m²
von	1.465	€/m²
Mittel	**2.495**	**€/m²**
bis	3.765	€/m²
max	4.770	€/m²

Kosten:
Stand 2. Quartal 2026
Bundesdurchschnitt
inkl. 19% MwSt.

Objektübersicht zur Gebäudeart

6100-0652 Mehrfamilienhaus (9 WE)

BRI 792 m³ **BGF** 308 m² **NUF** 225 m²

© Dipl.-Ing. (FH) Hanns-Peter Benl

Baujahr: 1965
Bauzustand: mittel
Aufwand: mittel
Nutzung während der Bauzeit: ja
Nutzungsänderung: ja
Grundrissänderungen: wenige
Tragwerkseingriffe: wenige

Land: Bayern
Kreis: München
Standard: mittel
Bauzeit: 48 Wochen
Kennwerte: bis 3. Ebene DIN 276
veröffentlicht: BKI Objektdaten A7
BGF 2.504 €/m²

Planung: Planungsbüro Dipl.-Ing. (FH) Hanns-Peter Benl; Neuötting

Ein Mehrfamilienhaus mit sechs Wohnungen wurde durch eine Dachaufstockung um drei Wohnungen erweitert. **Kosteneinfluss Nutzung:** Die Flächenangaben der DIN 277 und die Wohnflächenangaben gelten nur für die Dachaufstockung und die Balkone. Die Wohnungen erreichen den KfW 60 Standard.

1. Ebene: 300 Bauwerk – Baukonstruktionen: 79%, **400 Bauwerk – Technische Anlagen:** 21%
3. Ebene: Baukonstruktionen: A: 361 Dachkonstruktionen 4%, Sonstige 2%, **H:** 341 Tragende Innenwände 5%, 345 Innenwandbekleidungen 6%, 353 Deckenbeläge 10%, 355 Elementierte Deckenkonstruktionen 9%, 361 Dachkonstruktionen 16%, 363 Dachbeläge 17%, 364 Dachbekleidungen 11%, 391 Baustelleneinrichtung 3%, Sonstige 16%, **Technische Anlagen:** A: Sonstige < 1%, **H:** 412 Wasseranlagen 25%, 422 Wärmeverteilnetze 14%, 423 Raumheizflächen 16%, 429 Sonstiges zur KG 420 7%, 444 Niederspannungsinstallationsanlagen 31%, Sonstige 7%

6100-0787 Mehrfamilienhaus

BRI 1.123 m³ **BGF** 427 m² **NUF** 279 m²

© Architekt Alexander Böhm

Baujahr: 1960
Bauzustand: mittel
Aufwand: hoch
Nutzung während der Bauzeit: ja
Nutzungsänderung: nein
Grundrissänderungen: einige
Tragwerkseingriffe: einige

Land: Baden-Württemberg
Kreis: Heidelberg, Stadt
Standard: hoch
Bauzeit: 35 Wochen
Kennwerte: bis 3. Ebene DIN 276
veröffentlicht: www.bki.de
BGF 2.333 €/m²

Planung: Architekt Dipl.-Ing. Alexander Böhm; Heidelberg

Wohnraumerweiterung durch Aufstockung und Dachgeschossausbau.

1. Ebene: 300 Bauwerk – Baukonstruktionen: 88%, **400 Bauwerk – Technische Anlagen:** 12%
3. Ebene: Baukonstruktionen: A: Sonstige 7%, **H:** 331 Tragende Außenwände 11%, 335 Außenwandbekleidungen, außen 4%, 336 Außenwandbekleidungen, innen 6%, 338 Lichtschutz zur KG 330 3%, 344 Innenwandöffnungen 9%, 345 Innenwandbekleidungen 8%, 351 Deckenkonstruktionen 8%, 353 Deckenbeläge 9%, 361 Dachkonstruktionen 5%, 363 Dachbeläge 9%, 391 Baustelleneinrichtung 5%, Sonstige 15%, **Technische Anlagen:** A: Sonstige 2%, **H:** 412 Wasseranlagen 16%, 431 Lüftungsanlagen 8%, Sonstige 5%

A Abbrechen
W Wiederherstellen
H Herstellen

6100-0786 Einfamilienhaus

BRI 1.259 m³ **BGF** 294 m² **NUF** 200 m²

Baujahr: 1948
Bauzustand: mittel
Aufwand: hoch
Nutzung während der Bauzeit: ja
Nutzungsänderung: nein
Grundrissänderungen: umfangreiche
Tragwerkseingriffe: umfangreiche

Land: Bayern
Kreis: Amberg-Sulzbach
Standard: hoch
Bauzeit: 22 Wochen
Kennwerte: bis 3. Ebene DIN 276
veröffentlicht: www.bki.de

BGF 3.493 €/m²

Planung: Basqué & Partner Architektur Design Raumkonzept; Regensburg

Erweiterung des Wohnhauses durch Aufstockung des Dachgeschosses. **Kosteneinfluss Nutzung:** Die Flächenangaben der DIN 277 und die Wohnflächenangabe gelten nur für den Dachgeschossausbau.

1. Ebene: 300 Bauwerk – Baukonstruktionen: 85%, **400 Bauwerk – Technische Anlagen:** 15%
3. Ebene: Baukonstruktionen: A: 361 Dachkonstruktionen 5%, Sonstige 6%, **H:** 331 Tragende Außenwände 6%, 334 Außenwandöffnungen 9%, 335 Außenwandbekleidungen, außen 4%, 338 Lichtschutz zur KG 330 6%, 345 Innenwandbekleidungen 7%, 353 Deckenbeläge 10%, 361 Dachkonstruktionen 8%, 363 Dachbeläge 12%, 364 Dachbekleidungen 6%, 392 Gerüste 3%, Sonstige 19%, **Technische Anlagen: A:** Sonstige < 1%, **H:** 412 Wasseranlagen 38%, 422 Wärmeverteilnetze 6%, 423 Raumheizflächen 13%, 429 Sonstiges zur KG 420 4%, 444 Niederspannungsinstallationsanlagen 18%, 445 Beleuchtungsanlagen 14%, Sonstige 6%

6100-1746 Einfamilienhaus, Aufstockung, Büro

BRI 955 m³ **BGF** 315 m² **NUF** 209 m²

Baujahr: 1977
Bauzustand: mittel
Aufwand: mittel
Nutzung während der Bauzeit: ja
Nutzungsänderung: ja
Grundrissänderungen: wenige
Tragwerkseingriffe: wenige

Land: Nordrhein-Westfalen
Kreis: Rhein-Sieg-Kreis
Standard: hoch
Bauzeit: 35 Wochen
Kennwerte: bis 1. Ebene DIN 276
veröffentlicht: BKI Objektdaten A13

BGF 2.637 €/m²

Planung: Gütig Architektur; Bornholm-Hersel

Aufstockung eines bestehenden Wohnhauses um zwei Büroetagen.

1. Ebene: 300 Bauwerk – Baukonstruktionen: 81%, **400 Bauwerk – Technische Anlagen:** 19%

€/m² BGF

min	870	€/m²
von	1.465	€/m²
Mittel	**2.495**	**€/m²**
bis	3.765	€/m²
max	4.770	€/m²

Kosten:
Stand 2. Quartal 2026
Bundesdurchschnitt
inkl. 19% MwSt.

Objektübersicht zur Gebäudeart

6100-1346 Wohnung, Dachaufstockung

BRI 476 m³ **BGF** 180 m² **NUF** 133 m²

Baujahr: 1962
Bauzustand: mittel
Aufwand: mittel
Nutzung während der Bauzeit: ja
Nutzungsänderung: nein
Grundrissänderungen: wenige
Tragwerkseingriffe: umfangreiche

Land: Bayern
Kreis: München, Stadt
Standard: einfach
Bauzeit: 4 Wochen
Kennwerte: bis 1. Ebene DIN 276
veröffentlicht: BKI Objektdaten A11

BGF **869 €/m²**

Planung: Stefan Giers Architektur & Landschaft; München

Aufstockung einer Wohnung

1. Ebene: 300 Bauwerk – Baukonstruktionen: 95%, **400 Bauwerk – Technische Anlagen:** 5%

6100-1386 Reihenendhaus, Kinderzimmer*

BRI 67 m³ **BGF** 24 m² **NUF** 21 m²

Baujahr: 2013

Land: Nordrhein-Westfalen
Kreis: Düren
Standard: mittel
Bauzeit: 22 Wochen
Kennwerte: bis 1. Ebene DIN 276
veröffentlicht: BKI Objektdaten A11

BGF **4.998 €/m²**

* Nicht in der Auswertung enthalten

Planung: FRANKE Architektur I Innenarchitektur; Düren

Erweiterung eines Reihenendhauses um ein Kinderzimmer durch Aufstockung der Garage mit einem modernen Flachdachkubus als Einraum-Baukörper.

1. Ebene: 300 Bauwerk – Baukonstruktionen: 94%, **400 Bauwerk – Technische Anlagen:** 6%

6100-1144 Zweifamilienhaus - Effizienzhaus 85

BRI 1.842 m³ **BGF** 495 m² **NUF** 329 m²

Baujahr: 1986
Bauzustand: mittel
Aufwand: mittel
Nutzung während der Bauzeit: nein
Nutzungsänderung: nein
Grundrissänderungen: einige
Tragwerkseingriffe: wenige

Land: Nordrhein-Westfalen
Kreis: Euskirchen
Standard: mittel
Bauzeit: 39 Wochen
Kennwerte: bis 1. Ebene DIN 276
veröffentlicht: BKI Objektdaten A9

BGF **1.373 €/m²**

Planung: Concavis Architekten + Ingenieure; Bornheim

Umbau eines Einfamilienhauses mit Lehrlingswohnungen und Erweiterung in ein Zweifamilienhaus (316 m² WFL) mit Aufstockung und energetischer Sanierung.

1. Ebene: 300 Bauwerk – Baukonstruktionen: 83%, **400 Bauwerk – Technische Anlagen:** 17%

A Abbrechen
W Wiederherstellen
H Herstellen

Objektübersicht zur Gebäudeart

6100-1110 Mehrfamilienhaus (13 WE), Umbau DG

BRI 3.024 m³ **BGF** 1.118 m² **NUF** 728 m²

Baujahr: 1963
Bauzustand: schlecht
Aufwand: hoch
Nutzung während der Bauzeit: ja
Nutzungsänderung: nein
Grundrissänderungen: einige
Tragwerkseingriffe: wenige

Land: Hamburg
Kreis: Hamburg, Stadt
Standard: hoch
Bauzeit: 61 Wochen
Kennwerte: bis 1. Ebene DIN 276
veröffentlicht: BKI Objektdaten A9

BGF 1.892 €/m²

Planung: AISSLINGER + BRACHT | ARCHITEKTEN | and8; Hamburg

Mehrfamilienhaus (624 m² WFL) mit 13 WE. Neues DG als Penthouse.

1. Ebene: 300 Bauwerk – Baukonstruktionen: 77%, **400 Bauwerk – Technische Anlagen:** 23%

6100-1180 Einfamilienhaus

BRI 1.001 m³ **BGF** 362 m² **NUF** 212 m²

Baujahr: 1937
Bauzustand: gut
Aufwand: hoch
Nutzung während der Bauzeit: nein
Nutzungsänderung: nein
Grundrissänderungen: umfangreiche
Tragwerkseingriffe: umfangreiche

Land: Berlin
Kreis: Berlin, Stadt
Standard: mittel
Bauzeit: 52 Wochen
Kennwerte: bis 1. Ebene DIN 276
veröffentlicht: BKI Objektdaten A10

BGF 2.035 €/m²

Planung: wening.architekten; Potsdam

Umbau und Erweiterung eines Einfamilienhauses (Baujahr 1937).

1. Ebene: 300 Bauwerk – Baukonstruktionen: 86%, **400 Bauwerk – Technische Anlagen:** 14%

6100-1089 Wohnhaus, Aufstockung (2 WE) - Passivhaus

BRI 866 m³ **BGF** 263 m² **NUF** 202 m²

Baujahr: 1925
Bauzustand: schlecht
Aufwand: hoch
Nutzung während der Bauzeit: ja
Nutzungsänderung: nein
Grundrissänderungen: umfangreiche
Tragwerkseingriffe: einige

Land: Hamburg
Kreis: Hamburg, Stadt
Standard: hoch
Bauzeit: 26 Wochen
Kennwerte: bis 1. Ebene DIN 276
veröffentlicht: BKI Objektdaten E6

BGF 2.828 €/m²

Planung: Johannes Walther Architekt und Passivhausplaner; Hamburg

Aufstockung (2 WE) im Passivhausstandard (209 m² WFL) auf ein Wohngebäude aus den 1920er Jahren.

1. Ebene: 300 Bauwerk – Baukonstruktionen: 81%, **400 Bauwerk – Technische Anlagen:** 19%

Wohngebäude Aufstockung

€/m² BGF

min	870	€/m²
von	1.465	€/m²
Mittel	**2.495**	**€/m²**
bis	3.765	€/m²
max	4.770	€/m²

Kosten:
Stand 2. Quartal 2026
Bundesdurchschnitt
inkl. 19% MwSt.

Objektübersicht zur Gebäudeart

6100-0474 Einfamilienhaus **BRI** 222 m³ **BGF** 77 m² **NUF** 55 m²

Baujahr: 1972
Bauzustand: gut
Aufwand: hoch
Nutzung während der Bauzeit: ja
Nutzungsänderung: nein
Grundrissänderungen: wenige
Tragwerkseingriffe: wenige

Land: Niedersachsen
Kreis: Braunschweig, Stadt
Standard: mittel
Bauzeit: 35 Wochen
Kennwerte: bis 2. Ebene DIN 276
veröffentlicht: www.bki.de

BGF 2.577 €/m²

Planung: Jean-Elie Hamesse Architekt + Planer; Braunschweig

Erweiterung eines eingeschossigen Einfamilienhauses durch Aufstockung in Holzständerbauweise mit flach geneigtem begrüntem Dach.

1. Ebene: 300 Bauwerk – Baukonstruktionen: 89%, **400 Bauwerk – Technische Anlagen:** 11%

A Abbrechen
W Wiederherstellen
H Herstellen

Kostenkennwerte für die Kosten des Bauwerks (Kostengruppen 300+400 nach DIN 276)

Wohngebäude Dachausbau

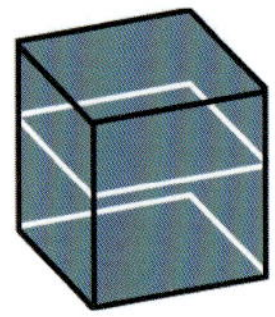

BRI 845 €/m³
von 630 €/m³
bis 1.105 €/m³

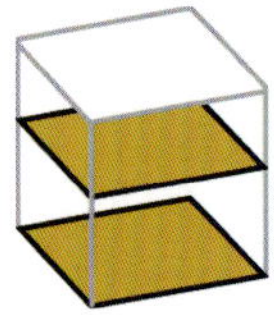

BGF 2.075 €/m²
von 1.575 €/m²
bis 3.205 €/m²

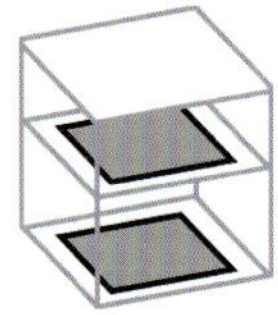

NUF 2.880 €/m²
von 2.140 €/m²
bis 4.400 €/m²

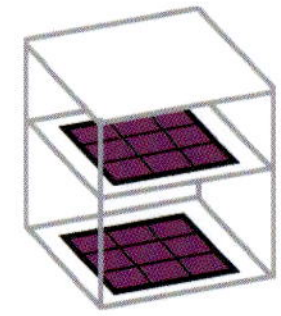

NE 3.080 €/NE
von 1.245 €/NE
bis 5.190 €/NE
NE: Wohnfläche

Objektbeispiele

Kosten:
Stand 2. Quartal 2026
Bundesdurchschnitt
inkl. 19% MwSt.

6100-1286

6100-0645

6100-0784

Kosten der 6 Vergleichsobjekte

Seiten 190 bis 193

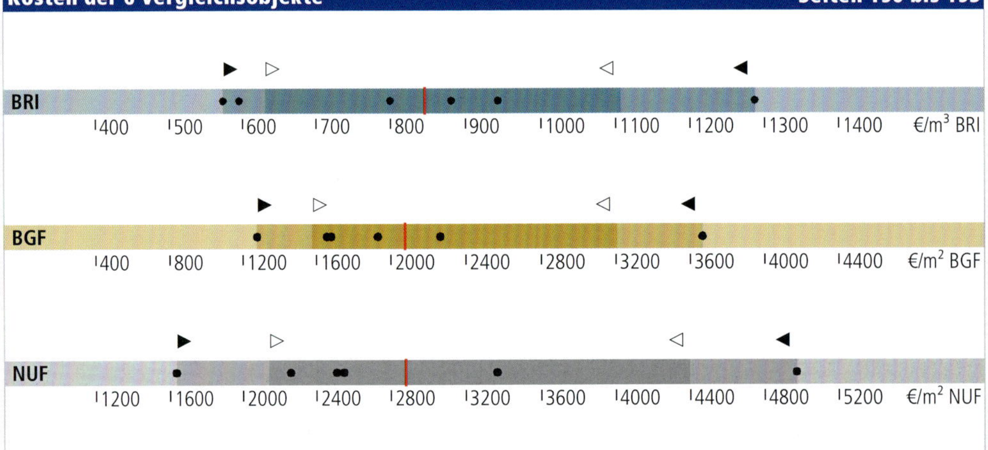

- ● KKW
- ▶ min
- ▷ von
- | Mittelwert
- ◁ bis
- ◀ max

Kostenkennwerte für die Kostengruppen der 1. und 2.Ebene DIN 276

KG	Kostengruppen der 1. Ebene	Einheit	▷	€/Einheit	◁	▷	% an 300+400	◁
100	Grundstück	m² GF	–	**–**	–	–	**–**	–
200	Vorbereitende Maßnahmen	m² GF	–	**2**	–	0,3	**0,3**	0,3
300	Bauwerk – Baukonstruktionen	m² BGF	1.329	**1.763**	2.706	77,9	**85,1**	91,2
400	Bauwerk – Technische Anlagen	m² BGF	150	**315**	502	8,8	**14,9**	22,1
	Bauwerk 300+400	m² BGF	1.576	**2.077**	3.207	100,0	**100,0**	100,0
500	Außenanlagen und Freiflächen	m² AF	–	**–**	–	–	**–**	–
600	Ausstattung und Kunstwerke	m² BGF	–	**45**	–	1,2	**1,2**	1,2
700	Baunebenkosten	m² BGF	–	**–**	–	–	**–**	–
800	Finanzierung	m² BGF	–	**–**	–	–	**–**	–

KG	Kostengruppen der 2. Ebene	Einheit	▷	€/Einheit	◁	▷	% an 1. Ebene	◁
310	Baugrube / Erdbau	m³ BGI	–	**–**	–	–	**–**	–
320	Gründung, Unterbau	m² GRF	–	**–**	–	–	**–**	–
330	Außenwände / vertikal außen	m² AWF	244	**683**	1.684	3,7	**14,8**	26,3
340	Innenwände / vertikal innen	m² IWF	253	**384**	657	5,8	**10,2**	18,7
350	Decken / horizontal	m² DEF	338	**435**	543	15,4	**17,5**	21,8
360	Dächer	m² DAF	454	**585**	717	39,7	**49,4**	67,7
370	Infrastrukturanlagen		–	**–**	–	–	**–**	–
380	Baukonstruktive Einbauten	m² BGF	54	**94**	134	0,0	**1,5**	4,5
390	Sonst. Maßnahmen für Baukonst.	m² BGF	66	**128**	275	2,7	**6,7**	9,1
300	**Bauwerk – Baukonstruktionen**	**m² BGF**					**100,0**	
410	Abwasser-, Wasser-, Gasanlagen	m² BGF	45	**85**	154	15,0	**31,0**	52,0
420	Wärmeversorgungsanlagen	m² BGF	54	**121**	182	21,6	**38,8**	49,3
430	Raumlufttechnische Anlagen	m² BGF	–	**11**	–	0,0	**0,5**	2,9
440	Elektrische Anlagen	m² BGF	45	**101**	238	18,3	**28,5**	40,8
450	Kommunikationstechnische Anlagen	m² BGF	8	**11**	18	0,0	**1,2**	2,9
460	Förderanlagen	m² BGF	–	**–**	–	–	**–**	–
470	Nutzungsspez. / verfahrenstech. Anl.	m² BGF	–	**–**	–	–	**–**	–
480	Gebäude- und Anlagenautomation	m² BGF	–	**–**	–	–	**–**	–
490	Sonst. Maßnahmen f. techn. Anl.	m² BGF	–	**–**	–	–	**–**	–
400	**Bauwerk – Technische Anlagen**	**m² BGF**					**100,0**	

Prozentanteile der Kosten 2. Ebene an den Kosten des Bauwerks nach DIN 276 (Von/Mittel/Bis)

KG	Kostengruppe	%
310	Baugrube / Erdbau	
320	Gründung, Unterbau	
330	Außenwände / vertikal außen	12,4
340	Innenwände / vertikal innen	8,5
350	Decken / horizontal	14,7
360	Dächer	42,7
370	Infrastrukturanlagen	
380	Baukonstruktive Einbauten	1,3
390	Sonst. Maßnahmen für Baukonst.	5,6
410	Abwasser-, Wasser-, Gasanlagen	4,4
420	Wärmeversorgungsanlagen	5,9
430	Raumlufttechnische Anlagen	< 0,1
440	Elektrische Anlagen	4,7
450	Kommunikationstechnische Anlagen	0,3
460	Förderanlagen	
470	Nutzungsspez. / verfahrenstech. Anl.	
480	Gebäude- und Anlagenautomation	
490	Sonst. Maßnahmen f. techn. Anl.	

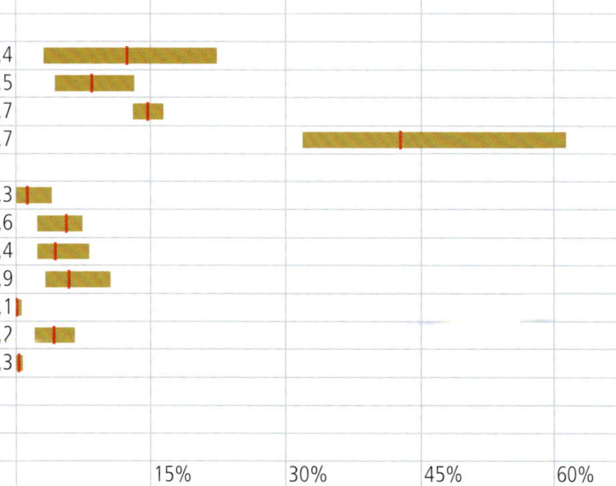

Übersicht-
1. + 2. Ebene
Erweiterung
Umbau
Moderni-
sierung
Instand-
setzung
Bau-
elemente
Abbrechen
Wieder-
herstellen
Herstellen

Kostenkennwerte für die Kostengruppen der 3. Ebene DIN 276

Kosten:
Stand 2. Quartal 2026
Bundesdurchschnitt
inkl. 19% MwSt.

▷ von
ø Mittel
◁ bis

KG	Kostengruppen der 3. Ebene	Einheit	▷	€/Einheit	◁	▷	€/m² BGF	◁
331	**Tragende Außenwände**	m²	274	**1.279**	3.286	16	**57**	80
	Abbrechen	*m²*	*114*	***428***	*1.052*	*11*	***23***	*40*
	Wiederherstellen	m²	–	**1.595**	–	–	**33**	–
	Herstellen	m²	158	**319**	639	11	**24**	48
332	**Nichttragende Außenwände**	m²	107	**283**	460	4	**9**	14
	Abbrechen	*m²*	–	***159***	–	–	***5***	–
	Herstellen	m²	107	**204**	301	4	**7**	9
334	**Außenwandöffnungen**	m²	1.013	**1.551**	2.993	111	**186**	380
	Abbrechen	*m²*	*64*	***69***	*73*	*4*	***13***	*23*
	Wiederherstellen	m²	–	**536**	–	–	**31**	–
	Herstellen	m²	974	**1.383**	2.392	106	**171**	357
335	**Außenwandbekleidungen, außen**	m²	299	**351**	403	8	**18**	29
	Abbrechen	*m²*	–	***267***	–	–	***7***	–
	Wiederherstellen	m²	–	**50**	–	–	**4**	–
	Herstellen	m²	32	**192**	353	< 1	**13**	25
336	**Außenwandbekleidungen, innen**	m²	31	**64**	117	12	**19**	34
	Herstellen	m²	31	**64**	117	12	**19**	34
337	**Elem. Außenwandkonstruktionen**	m²	404	**1.197**	1.990	263	**336**	410
	Herstellen	m²	404	**1.197**	1.990	263	**336**	410
338	**Lichtschutz zur KG 330**	m²	–	**559**	–	–	**40**	–
	Herstellen	m²	–	**559**	–	–	**40**	–
341	**Tragende Innenwände**	m²	200	**433**	771	28	**55**	107
	Abbrechen	*m²*	–	***99***	–	–	***25***	–
	Herstellen	m²	184	**399**	771	27	**47**	82
342	**Nichttragende Innenwände**	m²	87	**147**	219	24	**58**	150
	Abbrechen	*m²*	*12*	***15***	*17*	*3*	***7***	*11*
	Herstellen	m²	87	**140**	204	23	**55**	139
343	**Innenstützen**	m	–	**127**	–	–	**20**	–
	Herstellen	m	–	**127**	–	–	**20**	–
344	**Innenwandöffnungen**	m²	520	**805**	1.291	33	**59**	146
	Abbrechen	*m²*	–	***81***	–	–	***8***	–
	Herstellen	m²	519	**789**	1.232	33	**57**	138
345	**Innenwandbekleidungen**	m²	25	**61**	101	23	**39**	85
	Herstellen	m²	25	**61**	101	23	**39**	85
346	**Elem. Innenwandkonstruktionen**	m²	–	**226**	–	–	**154**	–
	Herstellen	m²	–	**226**	–	–	**154**	–
351	**Deckenkonstruktionen**	m²	377	**836**	1.702	32	**74**	124
	Abbrechen	*m²*	*3*	***321***	*434*	*5*	***18***	*29*
	Wiederherstellen	m²	–	**96**	–	–	**69**	–
	Herstellen	m²	242	**560**	1.676	25	**56**	102
353	**Deckenbeläge**	m²	237	**273**	350	149	**173**	186
	Abbrechen	*m²*	–	***10***	–	–	***8***	–
	Herstellen	m²	232	**271**	350	149	**171**	184
354	**Deckenbekleidungen**	m²	69	**114**	214	4	**17**	28
	Herstellen	m²	69	**114**	214	4	**17**	28
355	**Elementierte Deckenkonstruktionen**	m²	1.253	**1.650**	2.427	35	**58**	98
	Herstellen	m²	1.253	**1.650**	2.427	35	**58**	98
359	**Sonstiges zur KG 350**	m²	–	**75**	–	–	**56**	–
	Herstellen	m²	–	**75**	–	–	**56**	–

KG	Kostengruppen der 3. Ebene	Einheit	▷	€/Einheit	◁	▷	€/m² BGF	◁
361	**Dachkonstruktionen**	m²	108	**217**	436	136	**276**	535
	Abbrechen	*m²*	*13*	***27***	*42*	*16*	***37***	*60*
	Wiederherstellen	m²	–	**42**	–	–	**43**	–
	Herstellen	m²	83	**192**	401	106	**244**	486
362	**Dachöffnungen**	m²	531	**1.375**	2.204	37	**88**	154
	Abbrechen	*m²*	*24*	***30***	*36*	*2*	***4***	*6*
	Herstellen	m²	517	**1.365**	2.201	44	**87**	168
363	**Dachbeläge**	m²	221	**252**	288	205	**325**	505
	Abbrechen	*m²*	*12*	***25***	*34*	*16*	***36***	*62*
	Herstellen	m²	201	**232**	253	191	**296**	446
364	**Dachbekleidungen**	m²	36	**110**	158	47	**119**	193
	Abbrechen	*m²*	–	***5***	–	–	***6***	–
	Herstellen	m²	36	**109**	157	47	**118**	192
366	**Lichtschutz zur KG 360**	m²	453	**960**	1.529	11	**21**	29
	Herstellen	m²	453	**960**	1.529	11	**21**	29
369	**Sonstiges zur KG 360**	m²	2	**15**	24	2	**25**	37
	Herstellen	m²	2	**15**	24	2	**25**	37
381	**Allgemeine Einbauten**	m²	54	**94**	134	54	**94**	134
	Abbrechen	*m²*	–	***18***	–	–	***18***	–
	Herstellen	m²	54	**85**	116	54	**85**	116
391	**Baustelleneinrichtung**	m²	13	**48**	71	13	**48**	71
	Herstellen	m²	13	**48**	71	13	**48**	71
392	**Gerüste**	m²	27	**67**	169	27	**67**	169
	Herstellen	m²	27	**67**	169	27	**67**	169
397	**Zusätzliche Maßnahmen**	m²	26	**43**	71	26	**43**	71
	Herstellen	m²	26	**43**	71	26	**43**	71

Kostenstand: 2. Quartal 2026, Bundesdurchschnitt, **inkl. 19% MwSt.**

KG	Kostengruppen der 3. Ebene	Einheit	▷	€/Einheit	◁	▷	€/m² BGF	◁
411	**Abwasseranlagen**	m²	4	**9**	14	4	**9**	14
	Herstellen	m²	4	**9**	14	4	**9**	14
412	**Wasseranlagen**	m²	38	**76**	144	38	**76**	144
	Herstellen	m²	38	**76**	144	38	**76**	144
421	**Wärmeerzeugungsanlagen**	m²	3	**21**	58	3	**21**	58
	Herstellen	m²	3	**21**	58	3	**21**	58
422	**Wärmeverteilnetze**	m²	37	**58**	88	37	**58**	88
	Abbrechen	*m²*	–	***2***	–	–	***2***	–
	Wiederherstellen	m²	–	**3**	–	–	**3**	–
	Herstellen	m²	36	**57**	88	36	**57**	88
423	**Raumheizflächen**	m²	31	**60**	98	31	**60**	98
	Abbrechen	*m²*	–	***1***	–	–	***1***	–
	Herstellen	m²	30	**60**	98	30	**60**	98
429	**Sonstiges zur KG 420**	m²	18	**31**	44	18	**31**	44
	Abbrechen	*m²*	*8*	***20***	*47*	*8*	***20***	*47*
	Wiederherstellen	m²	–	**20**	–	–	**20**	–
	Herstellen	m²	3	**13**	23	3	**13**	23
431	**Lüftungsanlagen**	m²	–	**11**	–	–	**11**	–
	Herstellen	m²	–	**11**	–	–	**11**	–
442	**Eigenstromversorgungsanlagen**	m²	–	**157**	–	–	**157**	–
	Herstellen	m²	–	**157**	–	–	**157**	–
444	**Niederspannungsinstallationsanl.**	m²	35	**70**	103	35	**70**	103
	Abbrechen	*m²*	*2*	***3***	*4*	*2*	***3***	*4*
	Wiederherstellen	m²	–	**2**	–	–	**2**	–
	Herstellen	m²	35	**69**	100	35	**69**	100
445	**Beleuchtungsanlagen**	m²	–	**18**	–	–	**18**	–
	Herstellen	m²	–	**18**	–	–	**18**	–
446	**Blitzschutz- und Erdungsanlagen**	m²	< 1	**6**	11	< 1	**6**	11
	Herstellen	m²	< 1	**6**	11	< 1	**6**	11
451	**Telekommunikationsanlagen**	m²	3	**4**	5	3	**4**	5
	Herstellen	m²	3	**4**	5	3	**4**	5
452	**Such- und Signalanlagen**	m²	1	**3**	7	1	**3**	7
	Wiederherstellen	m²	< 1	**2**	3	< 1	**2**	3
	Herstellen	m²	–	**7**	–	–	**7**	–
455	**Audiovis. Medien- u. Antennenanl.**	m²	6	**8**	10	6	**8**	10
	Herstellen	m²	6	**8**	10	6	**8**	10

Kosten:
Stand 2. Quartal 2026
Bundesdurchschnitt
inkl. 19% MwSt.

▷ von
ø Mittel
◁ bis

Prozentanteile der Kosten für Leistungsbereiche nach STLB (Kosten Bauwerk nach DIN 276)

LB	Leistungsbereiche	▷	% an 300+400	◁
000	Baustellen-, Sicherheitseinr. inkl. 001, 089	2,1	**4,8**	6,3
002	Erdarbeiten	–	–	–
006	Spezialtiefbauarbeiten inkl. 005	–	–	–
009	Entwässerungskanalarbeiten inkl. 011	–	–	–
010	Drän- und Versickerarbeiten	–	–	–
012	Mauerarbeiten	0,2	**1,0**	1,8
013	Betonarbeiten	< 0,1	**0,9**	4,9
014	Natur-, Betonwerksteinarbeiten	0,0	**0,1**	0,7
016	Zimmer- und Holzbauarbeiten	7,0	**19,0**	32,3
017	Stahlbauarbeiten	0,0	**0,6**	1,9
018	Abdichtungsarbeiten	–	–	–
020	Dachdeckungsarbeiten	4,9	**10,0**	17,1
021	Dachabdichtungsarbeiten	< 0,1	**0,8**	2,3
022	Klempnerarbeiten	2,2	**7,3**	12,1
	Rohbau	30,1	**44,5**	56,4
023	Putz- und Stuckarbeiten, Wärmedämmsysteme	< 0,1	**0,5**	1,7
024	Fliesen- und Plattenarbeiten	0,1	**1,2**	2,9
025	Estricharbeiten	0,1	**1,2**	3,4
026	Fenster, Außentüren inkl. 029, 032	1,8	**6,7**	15,8
027	Tischlerarbeiten	4,0	**8,7**	17,0
028	Parkett-, Holzpflasterarbeiten	2,4	**4,9**	8,0
030	Rollladenarbeiten	< 0,1	**0,9**	2,5
031	Metallbauarbeiten inkl. 035	0,0	**0,5**	1,5
034	Maler- und Lackiererarb. - Beschicht. inkl. 037	1,1	**2,0**	4,0
036	Bodenbelagarbeiten	0,0	**0,7**	4,2
038	Vorgehängte hinterlüftete Fassaden	–	–	–
039	Trockenbauarbeiten	5,3	**8,8**	17,2
	Ausbau	28,4	**36,1**	48,4
040	Wärmeversorgungsanl. - Betriebseinr. inkl. 041	2,6	**5,4**	11,7
042	Gas- u. Wasseranl. - Leitung., Armat. inkl. 043	0,1	**1,1**	1,7
044	Abwasseranl. - Leitungen, Abläufe, Armaturen	0,2	**0,4**	0,8
045	Gas, Wasser, Entwässerung - Ausstattung inkl. 046	0,7	**2,2**	4,9
047	Dämm- und Brandschutzarb. an techn. Anlagen	0,0	**0,1**	0,3
049	Feuerlöschanlagen, Feuerlöschgeräte	–	–	–
050	Blitzschutz-/Erdungsanlagen, Überspannungssch.	< 0,1	**< 0,1**	0,3
052	Mittelspannungsanlagen	–	–	–
053	Niederspannungsanl. - Kabel inkl. 054	2,1	**4,0**	6,1
055	Sicherheits- u. Ersatzstromversorgungsanl.	–	–	–
057	Gebäudesystemtechnik	–	–	–
058	Leuchten und Lampen inkl. 059	0,0	**< 0,1**	0,5
060	Such, Signal, Zeit, Anten., akust. Anl. inkl. 064	< 0,1	**< 0,1**	0,4
061	Kommunikations- u. Übertragungsnetze inkl. 062	0,0	**0,2**	0,8
063	Gefahrenmeldeanlagen	–	–	–
069	Aufzüge	–	–	–
070	Gebäudeautomation	–	–	–
075	Raumlufttechnische Anlagen inkl. 078	0,0	**< 0,1**	0,6
	Gebäudetechnik	7,9	**13,8**	21,2
084	Abbruch, Rückbau, Schadstoffsanierung	3,1	**5,6**	8,1
	Sonstige Leistungsbereiche inkl. 008, 033, 051	–	–	–

Übersicht- 1. + 2. Ebene
Erweiterung
Umbau
Moderni- sierung
Instand- setzung
Bau- elemente
Abbrechen
Wieder- herstellen
Herstellen

€/m² BGF

min	1.275	€/m²
von	1.575	€/m²
Mittel	**2.075**	**€/m²**
bis	3.205	€/m²
max	3.665	€/m²

Kosten:
Stand 2. Quartal 2026
Bundesdurchschnitt
inkl. 19% MwSt.

Objektübersicht zur Gebäudeart

6100-1286 Mehrfamilienhaus, Dachgeschoss — BRI 700 m³ | BGF 246 m² | NUF 181 m²

Baujahr: 1905
Bauzustand: mittel
Aufwand: hoch
Nutzung während der Bauzeit: ja
Nutzungsänderung: nein
Grundrissänderungen: umfangreiche
Tragwerkseingriffe: umfangreiche

Land: Berlin
Kreis: Berlin, Stadt
Standard: hoch
Bauzeit: 31 Wochen
Kennwerte: bis 3. Ebene DIN 276
veröffentlicht: BKI Objektdaten A11

BGF 3.664 €/m²

Planung: rundzwei Architekten; Berlin

Erweiterung einer Gründerzeitvilla (Baujahr 1905) mit zwei Wohnungen um eine zusätzliche Maisonettewohnung im Dachgeschoss.

1. Ebene: 300 Bauwerk – Baukonstruktionen: 83%, **400 Bauwerk – Technische Anlagen:** 17%
3. Ebene: Baukonstruktionen: **A:** Sonstige 6%, **W:** Sonstige 4%, **H:** 334 Außenwandöffnungen 5%, 337 Elementierte Außenwandkonstruktionen 9%, 344 Innenwandöffnungen 5%, 345 Innenwandbekleidungen 3%, 353 Deckenbeläge 6%, 361 Dachkonstruktionen 17%, 362 Dachöffnungen 4%, 363 Dachbeläge 9%, 364 Dachbekleidungen 4%, 381 Allgemeine Einbauten 4%, 392 Gerüste 7%, Sonstige 17%, **Technische Anlagen:** **A:** Sonstige 1%, **W:** 429 Sonstiges zur KG 420 3%, Sonstige < 1%, **H:** 412 Wasseranlagen 23%, 422 Wärmeverteilnetze 9%, 423 Raumheizflächen 12%, 442 Eigenstromversorgungsanlagen 26%, 444 Niederspannungsinstallationsanlagen 17%, 445 Beleuchtungsanlagen 3%, Sonstige 5%

6100-0645 Mehrfamilienhaus — BRI 498 m³ | BGF 170 m² | NUF 126 m²

Baujahr: 1903
Bauzustand: mittel
Aufwand: mittel
Nutzung während der Bauzeit: ja
Nutzungsänderung: ja
Grundrissänderungen: wenige
Tragwerkseingriffe: einige

Land: Bayern
Kreis: München, Stadt
Standard: hoch
Bauzeit: 13 Wochen
Kennwerte: bis 3. Ebene DIN 276
veröffentlicht: BKI Objektdaten A6

BGF 1.678 €/m²

Planung: Dipl.-Ing. (FH) Hanns Peter Benl edp ingenieure; Neuötting

Dachgeschossausbau an bestehendes Mehrfamilienhaus in Jugendstilbauweise. **Kosteneinfluss Nutzung:** Denkmalschutzauflagen, Brandschutz, Schallschutzmaßnahmen, KfW 60 Standard.

1. Ebene: 300 Bauwerk – Baukonstruktionen: 74%, **400 Bauwerk – Technische Anlagen:** 26%
3. Ebene: Baukonstruktionen: **A:** Sonstige 2%, **W:** 361 Dachkonstruktionen 3%, **H:** 334 Außenwandöffnungen 8%, 342 Nichttragende Innenwände 11%, 344 Innenwandöffnungen 5%, 351 Deckenkonstruktionen 9%, 353 Deckenbeläge 14%, 362 Dachöffnungen 3%, 363 Dachbeläge 7%, 364 Dachbekleidungen 18%, 391 Baustelleneinrichtung 7%, Sonstige 12%, **Technische Anlagen:** **A:** Sonstige < 1%, **W:** Sonstige < 1%, **H:** 411 Abwasseranlagen 3%, 412 Wasseranlagen 34%, 421 Wärmeerzeugungsanlagen 13%, 423 Raumheizflächen 28%, 444 Niederspannungsinstallationsanlagen 17%, Sonstige 3%

A Abbrechen
W Wiederherstellen
H Herstellen

6100-0785 Zweifamilienhaus, Dachausbau

BRI 251 m³ **BGF** 104 m² **NUF** 80 m²

Bauzustand: mittel
Aufwand: hoch
Nutzung während der Bauzeit: ja
Nutzungsänderung: nein
Grundrissänderungen: wenige
Tragwerkseingriffe: einige

Land: Bayern
Kreis: München
Standard: mittel
Bauzeit: 35 Wochen
Kennwerte: bis 3. Ebene DIN 276
veröffentlicht: BKI Objektdaten A7

BGF 1.928 €/m²

Planung: Dipl.-Ing. (FH) Hanns Peter Benl edp ingenieure; München

Erweiterung eines zweigeschossigen Einfamilienhauses durch den Ausbau des Dachgeschosses.

1. Ebene: 300 Bauwerk – Baukonstruktionen: 80%, **400 Bauwerk – Technische Anlagen:** 20%
3. Ebene: Baukonstruktionen: A: Sonstige 6%, **H:** 331 Tragende Außenwände 3%, 334 Außenwandöffnungen 23%, 353 Deckenbeläge 12%, 361 Dachkonstruktionen 14%, 362 Dachöffnungen 3%, 363 Dachbeläge 18%, 364 Dachbekleidungen 5%, 391 Baustelleneinrichtung 4%, Sonstige 11%, **Technische Anlagen:** A: 429 Sonstiges zur KG 420 12%, **H:** 411 Abwasseranlagen 4%, 412 Wasseranlagen 11%, 422 Wärmeverteilnetze 23%, 423 Raumheizflächen 17%, 444 Niederspannungsinstallationsanlagen 29%, Sonstige 5%

6100-0612 Einfamilienhaus

BRI 268 m³ **BGF** 112 m² **NUF** 75 m²

Bauzustand: mittel
Aufwand: mittel
Nutzung während der Bauzeit: ja
Nutzungsänderung: nein
Grundrissänderungen: einige
Tragwerkseingriffe: wenige

Land: Nordrhein-Westfalen
Kreis: Düren
Standard: mittel
Bauzeit: 26 Wochen
Kennwerte: bis 3. Ebene DIN 276
veröffentlicht: www.bki.de

BGF 2.264 €/m²

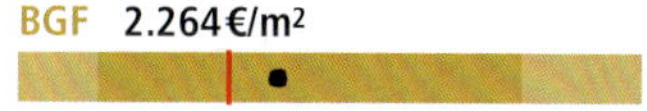

Planung: FRANKE Architektur I Innenarchitektur; Düren

Dachgeschossausbau zur Wohnraumerweiterung

1. Ebene: 300 Bauwerk – Baukonstruktionen: 92%, **400 Bauwerk – Technische Anlagen:** 8%
3. Ebene: Baukonstruktionen: A: 361 Dachkonstruktionen 3%, Sonstige 2%, **H:** 334 Außenwandöffnungen 5%, 337 Elementierte Außenwandkonstruktionen 20%, 346 Elementierte Innenwandkonstruktionen 7%, 353 Deckenbeläge 8%, 355 Elementierte Deckenkonstruktionen 5%, 361 Dachkonstruktionen 22%, 363 Dachbeläge 17%, Sonstige 11%, **Technische Anlagen:** A: 429 Sonstiges zur KG 420 10%, **H:** 412 Wasseranlagen 9%, 422 Wärmeverteilnetze 15%, 423 Raumheizflächen 16%, 429 Sonstiges zur KG 420 13%, 444 Niederspannungsinstallationsanlagen 35%, Sonstige 3%

€/m² BGF

min	1.275 €/m²
von	1.575 €/m²
Mittel	**2.075 €/m²**
bis	3.205 €/m²
max	3.665 €/m²

Kosten:
Stand 2. Quartal 2026
Bundesdurchschnitt
inkl. 19% MwSt.

Objektübersicht zur Gebäudeart

6100-0784 Einfamilienhaus

BRI 388 m³ **BGF** 181 m² **NUF** 141 m²

Bauzustand: mittel
Aufwand: hoch
Nutzung während der Bauzeit: ja
Nutzungsänderung: nein
Grundrissänderungen: einige
Tragwerkseingriffe: einige

Land: Baden-Württemberg
Kreis: Heidelberg, Stadt
Standard: mittel
Bauzeit: 4 Wochen
Kennwerte: bis 3. Ebene DIN 276
veröffentlicht: www.bki.de
BGF **1.275 €/m²**

Planung: Architekt Dipl.-Ing. Alexander Böhm; Heidelberg

Erweiterung eines Zweifamilienhauses durch Ausbau des Spitzbodens zur Erhöhung der Wohnfläche des Dachgeschosses.
Kosteneinfluss Nutzung: Die Wohnflächenangaben gelten nur für den Dachausbau.

1. Ebene: 300 Bauwerk – Baukonstruktionen: 91%, **400 Bauwerk – Technische Anlagen:** 9%
3. Ebene: Baukonstruktionen: A: Sonstige 4%, H: 345 Innenwandbekleidungen 3%, 351 Deckenkonstruktionen 3%, 353 Deckenbeläge 12%, 361 Dachkonstruktionen 12%, 362 Dachöffnungen 17%, 363 Dachbeläge 24%, 364 Dachbekleidungen 6%, 381 Allgemeine Einbauten 5%, Sonstige 13%, **Technische Anlagen:** H: 411 Abwasseranlagen 4%, 412 Wasseranlagen 63%, 423 Raumheizflächen 18%, 444 Niederspannungsinstallationsanlagen 15%

6100-0783 Mehrfamilienhaus (3 WE)

BRI 272 m³ **BGF** 145 m² **NUF** 94 m²

Bauzustand: mittel
Aufwand: hoch
Nutzung während der Bauzeit: ja
Nutzungsänderung: nein
Grundrissänderungen: einige
Tragwerkseingriffe: einige

Land: Baden-Württemberg
Kreis: Heidelberg, Stadt
Standard: mittel
Bauzeit: 17 Wochen
Kennwerte: bis 3. Ebene DIN 276
veröffentlicht: www.bki.de
BGF **1.654 €/m²**

Planung: Architekt Dipl.-Ing. Alexander Böhm; Heidelberg

Erweiterung eines Dreifamilienhauses durch Dachgeschossausbau mit Ausbau des Spitzbodens zur Erweiterung der Wohnfläche.
Kosteneinfluss Nutzung: Die Angabe der Wohnfläche bezieht sich auf das Dachgeschoss.

1. Ebene: 300 Bauwerk – Baukonstruktionen: 90%, **400 Bauwerk – Technische Anlagen:** 10%
3. Ebene: Baukonstruktionen: A: 363 Dachbeläge 5%, Sonstige 5%, H: 353 Deckenbeläge 11%, 355 Elementierte Deckenkonstruktionen 3%, 361 Dachkonstruktionen 7%, 362 Dachöffnungen 6%, 363 Dachbeläge 34%, 364 Dachbekleidungen 12%, 392 Gerüste 5%, Sonstige 13%, **Technische Anlagen:** A: 429 Sonstiges zur KG 420 8%, H: 411 Abwasseranlagen 8%, 412 Wasseranlagen 26%, 423 Raumheizflächen 30%, 444 Niederspannungsinstallationsanlagen 26%, Sonstige 2%

A Abbrechen
W Wiederherstellen
H Herstellen

6100-1034 Wohn- und Geschäftshaus (4 WE) - Effizienzhaus 100* **BRI** 2.845 m^3 **BGF** 1.080 m^2 **NUF** 621 m^2

Baujahr: 1903

Land: Bayern
Kreis: Oberallgäu
Standard: hoch
Bauzeit: 78 Wochen
Kennwerte: bis 1. Ebene DIN 276
veröffentlicht: BKI Objektdaten E5

BGF 769 €/m²

* Nicht in der Auswertung enthalten

Planung: brack architekten; Kempten

Erweiterung einer ehemaligen Schreinerei um 3 WE im Dachgeschoss.

1. Ebene: 300 Bauwerk – Baukonstruktionen: 78%, **400 Bauwerk – Technische Anlagen:** 22%

Kostenkennwerte für die Kosten des Bauwerks (Kostengruppen 300+400 nach DIN 276)

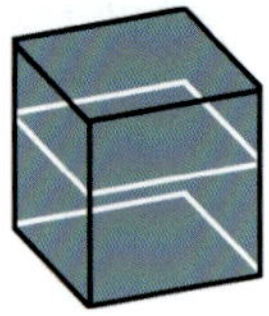

BRI 370 €/m³
von 240 €/m³
bis 535 €/m³

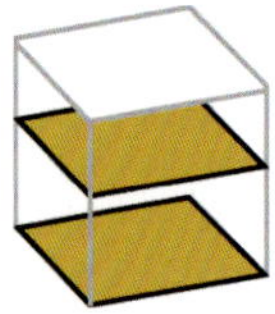

BGF 1.920 €/m²
von 1.440 €/m²
bis 2.715 €/m²

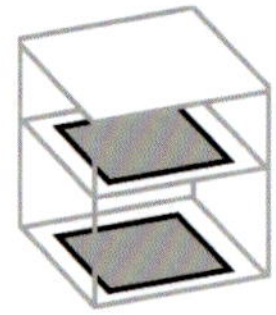

NUF 2.340 €/m²
von 1.675 €/m²
bis 3.915 €/m²

Kosten:
Stand 2. Quartal 2026
Bundesdurchschnitt
inkl. 19% MwSt.

Objektbeispiele

© IPROconsult GmbH
7700-0068

© Xella Aircrete Systems / Holger Krull (Architekturfotograf)
7700-0080

© planerzirkel consulting architects GmbH
7300-0103

© Architekturbüro Bertwin Kaufmann
7300-0058

© k. A.
7600-0064

© IPROconsult GmbH
7700-0068

Kosten der 19 Vergleichsobjekte

Seiten 202 bis 210

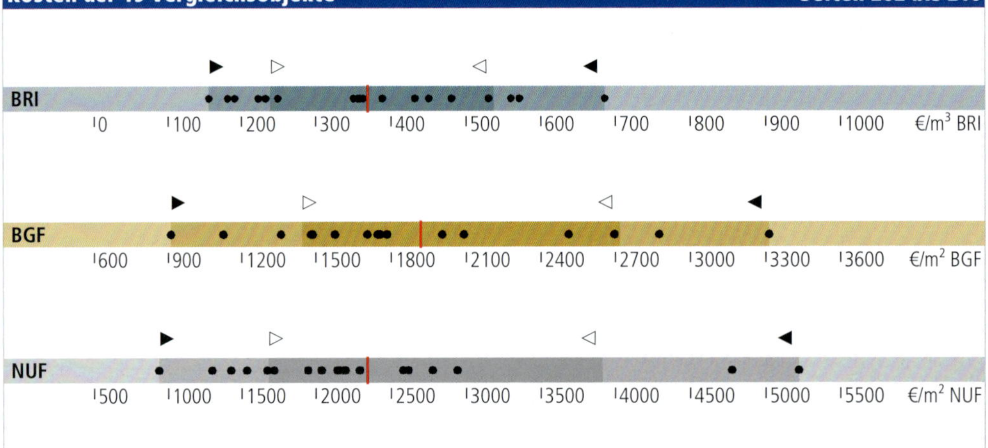

- ● KKW
- ▶ min
- ▷ von
- | Mittelwert
- ◁ bis
- ◀ max

Kostenkennwerte für die Kostengruppen der 1. und 2.Ebene DIN 276

KG	Kostengruppen der 1.Ebene	Einheit	▷	€/Einheit	◁	▷	% an 300+400	◁
100	Grundstück	m²GF	–	**–**	–	–	**–**	–
200	Vorbereitende Maßnahmen	m²GF	8	**32**	290	1,0	**2,8**	8,9
300	Bauwerk – Baukonstruktionen	m²BGF	1.181	**1.540**	2.150	71,7	**81,2**	88,3
400	Bauwerk – Technische Anlagen	m²BGF	203	**378**	680	11,7	**18,8**	28,3
	Bauwerk 300+400	m²BGF	1.442	**1.919**	2.717	100,0	**100,0**	100,0
500	Außenanlagen und Freiflächen	m²AF	30	**88**	174	3,0	**7,7**	19,0
600	Ausstattung und Kunstwerke	m²BGF	1	**3**	13	< 0,1	**0,1**	0,4
700	Baunebenkosten	m²BGF	–	**–**	–	–	**–**	–
800	Finanzierung	m²BGF	–	**–**	–	–	**–**	–

KG	Kostengruppen der 2.Ebene	Einheit	▷	€/Einheit	◁	▷	% an 1.Ebene	◁
310	Baugrube / Erdbau	m³BGI	33	**66**	98	0,9	**2,4**	8,0
320	Gründung, Unterbau	m²GRF	344	**462**	619	9,2	**20,1**	29,5
330	Außenwände / vertikal außen	m²AWF	410	**569**	822	21,4	**28,4**	33,0
340	Innenwände / vertikal innen	m²IWF	252	**360**	517	5,5	**10,8**	14,6
350	Decken / horizontal	m²DEF	350	**533**	784	< 0,1	**8,0**	18,4
360	Dächer	m²DAF	337	**445**	512	19,5	**25,2**	33,3
370	Infrastrukturanlagen		–	**–**	–	–	**–**	–
380	Baukonstruktive Einbauten	m²BGF	4	**22**	40	< 0,1	**0,5**	2,5
390	Sonst. Maßnahmen für Baukonst.	m²BGF	35	**79**	171	2,5	**4,6**	8,2
300	**Bauwerk – Baukonstruktionen**	**m²BGF**					**100,0**	
410	Abwasser-, Wasser-, Gasanlagen	m²BGF	30	**53**	134	8,7	**14,4**	24,2
420	Wärmeversorgungsanlagen	m²BGF	43	**90**	148	14,5	**24,9**	36,9
430	Raumlufttechnische Anlagen	m²BGF	18	**41**	94	0,8	**6,1**	14,3
440	Elektrische Anlagen	m²BGF	74	**117**	198	22,3	**33,5**	41,6
450	Kommunikationstechnische Anlagen	m²BGF	15	**30**	49	1,3	**6,3**	9,9
460	Förderanlagen	m²BGF	41	**76**	123	0,7	**9,5**	27,1
470	Nutzungsspez. / verfahrenstech. Anl.	m²BGF	8	**51**	133	0,6	**4,8**	25,5
480	Gebäude- und Anlagenautomation	m²BGF	2	**3**	4	0,0	**0,2**	0,9
490	Sonst. Maßnahmen f. techn. Anl.	m²BGF	2	**5**	8	0,0	**0,2**	1,3
400	**Bauwerk – Technische Anlagen**	**m²BGF**					**100,0**	

Prozentanteile der Kosten 2.Ebene an den Kosten des Bauwerks nach DIN 276 (Von/Mittel/Bis)

KG	Kostengruppe	%
310	Baugrube / Erdbau	1,9
320	Gründung, Unterbau	16,4
330	Außenwände / vertikal außen	23,0
340	Innenwände / vertikal innen	8,7
350	Decken / horizontal	6,6
360	Dächer	20,6
370	Infrastrukturanlagen	
380	Baukonstruktive Einbauten	0,4
390	Sonst. Maßnahmen für Baukonst.	3,7
410	Abwasser-, Wasser-, Gasanlagen	2,5
420	Wärmeversorgungsanlagen	4,5
430	Raumlufttechnische Anlagen	1,2
440	Elektrische Anlagen	5,9
450	Kommunikationstechnische Anlagen	1,3
460	Förderanlagen	1,8
470	Nutzungsspez. / verfahrenstech. Anl.	1,2
480	Gebäude- und Anlagenautomation	< 0,1
490	Sonst. Maßnahmen f. techn. Anl.	< 0,1

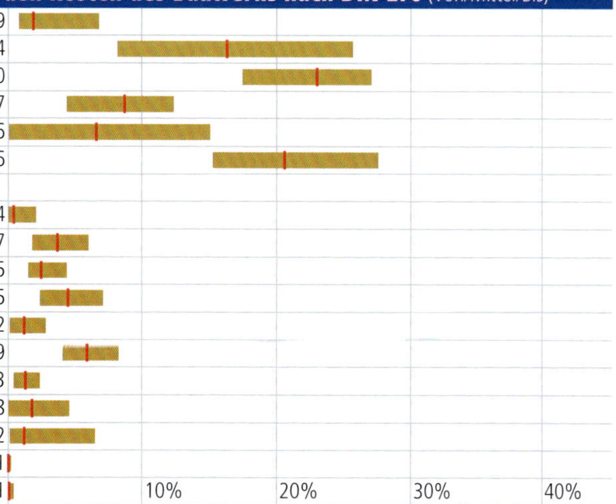

 Erläuterungen zu den Tabellen siehe Seite 28

Kostenstand: 2. Quartal 2026, Bundesdurchschnitt, **inkl. 19% MwSt.**

Kostenkennwerte für die Kostengruppen der 3. Ebene DIN 276

KG	Kostengruppen der 3. Ebene	Einheit	▷	€/Einheit	◁	▷	€/m² BGF	◁
311	**Herstellung**	m³	32	**66**	98	16	**39**	107
	Herstellen	m³	32	**66**	98	16	**39**	107
321	**Baugrundverbesserung**	m²	–	**81**	–	36	**58**	81
	Herstellen	m²	–	**81**	–	36	**58**	81
322	**Flachgründungen und Bodenplatten**	m²	205	**285**	451	116	**190**	438
	Abbrechen	*m²*	*< 1*	***21***	*33*	*5*	***16***	*37*
	Herstellen	m²	210	**279**	454	114	**185**	414
324	**Gründungsbeläge**	m²	74	**135**	213	38	**92**	184
	Abbrechen	*m²*	*4*	***8***	*11*	*4*	***6***	*11*
	Wiederherstellen	m²	–	**6**	–	–	**2**	–
	Herstellen	m²	73	**132**	208	37	**90**	179
325	**Abdichtungen und Bekleidungen**	m²	30	**77**	135	21	**49**	101
	Herstellen	m²	30	**77**	135	21	**49**	101
326	**Dränagen**	m²	6	**21**	30	5	**11**	22
	Herstellen	m²	6	**21**	30	5	**11**	22
331	**Tragende Außenwände**	m²	195	**363**	892	17	**83**	176
	Abbrechen	*m²*	*7*	***333***	*983*	*2*	***5***	*8*
	Wiederherstellen	m²	–	**88**	–	–	**< 1**	–
	Herstellen	m²	171	**259**	505	36	**103**	191
332	**Nichttragende Außenwände**	m²	39	**167**	201	16	**52**	119
	Abbrechen	*m²*	–	***5***	–	*2*	***3***	*4*
	Herstellen	m²	39	**166**	200	22	**61**	119
333	**Außenstützen**	m	210	**455**	813	13	**33**	51
	Herstellen	m	210	**455**	813	13	**33**	51
334	**Außenwandöffnungen**	m²	579	**905**	1.325	44	**98**	174
	Abbrechen	*m²*	*13*	***44***	*102*	*2*	***3***	*8*
	Wiederherstellen	m²	14	**47**	79	3	**4**	5
	Herstellen	m²	547	**864**	1.261	42	**95**	172
335	**Außenwandbekleidungen, außen**	m²	84	**184**	309	67	**114**	226
	Abbrechen	*m²*	–	***3***	–	–	***2***	–
	Wiederherstellen	m²	–	**10**	–	–	**14**	–
	Herstellen	m²	82	**183**	308	65	**113**	226
336	**Außenwandbekleidungen, innen**	m²	23	**61**	98	8	**26**	63
	Abbrechen	*m²*	–	***< 1***	–	–	***< 1***	–
	Wiederherstellen	m²	–	**4**	–	–	**2**	–
	Herstellen	m²	22	**60**	98	8	**26**	63
337	**Elem. Außenwandkonstruktionen**	m²	755	**1.415**	3.376	30	**127**	207
	Abbrechen	*m²*	*17*	***1.922***	*3.827*	*8*	***14***	*21*
	Wiederherstellen	m²	< 1	**181**	361	< 1	**1**	2
	Herstellen	m²	434	**950**	1.258	34	**143**	206
338	**Lichtschutz zur KG 330**	m²	343	**498**	1.035	17	**38**	78
	Abbrechen	*m²*	–	***20***	–	–	***< 1***	–
	Herstellen	m²	339	**495**	1.035	16	**37**	78
339	**Sonstiges zur KG 330**	m²	9	**26**	103	5	**20**	55
	Abbrechen	*m²*	*1*	***2***	*2*	*1*	***2***	*2*
	Herstellen	m²	8	**25**	103	5	**19**	55
341	**Tragende Innenwände**	m²	168	**287**	713	13	**31**	49
	Abbrechen	*m²*	*16*	***184***	*282*	*1*	***14***	*21*
	Wiederherstellen	m²	–	**20**	–	–	**1**	–
	Herstellen	m²	129	**215**	419	10	**25**	45

Kosten:
Stand 2. Quartal 2026
Bundesdurchschnitt
inkl. 19% MwSt.

▷ von
ø Mittel
◁ bis

KG	Kostengruppen der 3. Ebene	Einheit	▷	€/Einheit	◁	▷	€/m² BGF	◁
342	**Nichttragende Innenwände**	m²	91	**157**	262	19	**35**	69
	Abbrechen	*m²*	–	***71***	–	–	***26***	–
	Herstellen	m²	84	**149**	239	17	**32**	54
343	**Innenstützen**	m	157	**351**	494	9	**16**	35
	Abbrechen	*m*	–	***12***	–	–	***1***	–
	Herstellen	m	151	**349**	494	8	**16**	35
344	**Innenwandöffnungen**	m²	712	**1.040**	1.709	32	**49**	116
	Abbrechen	*m²*	*25*	***49***	*73*	*2*	***3***	*5*
	Wiederherstellen	m²	19	**48**	77	< 1	**3**	5
	Herstellen	m²	667	**1.021**	1.707	30	**48**	116
345	**Innenwandbekleidungen**	m²	49	**111**	655	28	**52**	87
	Abbrechen	*m²*	–	***2***	–	–	***< 1***	–
	Wiederherstellen	m²	2	**10**	19	3	**9**	24
	Herstellen	m²	43	**106**	655	24	**48**	86
346	**Elem. Innenwandkonstruktionen**	m²	289	**640**	1.049	8	**37**	102
	Herstellen	m²	289	**640**	1.049	8	**37**	102
351	**Deckenkonstruktionen**	m²	263	**369**	921	37	**82**	179
	Wiederherstellen	m²	–	**724**	–	–	**4**	–
	Herstellen	m²	201	**266**	314	35	**82**	179
353	**Deckenbeläge**	m²	139	**175**	244	35	**70**	134
	Abbrechen	*m²*	–	***16***	–	–	***14***	–
	Herstellen	m²	134	**172**	244	35	**67**	129
354	**Deckenbekleidungen**	m²	28	**61**	109	8	**24**	55
	Abbrechen	*m²*	–	***1***	–	–	***< 1***	–
	Wiederherstellen	m²	6	**10**	15	< 1	**3**	5
	Herstellen	m²	21	**57**	97	7	**23**	55
355	**Elementierte Deckenkonstruktionen**	m²	1.779	**3.056**	3.771	7	**14**	27
	Herstellen	m²	1.779	**3.056**	3.771	7	**14**	27
359	**Sonstiges zur KG 350**	m²	26	**50**	87	11	**22**	62
	Herstellen	m²	26	**50**	87	11	**22**	62
361	**Dachkonstruktionen**	m²	86	**192**	259	88	**154**	267
	Abbrechen	*m²*	*11*	***19***	*38*	*5*	***18***	*34*
	Herstellen	m²	85	**185**	245	86	**148**	247
362	**Dachöffnungen**	m²	891	**1.821**	2.898	17	**31**	80
	Herstellen	m²	891	**1.821**	2.898	22	**34**	80
363	**Dachbeläge**	m²	145	**203**	260	112	**181**	300
	Abbrechen	*m²*	*1*	***12***	*26*	*3*	***12***	*42*
	Wiederherstellen	m²	–	**8**	–	–	**11**	–
	Herstellen	m²	137	**194**	255	106	**172**	282
364	**Dachbekleidungen**	m²	39	**72**	112	16	**42**	99
	Abbrechen	*m²*	*4*	***9***	*14*	*4*	***9***	*13*
	Wiederherstellen	m²	3	**4**	5	2	**4**	6
	Herstellen	m²	36	**70**	106	15	**39**	91
369	**Sonstiges zur KG 360**	m²	3	**7**	11	3	**7**	13
	Abbrechen	*m²*	–	***3***	–	–	***4***	–
	Herstellen	m²	3	**6**	11	2	**6**	11
381	**Allgemeine Einbauten**	m²	3	**21**	38	3	**21**	38
	Herstellen	m²	3	**21**	38	3	**21**	38
391	**Baustelleneinrichtung**	m²	11	**39**	104	11	**39**	104
	Herstellen	m²	11	**39**	104	11	**39**	104
392	**Gerüste**	m²	12	**23**	46	12	**23**	46
	Herstellen	m²	12	**23**	46	12	**23**	46

KG	Kostengruppen der 3. Ebene	Einheit	▷	€/Einheit	◁	▷	€/m² BGF	◁
397	**Zusätzliche Maßnahmen**	m²	4	**14**	35	4	**14**	35
	Herstellen	m²	4	**14**	35	4	**14**	35
398	**Provisorische Baukonstruktionen**	m²	3	**13**	41	3	**13**	41
	Herstellen	m²	3	**13**	41	3	**13**	41
411	**Abwasseranlagen**	m²	14	**22**	34	14	**22**	34
	Wiederherstellen	m²	–	**3**	–	–	**3**	–
	Herstellen	m²	13	**22**	32	13	**22**	32
412	**Wasseranlagen**	m²	12	**29**	116	12	**29**	116
	Abbrechen	*m²*	*< 1*	***< 1***	*2*	*< 1*	***< 1***	*2*
	Wiederherstellen	m²	–	**< 1**	–	–	**< 1**	–
	Herstellen	m²	12	**29**	116	12	**29**	116
419	**Sonstiges zur KG 410**	m²	2	**8**	20	2	**8**	20
	Herstellen	m²	2	**8**	20	2	**8**	20
421	**Wärmeerzeugungsanlagen**	m²	10	**33**	56	10	**33**	56
	Herstellen	m²	10	**33**	56	10	**33**	56
422	**Wärmeverteilnetze**	m²	11	**30**	45	11	**30**	45
	Abbrechen	*m²*	–	***< 1***	–	–	***< 1***	–
	Herstellen	m²	11	**29**	45	11	**29**	45
423	**Raumheizflächen**	m²	21	**37**	80	21	**37**	80
	Abbrechen	*m²*	*< 1*	***< 1***	*< 1*	*< 1*	***< 1***	*< 1*
	Herstellen	m²	20	**37**	80	20	**37**	80
429	**Sonstiges zur KG 420**	m²	8	**10**	11	8	**10**	11
	Herstellen	m²	8	**10**	11	8	**10**	11
431	**Lüftungsanlagen**	m²	5	**24**	85	5	**24**	85
	Abbrechen	*m²*	–	***< 1***	–	–	***< 1***	–
	Herstellen	m²	5	**24**	85	5	**24**	85
433	**Klimaanlagen**	m²	23	**45**	67	23	**45**	67
	Herstellen	m²	23	**45**	67	23	**45**	67
434	**Kälteanlagen**	m²	–	**25**	–	–	**25**	–
	Herstellen	m²	–	**25**	–	–	**25**	–
441	**Hoch- und Mittelspannungsanlagen**	m²	–	**24**	–	–	**24**	–
	Herstellen	m²	–	**24**	–	–	**24**	–
443	**Niederspannungsschaltanlagen**	m²	–	**8**	–	–	**8**	–
	Herstellen	m²	–	**8**	–	–	**8**	–
444	**Niederspannungsinstallationsanl.**	m²	42	**68**	100	42	**68**	100
	Abbrechen	*m²*	–	***1***	–	–	***1***	–
	Herstellen	m²	42	**68**	100	42	**68**	100
445	**Beleuchtungsanlagen**	m²	16	**38**	64	16	**38**	64
	Herstellen	m²	16	**38**	64	16	**38**	64
446	**Blitzschutz- und Erdungsanlagen**	m²	4	**13**	27	4	**13**	27
	Abbrechen	*m²*	–	***< 1***	–	–	***< 1***	–
	Herstellen	m²	4	**13**	27	4	**13**	27
453	**Zeitdienstanlagen**	m²	1	**10**	19	1	**10**	19
	Herstellen	m²	1	**10**	19	1	**10**	19
454	**Elektroakustische Anlagen**	m²	–	**19**	–	–	**19**	–
	Wiederherstellen	m²	–	**4**	–	–	**4**	–
	Herstellen	m²	–	**15**	–	–	**15**	–
456	**Gefahrenmelde- und Alarmanlagen**	m²	15	**24**	34	15	**24**	34
	Abbrechen	*m²*	–	***1***	–	–	***1***	–
	Herstellen	m²	15	**24**	34	15	**24**	34
457	**Datenübertragungsnetze**	m²	4	**11**	20	4	**11**	20
	Herstellen	m²	4	**11**	20	4	**11**	20

Kosten:
Stand 2. Quartal 2026
Bundesdurchschnitt
inkl. 19% MwSt.

▷ von
ø Mittel
◁ bis

KG	Kostengruppen der 3. Ebene	Einheit	▷	€/Einheit	◁	▷	€/m² BGF	◁
461	**Aufzugsanlagen**	m²	40	**73**	126	40	**73**	126
	Herstellen	m²	40	**73**	126	40	**73**	126
464	**Transportanlagen**	m²	–	**8**	–	–	**8**	–
	Herstellen	m²	–	**8**	–	–	**8**	–
465	**Krananlagen**	m²	–	**17**	–	–	**17**	–
	Herstellen	m²	–	**17**	–	–	**17**	–
466	**Hydraulikanlagen**	m²	–	**121**	–	–	**121**	–
	Wiederherstellen	m²	–	**2**	–	–	**2**	–
	Herstellen	m²	–	**119**	–	–	**119**	–
469	**Sonstiges zur KG 460**	m²	4	**7**	10	4	**7**	10
	Herstellen	m²	4	**7**	10	4	**7**	10
473	**Medienversorgungsanlagen**	m²	11	**12**	14	11	**12**	14
	Herstellen	m²	11	**12**	14	11	**12**	14
474	**Feuerlöschanlagen**	m²	2	**3**	8	2	**3**	8
	Herstellen	m²	2	**3**	8	2	**3**	8
476	**Weitere nutzungsspezifische Anl.**	m²	51	**108**	166	51	**108**	166
	Herstellen	m²	51	**108**	166	51	**108**	166
492	**Gerüste**	m²	2	**4**	7	2	**4**	7
	Herstellen	m²	2	**4**	7	2	**4**	7

Prozentanteile der Kosten für Leistungsbereiche nach STLB (Kosten Bauwerk nach DIN 276)

LB	Leistungsbereiche	▷	% an 300+400	◁
000	Baustellen-, Sicherheitseinr. inkl. 001, 089	1,7	**3,3**	5,2
002	Erdarbeiten	1,3	**4,0**	10,0
006	Spezialtiefbauarbeiten inkl. 005	–	**–**	–
009	Entwässerungskanalarbeiten inkl. 011	0,2	**0,6**	1,0
010	Drän- und Versickerarbeiten	0,0	**< 0,1**	0,4
012	Mauerarbeiten	0,5	**3,1**	6,5
013	Betonarbeiten	7,3	**16,5**	26,8
014	Natur-, Betonwerksteinarbeiten	< 0,1	**0,6**	1,6
016	Zimmer- und Holzbauarbeiten	0,9	**4,1**	18,3
017	Stahlbauarbeiten	0,4	**5,0**	14,6
018	Abdichtungsarbeiten	< 0,1	**0,2**	0,8
020	Dachdeckungsarbeiten	0,0	**6,2**	11,3
021	Dachabdichtungsarbeiten	0,0	**3,0**	6,8
022	Klempnerarbeiten	0,8	**1,9**	3,6
	Rohbau	40,6	**48,6**	61,1
023	Putz- und Stuckarbeiten, Wärmedämmsysteme	0,4	**2,9**	7,6
024	Fliesen- und Plattenarbeiten	0,6	**3,1**	8,5
025	Estricharbeiten	0,5	**1,3**	2,9
026	Fenster, Außentüren inkl. 029, 032	1,3	**6,1**	10,9
027	Tischlerarbeiten	0,7	**2,3**	5,9
028	Parkett-, Holzpflasterarbeiten	0,0	**0,2**	0,8
030	Rollladenarbeiten	0,1	**1,0**	3,3
031	Metallbauarbeiten inkl. 035	3,5	**8,3**	12,2
034	Maler- und Lackiererarb. - Beschicht. inkl. 037	0,8	**2,2**	4,6
036	Bodenbelagarbeiten	< 0,1	**1,2**	2,8
038	Vorgehängte hinterlüftete Fassaden	0,0	**< 0,1**	0,3
039	Trockenbauarbeiten	1,0	**2,9**	7,2
	Ausbau	19,8	**31,4**	40,3
040	Wärmeversorgungsanl. - Betriebseinr. inkl. 041	2,3	**4,3**	6,8
042	Gas- u. Wasseranl. - Leitung., Armat. inkl. 043	0,2	**0,5**	1,6
044	Abwasseranl. - Leitungen, Abläufe, Armaturen	0,2	**0,5**	1,0
045	Gas, Wasser, Entwässerung - Ausstattung inkl. 046	0,4	**1,0**	2,3
047	Dämm- und Brandschutzarb. an techn. Anlagen	0,1	**0,4**	0,8
049	Feuerlöschanlagen, Feuerlöschgeräte	< 0,1	**< 0,1**	0,4
050	Blitzschutz-/Erdungsanlagen, Überspannungssch.	0,2	**0,5**	1,0
052	Mittelspannungsanlagen	< 0,1	**0,1**	1,4
053	Niederspannungsanl. - Kabel inkl. 054	2,6	**3,7**	5,4
055	Sicherheits- u. Ersatzstromversorgungsanl.	–	**–**	–
057	Gebäudesystemtechnik	–	**–**	–
058	Leuchten und Lampen inkl. 059	0,5	**1,8**	2,9
060	Such, Signal, Zeit, Anten., akust. Anl. inkl. 064	< 0,1	**0,1**	1,1
061	Kommunikations- u. Übertragungsnetze inkl. 062	0,2	**0,5**	1,0
063	Gefahrenmeldeanlagen	< 0,1	**0,5**	1,6
069	Aufzüge	< 0,1	**1,6**	4,8
070	Gebäudeautomation	0,0	**< 0,1**	0,2
075	Raumlufttechnische Anlagen inkl. 078	0,2	**1,2**	2,8
	Gebäudetechnik	11,9	**16,8**	22,5
084	Abbruch, Rückbau, Schadstoffsanierung	0,5	**2,1**	5,3
	Sonstige Leistungsbereiche inkl. 008, 033, 051	0,2	**1,0**	5,6

Objektübersicht zur Gebäudeart

€/m² BGF

min	910	€/m²
von	1.440	€/m²
Mittel	**1.920**	**€/m²**
bis	2.715	€/m²
max	3.310	€/m²

Kosten:
Stand 2. Quartal 2026
Bundesdurchschnitt
inkl. 19% MwSt.

7700-0080 Weinlagerhalle, Büro

BRI 30.612 m³ **BGF** 4.794 m² **NUF** 4.134 m²

© Xella Aircrete Systems / Holger Knauf (Architekturfotograf)

Land: Baden-Württemberg
Kreis: Ludwigsburg
Standard: mittel
Bauzeit: 57 Wochen
Kennwerte: bis 3. Ebene DIN 276
veröffentlicht: BKI Objektdaten A11
BGF 1.479 €/m²

Planung: Helmut Mögel Freier Architekt BDA; Stuttgart

Lagerhalle für Weinkellerei mit Bereitstellung und Versand sowie Büros im Obergeschoss.

1. Ebene: 300 Bauwerk – Baukonstruktionen: 86%, **400 Bauwerk – Technische Anlagen:** 14%
3. Ebene: Baukonstruktionen: A: Sonstige < 1%, **W:** Sonstige < 1%, **H:** 311 Herstellung 12%, 322 Flachgründungen und Bodenplatten 9%, 324 Gründungsbeläge 3%, 325 Abdichtungen und Bekleidungen 5%, 332 Nichttragende Außenwände 4%, 334 Außenwandöffnungen 5%, 337 Elementierte Außenwandkonstruktionen 3%, 346 Elementierte Innenwandkonstruktionen 5%, 351 Deckenkonstruktionen 6%, 361 Dachkonstruktionen 14%, 363 Dachbeläge 5%, Sonstige 27%, **Technische Anlagen:** A: Sonstige < 1%, **H:** 411 Abwasseranlagen 8%, 434 Kälteanlagen 12%, 444 Niederspannungsinstallationsanlagen 22%, 445 Beleuchtungsanlagen 14%, 446 Blitzschutz- und Erdungsanlagen 3%, 456 Gefahrenmelde- und Alarmanlagen 7%, 461 Aufzugsanlagen 13%, 474 Feuerlöschanlagen 4%, Sonstige 17%

7600-0064 Feuer- und Rettungswache

BRI 897 m³ **BGF** 186 m² **NUF** 129 m²

© k.A.

Bauzustand: mittel
Aufwand: mittel
Nutzung während der Bauzeit: ja
Nutzungsänderung: nein
Grundrissänderungen: keine
Tragwerkseingriffe: keine

Land: Nordrhein-Westfalen
Kreis: Recklinghausen
Standard: mittel
Bauzeit: 22 Wochen
Kennwerte: bis 3. Ebene DIN 276
veröffentlicht: BKI Objektdaten A9
BGF 3.312 €/m²

A Abbrechen
W Wiederherstellen
H Herstellen

Planung: k.A.

Anbau von Umkleide- und Sanitärräumen für Feuer- und Rettungswache.

1. Ebene: 300 Bauwerk – Baukonstruktionen: 76%, **400 Bauwerk – Technische Anlagen:** 24%
3. Ebene: Baukonstruktionen: A: Sonstige < 1%, **H:** 321 Baugrundverbesserung 3%, 322 Flachgründungen und Bodenplatten 7%, 324 Gründungsbeläge 7%, 331 Tragende Außenwände 9%, 335 Außenwandbekleidungen, außen 12%, 336 Außenwandbekleidungen, innen 4%, 337 Elementierte Außenwandkonstruktionen 8%, 344 Innenwandöffnungen 5%, 345 Innenwandbekleidungen 4%, 361 Dachkonstruktionen 6%, 363 Dachbeläge 11%, 391 Baustelleneinrichtung 6%, Sonstige 18%, **Technische Anlagen:** **W:** Sonstige 1%, **H:** 412 Wasseranlagen 19%, 421 Wärmeerzeugungsanlagen 5%, 422 Wärmeverteilnetze 5%, 423 Raumheizflächen 14%, 431 Lüftungsanlagen 14%, 444 Niederspannungsinstallationsanlagen 16%, 445 Beleuchtungsanlagen 11%, 446 Blitzschutz- und Erdungsanlagen 4%, Sonstige 11%

7700-0060 Anlieferungszone

BRI 2.026 m³ **BGF** 461 m² **NUF** 443 m²

Land: Sachsen
Kreis: Nordsachsen
Standard: mittel
Bauzeit: 22 Wochen
Kennwerte: bis 3. Ebene DIN 276
veröffentlicht: BKI Objektdaten A9

BGF 2.513 €/m²

Planung: heine I reichold architekten Partnerschaftsgesellschaft mbB; Lichtenstein

Anbau einer Anlieferungszone mit sieben Andockschleusen. **Kosteneinfluss Nutzung:** Brandschutz, Wärmeschutz

1. Ebene: 300 Bauwerk – Baukonstruktionen: 83%, **400 Bauwerk – Technische Anlagen:** 17%
3. Ebene: Baukonstruktionen: A: Sonstige 4%, **W:** Sonstige < 1%, **H:** 322 Flachgründungen und Bodenplatten 28%, 325 Abdichtungen und Bekleidungen 6%, 334 Außenwandöffnungen 5%, 335 Außenwandbekleidungen, außen 4%, 339 Sonstiges zur KG 330 3%, 361 Dachkonstruktionen 15%, 363 Dachbeläge 11%, 391 Baustelleneinrichtung 3%, Sonstige 20%, **Technische Anlagen:** A: Sonstige < 1%, **W:** Sonstige 1%, **H:** 411 Abwasseranlagen 7%, 421 Wärmeerzeugungsanlagen 11%, 422 Wärmeverteilnetze 14%, 444 Niederspannungsinstallationsanlagen 19%, 445 Beleuchtungsanlagen 9%, 446 Blitzschutz- und Erdungsanlagen 7%, 456 Gefahrenmelde- und Alarmanlagen 3%, 466 Hydraulikanlagen 28%, Sonstige < 1%

7600-0045 Feuerwehrhaus

BRI 750 m³ **BGF** 171 m² **NUF** 132 m²

Land: Hessen
Kreis: Schwalm-Eder-Kreis
Standard: mittel
Bauzeit: 17 Wochen
Kennwerte: bis 3. Ebene DIN 276
veröffentlicht: BKI Objektdaten A8

BGF 1.574 €/m²

Planung: Harald Gläsel Architekt VfA; Schwalmstadt-Treysa

Anbau und Umbau eines Feuerwehrhauses

1. Ebene: 300 Bauwerk – Baukonstruktionen: 78%, **400 Bauwerk – Technische Anlagen:** 22%
3. Ebene: Baukonstruktionen: A: Sonstige 6%, **W:** Sonstige 2%, **H:** 322 Flachgründungen und Bodenplatten 8%, 324 Gründungsbeläge 12%, 331 Tragende Außenwände 6%, 334 Außenwandöffnungen 9%, 335 Außenwandbekleidungen, außen 11%, 336 Außenwandbekleidungen, innen 3%, 344 Innenwandöffnungen 3%, 361 Dachkonstruktionen 4%, 363 Dachbeläge 10%, 364 Dachbekleidungen 10%, Sonstige 15%, **Technische Anlagen:** **H:** 411 Abwasseranlagen 12%, 412 Wasseranlagen 7%, 421 Wärmeerzeugungsanlagen 24%, 422 Wärmeverteilnetze 11%, 423 Raumheizflächen 9%, 431 Lüftungsanlagen 4%, 444 Niederspannungsinstallationsanlagen 11%, 445 Beleuchtungsanlagen 17%, Sonstige 5%

Übersicht- 1. + 2. Ebene
Erweiterung
Umbau
Modernisierung
Instandsetzung
Bauelemente
Abbrechen
Wiederherstellen
Herstellen

Objektübersicht zur Gebäudeart

€/m² BGF

min	910	€/m²
von	1.440	€/m²
Mittel	**1.920**	**€/m²**
bis	2.715	€/m²
max	3.310	€/m²

Kosten:
Stand 2. Quartal 2026
Bundesdurchschnitt
inkl. 19% MwSt.

7300-0062 Aufstockung Betriebsgebäude

BRI 992 m³ **BGF** 228 m² **NUF** 185 m²

Baujahr: 1990
Bauzustand: gut
Aufwand: hoch
Nutzung während der Bauzeit: ja
Nutzungsänderung: ja
Grundrissänderungen: wenige
Tragwerkseingriffe: wenige

Land: Baden-Württemberg
Kreis: Esslingen
Standard: hoch
Bauzeit: 17 Wochen
Kennwerte: bis 3. Ebene DIN 276
veröffentlicht: BKI Objektdaten A8
BGF **2.092 €/m²**

Planung: Architekturbüro Mesch-Fehrle; Aichtal-Grötzingen

Teilabbruch von vorhandenem Dachstock, Aufstockung mit Holz-Fertigteilen, das neue Dachgeschoss wird als Büro genutzt.

1. Ebene: 300 Bauwerk – Baukonstruktionen: 90%, **400 Bauwerk – Technische Anlagen:** 10%
3. Ebene: Baukonstruktionen: A: Sonstige 8%, **W:** Sonstige 1%, **H:** 334 Außenwandöffnungen 13%, 335 Außenwandbekleidungen, außen 6%, 338 Lichtschutz zur KG 330 5%, 342 Nichttragende Innenwände 3%, 345 Innenwandbekleidungen 5%, 346 Elementierte Innenwandkonstruktionen 7%, 353 Deckenbeläge 6%, 354 Deckenbekleidungen 3%, 361 Dachkonstruktionen 13%, 363 Dachbeläge 14%, 392 Gerüste 3%, Sonstige 13%, **Technische Anlagen:** **H:** 411 Abwasseranlagen 5%, 412 Wasseranlagen 15%, 419 Sonstiges zur KG 410 10%, 422 Wärmeverteilnetze 7%, 423 Raumheizflächen 12%, 444 Niederspannungsinstallationsanlagen 35%, 445 Beleuchtungsanlagen 4%, 446 Blitzschutz- und Erdungsanlagen 3%, 457 Datenübertragungsnetze 3%, Sonstige 6%

7300-0060 Büro- und Fertigungsgebäude

BRI 7.916 m³ **BGF** 1.613 m² **NUF** 1.474 m²

Land: Baden-Württemberg
Kreis: Freudenstadt
Standard: mittel
Bauzeit: 35 Wochen
Kennwerte: bis 3. Ebene DIN 276
veröffentlicht: BKI Objektdaten A8
BGF **1.778 €/m²**

Planung: Detlef Brückner Dipl.-Ing. (FH) Freier Architekt; Freudenstadt

Erweiterung Büro- und Fertigungsgebäude

1. Ebene: 300 Bauwerk – Baukonstruktionen: 78%, **400 Bauwerk – Technische Anlagen:** 22%
3. Ebene: Baukonstruktionen: A: Sonstige < 1%, **W:** Sonstige < 1%, **H:** 322 Flachgründungen und Bodenplatten 11%, 324 Gründungsbeläge 3%, 325 Abdichtungen und Bekleidungen 8%, 331 Tragende Außenwände 13%, 334 Außenwandöffnungen 10%, 335 Außenwandbekleidungen, außen 6%, 344 Innenwandöffnungen 3%, 351 Deckenkonstruktionen 5%, 353 Deckenbeläge 4%, 361 Dachkonstruktionen 8%, 363 Dachbeläge 7%, Sonstige 21%, **Technische Anlagen:** A: Sonstige < 1%, **H:** 411 Abwasseranlagen 6%, 421 Wärmeerzeugungsanlagen 11%, 422 Wärmeverteilnetze 10%, 423 Raumheizflächen 9%, 433 Klimaanlagen 6%, 444 Niederspannungsinstallationsanlagen 16%, 456 Gefahrenmelde- und Alarmanlagen 8%, 457 Datenübertragungsnetze 4%, 461 Aufzugsanlagen 17%, Sonstige 14%

A Abbrechen
W Wiederherstellen
H Herstellen

7200-0068 Autohaus

BRI 5.407 m³ **BGF** 988 m² **NUF** 939 m²

Land: Bayern
Kreis: Neuburg-Schrobenhausen
Standard: hoch
Bauzeit: 18 Wochen
Kennwerte: bis 3. Ebene DIN 276
veröffentlicht: BKI Objektdaten A6

BGF 1.357 €/m²

Planung: intec Gewerbebau GmbH Dipl.-Ing. Jörg Schäfer; Traunstein

Erweiterung eines Autohauses, im Bestand wurden neue Bodenbeläge verlegt. Die Gesamtkosten beziehen sich auf die Erweiterung und die Modernisierung im Bestand.

1. Ebene: 300 Bauwerk – Baukonstruktionen: 90%, **400 Bauwerk – Technische Anlagen:** 10%
3. Ebene: Baukonstruktionen: A: Sonstige 4%, **W:** Sonstige < 1%, **H:** 322 Flachgründungen und Bodenplatten 10%, 324 Gründungsbeläge 19%, 325 Abdichtungen und Bekleidungen 4%, 333 Außenstützen 4%, 337 Elementierte Außenwandkonstruktionen 20%, 338 Lichtschutz zur KG 330 3%, 361 Dachkonstruktionen 12%, 362 Dachöffnungen 8%, 363 Dachbeläge 7%, 391 Baustelleneinrichtung 4%, Sonstige 5%, **Technische Anlagen: H:** 411 Abwasseranlagen 14%, 412 Wasseranlagen 5%, 423 Raumheizflächen 34%, 444 Niederspannungsinstallationsanlagen 16%, 445 Beleuchtungsanlagen 29%, Sonstige 2%

7100-0025 Produktions- und Bürogebäude (80 AP)

BRI 33.370 m³ **BGF** 4.436 m² **NUF** 3.526 m²

Land: Nordrhein-Westfalen
Kreis: Mettmann
Standard: mittel
Bauzeit: 39 Wochen
Kennwerte: bis 3. Ebene DIN 276
veröffentlicht: BKI Objektdaten A8

BGF 1.743 €/m²

Planung: Fritz-Dieter Tollé Architekt BDB Architekten Stadtplaner Ingenieure; Verden

Produktionshalle für 80 Mitarbeiter mit Technikräumen, Büroräumen und Besprechungszimmer.

1. Ebene: 300 Bauwerk – Baukonstruktionen: 71%, **400 Bauwerk – Technische Anlagen:** 29%
3. Ebene: Baukonstruktionen: A: Sonstige 1%, **W:** Sonstige < 1%, **H:** 322 Flachgründungen und Bodenplatten 16%, 324 Gründungsbeläge 3%, 332 Nichttragende Außenwände 7%, 333 Außenstützen 5%, 335 Außenwandbekleidungen, außen 14%, 351 Deckenkonstruktionen 5%, 363 Dachbeläge 13%, 391 Baustelleneinrichtung 6%, Sonstige 28%, **Technische Anlagen: A:** Sonstige < 1%, **W:** Sonstige < 1%, **H:** 411 Abwasseranlagen 7%, 412 Wasseranlagen 3%, 421 Wärmeerzeugungsanlagen 4%, 422 Wärmeverteilnetze 6%, 431 Lüftungsanlagen 7%, 441 Hoch und Mittelspannungsanlagen 5%, 444 Niederspannungsinstallationsanlagen 17%, 445 Beleuchtungsanlagen 10%, 456 Gefahrenmelde- und Alarmanlagen 7%, 465 Krananlagen 3%, 476 Weitere nutzungsspezifische Anlagen 10%, Sonstige 21%

€/m² BGF

min	910	€/m²
von	1.440	€/m²
Mittel	**1.920**	**€/m²**
bis	2.715	€/m²
max	3.310	€/m²

Kosten:
Stand 2. Quartal 2026
Bundesdurchschnitt
inkl. 19% MwSt.

A Abbrechen
W Wiederherstellen
H Herstellen

Objektübersicht zur Gebäudeart

7300-0058 Verwaltung und Versand

BRI 2.335 m³ **BGF** 600 m² **NUF** 482 m²

© Architekturbüro Bertwin Kaufmann

Bauzustand: mittel
Aufwand: mittel
Nutzung während der Bauzeit: nein
Nutzungsänderung: nein
Grundrissänderungen: keine
Tragwerkseingriffe: keine

Land: Bayern
Kreis: Miltenberg
Standard: mittel
Bauzeit: 30 Wochen
Kennwerte: bis 3. Ebene DIN 276
veröffentlicht: BKI Objektdaten A6
BGF 1.752 €/m²

Planung: Architekturbüro Bertwin Kaufmann; Möchberg

Zweigeschossige Erweiterung einer Produktionshalle für Backwaren um Räume für Verwaltung und Versand bei laufendem Betrieb.

1. Ebene: 300 Bauwerk – Baukonstruktionen: 88%, **400 Bauwerk – Technische Anlagen:** 12%
3. Ebene: Baukonstruktionen: A: Sonstige < 1%, **W:** Sonstige 1%, **H:** 322 Flachgründungen und Bodenplatten 11%, 324 Gründungsbeläge 6%, 331 Tragende Außenwände 10%, 334 Außenwandöffnungen 4%, 335 Außenwandbekleidungen, außen 4%, 337 Elementierte Außenwandkonstruktionen 10%, 345 Innenwandbekleidungen 6%, 351 Deckenkonstruktionen 8%, 353 Deckenbeläge 4%, 361 Dachkonstruktionen 8%, 363 Dachbeläge 9%, Sonstige 19%, **Technische Anlagen: H:** 412 Wasseranlagen 5%, 421 Wärmeerzeugungsanlagen 5%, 422 Wärmeverteilnetze 19%, 423 Raumheizflächen 15%, 444 Niederspannungsinstallationsanlagen 32%, 445 Beleuchtungsanlagen 9%, 457 Datenübertragungsnetze 5%, Sonstige 8%

7200-0066 Autohaus

BRI 1.784 m³ **BGF** 345 m² **NUF** 302 m²

© Architekt Karlheinz Geißler

Bauzustand: mittel
Aufwand: mittel
Nutzung während der Bauzeit: ja
Nutzungsänderung: nein
Grundrissänderungen: einige
Tragwerkseingriffe: einige

Land: Hessen
Kreis: Vogelsbergkreis
Standard: mittel
Bauzeit: 31 Wochen
Kennwerte: bis 3. Ebene DIN 276
veröffentlicht: www.bki.de
BGF 2.004 €/m²

Planung: Architekt Dipl.-Ing. Karlheinz Geißler; Alsfeld

Erweiterung und Umbau eines Autohauses mit Büroräumen, Besprechungszimmer und Werkstatt. Abbruch des vorh. Lager- und Bürogebäudes zur Errichtung eines Neubaus an gleicher Stelle mit ca. 50% mehr Nutzungsfläche. Das vorh. Werkstattgebäude bleibt in seiner Nutzung und Größe unverändert. Die Zahl der Beschäftigten bleibt nach der geplanten Baumaßnahme unverändert.
Kosteneinfluss Grundstück: Errichtung einer neuen Zufahrt, Anarbeiten der bestehenden Asphaltflächen an das Gebäude.

1. Ebene: 300 Bauwerk – Baukonstruktionen: 75%, **400 Bauwerk – Technische Anlagen:** 25%
3. Ebene: Baukonstruktionen: A: Sonstige < 1%, **H:** 322 Flachgründungen und Bodenplatten 13%, 324 Gründungsbeläge 5%, 332 Nichttragende Außenwände 9%, 334 Außenwandöffnungen 12%, 335 Außenwandbekleidungen, außen 5%, 342 Nichttragende Innenwände 5%, 344 Innenwandöffnungen 6%, 361 Dachkonstruktionen 12%, 363 Dachbeläge 22%, Sonstige 12%, **Technische Anlagen: H:** 411 Abwasseranlagen 4%, 421 Wärmeerzeugungsanlagen 8%, 422 Wärmeverteilnetze 3%, 423 Raumheizflächen 9%, 444 Niederspannungsinstallationsanlagen 18%, 445 Beleuchtungsanlagen 8%, 446 Blitzschutz- und Erdungsanlagen 5%, 457 Datenübertragungsnetze 6%, 476 Weitere nutzungsspezifische Anlagen 33%, Sonstige 6%

Objektübersicht zur Gebäudeart

7200-0069 Geschäftshaus mit Werkstatt

BRI 3.297 m³ **BGF** 1.036 m² **NUF** 857 m²

Land: Baden-Württemberg
Kreis: Freudenstadt
Standard: hoch
Bauzeit: 87 Wochen
Kennwerte: bis 3. Ebene DIN 276
veröffentlicht: BKI Objektdaten A6

BGF 1.782 €/m²

Planung: Detlef Brückner Dipl.-Ing. (FH) Freier Architekt; Freudenstadt

Erweiterung eines Geschäftshauses mit Werkstatt und einer Wohnung, der Bestand wurde modernisiert.

1. Ebene: 300 Bauwerk – Baukonstruktionen: 81%, **400 Bauwerk – Technische Anlagen:** 19%
3. Ebene: Baukonstruktionen: A: Sonstige 2%, **H:** 322 Flachgründungen und Bodenplatten 4%, 331 Tragende Außenwände 3%, 335 Außenwandbekleidungen, außen 7%, 337 Elementierte Außenwandkonstruktionen 13%, 351 Deckenkonstruktionen 15%, 353 Deckenbeläge 10%, 359 Sonstiges zur KG 350 4%, 361 Dachkonstruktionen 8%, 363 Dachbeläge 8%, Sonstige 25%, **Technische Anlagen: A:** Sonstige < 1%, **H:** 411 Abwasseranlagen 6%, 412 Wasseranlagen 6%, 421 Wärmeerzeugungsanlagen 3%, 423 Raumheizflächen 6%, 433 Klimaanlagen 20%, 444 Niederspannungsinstallationsanlagen 15%, 461 Aufzugsanlagen 38%, Sonstige 5%

7700-0093 Fahrzeughalle, Lager (6 STP)

BRI 2.341 m³ **BGF** 401 m² **NUF** 390 m²

Baujahr: 2014
Bauzustand: gut
Aufwand: niedrig
Nutzung während der Bauzeit: ja
Nutzungsänderung: nein
Grundrissänderungen: wenige
Tragwerkseingriffe: wenige

Land: Nordrhein-Westfalen
Kreis: Kleve
Standard: mittel
Bauzeit: 17 Wochen
Kennwerte: bis 1. Ebene DIN 276
veröffentlicht: BKI Objektdaten A12

BGF 909 €/m²

Planung: Architekturbüro Dipl. Ing. RWTH Christoph Echelmeyer; Geldern

Lagerhalle mit Abstellmöglichkeit für die Fahrzeuge des Betriebes sowie Platz für Lagerware.

1. Ebene: 300 Bauwerk – Baukonstruktionen: 97%, **400 Bauwerk – Technische Anlagen:** 3%

€/m² BGF

min	910	€/m²
von	1.440	€/m²
Mittel	**1.920**	**€/m²**
bis	2.715	€/m²
max	3.310	€/m²

Kosten:
Stand 2. Quartal 2026
Bundesdurchschnitt
inkl. 19% MwSt.

A Abbrechen
W Wiederherstellen
H Herstellen

Objektübersicht zur Gebäudeart

7300-0103 Lkw-Werkstatt (4 AP)

BRI 2.163 m³ **BGF** 281 m² **NUF** 272 m²

Baujahr: 1990
Bauzustand: mittel
Aufwand: mittel
Nutzungsänderung: nein
Grundrissänderungen: keine
Tragwerkseingriffe: keine

Land: Bremen
Kreis: Bremen, Stadt
Standard: hoch
Bauzeit: 65 Wochen
Kennwerte: bis 1. Ebene DIN 276
veröffentlicht: BKI Objektdaten A12
BGF 2.696 €/m²

Planung: planerzirkel consulting architects GmbH; Hildesheim

Erweiterung einer Lkw-Werkstatt um zwei Gruben

1. Ebene: 300 Bauwerk – Baukonstruktionen: 83%, **400 Bauwerk – Technische Anlagen:** 17%

7700-0089 Logistik- und Produktionshalle (215 AP)

BRI 38.554 m³ **BGF** 7.100 m² **NUF** 3.911 m²

Baujahr: 1964
Bauzustand: schlecht
Aufwand: hoch
Nutzung während der Bauzeit: ja
Nutzungsänderung: nein
Grundrissänderungen: wenige
Tragwerkseingriffe: einige

Land: Hessen
Kreis: Darmstadt, Stadt
Standard: mittel
Bauzeit: 87 Wochen
Kennwerte: bis 1. Ebene DIN 276
veröffentlicht: BKI Objektdaten A11
BGF 2.876 €/m²

Planung: ruby³ architekten BDA; Darmstadt

Logistik- und Produktionshalle mit zwei Bürogeschossen und Technikfläche im DG, 215 Arbeitsplätze.

1. Ebene: 300 Bauwerk – Baukonstruktionen: 63%, **400 Bauwerk – Technische Anlagen:** 37%

7300-0087 Tischlerei

BRI 14.300 m³ **BGF** 2.425 m² **NUF** 2.097 m²

Land: Sachsen
Kreis: Meißen
Standard: mittel
Bauzeit: 35 Wochen
Kennwerte: bis 1. Ebene DIN 276
veröffentlicht: BKI Objektdaten A9
BGF 1.125 €/m²

Planung: Klinkenbusch + Kunze Architektur und Gestaltung; Dresden

Produktionshalle mit Tischlerei, Glaserei und Schlosserei, Sozialräume

1. Ebene: 300 Bauwerk – Baukonstruktionen: 80%, **400 Bauwerk – Technische Anlagen:** 20%

7700-0068 Lagerhalle

BRI 17.461 m³ **BGF** 2.610 m² **NUF** 2.531 m²

© IPROconsult GmbH

Land: Sachsen
Kreis: Sächsische Schweiz
Standard: mittel
Bauzeit: 13 Wochen
Kennwerte: bis 1. Ebene DIN 276
veröffentlicht: BKI Objektdaten A9

BGF 1.486 €/m²

Planung: IPROconsult GmbH; Dresden

Fertigwarenlager für Papier, Speditionsbüro

1. Ebene: 300 Bauwerk – Baukonstruktionen: 88%, **400 Bauwerk – Technische Anlagen:** 12%

7200-0081 Autohaus

BRI 5.344 m³ **BGF** 855 m² **NUF** 784 m²

© G.N.b.h. Architekten

Baujahr: 1915

Land: Sachsen
Kreis: Dresden, Stadt
Standard: hoch
Bauzeit: 48 Wochen
Kennwerte: bis 1. Ebene DIN 276
veröffentlicht: BKI Objektdaten A8

BGF 2.697 €/m²

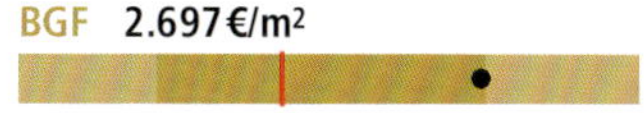

Planung: G.N.b.h. Architekten; Dresden

Erweiterung eines Autohauses mit Ausstellung (723 m²) und Werkstatt (81 m²)

1. Ebene: 300 Bauwerk – Baukonstruktionen: 88%, **400 Bauwerk – Technische Anlagen:** 12%

7100-0048 Entwicklungszentrum

BRI 10.920 m³ **BGF** 2.280 m² **NUF** 1.813 m²

© STUDIO KMK Büro für Architektur

Baujahr: 1998
Bauzustand: mittel
Aufwand: mittel
Nutzung während der Bauzeit: ja
Nutzungsänderung: nein
Grundrissänderungen: einige

Land: Nordrhein-Westfalen
Kreis: Märkischer Kreis
Standard: hoch
Bauzeit: 113 Wochen
Kennwerte: bis 1. Ebene DIN 276
veröffentlicht: BKI Objektdaten A9

BGF 1.702 €/m²

Planung: STUDIO KMK Büro für Architektur; Plettenberg

Büro und Montagehalle mit 45 Büroarbeitsplätzen und zehn Arbeitsplätzen in der Montage. Teilbereiche viergeschossig.

1. Ebene: 300 Bauwerk – Baukonstruktionen: 82%, **400 Bauwerk – Technische Anlagen:** 18%

Objektübersicht zur Gebäudeart

7700-0058 Lager- und Bürogebäude **BRI** 58.697 m³ **BGF** 6.752 m² **NUF** 6.378 m²

Land: Sachsen
Kreis: Zwickau
Standard: mittel
Bauzeit: 57 Wochen
Kennwerte: bis 1. Ebene DIN 276
veröffentlicht: BKI Objektdaten A10

BGF 1.575 €/m²

Planung: heine I reichold architekten Partnerschaftsgesellschaft mbB; Lichtenstein

Lagerhalle mit Verwaltungsräumen

1. Ebene: 300 Bauwerk – Baukonstruktionen: 68%, **400 Bauwerk – Technische Anlagen:** 32%

€/m² BGF

min	910	€/m²
von	1.440	€/m²
Mittel	**1.920**	**€/m²**
bis	2.715	€/m²
max	3.310	€/m²

Kosten:
Stand 2. Quartal 2026
Bundesdurchschnitt
inkl. 19% MwSt.

A Abbrechen
W Wiederherstellen
H Herstellen

Erweiterungen

Gebäude anderer Art

Kostenkennwerte für die Kosten des Bauwerks (Kostengruppen 300+400 nach DIN 276)

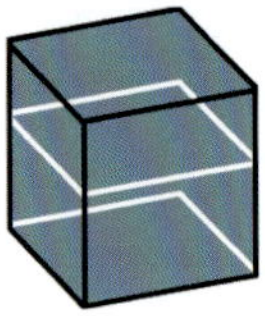

BRI 900 €/m³
von 615 €/m³
bis 1.215 €/m³

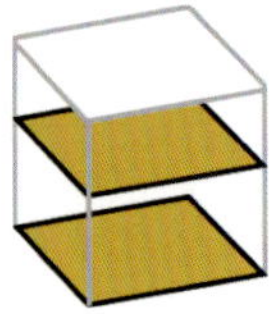

BGF 3.635 €/m²
von 2.280 €/m²
bis 4.965 €/m²

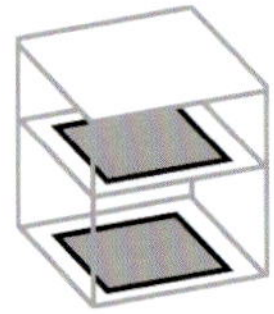

NUF 5.710 €/m²
von 3.470 €/m²
bis 9.045 €/m²

Objektbeispiele

Kosten:
Stand 2. Quartal 2026
Bundesdurchschnitt
inkl. 19% MwSt.

9100-0237

9100-0230

3200-0032

Kosten der 32 Vergleichsobjekte **Seiten 220 bis 233**

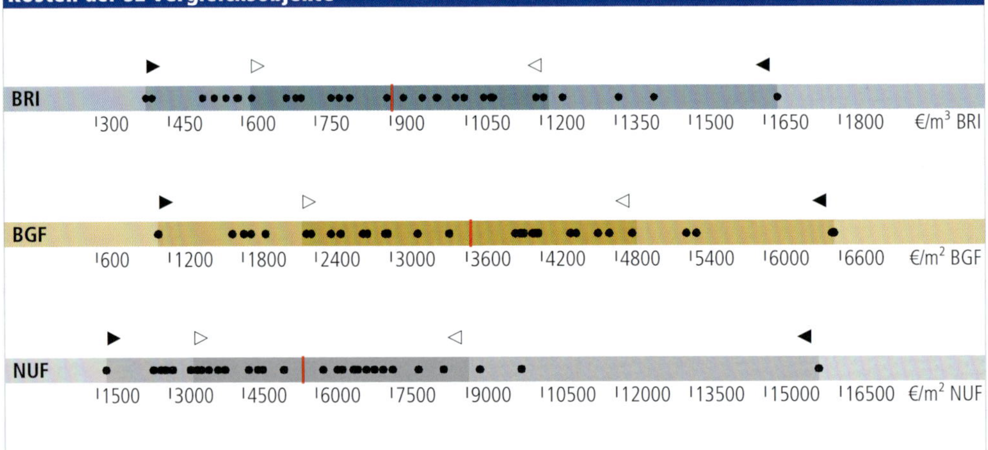

- ● KKW
- ▶ min
- ▷ von
- | Mittelwert
- ◁ bis
- ◀ max

Kostenstand: 2. Quartal 2026, Bundesdurchschnitt, **inkl. 19% MwSt.**

Kostenkennwerte für die Kostengruppen der 1. und 2.Ebene DIN 276

KG	Kostengruppen der 1.Ebene	Einheit	▷	€/Einheit	◁	▷	% an 300+400	◁
100	Grundstück	m²GF	–	**–**	–	–	**–**	–
200	Vorbereitende Maßnahmen	m²GF	3	**9**	27	0,4	**1,8**	3,5
300	Bauwerk – Baukonstruktionen	m²BGF	1.598	**2.604**	3.621	59,5	**72,1**	82,2
400	Bauwerk – Technische Anlagen	m²BGF	558	**1.029**	1.835	17,8	**27,9**	40,5
	Bauwerk 300+400	m²BGF	2.280	**3.634**	4.966	100,0	**100,0**	100,0
500	Außenanlagen und Freiflächen	m²AF	100	**450**	1.393	3,2	**8,2**	18,4
600	Ausstattung und Kunstwerke	m²BGF	62	**265**	1.174	1,9	**9,3**	42,3
700	Baunebenkosten	m²BGF	–	**–**	–	–	**–**	–
800	Finanzierung	m²BGF	–	**–**	–	–	**–**	–

KG	Kostengruppen der 2.Ebene	Einheit	▷	€/Einheit	◁	▷	% an 1.Ebene	◁
310	Baugrube / Erdbau	m³BGI	50	**125**	296	0,7	**2,3**	4,8
320	Gründung, Unterbau	m²GRF	384	**559**	773	7,9	**13,3**	18,7
330	Außenwände / vertikal außen	m²AWF	585	**981**	1.592	23,0	**30,7**	38,7
340	Innenwände / vertikal innen	m²IWF	425	**569**	960	9,8	**17,2**	23,0
350	Decken / horizontal	m²DEF	157	**459**	653	1,0	**8,5**	17,1
360	Dächer	m²DAF	503	**808**	1.246	14,8	**19,4**	24,4
370	Infrastrukturanlagen		–	**–**	–	–	**–**	–
380	Baukonstruktive Einbauten	m²BGF	15	**92**	230	< 0,1	**2,2**	6,1
390	Sonst. Maßnahmen für Baukonst.	m²BGF	65	**139**	369	3,6	**6,5**	10,6
300	**Bauwerk – Baukonstruktionen**	**m²BGF**					**100,0**	
410	Abwasser-, Wasser-, Gasanlagen	m²BGF	67	**156**	262	11,3	**16,8**	22,7
420	Wärmeversorgungsanlagen	m²BGF	93	**196**	468	9,6	**24,4**	39,0
430	Raumlufttechnische Anlagen	m²BGF	68	**187**	353	4,1	**13,4**	21,6
440	Elektrische Anlagen	m²BGF	129	**209**	356	17,4	**26,1**	41,6
450	Kommunikationstechnische Anlagen	m²BGF	19	**72**	163	2,5	**7,4**	12,2
460	Förderanlagen	m²BGF	16	**49**	98	< 0,1	**1,4**	6,6
470	Nutzungsspez. / verfahrenstech. Anl.	m²BGF	82	**203**	331	0,7	**7,1**	17,8
480	Gebäude- und Anlagenautomation	m²BGF	65	**80**	109	0,0	**2,7**	7,9
490	Sonst. Maßnahmen f. techn. Anl.	m²BGF	2	**9**	15	< 0,1	**0,7**	2,1
400	**Bauwerk – Technische Anlagen**	**m²BGF**					**100,0**	

Prozentanteile der Kosten 2.Ebene an den Kosten des Bauwerks nach DIN 276 (Von/Mittel/Bis)

310	Baugrube / Erdbau	1,7
320	Gründung, Unterbau	8,9
330	Außenwände / vertikal außen	21,6
340	Innenwände / vertikal innen	12,0
350	Decken / horizontal	5,9
360	Dächer	13,3
370	Infrastrukturanlagen	
380	Baukonstruktive Einbauten	1,6
390	Sonst. Maßnahmen für Baukonst.	4,2
410	Abwasser-, Wasser-, Gasanlagen	4,6
420	Wärmeversorgungsanlagen	7,5
430	Raumlufttechnische Anlagen	5,0
440	Elektrische Anlagen	6,8
450	Kommunikationstechnische Anlagen	2,3
460	Förderanlagen	0,5
470	Nutzungsspez. / verfahrenstech. Anl.	2,8
480	Gebäude- und Anlagenautomation	1,0
490	Sonst. Maßnahmen f. techn. Anl.	0,2

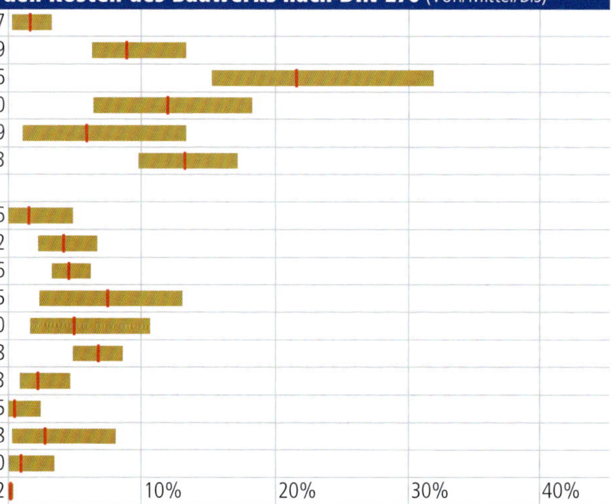

Kostenstand: 2. Quartal 2026, Bundesdurchschnitt, **inkl. 19% MwSt.**

Kosten:
Stand 2. Quartal 2026
Bundesdurchschnitt
inkl. 19% MwSt.

▷ von
ø Mittel
◁ bis

Kostenkennwerte für die Kostengruppen der 3. Ebene DIN 276

KG	Kostengruppen der 3. Ebene	Einheit	▷	€/Einheit	◁	▷	€/m² BGF	◁
311	**Herstellung**	m³	50	**125**	296	24	**99**	195
	Herstellen	m³	50	**125**	296	24	**99**	195
321	**Baugrundverbesserung**	m²	17	**39**	84	4	**9**	20
	Herstellen	m²	17	**39**	84	4	**9**	20
322	**Flachgründungen und Bodenplatten**	m²	197	**321**	543	65	**147**	481
	Abbrechen	*m²*	*32*	***53***	*64*	*6*	***7***	*10*
	Wiederherstellen	m²	–	**38**	–	–	**6**	–
	Herstellen	m²	164	**296**	504	59	**143**	480
324	**Gründungsbeläge**	m²	195	**266**	408	54	**150**	310
	Abbrechen	*m²*	*8*	***21***	*35*	*5*	***12***	*30*
	Herstellen	m²	183	**255**	404	52	**144**	307
325	**Abdichtungen und Bekleidungen**	m²	37	**94**	301	9	**22**	35
	Abbrechen	*m²*	–	***24***	–	–	***1***	–
	Herstellen	m²	32	**91**	248	9	**21**	35
326	**Dränagen**	m²	1	**6**	11	< 1	**8**	16
	Herstellen	m²	1	**6**	11	< 1	**8**	16
331	**Tragende Außenwände**	m²	329	**543**	1.297	83	**247**	719
	Abbrechen	*m²*	*10*	***165***	*334*	*18*	***63***	*220*
	Wiederherstellen	m²	9	**56**	102	5	**21**	37
	Herstellen	m²	243	**426**	953	63	**202**	599
333	**Außenstützen**	m	160	**186**	231	2	**8**	11
	Herstellen	m	160	**186**	231	2	**8**	11
334	**Außenwandöffnungen**	m²	1.066	**1.840**	4.251	48	**97**	180
	Abbrechen	*m²*	*8*	***235***	*730*	*1*	***5***	*12*
	Wiederherstellen	m²	8	**9**	11	< 1	**< 1**	1
	Herstellen	m²	1.047	**1.662**	3.525	44	**93**	178
335	**Außenwandbekleidungen, außen**	m²	225	**366**	598	91	**164**	228
	Abbrechen	*m²*	*9*	***15***	*21*	*4*	***6***	*8*
	Wiederherstellen	m²	3	**10**	23	2	**5**	11
	Herstellen	m²	218	**356**	580	88	**159**	222
336	**Außenwandbekleidungen, innen**	m²	64	**145**	304	22	**62**	205
	Abbrechen	*m²*	*3*	***7***	*14*	*< 1*	***2***	*3*
	Wiederherstellen	m²	–	**23**	–	–	**10**	–
	Herstellen	m²	62	**139**	300	22	**60**	204
337	**Elem. Außenwandkonstruktionen**	m²	973	**1.239**	1.717	216	**302**	446
	Abbrechen	*m²*	–	***4***	–	–	***2***	–
	Herstellen	m²	970	**1.238**	1.717	215	**301**	444
338	**Lichtschutz zur KG 330**	m²	279	**505**	1.565	11	**23**	35
	Abbrechen	*m²*	–	***< 1***	–	–	***< 1***	–
	Herstellen	m²	279	**505**	1.565	11	**23**	35
339	**Sonstiges zur KG 330**	m²	1	**25**	74	1	**10**	25
	Abbrechen	*m²*	*2*	***14***	*37*	*1*	***5***	*11*
	Wiederherstellen	m²	< 1	**< 1**	1	< 1	**< 1**	< 1
	Herstellen	m²	< 1	**21**	46	1	**9**	17
341	**Tragende Innenwände**	m²	204	**297**	462	16	**35**	75
	Abbrechen	*m²*	*47*	***86***	*125*	*3*	***8***	*13*
	Wiederherstellen	m²	2	**74**	146	< 1	**8**	16
	Herstellen	m²	193	**233**	301	16	**30**	87

KG	Kostengruppen der 3. Ebene	Einheit	▷	€/Einheit	◁	▷	€/m² BGF	◁
342	**Nichttragende Innenwände**	m²	160	**218**	428	19	**62**	139
	Abbrechen	*m²*	*7*	***23***	*63*	*< 1*	***3***	*5*
	Herstellen	m²	145	**206**	425	17	**60**	139
343	**Innenstützen**	m	198	**389**	811	5	**22**	64
	Wiederherstellen	m	–	**68**	–	–	**1**	–
	Herstellen	m	298	**453**	985	10	**26**	81
344	**Innenwandöffnungen**	m²	1.033	**1.403**	1.704	49	**99**	203
	Abbrechen	*m²*	*12*	***29***	*57*	*< 1*	***2***	*5*
	Wiederherstellen	m²	–	**33**	–	–	**3**	–
	Herstellen	m²	988	**1.373**	1.689	52	**98**	223
345	**Innenwandbekleidungen**	m²	53	**73**	98	34	**72**	128
	Abbrechen	*m²*	*< 1*	***4***	*6*	*1*	***4***	*8*
	Wiederherstellen	m²	–	**16**	–	–	**19**	–
	Herstellen	m²	47	**69**	96	31	**67**	124
346	**Elem. Innenwandkonstruktionen**	m²	697	**1.168**	1.808	26	**124**	509
	Herstellen	m²	697	**1.168**	1.808	26	**124**	509
351	**Deckenkonstruktionen**	m²	310	**447**	489	20	**55**	131
	Abbrechen	*m²*	*–*	***67***	*–*	*–*	***15***	*–*
	Herstellen	m²	310	**433**	465	20	**52**	126
353	**Deckenbeläge**	m²	234	**269**	299	53	**77**	132
	Abbrechen	*m²*	*3*	***25***	*36*	*< 1*	***9***	*14*
	Wiederherstellen	m²	< 1	**8**	17	< 1	**3**	5
	Herstellen	m²	168	**246**	272	43	**69**	102
354	**Deckenbekleidungen**	m²	44	**100**	172	8	**28**	61
	Abbrechen	*m²*	*3*	***8***	*18*	*< 1*	***1***	*3*
	Wiederherstellen	m²	–	**34**	–	–	**18**	–
	Herstellen	m²	47	**107**	165	9	**29**	69
359	**Sonstiges zur KG 350**	m²	15	**42**	78	3	**12**	26
	Wiederherstellen	m²	1	**4**	6	< 1	**1**	2
	Herstellen	m²	22	**50**	78	4	**14**	26
361	**Dachkonstruktionen**	m²	180	**309**	508	52	**152**	344
	Abbrechen	*m²*	*3*	***16***	*30*	*1*	***4***	*7*
	Herstellen	m²	175	**305**	508	51	**151**	344
362	**Dachöffnungen**	m²	1.210	**2.013**	2.959	6	**30**	148
	Abbrechen	*m²*	*33*	***76***	*97*	*< 1*	***2***	*6*
	Wiederherstellen	m²	–	**39**	–	–	**< 1**	–
	Herstellen	m²	1.159	**1.968**	2.911	6	**29**	143
363	**Dachbeläge**	m²	229	**383**	527	112	**190**	431
	Abbrechen	*m²*	*11*	***22***	*31*	*6*	***10***	*16*
	Wiederherstellen	m²	9	**64**	118	8	**22**	36
	Herstellen	m²	206	**356**	496	101	**179**	421
364	**Dachbekleidungen**	m²	85	**175**	341	25	**74**	154
	Abbrechen	*m²*	*2*	***8***	*11*	*1*	***3***	*6*
	Wiederherstellen	m²	–	**6**	–	–	**2**	–
	Herstellen	m²	80	**172**	340	23	**72**	154
369	**Sonstiges zur KG 360**	m²	25	**66**	183	11	**25**	46
	Herstellen	m²	25	**66**	183	11	**25**	46
381	**Allgemeine Einbauten**	m²	6	**103**	233	6	**103**	233
	Abbrechen	*m²*	*–*	***< 1***	*–*	*–*	***< 1***	*–*
	Herstellen	m²	6	**103**	233	6	**103**	233

KG	Kostengruppen der 3. Ebene	Einheit	▷	€/Einheit	◁	▷	€/m² BGF	◁
382	**Besondere Einbauten**	m²	–	**41**	–	–	**41**	–
	Abbrechen	*m²*	–	***< 1***	–	–	***< 1***	–
	Herstellen	m²	–	**40**	–	–	**40**	–
391	**Baustelleneinrichtung**	m²	21	**73**	184	21	**73**	184
	Herstellen	m²	21	**73**	184	21	**73**	184
392	**Gerüste**	m²	24	**39**	68	24	**39**	68
	Herstellen	m²	24	**39**	68	24	**39**	68
393	**Sicherungsmaßnahmen**	m²	4	**11**	38	4	**11**	38
	Herstellen	m²	4	**11**	38	4	**11**	38
394	**Abbruchmaßnahmen**	m²	23	**32**	41	23	**32**	41
	Abbrechen	*m²*	*23*	***32***	*41*	*23*	***32***	*41*
397	**Zusätzliche Maßnahmen**	m²	4	**12**	33	4	**12**	33
	Herstellen	m²	4	**12**	33	4	**12**	33

Kosten:
Stand 2. Quartal 2026
Bundesdurchschnitt
inkl. 19% MwSt.

▷ von
ø Mittel
◁ bis

KG	Kostengruppen der 3. Ebene	Einheit	▷	€/Einheit	◁	▷	€/m² BGF	◁
411	**Abwasseranlagen**	m²	17	**51**	125	17	**51**	125
	Abbrechen	*m²*	*< 1*	***1***	*2*	*< 1*	***1***	*2*
	Wiederherstellen	m²	< 1	**3**	4	< 1	**3**	4
	Herstellen	m²	16	**49**	121	16	**49**	121
412	**Wasseranlagen**	m²	43	**98**	161	43	**98**	161
	Abbrechen	*m²*	*< 1*	***2***	*3*	*< 1*	***2***	*3*
	Wiederherstellen	m²	< 1	**2**	3	< 1	**2**	3
	Herstellen	m²	43	**97**	160	43	**97**	160
421	**Wärmeerzeugungsanlagen**	m²	51	**131**	262	51	**131**	262
	Abbrechen	*m²*	*< 1*	***10***	*16*	*< 1*	***10***	*16*
	Wiederherstellen	m²	–	**1**	–	–	**1**	–
	Herstellen	m²	50	**124**	246	50	**124**	246
422	**Wärmeverteilnetze**	m²	34	**81**	180	34	**81**	180
	Abbrechen	*m²*	*< 1*	***< 1***	*< 1*	*< 1*	***< 1***	*< 1*
	Wiederherstellen	m²	–	**14**	–	–	**14**	–
	Herstellen	m²	34	**78**	171	34	**78**	171
423	**Raumheizflächen**	m²	27	**47**	69	27	**47**	69
	Abbrechen	*m²*	*< 1*	***< 1***	*< 1*	*< 1*	***< 1***	*< 1*
	Wiederherstellen	m²	< 1	**< 1**	1	< 1	**< 1**	1
	Herstellen	m²	26	**47**	68	26	**47**	68
431	**Lüftungsanlagen**	m²	4	**195**	355	4	**195**	355
	Abbrechen	*m²*	*–*	***< 1***	*–*	*–*	***< 1***	*–*
	Herstellen	m²	4	**195**	355	4	**195**	355
432	**Teilklimaanlagen**	m²	52	**77**	101	52	**77**	101
	Abbrechen	*m²*	*–*	***< 1***	*–*	*–*	***< 1***	*–*
	Wiederherstellen	m²	–	**1**	–	–	**1**	–
	Herstellen	m²	52	**76**	99	52	**76**	99
433	**Klimaanlagen**	m²	–	**40**	–	–	**40**	–
	Herstellen	m²	–	**40**	–	–	**40**	–
442	**Eigenstromversorgungsanlagen**	m²	21	**28**	35	21	**28**	35
	Herstellen	m²	21	**28**	35	21	**28**	35
444	**Niederspannungsinstallationsanl.**	m²	86	**118**	165	86	**118**	165
	Abbrechen	*m²*	*< 1*	***1***	*2*	*< 1*	***1***	*2*
	Wiederherstellen	m²	–	**< 1**	–	–	**< 1**	–
	Herstellen	m²	84	**117**	165	84	**117**	165
445	**Beleuchtungsanlagen**	m²	23	**71**	153	23	**71**	153
	Abbrechen	*m²*	*< 1*	***< 1***	*< 1*	*< 1*	***< 1***	*< 1*
	Wiederherstellen	m²	< 1	**< 1**	1	< 1	**< 1**	1
	Herstellen	m²	23	**71**	153	23	**71**	153
446	**Blitzschutz- und Erdungsanlagen**	m²	5	**14**	53	5	**14**	53
	Abbrechen	*m²*	*–*	***< 1***	*–*	*–*	***< 1***	*–*
	Herstellen	m²	5	**14**	53	5	**14**	53
451	**Telekommunikationsanlagen**	m²	2	**8**	15	2	**8**	15
	Herstellen	m²	2	**8**	15	2	**8**	15
452	**Such- und Signalanlagen**	m²	4	**22**	58	4	**22**	58
	Wiederherstellen	m²	–	**< 1**	–	–	**< 1**	–
	Herstellen	m²	3	**22**	58	3	**22**	58
454	**Elektroakustische Anlagen**	m²	< 1	**22**	32	< 1	**22**	32
	Wiederherstellen	m²	–	**< 1**	–	–	**< 1**	–
	Herstellen	m²	< 1	**22**	32	< 1	**22**	32

KG	Kostengruppen der 3. Ebene	Einheit	▷	€/Einheit	◁	▷	€/m² BGF	◁
456	**Gefahrenmelde- und Alarmanlagen**	m²	16	**52**	142	16	**52**	142
	Abbrechen	*m²*	–	***< 1***	–	–	***< 1***	–
	Herstellen	m²	16	**52**	142	16	**52**	142
457	**Datenübertragungsnetze**	m²	8	**17**	43	8	**17**	43
	Herstellen	m²	8	**17**	43	8	**17**	43
461	**Aufzugsanlagen**	m²	45	**72**	98	45	**72**	98
	Herstellen	m²	45	**72**	98	45	**72**	98
471	**Küchentechnische Anlagen**	m²	–	**365**	–	–	**365**	–
	Herstellen	m²	–	**365**	–	–	**365**	–
472	**Reinigungs- u. badetechn. Anl.**	m²	–	**277**	–	–	**277**	–
	Wiederherstellen	m²	–	**48**	–	–	**48**	–
	Herstellen	m²	–	**230**	–	–	**230**	–
473	**Medienversorgungsanlagen**	m²	–	**49**	–	–	**49**	–
	Herstellen	m²	–	**49**	–	–	**49**	–
474	**Feuerlöschanlagen**	m²	3	**13**	24	3	**13**	24
	Herstellen	m²	3	**13**	24	3	**13**	24
475	**Prozesswärme-, kälte- u. -luftanl.**	m²	–	**66**	–	–	**66**	–
	Abbrechen	*m²*	–	***1***	–	–	***1***	–
	Wiederherstellen	m²	–	**2**	–	–	**2**	–
	Herstellen	m²	–	**64**	–	–	**64**	–
476	**Weitere nutzungsspezifische Anl.**	m²	–	**25**	–	–	**25**	–
	Herstellen	m²	–	**25**	–	–	**25**	–
481	**Automationseinrichtungen**	m²	20	**41**	72	20	**41**	72
	Abbrechen	*m²*	–	***< 1***	–	–	***< 1***	–
	Herstellen	m²	20	**41**	71	20	**41**	71
482	**Schaltschränke, Automation**	m²	17	**20**	23	17	**20**	23
	Herstellen	m²	17	**20**	23	17	**20**	23
483	**Automationsmanagement**	m²	–	**18**	–	–	**18**	–
	Herstellen	m²	–	**18**	–	–	**18**	–
484	**Kabel, Leitungen u. Verlegesys.**	m²	7	**27**	47	7	**27**	47
	Herstellen	m²	7	**27**	47	7	**27**	47

Kosten:
Stand 2. Quartal 2026
Bundesdurchschnitt
inkl. 19% MwSt.

▷ von
ø Mittel
◁ bis

Prozentanteile der Kosten für Leistungsbereiche nach STLB (Kosten Bauwerk nach DIN 276)

LB	Leistungsbereiche	▷	% an 300+400	◁
000	Baustellen-, Sicherheitseinr. inkl. 001, 089	1,9	**3,7**	6,3
002	Erdarbeiten	1,0	**2,2**	3,9
006	Spezialtiefbauarbeiten inkl. 005	–	**–**	–
009	Entwässerungskanalarbeiten inkl. 011	< 0,1	**0,4**	1,1
010	Drän- und Versickerarbeiten	0,0	**< 0,1**	< 0,1
012	Mauerarbeiten	1,5	**4,0**	8,3
013	Betonarbeiten	6,1	**10,6**	17,6
014	Natur-, Betonwerksteinarbeiten	0,0	**< 0,1**	0,3
016	Zimmer- und Holzbauarbeiten	0,7	**4,1**	10,9
017	Stahlbauarbeiten	< 0,1	**0,4**	1,8
018	Abdichtungsarbeiten	0,3	**0,9**	2,5
020	Dachdeckungsarbeiten	< 0,1	**1,1**	3,2
021	Dachabdichtungsarbeiten	1,1	**3,6**	5,8
022	Klempnerarbeiten	0,7	**1,9**	6,7
	Rohbau	27,5	**32,9**	45,5
023	Putz- und Stuckarbeiten, Wärmedämmsysteme	0,6	**3,2**	7,7
024	Fliesen- und Plattenarbeiten	1,4	**2,9**	5,4
025	Estricharbeiten	0,9	**1,3**	1,7
026	Fenster, Außentüren inkl. 029, 032	2,4	**5,3**	8,5
027	Tischlerarbeiten	2,3	**6,2**	19,6
028	Parkett-, Holzpflasterarbeiten	0,0	**0,4**	1,8
030	Rollladenarbeiten	< 0,1	**0,5**	1,2
031	Metallbauarbeiten inkl. 035	2,3	**4,6**	10,3
034	Maler- und Lackiererarb. - Beschicht. inkl. 037	1,0	**2,1**	3,7
036	Bodenbelagarbeiten	0,3	**1,5**	2,9
038	Vorgehängte hinterlüftete Fassaden	0,3	**1,7**	5,6
039	Trockenbauarbeiten	1,6	**3,8**	6,0
	Ausbau	24,6	**33,6**	39,4
040	Wärmeversorgungsanl. - Betriebseinr. inkl. 041	2,2	**6,6**	11,6
042	Gas- u. Wasseranl. - Leitung., Armat. inkl. 043	0,6	**1,7**	2,9
044	Abwasseranl. - Leitungen, Abläufe, Armaturen	0,5	**1,1**	1,7
045	Gas, Wasser, Entwässerung - Ausstattung inkl. 046	0,4	**1,9**	2,9
047	Dämm- und Brandschutzarb. an techn. Anlagen	0,5	**1,1**	2,1
049	Feuerlöschanlagen, Feuerlöschgeräte	< 0,1	**0,2**	1,4
050	Blitzschutz-/Erdungsanlagen, Überspannungssch.	< 0,1	**0,3**	0,7
052	Mittelspannungsanlagen	–	**–**	–
053	Niederspannungsanl. - Kabel inkl. 054	3,4	**4,8**	7,0
055	Sicherheits- u. Ersatzstromversorgungsanl.	0,0	**0,1**	1,0
057	Gebäudesystemtechnik	0,0	**0,1**	1,0
058	Leuchten und Lampen inkl. 059	0,3	**1,6**	2,5
060	Such, Signal, Zeit, Anten., akust. Anl. inkl. 064	0,2	**0,7**	2,0
061	Kommunikations- u. Übertragungsnetze inkl. 062	0,2	**1,0**	2,5
063	Gefahrenmeldeanlagen	< 0,1	**0,4**	1,7
069	Aufzüge	0,0	**0,5**	2,5
070	Gebäudeautomation	0,0	**0,8**	2,5
075	Raumlufttechnische Anlagen inkl. 078	2,0	**5,2**	12,8
	Gebäudetechnik	17,6	**28,1**	38,0
084	Abbruch, Rückbau, Schadstoffsanierung	1,6	**3,9**	7,4
	Sonstige Leistungsbereiche inkl. 008, 033, 051	0,2	**1,6**	11,5

Übersicht- 1. + 2. Ebene
Erweiterung
Umbau
Moderni- sierung
Instand- setzung
Bau- elemente
Abbrechen
Wieder- herstellen
Herstellen

Objektübersicht zur Gebäudeart

€/m² BGF

min	1.110	€/m²
von	2.280	€/m²
Mittel	**3.635**	**€/m²**
bis	4.965	€/m²
max	6.545	€/m²

Kosten:
Stand 2. Quartal 2026
Bundesdurchschnitt
inkl. 19% MwSt.

3200-0032 Palliativstation (12 Betten)

BRI 3.917 m³ **BGF** 985 m² **NUF** 600 m²

Baujahr: 1970
Bauzustand: mittel
Aufwand: mittel
Nutzung während der Bauzeit: ja
Nutzungsänderung: nein
Grundrissänderungen: wenige
Tragwerkseingriffe: wenige

Land: Schleswig-Holstein
Kreis: Steinburg
Standard: mittel
Bauzeit: 56 Wochen
Kennwerte: bis 3. Ebene DIN 276
veröffentlicht: BKI Objektdaten A13
BGF 4.159 €/m²

Planung: Planungsring Mumm + Partner GbR; Treia

Erweiterung Klinikum um Palliativstation mit zwölf Einbettzimmern

1. Ebene: 300 Bauwerk – Baukonstruktionen: 68%, **400 Bauwerk – Technische Anlagen:** 32%
3. Ebene: Baukonstruktionen: **A:** Sonstige < 1%, **H:** 311 Herstellung 5%, 322 Flachgründungen und Bodenplatten 6%, 324 Gründungsbeläge 8%, 331 Tragende Außenwände 6%, 334 Außenwandöffnungen 7%, 335 Außenwandbekleidungen, außen 9%, 342 Nichttragende Innenwände 5%, 344 Innenwandöffnungen 8%, 345 Innenwandbekleidungen 4%, 361 Dachkonstruktionen 8%, 363 Dachbeläge 11%, 364 Dachbekleidungen 4%, 381 Allgemeine Einbauten 4%, 391 Baustelleneinrichtung 5%, Sonstige 10%, **Technische Anlagen:** **A:** Sonstige < 1%, **H:** 411 Abwasseranlagen 5%, 412 Wasseranlagen 16%, 421 Wärmeerzeugungsanlagen 4%, 422 Wärmeverteilnetze 4%, 423 Raumheizflächen 5%, 431 Lüftungsanlagen 16%, 444 Niederspannungsinstallationsanlagen 14%, 445 Beleuchtungsanlagen 7%, 452 Such- und Signalanlagen 5%, 456 Gefahrenmelde- und Alarmanlagen 4%, 457 Datenübertragungsnetze 4%, 473 Medienversorgungsanlagen, Medizin- und labortechnische Anlagen 4%, 484 Kabel, Leitungen und Verlegesysteme 3%, Sonstige 9%

9100-0167 Mehrgenerationenhaus

BRI 1.125 m³ **BGF** 422 m² **NUF** 276 m²

Baujahr: in den 50-er Jahren
Bauzustand: mittel
Aufwand: mittel
Nutzung während der Bauzeit: nein
Nutzungsänderung: nein
Grundrissänderungen: wenige
Tragwerkseingriffe: wenige

Land: Niedersachsen
Kreis: Gifhorn
Standard: mittel
Bauzeit: 43 Wochen
Kennwerte: bis 3. Ebene DIN 276
veröffentlicht: BKI Objektdaten A12
BGF 1.110 €/m²

Planung: k.A.

Anbau und Sanierung des Mehrgenerationenhaus für verschiedene Altersgruppen.

1. Ebene: 300 Bauwerk – Baukonstruktionen: 77%, **400 Bauwerk – Technische Anlagen:** 23%
3. Ebene: Baukonstruktionen: **A:** Sonstige 10%, **W:** Sonstige < 1%, **H:** 322 Flachgründungen und Bodenplatten 7%, 331 Tragende Außenwände 3%, 334 Außenwandöffnungen 6%, 335 Außenwandbekleidungen, außen 5%, 336 Außenwandbekleidungen, innen 6%, 344 Innenwandöffnungen 5%, 345 Innenwandbekleidungen 4%, 346 Elementierte Innenwandkonstruktionen 6%, 351 Deckenkonstruktionen 4%, 353 Deckenbeläge 6%, 354 Deckenbekleidungen 3%, 361 Dachkonstruktionen 4%, 363 Dachbeläge 7%, 364 Dachbekleidungen 5%, 392 Gerüste 3%, Sonstige 14%, **Technische Anlagen:** **A:** Sonstige < 1%, **W:** Sonstige 2%, **H:** 412 Wasseranlagen 8%, 422 Wärmeverteilnetze 31%, 423 Raumheizflächen 8%, 444 Niederspannungsinstallationsanlagen 31%, 445 Beleuchtungsanlagen 4%, 457 Datenübertragungsnetze 7%, Sonstige 8%

A Abbrechen
W Wiederherstellen
H Herstellen

9100-0154 Fluchttreppe*

BRI 59 m³ **BGF** 25 m² **NUF** k.A.

Land: Nordrhein-Westfalen
Kreis: Hamm, Stadt
Standard: mittel
Bauzeit: 9 Wochen
Kennwerte: bis 3. Ebene DIN 276
veröffentlicht: BKI Objektdaten A11

BGF 8.791 €/m² *

* Nicht in der Auswertung enthalten

Planung: BERGHAUS ARCHITEKTEN; Düsseldorf

Stahltreppenanlage als baulicher Rettungsweg. **Kosteneinfluss Nutzung:** Für die Bildung der Kennwerte wurde die Grundfläche der Fluchttreppe als BGF zu Grunde gelegt.

1. Ebene: 300 Bauwerk – Baukonstruktionen: 100%
3. Ebene: Baukonstruktionen: H: 322 Flachgründungen und Bodenplatten 9%, 355 Elementierte Deckenkonstruktionen 87%, Sonstige 5%

6600-0032 Hotel

BRI 2.456 m³ **BGF** 828 m² **NUF** 499 m²

Baujahr: 1928, Anbau 1983
Bauzustand: mittel
Aufwand: hoch
Nutzung während der Bauzeit: ja
Nutzungsänderung: nein
Grundrissänderungen: wenige
Tragwerkseingriffe: einige

Land: Schleswig-Holstein
Kreis: Ostholstein
Standard: mittel
Bauzeit: 52 Wochen
Kennwerte: bis 3. Ebene DIN 276
veröffentlicht: BKI Objektdaten A12

BGF 2.950 €/m²

Planung: architekturbüro bielke und struve partgmbb; Eutin

Erweiterung eines Hotels und Umbau EG im Bestand

1. Ebene: 300 Bauwerk – Baukonstruktionen: 61%, **400 Bauwerk – Technische Anlagen:** 39%
3. Ebene: Baukonstruktionen: A: Sonstige 3%, **W:** Sonstige < 1%, **H:** 322 Flachgründungen und Bodenplatten 4%, 324 Gründungsbeläge 7%, 331 Tragende Außenwände 5%, 334 Außenwandöffnungen 6%, 335 Außenwandbekleidungen, außen 9%, 341 Tragende Innenwände 5%, 342 Nichttragende Innenwände 5%, 344 Innenwandöffnungen 5%, 345 Innenwandbekleidungen 8%, 351 Deckenkonstruktionen 8%, 353 Deckenbeläge 4%, 354 Deckenbekleidungen 5%, 363 Dachbeläge 7%, 369 Sonstiges zur KG 360 3%, Sonstige 16%, **Technische Anlagen: A:** Sonstige 2%, **W:** Sonstige < 1%, **H:** 412 Wasseranlagen 12%, 421 Wärmeerzeugungsanlagen 25%, 422 Wärmeverteilnetze 7%, 423 Raumheizflächen 5%, 461 Aufzugsanlagen 9%, Sonstige 4%

Objektübersicht zur Gebäudeart

€/m² BGF

min	1.110	€/m²
von	2.280	€/m²
Mittel	**3.635**	**€/m²**
bis	4.965	€/m²
max	6.545	€/m²

Kosten:
Stand 2. Quartal 2026
Bundesdurchschnitt
inkl. 19% MwSt.

6500-0048 Schulmensa (168 Sitzplätze)

BRI 1.709 m³ **BGF** 492 m² **NUF** 384 m²

Baujahr: 1971
Bauzustand: mittel
Aufwand: hoch
Nutzung während der Bauzeit: ja
Nutzungsänderung: nein
Grundrissänderungen: umfangreiche
Tragwerkseingriffe: wenige

Land: Niedersachsen
Kreis: Harburg
Standard: hoch
Bauzeit: 83 Wochen
Kennwerte: bis 3. Ebene DIN 276
veröffentlicht: BKI Objektdaten A12

BGF 3.211 €/m²

Planung: Bosse Westphal Schäffer Architekten; Winsen/Luhe

Mensa für 130 Schüler

1. Ebene: 300 Bauwerk – Baukonstruktionen: 49%, **400 Bauwerk – Technische Anlagen:** 51%
3. Ebene: Baukonstruktionen: A: Sonstige 4%, **W**: Sonstige < 1%, **H**: 322 Flachgründungen und Bodenplatten 5%, 324 Gründungsbeläge 11%, 331 Tragende Außenwände 4%, 334 Außenwandöffnungen 4%, 335 Außenwandbekleidungen, außen 14%, 337 Elementierte Außenwandkonstruktionen 12%, 344 Innenwandöffnungen 3%, 345 Innenwandbekleidungen 7%, 361 Dachkonstruktionen 5%, 363 Dachbeläge 7%, 364 Dachbekleidungen 3%, 391 Baustelleneinrichtung 3%, Sonstige 17%, **Technische Anlagen:** A: Sonstige 1%, **W**: Sonstige < 1%, **H**: 411 Abwasseranlagen 4%, 412 Wasseranlagen 6%, 421 Wärmeerzeugungsanlagen 10%, 422 Wärmeverteilnetze 14%, 431 Lüftungsanlagen 27%, 444 Niederspannungsinstallationsanlagen 6%, 445 Beleuchtungsanlagen 4%, 471 Küchentechnische Anlagen 22%, Sonstige 4%

7600-0078 Flughafenfeuerwehr (8 Fahrzeuge)

BRI 18.114 m³ **BGF** 4.266 m² **NUF** 2.732 m²

Bauzustand: gut
Aufwand: mittel
Nutzung während der Bauzeit: ja
Nutzungsänderung: nein
Grundrissänderungen: einige
Tragwerkseingriffe: einige

Land: Hamburg
Kreis: Hamburg, Stadt
Standard: hoch
Bauzeit: 104 Wochen
Kennwerte: bis 3. Ebene DIN 276
veröffentlicht: BKI Objektdaten A12

BGF 1.712 €/m²

Planung: Gössler Kinz Kerber Schippmann Architekten PartG mbB; Hamburg

Durch den Erweiterungsbau ergibt sich Platz für vier große Löschzüge und vier Rettungswägen. sowie weitere benötigte Räume für den Feuerwehrbetrieb. Es entstand eine neue Sicherheitsleitzentrale. **Kosteneinfluss Grundstück:** Bauen im Sicherheitsbereich des Flughafens.

1. Ebene: 300 Bauwerk – Baukonstruktionen: 58%, **400 Bauwerk – Technische Anlagen:** 42%
3. Ebene: Baukonstruktionen: A: Sonstige 4%, **W**: Sonstige < 1%, **H**: 322 Flachgründungen und Bodenplatten 7%, 324 Gründungsbeläge 4%, 331 Tragende Außenwände 4%, 334 Außenwandöffnungen 7%, 335 Außenwandbekleidungen, außen 8%, 344 Innenwandöffnungen 6%, 351 Deckenkonstruktionen 5%, 353 Deckenbeläge 4%, 361 Dachkonstruktionen 6%, 363 Dachbeläge 10%, 382 Besondere Einbauten 4%, 391 Baustelleneinrichtung 8%, 392 Gerüste 4%, Sonstige 20%, **Technische Anlagen:** A: Sonstige < 1%, **W**: Sonstige < 1%, **H**: 411 Abwasseranlagen 4%, 412 Wasseranlagen 4%, 421 Wärmeerzeugungsanlagen 4%, 432 Teilklimaanlagen 14%, 433 Klimaanlagen 6%, 444 Niederspannungsinstallationsanlagen 13%, 445 Beleuchtungsanlagen 6%, 452 Such- und Signalanlagen 4%, 454 Elektroakustische Anlagen 4%, 474 Feuerlöschanlagen 3%, 475 Prozesswärme-, kälte- und -luftanlagen 9%, 481 Automationseinrichtungen 10%, Sonstige 18%

A Abbrechen
W Wiederherstellen
H Herstellen

5200-0012 Sportbadhalle

BRI 4.770 m³ **BGF** 806 m² **NUF** 700 m²

© Architekten Contor Voigt

Baujahr: 1991
Bauzustand: mittel
Aufwand: mittel
Nutzung während der Bauzeit: ja
Nutzungsänderung: nein
Grundrissänderungen: wenige
Tragwerkseingriffe: wenige

Land: Schleswig-Holstein
Kreis: Nordfriesland
Standard: mittel
Bauzeit: 61 Wochen
Kennwerte: bis 3. Ebene DIN 276
veröffentlicht: BKI Objektdaten A12

BGF **6.535 €/m²**

Planung: Architekten Contor Voigt; Itzehoe

Sportbadhalle, Sportbecken 14x25m

1. Ebene: 300 Bauwerk – Baukonstruktionen: 74%, **400 Bauwerk – Technische Anlagen:** 26%
3. Ebene: Baukonstruktionen: A: Sonstige 1%, **W:** Sonstige < 1%, **H:** 311 Herstellung 5%, 322 Flachgründungen und Bodenplatten 13%, 324 Gründungsbeläge 8%, 331 Tragende Außenwände 13%, 335 Außenwandbekleidungen, außen 3%, 336 Außenwandbekleidungen, innen 5%, 337 Elementierte Außenwandkonstruktionen 9%, 361 Dachkonstruktionen 9%, 363 Dachbeläge 10%, 364 Dachbekleidungen 4%, 391 Baustelleneinrichtung 5%, Sonstige 12%, **Technische Anlagen:** A: Sonstige < 1%, **W:** Sonstige 3%, **H:** 411 Abwasseranlagen 10%, 412 Wasseranlagen 7%, 431 Lüftungsanlagen 18%, 444 Niederspannungsinstallationsanlagen 9%, 445 Beleuchtungsanlagen 13%, 446 Blitzschutz- und Erdungsanlagen 3%, 456 Gefahrenmelde- und Alarmanlagen 8%, 472 Wäscherei-, Reinigungs- und badetechnische Anlagen 14%, Sonstige 15%

6100-1379 Wohn- und Geschäftshaus (1 WE)

BRI 2.225 m³ **BGF** 762 m² **NUF** 476 m²

© Claudia Deutscher

Baujahr: 1933/1966
Bauzustand: mittel
Aufwand: hoch
Nutzung während der Bauzeit: nein
Nutzungsänderung: ja
Grundrissänderungen: umfangreiche
Tragwerkseingriffe: umfangreiche

Land: Sachsen
Kreis: Dresden, Stadt
Standard: mittel
Bauzeit: 65 Wochen
Kennwerte: bis 3. Ebene DIN 276
veröffentlicht: BKI Objektdaten A12

BGF **1.806 €/m²**

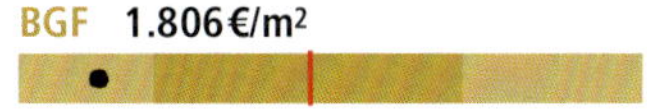

Planung: BAUatelier Deutscher; Dresden

Umbau und Erweiterung eines Einfamilienhaus mit Dachausbau für ein Büro.

1. Ebene: 300 Bauwerk – Baukonstruktionen: 78%, **400 Bauwerk – Technische Anlagen:** 22%
3. Ebene: Baukonstruktionen: A: 331 Tragende Außenwände 4%, Sonstige 6%, **W:** Sonstige 4%, **H:** 331 Tragende Außenwände 4%, 334 Außenwandöffnungen 15%, 335 Außenwandbekleidungen, außen 10%, 344 Innenwandöffnungen 3%, 345 Innenwandbekleidungen 3%, 351 Deckenkonstruktionen 7%, 353 Deckenbeläge 8%, 361 Dachkonstruktionen 3%, 363 Dachbeläge 7%, Sonstige 24%, **Technische Anlagen:** A: Sonstige 2%, **H:** 412 Wasseranlagen 15%, 421 Wärmeerzeugungsanlagen 21%, 422 Wärmeverteilnetze 6%, 423 Raumheizflächen 11%, 432 Teilklimaanlagen 13%, 444 Niederspannungsinstallationsanlagen 17%, Sonstige 15%

Übersicht-1. + 2. Ebene
Erweiterung
Umbau
Modernisierung
Instandsetzung
Bauelemente
Abbrechen
Wiederherstellen
Herstellen

Objektübersicht zur Gebäudeart

€/m² BGF

min	1.110	€/m²
von	2.280	€/m²
Mittel	**3.635**	**€/m²**
bis	4.965	€/m²
max	6.545	€/m²

Kosten:
Stand 2. Quartal 2026
Bundesdurchschnitt
inkl. 19% MwSt.

9100-0073 Kirche, Gruppenraum

BRI 265 m³ **BGF** 72 m² **NUF** 63 m²

Baujahr: 1904
Bauzustand: mittel
Aufwand: mittel
Nutzung während der Bauzeit: nein
Nutzungsänderung: ja
Grundrissänderungen: einige
Tragwerkseingriffe: einige

Land: Nordrhein-Westfalen
Kreis: Euskirchen
Standard: mittel
Bauzeit: 26 Wochen
Kennwerte: bis 3. Ebene DIN 276
veröffentlicht: BKI Objektdaten A9

BGF 4.057 €/m²

Planung: Elmar Paul Sommer Dipl.-Ing. Architekt + Stadtplaner; Monschau

Multifunktional: Gruppenraum, Pfarrbüro, Kapelle

1. Ebene: 300 Bauwerk – Baukonstruktionen: 90%, **400 Bauwerk – Technische Anlagen:** 10%
3. Ebene: Baukonstruktionen: A: 331 Tragende Außenwände 6%, Sonstige < 1%, **W:** Sonstige 2%, **H:** 311 Herstellung 3%, 324 Gründungsbeläge 4%, 331 Tragende Außenwände 15%, 335 Außenwandbekleidungen, außen 7%, 337 Elementierte Außenwandkonstruktionen 8%, 342 Nichttragende Innenwände 5%, 344 Innenwandöffnungen 6%, 346 Elementierte Innenwandkonstruktionen 14%, 361 Dachkonstruktionen 7%, 363 Dachbeläge 3%, 364 Dachbekleidungen 4%, 381 Allgemeine Einbauten 8%, Sonstige 8%, **Technische Anlagen:** **W:** Sonstige < 1%, **H:** 411 Abwasseranlagen 5%, 412 Wasseranlagen 21%, 423 Raumheizflächen 19%, 444 Niederspannungsinstallationsanlagen 32%, 445 Beleuchtungsanlagen 19%, Sonstige 4%

9700-0010 Aussegnungshalle*

BRI 500 m³ **BGF** 136 m² **NUF** 124 m²

Land: Baden-Württemberg
Kreis: Hohenlohekreis
Standard: mittel
Bauzeit: 31 Wochen
Kennwerte: bis 3. Ebene DIN 276
veröffentlicht: BKI Objektdaten A6

BGF 1.334 €/m²

* Nicht in der Auswertung enthalten

Planung: Architekturbüro Eberhard Wolf; Widdern

Erweiterung und Instandsetzung einer Aussegnungshalle.

1. Ebene: 300 Bauwerk – Baukonstruktionen: 93%, **400 Bauwerk – Technische Anlagen:** 7%
3. Ebene: Baukonstruktionen: A: 363 Dachbeläge 4%, Sonstige 7%, **W:** Sonstige 5%, **H:** 322 Flachgründungen und Bodenplatten 4%, 324 Gründungsbeläge 6%, 331 Tragende Außenwände 10%, 334 Außenwandöffnungen 10%, 335 Außenwandbekleidungen, außen 11%, 361 Dachkonstruktionen 12%, 363 Dachbeläge 18%, 364 Dachbekleidungen 3%, Sonstige 9%, **Technische Anlagen:** A: Sonstige < 1%, **H:** 411 Abwasseranlagen 10%, 412 Wasseranlagen 34%, 444 Niederspannungsinstallationsanlagen 17%, 445 Beleuchtungsanlagen 20%, 446 Blitzschutz- und Erdungsanlagen 13%, 454 Elektroakustische Anlagen 6%, Sonstige < 1%

A Abbrechen
W Wiederherstellen
H Herstellen

2200-0072 Labor (10 AP)

BRI 531 m³ **BGF** 137 m² **NUF** 85 m²

Bauzustand: mittel
Aufwand: hoch
Nutzung während der Bauzeit: ja
Nutzungsänderung: nein
Grundrissänderungen: keine
Tragwerkseingriffe: wenige

Land: Bayern
Kreis: München
Standard: einfach
Bauzeit: 52 Wochen
Kennwerte: bis 1. Ebene DIN 276
veröffentlicht: BKI Objektdaten A13

BGF 3.989 €/m²

Planung: Eneff Architekten; München

unterirdische Labor-Arbeitsräume mit 10 Arbeitsplätzen

1. Ebene: 300 Bauwerk – Baukonstruktionen: 67%, **400 Bauwerk – Technische Anlagen:** 33%

9100-0237 Dorfsaal

BRI 746 m³ **BGF** 193 m² **NUF** 123 m²

Baujahr: 1920
Bauzustand: schlecht
Aufwand: mittel
Nutzung während der Bauzeit: nein
Nutzungsänderung: nein
Grundrissänderungen: einige
Tragwerkseingriffe: einige

Land: Nordrhein-Westfalen
Kreis: Rhein-Sieg-Kreis
Standard: mittel
Bauzeit: 56 Wochen
Kennwerte: bis 1. Ebene DIN 276
veröffentlicht: BKI Objektdaten A13

BGF 4.653 €/m²

Planung: NC Architekten; Wachtberg

Erweiterung Gemeindehaus um Mehrzweckraum und Sanitäranlagen, Umbau Foyer und Küche sowie Instandsetzungsmaßnahmen

1. Ebene: 300 Bauwerk – Baukonstruktionen: 62%, **400 Bauwerk – Technische Anlagen:** 38%

9100-0228 Kammermusiksaal (80 Sitzplätze)*

BRI 1.175 m³ **BGF** 251 m² **NUF** 130 m²

Baujahr: 1960
Bauzustand: mittel
Aufwand: mittel
Nutzung während der Bauzeit: ja
Nutzungsänderung: nein
Grundrissänderungen: wenige
Tragwerkseingriffe: einige

Land: Rheinland-Pfalz
Kreis: Mainz, Stadt
Standard: hoch
Bauzeit: 70 Wochen
Kennwerte: bis 1. Ebene DIN 276
veröffentlicht: BKI Objektdaten A13

BGF 12.715 €/m² *

* Nicht in der Auswertung enthalten

Planung: mamuth I Dipl.Ing. Timm Helbach I freier Architekt dwb BDA; Mainz

Konzertsaal mit 80 Sitzplätze

1. Ebene: 300 Bauwerk – Baukonstruktionen: 84%, **400 Bauwerk – Technische Anlagen:** 16%

€/m² BGF

min	1.110	€/m²
von	2.280	€/m²
Mittel	**3.635**	**€/m²**
bis	4.965	€/m²
max	6.545	€/m²

Kosten:
Stand 2. Quartal 2026
Bundesdurchschnitt
inkl. 19% MwSt.

A Abbrechen
W Wiederherstellen
H Herstellen

Objektübersicht zur Gebäudeart

9100-0230 Kreisarchiv

BRI 14.980 m³ **BGF** 2.678 m² **NUF** 2.024 m²

© Dr.-Ing. Formazin & Partner GbR

Baujahr: 1997
Bauzustand: mittel
Aufwand: hoch
Nutzung während der Bauzeit: nein
Nutzungsänderung: ja
Grundrissänderungen: umfangreiche
Tragwerkseingriffe: wenige

Land: Brandenburg
Kreis: Barnim
Standard: einfach
Bauzeit: 108 Wochen
Kennwerte: bis 1. Ebene DIN 276
veröffentlicht: BKI Objektdaten A13
BGF **4.026 €/m²**

Planung: Dr.-Ing. Formazin & Partner GbR; Ahrensfelde

Archivflächen, Büroräume, Lesesaal mit Öffentlichkeitsräumen, Magazine

1. Ebene: 300 Bauwerk – Baukonstruktionen: 75%, **400 Bauwerk – Technische Anlagen:** 25%

3200-0034 Krankenhaus, TG (38 STP)*

BRI 20.807 m³ **BGF** 5.815 m² **NUF** 2.227 m²

© Felix+Jonas Architekten GmbH

Baujahr: 1968
Bauzustand: mittel
Aufwand: niedrig
Nutzung während der Bauzeit: ja
Nutzungsänderung: nein
Grundrissänderungen: wenige
Tragwerkseingriffe: wenige

Land: Bayern
Kreis: Landshut
Standard: mittel
Bauzeit: 161 Wochen
Kennwerte: bis 1. Ebene DIN 276
veröffentlicht: BKI Objektdaten A13
BGF **8.201 €/m²** *

* Nicht in der Auswertung enthalten

Planung: Felix+Jonas Architekten GmbH; München

Krankenhauserweiterung mit Intensiv- und IMC-Stationen, sowie vier OP-Sälen und einer Tiefgarage mit 38 Stellplätzen

1. Ebene: 300 Bauwerk – Baukonstruktionen: 34%, **400 Bauwerk – Technische Anlagen:** 66%

7600-0091 Feuerwehrgerätehaus

BRI 607 m³ **BGF** 169 m² **NUF** 131 m²

© Wolfram Hahn

Land: Baden-Württemberg
Kreis: Schwäbisch Hall
Standard: mittel
Bauzeit: 48 Wochen
Kennwerte: bis 1. Ebene DIN 276
veröffentlicht: BKI Objektdaten A12
BGF **2.807 €/m²**

Planung: Stadtverwaltung Crailsheim; Crailsheim

Erweiterung eines Feuerwehrhauses mit Schulungsraum

1. Ebene: 300 Bauwerk – Baukonstruktionen: 81%, **400 Bauwerk – Technische Anlagen:** 19%

9100-0209 Probensaal Staatskapelle

BRI 11.842 m³ **BGF** 2.283 m² **NUF** 1.449 m²

Baujahr: 1974
Bauzustand: mittel
Aufwand: niedrig
Nutzung während der Bauzeit: nein
Nutzungsänderung: nein
Grundrissänderungen: wenige
Tragwerkseingriffe: wenige

Land: Thüringen
Kreis: Weimar, Stadt
Standard: hoch
Bauzeit: 157 Wochen
Kennwerte: bis 1. Ebene DIN 276
veröffentlicht: BKI Objektdaten A12

BGF **4.139 €/m²**

Planung: pbr Planungsbüro Rohling AG; Jena

Neubau Probensaal und Sanierung des Bestands. Die Sanierungsarbeiten beinhalten eine Anpassung der Innenräume, die Ertüchtigung hinsichtlich Barrierefreiheit, die Erneuerung der haustechnischen Anlagen und eine energetische Sanierung.

1. Ebene: 300 Bauwerk – Baukonstruktionen: 70%, **400 Bauwerk – Technische Anlagen:** 30%

3200-0033 Krankenhaus, Aufstockung Bettenhaus (48 Betten)

BRI 7.200 m³ **BGF** 2.084 m² **NUF** 1.202 m²

Baujahr: 2000
Bauzustand: mittel
Aufwand: mittel
Nutzung während der Bauzeit: ja
Nutzungsänderung: nein
Grundrissänderungen: einige
Tragwerkseingriffe: wenige

Land: Sachsen
Kreis: Meißen
Standard: mittel
Bauzeit: 92 Wochen
Kennwerte: bis 1. Ebene DIN 276
veröffentlicht: BKI Objektdaten A12

BGF **4.927 €/m²**

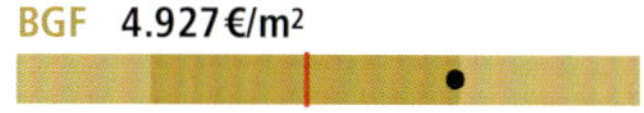

Planung: IPROconsult GmbH; Dresden

Aufstockung Krankenhaus um eine Ebene mit zwei Stationen, zehn Einzelzimmern für Palliativmedizin und einer onkologischen Station mit 38 Betten.

1. Ebene: 300 Bauwerk – Baukonstruktionen: 63%, **400 Bauwerk – Technische Anlagen:** 37%

9100-0222 Ausstellungsgebäude

BRI 26.611 m³ **BGF** 5.675 m² **NUF** 3.958 m²

Baujahr: 2005, 2012, 2021
Bauzustand: gut
Aufwand: mittel
Nutzung während der Bauzeit: ja
Nutzungsänderung: nein
Grundrissänderungen: wenige
Tragwerkseingriffe: wenige

Land: Bremen
Kreis: Bremerhaven, Stadt
Standard: mittel
Bauzeit: 87 Wochen
Kennwerte: bis 1. Ebene DIN 276
veröffentlicht: BKI Objektdaten A13

BGF **2.773 €/m²**

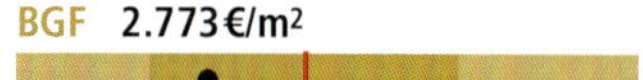

Planung: Andreas Heller Architects & Designers; Hamburg

Erweiterung eines Ausstellungsgebäudes um Veranstaltungs-, Ausstellungs- und Seminarräume sowie Gastronomie, Großküche und Nebenräume.

1. Ebene: 300 Bauwerk – Baukonstruktionen: 60%, **400 Bauwerk – Technische Anlagen:** 40%

Objektübersicht zur Gebäudeart

€/m² BGF

min	1.110	€/m²
von	2.280	€/m²
Mittel	**3.635**	**€/m²**
bis	4.965	€/m²
max	6.545	€/m²

Kosten:
Stand 2. Quartal 2026
Bundesdurchschnitt
inkl. 19% MwSt.

3400-0025 Altenpflegeheim (49 Betten)

BRI 7.952 m³ **BGF** 2.293 m² **NUF** 1.403 m²

Baujahr: 1994
Bauzustand: mittel
Aufwand: mittel
Nutzung während der Bauzeit: ja
Nutzungsänderung: nein
Grundrissänderungen: wenige
Tragwerkseingriffe: wenige

Land: Schleswig-Holstein
Kreis: Rendsburg-Eckernförde
Standard: mittel
Bauzeit: 56 Wochen
Kennwerte: bis 1. Ebene DIN 276
veröffentlicht: BKI Objektdaten A12

BGF **4.126 €/m²**

Planung: reichardt + partner architekten; Hamburg

Altenpflegeheim mit 49 Betten

1. Ebene: 300 Bauwerk – Baukonstruktionen: 65%, **400 Bauwerk – Technische Anlagen:** 35%

3300-0016 Psychiatrisches Therapiezentrum (22 Betten)

BRI 9.991 m³ **BGF** 2.727 m² **NUF** 1.537 m²

Land: Brandenburg
Kreis: Märkisch-Oderland
Standard: mittel
Bauzeit: 122 Wochen
Kennwerte: bis 1. Ebene DIN 276
veröffentlicht: BKI Objektdaten A12

BGF **4.036 €/m²**

Planung: Büro Legiehn Architektur GmbH; Potsdam

Psychiatrisches Therapiezentrum mit 22 Betten als Erweiterung an einem bestehenden Psychiatriegebäude. **Kosteneinfluss Grundstück:** Umfangreiche Erdarbeiten auf Grund von Änderung der topografischen Situation. Im Zuge der Erdarbeiten wurden Altfundamente des Vorgängerbaus gefunden, die abgebrochen werden mussten.

1. Ebene: 300 Bauwerk – Baukonstruktionen: 76%, **400 Bauwerk – Technische Anlagen:** 24%

6500-0054 Casino (176 Sitzplätze)

BRI 4.247 m³ **BGF** 1.073 m² **NUF** 622 m²

Baujahr: 1953, teilweise 1911
Bauzustand: mittel
Aufwand: mittel
Nutzung während der Bauzeit: nein
Nutzungsänderung: ja
Grundrissänderungen: umfangreiche
Tragwerkseingriffe: einige

Land: Niedersachsen
Kreis: Hannover, Region
Standard: mittel
Bauzeit: 61 Wochen
Kennwerte: bis 1. Ebene DIN 276
veröffentlicht: BKI Objektdaten A12

BGF **5.365 €/m²**

Planung: Bünemann & Collegen GmbH; Hannover

Casino als Erweiterung eines bestehenden Speiseraums mit 176 Sitzplätzen.

1. Ebene: 300 Bauwerk – Baukonstruktionen: 41%, **400 Bauwerk – Technische Anlagen:** 59%

A Abbrechen
W Wiederherstellen
H Herstellen

5100-0129 Sporthalle (Einfeldhalle)

BRI 5.649 m³ **BGF** 1.007 m² **NUF** 666 m²

© Robert Gommlich

Baujahr: 1902
Bauzustand: mittel
Aufwand: mittel
Nutzung während der Bauzeit: ja
Nutzungsänderung: nein
Grundrissänderungen: wenige
Tragwerkseingriffe: keine

Land: Sachsen
Kreis: Dresden, Stadt
Standard: mittel
Bauzeit: 78 Wochen
Kennwerte: bis 1. Ebene DIN 276
veröffentlicht: BKI Objektdaten A12
BGF **4.477 €/m²**

Planung: ARGE R.B.Z. AB Raum und Bau GmbH + AGZ Zimmermann GmbH; Dresden
Einfeld-Sporthalle, Passivhausgebäude

1. Ebene: 300 Bauwerk – Baukonstruktionen: 85%, **400 Bauwerk – Technische Anlagen:** 15%

7300-0098 Werkstatt für Menschen mit Behinderung (50 AP)

BRI 6.566 m³ **BGF** 1.533 m² **NUF** 1.088 m²

© SEHW Architekten

Baujahr: 1993
Bauzustand: mittel
Aufwand: mittel
Nutzung während der Bauzeit: ja
Nutzungsänderung: nein
Grundrissänderungen: wenige
Tragwerkseingriffe: wenige

Land: Mecklenburg-Vorpommern
Kreis: Ludwigslust-Parchim
Standard: mittel
Bauzeit: 70 Wochen
Kennwerte: bis 1. Ebene DIN 276
veröffentlicht: BKI Objektdaten A11
BGF **2.519 €/m²**

Planung: SEHW Architekten; Hamburg
Werkstatt für Menschen mit Behinderung (50 AP) und Büro (20 AP)

1. Ebene: 300 Bauwerk – Baukonstruktionen: 67%, **400 Bauwerk – Technische Anlagen:** 33%

9100-0117 Gemeinderäume

BRI 2.270 m³ **BGF** 518 m² **NUF** 351 m²

© RTW Architekten

Land: Niedersachsen
Kreis: Hannover, Region
Standard: hoch
Bauzeit: 57 Wochen
Kennwerte: bis 1. Ebene DIN 276
veröffentlicht: BKI Objektdaten A10
BGF **5.446 €/m²**

Planung: RTW Architekten; Hannover
Gemeinderäume

1. Ebene: 300 Bauwerk – Baukonstruktionen: 74%, **400 Bauwerk – Technische Anlagen:** 26%

€/m² BGF

min	1.110	€/m²
von	2.280	€/m²
Mittel	**3.635**	**€/m²**
bis	4.965	€/m²
max	6.545	€/m²

Kosten:
Stand 2. Quartal 2026
Bundesdurchschnitt
inkl. 19% MwSt.

A Abbrechen
W Wiederherstellen
H Herstellen

Objektübersicht zur Gebäudeart

6400-0086 Gemeindehaus

BRI 2.196 m³ **BGF** 519 m² **NUF** 435 m²

Baujahr: 2012
Bauzustand: mittel
Aufwand: mittel
Nutzung während der Bauzeit: nein
Nutzungsänderung: nein
Grundrissänderungen: wenige
Tragwerkseingriffe: einige

Land: Nordrhein-Westfalen
Kreis: Herne, Stadt
Standard: mittel
Bauzeit: 61 Wochen
Kennwerte: bis 1. Ebene DIN 276
veröffentlicht: BKI Objektdaten A10

BGF 3.463 €/m²

Planung: BATHE + REBER Architekten GbR; Dortmund

Gemeindehaus mit 199 Sitzplätzen (435m² NF)

1. Ebene: 300 Bauwerk – Baukonstruktionen: 86%, **400 Bauwerk – Technische Anlagen:** 14%

6400-0089 Gemeindezentrum

BRI 2.364 m³ **BGF** 544 m² **NUF** 338 m²

Baujahr: 1880
Bauzustand: mittel
Aufwand: mittel
Nutzung während der Bauzeit: ja
Nutzungsänderung: nein
Grundrissänderungen: einige
Tragwerkseingriffe: keine

Land: Mecklenburg-Vorpommern
Kreis: Rostock
Standard: mittel
Bauzeit: 39 Wochen
Kennwerte: bis 1. Ebene DIN 276
veröffentlicht: BKI Objektdaten A10

BGF 2.356 €/m²

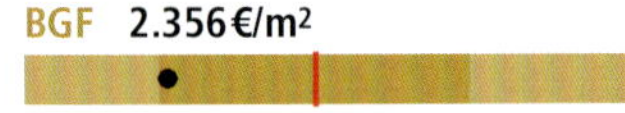

Planung: Johannsen und Partner; Hamburg

Gemeindezentrum mit drei Räumen für Veranstaltungen.

1. Ebene: 300 Bauwerk – Baukonstruktionen: 77%, **400 Bauwerk – Technische Anlagen:** 23%

9100-0141 Kulturquartier

BRI 18.083 m³ **BGF** 4.418 m² **NUF** 3.000 m²

Baujahr: 1912

Land: Mecklenburg-Vorpommern
Kreis: Mecklenburgische Seenplatte
Standard: mittel
Bauzeit: 139 Wochen
Kennwerte: bis 1. Ebene DIN 276
veröffentlicht: BKI Objektdaten A11

BGF 2.317 €/m²

Planung: BHBVT Gesellschaft von Architekten mbH; Berlin

Kulturquartier mit Bibliothek, Archiv, Museum und Verwaltung

1. Ebene: 300 Bauwerk – Baukonstruktionen: 72%, **400 Bauwerk – Technische Anlagen:** 28%

Objektübersicht zur Gebäudeart

6200-0073 Seniorenwohnheim (25 Betten)

BRI 5.358 m³ **BGF** 1.487 m² **NUF** 952 m²

Baujahr: 1970
Bauzustand: gut
Aufwand: niedrig
Nutzung während der Bauzeit: ja
Nutzungsänderung: nein
Grundrissänderungen: wenige
Tragwerkseingriffe: wenige

Land: Niedersachsen
Kreis: Harburg
Standard: mittel
Bauzeit: 39 Wochen
Kennwerte: bis 1. Ebene DIN 276
veröffentlicht: BKI Objektdaten A10

BGF 1.865 €/m²

Planung: Architektengruppe Voß; Tostedt

Seniorenwohnheim als Erweiterungsbau mit 25 Betten

1. Ebene: 300 Bauwerk – Baukonstruktionen: 67%, **400 Bauwerk – Technische Anlagen:** 33%

6200-0066 Tagesförderstätte (8 Pflegeplätze)

BRI 882 m³ **BGF** 265 m² **NUF** 164 m²

Baujahr: 2002

Land: Schleswig-Holstein
Kreis: Herzogtum Lauenburg
Standard: hoch
Bauzeit: 43 Wochen
Kennwerte: bis 1. Ebene DIN 276
veröffentlicht: BKI Objektdaten A10

BGF 2.970 €/m²

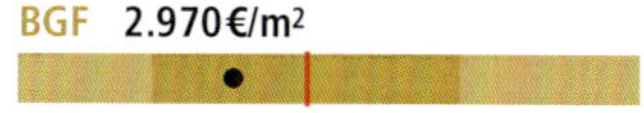

Planung: JANIAK + LIPPERT Architekten und Ingenieure GmbH; Fockbek

Tagesförderstätte (8 Pflegeplätze) für Menschen mit schwerer mehrfacher Behinderung.

1. Ebene: 300 Bauwerk – Baukonstruktionen: 79%, **400 Bauwerk – Technische Anlagen:** 21%

9100-0118 Museum

BRI 4.182 m³ **BGF** 1.070 m² **NUF** 694 m²

Land: Sachsen-Anhalt
Kreis: Mansfeld-Südharz
Standard: hoch
Bauzeit: 104 Wochen
Kennwerte: bis 1. Ebene DIN 276
veröffentlicht: BKI Objektdaten A10

BGF 6.547 €/m²

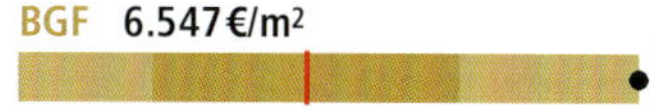

Planung: VON M GmbH; Stuttgart

Erweiterung eines Museums mit Ausstellung, Vortragsraum und Verwaltung.

1. Ebene: 300 Bauwerk – Baukonstruktionen: 68%, **400 Bauwerk – Technische Anlagen:** 32%

€/m² BGF

min	1.110	€/m²
von	2.280	€/m²
Mittel	**3.635**	**€/m²**
bis	4.965	€/m²
max	6.545	€/m²

Kosten:
Stand 2. Quartal 2026
Bundesdurchschnitt
inkl. 19% MwSt.

A Abbrechen
W Wiederherstellen
H Herstellen

Objektübersicht zur Gebäudeart

6500-0039 Mensa, Mittagsbetreuung
BRI 1.106 m³ **BGF** 293 m² **NUF** 250 m²

Baujahr: 1960
Bauzustand: mittel
Aufwand: mittel
Nutzung während der Bauzeit: ja
Nutzungsänderung: nein
Grundrissänderungen: wenige
Tragwerkseingriffe: keine

Land: Nordrhein-Westfalen
Kreis: Düsseldorf, Stadt
Standard: mittel
Bauzeit: 26 Wochen
Kennwerte: bis 1. Ebene DIN 276
veröffentlicht: BKI Objektdaten A9
BGF 2.598 €/m²

Planung: pagelhenn architektinnenarchitekt; Hilden

Mensa mit Speiseraum, Aufwärmküche, Betreuungsräumen, Fahrradwerkstatt, Lagerräumen.

1. Ebene: 300 Bauwerk – Baukonstruktionen: 86%, **400 Bauwerk – Technische Anlagen:** 14%

6600-0021 Gästehaus (12 Betten), Laden, Café
BRI 1.677 m³ **BGF** 599 m² **NUF** 422 m²

Baujahr: 1969
Bauzustand: schlecht
Aufwand: niedrig
Nutzung während der Bauzeit: nein
Nutzungsänderung: ja
Grundrissänderungen: umfangreiche
Tragwerkseingriffe: umfangreiche

Land: Thüringen
Kreis: Greiz
Standard: mittel
Bauzeit: 174 Wochen
Kennwerte: bis 1. Ebene DIN 276
veröffentlicht: BKI Objektdaten A9
BGF 1.984 €/m²

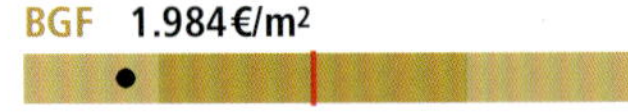

Planung: Architekturbüro Dr. Goerstner; Saalfeld

Gästehaus (12 Betten), acht Zimmer, Hofladen und Café im EG. Der Bestand wurde durch einen seitlich leicht auskragenden Kubus aufgestockt, der auf V-Stützen lagert. Aus statischen und ökologischen Gründen erfolgte der Neubau der Obergeschosse als Holzrahmenbau. Teilweise wurden vorhandene Baustoffe umgenutzt, wie die großformatigen Betonplatten und Steine für den Außenraum.

1. Ebene: 300 Bauwerk – Baukonstruktionen: 88%, **400 Bauwerk – Technische Anlagen:** 12%

9100-0081 Erschließungsbauwerk an historischem Gebäude
BRI 1.510 m³ **BGF** 392 m² **NUF** 102 m²

Land: Thüringen
Kreis: Kyffhäuserkreis
Standard: mittel
Bauzeit: 70 Wochen
Kennwerte: bis 1. Ebene DIN 276
veröffentlicht: BKI Objektdaten A8
BGF 4.174 €/m²

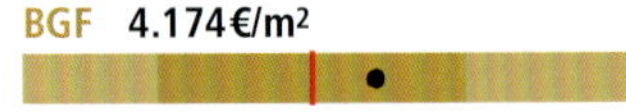

Planung: petermann.thiele.kochanek architekten u. ingenieure; Bad Frankenhausen

Erschließungsbauwerk mit Treppenhaus, Aufzug und Nebenräumen als Anbau an ein denkmalgeschütztes Gebäude.

1. Ebene: 300 Bauwerk – Baukonstruktionen: 83%, **400 Bauwerk – Technische Anlagen:** 17%

Objektübersicht zur Gebäudeart

6400-0068 Pfarrbüro

BRI 357 m³ **BGF** 75 m² **NUF** 51 m²

Baujahr: 1963
Bauzustand: mittel
Aufwand: mittel
Nutzung während der Bauzeit: nein
Nutzungsänderung: nein
Grundrissänderungen: keine
Tragwerkseingriffe: keine

Land: Bayern
Kreis: Landshut, Stadt
Standard: mittel
Bauzeit: 43 Wochen
Kennwerte: bis 1. Ebene DIN 276
veröffentlicht: BKI Objektdaten A8

BGF 4.745 €/m²

Planung: NEUMEISTER & PARINGER ARCHITEKTEN BDA; Landshut

Pfarrbüro mit zwei Arbeitsplätzen zwischen Gemeindehaus und Kirche. **Kosteneinfluss Nutzung:** Pfarrbüro mit zwei Arbeitsplätzen zwischen Gemeindehaus und Kirche. **Kosteneinfluss Grundstück:** Lage zwischen Gemeindehaus und Kirche

1. Ebene: 300 Bauwerk – Baukonstruktionen: 87%, **400 Bauwerk – Technische Anlagen:** 13%

9100-0043 Museum, Eingangs- und Ausstellungsbau

BRI 1.138 m³ **BGF** 247 m² **NUF** 179 m²

Land: Nordrhein-Westfalen
Kreis: Lippe
Standard: mittel
Bauzeit: 74 Wochen
Kennwerte: bis 1. Ebene DIN 276
veröffentlicht: www.bki.de

BGF 4.432 €/m²

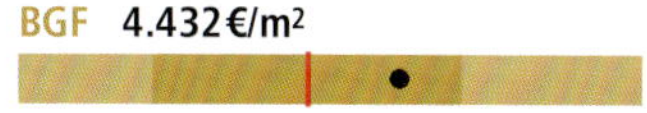

Planung: Dipl.-Ing. Architekt BDA Reinhard Schwakenberg; Lemgo

Eingangs- und Ausstellungsgebäude als Erweiterung für das Museum Junkerhaus.

1. Ebene: 300 Bauwerk – Baukonstruktionen: 78%, **400 Bauwerk – Technische Anlagen:** 22%

Büro- und Verwaltungsgebäude

Kosten:
Stand 2. Quartal 2026
Bundesdurchschnitt
inkl. 19% MwSt.

Kostenkennwerte für die Kosten des Bauwerks (Kostengruppen 300+400 nach DIN 276)

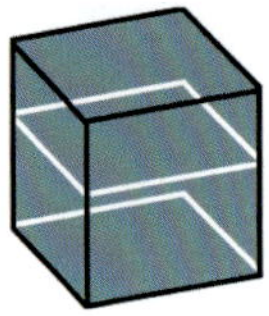

BRI 505 €/m³
von 310 €/m³
bis 775 €/m³

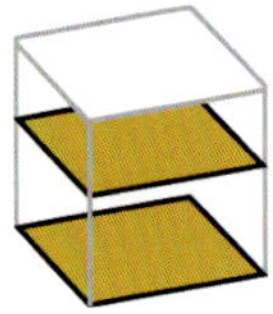

BGF 1.715 €/m²
von 1.215 €/m²
bis 2.740 €/m²

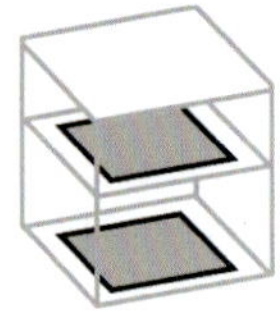

NUF 2.925 €/m²
von 1.800 €/m²
bis 5.450 €/m²

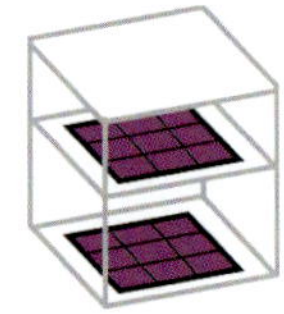

NE 84.830 €/NE
von 36.100 €/NE
bis 177.660 €/NE
NE: Arbeitsplätze

Objektbeispiele

1300-0243

1300-0124

1300-0121

Kosten der 10 Vergleichsobjekte

Seiten 242 bis 247

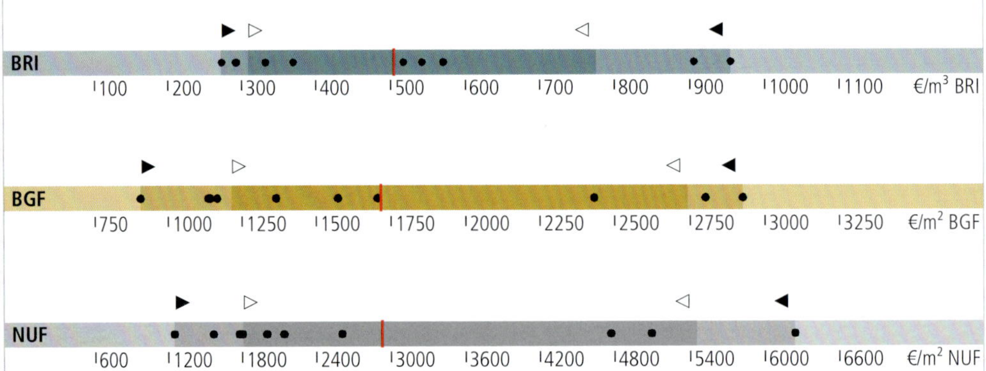

- ● KKW
- ▶ min
- ▷ von
- | Mittelwert
- ◁ bis
- ◀ max

Kostenkennwerte für die Kostengruppen der 1. und 2.Ebene DIN 276

KG	Kostengruppen der 1. Ebene	Einheit	▷	€/Einheit	◁	▷	% an 300+400	◁
100	Grundstück	m² GF	–	**–**	–	–	**–**	–
200	Vorbereitende Maßnahmen	m² GF	1	**7**	14	0,2	**0,5**	0,9
300	Bauwerk – Baukonstruktionen	m² BGF	829	**1.246**	2.199	61,5	**70,7**	79,8
400	Bauwerk – Technische Anlagen	m² BGF	325	**468**	669	20,2	**29,3**	38,5
	Bauwerk 300+400	m² BGF	1.213	**1.715**	2.741	100,0	**100,0**	100,0
500	Außenanlagen und Freiflächen	m² AF	35	**248**	669	0,9	**2,0**	4,5
600	Ausstattung und Kunstwerke	m² BGF	7	**28**	109	0,5	**1,5**	5,0
700	Baunebenkosten	m² BGF	–	**–**	–	–	**–**	–
800	Finanzierung	m² BGF	–	**–**	–	–	**–**	–

KG	Kostengruppen der 2. Ebene	Einheit	▷	€/Einheit	◁	▷	% an 1. Ebene	◁
310	Baugrube / Erdbau	m³ BGI	88	**147**	206	< 0,1	**0,5**	1,4
320	Gründung, Unterbau	m² GRF	132	**636**	1.003	1,0	**4,5**	10,2
330	Außenwände / vertikal außen	m² AWF	164	**416**	899	5,0	**21,9**	33,5
340	Innenwände / vertikal innen	m² IWF	254	**341**	492	21,9	**30,5**	44,3
350	Decken / horizontal	m² DEF	220	**388**	541	10,3	**22,2**	32,7
360	Dächer	m² DAF	202	**392**	589	3,0	**11,7**	28,4
370	Infrastrukturanlagen		–	**–**	–	–	**–**	–
380	Baukonstruktive Einbauten	m² BGF	7	**23**	35	0,6	**1,8**	3,7
390	Sonst. Maßnahmen für Baukonst.	m² BGF	35	**78**	144	3,2	**6,9**	10,9
300	**Bauwerk – Baukonstruktionen**	**m² BGF**					**100,0**	
410	Abwasser-, Wasser-, Gasanlagen	m² BGF	25	**53**	125	5,4	**12,4**	25,2
420	Wärmeversorgungsanlagen	m² BGF	18	**60**	88	6,8	**16,3**	32,1
430	Raumlufttechnische Anlagen	m² BGF	10	**47**	87	4,6	**11,0**	26,3
440	Elektrische Anlagen	m² BGF	97	**164**	219	26,8	**40,7**	56,3
450	Kommunikationstechnische Anlagen	m² BGF	26	**65**	119	7,5	**13,9**	20,7
460	Förderanlagen	m² BGF	78	**115**	153	0,0	**4,2**	18,2
470	Nutzungsspez. / verfahrenstech. Anl.	m² BGF	–	**2**	–	0,0	**< 0,1**	0,2
480	Gebäude- und Anlagenautomation	m² BGF	–	**49**	–	0,0	**0,9**	6,9
490	Sonst. Maßnahmen f. techn. Anl.	m² BGF	< 1	**6**	13	< 0,1	**0,6**	2,1
400	**Bauwerk – Technische Anlagen**	**m² BGF**					**100,0**	

Prozentanteile der Kosten 2.Ebene an den Kosten des Bauwerks nach DIN 276 (Von/Mittel/Bis)

310	Baugrube / Erdbau	0,4
320	Gründung, Unterbau	3,6
330	Außenwände / vertikal außen	16,4
340	Innenwände / vertikal innen	21,1
350	Decken / horizontal	15,5
360	Dächer	8,1
370	Infrastrukturanlagen	
380	Baukonstruktive Einbauten	1,3
390	Sonst. Maßnahmen für Baukonst.	4,7
410	Abwasser-, Wasser-, Gasanlagen	3,4
420	Wärmeversorgungsanlagen	3,9
430	Raumlufttechnische Anlagen	3,3
440	Elektrische Anlagen	12,0
450	Kommunikationstechnische Anlagen	4,4
460	Förderanlagen	1,5
470	Nutzungsspez. / verfahrenstech. Anl.	< 0,1
480	Gebäude- und Anlagenautomation	0,3
490	Sonst. Maßnahmen f. techn. Anl.	0,2

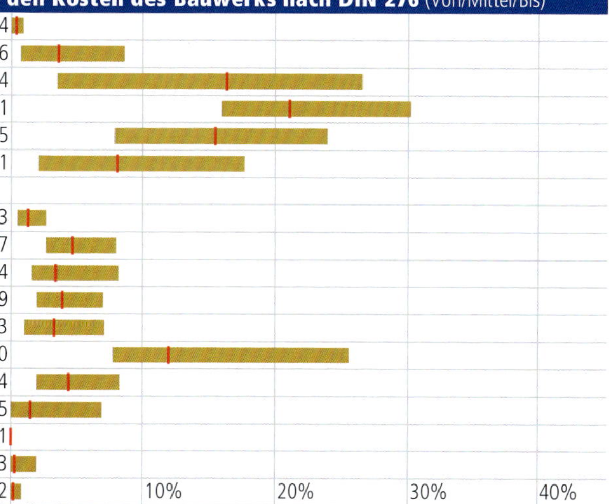

Kosten:
Stand 2. Quartal 2026
Bundesdurchschnitt
inkl. 19% MwSt.

▷ von
Ø Mittel
◁ bis

Kostenkennwerte für die Kostengruppen der 3. Ebene DIN 276

KG	Kostengruppen der 3. Ebene	Einheit	▷	€/Einheit	◁	▷	€/m² BGF	◁
311	**Herstellung**	m³	87	**142**	191	7	**15**	23
	Herstellen	m³	87	**142**	191	7	**15**	23
321	**Baugrundverbesserung**	m²	–	**26**	–	–	**12**	–
	Herstellen	m²	–	**26**	–	–	**12**	–
322	**Flachgründungen und Bodenplatten**	m²	566	**696**	1.078	27	**72**	205
	Abbrechen	*m²*	*29*	***116***	*211*	*2*	***9***	*16*
	Wiederherstellen	m²	–	**5**	–	–	**2**	–
	Herstellen	m²	386	**579**	1.063	20	**63**	188
324	**Gründungsbeläge**	m²	104	**217**	331	40	**63**	86
	Abbrechen	*m²*	*6*	***15***	*24*	*< 1*	***11***	*21*
	Herstellen	m²	89	**210**	327	37	**58**	84
325	**Abdichtungen und Bekleidungen**	m²	5	**24**	43	< 1	**5**	18
	Abbrechen	*m²*	–	***9***	–	–	***4***	–
	Herstellen	m²	5	**22**	39	< 1	**4**	14
331	**Tragende Außenwände**	m²	440	**669**	788	46	**159**	377
	Abbrechen	*m²*	*25*	***31***	*37*	*11*	***16***	*25*
	Wiederherstellen	m²	5	**269**	534	3	**79**	306
	Herstellen	m²	316	**469**	717	60	**109**	158
332	**Nichttragende Außenwände**	m²	–	**320**	–	–	**31**	–
	Herstellen	m²	–	**320**	–	–	**31**	–
333	**Außenstützen**	m	170	**190**	210	4	**5**	6
	Abbrechen	*m*	–	***127***	–	–	***2***	–
	Herstellen	m	82	**126**	170	2	**4**	6
334	**Außenwandöffnungen**	m²	376	**832**	1.584	28	**81**	177
	Abbrechen	*m²*	*18*	***21***	*27*	*2*	***3***	*3*
	Wiederherstellen	m²	74	**543**	790	8	**17**	33
	Herstellen	m²	242	**709**	1.724	21	**84**	175
335	**Außenwandbekleidungen, außen**	m²	120	**205**	279	71	**113**	169
	Abbrechen	*m²*	*3*	***14***	*35*	*1*	***9***	*26*
	Wiederherstellen	m²	4	**34**	65	1	**29**	58
	Herstellen	m²	78	**183**	266	51	**96**	153
336	**Außenwandbekleidungen, innen**	m²	32	**75**	155	9	**38**	72
	Abbrechen	*m²*	*< 1*	***3***	*7*	*< 1*	***2***	*4*
	Wiederherstellen	m²	3	**25**	47	1	**12**	23
	Herstellen	m²	30	**67**	136	8	**34**	64
338	**Lichtschutz zur KG 330**	m²	112	**663**	957	9	**9**	10
	Wiederherstellen	m²	–	**202**	–	–	**2**	–
	Herstellen	m²	112	**596**	912	6	**9**	10
339	**Sonstiges zur KG 330**	m²	7	**23**	70	3	**13**	27
	Abbrechen	*m²*	–	***3***	–	–	***3***	–
	Herstellen	m²	6	**23**	70	5	**13**	33
341	**Tragende Innenwände**	m²	304	**1.562**	5.318	23	**56**	93
	Abbrechen	*m²*	*28*	***1.680***	*4.982*	*5*	***18***	*40*
	Wiederherstellen	m²	64	**86**	109	15	**20**	26
	Herstellen	m²	178	**259**	331	2	**38**	64
342	**Nichttragende Innenwände**	m²	123	**165**	214	38	**77**	106
	Abbrechen	*m²*	*15*	***45***	*152*	*3*	***11***	*16*
	Herstellen	m²	111	**137**	164	36	**70**	105

KG	Kostengruppen der 3. Ebene	Einheit	▷	€/Einheit	◁	▷	€/m² BGF	◁
343	**Innenstützen**	m	502	**580**	657	8	**8**	9
	Abbrechen	*m*	–	***16***	–	–	***< 1***	–
	Herstellen	m	486	**572**	657	8	**8**	9
344	**Innenwandöffnungen**	m²	738	**1.115**	1.516	65	**94**	141
	Abbrechen	*m²*	*1*	***13***	*26*	*< 1*	***< 1***	*2*
	Wiederherstellen	m²	12	**38**	62	< 1	**4**	6
	Herstellen	m²	731	**1.090**	1.464	64	**92**	135
345	**Innenwandbekleidungen**	m²	39	**62**	98	45	**79**	93
	Abbrechen	*m²*	*< 1*	***1***	*3*	*< 1*	***1***	*3*
	Wiederherstellen	m²	–	**7**	–	–	**9**	–
	Herstellen	m²	36	**61**	97	39	**77**	92
346	**Elem. Innenwandkonstruktionen**	m²	270	**624**	1.283	10	**29**	73
	Herstellen	m²	270	**624**	1.283	10	**29**	73
351	**Deckenkonstruktionen**	m²	302	**748**	2.057	35	**106**	221
	Abbrechen	*m²*	*65*	***96***	*126*	*25*	***54***	*83*
	Wiederherstellen	m²	27	**49**	71	8	**21**	47
	Herstellen	m²	214	**676**	2.057	53	**89**	124
353	**Deckenbeläge**	m²	126	**195**	297	73	**137**	218
	Abbrechen	*m²*	*2*	***5***	*11*	*2*	***3***	*7*
	Wiederherstellen	m²	< 1	**6**	9	< 1	**5**	8
	Herstellen	m²	121	**188**	288	70	**132**	210
354	**Deckenbekleidungen**	m²	53	**103**	144	32	**74**	120
	Abbrechen	*m²*	*4*	***8***	*12*	*4*	***7***	*10*
	Wiederherstellen	m²	18	**31**	44	4	**21**	38
	Herstellen	m²	51	**92**	140	23	**66**	101
355	**Elementierte Deckenkonstruktionen**	m²	–	**894**	–	–	**6**	–
	Herstellen	m²	–	**894**	–	–	**6**	–
359	**Sonstiges zur KG 350**	m²	15	**19**	22	6	**13**	18
	Abbrechen	*m²*	–	***< 1***	–	–	***< 1***	–
	Herstellen	m²	15	**19**	21	6	**13**	18
361	**Dachkonstruktionen**	m²	195	**376**	551	7	**37**	68
	Abbrechen	*m²*	*7*	***46***	*85*	*4*	***7***	*11*
	Wiederherstellen	m²	9	**16**	24	1	**8**	14
	Herstellen	m²	167	**345**	534	7	**29**	52
362	**Dachöffnungen**	m²	886	**3.017**	5.516	2	**33**	95
	Wiederherstellen	m²	100	**101**	102	< 1	**2**	4
	Herstellen	m²	2.599	**3.955**	6.549	16	**53**	117
363	**Dachbeläge**	m²	126	**264**	389	41	**95**	228
	Abbrechen	*m²*	*< 1*	***7***	*20*	*< 1*	***5***	*12*
	Wiederherstellen	m²	1	**12**	33	< 1	**1**	1
	Herstellen	m²	122	**249**	362	40	**90**	215
364	**Dachbekleidungen**	m²	48	**78**	117	16	**47**	98
	Abbrechen	*m²*	*5*	***10***	*16*	*4*	***9***	*15*
	Wiederherstellen	m²	3	**5**	7	3	**5**	7
	Herstellen	m²	45	**72**	104	9	**41**	73
366	**Lichtschutz zur KG 360**	m²	–	**1.601**	–	–	**15**	–
	Herstellen	m²	–	**1.601**	–		**15**	–
381	**Allgemeine Einbauten**	m²	13	**22**	34	13	**22**	34
	Herstellen	m²	13	**22**	34	13	**22**	34
382	**Besondere Einbauten**	m²	–	**7**	–	–	**7**	–
	Abbrechen	*m²*	–	***2***	–	–	***2***	–
	Herstellen	m²	–	**4**	–	–	**4**	–

KG	Kostengruppen der 3. Ebene	Einheit	▷	€/Einheit	◁	▷	€/m² BGF	◁
387	**Schutzeinbauten**	m²	12	**22**	31	12	**22**	31
	Herstellen	m²	12	**22**	31	12	**22**	31
391	**Baustelleneinrichtung**	m²	7	**23**	41	7	**23**	41
	Herstellen	m²	7	**23**	41	7	**23**	41
392	**Gerüste**	m²	14	**25**	34	14	**25**	34
	Herstellen	m²	14	**25**	34	14	**25**	34
393	**Sicherungsmaßnahmen**	m²	14	**24**	35	14	**24**	35
	Herstellen	m²	14	**24**	35	14	**24**	35
394	**Abbruchmaßnahmen**	m²	–	**114**	–	–	**114**	–
	Abbrechen	*m²*	–	***114***	–	–	***114***	–
395	**Instandsetzungen**	m²	< 1	**7**	13	< 1	**7**	13
	Wiederherstellen	m²	–	**< 1**	–	–	**< 1**	–
	Herstellen	m²	–	**13**	–	–	**13**	–
396	**Materialentsorgung**	m²	3	**4**	5	3	**4**	5
	Abbrechen	*m²*	–	***5***	–	–	***5***	–
	Herstellen	m²	3	**4**	5	3	**4**	5
397	**Zusätzliche Maßnahmen**	m²	8	**15**	26	8	**15**	26
	Abbrechen	*m²*	–	***< 1***	–	–	***< 1***	–
	Herstellen	m²	8	**15**	26	8	**15**	26
399	**Sonstiges zur KG 390**	m²	–	**36**	–	–	**36**	–
	Herstellen	m²	–	**36**	–	–	**36**	–

Kosten:
Stand 2. Quartal 2026
Bundesdurchschnitt
inkl. 19% MwSt.

▷ von
ø Mittel
◁ bis

KG	Kostengruppen der 3. Ebene	Einheit	▷	€/Einheit	◁	▷	€/m² BGF	◁
411	**Abwasseranlagen**	m²	5	**15**	31	5	**15**	31
	Abbrechen	*m²*	*< 1*	***< 1***	*< 1*	*< 1*	***< 1***	*< 1*
	Wiederherstellen	m²	–	**1**	–	–	**1**	–
	Herstellen	m²	4	**15**	31	4	**15**	31
412	**Wasseranlagen**	m²	17	**33**	82	17	**33**	82
	Abbrechen	*m²*	*< 1*	***< 1***	*< 1*	*< 1*	***< 1***	*< 1*
	Herstellen	m²	17	**33**	81	17	**33**	81
419	**Sonstiges zur KG 410**	m²	5	**9**	16	5	**9**	16
	Herstellen	m²	5	**9**	16	5	**9**	16
421	**Wärmeerzeugungsanlagen**	m²	23	**31**	40	23	**31**	40
	Abbrechen	*m²*	–	***3***	–	–	***3***	–
	Herstellen	m²	21	**30**	40	21	**30**	40
422	**Wärmeverteilnetze**	m²	6	**13**	20	6	**13**	20
	Abbrechen	*m²*	*< 1*	***< 1***	*1*	*< 1*	***< 1***	*1*
	Wiederherstellen	m²	–	**3**	–	–	**3**	–
	Herstellen	m²	6	**14**	20	6	**14**	20
423	**Raumheizflächen**	m²	15	**28**	49	15	**28**	49
	Abbrechen	*m²*	*1*	***4***	*10*	*1*	***4***	*10*
	Wiederherstellen	m²	–	**2**	–	–	**2**	–
	Herstellen	m²	13	**26**	48	13	**26**	48
429	**Sonstiges zur KG 420**	m²	3	**10**	26	3	**10**	26
	Abbrechen	*m²*	*2*	***6***	*10*	*2*	***6***	*10*
	Herstellen	m²	4	**10**	16	4	**10**	16
431	**Lüftungsanlagen**	m²	10	**48**	88	10	**48**	88
	Herstellen	m²	10	**48**	88	10	**48**	88
432	**Teilklimaanlagen**	m²	2	**5**	9	2	**5**	9
	Herstellen	m²	2	**5**	9	2	**5**	9
433	**Klimaanlagen**	m²	16	**33**	50	16	**33**	50
	Abbrechen	*m²*	–	***16***	–	–	***16***	–
	Herstellen	m²	–	**50**	–	–	**50**	–
434	**Kälteanlagen**	m²	1	**5**	9	1	**5**	9
	Abbrechen	*m²*	–	***1***	–	–	***1***	–
	Herstellen	m²	–	**9**	–	–	**9**	–
442	**Eigenstromversorgungsanlagen**	m²	5	**6**	7	5	**6**	7
	Herstellen	m²	5	**6**	7	5	**6**	7
444	**Niederspannungsinstallationsanl.**	m²	67	**91**	140	67	**91**	140
	Abbrechen	*m²*	*2*	***6***	*21*	*2*	***6***	*21*
	Herstellen	m²	63	**88**	122	63	**88**	122
445	**Beleuchtungsanlagen**	m²	32	**67**	86	32	**67**	86
	Abbrechen	*m²*	*< 1*	***2***	*4*	*< 1*	***2***	*4*
	Herstellen	m²	32	**66**	84	32	**66**	84
446	**Blitzschutz- und Erdungsanlagen**	m²	2	**6**	14	2	**6**	14
	Abbrechen	*m²*	*< 1*	***< 1***	*2*	*< 1*	***< 1***	*2*
	Herstellen	m²	2	**5**	14	2	**5**	14
452	**Such- und Signalanlagen**	m²	1	**7**	20	1	**7**	20
	Abbrechen	*m²*	–	***< 1***	–	–	***< 1***	–
	Herstellen	m²	1	**7**	20	1	**7**	20
454	**Elektroakustische Anlagen**	m²	–	**32**	–	–	**32**	–
	Herstellen	m²	–	**32**	–	–	**32**	–
455	**Audiovis. Medien- u. Antennenanl.**	m²	2	**9**	29	2	**9**	29
	Herstellen	m²	2	**9**	29	2	**9**	29

KG	Kostengruppen der 3. Ebene	Einheit	▷	€/Einheit	◁	▷	€/m² BGF	◁
456	**Gefahrenmelde- und Alarmanlagen**	m²	13	**34**	62	13	**34**	62
	Abbrechen	*m²*	–	***< 1***	–	–	***< 1***	–
	Herstellen	m²	13	**34**	62	13	**34**	62
457	**Datenübertragungsnetze**	m²	13	**22**	32	13	**22**	32
	Abbrechen	*m²*	–	***< 1***	–	–	***< 1***	–
	Wiederherstellen	m²	–	**3**	–	–	**3**	–
	Herstellen	m²	13	**22**	31	13	**22**	31
461	**Aufzugsanlagen**	m²	28	**90**	153	28	**90**	153
	Abbrechen	*m²*	–	***< 1***	–	–	***< 1***	–
	Herstellen	m²	28	**90**	153	28	**90**	153
464	**Transportanlagen**	m²	–	**49**	–	–	**49**	–
	Herstellen	m²	–	**49**	–	–	**49**	–
481	**Automationseinrichtungen**	m²	–	**45**	–	–	**45**	–
	Herstellen	m²	–	**45**	–	–	**45**	–
499	**Sonstiges zur KG 490**	m²	–	**15**	–	–	**15**	–
	Herstellen	m²	–	**15**	–	–	**15**	–

Kosten:
Stand 2. Quartal 2026
Bundesdurchschnitt
inkl. 19% MwSt.

▷ von
ø Mittel
◁ bis

Prozentanteile der Kosten für Leistungsbereiche nach STLB (Kosten Bauwerk nach DIN 276)

LB	Leistungsbereiche	▷	**% an 300+400**	◁
000	Baustellen-, Sicherheitseinr. inkl. 001, 089	0,8	**2,5**	4,3
002	Erdarbeiten	< 0,1	**0,5**	1,3
006	Spezialtiefbauarbeiten inkl. 005	–	**–**	–
009	Entwässerungskanalarbeiten inkl. 011	0,0	**0,2**	0,5
010	Drän- und Versickerarbeiten	–	**–**	–
012	Mauerarbeiten	0,1	**4,0**	11,8
013	Betonarbeiten	< 0,1	**4,7**	10,0
014	Natur-, Betonwerksteinarbeiten	0,1	**1,1**	7,5
016	Zimmer- und Holzbauarbeiten	0,0	**2,0**	9,8
017	Stahlbauarbeiten	< 0,1	**0,8**	2,2
018	Abdichtungsarbeiten	< 0,1	**0,1**	0,7
020	Dachdeckungsarbeiten	< 0,1	**0,7**	3,1
021	Dachabdichtungsarbeiten	< 0,1	**1,0**	4,4
022	Klempnerarbeiten	0,0	**0,6**	1,3
	Rohbau	3,7	**18,1**	35,6
023	Putz- und Stuckarbeiten, Wärmedämmsysteme	2,2	**4,6**	9,3
024	Fliesen- und Plattenarbeiten	< 0,1	**1,0**	1,9
025	Estricharbeiten	< 0,1	**0,6**	1,7
026	Fenster, Außentüren inkl. 029, 032	1,6	**5,9**	8,9
027	Tischlerarbeiten	5,2	**7,2**	14,3
028	Parkett-, Holzpflasterarbeiten	0,0	**0,5**	4,3
030	Rollladenarbeiten	< 0,1	**0,4**	1,1
031	Metallbauarbeiten inkl. 035	0,6	**3,8**	11,8
034	Maler- und Lackiererarb. - Beschicht. inkl. 037	4,1	**6,7**	13,8
036	Bodenbelagarbeiten	2,0	**4,4**	6,3
038	Vorgehängte hinterlüftete Fassaden	0,0	**0,3**	2,2
039	Trockenbauarbeiten	7,4	**13,0**	22,9
	Ausbau	37,8	**48,3**	62,8
040	Wärmeversorgungsanl. - Betriebseinr. inkl. 041	1,4	**3,5**	6,3
042	Gas- u. Wasseranl. - Leitung., Armat. inkl. 043	0,4	**1,0**	1,5
044	Abwasseranl. - Leitungen, Abläufe, Armaturen	0,1	**0,5**	1,2
045	Gas, Wasser, Entwässerung - Ausstattung inkl. 046	0,5	**1,8**	4,1
047	Dämm- und Brandschutzarb. an techn. Anlagen	< 0,1	**0,4**	0,8
049	Feuerlöschanlagen, Feuerlöschgeräte	0,0	**< 0,1**	0,2
050	Blitzschutz-/Erdungsanlagen, Überspannungssch.	< 0,1	**0,2**	0,4
052	Mittelspannungsanlagen	–	**–**	–
053	Niederspannungsanl. - Kabel inkl. 054	4,4	**6,9**	16,1
055	Sicherheits- u. Ersatzstromversorgungsanl.	–	**–**	–
057	Gebäudesystemtechnik	–	**–**	–
058	Leuchten und Lampen inkl. 059	2,7	**4,8**	8,3
060	Such, Signal, Zeit, Anten., akust. Anl. inkl. 064	0,2	**0,6**	1,3
061	Kommunikations- u. Übertragungsnetze inkl. 062	0,7	**1,5**	2,9
063	Gefahrenmeldeanlagen	0,5	**1,8**	3,1
069	Aufzüge	< 0,1	**1,3**	8,9
070	Gebäudeautomation	0,0	**0,3**	2,0
075	Raumlufttechnische Anlagen inkl. 078	0,6	**2,9**	6,9
	Gebäudetechnik	19,4	**27,4**	38,1
084	Abbruch, Rückbau, Schadstoffsanierung	1,1	**5,2**	8,3
	Sonstige Leistungsbereiche inkl. 008, 033, 051	0,2	**0,9**	2,2

Kostenstand: 2. Quartal 2026, Bundesdurchschnitt, **inkl. 19% MwSt.**

Büro- und Verwaltungsgebäude

€/m² BGF

min	905	€/m²
von	1.215	€/m²
Mittel	**1.715**	**€/m²**
bis	2.740	€/m²
max	2.925	€/m²

Kosten:
Stand 2. Quartal 2026
Bundesdurchschnitt
inkl. 19% MwSt.

A Abbrechen
W Wiederherstellen
H Herstellen

Objektübersicht zur Gebäudeart

1300-0324 Gründerzentrum (20 AP)

BRI 1.501 m³ **BGF** 455 m² **NUF** 297 m²

© Michael Moser

Baujahr: 1980er Jahre
Bauzustand: mittel
Aufwand: mittel
Nutzung während der Bauzeit: ja
Nutzungsänderung: ja
Grundrissänderungen: einige
Tragwerkseingriffe: einige

Land: Sachsen-Anhalt
Kreis: Börde
Standard: mittel
Bauzeit: 43 Wochen
Kennwerte: bis 3. Ebene DIN 276
veröffentlicht: BKI Objektdaten A13
BGF 1.704 €/m²

Planung: Liebnerstadtfeld Architekten; Magdeburg

Umbau von einer Schule im Obergeschoss zu Büros

1. Ebene: 300 Bauwerk – Baukonstruktionen: 61%, **400 Bauwerk – Technische Anlagen:** 39%
3. Ebene: Baukonstruktionen: A: 341 Tragende Innenwände 4%, Sonstige 1%, **W:** Sonstige < 1%, **H:** 322 Flachgründungen und Bodenplatten 3%, 331 Tragende Außenwände 16%, 334 Außenwandöffnungen 4%, 335 Außenwandbekleidungen, außen 9%, 342 Nichttragende Innenwände 4%, 344 Innenwandöffnungen 9%, 345 Innenwandbekleidungen 10%, 351 Deckenkonstruktionen 4%, 353 Deckenbeläge 10%, 354 Deckenbekleidungen 9%, 391 Baustelleneinrichtung 5%, Sonstige 12%, **Technische Anlagen:** A: Sonstige < 1%, **H:** 411 Abwasseranlagen 4%, 412 Wasseranlagen 15%, 422 Wärmeverteilnetze 4%, 423 Raumheizflächen 6%, 433 Klimaanlagen 7%, 444 Niederspannungsinstallationsanlagen 13%, 445 Beleuchtungsanlagen 11%, 452 Such- und Signalanlagen 4%, 456 Gefahrenmelde- und Alarmanlagen 4%, 457 Datenübertragungsnetze 3%, 461 Aufzugsanlagen 23%, Sonstige 5%

1300-0312 Büro (7 AP)*

BRI 996 m³ **BGF** 277 m² **NUF** 191 m²

© freiraum4plus

Bauzustand: gut
Aufwand: niedrig
Nutzung während der Bauzeit: nein
Grundrissänderungen: einige
Tragwerkseingriffe: keine

Land: Hessen
Kreis: Frankfurt am Main, Stadt
Standard: mittel
Bauzeit: 13 Wochen
Kennwerte: bis 3. Ebene DIN 276
veröffentlicht: BKI Objektdaten A13
BGF 993 €/m²

* Nicht in der Auswertung enthalten

Planung: freiraum4plus; Wiesbaden

Büroräume für sieben Arbeitsplätze, mit Besprechungsraum, Rezeption und Küche

1. Ebene: 300 Bauwerk – Baukonstruktionen: 75%, **400 Bauwerk – Technische Anlagen:** 25%
3. Ebene: Baukonstruktionen: A: Sonstige 2%, **H:** 345 Innenwandbekleidungen 11%, 346 Elementierte Innenwandkonstruktionen 46%, 353 Deckenbeläge 8%, 381 Allgemeine Einbauten 26%, Sonstige 6%, **Technische Anlagen:** A: 444 Niederspannungsinstallationsanlagen 10%, **H:** 444 Niederspannungsinstallationsanlagen 18%, 445 Beleuchtungsanlagen 47%, 457 Datenübertragungsnetze 25%, Sonstige 1%

Objektübersicht zur Gebäudeart

2200-0053 Seminarräume (343 Sitzplätze)

BRI 7.445 m^3 **BGF** 2.237 m^2 **NUF** 1.626 m^2

Baujahr: 1927
Bauzustand: gut
Aufwand: mittel
Nutzung während der Bauzeit: ja
Nutzungsänderung: nein
Grundrissänderungen: umfangreiche
Tragwerkseingriffe: wenige

Land: Sachsen
Kreis: Leipzig, Stadt
Standard: mittel
Bauzeit: 61 Wochen
Kennwerte: bis 3. Ebene DIN 276
veröffentlicht: BKI Objektdaten A12

BGF **907 €/m²**

Planung: Eßmann | Gärtner | Nieper Architekten GbR; Leipzig

Umbau in Seminar- und Vorlesungsräume

1. Ebene: 300 Bauwerk – Baukonstruktionen: 55%, **400 Bauwerk – Technische Anlagen:** 45%
3. Ebene: Baukonstruktionen: A: Sonstige 6%, **W:** Sonstige 6%, **H:** 344 Innenwandöffnungen 18%, 345 Innenwandbekleidungen 7%, 353 Deckenbeläge 13%, 362 Dachöffnungen 24%, 364 Dachbekleidungen 9%, 366 Lichtschutz zur KG 360 3%, 392 Gerüste 5%, Sonstige 9%, **Technische Anlagen:** A: 444 Niederspannungsinstallationsanlagen 5%, Sonstige 2%, **W:** Sonstige 1%, **H:** 444 Niederspannungsinstallationsanlagen 38%, 445 Beleuchtungsanlagen 22%, 456 Gefahrenmelde- und Alarmanlagen 14%, 457 Datenübertragungsnetze 7%, Sonstige 10%

1300-0243 Verwaltungsgebäude (8 AP)

BRI 1.830 m^3 **BGF** 566 m^2 **NUF** 347 m^2

Baujahr: 1696
Bauzustand: schlecht
Aufwand: hoch
Nutzung während der Bauzeit: nein
Nutzungsänderung: ja
Grundrissänderungen: einige
Tragwerkseingriffe: umfangreiche

Land: Sachsen-Anhalt
Kreis: Harz
Standard: mittel
Bauzeit: 96 Wochen
Kennwerte: bis 3. Ebene DIN 276
veröffentlicht: BKI Objektdaten A11

BGF **2.926 €/m²**

Planung: ZIEROLD.ARCHITEKTUR z.arch Christian A. Zierold; Ballenstedt

Verwaltungsgebäude mit acht Arbeitsplätzen **Kosteneinfluss Nutzung:** Denkmalschutz, Brandschutz

1. Ebene: 300 Bauwerk – Baukonstruktionen: 88%, **400 Bauwerk – Technische Anlagen:** 12%
3. Ebene: Baukonstruktionen: A: 351 Deckenkonstruktionen 3%, Sonstige 3%, **W:** 331 Tragende Außenwände 12%, Sonstige 3%, **H:** 322 Flachgründungen und Bodenplatten 7%, 324 Gründungsbeläge 4%, 331 Tragende Außenwände 6%, 334 Außenwandöffnungen 9%, 335 Außenwandbekleidungen, außen 6%, 336 Außenwandbekleidungen, innen 3%, 344 Innenwandöffnungen 4%, 345 Innenwandbekleidungen 3%, 351 Deckenkonstruktionen 5%, 363 Dachbeläge 8%, Sonstige 23%, **Technische Anlagen:** A: Sonstige 3%, **H:** 412 Wasseranlagen 7%, 421 Wärmeerzeugungsanlagen 8%, 423 Raumheizflächen 7%, 429 Sonstiges zur KG 420 4%, 444 Niederspannungsinstallationsanlagen 24%, 445 Beleuchtungsanlagen 24%, 446 Blitzschutz- und Erdungsanlagen 5%, 457 Datenübertragungsnetze 4%, Sonstige 14%

Übersicht- 1. + 2. Ebene
Erweiterung
Umbau
Modernisierung
Instandsetzung
Bauelemente
Abbrechen
Wiederherstellen
Herstellen

Objektübersicht zur Gebäudeart

Büro- und Verwaltungsgebäude

€/m² BGF

min	905 €/m²
von	1.215 €/m²
Mittel	**1.715 €/m²**
bis	2.740 €/m²
max	2.925 €/m²

Kosten:
Stand 2. Quartal 2026
Bundesdurchschnitt
inkl. 19% MwSt.

1300-0245 Kontorhaus Bürogeschoss

BRI 3.009 m³ **BGF** 814 m² **NUF** 520 m²

Baujahr: 1915
Bauzustand: mittel
Aufwand: mittel
Nutzung während der Bauzeit: ja
Nutzungsänderung: nein
Grundrissänderungen: umfangreiche
Tragwerkseingriffe: wenige

Land: Hamburg
Kreis: Hamburg, Stadt
Standard: hoch
Bauzeit: 22 Wochen
Kennwerte: bis 3. Ebene DIN 276
veröffentlicht: BKI Objektdaten A11
BGF 1.363 €/m²

Planung: güldenzopf rohrberg architektur + design; Hamburg

Ausbau eines leerstehenden Geschosses für Büronutzung mit 49 Arbeitsplätzen. **Kosteneinfluss Nutzung:** Brandschutzauflagen waren zu berücksichtigen.

1. Ebene: 300 Bauwerk – Baukonstruktionen: 72%, **400 Bauwerk – Technische Anlagen:** 28%
3. Ebene: Baukonstruktionen: **A:** 394 Abbruchmaßnahmen 12%, Sonstige 2%, **W:** 334 Außenwandöffnungen 3%, 354 Deckenbekleidungen 4%, Sonstige 4%, **H:** 336 Außenwandbekleidungen, innen 5%, 342 Nichttragende Innenwände 10%, 344 Innenwandöffnungen 7%, 345 Innenwandbekleidungen 10%, 346 Elementierte Innenwandkonstruktionen 9%, 353 Deckenbeläge 22%, 354 Deckenbekleidungen 8%, Sonstige 4%, **Technische Anlagen:** **A:** Sonstige 3%, **W:** Sonstige < 1%, **H:** 412 Wasseranlagen 9%, 423 Raumheizflächen 4%, 431 Lüftungsanlagen 27%, 444 Niederspannungsinstallationsanlagen 21%, 445 Beleuchtungsanlagen 13%, 456 Gefahrenmelde- und Alarmanlagen 9%, 457 Datenübertragungsnetze 6%, Sonstige 9%

1300-0197 Kontorhaus, Bürogeschoss

BRI 5.500 m³ **BGF** 1.375 m² **NUF** 889 m²

Baujahr: 1914
Bauzustand: gut
Aufwand: mittel
Nutzung während der Bauzeit: ja
Nutzungsänderung: ja
Grundrissänderungen: wenige
Tragwerkseingriffe: keine

Land: Hamburg
Kreis: Hamburg, Stadt
Standard: mittel
Bauzeit: 39 Wochen
Kennwerte: bis 3. Ebene DIN 276
veröffentlicht: BKI Objektdaten A10
BGF 1.165 €/m²

Planung: güldenzopf rohrberg architektur + design; Hamburg

Umnutzung eines Verkaufsgeschosses in Büronutzung mit 85 Arbeitsplätzen. **Kosteneinfluss Nutzung:** Das zweite Obergeschoss wurde im Vorfeld vom Eigentümer des Gebäudes in den originalen Rohbauzustand zurückversetzt. Denkmal- und Brandschutzauflagen waren zu berücksichtigen.

1. Ebene: 300 Bauwerk – Baukonstruktionen: 67%, **400 Bauwerk – Technische Anlagen:** 33%
3. Ebene: Baukonstruktionen: **A:** Sonstige < 1%, **W:** Sonstige 4%, **H:** 342 Nichttragende Innenwände 17%, 344 Innenwandöffnungen 21%, 345 Innenwandbekleidungen 10%, 346 Elementierte Innenwandkonstruktionen 4%, 353 Deckenbeläge 28%, 354 Deckenbekleidungen 8%, Sonstige 8%, **Technische Anlagen:** **A:** Sonstige < 1%, **W:** Sonstige < 1%, **H:** 412 Wasseranlagen 5%, 431 Lüftungsanlagen 23%, 444 Niederspannungsinstallationsanlagen 24%, 445 Beleuchtungsanlagen 23%, 456 Gefahrenmelde- und Alarmanlagen 8%, 457 Datenübertragungsnetze 9%, Sonstige 7%

A Abbrechen
W Wiederherstellen
H Herstellen

1300-0208 Kirchenverwaltung (70 AP)

BRI 16.301 m³ **BGF** 3.824 m² **NUF** 1.825 m²

© Steffen Spitzner

Baujahr: 1537
Bauzustand: mittel
Aufwand: mittel
Nutzung während der Bauzeit: nein
Nutzungsänderung: ja
Grundrissänderungen: einige
Tragwerkseingriffe: einige

Land: Thüringen
Kreis: Erfurt, Stadt
Standard: mittel
Bauzeit: 82 Wochen
Kennwerte: bis 3. Ebene DIN 276
veröffentlicht: BKI Objektdaten A10
BGF 2.431 €/m²

Planung: Steinblock Architekten; Magdeburg

Umbau von zwei leer stehenden denkmalgeschützten Universitätsgebäuden zum Verwaltungskomplex. **Kosteneinfluss Nutzung:** Brandschutz, Denkmalschutz, Gestaltungssatzung

1. Ebene: 300 Bauwerk – Baukonstruktionen: 70%, **400 Bauwerk – Technische Anlagen:** 30%
3. Ebene: Baukonstruktionen: A: Sonstige 7%, **W:** 335 Außenwandbekleidungen, außen 3%, Sonstige 3%, **H:** 331 Tragende Außenwände 3%, 334 Außenwandöffnungen 8%, 336 Außenwandbekleidungen, innen 4%, 341 Tragende Innenwände 4%, 342 Nichttragende Innenwände 4%, 344 Innenwandöffnungen 6%, 345 Innenwandbekleidungen 5%, 351 Deckenkonstruktionen 6%, 353 Deckenbeläge 11%, 354 Deckenbekleidungen 7%, Sonstige 29%, **Technische Anlagen: A:** Sonstige 2%, **H:** 412 Wasseranlagen 5%, 423 Raumheizflächen 9%, 431 Lüftungsanlagen 9%, 444 Niederspannungsinstallationsanlagen 13%, 445 Beleuchtungsanlagen 11%, 454 Elektroakustische Anlagen 5%, 455 Audiovisuelle Medien- und Antennenanlagen 4%, 456 Gefahrenmelde- und Alarmanlagen 10%, 457 Datenübertragungsnetze 4%, 461 Aufzugsanlagen 4%, 464 Transportanlagen 7%, 481 Automationseinrichtungen 6%, Sonstige 13%

1300-0124 Bürogebäude

BRI 4.333 m³ **BGF** 1.111 m² **NUF** 714 m²

© Fotografie Aloys Kiefer

Bauzustand: mittel
Aufwand: mittel
Nutzung während der Bauzeit: nein
Nutzungsänderung: ja
Grundrissänderungen: umfangreiche
Tragwerkseingriffe: wenige

Land: Hamburg
Kreis: Hamburg, Stadt
Standard: hoch
Bauzeit: 30 Wochen
Kennwerte: bis 3. Ebene DIN 276
veröffentlicht: BKI Objektdaten A6
BGF 1.142 €/m²

Planung: Holst Becker Architekten; Hamburg

Umbau und Modernisierung eines zweigeschossigen, nicht unterkellerten Bürogebäudes mit zehn Arbeitsplätzen und drei Klassenräumen für 30 Schüler.

1. Ebene: 300 Bauwerk – Baukonstruktionen: 77%, **400 Bauwerk – Technische Anlagen:** 23%
3. Ebene: Baukonstruktionen: A: Sonstige < 1%, **W:** Sonstige < 1%, **H:** 324 Gründungsbeläge 7%, 331 Tragende Außenwände 8%, 334 Außenwandöffnungen 8%, 335 Außenwandbekleidungen, außen 5%, 339 Sonstiges zur KG 330 4%, 341 Tragende Innenwände 6%, 342 Nichttragende Innenwände 9%, 344 Innenwandöffnungen 8%, 345 Innenwandbekleidungen 5%, 351 Deckenkonstruktionen 10%, 353 Deckenbeläge 7%, 362 Dachöffnungen 4%, 364 Dachbekleidungen 5%, Sonstige 13%, **Technische Anlagen: H:** 411 Abwasseranlagen 14%, 412 Wasseranlagen 13%, 419 Sonstiges zur KG 410 4%, 421 Wärmeerzeugungsanlagen 12%, 422 Wärmeverteilnetze 7%, 423 Raumheizflächen 9%, 431 Lüftungsanlagen 5%, 434 Kälteanlagen 4%, 444 Niederspannungsinstallationsanlagen 19%, 445 Beleuchtungsanlagen 4%, 452 Such- und Signalanlagen 4%, Sonstige 4%

Büro- und Verwaltungsgebäude

€/m² BGF

min	905	€/m²
von	1.215	€/m²
Mittel	**1.715**	**€/m²**
bis	2.740	€/m²
max	2.925	€/m²

Kosten:
Stand 2. Quartal 2026
Bundesdurchschnitt
inkl. 19% MwSt.

A Abbrechen
W Wiederherstellen
H Herstellen

Objektübersicht zur Gebäudeart

1300-0121 Bürogebäude, Sozialstation — **BRI** 679 m³ **BGF** 199 m² **NUF** 144 m²

Bauzustand: mittel
Aufwand: mittel
Nutzung während der Bauzeit: nein
Nutzungsänderung: ja
Grundrissänderungen: wenige
Tragwerkseingriffe: keine

Land: Nordrhein-Westfalen
Kreis: Düren
Standard: mittel
Bauzeit: 22 Wochen
Kennwerte: bis 3. Ebene DIN 276
veröffentlicht: www.bki.de
BGF 1.134 €/m²

Planung: FRANKE Architektur I Innenarchitektur; Düren

Umbau eines nicht unterkellerten, eingeschossigen Sparkassengebäudes mit Flachdach zu einem Büro mit vier Büroräumen, Besprechungsraum und Nebenräumen.

1. Ebene: 300 Bauwerk – Baukonstruktionen: 79%, **400 Bauwerk – Technische Anlagen:** 21%
3. Ebene: Baukonstruktionen: A: Sonstige 10%, **W:** Sonstige 1%, **H:** 324 Gründungsbeläge 5%, 334 Außenwandöffnungen 13%, 335 Außenwandbekleidungen, außen 18%, 336 Außenwandbekleidungen, innen 4%, 342 Nichttragende Innenwände 8%, 344 Innenwandöffnungen 4%, 345 Innenwandbekleidungen 10%, 363 Dachbeläge 10%, 364 Dachbekleidungen 11%, 381 Allgemeine Einbauten 4%, Sonstige 2%, **Technische Anlagen: A:** 433 Klimaanlagen 7%, **H:** 421 Wärmeerzeugungsanlagen 18%, 422 Wärmeverteilnetze 7%, 423 Raumheizflächen 13%, 444 Niederspannungsinstallationsanlagen 24%, 445 Beleuchtungsanlagen 23%, Sonstige 9%

1300-0251 Verwaltungsgebäude (15 AP) — **BRI** 1.290 m³ **BGF** 440 m² **NUF** 197 m²

Baujahr: 1916
Bauzustand: mittel
Aufwand: hoch
Nutzungsänderung: ja
Grundrissänderungen: umfangreiche
Tragwerkseingriffe: einige

Land: Baden-Württemberg
Kreis: Ostalbkreis
Standard: hoch
Bauzeit: 22 Wochen
Kennwerte: bis 1. Ebene DIN 276
veröffentlicht: BKI Objektdaten A11
BGF 2.801 €/m²

Planung: Klaiber + Oettle Architekten und Ingenieure GbR; Schwäbisch Gmünd

Verwaltungsgebäude mit 15 Arbeitsplätzen

1. Ebene: 300 Bauwerk – Baukonstruktionen: 75%, **400 Bauwerk – Technische Anlagen:** 25%

7500-0027 Servicebereich Rechenzentrum (20 AP) **BRI** 948 m³ **BGF** 327 m² **NUF** 257 m²

© Marcus Ebener

Baujahr: 1963
Bauzustand: schlecht
Aufwand: hoch
Nutzung während der Bauzeit: ja
Nutzungsänderung: nein
Grundrissänderungen: umfangreiche
Tragwerkseingriffe: keine

Land: Hamburg
Kreis: Hamburg, Stadt
Standard: hoch
Bauzeit: 31 Wochen
Kennwerte: bis 1. Ebene DIN 276
veröffentlicht: BKI Objektdaten A11

BGF **1.573 €/m²**

Planung: acollage. architektur urbanistik Merten Kappelmann Harms; Hamburg

Servicebereich des Rechenzentrums der Universität Hamburg

1. Ebene: 300 Bauwerk – Baukonstruktionen: 63%, **400 Bauwerk – Technische Anlagen:** 37%

Arztpraxen

Kostenkennwerte für die Kosten des Bauwerks (Kostengruppen 300+400 nach DIN 276)

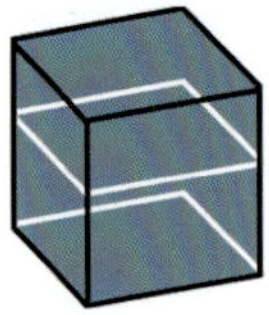

BRI 440 €/m³
von 300 €/m³
bis 695 €/m³

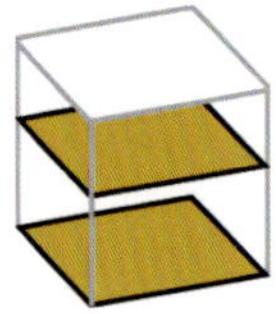

BGF 1.355 €/m²
von 960 €/m²
bis 1.925 €/m²

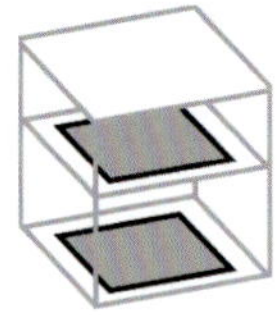

NUF 2.025 €/m²
von 1.395 €/m²
bis 3.075 €/m²

Kosten:
Stand 2. Quartal 2026
Bundesdurchschnitt
inkl. 19% MwSt.

Objektbeispiele

3100-0011

3100-0026

3100-0022

3100-0023

3100-0018

3100-0015

Kosten der 9 Vergleichsobjekte Seiten 254 bis 258

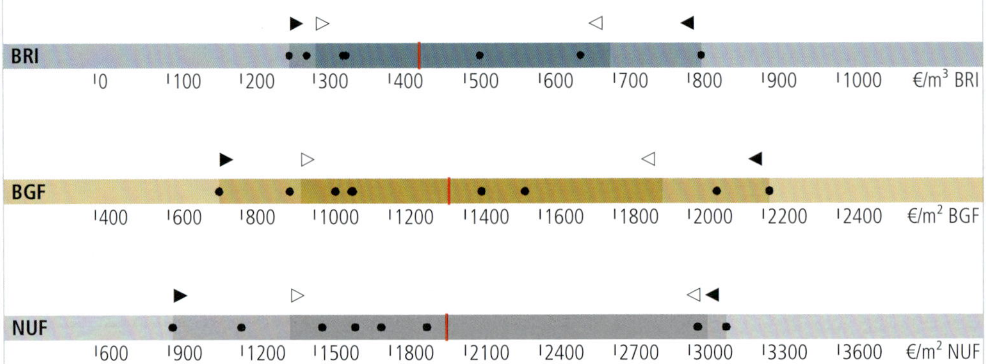

- ● KKW
- ▶ min
- ▷ von
- | Mittelwert
- ◁ bis
- ◀ max

Kostenkennwerte für die Kostengruppen der 1. und 2. Ebene DIN 276

KG	Kostengruppen der 1. Ebene	Einheit	▷	**€/Einheit**	◁	▷	**% an 300+400**	◁
100	Grundstück	m²GF	–	**–**	–	–	**–**	–
200	Vorbereitende Maßnahmen	m²GF	–	**–**	–	–	**–**	–
300	Bauwerk – Baukonstruktionen	m²BGF	720	**927**	1.327	62,9	**69,8**	76,2
400	Bauwerk – Technische Anlagen	m²BGF	246	**430**	675	23,8	**30,2**	37,1
	Bauwerk 300+400	m²BGF	960	**1.357**	1.927	100,0	**100,0**	100,0
500	Außenanlagen und Freiflächen	m²AF	–	**–**	–	–	**–**	–
600	Ausstattung und Kunstwerke	m²BGF	30	**83**	152	1,6	**8,0**	13,6
700	Baunebenkosten	m²BGF	–	**–**	–	–	**–**	–
800	Finanzierung	m²BGF	–	**–**	–	–	**–**	–

KG	Kostengruppen der 2. Ebene	Einheit	▷	**€/Einheit**	◁	▷	**% an 1. Ebene**	◁
310	Baugrube / Erdbau	m³BGI	–	**–**	–	–	**–**	–
320	Gründung, Unterbau	m²GRF	–	**–**	–	–	**–**	–
330	Außenwände / vertikal außen	m²AWF	41	**613**	2.942	1,1	**2,5**	6,1
340	Innenwände / vertikal innen	m²IWF	132	**273**	389	20,4	**36,6**	50,3
350	Decken / horizontal	m²DEF	242	**310**	417	24,6	**30,6**	34,9
360	Dächer	m²DAF	–	**328**	–	0,0	**2,2**	19,9
370	Infrastrukturanlagen		–	**–**	–	–	**–**	–
380	Baukonstruktive Einbauten	m²BGF	122	**264**	376	5,1	**25,4**	42,9
390	Sonst. Maßnahmen für Baukonst.	m²BGF	5	**26**	75	0,6	**2,6**	6,9
300	**Bauwerk – Baukonstruktionen**	**m²BGF**					**100,0**	
410	Abwasser-, Wasser-, Gasanlagen	m²BGF	41	**105**	170	8,7	**19,8**	30,2
420	Wärmeversorgungsanlagen	m²BGF	17	**49**	78	0,9	**7,5**	13,9
430	Raumlufttechnische Anlagen	m²BGF	20	**83**	165	2,1	**12,6**	27,9
440	Elektrische Anlagen	m²BGF	126	**191**	285	39,4	**49,2**	85,8
450	Kommunikationstechnische Anlagen	m²BGF	22	**43**	75	2,4	**9,8**	16,6
460	Förderanlagen	m²BGF	–	**–**	–	–	**–**	–
470	Nutzungsspez. / verfahrenstech. Anl.	m²BGF	1	**26**	51	< 0,1	**1,2**	9,5
480	Gebäude- und Anlagenautomation	m²BGF	–	**–**	–	–	**–**	–
490	Sonst. Maßnahmen f. techn. Anl.	m²BGF	–	**3**	–	0,0	**< 0,1**	0,6
400	**Bauwerk – Technische Anlagen**	**m²BGF**					**100,0**	

Prozentanteile der Kosten 2. Ebene an den Kosten des Bauwerks nach DIN 276 (Von/Mittel/Bis)

KG	Kostengruppe	Mittel
310	Baugrube / Erdbau	
320	Gründung, Unterbau	
330	Außenwände / vertikal außen	1,8
340	Innenwände / vertikal innen	25,2
350	Decken / horizontal	21,4
360	Dächer	1,5
370	Infrastrukturanlagen	
380	Baukonstruktive Einbauten	18,1
390	Sonst. Maßnahmen für Baukonst.	1,8
410	Abwasser-, Wasser-, Gasanlagen	6,1
420	Wärmeversorgungsanlagen	2,4
430	Raumlufttechnische Anlagen	4,5
440	Elektrische Anlagen	14,0
450	Kommunikationstechnische Anlagen	2,8
460	Förderanlagen	
470	Nutzungsspez. / verfahrenstech. Anl.	0,4
480	Gebäude- und Anlagenautomation	
490	Sonst. Maßnahmen f. techn. Anl.	< 0,1

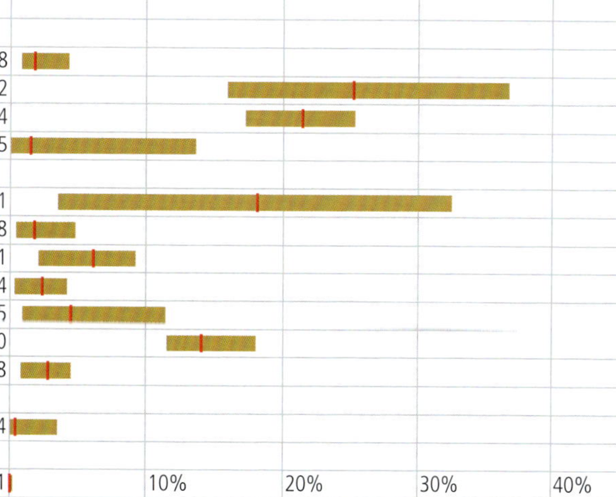

Kostenstand: 2. Quartal 2026, Bundesdurchschnitt, **inkl. 19% MwSt.**

Kosten:
Stand 2. Quartal 2026
Bundesdurchschnitt
inkl. 19% MwSt.

Kostenkennwerte für die Kostengruppen der 3. Ebene DIN 276

KG	Kostengruppen der 3. Ebene	Einheit	▷	€/Einheit	◁	▷	€/m² BGF	◁
334	**Außenwandöffnungen**	m²	754	**1.954**	3.154	11	**44**	111
	Abbrechen	*m²*	–	***72***	–	–	***11***	–
	Herstellen	m²	682	**1.918**	3.154	11	**41**	101
335	**Außenwandbekleidungen, außen**	m²	50	**168**	285	< 1	**2**	4
	Wiederherstellen	m²	–	**50**	–	–	**4**	–
	Herstellen	m²	–	**285**	–	–	**< 1**	–
336	**Außenwandbekleidungen, innen**	m²	39	**160**	578	7	**15**	25
	Abbrechen	*m²*	*5*	***6***	*7*	*2*	***2***	*4*
	Wiederherstellen	m²	–	**2**	–	–	**1**	–
	Herstellen	m²	34	**156**	577	6	**14**	24
341	**Tragende Innenwände**	m²	–	**264**	–	3	**26**	41
	Herstellen	m²	–	**264**	–	2	**8**	14
342	**Nichttragende Innenwände**	m²	181	**224**	300	60	**123**	222
	Abbrechen	*m²*	*16*	***38***	*76*	*6*	***20***	*36*
	Herstellen	m²	144	**186**	276	46	**103**	196
343	**Innenstützen**	m	–	**503**	–	–	**18**	–
	Herstellen	m	–	**503**	–	–	**18**	–
344	**Innenwandöffnungen**	m²	298	**657**	1.080	32	**84**	123
	Abbrechen	*m²*	*17*	***35***	*55*	*3*	***4***	*6*
	Wiederherstellen	m²	21	**43**	69	3	**5**	7
	Herstellen	m²	324	**680**	1.049	35	**87**	120
345	**Innenwandbekleidungen**	m²	38	**59**	101	82	**133**	215
	Abbrechen	*m²*	*1*	***4***	*9*	*3*	***9***	*17*
	Wiederherstellen	m²	< 1	**1**	1	–	**2**	–
	Herstellen	m²	36	**56**	95	76	**126**	207
346	**Elem. Innenwandkonstruktionen**	m²	270	**556**	699	11	**31**	43
	Herstellen	m²	270	**556**	699	11	**31**	43
349	**Sonstiges zur KG 340**	m²	–	**3**	–	–	**3**	–
	Herstellen	m²	–	**3**	–	–	**3**	–
351	**Deckenkonstruktionen**	m²	71	**267**	369	42	**58**	89
	Herstellen	m²	71	**267**	369	42	**58**	89
353	**Deckenbeläge**	m²	132	**174**	243	106	**152**	204
	Abbrechen	*m²*	*5*	***12***	*18*	*4*	***10***	*16*
	Wiederherstellen	m²	7	**18**	45	6	**15**	39
	Herstellen	m²	122	**156**	220	101	**136**	195
354	**Deckenbekleidungen**	m²	76	**137**	259	70	**110**	194
	Abbrechen	*m²*	*5*	***9***	*13*	*4*	***8***	*11*
	Wiederherstellen	m²	2	**3**	4	1	**2**	4
	Herstellen	m²	66	**130**	256	58	**104**	181
359	**Sonstiges zur KG 350**	m²	–	**1**	–	–	**1**	–
	Wiederherstellen	m²	–	**1**	–	–	**1**	–
361	**Dachkonstruktionen**	m²	–	**42**	–	–	**38**	–
	Herstellen	m²	–	**42**	–	–	**38**	–
362	**Dachöffnungen**	m²	–	**1.888**	–	–	**35**	–
	Abbrechen	*m²*	–	***40***	–	–	***< 1***	–
	Herstellen	m²	–	**1.849**	–	–	**34**	–
364	**Dachbekleidungen**	m²	–	**202**	–	–	**184**	–
	Herstellen	m²	–	**202**	–	–	**184**	–
369	**Sonstiges zur KG 360**	m²	–	**45**	–	–	**42**	–
	Herstellen	m²	–	**45**	–	–	**42**	–

▷ von
ø Mittel
◁ bis

KG	Kostengruppen der 3. Ebene	Einheit	▷	€/Einheit	◁	▷	€/m² BGF	◁
381	**Allgemeine Einbauten**	m²	118	**257**	374	118	**257**	374
	Abbrechen	*m²*	–	***2***	–	–	***2***	–
	Wiederherstellen	m²	–	**11**	–	–	**11**	–
	Herstellen	m²	118	**255**	371	118	**255**	371
386	**Orientierungs- u. Informationssys.**	m²	< 1	**25**	49	< 1	**25**	49
	Herstellen	m²	< 1	**25**	49	< 1	**25**	49
391	**Baustelleneinrichtung**	m²	5	**14**	51	5	**14**	51
	Herstellen	m²	5	**14**	51	5	**14**	51
392	**Gerüste**	m²	10	**20**	29	10	**20**	29
	Herstellen	m²	10	**20**	29	10	**20**	29
394	**Abbruchmaßnahmen**	m²	–	**25**	–	–	**25**	–
	Abbrechen	*m²*	–	***25***	–	–	***25***	–
396	**Materialentsorgung**	m²	< 1	**3**	4	< 1	**3**	4
	Herstellen	m²	< 1	**3**	4	< 1	**3**	4
397	**Zusätzliche Maßnahmen**	m²	3	**12**	30	3	**12**	30
	Herstellen	m²	3	**12**	30	3	**12**	30
411	**Abwasseranlagen**	m²	6	**30**	55	6	**30**	55
	Abbrechen	*m²*	*< 1*	***< 1***	*< 1*	*< 1*	***< 1***	*< 1*
	Wiederherstellen	m²	–	**21**	–	–	**21**	–
	Herstellen	m²	6	**27**	49	6	**27**	49
412	**Wasseranlagen**	m²	30	**68**	105	30	**68**	105
	Abbrechen	*m²*	*< 1*	***2***	*5*	*< 1*	***2***	*5*
	Wiederherstellen	m²	1	**8**	20	1	**8**	20
	Herstellen	m²	23	**63**	95	23	**63**	95
419	**Sonstiges zur KG 410**	m²	2	**9**	14	2	**9**	14
	Abbrechen	*m²*	–	***< 1***	–	–	***< 1***	–
	Herstellen	m²	3	**10**	15	3	**10**	15
421	**Wärmeerzeugungsanlagen**	m²	6	**8**	9	6	**8**	9
	Wiederherstellen	m²	–	**8**	–	–	**8**	–
	Herstellen	m²	6	**8**	10	6	**8**	10
422	**Wärmeverteilnetze**	m²	4	**20**	33	4	**20**	33
	Wiederherstellen	m²	–	**< 1**	–	–	**< 1**	–
	Herstellen	m²	4	**20**	33	4	**20**	33
423	**Raumheizflächen**	m²	8	**31**	62	8	**31**	62
	Abbrechen	*m²*	*2*	***4***	*9*	*2*	***4***	*9*
	Wiederherstellen	m²	4	**13**	26	4	**13**	26
	Herstellen	m²	12	**27**	59	12	**27**	59
431	**Lüftungsanlagen**	m²	19	**53**	182	19	**53**	182
	Abbrechen	*m²*	*1*	***4***	*7*	*1*	***4***	*7*
	Herstellen	m²	16	**52**	182	16	**52**	182
432	**Teilklimaanlagen**	m²	42	**82**	123	42	**82**	123
	Herstellen	m²	42	**82**	123	42	**82**	123
433	**Klimaanlagen**	m²	–	**147**	–	–	**147**	–
	Herstellen	m²	–	**147**	–	–	**147**	–
444	**Niederspannungsinstallationsanl.**	m²	63	**106**	191	63	**106**	191
	Abbrechen	*m²*	*2*	***4***	*7*	*2*	***4***	*7*
	Wiederherstellen	m²	15	**20**	25	15	**20**	25
	Herstellen	m²	53	**99**	189	53	**99**	189
445	**Beleuchtungsanlagen**	m²	58	**84**	140	58	**84**	140
	Abbrechen	*m²*	–	***5***	–	–	***5***	–
	Herstellen	m²	58	**83**	139	58	**83**	139

KG	Kostengruppen der 3. Ebene	Einheit	▷	€/Einheit	◁	▷	€/m² BGF	◁
446	**Blitzschutz- und Erdungsanlagen**	m²	4	**4**	5	4	**4**	5
	Herstellen	m²	4	**4**	5	4	**4**	5
451	**Telekommunikationsanlagen**	m²	4	**6**	12	4	**6**	12
	Wiederherstellen	m²	–	**4**	–	–	**4**	–
	Herstellen	m²	4	**7**	12	4	**7**	12
452	**Such- und Signalanlagen**	m²	9	**25**	56	9	**25**	56
	Herstellen	m²	9	**25**	56	9	**25**	56
454	**Elektroakustische Anlagen**	m²	–	**< 1**	–	–	**< 1**	–
	Herstellen	m²	–	**< 1**	–	–	**< 1**	–
455	**Audiovis. Medien- u. Antennenanl.**	m²	< 1	**2**	6	< 1	**2**	6
	Herstellen	m²	< 1	**2**	6	< 1	**2**	6
456	**Gefahrenmelde- und Alarmanlagen**	m²	–	**20**	–	–	**20**	–
	Herstellen	m²	–	**20**	–	–	**20**	–
457	**Datenübertragungsnetze**	m²	14	**31**	41	14	**31**	41
	Wiederherstellen	m²	–	**1**	–	–	**1**	–
	Herstellen	m²	10	**30**	40	10	**30**	40
471	**Küchentechnische Anlagen**	m²	–	**51**	–	–	**51**	–
	Herstellen	m²	–	**51**	–	–	**51**	–
474	**Feuerlöschanlagen**	m²	–	**1**	–	–	**1**	–
	Herstellen	m²	–	**1**	–	–	**1**	–
498	**Provisorische technische Anlagen**	m²	–	**3**	–	–	**3**	–
	Herstellen	m²	–	**3**	–	–	**3**	–

Kosten:
Stand 2. Quartal 2026
Bundesdurchschnitt
inkl. 19% MwSt.

▷ von
ø Mittel
◁ bis

Prozentanteile der Kosten für Leistungsbereiche nach STLB (Kosten Bauwerk nach DIN 276)

LB	Leistungsbereiche	▷	% an 300+400	◁
000	Baustellen-, Sicherheitseinr. inkl. 001, 089	0,1	**0,9**	2,9
002	Erdarbeiten	–	**–**	–
006	Spezialtiefbauarbeiten inkl. 005	–	**–**	–
009	Entwässerungskanalarbeiten inkl. 011	–	**–**	–
010	Drän- und Versickerarbeiten	–	**–**	–
012	Mauerarbeiten	< 0,1	**0,2**	0,7
013	Betonarbeiten	< 0,1	**1,4**	7,1
014	Natur-, Betonwerksteinarbeiten	–	**–**	–
016	Zimmer- und Holzbauarbeiten	0,0	**0,6**	2,8
017	Stahlbauarbeiten	0,0	**< 0,1**	0,8
018	Abdichtungsarbeiten	–	**–**	–
020	Dachdeckungsarbeiten	0,0	**0,2**	2,2
021	Dachabdichtungsarbeiten	–	**–**	–
022	Klempnerarbeiten	< 0,1	**< 0,1**	0,7
	Rohbau	0,2	**3,5**	7,0
023	Putz- und Stuckarbeiten, Wärmedämmsysteme	< 0,1	**0,3**	0,8
024	Fliesen- und Plattenarbeiten	0,4	**2,8**	11,2
025	Estricharbeiten	< 0,1	**0,4**	0,8
026	Fenster, Außentüren inkl. 029, 032	0,2	**1,0**	2,6
027	Tischlerarbeiten	8,8	**21,1**	33,9
028	Parkett-, Holzpflasterarbeiten	–	**–**	–
030	Rollladenarbeiten	–	**–**	–
031	Metallbauarbeiten inkl. 035	< 0,1	**1,7**	8,9
034	Maler- und Lackiererarb. - Beschicht. inkl. 037	6,2	**9,0**	13,3
036	Bodenbelagarbeiten	4,0	**9,0**	13,3
038	Vorgehängte hinterlüftete Fassaden	–	**–**	–
039	Trockenbauarbeiten	8,2	**15,0**	26,3
	Ausbau	54,4	**60,1**	68,0
040	Wärmeversorgungsanl. - Betriebseinr. inkl. 041	0,3	**2,2**	3,9
042	Gas- u. Wasseranl. - Leitung., Armat. inkl. 043	0,5	**1,9**	3,7
044	Abwasseranl. - Leitungen, Abläufe, Armaturen	0,3	**1,4**	3,4
045	Gas, Wasser, Entwässerung - Ausstattung inkl. 046	0,9	**2,6**	4,0
047	Dämm- und Brandschutzarb. an techn. Anlagen	< 0,1	**0,2**	0,9
049	Feuerlöschanlagen, Feuerlöschgeräte	0,0	**< 0,1**	0,2
050	Blitzschutz-/Erdungsanlagen, Überspannungssch.	0,0	**< 0,1**	0,2
052	Mittelspannungsanlagen	–	**–**	–
053	Niederspannungsanl. - Kabel inkl. 054	5,6	**7,2**	9,4
055	Sicherheits- u. Ersatzstromversorgungsanl.	–	**–**	–
057	Gebäudesystemtechnik	–	**–**	–
058	Leuchten und Lampen inkl. 059	4,4	**6,6**	10,8
060	Such, Signal, Zeit, Anten., akust. Anl. inkl. 064	< 0,1	**0,4**	1,7
061	Kommunikations- u. Übertragungsnetze inkl. 062	0,7	**1,9**	4,3
063	Gefahrenmeldeanlagen	0,0	**0,3**	2,7
069	Aufzüge	–	**–**	–
070	Gebäudeautomation	–	**–**	–
075	Raumlufttechnische Anlagen inkl. 078	0,7	**4,3**	11,2
	Gebäudetechnik	22,7	**29,1**	36,1
084	Abbruch, Rückbau, Schadstoffsanierung	2,7	**5,1**	5,9
	Sonstige Leistungsbereiche inkl. 008, 033, 051	0,2	**2,0**	10,3

€/m² BGF

min	740	€/m²
von	960	€/m²
Mittel	**1.355**	**€/m²**
bis	1.925	€/m²
max	2.215	€/m²

Kosten:
Stand 2. Quartal 2026
Bundesdurchschnitt
inkl. 19% MwSt.

Objektübersicht zur Gebäudeart

3100-0026 Kinderarztpraxis

BRI 691 m³ | **BGF** 254 m² | **NUF** 186 m²

Baujahr: 1985
Bauzustand: mittel
Aufwand: mittel
Nutzung während der Bauzeit: nein
Nutzungsänderung: ja
Grundrissänderungen: umfangreiche
Tragwerkseingriffe: wenige

Land: Nordrhein-Westfalen
Kreis: Herne, Stadt
Standard: hoch
Bauzeit: 26 Wochen
Kennwerte: bis 3. Ebene DIN 276
veröffentlicht: BKI Objektdaten A12
BGF 2.216 €/m²

Planung: KAPALAARCHITEKTUR Carsten Kapala; Herne

Umbau von Büro und einer Wohnung zu einer Kinderarztpraxis.

1. Ebene: 300 Bauwerk – Baukonstruktionen: 68%, **400 Bauwerk – Technische Anlagen:** 32%
3. Ebene: Baukonstruktionen: A: Sonstige 4%, **H:** 334 Außenwandöffnungen 7%, 342 Nichttragende Innenwände 12%, 344 Innenwandöffnungen 10%, 345 Innenwandbekleidungen 14%, 353 Deckenbeläge 11%, 354 Deckenbekleidungen 16%, 364 Dachbekleidungen 12%, Sonstige 15%, **Technische Anlagen:** A: Sonstige < 1%, **W:** Sonstige 2%, **H:** 411 Abwasseranlagen 9%, 412 Wasseranlagen 17%, 423 Raumheizflächen 5%, 431 Lüftungsanlagen 4%, 444 Niederspannungsinstallationsanlagen 34%, 445 Beleuchtungsanlagen 11%, 452 Such- und Signalanlagen 8%, 457 Datenübertragungsnetze 5%, Sonstige 6%

3100-0020 Arztpraxis für Dermatologie

BRI 509 m³ | **BGF** 161 m² | **NUF** 106 m²

Baujahr: 1977
Bauzustand: mittel
Aufwand: hoch
Nutzung während der Bauzeit: nein
Nutzungsänderung: ja
Grundrissänderungen: umfangreiche
Tragwerkseingriffe: keine

Land: Hamburg
Kreis: Hamburg, Stadt
Standard: mittel
Bauzeit: 13 Wochen
Kennwerte: bis 3. Ebene DIN 276
veröffentlicht: BKI Objektdaten A11
BGF 2.075 €/m²

Planung: k.A.

Umbau einer Bürofläche zur Arztpraxis für Dermatologie mit fünf Behandlungsräumen. Die Fläche musste bis auf das Bestands-WC komplett entkernt werden. Dem Umbau ging eine besondere Asbestsanierung und Entsorgung der asbesthaltigen Leichtbauplatten-Verkleidungen mit abschließender Raumluftprüfung voraus.

1. Ebene: 300 Bauwerk – Baukonstruktionen: 60%, **400 Bauwerk – Technische Anlagen:** 40%
3. Ebene: Baukonstruktionen: A: 342 Nichttragende Innenwände 4%, Sonstige 4%, **W:** Sonstige 1%, **H:** 342 Nichttragende Innenwände 12%, 344 Innenwandöffnungen 5%, 345 Innenwandbekleidungen 8%, 353 Deckenbeläge 9%, 354 Deckenbekleidungen 9%, 381 Allgemeine Einbauten 37%, 391 Baustelleneinrichtung 4%, 397 Zusätzliche Maßnahmen 3%, Sonstige 4%, **Technische Anlagen:** A: Sonstige 2%, **W:** Sonstige < 1%, **H:** 411 Abwasseranlagen 4%, 412 Wasseranlagen 13%, 423 Raumheizflächen 9%, 431 Lüftungsanlagen 22%, 444 Niederspannungsinstallationsanlagen 19%, 445 Beleuchtungsanlagen 21%, 457 Datenübertragungsnetze 4%, Sonstige 7%

A Abbrechen
W Wiederherstellen
H Herstellen

3100-0023 Dermatologische Praxis (8 AP)

BRI 1.677 m³ **BGF** 601 m² **NUF** 485 m²

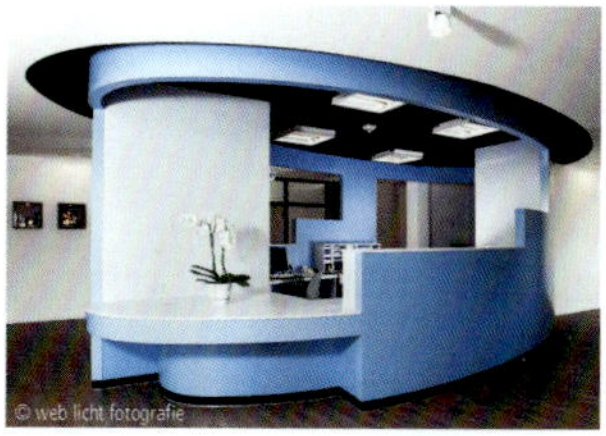

Baujahr: 2002
Bauzustand: mittel
Aufwand: hoch
Nutzung während der Bauzeit: nein
Nutzungsänderung: ja
Grundrissänderungen: wenige
Tragwerkseingriffe: keine

Land: Berlin
Kreis: Berlin, Stadt
Standard: mittel
Bauzeit: 4 Wochen
Kennwerte: bis 3. Ebene DIN 276
veröffentlicht: BKI Objektdaten A12

BGF **738 €/m²**

Planung: Claudius Markworth Architektur; Hainfeld

Umbau der Innenräume einer ehemaligen Zahnarztpraxis zur Nutzung als Dermatologische Praxis im 3.OG eines Ärzte- und Wohnhauses.

1. Ebene: 300 Bauwerk – Baukonstruktionen: 80%, **400 Bauwerk – Technische Anlagen:** 20%
3. Ebene: Baukonstruktionen: A: 394 Abbruchmaßnahmen 4%, Sonstige 2%, **W:** Sonstige 2%, **H:** 344 Innenwandöffnungen 3%, 345 Innenwandbekleidungen 8%, 353 Deckenbeläge 11%, 354 Deckenbekleidungen 11%, 381 Allgemeine Einbauten 50%, Sonstige 8%, **Technische Anlagen: A:** 431 Lüftungsanlagen 5%, Sonstige 3%, **W:** Sonstige 1%, **H:** 412 Wasseranlagen 15%, 444 Niederspannungsinstallationsanlagen 30%, 445 Beleuchtungsanlagen 27%, 456 Gefahrenmelde- und Alarmanlagen 14%, Sonstige 5%

3100-0030 Gemeinschaftspraxis

BRI 941 m³ **BGF** 314 m² **NUF** 161 m²

Baujahr: 2014
Bauzustand: mittel
Aufwand: hoch
Nutzung während der Bauzeit: ja
Nutzungsänderung: ja
Grundrissänderungen: umfangreiche
Tragwerkseingriffe: wenige

Land: Nordrhein-Westfalen
Kreis: Herne, Stadt
Standard: hoch
Bauzeit: 26 Wochen
Kennwerte: bis 3. Ebene DIN 276
veröffentlicht: BKI Objektdaten A12

BGF **1.560 €/m²**

Planung: KAPALAARCHITEKTUR Carsten Kapala; Herne

Umbau und Erweiterung einer Arztpraxis in eine Gemeinschaftspraxis mit einladendem Empfangsbereich.

1. Ebene: 300 Bauwerk – Baukonstruktionen: 70%, **400 Bauwerk – Technische Anlagen:** 30%
3. Ebene: Baukonstruktionen: A: Sonstige 7%, **W:** Sonstige < 1%, **H:** 342 Nichttragende Innenwände 21%, 344 Innenwandöffnungen 11%, 345 Innenwandbekleidungen 20%, 353 Deckenbeläge 19%, 354 Deckenbekleidungen 16%, Sonstige 5%, **Technische Anlagen: A:** Sonstige 3%, **W:** 411 Abwasseranlagen 4%, 412 Wasseranlagen 4%, 423 Raumheizflächen 6%, Sonstige 2%, **H:** 411 Abwasseranlagen 9%, 412 Wasseranlagen 15%, 423 Raumheizflächen 3%, 444 Niederspannungsinstallationsanlagen 30%, 445 Beleuchtungsanlagen 11%, 457 Datenübertragungsnetze 5%, Sonstige 7%

Objektübersicht zur Gebäudeart

3100-0022 Orthopädiepraxis (10 AP)

BRI 1.272 m³ **BGF** 412 m² **NUF** 284 m²

© Marcel Krummrich

Bauzustand: gut
Aufwand: mittel
Nutzung während der Bauzeit: nein
Nutzungsänderung: ja
Grundrissänderungen: umfangreiche
Tragwerkseingriffe: keine

Land: Thüringen
Kreis: Erfurt, Stadt
Standard: mittel
Bauzeit: 13 Wochen
Kennwerte: bis 3. Ebene DIN 276
veröffentlicht: BKI Objektdaten A11

BGF 1.056 €/m²

€/m² BGF

min	740 €/m²
von	960 €/m²
Mittel	**1.355 €/m²**
bis	1.925 €/m²
max	2.215 €/m²

Planung: ADOBE Architekten + Ing. GmbH; Erfurt

Umbau einer Bürofläche zur Arztpraxis für Orthopädie und Sportmedizin mit zehn Arbeitsplätzen. Die Fläche wurde vollständig entkernt und neu gestaltet. Tragende Bestandteile des Massivbaus blieben erhalten. Eine neue Struktur der Räumlichkeiten wurde mittels teilweise geschwungener Trockenbauwände erzielt.

Kosten:
Stand 2. Quartal 2026
Bundesdurchschnitt
inkl. 19% MwSt.

1. Ebene: 300 Bauwerk – Baukonstruktionen: 70%, **400 Bauwerk – Technische Anlagen:** 30%
3. Ebene: Baukonstruktionen: A: Sonstige 2%, **W:** Sonstige < 1%, **H:** 342 Nichttragende Innenwände 8%, 344 Innenwandöffnungen 13%, 345 Innenwandbekleidungen 8%, 353 Deckenbeläge 13%, 354 Deckenbekleidungen 14%, 381 Allgemeine Einbauten 38%, Sonstige 2%, **Technische Anlagen: A:** Sonstige 3%, **W:** Sonstige < 1%, **H:** 411 Abwasseranlagen 7%, 412 Wasseranlagen 20%, 432 Teilklimaanlagen 13%, 444 Niederspannungsinstallationsanlagen 20%, 445 Beleuchtungsanlagen 21%, 457 Datenübertragungsnetze 11%, Sonstige 4%

3100-0018 Arztpraxis, Personalaufenthalt

BRI k.A. **BGF** 118 m² **NUF** 87 m²

© null2elf interior design

Baujahr: 1971
Bauzustand: mittel
Aufwand: mittel
Nutzung während der Bauzeit: ja
Nutzungsänderung: ja
Grundrissänderungen: wenige
Tragwerkseingriffe: keine

Land: Nordrhein-Westfalen
Kreis: Duisburg, Stadt
Standard: mittel
Bauzeit: 17 Wochen
Kennwerte: bis 3. Ebene DIN 276
veröffentlicht: BKI Objektdaten IR1

BGF 1.444 €/m²

Planung: k.A.

Personalaufenthaltsraum mit Küche und Umkleidebereich für Arztpraxis

A Abbrechen
W Wiederherstellen
H Herstellen

1. Ebene: 300 Bauwerk – Baukonstruktionen: 63%, **400 Bauwerk – Technische Anlagen:** 37%
3. Ebene: Baukonstruktionen: A: 342 Nichttragende Innenwände 3%, Sonstige 5%, **W:** Sonstige 2%, **H:** 342 Nichttragende Innenwände 5%, 344 Innenwandöffnungen 4%, 345 Innenwandbekleidungen 21%, 353 Deckenbeläge 22%, 354 Deckenbekleidungen 9%, 381 Allgemeine Einbauten 24%, 386 Orientierungs- und Informationssysteme 5%, Sonstige < 1%, **Technische Anlagen: A:** Sonstige < 1%, **H:** 411 Abwasseranlagen 9%, 412 Wasseranlagen 14%, 423 Raumheizflächen 4%, 431 Lüftungsanlagen 7%, 432 Teilklimaanlagen 23%, 444 Niederspannungsinstallationsanlagen 18%, 445 Beleuchtungsanlagen 12%, 471 Küchentechnische Anlagen 9%, Sonstige 3%

Objektübersicht zur Gebäudeart

3100-0011 Gemeinschaftspraxis

BRI 395m³ **BGF** 144m² **NUF** 112m²

Baujahr: 1980
Bauzustand: mittel
Aufwand: mittel
Nutzung während der Bauzeit: ja
Nutzungsänderung: nein
Grundrissänderungen: wenige
Tragwerkseingriffe: keine

Land: Nordrhein-Westfalen
Kreis: Düren
Standard: mittel
Bauzeit: 4 Wochen
Kennwerte: bis 3. Ebene DIN 276
veröffentlicht: BKI Objektdaten A8

BGF **930€/m²**

Planung: FRANKE Architektur I Innenarchitektur; Düren

Umbau und Modernisierung einer Allgemeinmedizinischen Gemeinschaftspraxis. Die Räume befinden sich im Erdgeschoss des Gebäudes.

1. Ebene: 300 Bauwerk – Baukonstruktionen: 78%, **400 Bauwerk – Technische Anlagen:** 22%
3. Ebene: Baukonstruktionen: A: Sonstige 7%, **W:** 353 Deckenbeläge 5%, Sonstige 3%, **H:** 345 Innenwandbekleidungen 9%, 353 Deckenbeläge 18%, 354 Deckenbekleidungen 6%, 381 Allgemeine Einbauten 48%, Sonstige 3%, **Technische Anlagen: A:** Sonstige 5%, **W:** 444 Niederspannungsinstallationsanlagen 12%, **H:** 444 Niederspannungsinstallationsanlagen 21%, 445 Beleuchtungsanlagen 62%

3100-0015 Arztpraxis

BRI 544m³ **BGF** 143m² **NUF** 89m²

Baujahr: 1908
Bauzustand: mittel
Aufwand: mittel
Nutzung während der Bauzeit: ja
Nutzungsänderung: nein
Grundrissänderungen: einige
Tragwerkseingriffe: einige

Land: Bayern
Kreis: Kitzingen
Standard: mittel
Bauzeit: 13 Wochen
Kennwerte: bis 3. Ebene DIN 276
veröffentlicht: BKI Objektdaten A9

BGF **1.097€/m²**

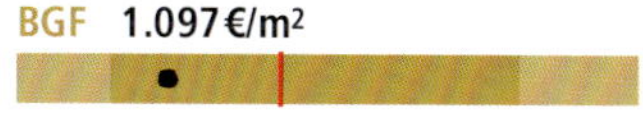

Planung: Paprota Architektur Christoph Paprota; Würzburg

Umbau und Modernisierung einer Arztpraxis in einem denkmalgeschützten Gebäude. Vereinzelt musste in die tragende Struktur eingegriffen werden. Innenwände wurden abgefangen und entfernt, Decken wurden durch Stahlträger und Stahlstützen abgefangen. Die Wärmeversorgung erfolgt über das vorhandene Heizsystem des Gebäudes mit Gas. **Kosteneinfluss Nutzung:** Denkmalschutz, Brandschutz

1. Ebene: 300 Bauwerk – Baukonstruktionen: 62%, **400 Bauwerk – Technische Anlagen:** 38%
3. Ebene: Baukonstruktionen: A: 342 Nichttragende Innenwände 4%, Sonstige 5%, **W:** Sonstige < 1%, **H:** 342 Nichttragende Innenwände 8%, 344 Innenwandöffnungen 15%, 345 Innenwandbekleidungen 17%, 351 Deckenkonstruktionen 6%, 353 Deckenbeläge 17%, 354 Deckenbekleidungen 10%, 381 Allgemeine Einbauten 16%, Sonstige 2%, **Technische Anlagen: A:** Sonstige < 1%, **W:** 444 Niederspannungsinstallationsanlagen 4%, Sonstige < 1%, **H:** 412 Wasseranlagen 4%, 422 Wärmeverteilnetze 8%, 433 Klimaanlagen 36%, 444 Niederspannungsinstallationsanlagen 15%, 445 Beleuchtungsanlagen 22%, 457 Datenübertragungsnetze 9%, Sonstige 2%

€/m² BGF

min	740	€/m²
von	960	€/m²
Mittel	**1.355**	**€/m²**
bis	1.925	€/m²
max	2.215	€/m²

Kosten:
Stand 2. Quartal 2026
Bundesdurchschnitt
inkl. 19% MwSt.

Objektübersicht zur Gebäudeart

3100-0014 Arztpraxis | **BRI** 665 m³ | **BGF** 175 m² | **NUF** 116 m²

Baujahr: 1908
Bauzustand: mittel
Aufwand: mittel
Nutzung während der Bauzeit: ja
Nutzungsänderung: nein
Grundrissänderungen: einige
Tragwerkseingriffe: einige

Land: Bayern
Kreis: Kitzingen
Standard: mittel
Bauzeit: 13 Wochen
Kennwerte: bis 3. Ebene DIN 276
veröffentlicht: BKI Objektdaten A9

BGF 1.100 €/m²

Planung: Paprota Architektur Christoph Paprota; Würzburg

Umbau und Modernisierung einer Arztpraxis in einem denkmalgeschützten Gebäude. Es fanden teilweise Eingriffe in die tragende Substanz statt. Innenwände wurden abgefangen und entfernt, Decken wurden durch Stahlträger und Stahlstützen abgefangen. Die Wärmeversorgung erfolgt über das vorhandene Heizsystem des Gebäudes mit Gas. **Kosteneinfluss Nutzung:** Denkmalschutz, Brandschutz

1. Ebene: 300 Bauwerk – Baukonstruktionen: 75%, **400 Bauwerk – Technische Anlagen:** 25%
3. Ebene: Baukonstruktionen: A: 341 Tragende Innenwände 5%, Sonstige 3%, **W:** Sonstige < 1%, **H:** 336 Außenwandbekleidungen, innen 4%, 342 Nichttragende Innenwände 10%, 344 Innenwandöffnungen 14%, 345 Innenwandbekleidungen 15%, 346 Elementierte Innenwandkonstruktionen 6%, 351 Deckenkonstruktionen 11%, 353 Deckenbeläge 15%, 354 Deckenbekleidungen 5%, 381 Allgemeine Einbauten 9%, Sonstige 3%, **Technische Anlagen: A:** Sonstige < 1%, **H:** 412 Wasseranlagen 11%, 419 Sonstiges zur KG 410 4%, 422 Wärmeverteilnetze 14%, 423 Raumheizflächen 7%, 444 Niederspannungsinstallationsanlagen 14%, 445 Beleuchtungsanlagen 25%, 451 Telekommunikationsanlagen 4%, 457 Datenübertragungsnetze 18%, Sonstige 2%

A Abbrechen
W Wiederherstellen
H Herstellen

Kostenkennwerte für die Kosten des Bauwerks (Kostengruppen 300+400 nach DIN 276)

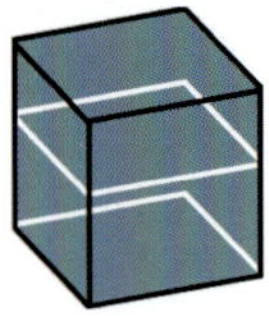

BRI 490 €/m³
von 385 €/m³
bis 605 €/m³

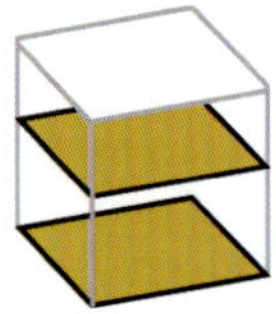

BGF 1.885 €/m²
von 1.415 €/m²
bis 2.725 €/m²

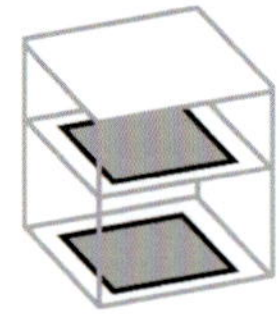

NUF 3.305 €/m²
von 2.310 €/m²
bis 5.335 €/m²

Kosten:
Stand 2. Quartal 2026
Bundesdurchschnitt
inkl. 19% MwSt.

Objektbeispiele

4200-0037

4100-0136

4100-0081

Kosten der 6 Vergleichsobjekte Seiten 268 bis 271

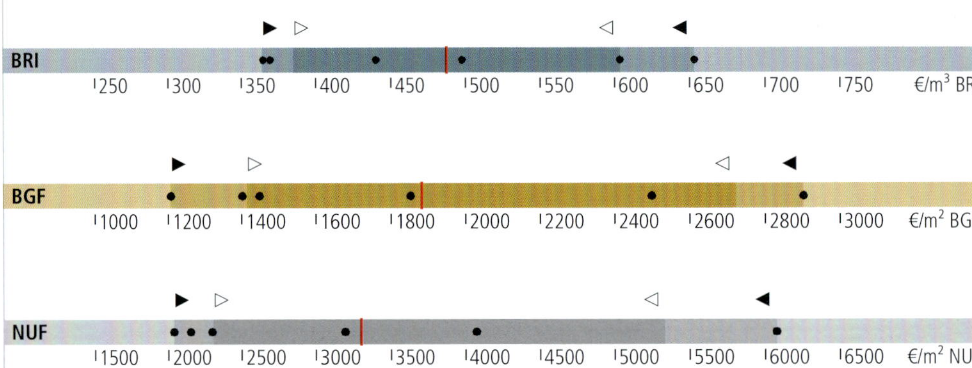

- ● KKW
- ▶ min
- ▷ von
- | Mittelwert
- ◁ bis
- ◀ max

Kostenkennwerte für die Kostengruppen der 1. und 2.Ebene DIN 276

KG	Kostengruppen der 1.Ebene	Einheit	▷	€/Einheit	◁	▷	% an 300+400	◁
100	Grundstück	m²GF	–	**–**	–	–	**–**	–
200	Vorbereitende Maßnahmen	m²GF	< 1	**6**	11	0,1	**0,4**	1,2
300	Bauwerk – Baukonstruktionen	m²BGF	910	**1.406**	2.016	63,9	**73,1**	77,6
400	Bauwerk – Technische Anlagen	m²BGF	385	**479**	565	22,4	**26,9**	36,1
	Bauwerk 300+400	m²BGF	1.414	**1.884**	2.724	100,0	**100,0**	100,0
500	Außenanlagen und Freiflächen	m²AF	83	**182**	356	0,7	**5,5**	9,2
600	Ausstattung und Kunstwerke	m²BGF	16	**35**	80	0,9	**2,4**	6,3
700	Baunebenkosten	m²BGF	–	**–**	–	–	**–**	–
800	Finanzierung	m²BGF	–	**–**	–	–	**–**	–

KG	Kostengruppen der 2.Ebene	Einheit	▷	€/Einheit	◁	▷	% an 1.Ebene	◁
310	Baugrube / Erdbau	m³BGI	63	**105**	173	0,3	**1,5**	4,1
320	Gründung, Unterbau	m²GRF	241	**509**	763	3,5	**6,5**	10,5
330	Außenwände / vertikal außen	m²AWF	439	**638**	1.014	24,3	**31,5**	45,3
340	Innenwände / vertikal innen	m²IWF	276	**423**	595	17,5	**20,5**	26,2
350	Decken / horizontal	m²DEF	289	**441**	632	17,6	**21,4**	37,9
360	Dächer	m²DAF	248	**362**	495	4,1	**10,6**	14,3
370	Infrastrukturanlagen		–	**–**	–	–	**–**	–
380	Baukonstruktive Einbauten	m²BGF	7	**24**	45	0,8	**2,3**	5,7
390	Sonst. Maßnahmen für Baukonst.	m²BGF	36	**87**	142	3,0	**5,7**	7,1
300	**Bauwerk – Baukonstruktionen**	**m²BGF**					**100,0**	
410	Abwasser-, Wasser-, Gasanlagen	m²BGF	73	**79**	89	14,6	**16,9**	20,8
420	Wärmeversorgungsanlagen	m²BGF	83	**96**	110	15,8	**20,4**	22,8
430	Raumlufttechnische Anlagen	m²BGF	12	**30**	43	2,6	**6,4**	8,4
440	Elektrische Anlagen	m²BGF	124	**156**	210	29,7	**32,3**	36,7
450	Kommunikationstechnische Anlagen	m²BGF	32	**56**	79	8,0	**11,1**	14,0
460	Förderanlagen	m²BGF	12	**27**	50	0,3	**2,6**	7,4
470	Nutzungsspez. / verfahrenstech. Anl.	m²BGF	7	**25**	64	1,8	**4,9**	11,6
480	Gebäude- und Anlagenautomation	m²BGF	18	**25**	30	1,1	**4,8**	6,7
490	Sonst. Maßnahmen f. techn. Anl.	m²BGF	< 1	**3**	8	< 0,1	**0,4**	1,4
400	**Bauwerk – Technische Anlagen**	**m²BGF**					**100,0**	

Prozentanteile der Kosten 2.Ebene an den Kosten des Bauwerks nach DIN 276 (Von/Mittel/Bis)

KG	Kostengruppe	%
310	Baugrube / Erdbau	1,1
320	Gründung, Unterbau	4,8
330	Außenwände / vertikal außen	23,0
340	Innenwände / vertikal innen	15,0
350	Decken / horizontal	15,7
360	Dächer	7,7
370	Infrastrukturanlagen	
380	Baukonstruktive Einbauten	1,5
390	Sonst. Maßnahmen für Baukonst.	4,3
410	Abwasser-, Wasser-, Gasanlagen	4,6
420	Wärmeversorgungsanlagen	5,4
430	Raumlufttechnische Anlagen	1,8
440	Elektrische Anlagen	8,5
450	Kommunikationstechnische Anlagen	3,0
460	Förderanlagen	0,6
470	Nutzungsspez. / verfahrenstech. Anl.	1,5
480	Gebäude- und Anlagenautomation	1,4
490	Sonst. Maßnahmen f. techn. Anl.	0,1

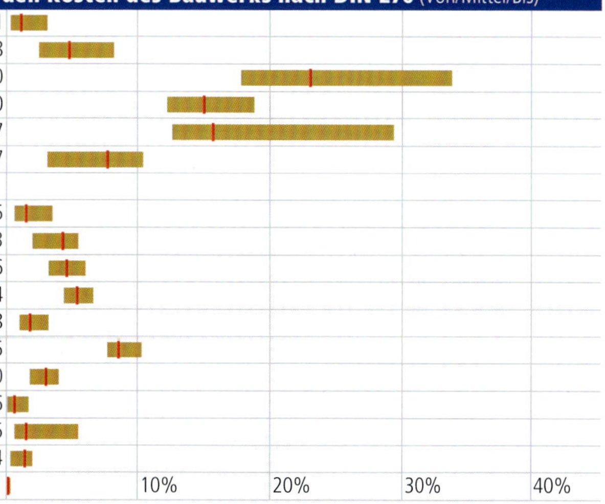

Kostenstand: 2.Quartal 2026, Bundesdurchschnitt, **inkl. 19% MwSt.**

Kosten:
Stand 2. Quartal 2026
Bundesdurchschnitt
inkl. 19% MwSt.

▷ von
ø Mittel
◁ bis

Kostenkennwerte für die Kostengruppen der 3. Ebene DIN 276

KG	Kostengruppen der 3. Ebene	Einheit	▷	€/Einheit	◁	▷	€/m² BGF	◁
311	**Herstellung**	m³	52	**93**	170	8	**16**	40
	Herstellen	m³	52	**93**	170	8	**16**	40
312	**Umschließung**	m²	2	**277**	553	< 1	**17**	33
	Herstellen	m²	2	**277**	553	< 1	**17**	33
321	**Baugrundverbesserung**	m²	153	**176**	198	< 1	**10**	19
	Herstellen	m²	153	**176**	198	< 1	**10**	19
322	**Flachgründungen und Bodenplatten**	m²	195	**1.155**	4.957	17	**25**	34
	Abbrechen	*m²*	*19*	***267***	*1.262*	*1*	***3***	*6*
	Wiederherstellen	m²	–	**< 1**	–	–	**< 1**	–
	Herstellen	m²	174	**887**	3.695	15	**21**	30
323	**Tiefgründungen**	m²	–	**912**	–	–	**93**	–
	Herstellen	m²	–	**912**	–	–	**93**	–
324	**Gründungsbeläge**	m²	134	**238**	359	32	**55**	162
	Abbrechen	*m²*	*18*	***40***	*81*	*3*	***9***	*12*
	Wiederherstellen	m²	5	**14**	32	< 1	**2**	3
	Herstellen	m²	134	**211**	360	28	**50**	152
325	**Abdichtungen und Bekleidungen**	m²	45	**104**	327	4	**6**	10
	Abbrechen	*m²*	*11*	***12***	*14*	*< 1*	***1***	*2*
	Herstellen	m²	39	**96**	313	4	**5**	10
326	**Dränagen**	m²	20	**28**	40	1	**5**	7
	Herstellen	m²	20	**28**	40	1	**5**	7
331	**Tragende Außenwände**	m²	476	**2.075**	8.393	40	**86**	249
	Abbrechen	*m²*	*12*	***100***	*453*	*< 1*	***3***	*6*
	Wiederherstellen	m²	158	**336**	854	14	**41**	110
	Herstellen	m²	326	**1.706**	7.086	26	**51**	133
332	**Nichttragende Außenwände**	m²	136	**346**	556	< 1	**10**	19
	Abbrechen	*m²*	*–*	***5***	*–*	*–*	***< 1***	*–*
	Herstellen	m²	130	**343**	556	< 1	**9**	18
334	**Außenwandöffnungen**	m²	789	**1.107**	1.587	71	**147**	201
	Abbrechen	*m²*	*25*	***51***	*73*	*3*	***7***	*11*
	Wiederherstellen	m²	–	**47**	–	–	**5**	–
	Herstellen	m²	728	**1.048**	1.519	65	**140**	192
335	**Außenwandbekleidungen, außen**	m²	130	**206**	287	87	**104**	125
	Abbrechen	*m²*	*8*	***17***	*26*	*8*	***10***	*12*
	Wiederherstellen	m²	13	**32**	56	8	**21**	37
	Herstellen	m²	88	**179**	280	61	**86**	125
336	**Außenwandbekleidungen, innen**	m²	49	**104**	143	12	**36**	61
	Abbrechen	*m²*	*3*	***16***	*29*	*1*	***7***	*17*
	Wiederherstellen	m²	2	**3**	5	< 1	**1**	1
	Herstellen	m²	51	**87**	127	11	**29**	48
337	**Elem. Außenwandkonstruktionen**	m²	1.116	**1.299**	1.540	21	**52**	148
	Abbrechen	*m²*	*–*	***67***	*–*	*< 1*	***1***	*2*
	Herstellen	m²	1.086	**1.282**	1.536	33	**64**	148
338	**Lichtschutz zur KG 330**	m²	133	**247**	461	3	**10**	17
	Abbrechen	*m²*	*2*	***4***	*5*	*< 1*	***< 1***	*< 1*
	Herstellen	m²	131	**245**	460	3	**10**	17
339	**Sonstiges zur KG 330**	m²	8	**16**	42	5	**11**	21
	Abbrechen	*m²*	*< 1*	***1***	*4*	*< 1*	***< 1***	*2*
	Wiederherstellen	m²	6	**7**	8	4	**5**	7
	Herstellen	m²	6	**12**	38	4	**8**	23

KG	Kostengruppen der 3. Ebene	Einheit	▷	€/Einheit	◁	▷	€/m² BGF	◁
341	**Tragende Innenwände**	m²	348	**565**	960	36	**72**	125
	Abbrechen	*m²*	*76*	***154***	*425*	*9*	***20***	*55*
	Wiederherstellen	m²	9	**55**	149	1	**4**	9
	Herstellen	m²	284	**378**	691	25	**50**	82
342	**Nichttragende Innenwände**	m²	181	**374**	1.311	24	**33**	53
	Abbrechen	*m²*	*22*	***116***	*353*	*3*	***7***	*10*
	Herstellen	m²	136	**258**	862	16	**27**	47
344	**Innenwandöffnungen**	m²	795	**1.029**	1.322	66	**77**	118
	Abbrechen	*m²*	*7*	***17***	*26*	*< 1*	***1***	*2*
	Wiederherstellen	m²	< 1	**26**	41	< 1	**2**	3
	Herstellen	m²	748	**1.000**	1.302	62	**75**	104
345	**Innenwandbekleidungen**	m²	49	**81**	120	53	**94**	156
	Abbrechen	*m²*	*5*	***12***	*25*	*7*	***14***	*32*
	Wiederherstellen	m²	2	**3**	7	2	**4**	9
	Herstellen	m²	45	**69**	99	47	**80**	134
346	**Elem. Innenwandkonstruktionen**	m²	277	**543**	1.055	4	**15**	41
	Abbrechen	*m²*	*2*	***9***	*22*	*< 1*	***< 1***	*< 1*
	Herstellen	m²	269	**539**	1.053	4	**15**	41
349	**Sonstiges zur KG 340**	m²	9	**12**	18	6	**8**	11
	Abbrechen	*m²*	*< 1*	***< 1***	*< 1*	*< 1*	***< 1***	*< 1*
	Wiederherstellen	m²	–	**2**	–	–	**2**	–
	Herstellen	m²	8	**11**	15	6	**8**	10
351	**Deckenkonstruktionen**	m²	163	**298**	411	39	**91**	158
	Abbrechen	*m²*	*13*	***37***	*54*	*6*	***9***	*20*
	Wiederherstellen	m²	18	**33**	48	5	**13**	20
	Herstellen	m²	135	**235**	368	20	**73**	116
353	**Deckenbeläge**	m²	129	**174**	263	68	**102**	151
	Abbrechen	*m²*	*7*	***25***	*38*	*4*	***15***	*23*
	Wiederherstellen	m²	4	**14**	19	2	**8**	12
	Herstellen	m²	110	**142**	205	58	**83**	118
354	**Deckenbekleidungen**	m²	90	**140**	223	48	**88**	186
	Abbrechen	*m²*	*10*	***22***	*31*	*6*	***13***	*23*
	Wiederherstellen	m²	5	**29**	96	3	**16**	53
	Herstellen	m²	52	**103**	169	36	**67**	200
355	**Elementierte Deckenkonstruktionen**	m²	1.559	**2.432**	4.102	16	**68**	172
	Abbrechen	*m²*	*–*	***14***	*–*	*–*	***< 1***	*–*
	Herstellen	m²	1.554	**2.427**	4.102	16	**68**	172
359	**Sonstiges zur KG 350**	m²	11	**25**	38	7	**15**	22
	Abbrechen	*m²*	*< 1*	***< 1***	*< 1*	*< 1*	***< 1***	*< 1*
	Wiederherstellen	m²	–	**< 1**	–	–	**< 1**	–
	Herstellen	m²	10	**24**	38	7	**14**	22
361	**Dachkonstruktionen**	m²	38	**123**	180	8	**32**	69
	Abbrechen	*m²*	*1*	***6***	*14*	*< 1*	***2***	*7*
	Wiederherstellen	m²	10	**31**	71	3	**11**	27
	Herstellen	m²	71	**125**	183	9	**30**	58
362	**Dachöffnungen**	m²	1.910	**3.095**	5.421	3	**8**	19
	Abbrechen	*m²*	*47*	***160***	*267*	*< 1*	***< 1***	*< 1*
	Herstellen	m²	1.808	**2.967**	5.174	3	**8**	23
363	**Dachbeläge**	m²	190	**262**	339	44	**89**	152
	Abbrechen	*m²*	*13*	***20***	*38*	*3*	***7***	*13*
	Wiederherstellen	m²	< 1	**2**	4	< 1	**< 1**	1
	Herstellen	m²	183	**241**	336	46	**82**	157

KG	Kostengruppen der 3. Ebene	Einheit	▷	€/Einheit	◁	▷	€/m² BGF	◁
364	**Dachbekleidungen**	m²	26	**95**	149	11	**29**	57
	Abbrechen	*m²*	*1*	***11***	*32*	*< 1*	***4***	*12*
	Wiederherstellen	m²	1	**42**	90	< 1	**12**	25
	Herstellen	m²	25	**54**	91	6	**16**	29
369	**Sonstiges zur KG 360**	m²	5	**13**	22	2	**5**	10
	Abbrechen	*m²*	*< 1*	***< 1***	*< 1*	*< 1*	***< 1***	*< 1*
	Herstellen	m²	5	**12**	21	2	**5**	10
381	**Allgemeine Einbauten**	m²	2	**18**	38	2	**18**	38
	Abbrechen	*m²*	*< 1*	***1***	*4*	*< 1*	***1***	*4*
	Herstellen	m²	3	**20**	36	3	**20**	36
382	**Besondere Einbauten**	m²	3	**6**	10	3	**6**	10
	Abbrechen	*m²*	*< 1*	***< 1***	*1*	*< 1*	***< 1***	*1*
	Herstellen	m²	6	**8**	10	6	**8**	10
391	**Baustelleneinrichtung**	m²	10	**30**	67	10	**30**	67
	Herstellen	m²	10	**30**	67	10	**30**	67
392	**Gerüste**	m²	13	**27**	54	13	**27**	54
	Herstellen	m²	13	**27**	54	13	**27**	54
393	**Sicherungsmaßnahmen**	m²	3	**6**	14	3	**6**	14
	Herstellen	m²	3	**6**	14	3	**6**	14
394	**Abbruchmaßnahmen**	m²	6	**12**	23	6	**12**	23
	Abbrechen	*m²*	*6*	***12***	*23*	*6*	***12***	*23*
396	**Materialentsorgung**	m²	–	**10**	–	–	**10**	–
	Herstellen	m²	–	**10**	–	–	**10**	–
397	**Zusätzliche Maßnahmen**	m²	4	**17**	25	4	**17**	25
	Abbrechen	*m²*	–	***2***	–	–	***2***	–
	Wiederherstellen	m²	–	**< 1**	–	–	**< 1**	–
	Herstellen	m²	3	**16**	25	3	**16**	25

Kosten:
Stand 2. Quartal 2026
Bundesdurchschnitt
inkl. 19% MwSt.

▷ von
ø Mittel
◁ bis

KG	Kostengruppen der 3. Ebene	Einheit	▷	€/Einheit	◁	▷	€/m² BGF	◁
411	**Abwasseranlagen**	m²	20	**25**	30	20	**25**	30
	Abbrechen	*m²*	*< 1*	***< 1***	*< 1*	*< 1*	***< 1***	*< 1*
	Wiederherstellen	m²	–	**2**	–	–	**2**	–
	Herstellen	m²	19	**24**	29	19	**24**	29
412	**Wasseranlagen**	m²	42	**50**	59	42	**50**	59
	Abbrechen	*m²*	*< 1*	***2***	*3*	*< 1*	***2***	*3*
	Wiederherstellen	m²	< 1	**< 1**	< 1	< 1	**< 1**	< 1
	Herstellen	m²	40	**48**	57	40	**48**	57
419	**Sonstiges zur KG 410**	m²	3	**4**	6	3	**4**	6
	Herstellen	m²	3	**4**	6	3	**4**	6
421	**Wärmeerzeugungsanlagen**	m²	11	**17**	25	11	**17**	25
	Abbrechen	*m²*	*< 1*	***< 1***	*< 1*	*< 1*	***< 1***	*< 1*
	Wiederherstellen	m²	–	**< 1**	–	–	**< 1**	–
	Herstellen	m²	11	**17**	25	11	**17**	25
422	**Wärmeverteilnetze**	m²	34	**45**	56	34	**45**	56
	Abbrechen	*m²*	*< 1*	***2***	*5*	*< 1*	***2***	*5*
	Wiederherstellen	m²	–	**2**	–	–	**2**	–
	Herstellen	m²	33	**43**	52	33	**43**	52
423	**Raumheizflächen**	m²	23	**31**	39	23	**31**	39
	Abbrechen	*m²*	*< 1*	***< 1***	*1*	*< 1*	***< 1***	*1*
	Wiederherstellen	m²	–	**5**	–	–	**5**	–
	Herstellen	m²	22	**30**	37	22	**30**	37
431	**Lüftungsanlagen**	m²	14	**29**	44	14	**29**	44
	Abbrechen	*m²*	*< 1*	***11***	*21*	*< 1*	***11***	*21*
	Herstellen	m²	14	**25**	36	14	**25**	36
432	**Teilklimaanlagen**	m²	–	**11**	–	–	**11**	–
	Herstellen	m²	–	**11**	–	–	**11**	–
442	**Eigenstromversorgungsanlagen**	m²	2	**6**	10	2	**6**	10
	Abbrechen	*m²*	–	***< 1***	–	–	***< 1***	–
	Herstellen	m²	5	**8**	12	5	**8**	12
443	**Niederspannungsschaltanlagen**	m²	4	**14**	24	4	**14**	24
	Herstellen	m²	4	**14**	24	4	**14**	24
444	**Niederspannungsinstallationsanl.**	m²	61	**78**	108	61	**78**	108
	Abbrechen	*m²*	*< 1*	***2***	*4*	*< 1*	***2***	*4*
	Herstellen	m²	59	**77**	108	59	**77**	108
445	**Beleuchtungsanlagen**	m²	41	**64**	76	41	**64**	76
	Abbrechen	*m²*	*< 1*	***1***	*1*	*< 1*	***1***	*1*
	Wiederherstellen	m²	< 1	**< 1**	< 1	< 1	**< 1**	< 1
	Herstellen	m²	39	**63**	75	39	**63**	75
446	**Blitzschutz- und Erdungsanlagen**	m²	3	**6**	12	3	**6**	12
	Abbrechen	*m²*	*< 1*	***< 1***	*< 1*	*< 1*	***< 1***	*< 1*
	Herstellen	m²	3	**6**	12	3	**6**	12
451	**Telekommunikationsanlagen**	m²	2	**4**	6	2	**4**	6
	Abbrechen	*m²*	–	***< 1***	–	–	***< 1***	–
	Herstellen	m²	2	**4**	5	2	**4**	5
454	**Elektroakustische Anlagen**	m²	4	**10**	33	4	**10**	33
	Abbrechen	*m²*	–	***< 1***	–	–	***< 1***	–
	Herstellen	m²	6	**12**	33	6	**12**	33
456	**Gefahrenmelde- und Alarmanlagen**	m²	13	**28**	53	13	**28**	53
	Abbrechen	*m²*	–	***< 1***	–	–	***< 1***	–
	Herstellen	m²	13	**28**	53	13	**28**	53

KG	Kostengruppen der 3. Ebene	Einheit	▷	€/Einheit	◁	▷	€/m² BGF	◁
457	**Datenübertragungsnetze**	m²	6	**12**	17	6	**12**	17
	Herstellen	m²	6	**12**	17	6	**12**	17
461	**Aufzugsanlagen**	m²	12	**27**	50	12	**27**	50
	Wiederherstellen	m²	–	**6**	–	–	**6**	–
	Herstellen	m²	24	**37**	50	24	**37**	50
471	**Küchentechnische Anlagen**	m²	6	**14**	41	6	**14**	41
	Herstellen	m²	6	**14**	41	6	**14**	41
473	**Medienversorgungsanlagen**	m²	2	**38**	75	2	**38**	75
	Abbrechen	*m²*	–	***2***	–	–	***2***	–
	Herstellen	m²	–	**75**	–	–	**75**	–
476	**Weitere nutzungsspezifische Anl.**	m²	–	**5**	–	–	**5**	–
	Herstellen	m²	–	**5**	–	–	**5**	–
481	**Automationseinrichtungen**	m²	15	**21**	28	15	**21**	28
	Herstellen	m²	15	**21**	28	15	**21**	28
482	**Schaltschränke, Automation**	m²	2	**4**	6	2	**4**	6
	Herstellen	m²	2	**4**	6	2	**4**	6
497	**Zusätzliche Maßnahmen**	m²	1	**4**	9	1	**4**	9
	Herstellen	m²	1	**4**	9	1	**4**	9

Kosten:
Stand 2. Quartal 2026
Bundesdurchschnitt
inkl. 19% MwSt.

▷ von
ø Mittel
◁ bis

Prozentanteile der Kosten für Leistungsbereiche nach STLB (Kosten Bauwerk nach DIN 276)

LB	Leistungsbereiche	▷	% an 300+400	◁
000	Baustellen-, Sicherheitseinr. inkl. 001, 089	1,3	**2,8**	4,6
002	Erdarbeiten	0,3	**1,2**	2,1
006	Spezialtiefbauarbeiten inkl. 005	0,0	**0,8**	2,4
009	Entwässerungskanalarbeiten inkl. 011	< 0,1	**0,2**	0,4
010	Drän- und Versickerarbeiten	< 0,1	**0,2**	0,5
012	Mauerarbeiten	1,5	**4,6**	8,6
013	Betonarbeiten	1,2	**4,9**	8,9
014	Natur-, Betonwerksteinarbeiten	0,2	**0,8**	3,9
016	Zimmer- und Holzbauarbeiten	0,4	**2,0**	3,4
017	Stahlbauarbeiten	0,6	**2,5**	7,2
018	Abdichtungsarbeiten	< 0,1	**0,4**	0,8
020	Dachdeckungsarbeiten	0,0	**1,9**	3,3
021	Dachabdichtungsarbeiten	0,8	**1,9**	6,5
022	Klempnerarbeiten	0,1	**1,2**	1,7
	Rohbau	14,8	**25,3**	33,8
023	Putz- und Stuckarbeiten, Wärmedämmsysteme	0,8	**5,5**	8,0
024	Fliesen- und Plattenarbeiten	1,1	**1,9**	3,7
025	Estricharbeiten	1,2	**1,9**	2,6
026	Fenster, Außentüren inkl. 029, 032	5,4	**9,5**	18,2
027	Tischlerarbeiten	4,1	**6,1**	14,4
028	Parkett-, Holzpflasterarbeiten	0,0	**0,1**	0,3
030	Rollladenarbeiten	0,2	**0,5**	0,9
031	Metallbauarbeiten inkl. 035	1,4	**4,2**	7,4
034	Maler- und Lackiererarb. - Beschicht. inkl. 037	1,4	**2,7**	4,2
036	Bodenbelagarbeiten	1,6	**2,4**	3,2
038	Vorgehängte hinterlüftete Fassaden	0,0	**1,1**	6,7
039	Trockenbauarbeiten	4,4	**6,8**	11,6
	Ausbau	37,6	**42,8**	53,0
040	Wärmeversorgungsanl. - Betriebseinr. inkl. 041	3,9	**4,8**	5,8
042	Gas- u. Wasseranl. - Leitung., Armat. inkl. 043	0,9	**1,5**	2,4
044	Abwasseranl. - Leitungen, Abläufe, Armaturen	0,5	**0,9**	1,2
045	Gas, Wasser, Entwässerung - Ausstattung inkl. 046	1,0	**1,5**	2,8
047	Dämm- und Brandschutzarb. an techn. Anlagen	0,7	**1,1**	1,5
049	Feuerlöschanlagen, Feuerlöschgeräte	< 0,1	**0,1**	0,4
050	Blitzschutz-/Erdungsanlagen, Überspannungssch.	0,1	**0,3**	0,5
052	Mittelspannungsanlagen	0,0	**< 0,1**	0,3
053	Niederspannungsanl. - Kabel inkl. 054	3,4	**4,7**	6,0
055	Sicherheits- u. Ersatzstromversorgungsanl.	0,0	**< 0,1**	0,3
057	Gebäudesystemtechnik	0,0	**< 0,1**	0,3
058	Leuchten und Lampen inkl. 059	2,9	**3,5**	4,5
060	Such, Signal, Zeit, Anten., akust. Anl. inkl. 064	0,3	**0,7**	2,5
061	Kommunikations- u. Übertragungsnetze inkl. 062	0,4	**0,7**	0,9
063	Gefahrenmeldeanlagen	0,6	**1,2**	1,9
069	Aufzüge	< 0,1	**0,6**	1,7
070	Gebäudeautomation	0,4	**1,2**	1,9
075	Raumlufttechnische Anlagen inkl. 078	0,7	**1,4**	2,0
	Gebäudetechnik	20,0	**24,4**	29,2
084	Abbruch, Rückbau, Schadstoffsanierung	5,0	**6,5**	8,4
	Sonstige Leistungsbereiche inkl. 008, 033, 051	0,5	**1,0**	1,9

Übersicht- 1. + 2. Ebene
Erweiterung
Umbau
Moderni- sierung
Instand- setzung
Bau- elemente
Abbrechen
Wieder- herstellen
Herstellen

Objektübersicht zur Gebäudeart

€/m² BGF

min	1.205	€/m²
von	1.415	€/m²
Mittel	**1.885**	**€/m²**
bis	2.725	€/m²
max	2.900	€/m²

Kosten:
Stand 2. Quartal 2026
Bundesdurchschnitt
inkl. 19% MwSt.

4200-0037 Fachakademie, Berufsfachschule (200 Schüler) — **BRI** 8.612 m³ **BGF** 2.251 m² **NUF** 1.380 m²

Baujahr: 1885
Bauzustand: schlecht
Aufwand: hoch
Nutzung während der Bauzeit: nein
Nutzungsänderung: ja
Grundrissänderungen: umfangreiche
Tragwerkseingriffe: umfangreiche

Land: Bayern
Kreis: Cham
Standard: mittel
Bauzeit: 78 Wochen
Kennwerte: bis 3. Ebene DIN 276
veröffentlicht: BKI Objektdaten A13
BGF **2.498 €/m²**

Planung: PH2 Architektur + Stadtplanung; Eschlkam

Umbau und Sanierung eines Schulhauses für fünf Klassen mit 200 Schülern.

1. Ebene: 300 Bauwerk – Baukonstruktionen: 77%, **400 Bauwerk – Technische Anlagen:** 23%
3. Ebene: Baukonstruktionen: **A:** Sonstige 12%, **W:** Sonstige 4%, **H:** 334 Außenwandöffnungen 8%, 335 Außenwandbekleidungen, außen 4%, 341 Tragende Innenwände 5%, 344 Innenwandöffnungen 3%, 345 Innenwandbekleidungen 6%, 351 Deckenkonstruktionen 6%, 353 Deckenbeläge 7%, 354 Deckenbekleidungen 10%, 355 Elementierte Deckenkonstruktionen 9%, 363 Dachbeläge 4%, 391 Baustelleneinrichtung 4%, Sonstige 17%, **Technische Anlagen:** **A:** Sonstige 1%, **W:** Sonstige < 1%, **H:** 411 Abwasseranlagen 6%, 412 Wasseranlagen 9%, 422 Wärmeverteilnetze 7%, 423 Raumheizflächen 7%, 443 Niederspannungsschaltanlagen 4%, 444 Niederspannungsinstallationsanlagen 19%, 445 Beleuchtungsanlagen 12%, 456 Gefahrenmelde- und Alarmanlagen 8%, 457 Datenübertragungsnetze 3%, 461 Aufzugsanlagen 9%, Sonstige 13%

4100-0141 Grundschule (2 Klassen), Hort (90 Kinder) — **BRI** 7.540 m³ **BGF** 1.568 m² **NUF** 749 m²

Baujahr: ca. 1300
Bauzustand: mittel
Aufwand: hoch
Nutzung während der Bauzeit: nein
Nutzungsänderung: ja
Grundrissänderungen: umfangreiche
Tragwerkseingriffe: wenige

Land: Brandenburg
Kreis: Brandenburg a. d. Havel
Standard: mittel
Bauzeit: 70 Wochen
Kennwerte: bis 3. Ebene DIN 276
veröffentlicht: BKI Objektdaten A10
BGF **2.902 €/m²**

Planung: pmp Architekten; Brandenburg

Umbau eines leerstehenden Gebäudes in Grundschule (2 Klassen), Hort (90 Kinder) und Mensa.

1. Ebene: 300 Bauwerk – Baukonstruktionen: 80%, **400 Bauwerk – Technische Anlagen:** 20%
3. Ebene: Baukonstruktionen: **A:** Sonstige 8%, **W:** 331 Tragende Außenwände 5%, Sonstige 2%, **H:** 323 Tiefgründungen 4%, 324 Gründungsbeläge 7%, 331 Tragende Außenwände 6%, 334 Außenwandöffnungen 10%, 335 Außenwandbekleidungen, außen 4%, 341 Tragende Innenwände 3%, 344 Innenwandöffnungen 5%, 345 Innenwandbekleidungen 6%, 351 Deckenkonstruktionen 6%, 353 Deckenbeläge 4%, 361 Dachkonstruktionen 3%, 363 Dachbeläge 8%, Sonstige 20%, **Technische Anlagen:** **A:** Sonstige 2%, **W:** Sonstige < 1%, **H:** 411 Abwasseranlagen 5%, 412 Wasseranlagen 7%, 422 Wärmeverteilnetze 10%, 423 Raumheizflächen 6%, 431 Lüftungsanlagen 7%, 444 Niederspannungsinstallationsanlagen 18%, 445 Beleuchtungsanlagen 13%, 456 Gefahrenmelde- und Alarmanlagen 10%, 471 Küchentechnische Anlagen 7%, Sonstige 14%

A Abbrechen
W Wiederherstellen
H Herstellen

4100-0122 Realschule*

BRI 22.146 m³ **BGF** 6.594 m² **NUF** 4.161 m²

Bauzustand: mittel
Aufwand: mittel
Nutzung während der Bauzeit: ja
Nutzungsänderung: nein
Grundrissänderungen: wenige
Tragwerkseingriffe: wenige

Land: Saarland
Kreis: Saarbrücken, Regionalverband
Standard: mittel
Bauzeit: 35 Wochen
Kennwerte: bis 3. Ebene DIN 276
veröffentlicht: BKI Objektdaten A9

BGF 333 €/m²

* Nicht in der Auswertung enthalten

Planung: FLOSUNDK architektur und urbanistik; Saarbrücken

Erweiterte Realschule mit Cafeteria

1. Ebene: 300 Bauwerk – Baukonstruktionen: 89%, **400 Bauwerk – Technische Anlagen:** 11%
3. Ebene: Baukonstruktionen: A: Sonstige 8%, **W:** Sonstige < 1%, **H:** 332 Nichttragende Außenwände 6%, 334 Außenwandöffnungen 18%, 335 Außenwandbekleidungen, außen 25%, 344 Innenwandöffnungen 8%, 354 Deckenbekleidungen 3%, 363 Dachbeläge 10%, Sonstige 20%, **Technische Anlagen: A:** Sonstige 5%, **W:** Sonstige 4%, **H:** 412 Wasseranlagen 5%, 422 Wärmeverteilnetze 9%, 423 Raumheizflächen 10%, 444 Niederspannungsinstallationsanlagen 16%, 445 Beleuchtungsanlagen 16%, 471 Küchentechnische Anlagen 29%, Sonstige 6%

4100-0136 Schulzentrum (28 Klassen, 570 Schüler)

BRI 43.961 m³ **BGF** 11.816 m² **NUF** 6.849 m²

Baujahr: 1795/1838
Bauzustand: mittel
Aufwand: mittel
Nutzung während der Bauzeit: ja
Nutzungsänderung: nein
Grundrissänderungen: einige
Tragwerkseingriffe: wenige

Land: Sachsen
Kreis: Erzgebirgskreis
Standard: mittel
Bauzeit: 104 Wochen
Kennwerte: bis 3. Ebene DIN 276
veröffentlicht: BKI Objektdaten A10

BGF 1.852 €/m²

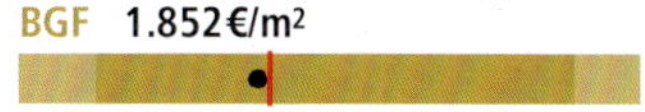

Planung: IPRO Dresden Planungs- und Ingenieuraktiengesellschaft; Dresden

Schulzentrum mit 28 Klassen für 570 Schüler, mit Mittelschule, Grundschule, Eingangsgebäude und Turnhalle.

1. Ebene: 300 Bauwerk – Baukonstruktionen: 76%, **400 Bauwerk – Technische Anlagen:** 24%
3. Ebene: Baukonstruktionen: A: Sonstige 7%, **W:** 335 Außenwandbekleidungen, außen 3%, Sonstige 6%, **H:** 334 Außenwandöffnungen 7%, 336 Außenwandbekleidungen, innen 4%, 337 Elementierte Außenwandkonstruktionen 4%, 341 Tragende Innenwände 3%, 344 Innenwandöffnungen 5%, 345 Innenwandbekleidungen 5%, 351 Deckenkonstruktionen 5%, 353 Deckenbeläge 6%, 354 Deckenbekleidungen 3%, 363 Dachbeläge 4%, 391 Baustelleneinrichtung 4%, Sonstige 34%, **Technische Anlagen: A:** Sonstige < 1%, **W:** Sonstige < 1%, **H:** 411 Abwasseranlagen 6%, 412 Wasseranlagen 9%, 421 Wärmeerzeugungsanlagen 4%, 422 Wärmeverteilnetze 11%, 423 Raumheizflächen 6%, 431 Lüftungsanlagen 5%, 444 Niederspannungsinstallationsanlagen 11%, 445 Beleuchtungsanlagen 17%, 456 Gefahrenmelde- und Alarmanlagen 4%, 461 Aufzugsanlagen 5%, 481 Automationseinrichtungen 6%, Sonstige 15%

Objektübersicht zur Gebäudeart

€/m² BGF

min	1.205	€/m²
von	1.415	€/m²
Mittel	**1.885**	**€/m²**
bis	2.725	€/m²
max	2.900	€/m²

Kosten:
Stand 2. Quartal 2026
Bundesdurchschnitt
inkl. 19% MwSt.

4100-0081 Realschule (23 Klassen, 645 Schüler)

BRI 10.692 m³ **BGF** 2.815 m² **NUF** 1.832 m²

Baujahr: 1975
Bauzustand: mittel
Aufwand: hoch
Nutzung während der Bauzeit: ja
Nutzungsänderung: nein
Grundrissänderungen: einige
Tragwerkseingriffe: wenige

Land: Baden-Württemberg
Kreis: Heilbronn
Standard: mittel
Bauzeit: 113 Wochen
Kennwerte: bis 3. Ebene DIN 276
veröffentlicht: BKI Objektdaten A8
BGF 1.401 €/m²

Planung: AldingerArchitekten Freie Architekten BDA; Stuttgart

Komplettmodernisierung, Umnutzung von Klassenzimmern in Lehrerzimmer, Umbau der naturwissenschaftlichen Räume mit neuem Zuschnitt, umfangreiche Brandschutzmaßnahmen wie Einhausung vom Treppenhaus, keine Sanierung der Sanitärbereiche.

1. Ebene: 300 Bauwerk – Baukonstruktionen: 61%, **400 Bauwerk – Technische Anlagen:** 39%
3. Ebene: Baukonstruktionen: **A**: Sonstige 6%, **W**: 354 Deckenbekleidungen 6%, 364 Dachbekleidungen 3%, Sonstige < 1%, **H**: 324 Gründungsbeläge 3%, 334 Außenwandöffnungen 17%, 335 Außenwandbekleidungen, außen 11%, 337 Elementierte Außenwandkonstruktionen 4%, 342 Nichttragende Innenwände 6%, 344 Innenwandöffnungen 6%, 353 Deckenbeläge 6%, 354 Deckenbekleidungen 4%, 363 Dachbeläge 10%, 381 Allgemeine Einbauten 5%, Sonstige 11%, **Technische Anlagen:** **A**: 431 Lüftungsanlagen 4%, Sonstige 2%, **W**: Sonstige < 1%, **H**: 412 Wasseranlagen 11%, 421 Wärmeerzeugungsanlagen 4%, 422 Wärmeverteilnetze 5%, 423 Raumheizflächen 5%, 431 Lüftungsanlagen 6%, 444 Niederspannungsinstallationsanlagen 12%, 445 Beleuchtungsanlagen 14%, 454 Elektroakustische Anlagen 6%, 456 Gefahrenmelde- und Alarmanlagen 3%, 473 Medienversorgungsanlagen, Medizin- und labortechnische Anlagen 14%, 481 Automationseinrichtungen 5%, Sonstige 10%

4300-0019 Sonderschule (10 Klassen, 80 Schüler)

BRI 16.625 m³ **BGF** 5.020 m² **NUF** 2.973 m²

Baujahr: 1950
Bauzustand: mittel
Aufwand: mittel
Nutzung während der Bauzeit: nein
Nutzungsänderung: ja
Grundrissänderungen: umfangreiche
Tragwerkseingriffe: wenige

Land: Sachsen-Anhalt
Kreis: Anhalt-Bitterfeld
Standard: mittel
Bauzeit: 96 Wochen
Kennwerte: bis 3. Ebene DIN 276
veröffentlicht: BKI Objektdaten A8
BGF 1.207 €/m²

Planung: iproplan Planungsgesellschaft mbH; Chemnitz

Umbau der chirurgischen Abteilung des Kreiskrankenhauses (Baujahr 1950) zur Sonderschule für Menschen mit geistiger Behinderung.

1. Ebene: 300 Bauwerk – Baukonstruktionen: 68%, **400 Bauwerk – Technische Anlagen:** 32%
3. Ebene: Baukonstruktionen: **A**: Sonstige 9%, **W**: Sonstige 9%, **H**: 324 Gründungsbeläge 3%, 334 Außenwandöffnungen 5%, 335 Außenwandbekleidungen, außen 10%, 344 Innenwandöffnungen 8%, 345 Innenwandbekleidungen 8%, 353 Deckenbeläge 6%, 363 Dachbeläge 7%, Sonstige 34%, **Technische Anlagen:** **A**: Sonstige 4%, **W**: Sonstige 4%, **H**: 411 Abwasseranlagen 6%, 412 Wasseranlagen 12%, 422 Wärmeverteilnetze 12%, 423 Raumheizflächen 8%, 431 Lüftungsanlagen 4%, 444 Niederspannungsinstallationsanlagen 17%, 445 Beleuchtungsanlagen 9%, 456 Gefahrenmelde- und Alarmanlagen 6%, 481 Automationseinrichtungen 4%, Sonstige 13%

A Abbrechen
W Wiederherstellen
H Herstellen

4100-0058 Regelschule (18 Klassen, 504 Schüler)

BRI 17.187 m³ **BGF** 5.220 m² **NUF** 3.286 m²

Baujahr: 1976
Bauzustand: schlecht
Aufwand: hoch
Nutzung während der Bauzeit: nein
Nutzungsänderung: nein
Grundrissänderungen: wenige
Tragwerkseingriffe: keine

Land: Thüringen
Kreis: Greiz
Standard: mittel
Bauzeit: 57 Wochen
Kennwerte: bis 3. Ebene DIN 276
veröffentlicht: BKI Objektdaten A6

BGF **1.447 €/m²**

Planung: thoma architekten; Zeulenroda

Regelschule mit 18 Klassen für 504 Schüler und einer Hausmeisterwohnung (90m² WFL).

1. Ebene: 300 Bauwerk – Baukonstruktionen: 76%, **400 Bauwerk – Technische Anlagen:** 24%
3. Ebene: Baukonstruktionen: A: Sonstige 5%, H: 331 Tragende Außenwände 4%, 334 Außenwandöffnungen 15%, 335 Außenwandbekleidungen, außen 13%, 337 Elementierte Außenwandkonstruktionen 14%, 344 Innenwandöffnungen 7%, 345 Innenwandbekleidungen 6%, 353 Deckenbeläge 7%, 354 Deckenbekleidungen 6%, Sonstige 24%, **Technische Anlagen:** A: Sonstige 1%, H: 411 Abwasseranlagen 6%, 412 Wasseranlagen 14%, 421 Wärmeerzeugungsanlagen 8%, 422 Wärmeverteilnetze 11%, 423 Raumheizflächen 5%, 431 Lüftungsanlagen 9%, 444 Niederspannungsinstallationsanlagen 18%, 445 Beleuchtungsanlagen 12%, 481 Automationseinrichtungen 6%, Sonstige 11%

Kostenkennwerte für die Kosten des Bauwerks (Kostengruppen 300+400 nach DIN 276)

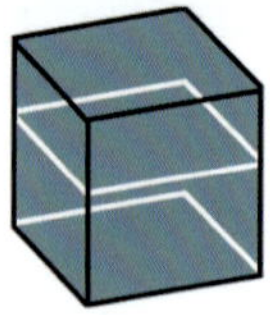

BRI 365 €/m³
von 230 €/m³
bis 525 €/m³

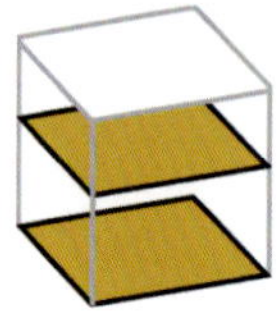

BGF 1.320 €/m²
von 920 €/m²
bis 2.215 €/m²

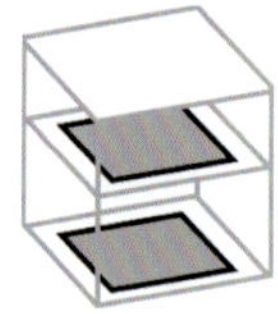

NUF 1.990 €/m²
von 1.335 €/m²
bis 3.495 €/m²

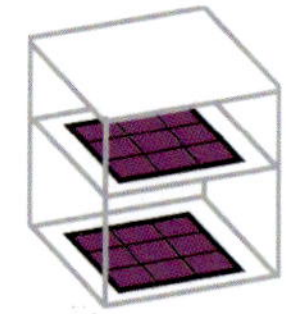

NE 16.585 €/NE
von 11.005 €/NE
bis 31.865 €/NE
NE: Kinder

Kosten:
Stand 2. Quartal 2026
Bundesdurchschnitt
inkl. 19% MwSt.

Objektbeispiele

4400-0204

4400-0325

4400-0166

4400-0315

4400-0166

6400-0100

Kosten der 10 Vergleichsobjekte Seiten 280 bis 284

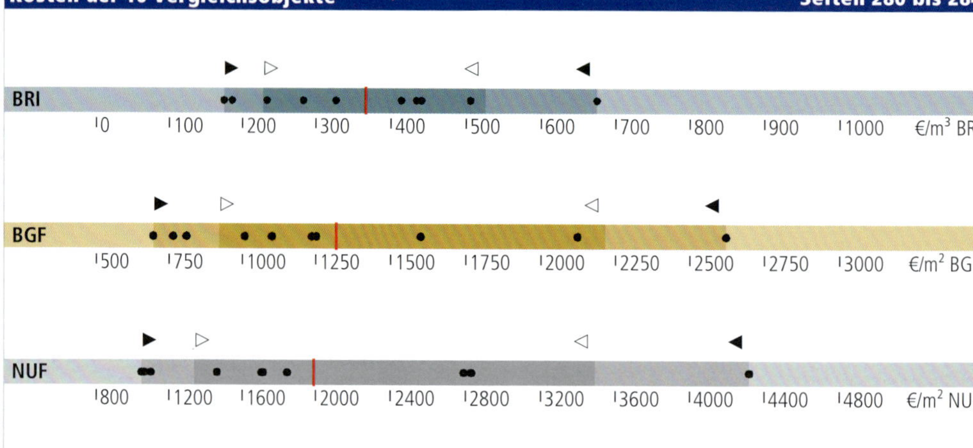

- ● KKW
- ▶ min
- ▷ von
- | Mittelwert
- ◁ bis
- ◀ max

Kostenstand: 2. Quartal 2026, Bundesdurchschnitt, **inkl. 19% MwSt.**

Kostenkennwerte für die Kostengruppen der 1. und 2.Ebene DIN 276

KG	Kostengruppen der 1. Ebene	Einheit	▷	€/Einheit	◁	▷	% an 300+400	◁
100	Grundstück	m2 GF	–	**–**	–	–	**–**	–
200	Vorbereitende Maßnahmen	m2 GF	2	**18**	34	0,8	**1,1**	1,3
300	Bauwerk – Baukonstruktionen	m2 BGF	663	**978**	1.529	72,1	**74,5**	77,9
400	Bauwerk – Technische Anlagen	m2 BGF	227	**342**	605	22,1	**25,5**	27,9
	Bauwerk 300+400	m2 BGF	920	**1.320**	2.217	100,0	**100,0**	100,0
500	Außenanlagen und Freiflächen	m2 AF	55	**196**	348	2,1	**6,7**	15,0
600	Ausstattung und Kunstwerke	m2 BGF	< 1	**25**	93	< 0,1	**2,2**	7,6
700	Baunebenkosten	m2 BGF	–	**–**	–	–	**–**	–
800	Finanzierung	m2 BGF	–	**–**	–	–	**–**	–

KG	Kostengruppen der 2. Ebene	Einheit	▷	€/Einheit	◁	▷	% an 1. Ebene	◁
310	Baugrube / Erdbau	m3 BGI	130	**197**	269	< 0,1	**0,7**	2,5
320	Gründung, Unterbau	m2 GRF	178	**291**	629	4,8	**9,8**	17,7
330	Außenwände / vertikal außen	m2 AWF	224	**426**	716	10,6	**26,7**	36,9
340	Innenwände / vertikal innen	m2 IWF	246	**417**	716	17,5	**27,7**	41,5
350	Decken / horizontal	m2 DEF	197	**283**	453	4,0	**13,8**	21,1
360	Dächer	m2 DAF	147	**275**	469	8,2	**17,0**	26,4
370	Infrastrukturanlagen		–	**–**	–	–	**–**	–
380	Baukonstruktive Einbauten	m2 BGF	7	**17**	43	0,2	**1,4**	5,7
390	Sonst. Maßnahmen für Baukonst.	m2 BGF	10	**28**	65	1,0	**3,0**	5,1
300	**Bauwerk – Baukonstruktionen**	**m2 BGF**					**100,0**	
410	Abwasser-, Wasser-, Gasanlagen	m2 BGF	49	**86**	142	14,3	**29,3**	38,3
420	Wärmeversorgungsanlagen	m2 BGF	41	**76**	131	16,8	**25,3**	40,7
430	Raumlufttechnische Anlagen	m2 BGF	9	**52**	95	1,1	**7,3**	27,9
440	Elektrische Anlagen	m2 BGF	49	**90**	153	19,1	**29,1**	40,1
450	Kommunikationstechnische Anlagen	m2 BGF	12	**22**	44	4,0	**7,3**	10,8
460	Förderanlagen	m2 BGF	< 1	**30**	59	< 0,1	**1,1**	8,5
470	Nutzungsspez. / verfahrenstech. Anl.	m2 BGF	–	**5**	–	0,0	**0,1**	1,2
480	Gebäude- und Anlagenautomation	m2 BGF	–	**–**	–	–	**–**	–
490	Sonst. Maßnahmen f. techn. Anl.	m2 BGF	< 1	**7**	21	< 0,1	**0,4**	3,0
400	**Bauwerk – Technische Anlagen**	**m2 BGF**					**100,0**	

Prozentanteile der Kosten 2.Ebene an den Kosten des Bauwerks nach DIN 276 (Von/Mittel/Bis)

KG	Kostengruppe	%
310	Baugrube / Erdbau	0,5
320	Gründung, Unterbau	7,3
330	Außenwände / vertikal außen	20,1
340	Innenwände / vertikal innen	20,6
350	Decken / horizontal	10,3
360	Dächer	12,9
370	Infrastrukturanlagen	
380	Baukonstruktive Einbauten	1,0
390	Sonst. Maßnahmen für Baukonst.	2,2
410	Abwasser-, Wasser-, Gasanlagen	7,4
420	Wärmeversorgungsanlagen	6,2
430	Raumlufttechnische Anlagen	1,8
440	Elektrische Anlagen	7,3
450	Kommunikationstechnische Anlagen	1,8
460	Förderanlagen	0,3
470	Nutzungsspez. / verfahrenstech. Anl.	< 0,1
480	Gebäude- und Anlagenautomation	
490	Sonst. Maßnahmen f. techn. Anl.	0,1

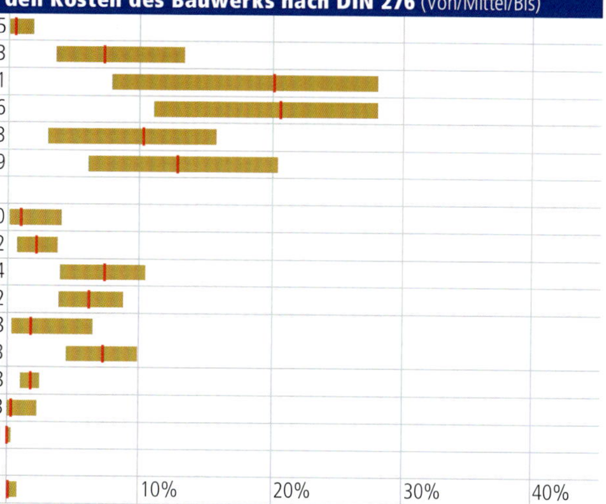

Kostenstand: 2. Quartal 2026, Bundesdurchschnitt, **inkl. 19% MwSt.**

Kosten:
Stand 2. Quartal 2026
Bundesdurchschnitt
inkl. 19% MwSt.

Kostenkennwerte für die Kostengruppen der 3. Ebene DIN 276

KG	Kostengruppen der 3. Ebene	Einheit	▷	€/Einheit	◁	▷	€/m² BGF	◁
311	**Herstellung**	m³	127	**196**	269	6	**20**	58
	Herstellen	m³	127	**196**	269	6	**20**	58
312	**Umschließung**	m²	–	**56**	–	–	**3**	–
	Herstellen	m²	–	**56**	–	–	**3**	–
322	**Flachgründungen und Bodenplatten**	m²	243	**785**	3.466	6	**15**	24
	Abbrechen	*m²*	*44*	***80***	*115*	*2*	***5***	*8*
	Wiederherstellen	m²	–	**7**	–	–	**< 1**	–
	Herstellen	m²	213	**758**	3.466	5	**13**	22
324	**Gründungsbeläge**	m²	134	**215**	304	41	**89**	197
	Abbrechen	*m²*	*7*	***20***	*34*	*3*	***11***	*33*
	Wiederherstellen	m²	3	**11**	19	< 1	**3**	5
	Herstellen	m²	125	**200**	294	38	**81**	186
325	**Abdichtungen und Bekleidungen**	m²	34	**62**	76	4	**8**	15
	Herstellen	m²	34	**62**	76	4	**8**	15
331	**Tragende Außenwände**	m²	137	**446**	786	6	**35**	85
	Abbrechen	*m²*	*87*	***200***	*455*	*2*	***10***	*21*
	Wiederherstellen	m²	–	**308**	–	–	**40**	–
	Herstellen	m²	189	**313**	408	11	**31**	58
332	**Nichttragende Außenwände**	m²	191	**355**	607	1	**4**	8
	Herstellen	m²	191	**355**	607	< 1	**5**	8
333	**Außenstützen**	m	143	**251**	359	2	**4**	6
	Herstellen	m	143	**251**	359	2	**4**	6
334	**Außenwandöffnungen**	m²	556	**1.009**	1.445	50	**119**	219
	Abbrechen	*m²*	*12*	***37***	*64*	*< 1*	***5***	*11*
	Wiederherstellen	m²	17	**90**	232	1	**3**	4
	Herstellen	m²	563	**948**	1.457	38	**114**	199
335	**Außenwandbekleidungen, außen**	m²	48	**156**	234	13	**69**	147
	Abbrechen	*m²*	*–*	***17***	*–*	*–*	***13***	*–*
	Wiederherstellen	m²	11	**45**	138	5	**30**	104
	Herstellen	m²	35	**149**	227	19	**59**	132
336	**Außenwandbekleidungen, innen**	m²	57	**115**	214	18	**44**	91
	Abbrechen	*m²*	*3*	***8***	*14*	*1*	***3***	*7*
	Wiederherstellen	m²	–	**34**	–	–	**20**	–
	Herstellen	m²	52	**106**	205	16	**40**	78
338	**Lichtschutz zur KG 330**	m²	159	**272**	386	2	**9**	14
	Abbrechen	*m²*	*5*	***31***	*57*	*< 1*	***1***	*2*
	Herstellen	m²	154	**241**	329	8	**12**	16
339	**Sonstiges zur KG 330**	m²	10	**36**	149	6	**29**	141
	Abbrechen	*m²*	*< 1*	***4***	*12*	*< 1*	***3***	*11*
	Wiederherstellen	m²	2	**4**	5	< 1	**1**	2
	Herstellen	m²	11	**39**	137	6	**31**	130
341	**Tragende Innenwände**	m²	401	**1.123**	2.928	10	**23**	35
	Abbrechen	*m²*	*119*	***583***	*1.111*	*8*	***9***	*10*
	Wiederherstellen	m²	–	**9**	–	–	**< 1**	–
	Herstellen	m²	266	**733**	2.860	5	**16**	29
342	**Nichttragende Innenwände**	m²	145	**185**	251	29	**50**	91
	Abbrechen	*m²*	*24*	***34***	*54*	*6*	***7***	*8*
	Wiederherstellen	m²	–	**108**	–	–	**34**	–
	Herstellen	m²	116	**146**	205	23	**41**	82

▷ von
ø Mittel
◁ bis

KG	Kostengruppen der 3. Ebene	Einheit	▷	€/Einheit	◁	▷	€/m^2 BGF	◁
343	**Innenstützen**	m	208	**239**	269	1	**4**	7
	Wiederherstellen	m	–	**208**	–	–	**1**	–
	Herstellen	m	–	**269**	–	–	**7**	–
344	**Innenwandöffnungen**	m^2	643	**852**	1.440	35	**68**	130
	Abbrechen	*m^2*	*16*	***37***	*127*	*< 1*	***2***	*5*
	Wiederherstellen	m^2	2	**58**	115	< 1	**8**	15
	Herstellen	m^2	589	**810**	1.428	32	**65**	126
345	**Innenwandbekleidungen**	m^2	51	**83**	172	43	**81**	127
	Abbrechen	*m^2*	*1*	***3***	*5*	*1*	***3***	*6*
	Wiederherstellen	m^2	< 1	**< 1**	1	< 1	**2**	3
	Herstellen	m^2	48	**80**	170	40	**77**	124
346	**Elem. Innenwandkonstruktionen**	m^2	419	**806**	1.231	11	**27**	44
	Abbrechen	*m^2*	*5*	***6***	*7*	*< 1*	***< 1***	*< 1*
	Herstellen	m^2	417	**804**	1.228	10	**27**	44
349	**Sonstiges zur KG 340**	m^2	–	**2**	–	–	**< 1**	–
	Herstellen	m^2	–	**2**	–	–	**< 1**	–
351	**Deckenkonstruktionen**	m^2	360	**1.192**	2.807	10	**21**	41
	Abbrechen	*m^2*	*91*	***306***	*734*	*< 1*	***5***	*8*
	Wiederherstellen	m^2	251	**359**	466	3	**6**	8
	Herstellen	m^2	374	**1.103**	2.152	9	**20**	34
352	**Deckenöffnungen**	m^2	–	**1.300**	–	–	**2**	–
	Herstellen	m^2	–	**1.300**	–	–	**2**	–
353	**Deckenbeläge**	m^2	87	**155**	219	35	**75**	119
	Abbrechen	*m^2*	*7*	***19***	*29*	*3*	***9***	*14*
	Wiederherstellen	m^2	9	**19**	40	4	**7**	11
	Herstellen	m^2	55	**123**	187	22	**62**	106
354	**Deckenbekleidungen**	m^2	51	**100**	153	7	**31**	60
	Abbrechen	*m^2*	*3*	***4***	*4*	*< 1*	***< 1***	*2*
	Herstellen	m^2	51	**99**	150	7	**31**	59
355	**Elementierte Deckenkonstruktionen**	m^2	–	**1.447**	–	–	**20**	–
	Herstellen	m^2	–	**1.447**	–	–	**20**	–
359	**Sonstiges zur KG 350**	m^2	19	**42**	89	11	**18**	29
	Abbrechen	*m^2*	*–*	***1***	*–*	*–*	***< 1***	*–*
	Wiederherstellen	m^2	3	**7**	15	1	**4**	10
	Herstellen	m^2	23	**47**	108	10	**19**	29
361	**Dachkonstruktionen**	m^2	55	**156**	239	10	**24**	58
	Abbrechen	*m^2*	*2*	***25***	*56*	*< 1*	***6***	*25*
	Herstellen	m^2	69	**137**	233	14	**23**	40
362	**Dachöffnungen**	m^2	2.146	**2.456**	2.933	4	**8**	17
	Herstellen	m^2	2.146	**2.456**	2.933	4	**8**	17
363	**Dachbeläge**	m^2	120	**220**	287	34	**92**	145
	Abbrechen	*m^2*	*12*	***19***	*39*	*4*	***15***	*48*
	Wiederherstellen	m^2	< 1	**2**	3	< 1	**1**	2
	Herstellen	m^2	98	**205**	274	66	**97**	143
364	**Dachbekleidungen**	m^2	81	**122**	224	37	**69**	241
	Abbrechen	*m^2*	*1*	***17***	*24*	*1*	***6***	*8*
	Herstellen	m^2	75	**113**	218	34	**66**	241
369	**Sonstiges zur KG 360**	m^2	4	**14**	42	< 1	**6**	13
	Abbrechen	*m^2*	*–*	***< 1***	*–*	*–*	***< 1***	*–*
	Herstellen	m^2	4	**13**	41	< 1	**6**	13

KG	Kostengruppen der 3. Ebene	Einheit	▷	€/Einheit	◁	▷	€/m² BGF	◁
381	**Allgemeine Einbauten**	m²	4	**13**	27	4	**13**	27
	Abbrechen	*m²*	*1*	***2***	*2*	*1*	***2***	*2*
	Herstellen	m²	10	**17**	25	10	**17**	25
382	**Besondere Einbauten**	m²	5	**9**	16	5	**9**	16
	Herstellen	m²	5	**9**	16	5	**9**	16
386	**Orientierungs- u. Informationssys.**	m²	–	**< 1**	–	–	**< 1**	–
	Herstellen	m²	–	**< 1**	–	–	**< 1**	–
391	**Baustelleneinrichtung**	m²	4	**12**	26	4	**12**	26
	Herstellen	m²	4	**12**	26	4	**12**	26
392	**Gerüste**	m²	2	**9**	27	2	**9**	27
	Herstellen	m²	2	**9**	27	2	**9**	27
393	**Sicherungsmaßnahmen**	m²	–	**4**	–	–	**4**	–
	Herstellen	m²	–	**4**	–	–	**4**	–
394	**Abbruchmaßnahmen**	m²	–	**13**	–	–	**13**	–
	Abbrechen	*m²*	–	***13***	–	–	***13***	–
396	**Materialentsorgung**	m²	1	**6**	14	1	**6**	14
	Abbrechen	*m²*	–	***14***	–	–	***14***	–
	Herstellen	m²	–	**1**	–	–	**1**	–
397	**Zusätzliche Maßnahmen**	m²	1	**6**	13	1	**6**	13
	Herstellen	m²	1	**6**	13	1	**6**	13

Kosten:
Stand 2. Quartal 2026
Bundesdurchschnitt
inkl. 19% MwSt.

▷ von
ø Mittel
◁ bis

KG	Kostengruppen der 3. Ebene	Einheit	▷	€/Einheit	◁	▷	€/m² BGF	◁
411	**Abwasseranlagen**	m²	6	**17**	30	6	**17**	30
	Abbrechen	*m²*	*< 1*	***3***	*4*	*< 1*	***3***	*4*
	Wiederherstellen	m²	< 1	**1**	2	< 1	**1**	2
	Herstellen	m²	7	**15**	31	7	**15**	31
412	**Wasseranlagen**	m²	40	**64**	121	40	**64**	121
	Abbrechen	*m²*	*2*	***4***	*10*	*2*	***4***	*10*
	Herstellen	m²	39	**62**	120	39	**62**	120
419	**Sonstiges zur KG 410**	m²	2	**8**	12	2	**8**	12
	Herstellen	m²	2	**8**	12	2	**8**	12
421	**Wärmeerzeugungsanlagen**	m²	2	**30**	60	2	**30**	60
	Wiederherstellen	m²	< 1	**2**	2	< 1	**2**	2
	Herstellen	m²	47	**58**	69	47	**58**	69
422	**Wärmeverteilnetze**	m²	12	**26**	59	12	**26**	59
	Abbrechen	*m²*	*< 1*	***2***	*4*	*< 1*	***2***	*4*
	Wiederherstellen	m²	–	**6**	–	–	**6**	–
	Herstellen	m²	14	**29**	57	14	**29**	57
423	**Raumheizflächen**	m²	19	**31**	43	19	**31**	43
	Abbrechen	*m²*	*< 1*	***1***	*3*	*< 1*	***1***	*3*
	Wiederherstellen	m²	1	**4**	7	1	**4**	7
	Herstellen	m²	17	**29**	42	17	**29**	42
429	**Sonstiges zur KG 420**	m²	2	**6**	13	2	**6**	13
	Abbrechen	*m²*	*3*	***8***	*15*	*3*	***8***	*15*
	Herstellen	m²	2	**3**	5	2	**3**	5
431	**Lüftungsanlagen**	m²	9	**52**	95	9	**52**	95
	Abbrechen	*m²*	*–*	***5***	*–*	*–*	***5***	*–*
	Wiederherstellen	m²	–	**< 1**	–	–	**< 1**	–
	Herstellen	m²	7	**51**	95	7	**51**	95
444	**Niederspannungsinstallationsanl.**	m²	26	**48**	73	26	**48**	73
	Abbrechen	*m²*	*< 1*	***< 1***	*2*	*< 1*	***< 1***	*2*
	Herstellen	m²	26	**48**	72	26	**48**	72
445	**Beleuchtungsanlagen**	m²	18	**38**	75	18	**38**	75
	Abbrechen	*m²*	*< 1*	***< 1***	*1*	*< 1*	***< 1***	*1*
	Herstellen	m²	18	**38**	74	18	**38**	74
446	**Blitzschutz- und Erdungsanlagen**	m²	< 1	**4**	11	< 1	**4**	11
	Abbrechen	*m²*	*–*	***< 1***	*–*	*–*	***< 1***	*–*
	Herstellen	m²	< 1	**4**	11	< 1	**4**	11
451	**Telekommunikationsanlagen**	m²	< 1	**3**	14	< 1	**3**	14
	Abbrechen	*m²*	*–*	***< 1***	*–*	*–*	***< 1***	*–*
	Herstellen	m²	< 1	**3**	13	< 1	**3**	13
452	**Such- und Signalanlagen**	m²	1	**5**	8	1	**5**	8
	Herstellen	m²	1	**5**	8	1	**5**	8
454	**Elektroakustische Anlagen**	m²	–	**< 1**	–	–	**< 1**	–
	Herstellen	m²	–	**< 1**	–	–	**< 1**	–
455	**Audiovis. Medien- u. Antennenanl.**	m²	< 1	**1**	2	< 1	**1**	2
	Herstellen	m²	< 1	**1**	2	< 1	**1**	2
456	**Gefahrenmelde- und Alarmanlagen**	m²	5	**11**	23	5	**11**	23
	Herstellen	m²	5	**11**	23	5	**11**	23
457	**Datenübertragungsnetze**	m²	1	**4**	13	1	**4**	13
	Abbrechen	*m²*	*–*	***< 1***	*–*	*–*	***< 1***	*–*
	Herstellen	m²	1	**4**	13	1	**4**	13

KG	Kostengruppen der 3. Ebene	Einheit	▷	€/Einheit	◁	▷	€/m² BGF	◁
461	**Aufzugsanlagen**	m²	< 1	**30**	59	< 1	**30**	59
	Abbrechen	*m²*	*< 1*	***3***	*6*	*< 1*	***3***	*6*
	Wiederherstellen	m²	–	**< 1**	–	–	**< 1**	–
	Herstellen	m²	–	**53**	–	–	**53**	–
469	**Sonstiges zur KG 460**	m²	–	**< 1**	–	–	**< 1**	–
	Abbrechen	*m²*	–	***< 1***	–	–	***< 1***	–
474	**Feuerlöschanlagen**	m²	–	**5**	–	–	**5**	–
	Herstellen	m²	–	**5**	–	–	**5**	–
491	**Baustelleneinrichtung**	m²	< 1	**8**	16	< 1	**8**	16
	Herstellen	m²	< 1	**8**	16	< 1	**8**	16
497	**Zusätzliche Maßnahmen**	m²	–	**5**	–	–	**5**	–
	Herstellen	m²	–	**5**	–	–	**5**	–
498	**Provisorische technische Anlagen**	m²	–	**< 1**	–	–	**< 1**	–
	Herstellen	m²	–	**< 1**	–	–	**< 1**	–

Kosten:
Stand 2. Quartal 2026
Bundesdurchschnitt
inkl. 19% MwSt.

▷ von
ø Mittel
◁ bis

Prozentanteile der Kosten für Leistungsbereiche nach STLB (Kosten Bauwerk nach DIN 276)

LB	Leistungsbereiche	▷	% an 300+400	◁
000	Baustellen-, Sicherheitseinr. inkl. 001, 089	0,7	**1,7**	3,5
002	Erdarbeiten	< 0,1	**0,5**	1,9
006	Spezialtiefbauarbeiten inkl. 005	0,0	**< 0,1**	< 0,1
009	Entwässerungskanalarbeiten inkl. 011	0,0	**< 0,1**	< 0,1
010	Drän- und Versickerarbeiten	–	**–**	–
012	Mauerarbeiten	1,5	**3,6**	6,6
013	Betonarbeiten	1,9	**4,0**	5,6
014	Natur-, Betonwerksteinarbeiten	0,0	**0,2**	1,6
016	Zimmer- und Holzbauarbeiten	< 0,1	**1,2**	3,5
017	Stahlbauarbeiten	< 0,1	**0,7**	2,8
018	Abdichtungsarbeiten	0,2	**0,8**	1,8
020	Dachdeckungsarbeiten	0,3	**2,7**	10,3
021	Dachabdichtungsarbeiten	0,1	**1,7**	6,2
022	Klempnerarbeiten	0,2	**1,5**	2,2
	Rohbau	8,8	**18,7**	25,6
023	Putz- und Stuckarbeiten, Wärmedämmsysteme	0,9	**4,0**	7,6
024	Fliesen- und Plattenarbeiten	1,7	**3,2**	5,7
025	Estricharbeiten	0,8	**2,4**	4,0
026	Fenster, Außentüren inkl. 029, 032	5,2	**8,7**	11,8
027	Tischlerarbeiten	3,4	**6,1**	10,4
028	Parkett-, Holzpflasterarbeiten	< 0,1	**0,9**	3,8
030	Rollladenarbeiten	0,0	**0,2**	0,9
031	Metallbauarbeiten inkl. 035	0,7	**3,2**	6,9
034	Maler- und Lackiererarb. - Beschicht. inkl. 037	2,8	**5,4**	8,9
036	Bodenbelagarbeiten	1,6	**3,6**	5,4
038	Vorgehängte hinterlüftete Fassaden	0,0	**1,4**	10,9
039	Trockenbauarbeiten	6,1	**11,9**	19,9
	Ausbau	43,3	**51,0**	59,7
040	Wärmeversorgungsanl. - Betriebseinr. inkl. 041	3,6	**5,7**	8,2
042	Gas- u. Wasseranl. - Leitung., Armat. inkl. 043	1,1	**2,1**	3,1
044	Abwasseranl. - Leitungen, Abläufe, Armaturen	0,4	**1,0**	1,7
045	Gas, Wasser, Entwässerung - Ausstattung inkl. 046	1,9	**3,5**	5,7
047	Dämm- und Brandschutzarb. an techn. Anlagen	0,2	**0,5**	1,1
049	Feuerlöschanlagen, Feuerlöschgeräte	0,0	**< 0,1**	0,2
050	Blitzschutz-/Erdungsanlagen, Überspannungssch.	< 0,1	**0,4**	1,3
052	Mittelspannungsanlagen	–	**–**	–
053	Niederspannungsanl. - Kabel inkl. 054	2,3	**4,2**	5,6
055	Sicherheits- u. Ersatzstromversorgungsanl.	–	**–**	–
057	Gebäudesystemtechnik	–	**–**	–
058	Leuchten und Lampen inkl. 059	1,8	**2,9**	4,7
060	Such, Signal, Zeit, Anten., akust. Anl. inkl. 064	0,1	**0,4**	0,9
061	Kommunikations- u. Übertragungsnetze inkl. 062	0,2	**0,5**	1,1
063	Gefahrenmeldeanlagen	0,3	**0,9**	1,6
069	Aufzüge	0,0	**0,3**	2,0
070	Gebäudeautomation	–	**–**	–
075	Raumlufttechnische Anlagen inkl. 078	0,2	**1,7**	6,8
	Gebäudetechnik	20,9	**24,1**	26,2
084	Abbruch, Rückbau, Schadstoffsanierung	1,9	**6,0**	10,0
	Sonstige Leistungsbereiche inkl. 008, 033, 051	0,0	**0,3**	1,0

€/m² BGF

min	695	€/m²
von	920	€/m²
Mittel	**1.320**	**€/m²**
bis	2.215	€/m²
max	2.620	€/m²

Kosten:
Stand 2. Quartal 2026
Bundesdurchschnitt
inkl. 19% MwSt.

A Abbrechen
W Wiederherstellen
H Herstellen

Objektübersicht zur Gebäudeart

4400-0315 Kindertagesstätte (70 Kinder)

BRI 3.604 m³ **BGF** 928 m² **NUF** 563 m²

Baujahr: 1916
Bauzustand: gut
Aufwand: mittel
Nutzung während der Bauzeit: nein
Nutzungsänderung: ja
Grundrissänderungen: wenige
Tragwerkseingriffe: wenige

Land: Berlin
Kreis: Berlin, Stadt
Standard: hoch
Bauzeit: 69 Wochen
Kennwerte: bis 3. Ebene DIN 276
veröffentlicht: BKI Objektdaten A12

BGF 2.621 €/m²

Planung: sehw architektur GmbH; Berlin

Umbau des ehemaligen Charité-Gebäudes zu einer Kindertagesstätte.

1. Ebene: 300 Bauwerk – Baukonstruktionen: 73%, **400 Bauwerk – Technische Anlagen:** 27%
3. Ebene: Baukonstruktionen: **A:** Sonstige 6%, **W:** 335 Außenwandbekleidungen, außen 5%, Sonstige 4%, **H:** 324 Gründungsbeläge 4%, 331 Tragende Außenwände 3%, 334 Außenwandöffnungen 11%, 336 Außenwandbekleidungen, innen 4%, 339 Sonstiges zur KG 330 7%, 344 Innenwandöffnungen 9%, 345 Innenwandbekleidungen 8%, 353 Deckenbeläge 6%, 354 Deckenbekleidungen 4%, 363 Dachbeläge 5%, Sonstige 24%, **Technische Anlagen:** **A:** Sonstige 5%, **W:** Sonstige < 1%, **H:** 411 Abwasseranlagen 6%, 412 Wasseranlagen 13%, 422 Wärmeverteilnetze 11%, 423 Raumheizflächen 6%, 431 Lüftungsanlagen 14%, 444 Niederspannungsinstallationsanlagen 13%, 445 Beleuchtungsanlagen 11%, 456 Gefahrenmelde- und Alarmanlagen 4%, 461 Aufzugsanlagen 8%, Sonstige 9%

6400-0100 Pfarrhaus, Kindergarten

BRI 1.408 m³ **BGF** 555 m² **NUF** 358 m²

Baujahr: 1956
Bauzustand: gut
Aufwand: hoch
Nutzung während der Bauzeit: nein
Grundrissänderungen: wenige
Tragwerkseingriffe: wenige

Land: Nordrhein-Westfalen
Kreis: Heinsberg
Standard: mittel
Bauzeit: 26 Wochen
Kennwerte: bis 3. Ebene DIN 276
veröffentlicht: BKI Objektdaten A11

BGF 1.100 €/m²

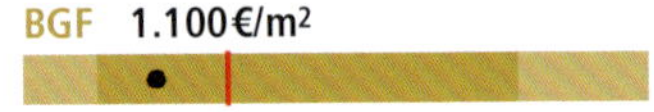

Planung: RONGEN ARCHITEKTEN PartG mbB; Wassenberg

Pfarrbüro, Kindergarten für zwei Gruppen mit 24 Kinder

1. Ebene: 300 Bauwerk – Baukonstruktionen: 77%, **400 Bauwerk – Technische Anlagen:** 23%
3. Ebene: Baukonstruktionen: **A:** Sonstige 10%, **W:** Sonstige 3%, **H:** 334 Außenwandöffnungen 17%, 335 Außenwandbekleidungen, außen 5%, 336 Außenwandbekleidungen, innen 7%, 345 Innenwandbekleidungen 4%, 354 Deckenbekleidungen 7%, 361 Dachkonstruktionen 5%, 363 Dachbeläge 19%, 364 Dachbekleidungen 4%, Sonstige 19%, **Technische Anlagen:** **A:** Sonstige < 1%, **H:** 412 Wasseranlagen 6%, 422 Wärmeverteilnetze 4%, 423 Raumheizflächen 6%, 431 Lüftungsanlagen 36%, 444 Niederspannungsinstallationsanlagen 23%, 445 Beleuchtungsanlagen 12%, 452 Such- und Signalanlagen 4%, 457 Datenübertragungsnetze 6%, Sonstige 3%

4400-0279 Kindertagesstätte (4 Gruppen, 80 Kinder)

BRI 3.134 m³ **BGF** 836 m² **NUF** 546 m²

Baujahr: 1950-1959
Bauzustand: schlecht
Aufwand: hoch
Nutzung während der Bauzeit: nein
Nutzungsänderung: ja
Grundrissänderungen: einige
Tragwerkseingriffe: wenige

Land: Hamburg
Kreis: Hamburg, Stadt
Standard: einfach
Bauzeit: 22 Wochen
Kennwerte: bis 3. Ebene DIN 276
veröffentlicht: BKI Objektdaten A10

BGF 696 €/m²

Planung: Plan-R-Architektenbüro Joachim Reinig; Hamburg

Umbau einer ehemaligen Marzipanfabrik (später Autowerkstatt), zu einer Kindertagesstätte für 50 Elementar- und 30 Krippenkinder.

1. Ebene: 300 Bauwerk – Baukonstruktionen: 73%, **400 Bauwerk – Technische Anlagen:** 27%
3. Ebene: Baukonstruktionen: **A:** Sonstige 5%, **W:** 342 Nichttragende Innenwände 7%, 344 Innenwandöffnungen 3%, Sonstige 4%, **H:** 324 Gründungsbeläge 8%, 334 Außenwandöffnungen 4%, 342 Nichttragende Innenwände 9%, 344 Innenwandöffnungen 15%, 345 Innenwandbekleidungen 9%, 351 Deckenkonstruktionen 6%, 354 Deckenbekleidungen 6%, 364 Dachbekleidungen 4%, 391 Baustelleneinrichtung 4%, Sonstige 16%, **Technische Anlagen:** **A:** Sonstige 4%, **W:** 423 Raumheizflächen 4%, Sonstige 3%, **H:** 411 Abwasseranlagen 10%, 412 Wasseranlagen 27%, 419 Sonstiges zur KG 410 4%, 423 Raumheizflächen 7%, 431 Lüftungsanlagen 3%, 444 Niederspannungsinstallationsanlagen 19%, 445 Beleuchtungsanlagen 13%, 456 Gefahrenmelde- und Alarmanlagen 4%, Sonstige 2%

4400-0164 Kindertagesstätte (1 Gruppe, 25 Kinder)

BRI 804 m³ **BGF** 221 m² **NUF** 127 m²

Baujahr: 1984
Bauzustand: mittel
Aufwand: hoch
Nutzung während der Bauzeit: nein
Nutzungsänderung: ja
Grundrissänderungen: umfangreiche
Tragwerkseingriffe: wenige

Land: Niedersachsen
Kreis: Gifhorn
Standard: mittel
Bauzeit: 17 Wochen
Kennwerte: bis 3. Ebene DIN 276
veröffentlicht: BKI Objektdaten A8

BGF 1.599 €/m²

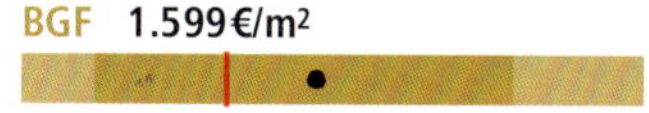

Planung: Die Planschmiede 2KS GmbH & Co. KG; Hankensbüttel

Ein Stallgebäude wurde zu einer Kindertagesstätte umgebaut. Es ist ein Gruppenraum für 25 Kinder entstanden mit Küche und einem Besprechungsraum.

1. Ebene: 300 Bauwerk – Baukonstruktionen: 72%, **400 Bauwerk – Technische Anlagen:** 28%
3. Ebene: Baukonstruktionen: **A:** Sonstige < 1%, **W:** Sonstige < 1%, **H:** 324 Gründungsbeläge 19%, 334 Außenwandöffnungen 22%, 336 Außenwandbekleidungen, innen 7%, 342 Nichttragende Innenwände 10%, 344 Innenwandöffnungen 7%, 345 Innenwandbekleidungen 11%, 364 Dachbekleidungen 21%, Sonstige 3%, **Technische Anlagen:** **H:** 412 Wasseranlagen 31%, 419 Sonstiges zur KG 410 4%, 421 Wärmeerzeugungsanlagen 11%, 422 Wärmeverteilnetze 7%, 423 Raumheizflächen 6%, 444 Niederspannungsinstallationsanlagen 15%, 445 Beleuchtungsanlagen 20%, Sonstige 7%

Übersicht- 1. + 2. Ebene
Erweiterung
Umbau
Modernisierung
Instandsetzung
Bauelemente
Abbrechen
Wiederherstellen
Herstellen

€/m² BGF

min	695	€/m²
von	920	€/m²
Mittel	**1.320**	**€/m²**
bis	2.215	€/m²
max	2.620	€/m²

Kosten:
Stand 2. Quartal 2026
Bundesdurchschnitt
inkl. 19% MwSt.

Objektübersicht zur Gebäudeart

4400-0195 Kindertagesstätte (3 Gruppen, 50 Kinder)

BRI 2.567 m³ **BGF** 950 m² **NUF** 658 m²

© Acconci Architekten

Baujahr: 1900
Bauzustand: mittel
Aufwand: hoch
Nutzung während der Bauzeit: nein
Nutzungsänderung: nein
Grundrissänderungen: einige
Tragwerkseingriffe: wenige

Land: Nordrhein-Westfalen
Kreis: Soest
Standard: mittel
Bauzeit: 52 Wochen
Kennwerte: bis 3. Ebene DIN 276
veröffentlicht: BKI Objektdaten A10
BGF 763 €/m²

Planung: Acconci Architekten GmbH; Soest

Kindertagesstätte mit drei Gruppen und 50 Kindern.

1. Ebene: 300 Bauwerk – Baukonstruktionen: 79%, **400 Bauwerk – Technische Anlagen:** 21%
3. Ebene: Baukonstruktionen: A: Sonstige 8%, **W:** Sonstige 1%, **H:** 324 Gründungsbeläge 6%, 334 Außenwandöffnungen 7%, 342 Nichttragende Innenwände 4%, 344 Innenwandöffnungen 8%, 345 Innenwandbekleidungen 6%, 346 Elementierte Innenwandkonstruktionen 7%, 351 Deckenkonstruktionen 6%, 353 Deckenbeläge 7%, 359 Sonstiges zur KG 350 5%, 361 Dachkonstruktionen 5%, 363 Dachbeläge 8%, 364 Dachbekleidungen 6%, Sonstige 17%, **Technische Anlagen:** A: Sonstige 1%, **H:** 411 Abwasseranlagen 7%, 412 Wasseranlagen 29%, 422 Wärmeverteilnetze 20%, 423 Raumheizflächen 11%, 444 Niederspannungsinstallationsanlagen 12%, 445 Beleuchtungsanlagen 7%, 456 Gefahrenmelde- und Alarmanlagen 11%, Sonstige 3%

4400-0166 Kindertagesstätte (6 Gruppen, 84 Kinder)

BRI 4.560 m³ **BGF** 1.316 m² **NUF** 1.010 m²

© Firmhofer + Günther Architekten

Baujahr: 1957
Bauzustand: schlecht
Aufwand: mittel
Nutzung während der Bauzeit: nein
Nutzungsänderung: ja
Grundrissänderungen: umfangreiche
Tragwerkseingriffe: einige

Land: Bayern
Kreis: München, Stadt
Standard: hoch
Bauzeit: 26 Wochen
Kennwerte: bis 3. Ebene DIN 276
veröffentlicht: BKI Objektdaten A9
BGF 807 €/m²

Planung: Firmhofer + Günther Architekten PartG mbB; München

Umbau Gaststätte zur Kindertagesstätte mit sechs Gruppen und 84 Kindern.

1. Ebene: 300 Bauwerk – Baukonstruktionen: 71%, **400 Bauwerk – Technische Anlagen:** 29%
3. Ebene: Baukonstruktionen: A: Sonstige 13%, **W:** Sonstige 4%, **H:** 324 Gründungsbeläge 7%, 334 Außenwandöffnungen 3%, 341 Tragende Innenwände 3%, 342 Nichttragende Innenwände 4%, 344 Innenwandöffnungen 10%, 345 Innenwandbekleidungen 14%, 353 Deckenbeläge 12%, 364 Dachbekleidungen 6%, 381 Allgemeine Einbauten 4%, Sonstige 20%, **Technische Anlagen:** A: 412 Wasseranlagen 4%, Sonstige 5%, **W:** Sonstige 2%, **H:** 411 Abwasseranlagen 6%, 412 Wasseranlagen 21%, 419 Sonstiges zur KG 410 4%, 422 Wärmeverteilnetze 8%, 423 Raumheizflächen 18%, 444 Niederspannungsinstallationsanlagen 15%, 445 Beleuchtungsanlagen 7%, 452 Such- und Signalanlagen 3%, Sonstige 8%

A Abbrechen
W Wiederherstellen
H Herstellen

4400-0159 Kindertagesstätte (3 Gruppen, 40 Kinder)

BRI 1.369 m³ **BGF** 358 m² **NUF** 243 m²

Baujahr: 1900
Bauzustand: schlecht
Aufwand: hoch
Nutzung während der Bauzeit: nein
Nutzungsänderung: ja
Grundrissänderungen: umfangreiche
Tragwerkseingriffe: wenige

Land: Sachsen-Anhalt
Kreis: Harz
Standard: mittel
Bauzeit: 52 Wochen
Kennwerte: bis 3. Ebene DIN 276
veröffentlicht: BKI Objektdaten A9
BGF **1.250 €/m²**

Planung: qbatur Planungsbüro GmbH; Quedlinburg

Umbau eines Wohnhauses mit vier Wohneinheiten zur Kindertagesstätte. **Kosteneinfluss Nutzung:** Wärmeschutz, Gestaltungssatzung

1. Ebene: 300 Bauwerk – Baukonstruktionen: 79%, **400 Bauwerk – Technische Anlagen:** 21%
3. Ebene: Baukonstruktionen: A: 324 Gründungsbeläge 3%, 363 Dachbeläge 5%, Sonstige 6%, **W:** Sonstige < 1%, **H:** 324 Gründungsbeläge 14%, 334 Außenwandöffnungen 11%, 335 Außenwandbekleidungen, außen 15%, 336 Außenwandbekleidungen, innen 4%, 342 Nichttragende Innenwände 3%, 345 Innenwandbekleidungen 5%, 346 Elementierte Innenwandkonstruktionen 3%, 363 Dachbeläge 9%, 364 Dachbekleidungen 6%, Sonstige 13%, **Technische Anlagen: A:** Sonstige 3%, **H:** 411 Abwasseranlagen 10%, 412 Wasseranlagen 23%, 421 Wärmeerzeugungsanlagen 26%, 422 Wärmeverteilnetze 4%, 423 Raumheizflächen 18%, 444 Niederspannungsinstallationsanlagen 7%, 445 Beleuchtungsanlagen 6%, Sonstige 4%

4400-0137 Kindertagesstätte (5 Gruppen, 101 Kinder)

BRI 5.726 m³ **BGF** 990 m² **NUF** 683 m²

Baujahr: 1965
Bauzustand: schlecht
Aufwand: hoch
Nutzung während der Bauzeit: nein
Nutzungsänderung: ja
Grundrissänderungen: wenige
Tragwerkseingriffe: wenige

Land: Brandenburg
Kreis: Brandenburg a.d. Havel
Standard: mittel
Bauzeit: 100 Wochen
Kennwerte: bis 3. Ebene DIN 276
veröffentlicht: BKI Objektdaten A8
BGF **1.007 €/m²**

Planung: Märkplan GmbH; Brandenburg an der Havel

Umbau und Modernisierung eines Kinderwohnheims zu einer Kindertagesstätte mit fünf Gruppen für 101 Kinder zwischen 0-6 Jahren.

1. Ebene: 300 Bauwerk – Baukonstruktionen: 76%, **400 Bauwerk – Technische Anlagen:** 24%
3. Ebene: Baukonstruktionen: A: Sonstige < 1%, **W:** Sonstige 2%, **H:** 331 Tragende Außenwände 7%, 334 Außenwandöffnungen 15%, 335 Außenwandbekleidungen, außen 14%, 336 Außenwandbekleidungen, innen 3%, 341 Tragende Innenwände 4%, 342 Nichttragende Innenwände 5%, 344 Innenwandöffnungen 7%, 345 Innenwandbekleidungen 11%, 353 Deckenbeläge 15%, 363 Dachbeläge 10%, Sonstige 6%, **Technische Anlagen: H:** 412 Wasseranlagen 18%, 422 Wärmeverteilnetze 8%, 423 Raumheizflächen 14%, 444 Niederspannungsinstallationsanlagen 24%, 445 Beleuchtungsanlagen 19%, 446 Blitzschutz- und Erdungsanlagen 7%, 456 Gefahrenmelde- und Alarmanlagen 6%, Sonstige 5%

€/m² BGF

min	695	€/m²
von	920	€/m²
Mittel	**1.320**	**€/m²**
bis	2.215	€/m²
max	2.620	€/m²

Kosten:
Stand 2. Quartal 2026
Bundesdurchschnitt
inkl. 19% MwSt.

Objektübersicht zur Gebäudeart

4400-0325 Kindertagesstätte (7 Gruppen, 100 Kinder)

BRI 5.593 m³ **BGF** 1.333 m² **NUF** 1.000 m²

Baujahr: 2006
Bauzustand: mittel
Aufwand: hoch
Nutzung während der Bauzeit: nein
Nutzungsänderung: ja
Grundrissänderungen: umfangreiche
Tragwerkseingriffe: umfangreiche

Land: Bremen
Kreis: Bremen, Stadt
Standard: mittel
Bauzeit: 52 Wochen
Kennwerte: bis 1. Ebene DIN 276
veröffentlicht: BKI Objektdaten A11

BGF 2.122 €/m²

Planung: Claudia Gräfe Marion Schonhoven Architekten BDA; Bremen

Umbau eines Verbrauchermarktes in eine Kindertagesstätte mit sieben Gruppen und 100 Kindern.

1. Ebene: 300 Bauwerk – Baukonstruktionen: 71%, **400 Bauwerk – Technische Anlagen:** 29%

4400-0204 Familienzentrum, Kindertagesstätte (7 Gruppen)

BRI 3.785 m³ **BGF** 1.266 m² **NUF** 913 m²

Baujahr: 1969
Bauzustand: mittel
Aufwand: hoch
Nutzung während der Bauzeit: nein
Nutzungsänderung: ja
Grundrissänderungen: umfangreiche
Tragwerkseingriffe: einige

Land: Hamburg
Kreis: Hamburg, Stadt
Standard: mittel
Bauzeit: 52 Wochen
Kennwerte: bis 1. Ebene DIN 276
veröffentlicht: BKI Objektdaten A9

BGF 1.235 €/m²

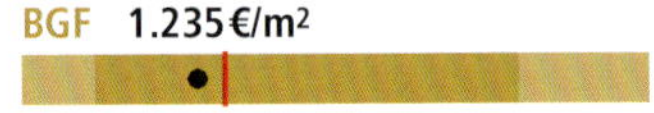

Planung: pmp Projekt GmbH; Hamburg

Familienzentrum mit Kindertagesstätte und Krippe

1. Ebene: 300 Bauwerk – Baukonstruktionen: 73%, **400 Bauwerk – Technische Anlagen:** 27%

A Abbrechen
W Wiederherstellen
H Herstellen

Kostenkennwerte für die Kosten des Bauwerks (Kostengruppen 300+400 nach DIN 276)

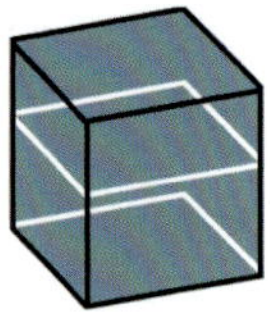

BRI 620 €/m³
von 455 €/m³
bis 840 €/m³

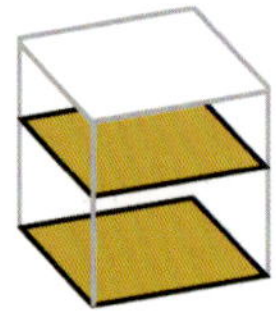

BGF 1.720 €/m²
von 1.210 €/m²
bis 2.290 €/m²

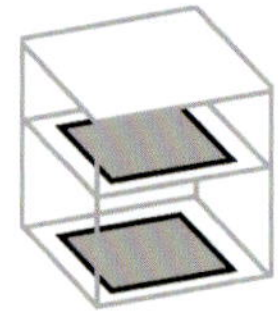

NUF 2.715 €/m²
von 1.930 €/m²
bis 4.090 €/m²

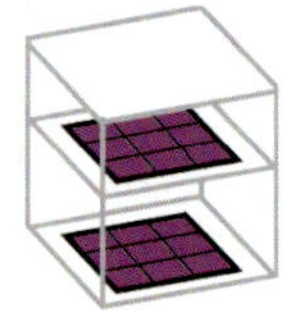

NE 2.810 €/NE
von 2.000 €/NE
bis 3.480 €/NE
NE: Wohnfläche

Kosten:
Stand 2. Quartal 2026
Bundesdurchschnitt
inkl. 19% MwSt.

Objektbeispiele

6100-1493

6100-1545

6100-1368

Kosten der 16 Vergleichsobjekte

Seiten 294 bis 302

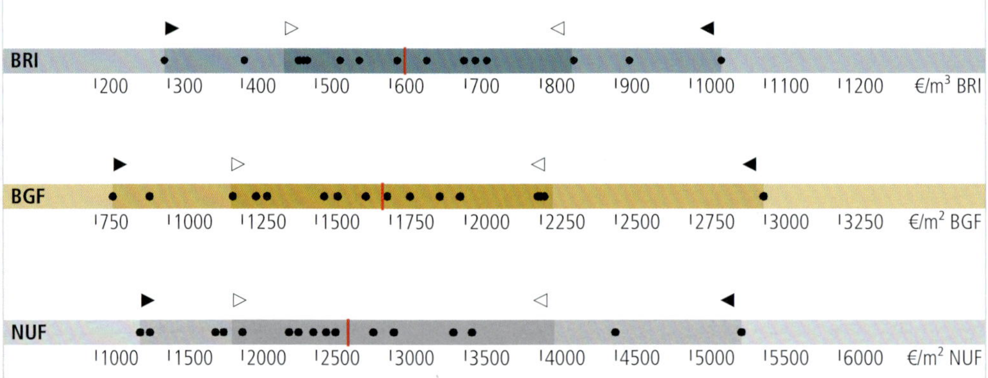

- ● KKW
- ▶ min
- ▷ von
- | Mittelwert
- ◁ bis
- ◀ max

Kostenkennwerte für die Kostengruppen der 1. und 2. Ebene DIN 276

KG	Kostengruppen der 1. Ebene	Einheit	▷	€/Einheit	◁	▷	% an 300+400	◁
100	Grundstück	m² GF	–	**–**	–	–	**–**	–
200	Vorbereitende Maßnahmen	m² GF	14	**50**	85	0,7	**4,7**	8,7
300	Bauwerk – Baukonstruktionen	m² BGF	1.005	**1.378**	1.924	74,8	**80,2**	86,4
400	Bauwerk – Technische Anlagen	m² BGF	211	**344**	495	13,6	**19,8**	25,2
	Bauwerk 300+400	m² BGF	1.209	**1.722**	2.288	100,0	**100,0**	100,0
500	Außenanlagen und Freiflächen	m² AF	14	**191**	719	0,8	**2,4**	4,6
600	Ausstattung und Kunstwerke	m² BGF	7	**14**	21	0,4	**0,9**	1,3
700	Baunebenkosten	m² BGF	–	**–**	–	–	**–**	–
800	Finanzierung	m² BGF	–	**–**	–	–	**–**	–

KG	Kostengruppen der 2. Ebene	Einheit	▷	€/Einheit	◁	▷	% an 1. Ebene	◁
310	Baugrube / Erdbau	m³ BGI	65	**177**	403	0,0	**0,6**	1,4
320	Gründung, Unterbau	m² GRF	194	**348**	684	0,7	**3,5**	6,7
330	Außenwände / vertikal außen	m² AWF	367	**521**	830	21,7	**34,8**	49,3
340	Innenwände / vertikal innen	m² IWF	264	**340**	558	8,3	**13,1**	17,2
350	Decken / horizontal	m² DEF	269	**476**	655	13,4	**18,8**	26,2
360	Dächer	m² DAF	392	**506**	667	11,8	**24,0**	38,2
370	Infrastrukturanlagen		–	**–**	–	–	**–**	–
380	Baukonstruktive Einbauten	m² BGF	8	**11**	13	< 0,1	**0,1**	0,8
390	Sonst. Maßnahmen für Baukonst.	m² BGF	34	**79**	238	2,7	**5,2**	11,2
300	**Bauwerk – Baukonstruktionen**	**m² BGF**					**100,0**	
410	Abwasser-, Wasser-, Gasanlagen	m² BGF	49	**92**	127	23,3	**30,8**	45,2
420	Wärmeversorgungsanlagen	m² BGF	84	**145**	212	35,2	**46,5**	57,3
430	Raumlufttechnische Anlagen	m² BGF	29	**51**	79	0,0	**3,3**	12,5
440	Elektrische Anlagen	m² BGF	30	**55**	79	12,6	**17,9**	24,6
450	Kommunikationstechnische Anlagen	m² BGF	4	**8**	16	0,3	**1,4**	5,4
460	Förderanlagen	m² BGF	–	**–**	–	–	**–**	–
470	Nutzungsspez. / verfahrenstech. Anl.	m² BGF	–	**–**	–	–	**–**	–
480	Gebäude- und Anlagenautomation	m² BGF	–	**–**	–	–	**–**	–
490	Sonst. Maßnahmen f. techn. Anl.	m² BGF	–	**< 1**	–	0,0	**< 0,1**	0,2
400	**Bauwerk – Technische Anlagen**	**m² BGF**					**100,0**	

Prozentanteile der Kosten 2. Ebene an den Kosten des Bauwerks nach DIN 276 (Von/Mittel/Bis)

KG	Kostengruppe	%
310	Baugrube / Erdbau	0,5
320	Gründung, Unterbau	2,9
330	Außenwände / vertikal außen	28,2
340	Innenwände / vertikal innen	10,4
350	Decken / horizontal	15,1
360	Dächer	19,4
370	Infrastrukturanlagen	
380	Baukonstruktive Einbauten	< 0,1
390	Sonst. Maßnahmen für Baukonst.	4,4
410	Abwasser-, Wasser-, Gasanlagen	5,7
420	Wärmeversorgungsanlagen	8,9
430	Raumlufttechnische Anlagen	0,8
440	Elektrische Anlagen	3,4
450	Kommunikationstechnische Anlagen	0,3
460	Förderanlagen	
470	Nutzungsspez. / verfahrenstech. Anl.	
480	Gebäude- und Anlagenautomation	
490	Sonst. Maßnahmen f. techn. Anl.	< 0,1

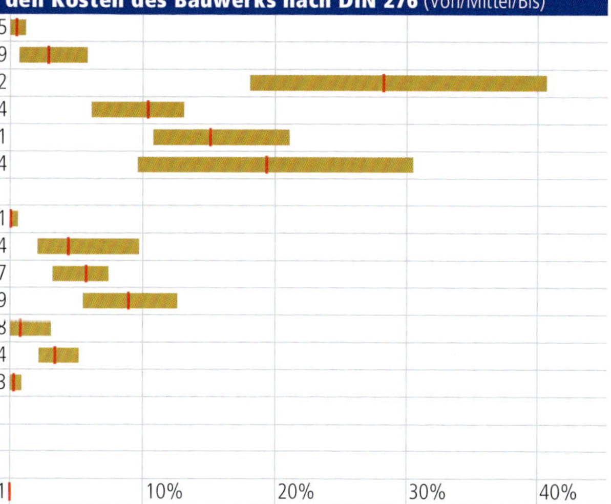

Kostenkennwerte für die Kostengruppen der 3. Ebene DIN 276

Kosten:
Stand 2. Quartal 2026
Bundesdurchschnitt
inkl. 19% MwSt.

KG	Kostengruppen der 3. Ebene	Einheit	▷	€/Einheit	◁	▷	€/m² BGF	◁
311	**Herstellung**	m³	65	**177**	403	9	**17**	23
	Herstellen	m³	65	**177**	403	9	**17**	23
321	**Baugrundverbesserung**	m²	–	**136**	–	–	**9**	–
	Herstellen	m²	–	**136**	–	–	**9**	–
322	**Flachgründungen und Bodenplatten**	m²	56	**186**	290	9	**21**	52
	Abbrechen	*m²*	*11*	***56***	*102*	*2*	***9***	*17*
	Herstellen	m²	62	**172**	299	11	**21**	58
324	**Gründungsbeläge**	m²	125	**227**	273	22	**47**	94
	Abbrechen	*m²*	*18*	***34***	*64*	*3*	***5***	*9*
	Herstellen	m²	132	**216**	273	20	**45**	94
325	**Abdichtungen und Bekleidungen**	m²	55	**89**	208	5	**8**	13
	Herstellen	m²	55	**89**	208	5	**8**	13
326	**Dränagen**	m²	14	**16**	18	3	**4**	6
	Herstellen	m²	14	**16**	18	3	**4**	6
329	**Sonstiges zur KG 320**	m²	–	**117**	–	–	**23**	–
	Wiederherstellen	m²	–	**52**	–	–	**10**	–
	Herstellen	m²	–	**65**	–	–	**13**	–
331	**Tragende Außenwände**	m²	244	**549**	1.034	25	**66**	144
	Abbrechen	*m²*	*40*	***236***	*534*	*7*	***25***	*72*
	Wiederherstellen	m²	111	**218**	403	21	**31**	51
	Herstellen	m²	195	**403**	768	22	**49**	101
332	**Nichttragende Außenwände**	m²	–	**178**	–	9	**22**	47
	Wiederherstellen	m²	–	**51**	–	–	**13**	–
	Herstellen	m²	–	**127**	–	11	**22**	34
333	**Außenstützen**	m	–	**568**	–	4	**4**	5
	Herstellen	m	–	**568**	–	4	**4**	5
334	**Außenwandöffnungen**	m²	757	**1.266**	1.844	87	**144**	246
	Abbrechen	*m²*	*30*	***57***	*145*	*3*	***6***	*11*
	Wiederherstellen	m²	139	**457**	1.076	21	**52**	104
	Herstellen	m²	629	**1.131**	1.731	69	**129**	216
335	**Außenwandbekleidungen, außen**	m²	169	**244**	363	87	**167**	242
	Abbrechen	*m²*	*17*	***59***	*180*	*9*	***37***	*122*
	Wiederherstellen	m²	21	**50**	180	13	**33**	122
	Herstellen	m²	121	**199**	299	61	**139**	211
336	**Außenwandbekleidungen, innen**	m²	72	**137**	211	29	**65**	117
	Abbrechen	*m²*	*4*	***12***	*28*	*2*	***6***	*16*
	Wiederherstellen	m²	11	**23**	35	5	**10**	17
	Herstellen	m²	70	**123**	209	28	**59**	117
337	**Elem. Außenwandkonstruktionen**	m²	–	**1.102**	–	–	**60**	–
	Herstellen	m²	–	**1.102**	–	–	**60**	–
338	**Lichtschutz zur KG 330**	m²	259	**378**	604	9	**24**	33
	Abbrechen	*m²*	*2*	***6***	*9*	*< 1*	***< 1***	*1*
	Herstellen	m²	257	**376**	604	9	**24**	33
339	**Sonstiges zur KG 330**	m²	3	**12**	29	3	**11**	30
	Abbrechen	*m²*	*< 1*	***2***	*6*	*< 1*	***2***	*7*
	Wiederherstellen	m²	< 1	**4**	8	< 1	**4**	7
	Herstellen	m²	4	**15**	26	3	**14**	26

▷ von
ø Mittel
◁ bis

KG	Kostengruppen der 3. Ebene	Einheit	▷	€/Einheit	◁	▷	€/m² BGF	◁
341	**Tragende Innenwände**	m²	191	**454**	1.537	11	**32**	59
	Abbrechen	*m²*	*23*	***804***	*1.586*	*1*	***13***	*37*
	Wiederherstellen	m²	74	**79**	84	7	**21**	34
	Herstellen	m²	127	**234**	409	11	**26**	53
342	**Nichttragende Innenwände**	m²	142	**192**	291	20	**46**	79
	Abbrechen	*m²*	*23*	***79***	*179*	*4*	***12***	*31*
	Herstellen	m²	114	**152**	214	21	**43**	76
343	**Innenstützen**	m	176	**274**	510	3	**7**	15
	Herstellen	m	176	**274**	510	4	**8**	18
344	**Innenwandöffnungen**	m²	417	**668**	1.430	17	**36**	52
	Abbrechen	*m²*	*5*	***10***	*17*	*< 1*	***1***	*2*
	Wiederherstellen	m²	143	**287**	575	2	**12**	18
	Herstellen	m²	364	**650**	1.425	22	**36**	51
345	**Innenwandbekleidungen**	m²	54	**109**	225	32	**70**	109
	Abbrechen	*m²*	*3*	***8***	*32*	*3*	***8***	*34*
	Wiederherstellen	m²	4	**13**	23	4	**9**	14
	Herstellen	m²	52	**103**	233	35	**65**	113
346	**Elem. Innenwandkonstruktionen**	m²	–	**1.307**	–	–	**106**	–
	Herstellen	m²	–	**1.307**	–	–	**106**	–
349	**Sonstiges zur KG 340**	m²	1	**2**	3	< 1	**1**	2
	Herstellen	m²	1	**2**	3	< 1	**1**	2
351	**Deckenkonstruktionen**	m²	345	**992**	2.567	40	**99**	253
	Abbrechen	*m²*	*55*	***286***	*1.189*	*4*	***10***	*21*
	Wiederherstellen	m²	123	**550**	1.379	18	**35**	65
	Herstellen	m²	290	**802**	2.336	35	**94**	262
352	**Deckenöffnungen**	m²	690	**1.459**	2.119	3	**5**	7
	Herstellen	m²	690	**1.459**	2.119	3	**5**	7
353	**Deckenbeläge**	m²	177	**246**	361	59	**112**	160
	Abbrechen	*m²*	*9*	***26***	*61*	*4*	***12***	*32*
	Wiederherstellen	m²	21	**38**	68	13	**25**	46
	Herstellen	m²	129	**219**	323	44	**98**	142
354	**Deckenbekleidungen**	m²	23	**69**	126	6	**24**	48
	Abbrechen	*m²*	*3*	***18***	*32*	*2*	***7***	*13*
	Wiederherstellen	m²	7	**39**	72	< 1	**< 1**	< 1
	Herstellen	m²	22	**66**	120	6	**24**	44
355	**Elementierte Deckenkonstruktionen**	m²	842	**2.131**	4.319	22	**41**	53
	Herstellen	m²	842	**2.131**	4.319	22	**41**	53
359	**Sonstiges zur KG 350**	m²	13	**37**	69	6	**20**	39
	Abbrechen	*m²*	*2*	***3***	*4*	*1*	***1***	*2*
	Wiederherstellen	m²	–	**4**	–	–	**3**	–
	Herstellen	m²	33	**49**	74	16	**26**	43
361	**Dachkonstruktionen**	m²	93	**202**	403	38	**72**	115
	Abbrechen	*m²*	*18*	***49***	*107*	*8*	***17***	*29*
	Wiederherstellen	m²	24	**101**	253	13	**29**	58
	Herstellen	m²	72	**177**	368	27	**64**	97
362	**Dachöffnungen**	m²	1.263	**2.052**	3.433	19	**50**	119
	Abbrechen	*m²*	*11*	***27***	*39*	*< 1*	***< 1***	*2*
	Herstellen	m²	1.254	**2.041**	3.420	18	**50**	118
363	**Dachbeläge**	m²	198	**253**	390	73	**135**	252
	Abbrechen	*m²*	*27*	***35***	*50*	*12*	***18***	*28*
	Wiederherstellen	m²	8	**29**	50	4	**7**	10
	Herstellen	m²	179	**222**	377	60	**120**	231

KG	Kostengruppen der 3. Ebene	Einheit	▷	€/Einheit	◁	▷	€/m² BGF	◁
364	**Dachbekleidungen**	m²	94	**124**	151	39	**62**	152
	Abbrechen	*m²*	*8*	***9***	*11*	*5*	***10***	*15*
	Wiederherstellen	m²	15	**28**	41	9	**15**	21
	Herstellen	m²	85	**119**	149	37	**58**	162
365	**Elementierte Dachkonstruktionen**	m²	–	**722**	–	–	**392**	–
	Herstellen	m²	–	**722**	–	–	**392**	–
366	**Lichtschutz zur KG 360**	m²	275	**568**	1.402	4	**13**	18
	Herstellen	m²	275	**568**	1.402	4	**13**	18
369	**Sonstiges zur KG 360**	m²	2	**7**	15	< 1	**4**	8
	Herstellen	m²	2	**7**	15	< 1	**4**	8
381	**Allgemeine Einbauten**	m²	8	**11**	13	8	**11**	13
	Herstellen	m²	8	**11**	13	8	**11**	13
391	**Baustelleneinrichtung**	m²	8	**21**	58	8	**21**	58
	Herstellen	m²	8	**21**	58	8	**21**	58
392	**Gerüste**	m²	16	**21**	29	16	**21**	29
	Herstellen	m²	16	**21**	29	16	**21**	29
393	**Sicherungsmaßnahmen**	m²	24	**40**	56	24	**40**	56
	Herstellen	m²	24	**40**	56	24	**40**	56
394	**Abbruchmaßnahmen**	m²	15	**82**	129	15	**82**	129
	Abbrechen	*m²*	*15*	***82***	*129*	*15*	***82***	*129*
395	**Instandsetzungen**	m²	–	**6**	–	–	**6**	–
	Herstellen	m²	–	**6**	–	–	**6**	–
396	**Materialentsorgung**	m²	< 1	**3**	5	< 1	**3**	5
	Herstellen	m²	< 1	**3**	5	< 1	**3**	5
397	**Zusätzliche Maßnahmen**	m²	2	**5**	9	2	**5**	9
	Herstellen	m²	2	**5**	9	2	**5**	9
398	**Provisorische Baukonstruktionen**	m²	–	**2**	–	–	**2**	–
	Herstellen	m²	–	**2**	–	–	**2**	–

Kosten:
Stand 2. Quartal 2026
Bundesdurchschnitt
inkl. 19% MwSt.

▷ von
ø Mittel
◁ bis

KG	Kostengruppen der 3. Ebene	Einheit	▷	€/Einheit	◁	▷	€/m² BGF	◁
411	**Abwasseranlagen**	m²	10	**16**	25	10	**16**	25
	Abbrechen	*m²*	*< 1*	***2***	*5*	*< 1*	***2***	*5*
	Herstellen	m²	9	**15**	24	9	**15**	24
412	**Wasseranlagen**	m²	38	**69**	115	38	**69**	115
	Abbrechen	*m²*	*1*	***3***	*7*	*1*	***3***	*7*
	Wiederherstellen	m²	–	**6**	–	–	**6**	–
	Herstellen	m²	35	**67**	112	35	**67**	112
413	**Gasanlagen**	m²	–	**16**	–	–	**16**	–
	Herstellen	m²	–	**16**	–	–	**16**	–
419	**Sonstiges zur KG 410**	m²	5	**12**	48	5	**12**	48
	Herstellen	m²	5	**12**	48	5	**12**	48
421	**Wärmeerzeugungsanlagen**	m²	33	**63**	113	33	**63**	113
	Abbrechen	*m²*	*1*	***2***	*3*	*1*	***2***	*3*
	Herstellen	m²	45	**68**	121	45	**68**	121
422	**Wärmeverteilnetze**	m²	13	**28**	42	13	**28**	42
	Abbrechen	*m²*	*< 1*	***3***	*6*	*< 1*	***3***	*6*
	Wiederherstellen	m²	–	**6**	–	–	**6**	–
	Herstellen	m²	12	**27**	41	12	**27**	41
423	**Raumheizflächen**	m²	34	**53**	84	34	**53**	84
	Abbrechen	*m²*	*< 1*	***2***	*2*	*< 1*	***2***	*2*
	Wiederherstellen	m²	–	**2**	–	–	**2**	–
	Herstellen	m²	32	**52**	84	32	**52**	84
429	**Sonstiges zur KG 420**	m²	7	**20**	37	7	**20**	37
	Abbrechen	*m²*	*6*	***18***	*43*	*6*	***18***	*43*
	Wiederherstellen	m²	–	**4**	–	–	**4**	–
	Herstellen	m²	4	**16**	33	4	**16**	33
431	**Lüftungsanlagen**	m²	29	**51**	79	29	**51**	79
	Herstellen	m²	29	**51**	79	29	**51**	79
444	**Niederspannungsinstallationsanl.**	m²	30	**53**	78	30	**53**	78
	Abbrechen	*m²*	*1*	***1***	*2*	*1*	***1***	*2*
	Wiederherstellen	m²	4	**5**	6	4	**5**	6
	Herstellen	m²	28	**52**	78	28	**52**	78
445	**Beleuchtungsanlagen**	m²	< 1	**3**	4	< 1	**3**	4
	Herstellen	m²	< 1	**3**	4	< 1	**3**	4
446	**Blitzschutz- und Erdungsanlagen**	m²	< 1	**2**	4	< 1	**2**	4
	Herstellen	m²	< 1	**2**	4	< 1	**2**	4
451	**Telekommunikationsanlagen**	m²	< 1	**2**	3	< 1	**2**	3
	Herstellen	m²	< 1	**2**	3	< 1	**2**	3
452	**Such- und Signalanlagen**	m²	< 1	**2**	2	< 1	**2**	2
	Herstellen	m²	< 1	**2**	2	< 1	**2**	2
454	**Elektroakustische Anlagen**	m²	–	**3**	–	–	**3**	–
	Herstellen	m²	–	**3**	–	–	**3**	–
455	**Audiovis. Medien- u. Antennenanl.**	m²	1	**2**	4	1	**2**	4
	Herstellen	m²	1	**2**	4	1	**2**	4
456	**Gefahrenmelde- und Alarmanlagen**	m²	–	**2**	–	–	**2**	–
	Herstellen	m²	–	**2**	–	–	**2**	–
457	**Datenübertragungsnetze**	m²	2	**8**	14	2	**8**	14
	Herstellen	m²	2	**8**	14	2	**8**	14
498	**Provisorische technische Anlagen**	m²	–	**< 1**	–	–	**< 1**	–
	Herstellen	m²	–	**< 1**	–	–	**< 1**	–

Prozentanteile der Kosten für Leistungsbereiche nach STLB (Kosten Bauwerk nach DIN 276)

LB	Leistungsbereiche	▷	% an 300+400	◁
000	Baustellen-, Sicherheitseinr. inkl. 001, 089	1,6	**2,5**	4,6
002	Erdarbeiten	< 0,1	**0,6**	1,3
006	Spezialtiefbauarbeiten inkl. 005	–	**–**	–
009	Entwässerungskanalarbeiten inkl. 011	0,0	**< 0,1**	0,1
010	Drän- und Versickerarbeiten	0,0	**< 0,1**	0,3
012	Mauerarbeiten	1,2	**3,4**	6,4
013	Betonarbeiten	0,4	**2,4**	8,1
014	Natur-, Betonwerksteinarbeiten	< 0,1	**0,5**	4,5
016	Zimmer- und Holzbauarbeiten	2,4	**7,3**	12,9
017	Stahlbauarbeiten	< 0,1	**0,9**	3,4
018	Abdichtungsarbeiten	< 0,1	**0,6**	1,3
020	Dachdeckungsarbeiten	4,4	**8,2**	14,1
021	Dachabdichtungsarbeiten	–	**–**	–
022	Klempnerarbeiten	0,7	**1,5**	2,5
	Rohbau	14,1	**28,0**	36,2
023	Putz- und Stuckarbeiten, Wärmedämmsysteme	3,8	**10,5**	15,2
024	Fliesen- und Plattenarbeiten	1,0	**2,1**	4,4
025	Estricharbeiten	0,7	**2,3**	4,5
026	Fenster, Außentüren inkl. 029, 032	3,5	**7,5**	11,8
027	Tischlerarbeiten	2,5	**5,2**	13,3
028	Parkett-, Holzpflasterarbeiten	0,2	**2,9**	6,4
030	Rollladenarbeiten	0,2	**1,4**	3,6
031	Metallbauarbeiten inkl. 035	0,3	**2,4**	5,7
034	Maler- und Lackiererarb. - Beschicht. inkl. 037	2,4	**4,4**	8,3
036	Bodenbelagarbeiten	< 0,1	**1,1**	2,7
038	Vorgehängte hinterlüftete Fassaden	0,0	**< 0,1**	1,4
039	Trockenbauarbeiten	3,7	**6,6**	11,9
	Ausbau	39,0	**46,4**	54,5
040	Wärmeversorgungsanl. - Betriebseinr. inkl. 041	4,8	**8,2**	12,6
042	Gas- u. Wasseranl. - Leitung., Armat. inkl. 043	0,4	**1,3**	2,2
044	Abwasseranl. - Leitungen, Abläufe, Armaturen	0,5	**0,9**	1,4
045	Gas, Wasser, Entwässerung - Ausstattung inkl. 046	1,6	**3,3**	5,8
047	Dämm- und Brandschutzarb. an techn. Anlagen	0,0	**0,1**	0,5
049	Feuerlöschanlagen, Feuerlöschgeräte	–	**–**	–
050	Blitzschutz-/Erdungsanlagen, Überspannungssch.	< 0,1	**< 0,1**	0,2
052	Mittelspannungsanlagen	–	**–**	–
053	Niederspannungsanl. - Kabel inkl. 054	2,1	**3,2**	5,2
055	Sicherheits- u. Ersatzstromversorgungsanl.	–	**–**	–
057	Gebäudesystemtechnik	–	**–**	–
058	Leuchten und Lampen inkl. 059	< 0,1	**< 0,1**	0,2
060	Such, Signal, Zeit, Anten., akust. Anl. inkl. 064	< 0,1	**< 0,1**	0,2
061	Kommunikations- u. Übertragungsnetze inkl. 062	< 0,1	**0,2**	0,6
063	Gefahrenmeldeanlagen	0,0	**< 0,1**	0,1
069	Aufzüge	–	**–**	–
070	Gebäudeautomation	–	**–**	–
075	Raumlufttechnische Anlagen inkl. 078	0,0	**0,7**	3,0
	Gebäudetechnik	12,6	**18,1**	24,6
084	Abbruch, Rückbau, Schadstoffsanierung	3,4	**7,3**	10,4
	Sonstige Leistungsbereiche inkl. 008, 033, 051	< 0,1	**0,3**	2,2

Objektübersicht zur Gebäudeart

€/m² BGF

min	810	€/m²
von	1.210	€/m²
Mittel	**1.720**	**€/m²**
bis	2.290	€/m²
max	2.995	€/m²

Kosten:
Stand 2. Quartal 2026
Bundesdurchschnitt
inkl. 19% MwSt.

6100-1545 Einfamilienhaus

BRI 1.302 m³ **BGF** 490 m² **NUF** 318 m²

© TILIA-Innovation

Baujahr: 1940
Bauzustand: schlecht
Aufwand: hoch
Nutzung während der Bauzeit: nein
Nutzungsänderung: nein
Grundrissänderungen: einige
Tragwerkseingriffe: wenige

Land: Berlin
Kreis: Berlin, Stadt
Standard: mittel
Bauzeit: 113 Wochen
Kennwerte: bis 3. Ebene DIN 276
veröffentlicht: BKI Objektdaten A13
BGF 1.296 €/m²

Planung: TILIA-Innovation GmbH; Leipzig

denkmalgeschütztes Einfamilienhaus

1. Ebene: 300 Bauwerk – Baukonstruktionen: 82%, **400 Bauwerk – Technische Anlagen:** 18%
3. Ebene: Baukonstruktionen: **A:** Sonstige 9%, **W:** 334 Außenwandöffnungen 10%, Sonstige 9%, **H:** 334 Außenwandöffnungen 4%, 335 Außenwandbekleidungen, außen 7%, 336 Außenwandbekleidungen, innen 5%, 345 Innenwandbekleidungen 5%, 353 Deckenbeläge 7%, 354 Deckenbekleidungen 4%, 361 Dachkonstruktionen 5%, 363 Dachbeläge 13%, 364 Dachbekleidungen 5%, Sonstige 16%, **Technische Anlagen:** **A:** Sonstige 7%, **W:** Sonstige 2%, **H:** 411 Abwasseranlagen 5%, 412 Wasseranlagen 8%, 421 Wärmeerzeugungsanlagen 8%, 422 Wärmeverteilnetze 10%, 423 Raumheizflächen 23%, 444 Niederspannungsinstallationsanlagen 24%, 457 Datenübertragungsnetze 6%, Sonstige 7%

6100-1493 Dachgeschoss (2 WE)

BRI 440 m³ **BGF** 236 m² **NUF** 156 m²

© Carsten Kapala

Baujahr: 1925
Bauzustand: mittel
Aufwand: mittel
Nutzung während der Bauzeit: nein
Nutzungsänderung: ja
Grundrissänderungen: einige
Tragwerkseingriffe: umfangreiche

Land: Nordrhein-Westfalen
Kreis: Recklinghausen
Standard: hoch
Bauzeit: 26 Wochen
Kennwerte: bis 3. Ebene DIN 276
veröffentlicht: BKI Objektdaten A13
BGF 1.572 €/m²

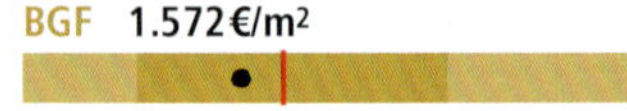

Planung: KAPALAARCHITEKTUR Carsten Kapala; Herne

Zwei Wohnungen über zwei Ebenen mit je 72m² Wohnfläche

1. Ebene: 300 Bauwerk – Baukonstruktionen: 81%, **400 Bauwerk – Technische Anlagen:** 19%
3. Ebene: Baukonstruktionen: **A:** Sonstige 8%, **H:** 334 Außenwandöffnungen 11%, 342 Nichttragende Innenwände 3%, 345 Innenwandbekleidungen 8%, 353 Deckenbeläge 9%, 361 Dachkonstruktionen 4%, 364 Dachbekleidungen 15%, 365 Elementierte Dachkonstruktionen 31%, Sonstige 11%, **Technische Anlagen:** **A:** 429 Sonstiges zur KG 420 14%, Sonstige 2%, **W:** Sonstige 2%, **H:** 412 Wasseranlagen 45%, 423 Raumheizflächen 15%, 444 Niederspannungsinstallationsanlagen 19%, Sonstige 2%

A Abbrechen
W Wiederherstellen
H Herstellen

6100-1443 Einfamilienhaus

BRI 1.186m³ **BGF** 378m² **NUF** 239m²

Baujahr: 1767
Bauzustand: schlecht
Aufwand: mittel
Nutzung während der Bauzeit: nein
Nutzungsänderung: nein
Grundrissänderungen: umfangreiche
Tragwerkseingriffe: umfangreiche

Land: Brandenburg
Kreis: Brandenburg a. d. Havel
Standard: mittel
Bauzeit: 52 Wochen
Kennwerte: bis 3. Ebene DIN 276
veröffentlicht: BKI Objektdaten A12

BGF 2.239€/m²

Planung: Märkplan GmbH; Brandenburg

Umbau eines Einfamilienhauses, Entkernung, Sanierung

1. Ebene: 300 Bauwerk – Baukonstruktionen: 88%, **400 Bauwerk – Technische Anlagen:** 12%
3. Ebene: Baukonstruktionen: A: 331 Tragende Außenwände 5%, 394 Abbruchmaßnahmen 7%, Sonstige 4%, **W:** Sonstige 1%, **H:** 331 Tragende Außenwände 5%, 334 Außenwandöffnungen 11%, 335 Außenwandbekleidungen, außen 14%, 336 Außenwandbekleidungen, innen 4%, 341 Tragende Innenwände 3%, 342 Nichttragende Innenwände 4%, 345 Innenwandbekleidungen 4%, 351 Deckenkonstruktionen 9%, 353 Deckenbeläge 4%, 361 Dachkonstruktionen 4%, 363 Dachbeläge 4%, Sonstige 18%, **Technische Anlagen:** A: Sonstige < 1%, **H:** 411 Abwasseranlagen 5%, 412 Wasseranlagen 21%, 421 Wärmeerzeugungsanlagen 15%, 422 Wärmeverteilnetze 14%, 423 Raumheizflächen 13%, 429 Sonstiges zur KG 420 12%, 444 Niederspannungsinstallationsanlagen 16%, Sonstige 4%

6100-1368 Einfamilienhaus

BRI 675m³ **BGF** 241m² **NUF** 171m²

Baujahr: 1979
Bauzustand: schlecht
Aufwand: hoch
Nutzung während der Bauzeit: nein
Nutzungsänderung: ja
Grundrissänderungen: umfangreiche
Tragwerkseingriffe: wenige

Land: Rheinland-Pfalz
Kreis: Mainz-Bingen
Standard: mittel
Bauzeit: 22 Wochen
Kennwerte: bis 3. Ebene DIN 276
veröffentlicht: BKI Objektdaten A12

BGF 1.333€/m²

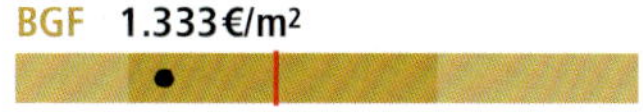

Planung: HGA Henning Grahn Architektur GmbH; Mainz

Umbau und Sanierung eines Einfamilienhaus mit Atelier (148m² WFL).

1. Ebene: 300 Bauwerk – Baukonstruktionen: 74%, **400 Bauwerk – Technische Anlagen:** 26%
3. Ebene: Baukonstruktionen: A: 331 Tragende Außenwände 4%, 341 Tragende Innenwände 4%, 345 Innenwandbekleidungen 3%, Sonstige 4%, **H:** 324 Gründungsbeläge 4%, 331 Tragende Außenwände 3%, 334 Außenwandöffnungen 24%, 335 Außenwandbekleidungen, außen 21%, 342 Nichttragende Innenwände 5%, 344 Innenwandöffnungen 3%, 345 Innenwandbekleidungen 6%, 351 Deckenkonstruktionen 5%, 354 Deckenbekleidungen 6%, Sonstige 8%, **Technische Anlagen:** A: Sonstige 1%, **H:** 411 Abwasseranlagen 4%, 412 Wasseranlagen 27%, 421 Wärmeerzeugungsanlagen 17%, 422 Wärmeverteilnetze 11%, 423 Raumheizflächen 13%, 444 Niederspannungsinstallationsanlagen 28%

Ein- und Zweifamilienhäuser

€/m² BGF

min	810	€/m²
von	1.210	€/m²
Mittel	**1.720**	**€/m²**
bis	2.290	€/m²
max	2.995	€/m²

Kosten:
Stand 2. Quartal 2026
Bundesdurchschnitt
inkl. 19% MwSt.

A Abbrechen
W Wiederherstellen
H Herstellen

Objektübersicht zur Gebäudeart

6100-1237 Einfamilienhaus

BRI 874 m³ **BGF** 371 m² **NUF** 229 m²

Baujahr: 1965
Bauzustand: gut
Aufwand: hoch
Nutzung während der Bauzeit: nein
Nutzungsänderung: nein
Grundrissänderungen: einige
Tragwerkseingriffe: wenige

Land: Bayern
Kreis: Kempten (Allgäu)
Standard: hoch
Bauzeit: 26 Wochen
Kennwerte: bis 3. Ebene DIN 276
veröffentlicht: BKI Objektdaten A11
BGF 1.527 €/m²

Planung: brack architekten; Kempten

Einfamilienhaus (193m² WFL)

1. Ebene: 300 Bauwerk – Baukonstruktionen: 74%, **400 Bauwerk – Technische Anlagen:** 26%
3. Ebene: Baukonstruktionen: A: Sonstige 6%, **W:** Sonstige 1%, **H:** 334 Außenwandöffnungen 11%, 335 Außenwandbekleidungen, außen 17%, 336 Außenwandbekleidungen, innen 3%, 344 Innenwandöffnungen 3%, 345 Innenwandbekleidungen 4%, 351 Deckenkonstruktionen 8%, 353 Deckenbeläge 9%, 362 Dachöffnungen 3%, 363 Dachbeläge 7%, 364 Dachbekleidungen 4%, Sonstige 24%, **Technische Anlagen:** A: Sonstige 1%, **H:** 411 Abwasseranlagen 6%, 412 Wasseranlagen 16%, 421 Wärmeerzeugungsanlagen 20%, 422 Wärmeverteilnetze 8%, 423 Raumheizflächen 15%, 431 Lüftungsanlagen 13%, 444 Niederspannungsinstallationsanlagen 16%, Sonstige 4%

6100-1293 Einfamilienhaus

BRI 665 m³ **BGF** 204 m² **NUF** 135 m²

Baujahr: 1925
Bauzustand: mittel
Aufwand: mittel
Nutzung während der Bauzeit: nein
Nutzungsänderung: ja
Grundrissänderungen: umfangreiche
Tragwerkseingriffe: wenige

Land: Niedersachsen
Kreis: Hannover, Region
Standard: mittel
Bauzeit: 52 Wochen
Kennwerte: bis 3. Ebene DIN 276
veröffentlicht: BKI Objektdaten A11
BGF 1.737 €/m²

Planung: .rott .schirmer .partner; Großburgwedel

Umbau einer Scheune zu einem Wohnhaus (143m² WFL) als Effizienzhaus. **Kosteneinfluss Nutzung:** Denkmalschutz

1. Ebene: 300 Bauwerk – Baukonstruktionen: 77%, **400 Bauwerk – Technische Anlagen:** 23%
3. Ebene: Baukonstruktionen: A: Sonstige 2%, **W:** 361 Dachkonstruktionen 4%, Sonstige 4%, **H:** 324 Gründungsbeläge 8%, 334 Außenwandöffnungen 8%, 336 Außenwandbekleidungen, innen 10%, 344 Innenwandöffnungen 3%, 345 Innenwandbekleidungen 7%, 353 Deckenbeläge 10%, 355 Elementierte Deckenkonstruktionen 4%, 362 Dachöffnungen 11%, 363 Dachbeläge 13%, 364 Dachbekleidungen 8%, Sonstige 7%, **Technische Anlagen:** A: Sonstige < 1%, **H:** 411 Abwasseranlagen 4%, 412 Wasseranlagen 31%, 422 Wärmeverteilnetze 15%, 423 Raumheizflächen 27%, 431 Lüftungsanlagen 5%, 444 Niederspannungsinstallationsanlagen 12%, Sonstige 4%

6100-0993 Einfamilienhaus, Scheunenumbau

BRI 605 m³ **BGF** 221 m² **NUF** 144 m²

© NEUMANN+KAFERT

Baujahr: 1945
Bauzustand: schlecht
Aufwand: mittel
Nutzung während der Bauzeit: nein
Nutzungsänderung: ja
Grundrissänderungen: umfangreiche
Tragwerkseingriffe: einige

Land: Brandenburg
Kreis: Teltow-Fläming
Standard: mittel
Bauzeit: 26 Wochen
Kennwerte: bis 3. Ebene DIN 276
veröffentlicht: BKI Objektdaten A8
BGF **1.666 €/m²**

Planung: NEUMANN+KAFERT Bürogemeinschaft für Architekten; Trebbin OT Glau

Ein Stallgebäude für Kutscherpferde von 1948 wurde zu einem Wohngebäude mit einer Nutzeinheit umgebaut.

1. Ebene: 300 Bauwerk – Baukonstruktionen: 86%, **400 Bauwerk – Technische Anlagen:** 14%
3. Ebene: Baukonstruktionen: A: 394 Abbruchmaßnahmen 10%, **W:** Sonstige < 1%, **H:** 324 Gründungsbeläge 7%, 331 Tragende Außenwände 7%, 334 Außenwandöffnungen 3%, 335 Außenwandbekleidungen, außen 11%, 341 Tragende Innenwände 4%, 344 Innenwandöffnungen 4%, 345 Innenwandbekleidungen 3%, 351 Deckenkonstruktionen 4%, 353 Deckenbeläge 5%, 354 Deckenbekleidungen 3%, 361 Dachkonstruktionen 8%, 362 Dachöffnungen 4%, 363 Dachbeläge 10%, 364 Dachbekleidungen 4%, Sonstige 14%, **Technische Anlagen: H:** 411 Abwasseranlagen 5%, 412 Wasseranlagen 19%, 421 Wärmeerzeugungsanlagen 18%, 423 Raumheizflächen 17%, 429 Sonstiges zur KG 420 15%, 444 Niederspannungsinstallationsanlagen 18%, Sonstige 8%

6100-1027 Fachwerkhaus

BRI 764 m³ **BGF** 307 m² **NUF** 241 m²

© Acconci Architekten

Baujahr: 1850
Bauzustand: schlecht
Aufwand: hoch
Nutzung während der Bauzeit: nein
Nutzungsänderung: nein
Grundrissänderungen: einige
Tragwerkseingriffe: wenige

Land: Nordrhein-Westfalen
Kreis: Soest
Standard: mittel
Bauzeit: 44 Wochen
Kennwerte: bis 3. Ebene DIN 276
veröffentlicht: BKI Objektdaten A9
BGF **1.814 €/m²**

Planung: Acconci Architekten GmbH; Soest

Baudenkmalgeschütztes Wohnhaus

1. Ebene: 300 Bauwerk – Baukonstruktionen: 76%, **400 Bauwerk – Technische Anlagen:** 24%
3. Ebene: Baukonstruktionen: A: 335 Außenwandbekleidungen, außen 9%, Sonstige 3%, **W:** 334 Außenwandöffnungen 3%, 335 Außenwandbekleidungen, außen 9%, 353 Deckenbeläge 3%, Sonstige 2%, **H:** 331 Tragende Außenwände 8%, 334 Außenwandöffnungen 21%, 336 Außenwandbekleidungen, innen 6%, 345 Innenwandbekleidungen 10%, 363 Dachbeläge 7%, 364 Dachbekleidungen 3%, Sonstige 17%

Übersicht- 1. + 2. Ebene | Erweiterung | Umbau | Moderni-sierung | Instand-setzung | Bau-elemente | Abbrechen | Wieder-herstellen | Herstellen

€/m² BGF

min	810	€/m²
von	1.210	€/m²
Mittel	**1.720**	**€/m²**
bis	2.290	€/m²
max	2.995	€/m²

Kosten:
Stand 2. Quartal 2026
Bundesdurchschnitt
inkl. 19% MwSt.

Objektübersicht zur Gebäudeart

6100-0962 Einfamilienhaus, Einliegerwohnung* — BRI 255m³ — BGF 64m² — NUF 57m²

Baujahr: 1980
Bauzustand: mittel
Aufwand: hoch
Nutzung während der Bauzeit: nein
Nutzungsänderung: nein
Grundrissänderungen: umfangreiche
Tragwerkseingriffe: einige

Land: Schleswig-Holstein
Kreis: Lübeck, Stadt
Standard: hoch
Bauzeit: 30 Wochen
Kennwerte: bis 3. Ebene DIN 276
veröffentlicht: BKI Objektdaten A9

BGF 5.360€/m²

* Nicht in der Auswertung enthalten

Planung: FRANK ECKHARDT Architekt; Lübeck

Umbau und Modernisierung eines bestehenden Anbaus

1. Ebene: 300 Bauwerk – Baukonstruktionen: 84%, **400 Bauwerk – Technische Anlagen:** 16%
3. Ebene: Baukonstruktionen: **A**: Sonstige 6%, **W:** Sonstige < 1%, **H:** 324 Gründungsbeläge 6%, 337 Elementierte Außenwandkonstruktionen 47%, 345 Innenwandbekleidungen 3%, 361 Dachkonstruktionen 7%, 363 Dachbeläge 15%, 364 Dachbekleidungen 6%, Sonstige 11%, **Technische Anlagen:** **W:** Sonstige < 1%, **H:** 411 Abwasseranlagen 7%, 412 Wasseranlagen 17%, 444 Niederspannungsinstallationsanlagen 20%, 445 Beleuchtungsanlagen 5%, Sonstige 1%

6100-0937 Einfamilienhaus, Umnutzung Scheune — BRI 848m³ — BGF 206m² — NUF 142m²

Baujahr: 1927
Bauzustand: gut
Aufwand: hoch
Nutzung während der Bauzeit: nein
Nutzungsänderung: ja
Grundrissänderungen: einige
Tragwerkseingriffe: wenige

Land: Niedersachsen
Kreis: Hannover, Region
Standard: einfach
Bauzeit: 52 Wochen
Kennwerte: bis 3. Ebene DIN 276
veröffentlicht: BKI Objektdaten A8

BGF 1.983€/m²

Planung: .rott .schirmer .partner; Großburgwedel

Umnutzung eines Stall- und Lagergebäudes zu einer Wohnung

1. Ebene: 300 Bauwerk – Baukonstruktionen: 73%, **400 Bauwerk – Technische Anlagen:** 27%
3. Ebene: Baukonstruktionen: **A**: Sonstige 3%, **W:** Sonstige < 1%, **H:** 334 Außenwandöffnungen 7%, 336 Außenwandbekleidungen, innen 11%, 342 Nichttragende Innenwände 3%, 345 Innenwandbekleidungen 4%, 351 Deckenkonstruktionen 5%, 353 Deckenbeläge 13%, 355 Elementierte Deckenkonstruktionen 4%, 361 Dachkonstruktionen 5%, 362 Dachöffnungen 8%, 363 Dachbeläge 16%, 364 Dachbekleidungen 3%, Sonstige 16%, **Technische Anlagen:** **A**: Sonstige 1%, **H:** 412 Wasseranlagen 19%, 421 Wärmeerzeugungsanlagen 27%, 422 Wärmeverteilnetze 4%, 423 Raumheizflächen 17%, 431 Lüftungsanlagen 17%, 444 Niederspannungsinstallationsanlagen 8%, Sonstige 7%

A Abbrechen
W Wiederherstellen
H Herstellen

6100-0948 Einfamilienhaus

BRI 1.293 m³ **BGF** 377 m² **NUF** 211 m²

Baujahr: ca. 1900
Bauzustand: schlecht
Aufwand: mittel
Nutzung während der Bauzeit: nein
Nutzungsänderung: ja
Grundrissänderungen: umfangreiche
Tragwerkseingriffe: einige

Land: Berlin
Kreis: Berlin, Stadt
Standard: mittel
Bauzeit: 48 Wochen
Kennwerte: bis 3. Ebene DIN 276
veröffentlicht: BKI Objektdaten A9

BGF 1.915 €/m²

Planung: roedig . schop architekten + partner mbB; Berlin

Umbau einer Remise zum Einfamilienhaus

1. Ebene: 300 Bauwerk – Baukonstruktionen: 82%, **400 Bauwerk – Technische Anlagen:** 18%
3. Ebene: Baukonstruktionen: A: Sonstige 9%, **W:** Sonstige 6%, **H:** 334 Außenwandöffnungen 11%, 335 Außenwandbekleidungen, außen 4%, 337 Elementierte Außenwandkonstruktionen 4%, 342 Nichttragende Innenwände 5%, 344 Innenwandöffnungen 4%, 351 Deckenkonstruktionen 10%, 353 Deckenbeläge 9%, 361 Dachkonstruktionen 6%, 362 Dachöffnungen 7%, 363 Dachbeläge 6%, Sonstige 19%, **Technische Anlagen: A:** Sonstige 3%, **H:** 411 Abwasseranlagen 9%, 412 Wasseranlagen 29%, 421 Wärmeerzeugungsanlagen 17%, 422 Wärmeverteilnetze 4%, 423 Raumheizflächen 11%, 444 Niederspannungsinstallationsanlagen 25%, Sonstige 2%

6100-0637 Doppelhaushälfte

BRI 608 m³ **BGF** 262 m² **NUF** 178 m²

Baujahr: 1960
Bauzustand: mittel
Aufwand: mittel
Nutzung während der Bauzeit: ja
Nutzungsänderung: nein
Grundrissänderungen: wenige
Tragwerkseingriffe: wenige

Land: Bayern
Kreis: Regensburg, Stadt
Standard: mittel
Bauzeit: 30 Wochen
Kennwerte: bis 3. Ebene DIN 276
veröffentlicht: BKI Objektdaten A6

BGF 935 €/m²

Planung: Architekt Hartmut Reineking; Landsberg am Lech

Umbau einer Doppelhaushälfte von 1960 von einer zu zwei Wohneinheiten mit Dachgeschossausbau. Wärmedämmung nach Neubaustandard und Solaranlage.

1. Ebene: 300 Bauwerk – Baukonstruktionen: 89%, **400 Bauwerk – Technische Anlagen:** 11%
3. Ebene: Baukonstruktionen: A: 351 Deckenkonstruktionen 3%, Sonstige 6%, **W:** Sonstige 2%, **H:** 334 Außenwandöffnungen 5%, 335 Außenwandbekleidungen, außen 23%, 344 Innenwandöffnungen 4%, 351 Deckenkonstruktionen 5%, 353 Deckenbeläge 13%, 359 Sonstiges zur KG 350 3%, 361 Dachkonstruktionen 9%, 363 Dachbeläge 10%, 364 Dachbekleidungen 3%, Sonstige 12%, **Technische Anlagen: A:** 412 Wasseranlagen 4%, Sonstige 2%, **H:** 411 Abwasseranlagen 7%, 412 Wasseranlagen 14%, 421 Wärmeerzeugungsanlagen 62%, 444 Niederspannungsinstallationsanlagen 9%, Sonstige 3%

€/m² BGF

min	810	€/m²
von	1.210	€/m²
Mittel	**1.720**	**€/m²**
bis	2.290	€/m²
max	2.995	€/m²

Kosten:
Stand 2. Quartal 2026
Bundesdurchschnitt
inkl. 19% MwSt.

Objektübersicht zur Gebäudeart

6100-0558 Einfamilienhaus

BRI 853 m³ | **BGF** 310 m² | **NUF** 192 m²

Baujahr: 1966
Bauzustand: mittel
Aufwand: hoch
Nutzung während der Bauzeit: ja
Nutzungsänderung: nein
Grundrissänderungen: einige
Tragwerkseingriffe: keine

Land: Hessen
Kreis: Offenbach
Standard: mittel
Bauzeit: 26 Wochen
Kennwerte: bis 3. Ebene DIN 276
veröffentlicht: www.bki.de

BGF 809 €/m²

Planung: Fischer + Goth, Dipl.-Ing. P. Goth, Dipl.-Des. W. F. Fischer; Aschaffenburg

Umbau eines Einfamilienhauses mit Modernisierung und Erweiterung um zwei Wohnräume. Erweiterung zur Straßenseite über Erd- und Obergeschoss. Abbruch bestehende Garage und Neubau. Weiterer Parkplatz vor der Garage.

1. Ebene: 300 Bauwerk – Baukonstruktionen: 90%, **400 Bauwerk – Technische Anlagen:** 10%
3. Ebene: Baukonstruktionen: A: Sonstige 7%, **W:** Sonstige 5%, **H:** 322 Flachgründungen und Bodenplatten 3%, 331 Tragende Außenwände 6%, 334 Außenwandöffnungen 7%, 335 Außenwandbekleidungen, außen 19%, 336 Außenwandbekleidungen, innen 4%, 338 Lichtschutz zur KG 330 5%, 339 Sonstiges zur KG 330 4%, 351 Deckenkonstruktionen 4%, 353 Deckenbeläge 4%, 361 Dachkonstruktionen 5%, 363 Dachbeläge 7%, 391 Baustelleneinrichtung 4%, 392 Gerüste 3%, Sonstige 11%, **Technische Anlagen:** A: Sonstige 5%, **W:** 412 Wasseranlagen 7%, 422 Wärmeverteilnetze 7%, 444 Niederspannungsinstallationsanlagen 5%, Sonstige 3%, **H:** 411 Abwasseranlagen 22%, 412 Wasseranlagen 24%, 422 Wärmeverteilnetze 7%, 423 Raumheizflächen 10%, 444 Niederspannungsinstallationsanlagen 11%

6100-0525 Einfamilienhaus

BRI 640 m³ | **BGF** 223 m² | **NUF** 125 m²

Baujahr: 1700
Bauzustand: schlecht
Aufwand: hoch
Nutzung während der Bauzeit: nein
Nutzungsänderung: ja
Grundrissänderungen: wenige
Tragwerkseingriffe: wenige

Land: Baden-Württemberg
Kreis: Ludwigsburg
Standard: hoch
Bauzeit: 61 Wochen
Kennwerte: bis 3. Ebene DIN 276
veröffentlicht: BKI Objektdaten A6

BGF 2.994 €/m²

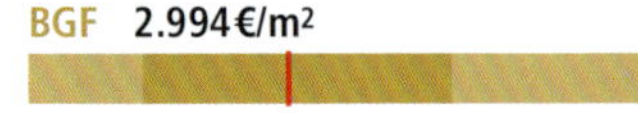

Planung: Prof. Clemens Richarz, Christina Schulz; München

Umbau einer Scheune von 1700 mit Bruchsteinmauerwerk und Fachwerk zum 3-geschossigen Wohnhaus mit Büronutzung. **Kosteneinfluss Nutzung:** Aufwendige Brandschutzmaßnahmen, Brandwand, Fenster. **Kosteneinfluss Grundstück:** Innerörtliche Lage, beengte Verhältnisse. Aufwändige Dachkonstruktion, da Unterbau schiefwinklig.

1. Ebene: 300 Bauwerk – Baukonstruktionen: 87%, **400 Bauwerk – Technische Anlagen:** 13%
3. Ebene: Baukonstruktionen: A: 394 Abbruchmaßnahmen 4%, Sonstige 2%, **W:** Sonstige 4%, **H:** 331 Tragende Außenwände 4%, 334 Außenwandöffnungen 5%, 335 Außenwandbekleidungen, außen 8%, 336 Außenwandbekleidungen, innen 4%, 342 Nichttragende Innenwände 4%, 345 Innenwandbekleidungen 5%, 346 Elementierte Innenwandkonstruktionen 4%, 351 Deckenkonstruktionen 14%, 353 Deckenbeläge 5%, 361 Dachkonstruktionen 5%, 363 Dachbeläge 13%, 391 Baustelleneinrichtung 4%, Sonstige 17%, **Technische Anlagen:** **H:** 412 Wasseranlagen 14%, 419 Sonstiges zur KG 410 12%, 421 Wärmeerzeugungsanlagen 16%, 422 Wärmeverteilnetze 9%, 423 Raumheizflächen 15%, 431 Lüftungsanlagen 10%, 444 Niederspannungsinstallationsanlagen 20%, Sonstige 2%

A Abbrechen
W Wiederherstellen
H Herstellen

6100-0457 Einfamilienhaus

BRI 974 m³ **BGF** 382 m² **NUF** 257 m²

Baujahr: 1850
Bauzustand: mittel
Aufwand: mittel
Nutzung während der Bauzeit: nein
Nutzungsänderung: nein
Grundrissänderungen: wenige
Tragwerkseingriffe: wenige

Land: Thüringen
Kreis: Gera, Stadt
Standard: mittel
Bauzeit: 44 Wochen
Kennwerte: bis 3. Ebene DIN 276
veröffentlicht: www.bki.de

BGF 1.217 €/m²

Planung: thoma architekten; Zeulenroda

Umbau und Modernisierung eines freistehenden, 2 1/2-geschossigen Einfamilienwohnhauses von 1850 mit 178 m² Wohnfläche.

1. Ebene: 300 Bauwerk – Baukonstruktionen: 76%, **400 Bauwerk – Technische Anlagen:** 24%
3. Ebene: Baukonstruktionen: **A**: Sonstige 2%, **W**: 351 Deckenkonstruktionen 7%, Sonstige 1%, **H**: 334 Außenwandöffnungen 12%, 335 Außenwandbekleidungen, außen 13%, 336 Außenwandbekleidungen, innen 3%, 342 Nichttragende Innenwände 4%, 345 Innenwandbekleidungen 6%, 353 Deckenbeläge 16%, 354 Deckenbekleidungen 5%, 355 Elementierte Deckenkonstruktionen 5%, 363 Dachbeläge 6%, 364 Dachbekleidungen 3%, Sonstige 17%, **Technische Anlagen: H:** 411 Abwasseranlagen 7%, 412 Wasseranlagen 19%, 421 Wärmeerzeugungsanlagen 38%, 422 Wärmeverteilnetze 9%, 423 Raumheizflächen 14%, 444 Niederspannungsinstallationsanlagen 13%

6100-1285 Einfamilienhaus

BRI 586 m³ **BGF** 182 m² **NUF** 91 m²

Baujahr: 1850
Bauzustand: schlecht
Aufwand: hoch
Nutzung während der Bauzeit: nein
Nutzungsänderung: nein
Grundrissänderungen: einige
Tragwerkseingriffe: einige

Land: Bayern
Kreis: Rosenheim
Standard: mittel
Bauzeit: 83 Wochen
Kennwerte: bis 1. Ebene DIN 276
veröffentlicht: BKI Objektdaten A10

BGF 2.248 €/m²

Planung: finsterwalderarchitekten; Stephanskirchen

Einfamilienhaus mit 121 m² WFL.

1. Ebene: 300 Bauwerk – Baukonstruktionen: 75%, **400 Bauwerk – Technische Anlagen:** 25%

€/m² BGF

min	810	€/m²
von	1.210	€/m²
Mittel	**1.720**	**€/m²**
bis	2.290	€/m²
max	2.995	€/m²

Kosten:
Stand 2. Quartal 2026
Bundesdurchschnitt
inkl. 19% MwSt.

A Abbrechen
W Wiederherstellen
H Herstellen

Objektübersicht zur Gebäudeart

6100-0668 Einfamilienhaus mit ELW

BRI 342 m³ | **BGF** 139 m² | **NUF** 104 m²

Bauzustand: mittel
Aufwand: mittel
Nutzung während der Bauzeit: ja
Nutzungsänderung: nein
Grundrissänderungen: wenige
Tragwerkseingriffe: wenige

Land: Baden-Württemberg
Kreis: Freiburg im Breisgau
Standard: mittel
Bauzeit: 22 Wochen
Kennwerte: bis 1. Ebene DIN 276
veröffentlicht: BKI Objektdaten A7
BGF **2.262 €/m²**

Planung: Architekturbüro Dipl.-Ing. Gaby Sutter; Freiburg

Umbau Garagengebäude zu einer Seniorenwohnung im EG und einer Hauptwohnung im OG: Abbruch altes Dachgeschosses und Neuerrichtung Obergeschoss. **Kosteneinfluss Nutzung:** Wegen Abweichungen zum Bebauungsplan wurde eine Befreiung erforderlich. **Kosteneinfluss Grundstück:** Doppelhaushälfte, Wohnung 2 war während der Bauzeit bewohnt. Hohe Aufwendungen für Lärmschutz und Witterungsschutz.

1. Ebene: 300 Bauwerk – Baukonstruktionen: 74%, **400 Bauwerk – Technische Anlagen:** 26%

Kostenkennwerte für die Kosten des Bauwerks (Kostengruppen 300+400 nach DIN 276)

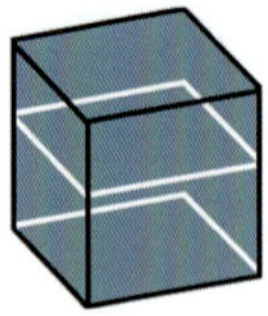

BRI 485 €/m³
von 345 €/m³
bis 650 €/m³

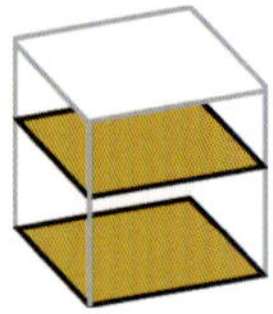

BGF 1.465 €/m²
von 1.050 €/m²
bis 1.925 €/m²

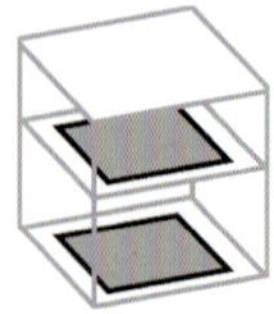

NUF 2.345 €/m²
von 1.475 €/m²
bis 3.220 €/m²

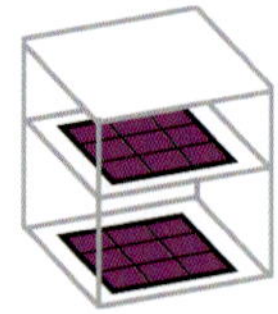

NE 2.455 €/NE
von 1.610 €/NE
bis 3.130 €/NE
NE: Wohnfläche

Objektbeispiele

Kosten:
Stand 2. Quartal 2026
Bundesdurchschnitt
inkl. 19% MwSt.

6100-1384

6100-1372

6100-1302

6100-1074

6100-1636

6100-1262

Kosten der 18 Vergleichsobjekte

Seiten 312 bis 321

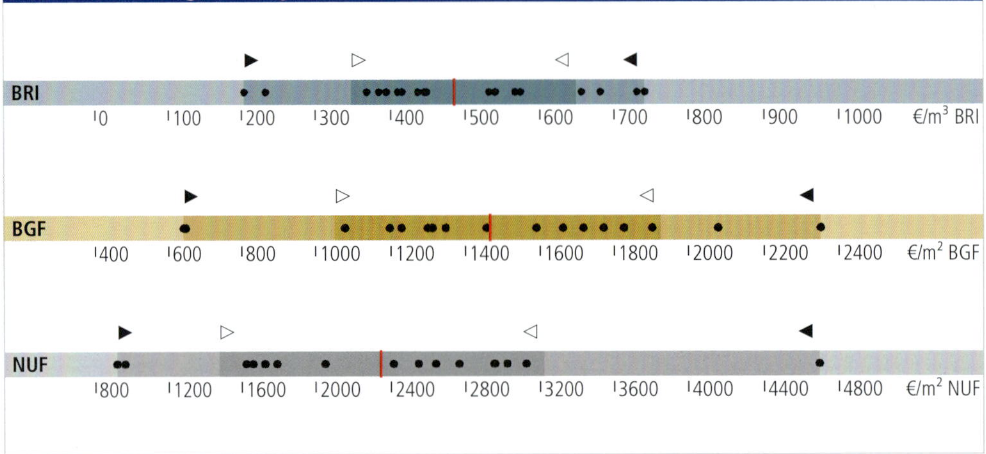

- ● KKW
- ▶ min
- ▷ von
- | Mittelwert
- ◁ bis
- ◀ max

Kostenkennwerte für die Kostengruppen der 1. und 2.Ebene DIN 276

KG	Kostengruppen der 1.Ebene	Einheit	▷	€/Einheit	◁	▷	% an 300+400	◁
100	Grundstück	m²GF	–	**–**	–	–	**–**	–
200	Vorbereitende Maßnahmen	m²GF	2	**12**	28	0,2	**0,9**	3,0
300	Bauwerk – Baukonstruktionen	m²BGF	767	**1.160**	1.545	69,2	**78,0**	84,1
400	Bauwerk – Technische Anlagen	m²BGF	222	**307**	437	15,9	**22,0**	30,8
	Bauwerk 300+400	m²BGF	1.051	**1.467**	1.925	100,0	**100,0**	100,0
500	Außenanlagen und Freiflächen	m²AF	43	**143**	391	1,5	**4,2**	12,0
600	Ausstattung und Kunstwerke	m²BGF	4	**11**	22	0,3	**0,9**	2,3
700	Baunebenkosten	m²BGF	–	**–**	–	–	**–**	–
800	Finanzierung	m²BGF	–	**–**	–	–	**–**	–

KG	Kostengruppen der 2.Ebene	Einheit	▷	€/Einheit	◁	▷	% an 1.Ebene	◁
310	Baugrube / Erdbau	m³BGI	80	**131**	240	0,1	**0,7**	1,2
320	Gründung, Unterbau	m²GRF	127	**293**	400	0,5	**2,7**	5,1
330	Außenwände / vertikal außen	m²AWF	247	**437**	594	21,2	**31,2**	40,5
340	Innenwände / vertikal innen	m²IWF	226	**324**	467	14,0	**19,3**	28,2
350	Decken / horizontal	m²DEF	233	**452**	575	18,3	**23,4**	28,4
360	Dächer	m²DAF	248	**509**	690	10,2	**16,4**	24,0
370	Infrastrukturanlagen		–	**–**	–	–	**–**	–
380	Baukonstruktive Einbauten	m²BGF	2	**7**	27	< 0,1	**0,2**	1,3
390	Sonst. Maßnahmen für Baukonst.	m²BGF	38	**75**	138	3,5	**6,1**	9,1
300	**Bauwerk – Baukonstruktionen**	**m²BGF**					**100,0**	
410	Abwasser-, Wasser-, Gasanlagen	m²BGF	65	**92**	123	21,6	**32,0**	43,5
420	Wärmeversorgungsanlagen	m²BGF	69	**110**	147	24,9	**36,7**	47,3
430	Raumlufttechnische Anlagen	m²BGF	3	**6**	10	0,2	**1,3**	2,4
440	Elektrische Anlagen	m²BGF	42	**66**	105	17,3	**20,8**	28,5
450	Kommunikationstechnische Anlagen	m²BGF	7	**17**	55	2,5	**4,5**	9,5
460	Förderanlagen	m²BGF	35	**85**	235	0,0	**4,5**	22,1
470	Nutzungsspez. / verfahrenstech. Anl.	m²BGF	–	**–**	–	–	**–**	–
480	Gebäude- und Anlagenautomation	m²BGF	–	**4**	–	< 0,1	**< 0,1**	1,5
490	Sonst. Maßnahmen f. techn. Anl.	m²BGF	< 1	**2**	4	< 0,1	**0,2**	0,9
400	**Bauwerk – Technische Anlagen**	**m²BGF**					**100,0**	

Prozentanteile der Kosten 2.Ebene an den Kosten des Bauwerks nach DIN 276 (Von/Mittel/Bis)

KG	Kostengruppe	%
310	Baugrube / Erdbau	0,5
320	Gründung, Unterbau	2,2
330	Außenwände / vertikal außen	24,2
340	Innenwände / vertikal innen	14,7
350	Decken / horizontal	18,2
360	Dächer	12,8
370	Infrastrukturanlagen	
380	Baukonstruktive Einbauten	0,2
390	Sonst. Maßnahmen für Baukonst.	4,8
410	Abwasser-, Wasser-, Gasanlagen	7,1
420	Wärmeversorgungsanlagen	8,1
430	Raumlufttechnische Anlagen	0,3
440	Elektrische Anlagen	4,7
450	Kommunikationstechnische Anlagen	1,1
460	Förderanlagen	1,2
470	Nutzungsspez. / verfahrenstech. Anl.	
480	Gebäude- und Anlagenautomation	< 0,1
490	Sonst. Maßnahmen f. techn. Anl.	< 0,1

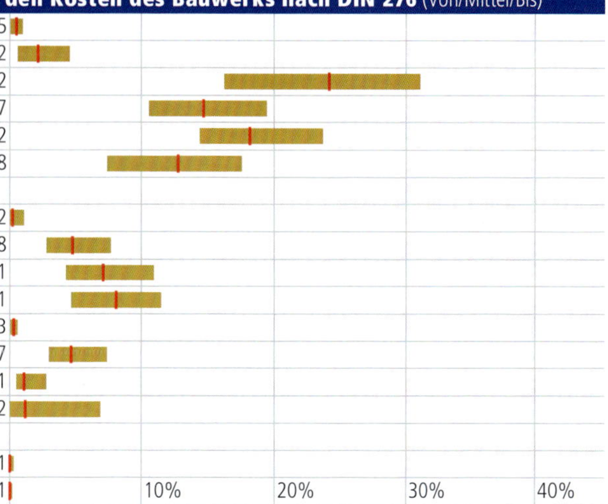

Übersicht-1. + 2. Ebene
Erweiterung
Umbau
Moderni-sierung
Instand-setzung
Bau-elemente
Abbrechen
Wieder-herstellen
Herstellen

Kosten:
Stand 2. Quartal 2026
Bundesdurchschnitt
inkl. 19% MwSt.

Kostenkennwerte für die Kostengruppen der 3. Ebene DIN 276

KG	Kostengruppen der 3. Ebene	Einheit	▷	€/Einheit	◁	▷	€/m² BGF	◁
311	**Herstellung**	m³	78	**130**	240	6	**12**	22
	Herstellen	m³	78	**130**	240	6	**12**	22
321	**Baugrundverbesserung**	m²	33	**60**	112	< 1	**5**	8
	Herstellen	m²	33	**60**	112	< 1	**5**	8
322	**Flachgründungen und Bodenplatten**	m²	159	**318**	695	6	**25**	47
	Abbrechen	*m²*	*41*	***122***	*311*	*3*	***5***	*9*
	Wiederherstellen	m²	–	**18**	–	–	**< 1**	–
	Herstellen	m²	99	**235**	447	3	**21**	43
324	**Gründungsbeläge**	m²	82	**172**	267	6	**16**	30
	Abbrechen	*m²*	*16*	***73***	*221*	*< 1*	***2***	*5*
	Wiederherstellen	m²	10	**116**	222	< 1	**6**	10
	Herstellen	m²	61	**137**	217	4	**16**	30
325	**Abdichtungen und Bekleidungen**	m²	28	**91**	185	2	**6**	19
	Herstellen	m²	28	**91**	185	2	**6**	19
326	**Dränagen**	m²	6	**20**	56	< 1	**3**	13
	Wiederherstellen	m²	–	**2**	–	–	**< 1**	–
	Herstellen	m²	5	**19**	56	< 1	**3**	13
331	**Tragende Außenwände**	m²	293	**634**	1.601	20	**62**	141
	Abbrechen	*m²*	*35*	***202***	*867*	*3*	***8***	*15*
	Wiederherstellen	m²	127	**290**	682	8	**58**	121
	Herstellen	m²	164	**373**	775	11	**40**	84
332	**Nichttragende Außenwände**	m²	288	**316**	345	< 1	**15**	24
	Abbrechen	*m²*	–	***88***	–	*< 1*	***2***	*4*
	Wiederherstellen	m²	–	**56**	–	–	**3**	–
	Herstellen	m²	201	**244**	288	10	**19**	28
333	**Außenstützen**	m	170	**310**	790	1	**3**	5
	Herstellen	m	170	**310**	790	1	**3**	5
334	**Außenwandöffnungen**	m²	581	**921**	1.220	75	**105**	165
	Abbrechen	*m²*	*8*	***43***	*76*	*1*	***4***	*8*
	Wiederherstellen	m²	17	**57**	94	3	**7**	18
	Herstellen	m²	527	**869**	1.176	66	**99**	156
335	**Außenwandbekleidungen, außen**	m²	106	**184**	279	61	**113**	168
	Abbrechen	*m²*	*1*	***4***	*8*	*< 1*	***3***	*7*
	Wiederherstellen	m²	11	**34**	91	8	**22**	47
	Herstellen	m²	95	**168**	280	47	**102**	160
336	**Außenwandbekleidungen, innen**	m²	39	**89**	159	17	**41**	97
	Abbrechen	*m²*	*2*	***6***	*11*	*< 1*	***3***	*6*
	Wiederherstellen	m²	3	**10**	30	1	**5**	14
	Herstellen	m²	38	**79**	166	16	**36**	100
337	**Elem. Außenwandkonstruktionen**	m²	1.072	**1.677**	2.036	49	**55**	66
	Herstellen	m²	1.072	**1.677**	2.036	49	**55**	66
338	**Lichtschutz zur KG 330**	m²	76	**234**	459	2	**9**	18
	Wiederherstellen	m²	2	**18**	27	< 1	**< 1**	2
	Herstellen	m²	88	**264**	465	6	**12**	20
339	**Sonstiges zur KG 330**	m²	8	**23**	85	7	**19**	68
	Abbrechen	*m²*	*< 1*	***< 1***	*1*	*< 1*	***< 1***	*1*
	Wiederherstellen	m²	< 1	**2**	4	< 1	**2**	3
	Herstellen	m²	8	**24**	85	7	**19**	68

▷ von
ø Mittel
◁ bis

KG	Kostengruppen der 3. Ebene	Einheit	▷	€/Einheit	◁	▷	€/m² BGF	◁
341	**Tragende Innenwände**	m²	152	**272**	408	11	**28**	55
	Abbrechen	*m²*	*16*	***47***	*108*	*3*	***7***	*22*
	Wiederherstellen	m²	20	**62**	93	3	**10**	17
	Herstellen	m²	122	**224**	374	11	**22**	41
342	**Nichttragende Innenwände**	m²	132	**236**	446	22	**44**	81
	Abbrechen	*m²*	*9*	***31***	*77*	*2*	***11***	*43*
	Herstellen	m²	120	**217**	452	21	**38**	63
343	**Innenstützen**	m	152	**282**	619	1	**4**	7
	Abbrechen	*m*	–	***303***	–	–	***< 1***	–
	Herstellen	m	109	**239**	352	1	**4**	7
344	**Innenwandöffnungen**	m²	488	**695**	1.109	30	**50**	91
	Abbrechen	*m²*	*7*	***16***	*22*	*< 1*	***1***	*2*
	Wiederherstellen	m²	33	**160**	365	3	**12**	27
	Herstellen	m²	426	**613**	872	23	**44**	67
345	**Innenwandbekleidungen**	m²	55	**81**	144	47	**84**	123
	Abbrechen	*m²*	*2*	***5***	*12*	*2*	***6***	*12*
	Wiederherstellen	m²	1	**5**	17	2	**6**	23
	Herstellen	m²	49	**74**	133	47	**76**	117
346	**Elem. Innenwandkonstruktionen**	m²	99	**213**	439	3	**6**	17
	Abbrechen	*m²*	–	***42***	–	–	***3***	–
	Herstellen	m²	91	**208**	438	3	**6**	21
351	**Deckenkonstruktionen**	m²	238	**601**	1.315	31	**88**	170
	Abbrechen	*m²*	*34*	***125***	*1.060*	*3*	***11***	*20*
	Wiederherstellen	m²	11	**21**	43	3	**10**	32
	Herstellen	m²	205	**489**	1.055	22	**77**	144
352	**Deckenöffnungen**	m²	–	**1.329**	–	–	**1**	–
	Herstellen	m²	–	**1.329**	–	–	**1**	–
353	**Deckenbeläge**	m²	177	**227**	315	79	**123**	190
	Abbrechen	*m²*	*5*	***13***	*29*	*2*	***8***	*19*
	Wiederherstellen	m²	6	**15**	35	3	**7**	24
	Herstellen	m²	166	**214**	316	75	**115**	183
354	**Deckenbekleidungen**	m²	39	**95**	243	14	**34**	54
	Abbrechen	*m²*	*3*	***7***	*19*	*1*	***4***	*12*
	Wiederherstellen	m²	4	**10**	19	2	**6**	12
	Herstellen	m²	38	**89**	253	15	**30**	48
355	**Elementierte Deckenkonstruktionen**	m²	1.335	**2.432**	3.570	27	**45**	132
	Wiederherstellen	m²	–	**920**	–	–	**45**	–
	Herstellen	m²	1.415	**2.279**	3.806	26	**38**	88
359	**Sonstiges zur KG 350**	m²	10	**26**	47	5	**15**	26
	Abbrechen	*m²*	*< 1*	***< 1***	*< 1*	*< 1*	***< 1***	*< 1*
	Wiederherstellen	m²	2	**5**	8	1	**3**	5
	Herstellen	m²	14	**30**	49	9	**17**	29
361	**Dachkonstruktionen**	m²	171	**234**	343	30	**69**	124
	Abbrechen	*m²*	*8*	***15***	*25*	*2*	***6***	*9*
	Wiederherstellen	m²	8	**31**	50	4	**11**	21
	Herstellen	m²	150	**212**	348	26	**61**	109
362	**Dachöffnungen**	m²	1.810	**2.771**	4.165	4	**15**	51
	Abbrechen	*m²*	*1*	***47***	*93*	*< 1*	***< 1***	*< 1*
	Herstellen	m²	1.809	**2.763**	4.147	4	**15**	51

Kosten:
Stand 2. Quartal 2026
Bundesdurchschnitt
inkl. 19% MwSt.

KG	Kostengruppen der 3. Ebene	Einheit	▷	€/Einheit	◁	▷	€/m² BGF	◁
363	**Dachbeläge**	m²	196	**317**	638	41	**77**	117
	Abbrechen	*m²*	*9*	***22***	*38*	*2*	***8***	*11*
	Wiederherstellen	m²	4	**88**	258	< 1	**4**	10
	Herstellen	m²	169	**282**	490	36	**71**	107
364	**Dachbekleidungen**	m²	53	**102**	150	16	**29**	68
	Abbrechen	*m²*	*7*	***10***	*16*	*1*	***2***	*4*
	Wiederherstellen	m²	4	**23**	59	1	**6**	16
	Herstellen	m²	36	**94**	142	13	**27**	63
365	**Elementierte Dachkonstruktionen**	m²	–	**386**	–	–	**70**	–
	Herstellen	m²	–	**386**	–	–	**70**	–
366	**Lichtschutz zur KG 360**	m²	244	**1.105**	1.545	1	**16**	46
	Herstellen	m²	244	**1.105**	1.545	1	**16**	46
369	**Sonstiges zur KG 360**	m²	8	**19**	47	3	**6**	15
	Abbrechen	*m²*	*< 1*	***1***	*2*	*< 1*	***< 1***	*< 1*
	Herstellen	m²	7	**19**	47	3	**6**	15
381	**Allgemeine Einbauten**	m²	2	**7**	35	2	**7**	35
	Abbrechen	*m²*	*< 1*	***1***	*3*	*< 1*	***1***	*3*
	Wiederherstellen	m²	< 1	**< 1**	< 1	< 1	**< 1**	< 1
	Herstellen	m²	3	**11**	35	3	**11**	35
391	**Baustelleneinrichtung**	m²	7	**17**	34	7	**17**	34
	Herstellen	m²	7	**17**	34	7	**17**	34
392	**Gerüste**	m²	11	**23**	38	11	**23**	38
	Herstellen	m²	11	**23**	38	11	**23**	38
393	**Sicherungsmaßnahmen**	m²	5	**8**	17	5	**8**	17
	Herstellen	m²	5	**8**	17	5	**8**	17
394	**Abbruchmaßnahmen**	m²	4	**41**	76	4	**41**	76
	Abbrechen	*m²*	*4*	***41***	*76*	*4*	***41***	*76*
396	**Materialentsorgung**	m²	1	**8**	16	1	**8**	16
	Abbrechen	*m²*	*< 1*	***4***	*9*	*< 1*	***4***	*9*
	Herstellen	m²	3	**13**	18	3	**13**	18
397	**Zusätzliche Maßnahmen**	m²	3	**9**	19	3	**9**	19
	Herstellen	m²	3	**9**	19	3	**9**	19
399	**Sonstiges zur KG 390**	m²	2	**3**	3	2	**3**	3
	Herstellen	m²	2	**3**	3	2	**3**	3

▷ von
ø Mittel
◁ bis

KG	Kostengruppen der 3. Ebene	Einheit	▷	€/Einheit	◁	▷	€/m² BGF	◁
411	**Abwasseranlagen**	m^2	16	**24**	38	16	**24**	38
	Abbrechen	*m^2*	*< 1*	***< 1***	*1*	*< 1*	***< 1***	*1*
	Wiederherstellen	m^2	–	**33**	–	–	**33**	–
	Herstellen	m^2	15	**22**	32	15	**22**	32
412	**Wasseranlagen**	m^2	41	**64**	93	41	**64**	93
	Abbrechen	*m^2*	*1*	***2***	*7*	*1*	***2***	*7*
	Wiederherstellen	m^2	–	**< 1**	–	–	**< 1**	–
	Herstellen	m^2	40	**63**	91	40	**63**	91
413	**Gasanlagen**	m^2	< 1	**4**	8	< 1	**4**	8
	Abbrechen	*m^2*	–	***< 1***	–	–	***< 1***	–
	Herstellen	m^2	2	**5**	9	2	**5**	9
419	**Sonstiges zur KG 410**	m^2	3	**5**	7	3	**5**	7
	Herstellen	m^2	3	**5**	7	3	**5**	7
421	**Wärmeerzeugungsanlagen**	m^2	17	**39**	60	17	**39**	60
	Abbrechen	*m^2*	*< 1*	***2***	*5*	*< 1*	***2***	*5*
	Herstellen	m^2	13	**38**	58	13	**38**	58
422	**Wärmeverteilnetze**	m^2	13	**23**	43	13	**23**	43
	Abbrechen	*m^2*	*< 1*	***2***	*3*	*< 1*	***2***	*3*
	Wiederherstellen	m^2	–	**< 1**	–	–	**< 1**	–
	Herstellen	m^2	13	**23**	42	13	**23**	42
423	**Raumheizflächen**	m^2	23	**38**	50	23	**38**	50
	Abbrechen	*m^2*	*< 1*	***2***	*6*	*< 1*	***2***	*6*
	Wiederherstellen	m^2	< 1	**2**	4	< 1	**2**	4
	Herstellen	m^2	21	**37**	50	21	**37**	50
429	**Sonstiges zur KG 420**	m^2	8	**14**	51	8	**14**	51
	Abbrechen	*m^2*	*2*	***5***	*14*	*2*	***5***	*14*
	Wiederherstellen	m^2	< 1	**2**	4	< 1	**2**	4
	Herstellen	m^2	5	**12**	39	5	**12**	39
431	**Lüftungsanlagen**	m^2	3	**6**	10	3	**6**	10
	Herstellen	m^2	3	**6**	10	3	**6**	10
442	**Eigenstromversorgungsanlagen**	m^2	–	**61**	–	–	**61**	–
	Herstellen	m^2	–	**61**	–	–	**61**	–
444	**Niederspannungsinstallationsanl.**	m^2	35	**54**	74	35	**54**	74
	Abbrechen	*m^2*	*2*	***3***	*6*	*2*	***3***	*6*
	Wiederherstellen	m^2	< 1	**4**	7	< 1	**4**	7
	Herstellen	m^2	35	**52**	76	35	**52**	76
445	**Beleuchtungsanlagen**	m^2	2	**6**	14	2	**6**	14
	Abbrechen	*m^2*	*< 1*	***< 1***	*< 1*	*< 1*	***< 1***	*< 1*
	Wiederherstellen	m^2	–	**< 1**	–	–	**< 1**	–
	Herstellen	m^2	2	**6**	14	2	**6**	14
446	**Blitzschutz- und Erdungsanlagen**	m^2	< 1	**2**	7	< 1	**2**	7
	Abbrechen	*m^2*	–	***< 1***	–	–	***< 1***	–
	Wiederherstellen	m^2	–	**< 1**	–	–	**< 1**	–
	Herstellen	m^2	< 1	**2**	7	< 1	**2**	7
451	**Telekommunikationsanlagen**	m^2	< 1	**1**	2	< 1	**1**	2
	Herstellen	m^2	< 1	**1**	2	< 1	**1**	2
452	**Such- und Signalanlagen**	m^2	2	**5**	12	2	**5**	12
	Abbrechen	*m^2*	–	***< 1***		–	***< 1***	–
	Wiederherstellen	m^2	–	**< 1**	–	–	**< 1**	–
	Herstellen	m^2	2	**5**	12	2	**5**	12

KG	Kostengruppen der 3. Ebene	Einheit	▷	€/Einheit	◁	▷	€/m² BGF	◁
455	**Audiovis. Medien- u. Antennenanl.**	m²	1	**3**	10	1	**3**	10
	Abbrechen	*m²*	*< 1*	***< 1***	*< 1*	*< 1*	***< 1***	*< 1*
	Herstellen	m²	1	**3**	10	1	**3**	10
456	**Gefahrenmelde- und Alarmanlagen**	m²	1	**16**	46	1	**16**	46
	Herstellen	m²	1	**16**	46	1	**16**	46
457	**Datenübertragungsnetze**	m²	3	**5**	9	3	**5**	9
	Herstellen	m²	3	**5**	9	3	**5**	9
461	**Aufzugsanlagen**	m²	35	**85**	235	35	**85**	235
	Abbrechen	*m²*	–	***1***	–	–	***1***	–
	Wiederherstellen	m²	–	**< 1**	–	–	**< 1**	–
	Herstellen	m²	35	**85**	233	35	**85**	233
481	**Automationseinrichtungen**	m²	–	**4**	–	–	**4**	–
	Herstellen	m²	–	**4**	–	–	**4**	–
491	**Baustelleneinrichtung**	m²	< 1	**3**	5	< 1	**3**	5
	Herstellen	m²	< 1	**3**	5	< 1	**3**	5

Kosten:
Stand 2. Quartal 2026
Bundesdurchschnitt
inkl. 19% MwSt.

▷ von
ø Mittel
◁ bis

Prozentanteile der Kosten für Leistungsbereiche nach STLB (Kosten Bauwerk nach DIN 276)

LB	Leistungsbereiche	▷	% an 300+400	◁
000	Baustellen-, Sicherheitseinr. inkl. 001, 089	1,7	**2,6**	3,9
002	Erdarbeiten	0,1	**0,7**	1,7
006	Spezialtiefbauarbeiten inkl. 005	0,0	**< 0,1**	0,9
009	Entwässerungskanalarbeiten inkl. 011	< 0,1	**0,3**	2,0
010	Drän- und Versickerarbeiten	< 0,1	**< 0,1**	0,1
012	Mauerarbeiten	2,4	**4,3**	7,5
013	Betonarbeiten	1,4	**5,4**	14,2
014	Natur-, Betonwerksteinarbeiten	0,1	**1,2**	3,6
016	Zimmer- und Holzbauarbeiten	2,4	**7,0**	15,8
017	Stahlbauarbeiten	0,1	**1,2**	3,5
018	Abdichtungsarbeiten	0,1	**0,7**	3,7
020	Dachdeckungsarbeiten	0,3	**2,7**	5,8
021	Dachabdichtungsarbeiten	0,3	**1,4**	3,8
022	Klempnerarbeiten	1,1	**1,9**	2,9
	Rohbau	18,0	**29,6**	41,7
023	Putz- und Stuckarbeiten, Wärmedämmsysteme	3,3	**9,2**	14,5
024	Fliesen- und Plattenarbeiten	1,8	**3,0**	4,5
025	Estricharbeiten	1,0	**2,4**	5,3
026	Fenster, Außentüren inkl. 029, 032	4,7	**7,3**	12,0
027	Tischlerarbeiten	2,3	**4,4**	7,5
028	Parkett-, Holzpflasterarbeiten	0,1	**1,5**	4,6
030	Rollladenarbeiten	< 0,1	**0,3**	1,0
031	Metallbauarbeiten inkl. 035	0,6	**2,5**	3,6
034	Maler- und Lackiererarb. - Beschicht. inkl. 037	2,7	**4,6**	10,2
036	Bodenbelagarbeiten	0,5	**1,8**	3,9
038	Vorgehängte hinterlüftete Fassaden	0,0	**0,1**	1,7
039	Trockenbauarbeiten	3,4	**5,7**	8,2
	Ausbau	33,8	**42,8**	50,1
040	Wärmeversorgungsanl. - Betriebseinr. inkl. 041	3,8	**7,2**	10,2
042	Gas- u. Wasseranl. - Leitung., Armat. inkl. 043	1,3	**2,2**	4,1
044	Abwasseranl. - Leitungen, Abläufe, Armaturen	0,7	**1,4**	2,6
045	Gas, Wasser, Entwässerung - Ausstattung inkl. 046	1,7	**2,6**	4,4
047	Dämm- und Brandschutzarb. an techn. Anlagen	0,2	**0,8**	1,7
049	Feuerlöschanlagen, Feuerlöschgeräte	–	**–**	–
050	Blitzschutz-/Erdungsanlagen, Überspannungssch.	< 0,1	**0,1**	0,4
052	Mittelspannungsanlagen	–	**–**	–
053	Niederspannungsanl. - Kabel inkl. 054	2,6	**3,8**	5,7
055	Sicherheits- u. Ersatzstromversorgungsanl.	0,0	**0,2**	3,7
057	Gebäudesystemtechnik	–	**–**	–
058	Leuchten und Lampen inkl. 059	0,1	**0,4**	0,8
060	Such, Signal, Zeit, Anten., akust. Anl. inkl. 064	0,1	**0,4**	0,9
061	Kommunikations- u. Übertragungsnetze inkl. 062	0,2	**0,4**	0,8
063	Gefahrenmeldeanlagen	< 0,1	**0,3**	2,3
069	Aufzüge	0,0	**1,2**	6,8
070	Gebäudeautomation	< 0,1	**< 0,1**	0,3
075	Raumlufttechnische Anlagen inkl. 078	< 0,1	**0,2**	0,5
	Gebäudetechnik	14,7	**21,4**	30,7
084	Abbruch, Rückbau, Schadstoffsanierung	2,9	**5,6**	9,0
	Sonstige Leistungsbereiche inkl. 008, 033, 051	0,1	**0,6**	1,5

€/m² BGF

min	640	€/m²
von	1.050	€/m²
Mittel	**1.465**	**€/m²**
bis	1.925	€/m²
max	2.350	€/m²

Kosten:
Stand 2. Quartal 2026
Bundesdurchschnitt
inkl. 19% MwSt.

Objektübersicht zur Gebäudeart

6100-1636 Mehrfamilienhaus (10 WE)

BRI 3.706 m³ **BGF** 1.240 m² **NUF** 746 m²

Baujahr: 1970
Bauzustand: mittel
Aufwand: mittel
Nutzung während der Bauzeit: nein
Nutzungsänderung: ja
Grundrissänderungen: einige
Tragwerkseingriffe: wenige

Land: Bayern
Kreis: Deggendorf
Standard: mittel
Bauzeit: 74 Wochen
Kennwerte: bis 3. Ebene DIN 276
veröffentlicht: BKI Objektdaten A13
BGF 1.590 €/m²

Planung: Neumeier Architekten PartGmbB; Tittling

Umbau eines Gebäudes aus den 70er Jahren mit Mischnutzung in ein Mehrfamilienhaus mit 752 m² WFL. Ausbau des Dachgeschosses und Anbau eines Aufzugs.

1. Ebene: 300 Bauwerk – Baukonstruktionen: 76%, **400 Bauwerk – Technische Anlagen:** 24%
3. Ebene: Baukonstruktionen: A: Sonstige 3%, **W:** Sonstige 8%, **H:** 331 Tragende Außenwände 5%, 334 Außenwandöffnungen 7%, 335 Außenwandbekleidungen, außen 15%, 337 Elementierte Außenwandkonstruktionen 4%, 344 Innenwandöffnungen 4%, 345 Innenwandbekleidungen 5%, 353 Deckenbeläge 11%, 363 Dachbeläge 6%, 391 Baustelleneinrichtung 4%, 392 Gerüste 3%, Sonstige 25%, **Technische Anlagen:** A: Sonstige 3%, **H:** 411 Abwasseranlagen 8%, 412 Wasseranlagen 20%, 421 Wärmeerzeugungsanlagen 15%, 422 Wärmeverteilnetze 7%, 423 Raumheizflächen 12%, 444 Niederspannungsinstallationsanlagen 13%, 461 Aufzugsanlagen 13%, Sonstige 10%

6100-1457 Mehrfamilienhaus (11 WE)

BRI 4.425 m³ **BGF** 1.418 m² **NUF** 1.010 m²

Baujahr: 1971
Bauzustand: mittel
Aufwand: mittel
Nutzung während der Bauzeit: nein
Nutzungsänderung: nein
Grundrissänderungen: umfangreiche
Tragwerkseingriffe: einige

Land: Brandenburg
Kreis: Brandenburg a. d. Havel
Standard: mittel
Bauzeit: 17 Wochen
Kennwerte: bis 3. Ebene DIN 276
veröffentlicht: BKI Objektdaten A12
BGF 1.227 €/m²

Planung: Märkplan GmbH; Brandenburg

Umbau eines Mehrfamilienhauses von zwölf auf elf Wohneinheiten mit zwei bis vier Räumen.

1. Ebene: 300 Bauwerk – Baukonstruktionen: 65%, **400 Bauwerk – Technische Anlagen:** 35%
3. Ebene: Baukonstruktionen: A: Sonstige 11%, **W:** Sonstige 2%, **H:** 334 Außenwandöffnungen 8%, 335 Außenwandbekleidungen, außen 16%, 339 Sonstiges zur KG 330 4%, 344 Innenwandöffnungen 6%, 345 Innenwandbekleidungen 13%, 353 Deckenbeläge 13%, 354 Deckenbekleidungen 6%, 397 Zusätzliche Maßnahmen 3%, Sonstige 17%, **Technische Anlagen:** A: Sonstige 3%, **W:** Sonstige < 1%, **H:** 411 Abwasseranlagen 7%, 412 Wasseranlagen 30%, 421 Wärmeerzeugungsanlagen 13%, 422 Wärmeverteilnetze 13%, 423 Raumheizflächen 7%, 444 Niederspannungsinstallationsanlagen 15%, 455 Audiovisuelle Medien- und Antennenanlagen 3%, Sonstige 9%

A Abbrechen
W Wiederherstellen
H Herstellen

6100-1306 Mehrfamilienhaus (5 WE)

BRI 5.334m³ **BGF** 1.521m² **NUF** 800m²

Baujahr: 1897
Bauzustand: schlecht
Aufwand: hoch
Nutzung während der Bauzeit: nein
Nutzungsänderung: nein
Grundrissänderungen: wenige
Tragwerkseingriffe: einige

Land: Sachsen
Kreis: Chemnitz, Stadt
Standard: hoch
Bauzeit: 61 Wochen
Kennwerte: bis 3.Ebene DIN 276
veröffentlicht: BKI Objektdaten A11

BGF 1.456€/m²

Planung: Architekturbüro Samuel Jenichen; Dresden

Mehrfamilienhaus mit fünf Wohneinheiten (760m² WFL) mit Schwammsanierung. **Kosteneinfluss Nutzung:** Denkmalschutz, historische Bauelemente, Brandschutz, Schallschutz

1.Ebene: 300 Bauwerk – Baukonstruktionen: 90%, **400 Bauwerk – Technische Anlagen:** 10%
3.Ebene: Baukonstruktionen: A: 394 Abbruchmaßnahmen 4%, Sonstige 9%, **W:** 335 Außenwandbekleidungen, außen 4%, Sonstige 9%, **H:** 334 Außenwandöffnungen 6%, 335 Außenwandbekleidungen, außen 4%, 336 Außenwandbekleidungen, innen 4%, 342 Nichttragende Innenwände 3%, 344 Innenwandöffnungen 7%, 345 Innenwandbekleidungen 5%, 351 Deckenkonstruktionen 10%, 353 Deckenbeläge 9%, 354 Deckenbekleidungen 4%, 363 Dachbeläge 5%, Sonstige 16%, **Technische Anlagen: A:** 429 Sonstiges zur KG 420 6%, Sonstige 1%, **H:** 411 Abwasseranlagen 7%, 412 Wasseranlagen 29%, 422 Wärmeverteilnetze 11%, 423 Raumheizflächen 21%, 444 Niederspannungsinstallationsanlagen 14%, Sonstige 11%

6100-1394 Wohn- und Geschäftshaus (21 WE)

BRI 10.101m³ **BGF** 2.819m² **NUF** 1.412m²

Baujahr: 1795
Bauzustand: mittel
Aufwand: hoch
Nutzung während der Bauzeit: nein
Nutzungsänderung: nein
Grundrissänderungen: einige
Tragwerkseingriffe: einige

Land: Thüringen
Kreis: Saale-Orla-Kreis
Standard: mittel
Bauzeit: 113 Wochen
Kennwerte: bis 3.Ebene DIN 276
veröffentlicht: BKI Objektdaten A12

BGF 2.351€/m²

Planung: AFS - Architekturbüro Frank Sieber; Ranis

Umbau und Modernisierung eines Wohn- und Geschäftshaus.

1.Ebene: 300 Bauwerk – Baukonstruktionen: 82%, **400 Bauwerk – Technische Anlagen:** 18%
3.Ebene: Baukonstruktionen: A: Sonstige 10%, **W:** 331 Tragende Außenwände 4%, Sonstige 9%, **H:** 334 Außenwandöffnungen 8%, 335 Außenwandbekleidungen, außen 4%, 336 Außenwandbekleidungen, innen 4%, 344 Innenwandöffnungen 4%, 345 Innenwandbekleidungen 7%, 351 Deckenkonstruktionen 7%, 353 Deckenbeläge 6%, 355 Elementierte Deckenkonstruktionen 5%, 361 Dachkonstruktionen 5%, 363 Dachbeläge 6%, Sonstige 23%, **Technische Anlagen: A:** 429 Sonstiges zur KG 420 4%, Sonstige 1%, **H:** 411 Abwasseranlagen 9%, 412 Wasseranlagen 19%, 421 Wärmeerzeugungsanlagen 3%, 422 Wärmeverteilnetze 12%, 423 Raumheizflächen 7%, 444 Niederspannungsinstallationsanlagen 18%, 445 Beleuchtungsanlagen 5%, 456 Gefahrenmelde- und Alarmanlagen 4%, 461 Aufzugsanlagen 7%, Sonstige 10%

€/m² BGF

min	640	€/m²
von	1.050	€/m²
Mittel	**1.465**	**€/m²**
bis	1.925	€/m²
max	2.350	€/m²

Kosten:
Stand 2. Quartal 2026
Bundesdurchschnitt
inkl. 19% MwSt.

A Abbrechen
W Wiederherstellen
H Herstellen

Objektübersicht zur Gebäudeart

6100-1267 Mehrfamilienhaus (4 WE), Dachausbau*

BRI 416 m³ **BGF** 166 m² **NUF** 127 m²

© BraungeBrandt

Baujahr: 1892+1948
Bauzustand: mittel
Aufwand: hoch
Nutzung während der Bauzeit: ja
Nutzungsänderung: ja
Grundrissänderungen: umfangreiche
Tragwerkseingriffe: umfangreiche

Land: Hessen
Kreis: Wiesbaden, Stadt
Standard: mittel
Bauzeit: 30 Wochen
Kennwerte: bis 3. Ebene DIN 276
veröffentlicht: BKI Objektdaten A12
BGF 4.027 €/m²

* Nicht in der Auswertung enthalten

Planung: BraungeBrandt Planungsstudio; Wiesbaden

Dachgeschossausbau eines Mehrfamilienhauses als großzügiges Loft mit zwei Balkonen (92m² WFL).

1. Ebene: 300 Bauwerk – Baukonstruktionen: 86%, **400 Bauwerk – Technische Anlagen:** 14%
3. Ebene: Baukonstruktionen: A: Sonstige 6%, **W:** Sonstige < 1%, **H:** 331 Tragende Außenwände 3%, 334 Außenwandöffnungen 4%, 335 Außenwandbekleidungen, außen 3%, 341 Tragende Innenwände 3%, 345 Innenwandbekleidungen 4%, 351 Deckenkonstruktionen 11%, 353 Deckenbeläge 11%, 359 Sonstiges zur KG 350 4%, 361 Dachkonstruktionen 8%, 362 Dachöffnungen 4%, 363 Dachbeläge 16%, 364 Dachbekleidungen 3%, 391 Baustelleneinrichtung 5%, 392 Gerüste 6%, Sonstige 9%, **Technische Anlagen: A:** Sonstige 2%, **H:** 411 Abwasseranlagen 11%, 412 Wasseranlagen 17%, 413 Gasanlagen 9%, 421 Wärmeerzeugungsanlagen 9%, 422 Wärmeverteilnetze 11%, 423 Raumheizflächen 7%, 429 Sonstiges zur KG 420 7%, 444 Niederspannungsinstallationsanlagen 14%, 445 Beleuchtungsanlagen 7%, Sonstige 8%

6100-1242 Wohn- und Geschäftshaus (3 WE)

BRI 3.231 m³ **BGF** 904 m² **NUF** 664 m²

© Märkplan GmbH

Baujahr: 1923
Bauzustand: mittel
Aufwand: mittel
Nutzung während der Bauzeit: nein
Nutzungsänderung: ja
Grundrissänderungen: umfangreiche
Tragwerkseingriffe: umfangreiche

Land: Sachsen-Anhalt
Kreis: Jerichower Land
Standard: mittel
Bauzeit: 26 Wochen
Kennwerte: bis 3. Ebene DIN 276
veröffentlicht: BKI Objektdaten A11
BGF 1.313 €/m²

Planung: Märkplan GmbH; Brandenburg an der Havel

Wohn- und Geschäftshaus mit drei Wohneinheiten und einer Gewerbeeinheit.

1. Ebene: 300 Bauwerk – Baukonstruktionen: 79%, **400 Bauwerk – Technische Anlagen:** 21%
3. Ebene: Baukonstruktionen: A: Sonstige 4%, **W:** Sonstige 2%, **H:** 334 Außenwandöffnungen 17%, 335 Außenwandbekleidungen, außen 12%, 336 Außenwandbekleidungen, innen 4%, 337 Elementierte Außenwandkonstruktionen 5%, 342 Nichttragende Innenwände 5%, 345 Innenwandbekleidungen 7%, 351 Deckenkonstruktionen 5%, 353 Deckenbeläge 7%, 354 Deckenbekleidungen 4%, 363 Dachbeläge 5%, 364 Dachbekleidungen 4%, Sonstige 19%, **Technische Anlagen: A:** Sonstige < 1%, **H:** 411 Abwasseranlagen 6%, 412 Wasseranlagen 32%, 421 Wärmeerzeugungsanlagen 12%, 422 Wärmeverteilnetze 7%, 423 Raumheizflächen 16%, 429 Sonstiges zur KG 420 4%, 444 Niederspannungsinstallationsanlagen 19%, Sonstige 5%

Objektübersicht zur Gebäudeart

6100-1195 Mehrfamilienhaus, Dachgeschoss*

BRI 506m³ **BGF** 162m² **NUF** 134m²

Baujahr: 1963
Bauzustand: mittel
Aufwand: hoch
Nutzung während der Bauzeit: ja
Nutzungsänderung: ja
Grundrissänderungen: umfangreiche
Tragwerkseingriffe: einige

Land: Rheinland-Pfalz
Kreis: Mainz, Stadt
Standard: hoch
Bauzeit: 26 Wochen
Kennwerte: bis 3. Ebene DIN 276
veröffentlicht: BKI Objektdaten IR1

BGF 3.238€/m² *

* Nicht in der Auswertung enthalten

Planung: archikult Martin Riker; Mainz

Dachgeschossumbau von Arztpraxis zu Wohnräumen

1. Ebene: 300 Bauwerk – Baukonstruktionen: 78%, **400 Bauwerk – Technische Anlagen:** 22%
3. Ebene: Baukonstruktionen: A: Sonstige 8%, **W:** Sonstige < 1%, **H:** 334 Außenwandöffnungen 5%, 344 Innenwandöffnungen 4%, 345 Innenwandbekleidungen 5%, 353 Deckenbeläge 7%, 355 Elementierte Deckenkonstruktionen 3%, 361 Dachkonstruktionen 9%, 362 Dachöffnungen 3%, 363 Dachbeläge 16%, 364 Dachbekleidungen 12%, 381 Allgemeine Einbauten 12%, Sonstige 17%, **Technische Anlagen: A:** Sonstige < 1%, **H:** 411 Abwasseranlagen 6%, 412 Wasseranlagen 31%, 422 Wärmeverteilnetze 4%, 423 Raumheizflächen 15%, 429 Sonstiges zur KG 420 5%, 431 Lüftungsanlagen 9%, 444 Niederspannungsinstallationsanlagen 10%, 455 Audiovisuelle Medien- und Antennenanlagen 14%, Sonstige 5%

6100-1262 Mehrfamilienhaus Dachausbau (2 WE)

BRI 1.173m³ **BGF** 450m² **NUF** 283m²

Baujahr: 1910
Bauzustand: gut
Aufwand: mittel
Nutzung während der Bauzeit: ja
Nutzungsänderung: ja
Grundrissänderungen: umfangreiche
Tragwerkseingriffe: umfangreiche

Land: Bayern
Kreis: Kempten (Allgäu)
Standard: hoch
Bauzeit: 52 Wochen
Kennwerte: bis 3. Ebene DIN 276
veröffentlicht: BKI Objektdaten A11

BGF 1.902€/m²

Planung: brack architekten; Kempten

Umbau des ehemaligen Dachspeichers einer denkmalgeschützten Fabrikantenvilla in großzügigen Wohnraum mit zwei Wohneinheiten.

1. Ebene: 300 Bauwerk – Baukonstruktionen: 68%, **400 Bauwerk – Technische Anlagen:** 32%
3. Ebene: Baukonstruktionen: A: 342 Nichttragende Innenwände 4%, Sonstige 2%, **W:** Sonstige 7%, **H:** 334 Außenwandöffnungen 3%, 342 Nichttragende Innenwände 5%, 344 Innenwandöffnungen 4%, 345 Innenwandbekleidungen 7%, 353 Deckenbeläge 19%, 361 Dachkonstruktionen 9%, 362 Dachöffnungen 7%, 364 Dachbekleidungen 8%, 366 Lichtschutz zur KG 360 4%, 392 Gerüste 4%, Sonstige 17%, **Technische Anlagen: A:** Sonstige 2%, **W:** Sonstige < 1%, **H:** 412 Wasseranlagen 10%, 422 Wärmeverteilnetze 4%, 423 Raumheizflächen 7%, 444 Niederspannungsinstallationsanlagen 16%, 445 Beleuchtungsanlagen 3%, 452 Such- und Signalanlagen 3%, 456 Gefahrenmelde- und Alarmanlagen 10%, 461 Aufzugsanlagen 38%, Sonstige 7%

€/m² BGF

min	640	€/m²
von	1.050	€/m²
Mittel	**1.465**	**€/m²**
bis	1.925	€/m²
max	2.350	€/m²

Kosten:
Stand 2. Quartal 2026
Bundesdurchschnitt
inkl. 19% MwSt.

A Abbrechen
W Wiederherstellen
H Herstellen

Objektübersicht zur Gebäudeart

6100-1384 Mehrfamilienhaus (3 WE)

BRI 2.364 m³ **BGF** 614 m² **NUF** 501 m²

© Werner Huthmacher

Baujahr: 1908
Bauzustand: mittel
Aufwand: hoch
Nutzung während der Bauzeit: nein
Grundrissänderungen: umfangreiche
Tragwerkseingriffe: umfangreiche

Land: Brandenburg
Kreis: Potsdam-Mittelmark
Standard: mittel
Bauzeit: 96 Wochen
Kennwerte: bis 3. Ebene DIN 276
veröffentlicht: BKI Objektdaten A12

BGF **2.078 €/m²**

Planung: bromsky Architekten Liebscher Streb PartGmbH; Berlin

Umbau einer Ziegelscheune in drei Einheiten mit Wohnungen und Ateliers über sechs Ebenen, sowie dem Scheunensalon als Gemeinschaftsraum.

1. Ebene: 300 Bauwerk – Baukonstruktionen: 85%, **400 Bauwerk – Technische Anlagen:** 15%
3. Ebene: Baukonstruktionen: A: Sonstige 2%, **W:** 331 Tragende Außenwände 8%, Sonstige < 1%, **H:** 322 Flachgründungen und Bodenplatten 4%, 331 Tragende Außenwände 5%, 334 Außenwandöffnungen 7%, 335 Außenwandbekleidungen, außen 4%, 336 Außenwandbekleidungen, innen 9%, 339 Sonstiges zur KG 330 6%, 342 Nichttragende Innenwände 4%, 351 Deckenkonstruktionen 10%, 353 Deckenbeläge 9%, 361 Dachkonstruktionen 8%, 363 Dachbeläge 8%, Sonstige 16%, **Technische Anlagen:** **H:** 411 Abwasseranlagen 6%, 412 Wasseranlagen 9%, 421 Wärmeerzeugungsanlagen 17%, 422 Wärmeverteilnetze 5%, 423 Raumheizflächen 13%, 429 Sonstiges zur KG 420 21%, 444 Niederspannungsinstallationsanlagen 20%, Sonstige 10%

6100-1056 Wohngebäude, Kanzlei

BRI 1.835 m³ **BGF** 594 m² **NUF** 448 m²

© Märkplan GmbH

Baujahr: 1915
Bauzustand: schlecht
Aufwand: mittel
Nutzung während der Bauzeit: nein
Nutzungsänderung: ja
Grundrissänderungen: umfangreiche
Tragwerkseingriffe: umfangreiche

Land: Brandenburg
Kreis: Brandenburg a.d. Havel
Standard: mittel
Bauzeit: 61 Wochen
Kennwerte: bis 3. Ebene DIN 276
veröffentlicht: BKI Objektdaten A9

BGF **1.347 €/m²**

Planung: Märkplan GmbH; Brandenburg an der Havel

Umbau von bestehendem Lagergebäude zu Wohnhaus mit Kanzlei.

1. Ebene: 300 Bauwerk – Baukonstruktionen: 76%, **400 Bauwerk – Technische Anlagen:** 24%
3. Ebene: Baukonstruktionen: A: Sonstige 6%, **W:** Sonstige < 1%, **H:** 331 Tragende Außenwände 7%, 334 Außenwandöffnungen 8%, 335 Außenwandbekleidungen, außen 10%, 345 Innenwandbekleidungen 5%, 351 Deckenkonstruktionen 18%, 353 Deckenbeläge 11%, 361 Dachkonstruktionen 7%, 363 Dachbeläge 9%, Sonstige 20%, **Technische Anlagen:** **H:** 411 Abwasseranlagen 6%, 412 Wasseranlagen 9%, 421 Wärmeerzeugungsanlagen 22%, 422 Wärmeverteilnetze 7%, 423 Raumheizflächen 17%, 429 Sonstiges zur KG 420 3%, 444 Niederspannungsinstallationsanlagen 20%, Sonstige 15%

Objektübersicht zur Gebäudeart

6100-0979 Mehrfamilienhaus (3 WE)

BRI 1.739 m³ **BGF** 713 m² **NUF** 401 m²

© weise bauplanung

Baujahr: 1900
Bauzustand: schlecht
Aufwand: hoch
Nutzung während der Bauzeit: nein
Nutzungsänderung: ja
Grundrissänderungen: umfangreiche
Tragwerkseingriffe: einige

Land: Sachsen
Kreis: Sächsische Schweiz
Standard: mittel
Bauzeit: 57 Wochen
Kennwerte: bis 3. Ebene DIN 276
veröffentlicht: BKI Objektdaten A9

BGF 1.662 €/m²

Planung: Architekturbüro weise bauplanung; Dresden

Umbau eines Zweifamilienhauses mit gewerblichen Nebenräumen zu einem Dreifamilienwohnhaus.

1. Ebene: 300 Bauwerk – Baukonstruktionen: 78%, **400 Bauwerk – Technische Anlagen:** 22%
3. Ebene: Baukonstruktionen: A: 394 Abbruchmaßnahmen 7%, Sonstige 5%, **W:** Sonstige < 1%, **H:** 331 Tragende Außenwände 8%, 334 Außenwandöffnungen 8%, 335 Außenwandbekleidungen, außen 8%, 345 Innenwandbekleidungen 5%, 351 Deckenkonstruktionen 11%, 353 Deckenbeläge 8%, 361 Dachkonstruktionen 4%, 363 Dachbeläge 6%, Sonstige 29%, **Technische Anlagen: A:** Sonstige 1%, **H:** 411 Abwasseranlagen 5%, 412 Wasseranlagen 20%, 421 Wärmeerzeugungsanlagen 11%, 422 Wärmeverteilnetze 5%, 423 Raumheizflächen 12%, 429 Sonstiges zur KG 420 3%, 442 Eigenstromversorgungsanlagen 17%, 444 Niederspannungsinstallationsanlagen 16%, Sonstige 9%

6100-0717 Mehrfamilienhaus (4 WE)

BRI 2.417 m³ **BGF** 834 m² **NUF** 529 m²

© Architekt Peter Schuster

Bauzustand: schlecht
Aufwand: hoch
Nutzung während der Bauzeit: ja
Nutzungsänderung: ja
Grundrissänderungen: umfangreiche
Tragwerkseingriffe: umfangreiche

Land: Baden-Württemberg
Kreis: Ludwigsburg
Standard: mittel
Bauzeit: 48 Wochen
Kennwerte: bis 3. Ebene DIN 276
veröffentlicht: BKI Objektdaten A7

BGF 1.299 €/m²

Planung: Architekt Dipl.-Ing. Peter Schuster; Bietigheim-Bissingen

Mehrfamilienhaus mit vier Wohneinheiten (427 m² WFL).

1. Ebene: 300 Bauwerk – Baukonstruktionen: 80%, **400 Bauwerk – Technische Anlagen:** 20%
3. Ebene: Baukonstruktionen: A: Sonstige 4%, **W:** Sonstige < 1%, **H:** 322 Flachgründungen und Bodenplatten 4%, 331 Tragende Außenwände 4%, 334 Außenwandöffnungen 8%, 335 Außenwandbekleidungen, außen 16%, 341 Tragende Innenwände 5%, 344 Innenwandöffnungen 4%, 345 Innenwandbekleidungen 6%, 351 Deckenkonstruktionen 8%, 353 Deckenbeläge 8%, 361 Dachkonstruktionen 7%, 363 Dachbeläge 6%, 364 Dachbekleidungen 4%, Sonstige 17%, **Technische Anlagen: A:** Sonstige < 1%, **W:** Sonstige 2%, **H:** 411 Abwasseranlagen 8%, 412 Wasseranlagen 30%, 421 Wärmeerzeugungsanlagen 22%, 422 Wärmeverteilnetze 8%, 423 Raumheizflächen 7%, 429 Sonstiges zur KG 420 5%, 444 Niederspannungsinstallationsanlagen 16%, Sonstige 2%

€/m² BGF

min	640	€/m²
von	1.050	€/m²
Mittel	**1.465**	**€/m²**
bis	1.925	€/m²
max	2.350	€/m²

Kosten:
Stand 2. Quartal 2026
Bundesdurchschnitt
inkl. 19% MwSt.

Objektübersicht zur Gebäudeart

6100-0634 Mehrfamilienhaus (75 WE)

BRI 33.478 m³ **BGF** 12.119 m² **NUF** 8.444 m²

Baujahr: 1926
Bauzustand: schlecht
Aufwand: hoch
Nutzung während der Bauzeit: ja
Nutzungsänderung: nein
Grundrissänderungen: wenige
Tragwerkseingriffe: wenige

Land: Nordrhein-Westfalen
Kreis: Köln, Stadt
Standard: einfach
Bauzeit: 74 Wochen
Kennwerte: bis 3. Ebene DIN 276
veröffentlicht: BKI Objektdaten A8
BGF 641 €/m²

Planung: ARCHITEKT SCHERER; Köln

Mehrfamilienhaus (75 WE) **Kosteneinfluss Nutzung:** Die beschriebenen Mehrfamilienhäuser sind nur ein Teil der gesamten Siedlung. Die Häuser stehen unter Denkmalschutz.

1. Ebene: 300 Bauwerk – Baukonstruktionen: 66%, **400 Bauwerk – Technische Anlagen:** 34%
3. Ebene: Baukonstruktionen: A: Sonstige 7%, **W:** 335 Außenwandbekleidungen, außen 9%, Sonstige 4%, **H:** 334 Außenwandöffnungen 16%, 335 Außenwandbekleidungen, außen 15%, 344 Innenwandöffnungen 6%, 345 Innenwandbekleidungen 6%, 353 Deckenbeläge 5%, 354 Deckenbekleidungen 5%, 361 Dachkonstruktionen 4%, 363 Dachbeläge 10%, 364 Dachbekleidungen 4%, Sonstige 9%, **Technische Anlagen: A:** 412 Wasseranlagen 3%, Sonstige 7%, **W:** 444 Niederspannungsinstallationsanlagen 3%, Sonstige 2%, **H:** 411 Abwasseranlagen 13%, 412 Wasseranlagen 20%, 419 Sonstiges zur KG 410 4%, 421 Wärmeerzeugungsanlagen 7%, 422 Wärmeverteilnetze 14%, 423 Raumheizflächen 6%, 444 Niederspannungsinstallationsanlagen 12%, Sonstige 8%

6100-0704 Umbau Tabakfabrik (19 WE)

BRI 17.283 m³ **BGF** 5.531 m² **NUF** 3.844 m²

Baujahr: 1900
Bauzustand: mittel
Aufwand: hoch
Nutzung während der Bauzeit: ja
Nutzungsänderung: ja
Grundrissänderungen: umfangreiche
Tragwerkseingriffe: einige

Land: Baden-Württemberg
Kreis: Rhein-Neckar-Kreis
Standard: hoch
Bauzeit: 56 Wochen
Kennwerte: bis 3. Ebene DIN 276
veröffentlicht: BKI Objektdaten A8
BGF 1.772 €/m²

Planung: Architektur Udo Richter Dipl.-Ing. Freier Architekt; Heilbronn

Eine Tabakfabrik wurde umgebaut zu einem Wohn- und Geschäftshaus mit einem Getränkeladen, Büroräumen und 19 Wohnungen. **Kosteneinfluss Nutzung:** Die Tiefgarage hat 22 Stellplätze.

1. Ebene: 300 Bauwerk – Baukonstruktionen: 85%, **400 Bauwerk – Technische Anlagen:** 15%
3. Ebene: Baukonstruktionen: A: 394 Abbruchmaßnahmen 6%, Sonstige < 1%, **W:** Sonstige 2%, **H:** 331 Tragende Außenwände 6%, 334 Außenwandöffnungen 8%, 335 Außenwandbekleidungen, außen 4%, 337 Elementierte Außenwandkonstruktionen 4%, 342 Nichttragende Innenwände 5%, 345 Innenwandbekleidungen 6%, 351 Deckenkonstruktionen 6%, 353 Deckenbeläge 6%, 354 Deckenbekleidungen 4%, 361 Dachkonstruktionen 4%, 363 Dachbeläge 6%, 365 Elementierte Dachkonstruktionen 5%, Sonstige 27%, **Technische Anlagen: H:** 411 Abwasseranlagen 13%, 412 Wasseranlagen 25%, 421 Wärmeerzeugungsanlagen 3%, 422 Wärmeverteilnetze 6%, 423 Raumheizflächen 17%, 444 Niederspannungsinstallationsanlagen 17%, 461 Aufzugsanlagen 9%, Sonstige 9%

A Abbrechen
W Wiederherstellen
H Herstellen

Objektübersicht zur Gebäudeart

6100-0641 Mehrfamilienhaus (3 WE)

BRI 1.447 m³ **BGF** 550 m² **NUF** 357 m²

© Manderscheid Partnerschaft

Bauzustand: mittel
Aufwand: mittel
Nutzung während der Bauzeit: ja
Nutzungsänderung: ja
Grundrissänderungen: wenige
Tragwerkseingriffe: wenige

Land: Baden-Württemberg
Kreis: Tübingen
Standard: mittel
Bauzeit: 26 Wochen
Kennwerte: bis 3. Ebene DIN 276
veröffentlicht: BKI Objektdaten A6

BGF **1.077 €/m²**

Planung: Manderscheid Partnerschaft; Stuttgart

Umbau einer Villa zu einem Mehrfamilienhaus mit drei Wohneinheiten (288 m² WFL).

1. Ebene: 300 Bauwerk – Baukonstruktionen: 85%, **400 Bauwerk – Technische Anlagen:** 15%
3. Ebene: Baukonstruktionen: A: 394 Abbruchmaßnahmen 5%, Sonstige 4%, **W:** Sonstige 3%, **H:** 334 Außenwandöffnungen 6%, 335 Außenwandbekleidungen, außen 14%, 345 Innenwandbekleidungen 11%, 351 Deckenkonstruktionen 5%, 353 Deckenbeläge 10%, 361 Dachkonstruktionen 4%, 362 Dachöffnungen 4%, 363 Dachbeläge 9%, Sonstige 24%, **Technische Anlagen:** A: Sonstige < 1%, **W:** 411 Abwasseranlagen 20%, Sonstige 2%, **H:** 411 Abwasseranlagen 11%, 412 Wasseranlagen 22%, 419 Sonstiges zur KG 410 4%, 421 Wärmeerzeugungsanlagen 3%, 423 Raumheizflächen 7%, 429 Sonstiges zur KG 420 5%, 444 Niederspannungsinstallationsanlagen 18%, Sonstige 8%

6100-0674 Mehrfamilienhaus (3 WE)

BRI 1.177 m³ **BGF** 508 m² **NUF** 279 m²

© Architekt Marcus Vollmer

Land: Baden-Württemberg
Kreis: Tübingen
Standard: mittel
Bauzeit: 74 Wochen
Kennwerte: bis 3. Ebene DIN 276
veröffentlicht: BKI Objektdaten A6

BGF **1.717 €/m²**

Planung: Dipl.-Ing. Architekt Marcus Vollmer; Rottenburg

Umbau und Modernisierung eines Dreifamilienhauses von 1875. Schaffung von abteilbaren und separat erschlossenen Wohnungen.
Kosteneinfluss Grundstück: Blockrandbebauung, Gründerzeit, eine Giebel- und eine Traufseite sind Grenzbebauung.

1. Ebene: 300 Bauwerk – Baukonstruktionen: 85%, **400 Bauwerk – Technische Anlagen:** 15%
3. Ebene: Baukonstruktionen: A: Sonstige 4%, **H:** 334 Außenwandöffnungen 13%, 335 Außenwandbekleidungen, außen 15%, 344 Innenwandöffnungen 4%, 345 Innenwandbekleidungen 10%, 351 Deckenkonstruktionen 5%, 353 Deckenbeläge 14%, 361 Dachkonstruktionen 8%, 363 Dachbeläge 8%, Sonstige 19%, **Technische Anlagen:** **H:** 411 Abwasseranlagen 5%, 412 Wasseranlagen 18%, 421 Wärmeerzeugungsanlagen 25%, 423 Raumheizflächen 24%, 429 Sonstiges zur KG 420 5%, 431 Lüftungsanlagen 3%, 444 Niederspannungsinstallationsanlagen 14%, Sonstige 5%

Objektübersicht zur Gebäudeart

€/m² BGF

min	640	€/m²
von	1.050	€/m²
Mittel	**1.465**	**€/m²**
bis	1.925	€/m²
max	2.350	€/m²

Kosten:
Stand 2. Quartal 2026
Bundesdurchschnitt
inkl. 19% MwSt.

6100-0598 Mehrfamilienhaus (6 WE) — BRI 2.672 m³ — BGF 840 m² — NUF 565 m²

© Architekt Ulrich Blessing

Baujahr: 1985
Bauzustand: mittel
Aufwand: hoch
Nutzung während der Bauzeit: nein
Nutzungsänderung: nein
Grundrissänderungen: umfangreiche
Tragwerkseingriffe: einige

Land: Baden-Württemberg
Kreis: Schwarzwald-Baar-Kreis
Standard: hoch
Bauzeit: 30 Wochen
Kennwerte: bis 3. Ebene DIN 276
veröffentlicht: www.bki.de
BGF **647 €/m²**

Planung: Architekt Dipl.-Ing. Ulrich Blessing; Hüfingen

Umbau einer Einfamilienvilla zu einem 6-Familienwohnhaus. Die Wohneinheiten sind hochwertig ausgestattet.

1. Ebene: 300 Bauwerk – Baukonstruktionen: 64%, **400 Bauwerk – Technische Anlagen:** 36%
3. Ebene: Baukonstruktionen: A: Sonstige 1%, **W:** 334 Außenwandöffnungen 5%, 364 Dachbekleidungen 4%, Sonstige 1%, **H:** 334 Außenwandöffnungen 13%, 335 Außenwandbekleidungen, außen 3%, 342 Nichttragende Innenwände 7%, 344 Innenwandöffnungen 12%, 345 Innenwandbekleidungen 16%, 353 Deckenbeläge 21%, Sonstige 18%, **Technische Anlagen: A:** Sonstige 3%, **W:** Sonstige < 1%, **H:** 411 Abwasseranlagen 5%, 412 Wasseranlagen 24%, 421 Wärmeerzeugungsanlagen 17%, 422 Wärmeverteilnetze 7%, 423 Raumheizflächen 15%, 444 Niederspannungsinstallationsanlagen 21%, Sonstige 7%

6100-1372 Mehrfamilienhaus (12 WE), Büros - Effizienzhaus 70 — BRI 6.272 m³ — BGF 1.972 m² — NUF 1.217 m²

© rutsch+rutsch

Baujahr: 1965

Land: Mecklenburg-Vorpommern
Kreis: Schwerin, Stadt
Standard: mittel
Bauzeit: 152 Wochen
Kennwerte: bis 1. Ebene DIN 276
veröffentlicht: BKI Objektdaten A11
BGF **1.826 €/m²**

Planung: rutsch+rutsch architektur+szenografie; Schwerin

Umbau Betriebsgebäude zu Mehrfamilienhaus (12 WE) mit Büroflächen.

1. Ebene: 300 Bauwerk – Baukonstruktionen: 83%, **400 Bauwerk – Technische Anlagen:** 17%

A Abbrechen
W Wiederherstellen
H Herstellen

6100-1302 Mehrfamilienhaus, Carport (2 STP)

BRI 2.080 m³ **BGF** 667 m² **NUF** 491 m²

Baujahr: 1961

Land: Bayern
Kreis: Augsburg, Stadt
Standard: mittel
Bauzeit: 57 Wochen
Kennwerte: bis 1. Ebene DIN 276
veröffentlicht: BKI Objektdaten A11

BGF 1.195 €/m²

Planung: ARCHITEKTanBORD; Augsburg

Umnutzung von Praxis mit Kellerräumen in Wohnungen.

1. Ebene: 300 Bauwerk – Baukonstruktionen: 81%, **400 Bauwerk – Technische Anlagen:** 19%

6100-1074 Mehrgenerationenhaus (25 WE), Café, Beratung

BRI 14.990 m³ **BGF** 5.098 m² **NUF** 2.767 m²

Baujahr: 1938
Bauzustand: schlecht
Aufwand: hoch
Nutzung während der Bauzeit: nein
Nutzungsänderung: ja
Grundrissänderungen: umfangreiche
Tragwerkseingriffe: einige

Land: Berlin
Kreis: Berlin, Stadt
Standard: einfach
Bauzeit: 83 Wochen
Kennwerte: bis 1. Ebene DIN 276
veröffentlicht: BKI Objektdaten A9

BGF 1.310 €/m²

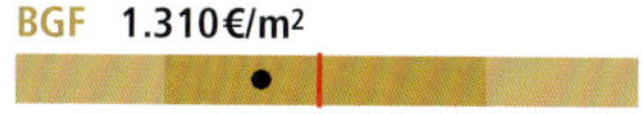

Planung: roedig . schop architekten + partner mbB; Berlin

Mehrgenerationenhaus mit 25 Wohneinheiten (1.505 m² WFL), Apartments, Wohngemeinschaft, Beratungsräume, Kiezcafé und Bibliothek.

1. Ebene: 300 Bauwerk – Baukonstruktionen: 78%, **400 Bauwerk – Technische Anlagen:** 22%

Übersicht- 1. + 2. Ebene
Erweiterung
Umbau
Moderni- sierung
Instand- setzung
Bau- elemente
Abbrechen
Wieder- herstellen
Herstellen

Kostenkennwerte für die Kosten des Bauwerks (Kostengruppen 300+400 nach DIN 276)

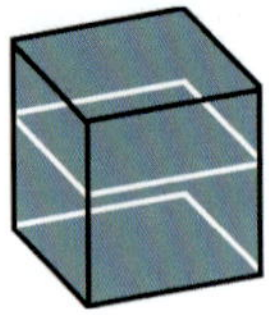

BRI 475 €/m³
von 320 €/m³
bis 935 €/m³

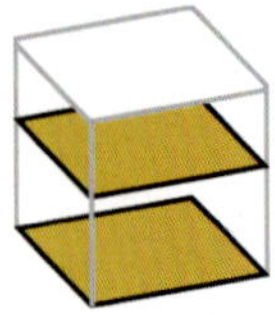

BGF 1.515 €/m²
von 1.190 €/m²
bis 1.830 €/m²

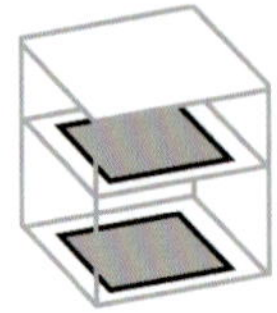

NUF 2.475 €/m²
von 1.850 €/m²
bis 3.915 €/m²

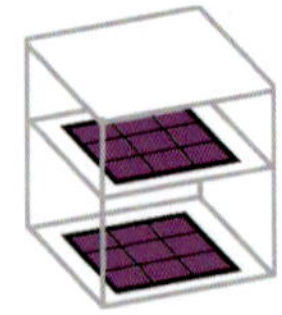

NE 3.445 €/NE
von 1.945 €/NE
bis 4.970 €/NE
NE: Wohnfläche

Objektbeispiele

Kosten:
Stand 2. Quartal 2026
Bundesdurchschnitt
inkl. 19% MwSt.

6100-1609

6100-1434

6100-0568

Kosten der 4 Vergleichsobjekte

Seiten 328 bis 330

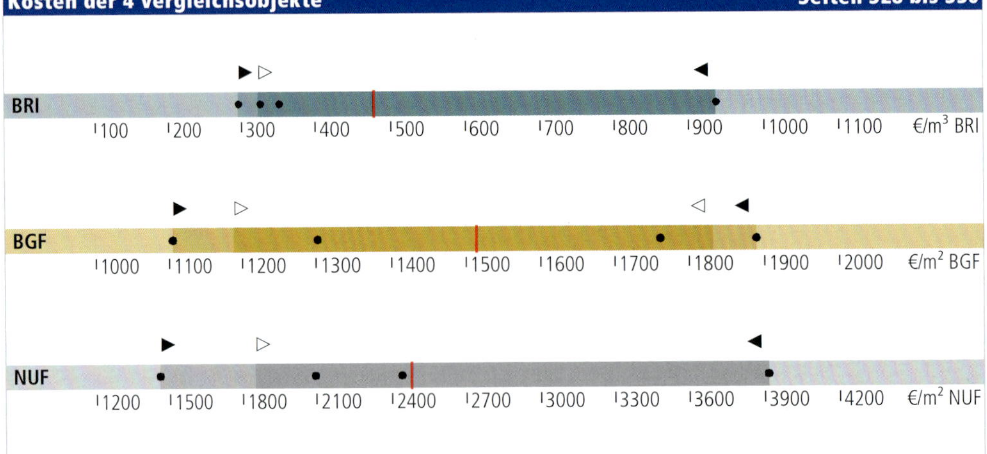

- ● KKW
- ▶ min
- ▷ von
- | Mittelwert
- ◁ bis
- ◀ max

Kostenstand: 2. Quartal 2026, Bundesdurchschnitt, **inkl. 19% MwSt.**

Kostenkennwerte für die Kostengruppen der 1. und 2.Ebene DIN 276

KG	Kostengruppen der 1. Ebene	Einheit	▷	€/Einheit	◁	▷	% an 300+400	◁
100	Grundstück	m² GF	–	**–**	–	–	**–**	–
200	Vorbereitende Maßnahmen	m² GF	–	**–**	–	4,1	**4,1**	4,1
300	Bauwerk – Baukonstruktionen	m² BGF	960	**1.251**	1.548	80,8	**82,2**	86,4
400	Bauwerk – Technische Anlagen	m² BGF	234	**263**	336	13,6	**17,8**	19,2
	Bauwerk 300+400	m² BGF	1.188	**1.514**	1.831	100,0	**100,0**	100,0
500	Außenanlagen und Freiflächen	m² AF	–	**41**	–	0,1	**1,2**	2,2
600	Ausstattung und Kunstwerke	m² BGF	11	**14**	16	0,7	**0,7**	0,8
700	Baunebenkosten	m² BGF	–	**–**	–	–	**–**	–
800	Finanzierung	m² BGF	–	**–**	–	–	**–**	–

KG	Kostengruppen der 2. Ebene	Einheit	▷	€/Einheit	◁	▷	% an 1. Ebene	◁
310	Baugrube / Erdbau	m³ BGI	–	**72**	–	0,0	**0,3**	1,0
320	Gründung, Unterbau	m² GRF	256	**547**	839	0,0	**3,7**	7,8
330	Außenwände / vertikal außen	m² AWF	331	**534**	691	7,8	**29,3**	37,8
340	Innenwände / vertikal innen	m² IWF	228	**343**	445	10,1	**14,6**	20,5
350	Decken / horizontal	m² DEF	296	**479**	732	14,6	**19,1**	23,8
360	Dächer	m² DAF	243	**413**	573	10,4	**28,4**	49,9
370	Infrastrukturanlagen		–	**–**	–	–	**–**	–
380	Baukonstruktive Einbauten	m² BGF	–	**2**	–	0,0	**< 0,1**	0,2
390	Sonst. Maßnahmen für Baukonst.	m² BGF	35	**82**	151	0,8	**4,6**	8,5
300	**Bauwerk – Baukonstruktionen**	**m² BGF**					**100,0**	
410	Abwasser-, Wasser-, Gasanlagen	m² BGF	68	**105**	155	29,1	**38,5**	48,5
420	Wärmeversorgungsanlagen	m² BGF	78	**108**	137	26,4	**43,1**	56,9
430	Raumlufttechnische Anlagen	m² BGF	–	**–**	–	–	**–**	–
440	Elektrische Anlagen	m² BGF	30	**47**	91	12,2	**16,8**	27,2
450	Kommunikationstechnische Anlagen	m² BGF	4	**5**	9	0,4	**1,6**	3,1
460	Förderanlagen	m² BGF	–	**–**	–	–	**–**	–
470	Nutzungsspez. / verfahrenstech. Anl.	m² BGF	–	**–**	–	–	**–**	–
480	Gebäude- und Anlagenautomation	m² BGF	–	**–**	–	–	**–**	–
490	Sonst. Maßnahmen f. techn. Anl.	m² BGF	–	**–**	–	–	**–**	–
400	**Bauwerk – Technische Anlagen**	**m² BGF**					**100,0**	

Prozentanteile der Kosten 2.Ebene an den Kosten des Bauwerks nach DIN 276 (Von/Mittel/Bis)

KG	Kostengruppe	%
310	Baugrube / Erdbau	0,2
320	Gründung, Unterbau	3,0
330	Außenwände / vertikal außen	23,8
340	Innenwände / vertikal innen	12,0
350	Decken / horizontal	15,6
360	Dächer	23,7
370	Infrastrukturanlagen	
380	Baukonstruktive Einbauten	< 0,1
390	Sonst. Maßnahmen für Baukonst.	3,9
410	Abwasser-, Wasser-, Gasanlagen	6,8
420	Wärmeversorgungsanlagen	7,7
430	Raumlufttechnische Anlagen	
440	Elektrische Anlagen	3,0
450	Kommunikationstechnische Anlagen	0,3
460	Förderanlagen	
470	Nutzungsspez. / verfahrenstech. Anl.	
480	Gebäude- und Anlagenautomation	
490	Sonst. Maßnahmen f. techn. Anl.	

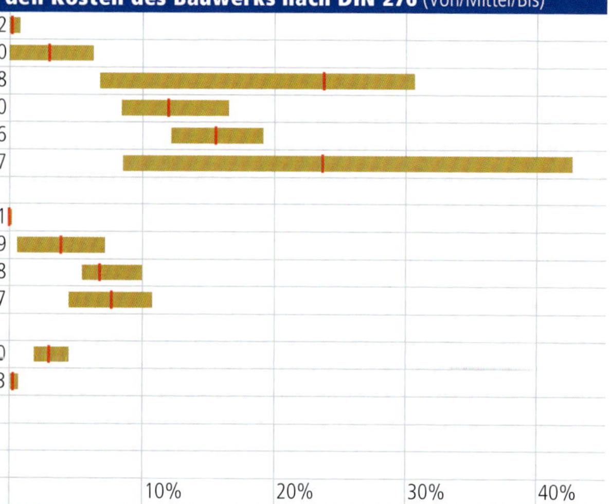

 Kostenstand: 2. Quartal 2026, Bundesdurchschnitt, **inkl. 19% MwSt.**

Übersicht-1. + 2. Ebene
Erweiterung
Umbau
Moderni-sierung
Instand-setzung
Bau-elemente
Abbrechen
Wieder-herstellen
Herstellen

Kostenkennwerte für die Kostengruppen der 3. Ebene DIN 276

Kosten:
Stand 2. Quartal 2026
Bundesdurchschnitt
inkl. 19% MwSt.

▷ von
ø Mittel
◁ bis

KG	Kostengruppen der 3. Ebene	Einheit	▷	€/Einheit	◁	▷	€/m² BGF	◁
311	**Herstellung**	m³	–	**72**	–	–	**14**	–
	Herstellen	m³	–	**72**	–	–	**14**	–
322	**Flachgründungen und Bodenplatten**	m²	–	**485**	–	2	**39**	76
	Herstellen	m²	–	**485**	–	–	**76**	–
324	**Gründungsbeläge**	m²	248	**289**	331	31	**43**	55
	Abbrechen	*m²*	–	***< 1***	–	–	***< 1***	–
	Herstellen	m²	247	**289**	331	31	**43**	55
325	**Abdichtungen und Bekleidungen**	m²	–	**37**	–	–	**4**	–
	Herstellen	m²	–	**37**	–	–	**4**	–
329	**Sonstiges zur KG 320**	m²	–	**136**	–	–	**21**	–
	Herstellen	m²	–	**136**	–	–	**21**	–
331	**Tragende Außenwände**	m²	286	**419**	815	38	**91**	248
	Abbrechen	*m²*	–	***31***	–	–	***5***	–
	Herstellen	m²	274	**412**	815	37	**90**	248
332	**Nichttragende Außenwände**	m²	107	**187**	267	10	**14**	19
	Abbrechen	*m²*	*56*	***77***	*98*	*2*	***10***	*17*
	Wiederherstellen	m²	–	**9**	–	–	**2**	–
	Herstellen	m²	–	**211**	–	–	**8**	–
334	**Außenwandöffnungen**	m²	787	**886**	1.121	64	**133**	205
	Abbrechen	*m²*	–	***11***	–	–	***2***	–
	Herstellen	m²	785	**883**	1.121	64	**132**	205
335	**Außenwandbekleidungen, außen**	m²	69	**159**	216	42	**73**	120
	Wiederherstellen	m²	2	**13**	24	1	**13**	24
	Herstellen	m²	45	**150**	214	37	**65**	118
336	**Außenwandbekleidungen, innen**	m²	58	**122**	178	23	**50**	117
	Herstellen	m²	58	**122**	178	23	**50**	117
339	**Sonstiges zur KG 330**	m²	–	**16**	–	–	**14**	–
	Herstellen	m²	–	**16**	–	–	**14**	–
341	**Tragende Innenwände**	m²	261	**309**	333	26	**49**	95
	Herstellen	m²	261	**309**	333	26	**49**	95
342	**Nichttragende Innenwände**	m²	54	**136**	172	14	**36**	56
	Abbrechen	*m²*	*14*	***22***	*30*	*4*	***5***	*5*
	Herstellen	m²	54	**124**	152	13	**34**	53
344	**Innenwandöffnungen**	m²	400	**683**	1.059	12	**30**	74
	Herstellen	m²	400	**683**	1.059	12	**30**	74
345	**Innenwandbekleidungen**	m²	54	**90**	186	36	**51**	94
	Abbrechen	*m²*	*3*	***3***	*4*	*< 1*	***2***	*2*
	Herstellen	m²	53	**88**	182	35	**50**	94
346	**Elem. Innenwandkonstruktionen**	m²	486	**657**	829	13	**61**	109
	Herstellen	m²	486	**657**	829	13	**61**	109
351	**Deckenkonstruktionen**	m²	129	**671**	902	10	**86**	118
	Abbrechen	*m²*	–	***43***	–	–	***5***	–
	Wiederherstellen	m²	–	**129**	–	–	**104**	–
	Herstellen	m²	723	**837**	1.055	10	**78**	121
353	**Deckenbeläge**	m²	191	**244**	374	85	**120**	153
	Abbrechen	*m²*	–	***17***	–	–	***14***	–
	Herstellen	m²	170	**240**	335	84	**116**	149
354	**Deckenbekleidungen**	m²	38	**53**	69	5	**15**	25
	Wiederherstellen	m²	–	**25**	–	–	**9**	–
	Herstellen	m²	38	**41**	43	5	**11**	16

KG	Kostengruppen der 3. Ebene	Einheit	▷	€/Einheit	◁	▷	€/m² BGF	◁
359	**Sonstiges zur KG 350**	m²	7	**84**	123	4	**32**	47
	Herstellen	m²	7	**84**	123	4	**32**	47
361	**Dachkonstruktionen**	m²	91	**177**	396	19	**82**	104
	Abbrechen	*m²*	*3*	***11***	*19*	*1*	***3***	*5*
	Wiederherstellen	m²	18	**20**	22	6	**12**	18
	Herstellen	m²	81	**162**	355	18	**74**	93
362	**Dachöffnungen**	m²	2.151	**3.057**	3.962	7	**44**	81
	Abbrechen	*m²*	–	***7***	–	–	***< 1***	–
	Herstellen	m²	2.144	**3.053**	3.962	7	**44**	81
363	**Dachbeläge**	m²	143	**264**	332	106	**264**	563
	Abbrechen	*m²*	*26*	***30***	*38*	*14*	***27***	*52*
	Wiederherstellen	m²	–	**3**	–	–	**1**	–
	Herstellen	m²	102	**233**	306	89	**237**	511
364	**Dachbekleidungen**	m²	46	**121**	192	14	**66**	139
	Herstellen	m²	46	**121**	192	14	**66**	139
366	**Lichtschutz zur KG 360**	m²	–	**1.007**	–	–	**26**	–
	Herstellen	m²	–	**1.007**	–	–	**26**	–
369	**Sonstiges zur KG 360**	m²	–	**3**	–	–	**6**	–
	Abbrechen	*m²*	–	***< 1***	–	–	***< 1***	–
	Herstellen	m²	–	**3**	–	–	**6**	–
381	**Allgemeine Einbauten**	m²	–	**2**	–	–	**2**	–
	Herstellen	m²	–	**2**	–	–	**2**	–
391	**Baustelleneinrichtung**	m²	2	**4**	5	2	**4**	5
	Herstellen	m²	2	**4**	5	2	**4**	5
392	**Gerüste**	m²	30	**65**	120	30	**65**	120
	Herstellen	m²	30	**65**	120	30	**65**	120
393	**Sicherungsmaßnahmen**	m²	–	**2**	–	–	**2**	–
	Herstellen	m²	–	**2**	–	–	**2**	–
394	**Abbruchmaßnahmen**	m²	–	**13**	–	–	**13**	–
	Abbrechen	*m²*	–	***13***	–	–	***13***	–
396	**Materialentsorgung**	m²	–	**14**	–	–	**14**	–
	Herstellen	m²	–	**14**	–	–	**14**	–
397	**Zusätzliche Maßnahmen**	m²	< 1	**7**	14	< 1	**7**	14
	Herstellen	m²	< 1	**7**	14	< 1	**7**	14

KG	Kostengruppen der 3. Ebene	Einheit	▷	€/Einheit	◁	▷	€/m² BGF	◁
411	**Abwasseranlagen**	m²	11	**16**	20	11	**16**	20
	Herstellen	m²	11	**16**	20	11	**16**	20
412	**Wasseranlagen**	m²	58	**86**	156	58	**86**	156
	Abbrechen	*m²*	–	***2***	–	–	***2***	–
	Herstellen	m²	58	**86**	156	58	**86**	156
413	**Gasanlagen**	m²	–	**2**	–	–	**2**	–
	Herstellen	m²	–	**2**	–	–	**2**	–
419	**Sonstiges zur KG 410**	m²	4	**4**	5	4	**4**	5
	Herstellen	m²	4	**4**	5	4	**4**	5
421	**Wärmeerzeugungsanlagen**	m²	58	**76**	94	58	**76**	94
	Herstellen	m²	58	**76**	94	58	**76**	94
422	**Wärmeverteilnetze**	m²	16	**32**	64	16	**32**	64
	Abbrechen	*m²*	–	***< 1***	–	–	***< 1***	–
	Herstellen	m²	16	**32**	64	16	**32**	64
423	**Raumheizflächen**	m²	30	**39**	66	30	**39**	66
	Herstellen	m²	30	**39**	66	30	**39**	66
429	**Sonstiges zur KG 420**	m²	11	**12**	12	11	**12**	12
	Abbrechen	*m²*	–	***< 1***	–	–	***< 1***	–
	Wiederherstellen	m²	–	**8**	–	–	**8**	–
	Herstellen	m²	3	**8**	12	3	**8**	12
444	**Niederspannungsinstallationsanl.**	m²	24	**36**	47	24	**36**	47
	Abbrechen	*m²*	–	***2***	–	–	***2***	–
	Herstellen	m²	22	**35**	46	22	**35**	46
445	**Beleuchtungsanlagen**	m²	3	**22**	41	3	**22**	41
	Herstellen	m²	3	**22**	41	3	**22**	41
446	**Blitzschutz- und Erdungsanlagen**	m²	–	**< 1**	–	–	**< 1**	–
	Herstellen	m²	–	**< 1**	–	–	**< 1**	–
451	**Telekommunikationsanlagen**	m²	–	**< 1**	–	–	**< 1**	–
	Herstellen	m²	–	**< 1**	–	–	**< 1**	–
452	**Such- und Signalanlagen**	m²	–	**< 1**	–	–	**< 1**	–
	Herstellen	m²	–	**< 1**	–	–	**< 1**	–
455	**Audiovis. Medien- u. Antennenanl.**	m²	1	**2**	3	1	**2**	3
	Herstellen	m²	1	**2**	3	1	**2**	3
456	**Gefahrenmelde- und Alarmanlagen**	m²	< 1	**3**	5	< 1	**3**	5
	Herstellen	m²	< 1	**3**	5	< 1	**3**	5
457	**Datenübertragungsnetze**	m²	–	**2**	–	–	**2**	–
	Herstellen	m²	–	**2**	–	–	**2**	–

Kosten:
Stand 2. Quartal 2026
Bundesdurchschnitt
inkl. 19% MwSt.

▷ von
ø Mittel
◁ bis

Prozentanteile der Kosten für Leistungsbereiche nach STLB (Kosten Bauwerk nach DIN 276)

LB	Leistungsbereiche	▷	% an 300+400	◁
000	Baustellen-, Sicherheitseinr. inkl. 001, 089	0,6	**3,2**	5,9
002	Erdarbeiten	< 0,1	**0,2**	0,8
006	Spezialtiefbauarbeiten inkl. 005	–	**–**	–
009	Entwässerungskanalarbeiten inkl. 011	–	**–**	–
010	Drän- und Versickerarbeiten	–	**–**	–
012	Mauerarbeiten	0,0	**6,3**	8,6
013	Betonarbeiten	0,1	**1,1**	3,9
014	Natur-, Betonwerksteinarbeiten	–	**–**	–
016	Zimmer- und Holzbauarbeiten	4,8	**11,8**	14,6
017	Stahlbauarbeiten	0,0	**1,6**	6,3
018	Abdichtungsarbeiten	0,0	**< 0,1**	< 0,1
020	Dachdeckungsarbeiten	0,0	**6,6**	26,3
021	Dachabdichtungsarbeiten	0,4	**2,1**	6,5
022	Klempnerarbeiten	1,0	**3,2**	8,3
	Rohbau	24,6	**36,1**	48,8
023	Putz- und Stuckarbeiten, Wärmedämmsysteme	0,0	**3,6**	7,4
024	Fliesen- und Plattenarbeiten	3,6	**4,9**	8,0
025	Estricharbeiten	0,6	**2,0**	3,4
026	Fenster, Außentüren inkl. 029, 032	5,6	**10,9**	22,4
027	Tischlerarbeiten	0,4	**1,6**	5,0
028	Parkett-, Holzpflasterarbeiten	0,8	**3,1**	5,1
030	Rollladenarbeiten	0,0	**0,3**	1,4
031	Metallbauarbeiten inkl. 035	0,8	**4,5**	14,3
034	Maler- und Lackiererarb. - Beschicht. inkl. 037	0,4	**1,8**	3,4
036	Bodenbelagarbeiten	0,0	**0,8**	3,4
038	Vorgehängte hinterlüftete Fassaden	0,0	**1,5**	6,0
039	Trockenbauarbeiten	3,4	**8,2**	13,9
	Ausbau	31,8	**43,3**	54,7
040	Wärmeversorgungsanl. - Betriebseinr. inkl. 041	4,0	**6,9**	9,8
042	Gas- u. Wasseranl. - Leitung., Armat. inkl. 043	0,6	**1,7**	2,2
044	Abwasseranl. - Leitungen, Abläufe, Armaturen	1,0	**1,2**	1,3
045	Gas, Wasser, Entwässerung - Ausstattung inkl. 046	2,4	**4,0**	5,7
047	Dämm- und Brandschutzarb. an techn. Anlagen	0,0	**0,3**	0,4
049	Feuerlöschanlagen, Feuerlöschgeräte	–	**–**	–
050	Blitzschutz-/Erdungsanlagen, Überspannungssch.	0,0	**< 0,1**	< 0,1
052	Mittelspannungsanlagen	–	**–**	–
053	Niederspannungsanl. - Kabel inkl. 054	1,9	**2,4**	3,0
055	Sicherheits- u. Ersatzstromversorgungsanl.	–	**–**	–
057	Gebäudesystemtechnik	–	**–**	–
058	Leuchten und Lampen inkl. 059	< 0,1	**0,6**	2,3
060	Such, Signal, Zeit, Anten., akust. Anl. inkl. 064	< 0,1	**< 0,1**	< 0,1
061	Kommunikations- u. Übertragungsnetze inkl. 062	< 0,1	**0,1**	0,3
063	Gefahrenmeldeanlagen	< 0,1	**0,1**	0,4
069	Aufzüge	–	**–**	–
070	Gebäudeautomation	–	**–**	–
075	Raumlufttechnische Anlagen inkl. 078	–	**–**	–
	Gebäudetechnik	12,9	**17,4**	19,1
084	Abbruch, Rückbau, Schadstoffsanierung	0,8	**2,9**	4,5
	Sonstige Leistungsbereiche inkl. 008, 033, 051	0,0	**0,3**	1,1

€/m² BGF

min	1.105	€/m²
von	1.190	€/m²
Mittel	**1.515**	**€/m²**
bis	1.830	€/m²
max	1.890	€/m²

Kosten:
Stand 2. Quartal 2026
Bundesdurchschnitt
inkl. 19% MwSt.

A Abbrechen
W Wiederherstellen
H Herstellen

Objektübersicht zur Gebäudeart

6100-1623 Dachgeschosswohnung

BRI 182 m³ **BGF** 90 m² **NUF** 44 m²

Baujahr: 1936
Bauzustand: mittel
Aufwand: mittel
Nutzung während der Bauzeit: ja
Nutzungsänderung: ja
Grundrissänderungen: einige
Tragwerkseingriffe: einige

Land: Berlin
Kreis: Berlin, Stadt
Standard: einfach
Bauzeit: 31 Wochen
Kennwerte: bis 3. Ebene DIN 276
veröffentlicht: BKI Objektdaten A13
BGF 1.889 €/m²

Planung: werkArchitektur Yvonne Werk; Berlin

Dachgeschossausbau zu Einraumwohnung mit Küche und Bad

1. Ebene: 300 Bauwerk – Baukonstruktionen: 86%, **400 Bauwerk – Technische Anlagen:** 14%
3. Ebene: Baukonstruktionen: A: 363 Dachbeläge 3%, Sonstige 2%, **W:** 351 Deckenkonstruktionen 6%, Sonstige 1%, **H:** 342 Nichttragende Innenwände 3%, 345 Innenwandbekleidungen 6%, 353 Deckenbeläge 8%, 361 Dachkonstruktionen 6%, 362 Dachöffnungen 5%, 363 Dachbeläge 31%, 364 Dachbekleidungen 10%, 392 Gerüste 7%, Sonstige 11%, **Technische Anlagen: H:** 411 Abwasseranlagen 8%, 412 Wasseranlagen 32%, 422 Wärmeverteilnetze 25%, 423 Raumheizflächen 12%, 429 Sonstiges zur KG 420 5%, 444 Niederspannungsinstallationsanlagen 16%, Sonstige 3%

6100-1609 Dachgeschosswohnung, Turmzimmer*

BRI 434 m³ **BGF** 198 m² **NUF** 136 m²

Baujahr: 1901-1910
Bauzustand: gut
Aufwand: hoch
Nutzung während der Bauzeit: nein
Nutzungsänderung: nein
Grundrissänderungen: umfangreiche
Tragwerkseingriffe: wenige

Land: Berlin
Kreis: Berlin, Stadt
Standard: hoch
Bauzeit: 65 Wochen
Kennwerte: bis 3. Ebene DIN 276
veröffentlicht: BKI Objektdaten A13
BGF 2.888 €/m² *

* Nicht in der Auswertung enthalten

Planung: werkArchitektur Yvonne Werk; Berlin

Dachgeschosswohnung mit Turmzimmern, Schlafebenen und Dachterrasse

1. Ebene: 300 Bauwerk – Baukonstruktionen: 69%, **400 Bauwerk – Technische Anlagen:** 31%
3. Ebene: Baukonstruktionen: A: 394 Abbruchmaßnahmen 5%, Sonstige 5%, **W:** Sonstige 2%, **H:** 334 Außenwandöffnungen 9%, 342 Nichttragende Innenwände 3%, 344 Innenwandöffnungen 7%, 345 Innenwandbekleidungen 8%, 351 Deckenkonstruktionen 3%, 353 Deckenbeläge 14%, 354 Deckenbekleidungen 3%, 355 Elementierte Deckenkonstruktionen 4%, 361 Dachkonstruktionen 4%, 362 Dachöffnungen 3%, 364 Dachbekleidungen 13%, 381 Allgemeine Einbauten 7%, Sonstige 9%, **Technische Anlagen: A:** Sonstige 2%, **W:** Sonstige < 1%, **H:** 412 Wasseranlagen 12%, 421 Wärmeerzeugungsanlagen 8%, 423 Raumheizflächen 43%, 444 Niederspannungsinstallationsanlagen 16%, 456 Gefahrenmelde- und Alarmanlagen 6%, 457 Datenübertragungsnetze 4%, Sonstige 8%

6100-1434 Gästewohnung

BRI 599 m³ **BGF** 100 m² **NUF** 72 m²

Baujahr: 1920
Bauzustand: mittel
Aufwand: mittel
Nutzung während der Bauzeit: nein
Nutzungsänderung: ja
Grundrissänderungen: einige
Tragwerkseingriffe: wenige

Land: Rheinland-Pfalz
Kreis: Alzey-Worms
Standard: hoch
Bauzeit: 57 Wochen
Kennwerte: bis 3. Ebene DIN 276
veröffentlicht: BKI Objektdaten A12

BGF 1.761 €/m²

Planung: PROWALD ideen - lösungen - architektur; Flonheim

Einbau einer Gästewohnung in eine Scheune als "Haus im Haus"-Konstruktion.

1. Ebene: 300 Bauwerk – Baukonstruktionen: 81%, **400 Bauwerk – Technische Anlagen:** 19%
3. Ebene: Baukonstruktionen: H: 322 Flachgründungen und Bodenplatten 5%, 331 Tragende Außenwände 17%, 334 Außenwandöffnungen 16%, 341 Tragende Innenwände 7%, 344 Innenwandöffnungen 5%, 346 Elementierte Innenwandkonstruktionen 8%, 351 Deckenkonstruktionen 10%, 353 Deckenbeläge 11%, 359 Sonstiges zur KG 350 4%, 361 Dachkonstruktionen 6%, Sonstige 11%, **Technische Anlagen: H:** 411 Abwasseranlagen 5%, 412 Wasseranlagen 46%, 423 Raumheizflächen 20%, 444 Niederspannungsinstallationsanlagen 15%, 445 Beleuchtungsanlagen 12%, Sonstige 2%

6100-0881 Wohnloft

BRI 1.234 m³ **BGF** 308 m² **NUF** 191 m²

Baujahr: 1900
Bauzustand: schlecht
Aufwand: hoch
Nutzung während der Bauzeit: nein
Nutzungsänderung: ja
Grundrissänderungen: umfangreiche
Tragwerkseingriffe: keine

Land: Sachsen-Anhalt
Kreis: Harz
Standard: mittel
Bauzeit: 31 Wochen
Kennwerte: bis 3. Ebene DIN 276
veröffentlicht: BKI Objektdaten A8

BGF 1.302 €/m²

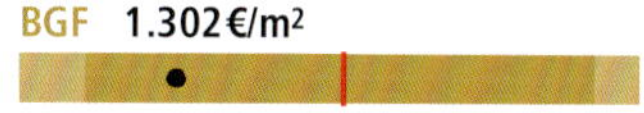

Planung: qbatur Planungsbüro GmbH; Quedlinburg

Ein Möbelgeschäft wurde zu einem Wohnloft umgebaut, die Werkstatt musste erhalten werden. **Kosteneinfluss Nutzung:** Die Fassade steht unter Denkmalschutz, als Teil eines UNESCO-Weltkulturerbes.

1. Ebene: 300 Bauwerk – Baukonstruktionen: 81%, **400 Bauwerk – Technische Anlagen:** 19%
3. Ebene: Baukonstruktionen: A: Sonstige 3%, **W:** Sonstige 1%, **H:** 324 Gründungsbeläge 5%, 334 Außenwandöffnungen 15%, 335 Außenwandbekleidungen, außen 11%, 336 Außenwandbekleidungen, innen 11%, 342 Nichttragende Innenwände 5%, 345 Innenwandbekleidungen 4%, 353 Deckenbeläge 7%, 359 Sonstiges zur KG 350 4%, 363 Dachbeläge 4%, 364 Dachbekleidungen 6%, 392 Gerüste 6%, Sonstige 18%, **Technische Anlagen: A:** Sonstige < 1%, **W:** 429 Sonstiges zur KG 420 3%, **H:** 411 Abwasseranlagen 7%, 412 Wasseranlagen 18%, 421 Wärmeerzeugungsanlagen 39%, 422 Wärmeverteilnetze 5%, 423 Raumheizflächen 13%, 444 Niederspannungsinstallationsanlagen 7%, Sonstige 7%

Objektübersicht zur Gebäudeart

6100-0568 Maisonette-Wohnung **BRI** 396 m³ **BGF** 126 m² **NUF** 95 m²

© Konrad Hardt Architekt

Bauzustand: mittel
Aufwand: mittel
Nutzung während der Bauzeit: ja
Nutzungsänderung: nein
Grundrissänderungen: einige
Tragwerkseingriffe: einige

Land: Sachsen
Kreis: Meißen
Bauzeit: 26 Wochen
Kennwerte: bis 3. Ebene DIN 276
veröffentlicht: www.bki.de

BGF 1.104 €/m²

€/m² BGF

min	1.105	€/m²
von	1.190	€/m²
Mittel	**1.515**	**€/m²**
bis	1.830	€/m²
max	1.890	€/m²

Planung: Architekt Konrad Hardt; Großenhain

Umbau eines Innenhofgebäudes zu einer Wohneinheit über zwei Geschosse mit 95 m² Wohnfläche.

Kosten:
Stand 2. Quartal 2026
Bundesdurchschnitt
inkl. 19% MwSt.

1. Ebene: 300 Bauwerk – Baukonstruktionen: 80%, **400 Bauwerk – Technische Anlagen:** 20%

3. Ebene: Baukonstruktionen: A: Sonstige 6%, **W:** Sonstige 4%, **H:** 331 Tragende Außenwände 5%, 334 Außenwandöffnungen 11%, 335 Außenwandbekleidungen, außen 5%, 336 Außenwandbekleidungen, innen 5%, 341 Tragende Innenwände 3%, 345 Innenwandbekleidungen 3%, 351 Deckenkonstruktionen 10%, 353 Deckenbeläge 11%, 361 Dachkonstruktionen 11%, 363 Dachbeläge 18%, Sonstige 8%, **Technische Anlagen: A:** Sonstige 1%, **H:** 411 Abwasseranlagen 4%, 412 Wasseranlagen 29%, 421 Wärmeerzeugungsanlagen 27%, 422 Wärmeverteilnetze 10%, 423 Raumheizflächen 14%, 444 Niederspannungsinstallationsanlagen 15%

A Abbrechen
W Wiederherstellen
H Herstellen

Kostenkennwerte für die Kosten des Bauwerks (Kostengruppen 300+400 nach DIN 276)

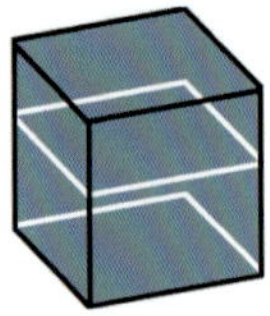

BRI 585 €/m³
von 455 €/m³
bis 825 €/m³

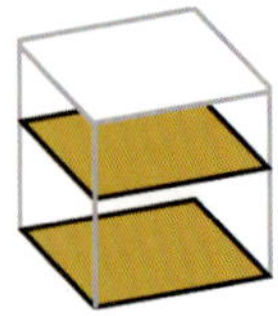

BGF 1.835 €/m²
von 1.445 €/m²
bis 2.560 €/m²

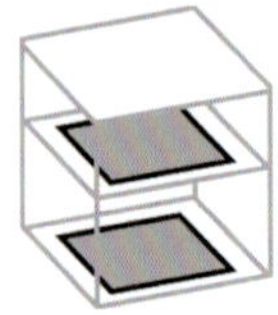

NUF 3.190 €/m²
von 2.660 €/m²
bis 4.245 €/m²

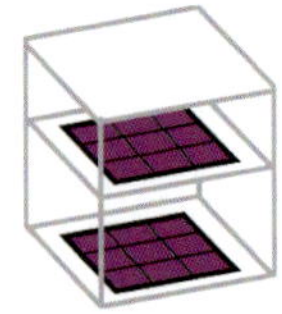

NE 69.035 €/NE
von 27.815 €/NE
bis 96.955 €/NE
NE: Betten

Objektbeispiele

Kosten:
Stand 2. Quartal 2026
Bundesdurchschnitt
inkl. 19% MwSt.

6600-0016

6600-0017

6600-0017

Kosten der 3 Vergleichsobjekte

Seiten 340 bis 341

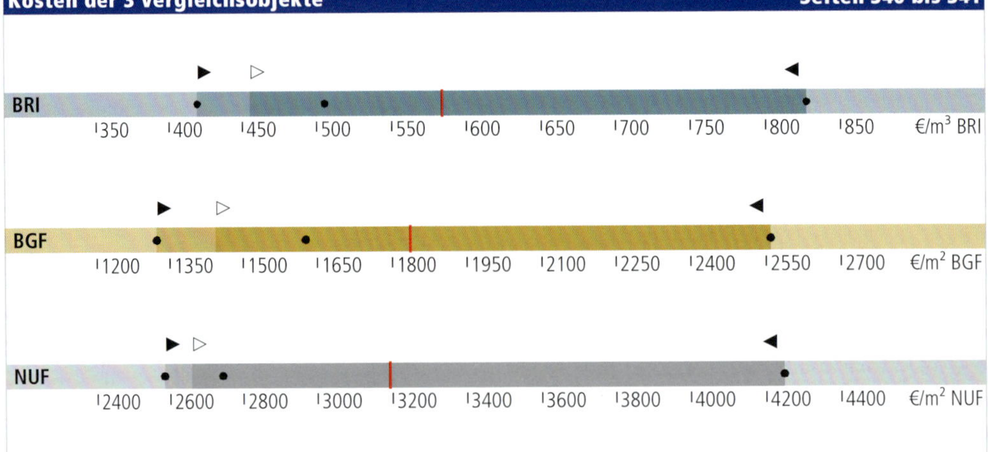

- ● KKW
- ▶ min
- ▷ von
- | Mittelwert
- ◁ bis
- ◀ max

Kostenkennwerte für die Kostengruppen der 1. und 2.Ebene DIN 276

KG	Kostengruppen der 1. Ebene	Einheit	▷	€/Einheit	◁	▷	% an 300+400	◁
100	Grundstück	m² GF	–	**–**	–	–	**–**	–
200	Vorbereitende Maßnahmen	m² GF	–	**< 1**	–	0,2	**0,2**	0,2
300	Bauwerk – Baukonstruktionen	m² BGF	900	**1.168**	1.699	53,4	**63,5**	69,0
400	Bauwerk – Technische Anlagen	m² BGF	387	**668**	818	31,0	**36,5**	46,6
	Bauwerk 300+400	m² BGF	1.444	**1.836**	2.559	100,0	**100,0**	100,0
500	Außenanlagen und Freiflächen	m² AF	15	**19**	24	1,6	**3,6**	5,7
600	Ausstattung und Kunstwerke	m² BGF	63	**102**	123	4,3	**5,8**	8,5
700	Baunebenkosten	m² BGF	–	**–**	–	–	**–**	–
800	Finanzierung	m² BGF	–	**–**	–	–	**–**	–

KG	Kostengruppen der 2. Ebene	Einheit	▷	€/Einheit	◁	▷	% an 1. Ebene	◁
310	Baugrube / Erdbau	m³ BGI	40	**75**	110	0,1	**0,5**	1,1
320	Gründung, Unterbau	m² GRF	2	**410**	647	< 0,1	**3,2**	4,9
330	Außenwände / vertikal außen	m² AWF	231	**387**	622	16,7	**20,1**	26,5
340	Innenwände / vertikal innen	m² IWF	276	**344**	479	20,7	**24,1**	30,0
350	Decken / horizontal	m² DEF	268	**399**	658	18,5	**19,4**	20,7
360	Dächer	m² DAF	558	**697**	772	9,1	**18,6**	24,9
370	Infrastrukturanlagen		–	**–**	–	–	**–**	–
380	Baukonstruktive Einbauten	m² BGF	67	**102**	120	3,9	**10,2**	13,3
390	Sonst. Maßnahmen für Baukonst.	m² BGF	42	**43**	45	2,5	**4,0**	4,8
300	**Bauwerk – Baukonstruktionen**	**m² BGF**					**100,0**	
410	Abwasser-, Wasser-, Gasanlagen	m² BGF	142	**185**	213	21,9	**29,3**	34,4
420	Wärmeversorgungsanlagen	m² BGF	53	**97**	119	9,5	**17,4**	32,0
430	Raumlufttechnische Anlagen	m² BGF	27	**54**	97	4,8	**7,5**	12,8
440	Elektrische Anlagen	m² BGF	71	**142**	181	18,6	**20,9**	25,4
450	Kommunikationstechnische Anlagen	m² BGF	28	**48**	86	3,0	**7,5**	10,3
460	Förderanlagen	m² BGF	4	**22**	40	0,2	**1,7**	4,7
470	Nutzungsspez. / verfahrenstech. Anl.	m² BGF	101	**189**	276	4,4	**15,2**	32,1
480	Gebäude- und Anlagenautomation	m² BGF	–	**–**	–	–	**–**	–
490	Sonst. Maßnahmen f. techn. Anl.	m² BGF	3	**4**	4	0,1	**0,4**	0,9
400	**Bauwerk – Technische Anlagen**	**m² BGF**					**100,0**	

Prozentanteile der Kosten 2.Ebene an den Kosten des Bauwerks nach DIN 276 (Von/Mittel/Bis)

KG	Kostengruppe	%
310	Baugrube / Erdbau	0,3
320	Gründung, Unterbau	1,9
330	Außenwände / vertikal außen	12,8
340	Innenwände / vertikal innen	15,0
350	Decken / horizontal	12,4
360	Dächer	12,3
370	Infrastrukturanlagen	
380	Baukonstruktive Einbauten	6,4
390	Sonst. Maßnahmen für Baukonst.	2,5
410	Abwasser-, Wasser-, Gasanlagen	10,6
420	Wärmeversorgungsanlagen	5,7
430	Raumlufttechnische Anlagen	3,0
440	Elektrische Anlagen	7,9
450	Kommunikationstechnische Anlagen	2,9
460	Förderanlagen	0,6
470	Nutzungsspez. / verfahrenstech. Anl.	5,7
480	Gebäude- und Anlagenautomation	
490	Sonst. Maßnahmen f. techn. Anl.	0,1

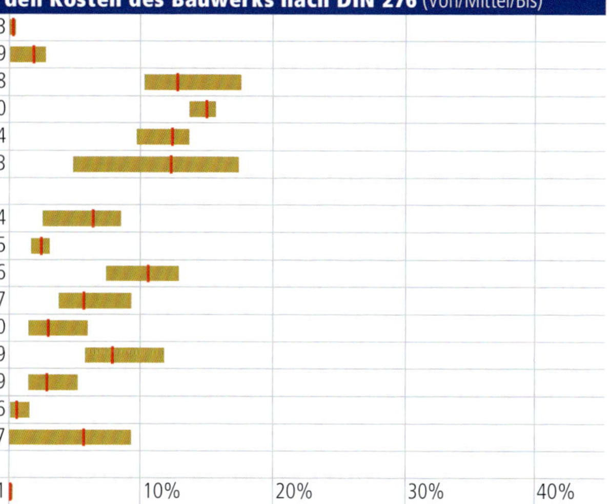

Kostenstand: 2. Quartal 2026, Bundesdurchschnitt, **inkl. 19% MwSt.**

Kosten:
Stand 2. Quartal 2026
Bundesdurchschnitt
inkl. 19% MwSt.

▷ von
ø Mittel
◁ bis

Kostenkennwerte für die Kostengruppen der 3. Ebene DIN 276

KG	Kostengruppen der 3. Ebene	Einheit	▷	€/Einheit	◁	▷	€/m² BGF	◁
311	**Herstellung**	m³	40	**75**	110	8	**9**	9
	Herstellen	m³	40	**75**	110	8	**9**	9
322	**Flachgründungen und Bodenplatten**	m²	323	**487**	651	22	**25**	28
	Abbrechen	*m²*	–	***91***	–	–	***8***	–
	Herstellen	m²	232	**441**	651	20	**21**	22
324	**Gründungsbeläge**	m²	267	**285**	303	19	**28**	37
	Abbrechen	*m²*	–	***8***	–	–	***1***	–
	Herstellen	m²	259	**281**	303	19	**28**	36
325	**Abdichtungen und Bekleidungen**	m²	17	**81**	145	1	**3**	5
	Herstellen	m²	17	**81**	145	1	**3**	5
329	**Sonstiges zur KG 320**	m²	–	**14**	–	–	**< 1**	–
	Abbrechen	*m²*	–	***7***	–	–	***< 1***	–
	Herstellen	m²	–	**8**	–	–	**< 1**	–
331	**Tragende Außenwände**	m²	254	**340**	427	9	**45**	115
	Abbrechen	*m²*	*18*	***62***	*107*	*3*	***5***	*8*
	Herstellen	m²	236	**278**	320	13	**60**	107
333	**Außenstützen**	m	104	**218**	332	3	**4**	4
	Herstellen	m	104	**218**	332	3	**4**	4
334	**Außenwandöffnungen**	m²	863	**1.103**	1.443	28	**55**	94
	Abbrechen	*m²*	*31*	***95***	*221*	*1*	***3***	*3*
	Herstellen	m²	800	**1.008**	1.400	13	**52**	79
335	**Außenwandbekleidungen, außen**	m²	257	**386**	515	38	**89**	140
	Abbrechen	*m²*	–	***1***	–	–	***< 1***	–
	Herstellen	m²	255	**385**	515	38	**89**	139
336	**Außenwandbekleidungen, innen**	m²	57	**66**	71	26	**37**	43
	Wiederherstellen	m²	–	**< 1**	–	–	**< 1**	–
	Herstellen	m²	57	**66**	71	26	**37**	43
337	**Elem. Außenwandkonstruktionen**	m²	1.302	**1.332**	1.361	52	**61**	70
	Abbrechen	*m²*	–	***7***	–	–	***< 1***	–
	Herstellen	m²	1.296	**1.329**	1.361	52	**61**	70
338	**Lichtschutz zur KG 330**	m²	11	**75**	139	< 1	**4**	8
	Abbrechen	*m²*	–	***11***	–	–	***< 1***	–
	Wiederherstellen	m²	–	**139**	–	–	**8**	–
339	**Sonstiges zur KG 330**	m²	5	**20**	34	2	**13**	25
	Abbrechen	*m²*	–	***5***	–	–	***2***	–
	Herstellen	m²	< 1	**17**	34	< 1	**12**	25
341	**Tragende Innenwände**	m²	131	**258**	386	18	**33**	48
	Abbrechen	*m²*	–	***33***	–	–	***12***	–
	Herstellen	m²	98	**242**	386	18	**27**	36
342	**Nichttragende Innenwände**	m²	123	**157**	175	28	**52**	97
	Abbrechen	*m²*	–	***8***	–	–	***5***	–
	Herstellen	m²	123	**154**	172	28	**51**	93
343	**Innenstützen**	m	–	**103**	–	–	**3**	–
	Herstellen	m	–	**103**	–	–	**3**	–
344	**Innenwandöffnungen**	m²	892	**979**	1.137	74	**84**	89
	Abbrechen	*m²*	*6*	***7***	*8*	*< 1*	***< 1***	*< 1*
	Wiederherstellen	m²	12	**137**	262	1	**11**	21
	Herstellen	m²	733	**883**	1.131	53	**76**	87

KG	Kostengruppen der 3. Ebene	Einheit	▷	€/Einheit	◁	▷	€/m² BGF	◁
345	**Innenwandbekleidungen**	m²	60	**82**	120	93	**108**	128
	Abbrechen	*m²*	–	***1***	–	–	***3***	–
	Wiederherstellen	m²	–	**< 1**	–	–	**< 1**	–
	Herstellen	m²	58	**81**	120	87	**106**	119
346	**Elem. Innenwandkonstruktionen**	m²	344	**504**	664	7	**13**	19
	Abbrechen	*m²*	–	***16***	–	–	***< 1***	–
	Herstellen	m²	344	**496**	648	7	**12**	18
349	**Sonstiges zur KG 340**	m²	–	**3**	–	–	**4**	–
	Herstellen	m²	–	**3**	–	–	**4**	–
351	**Deckenkonstruktionen**	m²	–	**463**	–	1	**57**	112
	Abbrechen	*m²*	–	***39***	–	–	***9***	–
	Wiederherstellen	m²	–	**25**	–	–	**6**	–
	Herstellen	m²	–	**398**	–	1	**49**	96
353	**Deckenbeläge**	m²	184	**250**	286	97	**120**	158
	Abbrechen	*m²*	*2*	***16***	*29*	*< 1*	***8***	*15*
	Wiederherstellen	m²	2	**4**	6	< 1	**2**	3
	Herstellen	m²	184	**237**	264	95	**113**	140
354	**Deckenbekleidungen**	m²	69	**88**	124	37	**47**	66
	Abbrechen	*m²*	–	***7***	–	–	***4***	–
	Herstellen	m²	68	**86**	117	37	**45**	62
355	**Elementierte Deckenkonstruktionen**	m²	–	**4.042**	–	–	**52**	–
	Herstellen	m²	–	**4.042**	–	–	**52**	–
359	**Sonstiges zur KG 350**	m²	15	**22**	29	9	**13**	16
	Herstellen	m²	15	**22**	29	9	**13**	16
361	**Dachkonstruktionen**	m²	166	**238**	378	21	**49**	63
	Abbrechen	*m²*	*14*	***14***	*15*	*5*	***5***	*6*
	Wiederherstellen	m²	–	**2**	–	–	**< 1**	–
	Herstellen	m²	150	**227**	378	21	**45**	57
362	**Dachöffnungen**	m²	2.209	**3.134**	4.941	4	**15**	38
	Abbrechen	*m²*	*95*	***336***	*576*	*< 1*	***1***	*2*
	Herstellen	m²	1.894	**2.910**	4.941	3	**14**	36
363	**Dachbeläge**	m²	230	**371**	446	33	**103**	149
	Abbrechen	*m²*	*19*	***21***	*24*	*8*	***9***	*11*
	Wiederherstellen	m²	–	**3**	–	–	**1**	–
	Herstellen	m²	203	**356**	439	51	**96**	161
364	**Dachbekleidungen**	m²	130	**156**	202	22	**39**	51
	Abbrechen	*m²*	*6*	***13***	*21*	*2*	***5***	*7*
	Herstellen	m²	114	**147**	202	26	**36**	54
366	**Lichtschutz zur KG 360**	m²	–	**1.194**	–	–	**3**	–
	Herstellen	m²	–	**1.194**	–	–	**3**	–
369	**Sonstiges zur KG 360**	m²	6	**48**	90	3	**20**	36
	Herstellen	m²	6	**48**	90	3	**20**	36
381	**Allgemeine Einbauten**	m²	66	**99**	117	66	**99**	117
	Herstellen	m²	66	**99**	117	66	**99**	117
386	**Orientierungs- u. Informationssys.**	m²	< 1	**4**	8	< 1	**4**	8
	Herstellen	m²	< 1	**4**	8	< 1	**4**	8
391	**Baustelleneinrichtung**	m²	1	**6**	9	1	**6**	9
	Herstellen	m²	1	**6**	9	1	**6**	9
392	**Gerüste**	m²	2	**8**	12	2	**8**	12
	Herstellen	m²	2	**8**	12	2	**8**	12
394	**Abbruchmaßnahmen**	m²	–	**25**	–	–	**25**	–
	Abbrechen	*m²*	–	***25***	–	–	***25***	–

KG	Kostengruppen der 3. Ebene	Einheit	▷	€/Einheit	◁	▷	€/m² BGF	◁
396	**Materialentsorgung**	m²	5	**9**	12	5	**9**	12
	Herstellen	m²	5	**9**	12	5	**9**	12
397	**Zusätzliche Maßnahmen**	m²	7	**12**	20	7	**12**	20
	Herstellen	m²	7	**12**	20	7	**12**	20
398	**Provisorische Baukonstruktionen**	m²	–	**< 1**	–	–	**< 1**	–
	Herstellen	m²	–	**< 1**	–	–	**< 1**	–
399	**Sonstiges zur KG 390**	m²	–	**6**	–	–	**6**	–
	Herstellen	m²	–	**6**	–	–	**6**	–

Kosten:
Stand 2. Quartal 2026
Bundesdurchschnitt
inkl. 19% MwSt.

▷ von
ø Mittel
◁ bis

KG	Kostengruppen der 3. Ebene	Einheit	▷	€/Einheit	◁	▷	€/m² BGF	◁
411	**Abwasseranlagen**	m²	9	**37**	51	9	**37**	51
	Abbrechen	*m²*	*< 1*	***3***	*5*	*< 1*	***3***	*5*
	Herstellen	m²	9	**35**	48	9	**35**	48
412	**Wasseranlagen**	m²	113	**136**	171	113	**136**	171
	Abbrechen	*m²*	*1*	***9***	*17*	*1*	***9***	*17*
	Herstellen	m²	103	**130**	147	103	**130**	147
419	**Sonstiges zur KG 410**	m²	7	**18**	29	7	**18**	29
	Herstellen	m²	7	**18**	29	7	**18**	29
421	**Wärmeerzeugungsanlagen**	m²	21	**48**	87	21	**48**	87
	Abbrechen	*m²*	*< 1*	***2***	*5*	*< 1*	***2***	*5*
	Wiederherstellen	m²	–	**1**	–	–	**1**	–
	Herstellen	m²	10	**46**	72	10	**46**	72
422	**Wärmeverteilnetze**	m²	10	**22**	29	10	**22**	29
	Herstellen	m²	10	**22**	29	10	**22**	29
423	**Raumheizflächen**	m²	19	**26**	31	19	**26**	31
	Herstellen	m²	19	**26**	31	19	**26**	31
429	**Sonstiges zur KG 420**	m²	< 1	**< 1**	1	< 1	**< 1**	1
	Abbrechen	*m²*	–	***1***	–	–	***1***	–
	Herstellen	m²	–	**< 1**	–	–	**< 1**	–
431	**Lüftungsanlagen**	m²	27	**53**	94	27	**53**	94
	Abbrechen	*m²*	–	***< 1***	–	–	***< 1***	–
	Herstellen	m²	27	**53**	94	27	**53**	94
433	**Klimaanlagen**	m²	–	**3**	–	–	**3**	–
	Herstellen	m²	–	**3**	–	–	**3**	–
442	**Eigenstromversorgungsanlagen**	m²	–	**34**	–	–	**34**	–
	Herstellen	m²	–	**34**	–	–	**34**	–
443	**Niederspannungsschaltanlagen**	m²	–	**6**	–	–	**6**	–
	Wiederherstellen	m²	–	**1**	–	–	**1**	–
	Herstellen	m²	–	**5**	–	–	**5**	–
444	**Niederspannungsinstallationsanl.**	m²	37	**72**	89	37	**72**	89
	Abbrechen	*m²*	–	***14***	–	–	***14***	–
	Wiederherstellen	m²	–	**6**	–	–	**6**	–
	Herstellen	m²	37	**65**	79	37	**65**	79
445	**Beleuchtungsanlagen**	m²	28	**48**	89	28	**48**	89
	Herstellen	m²	28	**48**	89	28	**48**	89
446	**Blitzschutz- und Erdungsanlagen**	m²	8	**9**	9	8	**9**	9
	Abbrechen	*m²*	–	***< 1***	–	–	***< 1***	–
	Herstellen	m²	7	**9**	9	7	**9**	9
451	**Telekommunikationsanlagen**	m²	9	**13**	17	9	**13**	17
	Herstellen	m²	9	**13**	17	9	**13**	17
452	**Such- und Signalanlagen**	m²	2	**2**	3	2	**2**	3
	Herstellen	m²	2	**2**	3	2	**2**	3
454	**Elektroakustische Anlagen**	m²	–	**21**	–	–	**21**	–
	Herstellen	m²	–	**21**	–	–	**21**	–
455	**Audiovis. Medien- u. Antennenanl.**	m²	2	**4**	5	2	**4**	5
	Herstellen	m²	2	**4**	5	2	**4**	5
456	**Gefahrenmelde- und Alarmanlagen**	m²	12	**22**	38	12	**22**	38
	Herstellen	m²	12	**22**	38	12	**22**	38
457	**Datenübertragungsnetze**	m²	4	**6**	7	4	**6**	7
	Herstellen	m²	4	**6**	7	4	**6**	7
461	**Aufzugsanlagen**	m²	4	**22**	40	4	**22**	40
	Herstellen	m²	4	**22**	40	4	**22**	40

Übersicht- 1. + 2. Ebene
Erweiterung
Umbau
Moderni- sierung
Instand- setzung
Bau- elemente
Abbrechen
Wieder- herstellen
Herstellen

KG	Kostengruppen der 3. Ebene	Einheit	▷	€/Einheit	◁	▷	€/m² BGF	◁
471	**Küchentechnische Anlagen**	m²	101	**189**	276	101	**189**	276
	Herstellen	m²	101	**189**	276	101	**189**	276
491	**Baustelleneinrichtung**	m²	–	**2**	–	–	**2**	–
	Herstellen	m²	–	**2**	–	–	**2**	–
494	**Abbruchmaßnahmen**	m²	–	**4**	–	–	**4**	–
	Abbrechen	*m²*	–	***4***	–	–	***4***	–

Kosten:
Stand 2. Quartal 2026
Bundesdurchschnitt
inkl. 19% MwSt.

▷ von
ø Mittel
◁ bis

Prozentanteile der Kosten für Leistungsbereiche nach STLB (Kosten Bauwerk nach DIN 276)

LB	Leistungsbereiche	▷	% an 300+400	◁
000	Baustellen-, Sicherheitseinr. inkl. 001, 089	0,9	**0,9**	1,0
002	Erdarbeiten	0,2	**0,3**	0,5
006	Spezialtiefbauarbeiten inkl. 005	–	**–**	–
009	Entwässerungskanalarbeiten inkl. 011	0,1	**0,3**	0,5
010	Drän- und Versickerarbeiten	< 0,1	**< 0,1**	< 0,1
012	Mauerarbeiten	0,4	**0,7**	1,0
013	Betonarbeiten	0,9	**1,9**	3,5
014	Natur-, Betonwerksteinarbeiten	< 0,1	**0,1**	0,2
016	Zimmer- und Holzbauarbeiten	3,4	**6,3**	9,2
017	Stahlbauarbeiten	< 0,1	**0,4**	0,7
018	Abdichtungsarbeiten	0,2	**0,4**	0,6
020	Dachdeckungsarbeiten	0,0	**3,6**	7,3
021	Dachabdichtungsarbeiten	0,7	**1,3**	2,2
022	Klempnerarbeiten	0,3	**0,6**	0,8
	Rohbau	11,6	**16,9**	20,2
023	Putz- und Stuckarbeiten, Wärmedämmsysteme	2,0	**3,1**	4,1
024	Fliesen- und Plattenarbeiten	3,1	**4,0**	5,2
025	Estricharbeiten	0,7	**0,9**	1,2
026	Fenster, Außentüren inkl. 029, 032	4,8	**5,2**	5,5
027	Tischlerarbeiten	11,4	**13,8**	16,8
028	Parkett-, Holzpflasterarbeiten	0,2	**1,3**	2,2
030	Rollladenarbeiten	0,0	**< 0,1**	0,2
031	Metallbauarbeiten inkl. 035	2,3	**3,3**	4,4
034	Maler- und Lackiererarb. - Beschicht. inkl. 037	1,2	**4,0**	6,7
036	Bodenbelagarbeiten	1,5	**2,4**	3,3
038	Vorgehängte hinterlüftete Fassaden	0,0	**0,9**	1,8
039	Trockenbauarbeiten	5,1	**6,4**	8,4
	Ausbau	42,6	**45,4**	49,2
040	Wärmeversorgungsanl. - Betriebseinr. inkl. 041	3,3	**5,3**	7,0
042	Gas- u. Wasseranl. - Leitung., Armat. inkl. 043	3,0	**3,6**	4,0
044	Abwasseranl. - Leitungen, Abläufe, Armaturen	0,8	**1,5**	2,0
045	Gas, Wasser, Entwässerung - Ausstattung inkl. 046	3,2	**4,5**	6,1
047	Dämm- und Brandschutzarb. an techn. Anlagen	0,4	**0,5**	0,7
049	Feuerlöschanlagen, Feuerlöschgeräte	–	**–**	–
050	Blitzschutz-/Erdungsanlagen, Überspannungssch.	0,4	**0,5**	0,6
052	Mittelspannungsanlagen	–	**–**	–
053	Niederspannungsanl. - Kabel inkl. 054	3,0	**3,8**	4,3
055	Sicherheits- u. Ersatzstromversorgungsanl.	0,0	**0,4**	0,9
057	Gebäudesystemtechnik	–	**–**	–
058	Leuchten und Lampen inkl. 059	1,2	**2,8**	4,2
060	Such, Signal, Zeit, Anten., akust. Anl. inkl. 064	< 0,1	**0,5**	1,0
061	Kommunikations- u. Übertragungsnetze inkl. 062	0,5	**0,9**	1,2
063	Gefahrenmeldeanlagen	0,9	**1,4**	2,2
069	Aufzüge	< 0,1	**0,6**	1,1
070	Gebäudeautomation	0,0	**< 0,1**	< 0,1
075	Raumlufttechnische Anlagen inkl. 078	1,4	**3,0**	4,4
	Gebäudetechnik	23,0	**29,4**	33,5
084	Abbruch, Rückbau, Schadstoffsanierung	3,2	**3,7**	4,0
	Sonstige Leistungsbereiche inkl. 008, 033, 051	0,9	**4,7**	7,9

€/m² BGF

min	1.325	€/m²
von	1.445	€/m²
Mittel	**1.835**	**€/m²**
bis	2.560	€/m²
max	2.560	€/m²

Kosten:
Stand 2. Quartal 2026
Bundesdurchschnitt
inkl. 19% MwSt.

Objektübersicht zur Gebäudeart

6200-0074 Wohnunterkunft (23 WE)*

BRI 10.652 m³ **BGF** 4.479 m² **NUF** 2.672 m²

Baujahr: 1957
Bauzustand: gut
Aufwand: niedrig
Nutzung während der Bauzeit: nein
Nutzungsänderung: ja
Grundrissänderungen: umfangreiche
Tragwerkseingriffe: wenige

Land: Hamburg
Kreis: Hamburg, Stadt
Standard: einfach
Bauzeit: 61 Wochen
Kennwerte: bis 3. Ebene DIN 276
veröffentlicht: BKI Objektdaten A12

BGF 561 €/m²

* Nicht in der Auswertung enthalten

Planung: Plan-R-Architektenbüro Joachim Reinig; Hamburg

Wohnunterkunft zur temporären Unterbringung von 190 Personen, sowie Verwaltungsräume und Kinderbetreuung. **Kosteneinfluss Nutzung:** Brandschutz

1. Ebene: 300 Bauwerk – Baukonstruktionen: 62%, **400 Bauwerk – Technische Anlagen:** 38%
3. Ebene: Baukonstruktionen: A: Sonstige 7%, **W:** Sonstige 8%, **H:** 334 Außenwandöffnungen 4%, 342 Nichttragende Innenwände 9%, 344 Innenwandöffnungen 7%, 345 Innenwandbekleidungen 13%, 353 Deckenbeläge 10%, 354 Deckenbekleidungen 4%, 363 Dachbeläge 11%, 381 Allgemeine Einbauten 4%, 391 Baustelleneinrichtung 4%, 392 Gerüste 4%, Sonstige 14%, **Technische Anlagen: A:** Sonstige 3%, **W:** Sonstige 5%, **H:** 411 Abwasseranlagen 6%, 412 Wasseranlagen 21%, 419 Sonstiges zur KG 410 4%, 431 Lüftungsanlagen 4%, 444 Niederspannungsinstallationsanlagen 33%, 445 Beleuchtungsanlagen 4%, 455 Audiovisuelle Medien- und Antennenanlagen 4%, 456 Gefahrenmelde- und Alarmanlagen 9%, Sonstige 7%

6600-0016 Hotel (23 Betten)

BRI 1.527 m³ **BGF** 484 m² **NUF** 248 m²

Baujahr: 1894
Bauzustand: schlecht
Aufwand: mittel
Nutzung während der Bauzeit: nein
Nutzungsänderung: ja
Grundrissänderungen: wenige
Tragwerkseingriffe: keine

Land: Rheinland-Pfalz
Kreis: Donnersbergkreis
Standard: mittel
Bauzeit: 9 Wochen
Kennwerte: bis 3. Ebene DIN 276
veröffentlicht: BKI Objektdaten A9

BGF 1.323 €/m²

Planung: naumann.architektur; Stuttgart

Umbau und Modernisierung eines alten Forsthauses zum Hotel mit 23 Betten. Die Grundsubstanz wurde so gut wie nicht angegriffen. Für die Anforderungen im Brandschutz mussten kleine Eingriffe in die Substanz vorgenommen werden. Die Gästezimmer fügen sich weitestgehend in die Grundstruktur des Bestands ein. Ein weiteres Zimmer befindet sich im ehemaligen Waschhaus. Das Gebäude wird nun durch einen Holzpelletkessel mit Wärme versorgt.

1. Ebene: 300 Bauwerk – Baukonstruktionen: 71%, **400 Bauwerk – Technische Anlagen:** 29%
3. Ebene: Baukonstruktionen: A: Sonstige 3%, **W:** Sonstige 3%, **H:** 334 Außenwandöffnungen 10%, 336 Außenwandbekleidungen, innen 5%, 344 Innenwandöffnungen 6%, 345 Innenwandbekleidungen 9%, 353 Deckenbeläge 9%, 354 Deckenbekleidungen 4%, 355 Elementierte Deckenkonstruktionen 6%, 361 Dachkonstruktionen 6%, 362 Dachöffnungen 4%, 363 Dachbeläge 10%, 364 Dachbekleidungen 4%, 381 Allgemeine Einbauten 13%, Sonstige 8%, **Technische Anlagen: A:** Sonstige 2%, **H:** 412 Wasseranlagen 27%, 419 Sonstiges zur KG 410 7%, 421 Wärmeerzeugungsanlagen 21%, 423 Raumheizflächen 7%, 431 Lüftungsanlagen 4%, 444 Niederspannungsinstallationsanlagen 10%, 445 Beleuchtungsanlagen 7%, 456 Gefahrenmelde- und Alarmanlagen 5%, Sonstige 10%

A Abbrechen
W Wiederherstellen
H Herstellen

Objektübersicht zur Gebäudeart

6600-0017 Hotel (76 Betten)

BRI 10.653 m³ **BGF** 3.310 m² **NUF** 1.961 m²

© Steiner Weißenberger

Baujahr: 1978
Bauzustand: mittel
Aufwand: mittel
Nutzung während der Bauzeit: nein
Nutzungsänderung: ja
Grundrissänderungen: wenige
Tragwerkseingriffe: wenige

Land: Berlin
Kreis: Berlin, Stadt
Standard: mittel
Bauzeit: 48 Wochen
Kennwerte: bis 3. Ebene DIN 276
veröffentlicht: BKI Objektdaten A9

BGF 1.626 €/m²

Planung: Steiner Weißenberger Architekten; Berlin

Umbau und Erweiterung eines Altenheims zu einem Hotel (76 Betten) mit Restaurant und Bistro.

1. Ebene: 300 Bauwerk – Baukonstruktionen: 53%, **400 Bauwerk – Technische Anlagen:** 47%
3. Ebene: Baukonstruktionen: A: Sonstige 4%, **H:** 335 Außenwandbekleidungen, außen 4%, 336 Außenwandbekleidungen, innen 3%, 337 Elementierte Außenwandkonstruktionen 6%, 342 Nichttragende Innenwände 5%, 344 Innenwandöffnungen 10%, 345 Innenwandbekleidungen 12%, 353 Deckenbeläge 13%, 354 Deckenbekleidungen 4%, 363 Dachbeläge 4%, 381 Allgemeine Einbauten 12%, Sonstige 22%, **Technische Anlagen:** A: Sonstige 5%, **H:** 411 Abwasseranlagen 6%, 412 Wasseranlagen 20%, 422 Wärmeverteilnetze 3%, 431 Lüftungsanlagen 12%, 444 Niederspannungsinstallationsanlagen 10%, 445 Beleuchtungsanlagen 12%, 456 Gefahrenmelde- und Alarmanlagen 5%, 471 Küchentechnische Anlagen 13%, Sonstige 12%

6600-0015 Naturfreundehaus

BRI 6.034 m³ **BGF** 1.950 m² **NUF** 1.175 m²

© Georg Beuchle Freier Architekt

Baujahr: 19.Jh
Bauzustand: schlecht
Aufwand: hoch
Nutzung während der Bauzeit: nein
Nutzungsänderung: nein
Grundrissänderungen: umfangreiche
Tragwerkseingriffe: einige

Land: Baden-Württemberg
Kreis: Konstanz
Standard: mittel
Bauzeit: 39 Wochen
Kennwerte: bis 3. Ebene DIN 276
veröffentlicht: BKI Objektdaten A8

BGF 2.559 €/m²

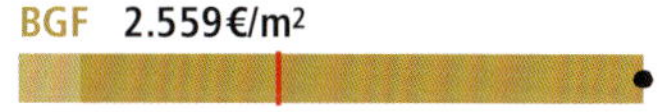

Planung: Georg Beuchle Dipl.-Ing. FH Freier Architekt; Keltern

Umbau und Erweiterung einer Jugend- und Familienfreizeitstätte. Um- und Anbau EG sowie Neuaufbau von OG und DG.
Kosteneinfluss Nutzung: Das Naturfreundehaus befindet sich im Naturschutzgebiet in direkter Uferlage des Bodensees.

1. Ebene: 300 Bauwerk – Baukonstruktionen: 66%, **400 Bauwerk – Technische Anlagen:** 34%
3. Ebene: Baukonstruktionen: A: Sonstige 5%, **W:** Sonstige < 1%, **H:** 331 Tragende Außenwände 6%, 334 Außenwandöffnungen 3%, 335 Außenwandbekleidungen, außen 8%, 337 Elementierte Außenwandkonstruktionen 4%, 342 Nichttragende Innenwände 5%, 344 Innenwandöffnungen 5%, 345 Innenwandbekleidungen 7%, 351 Deckenkonstruktionen 6%, 353 Deckenbeläge 8%, 354 Deckenbekleidungen 4%, 361 Dachkonstruktionen 3%, 363 Dachbeläge 9%, 364 Dachbekleidungen 3%, 381 Allgemeine Einbauten 4%, Sonstige 18%, **Technische Anlagen:** A: Sonstige < 1%, **W:** Sonstige < 1%, **H:** 411 Abwasseranlagen 6%, 412 Wasseranlagen 15%, 421 Wärmeerzeugungsanlagen 5%, 422 Wärmeverteilnetze 4%, 423 Raumheizflächen 4%, 431 Lüftungsanlagen 6%, 442 Eigenstromversorgungsanlagen 4%, 444 Niederspannungsinstallationsanlagen 9%, 445 Beleuchtungsanlagen 3%, 461 Aufzugsanlagen 5%, 471 Küchentechnische Anlagen 32%, Sonstige 6%

Kostenkennwerte für die Kosten des Bauwerks (Kostengruppen 300+400 nach DIN 276)

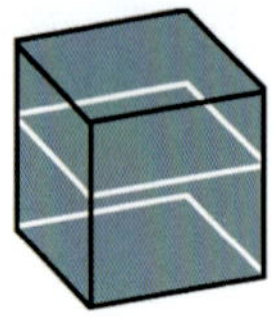

BRI 355 €/m³
von 250 €/m³
bis 455 €/m³

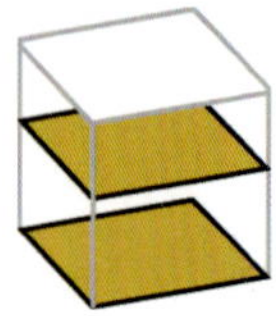

BGF 1.420 €/m²
von 960 €/m²
bis 1.680 €/m²

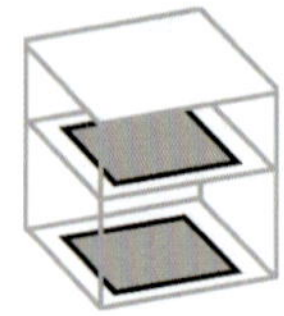

NUF 2.190 €/m²
von 1.445 €/m²
bis 3.805 €/m²

Kosten:
Stand 2. Quartal 2026
Bundesdurchschnitt
inkl. 19% MwSt.

Objektbeispiele

7200-0096

7300-0063

7300-0064

Kosten der 6 Vergleichsobjekte

Seiten 348 bis 350

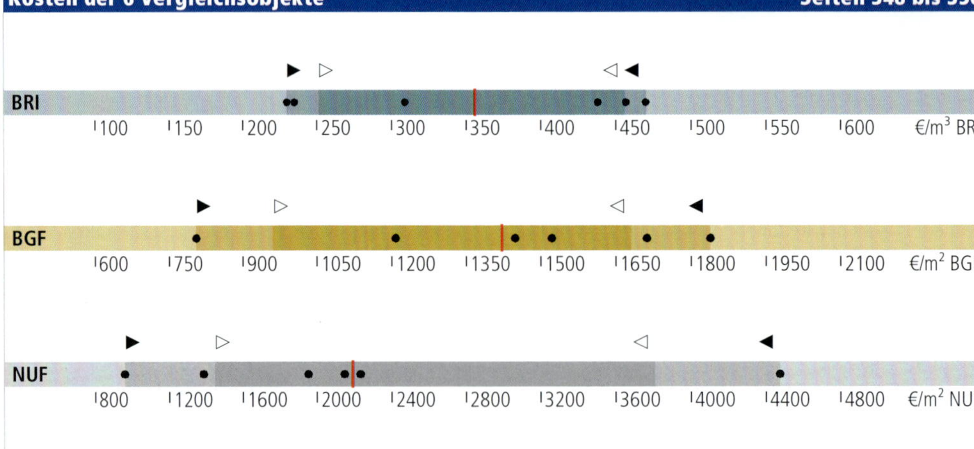

- ● KKW
- ▶ min
- ▷ von
- | Mittelwert
- ◁ bis
- ◀ max

Kostenstand: 2. Quartal 2026, Bundesdurchschnitt, **inkl. 19% MwSt.**

Kostenkennwerte für die Kostengruppen der 1. und 2. Ebene DIN 276

KG	Kostengruppen der 1. Ebene	Einheit	▷	€/Einheit	◁	▷	% an 300+400	◁
100	Grundstück	m² GF	–	**–**	–	–	**–**	–
200	Vorbereitende Maßnahmen	m² GF	–	**–**	–	–	**–**	–
300	Bauwerk – Baukonstruktionen	m² BGF	501	**818**	971	51,7	**56,9**	61,2
400	Bauwerk – Technische Anlagen	m² BGF	479	**604**	753	38,8	**43,1**	48,3
	Bauwerk 300+400	m² BGF	960	**1.422**	1.681	100,0	**100,0**	100,0
500	Außenanlagen und Freiflächen	m² AF	39	**583**	1.126	0,3	**1,8**	4,8
600	Ausstattung und Kunstwerke	m² BGF	6	**129**	379	0,4	**7,9**	22,3
700	Baunebenkosten	m² BGF	–	**–**	–	–	**–**	–
800	Finanzierung	m² BGF	–	**–**	–	–	**–**	–

KG	Kostengruppen der 2. Ebene	Einheit	▷	€/Einheit	◁	▷	% an 1. Ebene	◁
310	Baugrube / Erdbau	m³ BGI	–	**–**	–	–	**–**	–
320	Gründung, Unterbau	m² GRF	16	**105**	194	0,1	**6,6**	25,9
330	Außenwände / vertikal außen	m² AWF	154	**287**	648	9,2	**23,0**	60,1
340	Innenwände / vertikal innen	m² IWF	40	**225**	298	10,1	**16,5**	31,8
350	Decken / horizontal	m² DEF	261	**428**	741	10,6	**27,2**	67,0
360	Dächer	m² DAF	170	**288**	405	0,2	**6,0**	23,4
370	Infrastrukturanlagen		–	**–**	–	–	**–**	–
380	Baukonstruktive Einbauten	m² BGF	9	**290**	572	0,3	**15,9**	62,7
390	Sonst. Maßnahmen für Baukonst.	m² BGF	14	**45**	81	1,6	**4,8**	8,3
300	**Bauwerk – Baukonstruktionen**	**m² BGF**					**100,0**	
410	Abwasser-, Wasser-, Gasanlagen	m² BGF	77	**85**	98	0,0	**9,8**	13,7
420	Wärmeversorgungsanlagen	m² BGF	28	**88**	145	3,9	**14,1**	24,0
430	Raumlufttechnische Anlagen	m² BGF	83	**177**	274	8,5	**26,5**	33,2
440	Elektrische Anlagen	m² BGF	96	**240**	416	20,2	**39,2**	90,7
450	Kommunikationstechnische Anlagen	m² BGF	12	**18**	30	0,5	**2,1**	4,0
460	Förderanlagen	m² BGF	< 1	**12**	24	< 0,1	**1,0**	3,8
470	Nutzungsspez. / verfahrenstech. Anl.	m² BGF	2	**62**	94	0,1	**7,3**	15,8
480	Gebäude- und Anlagenautomation	m² BGF	–	**–**	–	–	**–**	–
490	Sonst. Maßnahmen f. techn. Anl.	m² BGF	–	**< 1**	–	0,0	**< 0,1**	< 0,1
400	**Bauwerk – Technische Anlagen**	**m² BGF**					**100,0**	

Prozentanteile der Kosten 2. Ebene an den Kosten des Bauwerks nach DIN 276 (Von/Mittel/Bis)

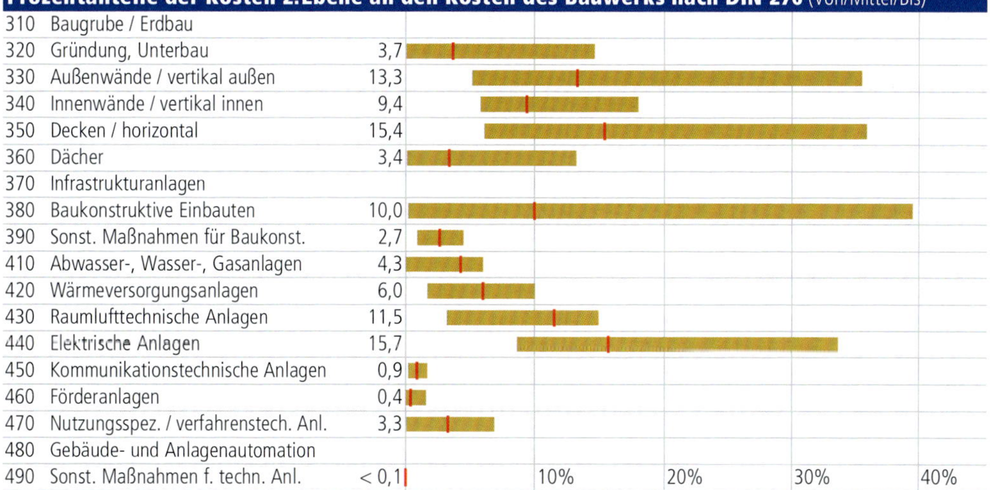

Kosten:
Stand 2. Quartal 2026
Bundesdurchschnitt
inkl. 19% MwSt.

▷ von
ø Mittel
◁ bis

Kostenkennwerte für die Kostengruppen der 3. Ebene DIN 276

KG	Kostengruppen der 3. Ebene	Einheit	▷	€/Einheit	◁	▷	€/m² BGF	◁
324	**Gründungsbeläge**	m²	16	**93**	169	3	**78**	154
	Herstellen	m²	16	**93**	169	3	**78**	154
331	**Tragende Außenwände**	m²	–	**703**	–	9	**25**	41
	Herstellen	m²	–	**703**	–	–	**41**	–
332	**Nichttragende Außenwände**	m²	217	**441**	666	< 1	**4**	7
	Abbrechen	*m²*	*–*	***217***	*–*	*–*	***< 1***	*–*
	Herstellen	m²	–	**666**	–	–	**7**	–
333	**Außenstützen**	m	–	**164**	–	–	**4**	–
	Herstellen	m	–	**164**	–	–	**4**	–
334	**Außenwandöffnungen**	m²	792	**1.539**	2.059	71	**170**	368
	Abbrechen	*m²*	*12*	***28***	*43*	*1*	***6***	*10*
	Wiederherstellen	m²	–	**2**	–	–	**< 1**	–
	Herstellen	m²	996	**1.520**	2.274	70	**166**	357
335	**Außenwandbekleidungen, außen**	m²	67	**90**	114	< 1	**31**	63
	Wiederherstellen	m²	–	**114**	–	–	**63**	–
	Herstellen	m²	–	**67**	–	–	**< 1**	–
336	**Außenwandbekleidungen, innen**	m²	19	**28**	32	7	**10**	13
	Abbrechen	*m²*	*2*	***3***	*4*	*< 1*	***< 1***	*1*
	Wiederherstellen	m²	3	**5**	7	1	**2**	3
	Herstellen	m²	18	**24**	29	6	**8**	10
337	**Elem. Außenwandkonstruktionen**	m²	203	**938**	1.672	5	**42**	79
	Herstellen	m²	203	**938**	1.672	5	**42**	79
338	**Lichtschutz zur KG 330**	m²	–	**203**	–	–	**25**	–
	Herstellen	m²	–	**203**	–	–	**25**	–
339	**Sonstiges zur KG 330**	m²	–	**15**	–	–	**13**	–
	Abbrechen	*m²*	*–*	***2***	*–*	*–*	***1***	*–*
	Herstellen	m²	–	**14**	–	–	**11**	–
341	**Tragende Innenwände**	m²	343	**458**	573	11	**17**	23
	Abbrechen	*m²*	*–*	***387***	*–*	*–*	***7***	*–*
	Herstellen	m²	185	**264**	343	3	**13**	23
342	**Nichttragende Innenwände**	m²	143	**232**	410	6	**50**	69
	Abbrechen	*m²*	*20*	***80***	*197*	*5*	***13***	*25*
	Herstellen	m²	114	**152**	213	34	**49**	77
343	**Innenstützen**	m	–	**237**	–	–	**1**	–
	Herstellen	m	–	**237**	–	–	**1**	–
344	**Innenwandöffnungen**	m²	406	**731**	940	19	**32**	56
	Abbrechen	*m²*	*31*	***33***	*35*	*< 1*	***1***	*2*
	Wiederherstellen	m²	–	**100**	–	–	**4**	–
	Herstellen	m²	305	**676**	902	16	**30**	54
345	**Innenwandbekleidungen**	m²	29	**43**	62	22	**40**	47
	Abbrechen	*m²*	*4*	***5***	*9*	*3*	***4***	*6*
	Wiederherstellen	m²	1	**4**	7	< 1	**4**	7
	Herstellen	m²	28	**37**	60	23	**35**	46
346	**Elem. Innenwandkonstruktionen**	m²	549	**554**	560	4	**24**	43
	Abbrechen	*m²*	*–*	***146***	*–*	*–*	***1***	*–*
	Herstellen	m²	404	**482**	560	3	**23**	43
351	**Deckenkonstruktionen**	m²	211	**2.721**	5.231	46	**179**	311
	Abbrechen	*m²*	*23*	***95***	*166*	*5*	***7***	*10*
	Herstellen	m²	188	**2.627**	5.065	41	**171**	302

KG	Kostengruppen der 3. Ebene	Einheit	▷	€/Einheit	◁	▷	€/m² BGF	◁
353	**Deckenbeläge**	m²	194	**216**	227	115	**147**	166
	Abbrechen	*m²*	*18*	***33***	*47*	*16*	***20***	*24*
	Wiederherstellen	m²	–	**39**	–	–	**20**	–
	Herstellen	m²	152	**181**	226	71	**127**	155
354	**Deckenbekleidungen**	m²	58	**133**	208	58	**117**	176
	Abbrechen	*m²*	–	***25***	–	–	***22***	–
	Wiederherstellen	m²	2	**11**	20	1	**11**	20
	Herstellen	m²	39	**110**	181	39	**96**	153
359	**Sonstiges zur KG 350**	m²	–	**13**	–	–	**6**	–
	Herstellen	m²	–	**13**	–	–	**6**	–
361	**Dachkonstruktionen**	m²	83	**634**	1.185	1	**40**	78
	Herstellen	m²	83	**634**	1.185	1	**40**	78
363	**Dachbeläge**	m²	–	**1.217**	–	2	**3**	4
	Wiederherstellen	m²	–	**1.217**	–	< 1	**2**	4
364	**Dachbekleidungen**	m²	83	**104**	126	2	**39**	75
	Abbrechen	*m²*	–	***2***	–	–	***2***	–
	Wiederherstellen	m²	–	**58**	–	–	**53**	–
	Herstellen	m²	23	**74**	126	2	**12**	21
369	**Sonstiges zur KG 360**	m²	–	**3**	–	–	**3**	–
	Herstellen	m²	–	**3**	–	–	**3**	–
381	**Allgemeine Einbauten**	m²	–	**162**	–	–	**162**	–
	Herstellen	m²	–	**162**	–	–	**162**	–
382	**Besondere Einbauten**	m²	9	**156**	303	9	**156**	303
	Herstellen	m²	9	**156**	303	9	**156**	303
386	**Orientierungs- u. Informationssys.**	m²	–	**107**	–	–	**107**	–
	Herstellen	m²	–	**107**	–	–	**107**	–
391	**Baustelleneinrichtung**	m²	7	**18**	36	7	**18**	36
	Herstellen	m²	7	**18**	36	7	**18**	36
392	**Gerüste**	m²	< 1	**12**	19	< 1	**12**	19
	Herstellen	m²	< 1	**12**	19	< 1	**12**	19
396	**Materialentsorgung**	m²	3	**25**	47	3	**25**	47
	Abbrechen	*m²*	–	***47***	–	–	***47***	–
	Herstellen	m²	–	**3**	–	–	**3**	–
397	**Zusätzliche Maßnahmen**	m²	10	**13**	14	10	**13**	14
	Herstellen	m²	10	**13**	14	10	**13**	14
398	**Provisorische Baukonstruktionen**	m²	–	**4**	–	–	**4**	–
	Herstellen	m²	–	**4**	–	–	**4**	–
411	**Abwasseranlagen**	m²	10	**20**	25	10	**20**	25
	Wiederherstellen	m²	–	**5**	–	–	**5**	–
	Herstellen	m²	10	**18**	23	10	**18**	23
412	**Wasseranlagen**	m²	48	**61**	88	48	**61**	88
	Abbrechen	*m²*	*1*	***2***	*5*	*1*	***2***	*5*
	Herstellen	m²	45	**59**	86	45	**59**	86
419	**Sonstiges zur KG 410**	m²	3	**6**	9	3	**6**	9
	Herstellen	m²	3	**6**	9	3	**6**	9
421	**Wärmeerzeugungsanlagen**	m²	28	**44**	60	28	**44**	60
	Herstellen	m²	28	**44**	60	28	**44**	60
422	**Wärmeverteilnetze**	m²	44	**51**	63	44	**51**	63
	Abbrechen	*m²*	–	***3***	–	–	***3***	–
	Herstellen	m²	43	**49**	59	43	**49**	59

Kosten:
Stand 2. Quartal 2026
Bundesdurchschnitt
inkl. 19% MwSt.

KG	Kostengruppen der 3. Ebene	Einheit	▷	€/Einheit	◁	▷	€/m² BGF	◁
423	**Raumheizflächen**	m²	4	**26**	33	4	**26**	33
	Abbrechen	*m²*	*2*	***2***	*3*	*2*	***2***	*3*
	Wiederherstellen	m²	–	**4**	–	–	**4**	–
	Herstellen	m²	28	**31**	33	28	**31**	33
429	**Sonstiges zur KG 420**	m²	< 1	**5**	8	< 1	**5**	8
	Abbrechen	*m²*	–	***8***	–	–	***8***	–
	Herstellen	m²	–	**< 1**	–	–	**< 1**	–
431	**Lüftungsanlagen**	m²	157	**175**	192	157	**175**	192
	Abbrechen	*m²*	–	***3***	–	–	***3***	–
	Herstellen	m²	154	**173**	192	154	**173**	192
432	**Teilklimaanlagen**	m²	–	**314**	–	–	**314**	–
	Abbrechen	*m²*	–	***8***	–	–	***8***	–
	Herstellen	m²	–	**306**	–	–	**306**	–
433	**Klimaanlagen**	m²	–	**46**	–	–	**46**	–
	Herstellen	m²	–	**46**	–	–	**46**	–
444	**Niederspannungsinstallationsanl.**	m²	51	**101**	152	51	**101**	152
	Abbrechen	*m²*	–	***16***	–	–	***16***	–
	Herstellen	m²	50	**97**	141	50	**97**	141
445	**Beleuchtungsanlagen**	m²	28	**139**	267	28	**139**	267
	Herstellen	m²	28	**139**	267	28	**139**	267
446	**Blitzschutz- und Erdungsanlagen**	m²	–	**1**	–	–	**1**	–
	Herstellen	m²	–	**1**	–	–	**1**	–
451	**Telekommunikationsanlagen**	m²	3	**4**	5	3	**4**	5
	Herstellen	m²	3	**4**	5	3	**4**	5
452	**Such- und Signalanlagen**	m²	2	**5**	8	2	**5**	8
	Herstellen	m²	2	**5**	8	2	**5**	8
454	**Elektroakustische Anlagen**	m²	4	**6**	9	4	**6**	9
	Herstellen	m²	4	**6**	9	4	**6**	9
455	**Audiovis. Medien- u. Antennenanl.**	m²	–	**1**	–	–	**1**	–
	Herstellen	m²	–	**1**	–	–	**1**	–
456	**Gefahrenmelde- und Alarmanlagen**	m²	4	**6**	11	4	**6**	11
	Herstellen	m²	4	**6**	11	4	**6**	11
457	**Datenübertragungsnetze**	m²	–	**2**	–	–	**2**	–
	Herstellen	m²	–	**2**	–	–	**2**	–
461	**Aufzugsanlagen**	m²	< 1	**12**	24	< 1	**12**	24
	Wiederherstellen	m²	–	**< 1**	–	–	**< 1**	–
	Herstellen	m²	–	**24**	–	–	**24**	–
471	**Küchentechnische Anlagen**	m²	–	**60**	–	–	**60**	–
	Herstellen	m²	–	**60**	–	–	**60**	–
473	**Medienversorgungsanlagen**	m²	–	**40**	–	–	**40**	–
	Herstellen	m²	–	**40**	–	–	**40**	–
474	**Feuerlöschanlagen**	m²	–	**86**	–	–	**86**	–
	Abbrechen	*m²*	–	***< 1***	–	–	***< 1***	–
	Herstellen	m²	–	**85**	–	–	**85**	–
476	**Weitere nutzungsspezifische Anl.**	m²	–	**2**	–	–	**2**	–
	Abbrechen	*m²*	–	***2***	–	–	***2***	–
496	**Materialentsorgung**	m²	–	**< 1**	–	–	**< 1**	–
	Abbrechen	*m²*	–	***< 1***	–	–	***< 1***	–

▷ von
ø Mittel
◁ bis

Prozentanteile der Kosten für Leistungsbereiche nach STLB (Kosten Bauwerk nach DIN 276)

LB	Leistungsbereiche	7,5% 15% 22,5% 30%	▷	% an 300+400	◁
000	Baustellen-, Sicherheitseinr. inkl. 001, 089		0,2	**1,3**	1,7
002	Erdarbeiten		–	**–**	–
006	Spezialtiefbauarbeiten inkl. 005		–	**–**	–
009	Entwässerungskanalarbeiten inkl. 011		0,0	**0,3**	1,2
010	Drän- und Versickerarbeiten		–	**–**	–
012	Mauerarbeiten		0,1	**2,1**	4,8
013	Betonarbeiten		0,3	**1,3**	2,3
014	Natur-, Betonwerksteinarbeiten		0,0	**< 0,1**	0,4
016	Zimmer- und Holzbauarbeiten		0,0	**1,5**	6,1
017	Stahlbauarbeiten		0,0	**0,1**	0,5
018	Abdichtungsarbeiten		0,0	**< 0,1**	0,1
020	Dachdeckungsarbeiten		–	**–**	–
021	Dachabdichtungsarbeiten		0,0	**< 0,1**	0,2
022	Klempnerarbeiten		0,0	**< 0,1**	0,2
	Rohbau		3,6	**6,8**	15,0
023	Putz- und Stuckarbeiten, Wärmedämmsysteme		0,6	**1,7**	4,6
024	Fliesen- und Plattenarbeiten		0,1	**1,3**	2,6
025	Estricharbeiten		0,8	**2,6**	7,7
026	Fenster, Außentüren inkl. 029, 032		3,0	**9,9**	28,7
027	Tischlerarbeiten		0,9	**8,8**	32,3
028	Parkett-, Holzpflasterarbeiten		0,0	**0,4**	1,6
030	Rollladenarbeiten		0,0	**0,4**	1,7
031	Metallbauarbeiten inkl. 035		1,1	**4,8**	15,3
034	Maler- und Lackiererarb. - Beschicht. inkl. 037		1,4	**3,8**	4,7
036	Bodenbelagarbeiten		0,4	**4,3**	8,9
038	Vorgehängte hinterlüftete Fassaden		–	**–**	–
039	Trockenbauarbeiten		4,1	**7,3**	10,9
	Ausbau		40,1	**45,4**	51,1
040	Wärmeversorgungsanl. - Betriebseinr. inkl. 041		1,5	**5,4**	8,8
042	Gas- u. Wasseranl. - Leitung., Armat. inkl. 043		0,7	**1,8**	4,3
044	Abwasseranl. - Leitungen, Abläufe, Armaturen		0,1	**0,6**	1,2
045	Gas, Wasser, Entwässerung - Ausstattung inkl. 046		0,3	**1,1**	3,1
047	Dämm- und Brandschutzarb. an techn. Anlagen		0,0	**1,0**	2,1
049	Feuerlöschanlagen, Feuerlöschgeräte		0,0	**1,1**	4,5
050	Blitzschutz-/Erdungsanlagen, Überspannungssch.		0,0	**< 0,1**	< 0,1
052	Mittelspannungsanlagen		–	**–**	–
053	Niederspannungsanl. - Kabel inkl. 054		4,4	**6,8**	9,7
055	Sicherheits- u. Ersatzstromversorgungsanl.		–	**–**	–
057	Gebäudesystemtechnik		–	**–**	–
058	Leuchten und Lampen inkl. 059		2,1	**8,9**	18,2
060	Such, Signal, Zeit, Anten., akust. Anl. inkl. 064		0,0	**0,4**	0,9
061	Kommunikations- u. Übertragungsnetze inkl. 062		< 0,1	**0,2**	0,5
063	Gefahrenmeldeanlagen		0,0	**0,3**	0,7
069	Aufzüge		0,0	**0,4**	1,6
070	Gebäudeautomation		–	**–**	–
075	Raumlufttechnische Anlagen inkl. 078		3,2	**10,7**	14,1
	Gebäudetechnik		34,5	**38,6**	43,5
084	Abbruch, Rückbau, Schadstoffsanierung		2,5	**4,8**	7,0
	Sonstige Leistungsbereiche inkl. 008, 033, 051		0,7	**4,3**	7,8

€/m² BGF

min	805	€/m²
von	960	€/m²
Mittel	**1.420**	**€/m²**
bis	1.680	€/m²
max	1.840	€/m²

Kosten:
Stand 2. Quartal 2026
Bundesdurchschnitt
inkl. 19% MwSt.

Objektübersicht zur Gebäudeart

7200-0096 Geschäftshaus, Foyer

BRI 1.033 m³ **BGF** 220 m² **NUF** 71 m²

Baujahr: 1996
Bauzustand: mittel
Aufwand: hoch
Nutzung während der Bauzeit: ja
Nutzungsänderung: nein
Grundrissänderungen: wenige
Tragwerkseingriffe: wenige

Land: Sachsen
Kreis: Leipzig, Stadt
Standard: hoch
Bauzeit: 9 Wochen
Kennwerte: bis 3. Ebene DIN 276
veröffentlicht: BKI Objektdaten A13
BGF 1.448 €/m²

Planung: k.A.

Foyer eines Geschäftshauses mit Empfangstresen und Wartebereich

1. Ebene: 300 Bauwerk – Baukonstruktionen: 63%, **400 Bauwerk – Technische Anlagen:** 37%
3. Ebene: Baukonstruktionen: **A:** Sonstige < 1%, **W:** Sonstige 2%, **H:** 345 Innenwandbekleidungen 5%, 353 Deckenbeläge 17%, 354 Deckenbekleidungen 4%, 381 Allgemeine Einbauten 18%, 382 Besondere Einbauten 33%, 386 Orientierungs- und Informationssysteme 12%, Sonstige 8%, **Technische Anlagen:** **A:** 444 Niederspannungsinstallationsanlagen 3%, **W:** Sonstige < 1%, **H:** 433 Klimaanlagen 9%, 444 Niederspannungsinstallationsanlagen 29%, 445 Beleuchtungsanlagen 59%

7300-0064 Montagewerkstatt, Umnutzung

BRI 4.001 m³ **BGF** 760 m² **NUF** 662 m²

Baujahr: 1992
Bauzustand: mittel
Aufwand: mittel
Nutzung während der Bauzeit: nein
Nutzungsänderung: ja
Grundrissänderungen: einige
Tragwerkseingriffe: wenige

Land: Mecklenburg-Vorpommern
Kreis: Mecklenburgische Seenplatte
Standard: mittel
Bauzeit: 70 Wochen
Kennwerte: bis 3. Ebene DIN 276
veröffentlicht: BKI Objektdaten A8
BGF 1.207 €/m²

Planung: atelier05 Architektur + Innenarchitektur; Jürgenshagen

Arbeitsplätze für Menschen mit Behinderung für Montage von Kleineisenteilen, Konfektionieren und Verpacken von diversen Produkten, CD-Vernichtung; behindertengerechter Umbau. **Kosteneinfluss Nutzung:** Die Montagewerkstatt wurde behindertengerecht umgebaut und bietet Arbeitsplätze für Menschen mit Behinderung.

1. Ebene: 300 Bauwerk – Baukonstruktionen: 56%, **400 Bauwerk – Technische Anlagen:** 44%
3. Ebene: Baukonstruktionen: **A:** 322 Flachgründungen und Bodenplatten 3%, Sonstige 4%, **W:** 364 Dachbekleidungen 8%, Sonstige 2%, **H:** 324 Gründungsbeläge 23%, 331 Tragende Außenwände 6%, 334 Außenwandöffnungen 10%, 341 Tragende Innenwände 3%, 342 Nichttragende Innenwände 6%, 344 Innenwandöffnungen 8%, 345 Innenwandbekleidungen 5%, 346 Elementierte Innenwandkonstruktionen 6%, 361 Dachkonstruktionen 11%, 364 Dachbekleidungen 3%, Sonstige 3%, **Technische Anlagen:** **A:** Sonstige 1%, **W:** Sonstige < 1%, **H:** 411 Abwasseranlagen 4%, 412 Wasseranlagen 9%, 421 Wärmeerzeugungsanlagen 5%, 422 Wärmeverteilnetze 8%, 423 Raumheizflächen 6%, 431 Lüftungsanlagen 29%, 444 Niederspannungsinstallationsanlagen 6%, 445 Beleuchtungsanlagen 6%, 471 Küchentechnische Anlagen 11%, 473 Medienversorgungsanlagen, Medizin- und labortechnische Anlagen 8%, Sonstige 4%

A Abbrechen
W Wiederherstellen
H Herstellen

7200-0061 Geschäftshaus, Café, Büros

BRI 2.953 m³ **BGF** 911 m² **NUF** 646 m²

© Seidel : Architekten

Baujahr: 1951
Bauzustand: schlecht
Aufwand: mittel
Nutzung während der Bauzeit: nein
Nutzungsänderung: ja
Grundrissänderungen: umfangreiche
Tragwerkseingriffe: einige

Land: Baden-Württemberg
Kreis: Ulm, Stadt
Standard: mittel
Bauzeit: 8 Wochen
Kennwerte: bis 3. Ebene DIN 276
veröffentlicht: BKI Objektdaten A6

BGF 1.522 €/m²

Planung: Seidel : Architekten Dipl.-Ing. Josef H. Seidel; Ulm-Lehr

Umbau eines Wohn- und Geschäftshauses, Einbau eines Ladencafés (163 Sitzplätze), Büro- und Konferenzräume (4 Mitarbeiter). Instandsetzungen an Wänden und Decken. Modernisierung der Heizungsanlage. **Kosteneinfluss Grundstück:** Das Grundstück liegt in einer Fußgängerzone.

1. Ebene: 300 Bauwerk – Baukonstruktionen: 59%, **400 Bauwerk – Technische Anlagen:** 41%
3. Ebene: Baukonstruktionen: **A:** Sonstige 7%, **W:** 335 Außenwandbekleidungen, außen 7%, Sonstige 2%, **H:** 334 Außenwandöffnungen 40%, 337 Elementierte Außenwandkonstruktionen 9%, 342 Nichttragende Innenwände 9%, 351 Deckenkonstruktionen 5%, 353 Deckenbeläge 8%, Sonstige 14%, **Technische Anlagen:** **A:** Sonstige 3%, **H:** 411 Abwasseranlagen 4%, 412 Wasseranlagen 7%, 421 Wärmeerzeugungsanlagen 10%, 422 Wärmeverteilnetze 9%, 423 Raumheizflächen 5%, 431 Lüftungsanlagen 31%, 444 Niederspannungsinstallationsanlagen 18%, 445 Beleuchtungsanlagen 4%, 461 Aufzugsanlagen 4%, Sonstige 5%

7200-0036 Geschäftshaus, Laden

BRI 2.155 m³ **BGF** 535 m² **NUF** 441 m²

© Fendt-Fikentscher-Cole Architekten

Land: Bayern
Kreis: München, Stadt
Standard: mittel
Bauzeit: 13 Wochen
Kennwerte: bis 3. Ebene DIN 276
veröffentlicht: www.bki.de

BGF 1.838 €/m²

Planung: Fendt-Fikentscher-Cole Architekten; München

Neugestaltung eines Buchladens im Erd- und Untergeschoss eines Geschäftshauses in einer Fußgängerzone. **Kosteneinfluss Nutzung:** Als Bezugsgrößen wurden nur die Flächen und das Volumen des umgebauten Ladens angegeben. **Kosteneinfluss Grundstück:** Sehr beengter Bauraum im Untergeschoss und Erdgeschoss eines bestehenden Gebäudes in der Fußgängerzone in der Innenstadt.

1. Ebene: 300 Bauwerk – Baukonstruktionen: 54%, **400 Bauwerk – Technische Anlagen:** 46%
3. Ebene: Baukonstruktionen: **A:** 396 Materialentsorgung 5%, Sonstige 8%, **W:** Sonstige 1%, **H:** 334 Außenwandöffnungen 8%, 342 Nichttragende Innenwände 3%, 345 Innenwandbekleidungen 4%, 351 Deckenkonstruktionen 31%, 353 Deckenbeläge 16%, 354 Deckenbekleidungen 16%, 391 Baustelleneinrichtung 4%, Sonstige 5%, **Technische Anlagen:** **A:** Sonstige 2%, **W:** Sonstige < 1%, **H:** 412 Wasseranlagen 10%, 422 Wärmeverteilnetze 5%, 423 Raumheizflächen 3%, 432 Teilklimaanlagen 36%, 444 Niederspannungsinstallationsanlagen 10%, 445 Beleuchtungsanlagen 22%, 474 Feuerlöschanlagen 10%, Sonstige 2%

€/m² BGF

min	805	€/m²
von	960	€/m²
Mittel	**1.420**	**€/m²**
bis	1.680	€/m²
max	1.840	€/m²

Kosten:
Stand 2. Quartal 2026
Bundesdurchschnitt
inkl. 19% MwSt.

Objektübersicht zur Gebäudeart

7300-0063 Betriebs- und Werkstattgebäude

BRI 6.697 m³ **BGF** 1.952 m² **NUF** 1.632 m²

Bauzustand: mittel
Aufwand: mittel
Nutzung während der Bauzeit: nein
Nutzungsänderung: ja
Grundrissänderungen: einige
Tragwerkseingriffe: wenige

Land: Hamburg
Kreis: Hamburg, Stadt
Standard: mittel
Bauzeit: 22 Wochen
Kennwerte: bis 1. Ebene DIN 276
veröffentlicht: BKI Objektdaten A7

BGF 804 €/m²

Planung: güldenzopf rohrberg architektur & design; Hamburg

Umbau eines dreigeschossigen Bestandsgebäudes (Baujahr 1900). Die Maßnahme beschränkt sich auf den Mieterausbau im EG und 1. OG. Hier insbesondere die nichttragenden Innenwände, Brandschutzmaßnahmen, Erneuerung der Raumoberflächen und Installation der für die Produktion notwendigen technischen Anlagen. Tragkonstruktion und Fassade blieben unverändert.

1. Ebene: 300 Bauwerk – Baukonstruktionen: 49%, **400 Bauwerk – Technische Anlagen:** 51%

7500-0017 Bankfiliale

BRI 1.982 m³ **BGF** 507 m² **NUF** 445 m²

Baujahr: 1996
Bauzustand: gut
Aufwand: hoch
Nutzung während der Bauzeit: nein
Grundrissänderungen: keine
Tragwerkseingriffe: keine

Land: Thüringen
Kreis: Erfurt, Stadt
Standard: hoch
Bauzeit: 9 Wochen
Kennwerte: bis 1. Ebene DIN 276
veröffentlicht: www.bki.de

BGF 1.711 €/m²

Planung: Thomas Erfurt Dipl.-Ing. Architekt BDA; Erfurt

Ausbau für eine Bankfiliale im Erd- und Untergeschoss eines Gebäudes, das ein Jahr zuvor in den übrigen Geschossen fertiggestellt wurde.

1. Ebene: 300 Bauwerk – Baukonstruktionen: 61%, **400 Bauwerk – Technische Anlagen:** 39%

A Abbrechen
W Wiederherstellen
H Herstellen

Kostenkennwerte für die Kosten des Bauwerks (Kostengruppen 300+400 nach DIN 276)

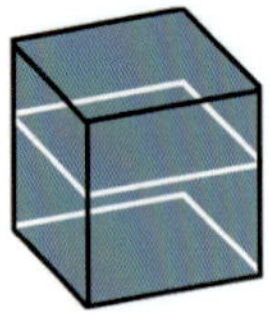

BRI 655 €/m³
von 585 €/m³
bis 720 €/m³

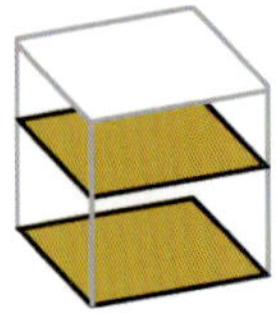

BGF 2.245 €/m²
von 2.205 €/m²
bis 2.280 €/m²

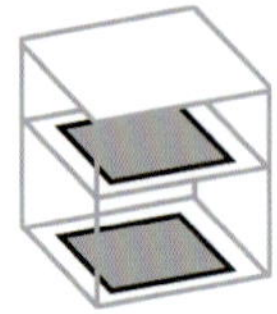

NUF 3.930 €/m²
von 3.800 €/m²
bis 4.055 €/m²

Objektbeispiele

Kosten:
Stand 2. Quartal 2026
Bundesdurchschnitt
inkl. 19% MwSt.

9100-0047

9100-0104

9100-0104

Kosten der 2 Vergleichsobjekte

Seite 354

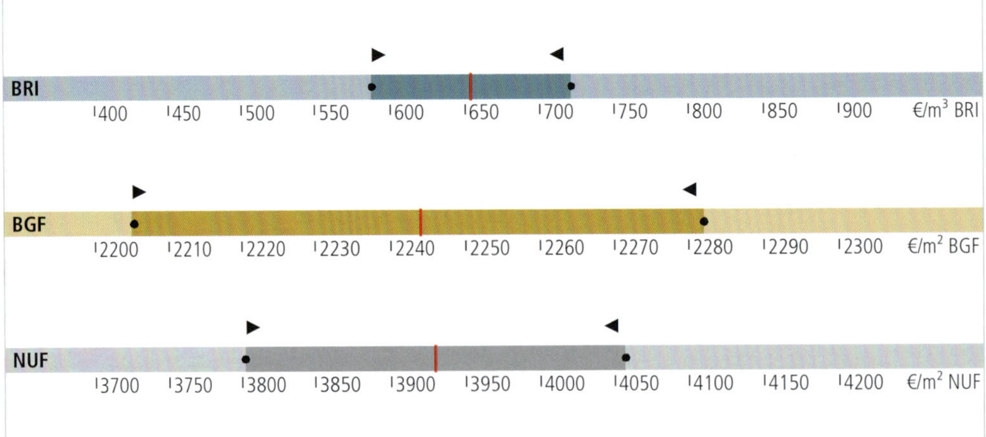

- ● KKW
- ▶ min
- ▷ von
- | Mittelwert
- ◁ bis
- ◀ max

Kostenkennwerte für die Kostengruppen der 1. und 2.Ebene DIN 276

KG	Kostengruppen der 1.Ebene	Einheit	▷	€/Einheit	◁	▷	% an 300+400	◁
100	Grundstück	m² GF	–	**–**	–	–	**–**	–
200	Vorbereitende Maßnahmen	m² GF	13	**44**	75	0,3	**2,6**	5,0
300	Bauwerk – Baukonstruktionen	m² BGF	1.510	**1.714**	1.918	68,5	**76,3**	84,0
400	Bauwerk – Technische Anlagen	m² BGF	364	**530**	695	16,0	**23,7**	31,5
	Bauwerk 300+400	m² BGF	2.205	**2.244**	2.282	100,0	**100,0**	100,0
500	Außenanlagen und Freiflächen	m² AF	–	**732**	–	5,2	**6,0**	6,8
600	Ausstattung und Kunstwerke	m² BGF	–	**24**	–	1,1	**1,1**	1,1
700	Baunebenkosten	m² BGF	–	**–**	–	–	**–**	–
800	Finanzierung	m² BGF	–	**–**	–	–	**–**	–

KG	Kostengruppen der 2.Ebene	Einheit	▷	€/Einheit	◁	▷	% an 1.Ebene	◁
310	Baugrube / Erdbau	m³ BGI	–	**153**	–	1,7	**1,7**	1,7
320	Gründung, Unterbau	m² GRF	–	**839**	–	11,2	**11,2**	11,2
330	Außenwände / vertikal außen	m² AWF	–	**663**	–	30,2	**30,2**	30,2
340	Innenwände / vertikal innen	m² IWF	–	**372**	–	17,3	**17,3**	17,3
350	Decken / horizontal	m² DEF	–	**771**	–	27,3	**27,3**	27,3
360	Dächer	m² DAF	–	**167**	–	4,3	**4,3**	4,3
370	Infrastrukturanlagen		–	**–**	–	–	**–**	–
380	Baukonstruktive Einbauten	m² BGF	–	**–**	–	–	**–**	–
390	Sonst. Maßnahmen für Baukonst.	m² BGF	–	**123**	–	8,1	**8,1**	8,1
300	**Bauwerk – Baukonstruktionen**	**m² BGF**					**100,0**	
410	Abwasser-, Wasser-, Gasanlagen	m² BGF	–	**45**	–	6,4	**6,4**	6,4
420	Wärmeversorgungsanlagen	m² BGF	–	**146**	–	21,1	**21,1**	21,1
430	Raumlufttechnische Anlagen	m² BGF	–	**–**	–	–	**–**	–
440	Elektrische Anlagen	m² BGF	–	**208**	–	30,0	**30,0**	30,0
450	Kommunikationstechnische Anlagen	m² BGF	–	**267**	–	38,5	**38,5**	38,5
460	Förderanlagen	m² BGF	–	**–**	–	–	**–**	–
470	Nutzungsspez. / verfahrenstech. Anl.	m² BGF	–	**< 1**	–	0,1	**0,1**	0,1
480	Gebäude- und Anlagenautomation	m² BGF	–	**–**	–	–	**–**	–
490	Sonst. Maßnahmen f. techn. Anl.	m² BGF	–	**27**	–	3,9	**3,9**	3,9
400	**Bauwerk – Technische Anlagen**	**m² BGF**					**100,0**	

Objektübersicht zur Gebäudeart

€/m² BGF

min	2.205	€/m²
von	2.205	€/m²
Mittel	**2.245**	**€/m²**
bis	2.280	€/m²
max	2.280	€/m²

Kosten:
Stand 2. Quartal 2026
Bundesdurchschnitt
inkl. 19% MwSt.

9100-0047 Stadtmuseum

BRI 3.149 m³ **BGF** 839 m² **NUF** 456 m²

© Johann-Christian Fromme

Baujahr: 1558
Bauzustand: schlecht
Aufwand: hoch
Nutzung während der Bauzeit: nein
Nutzungsänderung: ja
Grundrissänderungen: einige
Tragwerkseingriffe: einige

Land: Sachsen-Anhalt
Kreis: Halle (Saale), Stadt
Standard: hoch
Bauzeit: 91 Wochen
Kennwerte: bis 3. Ebene DIN 276
veröffentlicht: BKI Objektdaten A6

BGF 2.205 €/m²

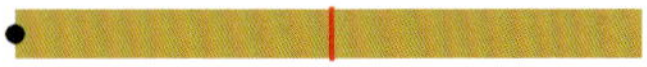

Planung: Johann-Christian Fromme Freier Architekt; Halle

Umbau einer Druckerei zum Erweiterungsbau des Stadtmuseums. Ausstellungsflächen, Büroräume für 16 Mitarbeiter. **Kosteneinfluss Nutzung:** Das Gebäude wurde seit Jahren nicht benutzt: Schwamm und andere Holzschädigungen in den Deckenbalken, die Außenfenster und die Gebäudetechnik waren unbrauchbar.

1. Ebene: 300 Bauwerk – Baukonstruktionen: 68%, **400 Bauwerk – Technische Anlagen:** 32%
3. Ebene: Baukonstruktionen: A: 351 Deckenkonstruktionen 5%, Sonstige 7%, **W:** 331 Tragende Außenwände 4%, Sonstige 2%, **H:** 324 Gründungsbeläge 5%, 334 Außenwandöffnungen 11%, 335 Außenwandbekleidungen, außen 7%, 336 Außenwandbekleidungen, innen 3%, 344 Innenwandöffnungen 7%, 345 Innenwandbekleidungen 4%, 351 Deckenkonstruktionen 12%, 353 Deckenbeläge 6%, Sonstige 27%, **Technische Anlagen: A:** Sonstige 2%, **H:** 412 Wasseranlagen 5%, 421 Wärmeerzeugungsanlagen 5%, 422 Wärmeverteilnetze 5%, 423 Raumheizflächen 9%, 444 Niederspannungsinstallationsanlagen 16%, 445 Beleuchtungsanlagen 13%, 491 Baustelleneinrichtung 4%, Sonstige 3%

9100-0104 Heimatmuseum

BRI 567 m³ **BGF** 179 m² **NUF** 108 m²

© Ulrike Ludewig

Baujahr: 1885
Bauzustand: schlecht
Aufwand: hoch
Nutzung während der Bauzeit: nein
Nutzungsänderung: ja
Grundrissänderungen: wenige
Tragwerkseingriffe: wenige

Land: Thüringen
Kreis: Weimarer Land
Standard: mittel
Bauzeit: 100 Wochen
Kennwerte: bis 1. Ebene DIN 276
veröffentlicht: BKI Objektdaten A9

BGF 2.282 €/m²

Planung: Architekturbüro Ludewig; Weimar

Umbau einer Malzdarre (Baujahr 1885) zu einem Heimatmuseum.

1. Ebene: 300 Bauwerk – Baukonstruktionen: 84%, **400 Bauwerk – Technische Anlagen:** 16%

A Abbrechen
W Wiederherstellen
H Herstellen

Kostenkennwerte für die Kosten des Bauwerks (Kostengruppen 300+400 nach DIN 276)

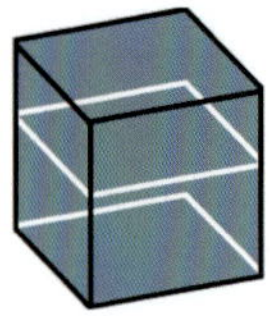

BRI 505 €/m³
von 355 €/m³
bis 710 €/m³

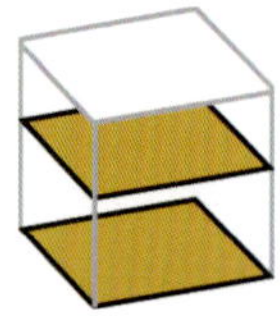

BGF 2.275 €/m²
von 1.680 €/m²
bis 3.205 €/m²

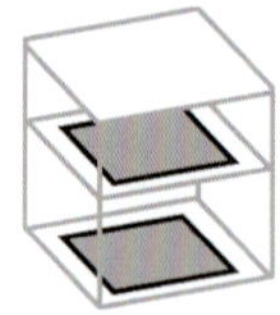

NUF 3.490 €/m²
von 2.625 €/m²
bis 4.745 €/m²

Kosten:
Stand 2. Quartal 2026
Bundesdurchschnitt
inkl. 19% MwSt.

Objektbeispiele

9100-0144

9100-0215

9100-0106

9100-0135

9100-0127

9100-0092

Kosten der 9 Vergleichsobjekte

Seiten 364 bis 368

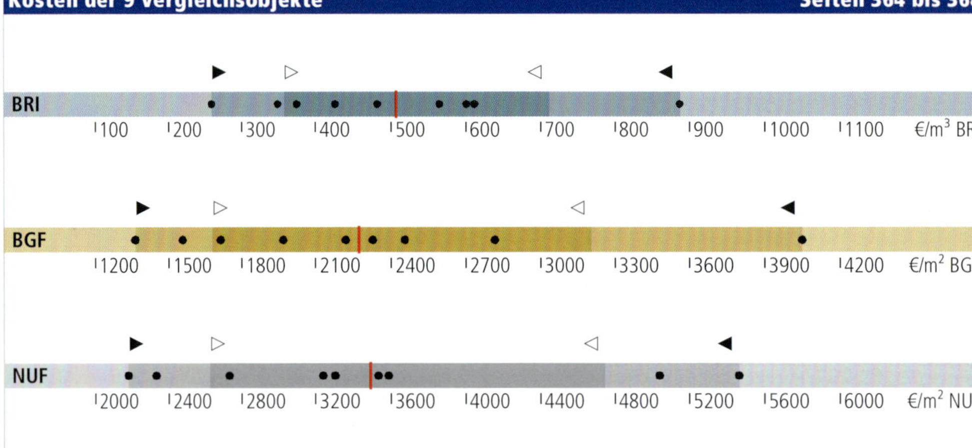

- ● KKW
- ▶ min
- ▷ von
- | Mittelwert
- ◁ bis
- ◀ max

Kostenstand: 2. Quartal 2026, Bundesdurchschnitt, **inkl. 19% MwSt.**

Kostenkennwerte für die Kostengruppen der 1. und 2.Ebene DIN 276

KG	Kostengruppen der 1.Ebene	Einheit	▷	€/Einheit	◁	▷	% an 300+400	◁
100	Grundstück	m²GF	–	**–**	–	–	**–**	–
200	Vorbereitende Maßnahmen	m²GF	8	**16**	24	0,4	**1,2**	2,7
300	Bauwerk – Baukonstruktionen	m²BGF	1.297	**1.740**	2.487	68,3	**76,9**	83,2
400	Bauwerk – Technische Anlagen	m²BGF	324	**533**	849	16,8	**23,1**	31,7
	Bauwerk 300+400	m²BGF	1.681	**2.273**	3.205	100,0	**100,0**	100,0
500	Außenanlagen und Freiflächen	m²AF	82	**202**	426	1,2	**2,9**	4,2
600	Ausstattung und Kunstwerke	m²BGF	8	**26**	112	0,4	**1,3**	5,7
700	Baunebenkosten	m²BGF	–	**–**	–	–	**–**	–
800	Finanzierung	m²BGF	–	**–**	–	–	**–**	–

KG	Kostengruppen der 2.Ebene	Einheit	▷	€/Einheit	◁	▷	% an 1.Ebene	◁
310	Baugrube / Erdbau	m³BGI	127	**219**	448	0,4	**1,3**	3,5
320	Gründung, Unterbau	m²GRF	409	**574**	790	4,8	**9,1**	17,7
330	Außenwände / vertikal außen	m²AWF	555	**669**	790	26,2	**30,6**	37,7
340	Innenwände / vertikal innen	m²IWF	407	**485**	711	13,1	**17,6**	23,6
350	Decken / horizontal	m²DEF	333	**488**	709	6,4	**17,0**	22,9
360	Dächer	m²DAF	301	**568**	1.015	8,3	**14,6**	32,5
370	Infrastrukturanlagen		–	**–**	–	–	**–**	–
380	Baukonstruktive Einbauten	m²BGF	5	**37**	196	0,3	**1,7**	10,0
390	Sonst. Maßnahmen für Baukonst.	m²BGF	96	**123**	162	5,9	**8,0**	10,9
300	**Bauwerk – Baukonstruktionen**	**m²BGF**					**100,0**	
410	Abwasser-, Wasser-, Gasanlagen	m²BGF	47	**62**	106	9,2	**12,9**	16,6
420	Wärmeversorgungsanlagen	m²BGF	61	**98**	145	13,7	**19,8**	26,2
430	Raumlufttechnische Anlagen	m²BGF	18	**70**	143	3,1	**15,5**	33,9
440	Elektrische Anlagen	m²BGF	88	**131**	222	16,1	**26,6**	34,5
450	Kommunikationstechnische Anlagen	m²BGF	18	**39**	98	3,1	**7,5**	14,0
460	Förderanlagen	m²BGF	24	**49**	62	1,5	**6,8**	13,8
470	Nutzungsspez. / verfahrenstech. Anl.	m²BGF	14	**113**	406	0,2	**7,4**	30,0
480	Gebäude- und Anlagenautomation	m²BGF	10	**27**	38	0,3	**3,2**	5,8
490	Sonst. Maßnahmen f. techn. Anl.	m²BGF	< 1	**2**	5	< 0,1	**0,3**	1,2
400	**Bauwerk – Technische Anlagen**	**m²BGF**					**100,0**	

Prozentanteile der Kosten 2.Ebene an den Kosten des Bauwerks nach DIN 276 (Von/Mittel/Bis)

KG	Kostengruppe	%
310	Baugrube / Erdbau	1,0
320	Gründung, Unterbau	7,0
330	Außenwände / vertikal außen	23,3
340	Innenwände / vertikal innen	13,1
350	Decken / horizontal	12,6
360	Dächer	11,5
370	Infrastrukturanlagen	
380	Baukonstruktive Einbauten	1,4
390	Sonst. Maßnahmen für Baukonst.	6,0
410	Abwasser-, Wasser-, Gasanlagen	3,0
420	Wärmeversorgungsanlagen	4,6
430	Raumlufttechnische Anlagen	3,8
440	Elektrische Anlagen	6,0
450	Kommunikationstechnische Anlagen	1,8
460	Förderanlagen	1,7
470	Nutzungsspez. / verfahrenstech. Anl.	2,4
480	Gebäude- und Anlagenautomation	0,9
490	Sonst. Maßnahmen f. techn. Anl.	< 0,1

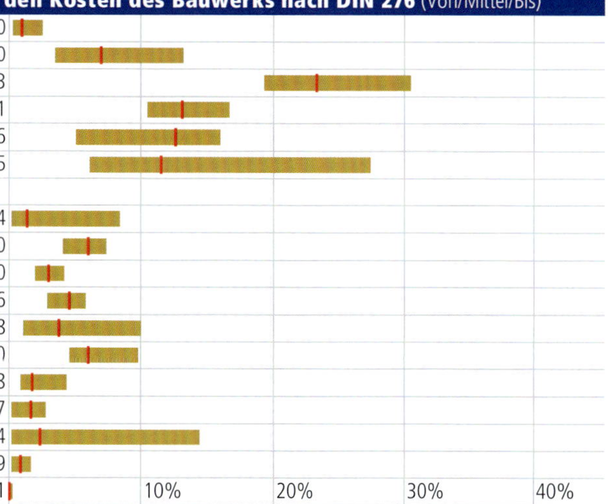

Kostenstand: 2. Quartal 2026, Bundesdurchschnitt, **inkl. 19% MwSt.**

Kosten:
Stand 2. Quartal 2026
Bundesdurchschnitt
inkl. 19% MwSt.

▷ von
ø Mittel
◁ bis

Kostenkennwerte für die Kostengruppen der 3. Ebene DIN 276

KG	Kostengruppen der 3. Ebene	Einheit	▷	€/Einheit	◁	▷	€/m² BGF	◁
311	**Herstellung**	m³	125	**213**	441	6	**19**	51
	Herstellen	m³	125	**213**	441	6	**19**	51
312	**Umschließung**	m²	–	**99**	–	–	**6**	–
	Herstellen	m²	–	**99**	–	–	**6**	–
322	**Flachgründungen und Bodenplatten**	m²	230	**724**	3.549	25	**56**	103
	Abbrechen	*m²*	*53*	***309***	*1.555*	*4*	***10***	*18*
	Herstellen	m²	180	**460**	1.994	17	**47**	97
324	**Gründungsbeläge**	m²	235	**378**	565	35	**72**	130
	Abbrechen	*m²*	*16*	***65***	*148*	*2*	***5***	*7*
	Wiederherstellen	m²	–	**34**	–	–	**3**	–
	Herstellen	m²	229	**327**	461	30	**68**	128
325	**Abdichtungen und Bekleidungen**	m²	19	**41**	83	5	**19**	86
	Abbrechen	*m²*	–	***19***	–	–	***6***	–
	Wiederherstellen	m²	–	**8**	–	–	**7**	–
	Herstellen	m²	16	**36**	67	4	**17**	79
331	**Tragende Außenwände**	m²	337	**408**	529	28	**82**	135
	Abbrechen	*m²*	*24*	***66***	*180*	*2*	***7***	*10*
	Wiederherstellen	m²	93	**233**	328	26	**62**	86
	Herstellen	m²	83	**170**	333	9	**33**	66
333	**Außenstützen**	m	83	**119**	173	3	**8**	18
	Herstellen	m	83	**119**	173	3	**8**	18
334	**Außenwandöffnungen**	m²	1.234	**1.570**	2.026	83	**159**	233
	Abbrechen	*m²*	*22*	***46***	*102*	*2*	***5***	*8*
	Wiederherstellen	m²	18	**122**	316	3	**12**	27
	Herstellen	m²	1.223	**1.443**	1.975	76	**147**	223
335	**Außenwandbekleidungen, außen**	m²	181	**319**	666	34	**101**	141
	Abbrechen	*m²*	*15*	***37***	*80*	*< 1*	***15***	*25*
	Wiederherstellen	m²	25	**80**	114	8	**45**	104
	Herstellen	m²	53	**234**	509	27	**57**	114
336	**Außenwandbekleidungen, innen**	m²	94	**133**	180	33	**75**	113
	Abbrechen	*m²*	*3*	***7***	*13*	*2*	***4***	*9*
	Wiederherstellen	m²	4	**15**	35	2	**9**	22
	Herstellen	m²	82	**117**	169	34	**65**	108
337	**Elem. Außenwandkonstruktionen**	m²	980	**1.498**	2.250	25	**81**	165
	Herstellen	m²	980	**1.498**	2.250	25	**81**	165
338	**Lichtschutz zur KG 330**	m²	127	**200**	273	4	**13**	22
	Herstellen	m²	127	**200**	273	4	**13**	22
339	**Sonstiges zur KG 330**	m²	6	**13**	23	3	**10**	15
	Abbrechen	*m²*	*< 1*	***2***	*4*	*< 1*	***2***	*3*
	Herstellen	m²	10	**14**	21	8	**11**	14
341	**Tragende Innenwände**	m²	252	**966**	1.969	19	**42**	51
	Abbrechen	*m²*	*84*	***451***	*996*	*9*	***14***	*22*
	Wiederherstellen	m²	13	**58**	89	3	**6**	9
	Herstellen	m²	143	**491**	1.045	11	**25**	36
342	**Nichttragende Innenwände**	m²	138	**231**	445	12	**35**	68
	Abbrechen	*m²*	*47*	***96***	*286*	*7*	***16***	*53*
	Wiederherstellen	m²	–	**14**	–	–	**1**	–
	Herstellen	m²	118	**161**	272	7	**23**	36

KG	Kostengruppen der 3. Ebene	Einheit	▷	€/Einheit	◁	▷	€/m² BGF	◁
343	**Innenstützen**	m	215	**500**	956	4	**9**	15
	Abbrechen	*m*	–	***10***	–	–	***< 1***	–
	Wiederherstellen	m	–	**25**	–	–	**1**	–
	Herstellen	m	204	**494**	956	4	**8**	15
344	**Innenwandöffnungen**	m²	1.054	**1.432**	2.441	58	**90**	120
	Abbrechen	*m²*	*8*	***60***	*143*	*< 1*	***4***	*9*
	Wiederherstellen	m²	122	**184**	246	12	**14**	16
	Herstellen	m²	932	**1.337**	2.304	56	**84**	122
345	**Innenwandbekleidungen**	m²	74	**87**	117	59	**80**	114
	Abbrechen	*m²*	*5*	***7***	*12*	*4*	***7***	*12*
	Wiederherstellen	m²	8	**16**	49	7	**14**	30
	Herstellen	m²	48	**67**	89	40	**62**	90
346	**Elem. Innenwandkonstruktionen**	m²	295	**596**	932	7	**28**	93
	Abbrechen	*m²*	*10*	***17***	*25*	*< 1*	***< 1***	*< 1*
	Herstellen	m²	292	**587**	929	7	**28**	93
349	**Sonstiges zur KG 340**	m²	6	**9**	11	4	**6**	11
	Abbrechen	*m²*	*< 1*	***< 1***	*2*	*< 1*	***< 1***	*< 1*
	Wiederherstellen	m²	–	**6**	–	–	**3**	–
	Herstellen	m²	9	**10**	12	4	**6**	11
351	**Deckenkonstruktionen**	m²	253	**840**	2.727	35	**88**	227
	Abbrechen	*m²*	*105*	***657***	*2.810*	*6*	***33***	*55*
	Wiederherstellen	m²	14	**68**	218	2	**3**	5
	Herstellen	m²	96	**332**	503	20	**63**	189
353	**Deckenbeläge**	m²	145	**295**	366	26	**102**	163
	Abbrechen	*m²*	*32*	***98***	*262*	*10*	***17***	*31*
	Wiederherstellen	m²	14	**22**	37	3	**6**	8
	Herstellen	m²	93	**202**	273	16	**85**	140
354	**Deckenbekleidungen**	m²	85	**128**	178	35	**66**	84
	Abbrechen	*m²*	*4*	***20***	*46*	*2*	***11***	*25*
	Wiederherstellen	m²	3	**15**	32	2	**7**	15
	Herstellen	m²	64	**99**	138	31	**51**	70
355	**Elementierte Deckenkonstruktionen**	m²	–	**1.914**	–	–	**48**	–
	Herstellen	m²	–	**1.914**	–	–	**48**	–
359	**Sonstiges zur KG 350**	m²	9	**26**	50	5	**16**	34
	Abbrechen	*m²*	–	***2***	–	–	***1***	–
	Wiederherstellen	m²	7	**9**	11	3	**5**	6
	Herstellen	m²	2	**22**	42	1	**14**	29
361	**Dachkonstruktionen**	m²	89	**209**	393	31	**136**	399
	Abbrechen	*m²*	–	***3***	–	*< 1*	***2***	*3*
	Wiederherstellen	m²	24	**70**	123	12	**30**	90
	Herstellen	m²	64	**152**	456	26	**111**	505
362	**Dachöffnungen**	m²	2.091	**6.515**	15.456	5	**14**	29
	Abbrechen	*m²*	–	***160***	–	*< 1*	***< 1***	*1*
	Wiederherstellen	m²	–	**9.733**	–	–	**6**	–
	Herstellen	m²	2.254	**4.866**	17.107	5	**15**	32
363	**Dachbeläge**	m²	208	**424**	1.634	34	**92**	202
	Abbrechen	*m²*	*9*	***20***	*29*	*6*	***8***	*11*
	Wiederherstellen	m²	20	**409**	1.576	4	**8**	17
	Herstellen	m²	102	**175**	280	30	**81**	215

KG	Kostengruppen der 3. Ebene	Einheit	▷	€/Einheit	◁	▷	€/m² BGF	◁
364	**Dachbekleidungen**	m²	52	**132**	206	10	**30**	83
	Abbrechen	*m²*	*21*	***25***	*29*	*2*	***15***	*29*
	Wiederherstellen	m²	–	**14**	–	3	**8**	13
	Herstellen	m²	38	**121**	201	6	**23**	50
369	**Sonstiges zur KG 360**	m²	21	**64**	269	7	**12**	21
	Abbrechen	*m²*	*< 1*	***< 1***	*< 1*	*< 1*	***< 1***	*< 1*
	Wiederherstellen	m²	–	**21**	–	–	**13**	–
	Herstellen	m²	18	**61**	269	6	**9**	14
381	**Allgemeine Einbauten**	m²	4	**23**	102	4	**23**	102
	Abbrechen	*m²*	*< 1*	***2***	*2*	*< 1*	***2***	*2*
	Wiederherstellen	m²	–	**< 1**	–	–	**< 1**	–
	Herstellen	m²	3	**28**	102	3	**28**	102
382	**Besondere Einbauten**	m²	1	**30**	86	1	**30**	86
	Abbrechen	*m²*	–	***< 1***	–	–	***< 1***	–
	Wiederherstellen	m²	–	**< 1**	–	–	**< 1**	–
	Herstellen	m²	2	**44**	86	2	**44**	86
389	**Sonstiges zur KG 380**	m²	–	**7**	–	–	**7**	–
	Herstellen	m²	–	**7**	–	–	**7**	–
391	**Baustelleneinrichtung**	m²	23	**38**	59	23	**38**	59
	Herstellen	m²	23	**38**	59	23	**38**	59
392	**Gerüste**	m²	25	**50**	82	25	**50**	82
	Herstellen	m²	25	**50**	82	25	**50**	82
393	**Sicherungsmaßnahmen**	m²	2	**6**	12	2	**6**	12
	Herstellen	m²	2	**6**	12	2	**6**	12
396	**Materialentsorgung**	m²	1	**10**	20	1	**10**	20
	Herstellen	m²	1	**10**	20	1	**10**	20
397	**Zusätzliche Maßnahmen**	m²	9	**21**	32	9	**21**	32
	Herstellen	m²	9	**21**	32	9	**21**	32
399	**Sonstiges zur KG 390**	m²	3	**8**	17	3	**8**	17
	Herstellen	m²	3	**8**	17	3	**8**	17

Kosten:
Stand 2. Quartal 2026
Bundesdurchschnitt
inkl. 19% MwSt.

▷ von
ø Mittel
◁ bis

KG	Kostengruppen der 3. Ebene	Einheit	▷	€/Einheit	◁	▷	€/m² BGF	◁
411	**Abwasseranlagen**	m²	13	**25**	57	13	**25**	57
	Abbrechen	*m²*	*< 1*	***< 1***	*< 1*	*< 1*	***< 1***	*< 1*
	Wiederherstellen	m²	–	**1**	–	–	**1**	–
	Herstellen	m²	12	**24**	56	12	**24**	56
412	**Wasseranlagen**	m²	21	**31**	43	21	**31**	43
	Abbrechen	*m²*	*< 1*	***1***	*2*	*< 1*	***1***	*2*
	Wiederherstellen	m²	–	**< 1**	–	–	**< 1**	–
	Herstellen	m²	20	**30**	43	20	**30**	43
413	**Gasanlagen**	m²	–	**8**	–	–	**8**	–
	Herstellen	m²	–	**8**	–	–	**8**	–
419	**Sonstiges zur KG 410**	m²	3	**6**	9	3	**6**	9
	Herstellen	m²	3	**6**	9	3	**6**	9
421	**Wärmeerzeugungsanlagen**	m²	8	**24**	50	8	**24**	50
	Abbrechen	*m²*	*1*	***3***	*5*	*1*	***3***	*5*
	Wiederherstellen	m²	–	**< 1**	–	–	**< 1**	–
	Herstellen	m²	8	**23**	49	8	**23**	49
422	**Wärmeverteilnetze**	m²	14	**36**	53	14	**36**	53
	Abbrechen	*m²*	*< 1*	***2***	*4*	*< 1*	***2***	*4*
	Wiederherstellen	m²	–	**< 1**	–	–	**< 1**	–
	Herstellen	m²	13	**34**	51	13	**34**	51
423	**Raumheizflächen**	m²	19	**35**	52	19	**35**	52
	Abbrechen	*m²*	*< 1*	***1***	*2*	*< 1*	***1***	*2*
	Wiederherstellen	m²	< 1	**1**	1	< 1	**1**	1
	Herstellen	m²	19	**34**	51	19	**34**	51
429	**Sonstiges zur KG 420**	m²	4	**11**	17	4	**11**	17
	Abbrechen	*m²*	*3*	***7***	*10*	*3*	***7***	*10*
	Herstellen	m²	< 1	**4**	7	< 1	**4**	7
431	**Lüftungsanlagen**	m²	12	**67**	143	12	**67**	143
	Wiederherstellen	m²	–	**3**	–	–	**3**	–
	Herstellen	m²	12	**67**	142	12	**67**	142
434	**Kälteanlagen**	m²	–	**18**	–	–	**18**	–
	Herstellen	m²	–	**18**	–	–	**18**	–
443	**Niederspannungsschaltanlagen**	m²	< 1	**9**	14	< 1	**9**	14
	Abbrechen	*m²*	–	***< 1***	–	–	***< 1***	–
	Herstellen	m²	9	**13**	16	9	**13**	16
444	**Niederspannungsinstallationsanl.**	m²	48	**69**	116	48	**69**	116
	Abbrechen	*m²*	*< 1*	***1***	*2*	*< 1*	***1***	*2*
	Wiederherstellen	m²	< 1	**5**	9	< 1	**5**	9
	Herstellen	m²	47	**67**	110	47	**67**	110
445	**Beleuchtungsanlagen**	m²	31	**50**	93	31	**50**	93
	Abbrechen	*m²*	*< 1*	***< 1***	*1*	*< 1*	***< 1***	*1*
	Wiederherstellen	m²	< 1	**< 1**	< 1	< 1	**< 1**	< 1
	Herstellen	m²	28	**50**	85	28	**50**	85
446	**Blitzschutz- und Erdungsanlagen**	m²	5	**10**	14	5	**10**	14
	Abbrechen	*m²*	–	***< 1***	–	–	***< 1***	–
	Herstellen	m²	5	**10**	14	5	**10**	14
454	**Elektroakustische Anlagen**	m²	7	**22**	37	7	**22**	37
	Herstellen	m²	7	**22**	37	7	**22**	37
456	**Gefahrenmelde- und Alarmanlagen**	m²	6	**20**	97	6	**20**	97
	Abbrechen	*m²*	–	***1***	–	–	***1***	–
	Herstellen	m²	5	**20**	96	5	**20**	96

Umbauten

Gemeindezentren

KG	Kostengruppen der 3. Ebene	Einheit	▷	€/Einheit	◁	▷	€/m² BGF	◁
457	**Datenübertragungsnetze**	m²	5	**10**	14	5	**10**	14
	Herstellen	m²	5	**10**	14	5	**10**	14
461	**Aufzugsanlagen**	m²	46	**55**	64	46	**55**	64
	Abbrechen	*m²*	–	***7***	–	–	***7***	–
	Wiederherstellen	m²	–	**1**	–	–	**1**	–
	Herstellen	m²	40	**53**	64	40	**53**	64
465	**Krananlagen**	m²	–	**14**	–	–	**14**	–
	Wiederherstellen	m²	–	**14**	–	–	**14**	–
466	**Hydraulikanlagen**	m²	–	**13**	–	–	**13**	–
	Herstellen	m²	–	**13**	–	–	**13**	–
471	**Küchentechnische Anlagen**	m²	2	**204**	406	2	**204**	406
	Herstellen	m²	2	**204**	406	2	**204**	406
476	**Weitere nutzungsspezifische Anl.**	m²	–	**43**	–	–	**43**	–
	Wiederherstellen	m²	–	**43**	–	–	**43**	–
481	**Automationseinrichtungen**	m²	17	**21**	25	17	**21**	25
	Herstellen	m²	17	**21**	25	17	**21**	25
482	**Schaltschränke, Automation**	m²	–	**12**	–	–	**12**	–
	Herstellen	m²	–	**12**	–	–	**12**	–
484	**Kabel, Leitungen u. Verlegesys.**	m²	3	**6**	10	3	**6**	10
	Herstellen	m²	3	**6**	10	3	**6**	10

Kosten:
Stand 2. Quartal 2026
Bundesdurchschnitt
inkl. 19% MwSt.

▷ von
ø Mittel
◁ bis

Prozentanteile der Kosten für Leistungsbereiche nach STLB (Kosten Bauwerk nach DIN 276)

LB	Leistungsbereiche	▷	% an 300+400	◁
000	Baustellen-, Sicherheitseinr. inkl. 001, 089	3,5	**4,7**	5,5
002	Erdarbeiten	0,4	**1,1**	2,2
006	Spezialtiefbauarbeiten inkl. 005	0,0	**< 0,1**	0,2
009	Entwässerungskanalarbeiten inkl. 011	< 0,1	**0,3**	0,6
010	Drän- und Versickerarbeiten	< 0,1	**< 0,1**	0,4
012	Mauerarbeiten	2,9	**3,9**	9,0
013	Betonarbeiten	3,6	**5,4**	7,7
014	Natur-, Betonwerksteinarbeiten	0,2	**2,2**	7,2
016	Zimmer- und Holzbauarbeiten	2,0	**4,7**	10,5
017	Stahlbauarbeiten	< 0,1	**1,4**	2,9
018	Abdichtungsarbeiten	0,2	**1,0**	3,3
020	Dachdeckungsarbeiten	0,9	**2,9**	8,5
021	Dachabdichtungsarbeiten	< 0,1	**0,4**	1,5
022	Klempnerarbeiten	0,3	**1,4**	2,5
	Rohbau	22,5	**29,5**	39,5
023	Putz- und Stuckarbeiten, Wärmedämmsysteme	3,1	**7,1**	9,0
024	Fliesen- und Plattenarbeiten	1,0	**1,7**	2,7
025	Estricharbeiten	0,4	**2,3**	3,3
026	Fenster, Außentüren inkl. 029, 032	5,5	**10,6**	17,5
027	Tischlerarbeiten	1,2	**3,0**	5,5
028	Parkett-, Holzpflasterarbeiten	< 0,1	**1,5**	4,3
030	Rollladenarbeiten	0,0	**0,2**	0,7
031	Metallbauarbeiten inkl. 035	1,5	**4,2**	18,5
034	Maler- und Lackiererarb. - Beschicht. inkl. 037	1,7	**3,0**	5,6
036	Bodenbelagarbeiten	0,3	**0,7**	1,5
038	Vorgehängte hinterlüftete Fassaden	–	**–**	–
039	Trockenbauarbeiten	3,2	**5,0**	7,3
	Ausbau	31,8	**39,3**	44,4
040	Wärmeversorgungsanl. - Betriebseinr. inkl. 041	2,3	**3,9**	5,0
042	Gas- u. Wasseranl. - Leitung., Armat. inkl. 043	0,5	**1,0**	1,6
044	Abwasseranl. - Leitungen, Abläufe, Armaturen	0,3	**0,6**	2,4
045	Gas, Wasser, Entwässerung - Ausstattung inkl. 046	0,2	**0,8**	1,1
047	Dämm- und Brandschutzarb. an techn. Anlagen	0,5	**1,0**	2,1
049	Feuerlöschanlagen, Feuerlöschgeräte	0,0	**< 0,1**	0,1
050	Blitzschutz-/Erdungsanlagen, Überspannungssch.	0,1	**0,4**	0,7
052	Mittelspannungsanlagen	–	**–**	–
053	Niederspannungsanl. - Kabel inkl. 054	2,6	**3,3**	4,4
055	Sicherheits- u. Ersatzstromversorgungsanl.	–	**–**	–
057	Gebäudesystemtechnik	–	**–**	–
058	Leuchten und Lampen inkl. 059	1,5	**2,2**	4,1
060	Such, Signal, Zeit, Anten., akust. Anl. inkl. 064	< 0,1	**0,4**	1,1
061	Kommunikations- u. Übertragungsnetze inkl. 062	0,2	**0,4**	0,6
063	Gefahrenmeldeanlagen	0,2	**0,9**	4,3
069	Aufzüge	0,0	**1,5**	2,8
070	Gebäudeautomation	0,2	**0,8**	1,5
075	Raumlufttechnische Anlagen inkl. 078	1,5	**4,2**	9,8
	Gebäudetechnik	14,3	**21,5**	27,1
084	Abbruch, Rückbau, Schadstoffsanierung	3,6	**6,7**	10,3
	Sonstige Leistungsbereiche inkl. 008, 033, 051	1,0	**3,1**	8,3

€/m² BGF

min	1.365	€/m²
von	1.680	€/m²
Mittel	**2.275**	**€/m²**
bis	3.205	€/m²
max	4.045	€/m²

Kosten:
Stand 2. Quartal 2026
Bundesdurchschnitt
inkl. 19% MwSt.

Objektübersicht zur Gebäudeart

9100-0215 Stiftsgebäude, Gemeindesaal, Pfarrbüros

BRI 9.784 m³ **BGF** 2.650 m² **NUF** 1.814 m²

Baujahr: 1323/1955
Bauzustand: mittel
Aufwand: hoch
Nutzung während der Bauzeit: nein
Nutzungsänderung: ja
Grundrissänderungen: umfangreiche
Tragwerkseingriffe: einige

Land: Hessen
Kreis: Schwalm-Eder-Kreis
Standard: hoch
Bauzeit: 174 Wochen
Kennwerte: bis 3. Ebene DIN 276
veröffentlicht: BKI Objektdaten A13
BGF 2.218 €/m²

Planung: Bieling Architekten AG; Kassel

Umnutzung eines ehemaligen Altenheims zu Gemeinderäumen und Pfarrbüros

1. Ebene: 300 Bauwerk – Baukonstruktionen: 68%, **400 Bauwerk – Technische Anlagen:** 32%
3. Ebene: Baukonstruktionen: A: 342 Nichttragende Innenwände 4%, Sonstige 10%, **W:** 331 Tragende Außenwände 5%, Sonstige 2%, **H:** 324 Gründungsbeläge 4%, 334 Außenwandöffnungen 6%, 335 Außenwandbekleidungen, außen 6%, 336 Außenwandbekleidungen, innen 6%, 344 Innenwandöffnungen 6%, 345 Innenwandbekleidungen 6%, 353 Deckenbeläge 8%, 354 Deckenbekleidungen 4%, 363 Dachbeläge 5%, 392 Gerüste 6%, Sonstige 22%, **Technische Anlagen: A:** Sonstige 3%, **W:** Sonstige 2%, **H:** 421 Wärmeerzeugungsanlagen 5%, 422 Wärmeverteilnetze 7%, 423 Raumheizflächen 6%, 431 Lüftungsanlagen 8%, 444 Niederspannungsinstallationsanlagen 16%, 445 Beleuchtungsanlagen 15%, 456 Gefahrenmelde- und Alarmanlagen 14%, 461 Aufzugsanlagen 5%, 481 Automationseinrichtungen 4%, Sonstige 15%

9100-0144 Kulturzentrum (550 Sitzplätze)

BRI 9.914 m³ **BGF** 1.304 m² **NUF** 1.100 m²

Bauzustand: schlecht
Aufwand: hoch
Nutzung während der Bauzeit: nein
Nutzungsänderung: ja
Grundrissänderungen: wenige
Tragwerkseingriffe: einige

Land: Sachsen-Anhalt
Kreis: Salzlandkreis
Standard: mittel
Bauzeit: 48 Wochen
Kennwerte: bis 3. Ebene DIN 276
veröffentlicht: BKI Objektdaten A11
BGF 1.967 €/m²

Planung: KÖNIG Architekturbüro; Magdeburg

Kulturzentrum mit Mehrzweckraum für Seminare, Feiern, Konzerte und Firmenevents mit 550 Sitzplätzen. **Kosteneinfluss Nutzung:** Das Gebäude steht unter Denkmalschutz

1. Ebene: 300 Bauwerk – Baukonstruktionen: 73%, **400 Bauwerk – Technische Anlagen:** 27%
3. Ebene: Baukonstruktionen: A: Sonstige 10%, **W:** 331 Tragende Außenwände 5%, Sonstige 4%, **H:** 322 Flachgründungen und Bodenplatten 4%, 324 Gründungsbeläge 12%, 325 Abdichtungen und Bekleidungen 6%, 334 Außenwandöffnungen 16%, 336 Außenwandbekleidungen, innen 9%, 342 Nichttragende Innenwände 3%, 345 Innenwandbekleidungen 3%, 364 Dachbekleidungen 4%, 392 Gerüste 5%, Sonstige 18%, **Technische Anlagen: W:** Sonstige 3%, **H:** 411 Abwasseranlagen 4%, 412 Wasseranlagen 8%, 422 Wärmeverteilnetze 10%, 423 Raumheizflächen 8%, 431 Lüftungsanlagen 31%, 444 Niederspannungsinstallationsanlagen 9%, 445 Beleuchtungsanlagen 9%, 481 Automationseinrichtungen 3%, Sonstige 15%

A Abbrechen
W Wiederherstellen
H Herstellen

Objektübersicht zur Gebäudeart

9100-0127 Gastronomie- und Veranstaltungszentrum*

BRI 10.145m³ **BGF** 1.210m² **NUF** 804m²

Baujahr: 1951
Bauzustand: schlecht
Aufwand: hoch
Nutzung während der Bauzeit: nein
Nutzungsänderung: ja
Grundrissänderungen: umfangreiche
Tragwerkseingriffe: einige

Land: Brandenburg
Kreis: Brandenburg a.d. Havel
Standard: hoch
Bauzeit: 65 Wochen
Kennwerte: bis 3. Ebene DIN 276
veröffentlicht: BKI Objektdaten A11

BGF **6.048€/m²**

* Nicht in der Auswertung enthalten

Planung: Dr. Krekeler Generalplaner GmbH; Brandenburg a.d. Havel

Gastronomie- und Veranstaltungsgebäude mit insgesamt 327 Sitzplätzen

1. Ebene: 300 Bauwerk – Baukonstruktionen: 76%, **400 Bauwerk – Technische Anlagen:** 24%
3. Ebene: Baukonstruktionen: **A:** Sonstige 4%, **W:** 331 Tragende Außenwände 6%, Sonstige 2%, **H:** 324 Gründungsbeläge 9%, 334 Außenwandöffnungen 21%, 336 Außenwandbekleidungen, innen 5%, 345 Innenwandbekleidungen 4%, 361 Dachkonstruktionen 8%, 363 Dachbeläge 5%, 392 Gerüste 4%, Sonstige 32%, **Technische Anlagen:** **A:** Sonstige 1%, **W:** Sonstige < 1%, **H:** 411 Abwasseranlagen 7%, 412 Wasseranlagen 7%, 421 Wärmeerzeugungsanlagen 4%, 422 Wärmeverteilnetze 6%, 423 Raumheizflächen 8%, 433 Klimaanlagen 30%, 444 Niederspannungsinstallationsanlagen 11%, 445 Beleuchtungsanlagen 6%, 471 Küchentechnische Anlagen 3%, Sonstige 15%

9100-0106 Vereinsgebäude

BRI 4.317m³ **BGF** 1.423m² **NUF** 892m²

Baujahr: 1890
Bauzustand: schlecht
Aufwand: hoch
Nutzung während der Bauzeit: nein
Nutzungsänderung: ja
Grundrissänderungen: umfangreiche
Tragwerkseingriffe: umfangreiche

Land: Sachsen
Kreis: Erzgebirgskreis
Standard: hoch
Bauzeit: 65 Wochen
Kennwerte: bis 3. Ebene DIN 276
veröffentlicht: BKI Objektdaten A11

BGF **1.712€/m²**

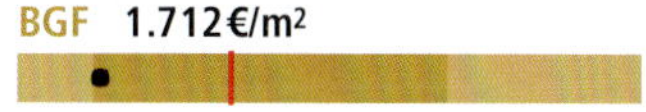

Planung: heine I reichold architekten Partnerschaftsgesellschaft mbB; Lichtenstein

Ursprüngliche Nutzung als Bahnhofsgebäude mit vier Wohneinheiten, Büros, Gastronomie. Nach Umbau Zwischennutzung als Ausstellungs-, Veranstaltungs- und Verwaltungsgebäude sowie Nachnutzung als Vereinsgebäude mit Büroflächen, Ausstellungsflächen, Werkstattbereichen und multifunktional bespielbaren Flächen.

1. Ebene: 300 Bauwerk – Baukonstruktionen: 84%, **400 Bauwerk – Technische Anlagen:** 16%
3. Ebene: Baukonstruktionen: **A:** Sonstige 6%, **W:** 331 Tragende Außenwände 7%, 335 Außenwandbekleidungen, außen 9%, Sonstige 5%, **H:** 311 Herstellung 3%, 331 Tragende Außenwände 5%, 334 Außenwandöffnungen 10%, 336 Außenwandbekleidungen, innen 5%, 344 Innenwandöffnungen 5%, 345 Innenwandbekleidungen 4%, 353 Deckenbeläge 9%, 354 Deckenbekleidungen 5%, 363 Dachbeläge 4%, 391 Baustelleneinrichtung 5%, Sonstige 17%, **Technische Anlagen:** **A:** Sonstige 1%, **H:** 411 Abwasseranlagen 6%, 412 Wasseranlagen 10%, 421 Wärmeerzeugungsanlagen 5%, 422 Wärmeverteilnetze 17%, 423 Raumheizflächen 8%, 444 Niederspannungsinstallationsanlagen 22%, 445 Beleuchtungsanlagen 11%, 446 Blitzschutz- und Erdungsanlagen 5%, 457 Datenübertragungsnetze 5%, Sonstige 10%

€/m² BGF

min	1.365	€/m²
von	1.680	€/m²
Mittel	**2.275**	**€/m²**
bis	3.205	€/m²
max	4.045	€/m²

Kosten:
Stand 2. Quartal 2026
Bundesdurchschnitt
inkl. 19% MwSt.

Objektübersicht zur Gebäudeart

6400-0092 Familienzentrum

BRI 4.579 m³ **BGF** 1.442 m² **NUF** 806 m²

Baujahr: 1906
Bauzustand: schlecht
Aufwand: hoch
Nutzung während der Bauzeit: nein
Nutzungsänderung: ja
Grundrissänderungen: umfangreiche
Tragwerkseingriffe: umfangreiche

Land: Brandenburg
Kreis: Prignitz
Standard: mittel
Bauzeit: 61 Wochen
Kennwerte: bis 3. Ebene DIN 276
veröffentlicht: BKI Objektdaten A11

BGF 2.815 €/m²

Planung: °pha Architekten BDA Banniza, Hermann, Öchsner PartGmbB; Potsdam

Umbau von zwei denkmalgeschützten Wohnhäusern zu einem Familienzentrum mit Cafeteria, Gastronomieküche, Verwaltung, Beratungs- und Therapieräumen. **Kosteneinfluss Nutzung:** Auflagen für Denkmalschutz, Brandschutz, Schallschutz, Gestaltungssatzung

1. Ebene: 300 Bauwerk – Baukonstruktionen: 63%, **400 Bauwerk – Technische Anlagen:** 37%
3. Ebene: Baukonstruktionen: **A:** Sonstige 6%, **W:** 331 Tragende Außenwände 3%, Sonstige 6%, **H:** 311 Herstellung 3%, 334 Außenwandöffnungen 11%, 336 Außenwandbekleidungen, innen 3%, 344 Innenwandöffnungen 8%, 345 Innenwandbekleidungen 6%, 351 Deckenkonstruktionen 14%, 353 Deckenbeläge 10%, 363 Dachbeläge 4%, Sonstige 26%, **Technische Anlagen:** **A:** Sonstige 2%, **H:** 411 Abwasseranlagen 7%, 412 Wasseranlagen 4%, 421 Wärmeerzeugungsanlagen 6%, 423 Raumheizflächen 6%, 444 Niederspannungsinstallationsanlagen 10%, 445 Beleuchtungsanlagen 6%, 461 Aufzugsanlagen 6%, 471 Küchentechnische Anlagen 39%, Sonstige 13%

9100-0200 Gemeindehaus (748 Sitzplätze)

BRI 9.719 m³ **BGF** 3.033 m² **NUF** 1.252 m²

Baujahr: 1957
Bauzustand: schlecht
Aufwand: hoch
Nutzung während der Bauzeit: ja
Nutzungsänderung: nein
Grundrissänderungen: einige
Tragwerkseingriffe: umfangreiche

Land: Hamburg
Kreis: Hamburg, Stadt
Standard: hoch
Bauzeit: 209 Wochen
Kennwerte: bis 3. Ebene DIN 276
veröffentlicht: BKI Objektdaten A12

BGF 1.364 €/m²

Planung: Plan-R-Architektenbüro Joachim Reinig; Hamburg

Sanierung des Gemeindesaals zur Hauptkirche St. Michaelis

1. Ebene: 300 Bauwerk – Baukonstruktionen: 74%, **400 Bauwerk – Technische Anlagen:** 26%
3. Ebene: Baukonstruktionen: **A:** 351 Deckenkonstruktionen 7%, Sonstige 8%, **W:** Sonstige 8%, **H:** 334 Außenwandöffnungen 23%, 337 Elementierte Außenwandkonstruktionen 5%, 344 Innenwandöffnungen 5%, 345 Innenwandbekleidungen 7%, 354 Deckenbekleidungen 7%, Sonstige 30%, **Technische Anlagen:** **A:** Sonstige 2%, **W:** Sonstige 2%, **H:** 411 Abwasseranlagen 3%, 412 Wasseranlagen 11%, 423 Raumheizflächen 7%, 431 Lüftungsanlagen 42%, 444 Niederspannungsinstallationsanlagen 8%, 445 Beleuchtungsanlagen 3%, 461 Aufzugsanlagen 14%, Sonstige 8%

A Abbrechen
W Wiederherstellen
H Herstellen

 Kostenstand: 2. Quartal 2026, Bundesdurchschnitt, **inkl. 19% MwSt.**

9100-0092 Evangelische Kirche, Gemeindesaal, Pfarramt

BRI 4.461 m³ | **BGF** 923 m² | **NUF** 608 m²

Bauzustand: mittel
Aufwand: mittel
Nutzungsänderung: ja
Grundrissänderungen: einige
Tragwerkseingriffe: einige

Land: Bayern
Kreis: Schwandorf
Standard: mittel
Bauzeit: 131 Wochen
Kennwerte: bis 3. Ebene DIN 276
veröffentlicht: BKI Objektdaten A9

BGF 2.325 €/m²

Planung: Architekturbüro Michael Dittmann; Amberg

Kirche, Gemeindesaal, Foyer, Pfarramt

1. Ebene: 300 Bauwerk – Baukonstruktionen: 84%, **400 Bauwerk – Technische Anlagen:** 16%
3. Ebene: Baukonstruktionen: A: Sonstige 7%, **W:** 335 Außenwandbekleidungen, außen 3%, 361 Dachkonstruktionen 5%, Sonstige 6%, **H:** 322 Flachgründungen und Bodenplatten 3%, 324 Gründungsbeläge 5%, 334 Außenwandöffnungen 6%, 337 Elementierte Außenwandkonstruktionen 7%, 344 Innenwandöffnungen 6%, 351 Deckenkonstruktionen 4%, 353 Deckenbeläge 6%, 361 Dachkonstruktionen 5%, 363 Dachbeläge 5%, 381 Allgemeine Einbauten 5%, 382 Besondere Einbauten 4%, Sonstige 22%, **Technische Anlagen:** A: Sonstige 2%, **W:** 476 Weitere nutzungsspezifische Anlagen 12%, Sonstige < 1%, **H:** 411 Abwasseranlagen 8%, 412 Wasseranlagen 4%, 422 Wärmeverteilnetze 12%, 423 Raumheizflächen 9%, 444 Niederspannungsinstallationsanlagen 16%, 445 Beleuchtungsanlagen 13%, 446 Blitzschutz- und Erdungsanlagen 3%, 454 Elektroakustische Anlagen 10%, 481 Automationseinrichtungen 5%, Sonstige 6%

6400-0069 Dorfgemeinschaftshaus

BRI 4.822 m³ | **BGF** 684 m² | **NUF** 468 m²

Baujahr: 1800
Bauzustand: mittel
Aufwand: hoch
Nutzung während der Bauzeit: nein
Nutzungsänderung: nein
Grundrissänderungen: umfangreiche
Tragwerkseingriffe: keine

Land: Rheinland-Pfalz
Kreis: Mainz-Bingen
Standard: mittel
Bauzeit: 200 Wochen
Kennwerte: bis 3. Ebene DIN 276
veröffentlicht: BKI Objektdaten A8

BGF 2.454 €/m²

Planung: Architekturbüro Prowald-Dapprich; Hillesheim

Umbau einer Scheune in ein Dorfgemeinschaftshaus (180 Sitzplätze). **Kosteneinfluss Nutzung:** Die Gewerke Heizung, Lüftung und Sanitär wurden in Eigenleistung erbracht. Die in dieser Dokumentation aufgeführten Kosten dieser Gewerke umfassen nur die Materiallieferungen.

1. Ebene: 300 Bauwerk – Baukonstruktionen: 85%, **400 Bauwerk – Technische Anlagen:** 15%
3. Ebene: Baukonstruktionen: A: Sonstige 1%, **W:** Sonstige 1%, **H:** 322 Flachgründungen und Bodenplatten 6%, 324 Gründungsbeläge 4%, 331 Tragende Außenwände 3%, 335 Außenwandbekleidungen, außen 6%, 337 Elementierte Außenwandkonstruktionen 9%, 344 Innenwandöffnungen 3%, 346 Elementierte Innenwandkonstruktionen 4%, 361 Dachkonstruktionen 24%, 363 Dachbeläge 13%, 392 Gerüste 4%, Sonstige 20%, **Technische Anlagen:** **H:** 411 Abwasseranlagen 3%, 412 Wasseranlagen 6%, 419 Sonstiges zur KG 410 3%, 421 Wärmeerzeugungsanlagen 7%, 422 Wärmeverteilnetze 4%, 423 Raumheizflächen 3%, 431 Lüftungsanlagen 21%, 443 Niederspannungsschaltanlagen 4%, 444 Niederspannungsinstallationsanlagen 14%, 445 Beleuchtungsanlagen 11%, 461 Aufzugsanlagen 17%, Sonstige 6%

€/m² BGF

min	1.365	€/m²
von	1.680	€/m²
Mittel	**2.275**	**€/m²**
bis	3.205	€/m²
max	4.045	€/m²

Kosten:
Stand 2. Quartal 2026
Bundesdurchschnitt
inkl. 19% MwSt.

Objektübersicht zur Gebäudeart

9100-0135 Seminar- und Veranstaltungsraum

BRI 3.400 m³ **BGF** 817 m² **NUF** 583 m²

© Architekturbüro Steffen

Baujahr: 1850
Bauzustand: mittel
Aufwand: mittel
Nutzung während der Bauzeit: ja
Nutzungsänderung: ja
Grundrissänderungen: wenige
Tragwerkseingriffe: wenige

Land: Saarland
Kreis: Saarlouis
Standard: mittel
Bauzeit: 65 Wochen
Kennwerte: bis 1. Ebene DIN 276
veröffentlicht: BKI Objektdaten A10

BGF 1.556 €/m²

Planung: Architekturbüro Steffen; Überherrn

Umbau Marstall zum Veranstaltungs- und Seminarraum (128 Sitzplätze)

1. Ebene: 300 Bauwerk – Baukonstruktionen: 83%, **400 Bauwerk – Technische Anlagen:** 17%

6400-0073 Bürgerhaus

BRI 1.722 m³ **BGF** 260 m² **NUF** 193 m²

© B19 ARCHITEKTEN BDA

Nutzung während der Bauzeit: nein
Nutzungsänderung: ja

Land: Thüringen
Kreis: Gotha
Standard: mittel
Bauzeit: 35 Wochen
Kennwerte: bis 1. Ebene DIN 276
veröffentlicht: BKI Objektdaten A8

BGF 4.047 €/m²

Planung: B19 ARCHITEKTEN BDA; Barchfeld-Immelborn

Umbau eines stillgelegten Sägewerks in ein Bürgerhaus. **Kosteneinfluss Nutzung:** Umbau eines ehemaligen Sägewerks mit seitlichem Anbau zu einem Gemeindehaus. Damit das Bürgerhaus als ein Haus wahrgenommen wird, wurde eine einheitliche Fassade gewählt, die sich zum Dorfplatz öffnet. **Kosteneinfluss Grundstück:** Lage im Ortszentrum der Gemeinde

1. Ebene: 300 Bauwerk – Baukonstruktionen: 79%, **400 Bauwerk – Technische Anlagen:** 21%

A Abbrechen
W Wiederherstellen
H Herstellen

Kostenkennwerte für die Kosten des Bauwerks (Kostengruppen 300+400 nach DIN 276)

Gebäude anderer Art

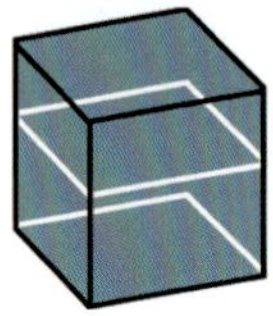

BRI 615 €/m³
von 350 €/m³
bis 1.005 €/m³

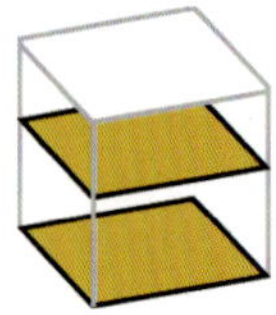

BGF 2.550 €/m²
von 1.455 €/m²
bis 3.825 €/m²

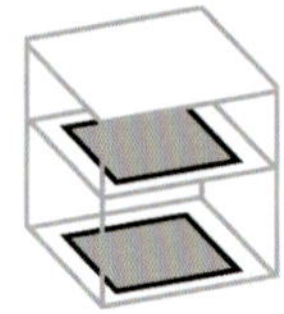

NUF 3.735 €/m²
von 1.965 €/m²
bis 5.200 €/m²

Kosten:
Stand 2. Quartal 2026
Bundesdurchschnitt
inkl. 19% MwSt.

Objektbeispiele

9100-0031

6200-0133

9100-0079

9100-0108

9100-0168

9700-0019

Kosten der 9 Vergleichsobjekte

Seiten 378 bis 381

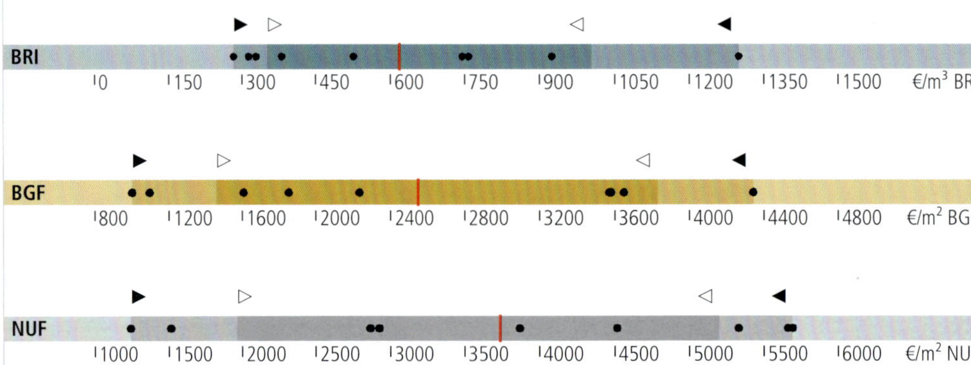

- ● KKW
- ▶ min
- ▷ von
- | Mittelwert
- ◁ bis
- ◀ max

Kostenkennwerte für die Kostengruppen der 1. und 2.Ebene DIN 276

KG	Kostengruppen der 1.Ebene	Einheit	▷	€/Einheit	◁	▷	% an 300+400	◁
100	Grundstück	m²GF	–	**–**	–	–	**–**	–
200	Vorbereitende Maßnahmen	m²GF	–	**396**	–	0,3	**1,5**	5,1
300	Bauwerk – Baukonstruktionen	m²BGF	1.063	**1.895**	3.012	67,6	**73,9**	82,8
400	Bauwerk – Technische Anlagen	m²BGF	380	**653**	1.148	17,2	**26,1**	32,4
	Bauwerk 300+400	m²BGF	1.457	**2.548**	3.826	100,0	**100,0**	100,0
500	Außenanlagen und Freiflächen	m²AF	55	**457**	860	1,6	**4,7**	12,8
600	Ausstattung und Kunstwerke	m²BGF	16	**60**	164	0,9	**2,7**	7,4
700	Baunebenkosten	m²BGF	–	**–**	–	–	**–**	–
800	Finanzierung	m²BGF	–	**–**	–	–	**–**	–

KG	Kostengruppen der 2.Ebene	Einheit	▷	€/Einheit	◁	▷	% an 1.Ebene	◁
310	Baugrube / Erdbau	m³BGI	137	**276**	336	0,1	**0,5**	1,0
320	Gründung, Unterbau	m²GRF	274	**417**	674	7,8	**14,7**	20,1
330	Außenwände / vertikal außen	m²AWF	287	**686**	2.129	10,6	**19,0**	31,6
340	Innenwände / vertikal innen	m²IWF	355	**552**	850	12,1	**20,9**	33,7
350	Decken / horizontal	m²DEF	262	**428**	584	2,1	**12,8**	29,2
360	Dächer	m²DAF	54	**394**	905	3,4	**9,6**	34,2
370	Infrastrukturanlagen		–	**–**	–	–	**–**	–
380	Baukonstruktive Einbauten	m²BGF	40	**310**	811	4,3	**17,6**	44,2
390	Sonst. Maßnahmen für Baukonst.	m²BGF	28	**81**	172	2,6	**4,8**	8,1
300	**Bauwerk – Baukonstruktionen**	**m²BGF**					**100,0**	
410	Abwasser-, Wasser-, Gasanlagen	m²BGF	30	**56**	103	6,3	**16,9**	37,4
420	Wärmeversorgungsanlagen	m²BGF	42	**59**	82	9,6	**13,8**	26,1
430	Raumlufttechnische Anlagen	m²BGF	22	**108**	255	2,1	**16,3**	25,7
440	Elektrische Anlagen	m²BGF	116	**220**	563	29,6	**37,5**	47,2
450	Kommunikationstechnische Anlagen	m²BGF	18	**73**	180	4,8	**10,6**	18,6
460	Förderanlagen	m²BGF	–	**5**	–	0,0	**0,2**	0,9
470	Nutzungsspez. / verfahrenstech. Anl.	m²BGF	–	**2**	–	0,0	**0,1**	0,5
480	Gebäude- und Anlagenautomation	m²BGF	14	**44**	74	0,2	**2,8**	13,1
490	Sonst. Maßnahmen f. techn. Anl.	m²BGF	21	**37**	53	0,0	**1,9**	4,7
400	**Bauwerk – Technische Anlagen**	**m²BGF**					**100,0**	

Prozentanteile der Kosten 2.Ebene an den Kosten des Bauwerks nach DIN 276 (Von/Mittel/Bis)

KG	Kostengruppe	%
310	Baugrube / Erdbau	0,3
320	Gründung, Unterbau	11,1
330	Außenwände / vertikal außen	14,2
340	Innenwände / vertikal innen	15,1
350	Decken / horizontal	9,3
360	Dächer	6,5
370	Infrastrukturanlagen	
380	Baukonstruktive Einbauten	13,6
390	Sonst. Maßnahmen für Baukonst.	3,4
410	Abwasser-, Wasser-, Gasanlagen	4,1
420	Wärmeversorgungsanlagen	3,4
430	Raumlufttechnische Anlagen	4,8
440	Elektrische Anlagen	9,8
450	Kommunikationstechnische Anlagen	2,8
460	Förderanlagen	< 0,1
470	Nutzungsspez. / verfahrenstech. Anl.	< 0,1
480	Gebäude- und Anlagenautomation	0,9
490	Sonst. Maßnahmen f. techn. Anl.	0,5

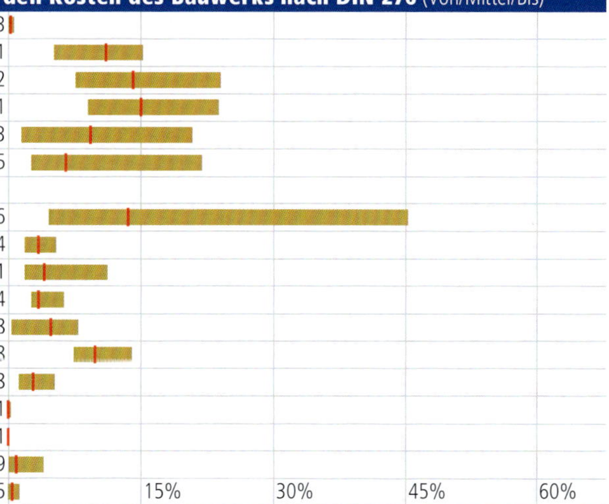

Übersicht- 1. + 2. Ebene | Erweiterung | **Umbau** | Moderni- sierung | Instand- setzung | Bau- elemente | Abbrechen | Wieder- herstellen | Herstellen

Kostenkennwerte für die Kostengruppen der 3. Ebene DIN 276

Kosten:
Stand 2. Quartal 2026
Bundesdurchschnitt
inkl. 19% MwSt.

KG	Kostengruppen der 3. Ebene	Einheit	▷	€/Einheit	◁	▷	€/m² BGF	◁
311	**Herstellung**	m³	137	**261**	305	4	**8**	12
	Herstellen	m³	137	**261**	305	4	**8**	12
322	**Flachgründungen und Bodenplatten**	m²	145	**462**	681	17	**34**	57
	Abbrechen	*m²*	*20*	***48***	*90*	*2*	***4***	*9*
	Wiederherstellen	m²	–	**18**	–	–	**10**	–
	Herstellen	m²	93	**411**	634	11	**28**	55
324	**Gründungsbeläge**	m²	125	**242**	341	65	**142**	231
	Abbrechen	*m²*	*15*	***40***	*80*	*7*	***27***	*60*
	Herstellen	m²	126	**202**	314	40	**115**	172
331	**Tragende Außenwände**	m²	1.455	**17.105**	48.278	1	**5**	10
	Abbrechen	*m²*	*845*	***15.801***	*45.668*	*< 1*	***4***	*8*
	Herstellen	m²	417	**1.304**	2.610	< 1	**2**	4
332	**Nichttragende Außenwände**	m²	241	**255**	270	4	**11**	14
	Abbrechen	*m²*	*–*	***209***	*–*	*4*	***8***	*13*
	Herstellen	m²	32	**151**	270	< 1	**7**	14
333	**Außenstützen**	m	187	**818**	2.047	3	**29**	80
	Wiederherstellen	m	–	**60**	–	–	**1**	–
	Herstellen	m	348	**1.197**	2.047	4	**42**	80
334	**Außenwandöffnungen**	m²	1.226	**1.934**	3.058	39	**69**	115
	Abbrechen	*m²*	*28*	***32***	*35*	*< 1*	***2***	*3*
	Wiederherstellen	m²	100	**177**	216	3	**7**	9
	Herstellen	m²	1.070	**1.802**	2.990	35	**63**	110
335	**Außenwandbekleidungen, außen**	m²	36	**101**	231	5	**18**	39
	Wiederherstellen	m²	–	**3**	–	2	**3**	3
	Herstellen	m²	34	**99**	231	4	**20**	39
336	**Außenwandbekleidungen, innen**	m²	61	**84**	128	12	**28**	47
	Abbrechen	*m²*	*3*	***11***	*26*	*1*	***3***	*7*
	Wiederherstellen	m²	2	**15**	28	< 1	**9**	18
	Herstellen	m²	49	**71**	144	11	**22**	50
337	**Elem. Außenwandkonstruktionen**	m²	1.520	**2.049**	2.577	165	**172**	180
	Abbrechen	*m²*	*–*	***107***	*–*	*–*	***7***	*–*
	Herstellen	m²	1.520	**1.995**	2.470	165	**168**	172
338	**Lichtschutz zur KG 330**	m²	–	**536**	–	–	**6**	–
	Herstellen	m²	–	**536**	–	–	**6**	–
341	**Tragende Innenwände**	m²	218	**465**	1.066	19	**31**	67
	Abbrechen	*m²*	*36*	***139***	*437*	*3*	***9***	*14*
	Herstellen	m²	116	**326**	542	14	**27**	65
342	**Nichttragende Innenwände**	m²	189	**257**	356	20	**45**	76
	Abbrechen	*m²*	*25*	***75***	*148*	*< 1*	***17***	*27*
	Herstellen	m²	172	**211**	277	14	**34**	48
343	**Innenstützen**	m	606	**1.229**	2.128	9	**34**	83
	Abbrechen	*m*	*–*	***79***	*–*	*–*	***3***	*–*
	Herstellen	m	348	**1.203**	1.801	9	**33**	80
344	**Innenwandöffnungen**	m²	666	**1.233**	1.720	24	**49**	140
	Abbrechen	*m²*	*34*	***40***	*46*	*< 1*	***2***	*3*
	Wiederherstellen	m²	21	**36**	63	1	**2**	4
	Herstellen	m²	597	**1.172**	1.642	22	**46**	134

▷ von
ø Mittel
◁ bis

KG	Kostengruppen der 3. Ebene	Einheit	▷	€/Einheit	◁	▷	€/m² BGF	◁
345	**Innenwandbekleidungen**	m²	70	**90**	160	41	**73**	124
	Abbrechen	*m²*	*2*	***17***	*61*	*3*	***15***	*52*
	Wiederherstellen	m²	3	**7**	13	< 1	**4**	6
	Herstellen	m²	59	**72**	92	36	**58**	92
346	**Elem. Innenwandkonstruktionen**	m²	205	**1.478**	2.751	2	**78**	230
	Abbrechen	*m²*	*–*	***77***	*–*	*2*	***4***	*6*
	Herstellen	m²	205	**1.439**	2.673	1	**112**	224
347	**Lichtschutz zur KG 340**	m²	–	**1.598**	–	2	**4**	5
	Herstellen	m²	–	**1.598**	–	–	**5**	–
349	**Sonstiges zur KG 340**	m²	9	**18**	33	6	**7**	10
	Abbrechen	*m²*	*–*	***1***	*–*	*–*	***< 1***	*–*
	Herstellen	m²	9	**17**	33	6	**7**	10
351	**Deckenkonstruktionen**	m²	247	**2.090**	3.278	30	**99**	139
	Abbrechen	*m²*	*150*	***495***	*987*	*5*	***17***	*40*
	Wiederherstellen	m²	–	**11**	–	–	**5**	–
	Herstellen	m²	229	**1.592**	2.437	23	**81**	110
352	**Deckenöffnungen**	m²	–	**4.137**	–	–	**8**	–
	Herstellen	m²	–	**4.137**	–	–	**8**	–
353	**Deckenbeläge**	m²	86	**304**	729	12	**66**	173
	Abbrechen	*m²*	*8*	***108***	*209*	*1*	***26***	*50*
	Wiederherstellen	m²	–	**3**	–	–	**< 1**	–
	Herstellen	m²	81	**231**	517	11	**49**	123
354	**Deckenbekleidungen**	m²	135	**155**	180	26	**55**	82
	Abbrechen	*m²*	*7*	***21***	*58*	*< 1*	***7***	*14*
	Wiederherstellen	m²	1	**3**	6	< 1	**1**	2
	Herstellen	m²	121	**131**	144	21	**46**	71
359	**Sonstiges zur KG 350**	m²	4	**41**	78	2	**8**	14
	Abbrechen	*m²*	*2*	***4***	*5*	*< 1*	***1***	*1*
	Wiederherstellen	m²	–	**3**	–	–	**< 1**	–
	Herstellen	m²	2	**36**	69	1	**7**	12
361	**Dachkonstruktionen**	m²	15	**1.442**	2.171	12	**64**	220
	Abbrechen	*m²*	*89*	***94***	*99*	*< 1*	***5***	*10*
	Wiederherstellen	m²	–	**4**	–	–	**3**	–
	Herstellen	m²	12	**1.378**	2.076	11	**61**	210
362	**Dachöffnungen**	m²	–	**1.490**	–	–	**96**	–
	Herstellen	m²	–	**1.490**	–	–	**96**	–
363	**Dachbeläge**	m²	33	**189**	345	13	**73**	192
	Abbrechen	*m²*	*–*	***117***	*–*	*2*	***34***	*65*
	Wiederherstellen	m²	1	**13**	24	< 1	**7**	13
	Herstellen	m²	32	**118**	203	25	**70**	114
364	**Dachbekleidungen**	m²	49	**100**	194	16	**63**	223
	Abbrechen	*m²*	*2*	***14***	*25*	*2*	***13***	*24*
	Wiederherstellen	m²	38	**42**	44	< 1	**25**	38
	Herstellen	m²	34	**86**	144	17	**54**	157
366	**Lichtschutz zur KG 360**	m²	–	**831**	–	–	**51**	–
	Herstellen	m²	–	**831**	–	–	**51**	–
381	**Allgemeine Einbauten**	m²	36	**94**	229	36	**94**	229
	Abbrechen	*m²*	*< 1*	***3***	*9*	*< 1*	***3***	*9*
	Wiederherstellen	m²	–	**< 1**	–	–	**< 1**	–
	Herstellen	m²	20	**91**	189	20	**91**	189

KG	Kostengruppen der 3. Ebene	Einheit	▷	€/Einheit	◁	▷	€/m² BGF	◁
382	**Besondere Einbauten**	m²	14	**287**	636	14	**287**	636
	Abbrechen	*m²*	*2*	***6***	*10*	*2*	***6***	*10*
	Wiederherstellen	m²	–	**10**	–	–	**10**	–
	Herstellen	m²	14	**282**	621	14	**282**	621
386	**Orientierungs- u. Informationssys.**	m²	–	**4**	–	–	**4**	–
	Herstellen	m²	–	**4**	–	–	**4**	–
389	**Sonstiges zur KG 380**	m²	–	**21**	–	–	**21**	–
	Herstellen	m²	–	**21**	–	–	**21**	–
391	**Baustelleneinrichtung**	m²	13	**35**	112	13	**35**	112
	Herstellen	m²	13	**35**	112	13	**35**	112
392	**Gerüste**	m²	8	**15**	31	8	**15**	31
	Herstellen	m²	8	**15**	31	8	**15**	31
393	**Sicherungsmaßnahmen**	m²	3	**10**	25	3	**10**	25
	Herstellen	m²	3	**10**	25	3	**10**	25
397	**Zusätzliche Maßnahmen**	m²	10	**26**	80	10	**26**	80
	Herstellen	m²	10	**26**	80	10	**26**	80
399	**Sonstiges zur KG 390**	m²	–	**9**	–	–	**9**	–
	Herstellen	m²	–	**9**	–	–	**9**	–

Kosten:
Stand 2. Quartal 2026
Bundesdurchschnitt
inkl. 19% MwSt.

▷ von
ø Mittel
◁ bis

KG	Kostengruppen der 3. Ebene	Einheit	▷	€/Einheit	◁	▷	€/m^2 BGF	◁
411	**Abwasseranlagen**	m^2	10	**14**	19	10	**14**	19
	Abbrechen	*m^2*	*< 1*	***2***	*2*	*< 1*	***2***	*2*
	Wiederherstellen	m^2	< 1	**5**	9	< 1	**5**	9
	Herstellen	m^2	9	**11**	15	9	**11**	15
412	**Wasseranlagen**	m^2	30	**47**	94	30	**47**	94
	Abbrechen	*m^2*	*3*	***4***	*8*	*3*	***4***	*8*
	Wiederherstellen	m^2	–	**< 1**	–	–	**< 1**	–
	Herstellen	m^2	27	**44**	91	27	**44**	91
413	**Gasanlagen**	m^2	–	**6**	–	–	**6**	–
	Herstellen	m^2	–	**6**	–	–	**6**	–
419	**Sonstiges zur KG 410**	m^2	2	**4**	10	2	**4**	10
	Herstellen	m^2	2	**4**	10	2	**4**	10
421	**Wärmeerzeugungsanlagen**	m^2	1	**7**	10	1	**7**	10
	Herstellen	m^2	1	**7**	10	1	**7**	10
422	**Wärmeverteilnetze**	m^2	20	**33**	43	20	**33**	43
	Abbrechen	*m^2*	*2*	***4***	*5*	*2*	***4***	*5*
	Herstellen	m^2	17	**29**	39	17	**29**	39
423	**Raumheizflächen**	m^2	21	**29**	35	21	**29**	35
	Abbrechen	*m^2*	*< 1*	***< 1***	*< 1*	*< 1*	***< 1***	*< 1*
	Wiederherstellen	m^2	–	**< 1**	–	–	**< 1**	–
	Herstellen	m^2	20	**29**	35	20	**29**	35
431	**Lüftungsanlagen**	m^2	19	**74**	154	19	**74**	154
	Abbrechen	*m^2*	*2*	***7***	*12*	*2*	***7***	*12*
	Wiederherstellen	m^2	–	**< 1**	–	–	**< 1**	–
	Herstellen	m^2	19	**71**	146	19	**71**	146
434	**Kälteanlagen**	m^2	41	**85**	130	41	**85**	130
	Herstellen	m^2	41	**85**	130	41	**85**	130
442	**Eigenstromversorgungsanlagen**	m^2	–	**23**	–	–	**23**	–
	Abbrechen	*m^2*	–	***1***	–	–	***1***	–
	Herstellen	m^2	–	**22**	–	–	**22**	–
443	**Niederspannungsschaltanlagen**	m^2	–	**9**	–	–	**9**	–
	Herstellen	m^2	–	**9**	–	–	**9**	–
444	**Niederspannungsinstallationsanl.**	m^2	68	**140**	376	68	**140**	376
	Abbrechen	*m^2*	*5*	***10***	*20*	*5*	***10***	*20*
	Wiederherstellen	m^2	–	**9**	–	–	**9**	–
	Herstellen	m^2	64	**131**	357	64	**131**	357
445	**Beleuchtungsanlagen**	m^2	38	**68**	177	38	**68**	177
	Abbrechen	*m^2*	–	***2***	–	–	***2***	–
	Herstellen	m^2	38	**67**	174	38	**67**	174
446	**Blitzschutz- und Erdungsanlagen**	m^2	1	**6**	14	1	**6**	14
	Wiederherstellen	m^2	–	**5**	–	–	**5**	–
	Herstellen	m^2	1	**5**	11	1	**5**	11
454	**Elektroakustische Anlagen**	m^2	–	**16**	–	–	**16**	–
	Herstellen	m^2	–	**16**	–	–	**16**	–
455	**Audiovis. Medien- u. Antennenanl.**	m^2	< 1	**20**	58	< 1	**20**	58
	Herstellen	m^2	< 1	**20**	58	< 1	**20**	58
456	**Gefahrenmelde- und Alarmanlagen**	m^2	26	**87**	148	26	**87**	148
	Abbrechen	*m^2*	–	***2***	–	–	***2***	–
	Herstellen	m^2	24	**86**	148	24	**86**	148
457	**Datenübertragungsnetze**	m^2	8	**26**	76	8	**26**	76
	Herstellen	m^2	8	**26**	76	8	**26**	76

KG	Kostengruppen der 3. Ebene	Einheit	▷	€/Einheit	◁	▷	€/m² BGF	◁
461	**Aufzugsanlagen**	m²	–	**5**	–	–	**5**	–
	Abbrechen	*m²*	–	***5***	–	–	***5***	–
481	**Automationseinrichtungen**	m²	9	**21**	33	9	**21**	33
	Abbrechen	*m²*	–	***< 1***	–	–	***< 1***	–
	Herstellen	m²	9	**21**	33	9	**21**	33
482	**Schaltschränke, Automation**	m²	–	**6**	–	–	**6**	–
	Herstellen	m²	–	**6**	–	–	**6**	–
483	**Automationsmanagement**	m²	–	**18**	–	–	**18**	–
	Herstellen	m²	–	**18**	–	–	**18**	–
484	**Kabel, Leitungen u. Verlegesys.**	m²	5	**11**	18	5	**11**	18
	Abbrechen	*m²*	–	***< 1***	–	–	***< 1***	–
	Herstellen	m²	5	**11**	17	5	**11**	17
491	**Baustelleneinrichtung**	m²	< 1	**23**	45	< 1	**23**	45
	Herstellen	m²	< 1	**23**	45	< 1	**23**	45
492	**Gerüste**	m²	3	**12**	21	3	**12**	21
	Herstellen	m²	3	**12**	21	3	**12**	21

Kosten:
Stand 2. Quartal 2026
Bundesdurchschnitt
inkl. 19% MwSt.

▷ von
ø Mittel
◁ bis

Prozentanteile der Kosten für Leistungsbereiche nach STLB (Kosten Bauwerk nach DIN 276)

LB	Leistungsbereiche	▷	% an 300+400	◁
000	Baustellen-, Sicherheitseinr. inkl. 001, 089	0,8	**3,0**	4,9
002	Erdarbeiten	0,5	**1,3**	4,6
006	Spezialtiefbauarbeiten inkl. 005	0,0	**0,3**	1,5
009	Entwässerungskanalarbeiten inkl. 011	0,0	**< 0,1**	0,1
010	Drän- und Versickerarbeiten	–	**–**	–
012	Mauerarbeiten	0,5	**1,5**	1,8
013	Betonarbeiten	2,5	**8,8**	32,0
014	Natur-, Betonwerksteinarbeiten	0,0	**< 0,1**	< 0,1
016	Zimmer- und Holzbauarbeiten	< 0,1	**3,7**	9,6
017	Stahlbauarbeiten	0,2	**4,7**	8,7
018	Abdichtungsarbeiten	< 0,1	**0,5**	1,1
020	Dachdeckungsarbeiten	0,0	**< 0,1**	< 0,1
021	Dachabdichtungsarbeiten	0,0	**0,7**	3,6
022	Klempnerarbeiten	0,0	**< 0,1**	0,2
	Rohbau	18,9	**24,6**	35,4
023	Putz- und Stuckarbeiten, Wärmedämmsysteme	0,5	**3,0**	4,9
024	Fliesen- und Plattenarbeiten	0,6	**3,3**	7,7
025	Estricharbeiten	1,0	**2,0**	3,4
026	Fenster, Außentüren inkl. 029, 032	3,8	**9,4**	17,4
027	Tischlerarbeiten	3,0	**7,2**	11,6
028	Parkett-, Holzpflasterarbeiten	0,0	**1,3**	3,3
030	Rollladenarbeiten	< 0,1	**0,4**	1,4
031	Metallbauarbeiten inkl. 035	0,0	**3,4**	6,2
034	Maler- und Lackiererarb. - Beschicht. inkl. 037	2,4	**4,6**	7,9
036	Bodenbelagarbeiten	0,6	**1,7**	5,6
038	Vorgehängte hinterlüftete Fassaden	–	**–**	–
039	Trockenbauarbeiten	4,2	**6,1**	9,0
	Ausbau	35,6	**42,5**	51,1
040	Wärmeversorgungsanl. - Betriebseinr. inkl. 041	2,2	**3,1**	5,0
042	Gas- u. Wasseranl. - Leitung., Armat. inkl. 043	0,4	**1,5**	3,6
044	Abwasseranl. - Leitungen, Abläufe, Armaturen	0,3	**0,6**	0,8
045	Gas, Wasser, Entwässerung - Ausstattung inkl. 046	0,5	**1,6**	5,3
047	Dämm- und Brandschutzarb. an techn. Anlagen	0,1	**0,6**	1,3
049	Feuerlöschanlagen, Feuerlöschgeräte	–	**–**	–
050	Blitzschutz-/Erdungsanlagen, Überspannungssch.	0,1	**0,3**	0,6
052	Mittelspannungsanlagen	–	**–**	–
053	Niederspannungsanl. - Kabel inkl. 054	4,1	**5,8**	8,8
055	Sicherheits- u. Ersatzstromversorgungsanl.	0,0	**0,2**	1,2
057	Gebäudesystemtechnik	–	**–**	–
058	Leuchten und Lampen inkl. 059	2,3	**3,2**	4,5
060	Such, Signal, Zeit, Anten., akust. Anl. inkl. 064	0,2	**1,0**	2,3
061	Kommunikations- u. Übertragungsnetze inkl. 062	0,2	**0,7**	1,7
063	Gefahrenmeldeanlagen	0,0	**1,1**	3,1
069	Aufzüge	–	**–**	–
070	Gebäudeautomation	< 0,1	**0,9**	4,0
075	Raumlufttechnische Anlagen inkl. 078	0,3	**4,3**	7,0
	Gebäudetechnik	19,9	**24,9**	31,4
084	Abbruch, Rückbau, Schadstoffsanierung	4,9	**7,6**	12,3
	Sonstige Leistungsbereiche inkl. 008, 033, 051	0,1	**0,3**	0,6

Kostenstand: 2. Quartal 2026, Bundesdurchschnitt, **inkl. 19% MwSt.**

€/m² BGF

min	1.005 €/m²
von	1.455 €/m²
Mittel	**2.550 €/m²**
bis	3.825 €/m²
max	4.340 €/m²

Kosten:
Stand 2. Quartal 2026
Bundesdurchschnitt
inkl. 19% MwSt.

Objektübersicht zur Gebäudeart

9700-0038 Kolumbarium

BRI 6.850 m³ **BGF** 960 m² **NUF** 733 m²

© Hartwig Wachsmann

Baujahr: 1965
Bauzustand: gut
Aufwand: hoch
Nutzung während der Bauzeit: nein
Nutzungsänderung: ja
Grundrissänderungen: einige
Tragwerkseingriffe: wenige

Land: Niedersachsen
Kreis: Osnabrück
Standard: hoch
Bauzeit: 39 Wochen
Kennwerte: bis 3. Ebene DIN 276
veröffentlicht: BKI Objektdaten A13
BGF 2.233 €/m²

Planung: B-WERK ARCHITEKTEN BDA; Spelle

Umnutzung einer katholischen Kirche zu einem Kolumbarium mit 1.400 Urnenplätzen sowie einem Feierraum mit 130 Sitzplätzen.

1. Ebene: 300 Bauwerk – Baukonstruktionen: 82%, **400 Bauwerk – Technische Anlagen:** 18%
3. Ebene: Baukonstruktionen: A: Sonstige 5%, **W:** Sonstige 5%, **H:** 324 Gründungsbeläge 12%, 334 Außenwandöffnungen 5%, 381 Allgemeine Einbauten 12%, 382 Besondere Einbauten 41%, Sonstige 20%, **Technische Anlagen: A:** Sonstige 1%, **W:** Sonstige 2%, **H:** 412 Wasseranlagen 5%, 422 Wärmeverteilnetze 3%, 423 Raumheizflächen 8%, 444 Niederspannungsinstallationsanlagen 30%, 445 Beleuchtungsanlagen 15%, 455 Audiovisuelle Medien- und Antennenanlagen 15%, 457 Datenübertragungsnetze 4%, 492 Gerüste 5%, Sonstige 11%

9100-0173 Bibliothek, Lernzentrum

BRI 3.638 m³ **BGF** 760 m² **NUF** 601 m²

© Lars Gruber Architekturfotografie

Baujahr: 1991
Bauzustand: mittel
Aufwand: mittel
Nutzung während der Bauzeit: ja
Nutzungsänderung: ja
Grundrissänderungen: umfangreiche
Tragwerkseingriffe: einige

Land: Rheinland-Pfalz
Kreis: Mainz, Stadt
Standard: mittel
Bauzeit: 52 Wochen
Kennwerte: bis 3. Ebene DIN 276
veröffentlicht: BKI Objektdaten A13
BGF 3.569 €/m²

Planung: grüningerarchitekten | BDA; Darmstadt

Bibliothek mit Lernzentrum für 150 Studierende

1. Ebene: 300 Bauwerk – Baukonstruktionen: 64%, **400 Bauwerk – Technische Anlagen:** 36%
3. Ebene: Baukonstruktionen: A: 324 Gründungsbeläge 3%, Sonstige 7%, **W:** Sonstige 3%, **H:** 324 Gründungsbeläge 6%, 337 Elementierte Außenwandkonstruktionen 8%, 346 Elementierte Innenwandkonstruktionen 10%, 361 Dachkonstruktionen 9%, 362 Dachöffnungen 4%, 363 Dachbeläge 5%, 364 Dachbekleidungen 7%, 382 Besondere Einbauten 15%, 391 Baustelleneinrichtung 5%, 397 Zusätzliche Maßnahmen 3%, Sonstige 16%, **Technische Anlagen: A:** Sonstige 3%, **W:** Sonstige < 1%, **H:** 422 Wärmeverteilnetze 3%, 431 Lüftungsanlagen 13%, 434 Kälteanlagen 10%, 444 Niederspannungsinstallationsanlagen 28%, 445 Beleuchtungsanlagen 14%, 456 Gefahrenmelde- und Alarmanlagen 12%, 457 Datenübertragungsnetze 6%, 491 Baustelleneinrichtung 4%, Sonstige 7%

A Abbrechen
W Wiederherstellen
H Herstellen

6200-0092 Tagespflege (12 Plätze)

BRI 1.010 m³ **BGF** 259 m² **NUF** 188 m²

Baujahr: 1986-1987
Bauzustand: gut
Aufwand: mittel
Nutzung während der Bauzeit: nein
Nutzungsänderung: ja
Grundrissänderungen: umfangreiche
Tragwerkseingriffe: wenige

Land: Brandenburg
Kreis: Oberspreewald-Lausitz
Standard: mittel
Bauzeit: 26 Wochen
Kennwerte: bis 3. Ebene DIN 276
veröffentlicht: BKI Objektdaten A12

BGF 1.099 €/m²

Planung: mayerwittig Architektur · Stadtplanung GbR; Cottbus

Umbau eines ehemaligen Kindergartens zu einer Tagespflege.

1. Ebene: 300 Bauwerk – Baukonstruktionen: 76%, **400 Bauwerk – Technische Anlagen:** 24%
3. Ebene: Baukonstruktionen: **A**: Sonstige 9%, **W**: Sonstige 1%, **H**: 322 Flachgründungen und Bodenplatten 8%, 324 Gründungsbeläge 11%, 334 Außenwandöffnungen 4%, 335 Außenwandbekleidungen, außen 6%, 337 Elementierte Außenwandkonstruktionen 20%, 342 Nichttragende Innenwände 6%, 344 Innenwandöffnungen 3%, 345 Innenwandbekleidungen 12%, 364 Dachbekleidungen 3%, 381 Allgemeine Einbauten 11%, Sonstige 5%, **Technische Anlagen:** **A**: Sonstige 5%, **H**: 411 Abwasseranlagen 4%, 412 Wasseranlagen 34%, 419 Sonstiges zur KG 410 4%, 422 Wärmeverteilnetze 15%, 423 Raumheizflächen 9%, 444 Niederspannungsinstallationsanlagen 13%, 445 Beleuchtungsanlagen 11%, Sonstige 6%

9100-0168 Schauspielhaus, Zweitspielstätte

BRI 10.084 m³ **BGF** 2.865 m² **NUF** 1.851 m²

Baujahr: 1902
Bauzustand: gut
Aufwand: hoch
Nutzung während der Bauzeit: nein
Nutzungsänderung: ja
Grundrissänderungen: umfangreiche
Tragwerkseingriffe: umfangreiche

Land: Sachsen
Kreis: Leipzig, Stadt
Standard: hoch
Bauzeit: 70 Wochen
Kennwerte: bis 3. Ebene DIN 276
veröffentlicht: BKI Objektdaten A12

BGF 1.851 €/m²

Planung: Eßmann | Gärtner | Nieper Architekten GbR; Leipzig

Schauspielhaus mit 199 Sitzplätzen

1. Ebene: 300 Bauwerk – Baukonstruktionen: 69%, **400 Bauwerk – Technische Anlagen:** 31%
3. Ebene: Baukonstruktionen: **A**: 345 Innenwandbekleidungen 4%, 351 Deckenkonstruktionen 3%, 353 Deckenbeläge 4%, Sonstige 7%, **W**: Sonstige < 1%, **H**: 333 Außenstützen 6%, 342 Nichttragende Innenwände 4%, 343 Innenstützen 6%, 344 Innenwandöffnungen 10%, 345 Innenwandbekleidungen 7%, 351 Deckenkonstruktionen 9%, 353 Deckenbeläge 10%, 354 Deckenbekleidungen 6%, Sonstige 24%, **Technische Anlagen:** **A**: Sonstige 6%, **W**: Sonstige 2%, **H**: 412 Wasseranlagen 6%, 422 Wärmeverteilnetze 5%, 423 Raumheizflächen 3%, 431 Lüftungsanlagen 19%, 434 Kälteanlagen 7%, 442 Eigenstromversorgungsanlagen 4%, 444 Niederspannungsinstallationsanlagen 10%, 445 Beleuchtungsanlagen 6%, 456 Gefahrenmelde- und Alarmanlagen 4%, 481 Automationseinrichtungen 6%, 483 Automationsmanagement 3%, 484 Kabel, Leitungen und Verlegesysteme 3%, Sonstige 9%

Objektübersicht zur Gebäudeart

€/m² BGF

min	1.005	€/m²
von	1.455	€/m²
Mittel	**2.550**	**€/m²**
bis	3.825	€/m²
max	4.340	€/m²

Kosten:
Stand 2. Quartal 2026
Bundesdurchschnitt
inkl. 19% MwSt.

9700-0019 Aussegnungshalle

BRI 1.004 m³ **BGF** 328 m² **NUF** 264 m²

Baujahr: 1950
Bauzustand: mittel
Aufwand: mittel
Nutzung während der Bauzeit: nein
Nutzungsänderung: nein
Grundrissänderungen: einige
Tragwerkseingriffe: wenige

Land: Thüringen
Kreis: Wartburgkreis
Standard: mittel
Bauzeit: 13 Wochen
Kennwerte: bis 3. Ebene DIN 276
veröffentlicht: BKI Objektdaten A9

BGF 1.004 €/m²

Planung: B19 ARCHITEKTEN BDA; Barchfeld-Immelborn

Aussegnungshalle mit Andachtsraum

1. Ebene: 300 Bauwerk – Baukonstruktionen: 77%, **400 Bauwerk – Technische Anlagen:** 23%
3. Ebene: Baukonstruktionen: **A**: Sonstige 5%, **W**: Sonstige 2%, **H**: 324 Gründungsbeläge 16%, 334 Außenwandöffnungen 16%, 335 Außenwandbekleidungen, außen 3%, 336 Außenwandbekleidungen, innen 7%, 344 Innenwandöffnungen 3%, 345 Innenwandbekleidungen 5%, 351 Deckenkonstruktionen 14%, 354 Deckenbekleidungen 8%, 363 Dachbeläge 3%, 382 Besondere Einbauten 3%, Sonstige 14%, **Technische Anlagen:** **A**: Sonstige 1%, **H**: 411 Abwasseranlagen 4%, 412 Wasseranlagen 12%, 423 Raumheizflächen 14%, 431 Lüftungsanlagen 26%, 444 Niederspannungsinstallationsanlagen 18%, 445 Beleuchtungsanlagen 16%, 454 Elektroakustische Anlagen 7%, Sonstige 2%

6200-0133 Pflegeheim (22 Betten)

BRI 8.132 m³ **BGF** 2.062 m² **NUF** 1.329 m²

Baujahr: 1904
Bauzustand: mittel
Aufwand: hoch
Nutzung während der Bauzeit: nein
Nutzungsänderung: ja
Grundrissänderungen: umfangreiche
Tragwerkseingriffe: einige

Land: Baden-Württemberg
Kreis: Konstanz
Standard: mittel
Bauzeit: 156 Wochen
Kennwerte: bis 1. Ebene DIN 276
veröffentlicht: BKI Objektdaten A13

BGF 3.647 €/m²

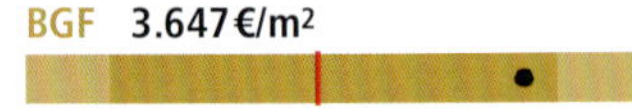

Planung: DIETRICH I UNTERTRIFALLER, Bregenz + werkgruppe drei I Staiger Weltin, Konstanz

Umbau einer Schule in ein Pflegeheim mit 22 Betten

1. Ebene: 300 Bauwerk – Baukonstruktionen: 72%, **400 Bauwerk – Technische Anlagen:** 28%

A Abbrechen
W Wiederherstellen
H Herstellen

Objektübersicht zur Gebäudeart

9100-0108 Atelier

BRI 152 m³ **BGF** 45 m² **NUF** 35 m²

Baujahr: 1950
Bauzustand: schlecht
Aufwand: hoch
Nutzung während der Bauzeit: nein
Nutzungsänderung: ja
Grundrissänderungen: wenige
Tragwerkseingriffe: wenige

Land: Niedersachsen
Kreis: Verden
Standard: hoch
Bauzeit: 9 Wochen
Kennwerte: bis 1. Ebene DIN 276
veröffentlicht: BKI Objektdaten A10
BGF **4.341 €/m²**

Planung: Püffel Architekten; Bremen

Atelier mit Arbeitsraum, Technik- und Abstellraum.

1. Ebene: 300 Bauwerk – Baukonstruktionen: 90%, **400 Bauwerk – Technische Anlagen:** 10%

9100-0079 Kinder- und Jugendtheater

BRI 14.044 m³ **BGF** 2.973 m² **NUF** 1.996 m²

Bauzustand: mittel
Aufwand: hoch
Nutzung während der Bauzeit: nein
Nutzungsänderung: ja
Grundrissänderungen: umfangreiche
Tragwerkseingriffe: wenige

Land: Brandenburg
Kreis: Cottbus, Stadt
Standard: mittel
Bauzeit: 74 Wochen
Kennwerte: bis 1. Ebene DIN 276
veröffentlicht: BKI Objektdaten A8
BGF **3.580 €/m²**

Planung: Architekturbüro Berger & Fiedler; Cottbus

Umnutzung Fernwärmestation zu Theaterzwecken: zwei Bühnen (215 Plätze), Probenräume und Verwaltung

1. Ebene: 300 Bauwerk – Baukonstruktionen: 69%, **400 Bauwerk – Technische Anlagen:** 31%

9100-0031 Stadthalle

BRI 10.967 m³ **BGF** 2.595 m² **NUF** 1.077 m²

Baujahr: 1948
Bauzustand: mittel
Aufwand: hoch
Nutzung während der Bauzeit: ja
Nutzungsänderung: ja
Grundrissänderungen: einige
Tragwerkseingriffe: einige

Land: Thüringen
Kreis: Kyffhäuserkreis
Standard: mittel
Bauzeit: 348 Wochen
Kennwerte: bis 1. Ebene DIN 276
veröffentlicht: www.bki.de
BGF **1.606 €/m²**

Planung: Buchner-Menge + Partner GmbH; Erfurt

Umbau eines Saales zur Nutzung als Theater. **Kosteneinfluss Grundstück:** Hochliegender Grundwasserstand, Nachbarbebauung im Bühnenbereich.

1. Ebene: 300 Bauwerk – Baukonstruktionen: 66%, **400 Bauwerk – Technische Anlagen:** 34%

Büro- und Verwaltungsgebäude

Kostenkennwerte für die Kosten des Bauwerks (Kostengruppen 300+400 nach DIN 276)

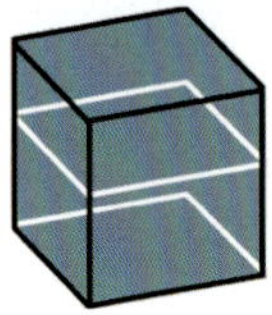

BRI 545 €/m³
von 285 €/m³
bis 830 €/m³

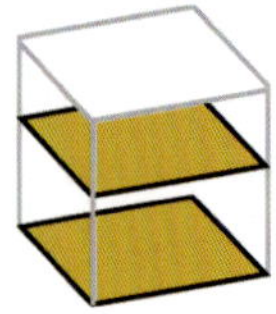

BGF 1.765 €/m²
von 890 €/m²
bis 2.820 €/m²

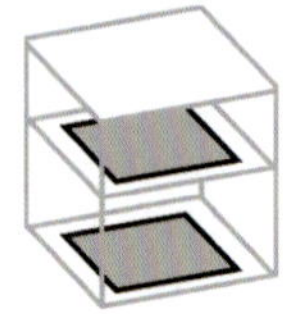

NUF 2.735 €/m²
von 1.350 €/m²
bis 4.320 €/m²

Kosten:
Stand 2. Quartal 2026
Bundesdurchschnitt
inkl. 19% MwSt.

Objektbeispiele

1300-0322

1300-0270

1300-0329

Kosten der 11 Vergleichsobjekte

Seiten 390 bis 397

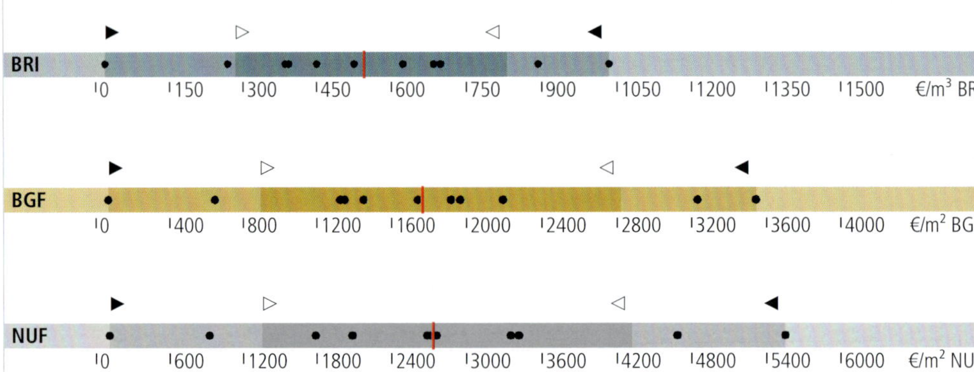

- ● KKW
- ▶ min
- ▷ von
- | Mittelwert
- ◁ bis
- ◀ max

Kostenkennwerte für die Kostengruppen der 1. und 2. Ebene DIN 276

KG	Kostengruppen der 1. Ebene	Einheit	▷	€/Einheit	◁	▷	% an 300+400	◁
100	Grundstück	m² GF	–	**–**	–	–	**–**	–
200	Vorbereitende Maßnahmen	m² GF	1	**5**	11	0,2	**0,6**	1,2
300	Bauwerk – Baukonstruktionen	m² BGF	579	**1.286**	1.895	64,0	**72,7**	80,7
400	Bauwerk – Technische Anlagen	m² BGF	233	**479**	939	19,3	**27,3**	36,0
	Bauwerk 300+400	m² BGF	889	**1.766**	2.819	100,0	**100,0**	100,0
500	Außenanlagen und Freiflächen	m² AF	2	**54**	93	0,5	**1,4**	2,4
600	Ausstattung und Kunstwerke	m² BGF	7	**66**	348	0,3	**2,2**	9,2
700	Baunebenkosten	m² BGF	–	**–**	–	–	**–**	–
800	Finanzierung	m² BGF	–	**–**	–	–	**–**	–

KG	Kostengruppen der 2. Ebene	Einheit	▷	€/Einheit	◁	▷	% an 1. Ebene	◁
310	Baugrube / Erdbau	m³ BGI	86	**118**	209	< 0,1	**0,7**	1,6
320	Gründung, Unterbau	m² GRF	138	**281**	503	0,5	**3,0**	6,2
330	Außenwände / vertikal außen	m² AWF	440	**807**	1.281	12,1	**34,4**	52,3
340	Innenwände / vertikal innen	m² IWF	272	**394**	562	15,9	**28,7**	70,7
350	Decken / horizontal	m² DEF	311	**435**	667	10,3	**15,1**	18,7
360	Dächer	m² DAF	457	**905**	2.754	4,9	**9,3**	19,5
370	Infrastrukturanlagen		–	**–**	–	–	**–**	–
380	Baukonstruktive Einbauten	m² BGF	13	**56**	143	0,7	**2,8**	9,5
390	Sonst. Maßnahmen für Baukonst.	m² BGF	29	**63**	114	3,9	**5,9**	13,3
300	**Bauwerk – Baukonstruktionen**	**m² BGF**					**100,0**	
410	Abwasser-, Wasser-, Gasanlagen	m² BGF	21	**51**	77	5,0	**11,4**	17,8
420	Wärmeversorgungsanlagen	m² BGF	36	**76**	143	9,8	**16,7**	22,4
430	Raumlufttechnische Anlagen	m² BGF	10	**37**	152	1,5	**6,9**	15,0
440	Elektrische Anlagen	m² BGF	85	**181**	347	15,6	**37,9**	46,4
450	Kommunikationstechnische Anlagen	m² BGF	30	**63**	151	10,1	**17,1**	33,9
460	Förderanlagen	m² BGF	17	**43**	70	1,1	**5,5**	18,2
470	Nutzungsspez. / verfahrenstech. Anl.	m² BGF	< 1	**32**	93	< 0,1	**1,0**	6,2
480	Gebäude- und Anlagenautomation	m² BGF	119	**123**	128	0,0	**2,2**	11,0
490	Sonst. Maßnahmen f. techn. Anl.	m² BGF	< 1	**10**	28	< 0,1	**1,4**	7,8
400	**Bauwerk – Technische Anlagen**	**m² BGF**					**100,0**	

Prozentanteile der Kosten 2. Ebene an den Kosten des Bauwerks nach DIN 276 (Von/Mittel/Bis)

KG	Kostengruppe	%
310	Baugrube / Erdbau	0,5
320	Gründung, Unterbau	2,2
330	Außenwände / vertikal außen	26,5
340	Innenwände / vertikal innen	19,7
350	Decken / horizontal	11,0
360	Dächer	7,1
370	Infrastrukturanlagen	
380	Baukonstruktive Einbauten	2,0
390	Sonst. Maßnahmen für Baukonst.	4,3
410	Abwasser-, Wasser-, Gasanlagen	3,1
420	Wärmeversorgungsanlagen	4,0
430	Raumlufttechnische Anlagen	1,9
440	Elektrische Anlagen	9,5
450	Kommunikationstechnische Anlagen	4,8
460	Förderanlagen	1,9
470	Nutzungsspez. / verfahrenstech. Anl.	0,3
480	Gebäude- und Anlagenautomation	0,7
490	Sonst. Maßnahmen f. techn. Anl.	0,5

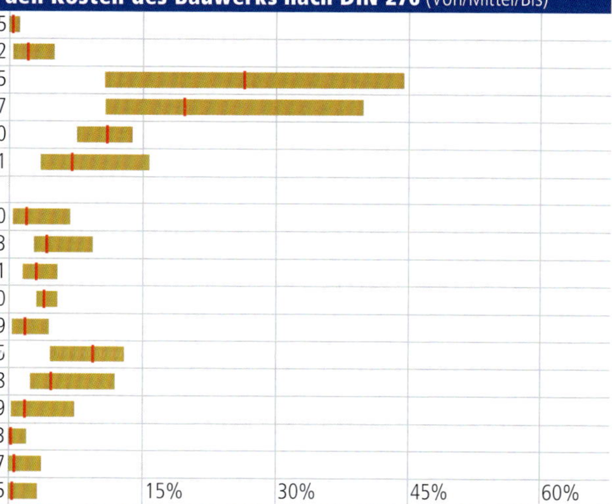

Kostenstand: 2. Quartal 2026, Bundesdurchschnitt, **inkl. 19% MwSt.**

Kosten:
Stand 2. Quartal 2026
Bundesdurchschnitt
inkl. 19% MwSt.

▷ von
ø Mittel
◁ bis

Kostenkennwerte für die Kostengruppen der 3. Ebene DIN 276

KG	Kostengruppen der 3. Ebene	Einheit	▷	€/Einheit	◁	▷	€/m² BGF	◁
311	**Herstellung**	m³	86	**118**	209	4	**19**	29
	Herstellen	m³	86	**118**	209	4	**19**	29
322	**Flachgründungen und Bodenplatten**	m²	246	**471**	1.509	9	**28**	48
	Abbrechen	*m²*	*65*	***94***	*110*	*5*	***8***	*14*
	Herstellen	m²	200	**424**	1.509	7	**24**	45
324	**Gründungsbeläge**	m²	76	**164**	249	7	**28**	54
	Abbrechen	*m²*	*7*	***18***	*39*	*< 1*	***3***	*5*
	Wiederherstellen	m²	–	**69**	–	–	**5**	–
	Herstellen	m²	71	**145**	202	7	**25**	51
325	**Abdichtungen und Bekleidungen**	m²	34	**40**	58	< 1	**4**	7
	Herstellen	m²	34	**40**	58	< 1	**4**	7
326	**Dränagen**	m²	2	**16**	30	< 1	**4**	6
	Herstellen	m²	2	**16**	30	< 1	**4**	6
331	**Tragende Außenwände**	m²	224	**802**	3.105	15	**56**	101
	Abbrechen	*m²*	*< 1*	***13***	*21*	*< 1*	***4***	*8*
	Wiederherstellen	m²	21	**1.271**	2.521	7	**11**	16
	Herstellen	m²	177	**286**	497	24	**60**	108
332	**Nichttragende Außenwände**	m²	227	**317**	408	11	**73**	136
	Abbrechen	*m²*	–	***44***	–	–	***15***	–
	Herstellen	m²	227	**295**	364	11	**66**	122
333	**Außenstützen**	m	–	**194**	–	2	**6**	10
	Herstellen	m	–	**194**	–	–	**10**	–
334	**Außenwandöffnungen**	m²	743	**1.345**	2.524	41	**129**	259
	Abbrechen	*m²*	*12*	***60***	*146*	*2*	***5***	*11*
	Wiederherstellen	m²	10	**29**	60	1	**4**	8
	Herstellen	m²	694	**1.282**	2.495	38	**123**	254
335	**Außenwandbekleidungen, außen**	m²	277	**359**	524	51	**172**	277
	Abbrechen	*m²*	*< 1*	***33***	*46*	*5*	***16***	*27*
	Wiederherstellen	m²	5	**43**	195	2	**35**	198
	Herstellen	m²	201	**316**	477	71	**160**	256
336	**Außenwandbekleidungen, innen**	m²	57	**123**	209	22	**63**	160
	Abbrechen	*m²*	*5*	***10***	*18*	*2*	***4***	*8*
	Wiederherstellen	m²	–	**5**	–	–	**2**	–
	Herstellen	m²	61	**116**	212	20	**60**	153
337	**Elem. Außenwandkonstruktionen**	m²	1.165	**1.479**	1.617	61	**278**	864
	Abbrechen	*m²*	*58*	***72***	*86*	*< 1*	***22***	*44*
	Herstellen	m²	1.107	**1.443**	1.567	59	**267**	820
338	**Lichtschutz zur KG 330**	m²	263	**385**	737	9	**30**	52
	Abbrechen	*m²*	–	***5***	–	–	***< 1***	–
	Herstellen	m²	262	**384**	736	14	**34**	52
339	**Sonstiges zur KG 330**	m²	10	**13**	23	5	**10**	15
	Abbrechen	*m²*	*< 1*	***2***	*5*	*< 1*	***1***	*3*
	Herstellen	m²	7	**12**	20	4	**9**	15
341	**Tragende Innenwände**	m²	297	**912**	3.382	9	**23**	55
	Abbrechen	*m²*	*45*	***245***	*807*	*2*	***6***	*11*
	Wiederherstellen	m²	41	**92**	218	< 1	**2**	5
	Herstellen	m²	220	**745**	3.872	6	**19**	45

KG	Kostengruppen der 3. Ebene	Einheit	▷	€/Einheit	◁	▷	€/m^2 BGF	◁
342	**Nichttragende Innenwände**	m^2	131	**215**	374	15	**39**	66
	Abbrechen	m^2	*25*	***42***	*82*	*4*	***8***	*13*
	Wiederherstellen	m^2	–	**17**	–	–	**2**	–
	Herstellen	m^2	105	**176**	285	12	**32**	54
343	**Innenstützen**	m	296	**719**	2.186	< 1	**5**	13
	Abbrechen	*m*	*23*	***155***	*287*	*< 1*	***1***	*2*
	Herstellen	m	281	**656**	1.899	< 1	**5**	12
344	**Innenwandöffnungen**	m^2	716	**1.392**	1.799	48	**105**	184
	Abbrechen	m^2	*14*	***37***	*206*	*< 1*	***1***	*2*
	Wiederherstellen	m^2	31	**173**	731	2	**20**	92
	Herstellen	m^2	703	**1.259**	1.726	37	**92**	154
345	**Innenwandbekleidungen**	m^2	52	**74**	111	41	**93**	140
	Abbrechen	m^2	*3*	***7***	*23*	*4*	***10***	*32*
	Wiederherstellen	m^2	1	**4**	8	2	**6**	12
	Herstellen	m^2	45	**65**	96	41	**80**	125
346	**Elem. Innenwandkonstruktionen**	m^2	493	**691**	1.004	11	**42**	97
	Abbrechen	m^2	*4*	***7***	*12*	*< 1*	***< 1***	*< 1*
	Herstellen	m^2	488	**688**	995	11	**42**	97
351	**Deckenkonstruktionen**	m^2	140	**274**	405	14	**51**	162
	Abbrechen	m^2	*19*	***51***	*135*	*5*	***16***	*45*
	Wiederherstellen	m^2	20	**32**	53	8	**14**	27
	Herstellen	m^2	71	**224**	313	4	**39**	104
353	**Deckenbeläge**	m^2	166	**224**	303	35	**99**	145
	Abbrechen	m^2	*14*	***24***	*72*	*6*	***14***	*34*
	Wiederherstellen	m^2	2	**10**	24	< 1	**6**	17
	Herstellen	m^2	149	**202**	284	32	**87**	125
354	**Deckenbekleidungen**	m^2	63	**111**	195	22	**48**	100
	Abbrechen	m^2	*8*	***22***	*115*	*4*	***11***	*62*
	Wiederherstellen	m^2	< 1	**3**	5	< 1	**< 1**	< 1
	Herstellen	m^2	50	**90**	128	19	**39**	69
359	**Sonstiges zur KG 350**	m^2	11	**28**	72	5	**17**	39
	Abbrechen	m^2	*< 1*	***3***	*8*	*< 1*	***2***	*4*
	Wiederherstellen	m^2	3	**9**	25	2	**5**	16
	Herstellen	m^2	22	**45**	75	13	**27**	46
361	**Dachkonstruktionen**	m^2	227	**371**	678	11	**56**	137
	Abbrechen	m^2	*16*	***82***	*159*	*< 1*	***10***	*20*
	Wiederherstellen	m^2	–	**31**	–	–	**3**	–
	Herstellen	m^2	179	**312**	488	9	**50**	122
362	**Dachöffnungen**	m^2	2.435	**4.022**	11.701	3	**12**	20
	Herstellen	m^2	2.435	**4.022**	11.701	3	**12**	20
363	**Dachbeläge**	m^2	202	**330**	421	34	**74**	122
	Abbrechen	m^2	*16*	***31***	*67*	*3*	***7***	*12*
	Wiederherstellen	m^2	19	**22**	25	< 1	**2**	3
	Herstellen	m^2	181	**301**	398	30	**69**	113
364	**Dachbekleidungen**	m^2	59	**115**	160	10	**27**	46
	Abbrechen	m^2	*4*	***6***	*9*	*1*	***2***	*2*
	Wiederherstellen	m^2	–	**22**	–	–	**9**	–
	Herstellen	m^2	49	**109**	159	11	**25**	47
381	**Allgemeine Einbauten**	m^2	12	**54**	142	12	**54**	142
	Abbrechen	m^2	*< 1*	***1***	*2*	*< 1*	***1***	*2*
	Wiederherstellen	m^2	2	**12**	21	2	**12**	21
	Herstellen	m^2	14	**58**	131	14	**58**	131

KG	Kostengruppen der 3. Ebene	Einheit	▷	€/Einheit	◁	▷	€/m² BGF	◁
386	**Orientierungs- u. Informationssys.**	m²	3	**5**	7	3	**5**	7
	Herstellen	m²	3	**5**	7	3	**5**	7
391	**Baustelleneinrichtung**	m²	5	**17**	42	5	**17**	42
	Herstellen	m²	5	**17**	42	5	**17**	42
392	**Gerüste**	m²	12	**23**	44	12	**23**	44
	Herstellen	m²	12	**23**	44	12	**23**	44
393	**Sicherungsmaßnahmen**	m²	4	**7**	13	4	**7**	13
	Herstellen	m²	4	**7**	13	4	**7**	13
394	**Abbruchmaßnahmen**	m²	3	**10**	18	3	**10**	18
	Abbrechen	*m²*	*3*	***10***	*18*	*3*	***10***	*18*
396	**Materialentsorgung**	m²	2	**7**	11	2	**7**	11
	Herstellen	m²	2	**7**	11	2	**7**	11
397	**Zusätzliche Maßnahmen**	m²	5	**18**	35	5	**18**	35
	Herstellen	m²	5	**18**	35	5	**18**	35
399	**Sonstiges zur KG 390**	m²	2	**5**	9	2	**5**	9
	Herstellen	m²	2	**5**	9	2	**5**	9

Kosten:
Stand 2. Quartal 2026
Bundesdurchschnitt
inkl. 19% MwSt.

▷ von
ø Mittel
◁ bis

KG	Kostengruppen der 3. Ebene	Einheit	▷	€/Einheit	◁	▷	€/m² BGF	◁
411	**Abwasseranlagen**	m²	4	**14**	23	4	**14**	23
	Abbrechen	*m²*	*< 1*	***< 1***	*2*	*< 1*	***< 1***	*2*
	Wiederherstellen	m²	–	**5**	–	–	**5**	–
	Herstellen	m²	2	**12**	22	2	**12**	22
412	**Wasseranlagen**	m²	17	**32**	60	17	**32**	60
	Abbrechen	*m²*	*< 1*	***1***	*2*	*< 1*	***1***	*2*
	Herstellen	m²	16	**31**	58	16	**31**	58
419	**Sonstiges zur KG 410**	m²	3	**5**	9	3	**5**	9
	Abbrechen	*m²*	*–*	***< 1***	*–*	*–*	***< 1***	*–*
	Herstellen	m²	3	**5**	9	3	**5**	9
421	**Wärmeerzeugungsanlagen**	m²	7	**20**	39	7	**20**	39
	Abbrechen	*m²*	*< 1*	***1***	*3*	*< 1*	***1***	*3*
	Wiederherstellen	m²	–	**< 1**	–	–	**< 1**	–
	Herstellen	m²	7	**19**	39	7	**19**	39
422	**Wärmeverteilnetze**	m²	15	**29**	55	15	**29**	55
	Abbrechen	*m²*	*< 1*	***1***	*4*	*< 1*	***1***	*4*
	Wiederherstellen	m²	–	**< 1**	–	–	**< 1**	–
	Herstellen	m²	14	**28**	53	14	**28**	53
423	**Raumheizflächen**	m²	14	**33**	82	14	**33**	82
	Abbrechen	*m²*	*< 1*	***2***	*5*	*< 1*	***2***	*5*
	Wiederherstellen	m²	< 1	**1**	2	< 1	**1**	2
	Herstellen	m²	13	**32**	80	13	**32**	80
431	**Lüftungsanlagen**	m²	7	**29**	122	7	**29**	122
	Abbrechen	*m²*	*< 1*	***< 1***	*1*	*< 1*	***< 1***	*1*
	Wiederherstellen	m²	–	**< 1**	–	–	**< 1**	–
	Herstellen	m²	7	**29**	122	7	**29**	122
432	**Teilklimaanlagen**	m²	–	**25**	–	–	**25**	–
	Herstellen	m²	–	**25**	–	–	**25**	–
434	**Kälteanlagen**	m²	–	**39**	–	–	**39**	–
	Herstellen	m²	–	**39**	–	–	**39**	–
442	**Eigenstromversorgungsanlagen**	m²	5	**15**	34	5	**15**	34
	Herstellen	m²	5	**15**	34	5	**15**	34
443	**Niederspannungsschaltanlagen**	m²	6	**23**	40	6	**23**	40
	Herstellen	m²	6	**23**	40	6	**23**	40
444	**Niederspannungsinstallationsanl.**	m²	50	**101**	171	50	**101**	171
	Abbrechen	*m²*	*1*	***5***	*27*	*1*	***5***	*27*
	Herstellen	m²	47	**97**	169	47	**97**	169
445	**Beleuchtungsanlagen**	m²	31	**65**	151	31	**65**	151
	Abbrechen	*m²*	*< 1*	***1***	*3*	*< 1*	***1***	*3*
	Herstellen	m²	30	**64**	151	30	**64**	151
446	**Blitzschutz- und Erdungsanlagen**	m²	2	**7**	11	2	**7**	11
	Abbrechen	*m²*	*–*	***4***	*–*	*–*	***4***	*–*
	Herstellen	m²	< 1	**7**	10	< 1	**7**	10
451	**Telekommunikationsanlagen**	m²	2	**6**	8	2	**6**	8
	Abbrechen	*m²*	*–*	***< 1***	*–*	*–*	***< 1***	*–*
	Herstellen	m²	4	**7**	8	4	**7**	8
452	**Such- und Signalanlagen**	m²	2	**5**	10	2	**5**	10
	Abbrechen	*m²*	*–*	***< 1***	*–*	*–*	***< 1***	*–*
	Herstellen	m²	2	**5**	10	2	**5**	10
453	**Zeitdienstanlagen**	m²	–	**14**	–	–	**14**	–
	Herstellen	m²	–	**14**	–	–	**14**	–

KG	Kostengruppen der 3. Ebene	Einheit	▷	€/Einheit	◁	▷	€/m² BGF	◁
454	**Elektroakustische Anlagen**	m²	–	**49**	–	–	**49**	–
	Herstellen	m²	–	**49**	–	–	**49**	–
456	**Gefahrenmelde- und Alarmanlagen**	m²	13	**32**	79	13	**32**	79
	Herstellen	m²	13	**32**	79	13	**32**	79
457	**Datenübertragungsnetze**	m²	11	**22**	40	11	**22**	40
	Abbrechen	*m²*	*< 1*	***2***	*4*	*< 1*	***2***	*4*
	Herstellen	m²	12	**22**	42	12	**22**	42
461	**Aufzugsanlagen**	m²	17	**43**	70	17	**43**	70
	Herstellen	m²	17	**43**	70	17	**43**	70
474	**Feuerlöschanlagen**	m²	< 1	**32**	93	< 1	**32**	93
	Abbrechen	*m²*	–	***< 1***	–	–	***< 1***	–
	Herstellen	m²	2	**47**	93	2	**47**	93
481	**Automationseinrichtungen**	m²	105	**107**	108	105	**107**	108
	Herstellen	m²	105	**107**	108	105	**107**	108
482	**Schaltschränke, Automation**	m²	–	**14**	–	–	**14**	–
	Herstellen	m²	–	**14**	–	–	**14**	–
484	**Kabel, Leitungen u. Verlegesys.**	m²	–	**9**	–	–	**9**	–
	Herstellen	m²	–	**9**	–	–	**9**	–
485	**Datenübertragungsnetze**	m²	–	**10**	–	–	**10**	–
	Herstellen	m²	–	**10**	–	–	**10**	–
492	**Gerüste**	m²	–	**28**	–	–	**28**	–
	Herstellen	m²	–	**28**	–	–	**28**	–

Kosten:
Stand 2. Quartal 2026
Bundesdurchschnitt
inkl. 19% MwSt.

▷ von
ø Mittel
◁ bis

Prozentanteile der Kosten für Leistungsbereiche nach STLB (Kosten Bauwerk nach DIN 276)

LB	Leistungsbereiche	▷	% an 300+400	◁
000	Baustellen-, Sicherheitseinr. inkl. 001, 089	1,2	**3,0**	6,1
002	Erdarbeiten	< 0,1	**0,5**	1,3
006	Spezialtiefbauarbeiten inkl. 005	0,0	**< 0,1**	< 0,1
009	Entwässerungskanalarbeiten inkl. 011	0,0	**< 0,1**	0,3
010	Drän- und Versickerarbeiten	0,0	**< 0,1**	0,2
012	Mauerarbeiten	0,7	**2,3**	5,6
013	Betonarbeiten	0,4	**3,2**	6,6
014	Natur-, Betonwerksteinarbeiten	0,4	**1,9**	6,2
016	Zimmer- und Holzbauarbeiten	0,4	**3,2**	14,4
017	Stahlbauarbeiten	0,1	**1,0**	5,3
018	Abdichtungsarbeiten	< 0,1	**0,3**	0,8
020	Dachdeckungsarbeiten	< 0,1	**1,3**	4,7
021	Dachabdichtungsarbeiten	0,1	**1,4**	3,8
022	Klempnerarbeiten	0,2	**0,8**	1,4
	Rohbau	6,6	**19,1**	27,8
023	Putz- und Stuckarbeiten, Wärmedämmsysteme	2,0	**5,7**	11,4
024	Fliesen- und Plattenarbeiten	0,7	**1,6**	3,7
025	Estricharbeiten	0,3	**1,7**	4,2
026	Fenster, Außentüren inkl. 029, 032	2,3	**6,8**	9,8
027	Tischlerarbeiten	2,6	**7,2**	10,5
028	Parkett-, Holzpflasterarbeiten	0,0	**0,3**	1,8
030	Rollladenarbeiten	0,1	**1,2**	2,1
031	Metallbauarbeiten inkl. 035	2,9	**10,8**	47,5
034	Maler- und Lackiererarb. - Beschicht. inkl. 037	1,3	**3,1**	6,0
036	Bodenbelagarbeiten	0,7	**2,6**	4,7
038	Vorgehängte hinterlüftete Fassaden	0,0	**1,0**	5,3
039	Trockenbauarbeiten	4,2	**6,2**	9,9
	Ausbau	39,8	**48,1**	59,8
040	Wärmeversorgungsanl. - Betriebseinr. inkl. 041	2,7	**3,5**	5,1
042	Gas- u. Wasseranl. - Leitung., Armat. inkl. 043	0,5	**1,4**	3,4
044	Abwasseranl. - Leitungen, Abläufe, Armaturen	< 0,1	**0,4**	0,9
045	Gas, Wasser, Entwässerung - Ausstattung inkl. 046	0,2	**0,8**	1,2
047	Dämm- und Brandschutzarb. an techn. Anlagen	0,4	**1,9**	15,1
049	Feuerlöschanlagen, Feuerlöschgeräte	0,0	**0,3**	2,0
050	Blitzschutz-/Erdungsanlagen, Überspannungssch.	< 0,1	**0,3**	0,5
052	Mittelspannungsanlagen	–	**–**	–
053	Niederspannungsanl. - Kabel inkl. 054	3,5	**6,3**	11,4
055	Sicherheits- u. Ersatzstromversorgungsanl.	0,0	**0,1**	0,8
057	Gebäudesystemtechnik	< 0,1	**0,3**	3,3
058	Leuchten und Lampen inkl. 059	1,8	**3,1**	4,8
060	Such, Signal, Zeit, Anten., akust. Anl. inkl. 064	< 0,1	**0,3**	1,1
061	Kommunikations- u. Übertragungsnetze inkl. 062	0,4	**1,1**	2,1
063	Gefahrenmeldeanlagen	0,7	**2,8**	10,6
069	Aufzüge	0,3	**1,9**	7,4
070	Gebäudeautomation	0,0	**0,3**	3,3
075	Raumlufttechnische Anlagen inkl. 078	0,5	**1,7**	3,9
	Gebäudetechnik	17,6	**26,5**	36,1
084	Abbruch, Rückbau, Schadstoffsanierung	3,8	**6,1**	8,9
	Sonstige Leistungsbereiche inkl. 008, 033, 051	< 0,1	**0,3**	1,1

 Kostenstand: 2. Quartal 2026, Bundesdurchschnitt, **inkl. 19% MwSt.**

€/m² BGF

min	70	€/m²
von	890	€/m²
Mittel	**1.765**	**€/m²**
bis	2.820	€/m²
max	3.540	€/m²

Kosten:
Stand 2. Quartal 2026
Bundesdurchschnitt
inkl. 19% MwSt.

A Abbrechen
W Wiederherstellen
H Herstellen

Objektübersicht zur Gebäudeart

1300-0322 Wohn-/Geschäftshaus, Fassadensanierung*

BRI 6.478 m³ **BGF** 2.405 m² **NUF** 1.586 m²

Baujahr: 1935/1969
Bauzustand: gut
Aufwand: mittel
Nutzung während der Bauzeit: ja
Nutzungsänderung: nein
Grundrissänderungen: keine
Tragwerkseingriffe: keine

Land: Berlin
Kreis: Berlin, Stadt
Standard: mittel
Bauzeit: 17 Wochen
Kennwerte: bis 3. Ebene DIN 276
veröffentlicht: BKI Objektdaten A13

BGF 73€/m²

* Nicht in der Auswertung enthalten

Planung: werkArchitektur Yvonne Werk; Berlin

Fassadensanierung eines Wohn- und Geschäftshauses mit 30 Arbeitsplätzen und vier Wohnungen

1. Ebene: 300 Bauwerk – Baukonstruktionen: 98%, **400 Bauwerk – Technische Anlagen:** 2%
3. Ebene: Baukonstruktionen: A: Sonstige 1%, **W:** Sonstige < 1%, **H:** 334 Außenwandöffnungen 14%, 335 Außenwandbekleidungen, außen 61%, 339 Sonstiges zur KG 330 3%, 363 Dachbeläge 3%, 391 Baustelleneinrichtung 3%, 392 Gerüste 13%, Sonstige < 1%, **Technische Anlagen: H:** 412 Wasseranlagen 8%, 433 Klimaanlagen 27%, 445 Beleuchtungsanlagen 28%, 457 Datenübertragungsnetze 37%

1300-0303 Bürogebäude, TG, Brandschutzsanierung

BRI 26.052 m³ **BGF** 7.379 m² **NUF** 4.449 m²

Baujahr: 1990
Bauzustand: schlecht
Aufwand: mittel
Nutzung während der Bauzeit: ja
Nutzungsänderung: ja
Grundrissänderungen: wenige
Tragwerkseingriffe: wenige

Land: Bayern
Kreis: Erding
Standard: hoch
Bauzeit: 70 Wochen
Kennwerte: bis 3. Ebene DIN 276
veröffentlicht: BKI Objektdaten A13

BGF 68€/m²

Planung: Architekturbüro Maurer; München

Brandschutzsanierung eines Bürogebäudes mit Tiefgarage **Kosteneinfluss Nutzung:** Gebäudenutzung während der Bauzeit, den Mietern wurden Ausweichflächen angeboten. Abschnittsweise Ausführung und Koordinierung der Bauabläufe um die Beeinträchtigung im laufenden Betrieb so gering wie möglich zu halten.

1. Ebene: 300 Bauwerk – Baukonstruktionen: 66%, **400 Bauwerk – Technische Anlagen:** 34%
3. Ebene: Baukonstruktionen: A: 344 Innenwandöffnungen 5%, Sonstige 3%, **W:** Sonstige 2%, **H:** 341 Tragende Innenwände 13%, 342 Nichttragende Innenwände 3%, 344 Innenwandöffnungen 47%, 345 Innenwandbekleidungen 4%, 351 Deckenkonstruktionen 3%, 397 Zusätzliche Maßnahmen 5%, 399 Sonstiges zur KG 390 8%, Sonstige 7%, **Technische Anlagen:** A: 412 Wasseranlagen 4%, 431 Lüftungsanlagen 6%, Sonstige 4%, **W:** Sonstige < 1%, **H:** 412 Wasseranlagen 16%, 422 Wärmeverteilnetze 4%, 431 Lüftungsanlagen 7%, 456 Gefahrenmelde- und Alarmanlagen 51%, Sonstige 8%

1300-0301 Bürogebäude, Dachsanierung*

BRI 3.111 m³ **BGF** 1.799 m² **NUF** 920 m²

© Architekturbüro Maurer

Baujahr: 1990
Bauzustand: schlecht
Aufwand: mittel
Nutzung während der Bauzeit: ja
Nutzungsänderung: nein
Grundrissänderungen: wenige
Tragwerkseingriffe: wenige

Land: Bayern
Kreis: Erding
Standard: hoch
Bauzeit: 35 Wochen
Kennwerte: bis 3. Ebene DIN 276
veröffentlicht: BKI Objektdaten A13

BGF 745 €/m²

* Nicht in der Auswertung enthalten

Planung: Architekturbüro Maurer; München

Dachsanierung eines Bürogebäudes **Kosteneinfluss Nutzung:** Gebäudenutzung während der Bauzeit, Mietern wurden Ausweichflächen angeboten. Abschnittsweise Ausführung und Koordinierung der Bauabläufe um die Beeinträchtigung im laufenden Betrieb so gering wie möglich zu halten. Zuwegungskonzept für externe Besucher.

1. Ebene: 300 Bauwerk – Baukonstruktionen: 100%, **400 Bauwerk – Technische Anlagen:** < 1%
3. Ebene: Baukonstruktionen: **A:** 363 Dachbeläge 10%, Sonstige 2%, **H:** 362 Dachöffnungen 16%, 363 Dachbeläge 54%, 364 Dachbekleidungen 5%, 366 Lichtschutz zur KG 360 3%, 392 Gerüste 4%, Sonstige 6%, **Technische Anlagen:** **A:** 429 Sonstiges zur KG 420 11%, **H:** 429 Sonstiges zur KG 420 39%, 444 Niederspannungsinstallationsanlagen 49%

1300-0270 Verwaltungsgebäude (75 AP)

BRI 12.025 m³ **BGF** 3.556 m² **NUF** 2.261 m²

© Matthew Crabbe

Baujahr: 1960er
Bauzustand: mittel
Aufwand: mittel
Nutzung während der Bauzeit: nein
Nutzungsänderung: nein
Grundrissänderungen: wenige
Tragwerkseingriffe: wenige

Land: Berlin
Kreis: Berlin, Stadt
Standard: mittel
Bauzeit: 74 Wochen
Kennwerte: bis 3. Ebene DIN 276
veröffentlicht: BKI Objektdaten A13

BGF 1.325 €/m²

Planung: ZRS Architekten GvA mbH; Berlin

Verwaltung mit 75 Arbeitsplätzen

1. Ebene: 300 Bauwerk – Baukonstruktionen: 76%, **400 Bauwerk – Technische Anlagen:** 24%
3. Ebene: Baukonstruktionen: **A:** Sonstige 7%, **W:** Sonstige 3%, **H:** 332 Nichttragende Außenwände 12%, 334 Außenwandöffnungen 12%, 335 Außenwandbekleidungen, außen 11%, 344 Innenwandöffnungen 5%, 345 Innenwandbekleidungen 7%, 353 Deckenbeläge 11%, 391 Baustelleneinrichtung 6%, 397 Zusätzliche Maßnahmen 3%, Sonstige 23%, **Technische Anlagen:** **A:** Sonstige 2%, **H:** 411 Abwasseranlagen 6%, 412 Wasseranlagen 8%, 421 Wärmeerzeugungsanlagen 3%, 422 Wärmeverteilnetze 7%, 423 Raumheizflächen 5%, 431 Lüftungsanlagen 5%, 444 Niederspannungsinstallationsanlagen 25%, 445 Beleuchtungsanlagen 12%, 456 Gefahrenmelde- und Alarmanlagen 6%, 457 Datenübertragungsnetze 13%, 461 Aufzugsanlagen 4%, Sonstige 5%

Objektübersicht zur Gebäudeart

Büro- und Verwaltungsgebäude

€/m² BGF

min	70	€/m²
von	890	€/m²
Mittel	**1.765**	**€/m²**
bis	2.820	€/m²
max	3.540	€/m²

Kosten:
Stand 2. Quartal 2026
Bundesdurchschnitt
inkl. 19% MwSt.

1300-0247 Bürogebäude

BRI 7.735 m³ **BGF** 2.210 m² **NUF** 1.665 m²

Baujahr: 1970
Bauzustand: gut
Aufwand: mittel
Nutzung während der Bauzeit: ja
Nutzungsänderung: nein
Grundrissänderungen: einige
Tragwerkseingriffe: einige

Land: Niedersachsen
Kreis: Hannover, Region
Standard: hoch
Bauzeit: 43 Wochen
Kennwerte: bis 3. Ebene DIN 276
veröffentlicht: BKI Objektdaten A12
BGF 1.347 €/m²

Planung: KISSERARCHITEKTUR Dipl.-Ing. Architekt Gordon Kisser; Isernhagen

Das fünfgeschossige Bürogebäude mit Tiefgarage wurde energetisch modernisiert und erhielt eine neue Fassadenkonstruktion.

1. Ebene: 300 Bauwerk – Baukonstruktionen: 87%, **400 Bauwerk – Technische Anlagen:** 13%
3. Ebene: Baukonstruktionen: **A:** 337 Elementierte Außenwandkonstruktionen 4%, 354 Deckenbekleidungen 5%, Sonstige < 1%, **W:** Sonstige < 1%, **H:** 337 Elementierte Außenwandkonstruktionen 70%, 353 Deckenbeläge 4%, 354 Deckenbekleidungen 7%, 363 Dachbeläge 3%, 392 Gerüste 3%, Sonstige 3%, **Technische Anlagen:** **A:** Sonstige 3%, **H:** 421 Wärmeerzeugungsanlagen 29%, 444 Niederspannungsinstallationsanlagen 24%, 445 Beleuchtungsanlagen 27%, 452 Such- und Signalanlagen 5%, 457 Datenübertragungsnetze 12%, Sonstige < 1%

1300-0250 Verwaltungsgebäude, Fassadensanierung*

BRI 31.801 m³ **BGF** 9.580 m² **NUF** 5.027 m²

Baujahr: 1923
Bauzustand: mittel
Aufwand: mittel
Nutzung während der Bauzeit: ja
Nutzungsänderung: nein
Grundrissänderungen: wenige
Tragwerkseingriffe: wenige

Land: Hamburg
Kreis: Hamburg, Stadt
Standard: hoch
Bauzeit: 96 Wochen
Kennwerte: bis 3. Ebene DIN 276
veröffentlicht: BKI Objektdaten A12
BGF 159 €/m²

* Nicht in der Auswertung enthalten

Planung: Holst Becker Architekten; Hamburg

Fassadensanierung des Verwaltungsgebäudes

1. Ebene: 300 Bauwerk – Baukonstruktionen: 98%, **400 Bauwerk – Technische Anlagen:** 2%
3. Ebene: Baukonstruktionen: **A:** Sonstige 3%, **W:** 331 Tragende Außenwände 10%, 334 Außenwandöffnungen 6%, 335 Außenwandbekleidungen, außen 34%, 361 Dachkonstruktionen 4%, Sonstige 1%, **H:** 335 Außenwandbekleidungen, außen 24%, 392 Gerüste 11%, Sonstige 8%, **Technische Anlagen:** **W:** 445 Beleuchtungsanlagen 56%, 446 Blitzschutz- und Erdungsanlagen 18%, **H:** 444 Niederspannungsinstallationsanlagen 26%

A Abbrechen
W Wiederherstellen
H Herstellen

4500-0016 Seminargebäude

BRI 1.631 m³ **BGF** 520 m² **NUF** 334 m²

Baujahr: 1895
Bauzustand: mittel
Aufwand: mittel
Nutzung während der Bauzeit: nein
Nutzungsänderung: nein
Grundrissänderungen: einige
Tragwerkseingriffe: wenige

Land: Niedersachsen
Kreis: Göttingen
Standard: mittel
Bauzeit: 22 Wochen
Kennwerte: bis 3. Ebene DIN 276
veröffentlicht: BKI Objektdaten A9

BGF 2.193 €/m²

Planung: Schwieger Architekten Hansjochen Schwieger; Göttingen

Modernisierung eines Seminargebäudes von 1895

1. Ebene: 300 Bauwerk – Baukonstruktionen: 79%, **400 Bauwerk – Technische Anlagen:** 21%
3. Ebene: Baukonstruktionen: A: Sonstige 8%, **W:** 335 Außenwandbekleidungen, außen 11%, 344 Innenwandöffnungen 5%, Sonstige 2%, **H:** 334 Außenwandöffnungen 8%, 335 Außenwandbekleidungen, außen 5%, 336 Außenwandbekleidungen, innen 13%, 344 Innenwandöffnungen 7%, 345 Innenwandbekleidungen 8%, 353 Deckenbeläge 7%, 363 Dachbeläge 8%, Sonstige 18%, **Technische Anlagen:** A: Sonstige 2%, **H:** 412 Wasseranlagen 6%, 421 Wärmeerzeugungsanlagen 3%, 422 Wärmeverteilnetze 6%, 423 Raumheizflächen 8%, 444 Niederspannungsinstallationsanlagen 26%, 445 Beleuchtungsanlagen 17%, 456 Gefahrenmelde- und Alarmanlagen 7%, 457 Datenübertragungsnetze 6%, 461 Aufzugsanlagen 10%, Sonstige 8%

2200-0035 Verwaltungsgebäude

BRI 8.402 m³ **BGF** 2.607 m² **NUF** 1.405 m²

© Ulrich Schrader

Baujahr: 1972
Bauzustand: mittel
Aufwand: niedrig
Nutzung während der Bauzeit: nein
Nutzungsänderung: nein
Grundrissänderungen: einige
Tragwerkseingriffe: wenige

Land: Sachsen-Anhalt
Kreis: Salzlandkreis
Standard: mittel
Bauzeit: 56 Wochen
Kennwerte: bis 3. Ebene DIN 276
veröffentlicht: BKI Objektdaten A10

BGF 1.448 €/m²

Planung: brezinski; Magdeburg

Modernisierung einer Fachhochschule der Polizei

1. Ebene: 300 Bauwerk – Baukonstruktionen: 77%, **400 Bauwerk – Technische Anlagen:** 23%
3. Ebene: Baukonstruktionen: A: Sonstige 9%, **W:** Sonstige 6%, **H:** 334 Außenwandöffnungen 14%, 335 Außenwandbekleidungen, außen 17%, 338 Lichtschutz zur KG 330 4%, 344 Innenwandöffnungen 6%, 345 Innenwandbekleidungen 7%, 346 Elementierte Innenwandkonstruktionen 4%, 353 Deckenbeläge 8%, 363 Dachbeläge 6%, Sonstige 20%, **Technische Anlagen:** A: 444 Niederspannungsinstallationsanlagen 8%, Sonstige 3%, **W:** Sonstige < 1%, **H:** 411 Abwasseranlagen 5%, 412 Wasseranlagen 9%, 421 Wärmeerzeugungsanlagen 3%, 422 Wärmeverteilnetze 6%, 423 Raumheizflächen 7%, 432 Teilklimaanlagen 8%, 444 Niederspannungsinstallationsanlagen 18%, 445 Beleuchtungsanlagen 13%, 456 Gefahrenmelde- und Alarmanlagen 4%, 457 Datenübertragungsnetze 4%, Sonstige 11%

€/m² BGF

min	70	€/m²
von	890	€/m²
Mittel	**1.765**	**€/m²**
bis	2.820	€/m²
max	3.540	€/m²

Kosten:
Stand 2. Quartal 2026
Bundesdurchschnitt
inkl. 19% MwSt.

Objektübersicht zur Gebäudeart

1300-0200 Rathaus*

BRI 14.336m³ **BGF** 5.120m² **NUF** 3.428m²

Baujahr: 1978
Bauzustand: mittel
Aufwand: mittel
Nutzung während der Bauzeit: ja
Nutzungsänderung: nein
Grundrissänderungen: keine
Tragwerkseingriffe: keine

Land: Hessen
Kreis: Darmstadt-Dieburg
Standard: mittel
Bauzeit: 48 Wochen
Kennwerte: bis 3. Ebene DIN 276
veröffentlicht: BKI Objektdaten A9

BGF 519€/m²

* Nicht in der Auswertung enthalten

Planung: Junghans+Formhals GmbH; Weiterstadt

Energetische Fassadensanierung des Rathauses aus dem Jahre 1978.

1. Ebene: 300 Bauwerk – Baukonstruktionen: 100%
3. Ebene: Baukonstruktionen: **A:** Sonstige 2%, **H:** 334 Außenwandöffnungen 56%, 335 Außenwandbekleidungen, außen 33%, 338 Lichtschutz zur KG 330 4%, Sonstige 4%

1300-0178 Bürogebäude

BRI 1.212m³ **BGF** 433m² **NUF** 306m²

Baujahr: 2000
Bauzustand: mittel
Aufwand: mittel
Nutzung während der Bauzeit: ja
Nutzungsänderung: ja
Grundrissänderungen: einige
Tragwerkseingriffe: einige

Land: Nordrhein-Westfalen
Kreis: Olpe
Standard: mittel
Bauzeit: 87 Wochen
Kennwerte: bis 3. Ebene DIN 276
veröffentlicht: BKI Objektdaten A8

BGF 1.918€/m²

Planung: MD - Klimadesign Dipl.-Ing. (FH) Monika Dörnbach; Wilnsdorf

Erweiterung eines Bürogebäudes um 140m² BGF. **Kosteneinfluss Nutzung:** Modernisierung des Bestandsgebäudes.

1. Ebene: 300 Bauwerk – Baukonstruktionen: 73%, **400 Bauwerk – Technische Anlagen:** 27%
3. Ebene: Baukonstruktionen: **A:** Sonstige 2%, **W:** Sonstige 2%, **H:** 324 Gründungsbeläge 4%, 331 Tragende Außenwände 4%, 335 Außenwandbekleidungen, außen 9%, 336 Außenwandbekleidungen, innen 5%, 338 Lichtschutz zur KG 330 4%, 345 Innenwandbekleidungen 10%, 346 Elementierte Innenwandkonstruktionen 7%, 351 Deckenkonstruktionen 3%, 353 Deckenbeläge 7%, 363 Dachbeläge 7%, 381 Allgemeine Einbauten 13%, 397 Zusätzliche Maßnahmen 3%, Sonstige 19%, **Technische Anlagen:** **A:** Sonstige 3%, **H:** 412 Wasseranlagen 14%, 421 Wärmeerzeugungsanlagen 7%, 422 Wärmeverteilnetze 7%, 423 Raumheizflächen 5%, 431 Lüftungsanlagen 5%, 444 Niederspannungsinstallationsanlagen 36%, 445 Beleuchtungsanlagen 12%, Sonstige 10%

A Abbrechen
W Wiederherstellen
H Herstellen

1300-0154 Bürgerhaus

BRI 8.526 m³ **BGF** 2.490 m² **NUF** 1.589 m²

Baujahr: 1972
Bauzustand: mittel
Aufwand: hoch
Nutzung während der Bauzeit: nein
Nutzungsänderung: ja
Grundrissänderungen: umfangreiche
Tragwerkseingriffe: wenige

Land: Brandenburg
Kreis: Spree-Neiße
Standard: hoch
Bauzeit: 83 Wochen
Kennwerte: bis 3. Ebene DIN 276
veröffentlicht: BKI Objektdaten A8
BGF 3.541 €/m²

Planung: mayerwittig Architektur · Stadtplanung GbR; Cottbus

Umbau des ehemaligen Arbeiterwohnheims in ein Verwaltungsgebäude.

1. Ebene: 300 Bauwerk – Baukonstruktionen: 69%, **400 Bauwerk – Technische Anlagen:** 31%
3. Ebene: Baukonstruktionen: A: Sonstige 7%, **W:** Sonstige < 1%, **H:** 331 Tragende Außenwände 5%, 334 Außenwandöffnungen 16%, 335 Außenwandbekleidungen, außen 14%, 336 Außenwandbekleidungen, innen 4%, 344 Innenwandöffnungen 9%, 351 Deckenkonstruktionen 4%, 353 Deckenbeläge 7%, 381 Allgemeine Einbauten 3%, Sonstige 31%, **Technische Anlagen:** A: Sonstige < 1%, **H:** 412 Wasseranlagen 3%, 422 Wärmeverteilnetze 6%, 423 Raumheizflächen 4%, 431 Lüftungsanlagen 14%, 434 Kälteanlagen 4%, 444 Niederspannungsinstallationsanlagen 12%, 445 Beleuchtungsanlagen 9%, 454 Elektroakustische Anlagen 4%, 456 Gefahrenmelde- und Alarmanlagen 9%, 461 Aufzugsanlagen 4%, 474 Feuerlöschanlagen 8%, 481 Automationseinrichtungen 9%, Sonstige 11%

1300-0138 Bürogebäude

BRI 5.442 m³ **BGF** 2.268 m² **NUF** 1.587 m²

Baujahr: 1834
Bauzustand: schlecht
Aufwand: hoch
Nutzung während der Bauzeit: nein
Nutzungsänderung: ja
Grundrissänderungen: einige
Tragwerkseingriffe: wenige

Land: Nordrhein-Westfalen
Kreis: Düsseldorf, Stadt
Standard: mittel
Bauzeit: 26 Wochen
Kennwerte: bis 3. Ebene DIN 276
veröffentlicht: BKI Objektdaten A7
BGF 643 €/m²

Planung: modus.architekten Dipl.-Ing. Holger Kalla; Potsdam

Modernisierung eines Bürogebäudes und Einbau eines Aufzugs.

1. Ebene: 300 Bauwerk – Baukonstruktionen: 58%, **400 Bauwerk – Technische Anlagen:** 42%
3. Ebene: Baukonstruktionen: A: Sonstige 7%, **W:** 345 Innenwandbekleidungen 4%, Sonstige 2%, **H:** 324 Gründungsbeläge 3%, 342 Nichttragende Innenwände 7%, 344 Innenwandöffnungen 28%, 345 Innenwandbekleidungen 19%, 353 Deckenbeläge 10%, 354 Deckenbekleidungen 7%, Sonstige 13%, **Technische Anlagen:** A: Sonstige 3%, **W:** Sonstige < 1%, **H:** 412 Wasseranlagen 4%, 422 Wärmeverteilnetze 6%, 423 Raumheizflächen 4%, 444 Niederspannungsinstallationsanlagen 25%, 445 Beleuchtungsanlagen 7%, 456 Gefahrenmelde- und Alarmanlagen 9%, 461 Aufzugsanlagen 27%, 492 Gerüste 10%, Sonstige 6%

Büro- und Verwaltungsgebäude

€/m² BGF

min	70	€/m²
von	890	€/m²
Mittel	**1.765**	**€/m²**
bis	2.820	€/m²
max	3.540	€/m²

Kosten:
Stand 2. Quartal 2026
Bundesdurchschnitt
inkl. 19% MwSt.

A Abbrechen
W Wiederherstellen
H Herstellen

Objektübersicht zur Gebäudeart

1300-0132 Bürogebäude - Passivhaus

BRI 3.743 m³ **BGF** 1.127 m² **NUF** 710 m²

Land: Baden-Württemberg
Kreis: Tübingen
Standard: mittel
Bauzeit: 52 Wochen
Kennwerte: bis 3. Ebene DIN 276
veröffentlicht: BKI Objektdaten A6
BGF 1.741 €/m²

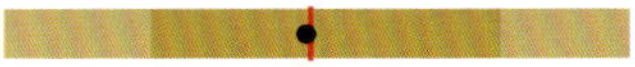

Planung: Freier Architekt Dipl.-Ing. (FH) Heiner Maier-Linden; Tübingen

Bürogebäude für 45 Mitarbeiter, Einzelbüros für 1-6 Mitarbeiter, Archiv und Laborräumen.

1. Ebene: 300 Bauwerk – Baukonstruktionen: 83%, **400 Bauwerk – Technische Anlagen:** 17%
3. Ebene: Baukonstruktionen: A: Sonstige 6%, **W:** Sonstige < 1%, **H:** 324 Gründungsbeläge 4%, 334 Außenwandöffnungen 11%, 335 Außenwandbekleidungen, außen 13%, 342 Nichttragende Innenwände 3%, 344 Innenwandöffnungen 9%, 345 Innenwandbekleidungen 3%, 353 Deckenbeläge 5%, 361 Dachkonstruktionen 12%, 363 Dachbeläge 7%, 364 Dachbekleidungen 4%, Sonstige 22%, **Technische Anlagen:** A: Sonstige 1%, **W:** Sonstige 2%, **H:** 412 Wasseranlagen 7%, 421 Wärmeerzeugungsanlagen 10%, 422 Wärmeverteilnetze 5%, 423 Raumheizflächen 4%, 431 Lüftungsanlagen 14%, 444 Niederspannungsinstallationsanlagen 27%, 445 Beleuchtungsanlagen 14%, 457 Datenübertragungsnetze 3%, Sonstige 13%

1300-0123 Rathaus

BRI 5.243 m³ **BGF** 1.449 m² **NUF** 999 m²

Baujahr: 1773/77
Bauzustand: mittel
Aufwand: hoch
Nutzung während der Bauzeit: nein
Nutzungsänderung: ja
Grundrissänderungen: einige
Tragwerkseingriffe: einige

Land: Baden-Württemberg
Kreis: Neckar-Odenwald-Kreis
Standard: hoch
Bauzeit: 95 Wochen
Kennwerte: bis 3. Ebene DIN 276
veröffentlicht: www.bki.de
BGF 3.230 €/m²

Planung: Ecker Architekten; Buchen

Modernisierung und Umbau von zwei Gebäuden der Gemeindeverwaltung. Die Gebäude sind mit einem Neubau verbunden worden.

1. Ebene: 300 Bauwerk – Baukonstruktionen: 65%, **400 Bauwerk – Technische Anlagen:** 35%
3. Ebene: Baukonstruktionen: A: Sonstige 3%, **W:** Sonstige 1%, **H:** 331 Tragende Außenwände 4%, 334 Außenwandöffnungen 5%, 335 Außenwandbekleidungen, außen 11%, 337 Elementierte Außenwandkonstruktionen 10%, 344 Innenwandöffnungen 5%, 345 Innenwandbekleidungen 5%, 346 Elementierte Innenwandkonstruktionen 4%, 351 Deckenkonstruktionen 8%, 353 Deckenbeläge 6%, 363 Dachbeläge 4%, 381 Allgemeine Einbauten 4%, Sonstige 29%, **Technische Anlagen:** A: Sonstige < 1%, **H:** 412 Wasseranlagen 4%, 422 Wärmeverteilnetze 4%, 423 Raumheizflächen 10%, 442 Eigenstromversorgungsanlagen 3%, 443 Niederspannungsschaltanlagen 4%, 444 Niederspannungsinstallationsanlagen 18%, 445 Beleuchtungsanlagen 18%, 456 Gefahrenmelde- und Alarmanlagen 6%, 457 Datenübertragungsnetze 5%, 461 Aufzugsanlagen 7%, 481 Automationseinrichtungen 10%, Sonstige 11%

1300-0329 Bürogebäude (8 AP)

BRI 754 m³ **BGF** 239 m² **NUF** 140 m²

Baujahr: 1971
Bauzustand: gut
Aufwand: niedrig
Nutzung während der Bauzeit: nein
Nutzungsänderung: nein
Grundrissänderungen: wenige
Tragwerkseingriffe: keine

Land: Niedersachsen
Kreis: Lüneburg
Standard: einfach
Bauzeit: 26 Wochen
Kennwerte: bis 1. Ebene DIN 276
veröffentlicht: BKI Objektdaten A13

BGF 1.968 €/m²

Planung: esfandiary möller architekten PartG mbB; Lüneburg

Bürogebäude mit acht Arbeitsplätzen

1. Ebene: 300 Bauwerk – Baukonstruktionen: 67%, **400 Bauwerk – Technische Anlagen:** 33%

1300-0297 Verwaltungsgebäude, Fassadensanierung (110 AP)*

BRI 84.525 m³ **BGF** 23.295 m² **NUF** 13.380 m²

Baujahr: 1917
Bauzustand: mittel
Aufwand: mittel
Nutzung während der Bauzeit: nein
Nutzungsänderung: nein
Grundrissänderungen: umfangreiche
Tragwerkseingriffe: umfangreiche

Land: Berlin
Kreis: Berlin, Stadt
Standard: hoch
Bauzeit: 161 Wochen
Kennwerte: bis 1. Ebene DIN 276
veröffentlicht: BKI Objektdaten A12

BGF 590 €/m²

* Nicht in der Auswertung enthalten

Planung: Kim Nalleweg Architekten; Berlin

Sanierung und Umbau der vier bestehenden Gebäudeteile. Nutzung in Büro- und Konferenzflächen.

1. Ebene: 300 Bauwerk – Baukonstruktionen: 100%

Modernisierungen

Schulen und Kindergärten

Kostenkennwerte für die Kosten des Bauwerks (Kostengruppen 300+400 nach DIN 276)

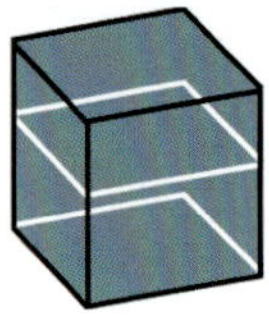

BRI 430€/m³
von 320€/m³
bis 635€/m³

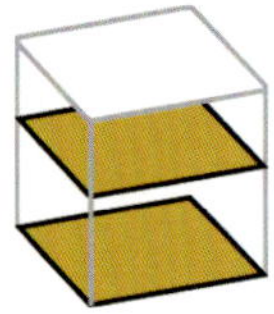

BGF 1.635€/m²
von 1.200€/m²
bis 2.575€/m²

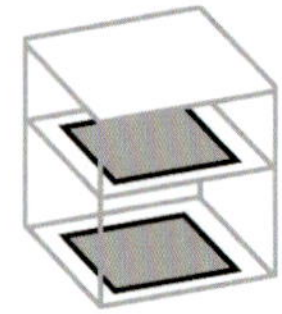

NUF 2.750€/m²
von 1.915€/m²
bis 4.170€/m²

Objektbeispiele

Kosten:
Stand 2. Quartal 2026
Bundesdurchschnitt
inkl. 19% MwSt.

4100-0137

4400-0327

4100-0118

4200-0028

4100-0037

4400-0327

Kosten der 19 Vergleichsobjekte

Seiten 406 bis 417

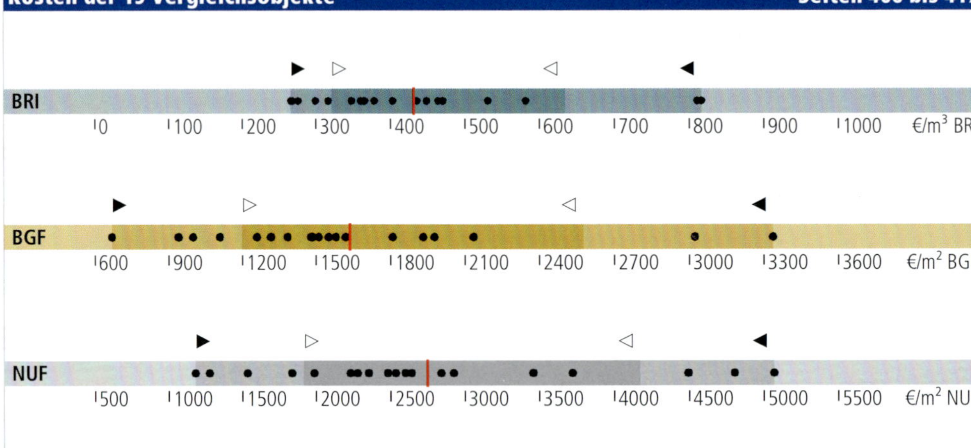

- ● KKW
- ▶ min
- ▷ von
- | Mittelwert
- ◁ bis
- ◀ max

Kostenkennwerte für die Kostengruppen der 1. und 2. Ebene DIN 276

KG	Kostengruppen der 1. Ebene	Einheit	▷	€/Einheit	◁	▷	% an 300+400	◁
100	Grundstück	m² GF	–	**–**	–	–	**–**	–
200	Vorbereitende Maßnahmen	m² GF	2	**7**	42	0,2	**1,0**	4,7
300	Bauwerk – Baukonstruktionen	m² BGF	841	**1.227**	2.034	65,8	**73,7**	82,5
400	Bauwerk – Technische Anlagen	m² BGF	259	**409**	571	17,5	**26,3**	34,2
	Bauwerk 300+400	m² BGF	1.198	**1.636**	2.575	100,0	**100,0**	100,0
500	Außenanlagen und Freiflächen	m² AF	68	**238**	467	1,9	**6,1**	12,5
600	Ausstattung und Kunstwerke	m² BGF	15	**71**	193	0,7	**5,1**	13,3
700	Baunebenkosten	m² BGF	–	**–**	–	–	**–**	–
800	Finanzierung	m² BGF	–	**–**	–	–	**–**	–

KG	Kostengruppen der 2. Ebene	Einheit	▷	€/Einheit	◁	▷	% an 1. Ebene	◁
310	Baugrube / Erdbau	m³ BGI	77	**131**	214	0,3	**1,2**	2,7
320	Gründung, Unterbau	m² GRF	265	**438**	718	3,1	**5,4**	6,9
330	Außenwände / vertikal außen	m² AWF	446	**635**	1.044	26,0	**38,3**	55,6
340	Innenwände / vertikal innen	m² IWF	243	**379**	596	12,5	**19,1**	25,3
350	Decken / horizontal	m² DEF	209	**329**	500	8,1	**15,4**	21,3
360	Dächer	m² DAF	244	**387**	562	8,2	**13,3**	24,9
370	Infrastrukturanlagen		–	**–**	–	–	**–**	–
380	Baukonstruktive Einbauten	m² BGF	13	**34**	104	0,4	**2,1**	5,2
390	Sonst. Maßnahmen für Baukonst.	m² BGF	39	**63**	148	3,6	**5,2**	7,6
300	**Bauwerk – Baukonstruktionen**	**m² BGF**					**100,0**	
410	Abwasser-, Wasser-, Gasanlagen	m² BGF	28	**56**	109	5,7	**14,9**	21,4
420	Wärmeversorgungsanlagen	m² BGF	42	**73**	107	10,8	**20,8**	33,5
430	Raumlufttechnische Anlagen	m² BGF	15	**47**	130	4,0	**10,1**	25,0
440	Elektrische Anlagen	m² BGF	91	**142**	299	26,1	**35,3**	55,8
450	Kommunikationstechnische Anlagen	m² BGF	15	**33**	57	5,0	**7,9**	12,0
460	Förderanlagen	m² BGF	3	**17**	33	< 0,1	**1,7**	6,4
470	Nutzungsspez. / verfahrenstech. Anl.	m² BGF	5	**18**	107	0,6	**3,7**	19,3
480	Gebäude- und Anlagenautomation	m² BGF	25	**56**	111	0,3	**5,4**	16,6
490	Sonst. Maßnahmen f. techn. Anl.	m² BGF	< 1	**2**	4	< 0,1	**0,2**	0,6
400	**Bauwerk – Technische Anlagen**	**m² BGF**					**100,0**	

Prozentanteile der Kosten 2. Ebene an den Kosten des Bauwerks nach DIN 276 (Von/Mittel/Bis)

KG	Kostengruppe	%
310	Baugrube / Erdbau	0,9
320	Gründung, Unterbau	4,0
330	Außenwände / vertikal außen	28,0
340	Innenwände / vertikal innen	14,1
350	Decken / horizontal	11,3
360	Dächer	9,5
370	Infrastrukturanlagen	
380	Baukonstruktive Einbauten	1,6
390	Sonst. Maßnahmen für Baukonst.	3,9
410	Abwasser-, Wasser-, Gasanlagen	3,5
420	Wärmeversorgungsanlagen	5,1
430	Raumlufttechnische Anlagen	3,1
440	Elektrische Anlagen	9,6
450	Kommunikationstechnische Anlagen	2,2
460	Förderanlagen	0,5
470	Nutzungsspez. / verfahrenstech. Anl.	1,1
480	Gebäude- und Anlagenautomation	1,5
490	Sonst. Maßnahmen f. techn. Anl.	< 0,1

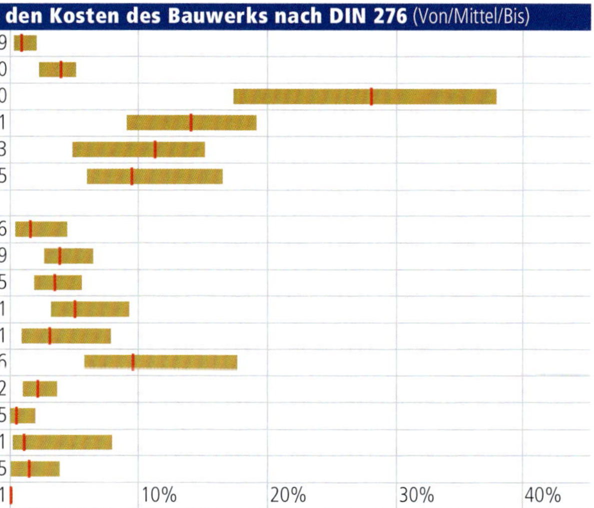

Kostenstand: 2. Quartal 2026, Bundesdurchschnitt, **inkl. 19% MwSt.**

Schulen und Kindergärten

Kosten:
Stand 2. Quartal 2026
Bundesdurchschnitt
inkl. 19% MwSt.

▷ von
ø Mittel
◁ bis

Kostenkennwerte für die Kostengruppen der 3. Ebene DIN 276

KG	Kostengruppen der 3. Ebene	Einheit	▷	€/Einheit	◁	▷	€/m²BGF	◁
311	**Herstellung**	m^3	74	**126**	202	4	**11**	26
	Herstellen	m^3	74	**126**	202	4	**11**	26
313	**Wasserhaltung**	m^3	2	**86**	169	< 1	**5**	14
	Herstellen	m^3	2	**86**	169	< 1	**5**	14
322	**Flachgründungen und Bodenplatten**	m^2	182	**333**	652	10	**22**	37
	Abbrechen	m^2	*55*	***133***	*333*	*3*	***7***	*12*
	Wiederherstellen	m^2	31	**55**	78	1	**5**	9
	Herstellen	m^2	109	**195**	388	7	**15**	32
323	**Tiefgründungen**	m^2	–	**852**	–	–	**12**	–
	Herstellen	m^2	–	**852**	–	–	**12**	–
324	**Gründungsbeläge**	m^2	136	**226**	289	16	**36**	63
	Abbrechen	m^2	*13*	***26***	*55*	*2*	***4***	*9*
	Wiederherstellen	m^2	9	**20**	48	2	**4**	8
	Herstellen	m^2	120	**196**	250	15	**31**	57
325	**Abdichtungen und Bekleidungen**	m^2	25	**53**	125	2	**5**	12
	Abbrechen	m^2	–	***17***	–	–	***< 1***	–
	Herstellen	m^2	21	**52**	107	2	**5**	12
326	**Dränagen**	m^2	17	**35**	48	3	**5**	9
	Herstellen	m^2	17	**35**	48	3	**5**	9
331	**Tragende Außenwände**	m^2	360	**593**	815	9	**20**	43
	Abbrechen	m^2	*23*	***145***	*305*	*< 1*	***3***	*6*
	Wiederherstellen	m^2	67	**217**	270	8	**16**	28
	Herstellen	m^2	199	**383**	685	5	**11**	25
332	**Nichttragende Außenwände**	m^2	151	**450**	821	2	**8**	24
	Abbrechen	m^2	*300*	***463***	*626*	*3*	***4***	*5*
	Herstellen	m^2	137	**295**	430	2	**7**	31
333	**Außenstützen**	m	111	**166**	276	< 1	**6**	16
	Wiederherstellen	m	–	**116**	–	–	**< 1**	–
	Herstellen	m	110	**176**	276	< 1	**7**	16
334	**Außenwandöffnungen**	m^2	961	**1.321**	2.093	93	**156**	324
	Abbrechen	m^2	*35*	***80***	*474*	*3*	***6***	*10*
	Wiederherstellen	m^2	34	**309**	1.457	4	**34**	168
	Herstellen	m^2	596	**1.064**	1.516	66	**131**	290
335	**Außenwandbekleidungen, außen**	m^2	179	**322**	650	72	**146**	260
	Abbrechen	m^2	*6*	***24***	*60*	*2*	***9***	*22*
	Wiederherstellen	m^2	20	**96**	227	10	**49**	120
	Herstellen	m^2	51	**235**	528	20	**103**	219
336	**Außenwandbekleidungen, innen**	m^2	47	**116**	179	13	**36**	66
	Abbrechen	m^2	*10*	***18***	*56*	*4*	***7***	*16*
	Wiederherstellen	m^2	5	**17**	42	2	**6**	18
	Herstellen	m^2	46	**94**	174	11	**28**	57
337	**Elem. Außenwandkonstruktionen**	m^2	923	**1.328**	1.605	48	**100**	165
	Abbrechen	m^2	*4*	***13***	*31*	*< 1*	***< 1***	*< 1*
	Herstellen	m^2	922	**1.322**	1.600	48	**99**	165
338	**Lichtschutz zur KG 330**	m^2	174	**397**	1.116	6	**15**	28
	Abbrechen	m^2	*3*	***20***	*129*	*< 1*	***< 1***	*2*
	Herstellen	m^2	171	**384**	1.110	6	**15**	28

KG	Kostengruppen der 3. Ebene	Einheit	▷	€/Einheit	◁	▷	€/m² BGF	◁
339	**Sonstiges zur KG 330**	m²	6	**14**	29	4	**9**	20
	Abbrechen	*m²*	*< 1*	***2***	*3*	*< 1*	***1***	*2*
	Wiederherstellen	m²	1	**4**	9	< 1	**3**	5
	Herstellen	m²	4	**11**	29	2	**8**	18
341	**Tragende Innenwände**	m²	457	**1.004**	2.454	12	**34**	87
	Abbrechen	*m²*	*99*	***282***	*762*	*4*	***8***	*14*
	Wiederherstellen	m²	75	**100**	166	6	**9**	15
	Herstellen	m²	294	**757**	2.203	11	**28**	90
342	**Nichttragende Innenwände**	m²	161	**248**	432	15	**27**	62
	Abbrechen	*m²*	*19*	***53***	*98*	*2*	***5***	*9*
	Herstellen	m²	132	**199**	424	11	**22**	54
344	**Innenwandöffnungen**	m²	892	**1.250**	1.670	29	**62**	116
	Abbrechen	*m²*	*10*	***24***	*81*	*< 1*	***< 1***	*2*
	Wiederherstellen	m²	75	**185**	438	4	**9**	22
	Herstellen	m²	695	**1.120**	1.617	24	**55**	111
345	**Innenwandbekleidungen**	m²	45	**83**	135	32	**85**	141
	Abbrechen	*m²*	*4*	***10***	*21*	*4*	***11***	*24*
	Wiederherstellen	m²	2	**14**	30	2	**15**	32
	Herstellen	m²	37	**64**	127	30	**66**	134
346	**Elem. Innenwandkonstruktionen**	m²	452	**677**	1.163	10	**19**	28
	Abbrechen	*m²*	*11*	***25***	*56*	*< 1*	***< 1***	*2*
	Wiederherstellen	m²	12	**18**	24	< 1	**< 1**	1
	Herstellen	m²	435	**656**	1.131	9	**18**	27
349	**Sonstiges zur KG 340**	m²	5	**10**	19	4	**6**	12
	Abbrechen	*m²*	*< 1*	***2***	*3*	*< 1*	***1***	*2*
	Wiederherstellen	m²	< 1	**1**	3	< 1	**< 1**	2
	Herstellen	m²	4	**8**	16	2	**5**	10
351	**Deckenkonstruktionen**	m²	217	**575**	3.554	13	**35**	103
	Abbrechen	*m²*	*21*	***56***	*120*	*2*	***7***	*24*
	Wiederherstellen	m²	29	**81**	160	3	**18**	38
	Herstellen	m²	138	**515**	3.411	8	**20**	65
353	**Deckenbeläge**	m²	110	**178**	244	34	**84**	127
	Abbrechen	*m²*	*8*	***20***	*31*	*3*	***10***	*16*
	Wiederherstellen	m²	8	**17**	34	5	**10**	25
	Herstellen	m²	97	**148**	222	28	**68**	106
354	**Deckenbekleidungen**	m²	63	**119**	219	27	**61**	130
	Abbrechen	*m²*	*7*	***19***	*56*	*3*	***10***	*38*
	Wiederherstellen	m²	3	**8**	21	1	**5**	13
	Herstellen	m²	46	**97**	172	19	**49**	101
355	**Elementierte Deckenkonstruktionen**	m²	2.174	**2.705**	4.063	4	**12**	34
	Abbrechen	*m²*	*100*	***145***	*191*	*< 1*	***2***	*3*
	Herstellen	m²	2.070	**2.632**	3.963	4	**11**	31
359	**Sonstiges zur KG 350**	m²	3	**12**	31	2	**8**	23
	Abbrechen	*m²*	*< 1*	***1***	*3*	*< 1*	***< 1***	*2*
	Wiederherstellen	m²	< 1	**1**	2	< 1	**< 1**	1
	Herstellen	m²	8	**16**	37	5	**10**	26
361	**Dachkonstruktionen**	m²	72	**194**	350	9	**24**	74
	Abbrechen	*m²*	*13*	***32***	*94*	*1*	***3***	*8*
	Wiederherstellen	m²	5	**29**	67	1	**9**	21
	Herstellen	m²	107	**199**	382	8	**26**	73

KG	Kostengruppen der 3. Ebene	Einheit	▷	€/Einheit	◁	▷	€/m² BGF	◁
362	**Dachöffnungen**	m²	975	**1.710**	3.736	3	**17**	204
	Abbrechen	*m²*	*22*	***62***	*148*	*< 1*	***< 1***	*< 1*
	Wiederherstellen	m²	35	**120**	275	< 1	**< 1**	< 1
	Herstellen	m²	892	**1.645**	3.654	3	**16**	204
363	**Dachbeläge**	m²	164	**261**	429	39	**74**	106
	Abbrechen	*m²*	*18*	***29***	*42*	*6*	***11***	*17*
	Wiederherstellen	m²	7	**25**	91	2	**3**	6
	Herstellen	m²	138	**227**	373	33	**63**	90
364	**Dachbekleidungen**	m²	60	**125**	234	9	**31**	108
	Abbrechen	*m²*	*4*	***21***	*50*	*< 1*	***4***	*9*
	Wiederherstellen	m²	22	**60**	172	3	**6**	8
	Herstellen	m²	40	**96**	218	6	**27**	102
365	**Elementierte Dachkonstruktionen**	m²	–	**105**	–	–	**22**	–
	Herstellen	m²	–	**105**	–	–	**22**	–
369	**Sonstiges zur KG 360**	m²	6	**15**	24	2	**5**	8
	Abbrechen	*m²*	*< 1*	***< 1***	*1*	*< 1*	***< 1***	*< 1*
	Wiederherstellen	m²	–	**1**	–	–	**< 1**	–
	Herstellen	m²	6	**14**	24	2	**5**	8
381	**Allgemeine Einbauten**	m²	2	**7**	16	2	**7**	16
	Abbrechen	*m²*	*< 1*	***< 1***	*1*	*< 1*	***< 1***	*1*
	Wiederherstellen	m²	< 1	**< 1**	< 1	< 1	**< 1**	< 1
	Herstellen	m²	3	**8**	16	3	**8**	16
382	**Besondere Einbauten**	m²	14	**32**	99	14	**32**	99
	Abbrechen	*m²*	*< 1*	***1***	*3*	*< 1*	***1***	*3*
	Wiederherstellen	m²	–	**< 1**	–	–	**< 1**	–
	Herstellen	m²	14	**31**	99	14	**31**	99
389	**Sonstiges zur KG 380**	m²	8	**9**	10	8	**9**	10
	Wiederherstellen	m²	< 1	**4**	8	< 1	**4**	8
	Herstellen	m²	–	**9**	–	–	**9**	–
391	**Baustelleneinrichtung**	m²	6	**15**	40	6	**15**	40
	Abbrechen	*m²*	*–*	***< 1***	*–*	*–*	***< 1***	*–*
	Wiederherstellen	m²	< 1	**1**	2	< 1	**1**	2
	Herstellen	m²	6	**15**	39	6	**15**	39
392	**Gerüste**	m²	17	**27**	53	17	**27**	53
	Herstellen	m²	17	**27**	53	17	**27**	53
393	**Sicherungsmaßnahmen**	m²	2	**14**	91	2	**14**	91
	Herstellen	m²	2	**14**	91	2	**14**	91
394	**Abbruchmaßnahmen**	m²	3	**7**	12	3	**7**	12
	Abbrechen	*m²*	*6*	***9***	*12*	*6*	***9***	*12*
	Herstellen	m²	–	**< 1**	–	–	**< 1**	–
397	**Zusätzliche Maßnahmen**	m²	3	**9**	15	3	**9**	15
	Herstellen	m²	3	**9**	15	3	**9**	15

Kosten:
Stand 2. Quartal 2026
Bundesdurchschnitt
inkl. 19% MwSt.

▷ von
ø Mittel
◁ bis

KG	Kostengruppen der 3. Ebene	Einheit	▷	€/Einheit	◁	▷	€/m² BGF	◁
411	**Abwasseranlagen**	m²	7	**17**	31	7	**17**	31
	Abbrechen	*m²*	*< 1*	***1***	*2*	*< 1*	***1***	*2*
	Wiederherstellen	m²	< 1	**< 1**	< 1	< 1	**< 1**	< 1
	Herstellen	m²	7	**16**	30	7	**16**	30
412	**Wasseranlagen**	m²	18	**36**	81	18	**36**	81
	Abbrechen	*m²*	*< 1*	***2***	*3*	*< 1*	***2***	*3*
	Wiederherstellen	m²	< 1	**< 1**	1	< 1	**< 1**	1
	Herstellen	m²	18	**35**	79	18	**35**	79
419	**Sonstiges zur KG 410**	m²	3	**5**	11	3	**5**	11
	Herstellen	m²	3	**5**	11	3	**5**	11
421	**Wärmeerzeugungsanlagen**	m²	6	**19**	36	6	**19**	36
	Abbrechen	*m²*	*< 1*	***< 1***	*2*	*< 1*	***< 1***	*2*
	Wiederherstellen	m²	< 1	**< 1**	< 1	< 1	**< 1**	< 1
	Herstellen	m²	5	**18**	35	5	**18**	35
422	**Wärmeverteilnetze**	m²	19	**27**	40	19	**27**	40
	Abbrechen	*m²*	*< 1*	***2***	*4*	*< 1*	***2***	*4*
	Wiederherstellen	m²	< 1	**1**	3	< 1	**1**	3
	Herstellen	m²	17	**25**	39	17	**25**	39
423	**Raumheizflächen**	m²	12	**23**	36	12	**23**	36
	Abbrechen	*m²*	*< 1*	***< 1***	*< 1*	*< 1*	***< 1***	*< 1*
	Wiederherstellen	m²	1	**5**	14	1	**5**	14
	Herstellen	m²	9	**21**	34	9	**21**	34
429	**Sonstiges zur KG 420**	m²	2	**5**	13	2	**5**	13
	Abbrechen	*m²*	*1*	***4***	*14*	*1*	***4***	*14*
	Wiederherstellen	m²	< 1	**1**	2	< 1	**1**	2
	Herstellen	m²	1	**2**	3	1	**2**	3
431	**Lüftungsanlagen**	m²	11	**37**	112	11	**37**	112
	Abbrechen	*m²*	*< 1*	***2***	*4*	*< 1*	***2***	*4*
	Wiederherstellen	m²	–	**1**	–	–	**1**	–
	Herstellen	m²	11	**38**	112	11	**38**	112
432	**Teilklimaanlagen**	m²	8	**55**	150	8	**55**	150
	Herstellen	m²	8	**55**	150	8	**55**	150
439	**Sonstiges zur KG 430**	m²	–	**10**	–	–	**10**	–
	Herstellen	m²	–	**10**	–	–	**10**	–
442	**Eigenstromversorgungsanlagen**	m²	10	**60**	405	10	**60**	405
	Herstellen	m²	10	**60**	405	10	**60**	405
443	**Niederspannungsschaltanlagen**	m²	–	**24**	–	–	**24**	–
	Herstellen	m²	–	**24**	–	–	**24**	–
444	**Niederspannungsinstallationsanl.**	m²	34	**56**	103	34	**56**	103
	Abbrechen	*m²*	*< 1*	***2***	*6*	*< 1*	***2***	*6*
	Wiederherstellen	m²	< 1	**< 1**	< 1	< 1	**< 1**	< 1
	Herstellen	m²	32	**54**	99	32	**54**	99
445	**Beleuchtungsanlagen**	m²	29	**51**	82	29	**51**	82
	Abbrechen	*m²*	*< 1*	***< 1***	*2*	*< 1*	***< 1***	*2*
	Wiederherstellen	m²	< 1	**1**	2	< 1	**1**	2
	Herstellen	m²	28	**50**	81	28	**50**	81
446	**Blitzschutz- und Erdungsanlagen**	m²	3	**5**	9	3	**5**	9
	Abbrechen	*m²*	*< 1*	***< 1***	*< 1*	*< 1*	***< 1***	*< 1*
	Wiederherstellen	m²	–	**< 1**	–	–	**< 1**	–
	Herstellen	m²	2	**5**	8	2	**5**	8

Übersicht-1. + 2. Ebene
Erweiterung
Umbau
Moderni-sierung
Instand-setzung
Bau-elemente
Abbrechen
Wieder-herstellen
Herstellen

KG	Kostengruppen der 3. Ebene	Einheit	▷	€/Einheit	◁	▷	€/m² BGF	◁
454	**Elektroakustische Anlagen**	m²	4	**10**	23	4	**10**	23
	Abbrechen	*m²*	*< 1*	***< 1***	*< 1*	*< 1*	***< 1***	*< 1*
	Herstellen	m²	4	**10**	23	4	**10**	23
456	**Gefahrenmelde- und Alarmanlagen**	m²	5	**14**	27	5	**14**	27
	Abbrechen	*m²*	*< 1*	***< 1***	*< 1*	*< 1*	***< 1***	*< 1*
	Wiederherstellen	m²	< 1	**< 1**	< 1	< 1	**< 1**	< 1
	Herstellen	m²	5	**14**	27	5	**14**	27
457	**Datenübertragungsnetze**	m²	3	**9**	18	3	**9**	18
	Abbrechen	*m²*	–	***< 1***	–	–	***< 1***	–
	Herstellen	m²	3	**9**	18	3	**9**	18
461	**Aufzugsanlagen**	m²	16	**23**	48	16	**23**	48
	Herstellen	m²	16	**23**	48	16	**23**	48
476	**Weitere nutzungsspezifische Anl.**	m²	15	**54**	128	15	**54**	128
	Herstellen	m²	15	**54**	128	15	**54**	128
481	**Automationseinrichtungen**	m²	15	**27**	51	15	**27**	51
	Herstellen	m²	15	**27**	51	15	**27**	51
482	**Schaltschränke, Automation**	m²	5	**11**	41	5	**11**	41
	Abbrechen	*m²*	–	***< 1***	–	–	***< 1***	–
	Herstellen	m²	5	**11**	41	5	**11**	41
483	**Automationsmanagement**	m²	2	**5**	14	2	**5**	14
	Herstellen	m²	2	**5**	14	2	**5**	14

Kosten:
Stand 2. Quartal 2026
Bundesdurchschnitt
inkl. 19% MwSt.

▷ von
ø Mittel
◁ bis

Prozentanteile der Kosten für Leistungsbereiche nach STLB (Kosten Bauwerk nach DIN 276)

LB	Leistungsbereiche	▷	% an 300+400	◁
000	Baustellen-, Sicherheitseinr. inkl. 001, 089	2,0	**2,7**	4,1
002	Erdarbeiten	0,3	**0,9**	2,1
006	Spezialtiefbauarbeiten inkl. 005	0,0	**0,2**	2,1
009	Entwässerungskanalarbeiten inkl. 011	< 0,1	**0,1**	0,4
010	Drän- und Versickerarbeiten	< 0,1	**0,1**	0,4
012	Mauerarbeiten	1,2	**3,0**	8,8
013	Betonarbeiten	1,6	**3,1**	7,5
014	Natur-, Betonwerksteinarbeiten	0,2	**1,6**	5,2
016	Zimmer- und Holzbauarbeiten	0,7	**2,8**	9,1
017	Stahlbauarbeiten	0,1	**0,8**	3,3
018	Abdichtungsarbeiten	0,2	**1,0**	2,4
020	Dachdeckungsarbeiten	0,2	**1,9**	3,6
021	Dachabdichtungsarbeiten	0,3	**1,7**	5,2
022	Klempnerarbeiten	0,7	**1,7**	3,2
	Rohbau	14,7	**21,7**	33,2
023	Putz- und Stuckarbeiten, Wärmedämmsysteme	2,7	**5,8**	12,7
024	Fliesen- und Plattenarbeiten	0,7	**1,7**	2,5
025	Estricharbeiten	0,3	**1,1**	2,0
026	Fenster, Außentüren inkl. 029, 032	5,8	**10,8**	20,3
027	Tischlerarbeiten	2,2	**4,6**	11,4
028	Parkett-, Holzpflasterarbeiten	< 0,1	**0,4**	1,4
030	Rollladenarbeiten	< 0,1	**0,8**	1,6
031	Metallbauarbeiten inkl. 035	1,2	**3,2**	8,5
034	Maler- und Lackiererarb. - Beschicht. inkl. 037	1,4	**3,1**	5,0
036	Bodenbelagarbeiten	1,4	**2,7**	4,4
038	Vorgehängte hinterlüftete Fassaden	0,1	**4,1**	14,2
039	Trockenbauarbeiten	2,7	**5,9**	9,9
	Ausbau	38,6	**44,3**	53,5
040	Wärmeversorgungsanl. - Betriebseinr. inkl. 041	2,4	**4,0**	8,5
042	Gas- u. Wasseranl. - Leitung., Armat. inkl. 043	0,5	**1,0**	1,8
044	Abwasseranl. - Leitungen, Abläufe, Armaturen	0,3	**0,8**	1,4
045	Gas, Wasser, Entwässerung - Ausstattung inkl. 046	0,6	**1,5**	2,5
047	Dämm- und Brandschutzarb. an techn. Anlagen	0,2	**0,8**	1,7
049	Feuerlöschanlagen, Feuerlöschgeräte	< 0,1	**< 0,1**	0,3
050	Blitzschutz-/Erdungsanlagen, Überspannungssch.	0,2	**0,3**	0,6
052	Mittelspannungsanlagen	–	**–**	–
053	Niederspannungsanl. - Kabel inkl. 054	3,5	**5,9**	15,6
055	Sicherheits- u. Ersatzstromversorgungsanl.	< 0,1	**< 0,1**	0,4
057	Gebäudesystemtechnik	< 0,1	**0,2**	1,5
058	Leuchten und Lampen inkl. 059	2,0	**3,4**	5,3
060	Such, Signal, Zeit, Anten., akust. Anl. inkl. 064	0,2	**0,7**	1,3
061	Kommunikations- u. Übertragungsnetze inkl. 062	0,2	**0,5**	1,3
063	Gefahrenmeldeanlagen	0,5	**0,9**	2,4
069	Aufzüge	0,0	**0,5**	2,0
070	Gebäudeautomation	0,2	**1,5**	3,6
075	Raumlufttechnische Anlagen inkl. 078	0,8	**2,8**	7,7
	Gebäudetechnik	17,1	**25,0**	33,6
084	Abbruch, Rückbau, Schadstoffsanierung	4,7	**6,9**	9,4
	Sonstige Leistungsbereiche inkl. 008, 033, 051	0,4	**2,1**	7,1

€/m² BGF

min	670	€/m²
von	1.200	€/m²
Mittel	**1.635**	**€/m²**
bis	2.575	€/m²
max	3.335	€/m²

Kosten:
Stand 2. Quartal 2026
Bundesdurchschnitt
inkl. 19% MwSt.

Objektübersicht zur Gebäudeart

6500-0051 Berufsschule, Neubau Cafeteria (100 Sitzplätze) — BRI 16.023 m³ · BGF 4.266 m² · NUF 2.140 m²

Baujahr: 1964
Bauzustand: mittel
Aufwand: hoch
Nutzung während der Bauzeit: ja
Nutzungsänderung: ja
Grundrissänderungen: umfangreiche
Tragwerkseingriffe: einige

Land: Nordrhein-Westfalen
Kreis: Viersen
Standard: mittel
Bauzeit: 48 Wochen
Kennwerte: bis 3. Ebene DIN 276
veröffentlicht: BKI Objektdaten A12

BGF **996 €/m²**

Planung: westform architekten; Alsdorf

Cafeteria für ca. 100 Schüler, Sanierung WC-Anlagen, Einbau eines Außenaufzuges und einer PV-Anlage.

1. Ebene: 300 Bauwerk – Baukonstruktionen: 76%, **400 Bauwerk – Technische Anlagen:** 24%
3. Ebene: Baukonstruktionen: A: Sonstige 7%, **W:** Sonstige < 1%, **H:** 311 Herstellung 3%, 331 Tragende Außenwände 4%, 334 Außenwandöffnungen 19%, 335 Außenwandbekleidungen, außen 16%, 337 Elementierte Außenwandkonstruktionen 5%, 338 Lichtschutz zur KG 330 4%, 363 Dachbeläge 9%, 391 Baustelleneinrichtung 3%, 392 Gerüste 3%, Sonstige 26%, **Technische Anlagen:** A: Sonstige 4%, **W:** Sonstige < 1%, **H:** 411 Abwasseranlagen 9%, 412 Wasseranlagen 9%, 422 Wärmeverteilnetze 6%, 423 Raumheizflächen 3%, 431 Lüftungsanlagen 20%, 442 Eigenstromversorgungsanlagen 8%, 444 Niederspannungsinstallationsanlagen 16%, 456 Gefahrenmelde- und Alarmanlagen 4%, 461 Aufzugsanlagen 8%, Sonstige 14%

4100-0146 Gymnasium (18 Klassen, 643 Schüler) — BRI 20.932 m³ · BGF 5.267 m² · NUF 3.194 m²

Baujahr: 1969-1971
Bauzustand: mittel
Aufwand: hoch
Nutzung während der Bauzeit: nein
Nutzungsänderung: nein
Grundrissänderungen: einige
Tragwerkseingriffe: wenige

Land: Niedersachsen
Kreis: Lüchow-Dannenberg
Standard: mittel
Bauzeit: 57 Wochen
Kennwerte: bis 3. Ebene DIN 276
veröffentlicht: BKI Objektdaten A9

BGF **1.381 €/m²**

Planung: ralf pohlmann architekten; Waddeweitz

Modernisierung einer ehemaligen Realschule und Umnutzung zum Gymnasium (18 Klassen, 643 Schüler).

1. Ebene: 300 Bauwerk – Baukonstruktionen: 67%, **400 Bauwerk – Technische Anlagen:** 33%
3. Ebene: Baukonstruktionen: A: Sonstige 10%, **W:** Sonstige 1%, **H:** 334 Außenwandöffnungen 11%, 335 Außenwandbekleidungen, außen 18%, 337 Elementierte Außenwandkonstruktionen 20%, 363 Dachbeläge 12%, 364 Dachbekleidungen 4%, Sonstige 23%, **Technische Anlagen:** A: Sonstige 2%, **W:** Sonstige < 1%, **H:** 412 Wasseranlagen 4%, 422 Wärmeverteilnetze 7%, 423 Raumheizflächen 11%, 431 Lüftungsanlagen 33%, 444 Niederspannungsinstallationsanlagen 14%, 445 Beleuchtungsanlagen 13%, 456 Gefahrenmelde- und Alarmanlagen 4%, 457 Datenübertragungsnetze 3%, Sonstige 10%

A Abbrechen
W Wiederherstellen
H Herstellen

4400-0138 Kindertagesstätte (6 Gruppen, 138 Kinder)

BRI 3.433 m³ **BGF** 1.409 m² **NUF** 802 m²

Bauzustand: mittel
Aufwand: mittel
Nutzung während der Bauzeit: ja
Nutzungsänderung: nein
Grundrissänderungen: wenige
Tragwerkseingriffe: wenige

Land: Brandenburg
Kreis: Oberhavel
Standard: mittel
Bauzeit: 26 Wochen
Kennwerte: bis 3. Ebene DIN 276
veröffentlicht: BKI Objektdaten A8

BGF **670 €/m²**

Planung: Jirka + Nadansky Architekten; Borgsdorf

Energetische Sanierung einer Kindertagesstätte mit sechs Gruppen für 138 Kinder.

1. Ebene: 300 Bauwerk – Baukonstruktionen: 71%, **400 Bauwerk – Technische Anlagen:** 29%
3. Ebene: Baukonstruktionen: A: Sonstige 4%, **W:** 345 Innenwandbekleidungen 5%, Sonstige 3%, **H:** 311 Herstellung 3%, 324 Gründungsbeläge 4%, 334 Außenwandöffnungen 13%, 335 Außenwandbekleidungen, außen 41%, 363 Dachbeläge 4%, Sonstige 22%, **Technische Anlagen:** A: Sonstige 5%, **H:** 412 Wasseranlagen 7%, 421 Wärmeerzeugungsanlagen 21%, 422 Wärmeverteilnetze 10%, 423 Raumheizflächen 15%, 444 Niederspannungsinstallationsanlagen 25%, 445 Beleuchtungsanlagen 10%, Sonstige 7%

4100-0129 Grundschule (15 Klassen, 375 Schüler)

BRI 14.152 m³ **BGF** 3.225 m² **NUF** 1.929 m²

Baujahr: 1972
Bauzustand: schlecht
Aufwand: mittel
Nutzung während der Bauzeit: ja
Nutzungsänderung: nein
Grundrissänderungen: einige
Tragwerkseingriffe: wenige

Land: Saarland
Kreis: Saarbrücken, Regionalverband
Standard: mittel
Bauzeit: 57 Wochen
Kennwerte: bis 3. Ebene DIN 276
veröffentlicht: BKI Objektdaten A9

BGF **1.579 €/m²**

Planung: Manfred Schaus Bernd Decker; Sulzbach/Saar

Umbau und energetische Sanierung einer bestehenden Grundschule mit Nachmittagsbetreuung (15 Klassen, 375 Schüler, 80 Plätze zur Nachmittagsbetreuung).

1. Ebene: 300 Bauwerk – Baukonstruktionen: 65%, **400 Bauwerk – Technische Anlagen:** 35%
3. Ebene: Baukonstruktionen: A: Sonstige 4%, **W:** Sonstige 5%, **H:** 334 Außenwandöffnungen 30%, 335 Außenwandbekleidungen, außen 13%, 337 Elementierte Außenwandkonstruktionen 9%, 339 Sonstiges zur KG 330 3%, 344 Innenwandöffnungen 6%, 346 Elementierte Innenwandkonstruktionen 4%, 353 Deckenbeläge 5%, 363 Dachbeläge 9%, Sonstige 13%, **Technische Anlagen:** A: Sonstige 4%, **W:** Sonstige 4%, **H:** 421 Wärmeerzeugungsanlagen 3%, 431 Lüftungsanlagen 8%, 442 Eigenstromversorgungsanlagen 4%, 444 Niederspannungsinstallationsanlagen 28%, 445 Beleuchtungsanlagen 14%, 456 Gefahrenmelde- und Alarmanlagen 8%, 481 Automationseinrichtungen 9%, 482 Schaltschränke, Automationsschwerpunkte 7%, Sonstige 12%

Übersicht- 1. + 2. Ebene
Erweiterung
Umbau
Modernisierung
Instandsetzung
Bauelemente
Abbrechen
Wiederherstellen
Herstellen

Objektübersicht zur Gebäudeart

4400-0134 Kindertagesstätte (261 Kinder)

BRI 10.079 m³ **BGF** 3.452 m² **NUF** 2.059 m²

Baujahr: 1971
Bauzustand: schlecht
Aufwand: hoch
Nutzung während der Bauzeit: nein
Nutzungsänderung: nein
Grundrissänderungen: umfangreiche
Tragwerkseingriffe: umfangreiche

Land: Mecklenburg-Vorpommern
Kreis: Vorpommern-Greifswald
Standard: mittel
Bauzeit: 26 Wochen
Kennwerte: bis 3. Ebene DIN 276
veröffentlicht: BKI Objektdaten A9
BGF **1.550 €/m²**

Planung: Ingenieurbüro Dipl.-Ing. (TU) Matthias Kühn; Anklam

Kindertagesstätte (261 Kinder)

1. Ebene: 300 Bauwerk – Baukonstruktionen: 64%, **400 Bauwerk – Technische Anlagen:** 36%
3. Ebene: Baukonstruktionen: A: Sonstige 5%, **W:** Sonstige < 1%, **H:** 322 Flachgründungen und Bodenplatten 4%, 324 Gründungsbeläge 3%, 335 Außenwandbekleidungen, außen 8%, 337 Elementierte Außenwandkonstruktionen 10%, 344 Innenwandöffnungen 7%, 345 Innenwandbekleidungen 4%, 361 Dachkonstruktionen 8%, 362 Dachöffnungen 20%, 363 Dachbeläge 8%, Sonstige 21%, **Technische Anlagen:** A: Sonstige < 1%, **W:** Sonstige < 1%, **H:** 431 Lüftungsanlagen 6%, 442 Eigenstromversorgungsanlagen 73%, 444 Niederspannungsinstallationsanlagen 4%, 456 Gefahrenmelde- und Alarmanlagen 5%, Sonstige 11%

4100-0118 Gymnasium (39 Klassen, 1.085 Schüler)

BRI 8.693 m³ **BGF** 2.101 m² **NUF** 1.252 m²

Baujahr: 1972
Bauzustand: mittel
Aufwand: hoch
Nutzung während der Bauzeit: ja
Nutzungsänderung: nein
Grundrissänderungen: umfangreiche
Tragwerkseingriffe: einige

Land: Nordrhein-Westfalen
Kreis: Aachen, Städteregion
Standard: mittel
Bauzeit: 39 Wochen
Kennwerte: bis 3. Ebene DIN 276
veröffentlicht: BKI Objektdaten A9
BGF **1.509 €/m²**

Planung: Rongen Architekten PartG mbB; Wassenberg

Verwaltungstrakt eines Gymnasiums mit Lehrerzimmern, Computerarbeitsplätzen und Selbstlernzentrum.

1. Ebene: 300 Bauwerk – Baukonstruktionen: 66%, **400 Bauwerk – Technische Anlagen:** 34%
3. Ebene: Baukonstruktionen: A: Sonstige 8%, **W:** Sonstige 2%, **H:** 334 Außenwandöffnungen 11%, 335 Außenwandbekleidungen, außen 32%, 336 Außenwandbekleidungen, innen 4%, 337 Elementierte Außenwandkonstruktionen 8%, 342 Nichttragende Innenwände 4%, 344 Innenwandöffnungen 4%, 353 Deckenbeläge 3%, 354 Deckenbekleidungen 4%, 355 Elementierte Deckenkonstruktionen 3%, 392 Gerüste 5%, Sonstige 14%, **Technische Anlagen:** A: Sonstige < 1%, **H:** 412 Wasseranlagen 5%, 422 Wärmeverteilnetze 3%, 432 Teilklimaanlagen 29%, 444 Niederspannungsinstallationsanlagen 13%, 445 Beleuchtungsanlagen 17%, 454 Elektroakustische Anlagen 4%, 457 Datenübertragungsnetze 4%, 461 Aufzugsanlagen 9%, 481 Automationseinrichtungen 3%, Sonstige 12%

Schulen und Kindergärten

€/m² BGF

min	670	€/m²
von	1.200	€/m²
Mittel	**1.635**	**€/m²**
bis	2.575	€/m²
max	3.335	€/m²

Kosten:
Stand 2. Quartal 2026
Bundesdurchschnitt
inkl. 19% MwSt.

A Abbrechen
W Wiederherstellen
H Herstellen

4100-0123 Hauptschule*

BRI 11.446 m³ **BGF** 3.447 m² **NUF** 2.127 m²

© studio lot Architektur / Innenarchitektur

Baujahr: 1957
Bauzustand: gut
Aufwand: mittel
Nutzung während der Bauzeit: ja
Nutzungsänderung: nein
Grundrissänderungen: keine
Tragwerkseingriffe: keine

Land: Bayern
Kreis: Altötting
Standard: mittel
Bauzeit: 22 Wochen
Kennwerte: bis 3. Ebene DIN 276
veröffentlicht: BKI Objektdaten A8

BGF 259 €/m²

* Nicht in der Auswertung enthalten

Planung: studio lot Architektur / Innenarchitektur; Altötting

Energetische Sanierung einer Hauptschule mit neun Klassen und 167 Schülern.

1. Ebene: 300 Bauwerk – Baukonstruktionen: 93%, **400 Bauwerk – Technische Anlagen:** 7%
3. Ebene: Baukonstruktionen: **A:** 334 Außenwandöffnungen 3%, 335 Außenwandbekleidungen, außen 4%, Sonstige 2%, **W:** Sonstige 2%, **H:** 331 Tragende Außenwände 6%, 334 Außenwandöffnungen 18%, 335 Außenwandbekleidungen, außen 40%, 336 Außenwandbekleidungen, innen 3%, 337 Elementierte Außenwandkonstruktionen 4%, 344 Innenwandöffnungen 3%, 363 Dachbeläge 4%, 392 Gerüste 3%, 397 Zusätzliche Maßnahmen 4%, Sonstige 2%, **Technische Anlagen:** **A:** 423 Raumheizflächen 6%, **W:** 423 Raumheizflächen 4%, **H:** 423 Raumheizflächen 79%, 446 Blitzschutz- und Erdungsanlagen 8%, Sonstige 2%

4100-0110 Volksschule*

BRI 11.798 m³ **BGF** 4.096 m² **NUF** 2.880 m²

© Robert Fessler

Baujahr: 1974
Bauzustand: mittel
Aufwand: mittel
Nutzung während der Bauzeit: nein
Nutzungsänderung: nein
Grundrissänderungen: wenige
Tragwerkseingriffe: wenige

Land: Österreich
Kreis: Vorarlberg
Standard: hoch
Bauzeit: 52 Wochen
Kennwerte: bis 3. Ebene DIN 276
veröffentlicht: www.bki.de

BGF 1.806 €/m²

* Nicht in der Auswertung enthalten

Planung: DI Gerhard Zweier; AT Wolfurt

Das Gebäude aus dem Jahr 1974 wurde umgebaut und modernisiert, damit es den heutigen Anforderungen an ein modernes Schulgebäude entspricht. Es wurde eine kontrollierte Be- und Entlüftung mit Wärmerückgewinnung eingebaut, zusätzlich eine Grundwasser-Erdwärmepumpe und eine thermische Solaranlage. Der Heizwärmebedarf konnte von 129 auf 15,3kWh/m² gesenkt werden.

1. Ebene: 300 Bauwerk – Baukonstruktionen: 75%, **400 Bauwerk – Technische Anlagen:** 25%
3. Ebene: Baukonstruktionen: **A:** Sonstige 8%, **W:** Sonstige < 1%, **H:** 324 Gründungsbeläge 4%, 331 Tragende Außenwände 5%, 334 Außenwandöffnungen 12%, 335 Außenwandbekleidungen, außen 14%, 344 Innenwandöffnungen 7%, 345 Innenwandbekleidungen 7%, 353 Deckenbeläge 6%, 354 Deckenbekleidungen 4%, 362 Dachöffnungen 3%, 363 Dachbeläge 5%, 391 Baustelleneinrichtung 4%, Sonstige 22%, **Technische Anlagen:** **A:** Sonstige 2%, **W:** Sonstige < 1%, **H:** 411 Abwasseranlagen 4%, 412 Wasseranlagen 9%, 421 Wärmeerzeugungsanlagen 9%, 422 Wärmeverteilnetze 5%, 423 Raumheizflächen 5%, 431 Lüftungsanlagen 31%, 444 Niederspannungsinstallationsanlagen 15%, 457 Datenübertragungsnetze 3%, 461 Aufzugsanlagen 5%, 481 Automationseinrichtungen 5%, Sonstige 6%

€/m² BGF

min	670	€/m²
von	1.200	€/m²
Mittel	**1.635**	**€/m²**
bis	2.575	€/m²
max	3.335	€/m²

Kosten:
Stand 2. Quartal 2026
Bundesdurchschnitt
inkl. 19% MwSt.

Objektübersicht zur Gebäudeart

4100-0109 Hauptschule*

BRI 10.158 m³ **BGF** 3.639 m² **NUF** 1.792 m²

Baujahr: 1966
Bauzustand: mittel
Aufwand: mittel
Nutzung während der Bauzeit: nein
Nutzungsänderung: nein
Grundrissänderungen: wenige
Tragwerkseingriffe: wenige

Land: Österreich
Kreis: Vorarlberg
Standard: mittel
Bauzeit: 39 Wochen
Kennwerte: bis 3. Ebene DIN 276
veröffentlicht: www.bki.de
BGF 2.233 €/m²

* Nicht in der Auswertung enthalten

Planung: Waiser + Werle Architekten ZT GmbH; AT Feldkirch

Das Schulgebäude von 1966 wurde modernisiert, eine wesentliche Reduzierung des Energieverbrauchs wurde erreicht. Bei der Maßnahme ist die Sicherheit durch einen zweiten Fluchtweg erhöht worden. Durch Einbau von einem Aufzug wurde die Schule behindertengerecht.

1. Ebene: 300 Bauwerk – Baukonstruktionen: 67%, **400 Bauwerk – Technische Anlagen:** 33%
3. Ebene: Baukonstruktionen: **A:** Sonstige 4%, **W:** Sonstige 5%, **H:** 334 Außenwandöffnungen 17%, 335 Außenwandbekleidungen, außen 8%, 344 Innenwandöffnungen 7%, 345 Innenwandbekleidungen 7%, 353 Deckenbeläge 3%, 354 Deckenbekleidungen 6%, 362 Dachöffnungen 4%, 363 Dachbeläge 5%, 381 Allgemeine Einbauten 10%, Sonstige 24%, **Technische Anlagen:** **A:** Sonstige 2%, **H:** 411 Abwasseranlagen 4%, 412 Wasseranlagen 8%, 422 Wärmeverteilnetze 8%, 423 Raumheizflächen 4%, 431 Lüftungsanlagen 28%, 444 Niederspannungsinstallationsanlagen 21%, 445 Beleuchtungsanlagen 10%, 471 Küchentechnische Anlagen 5%, Sonstige 11%

4100-0111 Volksschule*

BRI 9.832 m³ **BGF** 2.663 m² **NUF** 1.270 m²

Baujahr: 1966
Bauzustand: mittel
Aufwand: mittel
Nutzung während der Bauzeit: nein
Nutzungsänderung: nein
Grundrissänderungen: wenige
Tragwerkseingriffe: wenige

Land: Österreich
Kreis: Vorarlberg
Standard: hoch
Bauzeit: 30 Wochen
Kennwerte: bis 3. Ebene DIN 276
veröffentlicht: www.bki.de
BGF 1.553 €/m²

* Nicht in der Auswertung enthalten

Planung: Architektur Jürgen Hagspiel; AT Alberschwende

Das Gebäude von 1966 wurde modernisiert und erweitert, damit es den heutigen Anforderungen an ein modernes Schulgebäude entspricht.

1. Ebene: 300 Bauwerk – Baukonstruktionen: 73%, **400 Bauwerk – Technische Anlagen:** 27%
3. Ebene: Baukonstruktionen: **A:** Sonstige 7%, **W:** Sonstige 3%, **H:** 335 Außenwandbekleidungen, außen 12%, 337 Elementierte Außenwandkonstruktionen 27%, 344 Innenwandöffnungen 6%, 353 Deckenbeläge 11%, 354 Deckenbekleidungen 8%, 363 Dachbeläge 5%, 364 Dachbekleidungen 4%, Sonstige 18%, **Technische Anlagen:** **A:** Sonstige 2%, **W:** Sonstige < 1%, **H:** 411 Abwasseranlagen 4%, 412 Wasseranlagen 12%, 431 Lüftungsanlagen 26%, 444 Niederspannungsinstallationsanlagen 20%, 445 Beleuchtungsanlagen 13%, 481 Automationseinrichtungen 8%, Sonstige 14%

A Abbrechen
W Wiederherstellen
H Herstellen

Objektübersicht zur Gebäudeart

4100-0114 Volksschule*

BRI 11.045 m³ **BGF** 2.437 m² **NUF** 1.356 m²

Baujahr: 1963
Bauzustand: schlecht
Aufwand: hoch
Nutzung während der Bauzeit: nein
Nutzungsänderung: nein
Grundrissänderungen: einige
Tragwerkseingriffe: einige

Land: Österreich
Kreis: Vorarlberg
Standard: hoch
Bauzeit: 39 Wochen
Kennwerte: bis 3. Ebene DIN 276
veröffentlicht: www.bki.de

BGF 3.094 €/m²

* Nicht in der Auswertung enthalten

Planung: DI Walter Felder & DI Wise Geser; AT Egg

Generalsanierung: Thermische Sanierung der Außenwand, Erneuerung der Gebäudetechnik, kontrollierte Be- und Entlüftung, zeitgemäßer Brand- und Schallschutz. **Kosteneinfluss Nutzung:** Das Gebäude steht unter Denkmalschutz. Anbau einer Kleinturnhalle als formale und konstruktive Weiterführung des Bestandes. **Kosteneinfluss Grundstück:** Beengter Bauraum, steiles Gelände

1. Ebene: 300 Bauwerk – Baukonstruktionen: 81%, **400 Bauwerk – Technische Anlagen:** 19%
3. Ebene: Baukonstruktionen: **A:** Sonstige 4%, **W:** Sonstige 3%, **H:** 311 Herstellung 7%, 331 Tragende Außenwände 5%, 334 Außenwandöffnungen 12%, 335 Außenwandbekleidungen, außen 10%, 337 Elementierte Außenwandkonstruktionen 3%, 341 Tragende Innenwände 4%, 345 Innenwandbekleidungen 6%, 361 Dachkonstruktionen 4%, 363 Dachbeläge 7%, 364 Dachbekleidungen 9%, 391 Baustelleneinrichtung 5%, Sonstige 22%, **Technische Anlagen:** **A:** Sonstige 2%, **W:** Sonstige < 1%, **H:** 411 Abwasseranlagen 16%, 412 Wasseranlagen 6%, 422 Wärmeverteilnetze 6%, 423 Raumheizflächen 4%, 431 Lüftungsanlagen 18%, 444 Niederspannungsinstallationsanlagen 13%, 445 Beleuchtungsanlagen 22%, 457 Datenübertragungsnetze 3%, 481 Automationseinrichtungen 5%, Sonstige 5%

4100-0106 Gymnasium (15 Klassen, 400 Schüler)

BRI 7.457 m³ **BGF** 2.014 m² **NUF** 1.267 m²

Baujahr: 1972
Bauzustand: schlecht
Aufwand: mittel
Nutzung während der Bauzeit: nein
Nutzungsänderung: nein
Grundrissänderungen: einige
Tragwerkseingriffe: keine

Land: Nordrhein-Westfalen
Kreis: Recklinghausen
Standard: mittel
Bauzeit: 78 Wochen
Kennwerte: bis 3. Ebene DIN 276
veröffentlicht: BKI Objektdaten A9

BGF 3.022 €/m²

Planung: Klein+Neubürger Architekten BDA; Bochum

Gymnasium mit 15 Klassen für 400 Schüler mit Aufenthaltsraum und Küche. **Kosteneinfluss Nutzung:** Baustraße erforderlich, Brand- und Wärmeschutzanforderungen

1. Ebene: 300 Bauwerk – Baukonstruktionen: 85%, **400 Bauwerk – Technische Anlagen:** 15%
3. Ebene: Baukonstruktionen: **A:** Sonstige 7%, **W:** Sonstige < 1%, **H:** 324 Gründungsbeläge 4%, 334 Außenwandöffnungen 18%, 335 Außenwandbekleidungen, außen 12%, 337 Elementierte Außenwandkonstruktionen 7%, 342 Nichttragende Innenwände 3%, 344 Innenwandöffnungen 7%, 345 Innenwandbekleidungen 7%, 353 Deckenbeläge 5%, 354 Deckenbekleidungen 4%, 364 Dachbekleidungen 7%, 392 Gerüste 3%, Sonstige 14%, **Technische Anlagen:** **A:** Sonstige 4%, **H:** 411 Abwasseranlagen 3%, 412 Wasseranlagen 16%, 431 Lüftungsanlagen 3%, 445 Beleuchtungsanlagen 13%, 456 Gefahrenmelde- und Alarmanlagen 5%, Sonstige 5%

Objektübersicht zur Gebäudeart

€/m² BGF

min	670	€/m²
von	1.200	€/m²
Mittel	**1.635**	**€/m²**
bis	2.575	€/m²
max	3.335	€/m²

Kosten:
Stand 2. Quartal 2026
Bundesdurchschnitt
inkl. 19% MwSt.

4200-0028 Berufsschulzentrum für Technik

BRI 36.225 m³ **BGF** 10.350 m² **NUF** 7.475 m²

© iproplan Planungsgesellschaft mbH

Baujahr: 1910-12
Bauzustand: mittel
Aufwand: mittel
Nutzung während der Bauzeit: ja
Nutzungsänderung: nein
Grundrissänderungen: einige
Tragwerkseingriffe: einige

Land: Sachsen
Kreis: Chemnitz, Stadt
Standard: mittel
Bauzeit: 48 Wochen
Kennwerte: bis 3. Ebene DIN 276
veröffentlicht: BKI Objektdaten A9
BGF 1.107 €/m²

Planung: iproplan Planungsgesellschaft mbH; Chemnitz

Berufsschulzentrum für technisches Gymnasium, Berufsgrundbildungsjahr, Handwerksberufe wie Maler, Raumgestalter, Friseur, Körperpflege, Holztechnik und Metalltechnik. **Kosteneinfluss Nutzung:** Denkmalschutz

1. Ebene: 300 Bauwerk – Baukonstruktionen: 62%, **400 Bauwerk – Technische Anlagen:** 38%
3. Ebene: Baukonstruktionen: A: Sonstige 7%, **W:** 335 Außenwandbekleidungen, außen 6%, Sonstige 7%, **H:** 334 Außenwandöffnungen 14%, 336 Außenwandbekleidungen, innen 4%, 344 Innenwandöffnungen 5%, 345 Innenwandbekleidungen 5%, 346 Elementierte Innenwandkonstruktionen 3%, 353 Deckenbeläge 8%, 354 Deckenbekleidungen 8%, 363 Dachbeläge 6%, 364 Dachbekleidungen 3%, Sonstige 25%, **Technische Anlagen: A:** Sonstige 2%, **W:** Sonstige < 1%, **H:** 412 Wasseranlagen 6%, 422 Wärmeverteilnetze 6%, 423 Raumheizflächen 5%, 431 Lüftungsanlagen 5%, 444 Niederspannungsinstallationsanlagen 11%, 445 Beleuchtungsanlagen 7%, 461 Aufzugsanlagen 4%, 476 Weitere nutzungsspezifische Anlagen 30%, 481 Automationseinrichtungen 6%, Sonstige 18%

4200-0025 Berufsschulzentrum für Technik

BRI 41.895 m³ **BGF** 11.970 m² **NUF** 8.803 m²

© iproplan Planungsgesellschaft mbH

Baujahr: 1910-12
Bauzustand: mittel
Aufwand: mittel
Nutzung während der Bauzeit: ja
Nutzungsänderung: nein
Grundrissänderungen: einige
Tragwerkseingriffe: einige

Land: Sachsen
Kreis: Chemnitz, Stadt
Standard: mittel
Bauzeit: 26 Wochen
Kennwerte: bis 3. Ebene DIN 276
veröffentlicht: BKI Objektdaten A9
BGF 937 €/m²

Planung: iproplan Planungsgesellschaft mbH; Chemnitz

Berufsschulzentrum für technisches Gymnasium, Berufsgrundbildungsjahr, Handwerksberufe wie Farbtechniker, Raumgestalter, Bauzeichner, Körperpflege, Holztechnik und Metalltechnik. **Kosteneinfluss Nutzung:** Denkmalschutz

1. Ebene: 300 Bauwerk – Baukonstruktionen: 70%, **400 Bauwerk – Technische Anlagen:** 30%
3. Ebene: Baukonstruktionen: A: Sonstige 8%, **W:** 335 Außenwandbekleidungen, außen 4%, Sonstige 6%, **H:** 334 Außenwandöffnungen 12%, 336 Außenwandbekleidungen, innen 3%, 344 Innenwandöffnungen 8%, 345 Innenwandbekleidungen 6%, 353 Deckenbeläge 10%, 354 Deckenbekleidungen 5%, 363 Dachbeläge 5%, Sonstige 34%, **Technische Anlagen: A:** Sonstige 1%, **W:** Sonstige < 1%, **H:** 411 Abwasseranlagen 3%, 412 Wasseranlagen 7%, 422 Wärmeverteilnetze 6%, 423 Raumheizflächen 6%, 431 Lüftungsanlagen 5%, 432 Teilklimaanlagen 4%, 444 Niederspannungsinstallationsanlagen 16%, 445 Beleuchtungsanlagen 14%, 456 Gefahrenmelde- und Alarmanlagen 6%, 457 Datenübertragungsnetze 7%, 461 Aufzugsanlagen 3%, 481 Automationseinrichtungen 4%, Sonstige 17%

A Abbrechen
W Wiederherstellen
H Herstellen

Objektübersicht zur Gebäudeart

4100-0066 Grundschule (15 Klassen)

BRI 21.610m³ **BGF** 4.758m² **NUF** 2.717m²

Bauzustand: schlecht
Aufwand: hoch
Nutzung während der Bauzeit: ja
Nutzungsänderung: nein
Grundrissänderungen: einige
Tragwerkseingriffe: wenige

Land: Hessen
Kreis: Hochtaunuskreis
Standard: mittel
Bauzeit: 91 Wochen
Kennwerte: bis 3. Ebene DIN 276
veröffentlicht: www.bki.de

BGF **1.976€/m²**

Planung: Dipl.-Ing. Architekten Pörtner + Lechmann BDA; Oberursel

Modernisierung und Instandsetzung einer Grundschule mit Schulsporthalle (288m²).

1. Ebene: 300 Bauwerk – Baukonstruktionen: 69%, **400 Bauwerk – Technische Anlagen:** 31%
3. Ebene: Baukonstruktionen: A: 354 Deckenbekleidungen 5%, Sonstige 6%, **W:** Sonstige 5%, **H:** 334 Außenwandöffnungen 6%, 335 Außenwandbekleidungen, außen 12%, 336 Außenwandbekleidungen, innen 3%, 341 Tragende Innenwände 3%, 344 Innenwandöffnungen 4%, 345 Innenwandbekleidungen 5%, 353 Deckenbeläge 7%, 354 Deckenbekleidungen 9%, 363 Dachbeläge 4%, 391 Baustelleneinrichtung 3%, Sonstige 26%, **Technische Anlagen:** A: Sonstige 2%, **W:** Sonstige < 1%, **H:** 411 Abwasseranlagen 5%, 412 Wasseranlagen 9%, 421 Wärmeerzeugungsanlagen 7%, 422 Wärmeverteilnetze 9%, 423 Raumheizflächen 6%, 431 Lüftungsanlagen 11%, 444 Niederspannungsinstallationsanlagen 12%, 445 Beleuchtungsanlagen 6%, 454 Elektroakustische Anlagen 5%, 456 Gefahrenmelde- und Alarmanlagen 3%, 457 Datenübertragungsnetze 3%, 461 Aufzugsanlagen 4%, 481 Automationseinrichtungen 9%, Sonstige 9%

4500-0007 Sport- und Bildungsstätte

BRI 19.466m³ **BGF** 4.741m² **NUF** 2.459m²

Baujahr: 1930
Bauzustand: schlecht
Aufwand: hoch
Nutzung während der Bauzeit: ja
Nutzungsänderung: nein
Grundrissänderungen: wenige
Tragwerkseingriffe: wenige

Land: Thüringen
Kreis: Greiz
Standard: mittel
Bauzeit: 104 Wochen
Kennwerte: bis 3. Ebene DIN 276
veröffentlicht: BKI Objektdaten A6

BGF **1.931€/m²**

Planung: thoma architekten; Zeulenroda

Sport- und Bildungsstätte, Halle mit 598 Sitzplätzen oder 1.200 Stehplätzen, Zweifeldhalle (20x41m), zwei Schulungsräume mit 46 und 24 Sitzplätzen und zehn Zweibettzimmer.

1. Ebene: 300 Bauwerk – Baukonstruktionen: 60%, **400 Bauwerk – Technische Anlagen:** 40%
3. Ebene: Baukonstruktionen: A: Sonstige 7%, **W:** Sonstige < 1%, **H:** 334 Außenwandöffnungen 8%, 335 Außenwandbekleidungen, außen 3%, 342 Nichttragende Innenwände 5%, 344 Innenwandöffnungen 11%, 345 Innenwandbekleidungen 11%, 353 Deckenbeläge 9%, 354 Deckenbekleidungen 8%, 361 Dachkonstruktionen 5%, 363 Dachbeläge 4%, 364 Dachbekleidungen 3%, 392 Gerüste 3%, Sonstige 23%, **Technische Anlagen:** A: Sonstige < 1%, **H:** 411 Abwasseranlagen 5%, 412 Wasseranlagen 16%, 421 Wärmeerzeugungsanlagen 5%, 422 Wärmeverteilnetze 4%, 431 Lüftungsanlagen 21%, 443 Niederspannungsschaltanlagen 3%, 444 Niederspannungsinstallationsanlagen 13%, 445 Beleuchtungsanlagen 14%, 454 Elektroakustische Anlagen 4%, 456 Gefahrenmelde- und Alarmanlagen 3%, 481 Automationseinrichtungen 3%, Sonstige 9%

Schulen und Kindergärten

€/m² BGF

min	670	€/m²
von	1.200	€/m²
Mittel	**1.635**	**€/m²**
bis	2.575	€/m²
max	3.335	€/m²

Kosten:
Stand 2. Quartal 2026
Bundesdurchschnitt
inkl. 19% MwSt.

A Abbrechen
W Wiederherstellen
H Herstellen

Objektübersicht zur Gebäudeart

4100-0031 Gymnasium vierzügig (900 Schüler)

BRI 36.368 m³ **BGF** 8.647 m² **NUF** 4.872 m²

Baujahr: 1904-1911
Bauzustand: schlecht
Aufwand: hoch
Nutzung während der Bauzeit: ja
Nutzungsänderung: nein
Grundrissänderungen: einige
Tragwerkseingriffe: wenige

Land: Thüringen
Kreis: Gotha
Standard: mittel
Bauzeit: 196 Wochen
Kennwerte: bis 3. Ebene DIN 276
veröffentlicht: www.bki.de

BGF 1.258 €/m²

Planung: AIG Gotha Architektur- & Ingenieurgesellschaft mbH; Gotha

Die erforderliche Umverlegung von Funktionsbereichen (Hausmeisterwohnung, Versorgungsbereich, Verwaltung, Sanitärräume) sowie die allgemein höheren Anforderungen an die Gebäudetechnik, den Wärme- und Brandschutz führen zu Mehrkosten im Bereich der Baukonstruktion und der technischen Ausstattung. **Kosteneinfluss Nutzung:** Die strengen Denkmalschutzauflagen trugen ebenfalls zu hohen Kosten bei.

1. Ebene: 300 Bauwerk – Baukonstruktionen: 79%, **400 Bauwerk – Technische Anlagen:** 21%
3. Ebene: Baukonstruktionen: A: Sonstige 12%, **W:** 335 Außenwandbekleidungen, außen 6%, 353 Deckenbeläge 4%, Sonstige 10%, **H:** 324 Gründungsbeläge 3%, 334 Außenwandöffnungen 18%, 344 Innenwandöffnungen 4%, 345 Innenwandbekleidungen 5%, 353 Deckenbeläge 7%, 363 Dachbeläge 9%, Sonstige 23%, **Technische Anlagen: A:** Sonstige 4%, **H:** 411 Abwasseranlagen 4%, 412 Wasseranlagen 17%, 421 Wärmeerzeugungsanlagen 6%, 422 Wärmeverteilnetze 10%, 423 Raumheizflächen 10%, 444 Niederspannungsinstallationsanlagen 20%, 445 Beleuchtungsanlagen 19%, Sonstige 11%

4100-0038 Gymnasium vierzügig (325 Schüler)

BRI 16.586 m³ **BGF** 4.225 m² **NUF** 2.527 m²

Baujahr: 1914-1916
Bauzustand: schlecht
Aufwand: hoch
Nutzung während der Bauzeit: ja
Nutzungsänderung: nein
Grundrissänderungen: wenige
Tragwerkseingriffe: keine

Land: Brandenburg
Kreis: Prignitz
Standard: mittel
Bauzeit: 144 Wochen
Kennwerte: bis 3. Ebene DIN 276
veröffentlicht: www.bki.de

BGF 1.483 €/m²

Planung: Raband & Wegner Ingenieurbüro GmbH; Wittenberge

Bestandteil eines zusammenhängenden dreizügigen Gymnasiums, das insgesamt in drei separaten Gebäuden (siehe auch Objekt 4100-0035) untergebracht ist. **Kosteneinfluss Nutzung:** Grundrissgestaltung und allgemeine Funktionsverteilung blieben im Wesentlichen bei der Modernisierungsmaßnahme unverändert. **Kosteneinfluss Grundstück:** Lage: Zentral am Rathaus, dabei begrenzt in den Außen-/Freiflächen.

1. Ebene: 300 Bauwerk – Baukonstruktionen: 85%, **400 Bauwerk – Technische Anlagen:** 15%
3. Ebene: Baukonstruktionen: A: Sonstige 8%, **W:** 334 Außenwandöffnungen 17%, 335 Außenwandbekleidungen, außen 6%, 345 Innenwandbekleidungen 3%, Sonstige 11%, **H:** 324 Gründungsbeläge 4%, 345 Innenwandbekleidungen 4%, 353 Deckenbeläge 9%, 363 Dachbeläge 8%, Sonstige 29%, **Technische Anlagen: A:** Sonstige 6%, **W:** Sonstige 3%, **H:** 411 Abwasseranlagen 4%, 412 Wasseranlagen 14%, 421 Wärmeerzeugungsanlagen 4%, 422 Wärmeverteilnetze 11%, 431 Lüftungsanlagen 3%, 444 Niederspannungsinstallationsanlagen 19%, 445 Beleuchtungsanlagen 21%, 456 Gefahrenmelde- und Alarmanlagen 4%, Sonstige 10%

4100-0037 Gymnasium dreizügig (850 Schüler)

BRI 41.309 m³ **BGF** 9.290 m² **NUF** 5.290 m²

Baujahr: 1905
Bauzustand: mittel
Aufwand: hoch
Nutzung während der Bauzeit: ja
Nutzungsänderung: nein
Grundrissänderungen: keine
Tragwerkseingriffe: keine

Land: Sachsen
Kreis: Leipzig, Stadt
Standard: mittel
Bauzeit: 117 Wochen
Kennwerte: bis 3. Ebene DIN 276
veröffentlicht: www.bki.de

BGF **1.618 €/m²**

Planung: MAGEPRO eG; Döbeln

Modernisierung eines dreizügigen Gymnasiums.

1. Ebene: 300 Bauwerk – Baukonstruktionen: 85%, **400 Bauwerk – Technische Anlagen:** 15%
3. Ebene: Baukonstruktionen: **A**: Sonstige 11%, **W**: 335 Außenwandbekleidungen, außen 8%, Sonstige 6%, **H**: 324 Gründungsbeläge 3%, 334 Außenwandöffnungen 10%, 335 Außenwandbekleidungen, außen 9%, 336 Außenwandbekleidungen, innen 5%, 344 Innenwandöffnungen 7%, 345 Innenwandbekleidungen 9%, 353 Deckenbeläge 6%, 354 Deckenbekleidungen 4%, 363 Dachbeläge 6%, Sonstige 17%, **Technische Anlagen:** **A**: Sonstige 6%, **W**: Sonstige < 1%, **H**: 411 Abwasseranlagen 7%, 412 Wasseranlagen 12%, 419 Sonstiges zur KG 410 6%, 421 Wärmeerzeugungsanlagen 12%, 422 Wärmeverteilnetze 7%, 423 Raumheizflächen 5%, 444 Niederspannungsinstallationsanlagen 12%, 445 Beleuchtungsanlagen 18%, 474 Feuerlöschanlagen 3%, Sonstige 11%

4100-0035 Gymnasium vierzügig (334 Schüler)

BRI 19.148 m³ **BGF** 5.207 m² **NUF** 3.272 m²

Baujahr: 1899-1900
Bauzustand: schlecht
Aufwand: hoch
Nutzung während der Bauzeit: ja
Nutzungsänderung: nein
Grundrissänderungen: wenige
Tragwerkseingriffe: keine

Land: Brandenburg
Kreis: Prignitz
Standard: hoch
Bauzeit: 209 Wochen
Kennwerte: bis 3. Ebene DIN 276
veröffentlicht: www.bki.de

BGF **1.478 €/m²**

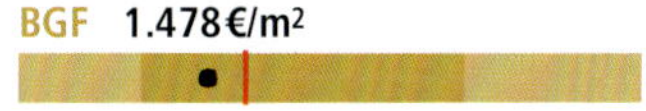

Planung: Raband & Wegner Ingenieurbüro GmbH; Wittenberge

Bestandteil eines zusammenhängenden vierzügigen Gymnasiums, das insgesamt in drei separaten Gebäuden (siehe auch Objekt 4100-0038) untergebracht ist. Dieses Haus wäre nach Ausstattungsstandard auch als eigene Schule funktionstüchtig. Mit Hausmeisterwohnung. **Kosteneinfluss Nutzung:** Grundrissgestaltung und allgemeine Funktionsverteilung blieben im Wesentlichen bei der Modernisierungsmaßnahme unverändert. **Kosteneinfluss Grundstück:** Lage: Innerorts, Reste ehemaliger Internatsbauten führten zu spezifischen Ausstattungen der Außenanlagen.

1. Ebene: 300 Bauwerk – Baukonstruktionen: 79%, **400 Bauwerk – Technische Anlagen:** 21%
3. Ebene: Baukonstruktionen: **A**: Sonstige 9%, **W**: 331 Tragende Außenwände 3%, 334 Außenwandöffnungen 8%, 335 Außenwandbekleidungen, außen 15%, 345 Innenwandbekleidungen 3%, 351 Deckenkonstruktionen 5%, Sonstige 7%, **H**: 324 Gründungsbeläge 3%, 334 Außenwandöffnungen 6%, 345 Innenwandbekleidungen 5%, 353 Deckenbeläge 8%, 354 Deckenbekleidungen 3%, 363 Dachbeläge 7%, Sonstige 19%, **Technische Anlagen:** **A**: Sonstige 2%, **W**: Sonstige 1%, **H**: 411 Abwasseranlagen 8%, 412 Wasseranlagen 11%, 421 Wärmeerzeugungsanlagen 7%, 422 Wärmeverteilnetze 14%, 423 Raumheizflächen 10%, 444 Niederspannungsinstallationsanlagen 8%, 445 Beleuchtungsanlagen 14%, 446 Blitzschutz- und Erdungsanlagen 3%, 452 Such- und Signalanlagen 4%, 454 Elektroakustische Anlagen 3%, 476 Weitere nutzungsspezifische Anlagen 10%, Sonstige 5%

€/m² BGF

min	670	€/m²
von	1.200	€/m²
Mittel	**1.635**	**€/m²**
bis	2.575	€/m²
max	3.335	€/m²

Kosten:
Stand 2. Quartal 2026
Bundesdurchschnitt
inkl. 19% MwSt.

A Abbrechen
W Wiederherstellen
H Herstellen

Objektübersicht zur Gebäudeart

4100-0034 Gymnasium dreizügig (345 Schüler)

BRI 13.439m³ **BGF** 3.660m² **NUF** 1.739m²

Baujahr: 1904
Bauzustand: schlecht
Aufwand: hoch
Nutzung während der Bauzeit: ja
Nutzungsänderung: nein
Grundrissänderungen: einige
Tragwerkseingriffe: einige

Land: Mecklenburg-Vorpommern
Kreis: Nordwestmecklenburg
Standard: hoch
Bauzeit: 78 Wochen
Kennwerte: bis 3. Ebene DIN 276
veröffentlicht: www.bki.de
BGF 2.135 €/m²

Planung: Barbara Zielenkiewitz Architekturbüro; Wismar

Dreizügiges Gymnasium für 345 Schüler. **Kosteneinfluss Nutzung:** Höhere Anforderungen an Raumgrößen, Erschließung und technische Ausstattung, sowie ein insgesamt größerer Raumbedarf führen zu Grundrissänderungen/-erweiterungen und damit Mehrkosten für Baukonstruktion und Technik (Kriechkeller, DG-Ausbau, Einbau von Stockwerksrahmen, Fluchttreppen, Lüftungsanlagen). **Kosteneinfluss Grundstück:** Überdurchschnittliche Kosten für Gründung (Fundamentunterfangung, Hochdruckinjektionsverfahren) wegen des schlecht tragfähigen, sandigen Baugrunds.

1. Ebene: 300 Bauwerk – Baukonstruktionen: 87%, **400 Bauwerk – Technische Anlagen:** 13%
3. Ebene: Baukonstruktionen: **A:** Sonstige 10%, **W:** 335 Außenwandbekleidungen, außen 7%, Sonstige 6%, **H:** 334 Außenwandöffnungen 7%, 341 Tragende Innenwände 8%, 345 Innenwandbekleidungen 4%, 351 Deckenkonstruktionen 6%, 353 Deckenbeläge 4%, 361 Dachkonstruktionen 4%, 363 Dachbeläge 4%, 382 Besondere Einbauten 8%, 391 Baustelleneinrichtung 3%, 393 Sicherungsmaßnahmen 5%, Sonstige 25%, **Technische Anlagen:** **A:** Sonstige 4%, **H:** 411 Abwasseranlagen 10%, 412 Wasseranlagen 9%, 421 Wärmeerzeugungsanlagen 6%, 422 Wärmeverteilnetze 12%, 423 Raumheizflächen 10%, 431 Lüftungsanlagen 7%, 444 Niederspannungsinstallationsanlagen 17%, 445 Beleuchtungsanlagen 19%, Sonstige 7%

4100-0032 Mittelschule dreizügig (430 Schüler)

BRI 16.812m³ **BGF** 4.315m² **NUF** 2.666m²

Baujahr: 1896
Bauzustand: schlecht
Aufwand: hoch
Nutzung während der Bauzeit: ja
Nutzungsänderung: nein
Grundrissänderungen: wenige
Tragwerkseingriffe: keine

Land: Sachsen
Kreis: Chemnitz, Stadt
Standard: mittel
Bauzeit: 209 Wochen
Kennwerte: bis 3. Ebene DIN 276
veröffentlicht: www.bki.de
BGF 1.807 €/m²

Planung: Obermeyer Albis-Bauplan Ingenieurbüro; Chemnitz

Dreizügige Mittelschule

1. Ebene: 300 Bauwerk – Baukonstruktionen: 75%, **400 Bauwerk – Technische Anlagen:** 25%
3. Ebene: Baukonstruktionen: **A:** Sonstige 8%, **W:** Sonstige 7%, **H:** 334 Außenwandöffnungen 10%, 335 Außenwandbekleidungen, außen 3%, 336 Außenwandbekleidungen, innen 6%, 344 Innenwandöffnungen 6%, 345 Innenwandbekleidungen 11%, 353 Deckenbeläge 10%, 354 Deckenbekleidungen 9%, 363 Dachbeläge 4%, Sonstige 25%, **Technische Anlagen:** **A:** 429 Sonstiges zur KG 420 5%, Sonstige 6%, **H:** 411 Abwasseranlagen 8%, 412 Wasseranlagen 13%, 421 Wärmeerzeugungsanlagen 7%, 422 Wärmeverteilnetze 5%, 423 Raumheizflächen 7%, 431 Lüftungsanlagen 5%, 444 Niederspannungsinstallationsanlagen 13%, 445 Beleuchtungsanlagen 19%, Sonstige 13%

Objektübersicht zur Gebäudeart

4400-0327 Kindertagesstätte (7 Gruppen, 170 Kinder) — **BRI** 7.994 m³ **BGF** 2.726 m² **NUF** 1.956 m²

Baujahr: 1978
Bauzustand: schlecht
Aufwand: mittel
Grundrissänderungen: umfangreiche
Tragwerkseingriffe: einige

Land: Thüringen
Kreis: Erfurt, Stadt
Standard: mittel
Bauzeit: 135 Wochen
Kennwerte: bis 1. Ebene DIN 276
veröffentlicht: BKI Objektdaten A11

BGF 1.315 €/m²

Planung: Hauschild Architekten; Erfurt

Modernisierung und Umgestaltung einer Kindertagesstätte für sieben Gruppen und 170 Kinder

1. Ebene: 300 Bauwerk – Baukonstruktionen: 72%, **400 Bauwerk – Technische Anlagen:** 28%

4100-0137 Grundschule, Heizzentrale (2 Klassen, 56 Schüler) — **BRI** 3.015 m³ **BGF** 733 m² **NUF** 482 m²

Land: Niedersachsen
Kreis: Gifhorn
Standard: mittel
Bauzeit: 61 Wochen
Kennwerte: bis 1. Ebene DIN 276
veröffentlicht: BKI Objektdaten A8

BGF 3.336 €/m²

Planung: Planungsteam III Architekten und Ingenieure GmbH; Gifhorn

Grundschule mit zwei Klassen für 56 Kinder und Heizzentrale für mehrere angrenzende öffentliche Gebäude.

1. Ebene: 300 Bauwerk – Baukonstruktionen: 82%, **400 Bauwerk – Technische Anlagen:** 18%

Kostenkennwerte für die Kosten des Bauwerks (Kostengruppen 300+400 nach DIN 276)

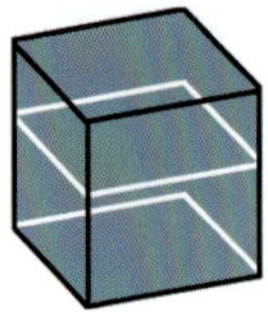

BRI 245 €/m³
von 140 €/m³
bis 360 €/m³

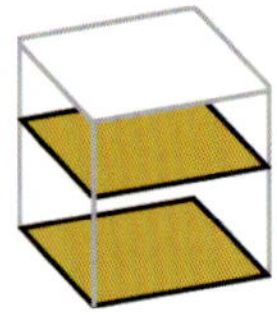

BGF 1.500 €/m²
von 870 €/m²
bis 2.460 €/m²

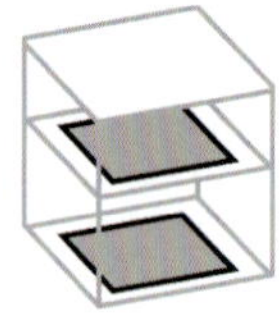

NUF 1.895 €/m²
von 1.090 €/m²
bis 3.350 €/m²

Objektbeispiele

Kosten:
Stand 2. Quartal 2026
Bundesdurchschnitt
inkl. 19% MwSt.

5100-0046

5100-0093

5100-0124

5100-0124

5100-0139

5100-0093

Kosten der 11 Vergleichsobjekte

Seiten 426 bis 431

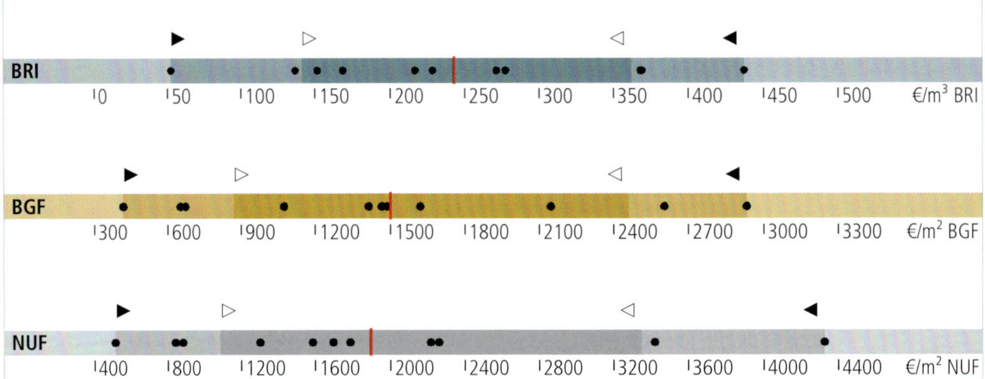

- ● KKW
- ▶ min
- ▷ von
- | Mittelwert
- ◁ bis
- ◀ max

Kostenstand: 2. Quartal 2026, Bundesdurchschnitt, **inkl. 19% MwSt.**

Kostenkennwerte für die Kostengruppen der 1. und 2.Ebene DIN 276

KG	Kostengruppen der 1.Ebene	Einheit	▷	€/Einheit	◁	▷	% an 300+400	◁
100	Grundstück	m² GF	–	**–**	–	–	**–**	–
200	Vorbereitende Maßnahmen	m² GF	< 1	**2**	5	0,2	**0,7**	2,0
300	Bauwerk – Baukonstruktionen	m² BGF	631	**1.099**	1.761	66,2	**75,1**	88,0
400	Bauwerk – Technische Anlagen	m² BGF	122	**399**	651	12,0	**24,9**	33,8
	Bauwerk 300+400	m² BGF	870	**1.498**	2.462	100,0	**100,0**	100,0
500	Außenanlagen und Freiflächen	m² AF	26	**105**	284	1,2	**2,9**	5,2
600	Ausstattung und Kunstwerke	m² BGF	4	**19**	51	0,3	**0,9**	1,9
700	Baunebenkosten	m² BGF	–	**–**	–	–	**–**	–
800	Finanzierung	m² BGF	–	**–**	–	–	**–**	–

KG	Kostengruppen der 2.Ebene	Einheit	▷	€/Einheit	◁	▷	% an 1.Ebene	◁
310	Baugrube / Erdbau	m³ BGI	77	**145**	211	< 0,1	**0,9**	2,3
320	Gründung, Unterbau	m² GRF	158	**286**	430	3,1	**11,4**	20,3
330	Außenwände / vertikal außen	m² AWF	342	**565**	1.004	19,6	**36,3**	47,2
340	Innenwände / vertikal innen	m² IWF	131	**311**	616	2,4	**9,8**	16,9
350	Decken / horizontal	m² DEF	222	**383**	709	1,1	**7,0**	15,0
360	Dächer	m² DAF	205	**384**	614	13,3	**25,9**	36,6
370	Infrastrukturanlagen		–	**–**	–	–	**–**	–
380	Baukonstruktive Einbauten	m² BGF	7	**27**	60	0,5	**2,1**	4,0
390	Sonst. Maßnahmen für Baukonst.	m² BGF	35	**68**	113	4,3	**6,7**	11,4
300	**Bauwerk – Baukonstruktionen**	**m² BGF**					**100,0**	
410	Abwasser-, Wasser-, Gasanlagen	m² BGF	24	**68**	125	2,7	**13,6**	23,7
420	Wärmeversorgungsanlagen	m² BGF	50	**146**	304	13,8	**32,8**	65,2
430	Raumlufttechnische Anlagen	m² BGF	9	**54**	90	2,9	**12,8**	24,9
440	Elektrische Anlagen	m² BGF	43	**103**	180	20,0	**31,3**	65,7
450	Kommunikationstechnische Anlagen	m² BGF	12	**34**	75	0,8	**4,2**	8,9
460	Förderanlagen	m² BGF	–	**12**	–	0,0	**0,3**	2,9
470	Nutzungsspez. / verfahrenstech. Anl.	m² BGF	< 1	**< 1**	1	< 0,1	**< 0,1**	0,7
480	Gebäude- und Anlagenautomation	m² BGF	17	**63**	104	0,2	**4,3**	12,5
490	Sonst. Maßnahmen f. techn. Anl.	m² BGF	2	**5**	15	< 0,1	**0,7**	2,4
400	**Bauwerk – Technische Anlagen**	**m² BGF**					**100,0**	

Prozentanteile der Kosten 2.Ebene an den Kosten des Bauwerks nach DIN 276 (Von/Mittel/Bis)

KG	Kostengruppe	%
310	Baugrube / Erdbau	0,7
320	Gründung, Unterbau	8,7
330	Außenwände / vertikal außen	26,8
340	Innenwände / vertikal innen	7,0
350	Decken / horizontal	5,6
360	Dächer	19,5
370	Infrastrukturanlagen	
380	Baukonstruktive Einbauten	1,5
390	Sonst. Maßnahmen für Baukonst.	5,2
410	Abwasser-, Wasser-, Gasanlagen	3,2
420	Wärmeversorgungsanlagen	8,3
430	Raumlufttechnische Anlagen	3,3
440	Elektrische Anlagen	7,2
450	Kommunikationstechnische Anlagen	1,3
460	Förderanlagen	< 0,1
470	Nutzungsspez. / verfahrenstech. Anl.	< 0,1
480	Gebäude- und Anlagenautomation	1,4
490	Sonst. Maßnahmen f. techn. Anl.	0,2

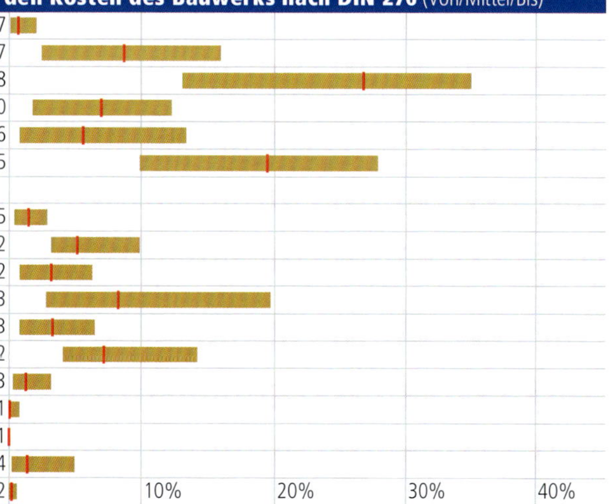

Kosten:
Stand 2. Quartal 2026
Bundesdurchschnitt
inkl. 19% MwSt.

▷ von
ø Mittel
◁ bis

Kostenkennwerte für die Kostengruppen der 3. Ebene DIN 276

KG	Kostengruppen der 3. Ebene	Einheit	▷	€/Einheit	◁	▷	€/m² BGF	◁
311	**Herstellung**	m³	77	**144**	211	13	**25**	80
	Herstellen	m³	77	**144**	211	13	**25**	80
322	**Flachgründungen und Bodenplatten**	m²	279	**455**	881	11	**32**	87
	Abbrechen	*m²*	*98*	***229***	*807*	*4*	***8***	*14*
	Wiederherstellen	m²	–	**314**	–	–	**15**	–
	Herstellen	m²	114	**214**	465	5	**26**	79
324	**Gründungsbeläge**	m²	89	**191**	251	32	**107**	208
	Abbrechen	*m²*	*19*	***29***	*46*	*7*	***17***	*30*
	Wiederherstellen	m²	11	**44**	109	2	**7**	12
	Herstellen	m²	80	**154**	208	33	**101**	181
325	**Abdichtungen und Bekleidungen**	m²	58	**135**	207	4	**13**	24
	Abbrechen	*m²*	–	***16***	–	–	***2***	–
	Herstellen	m²	54	**133**	207	4	**13**	24
326	**Dränagen**	m²	5	**14**	20	4	**11**	16
	Herstellen	m²	5	**14**	20	4	**11**	16
329	**Sonstiges zur KG 320**	m²	17	**26**	34	< 1	**22**	43
	Abbrechen	*m²*	–	***< 1***	–	–	***< 1***	–
	Herstellen	m²	17	**26**	34	< 1	**21**	42
331	**Tragende Außenwände**	m²	147	**437**	744	6	**31**	62
	Abbrechen	*m²*	*37*	***132***	*271*	*2*	***6***	*9*
	Wiederherstellen	m²	10	**143**	228	4	**11**	24
	Herstellen	m²	92	**256**	447	10	**28**	70
332	**Nichttragende Außenwände**	m²	224	**453**	736	2	**7**	15
	Abbrechen	*m²*	*12*	***59***	*152*	*< 1*	***< 1***	*< 1*
	Herstellen	m²	214	**423**	637	3	**8**	15
333	**Außenstützen**	m	220	**512**	975	3	**23**	61
	Abbrechen	*m*	*26*	***68***	*109*	*< 1*	***1***	*2*
	Wiederherstellen	m	181	**579**	977	1	**33**	64
	Herstellen	m	153	**317**	490	5	**12**	28
334	**Außenwandöffnungen**	m²	1.124	**1.547**	2.787	36	**105**	191
	Abbrechen	*m²*	*39*	***116***	*421*	*2*	***7***	*13*
	Wiederherstellen	m²	27	**182**	593	1	**3**	5
	Herstellen	m²	993	**1.352**	2.032	31	**98**	185
335	**Außenwandbekleidungen, außen**	m²	176	**300**	692	71	**127**	183
	Abbrechen	*m²*	*3*	***11***	*58*	*1*	***5***	*16*
	Wiederherstellen	m²	7	**41**	210	2	**8**	32
	Herstellen	m²	166	**271**	564	70	**119**	186
336	**Außenwandbekleidungen, innen**	m²	61	**132**	285	12	**47**	108
	Abbrechen	*m²*	*1*	***3***	*7*	*< 1*	***1***	*2*
	Wiederherstellen	m²	1	**8**	15	< 1	**2**	4
	Herstellen	m²	70	**142**	285	14	**51**	109
337	**Elem. Außenwandkonstruktionen**	m²	310	**592**	869	28	**123**	196
	Abbrechen	*m²*	*15*	***17***	*18*	*6*	***6***	*7*
	Herstellen	m²	307	**587**	867	28	**121**	192
338	**Lichtschutz zur KG 330**	m²	92	**292**	552	5	**11**	18
	Abbrechen	*m²*	*4*	***80***	*156*	*< 1*	***2***	*3*
	Wiederherstellen	m²	–	**52**	–	–	**4**	–
	Herstellen	m²	108	**306**	531	5	**12**	18

KG	Kostengruppen der 3. Ebene	Einheit	▷	€/Einheit	◁	▷	€/m^2 BGF	◁
341	**Tragende Innenwände**	m^2	222	**535**	1.230	4	**9**	19
	Abbrechen	m^2	*75*	***424***	*805*	*3*	***5***	*14*
	Herstellen	m^2	174	**252**	548	3	**6**	14
342	**Nichttragende Innenwände**	m^2	229	**388**	895	6	**20**	53
	Abbrechen	m^2	*56*	***166***	*443*	*3*	***7***	*11*
	Herstellen	m^2	163	**264**	440	5	**15**	43
344	**Innenwandöffnungen**	m^2	116	**734**	1.351	7	**33**	65
	Abbrechen	m^2	*37*	***69***	*187*	*< 1*	***2***	*2*
	Wiederherstellen	m^2	24	**44**	67	< 1	**3**	14
	Herstellen	m^2	580	**1.066**	1.586	13	**48**	65
345	**Innenwandbekleidungen**	m^2	47	**112**	364	13	**43**	97
	Abbrechen	m^2	*3*	***3***	*5*	*1*	***2***	*4*
	Wiederherstellen	m^2	6	**12**	25	1	**4**	6
	Herstellen	m^2	53	**114**	420	13	**44**	94
346	**Elem. Innenwandkonstruktionen**	m^2	221	**358**	533	10	**34**	104
	Abbrechen	m^2	*2*	***9***	*15*	*< 1*	***2***	*4*
	Wiederherstellen	m^2	–	**19**	–	–	**2**	–
	Herstellen	m^2	208	**352**	532	14	**38**	134
351	**Deckenkonstruktionen**	m^2	716	**2.011**	5.448	7	**45**	169
	Abbrechen	m^2	*205*	***658***	*1.423*	*2*	***5***	*12*
	Wiederherstellen	m^2	541	**1.350**	2.160	4	**105**	207
	Herstellen	m^2	751	**1.478**	2.767	6	**18**	63
353	**Deckenbeläge**	m^2	193	**228**	288	25	**45**	79
	Abbrechen	m^2	*4*	***17***	*44*	*< 1*	***6***	*12*
	Wiederherstellen	m^2	9	**13**	18	–	**3**	–
	Herstellen	m^2	187	**212**	309	28	**48**	78
354	**Deckenbekleidungen**	m^2	40	**86**	120	8	**17**	30
	Abbrechen	m^2	*7*	***8***	*9*	*2*	***2***	*3*
	Wiederherstellen	m^2	–	**< 1**	–	–	**< 1**	–
	Herstellen	m^2	40	**83**	115	7	**17**	28
355	**Elementierte Deckenkonstruktionen**	m^2	–	**3.474**	–	–	**4**	–
	Abbrechen	m^2	*–*	***224***	*–*	*–*	***< 1***	*–*
	Herstellen	m^2	–	**3.250**	–	–	**4**	–
359	**Sonstiges zur KG 350**	m^2	17	**49**	135	2	**10**	20
	Abbrechen	m^2	*–*	***1***	*–*	*–*	***< 1***	*–*
	Wiederherstellen	m^2	4	**8**	17	< 1	**2**	3
	Herstellen	m^2	11	**42**	131	1	**9**	19
361	**Dachkonstruktionen**	m^2	31	**157**	272	3	**57**	95
	Abbrechen	m^2	*7*	***12***	*21*	*1*	***3***	*4*
	Wiederherstellen	m^2	4	**8**	13	< 1	**7**	13
	Herstellen	m^2	46	**175**	265	35	**72**	99
362	**Dachöffnungen**	m^2	905	**1.762**	2.965	3	**10**	23
	Abbrechen	m^2	*28*	***116***	*218*	*< 1*	***< 1***	*1*
	Herstellen	m^2	831	**1.684**	2.840	3	**9**	22
363	**Dachbeläge**	m^2	117	**208**	336	47	**125**	248
	Abbrechen	m^2	*15*	***32***	*52*	*4*	***19***	*40*
	Wiederherstellen	m^2	32	**34**	35	< 1	**16**	31
	Herstellen	m^2	81	**172**	297	29	**105**	208
364	**Dachbekleidungen**	m^2	96	**187**	311	19	**97**	211
	Abbrechen	m^2	*26*	***90***	*187*	*16*	***21***	*26*
	Wiederherstellen	m^2	3	**13**	34	2	**12**	31
	Herstellen	m^2	64	**138**	208	11	**83**	182

KG	Kostengruppen der 3. Ebene	Einheit	▷	€/Einheit	◁	▷	€/m² BGF	◁
365	**Elementierte Dachkonstruktionen**	m²	89	**121**	153	42	**96**	149
	Herstellen	m²	89	**121**	153	42	**96**	149
369	**Sonstiges zur KG 360**	m²	5	**9**	31	3	**7**	19
	Abbrechen	*m²*	–	***< 1***	–	–	***< 1***	–
	Herstellen	m²	5	**9**	31	3	**7**	19
381	**Allgemeine Einbauten**	m²	12	**32**	51	12	**32**	51
	Abbrechen	*m²*	*< 1*	***< 1***	*< 1*	*< 1*	***< 1***	*< 1*
	Herstellen	m²	12	**32**	51	12	**32**	51
382	**Besondere Einbauten**	m²	5	**19**	46	5	**19**	46
	Abbrechen	*m²*	*< 1*	***2***	*2*	*< 1*	***2***	*2*
	Wiederherstellen	m²	1	**4**	8	1	**4**	8
	Herstellen	m²	4	**18**	44	4	**18**	44
386	**Orientierungs- u. Informationssys.**	m²	2	**3**	5	2	**3**	5
	Abbrechen	*m²*	–	***< 1***	–	–	***< 1***	–
	Herstellen	m²	2	**3**	5	2	**3**	5
391	**Baustelleneinrichtung**	m²	6	**24**	38	6	**24**	38
	Herstellen	m²	6	**24**	38	6	**24**	38
392	**Gerüste**	m²	17	**31**	49	17	**31**	49
	Herstellen	m²	17	**31**	49	17	**31**	49
396	**Materialentsorgung**	m²	1	**7**	19	1	**7**	19
	Herstellen	m²	1	**7**	19	1	**7**	19
397	**Zusätzliche Maßnahmen**	m²	4	**12**	25	4	**12**	25
	Wiederherstellen	m²	–	**2**	–	–	**2**	–
	Herstellen	m²	4	**12**	24	4	**12**	24
399	**Sonstiges zur KG 390**	m²	5	**10**	18	5	**10**	18
	Herstellen	m²	5	**10**	18	5	**10**	18

Kosten:
Stand 2. Quartal 2026
Bundesdurchschnitt
inkl. 19% MwSt.

▷ von
ø Mittel
◁ bis

KG	Kostengruppen der 3. Ebene	Einheit	▷	€/Einheit	◁	▷	€/m² BGF	◁
411	**Abwasseranlagen**	m²	16	**26**	42	16	**26**	42
	Abbrechen	*m²*	*< 1*	***2***	*7*	*< 1*	***2***	*7*
	Wiederherstellen	m²	< 1	**3**	8	< 1	**3**	8
	Herstellen	m²	10	**23**	36	10	**23**	36
412	**Wasseranlagen**	m²	13	**53**	85	13	**53**	85
	Abbrechen	*m²*	*< 1*	***2***	*5*	*< 1*	***2***	*5*
	Wiederherstellen	m²	–	**1**	–	–	**1**	–
	Herstellen	m²	13	**51**	83	13	**51**	83
419	**Sonstiges zur KG 410**	m²	4	**5**	9	4	**5**	9
	Herstellen	m²	4	**5**	9	4	**5**	9
421	**Wärmeerzeugungsanlagen**	m²	8	**31**	64	8	**31**	64
	Abbrechen	*m²*	*< 1*	***1***	*3*	*< 1*	***1***	*3*
	Herstellen	m²	12	**35**	63	12	**35**	63
422	**Wärmeverteilnetze**	m²	16	**49**	92	16	**49**	92
	Abbrechen	*m²*	*1*	***3***	*6*	*1*	***3***	*6*
	Wiederherstellen	m²	–	**< 1**	–	–	**< 1**	–
	Herstellen	m²	19	**54**	91	19	**54**	91
423	**Raumheizflächen**	m²	37	**90**	211	37	**90**	211
	Abbrechen	*m²*	*< 1*	***< 1***	*< 1*	*< 1*	***< 1***	*< 1*
	Herstellen	m²	37	**90**	210	37	**90**	210
429	**Sonstiges zur KG 420**	m²	1	**4**	16	1	**4**	16
	Abbrechen	*m²*	*< 1*	***< 1***	*< 1*	*< 1*	***< 1***	*< 1*
	Wiederherstellen	m²	< 1	**5**	12	< 1	**5**	12
	Herstellen	m²	< 1	**2**	4	< 1	**2**	4
431	**Lüftungsanlagen**	m²	9	**59**	94	9	**59**	94
	Abbrechen	*m²*	*1*	***2***	*4*	*1*	***2***	*4*
	Wiederherstellen	m²	–	**8**	–	–	**8**	–
	Herstellen	m²	13	**65**	91	13	**65**	91
432	**Teilklimaanlagen**	m²	–	**10**	–	–	**10**	–
	Abbrechen	*m²*	–	***8***	–	–	***8***	–
	Herstellen	m²	–	**2**	–	–	**2**	–
442	**Eigenstromversorgungsanlagen**	m²	3	**11**	27	3	**11**	27
	Abbrechen	*m²*	–	***< 1***	–	–	***< 1***	–
	Wiederherstellen	m²	–	**< 1**	–	–	**< 1**	–
	Herstellen	m²	5	**16**	27	5	**16**	27
443	**Niederspannungsschaltanlagen**	m²	–	**10**	–	–	**10**	–
	Abbrechen	*m²*	–	***< 1***	–	–	***< 1***	–
	Herstellen	m²	–	**10**	–	–	**10**	–
444	**Niederspannungsinstallationsanl.**	m²	14	**39**	67	14	**39**	67
	Abbrechen	*m²*	*< 1*	***2***	*4*	*< 1*	***2***	*4*
	Wiederherstellen	m²	< 1	**< 1**	< 1	< 1	**< 1**	< 1
	Herstellen	m²	13	**37**	65	13	**37**	65
445	**Beleuchtungsanlagen**	m²	15	**39**	58	15	**39**	58
	Abbrechen	*m²*	*< 1*	***1***	*2*	*< 1*	***1***	*2*
	Wiederherstellen	m²	–	**< 1**	–	–	**< 1**	–
	Herstellen	m²	15	**38**	56	15	**38**	56
446	**Blitzschutz- und Erdungsanlagen**	m²	7	**13**	24	7	**13**	24
	Abbrechen	*m²*	*< 1*	***< 1***	*< 1*	*< 1*	***< 1***	*< 1*
	Herstellen	m²	7	**13**	24	7	**13**	24
452	**Such- und Signalanlagen**	m²	1	**3**	9	1	**3**	9
	Herstellen	m²	1	**3**	9	1	**3**	9

Kosten:
Stand 2. Quartal 2026
Bundesdurchschnitt
inkl. 19% MwSt.

KG	Kostengruppen der 3. Ebene	Einheit	▷	€/Einheit	◁	▷	€/m² BGF	◁
454	**Elektroakustische Anlagen**	m^2	3	**9**	14	3	**9**	14
	Abbrechen	*m^2*	*< 1*	***< 1***	*< 1*	*< 1*	***< 1***	*< 1*
	Herstellen	m^2	3	**9**	14	3	**9**	14
455	**Audiovis. Medien- u. Antennenanl.**	m^2	< 1	**3**	5	< 1	**3**	5
	Abbrechen	*m^2*	–	***< 1***	–	–	***< 1***	–
	Herstellen	m^2	< 1	**3**	5	< 1	**3**	5
456	**Gefahrenmelde- und Alarmanlagen**	m^2	5	**21**	58	5	**21**	58
	Abbrechen	*m^2*	–	***< 1***	–	–	***< 1***	–
	Herstellen	m^2	5	**21**	58	5	**21**	58
459	**Sonstiges zur KG 450**	m^2	2	**7**	11	2	**7**	11
	Herstellen	m^2	2	**7**	11	2	**7**	11
469	**Sonstiges zur KG 460**	m^2	–	**12**	–	–	**12**	–
	Herstellen	m^2	–	**12**	–	–	**12**	–
481	**Automationseinrichtungen**	m^2	38	**58**	105	38	**58**	105
	Herstellen	m^2	38	**58**	105	38	**58**	105
482	**Schaltschränke, Automation**	m^2	5	**12**	21	5	**12**	21
	Herstellen	m^2	5	**12**	21	5	**12**	21
483	**Automationsmanagement**	m^2	–	**8**	–	–	**8**	–
	Herstellen	m^2	–	**8**	–	–	**8**	–
484	**Kabel, Leitungen u. Verlegesys.**	m^2	3	**9**	21	3	**9**	21
	Herstellen	m^2	3	**9**	21	3	**9**	21
492	**Gerüste**	m^2	2	**6**	13	2	**6**	13
	Herstellen	m^2	2	**6**	13	2	**6**	13
497	**Zusätzliche Maßnahmen**	m^2	1	**3**	5	1	**3**	5
	Herstellen	m^2	1	**3**	5	1	**3**	5

▷ von
ø Mittel
◁ bis

Prozentanteile der Kosten für Leistungsbereiche nach STLB (Kosten Bauwerk nach DIN 276)

LB	Leistungsbereiche	▷	% an 300+400	◁
000	Baustellen-, Sicherheitseinr. inkl. 001, 089	1,8	**3,8**	6,6
002	Erdarbeiten	0,1	**0,9**	3,2
006	Spezialtiefbauarbeiten inkl. 005	–	**–**	–
009	Entwässerungskanalarbeiten inkl. 011	< 0,1	**0,1**	0,6
010	Drän- und Versickerarbeiten	< 0,1	**0,1**	0,5
012	Mauerarbeiten	0,4	**1,5**	3,8
013	Betonarbeiten	0,9	**5,3**	19,8
014	Natur-, Betonwerksteinarbeiten	< 0,1	**< 0,1**	0,3
016	Zimmer- und Holzbauarbeiten	< 0,1	**0,7**	3,6
017	Stahlbauarbeiten	0,3	**3,1**	10,5
018	Abdichtungsarbeiten	0,1	**0,7**	1,6
020	Dachdeckungsarbeiten	< 0,1	**0,7**	2,9
021	Dachabdichtungsarbeiten	1,7	**5,9**	13,5
022	Klempnerarbeiten	0,5	**1,7**	4,5
	Rohbau	13,7	**24,5**	40,0
023	Putz- und Stuckarbeiten, Wärmedämmsysteme	1,1	**4,6**	7,8
024	Fliesen- und Plattenarbeiten	0,2	**1,2**	2,4
025	Estricharbeiten	< 0,1	**0,5**	1,8
026	Fenster, Außentüren inkl. 029, 032	3,0	**7,2**	14,0
027	Tischlerarbeiten	1,3	**5,1**	9,5
028	Parkett-, Holzpflasterarbeiten	0,0	**2,2**	13,1
030	Rollladenarbeiten	< 0,1	**0,5**	1,4
031	Metallbauarbeiten inkl. 035	1,7	**5,7**	16,1
034	Maler- und Lackiererarb. - Beschicht. inkl. 037	1,1	**2,8**	11,7
036	Bodenbelagarbeiten	0,6	**3,2**	7,7
038	Vorgehängte hinterlüftete Fassaden	0,0	**4,3**	13,5
039	Trockenbauarbeiten	3,0	**6,8**	18,2
	Ausbau	38,2	**44,2**	52,0
040	Wärmeversorgungsanl. - Betriebseinr. inkl. 041	2,3	**7,5**	18,8
042	Gas- u. Wasseranl. - Leitung., Armat. inkl. 043	0,2	**0,9**	1,8
044	Abwasseranl. - Leitungen, Abläufe, Armaturen	0,4	**1,0**	2,4
045	Gas, Wasser, Entwässerung - Ausstattung inkl. 046	< 0,1	**1,0**	2,2
047	Dämm- und Brandschutzarb. an techn. Anlagen	0,1	**0,5**	1,0
049	Feuerlöschanlagen, Feuerlöschgeräte	< 0,1	**< 0,1**	0,1
050	Blitzschutz-/Erdungsanlagen, Überspannungssch.	0,2	**0,8**	1,7
052	Mittelspannungsanlagen	–	**–**	–
053	Niederspannungsanl. - Kabel inkl. 054	1,4	**3,3**	5,3
055	Sicherheits- u. Ersatzstromversorgungsanl.	< 0,1	**0,7**	7,5
057	Gebäudesystemtechnik	0,0	**0,6**	3,3
058	Leuchten und Lampen inkl. 059	0,8	**2,5**	7,0
060	Such, Signal, Zeit, Anten., akust. Anl. inkl. 064	< 0,1	**0,5**	0,9
061	Kommunikations- u. Übertragungsnetze inkl. 062	0,0	**< 0,1**	0,2
063	Gefahrenmeldeanlagen	0,1	**0,5**	2,8
069	Aufzüge	0,0	**< 0,1**	0,8
070	Gebäudeautomation	< 0,1	**0,8**	4,8
075	Raumlufttechnische Anlagen inkl. 078	0,5	**2,9**	5,7
	Gebäudetechnik	10,7	**23,6**	32,4
084	Abbruch, Rückbau, Schadstoffsanierung	4,1	**6,2**	10,1
	Sonstige Leistungsbereiche inkl. 008, 033, 051	0,3	**1,4**	2,9

€/m² BGF

min	420	€/m²
von	870	€/m²
Mittel	**1.500**	**€/m²**
bis	2.460	€/m²
max	2.930	€/m²

Kosten:
Stand 2. Quartal 2026
Bundesdurchschnitt
inkl. 19% MwSt.

Objektübersicht zur Gebäudeart

5100-0139 Sporthalle, Halleninnenraum, Gebäudehülle

BRI 6.596 m³ **BGF** 1.222 m² **NUF** 1.055 m²

Baujahr: 1970
Bauzustand: mittel
Aufwand: mittel
Nutzung während der Bauzeit: nein
Nutzungsänderung: nein
Grundrissänderungen: wenige
Tragwerkseingriffe: wenige

Land: Berlin
Kreis: Berlin, Stadt
Standard: mittel
Bauzeit: 43 Wochen
Kennwerte: bis 3. Ebene DIN 276
veröffentlicht: BKI Objektdaten A12
BGF **1.464 €/m²**

Planung: TSSB architekten.ingenieure; Berlin

Modernisierung einer Sporthalle, Halleninnenraum und Gebäudehülle (Zweifeldhalle).

1. Ebene: 300 Bauwerk – Baukonstruktionen: 60%, **400 Bauwerk – Technische Anlagen:** 40%
3. Ebene: Baukonstruktionen: A: Sonstige 4%, **W:** Sonstige 3%, **H:** 335 Außenwandbekleidungen, außen 9%, 336 Außenwandbekleidungen, innen 9%, 337 Elementierte Außenwandkonstruktionen 23%, 344 Innenwandöffnungen 7%, 345 Innenwandbekleidungen 4%, 346 Elementierte Innenwandkonstruktionen 4%, 353 Deckenbeläge 10%, 363 Dachbeläge 5%, 382 Besondere Einbauten 5%, 392 Gerüste 5%, 397 Zusätzliche Maßnahmen 3%, Sonstige 10%, **Technische Anlagen: A:** Sonstige 2%, **W:** Sonstige 2%, **H:** 422 Wärmeverteilnetze 20%, 423 Raumheizflächen 51%, 444 Niederspannungsinstallationsanlagen 6%, 445 Beleuchtungsanlagen 6%, 456 Gefahrenmelde- und Alarmanlagen 5%, Sonstige 9%

5100-0138 Sporthalle, Sozialtrakt Gebäudehülle

BRI 7.647 m³ **BGF** 1.547 m² **NUF** 1.274 m²

Baujahr: 1970
Bauzustand: mittel
Aufwand: mittel
Nutzung während der Bauzeit: nein
Nutzungsänderung: nein
Grundrissänderungen: wenige
Tragwerkseingriffe: wenige

Land: Berlin
Kreis: Berlin, Stadt
Standard: mittel
Bauzeit: 100 Wochen
Kennwerte: bis 3. Ebene DIN 276
veröffentlicht: BKI Objektdaten A12
BGF **1.071 €/m²**

Planung: TSSB architekten.ingenieure; Berlin

Modernisierung einer Sporthalle, Sozialtrakt Gebäudehülle (Zweifeldhalle).

1. Ebene: 300 Bauwerk – Baukonstruktionen: 96%, **400 Bauwerk – Technische Anlagen:** 4%
3. Ebene: Baukonstruktionen: A: Sonstige 9%, **W:** 333 Außenstützen 6%, 335 Außenwandbekleidungen, außen 3%, 351 Deckenkonstruktionen 20%, Sonstige 5%, **H:** 334 Außenwandöffnungen 7%, 335 Außenwandbekleidungen, außen 11%, 337 Elementierte Außenwandkonstruktionen 7%, 363 Dachbeläge 7%, 391 Baustelleneinrichtung 4%, 392 Gerüste 6%, 397 Zusätzliche Maßnahmen 3%, Sonstige 12%, **Technische Anlagen: A:** Sonstige 1%, **W:** 429 Sonstiges zur KG 420 31%, Sonstige < 1%, **H:** 411 Abwasseranlagen 24%, 429 Sonstiges zur KG 420 10%, 444 Niederspannungsinstallationsanlagen 30%, 446 Blitzschutz- und Erdungsanlagen 4%

A Abbrechen
W Wiederherstellen
H Herstellen

5100-0132 Sporthalle, Sozialtrakt Innenbereich*

BRI 1.051 m³ **BGF** 325 m² **NUF** 219 m²

Baujahr: 1970
Bauzustand: mittel
Aufwand: mittel
Nutzung während der Bauzeit: nein
Nutzungsänderung: nein
Grundrissänderungen: wenige
Tragwerkseingriffe: wenige

Land: Berlin
Kreis: Berlin, Stadt
Standard: mittel
Bauzeit: 26 Wochen
Kennwerte: bis 3. Ebene DIN 276
veröffentlicht: BKI Objektdaten A12
BGF 2.829 €/m²

* Nicht in der Auswertung enthalten

Planung: TSSB architekten.ingenieure; Berlin

Modernisierung einer Sporthalle, Sozialtrakt Innenbereich (Zweifeldhalle).

1. Ebene: 300 Bauwerk – Baukonstruktionen: 45%, **400 Bauwerk – Technische Anlagen:** 55%
3. Ebene: Baukonstruktionen: **A:** 341 Tragende Innenwände 8%, Sonstige 7%, **W:** Sonstige 10%, **H:** 322 Flachgründungen und Bodenplatten 4%, 324 Gründungsbeläge 6%, 331 Tragende Außenwände 3%, 342 Nichttragende Innenwände 7%, 344 Innenwandöffnungen 12%, 345 Innenwandbekleidungen 9%, 364 Dachbekleidungen 7%, 391 Baustelleneinrichtung 4%, 393 Sicherungsmaßnahmen 3%, 397 Zusätzliche Maßnahmen 5%, Sonstige 15%, **Technische Anlagen:** **A:** Sonstige 4%, **W:** Sonstige < 1%, **H:** 412 Wasseranlagen 24%, 421 Wärmeerzeugungsanlagen 4%, 422 Wärmeverteilnetze 8%, 432 Teilklimaanlagen 19%, 444 Niederspannungsinstallationsanlagen 11%, 445 Beleuchtungsanlagen 4%, 454 Elektroakustische Anlagen 7%, 456 Gefahrenmelde- und Alarmanlagen 4%, Sonstige 15%

5100-0124 Sporthalle (Dreifeldhalle, Einfeldhalle)

BRI 24.315 m³ **BGF** 3.428 m² **NUF** 2.504 m²

Baujahr: 1972
Bauzustand: schlecht
Aufwand: hoch
Nutzung während der Bauzeit: nein
Nutzungsänderung: nein
Grundrissänderungen: wenige
Tragwerkseingriffe: einige

Land: Rheinland-Pfalz
Kreis: Cochem-Zell
Standard: mittel
Bauzeit: 70 Wochen
Kennwerte: bis 3. Ebene DIN 276
veröffentlicht: BKI Objektdaten A11
BGF 1.621 €/m²

Planung: Dillig Architekten GmbH; Simmern

Instandsetzung einer Sporthalle (Dreifeldhalle) mit Umkleidetrakt und Turnhalle.

1. Ebene: 300 Bauwerk – Baukonstruktionen: 73%, **400 Bauwerk – Technische Anlagen:** 27%
3. Ebene: Baukonstruktionen: **A:** Sonstige 6%, **W:** Sonstige 3%, **H:** 324 Gründungsbeläge 7%, 334 Außenwandöffnungen 15%, 335 Außenwandbekleidungen, außen 8%, 344 Innenwandöffnungen 4%, 345 Innenwandbekleidungen 6%, 353 Deckenbeläge 6%, 361 Dachkonstruktionen 8%, 364 Dachbekleidungen 8%, 365 Elementierte Dachkonstruktionen 4%, 392 Gerüste 5%, Sonstige 21%, **Technische Anlagen:** **A:** Sonstige 3%, **W:** Sonstige 2%, **H:** 411 Abwasseranlagen 4%, 412 Wasseranlagen 15%, 421 Wärmeerzeugungsanlagen 4%, 422 Wärmeverteilnetze 5%, 423 Raumheizflächen 7%, 431 Lüftungsanlagen 25%, 444 Niederspannungsinstallationsanlagen 10%, 445 Beleuchtungsanlagen 12%, Sonstige 13%

€/m² BGF

min	420	€/m²
von	870	€/m²
Mittel	**1.500**	**€/m²**
bis	2.460	€/m²
max	2.930	€/m²

Kosten:
Stand 2. Quartal 2026
Bundesdurchschnitt
inkl. 19% MwSt.

A Abbrechen
W Wiederherstellen
H Herstellen

Objektübersicht zur Gebäudeart

5100-0122 Sporthalle (Zweifeldhalle)

BRI 17.656 m³ **BGF** 2.217 m² **NUF** 1.503 m²

© Katharina Jaeger

Baujahr: 1987
Bauzustand: mittel
Aufwand: mittel
Nutzung während der Bauzeit: nein
Nutzungsänderung: nein
Grundrissänderungen: einige
Tragwerkseingriffe: wenige

Land: Hessen
Kreis: Kassel
Standard: mittel
Bauzeit: 109 Wochen
Kennwerte: bis 3. Ebene DIN 276
veröffentlicht: BKI Objektdaten A12
BGF 2.932 €/m²

Planung: KM architekten bda; Kassel

Sporthalle (Zweifeldhalle) mit 392 Zuschauerplätzen

1. Ebene: 300 Bauwerk – Baukonstruktionen: 74%, **400 Bauwerk – Technische Anlagen:** 26%
3. Ebene: Baukonstruktionen: A: Sonstige 6%, **W:** Sonstige 2%, **H:** 324 Gründungsbeläge 10%, 335 Außenwandbekleidungen, außen 7%, 337 Elementierte Außenwandkonstruktionen 8%, 344 Innenwandöffnungen 3%, 345 Innenwandbekleidungen 4%, 361 Dachkonstruktionen 5%, 363 Dachbeläge 15%, 364 Dachbekleidungen 13%, Sonstige 27%, **Technische Anlagen:** A: Sonstige 2%, **H:** 411 Abwasseranlagen 6%, 412 Wasseranlagen 8%, 421 Wärmeerzeugungsanlagen 5%, 422 Wärmeverteilnetze 11%, 423 Raumheizflächen 12%, 431 Lüftungsanlagen 13%, 442 Eigenstromversorgungsanlagen 4%, 444 Niederspannungsinstallationsanlagen 11%, 445 Beleuchtungsanlagen 10%, 481 Automationseinrichtungen 6%, 482 Schaltschränke, Automationsschwerpunkte 3%, Sonstige 11%

5100-0101 Sporthalle (Zweifeldhalle)

BRI 16.607 m³ **BGF** 2.064 m² **NUF** 1.675 m²

© Dillig Architekten GmbH

Baujahr: 1984
Bauzustand: mittel
Aufwand: mittel
Nutzung während der Bauzeit: nein
Nutzungsänderung: ja
Grundrissänderungen: wenige
Tragwerkseingriffe: keine

Land: Bayern
Kreis: Aschaffenburg
Standard: hoch
Bauzeit: 9 Wochen
Kennwerte: bis 3. Ebene DIN 276
veröffentlicht: BKI Objektdaten A11
BGF 419 €/m²

Planung: Dillig Architekten GmbH; Simmern

Sporthalle (Zweifeldhalle) mit Tribüne

1. Ebene: 300 Bauwerk – Baukonstruktionen: 81%, **400 Bauwerk – Technische Anlagen:** 19%
3. Ebene: Baukonstruktionen: A: 324 Gründungsbeläge 5%, 364 Dachbekleidungen 6%, Sonstige < 1%, **W:** Sonstige 3%, **H:** 324 Gründungsbeläge 26%, 353 Deckenbeläge 9%, 364 Dachbekleidungen 30%, 382 Besondere Einbauten 3%, 392 Gerüste 8%, Sonstige 9%, **Technische Anlagen:** A: Sonstige 5%, **H:** 431 Lüftungsanlagen 12%, 444 Niederspannungsinstallationsanlagen 18%, 445 Beleuchtungsanlagen 61%, 497 Zusätzliche Maßnahmen 3%, Sonstige < 1%

5100-0093 Sporthalle (Dreifeldhalle)

BRI 19.050 m³ **BGF** 2.162 m² **NUF** 1.797 m²

© Dillig Architekten GmbH

Baujahr: 1970
Bauzustand: schlecht
Aufwand: hoch
Nutzung während der Bauzeit: nein
Nutzungsänderung: nein
Grundrissänderungen: wenige
Tragwerkseingriffe: wenige

Land: Rheinland-Pfalz
Kreis: Rhein-Hunsrück-Kreis
Standard: mittel
Bauzeit: 39 Wochen
Kennwerte: bis 3. Ebene DIN 276
veröffentlicht: BKI Objektdaten A9

BGF 1.483 €/m²

Planung: Dillig Architekten GmbH; Simmern

Modernisierung einer Dreifeld-Sporthalle aus den 70er Jahren.

1. Ebene: 300 Bauwerk – Baukonstruktionen: 74%, **400 Bauwerk – Technische Anlagen:** 26%
3. Ebene: Baukonstruktionen: A: Sonstige 5%, **W:** Sonstige 6%, **H:** 324 Gründungsbeläge 11%, 331 Tragende Außenwände 8%, 334 Außenwandöffnungen 5%, 335 Außenwandbekleidungen, außen 10%, 337 Elementierte Außenwandkonstruktionen 20%, 361 Dachkonstruktionen 9%, 365 Elementierte Dachkonstruktionen 14%, Sonstige 13%

5100-0075 Sporthalle

BRI 3.925 m³ **BGF** 885 m² **NUF** 707 m²

© qbatur Planungsgenossenschaft eG

Baujahr: 1975
Bauzustand: schlecht
Aufwand: mittel
Nutzung während der Bauzeit: ja
Nutzungsänderung: nein
Grundrissänderungen: wenige
Tragwerkseingriffe: keine

Land: Sachsen-Anhalt
Kreis: Magdeburg, Stadt
Standard: mittel
Bauzeit: 31 Wochen
Kennwerte: bis 3. Ebene DIN 276
veröffentlicht: BKI Objektdaten A9

BGF 672 €/m²

Planung: qbatur Planungsbüro GmbH; Quedlinburg

Ertüchtigung der Außenhülle einer Sporthalle durch Hinzufügen einer Sekundärkonstruktion als Holzständerwerk. Dämmung und Abdichtung des Dachs, Erneuerung der Fenster, Neugestaltung Eingangsbereich.

1. Ebene: 300 Bauwerk – Baukonstruktionen: 87%, **400 Bauwerk – Technische Anlagen:** 13%
3. Ebene: Baukonstruktionen: A: 363 Dachbeläge 9%, Sonstige 4%, **W:** Sonstige < 1%, **H:** 324 Gründungsbeläge 3%, 334 Außenwandöffnungen 21%, 335 Außenwandbekleidungen, außen 19%, 363 Dachbeläge 26%, 399 Sonstiges zur KG 390 3%, Sonstige 14%, **Technische Anlagen: A:** Sonstige 6%, **W:** Sonstige 1%, **H:** 422 Wärmeverteilnetze 20%, 423 Raumheizflächen 58%, 446 Blitzschutz- und Erdungsanlagen 12%, Sonstige 3%

€/m² BGF

min	420	€/m²
von	870	€/m²
Mittel	**1.500**	**€/m²**
bis	2.460	€/m²
max	2.930	€/m²

Kosten:
Stand 2. Quartal 2026
Bundesdurchschnitt
inkl. 19% MwSt.

A Abbrechen
W Wiederherstellen
H Herstellen

Objektübersicht zur Gebäudeart

5100-0046 Sporthalle

BRI 3.030 m³ **BGF** 595 m² **NUF** 530 m²

© gold diplomingenieure architekten

Baujahr: 1963
Bauzustand: mittel
Aufwand: mittel
Nutzung während der Bauzeit: nein
Nutzungsänderung: nein
Grundrissänderungen: keine
Tragwerkseingriffe: keine

Land: Hessen
Kreis: Wiesbaden, Stadt
Standard: mittel
Bauzeit: 22 Wochen
Kennwerte: bis 3. Ebene DIN 276
veröffentlicht: BKI Objektdaten A7
BGF 1.411 €/m²

Planung: gold diplomingenieure architekten; Hochheim

Sporthalle mit Nebenräumen

1. Ebene: 300 Bauwerk – Baukonstruktionen: 64%, **400 Bauwerk – Technische Anlagen:** 36%
3. Ebene: Baukonstruktionen: **A:** 363 Dachbeläge 3%, Sonstige 2%, **W:** Sonstige 2%, **H:** 334 Außenwandöffnungen 20%, 335 Außenwandbekleidungen, außen 17%, 336 Außenwandbekleidungen, innen 6%, 363 Dachbeläge 16%, 364 Dachbekleidungen 21%, 392 Gerüste 4%, Sonstige 9%, **Technische Anlagen:** **A:** Sonstige < 1%, **H:** 412 Wasseranlagen 4%, 421 Wärmeerzeugungsanlagen 14%, 422 Wärmeverteilnetze 16%, 423 Raumheizflächen 18%, 431 Lüftungsanlagen 3%, 444 Niederspannungsinstallationsanlagen 12%, 445 Beleuchtungsanlagen 6%, 446 Blitzschutz- und Erdungsanlagen 6%, 456 Gefahrenmelde- und Alarmanlagen 3%, 481 Automationseinrichtungen 11%, Sonstige 5%

5100-0044 Sporthalle

BRI 7.840 m³ **BGF** 1.315 m² **NUF** 1.001 m²

© Bauplanungsbüro Dipl.-Ing. Udo Barth

Baujahr: 1981
Bauzustand: schlecht
Aufwand: hoch
Nutzung während der Bauzeit: nein
Nutzungsänderung: nein
Grundrissänderungen: einige
Tragwerkseingriffe: wenige

Land: Sachsen
Kreis: Mittelsachsen
Standard: mittel
Bauzeit: 48 Wochen
Kennwerte: bis 3. Ebene DIN 276
veröffentlicht: BKI Objektdaten A7
BGF 2.604 €/m²

Planung: Bauplanungsbüro Dipl.-Ing. Udo Barth; Flöha

Modernisierung und Anbau einer Zweifeldschulsporthalle.

1. Ebene: 300 Bauwerk – Baukonstruktionen: 80%, **400 Bauwerk – Technische Anlagen:** 20%
3. Ebene: Baukonstruktionen: **A:** Sonstige 5%, **W:** Sonstige 1%, **H:** 311 Herstellung 4%, 322 Flachgründungen und Bodenplatten 5%, 324 Gründungsbeläge 9%, 334 Außenwandöffnungen 6%, 335 Außenwandbekleidungen, außen 11%, 336 Außenwandbekleidungen, innen 5%, 337 Elementierte Außenwandkonstruktionen 7%, 345 Innenwandbekleidungen 6%, 346 Elementierte Innenwandkonstruktionen 6%, 361 Dachkonstruktionen 3%, 363 Dachbeläge 5%, 364 Dachbekleidungen 5%, 382 Besondere Einbauten 3%, Sonstige 19%, **Technische Anlagen:** **A:** Sonstige < 1%, **H:** 411 Abwasseranlagen 5%, 412 Wasseranlagen 19%, 422 Wärmeverteilnetze 8%, 423 Raumheizflächen 13%, 431 Lüftungsanlagen 17%, 444 Niederspannungsinstallationsanlagen 8%, 445 Beleuchtungsanlagen 10%, 456 Gefahrenmelde- und Alarmanlagen 5%, 481 Automationseinrichtungen 5%, Sonstige 12%

5100-0041 Sporthalle

BRI 8.040 m³ **BGF** 1.684 m² **NUF** 1.245 m²

Bauzustand: mittel
Aufwand: mittel
Nutzung während der Bauzeit: nein
Nutzungsänderung: nein
Grundrissänderungen: wenige
Tragwerkseingriffe: wenige

Land: Hessen
Kreis: Main-Taunus-Kreis
Standard: mittel
Bauzeit: 74 Wochen
Kennwerte: bis 3. Ebene DIN 276
veröffentlicht: BKI Objektdaten A6

BGF **651 €/m²**

Planung: gold diplomingenieure architekten; Hochheim

Turnhalle mit Kegelbahn, Gaststätte, Umkleide- und Sanitärräumen sowie Pächterwohnung

1. Ebene: 300 Bauwerk – Baukonstruktionen: 74%, **400 Bauwerk – Technische Anlagen:** 26%
3. Ebene: Baukonstruktionen: A: Sonstige 6%, **W:** Sonstige 2%, **H:** 334 Außenwandöffnungen 6%, 335 Außenwandbekleidungen, außen 15%, 342 Nichttragende Innenwände 3%, 344 Innenwandöffnungen 12%, 345 Innenwandbekleidungen 3%, 353 Deckenbeläge 4%, 354 Deckenbekleidungen 3%, 361 Dachkonstruktionen 13%, 363 Dachbeläge 10%, Sonstige 22%, **Technische Anlagen: A:** Sonstige 2%, **W:** Sonstige 1%, **H:** 411 Abwasseranlagen 15%, 412 Wasseranlagen 11%, 422 Wärmeverteilnetze 5%, 431 Lüftungsanlagen 38%, 444 Niederspannungsinstallationsanlagen 9%, 445 Beleuchtungsanlagen 7%, 446 Blitzschutz- und Erdungsanlagen 6%, Sonstige 6%

5100-0039 Schulsporthalle

BRI 5.700 m³ **BGF** 980 m² **NUF** 930 m²

Bauzustand: mittel
Aufwand: hoch
Nutzung während der Bauzeit: nein
Nutzungsänderung: nein
Grundrissänderungen: keine
Tragwerkseingriffe: keine

Land: Hessen
Kreis: Hochtaunuskreis
Standard: mittel
Bauzeit: 22 Wochen
Kennwerte: bis 3. Ebene DIN 276
veröffentlicht: www.bki.de

BGF **2.147 €/m²**

Planung: Dipl.-Ing. Architekten Pörtner + Lechmann BDA; Oberursel

Sporthalle für eine Grundschule

1. Ebene: 300 Bauwerk – Baukonstruktionen: 61%, **400 Bauwerk – Technische Anlagen:** 39%
3. Ebene: Baukonstruktionen: A: 363 Dachbeläge 3%, Sonstige 7%, **W:** Sonstige < 1%, **H:** 324 Gründungsbeläge 12%, 334 Außenwandöffnungen 19%, 335 Außenwandbekleidungen, außen 14%, 336 Außenwandbekleidungen, innen 12%, 344 Innenwandöffnungen 6%, 345 Innenwandbekleidungen 4%, 363 Dachbeläge 11%, Sonstige 12%, **Technische Anlagen: A:** Sonstige 4%, **W:** Sonstige < 1%, **H:** 411 Abwasseranlagen 5%, 412 Wasseranlagen 11%, 421 Wärmeerzeugungsanlagen 8%, 422 Wärmeverteilnetze 8%, 423 Raumheizflächen 12%, 431 Lüftungsanlagen 9%, 444 Niederspannungsinstallationsanlagen 8%, 445 Beleuchtungsanlagen 5%, 456 Gefahrenmelde- und Alarmanlagen 10%, 481 Automationseinrichtungen 13%, Sonstige 8%

Modernisierungen

Ein- und Zweifamilienhäuser vor 1945

Kosten:
Stand 2. Quartal 2026
Bundesdurchschnitt
inkl. 19% MwSt.

Kostenkennwerte für die Kosten des Bauwerks (Kostengruppen 300+400 nach DIN 276)

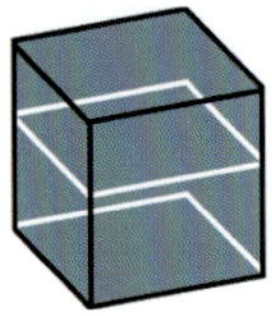

BRI 450 €/m³
von 315 €/m³
bis 555 €/m³

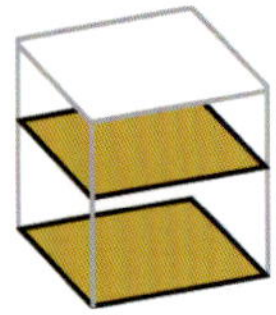

BGF 1.205 €/m²
von 805 €/m²
bis 1.550 €/m²

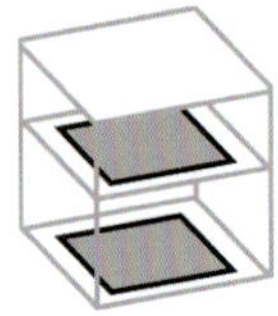

NUF 1.860 €/m²
von 1.315 €/m²
bis 2.385 €/m²

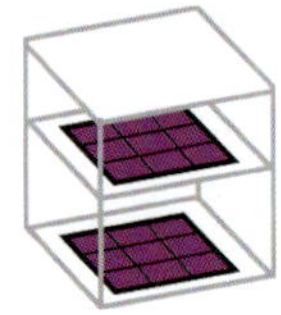

NE 2.370 €/NE
von 1.490 €/NE
bis 2.855 €/NE
NE: Wohnfläche

Objektbeispiele

6100-1126

6100-1297

6100-0910

6100-1187

6100-1138

6100-0798

Kosten der 13 Vergleichsobjekte

Seiten 440 bis 446

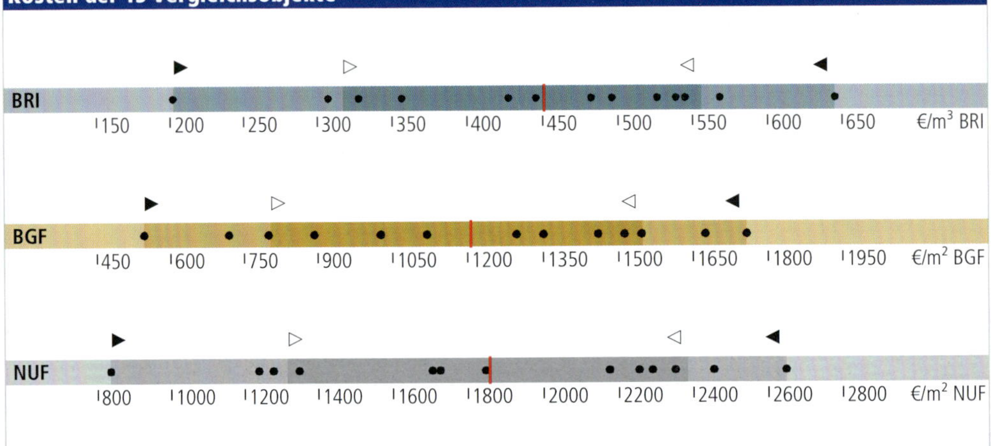

- ● KKW
- ▶ min
- ▷ von
- | Mittelwert
- ◁ bis
- ◀ max

Kostenkennwerte für die Kostengruppen der 1. und 2. Ebene DIN 276

KG	Kostengruppen der 1. Ebene	Einheit	▷	€/Einheit	◁	▷	% an 300+400	◁
100	Grundstück	m² GF	–	**–**	–	–	**–**	–
200	Vorbereitende Maßnahmen	m² GF	5	**9**	17	0,5	**2,5**	6,3
300	Bauwerk – Baukonstruktionen	m² BGF	639	**903**	1.143	70,8	**76,2**	85,4
400	Bauwerk – Technische Anlagen	m² BGF	168	**304**	455	14,6	**23,8**	29,2
	Bauwerk 300+400	m² BGF	803	**1.207**	1.549	100,0	**100,0**	100,0
500	Außenanlagen und Freiflächen	m² AF	26	**57**	190	2,0	**5,8**	18,6
600	Ausstattung und Kunstwerke	m² BGF	6	**15**	26	0,5	**1,1**	1,5
700	Baunebenkosten	m² BGF	–	**–**	–	–	**–**	–
800	Finanzierung	m² BGF	–	**–**	–	–	**–**	–

KG	Kostengruppen der 2. Ebene	Einheit	▷	€/Einheit	◁	▷	% an 1. Ebene	◁
310	Baugrube / Erdbau	m³ BGI	154	**227**	321	< 0,1	**1,2**	3,6
320	Gründung, Unterbau	m² GRF	206	**525**	1.594	0,8	**4,9**	13,7
330	Außenwände / vertikal außen	m² AWF	345	**438**	505	32,6	**39,5**	46,6
340	Innenwände / vertikal innen	m² IWF	157	**276**	476	4,5	**9,5**	15,4
350	Decken / horizontal	m² DEF	178	**286**	431	4,1	**12,7**	20,7
360	Dächer	m² DAF	371	**498**	624	19,3	**26,7**	45,4
370	Infrastrukturanlagen		–	**–**	–	–	**–**	–
380	Baukonstruktive Einbauten	m² BGF	4	**15**	45	< 0,1	**0,9**	6,4
390	Sonst. Maßnahmen für Baukonst.	m² BGF	28	**42**	84	3,1	**4,6**	8,2
300	**Bauwerk – Baukonstruktionen**	**m² BGF**					**100,0**	
410	Abwasser-, Wasser-, Gasanlagen	m² BGF	40	**77**	118	3,2	**18,7**	33,9
420	Wärmeversorgungsanlagen	m² BGF	127	**186**	288	22,0	**48,4**	63,7
430	Raumlufttechnische Anlagen	m² BGF	22	**58**	92	3,6	**16,3**	27,3
440	Elektrische Anlagen	m² BGF	15	**46**	66	5,1	**14,7**	34,6
450	Kommunikationstechnische Anlagen	m² BGF	4	**8**	17	0,4	**1,9**	4,2
460	Förderanlagen	m² BGF	–	**–**	–	–	**–**	–
470	Nutzungsspez. / verfahrenstech. Anl.	m² BGF	–	**–**	–	–	**–**	–
480	Gebäude- und Anlagenautomation	m² BGF	–	**–**	–	–	**–**	–
490	Sonst. Maßnahmen f. techn. Anl.	m² BGF	–	**–**	–	–	**–**	–
400	**Bauwerk – Technische Anlagen**	**m² BGF**					**100,0**	

Prozentanteile der Kosten 2. Ebene an den Kosten des Bauwerks nach DIN 276 (Von/Mittel/Bis)

KG	Kostengruppe	%
310	Baugrube / Erdbau	0,9
320	Gründung, Unterbau	3,5
330	Außenwände / vertikal außen	29,7
340	Innenwände / vertikal innen	7,2
350	Decken / horizontal	10,0
360	Dächer	20,1
370	Infrastrukturanlagen	
380	Baukonstruktive Einbauten	0,8
390	Sonst. Maßnahmen für Baukonst.	3,5
410	Abwasser-, Wasser-, Gasanlagen	3,9
420	Wärmeversorgungsanlagen	12,9
430	Raumlufttechnische Anlagen	4,2
440	Elektrische Anlagen	2,8
450	Kommunikationstechnische Anlagen	0,5
460	Förderanlagen	
470	Nutzungsspez. / verfahrenstech. Anl.	
480	Gebäude- und Anlagenautomation	
490	Sonst. Maßnahmen f. techn. Anl.	

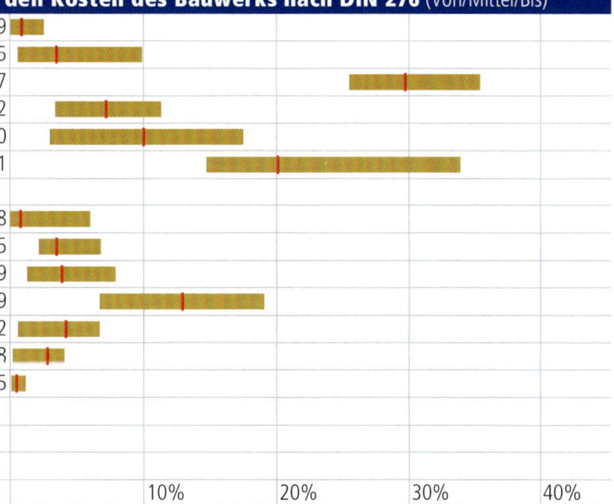

Ein- und Zweifamilienhäuser vor 1945

Kosten:
Stand 2. Quartal 2026
Bundesdurchschnitt
inkl. 19% MwSt.

▷ von
ø Mittel
◁ bis

Kostenkennwerte für die Kostengruppen der 3. Ebene DIN 276

KG	Kostengruppen der 3. Ebene	Einheit	▷	€/Einheit	◁	▷	€/m² BGF	◁
311	**Herstellung**	m³	154	**227**	321	13	**24**	38
	Herstellen	m³	154	**227**	321	13	**24**	38
322	**Flachgründungen und Bodenplatten**	m²	318	**736**	1.942	12	**28**	47
	Abbrechen	*m²*	*–*	***135***	*–*	*–*	***22***	*–*
	Herstellen	m²	269	**702**	1.942	11	**23**	32
324	**Gründungsbeläge**	m²	119	**264**	454	19	**57**	160
	Abbrechen	*m²*	*64*	***69***	*77*	*5*	***16***	*33*
	Herstellen	m²	118	**273**	442	23	**58**	137
325	**Abdichtungen und Bekleidungen**	m²	50	**142**	317	4	**5**	6
	Herstellen	m²	50	**142**	317	4	**5**	6
326	**Dränagen**	m²	–	**45**	–	–	**11**	–
	Herstellen	m²	–	**45**	–	–	**11**	–
331	**Tragende Außenwände**	m²	379	**996**	2.553	12	**28**	43
	Abbrechen	*m²*	*331*	***641***	*1.245*	*8*	***13***	*21*
	Wiederherstellen	m²	12	**320**	628	8	**11**	14
	Herstellen	m²	292	**676**	1.935	8	**20**	39
332	**Nichttragende Außenwände**	m²	–	**312**	–	–	**7**	–
	Herstellen	m²	–	**312**	–	–	**7**	–
333	**Außenstützen**	m	202	**382**	561	3	**6**	9
	Herstellen	m	202	**382**	561	3	**6**	9
334	**Außenwandöffnungen**	m²	754	**1.085**	1.298	110	**144**	184
	Abbrechen	*m²*	*9*	***42***	*62*	*2*	***5***	*8*
	Wiederherstellen	m²	91	**198**	404	14	**41**	92
	Herstellen	m²	476	**996**	1.227	68	**129**	173
335	**Außenwandbekleidungen, außen**	m²	150	**236**	306	91	**164**	232
	Abbrechen	*m²*	*3*	***21***	*75*	*2*	***18***	*67*
	Wiederherstellen	m²	8	**21**	34	7	**15**	20
	Herstellen	m²	189	**240**	308	119	**165**	225
336	**Außenwandbekleidungen, innen**	m²	31	**71**	128	11	**23**	49
	Abbrechen	*m²*	*3*	***12***	*20*	*2*	***5***	*11*
	Wiederherstellen	m²	8	**11**	15	2	**4**	5
	Herstellen	m²	29	**64**	128	8	**21**	42
338	**Lichtschutz zur KG 330**	m²	249	**457**	780	5	**22**	46
	Abbrechen	*m²*	*29*	***36***	*49*	*< 1*	***< 1***	*2*
	Wiederherstellen	m²	–	**132**	–	–	**3**	–
	Herstellen	m²	285	**512**	773	6	**26**	45
339	**Sonstiges zur KG 330**	m²	7	**20**	39	7	**19**	37
	Abbrechen	*m²*	*2*	***9***	*31*	*2*	***8***	*28*
	Wiederherstellen	m²	–	**30**	–	–	**22**	–
	Herstellen	m²	6	**14**	29	6	**14**	33
341	**Tragende Innenwände**	m²	121	**205**	249	4	**8**	15
	Abbrechen	*m²*	*54*	***88***	*121*	*2*	***4***	*7*
	Herstellen	m²	205	**220**	235	8	**12**	18
342	**Nichttragende Innenwände**	m²	180	**226**	282	6	**20**	35
	Abbrechen	*m²*	*16*	***33***	*79*	*< 1*	***2***	*4*
	Wiederherstellen	m²	58	**85**	112	4	**5**	6
	Herstellen	m²	144	**189**	236	4	**17**	33
343	**Innenstützen**	m	86	**147**	232	1	**2**	3
	Herstellen	m	86	**147**	232	1	**2**	3

KG	Kostengruppen der 3. Ebene	Einheit	▷	€/Einheit	◁	▷	€/m² BGF	◁
344	**Innenwandöffnungen**	m²	366	**617**	829	10	**31**	50
	Abbrechen	*m²*	*4*	***177***	*350*	*< 1*	***2***	*4*
	Wiederherstellen	m²	113	**210**	387	4	**12**	26
	Herstellen	m²	171	**492**	702	6	**25**	41
345	**Innenwandbekleidungen**	m²	52	**83**	151	32	**56**	93
	Abbrechen	*m²*	*3*	***7***	*14*	*3*	***6***	*10*
	Wiederherstellen	m²	5	**6**	6	4	**4**	5
	Herstellen	m²	45	**76**	149	28	**51**	87
351	**Deckenkonstruktionen**	m²	382	**1.208**	4.367	12	**34**	57
	Abbrechen	*m²*	*–*	***78***	*–*	*–*	***14***	*–*
	Wiederherstellen	m²	6	**25**	43	1	**10**	19
	Herstellen	m²	347	**1.183**	4.367	13	**30**	52
352	**Deckenöffnungen**	m²	–	**825**	–	3	**4**	4
	Herstellen	m²	–	**825**	–	3	**4**	4
353	**Deckenbeläge**	m²	143	**213**	382	35	**84**	112
	Abbrechen	*m²*	*8*	***24***	*85*	*1*	***6***	*14*
	Wiederherstellen	m²	49	**93**	153	18	**36**	68
	Herstellen	m²	57	**171**	248	42	**72**	100
354	**Deckenbekleidungen**	m²	60	**91**	136	16	**35**	54
	Abbrechen	*m²*	*2*	***10***	*23*	*< 1*	***4***	*9*
	Wiederherstellen	m²	12	**57**	81	11	**23**	43
	Herstellen	m²	50	**69**	82	11	**27**	34
359	**Sonstiges zur KG 350**	m²	2	**10**	23	1	**6**	15
	Wiederherstellen	m²	2	**5**	12	< 1	**2**	3
	Herstellen	m²	5	**15**	31	3	**9**	19
361	**Dachkonstruktionen**	m²	101	**243**	645	17	**39**	81
	Abbrechen	*m²*	*–*	***5***	*–*	*2*	***4***	*9*
	Wiederherstellen	m²	–	**4**	–	2	**11**	20
	Herstellen	m²	99	**241**	645	18	**40**	88
362	**Dachöffnungen**	m²	2.136	**2.630**	3.686	17	**27**	58
	Abbrechen	*m²*	*35*	***45***	*68*	*< 1*	***< 1***	*< 1*
	Herstellen	m²	2.127	**2.610**	3.672	17	**26**	58
363	**Dachbeläge**	m²	230	**352**	526	97	**144**	273
	Abbrechen	*m²*	*18*	***33***	*58*	*6*	***15***	*29*
	Wiederherstellen	m²	–	**14**	–	–	**3**	–
	Herstellen	m²	207	**318**	478	88	**130**	245
364	**Dachbekleidungen**	m²	74	**123**	219	24	**44**	90
	Abbrechen	*m²*	*6*	***7***	*7*	*–*	***3***	*–*
	Wiederherstellen	m²	–	**32**	–	–	**16**	–
	Herstellen	m²	61	**117**	218	19	**41**	89
365	**Elementierte Dachkonstruktionen**	m²	–	**682**	–	–	**16**	–
	Wiederherstellen	m²	–	**682**	–	–	**16**	–
366	**Lichtschutz zur KG 360**	m²	706	**1.362**	1.820	6	**16**	37
	Herstellen	m²	706	**1.362**	1.820	6	**16**	37
369	**Sonstiges zur KG 360**	m²	9	**32**	99	5	**11**	29
	Abbrechen	*m²*	*–*	***< 1***	*–*	*–*	***< 1***	*–*
	Wiederherstellen	m²	–	**7**	–	–	**2**	–
	Herstellen	m²	10	**31**	113	5	**11**	33
381	**Allgemeine Einbauten**	m²	4	**15**	45	4	**15**	45
	Abbrechen	*m²*	*–*	***4***	*–*	*–*	***4***	*–*
	Herstellen	m²	5	**19**	45	5	**19**	45

KG	Kostengruppen der 3. Ebene	Einheit	▷	€/Einheit	◁	▷	€/m² BGF	◁
391	**Baustelleneinrichtung**	m²	3	**8**	19	3	**8**	19
	Abbrechen	*m²*	–	***< 1***	–	–	***< 1***	–
	Herstellen	m²	3	**8**	19	3	**8**	19
392	**Gerüste**	m²	15	**22**	34	15	**22**	34
	Herstellen	m²	15	**22**	34	15	**22**	34
393	**Sicherungsmaßnahmen**	m²	–	**7**	–	–	**7**	–
	Herstellen	m²	–	**7**	–	–	**7**	–
394	**Abbruchmaßnahmen**	m²	< 1	**11**	31	< 1	**11**	31
	Abbrechen	*m²*	*< 1*	***11***	*31*	*< 1*	***11***	*31*
396	**Materialentsorgung**	m²	3	**6**	9	3	**6**	9
	Abbrechen	*m²*	–	***9***	–	–	***9***	–
	Herstellen	m²	3	**5**	8	3	**5**	8
397	**Zusätzliche Maßnahmen**	m²	1	**6**	17	1	**6**	17
	Herstellen	m²	1	**6**	17	1	**6**	17
398	**Provisorische Baukonstruktionen**	m²	–	**< 1**	–	–	**< 1**	–
	Herstellen	m²	–	**< 1**	–	–	**< 1**	–

Kosten:
Stand 2. Quartal 2026
Bundesdurchschnitt
inkl. 19% MwSt.

▷ von
ø Mittel
◁ bis

KG	Kostengruppen der 3. Ebene	Einheit	▷	€/Einheit	◁	▷	€/m² BGF	◁
411	**Abwasseranlagen**	m²	7	**17**	25	7	**17**	25
	Abbrechen	*m²*	–	***3***	–	–	***3***	–
	Herstellen	m²	7	**16**	24	7	**16**	24
412	**Wasseranlagen**	m²	35	**60**	104	35	**60**	104
	Abbrechen	*m²*	*< 1*	***1***	*2*	*< 1*	***1***	*2*
	Herstellen	m²	34	**60**	103	34	**60**	103
419	**Sonstiges zur KG 410**	m²	3	**4**	5	3	**4**	5
	Herstellen	m²	3	**4**	5	3	**4**	5
421	**Wärmeerzeugungsanlagen**	m²	64	**121**	176	64	**121**	176
	Abbrechen	*m²*	*< 1*	***2***	*3*	*< 1*	***2***	*3*
	Herstellen	m²	63	**120**	175	63	**120**	175
422	**Wärmeverteilnetze**	m²	5	**18**	27	5	**18**	27
	Abbrechen	*m²*	*< 1*	***< 1***	*1*	*< 1*	***< 1***	*1*
	Wiederherstellen	m²	–	**1**	–	–	**1**	–
	Herstellen	m²	5	**18**	27	5	**18**	27
423	**Raumheizflächen**	m²	7	**27**	48	7	**27**	48
	Abbrechen	*m²*	*1*	***2***	*3*	*1*	***2***	*3*
	Wiederherstellen	m²	2	**4**	5	2	**4**	5
	Herstellen	m²	11	**29**	49	11	**29**	49
429	**Sonstiges zur KG 420**	m²	13	**23**	54	13	**23**	54
	Abbrechen	*m²*	*2*	***5***	*7*	*2*	***5***	*7*
	Wiederherstellen	m²	–	**5**	–	–	**5**	–
	Herstellen	m²	13	**22**	49	13	**22**	49
431	**Lüftungsanlagen**	m²	22	**58**	92	22	**58**	92
	Herstellen	m²	22	**58**	92	22	**58**	92
444	**Niederspannungsinstallationsanl.**	m²	18	**40**	58	18	**40**	58
	Abbrechen	*m²*	*< 1*	***2***	*3*	*< 1*	***2***	*3*
	Herstellen	m²	18	**40**	57	18	**40**	57
445	**Beleuchtungsanlagen**	m²	1	**5**	8	1	**5**	8
	Herstellen	m²	1	**5**	8	1	**5**	8
446	**Blitzschutz- und Erdungsanlagen**	m²	2	**4**	10	2	**4**	10
	Herstellen	m²	2	**4**	10	2	**4**	10
449	**Sonstiges zur KG 440**	m²	–	**2**	–	–	**2**	–
	Herstellen	m²	–	**2**	–	–	**2**	–
451	**Telekommunikationsanlagen**	m²	< 1	**1**	2	< 1	**1**	2
	Herstellen	m²	< 1	**1**	2	< 1	**1**	2
452	**Such- und Signalanlagen**	m²	1	**2**	3	1	**2**	3
	Herstellen	m²	1	**2**	3	1	**2**	3
454	**Elektroakustische Anlagen**	m²	–	**2**	–	–	**2**	–
	Herstellen	m²	–	**2**	–	–	**2**	–
455	**Audiovis. Medien- u. Antennenanl.**	m²	< 1	**5**	11	< 1	**5**	11
	Abbrechen	*m²*	*< 1*	***< 1***	*1*	*< 1*	***< 1***	*1*
	Herstellen	m²	1	**6**	11	1	**6**	11
457	**Datenübertragungsnetze**	m²	2	**4**	7	2	**4**	7
	Herstellen	m²	2	**4**	7	2	**4**	7

Prozentanteile der Kosten für Leistungsbereiche nach STLB (Kosten Bauwerk nach DIN 276)

LB	Leistungsbereiche	5% 10% 15% 20%	▷	% an 300+400	◁
000	Baustellen-, Sicherheitseinr. inkl. 001, 089		1,6	**2,7**	5,1
002	Erdarbeiten		0,1	**1,0**	2,7
006	Spezialtiefbauarbeiten inkl. 005		–	**–**	–
009	Entwässerungskanalarbeiten inkl. 011		< 0,1	**0,1**	0,5
010	Drän- und Versickerarbeiten		0,0	**< 0,1**	1,1
012	Mauerarbeiten		0,1	**1,6**	3,7
013	Betonarbeiten		0,3	**1,9**	3,7
014	Natur-, Betonwerksteinarbeiten		0,0	**0,4**	1,5
016	Zimmer- und Holzbauarbeiten		0,9	**3,9**	9,9
017	Stahlbauarbeiten		< 0,1	**< 0,1**	0,2
018	Abdichtungsarbeiten		< 0,1	**0,6**	1,3
020	Dachdeckungsarbeiten		2,4	**8,8**	21,0
021	Dachabdichtungsarbeiten		0,1	**0,7**	2,6
022	Klempnerarbeiten		2,1	**3,0**	5,9
	Rohbau		20,1	**24,8**	32,8
023	Putz- und Stuckarbeiten, Wärmedämmsysteme		7,8	**12,8**	17,6
024	Fliesen- und Plattenarbeiten		0,1	**1,4**	3,2
025	Estricharbeiten		0,5	**2,4**	6,5
026	Fenster, Außentüren inkl. 029, 032		8,5	**11,1**	14,9
027	Tischlerarbeiten		0,3	**3,4**	8,0
028	Parkett-, Holzpflasterarbeiten		0,5	**3,1**	6,7
030	Rollladenarbeiten		< 0,1	**0,8**	2,9
031	Metallbauarbeiten inkl. 035		0,2	**1,9**	5,9
034	Maler- und Lackiererarb. - Beschicht. inkl. 037		1,4	**4,0**	9,3
036	Bodenbelagarbeiten		0,0	**< 0,1**	0,4
038	Vorgehängte hinterlüftete Fassaden		–	**–**	–
039	Trockenbauarbeiten		2,8	**5,5**	8,1
	Ausbau		37,2	**46,3**	57,6
040	Wärmeversorgungsanl. - Betriebseinr. inkl. 041		6,1	**12,0**	18,0
042	Gas- u. Wasseranl. - Leitung., Armat. inkl. 043		0,1	**1,2**	2,1
044	Abwasseranl. - Leitungen, Abläufe, Armaturen		< 0,1	**0,5**	1,1
045	Gas, Wasser, Entwässerung - Ausstattung inkl. 046		0,4	**1,9**	4,3
047	Dämm- und Brandschutzarb. an techn. Anlagen		< 0,1	**0,2**	0,5
049	Feuerlöschanlagen, Feuerlöschgeräte		–	**–**	–
050	Blitzschutz-/Erdungsanlagen, Überspannungssch.		< 0,1	**0,1**	0,4
052	Mittelspannungsanlagen		–	**–**	–
053	Niederspannungsanl. - Kabel inkl. 054		0,2	**2,5**	3,5
055	Sicherheits- u. Ersatzstromversorgungsanl.		–	**–**	–
057	Gebäudesystemtechnik		–	**–**	–
058	Leuchten und Lampen inkl. 059		< 0,1	**0,2**	0,5
060	Such, Signal, Zeit, Anten., akust. Anl. inkl. 064		0,0	**0,1**	0,3
061	Kommunikations- u. Übertragungsnetze inkl. 062		< 0,1	**0,3**	1,4
063	Gefahrenmeldeanlagen		–	**–**	–
069	Aufzüge		–	**–**	–
070	Gebäudeautomation		–	**–**	–
075	Raumlufttechnische Anlagen inkl. 078		1,0	**4,2**	6,9
	Gebäudetechnik		13,9	**23,2**	28,5
084	Abbruch, Rückbau, Schadstoffsanierung		3,9	**5,3**	8,2
	Sonstige Leistungsbereiche inkl. 008, 033, 051		< 0,1	**0,4**	1,1

Ein- und Zweifamilienhäuser vor 1945

€/m² BGF

min	545	€/m²
von	805	€/m²
Mittel	**1.205**	**€/m²**
bis	1.550	€/m²
max	1.755	€/m²

Kosten:
Stand 2. Quartal 2026
Bundesdurchschnitt
inkl. 19% MwSt.

A Abbrechen
W Wiederherstellen
H Herstellen

Objektübersicht zur Gebäudeart

6100-1297 Einfamilienhaus

BRI 1.159 m³ **BGF** 426 m² **NUF** 288 m²

Baujahr: 1911
Bauzustand: mittel
Aufwand: hoch
Nutzung während der Bauzeit: nein
Nutzungsänderung: nein
Grundrissänderungen: wenige
Tragwerkseingriffe: einige

Land: Hamburg
Kreis: Hamburg, Stadt
Standard: hoch
Bauzeit: 43 Wochen
Kennwerte: bis 3. Ebene DIN 276
veröffentlicht: BKI Objektdaten A12
BGF 1.546 €/m²

Planung: Holst Becker Architekten; Hamburg

Modernisierung und Erweiterung eines Einfamilienhauses (213 m² WFL).

1. Ebene: 300 Bauwerk – Baukonstruktionen: 77%, **400 Bauwerk – Technische Anlagen:** 23%
3. Ebene: Baukonstruktionen: A: 335 Außenwandbekleidungen, außen 6%, Sonstige 3%, **W:** 354 Deckenbekleidungen 4%, Sonstige 11%, **H:** 331 Tragende Außenwände 4%, 334 Außenwandöffnungen 8%, 335 Außenwandbekleidungen, außen 13%, 345 Innenwandbekleidungen 6%, 353 Deckenbeläge 8%, 363 Dachbeläge 7%, 392 Gerüste 3%, Sonstige 27%, **Technische Anlagen:** A: Sonstige 4%, **W:** Sonstige < 1%, **H:** 411 Abwasseranlagen 6%, 412 Wasseranlagen 35%, 421 Wärmeerzeugungsanlagen 8%, 422 Wärmeverteilnetze 5%, 423 Raumheizflächen 10%, 429 Sonstiges zur KG 420 4%, 444 Niederspannungsinstallationsanlagen 16%, Sonstige 10%

6100-1187 Einfamilienhaus

BRI 771 m³ **BGF** 278 m² **NUF** 153 m²

Baujahr: 1910
Bauzustand: mittel
Aufwand: mittel
Nutzungsänderung: nein
Grundrissänderungen: wenige
Tragwerkseingriffe: keine

Land: Baden-Württemberg
Kreis: Rems-Murr-Kreis
Standard: mittel
Bauzeit: 17 Wochen
Kennwerte: bis 3. Ebene DIN 276
veröffentlicht: BKI Objektdaten A10
BGF 1.459 €/m²

Planung: INEXarchitektur BDA; Mühlacker

Modernisierung eines Einfamilienhauses (122 m² WFL).

1. Ebene: 300 Bauwerk – Baukonstruktionen: 81%, **400 Bauwerk – Technische Anlagen:** 19%
3. Ebene: Baukonstruktionen: A: Sonstige 5%, **W:** Sonstige < 1%, **H:** 334 Außenwandöffnungen 16%, 335 Außenwandbekleidungen, außen 18%, 336 Außenwandbekleidungen, innen 5%, 338 Lichtschutz zur KG 330 4%, 344 Innenwandöffnungen 3%, 345 Innenwandbekleidungen 9%, 351 Deckenkonstruktionen 4%, 353 Deckenbeläge 7%, 361 Dachkonstruktionen 9%, 363 Dachbeläge 8%, 392 Gerüste 3%, Sonstige 11%, **Technische Anlagen:** **H:** 412 Wasseranlagen 17%, 421 Wärmeerzeugungsanlagen 35%, 423 Raumheizflächen 11%, 429 Sonstiges zur KG 420 4%, 431 Lüftungsanlagen 27%, Sonstige 5%

Objektübersicht zur Gebäudeart

6100-1126 Doppelhaushälfte

BRI 568 m³ **BGF** 272 m² **NUF** 180 m²

Baujahr: 1938
Bauzustand: mittel
Aufwand: hoch
Nutzung während der Bauzeit: ja
Nutzungsänderung: nein
Grundrissänderungen: keine
Tragwerkseingriffe: keine

Land: Hamburg
Kreis: Hamburg, Stadt
Standard: einfach
Bauzeit: 17 Wochen
Kennwerte: bis 3. Ebene DIN 276
veröffentlicht: BKI Objektdaten A10

BGF 892 €/m²

Planung: Hans-Jörg Peter Dipl.-Ing. Architekt hh-Energieberatung.de; Hamburg

Dachsanierung Doppelhaushälfte

1. Ebene: 300 Bauwerk – Baukonstruktionen: 73%, **400 Bauwerk – Technische Anlagen:** 27%
3. Ebene: Baukonstruktionen: **A:** 363 Dachbeläge 6%, Sonstige 1%, **H:** 324 Gründungsbeläge 13%, 334 Außenwandöffnungen 18%, 335 Außenwandbekleidungen, außen 20%, 362 Dachöffnungen 5%, 363 Dachbeläge 32%, Sonstige 5%, **Technische Anlagen:** **A:** Sonstige 1%, **H:** 421 Wärmeerzeugungsanlagen 51%, 423 Raumheizflächen 5%, 429 Sonstiges zur KG 420 6%, 431 Lüftungsanlagen 35%, Sonstige 3%

6100-1138 Einfamilienhaus

BRI 707 m³ **BGF** 260 m² **NUF** 186 m²

Baujahr: 1944
Bauzustand: mittel
Aufwand: hoch
Nutzung während der Bauzeit: ja
Nutzungsänderung: ja
Grundrissänderungen: wenige
Tragwerkseingriffe: keine

Land: Hamburg
Kreis: Hamburg, Stadt
Standard: mittel
Bauzeit: 9 Wochen
Kennwerte: bis 3. Ebene DIN 276
veröffentlicht: BKI Objektdaten A10

BGF 1.757 €/m²

Planung: Hans-Jörg Peter Dipl.-Ing. Architekt hh-Energieberatung.de; Hamburg

Modernisierung eines Einfamilienhauses aus dem Jahr 1944.

1. Ebene: 300 Bauwerk – Baukonstruktionen: 72%, **400 Bauwerk – Technische Anlagen:** 28%
3. Ebene: Baukonstruktionen: **A:** Sonstige 10%, **W:** Sonstige 2%, **H:** 324 Gründungsbeläge 13%, 334 Außenwandöffnungen 13%, 335 Außenwandbekleidungen, außen 18%, 363 Dachbeläge 25%, Sonstige 19%, **Technische Anlagen:** **A:** Sonstige 1%, **H:** 412 Wasseranlagen 8%, 421 Wärmeerzeugungsanlagen 40%, 422 Wärmeverteilnetze 4%, 423 Raumheizflächen 5%, 429 Sonstiges zur KG 420 4%, 431 Lüftungsanlagen 24%, 444 Niederspannungsinstallationsanlagen 11%, Sonstige 3%

Ein- und Zweifamilienhäuser vor 1945

€/m² BGF

min	545 €/m²
von	805 €/m²
Mittel	**1.205 €/m²**
bis	1.550 €/m²
max	1.755 €/m²

Kosten:
Stand 2. Quartal 2026
Bundesdurchschnitt
inkl. 19% MwSt.

A Abbrechen
W Wiederherstellen
H Herstellen

Objektübersicht zur Gebäudeart

6100-1127 Doppelhaushälfte - KfW 70

BRI 971 m³ **BGF** 337 m² **NUF** 200 m²

© Hans-Jörg Peter Architekt

Baujahr: 1886
Bauzustand: mittel
Aufwand: hoch
Nutzung während der Bauzeit: ja
Nutzungsänderung: nein
Grundrissänderungen: keine
Tragwerkseingriffe: wenige

Land: Hamburg
Kreis: Hamburg, Stadt
Standard: mittel
Bauzeit: 17 Wochen
Kennwerte: bis 3. Ebene DIN 276
veröffentlicht: BKI Objektdaten A9

BGF 1.026 €/m²

Planung: Hans-Jörg Peter Dipl.-Ing. Architekt hh-Energieberatung.de; Hamburg

Modernisierungen einer Doppelhaushälfte mit zwei Wohneinheiten. **Kosteneinfluss Nutzung:** Erhaltungssatzung

1. Ebene: 300 Bauwerk – Baukonstruktionen: 74%, **400 Bauwerk – Technische Anlagen:** 26%
3. Ebene: Baukonstruktionen: **A:** 339 Sonstiges zur KG 330 5%, Sonstige 7%, **W:** Sonstige 3%, **H:** 311 Herstellung 5%, 324 Gründungsbeläge 4%, 334 Außenwandöffnungen 17%, 335 Außenwandbekleidungen, außen 24%, 345 Innenwandbekleidungen 3%, 354 Deckenbekleidungen 4%, 362 Dachöffnungen 3%, 363 Dachbeläge 15%, 392 Gerüste 4%, Sonstige 7%, **Technische Anlagen:** **A:** Sonstige < 1%, **W:** Sonstige 2%, **H:** 421 Wärmeerzeugungsanlagen 62%, 422 Wärmeverteilnetze 10%, 429 Sonstiges zur KG 420 5%, 431 Lüftungsanlagen 16%, Sonstige 2%

6100-0844 Einfamilienhaus

BRI 784 m³ **BGF** 279 m² **NUF** 194 m²

© Eichinger + Schöchlin Freie Architekten BDA

Baujahr: 1926
Bauzustand: mittel
Aufwand: mittel
Nutzung während der Bauzeit: ja
Nutzungsänderung: nein
Grundrissänderungen: wenige
Tragwerkseingriffe: wenige

Land: Baden-Württemberg
Kreis: Heidelberg, Stadt
Standard: mittel
Bauzeit: 30 Wochen
Kennwerte: bis 3. Ebene DIN 276
veröffentlicht: www.bki.de

BGF 1.511 €/m²

Planung: Eichinger + Schöchlin Freie Architekten BDA; Waghäusel

Das Haus aus dem 19. Jahrhundert wurde in den letzten 120 Jahren mehrfach umgebaut. Zuletzt erhielt das Gebäude 1960 ein bewohntes Obergeschoss. 2010 wurde das Gebäude umfassend energetisch saniert. Auszeichnung Beispielhaftes Bauen 2010.

1. Ebene: 300 Bauwerk – Baukonstruktionen: 78%, **400 Bauwerk – Technische Anlagen:** 22%
3. Ebene: Baukonstruktionen: **A:** Sonstige 6%, **W:** Sonstige < 1%, **H:** 331 Tragende Außenwände 3%, 334 Außenwandöffnungen 14%, 335 Außenwandbekleidungen, außen 13%, 338 Lichtschutz zur KG 330 4%, 339 Sonstiges zur KG 330 3%, 342 Nichttragende Innenwände 3%, 344 Innenwandöffnungen 3%, 345 Innenwandbekleidungen 5%, 351 Deckenkonstruktionen 5%, 353 Deckenbeläge 10%, 361 Dachkonstruktionen 3%, 363 Dachbeläge 8%, 364 Dachbekleidungen 3%, Sonstige 15%, **Technische Anlagen:** **A:** Sonstige 3%, **H:** 411 Abwasseranlagen 5%, 412 Wasseranlagen 19%, 421 Wärmeerzeugungsanlagen 13%, 422 Wärmeverteilnetze 7%, 423 Raumheizflächen 11%, 429 Sonstiges zur KG 420 13%, 444 Niederspannungsinstallationsanlagen 20%, Sonstige 8%

6100-0974 Doppelhaushälfte

BRI 1.024 m³ **BGF** 333 m² **NUF** 237 m²

Baujahr: 1932
Bauzustand: mittel
Aufwand: hoch
Nutzung während der Bauzeit: nein
Nutzungsänderung: nein
Grundrissänderungen: wenige
Tragwerkseingriffe: wenige

Land: Berlin
Kreis: Berlin, Stadt
Standard: hoch
Bauzeit: 35 Wochen
Kennwerte: bis 3. Ebene DIN 276
veröffentlicht: BKI Objektdaten A8

BGF 1.675 €/m²

Planung: Jirka + Nadansky Architekten; Borgsdorf

Energetische Modernisierung einer Doppelhaushälfte (211 m² WFL)

1. Ebene: 300 Bauwerk – Baukonstruktionen: 65%, **400 Bauwerk – Technische Anlagen:** 35%
3. Ebene: Baukonstruktionen: A: Sonstige 3%, **W:** Sonstige 7%, **H:** 311 Herstellung 3%, 334 Außenwandöffnungen 19%, 335 Außenwandbekleidungen, außen 24%, 345 Innenwandbekleidungen 4%, 351 Deckenkonstruktionen 4%, 361 Dachkonstruktionen 6%, 363 Dachbeläge 6%, 364 Dachbekleidungen 11%, Sonstige 14%, **Technische Anlagen: A:** Sonstige 3%, **H:** 411 Abwasseranlagen 4%, 412 Wasseranlagen 6%, 421 Wärmeerzeugungsanlagen 33%, 422 Wärmeverteilnetze 6%, 423 Raumheizflächen 12%, 429 Sonstiges zur KG 420 9%, 431 Lüftungsanlagen 14%, 444 Niederspannungsinstallationsanlagen 7%, Sonstige 5%

6100-0851 Einfamilienhaus

BRI 711 m³ **BGF** 263 m² **NUF** 171 m²

Baujahr: 1902
Bauzustand: mittel
Aufwand: hoch
Nutzung während der Bauzeit: ja
Nutzungsänderung: nein
Grundrissänderungen: keine
Tragwerkseingriffe: keine

Land: Bayern
Kreis: München
Standard: mittel
Bauzeit: 26 Wochen
Kennwerte: bis 3. Ebene DIN 276
veröffentlicht: BKI Objektdaten A8

BGF 546 €/m²

Planung: Planungsbüro Dipl.-Ing. (FH) Hanns-Peter Benl; Neuötting

Restaurierung und Modernisierung eines denkmalgeschützten Wohnhauses, Baujahr 1902. **Kosteneinfluss Nutzung:** Fassadenrestaurierung nach Befunduntersuchungen eines Restaurators mit Genehmigung durch die Untere Denkmalschutzbehörde.

1. Ebene: 300 Bauwerk – Baukonstruktionen: 94%, **400 Bauwerk – Technische Anlagen:** 6%
3. Ebene: Baukonstruktionen: A: 353 Deckenbeläge 3%, Sonstige < 1%, **W:** 334 Außenwandöffnungen 18%, 335 Außenwandbekleidungen, außen 4%, 339 Sonstiges zur KG 330 4%, 354 Deckenbekleidungen 4%, Sonstige 6%, **H:** 345 Innenwandbekleidungen 4%, 353 Deckenbeläge 13%, 354 Deckenbekleidungen 4%, 381 Allgemeine Einbauten 9%, 392 Gerüste 4%, Sonstige 7%, **Technische Anlagen: H:** 412 Wasseranlagen 44%, 444 Niederspannungsinstallationsanlagen 47%, 449 Sonstiges zur KG 440 6%, Sonstige 3%

Ein- und Zweifamilienhäuser vor 1945

€/m² BGF

min	545 €/m²
von	805 €/m²
Mittel	**1.205 €/m²**
bis	1.550 €/m²
max	1.755 €/m²

Kosten:
Stand 2. Quartal 2026
Bundesdurchschnitt
inkl. 19% MwSt.

A Abbrechen
W Wiederherstellen
H Herstellen

Objektübersicht zur Gebäudeart

6100-0798 Einfamilienhaus

BRI 778 m³ **BGF** 289 m² **NUF** 220 m²

Baujahr: 1929
Bauzustand: mittel
Aufwand: hoch
Nutzung während der Bauzeit: nein
Nutzungsänderung: nein
Grundrissänderungen: wenige
Tragwerkseingriffe: wenige

Land: Nordrhein-Westfalen
Kreis: Köln, Stadt
Standard: mittel
Bauzeit: 52 Wochen
Kennwerte: bis 3. Ebene DIN 276
veröffentlicht: BKI Objektdaten A8
BGF **1.297 €/m²**

Planung: Baumann Architektur; Köln

Modernisierung und energetische Sanierung eines dreigeschossigen Einfamilienhauses.

1. Ebene: 300 Bauwerk – Baukonstruktionen: 74%, **400 Bauwerk – Technische Anlagen:** 26%
3. Ebene: Baukonstruktionen: A: 394 Abbruchmaßnahmen 4%, Sonstige 2%, **W:** 353 Deckenbeläge 7%, Sonstige < 1%, **H:** 334 Außenwandöffnungen 13%, 335 Außenwandbekleidungen, außen 15%, 342 Nichttragende Innenwände 4%, 344 Innenwandöffnungen 4%, 345 Innenwandbekleidungen 4%, 353 Deckenbeläge 5%, 354 Deckenbekleidungen 4%, 363 Dachbeläge 9%, 364 Dachbekleidungen 5%, 369 Sonstiges zur KG 360 4%, Sonstige 18%, **Technische Anlagen: H:** 411 Abwasseranlagen 9%, 412 Wasseranlagen 16%, 421 Wärmeerzeugungsanlagen 34%, 431 Lüftungsanlagen 23%, 444 Niederspannungsinstallationsanlagen 15%, Sonstige 3%

6100-0609 Einfamilienhaus

BRI 767 m³ **BGF** 314 m² **NUF** 197 m²

Baujahr: 1910
Bauzustand: mittel
Aufwand: mittel
Nutzung während der Bauzeit: ja
Nutzungsänderung: nein
Grundrissänderungen: wenige
Tragwerkseingriffe: wenige

Land: Hessen
Kreis: Offenbach
Standard: mittel
Bauzeit: 17 Wochen
Kennwerte: bis 3. Ebene DIN 276
veröffentlicht: www.bki.de
BGF **800 €/m²**

Planung: Dipl.-Ing. Architektin Gabriele zur Megede; Langen

Modernisierung eines freistehenden Einfamilienhauses aus 1910 zu einem Niedrigenergiehaus mit WDVS, Dachdämmung, Solaranlage, Lüftung mit Wärmerückgewinnung u.a..

1. Ebene: 300 Bauwerk – Baukonstruktionen: 76%, **400 Bauwerk – Technische Anlagen:** 24%
3. Ebene: Baukonstruktionen: A: Sonstige 6%, **W:** Sonstige 3%, **H:** 334 Außenwandöffnungen 13%, 335 Außenwandbekleidungen, außen 10%, 345 Innenwandbekleidungen 4%, 354 Deckenbekleidungen 5%, 362 Dachöffnungen 12%, 363 Dachbeläge 24%, 364 Dachbekleidungen 8%, 366 Lichtschutz zur KG 360 6%, 392 Gerüste 3%, Sonstige 6%, **Technische Anlagen: A:** Sonstige 1%, **W:** Sonstige 3%, **H:** 421 Wärmeerzeugungsanlagen 43%, 423 Raumheizflächen 4%, 431 Lüftungsanlagen 29%, 444 Niederspannungsinstallationsanlagen 13%, 455 Audiovisuelle Medien- und Antennenanlagen 6%, Sonstige 1%

6100-0585 Einfamilienhaus mit ELW

BRI 1.028 m³ **BGF** 377 m² **NUF** 226 m²

Baujahr: 1930
Bauzustand: mittel
Aufwand: mittel
Nutzung während der Bauzeit: nein
Nutzungsänderung: nein
Grundrissänderungen: wenige
Tragwerkseingriffe: keine

Land: Sachsen-Anhalt
Kreis: Halle (Saale), Stadt
Standard: hoch
Bauzeit: 35 Wochen
Kennwerte: bis 3. Ebene DIN 276
veröffentlicht: www.bki.de

BGF 1.350 €/m²

Planung: Johann-Christian Fromme Freier Architekt; Halle

Ökologische Modernisierung eines freistehenden Einfamilienhauses mit Einliegerwohnung, Baujahr 1930. **Kosteneinfluss Grundstück:** Hoher Grundwasserstand

1. Ebene: 300 Bauwerk – Baukonstruktionen: 68%, **400 Bauwerk – Technische Anlagen:** 32%
3. Ebene: Baukonstruktionen: A: Sonstige 4%, **W:** 353 Deckenbeläge 7%, Sonstige 7%, **H:** 334 Außenwandöffnungen 16%, 335 Außenwandbekleidungen, außen 15%, 336 Außenwandbekleidungen, innen 5%, 344 Innenwandöffnungen 5%, 345 Innenwandbekleidungen 9%, 354 Deckenbekleidungen 4%, 361 Dachkonstruktionen 4%, 363 Dachbeläge 10%, Sonstige 15%, **Technische Anlagen: A:** Sonstige 2%, **H:** 412 Wasseranlagen 23%, 421 Wärmeerzeugungsanlagen 35%, 422 Wärmeverteilnetze 6%, 423 Raumheizflächen 8%, 431 Lüftungsanlagen 8%, 444 Niederspannungsinstallationsanlagen 9%, Sonstige 8%

6100-1329 Reihenendhaus

BRI 816 m³ **BGF** 325 m² **NUF** 197 m²

Baujahr: 1930

Land: Baden-Württemberg
Kreis: Stuttgart, Stadt
Standard: hoch
Bauzeit: 39 Wochen
Kennwerte: bis 1. Ebene DIN 276
veröffentlicht: BKI Objektdaten A11

BGF 1.119 €/m²

Planung: AMUNT Nagel Theissen Architekten und Designer PartG mbB; Stuttgart

Reihenendhaus mit ca. 150m² WFL

1. Ebene: 300 Bauwerk – Baukonstruktionen: 73%, **400 Bauwerk – Technische Anlagen:** 27%

€/m² BGF

min	545	€/m²
von	805	€/m²
Mittel	**1.205**	**€/m²**
bis	1.550	€/m²
max	1.755	€/m²

Kosten:
Stand 2. Quartal 2026
Bundesdurchschnitt
inkl. 19% MwSt.

Objektübersicht zur Gebäudeart

6100-0910 Einfamilienhaus | **BRI** 795 m³ | **BGF** 340 m² | **NUF** 197 m²

Baujahr: 1910

Land: Nordrhein-Westfalen
Kreis: Rheinisch-Bergischer Kreis
Standard: hoch
Bauzeit: 30 Wochen
Kennwerte: bis 1. Ebene DIN 276
veröffentlicht: BKI Objektdaten A8

BGF 718 €/m²

Planung: Udo J. Schmühl Architekt Dipl. Ing.; Hoffnungsthal

Modernisierung eines bestehenden Einfamilienhauses aus dem Jahr 1910 (WFL 140m²). **Kosteneinfluss Nutzung:** Wohnhaus als KfW-Effizienzhaus 100. Die Modernisierung erfüllt 100% die Anforderungen an Neubau (EnEV 2007). **Kosteneinfluss Grundstück:** Bestehendes Gebäude (Baujahr 1910) in einer gewachsenen Dorfstruktur.

1. Ebene: 300 Bauwerk – Baukonstruktionen: 84%, **400 Bauwerk – Technische Anlagen:** 16%

A Abbrechen
W Wiederherstellen
H Herstellen

Modernisierungen

Ein- und Zweifamilienhäuser nach 1945

Kostenkennwerte für die Kosten des Bauwerks (Kostengruppen 300+400 nach DIN 276)

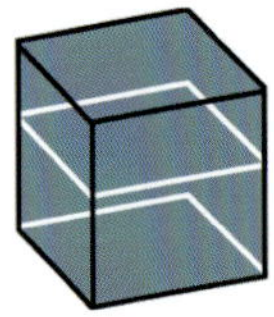

BRI 365 €/m³
von 235 €/m³
bis 520 €/m³

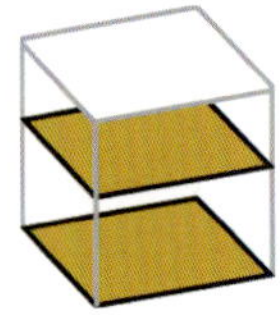

BGF 995 €/m²
von 665 €/m²
bis 1.400 €/m²

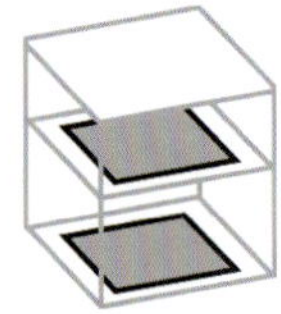

NUF 1.505 €/m²
von 940 €/m²
bis 2.170 €/m²

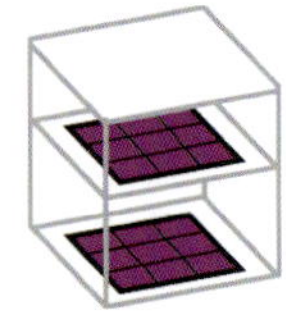

NE 1.910 €/NE
von 1.255 €/NE
bis 2.765 €/NE
NE: Wohnfläche

Objektbeispiele

Kosten:
Stand 2. Quartal 2026
Bundesdurchschnitt
inkl. 19% MwSt.

6100-1378

6100-1162

6100-1153

6100-0897

6100-0901

6100-0983

Kosten der 19 Vergleichsobjekte

Seiten 456 bis 465

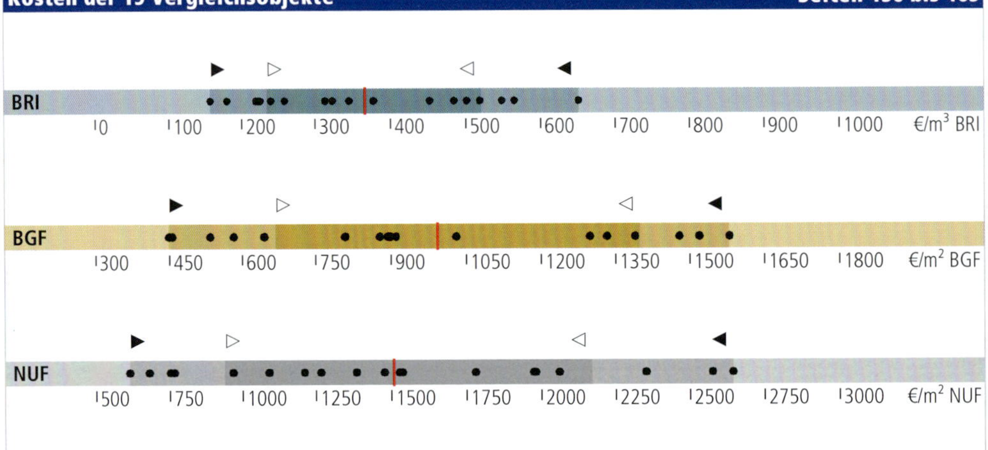

- ● KKW
- ▶ min
- ▷ von
- | Mittelwert
- ◁ bis
- ◀ max

Kostenkennwerte für die Kostengruppen der 1. und 2.Ebene DIN 276

KG	Kostengruppen der 1. Ebene	Einheit	▷	€/Einheit	◁	▷	% an 300+400	◁
100	Grundstück	m²GF	–	**–**	–	–	**–**	–
200	Vorbereitende Maßnahmen	m²GF	< 1	**< 1**	1	< 0,1	**0,2**	0,4
300	Bauwerk – Baukonstruktionen	m²BGF	513	**778**	1.065	71,4	**79,2**	88,4
400	Bauwerk – Technische Anlagen	m²BGF	92	**215**	332	11,6	**20,8**	28,6
	Bauwerk 300+400	m²BGF	667	**993**	1.399	100,0	**100,0**	100,0
500	Außenanlagen und Freiflächen	m²AF	12	**114**	366	1,2	**3,1**	7,1
600	Ausstattung und Kunstwerke	m²BGF	8	**19**	55	0,8	**1,7**	4,2
700	Baunebenkosten	m²BGF	–	**–**	–	–	**–**	–
800	Finanzierung	m²BGF	–	**–**	–	–	**–**	–

KG	Kostengruppen der 2. Ebene	Einheit	▷	€/Einheit	◁	▷	% an 1. Ebene	◁
310	Baugrube / Erdbau	m³BGI	78	**189**	537	< 0,1	**0,8**	2,6
320	Gründung, Unterbau	m²GRF	98	**239**	506	< 0,1	**2,4**	6,4
330	Außenwände / vertikal außen	m²AWF	209	**406**	564	22,1	**45,6**	70,3
340	Innenwände / vertikal innen	m²IWF	255	**358**	847	2,2	**11,7**	25,2
350	Decken / horizontal	m²DEF	174	**264**	531	4,9	**11,2**	22,4
360	Dächer	m²DAF	151	**366**	623	4,4	**17,8**	30,5
370	Infrastrukturanlagen		–	**–**	–	–	**–**	–
380	Baukonstruktive Einbauten	m²BGF	20	**136**	492	0,5	**6,7**	60,5
390	Sonst. Maßnahmen für Baukonst.	m²BGF	18	**32**	84	1,7	**3,9**	7,4
300	**Bauwerk – Baukonstruktionen**	**m²BGF**					**100,0**	
410	Abwasser-, Wasser-, Gasanlagen	m²BGF	26	**66**	111	3,9	**17,0**	32,6
420	Wärmeversorgungsanlagen	m²BGF	37	**94**	156	19,9	**45,9**	78,9
430	Raumlufttechnische Anlagen	m²BGF	5	**34**	77	0,2	**10,0**	47,8
440	Elektrische Anlagen	m²BGF	28	**62**	119	8,5	**23,0**	39,8
450	Kommunikationstechnische Anlagen	m²BGF	4	**11**	26	0,8	**3,7**	12,9
460	Förderanlagen	m²BGF	–	**–**	–	–	**–**	–
470	Nutzungsspez. / verfahrenstech. Anl.	m²BGF	–	**–**	–	–	**–**	–
480	Gebäude- und Anlagenautomation	m²BGF	–	**–**	–	–	**–**	–
490	Sonst. Maßnahmen f. techn. Anl.	m²BGF	2	**7**	17	< 0,1	**0,4**	3,8
400	**Bauwerk – Technische Anlagen**	**m²BGF**					**100,0**	

Prozentanteile der Kosten 2.Ebene an den Kosten des Bauwerks nach DIN 276 (Von/Mittel/Bis)

KG	Kostengruppe	%
310	Baugrube / Erdbau	0,6
320	Gründung, Unterbau	1,8
330	Außenwände / vertikal außen	37,3
340	Innenwände / vertikal innen	8,6
350	Decken / horizontal	8,6
360	Dächer	14,2
370	Infrastrukturanlagen	
380	Baukonstruktive Einbauten	5,0
390	Sonst. Maßnahmen für Baukonst.	3,0
410	Abwasser-, Wasser-, Gasanlagen	4,3
420	Wärmeversorgungsanlagen	9,1
430	Raumlufttechnische Anlagen	1,7
440	Elektrische Anlagen	4,9
450	Kommunikationstechnische Anlagen	0,8
460	Förderanlagen	
470	Nutzungsspez. / verfahrenstech. Anl.	
480	Gebäude- und Anlagenautomation	
490	Sonst. Maßnahmen f. techn. Anl.	< 0,1

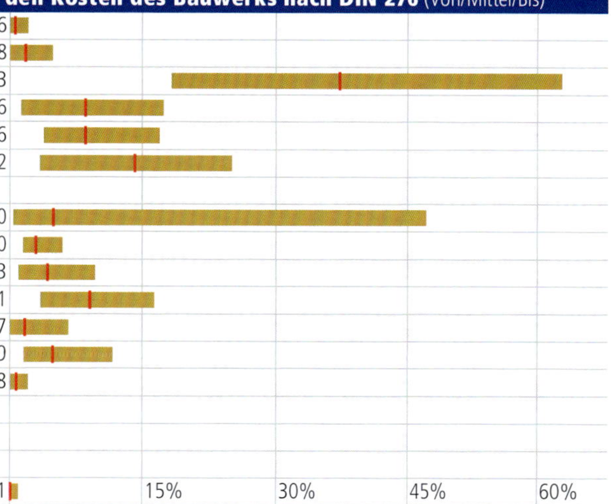

Kostenstand: 2. Quartal 2026, Bundesdurchschnitt, **inkl. 19% MwSt.**

Kosten:
Stand 2. Quartal 2026
Bundesdurchschnitt
inkl. 19% MwSt.

▷ von
ø Mittel
◁ bis

Kostenkennwerte für die Kostengruppen der 3. Ebene DIN 276

KG	Kostengruppen der 3. Ebene	Einheit	▷	€/Einheit	◁	▷	€/m² BGF	◁
311	**Herstellung**	m³	78	**188**	536	6	**15**	24
	Herstellen	m³	78	**188**	536	6	**15**	24
322	**Flachgründungen und Bodenplatten**	m²	158	**202**	243	22	**31**	52
	Abbrechen	*m²*	–	***117***	–	–	***26***	–
	Wiederherstellen	m²	–	**66**	–	–	**15**	–
	Herstellen	m²	80	**156**	224	13	**21**	28
324	**Gründungsbeläge**	m²	70	**156**	276	16	**35**	65
	Abbrechen	*m²*	*7*	***31***	*63*	*2*	***5***	*9*
	Herstellen	m²	66	**138**	230	17	**32**	67
325	**Abdichtungen und Bekleidungen**	m²	24	**86**	138	4	**10**	21
	Herstellen	m²	24	**86**	138	4	**10**	21
326	**Dränagen**	m²	3	**21**	42	2	**6**	19
	Herstellen	m²	3	**21**	42	2	**6**	19
331	**Tragende Außenwände**	m²	192	**759**	1.377	7	**31**	99
	Abbrechen	*m²*	*10*	***289***	*849*	*3*	***8***	*17*
	Wiederherstellen	m²	–	**997**	–	–	**4**	–
	Herstellen	m²	179	**537**	1.086	4	**34**	95
332	**Nichttragende Außenwände**	m²	213	**259**	304	2	**4**	9
	Herstellen	m²	213	**259**	304	3	**5**	7
333	**Außenstützen**	m	106	**111**	116	1	**2**	3
	Herstellen	m	106	**111**	116	1	**2**	3
334	**Außenwandöffnungen**	m²	626	**1.015**	1.684	67	**120**	210
	Abbrechen	*m²*	*11*	***50***	*88*	*1*	***6***	*10*
	Wiederherstellen	m²	71	**184**	348	8	**32**	94
	Herstellen	m²	536	**919**	1.696	55	**111**	165
335	**Außenwandbekleidungen, außen**	m²	143	**223**	319	77	**147**	237
	Abbrechen	*m²*	*9*	***26***	*74*	*3*	***16***	*34*
	Wiederherstellen	m²	6	**19**	50	3	**10**	27
	Herstellen	m²	99	**207**	280	71	**139**	237
336	**Außenwandbekleidungen, innen**	m²	52	**98**	171	15	**28**	46
	Abbrechen	*m²*	*6*	***9***	*23*	*2*	***4***	*7*
	Wiederherstellen	m²	11	**13**	16	4	**7**	9
	Herstellen	m²	44	**92**	169	13	**25**	45
337	**Elem. Außenwandkonstruktionen**	m²	885	**2.461**	5.611	37	**107**	242
	Abbrechen	*m²*	–	***66***	–	–	***18***	–
	Herstellen	m²	852	**2.439**	5.611	37	**101**	224
338	**Lichtschutz zur KG 330**	m²	128	**327**	554	5	**19**	39
	Abbrechen	*m²*	–	***25***	–	–	***< 1***	–
	Wiederherstellen	m²	33	**60**	134	1	**4**	11
	Herstellen	m²	232	**392**	628	7	**23**	42
339	**Sonstiges zur KG 330**	m²	8	**26**	55	7	**18**	39
	Abbrechen	*m²*	*3*	***6***	*12*	*2*	***5***	*9*
	Wiederherstellen	m²	–	**1**	–	–	**1**	–
	Herstellen	m²	17	**31**	60	12	**21**	40
341	**Tragende Innenwände**	m²	192	**349**	567	5	**14**	35
	Abbrechen	*m²*	*18*	***69***	*169*	*1*	***5***	*9*
	Wiederherstellen	m²	–	**93**	–	–	**24**	–
	Herstellen	m²	139	**311**	498	4	**10**	18

KG	Kostengruppen der 3. Ebene	Einheit	▷	€/Einheit	◁	▷	€/m^2 BGF	◁
342	**Nichttragende Innenwände**	m^2	165	**275**	373	18	**43**	74
	Abbrechen	*m^2*	*32*	***85***	*154*	*7*	***11***	*23*
	Herstellen	m^2	131	**199**	321	12	**32**	57
343	**Innenstützen**	m	–	**52**	–	–	**< 1**	–
	Herstellen	m	–	**52**	–	–	**< 1**	–
344	**Innenwandöffnungen**	m^2	273	**494**	637	11	**32**	55
	Abbrechen	*m^2*	*12*	***53***	*156*	*< 1*	***2***	*4*
	Wiederherstellen	m^2	63	**139**	217	5	**16**	35
	Herstellen	m^2	184	**389**	628	9	**23**	40
345	**Innenwandbekleidungen**	m^2	61	**116**	395	20	**64**	103
	Abbrechen	*m^2*	*6*	***16***	*44*	*3*	***10***	*19*
	Wiederherstellen	m^2	7	**67**	248	4	**11**	18
	Herstellen	m^2	50	**86**	191	17	**55**	88
349	**Sonstiges zur KG 340**	m^2	–	**49**	–	–	**6**	–
	Herstellen	m^2	–	**49**	–	–	**6**	–
351	**Deckenkonstruktionen**	m^2	46	**83**	105	10	**17**	28
	Abbrechen	*m^2*	*3*	***6***	*9*	*< 1*	***4***	*8*
	Wiederherstellen	m^2	–	**26**	–	3	**6**	9
	Herstellen	m^2	46	**70**	113	4	**15**	19
352	**Deckenöffnungen**	m^2	–	**1.200**	–	–	**2**	–
	Herstellen	m^2	–	**1.200**	–	–	**2**	–
353	**Deckenbeläge**	m^2	116	**230**	361	27	**65**	113
	Abbrechen	*m^2*	*12*	***45***	*89*	*4*	***9***	*19*
	Wiederherstellen	m^2	21	**42**	80	6	**18**	45
	Herstellen	m^2	93	**181**	278	23	**51**	89
354	**Deckenbekleidungen**	m^2	29	**62**	98	12	**26**	67
	Abbrechen	*m^2*	*3*	***5***	*6*	*2*	***3***	*4*
	Wiederherstellen	m^2	9	**22**	65	4	**14**	50
	Herstellen	m^2	29	**57**	85	11	**22**	42
355	**Elementierte Deckenkonstruktionen**	m^2	–	**1.934**	–	–	**52**	–
	Herstellen	m^2	–	**1.934**	–	–	**52**	–
359	**Sonstiges zur KG 350**	m^2	6	**26**	88	2	**5**	17
	Abbrechen	*m^2*	*3*	***58***	*112*	*–*	***2***	*–*
	Wiederherstellen	m^2	2	**7**	24	< 1	**2**	6
	Herstellen	m^2	6	**19**	45	3	**9**	21
361	**Dachkonstruktionen**	m^2	59	**124**	265	14	**40**	99
	Abbrechen	*m^2*	*15*	***19***	*23*	*7*	***12***	*18*
	Herstellen	m^2	54	**119**	261	12	**37**	89
362	**Dachöffnungen**	m^2	1.601	**2.484**	3.375	11	**19**	37
	Abbrechen	*m^2*	*69*	***166***	*290*	*< 1*	***1***	*3*
	Herstellen	m^2	1.571	**2.415**	3.278	11	**19**	36
363	**Dachbeläge**	m^2	181	**313**	608	47	**115**	184
	Abbrechen	*m^2*	*15*	***38***	*86*	*6*	***16***	*37*
	Wiederherstellen	m^2	17	**62**	150	5	**8**	17
	Herstellen	m^2	136	**264**	527	47	**106**	163
364	**Dachbekleidungen**	m^2	55	**99**	207	11	**33**	84
	Abbrechen	*m^2*	*22*	***29***	*47*	*4*	***10***	*17*
	Wiederherstellen	m^2	10	**36**	87	2	**4**	5
	Herstellen	m^2	49	**89**	175	11	**31**	72
366	**Lichtschutz zur KG 360**	m^2	–	**865**	–	–	**11**	–
	Herstellen	m^2	–	**865**	–	–	**11**	–

KG	Kostengruppen der 3. Ebene	Einheit	▷	€/Einheit	◁	▷	€/m² BGF	◁
369	**Sonstiges zur KG 360**	m²	4	**8**	14	2	**4**	7
	Abbrechen	*m²*	–	***2***	–	–	***2***	–
	Herstellen	m²	4	**8**	14	2	**4**	6
381	**Allgemeine Einbauten**	m²	20	**136**	492	20	**136**	492
	Abbrechen	*m²*	*1*	***5***	*8*	*1*	***5***	*8*
	Wiederherstellen	m²	–	**2**	–	–	**2**	–
	Herstellen	m²	21	**155**	495	21	**155**	495
391	**Baustelleneinrichtung**	m²	4	**11**	26	4	**11**	26
	Herstellen	m²	4	**11**	26	4	**11**	26
392	**Gerüste**	m²	9	**14**	21	9	**14**	21
	Herstellen	m²	9	**14**	21	9	**14**	21
393	**Sicherungsmaßnahmen**	m²	< 1	**6**	12	< 1	**6**	12
	Herstellen	m²	< 1	**6**	12	< 1	**6**	12
394	**Abbruchmaßnahmen**	m²	7	**58**	109	7	**58**	109
	Abbrechen	*m²*	*7*	***58***	*109*	*7*	***58***	*109*
396	**Materialentsorgung**	m²	1	**2**	2	1	**2**	2
	Abbrechen	*m²*	–	***2***	–	–	***2***	–
	Herstellen	m²	1	**2**	2	1	**2**	2
397	**Zusätzliche Maßnahmen**	m²	4	**6**	13	4	**6**	13
	Herstellen	m²	4	**6**	13	4	**6**	13
398	**Provisorische Baukonstruktionen**	m²	< 1	**1**	2	< 1	**1**	2
	Herstellen	m²	< 1	**1**	2	< 1	**1**	2

Kosten:
Stand 2. Quartal 2026
Bundesdurchschnitt
inkl. 19% MwSt.

▷ von
ø Mittel
◁ bis

KG	Kostengruppen der 3. Ebene	Einheit	▷	€/Einheit	◁	▷	€/m² BGF	◁
411	**Abwasseranlagen**	m²	6	**13**	30	6	**13**	30
	Abbrechen	*m²*	*1*	***2***	*3*	*1*	***2***	*3*
	Wiederherstellen	m²	–	**< 1**	–	–	**< 1**	–
	Herstellen	m²	6	**13**	30	6	**13**	30
412	**Wasseranlagen**	m²	27	**55**	104	27	**55**	104
	Abbrechen	*m²*	*3*	***4***	*7*	*3*	***4***	*7*
	Herstellen	m²	26	**52**	99	26	**52**	99
413	**Gasanlagen**	m²	–	**6**	–	–	**6**	–
	Herstellen	m²	–	**6**	–	–	**6**	–
419	**Sonstiges zur KG 410**	m²	2	**5**	7	2	**5**	7
	Herstellen	m²	2	**5**	7	2	**5**	7
421	**Wärmeerzeugungsanlagen**	m²	25	**68**	135	25	**68**	135
	Abbrechen	*m²*	*4*	***7***	*9*	*4*	***7***	*9*
	Wiederherstellen	m²	9	**24**	38	9	**24**	38
	Herstellen	m²	21	**67**	131	21	**67**	131
422	**Wärmeverteilnetze**	m²	10	**20**	29	10	**20**	29
	Wiederherstellen	m²	–	**< 1**	–	–	**< 1**	–
	Herstellen	m²	10	**20**	29	10	**20**	29
423	**Raumheizflächen**	m²	17	**32**	57	17	**32**	57
	Abbrechen	*m²*	*2*	***4***	*7*	*2*	***4***	*7*
	Wiederherstellen	m²	2	**4**	5	2	**4**	5
	Herstellen	m²	15	**30**	52	15	**30**	52
429	**Sonstiges zur KG 420**	m²	4	**9**	16	4	**9**	16
	Abbrechen	*m²*	*2*	***5***	*10*	*2*	***5***	*10*
	Wiederherstellen	m²	5	**9**	13	5	**9**	13
	Herstellen	m²	3	**8**	16	3	**8**	16
431	**Lüftungsanlagen**	m²	2	**35**	78	2	**35**	78
	Herstellen	m²	2	**35**	78	2	**35**	78
444	**Niederspannungsinstallationsanl.**	m²	35	**54**	72	35	**54**	72
	Abbrechen	*m²*	*1*	***3***	*7*	*1*	***3***	*7*
	Wiederherstellen	m²	1	**8**	20	1	**8**	20
	Herstellen	m²	30	**51**	69	30	**51**	69
445	**Beleuchtungsanlagen**	m²	5	**23**	100	5	**23**	100
	Wiederherstellen	m²	–	**1**	–	–	**1**	–
	Herstellen	m²	5	**23**	100	5	**23**	100
446	**Blitzschutz- und Erdungsanlagen**	m²	< 1	**1**	2	< 1	**1**	2
	Herstellen	m²	< 1	**1**	2	< 1	**1**	2
451	**Telekommunikationsanlagen**	m²	< 1	**1**	3	< 1	**1**	3
	Herstellen	m²	< 1	**1**	3	< 1	**1**	3
452	**Such- und Signalanlagen**	m²	< 1	**3**	6	< 1	**3**	6
	Herstellen	m²	< 1	**3**	6	< 1	**3**	6
454	**Elektroakustische Anlagen**	m²	–	**2**	–	–	**2**	–
	Herstellen	m²	–	**2**	–	–	**2**	–
455	**Audiovis. Medien- u. Antennenanl.**	m²	2	**4**	8	2	**4**	8
	Abbrechen	*m²*	–	***1***	–	–	***1***	–
	Herstellen	m²	2	**4**	8	2	**4**	8
456	**Gefahrenmelde- und Alarmanlagen**	m²	< 1	**1**	1	< 1	**1**	1
	Abbrechen	*m²*	–	***< 1***	–	–	***< 1***	–
	Herstellen	m²	< 1	**1**	2	< 1	**1**	2
457	**Datenübertragungsnetze**	m²	4	**9**	40	4	**9**	40
	Herstellen	m²	4	**9**	40	4	**9**	40

KG	Kostengruppen der 3. Ebene	Einheit	▷	€/Einheit	◁	▷	€/m² BGF	◁
494	**Abbruchmaßnahmen**	m²	–	**17**	–	–	**17**	–
	Abbrechen	*m²*	–	***17***	–	–	***17***	–
495	**Instandsetzungen**	m²	–	**< 1**	–	–	**< 1**	–
	Herstellen	m²	–	**< 1**	–	–	**< 1**	–
496	**Materialentsorgung**	m²	–	**< 1**	–	–	**< 1**	–
	Herstellen	m²	–	**< 1**	–	–	**< 1**	–
497	**Zusätzliche Maßnahmen**	m²	–	**3**	–	–	**3**	–
	Wiederherstellen	m²	–	**3**	–	–	**3**	–

Kosten:
Stand 2. Quartal 2026
Bundesdurchschnitt
inkl. 19% MwSt.

▷ von
ø Mittel
◁ bis

Prozentanteile der Kosten für Leistungsbereiche nach STLB (Kosten Bauwerk nach DIN 276)

LB	Leistungsbereiche	▷	% an 300+400	◁
000	Baustellen-, Sicherheitseinr. inkl. 001, 089	1,4	**2,4**	3,7
002	Erdarbeiten	< 0,1	**0,8**	2,3
006	Spezialtiefbauarbeiten inkl. 005	< 0,1	**< 0,1**	0,1
009	Entwässerungskanalarbeiten inkl. 011	< 0,1	**0,1**	1,0
010	Drän- und Versickerarbeiten	< 0,1	**0,1**	1,1
012	Mauerarbeiten	0,5	**1,8**	4,2
013	Betonarbeiten	0,1	**1,7**	8,4
014	Natur-, Betonwerksteinarbeiten	0,0	**0,2**	1,4
016	Zimmer- und Holzbauarbeiten	0,6	**3,0**	19,9
017	Stahlbauarbeiten	< 0,1	**< 0,1**	1,1
018	Abdichtungsarbeiten	< 0,1	**0,2**	1,3
020	Dachdeckungsarbeiten	1,0	**6,7**	15,5
021	Dachabdichtungsarbeiten	0,2	**2,1**	10,2
022	Klempnerarbeiten	0,5	**1,9**	3,8
	Rohbau	8,1	**21,0**	36,7
023	Putz- und Stuckarbeiten, Wärmedämmsysteme	5,5	**14,0**	30,8
024	Fliesen- und Plattenarbeiten	0,5	**3,0**	6,6
025	Estricharbeiten	< 0,1	**0,7**	1,5
026	Fenster, Außentüren inkl. 029, 032	4,6	**12,6**	19,3
027	Tischlerarbeiten	1,5	**6,8**	50,0
028	Parkett-, Holzpflasterarbeiten	< 0,1	**2,0**	5,9
030	Rollladenarbeiten	< 0,1	**1,2**	4,9
031	Metallbauarbeiten inkl. 035	< 0,1	**1,0**	3,0
034	Maler- und Lackiererarb. - Beschicht. inkl. 037	1,3	**4,6**	13,8
036	Bodenbelagarbeiten	< 0,1	**1,4**	5,6
038	Vorgehängte hinterlüftete Fassaden	< 0,1	**1,1**	19,3
039	Trockenbauarbeiten	0,8	**3,4**	6,8
	Ausbau	39,6	**51,8**	66,5
040	Wärmeversorgungsanl. - Betriebseinr. inkl. 041	3,6	**8,8**	15,5
042	Gas- u. Wasseranl. - Leitung., Armat. inkl. 043	0,3	**1,3**	2,5
044	Abwasseranl. - Leitungen, Abläufe, Armaturen	< 0,1	**0,6**	1,8
045	Gas, Wasser, Entwässerung - Ausstattung inkl. 046	0,4	**2,4**	7,1
047	Dämm- und Brandschutzarb. an techn. Anlagen	< 0,1	**0,1**	0,5
049	Feuerlöschanlagen, Feuerlöschgeräte	–	**–**	–
050	Blitzschutz-/Erdungsanlagen, Überspannungssch.	< 0,1	**< 0,1**	0,1
052	Mittelspannungsanlagen	–	**–**	–
053	Niederspannungsanl. - Kabel inkl. 054	1,1	**3,8**	6,5
055	Sicherheits- u. Ersatzstromversorgungsanl.	–	**–**	–
057	Gebäudesystemtechnik	–	**–**	–
058	Leuchten und Lampen inkl. 059	0,1	**1,2**	10,9
060	Such, Signal, Zeit, Anten., akust. Anl. inkl. 064	< 0,1	**0,2**	0,6
061	Kommunikations- u. Übertragungsnetze inkl. 062	0,1	**0,5**	1,8
063	Gefahrenmeldeanlagen	< 0,1	**< 0,1**	< 0,1
069	Aufzüge	–	**–**	–
070	Gebäudeautomation	–	**–**	–
075	Raumlufttechnische Anlagen inkl. 078	< 0,1	**1,8**	6,8
	Gebäudetechnik	14,3	**20,8**	28,5
084	Abbruch, Rückbau, Schadstoffsanierung	4,2	**6,3**	9,7
	Sonstige Leistungsbereiche inkl. 008, 033, 051	< 0,1	**0,2**	0,8

Ein- und Zweifamilienhäuser nach 1945

€/m² BGF

min	450	€/m²
von	665	€/m²
Mittel	**995**	**€/m²**
bis	1.400	€/m²
max	1.580	€/m²

Kosten:
Stand 2. Quartal 2026
Bundesdurchschnitt
inkl. 19% MwSt.

Objektübersicht zur Gebäudeart

6100-1713 Einfamilienhaus

BRI 542 m³ **BGF** 196 m² **NUF** 126 m²

Baujahr: 1996
Bauzustand: gut
Aufwand: mittel
Nutzung während der Bauzeit: nein
Nutzungsänderung: nein
Grundrissänderungen: wenige
Tragwerkseingriffe: keine

Land: Bayern
Kreis: Rosenheim
Standard: mittel
Bauzeit: 17 Wochen
Kennwerte: bis 3. Ebene DIN 276
veröffentlicht: BKI Objektdaten A13
BGF **893 €/m²**

Planung: k.A.

Modernisierung eines Einfamilienhauses WFL 127m²

1. Ebene: 300 Bauwerk – Baukonstruktionen: 59%, **400 Bauwerk – Technische Anlagen:** 41%
3. Ebene: Baukonstruktionen: A: Sonstige 6%, **W:** 344 Innenwandöffnungen 3%, **H:** 324 Gründungsbeläge 3%, 342 Nichttragende Innenwände 5%, 344 Innenwandöffnungen 6%, 345 Innenwandbekleidungen 12%, 353 Deckenbeläge 12%, 364 Dachbekleidungen 4%, 381 Allgemeine Einbauten 41%, 391 Baustelleneinrichtung 3%, Sonstige 6%, **Technische Anlagen:** A: Sonstige 3%, **W:** Sonstige 1%, **H:** 411 Abwasseranlagen 4%, 412 Wasseranlagen 27%, 423 Raumheizflächen 6%, 444 Niederspannungsinstallationsanlagen 19%, 445 Beleuchtungsanlagen 35%, Sonstige 3%

6100-1428 Eigentumswohnung

BRI 933 m³ **BGF** 259 m² **NUF** 192 m²

Baujahr: 1905
Bauzustand: mittel
Aufwand: mittel
Nutzung während der Bauzeit: nein
Nutzungsänderung: nein
Grundrissänderungen: einige
Tragwerkseingriffe: wenige

Land: Hamburg
Kreis: Hamburg, Stadt
Standard: hoch
Bauzeit: 13 Wochen
Kennwerte: bis 3. Ebene DIN 276
veröffentlicht: BKI Objektdaten A12
BGF **808 €/m²**

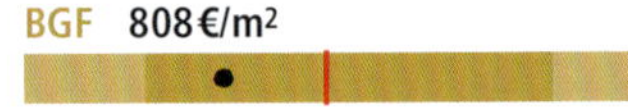

Planung: Mannott + Mannott Dipl. Ingenieure, Architekten; Hamburg

Modernisierung einer Eigentumswohnung in einem denkmalgeschützten Mehrfamilienhaus mit Deckenstuck und historischen Fliesen.

1. Ebene: 300 Bauwerk – Baukonstruktionen: 72%, **400 Bauwerk – Technische Anlagen:** 28%
3. Ebene: Baukonstruktionen: A: Sonstige 5%, **W:** 334 Außenwandöffnungen 4%, 341 Tragende Innenwände 4%, 344 Innenwandöffnungen 8%, 353 Deckenbeläge 9%, 354 Deckenbekleidungen 9%, Sonstige < 1%, **H:** 336 Außenwandbekleidungen, innen 6%, 341 Tragende Innenwände 3%, 345 Innenwandbekleidungen 21%, 353 Deckenbeläge 7%, 354 Deckenbekleidungen 8%, 381 Allgemeine Einbauten 5%, Sonstige 10%, **Technische Anlagen:** A: 412 Wasseranlagen 4%, Sonstige 1%, **W:** 421 Wärmeerzeugungsanlagen 4%, Sonstige 2%, **H:** 412 Wasseranlagen 37%, 419 Sonstiges zur KG 410 3%, 423 Raumheizflächen 8%, 444 Niederspannungsinstallationsanlagen 29%, Sonstige 10%

A Abbrechen
W Wiederherstellen
H Herstellen

6100-1378 Einfamilienhaus, Garage

BRI 1.146 m³ **BGF** 471 m² **NUF** 305 m²

Baujahr: 1964
Bauzustand: mittel
Aufwand: mittel
Nutzung während der Bauzeit: nein
Nutzungsänderung: nein
Grundrissänderungen: wenige
Tragwerkseingriffe: wenige

Land: Hamburg
Kreis: Hamburg, Stadt
Standard: mittel
Bauzeit: 22 Wochen
Kennwerte: bis 3. Ebene DIN 276
veröffentlicht: BKI Objektdaten A12

BGF 1.333 €/m²

Planung: güldenzopf rohrberg architektur + design; Hamburg

Einfamilienhaus mit angebauter Garage

1. Ebene: 300 Bauwerk – Baukonstruktionen: 83%, **400 Bauwerk – Technische Anlagen:** 17%
3. Ebene: Baukonstruktionen: A: Sonstige 9%, **W:** Sonstige 4%, **H:** 334 Außenwandöffnungen 10%, 335 Außenwandbekleidungen, außen 19%, 345 Innenwandbekleidungen 7%, 353 Deckenbeläge 9%, 363 Dachbeläge 9%, 364 Dachbekleidungen 3%, 391 Baustelleneinrichtung 3%, Sonstige 26%, **Technische Anlagen:** A: Sonstige 7%, **W:** Sonstige 3%, **H:** 411 Abwasseranlagen 8%, 412 Wasseranlagen 24%, 421 Wärmeerzeugungsanlagen 8%, 422 Wärmeverteilnetze 14%, 423 Raumheizflächen 7%, 444 Niederspannungsinstallationsanlagen 21%, Sonstige 8%

6100-1153 Einfamilienhaus - Effizienzhaus 70

BRI 990 m³ **BGF** 382 m² **NUF** 251 m²

Baujahr: 1959
Bauzustand: mittel
Aufwand: mittel
Nutzung während der Bauzeit: nein
Nutzungsänderung: nein
Grundrissänderungen: umfangreiche
Tragwerkseingriffe: wenige

Land: Mecklenburg-Vorpommern
Kreis: Rostock
Standard: mittel
Bauzeit: 13 Wochen
Kennwerte: bis 3. Ebene DIN 276
veröffentlicht: BKI Objektdaten E6

BGF 1.299 €/m²

Planung: Hans-Jörg Peter Dipl.-Ing. Architekt hh-Energieberatung.de; Hamburg

Sanierung eines Zweifamilienhauses zum Einfamilienhaus als Effizienzhaus 70 mit 285 m² WFL.

1. Ebene: 300 Bauwerk – Baukonstruktionen: 75%, **400 Bauwerk – Technische Anlagen:** 25%
3. Ebene: Baukonstruktionen: A: 394 Abbruchmaßnahmen 11%, Sonstige 2%, **W:** Sonstige 1%, **H:** 334 Außenwandöffnungen 13%, 335 Außenwandbekleidungen, außen 11%, 342 Nichttragende Innenwände 6%, 344 Innenwandöffnungen 4%, 345 Innenwandbekleidungen 7%, 353 Deckenbeläge 6%, 354 Deckenbekleidungen 6%, 363 Dachbeläge 21%, Sonstige 12%, **Technische Anlagen:** A: 494 Abbruchmaßnahmen 5%, **H:** 412 Wasseranlagen 9%, 421 Wärmeerzeugungsanlagen 28%, 422 Wärmeverteilnetze 3%, 423 Raumheizflächen 10%, 429 Sonstiges zur KG 420 3%, 431 Lüftungsanlagen 16%, 444 Niederspannungsinstallationsanlagen 10%, Sonstige 9%

Ein- und Zweifamilienhäuser nach 1945

€/m² BGF

min	450	€/m²
von	665	€/m²
Mittel	**995**	**€/m²**
bis	1.400	€/m²
max	1.580	€/m²

Kosten:
Stand 2. Quartal 2026
Bundesdurchschnitt
inkl. 19% MwSt.

Objektübersicht zur Gebäudeart

6100-1159 Einfamilienhaus - Effizienzhaus 40*

BRI 818 m³ **BGF** 239 m² **NUF** 186 m²

Baujahr: 1967
Bauzustand: mittel
Aufwand: hoch
Nutzung während der Bauzeit: nein
Nutzungsänderung: nein
Grundrissänderungen: umfangreiche
Tragwerkseingriffe: wenige

Land: Hamburg
Kreis: Hamburg, Stadt
Standard: hoch
Bauzeit: 39 Wochen
Kennwerte: bis 3. Ebene DIN 276
veröffentlicht: BKI Objektdaten E6

BGF 3.589 €/m²

* Nicht in der Auswertung enthalten

Planung: Hans-Jörg Peter Dipl.-Ing. Architekt hh-Energieberatung.de; Hamburg

Einfamilienhaus-Atrium-Bungalow KfW 40

1. Ebene: 300 Bauwerk – Baukonstruktionen: 73%, **400 Bauwerk – Technische Anlagen:** 27%
3. Ebene: Baukonstruktionen: **A:** Sonstige 7%, **H:** 324 Gründungsbeläge 20%, 334 Außenwandöffnungen 5%, 335 Außenwandbekleidungen, außen 6%, 337 Elementierte Außenwandkonstruktionen 16%, 345 Innenwandbekleidungen 5%, 362 Dachöffnungen 8%, 363 Dachbeläge 15%, 364 Dachbekleidungen 4%, Sonstige 15%, **Technische Anlagen:** **A:** Sonstige 3%, **H:** 411 Abwasseranlagen 6%, 412 Wasseranlagen 13%, 421 Wärmeerzeugungsanlagen 15%, 423 Raumheizflächen 5%, 431 Lüftungsanlagen 13%, 444 Niederspannungsinstallationsanlagen 20%, 445 Beleuchtungsanlagen 7%, 456 Gefahrenmelde- und Alarmanlagen 3%, 481 Automationseinrichtungen 6%, Sonstige 9%

6100-1305 Einfamilienhaus

BRI 712 m³ **BGF** 255 m² **NUF** 156 m²

Baujahr: 1962
Bauzustand: mittel
Aufwand: mittel
Nutzung während der Bauzeit: nein
Nutzungsänderung: nein
Grundrissänderungen: einige
Tragwerkseingriffe: wenige

Land: Hamburg
Kreis: Hamburg, Stadt
Standard: mittel
Bauzeit: 26 Wochen
Kennwerte: bis 3. Ebene DIN 276
veröffentlicht: BKI Objektdaten A12

BGF 1.579 €/m²

Planung: Mannott + Mannott Dipl. Ingenieure, Architekten; Hamburg

Einfamilienhaus als Flachdach-Bungalow

1. Ebene: 300 Bauwerk – Baukonstruktionen: 78%, **400 Bauwerk – Technische Anlagen:** 22%
3. Ebene: Baukonstruktionen: **A:** Sonstige 9%, **W:** 334 Außenwandöffnungen 10%, Sonstige 4%, **H:** 324 Gründungsbeläge 6%, 334 Außenwandöffnungen 12%, 335 Außenwandbekleidungen, außen 10%, 344 Innenwandöffnungen 3%, 345 Innenwandbekleidungen 5%, 353 Deckenbeläge 3%, 361 Dachkonstruktionen 3%, 363 Dachbeläge 14%, 364 Dachbekleidungen 9%, Sonstige 11%, **Technische Anlagen:** **A:** Sonstige 4%, **W:** Sonstige < 1%, **H:** 411 Abwasseranlagen 3%, 412 Wasseranlagen 15%, 421 Wärmeerzeugungsanlagen 32%, 422 Wärmeverteilnetze 10%, 423 Raumheizflächen 6%, 444 Niederspannungsinstallationsanlagen 20%, 445 Beleuchtungsanlagen 4%, Sonstige 6%

A Abbrechen
W Wiederherstellen
H Herstellen

Objektübersicht zur Gebäudeart

6100-1465 Dachgeschosswohnung

BRI 468 m³ | **BGF** 171 m² | **NUF** 120 m²

Baujahr: 1960
Bauzustand: gut
Aufwand: mittel
Nutzung während der Bauzeit: nein
Nutzungsänderung: ja
Grundrissänderungen: wenige
Tragwerkseingriffe: keine

Land: Nordrhein-Westfalen
Kreis: Köln, Stadt
Standard: mittel
Bauzeit: 104 Wochen
Kennwerte: bis 3. Ebene DIN 276
veröffentlicht: BKI Objektdaten A12

BGF **1.030 €/m²**

Planung: Dipl.-Ing. Christoph Wieacker Architekt BDA; Köln

Modernisierung einer Dachgeschosswohnung (123 m² WFL)

1. Ebene: 300 Bauwerk – Baukonstruktionen: 83%, **400 Bauwerk – Technische Anlagen:** 17%
3. Ebene: Baukonstruktionen: **A:** Sonstige 3%, **W:** Sonstige 2%, **H:** 345 Innenwandbekleidungen 10%, 381 Allgemeine Einbauten 74%, Sonstige 10%, **Technische Anlagen:** **H:** 412 Wasseranlagen 8%, 422 Wärmeverteilnetze 12%, 423 Raumheizflächen 5%, 444 Niederspannungsinstallationsanlagen 28%, 445 Beleuchtungsanlagen 21%, 457 Datenübertragungsnetze 22%, Sonstige 4%

6100-1162 Einfamilienhaus, Garage - Effizienzhaus 70

BRI 1.136 m³ | **BGF** 436 m² | **NUF** 257 m²

Baujahr: 1976
Bauzustand: gut
Aufwand: mittel
Nutzung während der Bauzeit: ja
Nutzungsänderung: nein
Grundrissänderungen: einige
Tragwerkseingriffe: wenige

Land: Hamburg
Kreis: Hamburg, Stadt
Standard: mittel
Bauzeit: 9 Wochen
Kennwerte: bis 3. Ebene DIN 276
veröffentlicht: BKI Objektdaten E6

BGF **898 €/m²**

Planung: Hans-Jörg Peter Dipl.-Ing. Architekt hh-Energieberatung.de; Hamburg

Modernisierung eines Einfamilienhauses aus dem Jahr 1976 zu einem KfW 70 Haus.

1. Ebene: 300 Bauwerk – Baukonstruktionen: 83%, **400 Bauwerk – Technische Anlagen:** 17%
3. Ebene: Baukonstruktionen: **A:** 363 Dachbeläge 4%, Sonstige 6%, **W:** Sonstige < 1%, **H:** 334 Außenwandöffnungen 15%, 335 Außenwandbekleidungen, außen 20%, 353 Deckenbeläge 4%, 362 Dachöffnungen 7%, 363 Dachbeläge 19%, Sonstige 24%, **Technische Anlagen:** **A:** Sonstige < 1%, **H:** 411 Abwasseranlagen 4%, 412 Wasseranlagen 6%, 423 Raumheizflächen 18%, 429 Sonstiges zur KG 420 3%, 431 Lüftungsanlagen 45%, 444 Niederspannungsinstallationsanlagen 22%, Sonstige 2%

Ein- und Zweifamilienhäuser nach 1945

€/m² BGF

min	450	€/m²
von	665	€/m²
Mittel	**995**	**€/m²**
bis	1.400	€/m²
max	1.580	€/m²

Kosten:
Stand 2. Quartal 2026
Bundesdurchschnitt
inkl. 19% MwSt.

Objektübersicht zur Gebäudeart

6100-1035 Reihenmittelhaus - Effizienzhaus 115 — BRI 709 m³ — BGF 284 m² — NUF 186 m²

Baujahr: 1963
Bauzustand: gut
Aufwand: mittel
Nutzung während der Bauzeit: ja
Nutzungsänderung: nein
Grundrissänderungen: wenige
Tragwerkseingriffe: keine

Land: Rheinland-Pfalz
Kreis: Mainz, Stadt
Standard: hoch
Bauzeit: 9 Wochen
Kennwerte: bis 3. Ebene DIN 276
veröffentlicht: BKI Objektdaten E5
BGF 448 €/m²

Planung: Dipl. Ing. Renate Lendner Architektur + Energieberatung; Nieder-Olm

Modernisierung eines Reihenmittelhauses (137m² WFL). Vollständige Dämmung; bei den Holzfenstern wurde wegen des guten Zustands nur die Verglasung ausgetauscht.

1. Ebene: 300 Bauwerk – Baukonstruktionen: 89%, **400 Bauwerk – Technische Anlagen:** 11%
3. Ebene: Baukonstruktionen: A: Sonstige 5%, **W:** 334 Außenwandöffnungen 9%, Sonstige < 1%, **H:** 334 Außenwandöffnungen 16%, 335 Außenwandbekleidungen, außen 21%, 338 Lichtschutz zur KG 330 7%, 361 Dachkonstruktionen 4%, 362 Dachöffnungen 3%, 363 Dachbeläge 25%, Sonstige 8%, **Technische Anlagen: W:** 421 Wärmeerzeugungsanlagen 75%, **H:** 423 Raumheizflächen 8%, 429 Sonstiges zur KG 420 15%, Sonstige 3%

6100-0897 Einfamilienhaus — BRI 610 m³ — BGF 233 m² — NUF 177 m²

Baujahr: 1972
Bauzustand: mittel
Aufwand: mittel
Nutzung während der Bauzeit: ja
Nutzungsänderung: nein
Grundrissänderungen: wenige
Tragwerkseingriffe: wenige

Land: Nordrhein-Westfalen
Kreis: Kleve
Standard: mittel
Bauzeit: 17 Wochen
Kennwerte: bis 3. Ebene DIN 276
veröffentlicht: BKI Objektdaten A9
BGF 582 €/m²

Planung: k.A.

Modernisierung eines Einfamilienhauses

1. Ebene: 300 Bauwerk – Baukonstruktionen: 78%, **400 Bauwerk – Technische Anlagen:** 22%
3. Ebene: Baukonstruktionen: A: Sonstige 2%, **W:** Sonstige < 1%, **H:** 311 Herstellung 4%, 334 Außenwandöffnungen 20%, 335 Außenwandbekleidungen, außen 47%, 362 Dachöffnungen 6%, 363 Dachbeläge 18%, Sonstige 2%, **Technische Anlagen: A:** 421 Wärmeerzeugungsanlagen 8%, **H:** 421 Wärmeerzeugungsanlagen 92%

A Abbrechen
W Wiederherstellen
H Herstellen

6100-0901 Doppelhaushälfte

BRI 700 m³ **BGF** 300 m² **NUF** 194 m²

© Löser-Schwarzott Energie.Bewusste.Architektur

Baujahr: 1956
Bauzustand: mittel
Aufwand: mittel
Nutzung während der Bauzeit: nein
Nutzungsänderung: nein
Grundrissänderungen: einige
Tragwerkseingriffe: wenige

Land: Bayern
Kreis: Regensburg, Stadt
Standard: mittel
Bauzeit: 39 Wochen
Kennwerte: bis 3. Ebene DIN 276
veröffentlicht: BKI Objektdaten A9
BGF 1.519€/m²

Planung: Löser-Schwarzott Energie.Bewusste.Architektur; Regenstauf

Sanierung einer Doppelhaushälfte einschließlich Abbruch von Asbestfassadenbekleidung.

1. Ebene: 300 Bauwerk – Baukonstruktionen: 75%, **400 Bauwerk – Technische Anlagen:** 25%
3. Ebene: Baukonstruktionen: A: 335 Außenwandbekleidungen, außen 4%, Sonstige 11%, **H:** 334 Außenwandöffnungen 21%, 335 Außenwandbekleidungen, außen 11%, 336 Außenwandbekleidungen, innen 4%, 342 Nichttragende Innenwände 5%, 345 Innenwandbekleidungen 9%, 353 Deckenbeläge 6%, 363 Dachbeläge 10%, 364 Dachbekleidungen 6%, Sonstige 13%, **Technische Anlagen: A:** Sonstige 5%, **H:** 411 Abwasseranlagen 5%, 412 Wasseranlagen 17%, 421 Wärmeerzeugungsanlagen 32%, 422 Wärmeverteilnetze 5%, 423 Raumheizflächen 8%, 444 Niederspannungsinstallationsanlagen 19%, Sonstige 9%

6100-0770 Einfamilienhaus

BRI 825 m³ **BGF** 270 m² **NUF** 151 m²

© Architekt Bruno Maurer

Baujahr: 1959
Bauzustand: mittel
Aufwand: mittel
Nutzung während der Bauzeit: ja
Nutzungsänderung: nein
Grundrissänderungen: wenige
Tragwerkseingriffe: keine

Land: Baden-Württemberg
Kreis: Biberach
Standard: mittel
Bauzeit: 109 Wochen
Kennwerte: bis 3. Ebene DIN 276
veröffentlicht: BKI Objektdaten A7
BGF 1.478€/m²

Planung: Bruno Maurer; Uttenweiler

Tieferlegung des Kellers, um die für die Wohnnutzung notwendige lichte Höhe zu erhalten. Besondere Fassadenausführung um die maximale Strahlungsausbeute zu erhalten. **Kosteneinfluss Nutzung:** Aufbringung einer Außendämmung als vorgehängte hinterlüftete Fassade, die über eine transparente Hülle Strahlungswärme gewinnt.

1. Ebene: 300 Bauwerk – Baukonstruktionen: 77%, **400 Bauwerk – Technische Anlagen:** 23%
3. Ebene: Baukonstruktionen: A: Sonstige 5%, **W:** Sonstige 2%, **H:** 334 Außenwandöffnungen 11%, 335 Außenwandbekleidungen, außen 31%, 336 Außenwandbekleidungen, innen 4%, 342 Nichttragende Innenwände 6%, 345 Innenwandbekleidungen 4%, 355 Elementierte Deckenkonstruktionen 5%, 363 Dachbeläge 16%, Sonstige 17%, **Technische Anlagen: H:** 411 Abwasseranlagen 14%, 412 Wasseranlagen 12%, 421 Wärmeerzeugungsanlagen 13%, 423 Raumheizflächen 11%, 429 Sonstiges zur KG 420 5%, 431 Lüftungsanlagen 32%, 444 Niederspannungsinstallationsanlagen 12%, Sonstige < 1%

Ein- und Zweifamilienhäuser nach 1945

€/m² BGF

min	450	€/m²
von	665	€/m²
Mittel	**995**	**€/m²**
bis	1.400	€/m²
max	1.580	€/m²

Kosten:
Stand 2. Quartal 2026
Bundesdurchschnitt
inkl. 19% MwSt.

A Abbrechen
W Wiederherstellen
H Herstellen

Objektübersicht zur Gebäudeart

6100-0983 Doppelhaushälfte

BRI 798 m³ **BGF** 275 m² **NUF** 203 m²

© Dipl.-Ing. (FH) Hanns-Peter Benl

Baujahr: 1972
Bauzustand: mittel
Aufwand: mittel
Nutzung während der Bauzeit: ja
Nutzungsänderung: nein
Grundrissänderungen: keine
Tragwerkseingriffe: keine

Land: Bayern
Kreis: Altötting
Standard: mittel
Bauzeit: 13 Wochen
Kennwerte: bis 3. Ebene DIN 276
veröffentlicht: BKI Objektdaten A8
BGF 455 €/m²

Planung: Planungsbüro Dipl.-Ing. (FH) Hanns-Peter Benl; Neuötting

Energetische Modernisierung und Renovierung einer Doppelhaushälfte.

1. Ebene: 300 Bauwerk – Baukonstruktionen: 90%, **400 Bauwerk – Technische Anlagen:** 10%
3. Ebene: Baukonstruktionen: A: 353 Deckenbeläge 3%, Sonstige 4%, **W:** Sonstige 6%, **H:** 334 Außenwandöffnungen 19%, 335 Außenwandbekleidungen, außen 47%, 353 Deckenbeläge 12%, 354 Deckenbekleidungen 5%, Sonstige 5%, **Technische Anlagen: W:** 444 Niederspannungsinstallationsanlagen 5%, **H:** 431 Lüftungsanlagen 83%, 444 Niederspannungsinstallationsanlagen 11%, Sonstige < 1%

6100-0648 Zweifamilienhaus

BRI 576 m³ **BGF** 230 m² **NUF** 168 m²

© Dipl.-Ing. (FH) Hanns-Peter Benl

Land: Bayern
Kreis: München, Stadt
Standard: mittel
Bauzeit: 22 Wochen
Kennwerte: bis 3. Ebene DIN 276
veröffentlicht: BKI Objektdaten A6
BGF 1.298 €/m²

Planung: Dipl.-Ing. (FH) Hanns Peter Benl edp ingenieure; Neuötting

Das Haus aus den 60er Jahren wurde vom Keller bis zum Obergeschoss komplett modernisiert. Es wurde ein Wintergarten angebaut. **Kosteneinfluss Nutzung:** Die Wohnung im DG war während der Bauzeit bewohnt und wurde nicht in die Modernisierung einbezogen.

1. Ebene: 300 Bauwerk – Baukonstruktionen: 70%, **400 Bauwerk – Technische Anlagen:** 30%
3. Ebene: Baukonstruktionen: A: Sonstige 11%, **W:** 344 Innenwandöffnungen 3%, 353 Deckenbeläge 3%, Sonstige 1%, **H:** 324 Gründungsbeläge 3%, 334 Außenwandöffnungen 4%, 336 Außenwandbekleidungen, innen 3%, 337 Elementierte Außenwandkonstruktionen 25%, 342 Nichttragende Innenwände 5%, 344 Innenwandöffnungen 5%, 345 Innenwandbekleidungen 9%, 353 Deckenbeläge 14%, 363 Dachbeläge 3%, Sonstige 10%, **Technische Anlagen: A:** Sonstige 5%, **W:** 429 Sonstiges zur KG 420 3%, Sonstige 1%, **H:** 412 Wasseranlagen 36%, 421 Wärmeerzeugungsanlagen 15%, 423 Raumheizflächen 16%, 444 Niederspannungsinstallationsanlagen 19%, Sonstige 6%

6100-0611 Einfamilienhaus

BRI 732 m³ | **BGF** 300 m² | **NUF** 213 m²

Baujahr: 1959
Bauzustand: mittel
Aufwand: mittel
Nutzung während der Bauzeit: ja
Nutzungsänderung: nein

Land: Hessen
Kreis: Offenbach
Standard: mittel
Bauzeit: 9 Wochen
Kennwerte: bis 3. Ebene DIN 276
veröffentlicht: www.bki.de

BGF 534 €/m²

Planung: Dipl.-Ing. Architektin Gabriele zur Megede; Langen

Modernisierung eines freistehenden Einfamilienhauses aus 1959 zum Niedrigenergiehaus.

1. Ebene: 300 Bauwerk – Baukonstruktionen: 77%, **400 Bauwerk – Technische Anlagen:** 23%
3. Ebene: Baukonstruktionen: A: 335 Außenwandbekleidungen, außen 4%, Sonstige < 1%, **W:** 363 Dachbeläge 4%, Sonstige 3%, **H:** 334 Außenwandöffnungen 21%, 335 Außenwandbekleidungen, außen 38%, 338 Lichtschutz zur KG 330 8%, 354 Deckenbekleidungen 5%, 364 Dachbekleidungen 8%, 392 Gerüste 6%, Sonstige 2%

6100-0793 Einfamilienhaus

BRI 897 m³ | **BGF** 372 m² | **NUF** 220 m²

Baujahr: 1958
Bauzustand: schlecht
Aufwand: mittel
Nutzung während der Bauzeit: nein
Nutzungsänderung: nein
Grundrissänderungen: einige
Tragwerkseingriffe: einige

Land: Nordrhein-Westfalen
Kreis: Rhein-Erft-Kreis
Standard: hoch
Bauzeit: 13 Wochen
Kennwerte: bis 3. Ebene DIN 276
veröffentlicht: BKI Objektdaten A7

BGF 909 €/m²

Planung: Architekturbüro Gudrun Langmack; Erftstadt

Energetische Modernisierung eines Einfamilienhauses, Baujahr 1958. Das Dach wurde zur Wohnraumerweiterung angehoben.

1. Ebene: 300 Bauwerk – Baukonstruktionen: 72%, **400 Bauwerk – Technische Anlagen:** 28%
3. Ebene: Baukonstruktionen: A: Sonstige 4%, **H:** 334 Außenwandöffnungen 29%, 335 Außenwandbekleidungen, außen 21%, 337 Elementierte Außenwandkonstruktionen 9%, 338 Lichtschutz zur KG 330 8%, 362 Dachöffnungen 3%, 363 Dachbeläge 14%, 392 Gerüste 4%, Sonstige 6%, **Technische Anlagen: A:** Sonstige 1%, **H:** 412 Wasseranlagen 14%, 421 Wärmeerzeugungsanlagen 69%

Ein- und Zweifamilienhäuser nach 1945

€/m² BGF

min	450	€/m²
von	665	€/m²
Mittel	**995**	**€/m²**
bis	1.400	€/m²
max	1.580	€/m²

Kosten:
Stand 2. Quartal 2026
Bundesdurchschnitt
inkl. 19% MwSt.

A Abbrechen
W Wiederherstellen
H Herstellen

Objektübersicht zur Gebäudeart

6100-0596 Einfamilienhaus

BRI 1.200 m³ **BGF** 345 m² **NUF** 244 m²

Baujahr: 1955
Bauzustand: mittel
Aufwand: mittel
Nutzung während der Bauzeit: nein
Nutzungsänderung: ja
Grundrissänderungen: einige
Tragwerkseingriffe: wenige

Land: Baden-Württemberg
Kreis: Ortenaukreis
Standard: mittel
Bauzeit: 57 Wochen
Kennwerte: bis 3. Ebene DIN 276
veröffentlicht: www.bki.de
BGF 896 €/m²

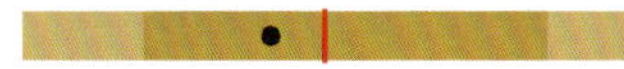

Planung: Freier Architekt Rainer Roth; Offenburg

Modernisierung eines ehemaligen Dorfhauses, das zur Unterbringung der Lehrer der Dorfschule genutzt wurde, zu einem Einfamilienhaus. Erneuerung der gesamten Haustechnik. Anbau einer großen dreigeschossigen Balkonanlage und einer Doppelgarage.

1. Ebene: 300 Bauwerk – Baukonstruktionen: 86%, **400 Bauwerk – Technische Anlagen:** 14%
3. Ebene: Baukonstruktionen: A: Sonstige 6%, **W:** 335 Außenwandbekleidungen, außen 4%, Sonstige 1%, **H:** 322 Flachgründungen und Bodenplatten 4%, 331 Tragende Außenwände 11%, 334 Außenwandöffnungen 14%, 361 Dachkonstruktionen 15%, 363 Dachbeläge 16%, 364 Dachbekleidungen 3%, Sonstige 25%, **Technische Anlagen: A:** 444 Niederspannungsinstallationsanlagen 7%, **H:** 411 Abwasseranlagen 5%, 422 Wärmeverteilnetze 17%, 423 Raumheizflächen 34%, 444 Niederspannungsinstallationsanlagen 26%, 452 Such- und Signalanlagen 7%, Sonstige 4%

6100-0471 Reihenendhaus

BRI 856 m³ **BGF** 318 m² **NUF** 212 m²

Baujahr: 1972
Bauzustand: mittel
Aufwand: mittel
Nutzung während der Bauzeit: nein
Nutzungsänderung: nein
Grundrissänderungen: wenige
Tragwerkseingriffe: wenige

Land: Nordrhein-Westfalen
Kreis: Bonn, Stadt
Standard: mittel
Bauzeit: 9 Wochen
Kennwerte: bis 3. Ebene DIN 276
veröffentlicht: www.bki.de
BGF 644 €/m²

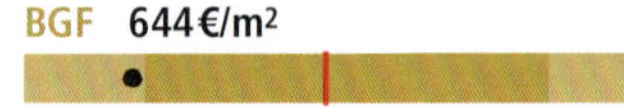

Planung: Kopner Architekten; Bergisch Gladbach

Modernisierung und Instandsetzung eines Reihenendhauses von 1972 (181 m² WFL). **Kosteneinfluss Grundstück:** Reihenendhaus in einer Reihe von vier Häusern.

1. Ebene: 300 Bauwerk – Baukonstruktionen: 81%, **400 Bauwerk – Technische Anlagen:** 19%
3. Ebene: Baukonstruktionen: A: Sonstige 4%, **W:** 345 Innenwandbekleidungen 4%, Sonstige 4%, **H:** 334 Außenwandöffnungen 27%, 335 Außenwandbekleidungen, außen 17%, 336 Außenwandbekleidungen, innen 4%, 339 Sonstiges zur KG 330 10%, 345 Innenwandbekleidungen 4%, 353 Deckenbeläge 15%, 362 Dachöffnungen 3%, 392 Gerüste 3%, Sonstige 5%, **Technische Anlagen: A:** Sonstige 3%, **W:** 444 Niederspannungsinstallationsanlagen 17%, Sonstige < 1%, **H:** 411 Abwasseranlagen 3%, 412 Wasseranlagen 19%, 421 Wärmeerzeugungsanlagen 8%, 423 Raumheizflächen 13%, 444 Niederspannungsinstallationsanlagen 26%, 452 Such- und Signalanlagen 4%, Sonstige 6%

6100-0469 Einfamilienhaus

BRI 1.095 m³ | **BGF** 357 m² | **NUF** 250 m²

© Architekturbüro Burkard Reineking

Baujahr: 1955
Bauzustand: mittel
Aufwand: mittel
Nutzung während der Bauzeit: nein
Nutzungsänderung: nein
Grundrissänderungen: umfangreiche
Tragwerkseingriffe: einige

Land: Bayern
Kreis: Starnberg
Standard: mittel
Bauzeit: 22 Wochen
Kennwerte: bis 3. Ebene DIN 276
veröffentlicht: www.bki.de

BGF **1.389 €/m²**

Planung: Architekturbüro Burkard Reineking; Gauting

Modernisierung und Erweiterung eines Einfamilienhauses. **Kosteneinfluss Grundstück:** Torf als Untergrund der Bodenplatte der Erweiterung

1. Ebene: 300 Bauwerk – Baukonstruktionen: 79%, **400 Bauwerk – Technische Anlagen:** 21%
3. Ebene: Baukonstruktionen: A: 363 Dachbeläge 5%, Sonstige 2%, **H:** 324 Gründungsbeläge 5%, 331 Tragende Außenwände 10%, 334 Außenwandöffnungen 10%, 335 Außenwandbekleidungen, außen 11%, 336 Außenwandbekleidungen, innen 5%, 342 Nichttragende Innenwände 5%, 344 Innenwandöffnungen 3%, 353 Deckenbeläge 7%, 361 Dachkonstruktionen 7%, 363 Dachbeläge 11%, 364 Dachbekleidungen 4%, Sonstige 16%, **Technische Anlagen: A:** Sonstige 2%, **H:** 411 Abwasseranlagen 6%, 412 Wasseranlagen 10%, 421 Wärmeerzeugungsanlagen 19%, 423 Raumheizflächen 25%, 429 Sonstiges zur KG 420 6%, 444 Niederspannungsinstallationsanlagen 23%, Sonstige 8%

6100-1095 Zweifamilienhaus, Fassadensanierung

BRI 762 m³ | **BGF** 272 m² | **NUF** 197 m²

© Architekturbüro Thyroff-Krause

Baujahr: 1972
Bauzustand: schlecht
Aufwand: mittel
Nutzung während der Bauzeit: ja
Nutzungsänderung: nein
Grundrissänderungen: wenige
Tragwerkseingriffe: keine

Land: Schleswig-Holstein
Kreis: Segeberg
Standard: mittel
Bauzeit: 22 Wochen
Kennwerte: bis 2. Ebene DIN 276
veröffentlicht: BKI Objektdaten A9

BGF **877 €/m²**

Planung: Architekturbüro Thyroff-Krause; Kaltenkirchen

Fassadensanierung bei einem Zweifamilienhaus (219 m² WFL)

1. Ebene: 300 Bauwerk – Baukonstruktionen: 99%, **400 Bauwerk – Technische Anlagen:** 1%

Übersicht- 1. + 2. Ebene | Erweiterung | Umbau | **Modernisierung** | Instandsetzung | Bauelemente | Abbrechen | Wiederherstellen | Herstellen

Wohngebäude vor 1945

Kostenkennwerte für die Kosten des Bauwerks (Kostengruppen 300+400 nach DIN 276)

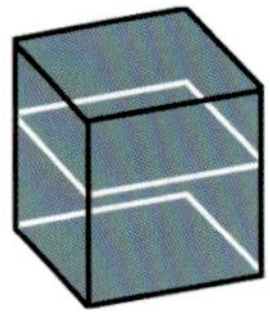

BRI 515 €/m³
von 355 €/m³
bis 775 €/m³

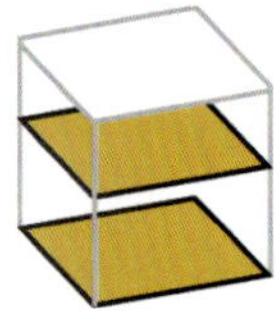

BGF 1.540 €/m²
von 1.135 €/m²
bis 2.180 €/m²

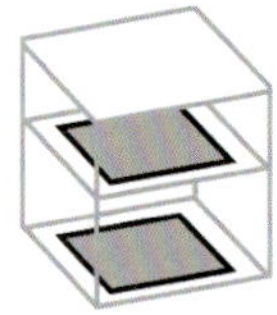

NUF 2.565 €/m²
von 1.795 €/m²
bis 3.835 €/m²

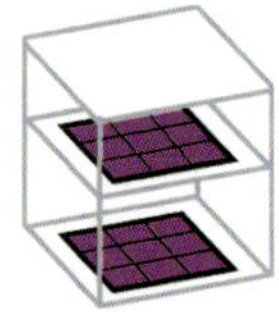

NE 2.865 €/NE
von 2.200 €/NE
bis 4.235 €/NE
NE: Wohnfläche

Objektbeispiele

Kosten:
Stand 2. Quartal 2026
Bundesdurchschnitt
inkl. 19% MwSt.

6100-1462

6100-0856

6100-1201

6100-1147

6100-0314

6100-1203

Kosten der 11 Vergleichsobjekte Seiten 474 bis 479

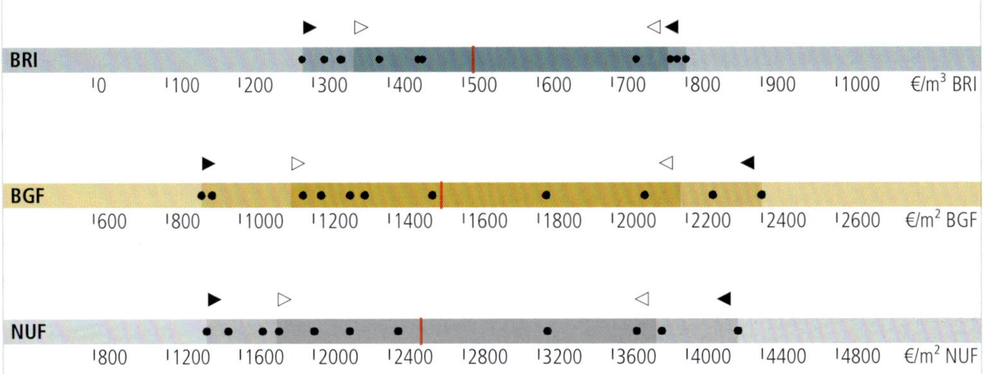

- ● KKW
- ▶ min
- ▷ von
- | Mittelwert
- ◁ bis
- ◀ max

Kostenstand: 2. Quartal 2026, Bundesdurchschnitt, **inkl. 19% MwSt.**

Kostenkennwerte für die Kostengruppen der 1. und 2.Ebene DIN 276

KG	Kostengruppen der 1.Ebene	Einheit	▷	€/Einheit	◁	▷	% an 300+400	◁
100	Grundstück	m2 GF	–	**–**	–	–	**–**	–
200	Vorbereitende Maßnahmen	m2 GF	2	**5**	7	0,3	**0,6**	1,1
300	Bauwerk – Baukonstruktionen	m2 BGF	892	**1.236**	1.676	75,7	**80,7**	84,5
400	Bauwerk – Technische Anlagen	m2 BGF	211	**303**	527	15,5	**19,3**	24,3
	Bauwerk 300+400	m2 BGF	1.137	**1.539**	2.182	100,0	**100,0**	100,0
500	Außenanlagen und Freiflächen	m2 AF	80	**239**	541	2,2	**4,3**	11,4
600	Ausstattung und Kunstwerke	m2 BGF	7	**14**	24	0,5	**0,9**	1,9
700	Baunebenkosten	m2 BGF	–	**–**	–	–	**–**	–
800	Finanzierung	m2 BGF	–	**–**	–	–	**–**	–

KG	Kostengruppen der 2.Ebene	Einheit	▷	€/Einheit	◁	▷	% an 1.Ebene	◁
310	Baugrube / Erdbau	m3 BGI	104	**185**	377	0,3	**0,9**	2,3
320	Gründung, Unterbau	m2 GRF	208	**417**	634	2,2	**5,2**	8,4
330	Außenwände / vertikal außen	m2 AWF	278	**483**	812	23,5	**30,6**	38,0
340	Innenwände / vertikal innen	m2 IWF	214	**322**	461	14,9	**22,8**	33,5
350	Decken / horizontal	m2 DEF	300	**438**	581	15,4	**19,5**	26,8
360	Dächer	m2 DAF	289	**566**	841	9,5	**15,6**	21,7
370	Infrastrukturanlagen		–	**–**	–	–	**–**	–
380	Baukonstruktive Einbauten	m2 BGF	4	**20**	67	0,1	**0,6**	3,5
390	Sonst. Maßnahmen für Baukonst.	m2 BGF	22	**67**	118	1,7	**4,9**	6,8
300	**Bauwerk – Baukonstruktionen**	**m2 BGF**					**100,0**	
410	Abwasser-, Wasser-, Gasanlagen	m2 BGF	63	**100**	133	23,9	**33,8**	58,7
420	Wärmeversorgungsanlagen	m2 BGF	59	**116**	184	22,0	**34,1**	40,5
430	Raumlufttechnische Anlagen	m2 BGF	6	**21**	50	0,3	**3,8**	9,3
440	Elektrische Anlagen	m2 BGF	49	**72**	113	8,9	**18,8**	26,0
450	Kommunikationstechnische Anlagen	m2 BGF	10	**21**	77	2,2	**5,0**	13,2
460	Förderanlagen	m2 BGF	3	**66**	130	< 0,1	**2,7**	20,9
470	Nutzungsspez. / verfahrenstech. Anl.	m2 BGF	< 1	**11**	22	< 0,1	**0,6**	5,1
480	Gebäude- und Anlagenautomation	m2 BGF	–	**–**	–	–	**–**	–
490	Sonst. Maßnahmen f. techn. Anl.	m2 BGF	< 1	**6**	12	< 0,1	**1,1**	5,2
400	**Bauwerk – Technische Anlagen**	**m2 BGF**					**100,0**	

Prozentanteile der Kosten 2.Ebene an den Kosten des Bauwerks nach DIN 276 (Von/Mittel/Bis)

KG	Kostengruppe	%
310	Baugrube / Erdbau	0,7
320	Gründung, Unterbau	4,0
330	Außenwände / vertikal außen	24,2
340	Innenwände / vertikal innen	18,3
350	Decken / horizontal	15,6
360	Dächer	12,2
370	Infrastrukturanlagen	
380	Baukonstruktive Einbauten	0,5
390	Sonst. Maßnahmen für Baukonst.	3,8
410	Abwasser-, Wasser-, Gasanlagen	6,6
420	Wärmeversorgungsanlagen	7,2
430	Raumlufttechnische Anlagen	0,9
440	Elektrische Anlagen	3,8
450	Kommunikationstechnische Anlagen	1,0
460	Förderanlagen	0,7
470	Nutzungsspez. / verfahrenstech. Anl.	0,2
480	Gebäude- und Anlagenautomation	
490	Sonst. Maßnahmen f. techn. Anl.	0,3

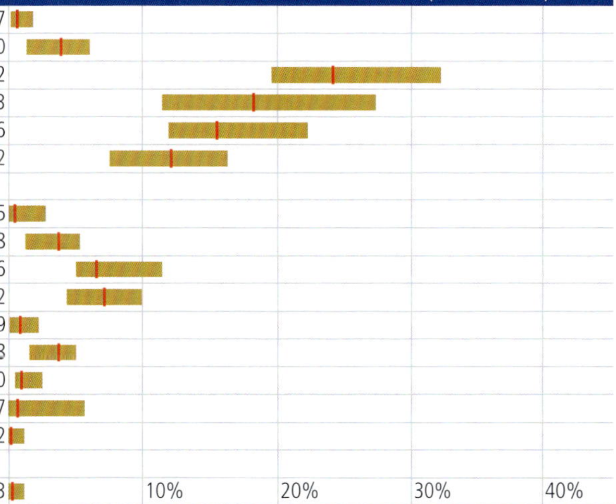

Kostenkennwerte für die Kostengruppen der 3. Ebene DIN 276

Kosten:
Stand 2. Quartal 2026
Bundesdurchschnitt
inkl. 19% MwSt.

KG	Kostengruppen der 3. Ebene	Einheit	▷	€/Einheit	◁	▷	€/m^2 BGF	◁
311	**Herstellung**	m^3	104	**185**	377	4	**10**	18
	Abbrechen	*m^3*	*–*	***20***	*–*	*–*	***< 1***	*–*
	Herstellen	m^3	104	**182**	366	4	**9**	18
322	**Flachgründungen und Bodenplatten**	m^2	153	**447**	1.217	17	**38**	62
	Abbrechen	*m^2*	*34*	***116***	*354*	*4*	***9***	*15*
	Wiederherstellen	m^2	–	**87**	–	–	**19**	–
	Herstellen	m^2	108	**355**	947	13	**28**	46
324	**Gründungsbeläge**	m^2	101	**217**	311	16	**37**	70
	Abbrechen	*m^2*	*42*	***48***	*52*	*7*	***11***	*12*
	Wiederherstellen	m^2	2	**21**	40	< 1	**3**	5
	Herstellen	m^2	104	**190**	299	15	**31**	59
325	**Abdichtungen und Bekleidungen**	m^2	13	**25**	45	1	**3**	6
	Herstellen	m^2	13	**25**	45	1	**3**	6
326	**Dränagen**	m^2	–	**25**	–	–	**6**	–
	Herstellen	m^2	–	**25**	–	–	**6**	–
331	**Tragende Außenwände**	m^2	230	**391**	832	19	**52**	102
	Abbrechen	*m^2*	*39*	***100***	*275*	*5*	***12***	*22*
	Wiederherstellen	m^2	24	**60**	121	4	**31**	83
	Herstellen	m^2	154	**308**	634	17	**37**	82
332	**Nichttragende Außenwände**	m^2	798	**851**	905	3	**11**	22
	Abbrechen	*m^2*	*85*	***267***	*450*	*< 1*	***3***	*5*
	Herstellen	m^2	348	**584**	820	4	**12**	20
333	**Außenstützen**	m	114	**244**	312	< 1	**3**	6
	Herstellen	m	114	**244**	312	< 1	**3**	6
334	**Außenwandöffnungen**	m^2	983	**1.225**	1.689	125	**157**	214
	Abbrechen	*m^2*	*29*	***56***	*84*	*4*	***7***	*10*
	Wiederherstellen	m^2	12	**32**	78	1	**4**	9
	Herstellen	m^2	923	**1.145**	1.621	115	**147**	205
335	**Außenwandbekleidungen, außen**	m^2	73	**169**	290	42	**96**	199
	Abbrechen	*m^2*	*3*	***8***	*29*	*2*	***6***	*20*
	Wiederherstellen	m^2	20	**45**	87	14	**26**	48
	Herstellen	m^2	58	**130**	244	27	**73**	152
336	**Außenwandbekleidungen, innen**	m^2	54	**91**	158	30	**50**	110
	Abbrechen	*m^2*	*4*	***7***	*14*	*2*	***3***	*4*
	Wiederherstellen	m^2	12	**12**	13	3	**4**	5
	Herstellen	m^2	42	**82**	140	25	**47**	108
337	**Elem. Außenwandkonstruktionen**	m^2	–	**940**	–	–	**36**	–
	Herstellen	m^2	–	**940**	–	–	**36**	–
338	**Lichtschutz zur KG 330**	m^2	270	**386**	563	3	**21**	47
	Herstellen	m^2	270	**386**	563	6	**33**	48
339	**Sonstiges zur KG 330**	m^2	1	**24**	63	1	**18**	53
	Abbrechen	*m^2*	*< 1*	***2***	*7*	*< 1*	***1***	*4*
	Herstellen	m^2	2	**28**	63	5	**22**	68
341	**Tragende Innenwände**	m^2	229	**549**	2.247	17	**49**	92
	Abbrechen	*m^2*	*56*	***245***	*989*	*< 1*	***13***	*20*
	Herstellen	m^2	159	**374**	1.003	16	**39**	84
342	**Nichttragende Innenwände**	m^2	139	**187**	339	14	**35**	69
	Abbrechen	*m^2*	*39*	***93***	*281*	*5*	***12***	*21*
	Herstellen	m^2	118	**129**	151	12	**28**	57

▷ von
ø Mittel
◁ bis

KG	Kostengruppen der 3. Ebene	Einheit	▷	€/Einheit	◁	▷	€/m² BGF	◁
343	**Innenstützen**	m	167	**251**	309	2	**3**	5
	Abbrechen	*m*	–	***42***	–	–	***< 1***	–
	Herstellen	m	167	**237**	277	2	**3**	4
344	**Innenwandöffnungen**	m²	346	**550**	756	28	**56**	92
	Abbrechen	*m²*	*4*	***18***	*28*	*< 1*	***2***	*3*
	Wiederherstellen	m²	115	**284**	446	10	**31**	48
	Herstellen	m²	157	**361**	534	13	**35**	62
345	**Innenwandbekleidungen**	m²	68	**93**	147	90	**137**	197
	Abbrechen	*m²*	*7*	***11***	*24*	*10*	***17***	*27*
	Wiederherstellen	m²	< 1	**4**	9	2	**6**	16
	Herstellen	m²	59	**81**	123	85	**120**	179
351	**Deckenkonstruktionen**	m²	245	**547**	1.605	13	**65**	102
	Abbrechen	*m²*	*24*	***116***	*576*	*3*	***9***	*23*
	Wiederherstellen	m²	46	**115**	277	6	**17**	48
	Herstellen	m²	134	**374**	1.169	10	**45**	88
353	**Deckenbeläge**	m²	167	**237**	306	67	**124**	162
	Abbrechen	*m²*	*6*	***17***	*43*	*3*	***9***	*24*
	Wiederherstellen	m²	24	**78**	123	17	**42**	78
	Herstellen	m²	121	**174**	255	55	**90**	127
354	**Deckenbekleidungen**	m²	56	**88**	115	26	**39**	51
	Abbrechen	*m²*	*6*	***15***	*31*	*2*	***5***	*8*
	Wiederherstellen	m²	6	**7**	9	3	**4**	4
	Herstellen	m²	49	**76**	113	20	**34**	47
359	**Sonstiges zur KG 350**	m²	11	**21**	37	5	**13**	25
	Wiederherstellen	m²	7	**16**	27	4	**10**	20
	Herstellen	m²	8	**14**	26	5	**9**	18
361	**Dachkonstruktionen**	m²	120	**203**	392	24	**64**	120
	Abbrechen	*m²*	*20*	***42***	*69*	*5*	***15***	*25*
	Wiederherstellen	m²	–	**20**	–	–	**8**	–
	Herstellen	m²	106	**170**	328	21	**52**	97
362	**Dachöffnungen**	m²	2.130	**3.086**	7.967	8	**20**	49
	Abbrechen	*m²*	*58*	***213***	*299*	*< 1*	***< 1***	*< 1*
	Herstellen	m²	2.079	**2.995**	7.637	8	**19**	49
363	**Dachbeläge**	m²	232	**292**	372	60	**97**	142
	Abbrechen	*m²*	*24*	***36***	*54*	*7*	***12***	*20*
	Wiederherstellen	m²	3	**4**	5	< 1	**< 1**	< 1
	Herstellen	m²	204	**254**	324	47	**85**	119
364	**Dachbekleidungen**	m²	74	**118**	162	12	**33**	52
	Abbrechen	*m²*	*2*	***17***	*27*	*1*	***4***	*9*
	Wiederherstellen	m²	8	**21**	47	2	**2**	3
	Herstellen	m²	79	**114**	158	15	**34**	49
365	**Elementierte Dachkonstruktionen**	m²	–	**1.459**	–	–	**36**	–
	Herstellen	m²	–	**1.459**	–	–	**36**	–
366	**Lichtschutz zur KG 360**	m²	486	**708**	931	3	**5**	8
	Herstellen	m²	486	**708**	931	3	**5**	8
369	**Sonstiges zur KG 360**	m²	7	**21**	69	3	**8**	39
	Abbrechen	*m²*	*< 1*	***< 1***	*1*	*< 1*	***< 1***	*< 1*
	Herstellen	m²	7	**21**	68	3	**8**	39
381	**Allgemeine Einbauten**	m²	4	**20**	67	4	**20**	67
	Abbrechen	*m²*	*1*	***2***	*2*	*1*	***2***	*2*
	Wiederherstellen	m²	–	**8**	–	–	**8**	–
	Herstellen	m²	2	**23**	65	2	**23**	65

KG	Kostengruppen der 3. Ebene	Einheit	▷	€/Einheit	◁	▷	€/m² BGF	◁
391	**Baustelleneinrichtung**	m²	8	**16**	30	8	**16**	30
	Herstellen	m²	8	**16**	30	8	**16**	30
392	**Gerüste**	m²	13	**28**	40	13	**28**	40
	Herstellen	m²	13	**28**	40	13	**28**	40
393	**Sicherungsmaßnahmen**	m²	3	**13**	23	3	**13**	23
	Herstellen	m²	3	**13**	23	3	**13**	23
394	**Abbruchmaßnahmen**	m²	< 1	**12**	26	< 1	**12**	26
	Abbrechen	*m²*	*< 1*	***12***	*26*	*< 1*	***12***	*26*
395	**Instandsetzungen**	m²	–	**28**	–	–	**28**	–
	Wiederherstellen	m²	–	**28**	–	–	**28**	–
396	**Materialentsorgung**	m²	–	**9**	–	–	**9**	–
	Herstellen	m²	–	**9**	–	–	**9**	–
397	**Zusätzliche Maßnahmen**	m²	5	**17**	33	5	**17**	33
	Herstellen	m²	5	**17**	33	5	**17**	33
399	**Sonstiges zur KG 390**	m²	–	**4**	–	–	**4**	–
	Abbrechen	*m²*	*–*	***4***	*–*	*–*	***4***	*–*

Kosten:
Stand 2. Quartal 2026
Bundesdurchschnitt
inkl. 19% MwSt.

▷ von
ø Mittel
◁ bis

KG	Kostengruppen der 3. Ebene	Einheit	▷	€/Einheit	◁	▷	€/m² BGF	◁
411	**Abwasseranlagen**	m²	12	**28**	77	12	**28**	77
	Abbrechen	*m²*	*< 1*	***1***	*2*	*< 1*	***1***	*2*
	Wiederherstellen	m²	–	**< 1**	–	–	**< 1**	–
	Herstellen	m²	11	**28**	76	11	**28**	76
412	**Wasseranlagen**	m²	45	**66**	81	45	**66**	81
	Abbrechen	*m²*	*3*	***6***	*14*	*3*	***6***	*14*
	Herstellen	m²	44	**62**	79	44	**62**	79
413	**Gasanlagen**	m²	–	**5**	–	–	**5**	–
	Abbrechen	*m²*	–	***1***	–	–	***1***	–
	Herstellen	m²	–	**4**	–	–	**4**	–
419	**Sonstiges zur KG 410**	m²	3	**6**	12	3	**6**	12
	Herstellen	m²	3	**6**	12	3	**6**	12
421	**Wärmeerzeugungsanlagen**	m²	18	**38**	72	18	**38**	72
	Abbrechen	*m²*	*< 1*	***1***	*2*	*< 1*	***1***	*2*
	Herstellen	m²	18	**38**	72	18	**38**	72
422	**Wärmeverteilnetze**	m²	16	**26**	37	16	**26**	37
	Abbrechen	*m²*	*< 1*	***1***	*3*	*< 1*	***1***	*3*
	Wiederherstellen	m²	–	**1**	–	–	**1**	–
	Herstellen	m²	15	**25**	37	15	**25**	37
423	**Raumheizflächen**	m²	15	**42**	63	15	**42**	63
	Abbrechen	*m²*	*< 1*	***1***	*3*	*< 1*	***1***	*3*
	Wiederherstellen	m²	–	**2**	–	–	**2**	–
	Herstellen	m²	14	**41**	62	14	**41**	62
429	**Sonstiges zur KG 420**	m²	6	**12**	25	6	**12**	25
	Abbrechen	*m²*	*1*	***3***	*8*	*1*	***3***	*8*
	Wiederherstellen	m²	< 1	**2**	3	< 1	**2**	3
	Herstellen	m²	5	**9**	30	5	**9**	30
431	**Lüftungsanlagen**	m²	6	**21**	50	6	**21**	50
	Herstellen	m²	6	**21**	50	6	**21**	50
444	**Niederspannungsinstallationsanl.**	m²	44	**58**	75	44	**58**	75
	Abbrechen	*m²*	*1*	***2***	*2*	*1*	***2***	*2*
	Wiederherstellen	m²	–	**2**	–	–	**2**	–
	Herstellen	m²	42	**57**	74	42	**57**	74
445	**Beleuchtungsanlagen**	m²	4	**16**	60	4	**16**	60
	Abbrechen	*m²*	–	***< 1***	–	–	***< 1***	–
	Herstellen	m²	4	**16**	60	4	**16**	60
446	**Blitzschutz- und Erdungsanlagen**	m²	< 1	**2**	3	< 1	**2**	3
	Herstellen	m²	< 1	**2**	3	< 1	**2**	3
451	**Telekommunikationsanlagen**	m²	< 1	**1**	3	< 1	**1**	3
	Herstellen	m²	< 1	**1**	3	< 1	**1**	3
452	**Such- und Signalanlagen**	m²	1	**4**	8	1	**4**	8
	Herstellen	m²	1	**4**	8	1	**4**	8
455	**Audiovis. Medien- u. Antennenanl.**	m²	2	**4**	8	2	**4**	8
	Abbrechen	*m²*	*< 1*	***< 1***	*1*	*< 1*	***< 1***	*1*
	Herstellen	m²	2	**4**	7	2	**4**	7
456	**Gefahrenmelde- und Alarmanlagen**	m²	3	**26**	72	3	**26**	72
	Herstellen	m²	3	**26**	72	3	**26**	72
457	**Datenübertragungsnetze**	m²	1	**3**	5	1	**3**	5
	Herstellen	m²	1	**3**	5	1	**3**	5
461	**Aufzugsanlagen**	m²	3	**66**	130	3	**66**	130
	Abbrechen	*m²*	–	***3***	–	–	***3***	–
	Herstellen	m²	–	**130**	–	–	**130**	–

KG	Kostengruppen der 3. Ebene	Einheit	▷	€/Einheit	◁	▷	€/m² BGF	◁
476	**Weitere nutzungsspezifische Anl.**	m²	–	**22**	–	–	**22**	–
	Herstellen	m²	–	**22**	–	–	**22**	–
491	**Baustelleneinrichtung**	m²	< 1	**< 1**	1	< 1	**< 1**	1
	Herstellen	m²	< 1	**< 1**	1	< 1	**< 1**	1
494	**Abbruchmaßnahmen**	m²	6	**6**	7	6	**6**	7
	Abbrechen	*m²*	*6*	***6***	*7*	*6*	***6***	*7*
498	**Provisorische technische Anlagen**	m²	–	**8**	–	–	**8**	–
	Herstellen	m²	–	**8**	–	–	**8**	–

Kosten:
Stand 2. Quartal 2026
Bundesdurchschnitt
inkl. 19% MwSt.

▷ von
ø Mittel
◁ bis

Prozentanteile der Kosten für Leistungsbereiche nach STLB (Kosten Bauwerk nach DIN 276)

LB	Leistungsbereiche	▷	% an 300+400	◁
000	Baustellen-, Sicherheitseinr. inkl. 001, 089	0,7	**2,4**	3,7
002	Erdarbeiten	0,4	**0,9**	1,8
006	Spezialtiefbauarbeiten inkl. 005	–	**–**	–
009	Entwässerungskanalarbeiten inkl. 011	–	**–**	–
010	Drän- und Versickerarbeiten	0,0	**< 0,1**	0,5
012	Mauerarbeiten	2,1	**4,5**	8,2
013	Betonarbeiten	1,2	**2,6**	4,8
014	Natur-, Betonwerksteinarbeiten	0,0	**0,1**	0,4
016	Zimmer- und Holzbauarbeiten	0,8	**3,2**	6,2
017	Stahlbauarbeiten	< 0,1	**0,7**	2,3
018	Abdichtungsarbeiten	0,5	**1,4**	7,2
020	Dachdeckungsarbeiten	1,5	**4,0**	6,3
021	Dachabdichtungsarbeiten	< 0,1	**0,8**	1,9
022	Klempnerarbeiten	1,1	**2,2**	4,3
	Rohbau	15,5	**22,8**	28,2
023	Putz- und Stuckarbeiten, Wärmedämmsysteme	6,1	**10,1**	14,6
024	Fliesen- und Plattenarbeiten	1,5	**2,9**	5,0
025	Estricharbeiten	0,4	**1,1**	2,4
026	Fenster, Außentüren inkl. 029, 032	7,1	**9,9**	11,9
027	Tischlerarbeiten	1,7	**4,2**	8,3
028	Parkett-, Holzpflasterarbeiten	0,4	**2,4**	3,6
030	Rollladenarbeiten	< 0,1	**0,8**	2,1
031	Metallbauarbeiten inkl. 035	0,9	**2,4**	6,6
034	Maler- und Lackiererarb. - Beschicht. inkl. 037	4,1	**7,1**	9,5
036	Bodenbelagarbeiten	0,2	**2,5**	5,1
038	Vorgehängte hinterlüftete Fassaden	–	**–**	–
039	Trockenbauarbeiten	2,5	**5,2**	7,8
	Ausbau	41,7	**48,5**	60,2
040	Wärmeversorgungsanl. - Betriebseinr. inkl. 041	3,9	**6,6**	9,2
042	Gas- u. Wasseranl. - Leitung., Armat. inkl. 043	1,1	**1,5**	2,0
044	Abwasseranl. - Leitungen, Abläufe, Armaturen	0,7	**1,8**	8,1
045	Gas, Wasser, Entwässerung - Ausstattung inkl. 046	2,1	**2,8**	3,4
047	Dämm- und Brandschutzarb. an techn. Anlagen	0,2	**0,5**	1,1
049	Feuerlöschanlagen, Feuerlöschgeräte	0,0	**< 0,1**	< 0,1
050	Blitzschutz-/Erdungsanlagen, Überspannungssch.	< 0,1	**0,1**	0,2
052	Mittelspannungsanlagen	–	**–**	–
053	Niederspannungsanl. - Kabel inkl. 054	1,3	**3,2**	4,2
055	Sicherheits- u. Ersatzstromversorgungsanl.	–	**–**	–
057	Gebäudesystemtechnik	–	**–**	–
058	Leuchten und Lampen inkl. 059	< 0,1	**0,5**	1,9
060	Such, Signal, Zeit, Anten., akust. Anl. inkl. 064	< 0,1	**0,2**	0,6
061	Kommunikations- u. Übertragungsnetze inkl. 062	0,1	**0,4**	0,6
063	Gefahrenmeldeanlagen	< 0,1	**0,4**	3,0
069	Aufzüge	0,0	**0,7**	5,7
070	Gebäudeautomation	–	**–**	–
075	Raumlufttechnische Anlagen inkl. 078	0,1	**0,8**	2,3
	Gebäudetechnik	14,5	**19,6**	23,3
084	Abbruch, Rückbau, Schadstoffsanierung	7,1	**8,0**	9,7
	Sonstige Leistungsbereiche inkl. 008, 033, 051	0,2	**1,0**	3,8

€/m² BGF

min	895	€/m²
von	1.135	€/m²
Mittel	**1.540**	**€/m²**
bis	2.180	€/m²
max	2.400	€/m²

Kosten:
Stand 2. Quartal 2026
Bundesdurchschnitt
inkl. 19% MwSt.

Objektübersicht zur Gebäudeart

6100-1462 Mehrfamilienhaus (3 WE), Wintergarten

BRI 2.620m³ **BGF** 951m² **NUF** 620m²

Baujahr: 1938
Bauzustand: mittel
Aufwand: hoch
Nutzung während der Bauzeit: ja
Nutzungsänderung: nein
Grundrissänderungen: einige
Tragwerkseingriffe: wenige

Land: Niedersachsen
Kreis: Göttingen
Standard: mittel
Bauzeit: 31 Wochen
Kennwerte: bis 3. Ebene DIN 276
veröffentlicht: BKI Objektdaten A11

BGF 924€/m²

Planung: Fuchs Architekten BDA; Göttingen

Sanierung und Erweiterung eines Mehrfamilienhauses (3 WE)

1. Ebene: 300 Bauwerk – Baukonstruktionen: 76%, **400 Bauwerk – Technische Anlagen:** 24%
3. Ebene: Baukonstruktionen: **A:** Sonstige 7%, **W:** 353 Deckenbeläge 4%, Sonstige 5%, **H:** 322 Flachgründungen und Bodenplatten 3%, 334 Außenwandöffnungen 18%, 335 Außenwandbekleidungen, außen 4%, 337 Elementierte Außenwandkonstruktionen 5%, 345 Innenwandbekleidungen 8%, 353 Deckenbeläge 5%, 361 Dachkonstruktionen 4%, 363 Dachbeläge 7%, 365 Elementierte Dachkonstruktionen 5%, Sonstige 24%, **Technische Anlagen:** **A:** 429 Sonstiges zur KG 420 4%, 494 Abbruchmaßnahmen 3%, Sonstige 5%, **W:** Sonstige 3%, **H:** 412 Wasseranlagen 17%, 421 Wärmeerzeugungsanlagen 11%, 422 Wärmeverteilnetze 7%, 423 Raumheizflächen 13%, 444 Niederspannungsinstallationsanlagen 20%, 498 Provisorische technische Anlagen 4%, Sonstige 13%

6100-1427 Wohngebäude, Fassadensanierung*

BRI 11.882m³ **BGF** 3.726m² **NUF** 1.811m²

Baujahr: 1890
Bauzustand: mittel
Aufwand: mittel
Nutzung während der Bauzeit: ja
Nutzungsänderung: nein
Grundrissänderungen: keine
Tragwerkseingriffe: keine

Land: Hamburg
Kreis: Hamburg, Stadt
Standard: hoch
Bauzeit: 26 Wochen
Kennwerte: bis 3. Ebene DIN 276
veröffentlicht: BKI Objektdaten A12

BGF 85€/m²

* Nicht in der Auswertung enthalten

Planung: Holst Becker Architekten; Hamburg

Fassadensanierung eines denkmalgeschützten Wohngebäude.

1. Ebene: 300 Bauwerk – Baukonstruktionen: 100%
3. Ebene: Baukonstruktionen: **A:** Sonstige < 1%, **W:** 331 Tragende Außenwände 5%, 335 Außenwandbekleidungen, außen 31%, Sonstige 3%, **H:** 331 Tragende Außenwände 4%, 334 Außenwandöffnungen 14%, 335 Außenwandbekleidungen, außen 23%, 392 Gerüste 14%, Sonstige 6%

A Abbrechen
W Wiederherstellen
H Herstellen

6100-1203 Doppelhaushälfte

BRI 797 m³ **BGF** 305 m² **NUF** 196 m²

Baujahr: 1929
Bauzustand: mittel
Aufwand: hoch
Nutzung während der Bauzeit: nein
Nutzungsänderung: nein
Grundrissänderungen: einige
Tragwerkseingriffe: einige

Land: Berlin
Kreis: Berlin, Stadt
Standard: mittel
Bauzeit: 31 Wochen
Kennwerte: bis 3. Ebene DIN 276
veröffentlicht: BKI Objektdaten A10
BGF 2.086 €/m²

Planung: Hertzberg Weber Architekten PartGmbB; Potsdam

Rückbau einer Doppelhaushälfte einer Versuchssiedlung aus dem Jahr 1929 auf das ursprüngliche Erscheinungsbild. **Kosteneinfluss Nutzung:** Denkmalschutz

1. Ebene: 300 Bauwerk – Baukonstruktionen: 86%, **400 Bauwerk – Technische Anlagen:** 14%
3. Ebene: Baukonstruktionen: A: Sonstige 10%, **W:** 331 Tragende Außenwände 5%, 335 Außenwandbekleidungen, außen 3%, 344 Innenwandöffnungen 3%, Sonstige 5%, **H:** 334 Außenwandöffnungen 14%, 335 Außenwandbekleidungen, außen 11%, 336 Außenwandbekleidungen, innen 7%, 345 Innenwandbekleidungen 7%, 353 Deckenbeläge 6%, 363 Dachbeläge 6%, Sonstige 24%, **Technische Anlagen: A:** Sonstige 7%, **W:** Sonstige < 1%, **H:** 411 Abwasseranlagen 3%, 412 Wasseranlagen 26%, 421 Wärmeerzeugungsanlagen 9%, 422 Wärmeverteilnetze 9%, 423 Raumheizflächen 15%, 444 Niederspannungsinstallationsanlagen 23%, Sonstige 7%

6100-1223 Gründerzeithaus (1 WE)

BRI 1.449 m³ **BGF** 509 m² **NUF** 297 m²

Baujahr: 1908
Bauzustand: mittel
Aufwand: niedrig
Nutzung während der Bauzeit: nein
Nutzungsänderung: nein
Grundrissänderungen: wenige
Tragwerkseingriffe: wenige

Land: Nordrhein-Westfalen
Kreis: Bonn, Stadt
Standard: mittel
Bauzeit: 39 Wochen
Kennwerte: bis 3. Ebene DIN 276
veröffentlicht: BKI Objektdaten A11
BGF 894 €/m²

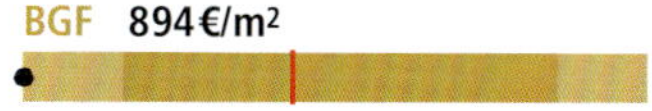

Planung: Concavis Architekten + Ingenieure; Bornheim

Das Gründerzeithaus (1 WE) wurde unter Berücksichtigung von Denkmalschutzauflagen saniert, erweitert und die Haustechnik erneuert.

1. Ebene: 300 Bauwerk – Baukonstruktionen: 85%, **400 Bauwerk – Technische Anlagen:** 15%
3. Ebene: Baukonstruktionen: A: Sonstige 12%, **W:** 353 Deckenbeläge 12%, Sonstige 11%, **H:** 334 Außenwandöffnungen 12%, 336 Außenwandbekleidungen, innen 3%, 345 Innenwandbekleidungen 14%, 353 Deckenbeläge 8%, 363 Dachbeläge 4%, Sonstige 24%, **Technische Anlagen: A:** Sonstige 4%, **W:** Sonstige 1%, **H:** 412 Wasseranlagen 26%, 421 Wärmeerzeugungsanlagen 12%, 422 Wärmeverteilnetze 11%, 429 Sonstiges zur KG 420 4%, 444 Niederspannungsinstallationsanlagen 24%, 452 Such- und Signalanlagen 4%, Sonstige 14%

€/m² BGF

min	895	€/m²
von	1.135	€/m²
Mittel	**1.540**	**€/m²**
bis	2.180	€/m²
max	2.400	€/m²

Kosten:
Stand 2. Quartal 2026
Bundesdurchschnitt
inkl. 19% MwSt.

Objektübersicht zur Gebäudeart

6100-1201 Wohnhaus für Frauen (11 WE)

BRI 4.670 m³ **BGF** 1.426 m² **NUF** 801 m²

Baujahr: 1883
Bauzustand: schlecht
Aufwand: mittel
Nutzung während der Bauzeit: nein
Nutzungsänderung: nein
Grundrissänderungen: umfangreiche
Tragwerkseingriffe: umfangreiche

Land: Hamburg
Kreis: Hamburg, Stadt
Standard: hoch
Bauzeit: 52 Wochen
Kennwerte: bis 3. Ebene DIN 276
veröffentlicht: BKI Objektdaten A11
BGF 2.399 €/m²

Planung: pmp Projekt GmbH; Hamburg

Aufstockung und Modernisierung eines Wohnhauses für Frauen (11 WE) für 24 Bewohner und 13 Verwaltungsplätzen.

1. Ebene: 300 Bauwerk – Baukonstruktionen: 80%, **400 Bauwerk – Technische Anlagen:** 20%
3. Ebene: Baukonstruktionen: A: Sonstige 8%, **W:** 353 Deckenbeläge 3%, Sonstige 8%, **H:** 331 Tragende Außenwände 5%, 334 Außenwandöffnungen 8%, 341 Tragende Innenwände 6%, 342 Nichttragende Innenwände 4%, 344 Innenwandöffnungen 4%, 345 Innenwandbekleidungen 8%, 351 Deckenkonstruktionen 6%, 353 Deckenbeläge 5%, 361 Dachkonstruktionen 5%, 363 Dachbeläge 4%, 381 Allgemeine Einbauten 3%, Sonstige 21%, **Technische Anlagen: A:** Sonstige 3%, **H:** 411 Abwasseranlagen 9%, 412 Wasseranlagen 13%, 421 Wärmeerzeugungsanlagen 5%, 422 Wärmeverteilnetze 5%, 423 Raumheizflächen 13%, 431 Lüftungsanlagen 4%, 444 Niederspannungsinstallationsanlagen 16%, 445 Beleuchtungsanlagen 12%, 456 Gefahrenmelde- und Alarmanlagen 15%, Sonstige 5%

6100-1202 Stadtvilla

BRI 1.644 m³ **BGF** 564 m² **NUF** 343 m²

Baujahr: 1938
Bauzustand: mittel
Aufwand: hoch
Nutzung während der Bauzeit: nein
Nutzungsänderung: nein
Grundrissänderungen: umfangreiche
Tragwerkseingriffe: umfangreiche

Land: Hessen
Kreis: Frankfurt am Main, Stadt
Standard: hoch
Bauzeit: 52 Wochen
Kennwerte: bis 3. Ebene DIN 276
veröffentlicht: BKI Objektdaten A11
BGF 2.269 €/m²

Planung: Atzmüller Architekten Dipl.-Ing. Architekt Peter Atzmüller; Frankfurt a.M.

Stadtvilla (WFL 286m²), Garage

1. Ebene: 300 Bauwerk – Baukonstruktionen: 73%, **400 Bauwerk – Technische Anlagen:** 27%
3. Ebene: Baukonstruktionen: A: Sonstige 9%, **W:** Sonstige < 1%, **H:** 322 Flachgründungen und Bodenplatten 4%, 331 Tragende Außenwände 4%, 334 Außenwandöffnungen 8%, 335 Außenwandbekleidungen, außen 6%, 336 Außenwandbekleidungen, innen 4%, 338 Lichtschutz zur KG 330 3%, 339 Sonstiges zur KG 330 4%, 345 Innenwandbekleidungen 5%, 351 Deckenkonstruktionen 4%, 353 Deckenbeläge 9%, 361 Dachkonstruktionen 7%, 363 Dachbeläge 9%, 364 Dachbekleidungen 3%, Sonstige 19%, **Technische Anlagen: A:** Sonstige < 1%, **H:** 411 Abwasseranlagen 4%, 412 Wasseranlagen 15%, 421 Wärmeerzeugungsanlagen 14%, 422 Wärmeverteilnetze 7%, 423 Raumheizflächen 13%, 429 Sonstiges zur KG 420 5%, 431 Lüftungsanlagen 5%, 444 Niederspannungsinstallationsanlagen 12%, 461 Aufzugsanlagen 21%, Sonstige 3%

A Abbrechen
W Wiederherstellen
H Herstellen

Objektübersicht zur Gebäudeart

6100-1147 Einfamilienhaus - Effizienzhaus 100

BRI 717 m³ **BGF** 310 m² **NUF** 146 m²

Baujahr: 1936
Bauzustand: schlecht
Aufwand: hoch
Nutzung während der Bauzeit: nein
Nutzungsänderung: nein
Grundrissänderungen: umfangreiche
Tragwerkseingriffe: keine

Land: Thüringen
Kreis: Erfurt, Stadt
Standard: hoch
Bauzeit: 74 Wochen
Kennwerte: bis 3. Ebene DIN 276
veröffentlicht: BKI Objektdaten E7

BGF 1.821 €/m²

Planung: Funken Architekten; Erfurt

Modernisierung eines Einfamilienhauses

1. Ebene: 300 Bauwerk – Baukonstruktionen: 76%, **400 Bauwerk – Technische Anlagen:** 24%
3. Ebene: Baukonstruktionen: **A:** Sonstige 10%, **W:** Sonstige < 1%, **H:** 324 Gründungsbeläge 6%, 334 Außenwandöffnungen 11%, 335 Außenwandbekleidungen, außen 10%, 345 Innenwandbekleidungen 8%, 351 Deckenkonstruktionen 7%, 353 Deckenbeläge 5%, 354 Deckenbekleidungen 3%, 361 Dachkonstruktionen 4%, 362 Dachöffnungen 4%, 363 Dachbeläge 6%, Sonstige 26%, **Technische Anlagen:** **A:** Sonstige 2%, **H:** 411 Abwasseranlagen 4%, 412 Wasseranlagen 16%, 421 Wärmeerzeugungsanlagen 17%, 422 Wärmeverteilnetze 9%, 423 Raumheizflächen 10%, 431 Lüftungsanlagen 14%, 444 Niederspannungsinstallationsanlagen 13%, 445 Beleuchtungsanlagen 4%, 476 Weitere nutzungsspezifische Anlagen 5%, Sonstige 7%

6100-0889 Mehrfamilienhaus (3 WE) - KfW 60*

BRI 1.252 m³ **BGF** 452 m² **NUF** 296 m²

Baujahr: 1913
Bauzustand: schlecht
Aufwand: hoch
Nutzung während der Bauzeit: nein
Nutzungsänderung: nein
Grundrissänderungen: umfangreiche
Tragwerkseingriffe: einige

Land: Nordrhein-Westfalen
Kreis: Mönchengladbach, Stadt
Standard: hoch
Bauzeit: 70 Wochen
Kennwerte: bis 3. Ebene DIN 276
veröffentlicht: BKI Objektdaten E5

BGF 3.399 €/m²

 *

* Nicht in der Auswertung enthalten

Planung: bau grün ! gmbh energieeffiziente Gebäude; Mönchengladbach

Umbau und Modernisierung Mehrfamilienhaus mit drei Wohneinheiten (218m² WFL). Die Gründung des Gebäudes wurde vollständig ersetzt.

1. Ebene: 300 Bauwerk – Baukonstruktionen: 78%, **400 Bauwerk – Technische Anlagen:** 22%
3. Ebene: Baukonstruktionen: **A:** Sonstige 9%, **W:** Sonstige 7%, **H:** 334 Außenwandöffnungen 11%, 335 Außenwandbekleidungen, außen 4%, 344 Innenwandöffnungen 4%, 345 Innenwandbekleidungen 4%, 353 Deckenbeläge 7%, 354 Deckenbekleidungen 8%, 363 Dachbeläge 3%, 381 Allgemeine Einbauten 5%, 393 Sicherungsmaßnahmen 6%, Sonstige 31%

€/m² BGF

min	895	€/m²
von	1.135	€/m²
Mittel	**1.540**	**€/m²**
bis	2.180	€/m²
max	2.400	€/m²

Kosten:
Stand 2. Quartal 2026
Bundesdurchschnitt
inkl. 19% MwSt.

Objektübersicht zur Gebäudeart

6100-0856 Mehrfamilienhaus (3 WE)

BRI 2.340 m³ **BGF** 648 m² **NUF** 458 m²

Baujahr: 1876
Bauzustand: schlecht
Aufwand: hoch
Nutzung während der Bauzeit: nein
Nutzungsänderung: nein
Grundrissänderungen: einige
Tragwerkseingriffe: keine

Land: Sachsen
Kreis: Mittelsachsen
Standard: mittel
Bauzeit: 22 Wochen
Kennwerte: bis 3. Ebene DIN 276
veröffentlicht: BKI Objektdaten A8
BGF 1.219 €/m²

Planung: Architekturbüro Dipl.-Ing. Evelyn Möhler; Kleinschirma

Wohngemeinschaft mit drei Wohneinheiten (416m² WFL) für Menschen mit Behinderungen zur selbstständigen Lebensführung.

1. Ebene: 300 Bauwerk – Baukonstruktionen: 76%, **400 Bauwerk – Technische Anlagen:** 24%
3. Ebene: Baukonstruktionen: A: Sonstige 8%, **W:** 344 Innenwandöffnungen 3%, Sonstige 4%, **H:** 324 Gründungsbeläge 5%, 334 Außenwandöffnungen 17%, 335 Außenwandbekleidungen, außen 7%, 336 Außenwandbekleidungen, innen 4%, 341 Tragende Innenwände 4%, 344 Innenwandöffnungen 4%, 345 Innenwandbekleidungen 10%, 353 Deckenbeläge 7%, 354 Deckenbekleidungen 4%, 363 Dachbeläge 9%, Sonstige 13%, **Technische Anlagen:** A: 412 Wasseranlagen 6%, Sonstige 2%, **W:** Sonstige < 1%, **H:** 411 Abwasseranlagen 7%, 412 Wasseranlagen 19%, 419 Sonstiges zur KG 410 3%, 421 Wärmeerzeugungsanlagen 17%, 422 Wärmeverteilnetze 9%, 423 Raumheizflächen 16%, 444 Niederspannungsinstallationsanlagen 17%, Sonstige 4%

6100-0314 Hausmeistergebäude

BRI 1.811 m³ **BGF** 441 m² **NUF** 285 m²

Baujahr: 1919
Bauzustand: mittel
Aufwand: mittel
Nutzung während der Bauzeit: nein
Nutzungsänderung: ja
Grundrissänderungen: wenige
Tragwerkseingriffe: keine

Land: Sachsen-Anhalt
Kreis: Magdeburg, Stadt
Standard: mittel
Bauzeit: 26 Wochen
Kennwerte: bis 3. Ebene DIN 276
veröffentlicht: www.bki.de
BGF 1.170 €/m²

Planung: Dreischhoff + Partner Planungsgesellschaft mbH; Magdeburg

Wohnung im Erdgeschoss, dazu Hausanschlussraum im UG und Abstellraum im DG; Abstellräume für Schule (Objekt 4100-0036) im UG, OG und DG, daher sehr hoher Anteil Nebennutzfläche. **Kosteneinfluss Grundstück:** Das Hausmeistergebäude schließt an das Schulgebäude (Objekt 4100-0036) an; die Angabe der Grundstücksfläche bezieht sich auf den gesamten Komplex (s. Lageplan bei Objekt 4100-0036), eine Sporthalle befindet sich noch im Bau.

1. Ebene: 300 Bauwerk – Baukonstruktionen: 83%, **400 Bauwerk – Technische Anlagen:** 17%
3. Ebene: Baukonstruktionen: A: 345 Innenwandbekleidungen 3%, Sonstige 4%, **W:** 351 Deckenkonstruktionen 6%, Sonstige 4%, **H:** 334 Außenwandöffnungen 12%, 336 Außenwandbekleidungen, innen 4%, 341 Tragende Innenwände 4%, 342 Nichttragende Innenwände 4%, 344 Innenwandöffnungen 7%, 345 Innenwandbekleidungen 22%, 353 Deckenbeläge 13%, 364 Dachbekleidungen 6%, Sonstige 10%, **Technische Anlagen:** **H:** 411 Abwasseranlagen 47%, 412 Wasseranlagen 30%, 422 Wärmeverteilnetze 6%, 423 Raumheizflächen 7%, 431 Lüftungsanlagen 7%, Sonstige 3%

A Abbrechen
W Wiederherstellen
H Herstellen

Objektübersicht zur Gebäudeart

6100-0233 Mehrfamilienhaus (12 WE)

BRI 5.701 m³ **BGF** 1.652 m² **NUF** 1.024 m²

Baujahr: 1880
Bauzustand: mittel
Aufwand: mittel
Nutzung während der Bauzeit: nein
Nutzungsänderung: nein
Grundrissänderungen: wenige
Tragwerkseingriffe: einige

Land: Baden-Württemberg
Kreis: Stuttgart, Stadt
Standard: mittel
Bauzeit: 43 Wochen
Kennwerte: bis 1. Ebene DIN 276
veröffentlicht: www.bki.de

BGF 1.517 €/m²

Planung: Lothar Pauls Freier Architekt; Stuttgart

Modernisierung mit Dachaufstockung

1. Ebene: 300 Bauwerk – Baukonstruktionen: 85%, **400 Bauwerk – Technische Anlagen:** 15%

6100-0235 Mehrfamilienhaus (7 WE)

BRI 2.448 m³ **BGF** 710 m² **NUF** 433 m²

Baujahr: 1912
Bauzustand: mittel
Aufwand: mittel
Nutzung während der Bauzeit: nein
Nutzungsänderung: nein
Grundrissänderungen: einige
Tragwerkseingriffe: einige

Land: Baden-Württemberg
Kreis: Stuttgart, Stadt
Standard: mittel
Bauzeit: 35 Wochen
Kennwerte: bis 1. Ebene DIN 276
veröffentlicht: www.bki.de

BGF 1.334 €/m²

Planung: Lothar Pauls Freier Architekt; Stuttgart

Modernisierung und Instandsetzung eines Mehrfamilienhauses mit 2x 3-Zimmerwohnungen (70m²), 2x 1-Zimmerwohnungen (36m²), 4-Zimmerwohnung (96m²), 2x 2-Zimmerwohnung (46-55m²); Keller- und Abstellräume, Waschküche. **Kosteneinfluss Grundstück:** Eckgrundstück

1. Ebene: 300 Bauwerk – Baukonstruktionen: 82%, **400 Bauwerk – Technische Anlagen:** 18%

6100-0287 Mehrfamilienhaus (40 WE)

BRI 16.250 m³ **BGF** 5.580 m² **NUF** 3.615 m²

Baujahr: 1904
Bauzustand: mittel
Aufwand: mittel
Nutzung während der Bauzeit: nein
Nutzungsänderung: nein
Grundrissänderungen: wenige
Tragwerkseingriffe: keine

Land: Berlin
Kreis: Berlin, Stadt
Standard: mittel
Bauzeit: 78 Wochen
Kennwerte: bis 1. Ebene DIN 276
veröffentlicht: www.bki.de

BGF 1.296 €/m²

Planung: Dr. Regina Bolck & Rüdiger Reißig Architekturbüro Civitas; Berlin

Wohnanlage, zwei spiegelgleiche Häuser, mit 40 Wohnungen (3.195m² WFL).

1. Ebene: 300 Bauwerk – Baukonstruktionen: 85%, **400 Bauwerk – Technische Anlagen:** 15%

Wohngebäude nach 1945 nur Oberflächen

Kosten:
Stand 2. Quartal 2026
Bundesdurchschnitt
inkl. 19% MwSt.

Kostenkennwerte für die Kosten des Bauwerks (Kostengruppen 300+400 nach DIN 276)

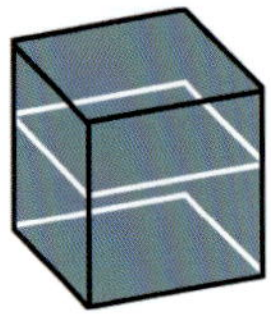

BRI 205 €/m³
von 90 €/m³
bis 360 €/m³

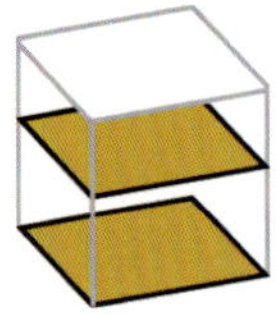

BGF 555 €/m²
von 295 €/m²
bis 1.060 €/m²

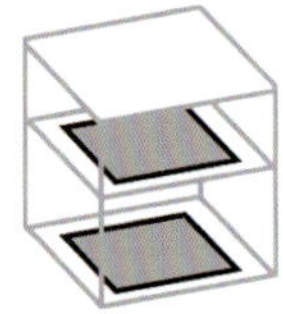

NUF 830 €/m²
von 435 €/m²
bis 1.685 €/m²

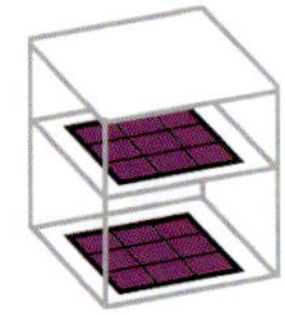

NE 1.100 €/NE
von 450 €/NE
bis 2.005 €/NE
NE: Wohnfläche

Objektbeispiele

6100-0857

6100-1393

6100-1579

6100-0694

6100-0782

6100-0725

Kosten der 20 Vergleichsobjekte

Seiten 488 bis 498

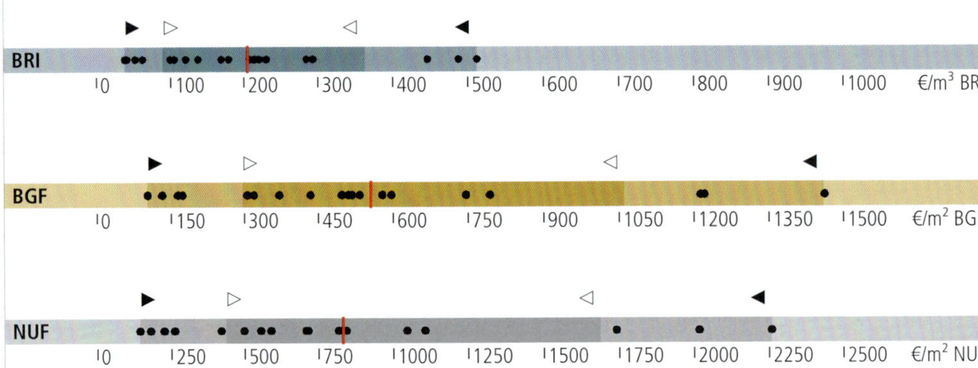

- ● KKW
- ▶ min
- ▷ von
- | Mittelwert
- ◁ bis
- ◀ max

Kostenkennwerte für die Kostengruppen der 1. und 2.Ebene DIN 276

KG	Kostengruppen der 1.Ebene	Einheit	▷	€/Einheit	◁	▷	% an 300+400	◁
100	Grundstück	m² GF	–	**–**	–	–	**–**	–
200	Vorbereitende Maßnahmen	m² GF	< 1	**2**	3	< 0,1	**0,1**	0,1
300	Bauwerk – Baukonstruktionen	m² BGF	225	**443**	711	67,0	**85,9**	97,0
400	Bauwerk – Technische Anlagen	m² BGF	42	**149**	335	6,9	**18,8**	35,1
	Bauwerk 300+400	m² BGF	296	**555**	1.061	100,0	**100,0**	100,0
500	Außenanlagen und Freiflächen	m² AF	18	**139**	312	2,4	**5,8**	19,6
600	Ausstattung und Kunstwerke	m² BGF	< 1	**2**	6	< 0,1	**0,1**	0,4
700	Baunebenkosten	m² BGF	–	**–**	–	–	**–**	–
800	Finanzierung	m² BGF	–	**–**	–	–	**–**	–

KG	Kostengruppen der 2.Ebene	Einheit	▷	€/Einheit	◁	▷	% an 1.Ebene	◁
310	Baugrube / Erdbau	m³ BGI	69	**132**	218	< 0,1	**0,4**	1,4
320	Gründung, Unterbau	m² GRF	42	**185**	384	< 0,1	**0,7**	3,0
330	Außenwände / vertikal außen	m² AWF	145	**329**	488	29,9	**50,7**	68,0
340	Innenwände / vertikal innen	m² IWF	154	**399**	2.275	0,7	**6,2**	17,6
350	Decken / horizontal	m² DEF	175	**392**	1.252	8,2	**16,1**	31,9
360	Dächer	m² DAF	179	**366**	562	6,2	**18,6**	44,9
370	Infrastrukturanlagen		–	**–**	–	–	**–**	–
380	Baukonstruktive Einbauten	m² BGF	< 1	**2**	3	0,0	**< 0,1**	0,4
390	Sonst. Maßnahmen für Baukonst.	m² BGF	14	**30**	54	3,7	**7,2**	11,6
300	**Bauwerk – Baukonstruktionen**	**m² BGF**					**100,0**	
410	Abwasser-, Wasser-, Gasanlagen	m² BGF	4	**35**	96	5,8	**15,9**	32,9
420	Wärmeversorgungsanlagen	m² BGF	22	**68**	140	19,2	**47,1**	68,8
430	Raumlufttechnische Anlagen	m² BGF	9	**32**	77	1,1	**9,0**	43,7
440	Elektrische Anlagen	m² BGF	11	**34**	96	8,5	**17,4**	26,1
450	Kommunikationstechnische Anlagen	m² BGF	2	**7**	12	2,5	**10,0**	33,4
460	Förderanlagen	m² BGF	–	**–**	–	–	**–**	–
470	Nutzungsspez. / verfahrenstech. Anl.	m² BGF	–	**< 1**	–	0,0	**< 0,1**	0,1
480	Gebäude- und Anlagenautomation	m² BGF	–	**20**	–	0,0	**0,3**	5,0
490	Sonst. Maßnahmen f. techn. Anl.	m² BGF	< 1	**2**	5	< 0,1	**0,1**	0,8
400	**Bauwerk – Technische Anlagen**	**m² BGF**					**100,0**	

Prozentanteile der Kosten 2.Ebene an den Kosten des Bauwerks nach DIN 276 (Von/Mittel/Bis)

KG	Kostengruppe	%
310	Baugrube / Erdbau	0,3
320	Gründung, Unterbau	0,4
330	Außenwände / vertikal außen	44,6
340	Innenwände / vertikal innen	4,4
350	Decken / horizontal	13,4
360	Dächer	16,2
370	Infrastrukturanlagen	
380	Baukonstruktive Einbauten	< 0,1
390	Sonst. Maßnahmen für Baukonst.	6,5
410	Abwasser-, Wasser-, Gasanlagen	2,9
420	Wärmeversorgungsanlagen	6,6
430	Raumlufttechnische Anlagen	1,3
440	Elektrische Anlagen	2,5
450	Kommunikationstechnische Anlagen	0,7
460	Förderanlagen	
470	Nutzungsspez. / verfahrenstech. Anl.	< 0,1
480	Gebäude- und Anlagenautomation	< 0,1
490	Sonst. Maßnahmen f. techn. Anl.	< 0,1

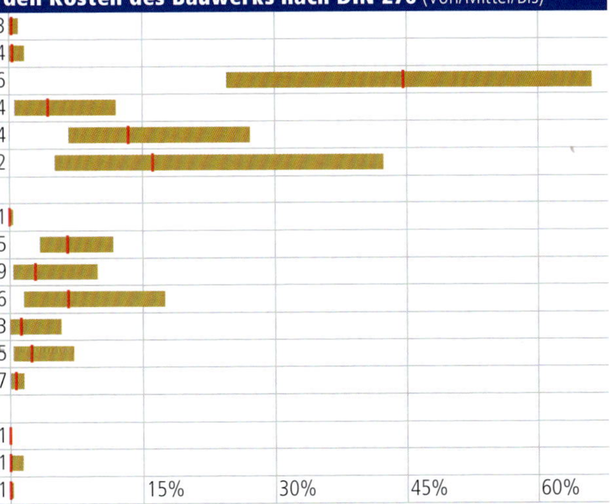

Kostenstand: 2. Quartal 2026, Bundesdurchschnitt, **inkl. 19% MwSt.**

Kosten:
Stand 2. Quartal 2026
Bundesdurchschnitt
inkl. 19% MwSt.

▷ von
ø Mittel
◁ bis

Kostenkennwerte für die Kostengruppen der 3. Ebene DIN 276

KG	Kostengruppen der 3. Ebene	Einheit	▷	€/Einheit	◁	▷	€/m²BGF	◁
311	**Herstellung**	m³	69	**132**	218	2	**5**	10
	Herstellen	m³	69	**132**	218	2	**5**	10
322	**Flachgründungen und Bodenplatten**	m²	243	**511**	1.015	2	**6**	11
	Abbrechen	*m²*	*13*	***58***	*103*	*< 1*	***2***	*4*
	Wiederherstellen	m²	–	**12**	–	–	**< 1**	–
	Herstellen	m²	199	**485**	1.009	2	**5**	9
324	**Gründungsbeläge**	m²	23	**41**	86	< 1	**2**	7
	Wiederherstellen	m²	–	**40**	–	–	**< 1**	–
	Herstellen	m²	21	**41**	86	< 1	**3**	7
325	**Abdichtungen und Bekleidungen**	m²	38	**191**	486	< 1	**8**	23
	Herstellen	m²	38	**191**	486	< 1	**8**	23
326	**Dränagen**	m²	–	**128**	–	–	**2**	–
	Herstellen	m²	–	**128**	–	–	**2**	–
331	**Tragende Außenwände**	m²	236	**595**	1.048	5	**15**	40
	Abbrechen	*m²*	*202*	***417***	*794*	*3*	***9***	*21*
	Wiederherstellen	m²	13	**123**	343	< 1	**6**	10
	Herstellen	m²	196	**285**	377	4	**9**	23
332	**Nichttragende Außenwände**	m²	980	**5.078**	19.728	3	**5**	8
	Abbrechen	*m²*	*1.644*	***7.639***	*19.013*	*2*	***4***	*6*
	Wiederherstellen	m²	–	**270**	–	–	**8**	–
	Herstellen	m²	127	**550**	699	< 1	**2**	4
333	**Außenstützen**	m	–	**102**	–	< 1	**3**	5
	Herstellen	m	–	**102**	–	–	**5**	–
334	**Außenwandöffnungen**	m²	337	**788**	1.022	29	**68**	129
	Abbrechen	*m²*	*10*	***40***	*68*	*< 1*	***4***	*7*
	Wiederherstellen	m²	11	**32**	70	< 1	**3**	8
	Herstellen	m²	235	**735**	951	25	**63**	121
335	**Außenwandbekleidungen, außen**	m²	133	**213**	328	57	**117**	175
	Abbrechen	*m²*	*2*	***5***	*9*	*1*	***3***	*5*
	Wiederherstellen	m²	2	**5**	11	1	**5**	18
	Herstellen	m²	129	**207**	319	58	**113**	173
336	**Außenwandbekleidungen, innen**	m²	42	**77**	111	7	**16**	30
	Abbrechen	*m²*	*4*	***9***	*18*	*< 1*	***2***	*3*
	Wiederherstellen	m²	12	**45**	81	1	**4**	6
	Herstellen	m²	11	**52**	73	3	**15**	28
337	**Elem. Außenwandkonstruktionen**	m²	1.703	**1.895**	2.087	9	**35**	61
	Wiederherstellen	m²	–	**1.703**	–	–	**61**	–
	Herstellen	m²	–	**2.087**	–	–	**9**	–
338	**Lichtschutz zur KG 330**	m²	103	**353**	570	2	**17**	26
	Abbrechen	*m²*	*21*	***50***	*67*	*< 1*	***3***	*4*
	Wiederherstellen	m²	26	**379**	733	2	**17**	33
	Herstellen	m²	80	**243**	401	2	**12**	20
339	**Sonstiges zur KG 330**	m²	4	**14**	28	3	**8**	17
	Abbrechen	*m²*	*< 1*	***2***	*4*	*< 1*	***< 1***	*2*
	Wiederherstellen	m²	< 1	**1**	3	< 1	**< 1**	2
	Herstellen	m²	5	**15**	25	3	**9**	15
341	**Tragende Innenwände**	m²	257	**453**	678	10	**14**	25
	Abbrechen	*m²*	–	***232***	–	–	***13***	–
	Wiederherstellen	m²	–	**50**	–	–	**1**	–
	Herstellen	m²	233	**382**	771	8	**10**	13

KG	Kostengruppen der 3. Ebene	Einheit	▷	€/Einheit	◁	▷	€/m² BGF	◁
342	**Nichttragende Innenwände**	m²	245	**546**	1.052	2	**11**	27
	Abbrechen	*m²*	*40*	***146***	*374*	*< 1*	***4***	*10*
	Wiederherstellen	m²	–	**4**	–	–	**< 1**	–
	Herstellen	m²	176	**414**	1.049	2	**8**	23
344	**Innenwandöffnungen**	m²	152	**623**	2.035	2	**15**	53
	Abbrechen	*m²*	*20*	***66***	*234*	*< 1*	***2***	*4*
	Wiederherstellen	m²	27	**60**	270	< 1	**1**	5
	Herstellen	m²	485	**903**	2.778	8	**25**	56
345	**Innenwandbekleidungen**	m²	50	**79**	126	11	**37**	85
	Abbrechen	*m²*	*3*	***7***	*11*	*2*	***5***	*10*
	Wiederherstellen	m²	5	**23**	53	1	**5**	12
	Herstellen	m²	21	**58**	108	5	**30**	78
346	**Elem. Innenwandkonstruktionen**	m²	88	**99**	111	3	**8**	13
	Wiederherstellen	m²	–	**101**	–	–	**12**	–
	Herstellen	m²	10	**49**	88	1	**2**	3
349	**Sonstiges zur KG 340**	m²	–	**< 1**	–	–	**< 1**	–
	Abbrechen	*m²*	*–*	***< 1***	*–*	*–*	***< 1***	*–*
351	**Deckenkonstruktionen**	m²	236	**692**	1.510	3	**13**	28
	Abbrechen	*m²*	*387*	***499***	*612*	*9*	***16***	*22*
	Wiederherstellen	m²	–	**27**	–	–	**2**	–
	Herstellen	m²	253	**626**	1.374	3	**9**	17
353	**Deckenbeläge**	m²	111	**194**	275	16	**38**	89
	Abbrechen	*m²*	*11*	***22***	*35*	*2*	***5***	*18*
	Wiederherstellen	m²	11	**33**	79	1	**3**	10
	Herstellen	m²	97	**163**	233	15	**32**	81
354	**Deckenbekleidungen**	m²	44	**74**	124	6	**15**	23
	Abbrechen	*m²*	*1*	***4***	*9*	*< 1*	***2***	*3*
	Wiederherstellen	m²	3	**8**	18	< 1	**1**	2
	Herstellen	m²	48	**75**	132	8	**15**	23
355	**Elementierte Deckenkonstruktionen**	m²	1.159	**1.641**	2.234	59	**93**	189
	Abbrechen	*m²*	*–*	***295***	*–*	*–*	***13***	*–*
	Herstellen	m²	1.226	**1.568**	2.473	56	**90**	189
359	**Sonstiges zur KG 350**	m²	27	**81**	242	4	**15**	30
	Abbrechen	*m²*	*7*	***11***	*17*	*< 1*	***3***	*6*
	Wiederherstellen	m²	2	**10**	25	< 1	**3**	9
	Herstellen	m²	39	**99**	265	5	**17**	25
361	**Dachkonstruktionen**	m²	66	**169**	414	5	**18**	39
	Abbrechen	*m²*	*6*	***24***	*47*	*< 1*	***1***	*3*
	Wiederherstellen	m²	33	**67**	110	1	**5**	9
	Herstellen	m²	56	**144**	292	6	**17**	40
362	**Dachöffnungen**	m²	1.080	**2.165**	4.806	2	**7**	20
	Abbrechen	*m²*	*31*	***97***	*175*	*< 1*	***< 1***	*< 1*
	Wiederherstellen	m²	237	**331**	426	< 1	**3**	5
	Herstellen	m²	1.237	**2.267**	5.240	3	**8**	21
363	**Dachbeläge**	m²	172	**308**	519	15	**51**	89
	Abbrechen	*m²*	*27*	***42***	*78*	*4*	***8***	*16*
	Wiederherstellen	m²	6	**41**	111	< 1	**1**	2
	Herstellen	m²	147	**254**	418	13	**44**	78
364	**Dachbekleidungen**	m²	69	**126**	203	3	**12**	32
	Abbrechen	*m²*	*3*	***12***	*23*	*< 1*	***3***	*10*
	Wiederherstellen	m²	10	**46**	88	< 1	**1**	3
	Herstellen	m²	69	**133**	192	4	**14**	30

KG	Kostengruppen der 3. Ebene	Einheit	▷	€/Einheit	◁	▷	€/m² BGF	◁
365	**Elementierte Dachkonstruktionen**	m²	245	**495**	639	1	**5**	9
	Herstellen	m²	245	**495**	639	4	**6**	10
366	**Lichtschutz zur KG 360**	m²	–	**945**	–	–	**13**	–
	Herstellen	m²	–	**945**	–	–	**13**	–
369	**Sonstiges zur KG 360**	m²	6	**18**	86	1	**3**	21
	Abbrechen	*m²*	*< 1*	***2***	*5*	*< 1*	***< 1***	*< 1*
	Wiederherstellen	m²	–	**< 1**	–	–	**< 1**	–
	Herstellen	m²	6	**18**	82	1	**3**	20
381	**Allgemeine Einbauten**	m²	2	**3**	4	2	**3**	4
	Abbrechen	*m²*	*< 1*	***< 1***	*< 1*	*< 1*	***< 1***	*< 1*
	Wiederherstellen	m²	–	**< 1**	–	–	**< 1**	–
	Herstellen	m²	< 1	**2**	4	< 1	**2**	4
386	**Orientierungs- u. Informationssys.**	m²	–	**< 1**	–	–	**< 1**	–
	Herstellen	m²	–	**< 1**	–	–	**< 1**	–
389	**Sonstiges zur KG 380**	m²	–	**< 1**	–	–	**< 1**	–
	Wiederherstellen	m²	–	**< 1**	–	–	**< 1**	–
391	**Baustelleneinrichtung**	m²	2	**5**	12	2	**5**	12
	Herstellen	m²	2	**5**	12	2	**5**	12
392	**Gerüste**	m²	12	**20**	45	12	**20**	45
	Herstellen	m²	12	**20**	45	12	**20**	45
395	**Instandsetzungen**	m²	–	**< 1**	–	–	**< 1**	–
	Herstellen	m²	–	**< 1**	–	–	**< 1**	–
396	**Materialentsorgung**	m²	< 1	**2**	6	< 1	**2**	6
	Abbrechen	*m²*	–	***1***	–	–	***1***	–
	Herstellen	m²	< 1	**3**	6	< 1	**3**	6
397	**Zusätzliche Maßnahmen**	m²	1	**4**	11	1	**4**	11
	Herstellen	m²	1	**4**	11	1	**4**	11
398	**Provisorische Baukonstruktionen**	m²	–	**< 1**	–	–	**< 1**	–
	Herstellen	m²	–	**< 1**	–	–	**< 1**	–
399	**Sonstiges zur KG 390**	m²	2	**11**	15	2	**11**	15
	Herstellen	m²	2	**11**	15	2	**11**	15

Kosten:
Stand 2. Quartal 2026
Bundesdurchschnitt
inkl. 19% MwSt.

▷ von
ø Mittel
◁ bis

KG	Kostengruppen der 3. Ebene	Einheit	▷	€/Einheit	◁	▷	€/m² BGF	◁
411	**Abwasseranlagen**	m²	3	**10**	34	3	**10**	34
	Abbrechen	*m²*	*< 1*	***1***	*4*	*< 1*	***1***	*4*
	Wiederherstellen	m²	< 1	**2**	4	< 1	**2**	4
	Herstellen	m²	3	**11**	31	3	**11**	31
412	**Wasseranlagen**	m²	4	**26**	73	4	**26**	73
	Abbrechen	*m²*	*< 1*	***1***	*3*	*< 1*	***1***	*3*
	Wiederherstellen	m²	< 1	**< 1**	< 1	< 1	**< 1**	< 1
	Herstellen	m²	6	**31**	71	6	**31**	71
419	**Sonstiges zur KG 410**	m²	5	**8**	9	5	**8**	9
	Wiederherstellen	m²	–	**< 1**	–	–	**< 1**	–
	Herstellen	m²	5	**8**	9	5	**8**	9
421	**Wärmeerzeugungsanlagen**	m²	13	**38**	103	13	**38**	103
	Abbrechen	*m²*	*< 1*	***3***	*8*	*< 1*	***3***	*8*
	Wiederherstellen	m²	–	**< 1**	–	–	**< 1**	–
	Herstellen	m²	13	**35**	95	13	**35**	95
422	**Wärmeverteilnetze**	m²	2	**16**	35	2	**16**	35
	Abbrechen	*m²*	*–*	***5***	*–*	*–*	***5***	*–*
	Wiederherstellen	m²	–	**1**	–	–	**1**	–
	Herstellen	m²	2	**16**	33	2	**16**	33
423	**Raumheizflächen**	m²	4	**16**	26	4	**16**	26
	Abbrechen	*m²*	*< 1*	***1***	*2*	*< 1*	***1***	*2*
	Wiederherstellen	m²	< 1	**7**	14	< 1	**7**	14
	Herstellen	m²	3	**15**	25	3	**15**	25
429	**Sonstiges zur KG 420**	m²	3	**9**	17	3	**9**	17
	Abbrechen	*m²*	*1*	***4***	*12*	*1*	***4***	*12*
	Wiederherstellen	m²	–	**2**	–	–	**2**	–
	Herstellen	m²	2	**8**	17	2	**8**	17
431	**Lüftungsanlagen**	m²	9	**32**	77	9	**32**	77
	Abbrechen	*m²*	*–*	***< 1***	*–*	*–*	***< 1***	*–*
	Wiederherstellen	m²	–	**1**	–	–	**1**	–
	Herstellen	m²	9	**32**	77	9	**32**	77
442	**Eigenstromversorgungsanlagen**	m²	–	**60**	–	–	**60**	–
	Herstellen	m²	–	**60**	–	–	**60**	–
444	**Niederspannungsinstallationsanl.**	m²	5	**28**	66	5	**28**	66
	Abbrechen	*m²*	*< 1*	***< 1***	*2*	*< 1*	***< 1***	*2*
	Wiederherstellen	m²	–	**< 1**	–	–	**< 1**	–
	Herstellen	m²	4	**27**	62	4	**27**	62
445	**Beleuchtungsanlagen**	m²	1	**4**	8	1	**4**	8
	Abbrechen	*m²*	*< 1*	***< 1***	*< 1*	*< 1*	***< 1***	*< 1*
	Wiederherstellen	m²	–	**< 1**	–	–	**< 1**	–
	Herstellen	m²	2	**4**	8	2	**4**	8
446	**Blitzschutz- und Erdungsanlagen**	m²	< 1	**1**	3	< 1	**1**	3
	Wiederherstellen	m²	–	**< 1**	–	–	**< 1**	–
	Herstellen	m²	< 1	**1**	3	< 1	**1**	3
451	**Telekommunikationsanlagen**	m²	< 1	**2**	4	< 1	**2**	4
	Herstellen	m²	< 1	**2**	4	< 1	**2**	4
452	**Such- und Signalanlagen**	m²	2	**5**	7	2	**5**	7
	Abbrechen	*m²*	*–*	***< 1***	*–*	*–*	***< 1***	
	Herstellen	m²	2	**5**	7	2	**5**	7

KG	Kostengruppen der 3. Ebene	Einheit	▷	€/Einheit	◁	▷	€/m² BGF	◁
455	**Audiovis. Medien- u. Antennenanl.**	m²	< 1	**< 1**	3	< 1	**< 1**	3
	Abbrechen	*m²*	*< 1*	***< 1***	*< 1*	*< 1*	***< 1***	*< 1*
	Wiederherstellen	m²	< 1	**< 1**	< 1	< 1	**< 1**	< 1
	Herstellen	m²	< 1	**< 1**	3	< 1	**< 1**	3
456	**Gefahrenmelde- und Alarmanlagen**	m²	–	**1**	–	–	**1**	–
	Herstellen	m²	–	**1**	–	–	**1**	–
457	**Datenübertragungsnetze**	m²	1	**2**	3	1	**2**	3
	Herstellen	m²	1	**2**	3	1	**2**	3
481	**Automationseinrichtungen**	m²	–	**19**	–	–	**19**	–
	Herstellen	m²	–	**19**	–	–	**19**	–
482	**Schaltschränke, Automation**	m²	–	**1**	–	–	**1**	–
	Herstellen	m²	–	**1**	–	–	**1**	–
491	**Baustelleneinrichtung**	m²	< 1	**2**	4	< 1	**2**	4
	Herstellen	m²	< 1	**2**	4	< 1	**2**	4
497	**Zusätzliche Maßnahmen**	m²	–	**2**	–	–	**2**	–
	Herstellen	m²	–	**2**	–	–	**2**	–
498	**Provisorische technische Anlagen**	m²	< 1	**< 1**	1	< 1	**< 1**	1
	Herstellen	m²	< 1	**< 1**	1	< 1	**< 1**	1

Kosten:
Stand 2. Quartal 2026
Bundesdurchschnitt
inkl. 19% MwSt.

▷ von
ø Mittel
◁ bis

Prozentanteile der Kosten für Leistungsbereiche nach STLB (Kosten Bauwerk nach DIN 276)

LB	Leistungsbereiche	▷	% an 300+400	◁
000	Baustellen-, Sicherheitseinr. inkl. 001, 089	2,8	**5,9**	11,3
002	Erdarbeiten	< 0,1	**0,3**	1,1
006	Spezialtiefbauarbeiten inkl. 005	–	**–**	–
009	Entwässerungskanalarbeiten inkl. 011	< 0,1	**< 0,1**	0,3
010	Drän- und Versickerarbeiten	0,0	**< 0,1**	0,3
012	Mauerarbeiten	0,3	**1,3**	5,9
013	Betonarbeiten	0,1	**0,9**	4,5
014	Natur-, Betonwerksteinarbeiten	0,0	**0,1**	0,8
016	Zimmer- und Holzbauarbeiten	0,3	**2,9**	7,1
017	Stahlbauarbeiten	< 0,1	**2,9**	26,5
018	Abdichtungsarbeiten	0,1	**0,6**	2,9
020	Dachdeckungsarbeiten	0,9	**6,3**	19,3
021	Dachabdichtungsarbeiten	0,2	**1,3**	6,7
022	Klempnerarbeiten	1,0	**3,3**	6,6
	Rohbau	15,3	**25,8**	47,0
023	Putz- und Stuckarbeiten, Wärmedämmsysteme	13,0	**27,4**	55,4
024	Fliesen- und Plattenarbeiten	< 0,1	**1,0**	4,4
025	Estricharbeiten	< 0,1	**0,4**	1,7
026	Fenster, Außentüren inkl. 029, 032	4,1	**9,6**	17,3
027	Tischlerarbeiten	< 0,1	**0,8**	3,8
028	Parkett-, Holzpflasterarbeiten	0,0	**0,2**	2,4
030	Rollladenarbeiten	< 0,1	**0,9**	3,2
031	Metallbauarbeiten inkl. 035	0,6	**3,6**	10,6
034	Maler- und Lackiererarb. - Beschicht. inkl. 037	1,5	**4,5**	8,1
036	Bodenbelagarbeiten	< 0,1	**0,8**	3,8
038	Vorgehängte hinterlüftete Fassaden	0,0	**1,4**	16,5
039	Trockenbauarbeiten	1,0	**4,4**	12,7
	Ausbau	35,2	**55,1**	75,1
040	Wärmeversorgungsanl. - Betriebseinr. inkl. 041	1,0	**5,7**	15,0
042	Gas- u. Wasseranl. - Leitung., Armat. inkl. 043	< 0,1	**1,2**	4,0
044	Abwasseranl. - Leitungen, Abläufe, Armaturen	< 0,1	**0,6**	1,9
045	Gas, Wasser, Entwässerung - Ausstattung inkl. 046	< 0,1	**0,7**	3,2
047	Dämm- und Brandschutzarb. an techn. Anlagen	< 0,1	**0,4**	1,3
049	Feuerlöschanlagen, Feuerlöschgeräte	–	**–**	–
050	Blitzschutz-/Erdungsanlagen, Überspannungssch.	< 0,1	**< 0,1**	0,5
052	Mittelspannungsanlagen	–	**–**	–
053	Niederspannungsanl. - Kabel inkl. 054	0,2	**2,2**	7,0
055	Sicherheits- u. Ersatzstromversorgungsanl.	–	**–**	–
057	Gebäudesystemtechnik	–	**–**	–
058	Leuchten und Lampen inkl. 059	< 0,1	**0,3**	0,9
060	Such, Signal, Zeit, Anten., akust. Anl. inkl. 064	< 0,1	**0,4**	1,3
061	Kommunikations- u. Übertragungsnetze inkl. 062	< 0,1	**0,2**	0,6
063	Gefahrenmeldeanlagen	< 0,1	**< 0,1**	< 0,1
069	Aufzüge	0,0	**< 0,1**	0,2
070	Gebäudeautomation	0,0	**< 0,1**	1,4
075	Raumlufttechnische Anlagen inkl. 078	< 0,1	**1,1**	5,2
	Gebäudetechnik	2,6	**13,1**	31,3
084	Abbruch, Rückbau, Schadstoffsanierung	2,6	**5,5**	9,6
	Sonstige Leistungsbereiche inkl. 008, 033, 051	< 0,1	**0,5**	3,5

€/m² BGF

min	105	€/m²
von	295	€/m²
Mittel	**555**	**€/m²**
bis	1.060	€/m²
max	1.460	€/m²

Kosten:
Stand 2. Quartal 2026
Bundesdurchschnitt
inkl. 19% MwSt.

A Abbrechen
W Wiederherstellen
H Herstellen

Objektübersicht zur Gebäudeart

6100-1393 Doppelhaushälfte (1 WE), Büro (2 AP)

BRI 1.018 m³ **BGF** 407 m² **NUF** 220 m²

© Tadeusz Bialon

Baujahr: 1960
Bauzustand: mittel
Aufwand: hoch
Nutzung während der Bauzeit: ja
Nutzungsänderung: ja
Grundrissänderungen: einige
Tragwerkseingriffe: wenige

Land: Baden-Württemberg
Kreis: Esslingen
Standard: hoch
Bauzeit: 157 Wochen
Kennwerte: bis 3. Ebene DIN 276
veröffentlicht: BKI Objektdaten A12

BGF 1.220 €/m²

Planung: Bialon ADK; Kirchheim unter Teck

Doppelhaushälfte mit Büro

1. Ebene: 300 Bauwerk – Baukonstruktionen: 64%, **400 Bauwerk – Technische Anlagen:** 36%
3. Ebene: Baukonstruktionen: A: Sonstige 4%, **H:** 334 Außenwandöffnungen 6%, 335 Außenwandbekleidungen, außen 29%, 336 Außenwandbekleidungen, innen 3%, 345 Innenwandbekleidungen 10%, 353 Deckenbeläge 11%, 362 Dachöffnungen 4%, 363 Dachbeläge 13%, Sonstige 19%, **Technische Anlagen:** A: Sonstige 3%, **H:** 412 Wasseranlagen 8%, 421 Wärmeerzeugungsanlagen 25%, 422 Wärmeverteilnetze 7%, 423 Raumheizflächen 8%, 429 Sonstiges zur KG 420 5%, 431 Lüftungsanlagen 5%, 442 Eigenstromversorgungsanlagen 14%, 444 Niederspannungsinstallationsanlagen 19%, Sonstige 6%

6100-1579 Mehrfamilienhaus (4 WE), Balkonanlage

BRI 435 m³ **BGF** 179 m² **NUF** 140 m²

© BraungeBrandt

Baujahr: 1892+1948
Bauzustand: mittel
Aufwand: niedrig
Nutzung während der Bauzeit: ja
Grundrissänderungen: wenige
Tragwerkseingriffe: keine

Land: Hessen
Kreis: Wiesbaden, Stadt
Standard: mittel
Bauzeit: 30 Wochen
Kennwerte: bis 3. Ebene DIN 276
veröffentlicht: BKI Objektdaten A12

BGF 433 €/m²

Planung: BraungeBrandt Planungsstudio; Wiesbaden

Anbau einer Balkonanlage im ersten und zweiten Obergeschoss.

1. Ebene: 300 Bauwerk – Baukonstruktionen: 100%
3. Ebene: Baukonstruktionen: A: Sonstige 1%, **W:** 335 Außenwandbekleidungen, außen 5%, **H:** 334 Außenwandöffnungen 6%, 335 Außenwandbekleidungen, außen 23%, 355 Elementierte Deckenkonstruktionen 44%, 392 Gerüste 19%, Sonstige 2%

6100-1193 Mehrfamilienhaus, Fassadensanierung*

BRI 6.064m³ **BGF** 2.195m² **NUF** 1.720m²

Baujahr: 1966
Bauzustand: mittel
Aufwand: mittel
Nutzung während der Bauzeit: ja
Nutzungsänderung: nein
Grundrissänderungen: keine
Tragwerkseingriffe: keine

Land: Nordrhein-Westfalen
Kreis: Münster, Stadt
Standard: mittel
Bauzeit: 17 Wochen
Kennwerte: bis 3. Ebene DIN 276
veröffentlicht: BKI Objektdaten A10

BGF **134€/m²**

* Nicht in der Auswertung enthalten

Planung: baukunst thomas serwe; Münster

Fassadensanierung eines Mehrfamilienhauses mit 15 Wohnungen.

1. Ebene: 300 Bauwerk – Baukonstruktionen: 98%, **400 Bauwerk – Technische Anlagen:** 2%
3. Ebene: Baukonstruktionen: A: 335 Außenwandbekleidungen, außen 6%, **W:** Sonstige 3%, **H:** 334 Außenwandöffnungen 7%, 335 Außenwandbekleidungen, außen 82%, Sonstige 1%, **Technische Anlagen: W:** 444 Niederspannungsinstallationsanlagen 29%, **H:** 444 Niederspannungsinstallationsanlagen 57%, 445 Beleuchtungsanlagen 14%

6100-1192 Mehrfamilienhaus, Dachsanierung*

BRI 6.064m³ **BGF** 2.195m² **NUF** 1.720m²

Baujahr: 1966
Bauzustand: mittel
Aufwand: mittel
Nutzung während der Bauzeit: ja
Nutzungsänderung: nein
Grundrissänderungen: keine
Tragwerkseingriffe: keine

Land: Nordrhein-Westfalen
Kreis: Münster, Stadt
Standard: mittel
Bauzeit: 17 Wochen
Kennwerte: bis 3. Ebene DIN 276
veröffentlicht: BKI Objektdaten A10

BGF **93€/m²**

* Nicht in der Auswertung enthalten

Planung: baukunst thomas serwe; Münster

Dachsanierung eines Mehrfamilienhauses mit 15 Wohnungen.

1. Ebene: 300 Bauwerk – Baukonstruktionen: 89%, **400 Bauwerk – Technische Anlagen:** 11%
3. Ebene: Baukonstruktionen: A: 363 Dachbeläge 5%, **H:** 363 Dachbeläge 62%, 392 Gerüste 31%, Sonstige 3%, **Technische Anlagen:** A: 429 Sonstiges zur KG 420 15%, Sonstige 1%, **H:** 429 Sonstiges zur KG 420 48%, 446 Blitzschutz- und Erdungsanlagen 35%

Wohngebäude nach 1945 nur Oberflächen

€/m² BGF

min	105	€/m²
von	295	€/m²
Mittel	**555**	**€/m²**
bis	1.060	€/m²
max	1.460	€/m²

Kosten:
Stand 2. Quartal 2026
Bundesdurchschnitt
inkl. 19% MwSt.

A Abbrechen
W Wiederherstellen
H Herstellen

Objektübersicht zur Gebäudeart

6100-1050 Mehrfamilienhaus (64 WE)

BRI 17.761 m³ **BGF** 6.537 m² **NUF** 4.555 m²

Baujahr: 1955/56
Bauzustand: mittel
Aufwand: mittel
Nutzung während der Bauzeit: ja
Nutzungsänderung: nein
Grundrissänderungen: wenige
Tragwerkseingriffe: keine

Land: Berlin
Kreis: Berlin, Stadt
Standard: mittel
Bauzeit: 31 Wochen
Kennwerte: bis 3. Ebene DIN 276
veröffentlicht: BKI Objektdaten A9
BGF 1.213 €/m²

Planung: WINFRIED BRENNE ARCHITEKTEN; Berlin

Modernisierung von drei Mehrfamilienhäusern mit 64 Wohneinheiten. **Kosteneinfluss Nutzung:** Denkmalschutz

1. Ebene: 300 Bauwerk – Baukonstruktionen: 68%, **400 Bauwerk – Technische Anlagen:** 32%
3. Ebene: Baukonstruktionen: **A:** Sonstige 5%, **W:** 337 Elementierte Außenwandkonstruktionen 7%, 338 Lichtschutz zur KG 330 4%, Sonstige 7%, **H:** 334 Außenwandöffnungen 23%, 335 Außenwandbekleidungen, außen 12%, 336 Außenwandbekleidungen, innen 3%, 345 Innenwandbekleidungen 11%, 353 Deckenbeläge 3%, 359 Sonstiges zur KG 350 3%, 363 Dachbeläge 5%, 392 Gerüste 5%, Sonstige 11%, **Technische Anlagen:** **A:** Sonstige 5%, **W:** Sonstige < 1%, **H:** 411 Abwasseranlagen 11%, 412 Wasseranlagen 28%, 421 Wärmeerzeugungsanlagen 5%, 422 Wärmeverteilnetze 12%, 423 Raumheizflächen 7%, 431 Lüftungsanlagen 5%, 444 Niederspannungsinstallationsanlagen 18%, Sonstige 8%

6100-0918 Mehrfamilienhaus (29 WE)

BRI 12.196 m³ **BGF** 2.337 m² **NUF** 1.454 m²

Baujahr: 1960
Bauzustand: mittel
Aufwand: mittel
Nutzung während der Bauzeit: ja
Nutzungsänderung: ja
Grundrissänderungen: wenige
Tragwerkseingriffe: keine

Land: Nordrhein-Westfalen
Kreis: Essen, Stadt
Standard: mittel
Bauzeit: 43 Wochen
Kennwerte: bis 3. Ebene DIN 276
veröffentlicht: BKI Objektdaten A8
BGF 516 €/m²

Planung: MEWarchitekten; Köln

Modernisierung von Mehrfamilienhaus zu einem KfW Effizienzhaus 115 durch Wärmedämmung der Fassade, der Kellerdecke, des Daches, Fenster mit Dreifachverglasung, feuchtigkeitsgesteuerte Abluftanlage, Brennertausch.

1. Ebene: 300 Bauwerk – Baukonstruktionen: 90%, **400 Bauwerk – Technische Anlagen:** 10%
3. Ebene: Baukonstruktionen: **A:** Sonstige 3%, **W:** Sonstige 2%, **H:** 334 Außenwandöffnungen 26%, 335 Außenwandbekleidungen, außen 32%, 363 Dachbeläge 17%, 369 Sonstiges zur KG 360 4%, 392 Gerüste 5%, Sonstige 11%, **Technische Anlagen:** **A:** Sonstige 4%, **W:** 411 Abwasseranlagen 8%, Sonstige < 1%, **H:** 421 Wärmeerzeugungsanlagen 5%, 431 Lüftungsanlagen 62%, 445 Beleuchtungsanlagen 14%, Sonstige 6%

6100-0931 Mehrfamilienhäuser (3 St, 18 WE)

BRI 6.698m³ **BGF** 2.706m² **NUF** 2.039m²

Baujahr: 1965
Bauzustand: mittel
Aufwand: mittel
Nutzung während der Bauzeit: ja
Nutzungsänderung: nein
Grundrissänderungen: wenige
Tragwerkseingriffe: keine

Land: Niedersachsen
Kreis: Hildesheim
Standard: mittel
Bauzeit: 30 Wochen
Kennwerte: bis 3. Ebene DIN 276
veröffentlicht: BKI Objektdaten E5

BGF 532€/m²

Planung: Planungsgruppe Kammerer + Koenig Melanie Kammerer; Alfeld

Drei Mehrfamilienhäuser mit 18 Wohnungen wurden energetisch modernisiert.

1. Ebene: 300 Bauwerk – Baukonstruktionen: 84%, **400 Bauwerk – Technische Anlagen:** 16%
3. Ebene: Baukonstruktionen: **A:** Sonstige 8%, **W:** Sonstige 5%, **H:** 334 Außenwandöffnungen 17%, 335 Außenwandbekleidungen, außen 23%, 339 Sonstiges zur KG 330 4%, 353 Deckenbeläge 4%, 355 Elementierte Deckenkonstruktionen 15%, 363 Dachbeläge 4%, Sonstige 21%, **Technische Anlagen:** **A:** Sonstige 2%, **W:** Sonstige < 1%, **H:** 412 Wasseranlagen 4%, 421 Wärmeerzeugungsanlagen 38%, 422 Wärmeverteilnetze 3%, 423 Raumheizflächen 12%, 429 Sonstiges zur KG 420 3%, 444 Niederspannungsinstallationsanlagen 26%, 445 Beleuchtungsanlagen 3%, 452 Such- und Signalanlagen 6%, Sonstige 2%

6100-1111 Wohnhochhaus (179 WE)

BRI 43.273m³ **BGF** 15.978m² **NUF** k.A.

Baujahr: 1971
Bauzustand: mittel
Aufwand: hoch
Nutzung während der Bauzeit: ja
Nutzungsänderung: nein
Grundrissänderungen: keine
Tragwerkseingriffe: keine

Land: Schleswig-Holstein
Kreis: Segeberg
Standard: mittel
Bauzeit: 69 Wochen
Kennwerte: bis 3. Ebene DIN 276
veröffentlicht: BKI Objektdaten A10

BGF 369€/m²

Planung: Mannott + Mannott Dipl. Ingenieure, Architekten; Hamburg

Fassade- und Dachsanierung eines Wohnhochhauses (179 WE)

1. Ebene: 300 Bauwerk – Baukonstruktionen: 92%, **400 Bauwerk – Technische Anlagen:** 8%
3. Ebene: Baukonstruktionen: **A:** Sonstige 5%, **W:** Sonstige 6%, **H:** 334 Außenwandöffnungen 10%, 335 Außenwandbekleidungen, außen 45%, 353 Deckenbeläge 7%, 354 Deckenbekleidungen 3%, 363 Dachbeläge 8%, 391 Baustelleneinrichtung 4%, 392 Gerüste 7%, Sonstige 4%, **Technische Anlagen:** **A:** Sonstige < 1%, **W:** 422 Wärmeverteilnetze 4%, 423 Raumheizflächen 47%, 431 Lüftungsanlagen 4%, Sonstige < 1%, **H:** 411 Abwasseranlagen 12%, 421 Wärmeerzeugungsanlagen 3%, 445 Beleuchtungsanlagen 9%, 446 Blitzschutz- und Erdungsanlagen 9%, 452 Such- und Signalanlagen 5%, Sonstige 5%

Wohngebäude nach 1945 nur Oberflächen

€/m² BGF

min	105	€/m²
von	295	€/m²
Mittel	**555**	**€/m²**
bis	1.060	€/m²
max	1.460	€/m²

Kosten:
Stand 2. Quartal 2026
Bundesdurchschnitt
inkl. 19% MwSt.

Objektübersicht zur Gebäudeart

6100-0859 Mehrfamilienhaus (21 WE) — BRI 6.988 m³ BGF 2.588 m² NUF 1.830 m²

Baujahr: 1954
Bauzustand: mittel
Aufwand: hoch
Nutzung während der Bauzeit: ja
Nutzungsänderung: nein
Grundrissänderungen: einige
Tragwerkseingriffe: einige

Land: Nordrhein-Westfalen
Kreis: Dortmund, Stadt
Standard: mittel
Bauzeit: 69 Wochen
Kennwerte: bis 3. Ebene DIN 276
veröffentlicht: BKI Objektdaten A9
BGF 595 €/m²

Planung: planungsbüro brenker hoppe tegethoff gbr; Dortmund

Mehrfamilienhäuser (3 Häuser) mit 21 Wohneinheiten

1. Ebene: 300 Bauwerk – Baukonstruktionen: 92%, **400 Bauwerk – Technische Anlagen:** 8%
3. Ebene: Baukonstruktionen: **A:** 363 Dachbeläge 4%, Sonstige 5%, **W:** Sonstige 8%, **H:** 334 Außenwandöffnungen 10%, 335 Außenwandbekleidungen, außen 23%, 338 Lichtschutz zur KG 330 3%, 353 Deckenbeläge 3%, 359 Sonstiges zur KG 350 5%, 361 Dachkonstruktionen 3%, 363 Dachbeläge 18%, 364 Dachbekleidungen 7%, Sonstige 11%, **Technische Anlagen:** **A:** 429 Sonstiges zur KG 420 4%, Sonstige 4%, **H:** 411 Abwasseranlagen 7%, 421 Wärmeerzeugungsanlagen 8%, 429 Sonstiges zur KG 420 37%, 444 Niederspannungsinstallationsanlagen 3%, 445 Beleuchtungsanlagen 10%, 451 Telekommunikationsanlagen 8%, 452 Such- und Signalanlagen 14%, Sonstige 4%

6100-0858 Mehrfamilienhaus (19 WE) — BRI 7.091 m³ BGF 2.617 m² NUF 1.850 m²

Baujahr: 1954
Bauzustand: mittel
Aufwand: hoch
Nutzung während der Bauzeit: ja
Nutzungsänderung: nein
Grundrissänderungen: einige
Tragwerkseingriffe: einige

Land: Nordrhein-Westfalen
Kreis: Dortmund, Stadt
Standard: mittel
Bauzeit: 69 Wochen
Kennwerte: bis 3. Ebene DIN 276
veröffentlicht: BKI Objektdaten A9
BGF 577 €/m²

Planung: planungsbüro brenker hoppe tegethoff gbr; Dortmund

Mehrfamilienhäuser (3 Häuser) mit 19 Wohneinheiten

1. Ebene: 300 Bauwerk – Baukonstruktionen: 90%, **400 Bauwerk – Technische Anlagen:** 10%
3. Ebene: Baukonstruktionen: **A:** 363 Dachbeläge 3%, Sonstige 4%, **W:** Sonstige 7%, **H:** 334 Außenwandöffnungen 12%, 335 Außenwandbekleidungen, außen 27%, 338 Lichtschutz zur KG 330 4%, 353 Deckenbeläge 4%, 359 Sonstiges zur KG 350 4%, 363 Dachbeläge 15%, 364 Dachbekleidungen 7%, Sonstige 13%, **Technische Anlagen:** **A:** 429 Sonstiges zur KG 420 3%, Sonstige 3%, **W:** Sonstige < 1%, **H:** 412 Wasseranlagen 3%, 421 Wärmeerzeugungsanlagen 26%, 422 Wärmeverteilnetze 3%, 423 Raumheizflächen 4%, 429 Sonstiges zur KG 420 26%, 444 Niederspannungsinstallationsanlagen 3%, 445 Beleuchtungsanlagen 8%, 451 Telekommunikationsanlagen 7%, 452 Such- und Signalanlagen 12%, Sonstige < 1%

A Abbrechen
W Wiederherstellen
H Herstellen

6100-0864 Mehrfamilienhaus (12 WE)

BRI 4.763 m³ **BGF** 1.756 m² **NUF** 1.260 m²

Baujahr: 1954
Bauzustand: mittel
Aufwand: mittel
Nutzung während der Bauzeit: nein
Nutzungsänderung: nein
Grundrissänderungen: wenige
Tragwerkseingriffe: wenige

Land: Brandenburg
Kreis: Brandenburg a. d. Havel
Standard: mittel
Bauzeit: 30 Wochen
Kennwerte: bis 3. Ebene DIN 276
veröffentlicht: BKI Objektdaten A8

BGF 793 €/m²

Planung: Märkplan GmbH; Brandenburg

Am Mehrfamilienhaus (12 WE) Baujahr 1954 wurde eine Modernisierung und Instandsetzung durchgeführt. Das Gebäude bekam eine Balkonanlage, eine Solaranlage und eine Pelletheizung.

1. Ebene: 300 Bauwerk – Baukonstruktionen: 81%, **400 Bauwerk – Technische Anlagen:** 19%
3. Ebene: Baukonstruktionen: A: Sonstige 7%, **W:** Sonstige 2%, **H:** 334 Außenwandöffnungen 14%, 335 Außenwandbekleidungen, außen 10%, 336 Außenwandbekleidungen, innen 3%, 344 Innenwandöffnungen 8%, 345 Innenwandbekleidungen 6%, 353 Deckenbeläge 12%, 355 Elementierte Deckenkonstruktionen 9%, 359 Sonstiges zur KG 350 4%, 363 Dachbeläge 4%, Sonstige 22%

6100-0725 Mehrfamilienhaus (12 WE)

BRI 5.108 m³ **BGF** 1.906 m² **NUF** 1.353 m²

Bauzustand: mittel
Aufwand: niedrig
Nutzung während der Bauzeit: ja
Nutzungsänderung: nein
Grundrissänderungen: wenige
Tragwerkseingriffe: wenige

Land: Berlin
Kreis: Berlin, Stadt
Standard: hoch
Bauzeit: 9 Wochen
Kennwerte: bis 3. Ebene DIN 276
veröffentlicht: BKI Objektdaten A7

BGF 103 €/m²

Planung: TSSB architekten.ingenieure . Berlin; Berlin

Dachsanierung eines Mehrfamilienhauses mit zwölf Wohneinheiten. Abbruch und Entsorgung von asbesthaltigen Baustoffen.

1. Ebene: 300 Bauwerk – Baukonstruktionen: 97%, **400 Bauwerk – Technische Anlagen:** 3%
3. Ebene: Baukonstruktionen: A: 363 Dachbeläge 15%, Sonstige < 1%, **W:** 362 Dachöffnungen 5%, Sonstige 4%, **H:** 363 Dachbeläge 51%, 364 Dachbekleidungen 9%, 392 Gerüste 8%, Sonstige 8%, **Technische Anlagen:** A: 429 Sonstiges zur KG 420 49%, **H:** 429 Sonstiges zur KG 420 51%

Objektübersicht zur Gebäudeart

Wohngebäude nach 1945 nur Oberflächen

€/m² BGF

min	105	€/m²
von	295	€/m²
Mittel	**555**	**€/m²**
bis	1.060	€/m²
max	1.460	€/m²

Kosten:
Stand 2. Quartal 2026
Bundesdurchschnitt
inkl. 19% MwSt.

6100-0857 Mehrfamilienhaus (46 WE)

BRI 14.552 m³ **BGF** 6.740 m² **NUF** 4.691 m²

© planungsbüro brenker hoppe tegethoff gbr

Baujahr: 1954
Bauzustand: mittel
Aufwand: hoch
Nutzung während der Bauzeit: ja
Nutzungsänderung: nein
Grundrissänderungen: einige
Tragwerkseingriffe: wenige

Land: Nordrhein-Westfalen
Kreis: Dortmund, Stadt
Standard: mittel
Bauzeit: 113 Wochen
Kennwerte: bis 3. Ebene DIN 276
veröffentlicht: BKI Objektdaten A8

BGF 496 €/m²

Planung: planungsbüro brenker hoppe tegethoff gbr; Dortmund

Mehrfamilienhäuser (7 Häuser) mit 46 Wohneinheiten

1. Ebene: 300 Bauwerk – Baukonstruktionen: 93%, **400 Bauwerk – Technische Anlagen:** 7%
3. Ebene: Baukonstruktionen: A: Sonstige 7%, **W:** Sonstige 3%, **H:** 334 Außenwandöffnungen 15%, 335 Außenwandbekleidungen, außen 28%, 338 Lichtschutz zur KG 330 5%, 353 Deckenbeläge 4%, 359 Sonstiges zur KG 350 4%, 363 Dachbeläge 15%, 364 Dachbekleidungen 6%, Sonstige 13%, **Technische Anlagen: A:** 429 Sonstiges zur KG 420 4%, Sonstige 4%, **H:** 421 Wärmeerzeugungsanlagen 27%, 429 Sonstiges zur KG 420 23%, 444 Niederspannungsinstallationsanlagen 7%, 445 Beleuchtungsanlagen 9%, 451 Telekommunikationsanlagen 6%, 452 Such- und Signalanlagen 18%, Sonstige 3%

6100-0782 Mehrfamilienhäuser (31 WE)

BRI 9.350 m³ **BGF** 3.277 m² **NUF** 2.375 m²

© Architekturbüro Abel

Land: Brandenburg
Kreis: Ostprignitz-Ruppin
Standard: mittel
Bauzeit: 65 Wochen
Kennwerte: bis 3. Ebene DIN 276
veröffentlicht: BKI Objektdaten A8

BGF 1.461 €/m²

Planung: Architekturbüro Abel; Wittstock

Modernisierung von fünf Mehrfamilienhäusern

1. Ebene: 300 Bauwerk – Baukonstruktionen: 73%, **400 Bauwerk – Technische Anlagen:** 27%
3. Ebene: Baukonstruktionen: A: Sonstige 14%, **W:** Sonstige < 1%, **H:** 334 Außenwandöffnungen 11%, 335 Außenwandbekleidungen, außen 10%, 336 Außenwandbekleidungen, innen 3%, 344 Innenwandöffnungen 6%, 345 Innenwandbekleidungen 8%, 353 Deckenbeläge 9%, 355 Elementierte Deckenkonstruktionen 5%, 361 Dachkonstruktionen 4%, 363 Dachbeläge 6%, Sonstige 23%, **Technische Anlagen: A:** Sonstige 4%, **W:** Sonstige < 1%, **H:** 411 Abwasseranlagen 7%, 412 Wasseranlagen 12%, 421 Wärmeerzeugungsanlagen 8%, 422 Wärmeverteilnetze 8%, 423 Raumheizflächen 7%, 431 Lüftungsanlagen 27%, 444 Niederspannungsinstallationsanlagen 13%, 481 Automationseinrichtungen 5%, Sonstige 8%

A Abbrechen
W Wiederherstellen
H Herstellen

Objektübersicht zur Gebäudeart

6100-0694 Zweifamilienhaus

BRI 1.099 m³ **BGF** 418 m² **NUF** 298 m²

Bauzustand: mittel
Aufwand: mittel
Nutzung während der Bauzeit: ja
Nutzungsänderung: nein
Grundrissänderungen: wenige
Tragwerkseingriffe: einige

Land: Bayern
Kreis: München
Standard: mittel
Bauzeit: 35 Wochen
Kennwerte: bis 3. Ebene DIN 276
veröffentlicht: BKI Objektdaten A7

BGF 746 €/m²

Planung: Dipl.-Ing. (FH) Hanns Peter Benl edp ingenieure; München

Das Zweifamilienhaus wurde energetisch modernisiert, mit Wärmedämmverbundsystem und Wärmepumpe. Das Dachgeschoss wurde zusätzlich aufgestockt und ausgebaut (siehe Objekt 6100-0785). **Kosteneinfluss Nutzung:** Das Zweifamilienhaus wurde energetisch modernisiert, um eine CO_2 Reduzierung zu erreichen.

1. Ebene: 300 Bauwerk – Baukonstruktionen: 76%, **400 Bauwerk – Technische Anlagen:** 24%
3. Ebene: Baukonstruktionen: **A:** Sonstige 4%, **H:** 334 Außenwandöffnungen 18%, 335 Außenwandbekleidungen, außen 23%, 353 Deckenbeläge 8%, 354 Deckenbekleidungen 3%, 361 Dachkonstruktionen 9%, 363 Dachbeläge 12%, 364 Dachbekleidungen 3%, 391 Baustelleneinrichtung 3%, 392 Gerüste 4%, Sonstige 10%, **Technische Anlagen:** **A:** 421 Wärmeerzeugungsanlagen 5%, 429 Sonstiges zur KG 420 7%, **H:** 412 Wasseranlagen 6%, 421 Wärmeerzeugungsanlagen 42%, 422 Wärmeverteilnetze 12%, 423 Raumheizflächen 9%, 444 Niederspannungsinstallationsanlagen 16%, Sonstige 3%

6100-0658 Mehrfamilienhaus (60 WE)

BRI 6.157 m³ **BGF** 2.096 m² **NUF** 1.526 m²

Baujahr: 1958
Bauzustand: mittel
Aufwand: mittel
Nutzung während der Bauzeit: ja
Nutzungsänderung: nein
Grundrissänderungen: wenige
Tragwerkseingriffe: wenige

Land: Bayern
Kreis: München, Stadt
Standard: mittel
Bauzeit: 17 Wochen
Kennwerte: bis 3. Ebene DIN 276
veröffentlicht: BKI Objektdaten A7

BGF 305 €/m²

Planung: Planungsbüro Dipl.-Ing. (FH) Hanns-Peter Benl; Neuötting

Energetische Modernisierung eines Mehrfamilienhaus mit 60 Wohneinheiten. Fassadenrenovierung und Wärmedämmverbundsystem im Zuge der CO_2-Sanierung. **Kosteneinfluss Nutzung:** Das Heizsystem wurde auf Fernwärme umgestellt.

1. Ebene: 300 Bauwerk – Baukonstruktionen: 100%, **400 Bauwerk – Technische Anlagen:** < 1%
3. Ebene: Baukonstruktionen: **A:** Sonstige < 1%, **W:** Sonstige 5%, **H:** 335 Außenwandbekleidungen, außen 72%, 354 Deckenbekleidungen 8%, 392 Gerüste 5%, Sonstige 10%, **Technische Anlagen:** **W:** 412 Wasseranlagen 20%, 445 Beleuchtungsanlagen 28%, 455 Audiovisuelle Medien- und Antennenanlagen 52%

Objektübersicht zur Gebäudeart

Wohngebäude nach 1945 nur Oberflächen

€/m² BGF

min	105	€/m²
von	295	€/m²
Mittel	**555**	**€/m²**
bis	1.060	€/m²
max	1.460	€/m²

Kosten:
Stand 2. Quartal 2026
Bundesdurchschnitt
inkl. 19% MwSt.

6100-0620 Mehrfamilienhaus (40 WE), Fassade

BRI 14.206 m³ **BGF** 5.489 m² **NUF** 3.941 m²

Bauzustand: mittel
Aufwand: mittel
Nutzung während der Bauzeit: ja
Nutzungsänderung: nein
Grundrissänderungen: keine
Tragwerkseingriffe: keine

Land: Rheinland-Pfalz
Kreis: Bad Kreuznach
Standard: mittel
Bauzeit: 31 Wochen
Kennwerte: bis 3. Ebene DIN 276
veröffentlicht: BKI Objektdaten A6

BGF 163 €/m²

Planung: Büro Gebhard & Wiechert Architekten GbR; Bad Kreuznach

Modernisierung und Instandsetzung eines Mehrfamilienhauses mit 40 Wohneinheiten. Abbruch Asbestfaserplatten, Wärmedämmung der Außenwände, Erneuerung der Dachbeläge.

1. Ebene: 300 Bauwerk – Baukonstruktionen: 100%
3. Ebene: Baukonstruktionen: **A:** Sonstige 5%, **W:** Sonstige 2%, **H:** 334 Außenwandöffnungen 12%, 335 Außenwandbekleidungen, außen 43%, 353 Deckenbeläge 5%, 359 Sonstiges zur KG 350 7%, 363 Dachbeläge 12%, 392 Gerüste 6%, Sonstige 9%

6100-0597 Mehrfamilienhaus (3 WE)

BRI 980 m³ **BGF** 381 m² **NUF** 281 m²

Baujahr: 1920
Bauzustand: schlecht
Aufwand: hoch
Nutzung während der Bauzeit: ja
Nutzungsänderung: nein
Grundrissänderungen: umfangreiche
Tragwerkseingriffe: einige

Land: Baden-Württemberg
Kreis: Ortenaukreis
Standard: mittel
Bauzeit: 26 Wochen
Kennwerte: bis 3. Ebene DIN 276
veröffentlicht: www.bki.de

BGF 433 €/m²

Planung: Freier Architekt Rainer Roth; Offenburg

Modernisierung und Instandsetzung eines Mehrfamilienhauses mit drei Wohneinheiten, Anbau einer Balkonanlage, Erneuerung der Haustechnik.

1. Ebene: 300 Bauwerk – Baukonstruktionen: 46%, **400 Bauwerk – Technische Anlagen:** 54%
3. Ebene: Baukonstruktionen: **A:** 342 Nichttragende Innenwände 7%, Sonstige 5%, **W:** Sonstige 2%, **H:** 322 Flachgründungen und Bodenplatten 3%, 334 Außenwandöffnungen 7%, 336 Außenwandbekleidungen, innen 5%, 342 Nichttragende Innenwände 3%, 345 Innenwandbekleidungen 10%, 351 Deckenkonstruktionen 11%, 353 Deckenbeläge 6%, 359 Sonstiges zur KG 350 15%, 361 Dachkonstruktionen 4%, 364 Dachbekleidungen 15%, Sonstige 7%, **Technische Anlagen:** **A:** Sonstige 4%, **H:** 411 Abwasseranlagen 4%, 412 Wasseranlagen 20%, 421 Wärmeerzeugungsanlagen 41%, 423 Raumheizflächen 7%, 444 Niederspannungsinstallationsanlagen 16%, 452 Such- und Signalanlagen 4%, Sonstige 6%

A Abbrechen
W Wiederherstellen
H Herstellen

6100-0781 Mehrfamilienhaus (8 WE)

BRI 3.226m³ **BGF** 1.312m² **NUF** 806m²

Baujahr: 1956
Bauzustand: schlecht
Aufwand: mittel
Nutzung während der Bauzeit: nein
Nutzungsänderung: nein
Grundrissänderungen: wenige
Tragwerkseingriffe: keine

Land: Nordrhein-Westfalen
Kreis: Bielefeld, Stadt
Standard: mittel
Bauzeit: 26 Wochen
Kennwerte: bis 3. Ebene DIN 276
veröffentlicht: BKI Objektdaten A8

BGF 510 €/m²

Planung: Bielefelder Gemeinnützige Wohnungsgesellschaft mbH; Bielefeld

Umbau eines Bestandsgebäudes zu einem Drei-Liter-Haus mit einem Verbrauch von 32kWh/m²a nach Modernisierung.

1. Ebene: 300 Bauwerk – Baukonstruktionen: 72%, **400 Bauwerk – Technische Anlagen:** 28%
3. Ebene: Baukonstruktionen: A: Sonstige 4%, **H:** 334 Außenwandöffnungen 30%, 335 Außenwandbekleidungen, außen 25%, 336 Außenwandbekleidungen, innen 6%, 341 Tragende Innenwände 4%, 342 Nichttragende Innenwände 7%, 354 Deckenbekleidungen 6%, 392 Gerüste 3%, 399 Sonstiges zur KG 390 4%, Sonstige 12%, **Technische Anlagen: A:** Sonstige 2%, **H:** 411 Abwasseranlagen 10%, 412 Wasseranlagen 16%, 421 Wärmeerzeugungsanlagen 20%, 422 Wärmeverteilnetze 13%, 423 Raumheizflächen 12%, 431 Lüftungsanlagen 26%, Sonstige < 1%

6100-0462 Mehrfamilienhaus (9 WE)

BRI 4.354m³ **BGF** 1.342m² **NUF** 881m²

Baujahr: 1971
Bauzustand: mittel
Aufwand: mittel
Nutzung während der Bauzeit: ja
Nutzungsänderung: nein
Grundrissänderungen: keine
Tragwerkseingriffe: keine

Land: Niedersachsen
Kreis: Hameln-Pyrmont
Standard: mittel
Bauzeit: 26 Wochen
Kennwerte: bis 3. Ebene DIN 276
veröffentlicht: www.bki.de

BGF 171 €/m²

Planung: Wohnungsgenossenschaft Hameln eG; Hameln

Modernisierung eines Mehrfamilienhauses einer Wohnungsgenossenschaft durch Wärmedämmung der Außenwände und Fensteraustausch. Instandsetzungsmaßnahmen. Keine Maßnahmen an Technischen Anlagen. **Kosteneinfluss Nutzung:** Nur Kostengruppe 300, da reine Fassadensanierung.

1. Ebene: 300 Bauwerk – Baukonstruktionen: 100%
3. Ebene: Baukonstruktionen: A: Sonstige 1%, **W:** 334 Außenwandöffnungen 3%, Sonstige 3%, **H:** 334 Außenwandöffnungen 21%, 335 Außenwandbekleidungen, außen 62%, 363 Dachbeläge 3%, 392 Gerüste 6%, Sonstige < 1%

Objektübersicht zur Gebäudeart

Wohngebäude nach 1945 nur Oberflächen

€/m² BGF

min	105	€/m²
von	295	€/m²
Mittel	**555**	**€/m²**
bis	1.060	€/m²
max	1.460	€/m²

Kosten:
Stand 2. Quartal 2026
Bundesdurchschnitt
inkl. 19% MwSt.

6100-0465 Mehrfamilienhaus (8 WE)

BRI 2.291 m³ **BGF** 857 m² **NUF** 549 m²

Baujahr: 1954
Bauzustand: mittel
Aufwand: mittel
Nutzung während der Bauzeit: ja
Nutzungsänderung: nein
Grundrissänderungen: keine
Tragwerkseingriffe: keine

Land: Niedersachsen
Kreis: Hameln-Pyrmont
Standard: mittel
Bauzeit: 26 Wochen
Kennwerte: bis 3. Ebene DIN 276
veröffentlicht: www.bki.de
BGF **319 €/m²**

Planung: Wohnungsgenossenschaft Hameln eG; Hameln

Modernisierung eines Mehrfamilienhauses einer Wohnungsgenossenschaft durch Wärmedämmung und Fensteraustausch. Keine Maßnahmen an Technischen Anlagen. **Kosteneinfluss Nutzung:** Nur Kostengruppe 300, da reine Fassadensanierung.

1. Ebene: 300 Bauwerk – Baukonstruktionen: 100%
3. Ebene: Baukonstruktionen: A: Sonstige 4%, **W:** 334 Außenwandöffnungen 4%, Sonstige 2%, **H:** 334 Außenwandöffnungen 4%, 335 Außenwandbekleidungen, außen 56%, 354 Deckenbekleidungen 7%, 363 Dachbeläge 14%, 392 Gerüste 8%, Sonstige 1%

6100-0460 Mehrfamilienhaus (12 WE)

BRI 4.895 m³ **BGF** 1.541 m² **NUF** 1.122 m²

Baujahr: 1967
Bauzustand: mittel
Aufwand: mittel
Nutzung während der Bauzeit: ja
Nutzungsänderung: nein
Grundrissänderungen: keine
Tragwerkseingriffe: keine

Land: Niedersachsen
Kreis: Hameln-Pyrmont
Standard: mittel
Bauzeit: 26 Wochen
Kennwerte: bis 3. Ebene DIN 276
veröffentlicht: www.bki.de
BGF **132 €/m²**

Planung: Wohnungsgenossenschaft Hameln eG; Hameln

Modernisierung eines Mehrfamilienhauses einer Wohnungsgenossenschaft von 1967 mit Wärmedämmung an Außenwand, Dach und KG-Decke. Keine Maßnahmen an Technischen Anlagen. **Kosteneinfluss Nutzung:** Nur Kostengruppe 300, da reine Fassadensanierung.

1. Ebene: 300 Bauwerk – Baukonstruktionen: 100%
3. Ebene: Baukonstruktionen: A: Sonstige 2%, **W:** 334 Außenwandöffnungen 4%, Sonstige 5%, **H:** 334 Außenwandöffnungen 10%, 335 Außenwandbekleidungen, außen 44%, 353 Deckenbeläge 13%, 354 Deckenbekleidungen 11%, 392 Gerüste 9%, Sonstige < 1%

A Abbrechen
W Wiederherstellen
H Herstellen

Wohngebäude nach 1945 mit Tragkonstruktion

Kostenkennwerte für die Kosten des Bauwerks (Kostengruppen 300+400 nach DIN 276)

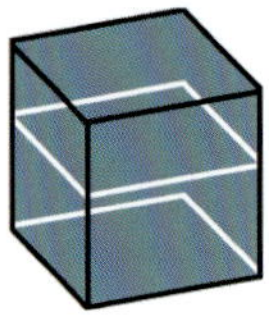

BRI 480 €/m³
von 335 €/m³
bis 595 €/m³

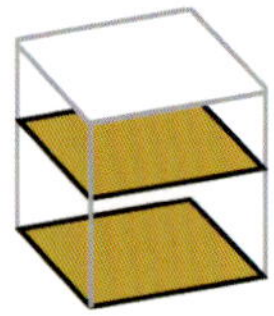

BGF 1.365 €/m²
von 980 €/m²
bis 1.965 €/m²

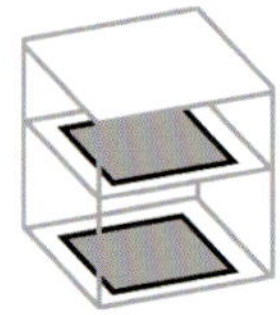

NUF 2.145 €/m²
von 1.540 €/m²
bis 3.160 €/m²

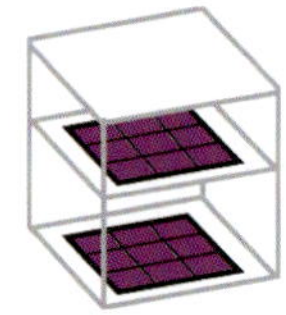

NE 2.585 €/NE
von 1.855 €/NE
bis 3.340 €/NE
NE: Wohnfläche

Objektbeispiele

Kosten:
Stand 2. Quartal 2026
Bundesdurchschnitt
inkl. 19% MwSt.

6100-1536

6100-1207

6100-0904

Kosten der 14 Vergleichsobjekte

Seiten 508 bis 515

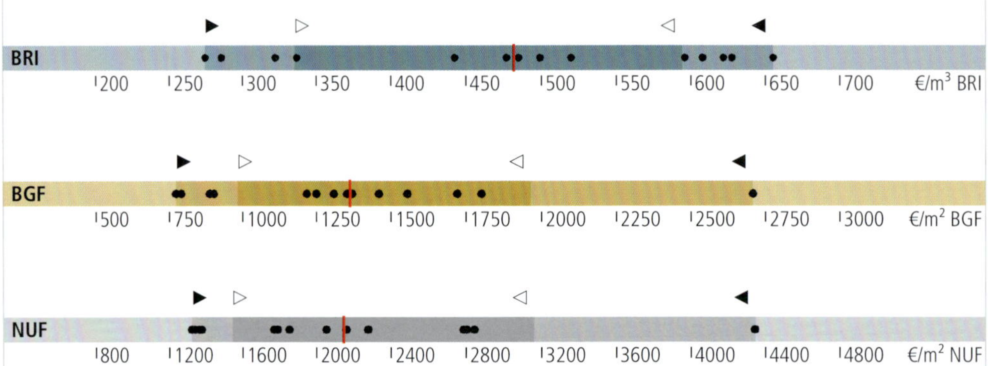

- ● KKW
- ▶ min
- ▷ von
- | Mittelwert
- ◁ bis
- ◀ max

Kostenkennwerte für die Kostengruppen der 1. und 2.Ebene DIN 276

KG	Kostengruppen der 1.Ebene	Einheit	▷	€/Einheit	◁	▷	% an 300+400	◁
100	Grundstück	m²GF	–	**–**	–	–	**–**	–
200	Vorbereitende Maßnahmen	m²GF	< 1	**6**	17	0,1	**0,5**	1,2
300	Bauwerk – Baukonstruktionen	m²BGF	754	**1.016**	1.360	68,3	**76,2**	84,9
400	Bauwerk – Technische Anlagen	m²BGF	194	**347**	621	15,1	**23,8**	31,7
	Bauwerk 300+400	m²BGF	982	**1.363**	1.965	100,0	**100,0**	100,0
500	Außenanlagen und Freiflächen	m²AF	78	**191**	726	2,7	**6,1**	18,8
600	Ausstattung und Kunstwerke	m²BGF	8	**35**	127	0,5	**1,9**	6,9
700	Baunebenkosten	m²BGF	–	**–**	–	–	**–**	–
800	Finanzierung	m²BGF	–	**–**	–	–	**–**	–

KG	Kostengruppen der 2.Ebene	Einheit	▷	€/Einheit	◁	▷	% an 1.Ebene	◁
310	Baugrube / Erdbau	m³BGI	71	**174**	425	0,5	**1,2**	2,8
320	Gründung, Unterbau	m²GRF	149	**465**	925	1,3	**4,4**	13,4
330	Außenwände / vertikal außen	m²AWF	345	**469**	541	29,4	**44,8**	64,2
340	Innenwände / vertikal innen	m²IWF	197	**314**	527	5,2	**14,6**	25,2
350	Decken / horizontal	m²DEF	242	**358**	481	7,6	**16,1**	25,8
360	Dächer	m²DAF	333	**492**	661	6,6	**13,3**	19,4
370	Infrastrukturanlagen		–	**–**	–	–	**–**	–
380	Baukonstruktive Einbauten	m²BGF	< 1	**6**	12	< 0,1	**< 0,1**	0,6
390	Sonst. Maßnahmen für Baukonst.	m²BGF	29	**56**	91	3,4	**5,6**	9,7
300	**Bauwerk – Baukonstruktionen**	**m²BGF**					**100,0**	
410	Abwasser-, Wasser-, Gasanlagen	m²BGF	39	**87**	178	0,6	**21,2**	29,1
420	Wärmeversorgungsanlagen	m²BGF	49	**103**	136	21,2	**36,6**	50,3
430	Raumlufttechnische Anlagen	m²BGF	16	**47**	103	2,1	**11,2**	21,2
440	Elektrische Anlagen	m²BGF	29	**62**	135	14,0	**22,2**	42,8
450	Kommunikationstechnische Anlagen	m²BGF	8	**18**	72	2,9	**5,5**	10,1
460	Förderanlagen	m²BGF	–	**53**	–	0,0	**1,8**	21,9
470	Nutzungsspez. / verfahrenstech. Anl.	m²BGF	4	**28**	53	0,0	**0,6**	4,6
480	Gebäude- und Anlagenautomation	m²BGF	–	**–**	–	–	**–**	–
490	Sonst. Maßnahmen f. techn. Anl.	m²BGF	< 1	**2**	5	< 0,1	**0,9**	6,1
400	**Bauwerk – Technische Anlagen**	**m²BGF**					**100,0**	

Prozentanteile der Kosten 2.Ebene an den Kosten des Bauwerks nach DIN 276 (Von/Mittel/Bis)

KG	Kostengruppe	%
310	Baugrube / Erdbau	1,0
320	Gründung, Unterbau	3,3
330	Außenwände / vertikal außen	35,8
340	Innenwände / vertikal innen	10,7
350	Decken / horizontal	12,1
360	Dächer	10,1
370	Infrastrukturanlagen	
380	Baukonstruktive Einbauten	< 0,1
390	Sonst. Maßnahmen für Baukonst.	4,5
410	Abwasser-, Wasser-, Gasanlagen	5,3
420	Wärmeversorgungsanlagen	8,1
430	Raumlufttechnische Anlagen	2,8
440	Elektrische Anlagen	4,3
450	Kommunikationstechnische Anlagen	1,1
460	Förderanlagen	0,5
470	Nutzungsspez. / verfahrenstech. Anl.	0,2
480	Gebäude- und Anlagenautomation	
490	Sonst. Maßnahmen f. techn. Anl.	< 0,1

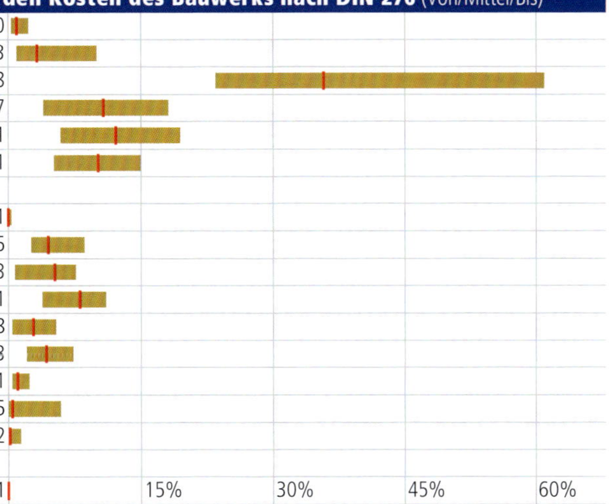

Kostenstand: 2.Quartal 2026, Bundesdurchschnitt, **inkl. 19% MwSt.**

Kostenkennwerte für die Kostengruppen der 3. Ebene DIN 276

KG	Kostengruppen der 3. Ebene	Einheit	▷	€/Einheit	◁	▷	€/m² BGF	◁
311	**Herstellung**	m³	71	**170**	422	5	**12**	29
	Herstellen	m³	71	**170**	422	5	**12**	29
312	**Umschließung**	m²	6	**10**	14	1	**2**	2
	Herstellen	m²	6	**10**	14	1	**2**	2
322	**Flachgründungen und Bodenplatten**	m²	327	**446**	793	11	**32**	102
	Abbrechen	*m²*	*18*	***64***	*136*	*< 1*	***4***	*14*
	Wiederherstellen	m²	7	**79**	151	2	**5**	7
	Herstellen	m²	263	**379**	852	9	**28**	91
323	**Tiefgründungen**	m²	–	**724**	–	–	**156**	–
	Herstellen	m²	–	**724**	–	–	**156**	–
324	**Gründungsbeläge**	m²	94	**136**	221	6	**18**	29
	Abbrechen	*m²*	*2*	***11***	*17*	*< 1*	***2***	*5*
	Herstellen	m²	89	**132**	220	6	**17**	28
325	**Abdichtungen und Bekleidungen**	m²	17	**54**	113	< 1	**8**	25
	Abbrechen	*m²*	–	***3***	–	–	***< 1***	–
	Herstellen	m²	17	**53**	111	< 1	**8**	25
326	**Dränagen**	m²	11	**18**	26	1	**4**	6
	Herstellen	m²	11	**18**	26	1	**4**	6
331	**Tragende Außenwände**	m²	295	**453**	780	22	**58**	117
	Abbrechen	*m²*	*25*	***122***	*310*	*5*	***12***	*31*
	Wiederherstellen	m²	54	**100**	146	28	**36**	45
	Herstellen	m²	184	**324**	455	19	**45**	82
332	**Nichttragende Außenwände**	m²	199	**274**	422	1	**5**	8
	Herstellen	m²	199	**274**	422	2	**6**	8
333	**Außenstützen**	m	137	**247**	482	2	**8**	18
	Herstellen	m	137	**247**	482	4	**9**	22
334	**Außenwandöffnungen**	m²	806	**1.022**	1.353	73	**117**	158
	Abbrechen	*m²*	*24*	***50***	*92*	*2*	***6***	*11*
	Wiederherstellen	m²	6	**14**	22	< 1	**2**	4
	Herstellen	m²	772	**974**	1.278	71	**111**	148
335	**Außenwandbekleidungen, außen**	m²	162	**234**	358	118	**169**	314
	Abbrechen	*m²*	*2*	***10***	*35*	*< 1*	***6***	*22*
	Wiederherstellen	m²	8	**15**	33	4	**10**	17
	Herstellen	m²	142	**225**	334	102	**164**	277
336	**Außenwandbekleidungen, innen**	m²	55	**74**	112	16	**31**	46
	Abbrechen	*m²*	*4*	***6***	*9*	*2*	***3***	*3*
	Wiederherstellen	m²	6	**19**	29	< 1	**12**	15
	Herstellen	m²	43	**65**	110	10	**26**	37
337	**Elem. Außenwandkonstruktionen**	m²	–	**784**	–	–	**34**	–
	Herstellen	m²	–	**784**	–	–	**34**	–
338	**Lichtschutz zur KG 330**	m²	280	**476**	1.039	19	**33**	44
	Abbrechen	*m²*	*12*	***26***	*57*	*< 1*	***2***	*3*
	Herstellen	m²	275	**461**	994	19	**32**	42
339	**Sonstiges zur KG 330**	m²	3	**12**	24	3	**11**	23
	Abbrechen	*m²*	*< 1*	***2***	*5*	*< 1*	***2***	*4*
	Wiederherstellen	m²	< 1	**1**	2	< 1	**1**	1
	Herstellen	m²	2	**11**	21	2	**9**	18
341	**Tragende Innenwände**	m²	225	**429**	634	16	**35**	79
	Abbrechen	*m²*	*22*	***166***	*273*	*4*	***10***	*19*
	Herstellen	m²	167	**284**	470	11	**26**	83

Kosten:
Stand 2. Quartal 2026
Bundesdurchschnitt
inkl. 19% MwSt.

▷ von
ø Mittel
◁ bis

KG	Kostengruppen der 3. Ebene	Einheit	▷	€/Einheit	◁	▷	€/m² BGF	◁
342	**Nichttragende Innenwände**	m²	159	**272**	666	10	**30**	52
	Abbrechen	*m²*	*21*	***49***	*113*	*< 1*	***5***	*9*
	Wiederherstellen	m²	–	**6**	–	–	**< 1**	–
	Herstellen	m²	133	**222**	649	13	**28**	54
343	**Innenstützen**	m	205	**280**	354	1	**7**	19
	Herstellen	m	205	**280**	354	2	**11**	19
344	**Innenwandöffnungen**	m²	582	**856**	1.388	18	**46**	103
	Abbrechen	*m²*	*31*	***49***	*92*	*2*	***3***	*4*
	Herstellen	m²	560	**827**	1.466	17	**45**	102
345	**Innenwandbekleidungen**	m²	50	**72**	99	30	**66**	95
	Abbrechen	*m²*	*3*	***6***	*10*	*4*	***7***	*11*
	Wiederherstellen	m²	3	**15**	34	2	**15**	35
	Herstellen	m²	26	**58**	89	22	**52**	84
346	**Elem. Innenwandkonstruktionen**	m²	99	**224**	466	2	**4**	4
	Abbrechen	*m²*	*20*	***24***	*29*	*< 1*	***< 1***	*1*
	Herstellen	m²	76	**208**	466	2	**3**	4
349	**Sonstiges zur KG 340**	m²	3	**7**	12	1	**6**	17
	Herstellen	m²	3	**7**	12	1	**9**	17
351	**Deckenkonstruktionen**	m²	217	**625**	1.362	25	**58**	113
	Abbrechen	*m²*	*29*	***63***	*114*	*3*	***6***	*11*
	Wiederherstellen	m²	–	**159**	–	–	**< 1**	–
	Herstellen	m²	188	**614**	1.283	27	**58**	110
352	**Deckenöffnungen**	m²	–	**1.828**	–	< 1	**1**	2
	Abbrechen	*m²*	–	***165***	–	*< 1*	***< 1***	*< 1*
	Herstellen	m²	–	**1.663**	–	–	**2**	–
353	**Deckenbeläge**	m²	163	**259**	532	24	**70**	118
	Abbrechen	*m²*	*10*	***23***	*38*	*4*	***9***	*16*
	Wiederherstellen	m²	12	**339**	666	2	**4**	6
	Herstellen	m²	94	**182**	258	31	**69**	111
354	**Deckenbekleidungen**	m²	32	**61**	89	12	**25**	51
	Abbrechen	*m²*	*3*	***11***	*24*	*2*	***5***	*14*
	Wiederherstellen	m²	6	**35**	54	8	**22**	47
	Herstellen	m²	27	**48**	84	8	**18**	34
355	**Elementierte Deckenkonstruktionen**	m²	–	**2.839**	–	–	**23**	–
	Herstellen	m²	–	**2.839**	–	–	**23**	–
359	**Sonstiges zur KG 350**	m²	17	**51**	121	5	**18**	45
	Abbrechen	*m²*	*< 1*	***< 1***	*< 1*	*< 1*	***< 1***	*< 1*
	Wiederherstellen	m²	3	**59**	131	2	**7**	21
	Herstellen	m²	10	**38**	90	4	**19**	48
361	**Dachkonstruktionen**	m²	154	**297**	485	27	**59**	78
	Abbrechen	*m²*	*22*	***47***	*93*	*4*	***9***	*14*
	Wiederherstellen	m²	–	**4**	–	–	**1**	–
	Herstellen	m²	154	**261**	435	25	**52**	68
362	**Dachöffnungen**	m²	1.734	**3.133**	4.406	5	**10**	20
	Abbrechen	*m²*	*56*	***154***	*229*	*< 1*	***< 1***	*< 1*
	Herstellen	m²	1.707	**3.031**	4.309	5	**10**	20
363	**Dachbeläge**	m²	204	**296**	503	38	**73**	108
	Abbrechen	*m²*	*12*	***29***	*63*	*2*	***8***	*17*
	Wiederherstellen	m²	13	**103**	282	< 1	**7**	13
	Herstellen	m²	172	**244**	331	32	**64**	97

KG	Kostengruppen der 3. Ebene	Einheit	▷	€/Einheit	◁	▷	€/m² BGF	◁
364	**Dachbekleidungen**	m²	76	**109**	172	7	**17**	26
	Abbrechen	*m²*	*< 1*	***3***	*6*	*< 1*	***< 1***	*1*
	Herstellen	m²	75	**108**	171	7	**17**	26
369	**Sonstiges zur KG 360**	m²	4	**13**	23	1	**4**	10
	Abbrechen	*m²*	*< 1*	***< 1***	*< 1*	*< 1*	***< 1***	*< 1*
	Wiederherstellen	m²	–	**8**	–	–	**< 1**	–
	Herstellen	m²	5	**16**	23	2	**6**	10
381	**Allgemeine Einbauten**	m²	< 1	**6**	12	< 1	**6**	12
	Abbrechen	*m²*	–	***< 1***	–	–	***< 1***	–
	Herstellen	m²	–	**12**	–	–	**12**	–
391	**Baustelleneinrichtung**	m²	7	**21**	41	7	**21**	41
	Herstellen	m²	7	**21**	41	7	**21**	41
392	**Gerüste**	m²	14	**26**	49	14	**26**	49
	Herstellen	m²	14	**26**	49	14	**26**	49
393	**Sicherungsmaßnahmen**	m²	–	**25**	–	–	**25**	–
	Herstellen	m²	–	**25**	–	–	**25**	–
394	**Abbruchmaßnahmen**	m²	< 1	**4**	8	< 1	**4**	8
	Abbrechen	*m²*	*< 1*	***4***	*8*	*< 1*	***4***	*8*
396	**Materialentsorgung**	m²	1	**3**	9	1	**3**	9
	Abbrechen	*m²*	–	***1***	–	–	***1***	–
	Herstellen	m²	1	**4**	9	1	**4**	9
397	**Zusätzliche Maßnahmen**	m²	2	**7**	14	2	**7**	14
	Herstellen	m²	2	**7**	14	2	**7**	14
398	**Provisorische Baukonstruktionen**	m²	< 1	**3**	12	< 1	**3**	12
	Abbrechen	*m²*	–	***< 1***	–	–	***< 1***	–
	Herstellen	m²	< 1	**3**	12	< 1	**3**	12

Kosten:
Stand 2. Quartal 2026
Bundesdurchschnitt
inkl. 19% MwSt.

▷ von
ø Mittel
◁ bis

KG	Kostengruppen der 3. Ebene	Einheit	▷	€/Einheit	◁	▷	€/m^2 BGF	◁
411	**Abwasseranlagen**	m^2	7	**20**	35	7	**20**	35
	Abbrechen	m^2	< 1	**< 1**	1	< 1	**< 1**	1
	Wiederherstellen	m^2	–	**6**	–	–	**6**	–
	Herstellen	m^2	7	**19**	35	7	**19**	35
412	**Wasseranlagen**	m^2	48	**77**	147	48	**77**	147
	Abbrechen	m^2	2	**2**	4	2	**2**	4
	Herstellen	m^2	47	**76**	146	47	**76**	146
419	**Sonstiges zur KG 410**	m^2	4	**8**	16	4	**8**	16
	Herstellen	m^2	4	**8**	16	4	**8**	16
421	**Wärmeerzeugungsanlagen**	m^2	18	**52**	93	18	**52**	93
	Abbrechen	m^2	< 1	**2**	2	< 1	**2**	2
	Herstellen	m^2	16	**51**	92	16	**51**	92
422	**Wärmeverteilnetze**	m^2	17	**28**	58	17	**28**	58
	Abbrechen	m^2	1	**3**	8	1	**3**	8
	Wiederherstellen	m^2	–	**4**	–	–	**4**	–
	Herstellen	m^2	16	**27**	54	16	**27**	54
423	**Raumheizflächen**	m^2	16	**26**	32	16	**26**	32
	Abbrechen	m^2	< 1	**2**	4	< 1	**2**	4
	Wiederherstellen	m^2	–	**2**	–	–	**2**	–
	Herstellen	m^2	15	**25**	31	15	**25**	31
429	**Sonstiges zur KG 420**	m^2	2	**9**	19	2	**9**	19
	Abbrechen	m^2	2	**5**	14	2	**5**	14
	Herstellen	m^2	3	**7**	19	3	**7**	19
431	**Lüftungsanlagen**	m^2	16	**47**	103	16	**47**	103
	Abbrechen	m^2	–	**1**	–	–	**1**	–
	Herstellen	m^2	16	**47**	102	16	**47**	102
442	**Eigenstromversorgungsanlagen**	m^2	9	**59**	108	9	**59**	108
	Herstellen	m^2	9	**59**	108	9	**59**	108
444	**Niederspannungsinstallationsanl.**	m^2	31	**48**	101	31	**48**	101
	Abbrechen	m^2	< 1	**2**	3	< 1	**2**	3
	Herstellen	m^2	30	**48**	101	30	**48**	101
445	**Beleuchtungsanlagen**	m^2	3	**8**	17	3	**8**	17
	Wiederherstellen	m^2	< 1	**1**	2	< 1	**1**	2
	Herstellen	m^2	3	**8**	17	3	**8**	17
446	**Blitzschutz- und Erdungsanlagen**	m^2	< 1	**2**	7	< 1	**2**	7
	Abbrechen	m^2	–	**< 1**	–	–	**< 1**	–
	Wiederherstellen	m^2	–	**< 1**	–	–	**< 1**	–
	Herstellen	m^2	< 1	**2**	7	< 1	**2**	7
451	**Telekommunikationsanlagen**	m^2	< 1	**4**	13	< 1	**4**	13
	Herstellen	m^2	< 1	**4**	13	< 1	**4**	13
452	**Such- und Signalanlagen**	m^2	4	**7**	22	4	**7**	22
	Wiederherstellen	m^2	–	**< 1**	–	–	**< 1**	–
	Herstellen	m^2	4	**8**	23	4	**8**	23
454	**Elektroakustische Anlagen**	m^2	–	**2**	–	–	**2**	–
	Herstellen	m^2	–	**2**	–	–	**2**	–
455	**Audiovis. Medien- u. Antennenanl.**	m^2	3	**5**	7	3	**5**	7
	Abbrechen	m^2	–	**< 1**	–	–	**< 1**	–
	Herstellen	m^2	2	**5**	7	2	**5**	7
456	**Gefahrenmelde- und Alarmanlagen**	m^2	< 1	**11**	32	< 1	**11**	32
	Herstellen	m^2	< 1	**11**	32	< 1	**11**	32

KG	Kostengruppen der 3. Ebene	Einheit	▷	€/Einheit	◁	▷	€/m² BGF	◁
457	**Datenübertragungsnetze**	m²	2	**9**	14	2	**9**	14
	Herstellen	m²	2	**9**	14	2	**9**	14
461	**Aufzugsanlagen**	m²	–	**53**	–	–	**53**	–
	Herstellen	m²	–	**53**	–	–	**53**	–
471	**Küchentechnische Anlagen**	m²	–	**53**	–	–	**53**	–
	Herstellen	m²	–	**53**	–	–	**53**	–
476	**Weitere nutzungsspezifische Anl.**	m²	–	**4**	–	–	**4**	–
	Herstellen	m²	–	**4**	–	–	**4**	–
494	**Abbruchmaßnahmen**	m²	–	**5**	–	–	**5**	–
	Abbrechen	*m²*	–	***5***	–	–	***5***	–

Kosten:
Stand 2. Quartal 2026
Bundesdurchschnitt
inkl. 19% MwSt.

▷ von
ø Mittel
◁ bis

Prozentanteile der Kosten für Leistungsbereiche nach STLB (Kosten Bauwerk nach DIN 276)

LB	Leistungsbereiche	10% 20% 30% 40%	▷	% an 300+400	◁
000	Baustellen-, Sicherheitseinr. inkl. 001, 089		1,8	**3,8**	6,7
002	Erdarbeiten		0,5	**1,0**	2,4
006	Spezialtiefbauarbeiten inkl. 005		–	**–**	–
009	Entwässerungskanalarbeiten inkl. 011		< 0,1	**0,2**	0,4
010	Drän- und Versickerarbeiten		< 0,1	**0,1**	0,3
012	Mauerarbeiten		1,0	**2,8**	5,9
013	Betonarbeiten		2,2	**5,7**	15,8
014	Natur-, Betonwerksteinarbeiten		< 0,1	**0,2**	0,5
016	Zimmer- und Holzbauarbeiten		0,6	**4,5**	13,4
017	Stahlbauarbeiten		0,0	**1,1**	3,3
018	Abdichtungsarbeiten		0,2	**0,7**	1,9
020	Dachdeckungsarbeiten		0,3	**1,8**	4,6
021	Dachabdichtungsarbeiten		0,7	**2,6**	6,1
022	Klempnerarbeiten		0,9	**1,7**	2,4
	Rohbau		17,4	**26,3**	33,3
023	Putz- und Stuckarbeiten, Wärmedämmsysteme		7,8	**14,6**	36,0
024	Fliesen- und Plattenarbeiten		0,6	**2,9**	5,7
025	Estricharbeiten		0,4	**1,2**	2,4
026	Fenster, Außentüren inkl. 029, 032		5,4	**9,6**	15,9
027	Tischlerarbeiten		0,3	**2,6**	4,5
028	Parkett-, Holzpflasterarbeiten		0,0	**1,0**	3,1
030	Rollladenarbeiten		0,3	**1,5**	3,5
031	Metallbauarbeiten inkl. 035		1,0	**3,6**	10,3
034	Maler- und Lackiererarb. - Beschicht. inkl. 037		0,8	**2,5**	5,7
036	Bodenbelagarbeiten		< 0,1	**1,1**	2,7
038	Vorgehängte hinterlüftete Fassaden		< 0,1	**1,7**	8,5
039	Trockenbauarbeiten		1,2	**3,8**	6,7
	Ausbau		36,6	**46,1**	60,4
040	Wärmeversorgungsanl. - Betriebseinr. inkl. 041		3,4	**7,0**	10,4
042	Gas- u. Wasseranl. - Leitung., Armat. inkl. 043		0,5	**1,6**	2,4
044	Abwasseranl. - Leitungen, Abläufe, Armaturen		0,2	**0,9**	1,5
045	Gas, Wasser, Entwässerung - Ausstattung inkl. 046		0,4	**2,2**	4,0
047	Dämm- und Brandschutzarb. an techn. Anlagen		0,2	**0,7**	1,5
049	Feuerlöschanlagen, Feuerlöschgeräte		< 0,1	**< 0,1**	< 0,1
050	Blitzschutz-/Erdungsanlagen, Überspannungssch.		< 0,1	**< 0,1**	0,2
052	Mittelspannungsanlagen		–	**–**	–
053	Niederspannungsanl. - Kabel inkl. 054		1,9	**3,9**	7,3
055	Sicherheits- u. Ersatzstromversorgungsanl.		0,0	**< 0,1**	0,3
057	Gebäudesystemtechnik		–	**–**	–
058	Leuchten und Lampen inkl. 059		< 0,1	**0,4**	0,9
060	Such, Signal, Zeit, Anten., akust. Anl. inkl. 064		0,1	**0,4**	1,2
061	Kommunikations- u. Übertragungsnetze inkl. 062		0,1	**0,5**	1,3
063	Gefahrenmeldeanlagen		0,0	**< 0,1**	0,5
069	Aufzüge		< 0,1	**0,5**	5,7
070	Gebäudeautomation		–	**–**	–
075	Raumlufttechnische Anlagen inkl. 078		0,6	**2,7**	5,6
	Gebäudetechnik		13,1	**21,2**	29,3
084	Abbruch, Rückbau, Schadstoffsanierung		3,1	**6,0**	8,5
	Sonstige Leistungsbereiche inkl. 008, 033, 051		< 0,1	**0,4**	1,3

Wohngebäude nach 1945 mit Tragkonstruktion

€/m² BGF

min	770	€/m²
von	980	€/m²
Mittel	**1.365**	**€/m²**
bis	1.965	€/m²
max	2.705	€/m²

Kosten:
Stand 2. Quartal 2026
Bundesdurchschnitt
inkl. 19% MwSt.

6100-1536 Mehrfamilienhaus (12 WE)

BRI 4.284 m³ **BGF** 1.551 m² **NUF** 927 m²

Baujahr: 1978
Bauzustand: mittel
Aufwand: hoch
Nutzung während der Bauzeit: ja
Nutzungsänderung: nein
Grundrissänderungen: wenige
Tragwerkseingriffe: wenige

Land: Niedersachsen
Kreis: Osnabrück
Standard: mittel
Bauzeit: 39 Wochen
Kennwerte: bis 3. Ebene DIN 276
veröffentlicht: BKI Objektdaten A13
BGF 788 €/m²

Planung: Ingenieurbüro Gerdom; Bad Essen

Sanierung Mehrfamilienhaus mit 12 Wohneinheiten

1. Ebene: 300 Bauwerk – Baukonstruktionen: 78%, **400 Bauwerk – Technische Anlagen:** 22%
3. Ebene: Baukonstruktionen: A: 335 Außenwandbekleidungen, außen 4%, 363 Dachbeläge 4%, Sonstige 2%, **W:** 359 Sonstiges zur KG 350 3%, Sonstige < 1%, **H:** 334 Außenwandöffnungen 24%, 335 Außenwandbekleidungen, außen 36%, 363 Dachbeläge 15%, 392 Gerüste 4%, Sonstige 7%, **Technische Anlagen: A:** Sonstige 1%, **W:** Sonstige < 1%, **H:** 421 Wärmeerzeugungsanlagen 15%, 422 Wärmeverteilnetze 21%, 431 Lüftungsanlagen 28%, 444 Niederspannungsinstallationsanlagen 19%, 452 Such- und Signalanlagen 6%, 455 Audiovisuelle Medien- und Antennenanlagen 4%, Sonstige 6%

6200-0098 Studentenwohnheim (213 WE)

BRI 19.018 m³ **BGF** 6.761 m² **NUF** 3.905 m²

Baujahr: 1975
Bauzustand: schlecht
Aufwand: mittel
Nutzung während der Bauzeit: ja
Nutzungsänderung: nein
Grundrissänderungen: wenige
Tragwerkseingriffe: wenige

Land: Saarland
Kreis: Saarbrücken, Regionalverband
Standard: hoch
Bauzeit: 52 Wochen
Kennwerte: bis 3. Ebene DIN 276
veröffentlicht: BKI Objektdaten A12
BGF 771 €/m²

Planung: Prof. Rollmann + Partner Architekten PartGmbB; Homburg

Energetische Fassaden- und Dachsanierung des Studierendenwohnheims.

1. Ebene: 300 Bauwerk – Baukonstruktionen: 99%, **400 Bauwerk – Technische Anlagen:** < 1%
3. Ebene: Baukonstruktionen: A: Sonstige 2%, **W:** Sonstige 3%, **H:** 334 Außenwandöffnungen 20%, 335 Außenwandbekleidungen, außen 54%, 336 Außenwandbekleidungen, innen 3%, 392 Gerüste 9%, Sonstige 9%, **Technische Anlagen: A:** Sonstige 3%, **W:** 445 Beleuchtungsanlagen 29%, 446 Blitzschutz- und Erdungsanlagen 4%, 452 Such- und Signalanlagen 7%, **H:** 429 Sonstiges zur KG 420 19%, 446 Blitzschutz- und Erdungsanlagen 26%, 456 Gefahrenmelde- und Alarmanlagen 3%, 492 Gerüste 8%

A Abbrechen
W Wiederherstellen
H Herstellen

6100-1345 Einfamilienhaus, Dachsanierung* — BRI 665 m³ | BGF 293 m² | NUF 180 m²

© Petra L. Müller

Baujahr: 1962
Bauzustand: mittel
Aufwand: hoch
Nutzung während der Bauzeit: ja
Nutzungsänderung: nein
Grundrissänderungen: wenige
Tragwerkseingriffe: wenige

Land: Nordrhein-Westfalen
Kreis: Münster, Stadt
Standard: hoch
Bauzeit: 13 Wochen
Kennwerte: bis 3. Ebene DIN 276
veröffentlicht: BKI Objektdaten A11

BGF 212 €/m²

* Nicht in der Auswertung enthalten

Planung: planungsbüro bau.RAUM Petra L. Müller; Münster

Dachsanierung eines Einfamilienhauses mit 128m² WFL.

1. Ebene: 300 Bauwerk – Baukonstruktionen: 99%, **400 Bauwerk – Technische Anlagen:** < 1%
3. Ebene: Baukonstruktionen: A: 331 Tragende Außenwände 5%, 363 Dachbeläge 4%, Sonstige 1%, **W:** Sonstige 1%, **H:** 354 Deckenbekleidungen 5%, 361 Dachkonstruktionen 5%, 362 Dachöffnungen 15%, 363 Dachbeläge 55%, 392 Gerüste 8%, Sonstige 2%, **Technische Anlagen:** A: 429 Sonstiges zur KG 420 22%, **H:** 429 Sonstiges zur KG 420 78%

6100-1207 Wohn- und Geschäftshaus (5 WE) — BRI 2.577 m³ | BGF 881 m² | NUF 626 m²

© Märkplan GmbH

Baujahr: 1986
Bauzustand: mittel
Aufwand: mittel
Nutzung während der Bauzeit: ja
Nutzungsänderung: nein
Grundrissänderungen: einige
Tragwerkseingriffe: einige

Land: Brandenburg
Kreis: Brandenburg a.d. Havel
Standard: mittel
Bauzeit: 44 Wochen
Kennwerte: bis 3. Ebene DIN 276
veröffentlicht: BKI Objektdaten A11

BGF 1.459 €/m²

Planung: Märkplan GmbH; Brandenburg an der Havel

Wohn- und Geschäftshaus (5 WE)

1. Ebene: 300 Bauwerk – Baukonstruktionen: 78%, **400 Bauwerk – Technische Anlagen:** 22%
3. Ebene: Baukonstruktionen: A: Sonstige 8%, **W:** Sonstige < 1%, **H:** 334 Außenwandöffnungen 9%, 335 Außenwandbekleidungen, außen 14%, 336 Außenwandbekleidungen, innen 3%, 344 Innenwandöffnungen 4%, 345 Innenwandbekleidungen 5%, 351 Deckenkonstruktionen 5%, 353 Deckenbeläge 11%, 359 Sonstiges zur KG 350 5%, 361 Dachkonstruktionen 4%, 363 Dachbeläge 5%, 391 Baustelleneinrichtung 5%, Sonstige 20%, **Technische Anlagen:** A: 429 Sonstiges zur KG 420 5%, Sonstige 4%, **H:** 411 Abwasseranlagen 8%, 412 Wasseranlagen 20%, 422 Wärmeverteilnetze 7%, 423 Raumheizflächen 9%, 431 Lüftungsanlagen 16%, 444 Niederspannungsinstallationsanlagen 24%, Sonstige 8%

Objektübersicht zur Gebäudeart

Wohngebäude nach 1945 mit Tragkonstruktion

€/m² BGF

min	770	€/m²
von	980	€/m²
Mittel	**1.365**	**€/m²**
bis	1.965	€/m²
max	2.705	€/m²

Kosten:
Stand 2. Quartal 2026
Bundesdurchschnitt
inkl. 19% MwSt.

6100-1139 Einfamilienhaus — **BRI** 782m³ **BGF** 373m² **NUF** 167m²

Baujahr: 1952
Bauzustand: schlecht
Aufwand: hoch
Nutzung während der Bauzeit: nein
Nutzungsänderung: nein
Grundrissänderungen: umfangreiche
Tragwerkseingriffe: einige

Land: Nordrhein-Westfalen
Kreis: Rhein-Sieg-Kreis
Standard: mittel
Bauzeit: 13 Wochen
Kennwerte: bis 3. Ebene DIN 276
veröffentlicht: BKI Objektdaten A10
BGF **1.249€/m²**

Planung: Pannhausen Architektur; Köln
Einfamilienhaus (WFL 123m²)

1. Ebene: 300 Bauwerk – Baukonstruktionen: 78%, **400 Bauwerk – Technische Anlagen:** 22%
3. Ebene: Baukonstruktionen: A: 331 Tragende Außenwände 4%, Sonstige 6%, **W:** Sonstige 3%, **H:** 331 Tragende Außenwände 4%, 334 Außenwandöffnungen 9%, 335 Außenwandbekleidungen, außen 18%, 336 Außenwandbekleidungen, innen 6%, 345 Innenwandbekleidungen 5%, 351 Deckenkonstruktionen 5%, 353 Deckenbeläge 3%, 361 Dachkonstruktionen 6%, 363 Dachbeläge 11%, 364 Dachbekleidungen 3%, Sonstige 18%, **Technische Anlagen:** A: 429 Sonstiges zur KG 420 3%, **H:** 411 Abwasseranlagen 9%, 412 Wasseranlagen 16%, 421 Wärmeerzeugungsanlagen 27%, 422 Wärmeverteilnetze 9%, 423 Raumheizflächen 8%, 431 Lüftungsanlagen 4%, 444 Niederspannungsinstallationsanlagen 13%, Sonstige 9%

6100-1160 Zweifamilienhaus — **BRI** 1.372m³ **BGF** 500m² **NUF** 340m²

Baujahr: 1960
Bauzustand: mittel
Aufwand: mittel
Nutzung während der Bauzeit: nein
Nutzungsänderung: nein
Grundrissänderungen: einige
Tragwerkseingriffe: einige

Land: Bayern
Kreis: München, Stadt
Standard: hoch
Bauzeit: 22 Wochen
Kennwerte: bis 3. Ebene DIN 276
veröffentlicht: BKI Objektdaten A10
BGF **1.215€/m²**

Planung: christina patz architektur energieberatung; München
Zweifamilienhaus (WFL 218m²)

1. Ebene: 300 Bauwerk – Baukonstruktionen: 76%, **400 Bauwerk – Technische Anlagen:** 24%
3. Ebene: Baukonstruktionen: A: Sonstige 6%, **W:** Sonstige 1%, **H:** 334 Außenwandöffnungen 14%, 335 Außenwandbekleidungen, außen 18%, 337 Elementierte Außenwandkonstruktionen 4%, 344 Innenwandöffnungen 4%, 345 Innenwandbekleidungen 4%, 353 Deckenbeläge 7%, 363 Dachbeläge 8%, Sonstige 34%, **Technische Anlagen:** A: Sonstige 2%, **W:** Sonstige 2%, **H:** 411 Abwasseranlagen 4%, 412 Wasseranlagen 19%, 421 Wärmeerzeugungsanlagen 26%, 422 Wärmeverteilnetze 6%, 423 Raumheizflächen 9%, 431 Lüftungsanlagen 15%, 444 Niederspannungsinstallationsanlagen 9%, Sonstige 9%

A Abbrechen
W Wiederherstellen
H Herstellen

6100-1051 Mehrfamilienhaus, Büro, Garage

BRI 1.952m³ **BGF** 723m² **NUF** 535m²

Baujahr: 1970
Bauzustand: mittel
Aufwand: hoch
Nutzung während der Bauzeit: ja
Nutzungsänderung: nein
Grundrissänderungen: einige
Tragwerkseingriffe: wenige

Land: Bayern
Kreis: München
Standard: mittel
Bauzeit: 52 Wochen
Kennwerte: bis 3. Ebene DIN 276
veröffentlicht: BKI Objektdaten A10

BGF 1.309€/m²

Planung: ABSB Michalik; Bad Elster

Modernisierung und Anbau eines Mehrfamilienhauses (5 WE), mit Büro und Garage (2 STP).

1. Ebene: 300 Bauwerk – Baukonstruktionen: 83%, **400 Bauwerk – Technische Anlagen:** 17%
3. Ebene: Baukonstruktionen: A: Sonstige 9%, **W**: Sonstige 1%, **H**: 311 Herstellung 4%, 322 Flachgründungen und Bodenplatten 6%, 331 Tragende Außenwände 6%, 334 Außenwandöffnungen 13%, 335 Außenwandbekleidungen, außen 15%, 338 Lichtschutz zur KG 330 3%, 345 Innenwandbekleidungen 4%, 353 Deckenbeläge 5%, 361 Dachkonstruktionen 7%, 363 Dachbeläge 6%, 391 Baustelleneinrichtung 4%, Sonstige 16%, **Technische Anlagen:** A: Sonstige 6%, **H**: 411 Abwasseranlagen 11%, 412 Wasseranlagen 16%, 422 Wärmeverteilnetze 7%, 423 Raumheizflächen 15%, 429 Sonstiges zur KG 420 12%, 444 Niederspannungsinstallationsanlagen 13%, 445 Beleuchtungsanlagen 7%, 457 Datenübertragungsnetze 7%, Sonstige 5%

6100-0768 Mehrfamilienhaus (3 WE) - Passivhaus

BRI 1.548m³ **BGF** 687m² **NUF** 413m²

Baujahr: 1938
Bauzustand: mittel
Aufwand: hoch
Nutzung während der Bauzeit: ja
Nutzungsänderung: ja
Grundrissänderungen: einige
Tragwerkseingriffe: einige

Land: Baden-Württemberg
Kreis: Bodenseekreis
Standard: mittel
Bauzeit: 22 Wochen
Kennwerte: bis 3. Ebene DIN 276
veröffentlicht: www.bki.de

BGF 1.369€/m²

Planung: Martin Wamsler Freier Architekt BDA Dipl.-Ing. (FH); Friedrichshafen

Energetische Modernisierung eines Mehrfamilienhauses Baujahr 1938 zum Plusenergiehaus. Abbruch vom DG und Wiederaufbau im Passivhausstandard, Ausbau im UG zur Einliegerwohnung, Anbau im EG zur Vergrößerung des bestehenden Bades.

1. Ebene: 300 Bauwerk – Baukonstruktionen: 63%, **400 Bauwerk – Technische Anlagen:** 37%
3. Ebene: Baukonstruktionen: A: Sonstige 5%, **H:** 324 Gründungsbeläge 4%, 331 Tragende Außenwände 10%, 334 Außenwandöffnungen 6%, 335 Außenwandbekleidungen, außen 14%, 336 Außenwandbekleidungen, innen 4%, 342 Nichttragende Innenwände 6%, 345 Innenwandbekleidungen 11%, 353 Deckenbeläge 11%, 361 Dachkonstruktionen 8%, 363 Dachbeläge 7%, Sonstige 15%, **Technische Anlagen: H**: 412 Wasseranlagen 20%, 421 Wärmeerzeugungsanlagen 18%, 422 Wärmeverteilnetze 3%, 423 Raumheizflächen 7%, 431 Lüftungsanlagen 19%, 442 Eigenstromversorgungsanlagen 22%, 444 Niederspannungsinstallationsanlagen 8%, Sonstige 4%

Wohngebäude nach 1945 mit Tragkonstruktion

€/m² BGF

min	770	€/m²
von	980	€/m²
Mittel	**1.365**	**€/m²**
bis	1.965	€/m²
max	2.705	€/m²

Kosten:
Stand 2. Quartal 2026
Bundesdurchschnitt
inkl. 19% MwSt.

Objektübersicht zur Gebäudeart

6100-0904 Mehrfamilienhaus (3 WE) - Effizienzhaus 70

BRI 1.605 m³ **BGF** 584 m² **NUF** 377 m²

Baujahr: 1958
Bauzustand: mittel
Aufwand: hoch
Nutzung während der Bauzeit: ja
Nutzungsänderung: nein
Grundrissänderungen: einige
Tragwerkseingriffe: wenige

Land: Baden-Württemberg
Kreis: Freiburg im Breisgau
Standard: hoch
Bauzeit: 26 Wochen
Kennwerte: bis 3. Ebene DIN 276
veröffentlicht: BKI Objektdaten E5

BGF 885 €/m²

Planung: Werkgruppe Freiburg Architekten; Freiburg

Energetische Sanierung des Bestandshauses und Neuerrichtung eines Anbaus.

1. Ebene: 300 Bauwerk – Baukonstruktionen: 80%, **400 Bauwerk – Technische Anlagen:** 20%
3. Ebene: Baukonstruktionen: A: Sonstige 4%, **W:** 345 Innenwandbekleidungen 4%, Sonstige 2%, **H:** 322 Flachgründungen und Bodenplatten 3%, 331 Tragende Außenwände 7%, 334 Außenwandöffnungen 19%, 335 Außenwandbekleidungen, außen 21%, 338 Lichtschutz zur KG 330 7%, 339 Sonstiges zur KG 330 4%, 351 Deckenkonstruktionen 4%, 353 Deckenbeläge 4%, 363 Dachbeläge 5%, Sonstige 15%, **Technische Anlagen:** A: Sonstige 2%, **W:** Sonstige 1%, **H:** 421 Wärmeerzeugungsanlagen 53%, 422 Wärmeverteilnetze 3%, 423 Raumheizflächen 7%, 431 Lüftungsanlagen 25%, 444 Niederspannungsinstallationsanlagen 7%, Sonstige 2%

6200-0055 Alten- und Pflegeheim

BRI 22.000 m³ **BGF** 5.322 m² **NUF** 3.317 m²

Land: Thüringen
Kreis: Altenburger Land
Standard: mittel
Bauzeit: 130 Wochen
Kennwerte: bis 3. Ebene DIN 276
veröffentlicht: BKI Objektdaten A9

BGF 2.707 €/m²

Planung: iproplan Planungsgesellschaft mbH; Chemnitz

Alten- und Pflegeheim mit acht Hausgemeinschaften

1. Ebene: 300 Bauwerk – Baukonstruktionen: 69%, **400 Bauwerk – Technische Anlagen:** 31%
3. Ebene: Baukonstruktionen: A: Sonstige 2%, **W:** Sonstige 3%, **H:** 322 Flachgründungen und Bodenplatten 6%, 323 Tiefgründungen 8%, 331 Tragende Außenwände 5%, 334 Außenwandöffnungen 4%, 335 Außenwandbekleidungen, außen 6%, 341 Tragende Innenwände 6%, 342 Nichttragende Innenwände 4%, 344 Innenwandöffnungen 8%, 345 Innenwandbekleidungen 5%, 351 Deckenkonstruktionen 9%, 353 Deckenbeläge 5%, 354 Deckenbekleidungen 3%, 361 Dachkonstruktionen 4%, 363 Dachbeläge 7%, Sonstige 15%, **Technische Anlagen:** A: Sonstige < 1%, **H:** 411 Abwasseranlagen 6%, 412 Wasseranlagen 23%, 421 Wärmeerzeugungsanlagen 3%, 422 Wärmeverteilnetze 7%, 423 Raumheizflächen 4%, 431 Lüftungsanlagen 17%, 444 Niederspannungsinstallationsanlagen 16%, 452 Such- und Signalanlagen 3%, 456 Gefahrenmelde- und Alarmanlagen 4%, 471 Küchentechnische Anlagen 6%, Sonstige 11%

A Abbrechen
W Wiederherstellen
H Herstellen

6100-0681 Mehrfamilienhaus (6 WE)

BRI 2.060 m³ **BGF** 726 m² **NUF** 531 m²

Baujahr: 1957
Bauzustand: schlecht
Aufwand: hoch
Nutzung während der Bauzeit: nein
Nutzungsänderung: nein
Grundrissänderungen: wenige
Tragwerkseingriffe: umfangreiche

Land: Baden-Württemberg
Kreis: Rottweil
Standard: mittel
Bauzeit: 44 Wochen
Kennwerte: bis 3. Ebene DIN 276
veröffentlicht: BKI Objektdaten A7
BGF **1.353 €/m²**

Planung: Werkgruppe Freiburg Architekten; Freiburg

Modernisierung eines Mehrfamilienhauses von 1957 mit sechs Wohneinheiten; Vollwärmeschutz, Anbau von Balkonen und Heiz-Kraft-Anlage.

1. Ebene: 300 Bauwerk – Baukonstruktionen: 77%, **400 Bauwerk – Technische Anlagen:** 23%
3. Ebene: Baukonstruktionen: **A:** Sonstige 7%, **W:** Sonstige 6%, **H:** 334 Außenwandöffnungen 9%, 335 Außenwandbekleidungen, außen 14%, 338 Lichtschutz zur KG 330 4%, 344 Innenwandöffnungen 5%, 345 Innenwandbekleidungen 5%, 351 Deckenkonstruktionen 5%, 353 Deckenbeläge 8%, 361 Dachkonstruktionen 7%, 363 Dachbeläge 5%, 392 Gerüste 4%, Sonstige 22%, **Technische Anlagen:** **A:** Sonstige 3%, **H:** 411 Abwasseranlagen 4%, 412 Wasseranlagen 17%, 419 Sonstiges zur KG 410 4%, 421 Wärmeerzeugungsanlagen 37%, 422 Wärmeverteilnetze 7%, 423 Raumheizflächen 4%, 431 Lüftungsanlagen 6%, 444 Niederspannungsinstallationsanlagen 14%, Sonstige 4%

6100-0631 Mehrfamilienhaus (16 WE)

BRI 6.756 m³ **BGF** 2.523 m² **NUF** 1.672 m²

Bauzustand: mittel
Aufwand: mittel
Nutzung während der Bauzeit: ja
Nutzungsänderung: nein
Grundrissänderungen: keine
Tragwerkseingriffe: keine

Land: Baden-Württemberg
Kreis: Zollernalbkreis
Standard: mittel
Bauzeit: 48 Wochen
Kennwerte: bis 3. Ebene DIN 276
veröffentlicht: BKI Objektdaten A6
BGF **900 €/m²**

Planung: Walter Haller Architekturbüro; Albstadt

Modernisierung und Instandsetzung von Mehrfamilienhäusern mit Balkonerweiterung. Erneuerung u.a. der Bäder und Sanitäreinrichtung, Heizungsanlage, Elektroinstallation.

1. Ebene: 300 Bauwerk – Baukonstruktionen: 73%, **400 Bauwerk – Technische Anlagen:** 27%
3. Ebene: Baukonstruktionen: **A:** 341 Tragende Innenwände 4%, Sonstige 7%, **W:** 335 Außenwandbekleidungen, außen 3%, Sonstige < 1%, **H:** 334 Außenwandöffnungen 8%, 335 Außenwandbekleidungen, außen 3%, 342 Nichttragende Innenwände 6%, 344 Innenwandöffnungen 7%, 345 Innenwandbekleidungen 14%, 351 Deckenkonstruktionen 12%, 353 Deckenbeläge 8%, 354 Deckenbekleidungen 3%, 359 Sonstiges zur KG 350 9%, Sonstige 16%, **Technische Anlagen:** **A:** Sonstige 4%, **W:** Sonstige 2%, **H:** 411 Abwasseranlagen 7%, 412 Wasseranlagen 16%, 421 Wärmeerzeugungsanlagen 6%, 422 Wärmeverteilnetze 6%, 423 Raumheizflächen 7%, 431 Lüftungsanlagen 4%, 444 Niederspannungsinstallationsanlagen 17%, 455 Audiovisuelle Medien- und Antennenanlagen 4%, 461 Aufzugsanlagen 22%, Sonstige 6%

Objektübersicht zur Gebäudeart

Wohngebäude nach 1945 mit Tragkonstruktion

€/m² BGF

min	770	€/m²
von	980	€/m²
Mittel	**1.365**	**€/m²**
bis	1.965	€/m²
max	2.705	€/m²

Kosten:
Stand 2. Quartal 2026
Bundesdurchschnitt
inkl. 19% MwSt.

6400-0052 Katholisches Pfarrhaus

BRI 1.926 m³ **BGF** 770 m² **NUF** 554 m²

Land: Bayern
Kreis: Schwandorf
Standard: mittel
Bauzeit: 43 Wochen
Kennwerte: bis 3. Ebene DIN 276
veröffentlicht: www.bki.de

BGF 1.555 €/m²

Planung: Architekturbüro Popp Dipl.-Ing. Alfred Popp; Schwandorf

Mit der Sanierung ging eine Umplanung des bestehenden Raumprogramms einher, die sich an den Anforderungen einer zeitgemäßen Pfarramtsverwaltung orientiert. So entstand je zweigeschossig eine abgeschlossene Privatwohnung und ein abgeschlossenes Pfarrbüro mit Amtszimmer und Besprechungsräumen. Ein öffentliches Treppenhaus trennt den Privatbereich vom Büro. Die gesamte Haustechnik wurde erneuert.

1. Ebene: 300 Bauwerk – Baukonstruktionen: 76%, **400 Bauwerk – Technische Anlagen:** 24%
3. Ebene: Baukonstruktionen: **A:** Sonstige 9%, **W:** 345 Innenwandbekleidungen 4%, 354 Deckenbekleidungen 4%, Sonstige 3%, **H:** 331 Tragende Außenwände 4%, 334 Außenwandöffnungen 14%, 335 Außenwandbekleidungen, außen 10%, 344 Innenwandöffnungen 6%, 345 Innenwandbekleidungen 3%, 351 Deckenkonstruktionen 5%, 353 Deckenbeläge 11%, 363 Dachbeläge 5%, Sonstige 22%, **Technische Anlagen:** **A:** Sonstige 5%, **H:** 411 Abwasseranlagen 8%, 412 Wasseranlagen 27%, 421 Wärmeerzeugungsanlagen 10%, 422 Wärmeverteilnetze 16%, 423 Raumheizflächen 8%, 444 Niederspannungsinstallationsanlagen 14%, 445 Beleuchtungsanlagen 4%, 451 Telekommunikationsanlagen 3%, Sonstige 4%

6200-0035 Studentenwohnheim

BRI 14.332 m³ **BGF** 4.992 m² **NUF** 3.160 m²

Baujahr: 1965
Bauzustand: schlecht
Aufwand: hoch
Nutzung während der Bauzeit: nein
Nutzungsänderung: nein
Grundrissänderungen: einige
Tragwerkseingriffe: keine

Land: Baden-Württemberg
Kreis: Tübingen
Standard: mittel
Bauzeit: 52 Wochen
Kennwerte: bis 1. Ebene DIN 276
veröffentlicht: BKI Objektdaten A6

BGF 1.801 €/m²

Planung: e + k Architekten k. ehring + m. knies; Reutlingen

Studentenwohnheim mit 137 Betten, Gemeinschaftsküchen und Sanitärräumen **Kosteneinfluss Nutzung:** Vorgaben des Bauherrn: hoher Energiestandard, Verbesserung der Wohnqualität, größere Küchen, mehr Nasszellen. Komplettsanierung aller Leitungen mit jeweils neuen Sanitärobjekten, Heizkörpern und Beleuchtungen. Brandschutzsanierung.

1. Ebene: 300 Bauwerk – Baukonstruktionen: 65%, **400 Bauwerk – Technische Anlagen:** 35%

A Abbrechen
W Wiederherstellen
H Herstellen

Objektübersicht zur Gebäudeart

6100-0489 Betreute Wohnanlage (24 WE) **BRI** 8.646 m³ **BGF** 2.609 m² **NUF** 1.602 m²

Baujahr: 1960
Bauzustand: mittel
Aufwand: hoch
Nutzung während der Bauzeit: nein
Nutzungsänderung: ja
Grundrissänderungen: umfangreiche
Tragwerkseingriffe: einige

Land: Bayern
Kreis: Würzburg, Stadt
Standard: hoch
Bauzeit: 78 Wochen
Kennwerte: bis 1. Ebene DIN 276
veröffentlicht: www.bki.de

BGF 1.722 €/m²

Planung: Spath Architektur- und Ingenieurbüro; Würzburg

Modernisierung und Instandsetzung eines Wohnhauses für betreutes Wohnen von 1960 mit 24 Wohneinheiten. Asbestentsorgung, Wärmedämmung. Erneuerung Oberflächen und technische Anlagen. **Kosteneinfluss Nutzung:** Erhöhte Auflagen für Brand-, Schall- und Wärmeschutz. **Kosteneinfluss Grundstück:** Gemeinsame Hoffläche mit Nachbar, nicht voll nutzbar.

1. Ebene: 300 Bauwerk – Baukonstruktionen: 71%, **400 Bauwerk – Technische Anlagen:** 29%

Kostenkennwerte für die Kosten des Bauwerks (Kostengruppen 300+400 nach DIN 276)

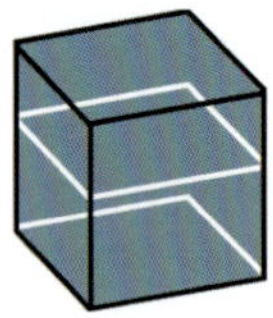

BRI 745 €/m³
von 590 €/m³
bis 920 €/m³

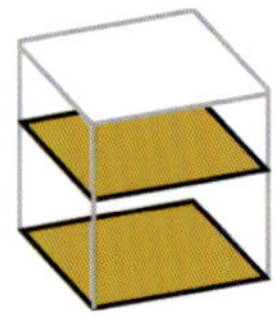

BGF 2.230 €/m²
von 1.730 €/m²
bis 2.935 €/m²

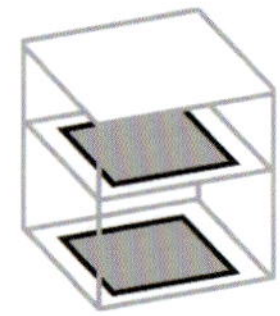

NUF 3.245 €/m²
von 2.615 €/m²
bis 4.125 €/m²

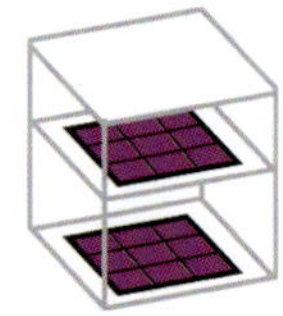

NE 3.430 €/NE
von 2.095 €/NE
bis 4.110 €/NE
NE: Wohnfläche

Objektbeispiele

Kosten:
Stand 2. Quartal 2026
Bundesdurchschnitt
inkl. 19% MwSt.

6100-0220

6100-0480

6100-0288

Kosten der 5 Vergleichsobjekte

Seiten 522 bis 524

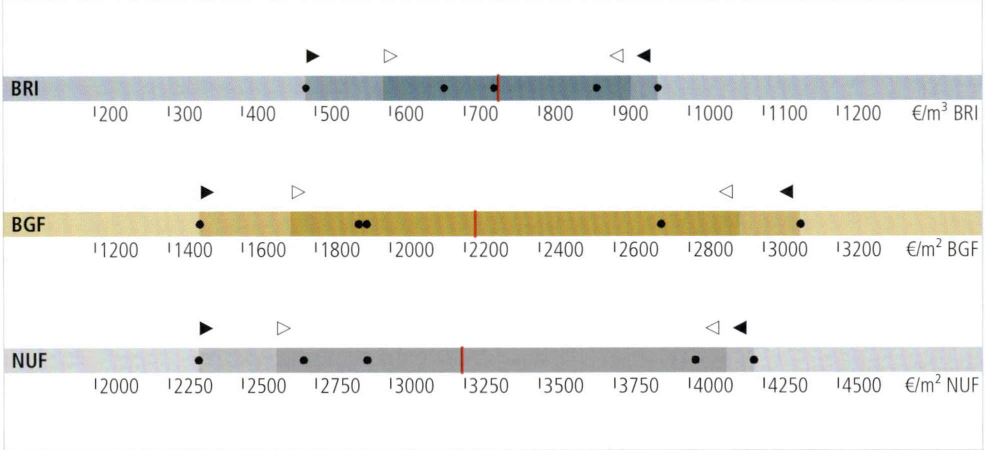

Kostenstand: 2. Quartal 2026, Bundesdurchschnitt, **inkl. 19% MwSt.**

Kostenkennwerte für die Kostengruppen der 1. und 2.Ebene DIN 276

KG	Kostengruppen der 1.Ebene	Einheit	▷	€/Einheit	◁	▷	% an 300+400	◁
100	Grundstück	m² GF	–	**–**	–	–	**–**	–
200	Vorbereitende Maßnahmen	m² GF	2	**58**	169	0,3	**1,1**	2,2
300	Bauwerk – Baukonstruktionen	m² BGF	1.451	**1.920**	2.595	82,8	**85,5**	87,8
400	Bauwerk – Technische Anlagen	m² BGF	266	**310**	346	12,2	**14,5**	17,2
	Bauwerk 300+400	m² BGF	1.731	**2.230**	2.936	100,0	**100,0**	100,0
500	Außenanlagen und Freiflächen	m² AF	51	**334**	561	3,2	**3,8**	6,2
600	Ausstattung und Kunstwerke	m² BGF	–	**1**	–	< 0,1	**< 0,1**	< 0,1
700	Baunebenkosten	m² BGF	–	**–**	–	–	**–**	–
800	Finanzierung	m² BGF	–	**–**	–	–	**–**	–

KG	Kostengruppen der 2.Ebene	Einheit	▷	€/Einheit	◁	▷	% an 1.Ebene	◁
310	Baugrube / Erdbau	m³ BGI	123	**188**	316	0,8	**1,4**	2,6
320	Gründung, Unterbau	m² GRF	70	**263**	392	1,8	**3,2**	5,4
330	Außenwände / vertikal außen	m² AWF	547	**638**	689	26,9	**32,9**	36,4
340	Innenwände / vertikal innen	m² IWF	277	**357**	487	13,5	**15,8**	16,9
350	Decken / horizontal	m² DEF	534	**599**	721	21,0	**21,8**	22,3
360	Dächer	m² DAF	381	**608**	986	10,1	**14,5**	23,2
370	Infrastrukturanlagen		–	**–**	–	–	**–**	–
380	Baukonstruktive Einbauten	m² BGF	5	**16**	27	0,1	**0,7**	1,7
390	Sonst. Maßnahmen für Baukonst.	m² BGF	162	**175**	193	6,6	**9,7**	11,3
300	**Bauwerk – Baukonstruktionen**	**m² BGF**					**100,0**	
410	Abwasser-, Wasser-, Gasanlagen	m² BGF	64	**116**	146	26,8	**35,5**	48,9
420	Wärmeversorgungsanlagen	m² BGF	82	**124**	145	29,6	**39,3**	53,6
430	Raumlufttechnische Anlagen	m² BGF	5	**5**	6	0,0	**1,2**	1,9
440	Elektrische Anlagen	m² BGF	50	**66**	76	18,2	**20,3**	21,5
450	Kommunikationstechnische Anlagen	m² BGF	8	**12**	14	2,8	**3,7**	4,3
460	Förderanlagen	m² BGF	–	**–**	–	–	**–**	–
470	Nutzungsspez. / verfahrenstech. Anl.	m² BGF	–	**–**	–	–	**–**	–
480	Gebäude- und Anlagenautomation	m² BGF	–	**–**	–	–	**–**	–
490	Sonst. Maßnahmen f. techn. Anl.	m² BGF	–	**–**	–	–	**–**	–
400	**Bauwerk – Technische Anlagen**	**m² BGF**					**100,0**	

Prozentanteile der Kosten 2.Ebene an den Kosten des Bauwerks nach DIN 276 (Von/Mittel/Bis)

KG	Kostengruppe	%
310	Baugrube / Erdbau	1,2
320	Gründung, Unterbau	2,7
330	Außenwände / vertikal außen	28,0
340	Innenwände / vertikal innen	13,4
350	Decken / horizontal	18,6
360	Dächer	12,5
370	Infrastrukturanlagen	
380	Baukonstruktive Einbauten	0,6
390	Sonst. Maßnahmen für Baukonst.	8,3
410	Abwasser-, Wasser-, Gasanlagen	5,4
420	Wärmeversorgungsanlagen	5,7
430	Raumlufttechnische Anlagen	0,2
440	Elektrische Anlagen	3,0
450	Kommunikationstechnische Anlagen	0,6
460	Förderanlagen	
470	Nutzungsspez. / verfahrenstech. Anl.	
480	Gebäude- und Anlagenautomation	
490	Sonst. Maßnahmen f. techn. Anl.	

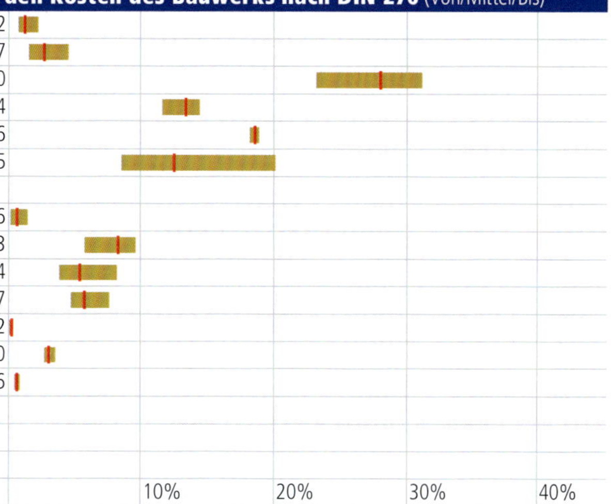

Kostenstand: 2. Quartal 2026, Bundesdurchschnitt, **inkl. 19% MwSt.**

Kostenkennwerte für die Kostengruppen der 3. Ebene DIN 276

KG	Kostengruppen der 3. Ebene	Einheit	▷	€/Einheit	◁	▷	€/m²BGF	◁
311	**Herstellung**	m³	123	**188**	316	13	**29**	60
	Herstellen	m³	123	**188**	316	13	**29**	60
322	**Flachgründungen und Bodenplatten**	m²	209	**252**	336	12	**43**	60
	Abbrechen	*m²*	*42*	***81***	*139*	*7*	***10***	*15*
	Herstellen	m²	61	**171**	234	4	**33**	48
324	**Gründungsbeläge**	m²	–	**115**	–	1	**9**	18
	Herstellen	m²	–	**115**	–	–	**18**	–
325	**Abdichtungen und Bekleidungen**	m²	11	**33**	55	2	**6**	13
	Herstellen	m²	11	**33**	55	2	**8**	13
326	**Dränagen**	m²	8	**13**	18	1	**3**	5
	Herstellen	m²	8	**13**	18	1	**3**	5
331	**Tragende Außenwände**	m²	434	**474**	552	68	**102**	120
	Abbrechen	*m²*	*28*	***161***	*294*	*7*	***22***	*36*
	Wiederherstellen	m²	56	**217**	311	7	**56**	81
	Herstellen	m²	72	**150**	191	21	**32**	52
332	**Nichttragende Außenwände**	m²	247	**325**	403	3	**14**	36
	Herstellen	m²	247	**325**	403	4	**20**	36
333	**Außenstützen**	m	–	**268**	–	–	**6**	–
	Herstellen	m	–	**268**	–	–	**6**	–
334	**Außenwandöffnungen**	m²	1.178	**1.679**	2.671	148	**219**	256
	Abbrechen	*m²*	–	***16***	–	–	***4***	–
	Wiederherstellen	m²	69	**178**	356	8	**34**	85
	Herstellen	m²	930	**1.496**	2.520	156	**184**	230
335	**Außenwandbekleidungen, außen**	m²	178	**204**	254	135	**167**	230
	Abbrechen	*m²*	*6*	***7***	*7*	*5*	***6***	*6*
	Wiederherstellen	m²	10	**59**	107	7	**52**	97
	Herstellen	m²	141	**160**	170	124	**128**	134
336	**Außenwandbekleidungen, innen**	m²	56	**89**	156	37	**53**	85
	Abbrechen	*m²*	–	***1***	–	–	***1***	–
	Wiederherstellen	m²	–	**23**	–	–	**18**	–
	Herstellen	m²	41	**81**	156	27	**47**	85
338	**Lichtschutz zur KG 330**	m²	483	**660**	933	6	**29**	41
	Wiederherstellen	m²	–	**636**	–	–	**6**	–
	Herstellen	m²	411	**672**	933	39	**41**	43
339	**Sonstiges zur KG 330**	m²	11	**16**	19	13	**15**	17
	Abbrechen	*m²*	*< 1*	***< 1***	*1*	*< 1*	***< 1***	*1*
	Herstellen	m²	10	**16**	19	12	**15**	16
341	**Tragende Innenwände**	m²	159	**211**	263	30	**35**	38
	Abbrechen	*m²*	*21*	***70***	*119*	*8*	***20***	*39*
	Herstellen	m²	138	**141**	145	20	**23**	26
342	**Nichttragende Innenwände**	m²	148	**161**	180	40	**81**	162
	Abbrechen	*m²*	*1*	***24***	*37*	*4*	***14***	*30*
	Herstellen	m²	131	**137**	140	35	**67**	132
343	**Innenstützen**	m	–	**835**	–	–	**7**	–
	Abbrechen	*m*	–	***73***	–	–	***< 1***	–
	Herstellen	m	–	**762**	–	–	**7**	–
344	**Innenwandöffnungen**	m²	580	**667**	728	57	**71**	79
	Abbrechen	*m²*	–	***8***	–	–	***< 1***	–
	Wiederherstellen	m²	16	**93**	247	1	**10**	28
	Herstellen	m²	414	**571**	680	50	**61**	81

Kosten:
Stand 2. Quartal 2026
Bundesdurchschnitt
inkl. 19% MwSt.

▷ von
ø Mittel
◁ bis

KG	Kostengruppen der 3. Ebene	Einheit	▷	€/Einheit	◁	▷	€/m² BGF	◁
345	**Innenwandbekleidungen**	m²	66	**92**	143	80	**102**	116
	Abbrechen	*m²*	*1*	***4***	*6*	*3*	***4***	*7*
	Wiederherstellen	m²	4	**22**	40	8	**26**	44
	Herstellen	m²	38	**73**	138	29	**81**	108
346	**Elem. Innenwandkonstruktionen**	m²	94	**140**	222	3	**6**	12
	Abbrechen	*m²*	–	***11***	–	–	***< 1***	–
	Herstellen	m²	91	**136**	222	3	**6**	12
351	**Deckenkonstruktionen**	m²	314	**327**	334	85	**172**	215
	Abbrechen	*m²*	*12*	***23***	*42*	*6*	***9***	*11*
	Wiederherstellen	m²	21	**64**	145	8	**36**	92
	Herstellen	m²	195	**241**	310	81	**126**	202
353	**Deckenbeläge**	m²	205	**232**	275	93	**144**	176
	Abbrechen	*m²*	*17*	***20***	*23*	*11*	***11***	*12*
	Wiederherstellen	m²	–	**12**	–	–	**8**	–
	Herstellen	m²	181	**214**	275	97	**134**	189
354	**Deckenbekleidungen**	m²	123	**137**	163	41	**57**	65
	Abbrechen	*m²*	*19*	***22***	*25*	*5*	***9***	*12*
	Wiederherstellen	m²	18	**22**	26	4	**9**	14
	Herstellen	m²	97	**108**	126	32	**45**	52
355	**Elementierte Deckenkonstruktionen**	m²	–	**1.277**	–	–	**59**	–
	Herstellen	m²	–	**1.277**	–	–	**59**	–
359	**Sonstiges zur KG 350**	m²	14	**21**	33	9	**14**	23
	Wiederherstellen	m²	–	**4**	–	–	**3**	–
	Herstellen	m²	10	**19**	33	7	**13**	23
361	**Dachkonstruktionen**	m²	109	**274**	589	40	**137**	327
	Abbrechen	*m²*	*3*	***23***	*36*	*1*	***10***	*14*
	Wiederherstellen	m²	6	**26**	46	2	**10**	18
	Herstellen	m²	61	**234**	563	22	**120**	313
362	**Dachöffnungen**	m²	–	**1.417**	–	< 1	**3**	5
	Herstellen	m²	–	**1.417**	–	< 1	**3**	5
363	**Dachbeläge**	m²	223	**328**	521	97	**115**	151
	Abbrechen	*m²*	*24*	***54***	*108*	*8*	***16***	*21*
	Wiederherstellen	m²	–	**33**	–	–	**6**	–
	Herstellen	m²	198	**263**	381	79	**97**	130
364	**Dachbekleidungen**	m²	97	**112**	143	10	**29**	64
	Abbrechen	*m²*	–	***20***	–	–	***4***	–
	Wiederherstellen	m²	–	**72**	–	–	**4**	–
	Herstellen	m²	41	**81**	143	7	**26**	64
369	**Sonstiges zur KG 360**	m²	13	**23**	41	6	**11**	20
	Abbrechen	*m²*	–	***4***	–	–	***1***	–
	Herstellen	m²	12	**22**	41	5	**10**	20
381	**Allgemeine Einbauten**	m²	5	**16**	27	5	**16**	27
	Herstellen	m²	5	**16**	27	5	**16**	27
391	**Baustelleneinrichtung**	m²	22	**25**	29	22	**25**	29
	Abbrechen	*m²*	–	***< 1***	–	–	***< 1***	–
	Herstellen	m²	22	**25**	29	22	**25**	29
392	**Gerüste**	m²	45	**56**	74	45	**56**	74
	Herstellen	m²	45	**56**	74	45	**56**	74
393	**Sicherungsmaßnahmen**	m²	39	**53**	75	39	**53**	75
	Herstellen	m²	39	**53**	75	39	**53**	75

KG	Kostengruppen der 3. Ebene	Einheit	▷	€/Einheit	◁	▷	€/m² BGF	◁
394	**Abbruchmaßnahmen**	m²	–	**43**	–	–	**43**	–
	Abbrechen	*m²*	–	***43***	–	–	***43***	–
	Wiederherstellen	m²	–	**< 1**	–	–	**< 1**	–
396	**Materialentsorgung**	m²	–	**6**	–	–	**6**	–
	Herstellen	m²	–	**6**	–	–	**6**	–
397	**Zusätzliche Maßnahmen**	m²	5	**24**	60	5	**24**	60
	Herstellen	m²	5	**24**	60	5	**24**	60
411	**Abwasseranlagen**	m²	17	**26**	43	17	**26**	43
	Abbrechen	*m²*	–	***< 1***	–	–	***< 1***	–
	Wiederherstellen	m²	–	**3**	–	–	**3**	–
	Herstellen	m²	14	**25**	43	14	**25**	43
412	**Wasseranlagen**	m²	47	**89**	110	47	**89**	110
	Abbrechen	*m²*	*< 1*	***1***	*2*	*< 1*	***1***	*2*
	Herstellen	m²	46	**88**	110	46	**88**	110
419	**Sonstiges zur KG 410**	m²	–	**3**	–	–	**3**	–
	Herstellen	m²	–	**3**	–	–	**3**	–
421	**Wärmeerzeugungsanlagen**	m²	18	**30**	36	18	**30**	36
	Herstellen	m²	18	**30**	36	18	**30**	36
422	**Wärmeverteilnetze**	m²	15	**26**	32	15	**26**	32
	Abbrechen	*m²*	–	***< 1***	–	–	***< 1***	–
	Herstellen	m²	15	**26**	32	15	**26**	32
423	**Raumheizflächen**	m²	26	**53**	72	26	**53**	72
	Abbrechen	*m²*	–	***< 1***	–	–	***< 1***	–
	Herstellen	m²	26	**53**	71	26	**53**	71
429	**Sonstiges zur KG 420**	m²	8	**15**	26	8	**15**	26
	Abbrechen	*m²*	*2*	***4***	*6*	*2*	***4***	*6*
	Herstellen	m²	5	**12**	26	5	**12**	26
431	**Lüftungsanlagen**	m²	5	**5**	6	5	**5**	6
	Herstellen	m²	5	**5**	6	5	**5**	6
444	**Niederspannungsinstallationsanl.**	m²	42	**57**	66	42	**57**	66
	Abbrechen	*m²*	–	***2***	–	–	***2***	–
	Herstellen	m²	42	**57**	64	42	**57**	64
445	**Beleuchtungsanlagen**	m²	3	**5**	6	3	**5**	6
	Herstellen	m²	3	**5**	6	3	**5**	6
446	**Blitzschutz- und Erdungsanlagen**	m²	2	**3**	6	2	**3**	6
	Herstellen	m²	2	**3**	6	2	**3**	6
451	**Telekommunikationsanlagen**	m²	< 1	**1**	2	< 1	**1**	2
	Herstellen	m²	< 1	**1**	2	< 1	**1**	2
452	**Such- und Signalanlagen**	m²	2	**4**	9	2	**4**	9
	Herstellen	m²	2	**4**	9	2	**4**	9
455	**Audiovis. Medien- u. Antennenanl.**	m²	3	**6**	13	3	**6**	13
	Herstellen	m²	3	**6**	13	3	**6**	13
457	**Datenübertragungsnetze**	m²	–	**1**	–	–	**1**	–
	Herstellen	m²	–	**1**	–	–	**1**	–

Kosten:
Stand 2. Quartal 2026
Bundesdurchschnitt
inkl. 19% MwSt.

▷ von
ø Mittel
◁ bis

Prozentanteile der Kosten für Leistungsbereiche nach STLB (Kosten Bauwerk nach DIN 276)

LB	Leistungsbereiche	▷	% an 300+400	◁
000	Baustellen-, Sicherheitseinr. inkl. 001, 089	3,1	**4,8**	6,3
002	Erdarbeiten	1,0	**1,9**	2,9
006	Spezialtiefbauarbeiten inkl. 005	–	**–**	–
009	Entwässerungskanalarbeiten inkl. 011	0,0	**< 0,1**	0,2
010	Drän- und Versickerarbeiten	0,0	**< 0,1**	0,2
012	Mauerarbeiten	3,9	**4,5**	5,2
013	Betonarbeiten	4,7	**6,7**	8,4
014	Natur-, Betonwerksteinarbeiten	0,0	**1,1**	2,2
016	Zimmer- und Holzbauarbeiten	6,8	**10,7**	14,8
017	Stahlbauarbeiten	0,0	**0,9**	1,8
018	Abdichtungsarbeiten	0,7	**1,5**	2,5
020	Dachdeckungsarbeiten	1,0	**2,4**	3,4
021	Dachabdichtungsarbeiten	0,0	**0,4**	0,7
022	Klempnerarbeiten	1,1	**1,7**	2,7
	Rohbau	30,7	**36,7**	41,4
023	Putz- und Stuckarbeiten, Wärmedämmsysteme	7,2	**11,4**	14,4
024	Fliesen- und Plattenarbeiten	1,2	**1,8**	2,4
025	Estricharbeiten	0,9	**1,0**	1,1
026	Fenster, Außentüren inkl. 029, 032	5,9	**8,6**	10,8
027	Tischlerarbeiten	4,4	**5,0**	5,5
028	Parkett-, Holzpflasterarbeiten	0,7	**2,0**	3,1
030	Rollladenarbeiten	0,8	**1,3**	2,1
031	Metallbauarbeiten inkl. 035	0,9	**1,3**	2,0
034	Maler- und Lackiererarb. - Beschicht. inkl. 037	2,9	**3,1**	3,3
036	Bodenbelagarbeiten	0,3	**1,0**	1,5
038	Vorgehängte hinterlüftete Fassaden	< 0,1	**0,4**	0,6
039	Trockenbauarbeiten	2,7	**5,0**	8,2
	Ausbau	39,3	**41,9**	45,8
040	Wärmeversorgungsanl. - Betriebseinr. inkl. 041	3,7	**5,0**	6,0
042	Gas- u. Wasseranl. - Leitung., Armat. inkl. 043	1,1	**1,8**	2,2
044	Abwasseranl. - Leitungen, Abläufe, Armaturen	0,9	**1,4**	1,7
045	Gas, Wasser, Entwässerung - Ausstattung inkl. 046	1,2	**2,0**	2,7
047	Dämm- und Brandschutzarb. an techn. Anlagen	0,2	**0,2**	0,3
049	Feuerlöschanlagen, Feuerlöschgeräte	–	**–**	–
050	Blitzschutz-/Erdungsanlagen, Überspannungssch.	< 0,1	**0,1**	0,2
052	Mittelspannungsanlagen	–	**–**	–
053	Niederspannungsanl. - Kabel inkl. 054	2,3	**2,6**	2,9
055	Sicherheits- u. Ersatzstromversorgungsanl.	–	**–**	–
057	Gebäudesystemtechnik	–	**–**	–
058	Leuchten und Lampen inkl. 059	0,2	**0,2**	0,3
060	Such, Signal, Zeit, Anten., akust. Anl. inkl. 064	< 0,1	**0,2**	0,3
061	Kommunikations- u. Übertragungsnetze inkl. 062	0,2	**0,3**	0,5
063	Gefahrenmeldeanlagen	–	**–**	–
069	Aufzüge	–	**–**	–
070	Gebäudeautomation	–	**–**	–
075	Raumlufttechnische Anlagen inkl. 078	< 0,1	**0,2**	0,3
	Gebäudetechnik	12,5	**14,0**	15,1
084	Abbruch, Rückbau, Schadstoffsanierung	5,8	**6,6**	8,0
	Sonstige Leistungsbereiche inkl. 008, 033, 051	0,1	**0,8**	1,3

Übersicht-1. + 2. Ebene
Erweiterung
Umbau
Modernisierung
Instandsetzung
Bauelemente
Abbrechen
Wiederherstellen
Herstellen

€/m² BGF

min	1.485	€/m²
von	1.730	€/m²
Mittel	**2.230**	**€/m²**
bis	2.935	€/m²
max	3.100	€/m²

Kosten:
Stand 2. Quartal 2026
Bundesdurchschnitt
inkl. 19% MwSt.

Objektübersicht zur Gebäudeart

6100-0527 Mehrfamilienhaus

BRI 2.793 m³ **BGF** 970 m² **NUF** 643 m²

Baujahr: 1870
Bauzustand: schlecht
Aufwand: hoch
Nutzung während der Bauzeit: nein
Nutzungsänderung: nein
Grundrissänderungen: wenige
Tragwerkseingriffe: wenige

Land: Brandenburg
Kreis: Cottbus, Stadt
Standard: mittel
Bauzeit: 35 Wochen
Kennwerte: bis 3. Ebene DIN 276
veröffentlicht: www.bki.de
BGF **1.935 €/m²**

Planung: Architekturwerkstatt Cottbus Planungsgesellschaft mbH; Cottbus

Modernisierung und Umbau eines Mehrfamilienhauses mit fünf Wohneinheiten (398m² WFL), zwei Büroeinheiten. Mit Aufstockung und Anbau von Balkonen.

1. Ebene: 300 Bauwerk – Baukonstruktionen: 86%, **400 Bauwerk – Technische Anlagen:** 14%
3. Ebene: Baukonstruktionen: **A:** Sonstige 9%, **W:** 334 Außenwandöffnungen 5%, 335 Außenwandbekleidungen, außen 6%, Sonstige 8%, **H:** 334 Außenwandöffnungen 11%, 335 Außenwandbekleidungen, außen 8%, 351 Deckenkonstruktionen 4%, 353 Deckenbeläge 8%, 354 Deckenbekleidungen 3%, 355 Elementierte Deckenkonstruktionen 4%, 363 Dachbeläge 4%, 392 Gerüste 4%, 397 Zusätzliche Maßnahmen 4%, Sonstige 23%, **Technische Anlagen:** **A:** Sonstige 3%, **W:** Sonstige 1%, **H:** 411 Abwasseranlagen 4%, 412 Wasseranlagen 17%, 421 Wärmeerzeugungsanlagen 7%, 422 Wärmeverteilnetze 13%, 423 Raumheizflächen 29%, 444 Niederspannungsinstallationsanlagen 15%, Sonstige 12%

6100-0480 Mehrfamilienhaus (5 WE)

BRI 1.601 m³ **BGF** 563 m² **NUF** 364 m²

Baujahr: 1574
Bauzustand: schlecht
Aufwand: hoch
Nutzung während der Bauzeit: nein
Nutzungsänderung: ja
Grundrissänderungen: einige
Tragwerkseingriffe: wenige

Land: Hessen
Kreis: Darmstadt, Stadt
Standard: hoch
Bauzeit: 92 Wochen
Kennwerte: bis 3. Ebene DIN 276
veröffentlicht: www.bki.de
BGF **2.723 €/m²**

Planung: m+ architekten Klaus Mattern Eva Moos; Darmstadt

Modernisierung und Umbau eines ehemaligen Zollhauses der Hessischen Landgrafen, das als landwirtschaftliches Anwesen durch eine Großfamilie genutzt wurde, zu einem reinen Wohnhaus.

1. Ebene: 300 Bauwerk – Baukonstruktionen: 87%, **400 Bauwerk – Technische Anlagen:** 13%
3. Ebene: Baukonstruktionen: **A:** Sonstige 6%, **W:** 331 Tragende Außenwände 3%, Sonstige 2%, **H:** 334 Außenwandöffnungen 10%, 335 Außenwandbekleidungen, außen 6%, 342 Nichttragende Innenwände 6%, 344 Innenwandöffnungen 3%, 345 Innenwandbekleidungen 4%, 351 Deckenkonstruktionen 9%, 353 Deckenbeläge 8%, 361 Dachkonstruktionen 13%, 363 Dachbeläge 6%, 393 Sicherungsmaßnahmen 3%, Sonstige 22%, **Technische Anlagen:** **A:** Sonstige < 1%, **H:** 411 Abwasseranlagen 6%, 412 Wasseranlagen 28%, 421 Wärmeerzeugungsanlagen 10%, 422 Wärmeverteilnetze 7%, 423 Raumheizflächen 14%, 429 Sonstiges zur KG 420 7%, 444 Niederspannungsinstallationsanlagen 18%, Sonstige 8%

A Abbrechen
W Wiederherstellen
H Herstellen

6100-0220 Mehrfamilienhaus (4 WE)

BRI 1.540 m³ **BGF** 595 m² **NUF** 421 m²

Baujahr: 1808
Bauzustand: schlecht
Aufwand: hoch
Nutzung während der Bauzeit: nein
Nutzungsänderung: ja
Grundrissänderungen: umfangreiche
Tragwerkseingriffe: umfangreiche

Land: Baden-Württemberg
Kreis: Rems-Murr-Kreis
Standard: mittel
Bauzeit: 52 Wochen
Kennwerte: bis 3. Ebene DIN 276
veröffentlicht: www.bki.de
BGF 1.914 €/m²

Planung: Rolf Neddermann Dr.-Ing. Freier Architekt; Remshalden-Grunbach

Mehrfamilienhaus mit drei Mietwohnungen und einer Eigentumswohnung; Dachterrasse für alle Bewohner zugänglich und nutzbar; zentral gelegene Regenwassernutzungsanlage für alle Wohnungen. **Kosteneinfluss Nutzung:** Die Fenster in der Süd- und Westfassade wurden als Verbundfenster ausgeführt; das alte Scheunentor wurde durch ein großes Glaselement ersetzt. **Kosteneinfluss Grundstück:** Erhöhte Kosten durch Unterfangung des Erdgeschosses, um belichteten Wohnraum zu schaffen. Verdecktes Fachwerk musste teilweise erneuert werden.

1. Ebene: 300 Bauwerk – Baukonstruktionen: 83%, **400 Bauwerk – Technische Anlagen:** 17%
3. Ebene: Baukonstruktionen: A: Sonstige 8%, **W:** 331 Tragende Außenwände 5%, 351 Deckenkonstruktionen 6%, Sonstige 2%, **H:** 322 Flachgründungen und Bodenplatten 3%, 334 Außenwandöffnungen 9%, 335 Außenwandbekleidungen, außen 8%, 336 Außenwandbekleidungen, innen 5%, 344 Innenwandöffnungen 3%, 345 Innenwandbekleidungen 7%, 351 Deckenkonstruktionen 7%, 353 Deckenbeläge 5%, 363 Dachbeläge 5%, 393 Sicherungsmaßnahmen 3%, Sonstige 21%, **Technische Anlagen: A:** Sonstige < 1%, **H:** 411 Abwasseranlagen 13%, 412 Wasseranlagen 35%, 421 Wärmeerzeugungsanlagen 11%, 422 Wärmeverteilnetze 5%, 423 Raumheizflächen 8%, 444 Niederspannungsinstallationsanlagen 19%, 455 Audiovisuelle Medien- und Antennenanlagen 4%, Sonstige 3%

6100-0358 Stadthaus (3 WE)

BRI 680 m³ **BGF** 192 m² **NUF** 148 m²

Baujahr: 1730
Bauzustand: schlecht
Aufwand: hoch
Nutzung während der Bauzeit: nein
Nutzungsänderung: nein
Grundrissänderungen: umfangreiche
Tragwerkseingriffe: einige

Land: Sachsen-Anhalt
Kreis: Harz
Standard: mittel
Bauzeit: 35 Wochen
Kennwerte: bis 1. Ebene DIN 276
veröffentlicht: www.bki.de
BGF 3.098 €/m²

Planung: Jean-Elie Hamesse Architekt + Planer; Braunschweig

Modernisierung und Instandsetzung denkmalgeschütztes Fachwerkhaus von 1730. **Kosteneinfluss Nutzung:** Besondere Auflagen Denkmalschutz, Brand-, Wärme- und Schallschutz. Erhaltung des Gewölbekellers. **Kosteneinfluss Grundstück:** Beschränkter Platz für Baustelleneinrichtung. Es wurde ein gegenüberliegendes Grundstück zur Lagerung gepachtet.

1. Ebene: 300 Bauwerk – Baukonstruktionen: 89%, **400 Bauwerk – Technische Anlagen:** 11%

€/m² BGF

min	1.485	€/m²
von	1.730	€/m²
Mittel	**2.230**	**€/m²**
bis	2.935	€/m²
max	3.100	€/m²

Kosten:
Stand 2. Quartal 2026
Bundesdurchschnitt
inkl. 19% MwSt.

Objektübersicht zur Gebäudeart

6100-0288 Einfamilienhaus mit ELW — **BRI** 850 m³ — **BGF** 279 m² — **NUF** 176 m²

Baujahr: 1850
Bauzustand: mittel
Aufwand: mittel
Nutzung während der Bauzeit: nein
Nutzungsänderung: ja
Grundrissänderungen: wenige
Tragwerkseingriffe: einige

Land: Niedersachsen
Kreis: Gifhorn
Standard: mittel
Bauzeit: 13 Wochen
Kennwerte: bis 1. Ebene DIN 276
veröffentlicht: www.bki.de

BGF **1.483 €/m²**

Planung: Jean-Elie Hamesse Architekt + Planer; Braunschweig

Einfamilienwohnhaus mit Einliegerwohnung (197m² WFL), unterkellert.

1. Ebene: 300 Bauwerk – Baukonstruktionen: 82%, **400 Bauwerk – Technische Anlagen:** 18%

A Abbrechen
W Wiederherstellen
H Herstellen

Kostenkennwerte für die Kosten des Bauwerks (Kostengruppen 300+400 nach DIN 276)

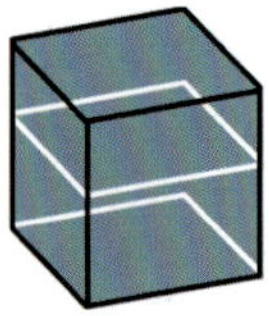

BRI 665 €/m³
von 630 €/m³
bis 700 €/m³

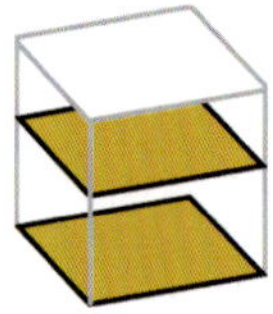

BGF 2.430 €/m²
von 2.315 €/m²
bis 2.700 €/m²

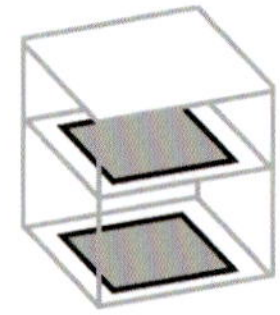

NUF 3.660 €/m²
von 3.440 €/m²
bis 4.240 €/m²

Objektbeispiele

Kosten:
Stand 2. Quartal 2026
Bundesdurchschnitt
inkl. 19% MwSt.

7200-0090

7600-0028

7200-0053

Kosten der 4 Vergleichsobjekte

Seiten 532 bis 535

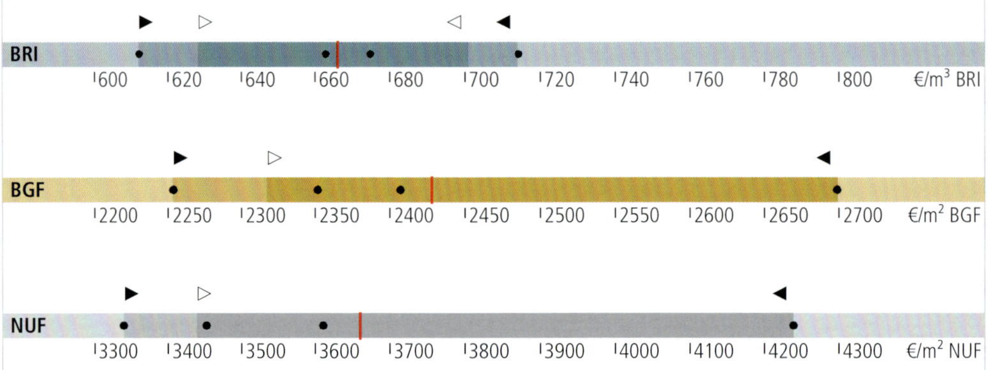

- ● KKW
- ▶ min
- ▷ von
- | Mittelwert
- ◁ bis
- ◀ max

Kostenkennwerte für die Kostengruppen der 1. und 2. Ebene DIN 276

KG	Kostengruppen der 1. Ebene	Einheit	▷	€/Einheit	◁	▷	% an 300+400	◁
100	Grundstück	m²GF	–	**–**	–	–	**–**	–
200	Vorbereitende Maßnahmen	m²GF	–	**28**	–	1,4	**1,4**	1,4
300	Bauwerk – Baukonstruktionen	m²BGF	989	**1.672**	1.929	41,1	**68,9**	78,4
400	Bauwerk – Technische Anlagen	m²BGF	518	**755**	1.418	21,6	**31,1**	58,9
	Bauwerk 300+400	m²BGF	2.317	**2.428**	2.699	100,0	**100,0**	100,0
500	Außenanlagen und Freiflächen	m²AF	–	**237**	–	0,2	**5,0**	9,7
600	Ausstattung und Kunstwerke	m²BGF	30	**137**	243	1,3	**5,7**	10,1
700	Baunebenkosten	m²BGF	–	**–**	–	–	**–**	–
800	Finanzierung	m²BGF	–	**–**	–	–	**–**	–

KG	Kostengruppen der 2. Ebene	Einheit	▷	€/Einheit	◁	▷	% an 1. Ebene	◁
310	Baugrube / Erdbau	m³BGI	80	**89**	97	0,2	**0,8**	1,9
320	Gründung, Unterbau	m²GRF	310	**347**	385	0,2	**1,8**	4,8
330	Außenwände / vertikal außen	m²AWF	178	**359**	718	1,4	**16,7**	26,9
340	Innenwände / vertikal innen	m²IWF	129	**170**	242	10,8	**19,9**	35,5
350	Decken / horizontal	m²DEF	470	**1.056**	2.176	25,4	**28,6**	34,4
360	Dächer	m²DAF	257	**387**	517	1,5	**6,8**	16,7
370	Infrastrukturanlagen		–	**–**	–	–	**–**	–
380	Baukonstruktive Einbauten	m²BGF	6	**365**	1.082	0,6	**17,9**	52,3
390	Sonst. Maßnahmen für Baukonst.	m²BGF	85	**102**	132	4,5	**7,4**	13,4
300	**Bauwerk – Baukonstruktionen**	**m²BGF**					**100,0**	
410	Abwasser-, Wasser-, Gasanlagen	m²BGF	54	**138**	223	0,0	**8,5**	13,7
420	Wärmeversorgungsanlagen	m²BGF	75	**116**	192	8,6	**16,1**	30,4
430	Raumlufttechnische Anlagen	m²BGF	223	**411**	598	0,0	**27,6**	41,4
440	Elektrische Anlagen	m²BGF	206	**288**	437	23,2	**39,8**	69,3
450	Kommunikationstechnische Anlagen	m²BGF	2	**28**	54	0,2	**1,4**	3,8
460	Förderanlagen	m²BGF	24	**31**	38	0,0	**2,4**	3,8
470	Nutzungsspez. / verfahrenstech. Anl.	m²BGF	4	**78**	151	0,4	**3,8**	10,7
480	Gebäude- und Anlagenautomation	m²BGF	–	**–**	–	–	**–**	–
490	Sonst. Maßnahmen f. techn. Anl.	m²BGF	–	**17**	–	0,0	**0,4**	1,2
400	**Bauwerk – Technische Anlagen**	**m²BGF**					**100,0**	

Prozentanteile der Kosten 2. Ebene an den Kosten des Bauwerks nach DIN 276 (Von/Mittel/Bis)

KG	Kostengruppe	%
310	Baugrube / Erdbau	0,6
320	Gründung, Unterbau	1,3
330	Außenwände / vertikal außen	10,7
340	Innenwände / vertikal innen	11,0
350	Decken / horizontal	18,7
360	Dächer	4,8
370	Infrastrukturanlagen	
380	Baukonstruktive Einbauten	13,5
390	Sonst. Maßnahmen für Baukonst.	4,1
410	Abwasser-, Wasser-, Gasanlagen	3,9
420	Wärmeversorgungsanlagen	4,5
430	Raumlufttechnische Anlagen	11,4
440	Elektrische Anlagen	11,4
450	Kommunikationstechnische Anlagen	0,8
460	Förderanlagen	0,9
470	Nutzungsspez. / verfahrenstech. Anl.	2,2
480	Gebäude- und Anlagenautomation	
490	Sonst. Maßnahmen f. techn. Anl.	0,2

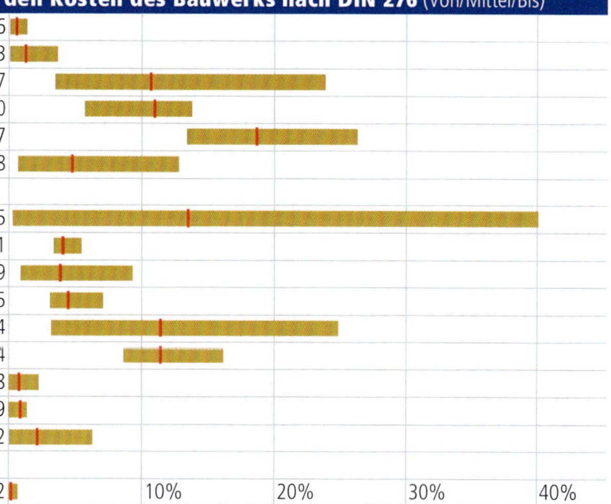

Kostenstand: 2. Quartal 2026, Bundesdurchschnitt, **inkl. 19% MwSt.**

Kostenkennwerte für die Kostengruppen der 3. Ebene DIN 276

KG	Kostengruppen der 3. Ebene	Einheit	▷	€/Einheit	◁	▷	€/m² BGF	◁
311	**Herstellung**	m³	75	**78**	80	6	**16**	26
	Herstellen	m³	75	**78**	80	6	**16**	26
312	**Umschließung**	m²	–	**194**	–	–	**8**	–
	Herstellen	m²	–	**194**	–	–	**8**	–
322	**Flachgründungen und Bodenplatten**	m²	180	**253**	326	2	**38**	74
	Abbrechen	*m²*	*37*	***39***	*42*	*< 1*	***5***	*9*
	Herstellen	m²	142	**213**	285	1	**33**	65
323	**Tiefgründungen**	m²	–	**113**	–	–	**1**	–
	Herstellen	m²	–	**113**	–	–	**1**	–
324	**Gründungsbeläge**	m²	82	**105**	129	1	**2**	3
	Herstellen	m²	82	**105**	129	1	**2**	3
325	**Abdichtungen und Bekleidungen**	m²	13	**52**	92	< 1	**2**	3
	Herstellen	m²	13	**52**	92	< 1	**2**	3
326	**Dränagen**	m²	–	**24**	–	–	**6**	–
	Herstellen	m²	–	**24**	–	–	**6**	–
331	**Tragende Außenwände**	m²	–	**277**	–	18	**45**	72
	Abbrechen	*m²*	–	***20***	–	–	***5***	–
	Wiederherstellen	m²	–	**17**	–	5	**9**	13
	Herstellen	m²	–	**239**	–	5	**34**	63
332	**Nichttragende Außenwände**	m²	835	**1.331**	1.826	2	**12**	22
	Herstellen	m²	835	**1.331**	1.826	2	**12**	22
334	**Außenwandöffnungen**	m²	223	**380**	639	35	**52**	77
	Abbrechen	*m²*	*7*	***14***	*22*	*< 1*	***2***	*3*
	Wiederherstellen	m²	35	**98**	161	4	**16**	28
	Herstellen	m²	318	**458**	598	48	**60**	72
335	**Außenwandbekleidungen, außen**	m²	83	**276**	468	46	**172**	297
	Wiederherstellen	m²	67	**75**	83	42	**44**	46
	Herstellen	m²	–	**401**	–	–	**255**	–
336	**Außenwandbekleidungen, innen**	m²	49	**58**	67	35	**40**	46
	Abbrechen	*m²*	–	***1***	–	–	***< 1***	–
	Wiederherstellen	m²	–	**29**	–	–	**21**	–
	Herstellen	m²	18	**42**	67	13	**29**	46
337	**Elem. Außenwandkonstruktionen**	m²	–	**801**	–	–	**21**	–
	Herstellen	m²	–	**801**	–	–	**21**	–
338	**Lichtschutz zur KG 330**	m²	193	**297**	400	9	**16**	22
	Herstellen	m²	193	**297**	400	9	**16**	22
339	**Sonstiges zur KG 330**	m²	–	**20**	–	–	**16**	–
	Herstellen	m²	–	**20**	–	–	**16**	–
341	**Tragende Innenwände**	m²	101	**176**	251	9	**57**	105
	Abbrechen	*m²*	*1*	***15***	*29*	–	***1***	–
	Wiederherstellen	m²	–	**7**	–	–	**7**	–
	Herstellen	m²	93	**158**	222	8	**52**	97
342	**Nichttragende Innenwände**	m²	130	**153**	175	37	**65**	120
	Abbrechen	*m²*	*12*	***13***	*13*	*6*	***16***	*35*
	Wiederherstellen	m²	5	**21**	37	1	**13**	25
	Herstellen	m²	112	**119**	126	33	**60**	86
343	**Innenstützen**	m	–	**362**	–	–	**49**	–
	Herstellen	m	–	**362**	–	–	**49**	–

Kosten:
Stand 2. Quartal 2026
Bundesdurchschnitt
inkl. 19% MwSt.

▷ von
ø Mittel
◁ bis

KG	Kostengruppen der 3. Ebene	Einheit	▷	€/Einheit	◁	▷	€/m² BGF	◁
344	**Innenwandöffnungen**	m²	343	**438**	532	10	**44**	109
	Abbrechen	*m²*	–	***8***	–	*< 1*	***1***	*3*
	Wiederherstellen	m²	–	**59**	–	–	**19**	–
	Herstellen	m²	275	**400**	524	22	**55**	88
345	**Innenwandbekleidungen**	m²	48	**71**	117	70	**99**	115
	Abbrechen	*m²*	*2*	***19***	*52*	*4*	***20***	*53*
	Wiederherstellen	m²	14	**31**	65	23	**40**	66
	Herstellen	m²	–	**32**	–	53	**59**	65
346	**Elem. Innenwandkonstruktionen**	m²	222	**489**	756	2	**5**	8
	Herstellen	m²	222	**489**	756	2	**5**	8
349	**Sonstiges zur KG 340**	m²	–	**4**	–	–	**10**	–
	Herstellen	m²	–	**4**	–	–	**10**	–
351	**Deckenkonstruktionen**	m²	468	**694**	1.147	60	**206**	305
	Abbrechen	*m²*	*30*	***214***	*579*	*5*	***62***	*175*
	Wiederherstellen	m²	–	**375**	–	–	**48**	–
	Herstellen	m²	39	**355**	522	5	**128**	192
353	**Deckenbeläge**	m²	183	**459**	977	111	**188**	319
	Abbrechen	*m²*	*8*	***69***	*190*	*6*	***25***	*62*
	Wiederherstellen	m²	3	**9**	16	1	**7**	13
	Herstellen	m²	157	**384**	786	90	**158**	257
354	**Deckenbekleidungen**	m²	109	**519**	1.338	48	**72**	119
	Abbrechen	*m²*	*2*	***415***	*1.240*	*1*	***15***	*42*
	Wiederherstellen	m²	9	**39**	98	4	**5**	9
	Herstellen	m²	62	**99**	137	40	**77**	114
359	**Sonstiges zur KG 350**	m²	10	**15**	21	8	**11**	14
	Abbrechen	*m²*	–	***2***	–	–	***2***	–
	Wiederherstellen	m²	–	**3**	–	–	**3**	–
	Herstellen	m²	4	**13**	21	3	**9**	14
361	**Dachkonstruktionen**	m²	33	**167**	300	2	**38**	74
	Abbrechen	*m²*	–	***3***	–	–	***< 1***	–
	Wiederherstellen	m²	–	**28**	–	–	**7**	–
	Herstellen	m²	33	**151**	269	2	**34**	66
362	**Dachöffnungen**	m²	–	**1.278**	–	–	**2**	–
	Herstellen	m²	–	**1.278**	–	–	**2**	–
363	**Dachbeläge**	m²	336	**381**	425	23	**109**	195
	Abbrechen	*m²*	*5*	***18***	*31*	*2*	***2***	*3*
	Herstellen	m²	331	**363**	394	21	**106**	192
364	**Dachbekleidungen**	m²	72	**82**	91	12	**12**	13
	Abbrechen	*m²*	–	***2***	–	–	***< 1***	–
	Herstellen	m²	71	**81**	91	11	**12**	13
369	**Sonstiges zur KG 360**	m²	–	**31**	–	–	**18**	–
	Herstellen	m²	–	**31**	–	–	**18**	–
381	**Allgemeine Einbauten**	m²	1	**1**	2	1	**1**	2
	Abbrechen	*m²*	–	***2***	–	–	***2***	–
	Herstellen	m²	–	**1**	–	–	**1**	–
382	**Besondere Einbauten**	m²	5	**543**	1.082	5	**543**	1.082
	Abbrechen	*m²*	–	***5***	–	–	***5***	–
	Wiederherstellen	m²	–	**1.082**	–	–	**1.082**	–
386	**Orientierungs- u. Informationssys.**	m²	–	**5**	–	–	**5**	–
	Herstellen	m²	–	**5**	–	–	**5**	–
391	**Baustelleneinrichtung**	m²	19	**45**	92	19	**45**	92
	Herstellen	m²	19	**45**	92	19	**45**	92

Kosten:
Stand 2. Quartal 2026
Bundesdurchschnitt
inkl. 19% MwSt.

KG	Kostengruppen der 3. Ebene	Einheit	▷	€/Einheit	◁	▷	€/m² BGF	◁
392	**Gerüste**	m²	14	**24**	33	14	**24**	33
	Herstellen	m²	14	**24**	33	14	**24**	33
393	**Sicherungsmaßnahmen**	m²	–	**3**	–	–	**3**	–
	Herstellen	m²	–	**3**	–	–	**3**	–
394	**Abbruchmaßnahmen**	m²	3	**37**	71	3	**37**	71
	Abbrechen	*m²*	*3*	***37***	*71*	*3*	***37***	*71*
396	**Materialentsorgung**	m²	–	**24**	–	–	**24**	–
	Abbrechen	*m²*	–	***24***	–	–	***24***	–
397	**Zusätzliche Maßnahmen**	m²	7	**8**	9	7	**8**	9
	Herstellen	m²	7	**8**	9	7	**8**	9
399	**Sonstiges zur KG 390**	m²	–	**5**	–	–	**5**	–
	Herstellen	m²	–	**5**	–	–	**5**	–
411	**Abwasseranlagen**	m²	–	**98**	–	–	**98**	–
	Herstellen	m²	–	**98**	–	–	**98**	–
412	**Wasseranlagen**	m²	–	**125**	–	–	**125**	–
	Herstellen	m²	–	**125**	–	–	**125**	–
422	**Wärmeverteilnetze**	m²	67	**113**	159	67	**113**	159
	Abbrechen	*m²*	–	***4***	–	–	***4***	–
	Herstellen	m²	63	**111**	159	63	**111**	159
423	**Raumheizflächen**	m²	24	**29**	33	24	**29**	33
	Herstellen	m²	24	**29**	33	24	**29**	33
431	**Lüftungsanlagen**	m²	–	**347**	–	–	**347**	–
	Abbrechen	*m²*	–	***35***	–	–	***35***	–
	Herstellen	m²	–	**312**	–	–	**312**	–
434	**Kälteanlagen**	m²	–	**251**	–	–	**251**	–
	Abbrechen	*m²*	–	***2***	–	–	***2***	–
	Herstellen	m²	–	**249**	–	–	**249**	–
443	**Niederspannungsschaltanlagen**	m²	–	**14**	–	–	**14**	–
	Herstellen	m²	–	**14**	–	–	**14**	–
444	**Niederspannungsinstallationsanl.**	m²	109	**155**	202	109	**155**	202
	Abbrechen	*m²*	–	***19***	–	–	***19***	–
	Herstellen	m²	109	**146**	183	109	**146**	183
445	**Beleuchtungsanlagen**	m²	30	**179**	328	30	**179**	328
	Herstellen	m²	30	**179**	328	30	**179**	328
451	**Telekommunikationsanlagen**	m²	< 1	**27**	53	< 1	**27**	53
	Herstellen	m²	< 1	**27**	53	< 1	**27**	53
452	**Such- und Signalanlagen**	m²	–	**2**	–	–	**2**	–
	Herstellen	m²	–	**2**	–	–	**2**	–
456	**Gefahrenmelde- und Alarmanlagen**	m²	–	**< 1**	–	–	**< 1**	–
	Herstellen	m²	–	**< 1**	–	–	**< 1**	–
461	**Aufzugsanlagen**	m²	–	**38**	–	–	**38**	–
	Herstellen	m²	–	**38**	–	–	**38**	–
473	**Medienversorgungsanlagen**	m²	–	**112**	–	–	**112**	–
	Herstellen	m²	–	**112**	–	–	**112**	–
474	**Feuerlöschanlagen**	m²	–	**8**	–	–	**8**	–
	Herstellen	m²	–	**8**	–	–	**8**	–
475	**Prozesswärme-, kälte- u. -luftanl.**	m²	–	**5**	–	–	**5**	–
	Herstellen	m²	–	**5**	–	–	**5**	–
476	**Weitere nutzungsspezifische Anl.**	m²	–	**27**	–	–	**27**	–
	Herstellen	m²	–	**27**	–	–	**27**	–
494	**Abbruchmaßnahmen**	m²	–	**17**	–	–	**17**	–
	Abbrechen	*m²*	–	***17***	–	–	***17***	–

▷ von
ø Mittel
◁ bis

Prozentanteile der Kosten für Leistungsbereiche nach STLB (Kosten Bauwerk nach DIN 276)

LB	Leistungsbereiche	▷	% an 300+400	◁
000	Baustellen-, Sicherheitseinr. inkl. 001, 089	1,6	**2,4**	3,3
002	Erdarbeiten	< 0,1	**0,5**	0,9
006	Spezialtiefbauarbeiten inkl. 005	0,0	**0,1**	0,2
009	Entwässerungskanalarbeiten inkl. 011	< 0,1	**< 0,1**	0,2
010	Drän- und Versickerarbeiten	0,0	**< 0,1**	< 0,1
012	Mauerarbeiten	3,0	**5,3**	6,8
013	Betonarbeiten	2,8	**6,8**	10,5
014	Natur-, Betonwerksteinarbeiten	4,3	**8,1**	13,4
016	Zimmer- und Holzbauarbeiten	0,0	**0,8**	1,6
017	Stahlbauarbeiten	< 0,1	**0,8**	1,6
018	Abdichtungsarbeiten	0,0	**< 0,1**	0,2
020	Dachdeckungsarbeiten	0,0	**0,4**	0,8
021	Dachabdichtungsarbeiten	0,1	**1,7**	3,1
022	Klempnerarbeiten	< 0,1	**1,0**	1,9
	Rohbau	12,3	**28,2**	41,6
023	Putz- und Stuckarbeiten, Wärmedämmsysteme	1,4	**2,8**	4,3
024	Fliesen- und Plattenarbeiten	0,5	**1,0**	1,6
025	Estricharbeiten	< 0,1	**0,6**	0,9
026	Fenster, Außentüren inkl. 029, 032	0,9	**1,9**	2,5
027	Tischlerarbeiten	1,6	**14,7**	27,4
028	Parkett-, Holzpflasterarbeiten	–	**–**	–
030	Rollladenarbeiten	< 0,1	**0,4**	0,7
031	Metallbauarbeiten inkl. 035	0,5	**1,0**	1,8
034	Maler- und Lackiererarb. - Beschicht. inkl. 037	2,4	**2,9**	3,3
036	Bodenbelagarbeiten	< 0,1	**0,6**	1,0
038	Vorgehängte hinterlüftete Fassaden	–	**–**	–
039	Trockenbauarbeiten	1,7	**3,4**	5,9
	Ausbau	21,0	**29,4**	36,5
040	Wärmeversorgungsanl. - Betriebseinr. inkl. 041	2,8	**4,7**	5,9
042	Gas- u. Wasseranl. - Leitung., Armat. inkl. 043	0,2	**2,5**	4,5
044	Abwasseranl. - Leitungen, Abläufe, Armaturen	0,1	**1,2**	2,1
045	Gas, Wasser, Entwässerung - Ausstattung inkl. 046	0,3	**0,6**	1,1
047	Dämm- und Brandschutzarb. an techn. Anlagen	< 0,1	**1,2**	2,3
049	Feuerlöschanlagen, Feuerlöschgeräte	0,0	**0,1**	0,2
050	Blitzschutz-/Erdungsanlagen, Überspannungssch.	–	**–**	–
052	Mittelspannungsanlagen	–	**–**	–
053	Niederspannungsanl. - Kabel inkl. 054	5,7	**6,8**	8,1
055	Sicherheits- u. Ersatzstromversorgungsanl.	–	**–**	–
057	Gebäudesystemtechnik	–	**–**	–
058	Leuchten und Lampen inkl. 059	0,3	**4,2**	7,8
060	Such, Signal, Zeit, Anten., akust. Anl. inkl. 064	< 0,1	**0,4**	0,7
061	Kommunikations- u. Übertragungsnetze inkl. 062	0,0	**0,7**	1,5
063	Gefahrenmeldeanlagen	0,0	**< 0,1**	0,2
069	Aufzüge	0,0	**0,5**	1,1
070	Gebäudeautomation	–	**–**	–
075	Raumlufttechnische Anlagen inkl. 078	1,4	**9,6**	14,4
	Gebäudetechnik	22,9	**32,6**	42,1
084	Abbruch, Rückbau, Schadstoffsanierung	4,9	**8,1**	12,8
	Sonstige Leistungsbereiche inkl. 008, 033, 051	0,1	**1,6**	3,0

€/m² BGF

min	2.255 €/m²
von	2.315 €/m²
Mittel	**2.430 €/m²**
bis	2.700 €/m²
max	2.700 €/m²

Kosten:
Stand 2. Quartal 2026
Bundesdurchschnitt
inkl. 19% MwSt.

Objektübersicht zur Gebäudeart

7200-0090 Markthalle*

BRI 174.000 m³ **BGF** 32.500 m² **NUF** 30.000 m²

Baujahr: 1951
Bauzustand: schlecht
Aufwand: hoch
Nutzung während der Bauzeit: nein
Nutzungsänderung: nein
Grundrissänderungen: umfangreiche
Tragwerkseingriffe: einige

Land: Hamburg
Kreis: Hamburg, Stadt
Standard: einfach
Bauzeit: 113 Wochen
Kennwerte: bis 3. Ebene DIN 276
veröffentlicht: BKI Objektdaten A12

BGF 522 €/m²

* Nicht in der Auswertung enthalten

Planung: pbr Planungsbüro Rohling AG; Hamburg

Modernisierung einer Markthalle

1. Ebene: 300 Bauwerk – Baukonstruktionen: 98%, **400 Bauwerk – Technische Anlagen:** 2%
3. Ebene: Baukonstruktionen: A: Sonstige 7%, **W:** 335 Außenwandbekleidungen, außen 7%, 337 Elementierte Außenwandkonstruktionen 6%, 364 Dachbekleidungen 6%, Sonstige 4%, **H:** 334 Außenwandöffnungen 4%, 337 Elementierte Außenwandkonstruktionen 7%, 361 Dachkonstruktionen 13%, 362 Dachöffnungen 3%, 363 Dachbeläge 6%, 391 Baustelleneinrichtung 19%, Sonstige 17%, **Technische Anlagen:** A: 411 Abwasseranlagen 3%, Sonstige 3%, **H:** 411 Abwasseranlagen 65%, 446 Blitzschutz- und Erdungsanlagen 29%

7600-0066 Feuer- und Rettungswache*

BRI 8.042 m³ **BGF** 2.530 m² **NUF** 1.742 m²

Bauzustand: mittel
Aufwand: mittel
Nutzung während der Bauzeit: ja
Nutzungsänderung: nein
Grundrissänderungen: keine
Tragwerkseingriffe: keine

Land: Nordrhein-Westfalen
Kreis: Recklinghausen
Standard: mittel
Bauzeit: 4 Wochen
Kennwerte: bis 3. Ebene DIN 276
veröffentlicht: BKI Objektdaten A9

BGF 17 €/m²

* Nicht in der Auswertung enthalten

Planung: k.A.

Feuer- und Rettungswache, Fenstermodernisierung

1. Ebene: 300 Bauwerk – Baukonstruktionen: 100%
3. Ebene: Baukonstruktionen: A: 334 Außenwandöffnungen 8%, **H:** 334 Außenwandöffnungen 92%, Sonstige < 1%

A Abbrechen
W Wiederherstellen
H Herstellen

Objektübersicht zur Gebäudeart

7100-0038 Fabrikgebäude Textilproduktion*

BRI 6.122 m³ **BGF** 1.611 m² **NUF** 1.128 m²

Bauzustand: gut
Aufwand: mittel
Nutzung während der Bauzeit: nein
Nutzungsänderung: nein
Grundrissänderungen: wenige
Tragwerkseingriffe: keine

Land: Baden-Württemberg
Kreis: Zollernalbkreis
Standard: mittel
Bauzeit: 52 Wochen
Kennwerte: bis 3. Ebene DIN 276
veröffentlicht: BKI Objektdaten A9

BGF 662 €/m²

* Nicht in der Auswertung enthalten

Planung: Architekturbüro Walter Haller; Albstadt

Fabrikgebäude für Textilproduktion

1. Ebene: 300 Bauwerk – Baukonstruktionen: 87%, **400 Bauwerk – Technische Anlagen:** 13%
3. Ebene: Baukonstruktionen: A: Sonstige 4%, **W:** Sonstige 5%, **H:** 324 Gründungsbeläge 6%, 334 Außenwandöffnungen 4%, 335 Außenwandbekleidungen, außen 38%, 344 Innenwandöffnungen 5%, 351 Deckenkonstruktionen 7%, 353 Deckenbeläge 3%, 361 Dachkonstruktionen 6%, 363 Dachbeläge 6%, 392 Gerüste 4%, Sonstige 12%, **Technische Anlagen: A:** 444 Niederspannungsinstallationsanlagen 8%, **W:** 423 Raumheizflächen 9%, Sonstige 5%, **H:** 421 Wärmeerzeugungsanlagen 12%, 444 Niederspannungsinstallationsanlagen 12%, 445 Beleuchtungsanlagen 14%, 473 Medienversorgungsanlagen, Medizin- und labortechnische Anlagen 32%, Sonstige 9%

7200-0046 Apotheke

BRI 430 m³ **BGF** 98 m² **NUF** 76 m²

Baujahr: 1898
Bauzustand: mittel
Aufwand: hoch
Nutzung während der Bauzeit: ja
Nutzungsänderung: nein
Grundrissänderungen: wenige
Tragwerkseingriffe: wenige

Land: Niedersachsen
Kreis: Harburg
Standard: hoch
Bauzeit: 8 Wochen
Kennwerte: bis 3. Ebene DIN 276
veröffentlicht: www.bki.de

BGF 2.699 €/m²

Planung: Holst Becker Architekten; Hamburg

Apotheke mit Büros, Labor und Nebenräume, Musikschule, zwei Wohnungen. **Kosteneinfluss Grundstück:** Innenstadtlage, Fußgängerzone, Nutzung der Fußgängerzone für Baustelleneinrichtung, Zuwegung über Fußgängerzone mit Sondererlaubnis.

1. Ebene: 300 Bauwerk – Baukonstruktionen: 77%, **400 Bauwerk – Technische Anlagen:** 23%
3. Ebene: Baukonstruktionen: A: 351 Deckenkonstruktionen 8%, 353 Deckenbeläge 3%, Sonstige 6%, **W:** 345 Innenwandbekleidungen 3%, 382 Besondere Einbauten 52%, Sonstige 2%, **H:** 351 Deckenkonstruktionen 8%, 353 Deckenbeläge 12%, 391 Baustelleneinrichtung 4%, **Technische Anlagen: H:** 422 Wärmeverteilnetze 25%, 423 Raumheizflächen 5%, 444 Niederspannungsinstallationsanlagen 17%, 445 Beleuchtungsanlagen 52%, Sonstige < 1%

Objektübersicht zur Gebäudeart

€/m² BGF

min	2.255	€/m²
von	2.315	€/m²
Mittel	**2.430**	**€/m²**
bis	2.700	€/m²
max	2.700	€/m²

Kosten:
Stand 2. Quartal 2026
Bundesdurchschnitt
inkl. 19% MwSt.

7200-0053 Wohn- und Geschäftshaus

BRI 9.998 m³ **BGF** 2.818 m² **NUF** 1.984 m²

Land: Sachsen
Kreis: Vogtlandkreis
Standard: hoch
Bauzeit: 65 Wochen
Kennwerte: bis 3. Ebene DIN 276
veröffentlicht: www.bki.de
BGF 2.352 €/m²

Planung: Architekturbüro Seiss; Plauen

Wohn- und Geschäftshaus, Sparkassengeschäftsstelle, acht Wohnungen, Tiefgarage

1. Ebene: 300 Bauwerk – Baukonstruktionen: 77%, **400 Bauwerk – Technische Anlagen:** 23%
3. Ebene: Baukonstruktionen: A: Sonstige 2%, **W:** Sonstige 5%, **H:** 322 Flachgründungen und Bodenplatten 4%, 331 Tragende Außenwände 3%, 334 Außenwandöffnungen 4%, 335 Außenwandbekleidungen, außen 14%, 341 Tragende Innenwände 5%, 351 Deckenkonstruktionen 11%, 353 Deckenbeläge 9%, 361 Dachkonstruktionen 4%, 363 Dachbeläge 11%, Sonstige 28%

7700-0036 Laborgebäude

BRI 9.774 m³ **BGF** 2.739 m² **NUF** 1.556 m²

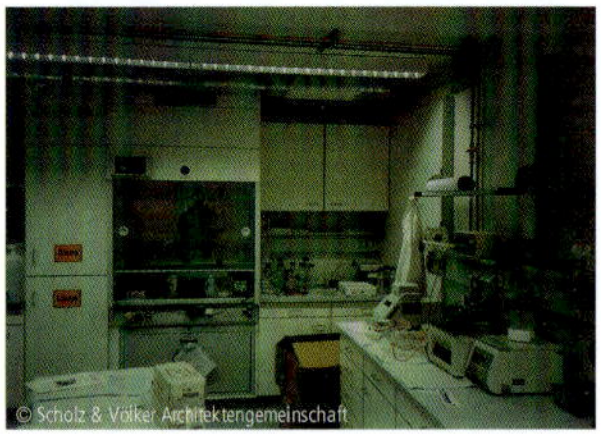

Baujahr: 1957
Bauzustand: mittel
Aufwand: hoch
Nutzung während der Bauzeit: ja
Nutzungsänderung: nein
Grundrissänderungen: wenige
Tragwerkseingriffe: keine

Land: Bayern
Kreis: Würzburg, Stadt
Standard: hoch
Bauzeit: 174 Wochen
Kennwerte: bis 3. Ebene DIN 276
veröffentlicht: www.bki.de
BGF 2.407 €/m²

Planung: Scholz & Völker Architektengemeinschaft; Würzburg

Institutsgebäude für die Universität, Labor-, Büro- und Sozialräume.

1. Ebene: 300 Bauwerk – Baukonstruktionen: 41%, **400 Bauwerk – Technische Anlagen:** 59%
3. Ebene: Baukonstruktionen: A: 394 Abbruchmaßnahmen 7%, Sonstige 8%, **W:** 335 Außenwandbekleidungen, außen 5%, 345 Innenwandbekleidungen 4%, 351 Deckenkonstruktionen 5%, Sonstige 10%, **H:** 334 Außenwandöffnungen 5%, 342 Nichttragende Innenwände 9%, 344 Innenwandöffnungen 9%, 345 Innenwandbekleidungen 7%, 353 Deckenbeläge 6%, 354 Deckenbekleidungen 12%, Sonstige 15%, **Technische Anlagen: A:** Sonstige 5%, **H:** 411 Abwasseranlagen 7%, 412 Wasseranlagen 9%, 422 Wärmeverteilnetze 4%, 431 Lüftungsanlagen 22%, 434 Kälteanlagen 18%, 444 Niederspannungsinstallationsanlagen 13%, 451 Telekommunikationsanlagen 4%, 473 Medienversorgungsanlagen, Medizin- und labortechnische Anlagen 8%, Sonstige 10%

A Abbrechen
W Wiederherstellen
H Herstellen

7600-0028 Feuerwehrgerätehaus

BRI 1.830 m³ **BGF** 580 m² **NUF** 362 m²

Bauzustand: schlecht
Aufwand: hoch
Nutzung während der Bauzeit: nein
Nutzungsänderung: nein
Grundrissänderungen: einige
Tragwerkseingriffe: einige

Land: Sachsen
Kreis: Vogtlandkreis
Standard: mittel
Bauzeit: 26 Wochen
Kennwerte: bis 1. Ebene DIN 276
veröffentlicht: www.bki.de

BGF **2.253 €/m²**

Planung: Bernd Riedl Dipl.-Ing. Arch.-u. Ing. Büro Dr. Obeth u. Riedl; Rodewisch

Modernisierung und Umbau eines Feuerwehrhauses mit Übergang zum Erweiterungsbau (Objekt 7600-0027); zwei Stellplätze, Wasch- und Pflegehalle, Batterieladeraum, Werkstatt, Fahrzeughalle für nachgeordnete Technik, Schlauchtrocknung, Raum für Feuerwehrjugend, Funkwerkstatt, Waschraum für Einsatzbekleidung, Vierzimmerwohnung.

1. Ebene: 300 Bauwerk – Baukonstruktionen: 81%, **400 Bauwerk – Technische Anlagen:** 19%

Kostenkennwerte für die Kosten des Bauwerks (Kostengruppen 300+400 nach DIN 276)

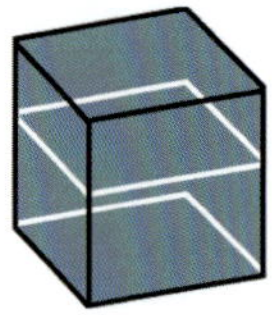

BRI 385 €/m³
von 255 €/m³
bis 640 €/m³

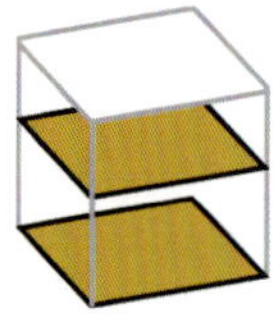

BGF 1.805 €/m²
von 1.180 €/m²
bis 2.695 €/m²

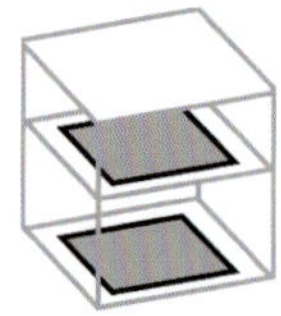

NUF 4.150 €/m²
von 2.015 €/m²
bis 15.630 €/m²

Kosten:
Stand 2. Quartal 2026
Bundesdurchschnitt
inkl. 19% MwSt.

Objektbeispiele

6400-0062

9100-0093

9100-0125

9100-0204

9100-0169

1200-0001

Kosten der 11 Vergleichsobjekte

Seiten 544 bis 550

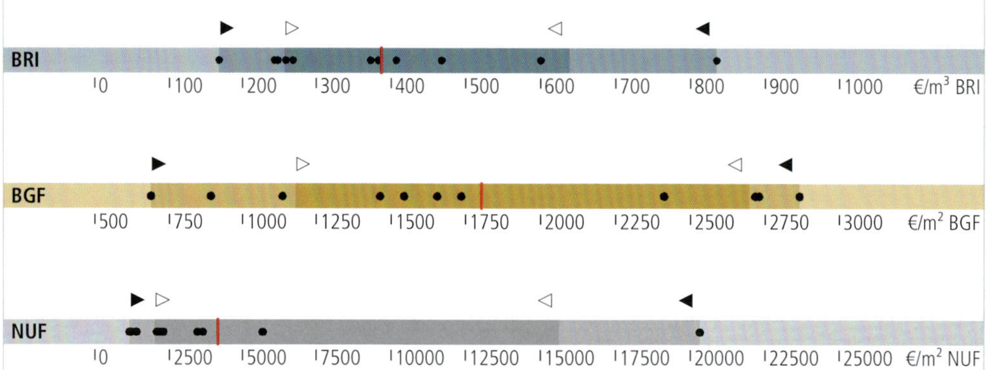

- ● KKW
- ▶ min
- ▷ von
- | Mittelwert
- ◁ bis
- ◀ max

Kostenkennwerte für die Kostengruppen der 1. und 2.Ebene DIN 276

KG	Kostengruppen der 1.Ebene	Einheit	▷	€/Einheit	◁	▷	% an 300+400	◁
100	Grundstück	m²GF	–	**–**	–	–	**–**	–
200	Vorbereitende Maßnahmen	m²GF	5	**55**	83	1,1	**1,4**	1,8
300	Bauwerk – Baukonstruktionen	m²BGF	859	**1.305**	1.961	64,3	**73,0**	85,1
400	Bauwerk – Technische Anlagen	m²BGF	236	**498**	786	14,9	**27,0**	35,7
	Bauwerk 300+400	m²BGF	1.178	**1.803**	2.696	100,0	**100,0**	100,0
500	Außenanlagen und Freiflächen	m²AF	26	**81**	182	1,8	**5,1**	9,0
600	Ausstattung und Kunstwerke	m²BGF	39	**131**	281	2,1	**6,4**	14,7
700	Baunebenkosten	m²BGF	–	**–**	–	–	**–**	–
800	Finanzierung	m²BGF	–	**–**	–	–	**–**	–

KG	Kostengruppen der 2.Ebene	Einheit	▷	€/Einheit	◁	▷	% an 1.Ebene	◁
310	Baugrube / Erdbau	m³BGI	105	**225**	561	< 0,1	**0,7**	2,4
320	Gründung, Unterbau	m²GRF	230	**575**	991	0,0	**4,1**	12,9
330	Außenwände / vertikal außen	m²AWF	150	**392**	668	10,6	**27,4**	56,7
340	Innenwände / vertikal innen	m²IWF	196	**322**	694	3,9	**12,4**	22,8
350	Decken / horizontal	m²DEF	253	**517**	998	8,4	**22,1**	44,8
360	Dächer	m²DAF	163	**443**	616	0,9	**7,1**	17,7
370	Infrastrukturanlagen		–	**–**	–	–	**–**	–
380	Baukonstruktive Einbauten	m²BGF	49	**346**	1.009	1,9	**19,4**	52,6
390	Sonst. Maßnahmen für Baukonst.	m²BGF	30	**101**	174	3,1	**6,7**	10,1
300	**Bauwerk – Baukonstruktionen**	**m²BGF**					**100,0**	
410	Abwasser-, Wasser-, Gasanlagen	m²BGF	6	**43**	83	0,4	**5,7**	20,7
420	Wärmeversorgungsanlagen	m²BGF	64	**137**	508	3,9	**15,3**	42,4
430	Raumlufttechnische Anlagen	m²BGF	61	**118**	287	0,0	**6,2**	21,2
440	Elektrische Anlagen	m²BGF	97	**205**	307	29,9	**51,3**	84,8
450	Kommunikationstechnische Anlagen	m²BGF	32	**90**	289	3,5	**12,6**	30,8
460	Förderanlagen	m²BGF	48	**59**	71	0,0	**3,0**	17,6
470	Nutzungsspez. / verfahrenstech. Anl.	m²BGF	1	**48**	234	< 0,1	**3,5**	34,0
480	Gebäude- und Anlagenautomation	m²BGF	35	**50**	65	0,0	**1,4**	7,7
490	Sonst. Maßnahmen f. techn. Anl.	m²BGF	5	**21**	53	< 0,1	**0,8**	4,9
400	**Bauwerk – Technische Anlagen**	**m²BGF**					**100,0**	

Prozentanteile der Kosten 2.Ebene an den Kosten des Bauwerks nach DIN 276 (Von/Mittel/Bis)

KG	Kostengruppe	%
310	Baugrube / Erdbau	0,5
320	Gründung, Unterbau	2,8
330	Außenwände / vertikal außen	21,5
340	Innenwände / vertikal innen	9,0
350	Decken / horizontal	15,4
360	Dächer	5,6
370	Infrastrukturanlagen	
380	Baukonstruktive Einbauten	12,7
390	Sonst. Maßnahmen für Baukonst.	5,1
410	Abwasser-, Wasser-, Gasanlagen	1,7
420	Wärmeversorgungsanlagen	5,1
430	Raumlufttechnische Anlagen	1,9
440	Elektrische Anlagen	12,3
450	Kommunikationstechnische Anlagen	4,2
460	Förderanlagen	0,6
470	Nutzungsspez. / verfahrenstech. Anl.	0,8
480	Gebäude- und Anlagenautomation	0,4
490	Sonst. Maßnahmen f. techn. Anl.	0,2

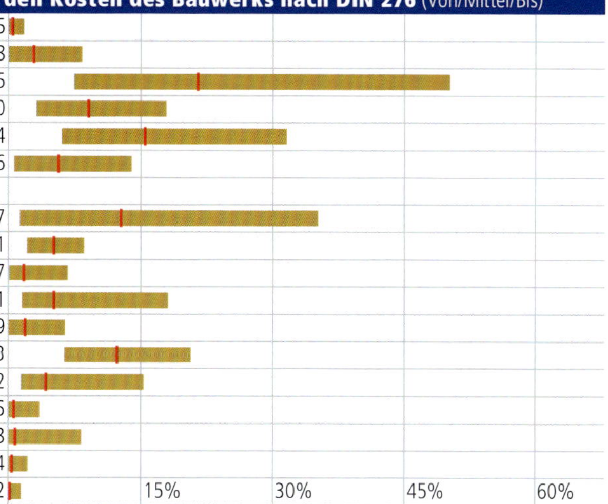

Kosten:
Stand 2. Quartal 2026
Bundesdurchschnitt
inkl. 19% MwSt.

▷ von
ø Mittel
◁ bis

Kostenkennwerte für die Kostengruppen der 3. Ebene DIN 276

KG	Kostengruppen der 3. Ebene	Einheit	▷	€/Einheit	◁	▷	€/m² BGF	◁
311	**Herstellung**	m³	93	**213**	561	< 1	**31**	44
	Herstellen	m³	93	**213**	561	< 1	**31**	44
312	**Umschließung**	m²	–	**188**	–	–	**11**	–
	Herstellen	m²	–	**188**	–	–	**11**	–
322	**Flachgründungen und Bodenplatten**	m²	135	**279**	428	10	**40**	72
	Abbrechen	*m²*	*50*	***110***	*203*	*7*	***16***	*35*
	Wiederherstellen	m²	–	**3**	–	–	**< 1**	–
	Herstellen	m²	103	**196**	287	6	**28**	48
324	**Gründungsbeläge**	m²	174	**363**	538	73	**125**	273
	Abbrechen	*m²*	*8*	***40***	*56*	*6*	***13***	*26*
	Wiederherstellen	m²	11	**40**	68	5	**8**	11
	Herstellen	m²	163	**313**	452	64	**111**	242
325	**Abdichtungen und Bekleidungen**	m²	7	**111**	252	1	**8**	28
	Abbrechen	*m²*	–	***291***	–	–	***4***	–
	Herstellen	m²	10	**38**	117	< 1	**7**	28
331	**Tragende Außenwände**	m²	256	**424**	691	30	**93**	368
	Abbrechen	*m²*	*41*	***99***	*157*	*2*	***11***	*31*
	Wiederherstellen	m²	115	**143**	170	18	**52**	86
	Herstellen	m²	273	**409**	574	19	**84**	337
334	**Außenwandöffnungen**	m²	581	**1.300**	1.986	72	**138**	365
	Abbrechen	*m²*	*17*	***39***	*68*	*1*	***4***	*8*
	Wiederherstellen	m²	40	**547**	1.284	19	**84**	443
	Herstellen	m²	265	**984**	1.542	21	**78**	113
335	**Außenwandbekleidungen, außen**	m²	165	**229**	312	110	**163**	321
	Abbrechen	*m²*	*8*	***50***	*135*	*5*	***51***	*144*
	Wiederherstellen	m²	< 1	**31**	47	7	**26**	57
	Herstellen	m²	95	**180**	263	65	**117**	147
336	**Außenwandbekleidungen, innen**	m²	59	**91**	135	22	**52**	100
	Abbrechen	*m²*	*4*	***10***	*19*	*3*	***8***	*27*
	Wiederherstellen	m²	2	**38**	74	< 1	**19**	39
	Herstellen	m²	49	**69**	88	21	**39**	83
337	**Elem. Außenwandkonstruktionen**	m²	1.460	**2.544**	3.629	32	**41**	50
	Herstellen	m²	1.460	**2.544**	3.629	32	**41**	50
338	**Lichtschutz zur KG 330**	m²	190	**447**	675	2	**8**	20
	Wiederherstellen	m²	89	**92**	96	1	**2**	3
	Herstellen	m²	385	**534**	619	4	**12**	18
339	**Sonstiges zur KG 330**	m²	4	**13**	27	3	**11**	22
	Abbrechen	*m²*	*< 1*	***2***	*5*	*< 1*	***2***	*5*
	Wiederherstellen	m²	–	**5**	–	–	**3**	–
	Herstellen	m²	2	**10**	23	1	**9**	20
341	**Tragende Innenwände**	m²	240	**330**	509	13	**50**	87
	Abbrechen	*m²*	*19*	***32***	*58*	*2*	***10***	*24*
	Wiederherstellen	m²	–	**121**	–	2	**9**	17
	Herstellen	m²	197	**258**	370	34	**51**	75
342	**Nichttragende Innenwände**	m²	149	**287**	564	9	**20**	31
	Abbrechen	*m²*	*19*	***104***	*190*	*5*	***6***	*9*
	Herstellen	m²	139	**218**	374	15	**20**	30

KG	Kostengruppen der 3. Ebene	Einheit	▷	€/Einheit	◁	▷	€/m^2 BGF	◁
344	**Innenwandöffnungen**	m^2	1.013	**1.436**	2.129	34	**68**	154
	Abbrechen	m^2	*12*	***16***	*25*	*< 1*	***< 1***	*2*
	Wiederherstellen	m^2	73	**795**	1.319	8	**32**	65
	Herstellen	m^2	826	**1.203**	1.476	31	**63**	107
345	**Innenwandbekleidungen**	m^2	57	**89**	117	16	**75**	106
	Abbrechen	m^2	*2*	***6***	*17*	*2*	***4***	*6*
	Wiederherstellen	m^2	6	**26**	57	5	**23**	50
	Herstellen	m^2	48	**70**	88	19	**60**	94
346	**Elem. Innenwandkonstruktionen**	m^2	360	**583**	890	7	**17**	32
	Wiederherstellen	m^2	–	**1.015**	–	–	**26**	–
	Herstellen	m^2	209	**475**	581	7	**15**	36
351	**Deckenkonstruktionen**	m^2	356	**878**	1.354	12	**76**	248
	Abbrechen	m^2	*15*	***65***	*91*	*4*	***12***	*30*
	Wiederherstellen	m^2	68	**474**	739	12	**55**	182
	Herstellen	m^2	273	**555**	1.668	9	**40**	90
352	**Deckenöffnungen**	m^2	–	**4.308**	–	–	**9**	–
	Herstellen	m^2	–	**4.308**	–	–	**9**	–
353	**Deckenbeläge**	m^2	137	**281**	572	42	**120**	229
	Abbrechen	m^2	*11*	***37***	*88*	*7*	***20***	*53*
	Wiederherstellen	m^2	12	**91**	401	5	**30**	129
	Herstellen	m^2	102	**213**	410	27	**93**	173
354	**Deckenbekleidungen**	m^2	56	**150**	324	36	**84**	268
	Abbrechen	m^2	*6*	***18***	*49*	*4*	***10***	*43*
	Wiederherstellen	m^2	8	**36**	82	6	**18**	36
	Herstellen	m^2	28	**118**	280	22	**68**	234
355	**Elementierte Deckenkonstruktionen**	m^2	–	**4.517**	–	7	**12**	18
	Herstellen	m^2	–	**4.517**	–	–	**18**	–
359	**Sonstiges zur KG 350**	m^2	16	**86**	433	7	**26**	122
	Abbrechen	m^2	*–*	***< 1***	*–*	*–*	***< 1***	*–*
	Wiederherstellen	m^2	7	**54**	196	4	**17**	55
	Herstellen	m^2	15	**59**	237	5	**18**	67
361	**Dachkonstruktionen**	m^2	97	**197**	298	54	**103**	200
	Abbrechen	m^2	*–*	***93***	*–*	*12*	***37***	*63*
	Herstellen	m^2	97	**151**	204	46	**77**	138
362	**Dachöffnungen**	m^2	3.664	**6.414**	10.414	4	**17**	85
	Abbrechen	m^2	*80*	***246***	*411*	*< 1*	***< 1***	*< 1*
	Herstellen	m^2	3.633	**6.315**	10.208	5	**21**	85
363	**Dachbeläge**	m^2	235	**340**	632	28	**92**	140
	Abbrechen	m^2	*4*	***32***	*51*	*2*	***9***	*18*
	Wiederherstellen	m^2	80	**99**	119	3	**9**	13
	Herstellen	m^2	189	**266**	494	20	**79**	127
364	**Dachbekleidungen**	m^2	60	**115**	162	6	**25**	49
	Abbrechen	m^2	*–*	***5***	*–*	*–*	***3***	*–*
	Wiederherstellen	m^2	–	**3**	–	–	**< 1**	–
	Herstellen	m^2	58	**113**	160	11	**29**	54
365	**Elementierte Dachkonstruktionen**	m^2	–	**1.904**	–	–	**9**	–
	Herstellen	m^2	–	**1.904**	–	–	**9**	–
369	**Sonstiges zur KG 360**	m^2	1	**22**	42	2	**7**	15
	Herstellen	m^2	1	**22**	42	2	**7**	15

Kosten:
Stand 2. Quartal 2026
Bundesdurchschnitt
inkl. 19% MwSt.

KG	Kostengruppen der 3. Ebene	Einheit	▷	€/Einheit	◁	▷	€/m² BGF	◁
381	**Allgemeine Einbauten**	m²	21	**122**	389	21	**122**	389
	Abbrechen	*m²*	–	***3***	–	–	***3***	–
	Wiederherstellen	m²	< 1	**4**	12	< 1	**4**	12
	Herstellen	m²	20	**120**	381	20	**120**	381
382	**Besondere Einbauten**	m²	186	**465**	1.191	186	**465**	1.191
	Abbrechen	*m²*	*11*	***12***	*13*	*11*	***12***	*13*
	Wiederherstellen	m²	3	**6**	9	3	**6**	9
	Herstellen	m²	171	**455**	1.191	171	**455**	1.191
386	**Orientierungs- u. Informationssys.**	m²	18	**27**	37	18	**27**	37
	Wiederherstellen	m²	–	**1**	–	–	**1**	–
	Herstellen	m²	18	**27**	36	18	**27**	36
391	**Baustelleneinrichtung**	m²	10	**26**	71	10	**26**	71
	Herstellen	m²	10	**26**	71	10	**26**	71
392	**Gerüste**	m²	10	**38**	78	10	**38**	78
	Herstellen	m²	10	**38**	78	10	**38**	78
393	**Sicherungsmaßnahmen**	m²	19	**29**	39	19	**29**	39
	Herstellen	m²	19	**29**	39	19	**29**	39
394	**Abbruchmaßnahmen**	m²	26	**56**	87	26	**56**	87
	Abbrechen	*m²*	–	***26***	–	–	***26***	–
	Herstellen	m²	–	**87**	–	–	**87**	–
397	**Zusätzliche Maßnahmen**	m²	8	**20**	38	8	**20**	38
	Abbrechen	*m²*	–	***19***	–	–	***19***	–
	Herstellen	m²	8	**18**	36	8	**18**	36
399	**Sonstiges zur KG 390**	m²	11	**32**	53	11	**32**	53
	Herstellen	m²	11	**32**	53	11	**32**	53

▷ von
ø Mittel
◁ bis

KG	Kostengruppen der 3. Ebene	Einheit	▷	€/Einheit	◁	▷	€/m^2 BGF	◁
411	**Abwasseranlagen**	m^2	2	**14**	23	2	**14**	23
	Abbrechen	*m^2*	*< 1*	***< 1***	*< 1*	*< 1*	***< 1***	*< 1*
	Wiederherstellen	m^2	–	**< 1**	–	–	**< 1**	–
	Herstellen	m^2	2	**14**	23	2	**14**	23
412	**Wasseranlagen**	m^2	7	**41**	55	7	**41**	55
	Abbrechen	*m^2*	*< 1*	***< 1***	*< 1*	*< 1*	***< 1***	*< 1*
	Wiederherstellen	m^2	–	**< 1**	–	–	**< 1**	–
	Herstellen	m^2	5	**41**	55	5	**41**	55
421	**Wärmeerzeugungsanlagen**	m^2	8	**28**	56	8	**28**	56
	Wiederherstellen	m^2	–	**1**	–	–	**1**	–
	Herstellen	m^2	7	**28**	56	7	**28**	56
422	**Wärmeverteilnetze**	m^2	20	**50**	171	20	**50**	171
	Abbrechen	*m^2*	*2*	***2***	*3*	*2*	***2***	*3*
	Wiederherstellen	m^2	–	**2**	–	–	**2**	–
	Herstellen	m^2	20	**49**	171	20	**49**	171
423	**Raumheizflächen**	m^2	32	**67**	261	32	**67**	261
	Abbrechen	*m^2*	*< 1*	***< 1***	*< 1*	*< 1*	***< 1***	*< 1*
	Wiederherstellen	m^2	< 1	**17**	34	< 1	**17**	34
	Herstellen	m^2	32	**72**	261	32	**72**	261
429	**Sonstiges zur KG 420**	m^2	11	**16**	24	11	**16**	24
	Abbrechen	*m^2*	*1*	***4***	*6*	*1*	***4***	*6*
	Wiederherstellen	m^2	–	**15**	–	–	**15**	–
	Herstellen	m^2	5	**8**	14	5	**8**	14
431	**Lüftungsanlagen**	m^2	30	**76**	202	30	**76**	202
	Abbrechen	*m^2*	*–*	***2***	*–*	*–*	***2***	*–*
	Wiederherstellen	m^2	–	**4**	–	–	**4**	–
	Herstellen	m^2	28	**74**	202	28	**74**	202
434	**Kälteanlagen**	m^2	39	**57**	84	39	**57**	84
	Herstellen	m^2	39	**57**	84	39	**57**	84
442	**Eigenstromversorgungsanlagen**	m^2	–	**7**	–	–	**7**	–
	Herstellen	m^2	–	**7**	–	–	**7**	–
443	**Niederspannungsschaltanlagen**	m^2	–	**49**	–	–	**49**	–
	Herstellen	m^2	–	**49**	–	–	**49**	–
444	**Niederspannungsinstallationsanl.**	m^2	43	**100**	153	43	**100**	153
	Abbrechen	*m^2*	*1*	***2***	*6*	*1*	***2***	*6*
	Wiederherstellen	m^2	–	**2**	–	–	**2**	–
	Herstellen	m^2	42	**98**	152	42	**98**	152
445	**Beleuchtungsanlagen**	m^2	55	**115**	213	55	**115**	213
	Abbrechen	*m^2*	*< 1*	***2***	*6*	*< 1*	***2***	*6*
	Wiederherstellen	m^2	–	**< 1**	–	–	**< 1**	–
	Herstellen	m^2	49	**114**	197	49	**114**	197
446	**Blitzschutz- und Erdungsanlagen**	m^2	1	**10**	14	1	**10**	14
	Abbrechen	*m^2*	*< 1*	***< 1***	*< 1*	*< 1*	***< 1***	*< 1*
	Herstellen	m^2	1	**10**	14	1	**10**	14
451	**Telekommunikationsanlagen**	m^2	2	**18**	34	2	**18**	34
	Herstellen	m^2	2	**18**	34	2	**18**	34
452	**Such- und Signalanlagen**	m^2	4	**23**	98	4	**23**	98
	Herstellen	m^2	4	**23**	98	4	**23**	98
454	**Elektroakustische Anlagen**	m^2	30	**42**	53	30	**42**	53
	Herstellen	m^2	30	**42**	53	30	**42**	53
455	**Audiovis. Medien- u. Antennenanl.**	m^2	2	**18**	49	2	**18**	49
	Herstellen	m^2	2	**18**	49	2	**18**	49

Kosten:
Stand 2. Quartal 2026
Bundesdurchschnitt
inkl. 19% MwSt.

KG	Kostengruppen der 3. Ebene	Einheit	▷	€/Einheit	◁	▷	€/m² BGF	◁
456	**Gefahrenmelde- und Alarmanlagen**	m²	16	**69**	185	16	**69**	185
	Abbrechen	*m²*	–	***7***	–	–	***7***	–
	Wiederherstellen	m²	–	**28**	–	–	**28**	–
	Herstellen	m²	14	**63**	180	14	**63**	180
457	**Datenübertragungsnetze**	m²	6	**14**	22	6	**14**	22
	Abbrechen	*m²*	–	***2***	–	–	***2***	–
	Herstellen	m²	6	**14**	21	6	**14**	21
461	**Aufzugsanlagen**	m²	48	**59**	71	48	**59**	71
	Herstellen	m²	48	**59**	71	48	**59**	71
471	**Küchentechnische Anlagen**	m²	–	**234**	–	–	**234**	–
	Herstellen	m²	–	**234**	–	–	**234**	–
481	**Automationseinrichtungen**	m²	15	**32**	48	15	**32**	48
	Herstellen	m²	15	**32**	48	15	**32**	48
482	**Schaltschränke, Automation**	m²	–	**8**	–	–	**8**	–
	Herstellen	m²	–	**8**	–	–	**8**	–
483	**Automationsmanagement**	m²	–	**17**	–	–	**17**	–
	Herstellen	m²	–	**17**	–	–	**17**	–
494	**Abbruchmaßnahmen**	m²	–	**7**	–	–	**7**	–
	Abbrechen	*m²*	–	***7***	–	–	***7***	–
498	**Provisorische technische Anlagen**	m²	–	**45**	–	–	**45**	–
	Herstellen	m²	–	**45**	–	–	**45**	–

▷ von
ø Mittel
◁ bis

Prozentanteile der Kosten für Leistungsbereiche nach STLB (Kosten Bauwerk nach DIN 276)

LB	Leistungsbereiche	▷	% an 300+400	◁
000	Baustellen-, Sicherheitseinr. inkl. 001, 089	0,9	**2,8**	6,3
002	Erdarbeiten	< 0,1	**0,8**	2,5
006	Spezialtiefbauarbeiten inkl. 005	0,0	**< 0,1**	0,4
009	Entwässerungskanalarbeiten inkl. 011	0,0	**< 0,1**	0,2
010	Drän- und Versickerarbeiten	0,0	**< 0,1**	< 0,1
012	Mauerarbeiten	0,1	**1,3**	3,9
013	Betonarbeiten	0,2	**2,3**	11,3
014	Natur-, Betonwerksteinarbeiten	< 0,1	**0,3**	1,6
016	Zimmer- und Holzbauarbeiten	0,5	**6,5**	16,7
017	Stahlbauarbeiten	< 0,1	**0,4**	2,7
018	Abdichtungsarbeiten	< 0,1	**0,2**	1,2
020	Dachdeckungsarbeiten	< 0,1	**1,2**	4,2
021	Dachabdichtungsarbeiten	< 0,1	**0,3**	3,2
022	Klempnerarbeiten	0,1	**1,2**	3,9
	Rohbau	2,8	**17,6**	34,8
023	Putz- und Stuckarbeiten, Wärmedämmsysteme	1,3	**4,2**	11,9
024	Fliesen- und Plattenarbeiten	0,3	**1,8**	5,0
025	Estricharbeiten	0,7	**3,1**	8,7
026	Fenster, Außentüren inkl. 029, 032	3,8	**13,9**	33,8
027	Tischlerarbeiten	2,9	**9,5**	21,1
028	Parkett-, Holzpflasterarbeiten	< 0,1	**0,9**	4,0
030	Rollladenarbeiten	0,0	**0,3**	0,7
031	Metallbauarbeiten inkl. 035	0,2	**1,8**	4,9
034	Maler- und Lackiererarb. - Beschicht. inkl. 037	3,5	**6,2**	13,6
036	Bodenbelagarbeiten	0,4	**2,6**	7,3
038	Vorgehängte hinterlüftete Fassaden	0,0	**0,4**	4,4
039	Trockenbauarbeiten	1,1	**4,4**	17,4
	Ausbau	30,6	**49,0**	59,5
040	Wärmeversorgungsanl. - Betriebseinr. inkl. 041	1,3	**4,5**	16,8
042	Gas- u. Wasseranl. - Leitung., Armat. inkl. 043	< 0,1	**0,6**	2,9
044	Abwasseranl. - Leitungen, Abläufe, Armaturen	< 0,1	**0,4**	1,6
045	Gas, Wasser, Entwässerung - Ausstattung inkl. 046	< 0,1	**0,5**	1,7
047	Dämm- und Brandschutzarb. an techn. Anlagen	< 0,1	**0,4**	1,6
049	Feuerlöschanlagen, Feuerlöschgeräte	< 0,1	**< 0,1**	< 0,1
050	Blitzschutz-/Erdungsanlagen, Überspannungssch.	< 0,1	**0,4**	1,3
052	Mittelspannungsanlagen	–	**–**	–
053	Niederspannungsanl. - Kabel inkl. 054	2,2	**5,0**	8,8
055	Sicherheits- u. Ersatzstromversorgungsanl.	0,0	**< 0,1**	0,2
057	Gebäudesystemtechnik	–	**–**	–
058	Leuchten und Lampen inkl. 059	2,2	**6,7**	17,6
060	Such, Signal, Zeit, Anten., akust. Anl. inkl. 064	< 0,1	**0,7**	2,0
061	Kommunikations- u. Übertragungsnetze inkl. 062	0,2	**1,1**	2,7
063	Gefahrenmeldeanlagen	0,3	**2,4**	10,9
069	Aufzüge	0,0	**0,6**	3,5
070	Gebäudeautomation	0,0	**0,4**	2,2
075	Raumlufttechnische Anlagen inkl. 078	< 0,1	**1,7**	6,9
	Gebäudetechnik	12,0	**25,7**	34,8
084	Abbruch, Rückbau, Schadstoffsanierung	2,8	**5,4**	10,7
	Sonstige Leistungsbereiche inkl. 008, 033, 051	0,2	**2,3**	7,3

€/m² BGF

min	690	€/m²
von	1.180	€/m²
Mittel	**1.805**	**€/m²**
bis	2.695	€/m²
max	2.865	€/m²

Kosten:
Stand 2. Quartal 2026
Bundesdurchschnitt
inkl. 19% MwSt.

Objektübersicht zur Gebäudeart

9100-0213 Stadtbücherei

BRI 3.691 m³ **BGF** 995 m² **NUF** 752 m²

© Jens Kirchner

Baujahr: 90er Jahre
Bauzustand: gut
Aufwand: mittel
Nutzung während der Bauzeit: nein
Nutzungsänderung: nein
Grundrissänderungen: wenige
Tragwerkseingriffe: wenige

Land: Nordrhein-Westfalen
Kreis: Gütersloh
Standard: mittel
Bauzeit: 35 Wochen
Kennwerte: bis 3. Ebene DIN 276
veröffentlicht: BKI Objektdaten A13
BGF 1.736 €/m²

Planung: k.A.

Stadtbücherei mit Gruppenarbeitsräumen, Gamingbereich, Makerspace und Lesenetz sowie „Open-Library-Konzept"

1. Ebene: 300 Bauwerk – Baukonstruktionen: 57%, **400 Bauwerk – Technische Anlagen:** 43%
3. Ebene: Baukonstruktionen: A: Sonstige 2%, **W:** Sonstige 5%, **H:** 334 Außenwandöffnungen 3%, 353 Deckenbeläge 19%, 354 Deckenbekleidungen 13%, 381 Allgemeine Einbauten 5%, 382 Besondere Einbauten 39%, 386 Orientierungs- und Informationssysteme 4%, Sonstige 10%, **Technische Anlagen: A:** Sonstige 2%, **W:** Sonstige < 1%, **H:** 434 Kälteanlagen 7%, 444 Niederspannungsinstallationsanlagen 7%, 445 Beleuchtungsanlagen 27%, 454 Elektroakustische Anlagen 4%, 455 Audiovisuelle Medien- und Antennenanlagen 7%, 456 Gefahrenmelde- und Alarmanlagen 30%, 457 Datenübertragungsnetze 3%, Sonstige 11%

9100-0204 Stadtbücherei (120 Plätze)

BRI 4.242 m³ **BGF** 907 m² **NUF** 728 m²

© Peter Wolf

Baujahr: 1902
Bauzustand: gut
Aufwand: hoch
Nutzung während der Bauzeit: ja
Nutzungsänderung: nein
Grundrissänderungen: wenige
Tragwerkseingriffe: einige

Land: Hessen
Kreis: Wetteraukreis
Standard: mittel
Bauzeit: 122 Wochen
Kennwerte: bis 3. Ebene DIN 276
veröffentlicht: BKI Objektdaten A13
BGF 1.132 €/m²

Planung: a5 Planung GmbH; Bad Nauheim

Stadtbücherei mit Hausmeisterwohnung im Dachgeschoss

1. Ebene: 300 Bauwerk – Baukonstruktionen: 99%, **400 Bauwerk – Technische Anlagen:** 1%
3. Ebene: Baukonstruktionen: A: 335 Außenwandbekleidungen, außen 13%, Sonstige 2%, **W:** 331 Tragende Außenwände 8%, 334 Außenwandöffnungen 40%, 335 Außenwandbekleidungen, außen 5%, Sonstige 1%, **H:** 335 Außenwandbekleidungen, außen 11%, 363 Dachbeläge 7%, 392 Gerüste 7%, Sonstige 7%, **Technische Anlagen: A:** 446 Blitzschutz- und Erdungsanlagen 6%, **H:** 446 Blitzschutz- und Erdungsanlagen 94%

A Abbrechen
W Wiederherstellen
H Herstellen

9100-0158 Bibliothek

BRI 1.093 m³ **BGF** 329 m² **NUF** 246 m²

Baujahr: 1890
Bauzustand: mittel
Aufwand: mittel
Nutzung während der Bauzeit: ja
Nutzungsänderung: nein
Grundrissänderungen: wenige
Tragwerkseingriffe: keine

Land: Nordrhein-Westfalen
Kreis: Köln, Stadt
Standard: mittel
Bauzeit: 22 Wochen
Kennwerte: bis 3. Ebene DIN 276
veröffentlicht: BKI Objektdaten A12

BGF **891 €/m²**

Planung: FRANKE Architektur I Innenarchitektur; Düren

Sanierung einer Stadtteilbibliothek in einem denkmalgeschützten Gebäude.

1. Ebene: 300 Bauwerk – Baukonstruktionen: 70%, **400 Bauwerk – Technische Anlagen:** 30%
3. Ebene: Baukonstruktionen: **A:** Sonstige 4%, **W:** 334 Außenwandöffnungen 10%, 344 Innenwandöffnungen 9%, Sonstige 9%, **H:** 334 Außenwandöffnungen 5%, 336 Außenwandbekleidungen, innen 4%, 345 Innenwandbekleidungen 16%, 353 Deckenbeläge 27%, 354 Deckenbekleidungen 6%, 381 Allgemeine Einbauten 5%, Sonstige 5%, **Technische Anlagen:** **W:** 423 Raumheizflächen 13%, Sonstige < 1%, **H:** 444 Niederspannungsinstallationsanlagen 4%, 445 Beleuchtungsanlagen 76%, 457 Datenübertragungsnetze 7%

1200-0001 Gerichtsgebäude - Eingangsbereich

BRI 914 m³ **BGF** 137 m² **NUF** 18 m²

Baujahr: 1911
Bauzustand: gut
Aufwand: hoch
Nutzung während der Bauzeit: ja
Nutzungsänderung: nein
Grundrissänderungen: wenige
Tragwerkseingriffe: wenige

Land: Nordrhein-Westfalen
Kreis: Köln, Stadt
Standard: hoch
Bauzeit: 18 Wochen
Kennwerte: bis 3. Ebene DIN 276
veröffentlicht: BKI Objektdaten A12

BGF **2.716 €/m²**

Planung: FRANKE Architektur I Innenarchitektur; Düren

Umbau der Pförtnerloge mit Schleuse im Eingangsbereich des Gerichtsgebäudes.

1. Ebene: 300 Bauwerk – Baukonstruktionen: 70%, **400 Bauwerk – Technische Anlagen:** 30%
3. Ebene: Baukonstruktionen: **A:** Sonstige 2%, **W:** Sonstige < 1%, **H:** 345 Innenwandbekleidungen 4%, 353 Deckenbeläge 5%, 381 Allgemeine Einbauten 15%, 382 Besondere Einbauten 62%, 392 Gerüste 5%, Sonstige 5%, **Technische Anlagen:** **A:** Sonstige < 1%, **W:** 456 Gefahrenmelde- und Alarmanlagen 4%, **H:** 423 Raumheizflächen 6%, 431 Lüftungsanlagen 25%, 434 Kälteanlagen 11%, 444 Niederspannungsinstallationsanlagen 10%, 445 Beleuchtungsanlagen 11%, 452 Such- und Signalanlagen 12%, 456 Gefahrenmelde- und Alarmanlagen 12%, 498 Provisorische technische Anlagen 6%, Sonstige 4%

€/m² BGF

min	690	€/m²
von	1.180	€/m²
Mittel	**1.805**	**€/m²**
bis	2.695	€/m²
max	2.865	€/m²

Kosten:
Stand 2. Quartal 2026
Bundesdurchschnitt
inkl. 19% MwSt.

Objektübersicht zur Gebäudeart

9100-0157 Bibliothek, Möblierung*

BRI 1.602 m³ **BGF** 409 m² **NUF** 356 m²

Baujahr: 1987
Bauzustand: gut
Aufwand: niedrig
Nutzung während der Bauzeit: ja
Nutzungsänderung: nein
Grundrissänderungen: wenige
Tragwerkseingriffe: keine

Land: Nordrhein-Westfalen
Kreis: Düren
Standard: mittel
Bauzeit: 8 Wochen
Kennwerte: bis 3. Ebene DIN 276
veröffentlicht: BKI Objektdaten A12

BGF 231 €/m²

* Nicht in der Auswertung enthalten

Planung: FRANKE Architektur I Innenarchitektur; Düren

Umbau der Stadtbücherei mit besonderer Aufenthaltsqualität für Multimedia und Kommunikation.

1. Ebene: 300 Bauwerk – Baukonstruktionen: 88%, **400 Bauwerk – Technische Anlagen:** 12%
3. Ebene: Baukonstruktionen: H: 381 Allgemeine Einbauten 43%, 382 Besondere Einbauten 57%, **Technische Anlagen: H:** 445 Beleuchtungsanlagen 100%

1200-0002 Gerichtsgebäude - Gerichtssaal

BRI 500 m³ **BGF** 131 m² **NUF** 90 m²

Baujahr: 1911
Bauzustand: gut
Aufwand: mittel
Nutzung während der Bauzeit: ja
Nutzungsänderung: nein
Grundrissänderungen: keine
Tragwerkseingriffe: keine

Land: Nordrhein-Westfalen
Kreis: Köln, Stadt
Standard: mittel
Bauzeit: 18 Wochen
Kennwerte: bis 3. Ebene DIN 276
veröffentlicht: BKI Objektdaten A12

BGF 1.461 €/m²

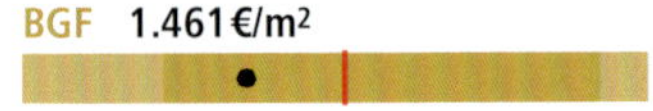

Planung: FRANKE Architektur I Innenarchitektur; Düren

Umbau des historischen Gerichtssaales auf zeitgemäßen Standard.

1. Ebene: 300 Bauwerk – Baukonstruktionen: 72%, **400 Bauwerk – Technische Anlagen:** 28%
3. Ebene: Baukonstruktionen: A: 353 Deckenbeläge 6%, 354 Deckenbekleidungen 4%, Sonstige 2%, **W:** 345 Innenwandbekleidungen 5%, Sonstige 5%, **H:** 345 Innenwandbekleidungen 4%, 353 Deckenbeläge 21%, 354 Deckenbekleidungen 28%, 382 Besondere Einbauten 19%, Sonstige 5%, **Technische Anlagen: A:** Sonstige 4%, **H:** 444 Niederspannungsinstallationsanlagen 28%, 445 Beleuchtungsanlagen 55%, 451 Telekommunikationsanlagen 8%, 457 Datenübertragungsnetze 4%, Sonstige < 1%

A Abbrechen
W Wiederherstellen
H Herstellen

Objektübersicht zur Gebäudeart

9100-0170 Kirche

BRI 3.172 m³ **BGF** 325 m² **NUF** 227 m²

© Architekturbüro Müntinga und Puy

Baujahr: 1512/1705
Bauzustand: mittel
Aufwand: mittel
Nutzung während der Bauzeit: nein
Nutzungsänderung: nein
Grundrissänderungen: einige
Tragwerkseingriffe: wenige

Land: Hessen
Kreis: Kassel
Standard: mittel
Bauzeit: 109 Wochen
Kennwerte: bis 3. Ebene DIN 276
veröffentlicht: BKI Objektdaten A12
BGF **2.410 €/m²**

Planung: Architekturbüro Müntinga I Puy I Schimmelpfeng; Bad Arolsen

Modernisierung des Kircheninnenraumes und barrierefreien Zugang.

1. Ebene: 300 Bauwerk – Baukonstruktionen: 61%, **400 Bauwerk – Technische Anlagen:** 39%
3. Ebene: Baukonstruktionen: A: Sonstige 6%, **W:** 359 Sonstiges zur KG 350 4%, Sonstige 4%, **H:** 324 Gründungsbeläge 16%, 334 Außenwandöffnungen 7%, 336 Außenwandbekleidungen, innen 7%, 359 Sonstiges zur KG 350 5%, 381 Allgemeine Einbauten 31%, 392 Gerüste 3%, Sonstige 16%, **Technische Anlagen:** **H:** 421 Wärmeerzeugungsanlagen 7%, 422 Wärmeverteilnetze 18%, 423 Raumheizflächen 28%, 443 Niederspannungsschaltanlagen 5%, 444 Niederspannungsinstallationsanlagen 22%, 445 Beleuchtungsanlagen 12%, 454 Elektroakustische Anlagen 6%, Sonstige 2%

9100-0169 Klosteranlage, Wissenschafts- und Studierzentrum

BRI 25.377 m³ **BGF** 5.583 m² **NUF** 2.687 m²

© IPROconsult GmbH

Baujahr: 1734
Bauzustand: schlecht
Aufwand: hoch
Nutzung während der Bauzeit: nein
Nutzungsänderung: ja
Grundrissänderungen: umfangreiche
Tragwerkseingriffe: umfangreiche

Land: Bayern
Kreis: Altötting
Standard: hoch
Bauzeit: 122 Wochen
Kennwerte: bis 3. Ebene DIN 276
veröffentlicht: BKI Objektdaten A12
BGF **2.729 €/m²**

Planung: IPROconsult GmbH; Dresden

Umbau und Sanierung des Prälatenstocks und der ehemalige Brauerei einer Klosteranlage zum Study and Science Center einer Universität.

1. Ebene: 300 Bauwerk – Baukonstruktionen: 75%, **400 Bauwerk – Technische Anlagen:** 25%
3. Ebene: Baukonstruktionen: A: Sonstige 7%, **W:** 344 Innenwandöffnungen 3%, 351 Deckenkonstruktionen 9%, 353 Deckenbeläge 6%, Sonstige 13%, **H:** 324 Gründungsbeläge 3%, 334 Außenwandöffnungen 6%, 344 Innenwandöffnungen 5%, 345 Innenwandbekleidungen 3%, 351 Deckenkonstruktionen 5%, 391 Baustelleneinrichtung 4%, Sonstige 35%, **Technische Anlagen:** A: Sonstige < 1%, **W:** Sonstige 3%, **H:** 412 Wasseranlagen 7%, 422 Wärmeverteilnetze 7%, 423 Raumheizflächen 7%, 431 Lüftungsanlagen 3%, 434 Kälteanlagen 5%, 444 Niederspannungsinstallationsanlagen 21%, 445 Beleuchtungsanlagen 13%, 456 Gefahrenmelde- und Alarmanlagen 5%, 461 Aufzugsanlagen 7%, 481 Automationseinrichtungen 7%, Sonstige 14%

Objektübersicht zur Gebäudeart

€/m² BGF

min	690	€/m²
von	1.180	€/m²
Mittel	**1.805**	**€/m²**
bis	2.695	€/m²
max	2.865	€/m²

Kosten:
Stand 2. Quartal 2026
Bundesdurchschnitt
inkl. 19% MwSt.

9100-0125 Bürgerhaus, Gaststätte, Veranstaltungsraum

BRI 1.150 m³ **BGF** 335 m² **NUF** 264 m²

Baujahr: 1902
Bauzustand: mittel
Aufwand: hoch
Nutzung während der Bauzeit: nein
Nutzungsänderung: ja
Grundrissänderungen: umfangreiche
Tragwerkseingriffe: umfangreiche

Land: Bayern
Kreis: Landsberg am Lech
Standard: hoch
Bauzeit: 70 Wochen
Kennwerte: bis 3. Ebene DIN 276
veröffentlicht: BKI Objektdaten A11

BGF 2.865 €/m²

Planung: Büro ArchitektenGrundRiss Gerhard Ringler, Dipl.-Ing. Univ.; Landsberg

Bürgerheim mit Bürgerstube und Schießständen, wird von Schützenverein genutzt.

1. Ebene: 300 Bauwerk – Baukonstruktionen: 76%, **400 Bauwerk – Technische Anlagen:** 24%
3. Ebene: Baukonstruktionen: A: Sonstige 7%, **W:** Sonstige 2%, **H:** 324 Gründungsbeläge 4%, 331 Tragende Außenwände 15%, 334 Außenwandöffnungen 5%, 335 Außenwandbekleidungen, außen 7%, 336 Außenwandbekleidungen, innen 3%, 341 Tragende Innenwände 3%, 345 Innenwandbekleidungen 5%, 353 Deckenbeläge 4%, 361 Dachkonstruktionen 6%, 362 Dachöffnungen 4%, 363 Dachbeläge 6%, Sonstige 27%, **Technische Anlagen: A:** Sonstige 1%, **H:** 411 Abwasseranlagen 4%, 412 Wasseranlagen 9%, 421 Wärmeerzeugungsanlagen 7%, 423 Raumheizflächen 5%, 431 Lüftungsanlagen 8%, 444 Niederspannungsinstallationsanlagen 16%, 445 Beleuchtungsanlagen 6%, 471 Küchentechnische Anlagen 34%, Sonstige 9%

9100-0093 Gemeindehaus

BRI 1.994 m³ **BGF** 745 m² **NUF** 413 m²

Bauzustand: mittel
Aufwand: niedrig
Nutzungsänderung: nein
Grundrissänderungen: wenige
Tragwerkseingriffe: wenige

Land: Bayern
Kreis: Schwandorf
Standard: mittel
Bauzeit: 18 Wochen
Kennwerte: bis 3. Ebene DIN 276
veröffentlicht: BKI Objektdaten A9

BGF 689 €/m²

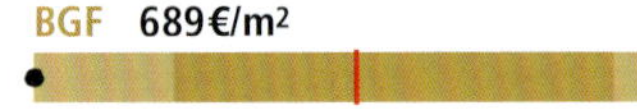

Planung: Architekturbüro Michael Dittmann; Amberg

Gemeindehaus mit Gruppenräumen, Büros. Küche, Stuhllager und Sanitäranlagen zur gemeinsamen Nutzung mit Kirche und Saal.

1. Ebene: 300 Bauwerk – Baukonstruktionen: 66%, **400 Bauwerk – Technische Anlagen:** 34%
3. Ebene: Baukonstruktionen: A: Sonstige 4%, **W:** Sonstige 3%, **H:** 334 Außenwandöffnungen 24%, 335 Außenwandbekleidungen, außen 25%, 344 Innenwandöffnungen 6%, 345 Innenwandbekleidungen 3%, 351 Deckenkonstruktionen 3%, 353 Deckenbeläge 6%, 363 Dachbeläge 4%, 381 Allgemeine Einbauten 7%, Sonstige 15%, **Technische Anlagen: A:** Sonstige 2%, **W:** Sonstige < 1%, **H:** 411 Abwasseranlagen 8%, 412 Wasseranlagen 19%, 421 Wärmeerzeugungsanlagen 11%, 422 Wärmeverteilnetze 16%, 423 Raumheizflächen 13%, 444 Niederspannungsinstallationsanlagen 19%, 446 Blitzschutz- und Erdungsanlagen 6%, Sonstige 6%

A Abbrechen
W Wiederherstellen
H Herstellen

6400-0062 Jugendzentrum

BRI 4.734m³ **BGF** 1.141m² **NUF** 798m²

© Architekturbüro Bernd Pauker

Baujahr: 1974
Bauzustand: schlecht
Aufwand: mittel
Nutzung während der Bauzeit: ja
Nutzungsänderung: nein
Grundrissänderungen: einige
Tragwerkseingriffe: wenige

Land: Niedersachsen
Kreis: Lüchow-Dannenberg
Standard: mittel
Bauzeit: 44 Wochen
Kennwerte: bis 3. Ebene DIN 276
veröffentlicht: BKI Objektdaten A8

BGF **1.543€/m²**

Planung: Architekturbüro Bernd Pauker; Dannenberg

Umbau und energetische Sanierung des Jugendzentrums **Kosteneinfluss Nutzung:** Umbau und energetische Sanierung eines Jugendzentrums.

1. Ebene: 300 Bauwerk – Baukonstruktionen: 80%, **400 Bauwerk – Technische Anlagen:** 20%
3. Ebene: Baukonstruktionen: **A**: Sonstige 5%, **W**: Sonstige < 1%, **H**: 324 Gründungsbeläge 4%, 334 Außenwandöffnungen 10%, 335 Außenwandbekleidungen, außen 12%, 344 Innenwandöffnungen 8%, 345 Innenwandbekleidungen 9%, 353 Deckenbeläge 3%, 354 Deckenbekleidungen 4%, 361 Dachkonstruktionen 4%, 363 Dachbeläge 11%, 364 Dachbekleidungen 3%, 394 Abbruchmaßnahmen 7%, Sonstige 19%, **Technische Anlagen:** **A**: Sonstige < 1%, **H**: 444 Niederspannungsinstallationsanlagen 42%, 445 Beleuchtungsanlagen 19%, 456 Gefahrenmelde- und Alarmanlagen 7%, 457 Datenübertragungsnetze 7%, 461 Aufzugsanlagen 23%, Sonstige 2%

9100-0184 Friedenskirche (290 Sitzplätze)

BRI 5.134m³ **BGF** 520m² **NUF** 411m²

© Jörg Sarbach

Baujahr: 1869
Bauzustand: schlecht
Aufwand: mittel
Nutzung während der Bauzeit: nein
Nutzungsänderung: nein
Grundrissänderungen: wenige
Tragwerkseingriffe: wenige

Land: Bremen
Kreis: Bremen, Stadt
Standard: hoch
Bauzeit: 35 Wochen
Kennwerte: bis 1. Ebene DIN 276
veröffentlicht: BKI Objektdaten A11

BGF **1.656€/m²**

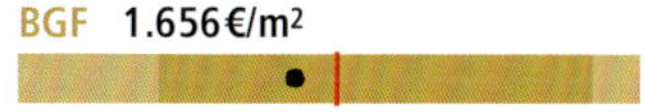

Planung: ulrich TILGNER thomas GROTZ Architekten GmbH; Bremen

Die Evangelische Friedenskirche wurde als neogotischer Backsteinbau zwischen 1867 und 1869 errichtet. Die Stahlfaserbetonsohle ist neu hergestellt. Wände wurden ausgebessert und beschichtet. Öffnungen und Nischen wurden ausgemauert. Die Holzkonstruktion der stufenartigen Orgelempore wird durch neue Stahlträger abgefangen und ist mit einer abgehängten Decke bekleidet. Es wurden akustisch wirksame Paneele in das Geländer eingebaut. Die Fußböden bestehen aus Heizestrich und fugenlosen Kautschukbelägen.

1. Ebene: 300 Bauwerk – Baukonstruktionen: 75%, **400 Bauwerk – Technische Anlagen:** 25%

Objektübersicht zur Gebäudeart

9100-0189 Veranstaltungssaal (110 Sitzplätze)* **BRI** 1.686 m³ **BGF** 215 m² **NUF** 165 m²

Baujahr: 1994
Bauzustand: mittel
Aufwand: hoch
Nutzung während der Bauzeit: nein
Nutzungsänderung: nein
Grundrissänderungen: keine
Tragwerkseingriffe: keine

Land: Schleswig-Holstein
Kreis: Lübeck, Stadt
Standard: hoch
Bauzeit: 39 Wochen
Kennwerte: bis 1. Ebene DIN 276
veröffentlicht: BKI Objektdaten A12

BGF 10.346 €/m² *

* Nicht in der Auswertung enthalten

Planung: Heske Hochgürtel Lohse Architekten PartGmbB; Lübeck

Veranstaltungssaal mit 110 Sitzplätzen

1. Ebene: 300 Bauwerk – Baukonstruktionen: 48%, **400 Bauwerk – Technische Anlagen:** 52%

€/m² BGF

min	690	€/m²
von	1.180	€/m²
Mittel	**1.805**	**€/m²**
bis	2.695	€/m²
max	2.865	€/m²

Kosten:
Stand 2. Quartal 2026
Bundesdurchschnitt
inkl. 19% MwSt.

A Abbrechen
W Wiederherstellen
H Herstellen

Kostenkennwerte für die Kosten des Bauwerks (Kostengruppen 300+400 nach DIN 276)

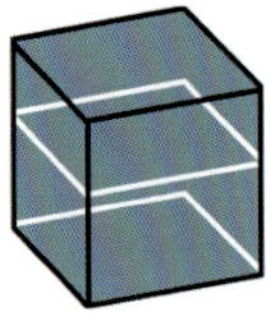

BRI 305 €/m³
von 115 €/m³
bis 530 €/m³

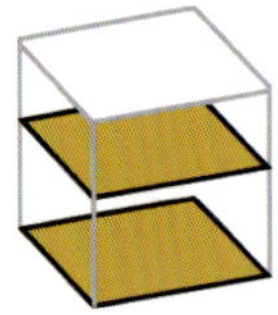

BGF 895 €/m²
von 340 €/m²
bis 1.675 €/m²

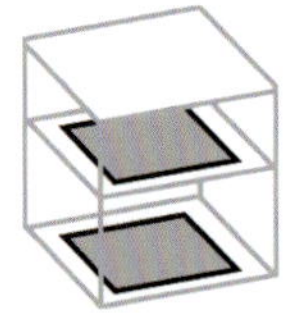

NUF 1.505 €/m²
von 555 €/m²
bis 2.780 €/m²

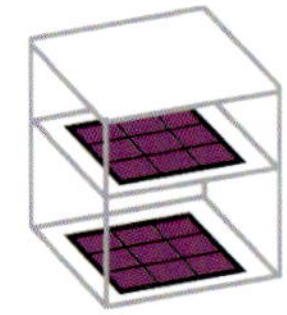

NE 2.475 €/NE
von 1.290 €/NE
bis 3.680 €/NE
NE: Wohnfläche

Objektbeispiele

Kosten:
Stand 2. Quartal 2026
Bundesdurchschnitt
inkl. 19% MwSt.

6100-1760

6100-1483

6100-1405

Kosten der 17 Vergleichsobjekte

Seiten 560 bis 570

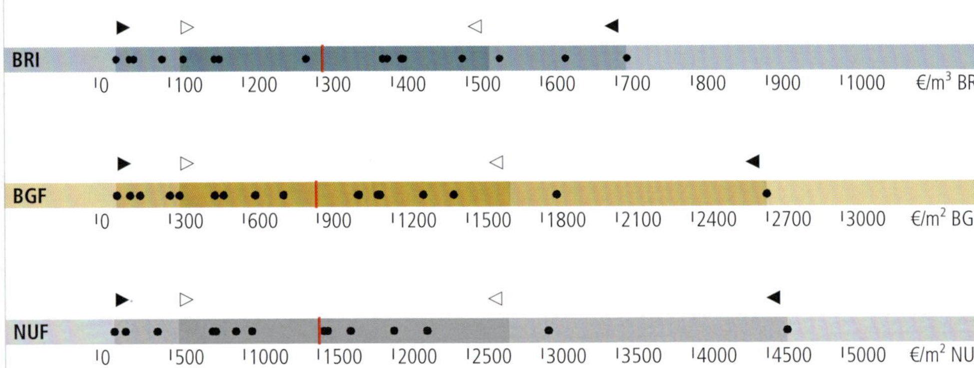

● KKW
▶ min
▷ von
| Mittelwert
◁ bis
◀ max

Kostenstand: 2. Quartal 2026, Bundesdurchschnitt, **inkl. 19% MwSt.**

Kostenkennwerte für die Kostengruppen der 1. und 2.Ebene DIN 276

KG	Kostengruppen der 1.Ebene	Einheit	▷	€/Einheit	◁	▷	% an 300+400	◁
100	Grundstück	m² GF	–	**–**	–	–	**–**	–
200	Vorbereitende Maßnahmen	m² GF	3	**8**	17	< 0,1	**0,7**	1,0
300	Bauwerk – Baukonstruktionen	m² BGF	257	**710**	1.312	70,0	**83,4**	97,1
400	Bauwerk – Technische Anlagen	m² BGF	36	**195**	361	5,4	**17,7**	31,8
	Bauwerk 300+400	m² BGF	338	**893**	1.673	100,0	**100,0**	100,0
500	Außenanlagen und Freiflächen	m² AF	31	**133**	528	0,8	**3,3**	9,7
600	Ausstattung und Kunstwerke	m² BGF	4	**9**	18	0,3	**0,7**	1,3
700	Baunebenkosten	m² BGF	–	**–**	–	–	**–**	–
800	Finanzierung	m² BGF	–	**–**	–	–	**–**	–

KG	Kostengruppen der 2.Ebene	Einheit	▷	€/Einheit	◁	▷	% an 1.Ebene	◁
310	Baugrube / Erdbau	m³ BGI	63	**167**	251	0,2	**1,8**	14,0
320	Gründung, Unterbau	m² GRF	159	**398**	998	0,2	**2,3**	5,7
330	Außenwände / vertikal außen	m² AWF	270	**449**	800	20,5	**38,6**	64,0
340	Innenwände / vertikal innen	m² IWF	213	**313**	419	1,6	**10,6**	20,7
350	Decken / horizontal	m² DEF	317	**693**	1.414	4,0	**14,8**	25,0
360	Dächer	m² DAF	246	**520**	734	6,6	**23,2**	54,7
370	Infrastrukturanlagen		–	**–**	–	–	**–**	–
380	Baukonstruktive Einbauten	m² BGF	5	**18**	69	0,1	**0,9**	4,9
390	Sonst. Maßnahmen für Baukonst.	m² BGF	22	**51**	106	4,2	**7,8**	14,1
300	**Bauwerk – Baukonstruktionen**	**m² BGF**					**100,0**	
410	Abwasser-, Wasser-, Gasanlagen	m² BGF	12	**57**	93	4,5	**20,7**	51,8
420	Wärmeversorgungsanlagen	m² BGF	24	**77**	148	15,9	**38,9**	77,2
430	Raumlufttechnische Anlagen	m² BGF	7	**14**	50	0,2	**2,0**	8,0
440	Elektrische Anlagen	m² BGF	20	**71**	135	8,7	**27,4**	57,6
450	Kommunikationstechnische Anlagen	m² BGF	4	**11**	22	1,0	**3,5**	9,9
460	Förderanlagen	m² BGF	46	**70**	108	0,0	**7,3**	48,1
470	Nutzungsspez. / verfahrenstech. Anl.	m² BGF	–	**–**	–	–	**–**	–
480	Gebäude- und Anlagenautomation	m² BGF	–	**–**	–	–	**–**	–
490	Sonst. Maßnahmen f. techn. Anl.	m² BGF	< 1	**2**	7	< 0,1	**0,2**	1,3
400	**Bauwerk – Technische Anlagen**	**m² BGF**					**100,0**	

Prozentanteile der Kosten 2.Ebene an den Kosten des Bauwerks nach DIN 276 (Von/Mittel/Bis)

KG	Kostengruppe	%
310	Baugrube / Erdbau	1,7
320	Gründung, Unterbau	1,8
330	Außenwände / vertikal außen	32,9
340	Innenwände / vertikal innen	7,8
350	Decken / horizontal	11,5
360	Dächer	20,5
370	Infrastrukturanlagen	
380	Baukonstruktive Einbauten	0,8
390	Sonst. Maßnahmen für Baukonst.	6,3
410	Abwasser-, Wasser-, Gasanlagen	3,4
420	Wärmeversorgungsanlagen	5,8
430	Raumlufttechnische Anlagen	0,5
440	Elektrische Anlagen	4,6
450	Kommunikationstechnische Anlagen	0,6
460	Förderanlagen	1,6
470	Nutzungsspez. / verfahrenstech. Anl.	
480	Gebäude- und Anlagenautomation	
490	Sonst. Maßnahmen f. techn. Anl.	< 0,1

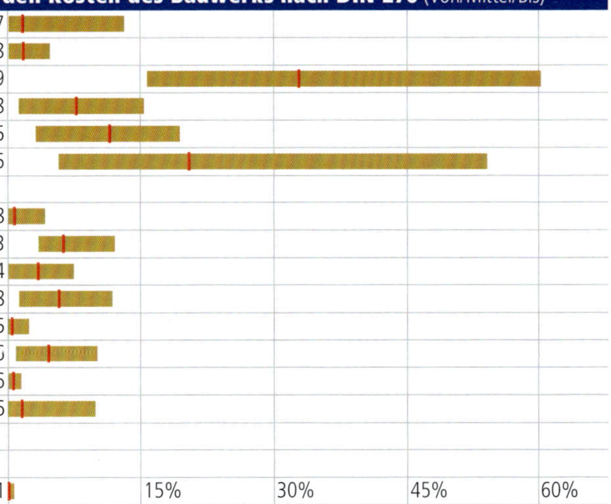

Kostenstand: 2.Quartal 2026, Bundesdurchschnitt, **inkl. 19% MwSt.**

Kostenkennwerte für die Kostengruppen der 3. Ebene DIN 276

KG	Kostengruppen der 3. Ebene	Einheit	▷	€/Einheit	◁	▷	€/m² BGF	◁
311	**Herstellung**	m³	74	**156**	268	5	**13**	21
	Herstellen	m³	74	**156**	268	5	**13**	21
312	**Umschließung**	m²	–	**81**	–	–	**2**	–
	Herstellen	m²	–	**81**	–	–	**2**	–
322	**Flachgründungen und Bodenplatten**	m²	239	**454**	984	5	**16**	26
	Abbrechen	*m²*	*8*	***25***	*60*	*< 1*	***< 1***	*1*
	Herstellen	m²	233	**445**	984	6	**18**	26
324	**Gründungsbeläge**	m²	79	**144**	221	6	**16**	48
	Abbrechen	*m²*	*18*	***34***	*58*	*< 1*	***6***	*8*
	Wiederherstellen	m²	22	**37**	52	2	**7**	12
	Herstellen	m²	80	**122**	187	5	**14**	30
325	**Abdichtungen und Bekleidungen**	m²	13	**54**	168	< 1	**4**	7
	Wiederherstellen	m²	–	**4**	–	–	**< 1**	–
	Herstellen	m²	12	**53**	168	< 1	**4**	7
326	**Dränagen**	m²	39	**55**	71	1	**7**	12
	Wiederherstellen	m²	–	**71**	–	–	**12**	–
	Herstellen	m²	–	**39**	–	–	**1**	–
331	**Tragende Außenwände**	m²	128	**364**	802	9	**34**	103
	Abbrechen	*m²*	*25*	***26***	*27*	*1*	***6***	*10*
	Wiederherstellen	m²	43	**112**	368	6	**16**	32
	Herstellen	m²	120	**329**	738	7	**30**	105
332	**Nichttragende Außenwände**	m²	143	**231**	298	2	**8**	42
	Abbrechen	*m²*	*70*	***94***	*118*	*< 1*	***3***	*9*
	Herstellen	m²	146	**193**	260	3	**9**	33
333	**Außenstützen**	m	135	**255**	440	1	**5**	15
	Herstellen	m	135	**255**	440	1	**5**	15
334	**Außenwandöffnungen**	m²	620	**1.029**	2.065	20	**66**	124
	Abbrechen	*m²*	*19*	***39***	*64*	*1*	***3***	*4*
	Wiederherstellen	m²	46	**177**	383	3	**13**	34
	Herstellen	m²	520	**934**	1.836	15	**58**	103
335	**Außenwandbekleidungen, außen**	m²	110	**228**	478	44	**84**	163
	Abbrechen	*m²*	*4*	***13***	*27*	*2*	***5***	*12*
	Wiederherstellen	m²	50	**126**	465	11	**35**	65
	Herstellen	m²	53	**142**	238	26	**61**	127
336	**Außenwandbekleidungen, innen**	m²	62	**121**	260	13	**38**	101
	Abbrechen	*m²*	*6*	***9***	*16*	*1*	***3***	*6*
	Wiederherstellen	m²	11	**45**	242	2	**6**	19
	Herstellen	m²	65	**106**	187	17	**41**	107
337	**Elem. Außenwandkonstruktionen**	m²	538	**786**	1.211	26	**57**	73
	Herstellen	m²	538	**786**	1.211	26	**57**	73
338	**Lichtschutz zur KG 330**	m²	486	**731**	887	2	**5**	9
	Abbrechen	*m²*	*–*	***278***	*–*	*–*	***< 1***	*–*
	Herstellen	m²	443	**676**	865	2	**5**	9
339	**Sonstiges zur KG 330**	m²	6	**18**	60	3	**5**	11
	Abbrechen	*m²*	*2*	***12***	*39*	*< 1*	***2***	*3*
	Wiederherstellen	m²	1	**3**	4	< 1	**1**	2
	Herstellen	m²	3	**11**	32	2	**4**	10

Kosten:
Stand 2. Quartal 2026
Bundesdurchschnitt
inkl. 19% MwSt.

▷ von
ø Mittel
◁ bis

KG	Kostengruppen der 3. Ebene	Einheit	▷	€/Einheit	◁	▷	€/m² BGF	◁
341	**Tragende Innenwände**	m²	343	**967**	2.001	9	**22**	46
	Abbrechen	*m²*	*182*	***735***	*2.147*	*4*	***12***	*28*
	Wiederherstellen	m²	–	**28**	–	< 1	**2**	4
	Herstellen	m²	258	**373**	769	4	**13**	31
342	**Nichttragende Innenwände**	m²	124	**187**	246	10	**25**	58
	Abbrechen	*m²*	*9*	***20***	*33*	*2*	***6***	*14*
	Herstellen	m²	115	**174**	225	9	**23**	50
343	**Innenstützen**	m	103	**105**	106	< 1	**1**	1
	Herstellen	m	103	**105**	106	< 1	**1**	1
344	**Innenwandöffnungen**	m²	312	**683**	1.131	15	**43**	101
	Abbrechen	*m²*	*7*	***19***	*37*	*< 1*	***1***	*3*
	Wiederherstellen	m²	158	**325**	698	7	**28**	83
	Herstellen	m²	160	**514**	786	12	**27**	60
345	**Innenwandbekleidungen**	m²	79	**96**	126	35	**74**	148
	Abbrechen	*m²*	*4*	***11***	*26*	*3*	***9***	*20*
	Wiederherstellen	m²	4	**11**	26	3	**12**	24
	Herstellen	m²	56	**79**	98	29	**60**	126
346	**Elem. Innenwandkonstruktionen**	m²	145	**237**	546	2	**8**	17
	Abbrechen	*m²*	*–*	***2***	*–*	*< 1*	***< 1***	*< 1*
	Herstellen	m²	144	**236**	546	2	**8**	17
349	**Sonstiges zur KG 340**	m²	4	**5**	6	1	**2**	2
	Wiederherstellen	m²	–	**1**	–	–	**< 1**	–
	Herstellen	m²	2	**4**	6	< 1	**1**	2
351	**Deckenkonstruktionen**	m²	246	**661**	2.586	7	**40**	79
	Abbrechen	*m²*	*6*	***56***	*150*	*2*	***4***	*10*
	Wiederherstellen	m²	44	**216**	385	8	**14**	30
	Herstellen	m²	255	**705**	2.032	24	**50**	74
352	**Deckenöffnungen**	m²	–	**857**	–	< 1	**2**	6
	Herstellen	m²	–	**857**	–	< 1	**3**	6
353	**Deckenbeläge**	m²	159	**285**	496	22	**61**	111
	Abbrechen	*m²*	*7*	***16***	*33*	*2*	***4***	*7*
	Wiederherstellen	m²	31	**142**	413	6	**14**	28
	Herstellen	m²	90	**167**	267	19	**53**	96
354	**Deckenbekleidungen**	m²	83	**158**	412	14	**37**	87
	Abbrechen	*m²*	*4*	***7***	*18*	*1*	***2***	*4*
	Wiederherstellen	m²	45	**155**	659	5	**17**	73
	Herstellen	m²	65	**96**	160	14	**32**	58
355	**Elementierte Deckenkonstruktionen**	m²	1.567	**2.336**	2.831	57	**109**	213
	Abbrechen	*m²*	*–*	***23***	*–*	*–*	***< 1***	*–*
	Wiederherstellen	m²	–	**72**	–	–	**5**	–
	Herstellen	m²	1.567	**2.304**	2.771	57	**107**	208
359	**Sonstiges zur KG 350**	m²	41	**196**	909	5	**16**	38
	Abbrechen	*m²*	*2*	***25***	*49*	*< 1*	***2***	*6*
	Wiederherstellen	m²	11	**101**	524	2	**5**	12
	Herstellen	m²	42	**181**	1.274	7	**18**	43
361	**Dachkonstruktionen**	m²	112	**162**	247	23	**57**	121
	Abbrechen	*m²*	*7*	***28***	*49*	*2*	***11***	*26*
	Wiederherstellen	m²	11	**37**	64	2	**11**	14
	Herstellen	m²	76	**122**	207	21	**49**	101

KG	Kostengruppen der 3. Ebene	Einheit	▷	€/Einheit	◁	▷	€/m² BGF	◁
362	**Dachöffnungen**	m²	1.827	**2.742**	4.711	4	**21**	51
	Abbrechen	*m²*	*55*	***153***	*263*	*< 1*	***2***	*9*
	Wiederherstellen	m²	–	**49**	–	–	**2**	–
	Herstellen	m²	1.700	**2.636**	4.633	4	**19**	46
363	**Dachbeläge**	m²	203	**347**	575	35	**104**	322
	Abbrechen	*m²*	*24*	***52***	*112*	*5*	***16***	*37*
	Wiederherstellen	m²	5	**24**	49	< 1	**3**	10
	Herstellen	m²	148	**289**	455	37	**94**	316
364	**Dachbekleidungen**	m²	143	**187**	251	15	**40**	123
	Abbrechen	*m²*	*15*	***26***	*48*	*2*	***5***	*9*
	Wiederherstellen	m²	16	**41**	59	2	**4**	7
	Herstellen	m²	122	**162**	232	13	**36**	115
366	**Lichtschutz zur KG 360**	m²	322	**761**	1.630	2	**4**	10
	Herstellen	m²	322	**761**	1.630	2	**4**	10
369	**Sonstiges zur KG 360**	m²	5	**12**	26	2	**4**	10
	Abbrechen	*m²*	*< 1*	***< 1***	*< 1*	*< 1*	***< 1***	*< 1*
	Wiederherstellen	m²	–	**3**	–	–	**< 1**	–
	Herstellen	m²	5	**12**	25	2	**4**	10
381	**Allgemeine Einbauten**	m²	5	**20**	69	5	**20**	69
	Abbrechen	*m²*	*< 1*	***1***	*3*	*< 1*	***1***	*3*
	Wiederherstellen	m²	< 1	**1**	3	< 1	**1**	3
	Herstellen	m²	5	**21**	67	5	**21**	67
386	**Orientierungs- u. Informationssys.**	m²	< 1	**< 1**	2	< 1	**< 1**	2
	Wiederherstellen	m²	–	**2**	–	–	**2**	–
	Herstellen	m²	< 1	**< 1**	< 1	< 1	**< 1**	< 1
391	**Baustelleneinrichtung**	m²	4	**13**	41	4	**13**	41
	Abbrechen	*m²*	*–*	***< 1***	*–*	*–*	***< 1***	*–*
	Herstellen	m²	4	**13**	41	4	**13**	41
392	**Gerüste**	m²	11	**21**	46	11	**21**	46
	Herstellen	m²	11	**21**	46	11	**21**	46
393	**Sicherungsmaßnahmen**	m²	< 1	**1**	3	< 1	**1**	3
	Abbrechen	*m²*	*–*	***< 1***	*–*	*–*	***< 1***	*–*
	Herstellen	m²	< 1	**2**	3	< 1	**2**	3
394	**Abbruchmaßnahmen**	m²	3	**9**	34	3	**9**	34
	Abbrechen	*m²*	*3*	***9***	*34*	*3*	***9***	*34*
396	**Materialentsorgung**	m²	5	**13**	33	5	**13**	33
	Abbrechen	*m²*	*12*	***27***	*41*	*12*	***27***	*41*
	Herstellen	m²	4	**7**	15	4	**7**	15
397	**Zusätzliche Maßnahmen**	m²	3	**11**	30	3	**11**	30
	Herstellen	m²	3	**11**	30	3	**11**	30
398	**Provisorische Baukonstruktionen**	m²	< 1	**< 1**	2	< 1	**< 1**	2
	Herstellen	m²	< 1	**< 1**	2	< 1	**< 1**	2
399	**Sonstiges zur KG 390**	m²	2	**11**	30	2	**11**	30
	Herstellen	m²	2	**11**	30	2	**11**	30

Kosten:
Stand 2. Quartal 2026
Bundesdurchschnitt
inkl. 19% MwSt.

▷ von
ø Mittel
◁ bis

KG	Kostengruppen der 3. Ebene	Einheit	▷	€/Einheit	◁	▷	€/m² BGF	◁
411	**Abwasseranlagen**	m²	5	**16**	31	5	**16**	31
	Abbrechen	*m²*	*< 1*	***< 1***	*1*	*< 1*	***< 1***	*1*
	Wiederherstellen	m²	< 1	**6**	17	< 1	**6**	17
	Herstellen	m²	4	**13**	24	4	**13**	24
412	**Wasseranlagen**	m²	13	**47**	68	13	**47**	68
	Abbrechen	*m²*	*1*	***3***	*4*	*1*	***3***	*4*
	Wiederherstellen	m²	2	**5**	10	2	**5**	10
	Herstellen	m²	27	**49**	74	27	**49**	74
419	**Sonstiges zur KG 410**	m²	3	**5**	9	3	**5**	9
	Herstellen	m²	3	**5**	9	3	**5**	9
421	**Wärmeerzeugungsanlagen**	m²	25	**47**	66	25	**47**	66
	Abbrechen	*m²*	*< 1*	***3***	*8*	*< 1*	***3***	*8*
	Wiederherstellen	m²	< 1	**< 1**	< 1	< 1	**< 1**	< 1
	Herstellen	m²	23	**45**	65	23	**45**	65
422	**Wärmeverteilnetze**	m²	12	**26**	43	12	**26**	43
	Abbrechen	*m²*	*< 1*	***3***	*7*	*< 1*	***3***	*7*
	Wiederherstellen	m²	–	**< 1**	–	–	**< 1**	–
	Herstellen	m²	10	**24**	39	10	**24**	39
423	**Raumheizflächen**	m²	21	**35**	62	21	**35**	62
	Abbrechen	*m²*	*1*	***3***	*4*	*1*	***3***	*4*
	Wiederherstellen	m²	< 1	**2**	3	< 1	**2**	3
	Herstellen	m²	19	**33**	61	19	**33**	61
429	**Sonstiges zur KG 420**	m²	5	**10**	21	5	**10**	21
	Abbrechen	*m²*	*< 1*	***4***	*9*	*< 1*	***4***	*9*
	Wiederherstellen	m²	–	**7**	–	–	**7**	–
	Herstellen	m²	3	**7**	18	3	**7**	18
431	**Lüftungsanlagen**	m²	7	**14**	50	7	**14**	50
	Herstellen	m²	7	**14**	50	7	**14**	50
442	**Eigenstromversorgungsanlagen**	m²	23	**48**	76	23	**48**	76
	Herstellen	m²	23	**48**	76	23	**48**	76
444	**Niederspannungsinstallationsanl.**	m²	15	**45**	88	15	**45**	88
	Abbrechen	*m²*	*1*	***2***	*7*	*1*	***2***	*7*
	Wiederherstellen	m²	–	**< 1**	–	–	**< 1**	–
	Herstellen	m²	14	**43**	87	14	**43**	87
445	**Beleuchtungsanlagen**	m²	2	**8**	33	2	**8**	33
	Abbrechen	*m²*	*< 1*	***< 1***	*< 1*	*< 1*	***< 1***	*< 1*
	Wiederherstellen	m²	–	**< 1**	–	–	**< 1**	–
	Herstellen	m²	2	**8**	33	2	**8**	33
446	**Blitzschutz- und Erdungsanlagen**	m²	1	**4**	13	1	**4**	13
	Abbrechen	*m²*	*–*	***< 1***	*–*	*–*	***< 1***	*–*
	Herstellen	m²	1	**4**	13	1	**4**	13
451	**Telekommunikationsanlagen**	m²	< 1	**1**	4	< 1	**1**	4
	Herstellen	m²	< 1	**1**	4	< 1	**1**	4
452	**Such- und Signalanlagen**	m²	1	**4**	8	1	**4**	8
	Abbrechen	*m²*	*–*	***< 1***	*–*	*–*	***< 1***	*–*
	Wiederherstellen	m²	–	**< 1**	–	–	**< 1**	–
	Herstellen	m²	2	**4**	9	2	**4**	9
455	**Audiovis. Medien- u. Antennenanl.**	m²	2	**5**	13	2	**5**	13
	Abbrechen	*m²*	*< 1*	***< 1***	*< 1*	*< 1*	***< 1***	*< 1*
	Wiederherstellen	m²	–	**< 1**	–	–	**< 1**	–
	Herstellen	m²	1	**5**	13	1	**5**	13

KG	Kostengruppen der 3. Ebene	Einheit	▷	€/Einheit	◁	▷	€/m² BGF	◁
456	**Gefahrenmelde- und Alarmanlagen**	m²	2	**3**	5	2	**3**	5
	Herstellen	m²	2	**3**	5	2	**3**	5
457	**Datenübertragungsnetze**	m²	2	**6**	12	2	**6**	12
	Herstellen	m²	2	**6**	12	2	**6**	12
461	**Aufzugsanlagen**	m²	46	**70**	108	46	**70**	108
	Abbrechen	*m²*	*< 1*	***< 1***	*1*	*< 1*	***< 1***	*1*
	Herstellen	m²	45	**70**	108	45	**70**	108
491	**Baustelleneinrichtung**	m²	< 1	**3**	7	< 1	**3**	7
	Herstellen	m²	< 1	**3**	7	< 1	**3**	7
497	**Zusätzliche Maßnahmen**	m²	–	**< 1**	–	–	**< 1**	–
	Herstellen	m²	–	**< 1**	–	–	**< 1**	–

Kosten:
Stand 2. Quartal 2026
Bundesdurchschnitt
inkl. 19% MwSt.

▷ von
ø Mittel
◁ bis

Prozentanteile der Kosten für Leistungsbereiche nach STLB (Kosten Bauwerk nach DIN 276)

LB	Leistungsbereiche	▷	% an 300+400	◁
000	Baustellen-, Sicherheitseinr. inkl. 001, 089	2,1	**4,4**	8,6
002	Erdarbeiten	0,3	**1,8**	13,2
006	Spezialtiefbauarbeiten inkl. 005	0,0	**< 0,1**	1,5
009	Entwässerungskanalarbeiten inkl. 011	< 0,1	**0,1**	1,1
010	Drän- und Versickerarbeiten	< 0,1	**0,5**	8,9
012	Mauerarbeiten	1,3	**4,3**	11,9
013	Betonarbeiten	0,2	**1,3**	3,4
014	Natur-, Betonwerksteinarbeiten	< 0,1	**0,4**	2,0
016	Zimmer- und Holzbauarbeiten	0,9	**6,3**	17,6
017	Stahlbauarbeiten	0,0	**0,7**	3,3
018	Abdichtungsarbeiten	0,1	**1,5**	7,8
020	Dachdeckungsarbeiten	1,1	**6,7**	16,5
021	Dachabdichtungsarbeiten	< 0,1	**0,6**	2,0
022	Klempnerarbeiten	1,1	**4,9**	14,1
	Rohbau	22,2	**33,6**	57,1
023	Putz- und Stuckarbeiten, Wärmedämmsysteme	4,0	**9,8**	22,7
024	Fliesen- und Plattenarbeiten	< 0,1	**1,2**	2,3
025	Estricharbeiten	0,2	**1,1**	3,8
026	Fenster, Außentüren inkl. 029, 032	1,7	**7,0**	14,5
027	Tischlerarbeiten	0,6	**3,5**	8,0
028	Parkett-, Holzpflasterarbeiten	< 0,1	**1,0**	3,2
030	Rollladenarbeiten	0,0	**0,1**	0,4
031	Metallbauarbeiten inkl. 035	0,7	**3,4**	7,8
034	Maler- und Lackiererarb. - Beschicht. inkl. 037	2,1	**6,5**	19,7
036	Bodenbelagarbeiten	0,0	**0,7**	2,0
038	Vorgehängte hinterlüftete Fassaden	< 0,1	**0,5**	5,3
039	Trockenbauarbeiten	0,7	**4,0**	9,9
	Ausbau	15,4	**38,9**	51,4
040	Wärmeversorgungsanl. - Betriebseinr. inkl. 041	0,7	**4,6**	10,9
042	Gas- u. Wasseranl. - Leitung., Armat. inkl. 043	0,1	**1,3**	4,5
044	Abwasseranl. - Leitungen, Abläufe, Armaturen	< 0,1	**0,6**	1,6
045	Gas, Wasser, Entwässerung - Ausstattung inkl. 046	0,1	**1,3**	3,4
047	Dämm- und Brandschutzarb. an techn. Anlagen	< 0,1	**0,4**	1,1
049	Feuerlöschanlagen, Feuerlöschgeräte	–	**–**	–
050	Blitzschutz-/Erdungsanlagen, Überspannungssch.	< 0,1	**0,1**	0,8
052	Mittelspannungsanlagen	0,0	**< 0,1**	< 0,1
053	Niederspannungsanl. - Kabel inkl. 054	0,7	**3,4**	7,9
055	Sicherheits- u. Ersatzstromversorgungsanl.	< 0,1	**< 0,1**	0,8
057	Gebäudesystemtechnik	–	**–**	–
058	Leuchten und Lampen inkl. 059	< 0,1	**0,4**	2,5
060	Such, Signal, Zeit, Anten., akust. Anl. inkl. 064	< 0,1	**0,2**	0,6
061	Kommunikations- u. Übertragungsnetze inkl. 062	< 0,1	**0,3**	0,6
063	Gefahrenmeldeanlagen	< 0,1	**< 0,1**	0,5
069	Aufzüge	0,0	**1,5**	9,7
070	Gebäudeautomation	–	**–**	–
075	Raumlufttechnische Anlagen inkl. 078	< 0,1	**0,5**	2,3
	Gebäudetechnik	1,3	**14,7**	26,8
084	Abbruch, Rückbau, Schadstoffsanierung	5,3	**6,9**	11,1
	Sonstige Leistungsbereiche inkl. 008, 033, 051	0,5	**5,9**	46,5

Objektübersicht zur Gebäudeart

€/m² BGF

min	85	€/m²
von	340	€/m²
Mittel	**895**	**€/m²**
bis	1.675	€/m²
max	2.700	€/m²

Kosten:
Stand 2. Quartal 2026
Bundesdurchschnitt
inkl. 19% MwSt.

6100-1760 Mehrfamilienhaus (4 WE)

BRI 3.157 m³ **BGF** 981 m² **NUF** 582 m²

Baujahr: 1910
Bauzustand: mittel
Aufwand: hoch
Nutzung während der Bauzeit: nein
Nutzungsänderung: nein
Grundrissänderungen: einige
Tragwerkseingriffe: einige

Land: Sachsen-Anhalt
Kreis: Dessau-Roßlau, Stadt
Standard: mittel
Bauzeit: 61 Wochen
Kennwerte: bis 3. Ebene DIN 276
veröffentlicht: BKI Objektdaten A13

BGF 1.324 €/m²

Planung: ding.fest dessau architektur & energieberatung; Dessau-Roßlau

Instandsetzung eines Mehrfamilienhauses aus dem Jugendstil mit drei Wohnungen. Ausbau des Dachgeschosses und Anbau einer Balkonanlage.

1. Ebene: 300 Bauwerk – Baukonstruktionen: 79%, **400 Bauwerk – Technische Anlagen:** 21%
3. Ebene: Baukonstruktionen: A: Sonstige 5%, **W:** 344 Innenwandöffnungen 9%, 353 Deckenbeläge 3%, Sonstige 7%, **H:** 334 Außenwandöffnungen 12%, 335 Außenwandbekleidungen, außen 4%, 336 Außenwandbekleidungen, innen 8%, 342 Nichttragende Innenwände 4%, 345 Innenwandbekleidungen 8%, 351 Deckenkonstruktionen 4%, 353 Deckenbeläge 4%, 354 Deckenbekleidungen 4%, 363 Dachbeläge 5%, 364 Dachbekleidungen 3%, Sonstige 19%, **Technische Anlagen:** A: Sonstige 4%, **H:** 412 Wasseranlagen 17%, 419 Sonstiges zur KG 410 3%, 421 Wärmeerzeugungsanlagen 15%, 422 Wärmeverteilnetze 8%, 423 Raumheizflächen 9%, 442 Eigenstromversorgungsanlagen 17%, 444 Niederspannungsinstallationsanlagen 22%, Sonstige 6%

6100-1753 Mehrfamilienhaus (8 WE)*

BRI 3.468 m³ **BGF** 1.102 m² **NUF** 726 m²

Baujahr: 1892
Bauzustand: mittel
Aufwand: hoch
Nutzung während der Bauzeit: ja
Nutzungsänderung: nein
Grundrissänderungen: einige
Tragwerkseingriffe: wenige

Land: Niedersachsen
Kreis: Braunschweig, Stadt
Standard: mittel
Bauzeit: 83 Wochen
Kennwerte: bis 3. Ebene DIN 276
veröffentlicht: BKI Objektdaten A13

BGF 1.168 €/m²

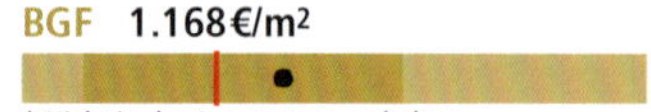

* Nicht in der Auswertung enthalten

Planung: Ahola Architekten; Braunschweig

Instandsetzung von sechs Wohnungen eines Mehrfamilienhaus aus der Gründerzeit, Anbau von Balkonen.

1. Ebene: 300 Bauwerk – Baukonstruktionen: 57%, **400 Bauwerk – Technische Anlagen:** 43%
3. Ebene: Baukonstruktionen: A: 345 Innenwandbekleidungen 4%, Sonstige 10%, **W:** 345 Innenwandbekleidungen 5%, Sonstige 7%, **H:** 334 Außenwandöffnungen 3%, 336 Außenwandbekleidungen, innen 5%, 341 Tragende Innenwände 4%, 344 Innenwandöffnungen 9%, 345 Innenwandbekleidungen 15%, 353 Deckenbeläge 9%, 354 Deckenbekleidungen 9%, 355 Elementierte Deckenkonstruktionen 14%, Sonstige 6%, **Technische Anlagen:** A: Sonstige 4%, **W:** 422 Wärmeverteilnetze 8%, **H:** 411 Abwasseranlagen 11%, 412 Wasseranlagen 34%, 422 Wärmeverteilnetze 7%, 423 Raumheizflächen 6%, 444 Niederspannungsinstallationsanlagen 20%, Sonstige 11%

A Abbrechen
W Wiederherstellen
H Herstellen

Objektübersicht zur Gebäudeart

6100-1733 Mehrfamilienhaus (11 WE)

BRI 6.143 m³ **BGF** 1.624 m² **NUF** 946 m²

Baujahr: 1880
Bauzustand: mittel
Aufwand: mittel
Nutzung während der Bauzeit: nein
Nutzungsänderung: nein
Grundrissänderungen: einige
Tragwerkseingriffe: einige

Land: Sachsen-Anhalt
Kreis: Halle (Saale), Stadt
Standard: mittel
Bauzeit: 96 Wochen
Kennwerte: bis 3. Ebene DIN 276
veröffentlicht: BKI Objektdaten A13

BGF **2.698 €/m²**

Planung: Ahola Architekten Halle; Halle

Instandsetzung und Umbau eines Einzeldenkmals als KFW-Haus Denkmal mit insgesamt elf Mietwohnungen einschließlich einem neuem Penthouse auf dem Seitenflügel.

1. Ebene: 300 Bauwerk – Baukonstruktionen: 81%, **400 Bauwerk – Technische Anlagen:** 19%
3. Ebene: Baukonstruktionen: A: Sonstige 7%, **W:** 335 Außenwandbekleidungen, außen 3%, 354 Deckenbekleidungen 3%, Sonstige 12%, **H:** 334 Außenwandöffnungen 5%, 335 Außenwandbekleidungen, außen 9%, 344 Innenwandöffnungen 3%, 345 Innenwandbekleidungen 9%, 353 Deckenbeläge 4%, 355 Elementierte Deckenkonstruktionen 9%, 363 Dachbeläge 5%, 391 Baustelleneinrichtung 3%, Sonstige 28%, **Technische Anlagen: A:** Sonstige 4%, **H:** 411 Abwasseranlagen 7%, 412 Wasseranlagen 16%, 421 Wärmeerzeugungsanlagen 12%, 422 Wärmeverteilnetze 9%, 423 Raumheizflächen 11%, 444 Niederspannungsinstallationsanlagen 28%, 457 Datenübertragungsnetze 3%, Sonstige 11%

6100-1599 Zweifamilienhaus

BRI 840 m³ **BGF** 369 m² **NUF** 253 m²

Baujahr: 1929
Bauzustand: mittel
Aufwand: mittel
Nutzung während der Bauzeit: nein
Nutzungsänderung: nein
Grundrissänderungen: wenige
Tragwerkseingriffe: wenige

Land: Berlin
Kreis: Berlin, Stadt
Standard: einfach
Bauzeit: 39 Wochen
Kennwerte: bis 3. Ebene DIN 276
veröffentlicht: BKI Objektdaten A13

BGF **646 €/m²**

Planung: werkArchitektur Yvonne Werk; Berlin

Instandsetzung eines Einfamilienhauses und Umbau für zwei Wohneinheiten.

1. Ebene: 300 Bauwerk – Baukonstruktionen: 51%, **400 Bauwerk – Technische Anlagen:** 49%
3. Ebene: Baukonstruktionen: A: Sonstige 4%, **W:** 353 Deckenbeläge 6%, Sonstige 10%, **H:** 322 Flachgründungen und Bodenplatten 7%, 334 Außenwandöffnungen 9%, 335 Außenwandbekleidungen, außen 14%, 336 Außenwandbekleidungen, innen 4%, 345 Innenwandbekleidungen 14%, 354 Deckenbekleidungen 7%, 399 Sonstiges zur KG 390 9%, Sonstige 14%, **Technische Anlagen: A:** Sonstige 8%, **W:** Sonstige < 1%, **H:** 411 Abwasseranlagen 5%, 412 Wasseranlagen 20%, 421 Wärmeerzeugungsanlagen 16%, 422 Wärmeverteilnetze 14%, 423 Raumheizflächen 7%, 444 Niederspannungsinstallationsanlagen 19%, Sonstige 10%

€/m² BGF

min	85	€/m²
von	340	€/m²
Mittel	**895**	**€/m²**
bis	1.675	€/m²
max	2.700	€/m²

Kosten:
Stand 2. Quartal 2026
Bundesdurchschnitt
inkl. 19% MwSt.

A Abbrechen
W Wiederherstellen
H Herstellen

Objektübersicht zur Gebäudeart

6100-1483 Mehrfamilienhaus (6 WE)

BRI 2.471 m³ **BGF** 899 m² **NUF** 595 m²

Baujahr: 1958
Bauzustand: mittel
Aufwand: mittel
Nutzung während der Bauzeit: nein
Nutzungsänderung: nein
Grundrissänderungen: wenige
Tragwerkseingriffe: wenige

Land: Brandenburg
Kreis: Cottbus, Stadt
Standard: mittel
Bauzeit: 35 Wochen
Kennwerte: bis 3. Ebene DIN 276
veröffentlicht: BKI Objektdaten A11
BGF **1.139 €/m²**

Planung: CGG mbH; Cottbus

Mehrfamilienhaus mit sechs Wohneinheiten

1. Ebene: 300 Bauwerk – Baukonstruktionen: 66%, **400 Bauwerk – Technische Anlagen:** 34%
3. Ebene: Baukonstruktionen: A: Sonstige 8%, **W:** 335 Außenwandbekleidungen, außen 6%, 345 Innenwandbekleidungen 4%, Sonstige 4%, **H:** 334 Außenwandöffnungen 12%, 335 Außenwandbekleidungen, außen 3%, 336 Außenwandbekleidungen, innen 3%, 344 Innenwandöffnungen 9%, 345 Innenwandbekleidungen 6%, 353 Deckenbeläge 9%, 354 Deckenbekleidungen 5%, 355 Elementierte Deckenkonstruktionen 8%, 363 Dachbeläge 7%, 391 Baustelleneinrichtung 3%, 397 Zusätzliche Maßnahmen 5%, Sonstige 7%, **Technische Anlagen:** A: Sonstige 5%, **W:** Sonstige < 1%, **H:** 411 Abwasseranlagen 4%, 412 Wasseranlagen 12%, 421 Wärmeerzeugungsanlagen 11%, 422 Wärmeverteilnetze 8%, 423 Raumheizflächen 9%, 442 Eigenstromversorgungsanlagen 20%, 444 Niederspannungsinstallationsanlagen 18%, 446 Blitzschutz- und Erdungsanlagen 4%, Sonstige 9%

6100-1500 Mehrfamilienhaus (16 WE)

BRI 11.644 m³ **BGF** 3.124 m² **NUF** 2.158 m²

Baujahr: 1895
Bauzustand: schlecht
Aufwand: hoch
Nutzung während der Bauzeit: ja
Nutzungsänderung: nein
Grundrissänderungen: wenige
Tragwerkseingriffe: wenige

Land: Hamburg
Kreis: Hamburg, Stadt
Standard: hoch
Bauzeit: 122 Wochen
Kennwerte: bis 3. Ebene DIN 276
veröffentlicht: BKI Objektdaten A12
BGF **1.061 €/m²**

Planung: Ostermann Architekten; Hamburg

Sanierung eines Mehrfamilienhauses mit 16 Wohneinheiten (5.223 m² WFL). **Kosteneinfluss Nutzung:** Gestaltungssatzung, Brandschutz

1. Ebene: 300 Bauwerk – Baukonstruktionen: 70%, **400 Bauwerk – Technische Anlagen:** 30%
3. Ebene: Baukonstruktionen: A: Sonstige 8%, **W:** 335 Außenwandbekleidungen, außen 6%, 336 Außenwandbekleidungen, innen 3%, Sonstige 13%, **H:** 334 Außenwandöffnungen 10%, 335 Außenwandbekleidungen, außen 12%, 345 Innenwandbekleidungen 5%, 355 Elementierte Deckenkonstruktionen 7%, 391 Baustelleneinrichtung 3%, 392 Gerüste 8%, Sonstige 23%, **Technische Anlagen:** A: Sonstige 3%, **W:** 411 Abwasseranlagen 5%, Sonstige 2%, **H:** 411 Abwasseranlagen 7%, 412 Wasseranlagen 17%, 421 Wärmeerzeugungsanlagen 4%, 422 Wärmeverteilnetze 8%, 431 Lüftungsanlagen 3%, 444 Niederspannungsinstallationsanlagen 8%, 452 Such- und Signalanlagen 3%, 461 Aufzugsanlagen 34%, Sonstige 5%

Objektübersicht zur Gebäudeart

6100-1405 Einfamilienhaus, Dachsanierung

BRI 508 m³ **BGF** 259 m² **NUF** 187 m²

Baujahr: 1962
Bauzustand: mittel
Aufwand: hoch
Nutzung während der Bauzeit: ja
Nutzungsänderung: nein
Grundrissänderungen: keine
Tragwerkseingriffe: keine

Land: Saarland
Kreis: Saarlouis
Standard: hoch
Bauzeit: 13 Wochen
Kennwerte: bis 3. Ebene DIN 276
veröffentlicht: BKI Objektdaten A11

BGF 758 €/m²

Planung: SCHNEEWEISS ARCHITEKTEN; Saarbrücken

Dachsanierung eines Einfamilienhauses

1. Ebene: 300 Bauwerk – Baukonstruktionen: 99%, **400 Bauwerk – Technische Anlagen:** 1%
3. Ebene: Baukonstruktionen: A: 363 Dachbeläge 6%, Sonstige 1%, **W:** Sonstige < 1%, **H:** 362 Dachöffnungen 11%, 363 Dachbeläge 71%, 392 Gerüste 4%, Sonstige 6%, **Technische Anlagen: A:** 429 Sonstiges zur KG 420 6%, **H:** 429 Sonstiges zur KG 420 94%

6100-1402 Mehrfamilienhaus (15 WE)

BRI 5.213 m³ **BGF** 1.566 m² **NUF** 1.129 m²

Baujahr: 1905
Bauzustand: mittel
Aufwand: mittel
Nutzung während der Bauzeit: ja
Nutzungsänderung: nein
Grundrissänderungen: keine
Tragwerkseingriffe: wenige

Land: Hamburg
Kreis: Hamburg, Stadt
Standard: hoch
Bauzeit: 61 Wochen
Kennwerte: bis 3. Ebene DIN 276
veröffentlicht: BKI Objektdaten A12

BGF 300 €/m²

Planung: Mannott + Mannott Dipl. Ingenieure, Architekten; Hamburg

Instandsetzung der Vorder- und Seitenfassade eines Mehrfamilienhauses mit 15 Wohneinheiten, inklusive Instandsetzung der Balkone und der Dachflächen.

1. Ebene: 300 Bauwerk – Baukonstruktionen: 100%, **400 Bauwerk – Technische Anlagen:** < 1%
3. Ebene: Baukonstruktionen: A: 363 Dachbeläge 6%, Sonstige < 1%, **W:** 335 Außenwandbekleidungen, außen 32%, 353 Deckenbeläge 5%, 354 Deckenbekleidungen 5%, Sonstige 5%, **H:** 363 Dachbeläge 31%, 392 Gerüste 9%, Sonstige 6%, **Technische Anlagen: H:** 411 Abwasseranlagen 100%

€/m² BGF

min	85	€/m²
von	340	€/m²
Mittel	**895**	**€/m²**
bis	1.675	€/m²
max	2.700	€/m²

Kosten:
Stand 2. Quartal 2026
Bundesdurchschnitt
inkl. 19% MwSt.

Objektübersicht zur Gebäudeart

6100-1150 Balkon (Mehrfamilienhaus)*

BRI k.A. **BGF** 38 m² **NUF** 23 m²

Bauzustand: schlecht
Aufwand: hoch
Nutzung während der Bauzeit: ja
Nutzungsänderung: nein
Grundrissänderungen: keine
Tragwerkseingriffe: wenige

Land: Berlin
Kreis: Berlin, Stadt
Standard: einfach
Bauzeit: 9 Wochen
Kennwerte: bis 3. Ebene DIN 276
veröffentlicht: BKI Objektdaten A10
BGF 1.966 €/m²

* Nicht in der Auswertung enthalten

Planung: Architekturbüro Geiger; Berlin

Sanierung eines Dachbalkons in einem Mehrfamilienhaus (5 WE).

1. Ebene: 300 Bauwerk – Baukonstruktionen: 99%, **400 Bauwerk – Technische Anlagen:** < 1%
3. Ebene: Baukonstruktionen: A: 363 Dachbeläge 12%, Sonstige 2%, **W:** 334 Außenwandöffnungen 3%, Sonstige < 1%, **H:** 335 Außenwandbekleidungen, außen 9%, 363 Dachbeläge 49%, 369 Sonstiges zur KG 360 8%, 391 Baustelleneinrichtung 5%, 397 Zusätzliche Maßnahmen 4%, Sonstige 6%, **Technische Anlagen: H:** 411 Abwasseranlagen 100%

6100-1113 Wohn- und Geschäftshaus (21 WE)

BRI 8.259 m³ **BGF** 2.896 m² **NUF** k.A.

Baujahr: 1951
Bauzustand: mittel
Aufwand: mittel
Nutzung während der Bauzeit: ja
Nutzungsänderung: nein
Grundrissänderungen: keine
Tragwerkseingriffe: keine

Land: Hamburg
Kreis: Hamburg, Stadt
Standard: mittel
Bauzeit: 35 Wochen
Kennwerte: bis 3. Ebene DIN 276
veröffentlicht: BKI Objektdaten A10
BGF 337 €/m²

Planung: Mannott + Mannott Dipl. Ingenieure, Architekten; Hamburg

Fassaden- und Dachsanierung eines Wohn- und Geschäftshauses (21 WE)

1. Ebene: 300 Bauwerk – Baukonstruktionen: 96%, **400 Bauwerk – Technische Anlagen:** 4%
3. Ebene: Baukonstruktionen: A: Sonstige 5%, **W:** Sonstige 4%, **H:** 334 Außenwandöffnungen 25%, 335 Außenwandbekleidungen, außen 30%, 361 Dachkonstruktionen 8%, 363 Dachbeläge 15%, 392 Gerüste 4%, Sonstige 8%, **Technische Anlagen: A:** Sonstige 3%, **W:** 412 Wasseranlagen 5%, 429 Sonstiges zur KG 420 49%, 444 Niederspannungsinstallationsanlagen 6%, Sonstige 4%, **H:** 429 Sonstiges zur KG 420 18%, 444 Niederspannungsinstallationsanlagen 9%, 455 Audiovisuelle Medien- und Antennenanlagen 3%, Sonstige 1%

A Abbrechen
W Wiederherstellen
H Herstellen

6100-1112 Mehrfamilienhaus, Vorderfassade, Denkmalschutz*

BRI 4.130 m³ **BGF** 1.278 m² **NUF** 926 m²

Baujahr: 1892
Bauzustand: mittel
Aufwand: hoch
Nutzung während der Bauzeit: ja
Nutzungsänderung: nein
Grundrissänderungen: keine
Tragwerkseingriffe: keine

Land: Hamburg
Kreis: Hamburg, Stadt
Standard: hoch
Bauzeit: 13 Wochen
Kennwerte: bis 3. Ebene DIN 276
veröffentlicht: BKI Objektdaten A9

BGF 121 €/m²

* Nicht in der Auswertung enthalten

Planung: Mannott + Mannott Dipl. Ingenieure, Architekten; Hamburg

Mehrfamilienhaus (12 WE), Denkmalschutz, Instandsetzung der Vorderfassade

1. Ebene: 300 Bauwerk – Baukonstruktionen: 100%, **400 Bauwerk – Technische Anlagen:** < 1%
3. Ebene: Baukonstruktionen: W: 334 Außenwandöffnungen 4%, 335 Außenwandbekleidungen, außen 79%, Sonstige < 1%, **H:** 391 Baustelleneinrichtung 6%, 392 Gerüste 7%, Sonstige 3%, **Technische Anlagen: W:** 444 Niederspannungsinstallationsanlagen 100%

6100-1099 Mehrfamilienhaus, Grundmauersanierung*

BRI 1.950 m³ **BGF** 700 m² **NUF** 458 m²

© Dietmar Herz Freier Landschaftsarchitekt BDLA

Baujahr: 1911
Bauzustand: mittel
Aufwand: niedrig
Nutzung während der Bauzeit: ja
Nutzungsänderung: nein

Land: Baden-Württemberg
Kreis: Ortenaukreis
Standard: hoch
Bauzeit: 13 Wochen
Kennwerte: bis 3. Ebene DIN 276
veröffentlicht: BKI Objektdaten A9

BGF 68 €/m²

* Nicht in der Auswertung enthalten

Planung: k.A.

Mehrfamilienhaus

1. Ebene: 300 Bauwerk – Baukonstruktionen: 95%, **400 Bauwerk – Technische Anlagen:** 5%
3. Ebene: Baukonstruktionen: A: 326 Dränagen 47%, **H:** 335 Außenwandbekleidungen, außen 53%, **Technische Anlagen: W:** 411 Abwasseranlagen 100%

€/m² BGF

min	85	€/m²
von	340	€/m²
Mittel	**895**	**€/m²**
bis	1.675	€/m²
max	2.700	€/m²

Kosten:
Stand 2. Quartal 2026
Bundesdurchschnitt
inkl. 19% MwSt.

A Abbrechen
W Wiederherstellen
H Herstellen

Objektübersicht zur Gebäudeart

6100-0996 Mehrfamilienhaus (15 WE)

BRI 5.062 m³ **BGF** 1.635 m² **NUF** 1.076 m²

Baujahr: 1970
Bauzustand: mittel
Aufwand: mittel
Nutzung während der Bauzeit: ja
Nutzungsänderung: nein
Grundrissänderungen: keine
Tragwerkseingriffe: keine

Land: Baden-Württemberg
Kreis: Breisgau-Hochschwarzwald
Standard: mittel
Bauzeit: 31 Wochen
Kennwerte: bis 3. Ebene DIN 276
veröffentlicht: BKI Objektdaten A9
BGF 518 €/m²

Planung: k.A.

Fassaden- und Dachsanierung eines Mehrfamilienhauses mit 15 Wohnungen.

1. Ebene: 300 Bauwerk – Baukonstruktionen: 82%, **400 Bauwerk – Technische Anlagen:** 18%
3. Ebene: Baukonstruktionen: A: 335 Außenwandbekleidungen, außen 4%, Sonstige 6%, **W:** 334 Außenwandöffnungen 3%, Sonstige 2%, **H:** 335 Außenwandbekleidungen, außen 25%, 337 Elementierte Außenwandkonstruktionen 18%, 339 Sonstiges zur KG 330 4%, 362 Dachöffnungen 5%, 363 Dachbeläge 14%, Sonstige 20%, **Technische Anlagen: A:** Sonstige 2%, **H:** 431 Lüftungsanlagen 6%, 444 Niederspannungsinstallationsanlagen 13%, 456 Gefahrenmelde- und Alarmanlagen 5%, 461 Aufzugsanlagen 71%, Sonstige 3%

6100-0946 Einfamilienhaus, Einzeldenkmal

BRI 842 m³ **BGF** 286 m² **NUF** 175 m²

Baujahr: 1680
Bauzustand: schlecht
Aufwand: hoch
Nutzung während der Bauzeit: nein
Nutzungsänderung: nein
Grundrissänderungen: umfangreiche
Tragwerkseingriffe: einige

Land: Sachsen-Anhalt
Kreis: Salzlandkreis
Standard: mittel
Bauzeit: 43 Wochen
Kennwerte: bis 3. Ebene DIN 276
veröffentlicht: BKI Objektdaten A9
BGF 1.859 €/m²

Planung: qbatur Planungsbüro GmbH; Quedlinburg

Wohnhaus als Einzeldenkmal, geschossübergreifender Wintergartenanbau

1. Ebene: 300 Bauwerk – Baukonstruktionen: 82%, **400 Bauwerk – Technische Anlagen:** 18%
3. Ebene: Baukonstruktionen: A: Sonstige 7%, **W:** Sonstige 6%, **H:** 331 Tragende Außenwände 6%, 334 Außenwandöffnungen 8%, 335 Außenwandbekleidungen, außen 6%, 336 Außenwandbekleidungen, innen 9%, 337 Elementierte Außenwandkonstruktionen 4%, 345 Innenwandbekleidungen 4%, 351 Deckenkonstruktionen 4%, 353 Deckenbeläge 8%, 354 Deckenbekleidungen 5%, 361 Dachkonstruktionen 6%, 363 Dachbeläge 6%, 364 Dachbekleidungen 3%, Sonstige 15%, **Technische Anlagen: A:** Sonstige 2%, **H:** 411 Abwasseranlagen 5%, 412 Wasseranlagen 26%, 421 Wärmeerzeugungsanlagen 20%, 422 Wärmeverteilnetze 4%, 423 Raumheizflächen 23%, 429 Sonstiges zur KG 420 8%, 444 Niederspannungsinstallationsanlagen 9%, Sonstige 4%

6100-0686 Mehrfamilienhaus (21 WE), Kellertrocknung

BRI 3.546 m³ **BGF** 1.166 m² **NUF** 805 m²

Baujahr: ca. 1900
Bauzustand: mittel
Aufwand: mittel
Nutzung während der Bauzeit: ja
Nutzungsänderung: nein
Grundrissänderungen: wenige
Tragwerkseingriffe: keine

Land: Berlin
Kreis: Berlin, Stadt
Standard: mittel
Bauzeit: 4 Wochen
Kennwerte: bis 3. Ebene DIN 276
veröffentlicht: BKI Objektdaten A7

BGF **85€/m²**

Planung: TSSB architekten.ingenieure . Berlin; Berlin

Kellertrockenlegung eines Mehrfamilienhauses mit 21 Wohneinheiten. **Kosteneinfluss Nutzung:** Die Flächenangaben der DIN 277 beziehen sich auf den sanierten Bereich. **Kosteneinfluss Grundstück:** Das Gebäude ist von der Straße frei zugänglich. Für die Arbeiten im Hof mussten die Materialien von Hand transportiert werden.

1. Ebene: 300 Bauwerk – Baukonstruktionen: 100%
3. Ebene: Baukonstruktionen: A: 335 Außenwandbekleidungen, außen 4%, Sonstige 3%, **W:** 331 Tragende Außenwände 52%, 335 Außenwandbekleidungen, außen 16%, Sonstige 3%, **H:** 311 Herstellung 6%, 335 Außenwandbekleidungen, außen 4%, 339 Sonstiges zur KG 330 4%, 391 Baustelleneinrichtung 4%, Sonstige 3%

6100-0695 Mehrfamilienhaus, Kellertrocknung

BRI 3.192 m³ **BGF** 1.050 m² **NUF** 735 m²

Baujahr: ca. 1905
Bauzustand: gut
Aufwand: niedrig
Nutzung während der Bauzeit: ja
Nutzungsänderung: nein
Grundrissänderungen: wenige
Tragwerkseingriffe: keine

Land: Berlin
Kreis: Berlin, Stadt
Standard: mittel
Bauzeit: 4 Wochen
Kennwerte: bis 3. Ebene DIN 276
veröffentlicht: BKI Objektdaten A7

BGF **140€/m²**

Planung: TSSB architekten.ingenieure . Berlin; Berlin

Bei einem Mehrfamilienhaus wurde der Keller trockengelegt. Von dem gesamten Gebäude wurde nur ein Seitenflügel saniert. **Kosteneinfluss Nutzung:** Die Flächenangaben der DIN 277 beziehen sich nur auf den sanierten Flügel.

1. Ebene: 300 Bauwerk – Baukonstruktionen: 93%, **400 Bauwerk – Technische Anlagen:** 7%
3. Ebene: Baukonstruktionen: A: 339 Sonstiges zur KG 330 3%, Sonstige 1%, **W:** 326 Dränagen 10%, 331 Tragende Außenwände 12%, 335 Außenwandbekleidungen, außen 33%, **H:** 311 Herstellung 18%, 332 Nichttragende Außenwände 6%, 335 Außenwandbekleidungen, außen 13%, Sonstige 5%, **Technische Anlagen: H:** 429 Sonstiges zur KG 420 100%

Objektübersicht zur Gebäudeart

€/m² BGF

min	85	€/m²
von	340	€/m²
Mittel	**895**	**€/m²**
bis	1.675	€/m²
max	2.700	€/m²

Kosten:
Stand 2. Quartal 2026
Bundesdurchschnitt
inkl. 19% MwSt.

6100-0548 Mehrfamilienhaus

BRI 3.056 m³ **BGF** 1.018 m² **NUF** 609 m²

Bauzustand: mittel
Aufwand: hoch
Nutzung während der Bauzeit: ja
Nutzungsänderung: nein
Grundrissänderungen: einige
Tragwerkseingriffe: einige

Land: Baden-Württemberg
Kreis: Heidelberg, Stadt
Standard: mittel
Bauzeit: 13 Wochen
Kennwerte: bis 3. Ebene DIN 276
veröffentlicht: www.bki.de

BGF 483 €/m²

Planung: Architekt Dipl.-Ing. Alexander Böhm; Heidelberg

Instandsetzung eines Mehrfamilienhauses mit Dachgeschossausbau zur Wohnraumerweiterung, Einbau von Gauben. **Kosteneinfluss Nutzung:** Die abgerechneten Kosten wurden in Bezug zu den Flächen des gesamten Hauses gesetzt.

1. Ebene: 300 Bauwerk – Baukonstruktionen: 83%, **400 Bauwerk – Technische Anlagen:** 17%
3. Ebene: Baukonstruktionen: A: Sonstige 4%, **W:** Sonstige 5%, **H:** 334 Außenwandöffnungen 8%, 335 Außenwandbekleidungen, außen 12%, 336 Außenwandbekleidungen, innen 5%, 342 Nichttragende Innenwände 3%, 353 Deckenbeläge 8%, 361 Dachkonstruktionen 8%, 362 Dachöffnungen 5%, 363 Dachbeläge 20%, 364 Dachbekleidungen 8%, 392 Gerüste 5%, Sonstige 9%, **Technische Anlagen:** A: Sonstige 1%, **W:** Sonstige < 1%, **H:** 411 Abwasseranlagen 4%, 412 Wasseranlagen 32%, 444 Niederspannungsinstallationsanlagen 23%

6400-0057 Jugendzentrum

BRI 3.281 m³ **BGF** 1.674 m² **NUF** 1.140 m²

Bauzustand: mittel
Aufwand: mittel
Grundrissänderungen: keine
Tragwerkseingriffe: keine

Land: Sachsen-Anhalt
Kreis: Burgenlandkreis
Standard: mittel
Bauzeit: 57 Wochen
Kennwerte: bis 3. Ebene DIN 276
veröffentlicht: BKI Objektdaten A6

BGF 1.066 €/m²

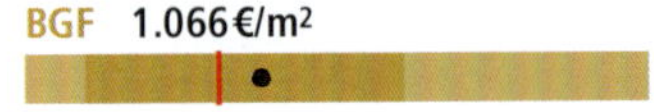

Planung: HGT Architekten und Ingenieure Architekt Matthias Tränkner; Naumburg

Jugendzentrum mit Generationen übergreifender Nutzung. Es werden hier nicht nur Veranstaltungen für Kinder und Jugendliche, sondern auch "junggebliebene" Erwachsene angeboten.

1. Ebene: 300 Bauwerk – Baukonstruktionen: 68%, **400 Bauwerk – Technische Anlagen:** 32%
3. Ebene: Baukonstruktionen: A: Sonstige 5%, **W:** 335 Außenwandbekleidungen, außen 3%, Sonstige 3%, **H:** 334 Außenwandöffnungen 11%, 335 Außenwandbekleidungen, außen 6%, 337 Elementierte Außenwandkonstruktionen 4%, 344 Innenwandöffnungen 5%, 345 Innenwandbekleidungen 3%, 351 Deckenkonstruktionen 12%, 353 Deckenbeläge 12%, 354 Deckenbekleidungen 5%, Sonstige 30%, **Technische Anlagen:** A: Sonstige 3%, **H:** 412 Wasseranlagen 10%, 421 Wärmeerzeugungsanlagen 4%, 422 Wärmeverteilnetze 7%, 423 Raumheizflächen 7%, 431 Lüftungsanlagen 15%, 442 Eigenstromversorgungsanlagen 9%, 444 Niederspannungsinstallationsanlagen 13%, 445 Beleuchtungsanlagen 13%, 461 Aufzugsanlagen 11%, Sonstige 8%

A Abbrechen
W Wiederherstellen
H Herstellen

6100-0574 Einfamilienhaus, Brandschaden

BRI 834 m³ **BGF** 286 m² **NUF** 213 m²

Land: Nordrhein-Westfalen
Kreis: Düren
Standard: mittel
Bauzeit: 22 Wochen
Kennwerte: bis 3. Ebene DIN 276
veröffentlicht: www.bki.de
BGF 1.149 €/m²

Planung: FRANKE Architektur I Innenarchitektur; Düren

Rückbau des Objekts in großen Teilbereichen bis auf Rohbauflächen; Putzflächen, Gipskartonverkleidungen mit Mineralfaser-Dämmstoff, Wand- und Bodenbeläge mussten komplett erneuert werden. Tragende Konstruktionen und Dacheindeckung wurden im vorderen Anbau komplett erneuert; Fassadenflächen mussten komplett überarbeitet und neu gestrichen werden.

1. Ebene: 300 Bauwerk – Baukonstruktionen: 87%, **400 Bauwerk – Technische Anlagen:** 13%
3. Ebene: Baukonstruktionen: A: 361 Dachkonstruktionen 3%, 363 Dachbeläge 5%, 394 Abbruchmaßnahmen 3%, Sonstige 5%, **W:** Sonstige < 1%, **H:** 341 Tragende Innenwände 5%, 345 Innenwandbekleidungen 9%, 353 Deckenbeläge 6%, 361 Dachkonstruktionen 6%, 362 Dachöffnungen 4%, 363 Dachbeläge 12%, 364 Dachbekleidungen 17%, 381 Allgemeine Einbauten 9%, Sonstige 18%, **Technische Anlagen:** A: 422 Wärmeverteilnetze 4%, Sonstige < 1%, **H:** 423 Raumheizflächen 21%, 444 Niederspannungsinstallationsanlagen 49%, 452 Such- und Signalanlagen 5%, 455 Audiovisuelle Medien- und Antennenanlagen 13%, Sonstige 8%

6100-0456 Mehrfamilienhaus (3 WE)

BRI 1.479 m³ **BGF** 505 m² **NUF** 364 m²

Baujahr: 1920
Bauzustand: schlecht
Aufwand: hoch
Nutzung während der Bauzeit: nein
Nutzungsänderung: nein
Grundrissänderungen: wenige
Tragwerkseingriffe: wenige

Land: Rheinland-Pfalz
Kreis: Kaiserslautern
Standard: mittel
Bauzeit: 31 Wochen
Kennwerte: bis 3. Ebene DIN 276
veröffentlicht: www.bki.de
BGF 1.445 €/m²

Planung: Planwerk 3 Architekten und Ingenieure; Kaiserslautern

Mehrfamilienhaus mit drei Wohneinheiten (237 m² WFL).

1. Ebene: 300 Bauwerk – Baukonstruktionen: 80%, **400 Bauwerk – Technische Anlagen:** 20%
3. Ebene: Baukonstruktionen: A: 396 Materialentsorgung 4%, Sonstige 10%, **W:** Sonstige 2%, **H:** 331 Tragende Außenwände 10%, 334 Außenwandöffnungen 4%, 335 Außenwandbekleidungen, außen 5%, 336 Außenwandbekleidungen, innen 3%, 345 Innenwandbekleidungen 6%, 351 Deckenkonstruktionen 5%, 353 Deckenbeläge 4%, 361 Dachkonstruktionen 11%, 363 Dachbeläge 14%, 364 Dachbekleidungen 6%, Sonstige 17%, **Technische Anlagen:** A: 444 Niederspannungsinstallationsanlagen 3%, Sonstige 1%, **W:** 412 Wasseranlagen 3%, Sonstige < 1%, **H:** 412 Wasseranlagen 15%, 421 Wärmeerzeugungsanlagen 26%, 423 Raumheizflächen 8%, 442 Eigenstromversorgungsanlagen 26%, 444 Niederspannungsinstallationsanlagen 10%, Sonstige 7%

€/m² BGF

min	85	€/m²
von	340	€/m²
Mittel	**895**	**€/m²**
bis	1.675	€/m²
max	2.700	€/m²

Kosten:
Stand 2. Quartal 2026
Bundesdurchschnitt
inkl. 19% MwSt.

Objektübersicht zur Gebäudeart

6100-0467 Mehrfamilienhaus (48 WE), Fassadensanierung

BRI 17.861 m³ **BGF** 5.137 m² **NUF** k.A.

Baujahr: 1910
Bauzustand: schlecht
Aufwand: hoch
Nutzung während der Bauzeit: ja
Nutzungsänderung: nein
Grundrissänderungen: keine
Tragwerkseingriffe: wenige

Land: Hamburg
Kreis: Hamburg, Stadt
Standard: mittel
Bauzeit: 39 Wochen
Kennwerte: bis 3. Ebene DIN 276
veröffentlicht: www.bki.de

BGF 181 €/m²

Planung: Holst Becker Architekten; Hamburg

Mehrfamilienhaus mit 48 Wohneinheiten und drei Läden.

1. Ebene: 300 Bauwerk – Baukonstruktionen: 100%, **400 Bauwerk – Technische Anlagen:** < 1%
3. Ebene: Baukonstruktionen: A: Sonstige 6%, **W:** 334 Außenwandöffnungen 12%, 335 Außenwandbekleidungen, außen 27%, 351 Deckenkonstruktionen 6%, 353 Deckenbeläge 7%, 359 Sonstiges zur KG 350 11%, 363 Dachbeläge 7%, Sonstige 3%, **H:** 334 Außenwandöffnungen 3%, 391 Baustelleneinrichtung 4%, 392 Gerüste 11%, Sonstige 3%, **Technische Anlagen: H:** 444 Niederspannungsinstallationsanlagen 100%

A Abbrechen
W Wiederherstellen
H Herstellen

Kostenkennwerte für die Kosten des Bauwerks (Kostengruppen 300+400 nach DIN 276)

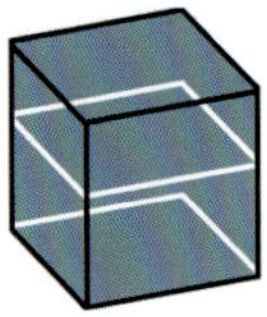

BRI 170 €/m³
von 70 €/m³
bis 325 €/m³

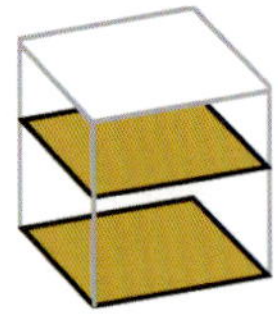

BGF 830 €/m²
von 310 €/m²
bis 1.820 €/m²

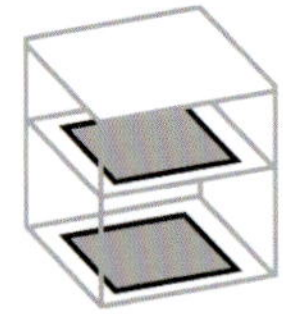

NUF 1.295 €/m²
von 480 €/m²
bis 2.790 €/m²

Objektbeispiele

Kosten:
Stand 2. Quartal 2026
Bundesdurchschnitt
inkl. 19% MwSt.

4100-0056

5100-0077

9100-0188

7300-0072

6200-0034

9100-0188

Kosten der 6 Vergleichsobjekte

Seiten 580 bis 583

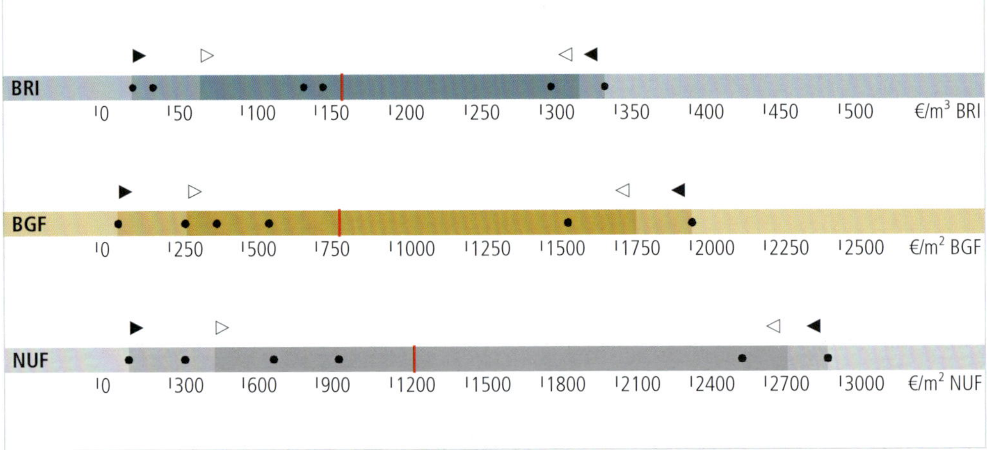

- ● KKW
- ▶ min
- ▷ von
- | Mittelwert
- ◁ bis
- ◀ max

Kostenstand: 2. Quartal 2026, Bundesdurchschnitt, **inkl. 19% MwSt.**

Kostenkennwerte für die Kostengruppen der 1. und 2. Ebene DIN 276

KG	Kostengruppen der 1. Ebene	Einheit	▷	€/Einheit	◁	▷	% an 300+400	◁
100	Grundstück	m²GF	–	**–**	–	–	**–**	–
200	Vorbereitende Maßnahmen	m²GF	< 1	**1**	3	< 0,1	**0,1**	0,3
300	Bauwerk – Baukonstruktionen	m²BGF	244	**645**	1.397	68,0	**77,9**	89,4
400	Bauwerk – Technische Anlagen	m²BGF	56	**183**	424	10,6	**22,1**	32,0
	Bauwerk 300+400	m²BGF	310	**829**	1.819	100,0	**100,0**	100,0
500	Außenanlagen und Freiflächen	m²AF	58	**255**	968	0,8	**4,0**	6,5
600	Ausstattung und Kunstwerke	m²BGF	4	**16**	60	0,6	**1,3**	3,8
700	Baunebenkosten	m²BGF	–	**–**	–	–	**–**	–
800	Finanzierung	m²BGF	–	**–**	–	–	**–**	–

KG	Kostengruppen der 2. Ebene	Einheit	▷	€/Einheit	◁	▷	% an 1. Ebene	◁
310	Baugrube / Erdbau	m³BGI	64	**82**	100	0,0	**0,8**	2,0
320	Gründung, Unterbau	m²GRF	141	**324**	773	2,7	**15,8**	62,4
330	Außenwände / vertikal außen	m²AWF	154	**325**	545	7,6	**24,4**	48,1
340	Innenwände / vertikal innen	m²IWF	148	**344**	670	10,6	**26,1**	48,6
350	Decken / horizontal	m²DEF	153	**219**	338	1,4	**10,0**	23,0
360	Dächer	m²DAF	115	**291**	477	4,6	**16,3**	33,3
370	Infrastrukturanlagen		–	**–**	–	–	**–**	–
380	Baukonstruktive Einbauten	m²BGF	14	**39**	65	0,0	**1,4**	3,6
390	Sonst. Maßnahmen für Baukonst.	m²BGF	12	**36**	118	1,7	**5,1**	7,3
300	**Bauwerk – Baukonstruktionen**	**m²BGF**					**100,0**	
410	Abwasser-, Wasser-, Gasanlagen	m²BGF	18	**49**	85	10,5	**33,3**	72,5
420	Wärmeversorgungsanlagen	m²BGF	9	**34**	103	3,6	**11,6**	22,9
430	Raumlufttechnische Anlagen	m²BGF	15	**38**	78	0,0	**8,6**	15,4
440	Elektrische Anlagen	m²BGF	26	**51**	116	13,9	**38,6**	82,1
450	Kommunikationstechnische Anlagen	m²BGF	5	**15**	36	0,6	**3,0**	6,4
460	Förderanlagen	m²BGF	–	**–**	–	–	**–**	–
470	Nutzungsspez. / verfahrenstech. Anl.	m²BGF	1	**2**	4	< 0,1	**0,6**	2,6
480	Gebäude- und Anlagenautomation	m²BGF	1	**27**	52	0,2	**2,4**	10,8
490	Sonst. Maßnahmen f. techn. Anl.	m²BGF	< 1	**2**	4	< 0,1	**1,9**	4,8
400	**Bauwerk – Technische Anlagen**	**m²BGF**					**100,0**	

Prozentanteile der Kosten 2. Ebene an den Kosten des Bauwerks nach DIN 276 (Von/Mittel/Bis)

KG	Kostengruppe	%
310	Baugrube / Erdbau	0,6
320	Gründung, Unterbau	11,0
330	Außenwände / vertikal außen	21,3
340	Innenwände / vertikal innen	18,4
350	Decken / horizontal	7,2
360	Dächer	13,9
370	Infrastrukturanlagen	
380	Baukonstruktive Einbauten	1,1
390	Sonst. Maßnahmen für Baukonst.	4,2
410	Abwasser-, Wasser-, Gasanlagen	10,1
420	Wärmeversorgungsanlagen	2,6
430	Raumlufttechnische Anlagen	2,3
440	Elektrische Anlagen	5,1
450	Kommunikationstechnische Anlagen	0,8
460	Förderanlagen	
470	Nutzungsspez. / verfahrenstech. Anl.	0,2
480	Gebäude- und Anlagenautomation	0,6
490	Sonst. Maßnahmen f. techn. Anl.	0,5

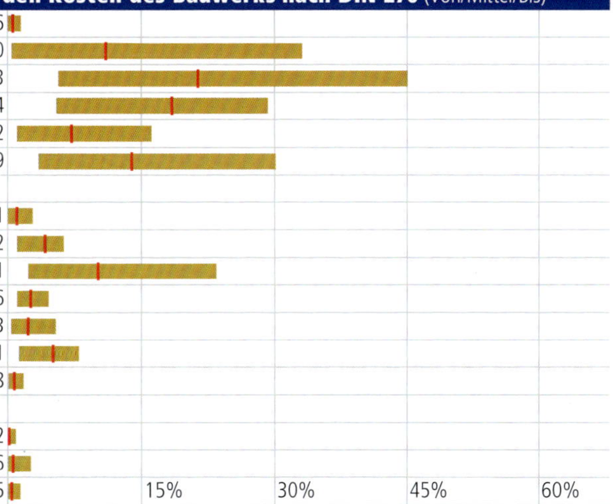

Kostenstand: 2. Quartal 2026, Bundesdurchschnitt, **inkl. 19% MwSt.**

Kostenkennwerte für die Kostengruppen der 3. Ebene DIN 276

KG	Kostengruppen der 3. Ebene	Einheit	▷	€/Einheit	◁	▷	€/m²BGF	◁
311	**Herstellung**	m³	64	**82**	100	1	**16**	32
	Herstellen	m³	64	**82**	100	1	**16**	32
322	**Flachgründungen und Bodenplatten**	m²	141	**587**	1.032	19	**58**	97
	Abbrechen	*m²*	*26*	***469***	*912*	*17*	***17***	*18*
	Herstellen	m²	115	**118**	120	2	**41**	79
324	**Gründungsbeläge**	m²	105	**169**	302	7	**35**	118
	Abbrechen	*m²*	*12*	***17***	*22*	*< 1*	***5***	*8*
	Herstellen	m²	102	**161**	280	6	**32**	109
325	**Abdichtungen und Bekleidungen**	m²	–	**11**	–	< 1	**4**	7
	Herstellen	m²	–	**11**	–	< 1	**4**	7
331	**Tragende Außenwände**	m²	585	**753**	920	11	**25**	39
	Abbrechen	*m²*	*37*	***176***	*314*	*< 1*	***7***	*13*
	Wiederherstellen	m²	32	**41**	51	< 1	**1**	2
	Herstellen	m²	516	**536**	555	10	**17**	23
332	**Nichttragende Außenwände**	m²	74	**204**	334	< 1	**< 1**	1
	Abbrechen	*m²*	–	***74***	–	*< 1*	***< 1***	*< 1*
	Herstellen	m²	–	**334**	–	–	**1**	–
333	**Außenstützen**	m	–	**446**	–	–	**15**	–
	Abbrechen	*m*	–	***24***	–	–	***< 1***	–
	Wiederherstellen	m	–	**3**	–	–	**< 1**	–
	Herstellen	m	–	**420**	–	–	**14**	–
334	**Außenwandöffnungen**	m²	431	**800**	1.177	12	**30**	55
	Abbrechen	*m²*	*10*	***22***	*44*	*< 1*	***2***	*3*
	Wiederherstellen	m²	31	**122**	372	< 1	**1**	2
	Herstellen	m²	392	**662**	936	13	**28**	63
335	**Außenwandbekleidungen, außen**	m²	156	**258**	528	20	**72**	117
	Abbrechen	*m²*	*4*	***8***	*15*	*2*	***5***	*10*
	Wiederherstellen	m²	2	**7**	12	< 1	**5**	8
	Herstellen	m²	142	**249**	528	19	**66**	109
336	**Außenwandbekleidungen, innen**	m²	39	**99**	154	6	**22**	66
	Abbrechen	*m²*	*11*	***22***	*33*	*5*	***7***	*8*
	Wiederherstellen	m²	–	**11**	–	–	**3**	–
	Herstellen	m²	23	**85**	149	4	**18**	61
337	**Elem. Außenwandkonstruktionen**	m²	514	**903**	1.291	31	**39**	46
	Abbrechen	*m²*	*2*	***6***	*10*	*< 1*	***< 1***	*< 1*
	Herstellen	m²	512	**897**	1.281	31	**39**	46
338	**Lichtschutz zur KG 330**	m²	120	**191**	262	4	**9**	15
	Abbrechen	*m²*	–	***7***	–	–	***< 1***	–
	Herstellen	m²	113	**188**	262	4	**9**	14
339	**Sonstiges zur KG 330**	m²	6	**86**	401	< 1	**4**	11
	Abbrechen	*m²*	*< 1*	***14***	*65*	*< 1*	***< 1***	*< 1*
	Wiederherstellen	m²	1	**4**	6	< 1	**3**	4
	Herstellen	m²	8	**117**	336	2	**4**	8
341	**Tragende Innenwände**	m²	356	**580**	804	3	**17**	46
	Abbrechen	*m²*	*141*	***185***	*229*	*2*	***7***	*18*
	Wiederherstellen	m²	3	**31**	58	< 1	**< 1**	< 1
	Herstellen	m²	213	**364**	516	3	**15**	27
342	**Nichttragende Innenwände**	m²	71	**154**	199	25	**35**	52
	Abbrechen	*m²*	*2*	***6***	*8*	*< 1*	***2***	*3*
	Herstellen	m²	63	**147**	192	24	**33**	50

Kosten:
Stand 2. Quartal 2026
Bundesdurchschnitt
inkl. 19% MwSt.

▷ von
ø Mittel
◁ bis

KG	Kostengruppen der 3. Ebene	Einheit	▷	€/Einheit	◁	▷	€/m² BGF	◁
344	**Innenwandöffnungen**	m²	543	**992**	1.292	32	**51**	63
	Abbrechen	*m²*	*9*	***20***	*26*	*< 1*	***1***	*2*
	Wiederherstellen	m²	–	**102**	–	–	**4**	–
	Herstellen	m²	517	**938**	1.200	35	**48**	66
345	**Innenwandbekleidungen**	m²	33	**54**	81	24	**45**	65
	Abbrechen	*m²*	*< 1*	***3***	*5*	*< 1*	***2***	*4*
	Wiederherstellen	m²	7	**17**	22	7	**16**	34
	Herstellen	m²	11	**38**	68	9	**31**	55
346	**Elem. Innenwandkonstruktionen**	m²	129	**214**	448	3	**10**	30
	Abbrechen	*m²*	*5*	***20***	*36*	*< 1*	***< 1***	*< 1*
	Wiederherstellen	m²	45	**88**	131	< 1	**< 1**	1
	Herstellen	m²	97	**214**	412	3	**12**	29
351	**Deckenkonstruktionen**	m²	129	**567**	1.005	–	**12**	–
	Abbrechen	*m²*	*–*	***35***	*–*	*–*	***3***	*–*
	Wiederherstellen	m²	9	**29**	49	< 1	**< 1**	< 1
	Herstellen	m²	85	**520**	956	8	**9**	11
353	**Deckenbeläge**	m²	97	**134**	207	26	**39**	47
	Abbrechen	*m²*	*8*	***21***	*28*	*4*	***6***	*11*
	Wiederherstellen	m²	–	**4**	–	–	**2**	–
	Herstellen	m²	80	**112**	176	22	**33**	38
354	**Deckenbekleidungen**	m²	38	**72**	122	13	**25**	31
	Abbrechen	*m²*	*5*	***6***	*8*	*–*	***2***	*–*
	Wiederherstellen	m²	–	**10**	–	–	**4**	–
	Herstellen	m²	35	**64**	114	13	**22**	27
359	**Sonstiges zur KG 350**	m²	9	**27**	62	4	**8**	15
	Abbrechen	*m²*	*–*	***< 1***	*–*	*–*	***< 1***	*–*
	Wiederherstellen	m²	–	**1**	–	–	**< 1**	–
	Herstellen	m²	8	**27**	62	3	**8**	15
361	**Dachkonstruktionen**	m²	103	**183**	263	2	**50**	145
	Abbrechen	*m²*	*–*	***24***	*–*	*–*	***13***	*–*
	Wiederherstellen	m²	< 1	**2**	3	< 1	**< 1**	< 1
	Herstellen	m²	100	**169**	239	2	**45**	131
362	**Dachöffnungen**	m²	1.180	**1.350**	1.520	2	**47**	92
	Abbrechen	*m²*	*14*	***15***	*16*	*< 1*	***< 1***	*1*
	Herstellen	m²	1.164	**1.335**	1.506	2	**47**	91
363	**Dachbeläge**	m²	97	**125**	201	16	**73**	134
	Abbrechen	*m²*	*8*	***13***	*17*	*3*	***7***	*20*
	Wiederherstellen	m²	2	**26**	74	< 1	**2**	3
	Herstellen	m²	52	**93**	193	12	**64**	125
364	**Dachbekleidungen**	m²	20	**55**	115	4	**17**	39
	Abbrechen	*m²*	*5*	***9***	*12*	*1*	***3***	*4*
	Herstellen	m²	18	**49**	102	4	**15**	35
369	**Sonstiges zur KG 360**	m²	11	**101**	281	1	**10**	14
	Wiederherstellen	m²	–	**20**	–	–	**< 1**	–
	Herstellen	m²	11	**94**	261	1	**9**	14
381	**Allgemeine Einbauten**	m²	4	**8**	12	4	**8**	12
	Abbrechen	*m²*	*–*	***1***	*–*	*–*	***1***	*–*
	Herstellen	m²	4	**8**	11	4	**8**	11
382	**Besondere Einbauten**	m²	2	**24**	47	2	**24**	47
	Abbrechen	*m²*	*–*	***2***	*–*	*–*	***2***	*–*
	Herstellen	m²	–	**45**	–	–	**45**	–

KG	Kostengruppen der 3. Ebene	Einheit	▷	€/Einheit	◁	▷	€/m² BGF	◁
386	**Orientierungs- u. Informationssys.**	m²	–	**13**	–	–	**13**	–
	Herstellen	m²	–	**13**	–	–	**13**	–
391	**Baustelleneinrichtung**	m²	5	**25**	64	5	**25**	64
	Herstellen	m²	5	**25**	64	5	**25**	64
392	**Gerüste**	m²	3	**14**	25	3	**14**	25
	Herstellen	m²	3	**14**	25	3	**14**	25
394	**Abbruchmaßnahmen**	m²	–	**2**	–	–	**2**	–
	Herstellen	m²	–	**2**	–	–	**2**	–
395	**Instandsetzungen**	m²	–	**3**	–	–	**3**	–
	Herstellen	m²	–	**3**	–	–	**3**	–
396	**Materialentsorgung**	m²	< 1	**1**	4	< 1	**1**	4
	Abbrechen	*m²*	–	***4***	–	–	***4***	–
	Herstellen	m²	< 1	**< 1**	< 1	< 1	**< 1**	< 1
397	**Zusätzliche Maßnahmen**	m²	2	**7**	13	2	**7**	13
	Wiederherstellen	m²	–	**5**	–	–	**5**	–
	Herstellen	m²	1	**5**	9	1	**5**	9
399	**Sonstiges zur KG 390**	m²	2	**8**	13	2	**8**	13
	Herstellen	m²	2	**8**	13	2	**8**	13

Kosten:
Stand 2. Quartal 2026
Bundesdurchschnitt
inkl. 19% MwSt.

▷ von
ø Mittel
◁ bis

KG	Kostengruppen der 3. Ebene	Einheit	▷	€/Einheit	◁	▷	€/m² BGF	◁
411	**Abwasseranlagen**	m²	8	**18**	28	8	**18**	28
	Abbrechen	*m²*	*< 1*	***< 1***	*< 1*	*< 1*	***< 1***	*< 1*
	Wiederherstellen	m²	–	**< 1**	–	–	**< 1**	–
	Herstellen	m²	8	**18**	27	8	**18**	27
412	**Wasseranlagen**	m²	10	**30**	57	10	**30**	57
	Abbrechen	*m²*	*< 1*	***1***	*2*	*< 1*	***1***	*2*
	Wiederherstellen	m²	–	**7**	–	–	**7**	–
	Herstellen	m²	5	**27**	55	5	**27**	55
419	**Sonstiges zur KG 410**	m²	1	**2**	4	1	**2**	4
	Herstellen	m²	1	**2**	4	1	**2**	4
421	**Wärmeerzeugungsanlagen**	m²	1	**14**	26	1	**14**	26
	Abbrechen	*m²*	*–*	***< 1***	*–*	*–*	***< 1***	*–*
	Wiederherstellen	m²	–	**1**	–	–	**1**	–
	Herstellen	m²	–	**26**	–	–	**26**	–
422	**Wärmeverteilnetze**	m²	7	**17**	37	7	**17**	37
	Abbrechen	*m²*	*< 1*	***< 1***	*< 1*	*< 1*	***< 1***	*< 1*
	Wiederherstellen	m²	–	**< 1**	–	–	**< 1**	–
	Herstellen	m²	6	**16**	36	6	**16**	36
423	**Raumheizflächen**	m²	1	**14**	31	1	**14**	31
	Abbrechen	*m²*	*< 1*	***< 1***	*< 1*	*< 1*	***< 1***	*< 1*
	Herstellen	m²	1	**14**	31	1	**14**	31
429	**Sonstiges zur KG 420**	m²	–	**2**	–	–	**2**	–
	Abbrechen	*m²*	*–*	***2***	*–*	*–*	***2***	*–*
431	**Lüftungsanlagen**	m²	15	**38**	78	15	**38**	78
	Abbrechen	*m²*	*< 1*	***3***	*6*	*< 1*	***3***	*6*
	Herstellen	m²	15	**36**	73	15	**36**	73
443	**Niederspannungsschaltanlagen**	m²	–	**11**	–	–	**11**	–
	Herstellen	m²	–	**11**	–	–	**11**	–
444	**Niederspannungsinstallationsanl.**	m²	9	**29**	48	9	**29**	48
	Abbrechen	*m²*	*< 1*	***1***	*2*	*< 1*	***1***	*2*
	Wiederherstellen	m²	–	**< 1**	–	–	**< 1**	–
	Herstellen	m²	8	**28**	47	8	**28**	47
445	**Beleuchtungsanlagen**	m²	6	**20**	40	6	**20**	40
	Abbrechen	*m²*	*< 1*	***< 1***	*< 1*	*< 1*	***< 1***	*< 1*
	Herstellen	m²	6	**19**	40	6	**19**	40
446	**Blitzschutz- und Erdungsanlagen**	m²	< 1	**6**	10	< 1	**6**	10
	Abbrechen	*m²*	*< 1*	***< 1***	*2*	*< 1*	***< 1***	*2*
	Herstellen	m²	< 1	**5**	9	< 1	**5**	9
451	**Telekommunikationsanlagen**	m²	–	**1**	–	–	**1**	–
	Herstellen	m²	–	**1**	–	–	**1**	–
452	**Such- und Signalanlagen**	m²	–	**2**	–	–	**2**	–
	Herstellen	m²	–	**2**	–	–	**2**	–
453	**Zeitdienstanlagen**	m²	–	**1**	–	–	**1**	–
	Herstellen	m²	–	**1**	–	–	**1**	–
454	**Elektroakustische Anlagen**	m²	–	**11**	–	–	**11**	–
	Herstellen	m²	–	**11**	–	–	**11**	–
455	**Audiovis. Medien- u. Antennenanl.**	m²	< 1	**1**	2	< 1	**1**	2
	Herstellen	m²	< 1	**1**	2	< 1	**1**	2
456	**Gefahrenmelde- und Alarmanlagen**	m²	3	**7**	14	3	**7**	14
	Herstellen	m²	3	**7**	14	3	**7**	14
457	**Datenübertragungsnetze**	m²	2	**3**	4	2	**3**	4
	Herstellen	m²	2	**3**	4	2	**3**	4

KG	Kostengruppen der 3. Ebene	Einheit	▷	€/Einheit	◁	▷	€/m² BGF	◁
471	**Küchentechnische Anlagen**	m²	–	**4**	–	–	**4**	–
	Herstellen	m²	–	**4**	–	–	**4**	–
474	**Feuerlöschanlagen**	m²	–	**1**	–	–	**1**	–
	Herstellen	m²	–	**1**	–	–	**1**	–
481	**Automationseinrichtungen**	m²	1	**19**	38	1	**19**	38
	Herstellen	m²	1	**19**	38	1	**19**	38
482	**Schaltschränke, Automation**	m²	–	**6**	–	–	**6**	–
	Abbrechen	*m²*	–	***< 1***	–	–	***< 1***	–
	Herstellen	m²	–	**6**	–	–	**6**	–
483	**Automationsmanagement**	m²	–	**6**	–	–	**6**	–
	Herstellen	m²	–	**6**	–	–	**6**	–
485	**Datenübertragungsnetze**	m²	–	**3**	–	–	**3**	–
	Herstellen	m²	–	**3**	–	–	**3**	–
498	**Provisorische technische Anlagen**	m²	–	**1**	–	–	**1**	–
	Herstellen	m²	–	**1**	–	–	**1**	–
499	**Sonstiges zur KG 490**	m²	–	**4**	–	–	**4**	–
	Herstellen	m²	–	**4**	–	–	**4**	–

Kosten:
Stand 2. Quartal 2026
Bundesdurchschnitt
inkl. 19% MwSt.

▷ von
ø Mittel
◁ bis

Prozentanteile der Kosten für Leistungsbereiche nach STLB (Kosten Bauwerk nach DIN 276)

LB	Leistungsbereiche	▷	% an 300+400	◁
000	Baustellen-, Sicherheitseinr. inkl. 001, 089	0,3	**3,2**	5,2
002	Erdarbeiten	< 0,1	**0,7**	1,8
006	Spezialtiefbauarbeiten inkl. 005	–	**–**	–
009	Entwässerungskanalarbeiten inkl. 011	< 0,1	**1,4**	6,5
010	Drän- und Versickerarbeiten	–	**–**	–
012	Mauerarbeiten	0,1	**1,3**	3,8
013	Betonarbeiten	0,7	**2,6**	5,3
014	Natur-, Betonwerksteinarbeiten	0,0	**0,4**	2,0
016	Zimmer- und Holzbauarbeiten	< 0,1	**0,3**	0,9
017	Stahlbauarbeiten	0,0	**1,9**	9,3
018	Abdichtungsarbeiten	< 0,1	**1,2**	2,5
020	Dachdeckungsarbeiten	0,0	**0,7**	3,4
021	Dachabdichtungsarbeiten	0,7	**1,9**	5,7
022	Klempnerarbeiten	0,8	**6,3**	26,7
	Rohbau	9,6	**22,0**	39,5
023	Putz- und Stuckarbeiten, Wärmedämmsysteme	1,0	**9,4**	23,0
024	Fliesen- und Plattenarbeiten	0,9	**5,7**	14,1
025	Estricharbeiten	0,1	**0,9**	1,6
026	Fenster, Außentüren inkl. 029, 032	1,1	**5,9**	13,7
027	Tischlerarbeiten	0,4	**1,9**	4,5
028	Parkett-, Holzpflasterarbeiten	0,0	**0,2**	0,5
030	Rollladenarbeiten	< 0,1	**0,5**	2,3
031	Metallbauarbeiten inkl. 035	1,7	**5,8**	12,3
034	Maler- und Lackiererarb. - Beschicht. inkl. 037	1,2	**4,0**	5,8
036	Bodenbelagarbeiten	0,8	**2,9**	4,3
038	Vorgehängte hinterlüftete Fassaden	0,0	**0,7**	3,4
039	Trockenbauarbeiten	3,0	**8,1**	16,1
	Ausbau	35,6	**46,0**	61,1
040	Wärmeversorgungsanl. - Betriebseinr. inkl. 041	1,0	**2,4**	4,0
042	Gas- u. Wasseranl. - Leitung., Armat. inkl. 043	0,5	**1,6**	3,2
044	Abwasseranl. - Leitungen, Abläufe, Armaturen	0,4	**3,6**	8,7
045	Gas, Wasser, Entwässerung - Ausstattung inkl. 046	0,8	**3,4**	7,5
047	Dämm- und Brandschutzarb. an techn. Anlagen	0,0	**0,5**	0,9
049	Feuerlöschanlagen, Feuerlöschgeräte	0,0	**< 0,1**	< 0,1
050	Blitzschutz-/Erdungsanlagen, Überspannungssch.	< 0,1	**0,5**	1,4
052	Mittelspannungsanlagen	–	**–**	–
053	Niederspannungsanl. - Kabel inkl. 054	1,1	**3,3**	9,8
055	Sicherheits- u. Ersatzstromversorgungsanl.	–	**–**	–
057	Gebäudesystemtechnik	–	**–**	–
058	Leuchten und Lampen inkl. 059	< 0,1	**1,0**	2,5
060	Such, Signal, Zeit, Anten., akust. Anl. inkl. 064	0,0	**0,1**	0,7
061	Kommunikations- u. Übertragungsnetze inkl. 062	< 0,1	**0,3**	0,8
063	Gefahrenmeldeanlagen	< 0,1	**0,4**	0,7
069	Aufzüge	–	**–**	–
070	Gebäudeautomation	< 0,1	**0,6**	2,6
075	Raumlufttechnische Anlagen inkl. 078	0,3	**2,2**	5,2
	Gebäudetechnik	6,7	**19,7**	29,1
084	Abbruch, Rückbau, Schadstoffsanierung	5,1	**11,2**	21,5
	Sonstige Leistungsbereiche inkl. 008, 033, 051	0,0	**1,1**	2,2

Objektübersicht zur Gebäudeart

€/m² BGF

min	75	€/m²
von	310	€/m²
Mittel	**830**	**€/m²**
bis	1.820	€/m²
max	2.005	€/m²

Kosten:
Stand 2. Quartal 2026
Bundesdurchschnitt
inkl. 19% MwSt.

4400-0276 Kindertagesstätte, Entwässerungsarbeiten

BRI 2.403 m³ **BGF** 812 m² **NUF** 460 m²

Bauzustand: schlecht
Aufwand: mittel
Nutzung während der Bauzeit: ja
Nutzungsänderung: nein
Grundrissänderungen: wenige
Tragwerkseingriffe: wenige

Land: Sachsen
Kreis: Erzgebirgskreis
Standard: einfach
Bauzeit: 9 Wochen
Kennwerte: bis 3. Ebene DIN 276
veröffentlicht: BKI Objektdaten A11

BGF 75€/m²

Planung: heine I reichold architekten Partnerschaftsgesellschaft mbB; Lichtenstein

Erneuerung/Umverlegung der Entwässerungsleitungen im Kindergarten (6 Gruppen, 72 Kinder)

1. Ebene: 300 Bauwerk – Baukonstruktionen: 68%, **400 Bauwerk – Technische Anlagen:** 32%
3. Ebene: Baukonstruktionen: **A:** 322 Flachgründungen und Bodenplatten 33%, Sonstige 4%, **W:** 345 Innenwandbekleidungen 18%, Sonstige 2%, **H:** 322 Flachgründungen und Bodenplatten 4%, 324 Gründungsbeläge 23%, 345 Innenwandbekleidungen 11%, Sonstige 6%, **Technische Anlagen:** **A:** Sonstige 1%, **W:** 412 Wasseranlagen 30%, 421 Wärmeerzeugungsanlagen 5%, **H:** 411 Abwasseranlagen 44%, 412 Wasseranlagen 8%, 419 Sonstiges zur KG 410 5%, 498 Provisorische technische Anlagen 5%, Sonstige 1%

4100-0156 Realschule, Dachsanierung*

BRI k.A. **BGF** k.A. **NUF** k.A.

Bauzustand: schlecht
Aufwand: hoch
Nutzung während der Bauzeit: ja
Nutzungsänderung: nein
Grundrissänderungen: keine
Tragwerkseingriffe: keine

Land: Baden-Württemberg
Kreis: Stuttgart, Stadt
Standard: mittel
Bauzeit: 65 Wochen
Kennwerte: bis 3. Ebene DIN 276
veröffentlicht: BKI Objektdaten A9

Planung: ASS PLANUNGS GMBH FREIE ARCHITEKTEN; Stuttgart

Realschule mit Unterrichts- und Nebenräumen

1. Ebene: 300 Bauwerk – Baukonstruktionen: 96%, **400 Bauwerk – Technische Anlagen:** 4%
3. Ebene: Baukonstruktionen: **A:** 363 Dachbeläge 23%, Sonstige 2%, **H:** 363 Dachbeläge 63%, 369 Sonstiges zur KG 360 5%, 392 Gerüste 5%, Sonstige 2%, **Technische Anlagen:** **A:** 411 Abwasseranlagen 4%, 446 Blitzschutz- und Erdungsanlagen 3%, Sonstige < 1%, **W:** 411 Abwasseranlagen 8%, **H:** 411 Abwasseranlagen 61%, 446 Blitzschutz- und Erdungsanlagen 23%

A Abbrechen
W Wiederherstellen
H Herstellen

7300-0072 Lagerhalle, Werkstatt

BRI 9.624m³ **BGF** 1.246m² **NUF** 1.045m²

© GRÜNHAUSARCHITEKTEN

Baujahr: 1965
Bauzustand: schlecht
Aufwand: mittel
Nutzung während der Bauzeit: ja
Nutzungsänderung: nein
Grundrissänderungen: wenige
Tragwerkseingriffe: keine

Land: Brandenburg
Kreis: Teltow-Fläming
Standard: mittel
Bauzeit: 26 Wochen
Kennwerte: bis 3. Ebene DIN 276
veröffentlicht: BKI Objektdaten A9

BGF **303€/m²**

Planung: GRÜNHAUSARCHITEKTEN Wittram-Regenhardt + Gammelin; Potsdam

Lagerhalle mit Werkstatt

1. Ebene: 300 Bauwerk – Baukonstruktionen: 97%, **400 Bauwerk – Technische Anlagen:** 3%
3. Ebene: Baukonstruktionen: A: 335 Außenwandbekleidungen, außen 3%, 363 Dachbeläge 7%, Sonstige 3%, **W:** Sonstige 6%, **H:** 331 Tragende Außenwände 3%, 334 Außenwandöffnungen 9%, 335 Außenwandbekleidungen, außen 29%, 363 Dachbeläge 28%, 392 Gerüste 6%, Sonstige 5%, **Technische Anlagen:** A: 444 Niederspannungsinstallationsanlagen 11%, 446 Blitzschutz- und Erdungsanlagen 18%, **W:** 444 Niederspannungsinstallationsanlagen 8%, **H:** 444 Niederspannungsinstallationsanlagen 6%, 446 Blitzschutz- und Erdungsanlagen 57%

5100-0077 Schulsporthalle (Dreifeldhalle)

BRI 20.335m³ **BGF** 3.111m² **NUF** 2.114m²

© Junk & Reich / Hartmann + Helm

Baujahr: 1974
Bauzustand: schlecht
Aufwand: hoch
Nutzung während der Bauzeit: nein
Nutzungsänderung: nein
Grundrissänderungen: umfangreiche
Tragwerkseingriffe: wenige

Land: Bayern
Kreis: Würzburg
Standard: mittel
Bauzeit: 44 Wochen
Kennwerte: bis 3. Ebene DIN 276
veröffentlicht: BKI Objektdaten A10

BGF **2.005€/m²**

Planung: ARGE GHS Ochsenfurt Junk & Reich / Hartmann + Helm; Weimar

Instandsetzung einer Schulsporthalle (Dreifeldhalle)

1. Ebene: 300 Bauwerk – Baukonstruktionen: 76%, **400 Bauwerk – Technische Anlagen:** 24%
3. Ebene: Baukonstruktionen: A: Sonstige 7%, **W:** Sonstige < 1%, **H:** 322 Flachgründungen und Bodenplatten 5%, 324 Gründungsbeläge 7%, 335 Außenwandbekleidungen, außen 8%, 336 Außenwandbekleidungen, innen 4%, 337 Elementierte Außenwandkonstruktionen 3%, 344 Innenwandöffnungen 4%, 345 Innenwandbekleidungen 4%, 361 Dachkonstruktionen 9%, 362 Dachöffnungen 6%, 363 Dachbeläge 10%, 391 Baustelleneinrichtung 4%, Sonstige 27%, **Technische Anlagen:** A: Sonstige 3%, **H:** 411 Abwasseranlagen 5%, 412 Wasseranlagen 14%, 421 Wärmeerzeugungsanlagen 5%, 422 Wärmeverteilnetze 7%, 423 Raumheizflächen 8%, 431 Lüftungsanlagen 15%, 444 Niederspannungsinstallationsanlagen 11%, 445 Beleuchtungsanlagen 8%, 481 Automationseinrichtungen 8%, Sonstige 16%

€/m² BGF

min	75	€/m²
von	310	€/m²
Mittel	**830**	**€/m²**
bis	1.820	€/m²
max	2.005	€/m²

Kosten:
Stand 2. Quartal 2026
Bundesdurchschnitt
inkl. 19% MwSt.

A Abbrechen
W Wiederherstellen
H Herstellen

Objektübersicht zur Gebäudeart

6200-0034 Soziotherapeutisches Zentrum

BRI 10.328 m³ **BGF** 3.558 m² **NUF** 2.019 m²

© Architekt Knut Jahn

Land: Hessen
Kreis: Darmstadt, Stadt
Standard: mittel
Bauzeit: 35 Wochen
Kennwerte: bis 3. Ebene DIN 276
veröffentlicht: BKI Objektdaten A6

BGF 411 €/m²

Planung: jahn-architekten; Mühltal

Soziotherapeutisches Zentrum mit 40 Betten für suchtkranke Frauen und Männer, Verwaltungsräume, Tiefgarage. **Kosteneinfluss Nutzung:** Instandsetzung und Modernisierung eines bestehenden Zentrums

1. Ebene: 300 Bauwerk – Baukonstruktionen: 64%, **400 Bauwerk – Technische Anlagen:** 36%
3. Ebene: Baukonstruktionen: **A**: Sonstige 4%, **W**: Sonstige 5%, **H**: 342 Nichttragende Innenwände 19%, 344 Innenwandöffnungen 18%, 345 Innenwandbekleidungen 16%, 351 Deckenkonstruktionen 4%, 353 Deckenbeläge 15%, 354 Deckenbekleidungen 5%, 369 Sonstiges zur KG 360 4%, Sonstige 10%, **Technische Anlagen:** **A**: Sonstige < 1%, **H**: 411 Abwasseranlagen 20%, 412 Wasseranlagen 21%, 422 Wärmeverteilnetze 4%, 431 Lüftungsanlagen 18%, 444 Niederspannungsinstallationsanlagen 27%, Sonstige 10%

4100-0056 Schule, PCB-Sanierung

BRI 16.878 m³ **BGF** 4.435 m² **NUF** 2.636 m²

© Planungsgesellschaft für Hochbau Wirtz+Kölsch

Bauzustand: schlecht
Aufwand: hoch
Nutzung während der Bauzeit: nein
Nutzungsänderung: nein
Grundrissänderungen: einige
Tragwerkseingriffe: einige

Land: Nordrhein-Westfalen
Kreis: Leverkusen, Stadt
Standard: mittel
Bauzeit: 156 Wochen
Kennwerte: bis 3. Ebene DIN 276
veröffentlicht: www.bki.de

BGF 589 €/m²

Planung: Planungsgesellschaft für Hochbau mbH Wirtz+Kölsch; Leverkusen

Instandsetzung einer Schule für 650 Schüler nach PCB-Schaden und Modernisierung. Erneuerung des Innenausbaus und Wärmedämmmaßnahmen.

1. Ebene: 300 Bauwerk – Baukonstruktionen: 84%, **400 Bauwerk – Technische Anlagen:** 16%
3. Ebene: Baukonstruktionen: **A**: Sonstige 9%, **W**: 345 Innenwandbekleidungen 7%, Sonstige 3%, **H**: 334 Außenwandöffnungen 13%, 335 Außenwandbekleidungen, außen 11%, 337 Elementierte Außenwandkonstruktionen 6%, 342 Nichttragende Innenwände 5%, 344 Innenwandöffnungen 6%, 353 Deckenbeläge 7%, 354 Deckenbekleidungen 5%, 363 Dachbeläge 5%, Sonstige 22%, **Technische Anlagen:** **A**: Sonstige 4%, **W**: Sonstige 1%, **H**: 411 Abwasseranlagen 6%, 412 Wasseranlagen 10%, 422 Wärmeverteilnetze 6%, 423 Raumheizflächen 16%, 431 Lüftungsanlagen 9%, 444 Niederspannungsinstallationsanlagen 21%, 445 Beleuchtungsanlagen 19%, 499 Sonstiges zur KG 490 4%, Sonstige 4%

9100-0188 Kirche

BRI 6.433 m^3 **BGF** 1.388 m^2 **NUF** 846 m^2

Baujahr: 1967
Bauzustand: mittel
Aufwand: hoch
Nutzung während der Bauzeit: nein
Nutzungsänderung: nein
Grundrissänderungen: wenige
Tragwerkseingriffe: wenige

Land: Baden-Württemberg
Kreis: Ostalbkreis
Standard: mittel
Bauzeit: 56 Wochen
Kennwerte: bis 1. Ebene DIN 276
veröffentlicht: BKI Objektdaten A12

BGF **1.589 €/m^2**

Planung: Klaiber + Oettle Architekten und Ingenieure; Schwäbisch Gmünd

Kirche mit neuem Eingangsbereich

1. Ebene: 300 Bauwerk – Baukonstruktionen: 79%, **400 Bauwerk – Technische Anlagen:** 21%

Instandsetzungen

mit Restaurierungs-arbeiten

Kostenkennwerte für die Kosten des Bauwerks (Kostengruppen 300+400 nach DIN 276)

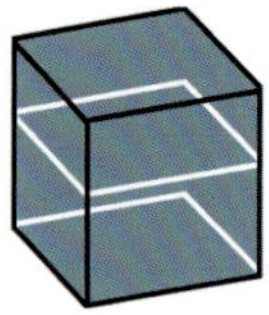

BRI 470 €/m³
von 235 €/m³
bis 725 €/m³

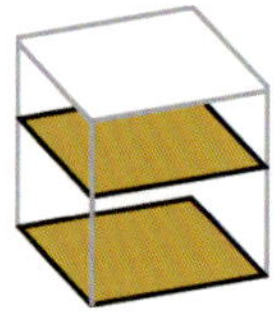

BGF 1.705 €/m²
von 710 €/m²
bis 2.505 €/m²

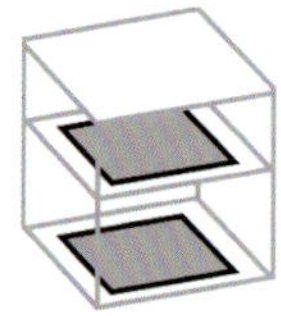

NUF 2.560 €/m²
von 1.005 €/m²
bis 3.925 €/m²

Objektbeispiele

Kosten:
Stand 2. Quartal 2026
Bundesdurchschnitt
inkl. 19% MwSt.

9100-0096

9100-0147

9900-0004

9100-0130

9100-0138

7200-0094

Kosten der 7 Vergleichsobjekte

Seiten 590 bis 593

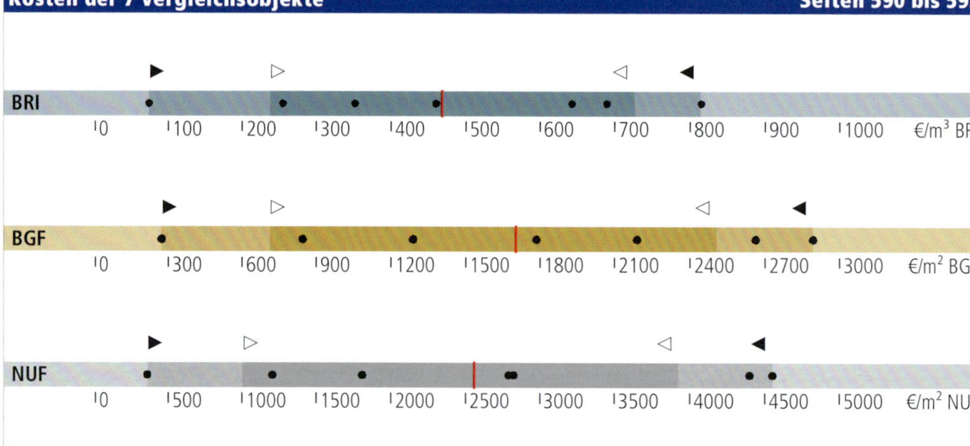

- ● KKW
- ▶ min
- ▷ von
- | Mittelwert
- ◁ bis
- ◀ max

Kostenstand: 2. Quartal 2026, Bundesdurchschnitt, **inkl. 19% MwSt.**

Kostenkennwerte für die Kostengruppen der 1. und 2.Ebene DIN 276

KG	Kostengruppen der 1.Ebene	Einheit	▷	€/Einheit	◁	▷	% an 300+400	◁
100	Grundstück	m2 GF	–	**–**	–	–	**–**	–
200	Vorbereitende Maßnahmen	m2 GF	–	**–**	–	–	**–**	–
300	Bauwerk – Baukonstruktionen	m2 BGF	641	**1.548**	2.238	81,5	**91,4**	96,3
400	Bauwerk – Technische Anlagen	m2 BGF	52	**157**	402	3,7	**8,6**	18,5
	Bauwerk 300+400	m2 BGF	710	**1.705**	2.506	100,0	**100,0**	100,0
500	Außenanlagen und Freiflächen	m2 AF	138	**281**	357	1,0	**5,2**	9,3
600	Ausstattung und Kunstwerke	m2 BGF	13	**98**	268	0,6	**3,8**	10,1
700	Baunebenkosten	m2 BGF	–	**–**	–	–	**–**	–
800	Finanzierung	m2 BGF	–	**–**	–	–	**–**	–

KG	Kostengruppen der 2.Ebene	Einheit	▷	€/Einheit	◁	▷	% an 1.Ebene	◁
310	Baugrube / Erdbau	m3 BGI	–	**407**	–	< 0,1	**0,6**	3,3
320	Gründung, Unterbau	m2 GRF	120	**369**	739	0,2	**1,2**	3,4
330	Außenwände / vertikal außen	m2 AWF	316	**542**	1.041	28,1	**46,7**	80,8
340	Innenwände / vertikal innen	m2 IWF	273	**421**	790	1,1	**8,0**	18,6
350	Decken / horizontal	m2 DEF	395	**966**	1.669	3,2	**17,5**	30,9
360	Dächer	m2 DAF	229	**659**	1.205	5,7	**14,8**	27,8
370	Infrastrukturanlagen		–	**–**	–	–	**–**	–
380	Baukonstruktive Einbauten	m2 BGF	4	**6**	11	< 0,1	**0,3**	1,7
390	Sonst. Maßnahmen für Baukonst.	m2 BGF	72	**169**	364	7,0	**10,8**	14,9
300	**Bauwerk – Baukonstruktionen**	**m2 BGF**					**100,0**	
410	Abwasser-, Wasser-, Gasanlagen	m2 BGF	< 1	**31**	73	0,1	**10,7**	21,6
420	Wärmeversorgungsanlagen	m2 BGF	9	**54**	101	2,5	**16,6**	30,8
430	Raumlufttechnische Anlagen	m2 BGF	2	**23**	44	0,1	**1,6**	8,8
440	Elektrische Anlagen	m2 BGF	17	**81**	142	29,4	**61,2**	82,3
450	Kommunikationstechnische Anlagen	m2 BGF	5	**29**	54	0,2	**5,9**	34,6
460	Förderanlagen	m2 BGF	–	**116**	–	0,0	**3,9**	23,4
470	Nutzungsspez. / verfahrenstech. Anl.	m2 BGF	–	**–**	–	–	**–**	–
480	Gebäude- und Anlagenautomation	m2 BGF	–	**–**	–	–	**–**	–
490	Sonst. Maßnahmen f. techn. Anl.	m2 BGF	–	**–**	–	–	**–**	–
400	**Bauwerk – Technische Anlagen**	**m2 BGF**					**100,0**	

Prozentanteile der Kosten 2.Ebene an den Kosten des Bauwerks nach DIN 276 (Von/Mittel/Bis)

KG	Kostengruppe	%
310	Baugrube / Erdbau	0,5
320	Gründung, Unterbau	1,1
330	Außenwände / vertikal außen	43,1
340	Innenwände / vertikal innen	6,8
350	Decken / horizontal	15,3
360	Dächer	13,7
370	Infrastrukturanlagen	
380	Baukonstruktive Einbauten	0,3
390	Sonst. Maßnahmen für Baukonst.	9,8
410	Abwasser-, Wasser-, Gasanlagen	1,2
420	Wärmeversorgungsanlagen	1,7
430	Raumlufttechnische Anlagen	0,3
440	Elektrische Anlagen	4,4
450	Kommunikationstechnische Anlagen	1,1
460	Förderanlagen	0,7
470	Nutzungsspez. / verfahrenstech. Anl.	
480	Gebäude- und Anlagenautomation	
490	Sonst. Maßnahmen f. techn. Anl.	

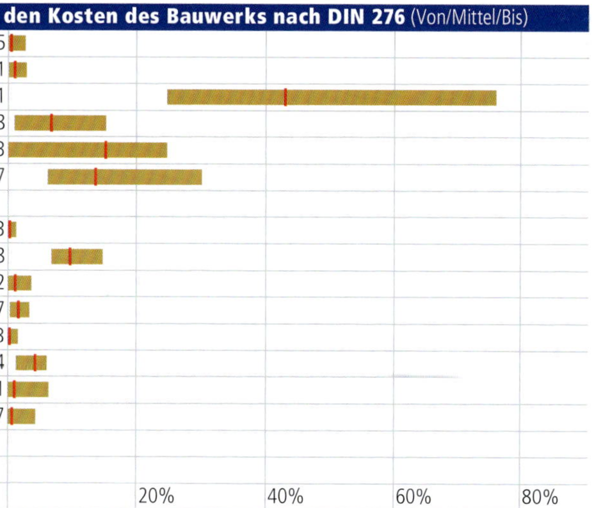

Kostenstand: 2. Quartal 2026, Bundesdurchschnitt, **inkl. 19% MwSt.**

Kostenkennwerte für die Kostengruppen der 3. Ebene DIN 276

KG	Kostengruppen der 3. Ebene	Einheit	▷	€/Einheit	◁	▷	€/m² BGF	◁
311	**Herstellung**	m³	–	**407**	–	4	**38**	72
	Herstellen	m³	–	**407**	–	4	**38**	72
322	**Flachgründungen und Bodenplatten**	m²	–	**328**	–	< 1	**18**	34
	Abbrechen	*m²*	–	***5***	–	–	***< 1***	–
	Herstellen	m²	–	**323**	–	< 1	**17**	34
324	**Gründungsbeläge**	m²	17	**265**	395	4	**29**	55
	Abbrechen	*m²*	–	***61***	–	*5*	***6***	*7*
	Wiederherstellen	m²	–	**17**	–	–	**3**	–
	Herstellen	m²	350	**358**	367	6	**34**	50
331	**Tragende Außenwände**	m²	215	**759**	1.356	62	**156**	311
	Abbrechen	*m²*	*28*	***107***	*149*	*6*	***18***	*28*
	Wiederherstellen	m²	146	**279**	662	33	**112**	175
	Herstellen	m²	65	**533**	767	74	**100**	150
332	**Nichttragende Außenwände**	m²	498	**1.630**	2.761	2	**3**	4
	Wiederherstellen	m²	–	**2.761**	–	–	**4**	–
	Herstellen	m²	–	**498**	–	–	**2**	–
334	**Außenwandöffnungen**	m²	423	**1.434**	3.111	79	**208**	751
	Abbrechen	*m²*	*39*	***62***	*99*	*4*	***11***	*26*
	Wiederherstellen	m²	139	**483**	868	28	**49**	109
	Herstellen	m²	324	**1.297**	2.712	63	**203**	726
335	**Außenwandbekleidungen, außen**	m²	77	**207**	301	93	**186**	539
	Abbrechen	*m²*	*9*	***12***	*15*	*4*	***8***	*11*
	Wiederherstellen	m²	71	**170**	269	89	**205**	539
	Herstellen	m²	2	**166**	330	2	**48**	94
336	**Außenwandbekleidungen, innen**	m²	70	**139**	193	24	**71**	153
	Abbrechen	*m²*	*11*	***28***	*72*	*3*	***8***	*10*
	Wiederherstellen	m²	31	**85**	142	21	**58**	171
	Herstellen	m²	4	**81**	120	2	**40**	83
338	**Lichtschutz zur KG 330**	m²	–	**396**	–	–	**15**	–
	Wiederherstellen	m²	–	**6**	–	–	**< 1**	–
	Herstellen	m²	–	**390**	–	–	**15**	–
339	**Sonstiges zur KG 330**	m²	15	**58**	144	22	**46**	82
	Abbrechen	*m²*	*< 1*	***35***	*70*	*< 1*	***20***	*40*
	Wiederherstellen	m²	2	**10**	18	2	**22**	42
	Herstellen	m²	10	**42**	74	10	**26**	42
341	**Tragende Innenwände**	m²	299	**821**	1.343	4	**11**	23
	Abbrechen	*m²*	–	***615***	–	*8*	***9***	*10*
	Wiederherstellen	m²	–	**299**	–	–	**1**	–
	Herstellen	m²	–	**728**	–	–	**12**	–
342	**Nichttragende Innenwände**	m²	333	**370**	445	15	**20**	24
	Abbrechen	*m²*	*111*	***137***	*180*	*8*	***10***	*14*
	Wiederherstellen	m²	–	**57**	–	–	**4**	–
	Herstellen	m²	184	**214**	265	10	**12**	14
343	**Innenstützen**	m	–	**174**	–	< 1	**< 1**	< 1
	Herstellen	m	–	**174**	–	–	**< 1**	–
344	**Innenwandöffnungen**	m²	641	**1.495**	4.008	40	**83**	98
	Abbrechen	*m²*	*7*	***46***	*84*	*1*	***2***	*2*
	Wiederherstellen	m²	75	**326**	828	12	**23**	40
	Herstellen	m²	481	**1.637**	3.924	67	**87**	97

Kosten:
Stand 2. Quartal 2026
Bundesdurchschnitt
inkl. 19% MwSt.

▷ von
ø Mittel
◁ bis

KG	Kostengruppen der 3. Ebene	Einheit	▷	€/Einheit	◁	▷	€/m² BGF	◁
345	**Innenwandbekleidungen**	m²	40	**76**	111	21	**59**	97
	Abbrechen	*m²*	*7*	***13***	*23*	*6*	***12***	*23*
	Wiederherstellen	m²	2	**23**	35	4	**19**	50
	Herstellen	m²	5	**65**	95	20	**47**	88
346	**Elem. Innenwandkonstruktionen**	m²	–	**656**	–	–	**9**	–
	Abbrechen	*m²*	–	***164***	–	–	***2***	–
	Herstellen	m²	–	**493**	–	–	**7**	–
351	**Deckenkonstruktionen**	m²	514	**739**	1.050	64	**208**	340
	Abbrechen	*m²*	*79*	***107***	*157*	*3*	***23***	*34*
	Wiederherstellen	m²	160	**196**	217	4	**40**	59
	Herstellen	m²	367	**511**	878	43	**161**	270
353	**Deckenbeläge**	m²	245	**462**	653	47	**174**	292
	Abbrechen	*m²*	*29*	***103***	*316*	*6*	***15***	*41*
	Wiederherstellen	m²	68	**117**	189	13	**37**	76
	Herstellen	m²	168	**362**	702	70	**175**	238
354	**Deckenbekleidungen**	m²	102	**192**	400	31	**91**	152
	Abbrechen	*m²*	*10*	***27***	*55*	*3*	***14***	*20*
	Wiederherstellen	m²	33	**92**	152	24	**37**	67
	Herstellen	m²	17	**106**	160	11	**58**	83
359	**Sonstiges zur KG 350**	m²	12	**39**	85	1	**17**	25
	Abbrechen	*m²*	*< 1*	***< 1***	*< 1*	*< 1*	***< 1***	*< 1*
	Wiederherstellen	m²	3	**30**	85	2	**11**	28
	Herstellen	m²	–	**25**	–	–	**19**	–
361	**Dachkonstruktionen**	m²	216	**533**	731	121	**229**	303
	Abbrechen	*m²*	*32*	***83***	*166*	*14*	***35***	*68*
	Wiederherstellen	m²	85	**126**	167	48	**58**	68
	Herstellen	m²	190	**366**	645	91	**156**	265
363	**Dachbeläge**	m²	101	**282**	403	38	**110**	184
	Abbrechen	*m²*	*45*	***55***	*75*	*21*	***24***	*31*
	Wiederherstellen	m²	40	**118**	196	9	**43**	65
	Herstellen	m²	283	**337**	367	116	**153**	178
364	**Dachbekleidungen**	m²	37	**130**	260	9	**32**	51
	Wiederherstellen	m²	29	**37**	45	< 1	**24**	47
	Herstellen	m²	133	**224**	314	26	**40**	54
369	**Sonstiges zur KG 360**	m²	5	**12**	38	2	**6**	14
	Wiederherstellen	m²	3	**4**	7	< 1	**4**	13
	Herstellen	m²	11	**25**	38	6	**11**	16
381	**Allgemeine Einbauten**	m²	4	**6**	11	4	**6**	11
	Abbrechen	*m²*	*< 1*	***1***	*3*	*< 1*	***1***	*3*
	Wiederherstellen	m²	–	**9**	–	–	**9**	–
	Herstellen	m²	3	**3**	4	3	**3**	4
391	**Baustelleneinrichtung**	m²	15	**44**	94	15	**44**	94
	Herstellen	m²	15	**44**	94	15	**44**	94
392	**Gerüste**	m²	38	**106**	244	38	**106**	244
	Herstellen	m²	38	**106**	244	38	**106**	244
393	**Sicherungsmaßnahmen**	m²	5	**12**	25	5	**12**	25
	Herstellen	m²	5	**12**	25	5	**12**	25
394	**Abbruchmaßnahmen**	m²	–	**6**	–	–	**6**	–
	Abbrechen	*m²*	–	***6***	–	–	***6***	–
397	**Zusätzliche Maßnahmen**	m²	9	**15**	23	9	**15**	23
	Abbrechen	*m²*	–	***5***	–	–	***5***	–
	Herstellen	m²	7	**14**	23	7	**14**	23

Kosten:
Stand 2. Quartal 2026
Bundesdurchschnitt
inkl. 19% MwSt.

KG	Kostengruppen der 3. Ebene	Einheit	▷	€/Einheit	◁	▷	€/m² BGF	◁
398	**Provisorische Baukonstruktionen**	m²	< 1	**4**	5	< 1	**4**	5
	Herstellen	m²	< 1	**4**	5	< 1	**4**	5
399	**Sonstiges zur KG 390**	m²	–	**4**	–	–	**4**	–
	Herstellen	m²	–	**4**	–	–	**4**	–
411	**Abwasseranlagen**	m²	3	**14**	47	3	**14**	47
	Abbrechen	*m²*	*< 1*	***< 1***	*< 1*	*< 1*	***< 1***	*< 1*
	Herstellen	m²	9	**28**	47	9	**28**	47
412	**Wasseranlagen**	m²	< 1	**20**	31	< 1	**20**	31
	Abbrechen	*m²*	*< 1*	***1***	*2*	*< 1*	***1***	*2*
	Herstellen	m²	21	**28**	35	21	**28**	35
419	**Sonstiges zur KG 410**	m²	1	**5**	8	1	**5**	8
	Herstellen	m²	1	**5**	8	1	**5**	8
421	**Wärmeerzeugungsanlagen**	m²	< 1	**16**	30	< 1	**16**	30
	Abbrechen	*m²*	–	***< 1***	–	–	***< 1***	–
	Herstellen	m²	–	**30**	–	–	**30**	–
422	**Wärmeverteilnetze**	m²	3	**24**	36	3	**24**	36
	Abbrechen	*m²*	*< 1*	***1***	*2*	*< 1*	***1***	*2*
	Wiederherstellen	m²	< 1	**3**	5	< 1	**3**	5
	Herstellen	m²	3	**22**	31	3	**22**	31
423	**Raumheizflächen**	m²	12	**29**	40	12	**29**	40
	Abbrechen	*m²*	*< 1*	***< 1***	*< 1*	*< 1*	***< 1***	*< 1*
	Wiederherstellen	m²	–	**7**	–	–	**7**	–
	Herstellen	m²	5	**27**	39	5	**27**	39
429	**Sonstiges zur KG 420**	m²	5	**7**	11	5	**7**	11
	Abbrechen	*m²*	–	***4***	–	–	***4***	–
	Wiederherstellen	m²	–	**2**	–	–	**2**	–
	Herstellen	m²	2	**5**	7	2	**5**	7
431	**Lüftungsanlagen**	m²	2	**23**	44	2	**23**	44
	Abbrechen	*m²*	–	***2***	–	–	***2***	–
	Herstellen	m²	–	**44**	–	–	**44**	–
444	**Niederspannungsinstallationsanl.**	m²	3	**35**	57	3	**35**	57
	Abbrechen	*m²*	*< 1*	***2***	*2*	*< 1*	***2***	*2*
	Wiederherstellen	m²	2	**2**	3	2	**2**	3
	Herstellen	m²	46	**54**	59	46	**54**	59
445	**Beleuchtungsanlagen**	m²	5	**33**	64	5	**33**	64
	Abbrechen	*m²*	–	***< 1***	–	–	***< 1***	–
	Wiederherstellen	m²	< 1	**< 1**	2	< 1	**< 1**	2
	Herstellen	m²	4	**32**	64	4	**32**	64
446	**Blitzschutz- und Erdungsanlagen**	m²	1	**13**	20	1	**13**	20
	Wiederherstellen	m²	–	**22**	–	–	**22**	–
	Herstellen	m²	1	**9**	16	1	**9**	16
451	**Telekommunikationsanlagen**	m²	< 1	**3**	7	< 1	**3**	7
	Herstellen	m²	< 1	**3**	7	< 1	**3**	7
452	**Such- und Signalanlagen**	m²	1	**2**	4	1	**2**	4
	Herstellen	m²	1	**2**	4	1	**2**	4
455	**Audiovis. Medien- u. Antennenanl.**	m²	–	**< 1**	–	–	**< 1**	–
	Herstellen	m²	–	**< 1**	–	–	**< 1**	–
456	**Gefahrenmelde- und Alarmanlagen**	m²	–	**4**	–	–	**4**	–
	Herstellen	m²	–	**4**	–	–	**4**	–
457	**Datenübertragungsnetze**	m²	2	**21**	40	2	**21**	40
	Herstellen	m²	2	**21**	40	2	**21**	40
461	**Aufzugsanlagen**	m²	–	**116**	–	–	**116**	–
	Herstellen	m²	–	**116**	–	–	**116**	–

▷ von
ø Mittel
◁ bis

Prozentanteile der Kosten für Leistungsbereiche nach STLB (Kosten Bauwerk nach DIN 276)

(Balkendiagramm-Skala: 7,5% | 15% | 22,5% | 30%)

LB	Leistungsbereiche	▷	% an 300+400	◁
000	Baustellen-, Sicherheitseinr. inkl. 001, 089	3,8	**8,1**	10,4
002	Erdarbeiten	< 0,1	**0,5**	2,7
006	Spezialtiefbauarbeiten inkl. 005	–	**–**	–
009	Entwässerungskanalarbeiten inkl. 011	0,0	**0,2**	1,1
010	Drän- und Versickerarbeiten	–	**–**	–
012	Mauerarbeiten	4,7	**17,4**	30,0
013	Betonarbeiten	0,5	**2,2**	6,1
014	Natur-, Betonwerksteinarbeiten	< 0,1	**1,1**	2,5
016	Zimmer- und Holzbauarbeiten	0,2	**10,3**	22,2
017	Stahlbauarbeiten	< 0,1	**0,3**	1,6
018	Abdichtungsarbeiten	0,0	**0,1**	0,8
020	Dachdeckungsarbeiten	0,6	**2,9**	5,0
021	Dachabdichtungsarbeiten	0,0	**1,8**	3,8
022	Klempnerarbeiten	0,7	**1,7**	2,5
	Rohbau	26,8	**46,6**	66,4
023	Putz- und Stuckarbeiten, Wärmedämmsysteme	4,9	**7,4**	9,0
024	Fliesen- und Plattenarbeiten	0,3	**2,3**	7,0
025	Estricharbeiten	0,0	**< 0,1**	0,3
026	Fenster, Außentüren inkl. 029, 032	2,2	**8,5**	20,5
027	Tischlerarbeiten	1,2	**4,5**	10,8
028	Parkett-, Holzpflasterarbeiten	0,1	**1,0**	5,3
030	Rollladenarbeiten	< 0,1	**0,3**	1,8
031	Metallbauarbeiten inkl. 035	< 0,1	**0,5**	1,5
034	Maler- und Lackiererarb. - Beschicht. inkl. 037	4,1	**11,9**	32,2
036	Bodenbelagarbeiten	< 0,1	**0,9**	5,4
038	Vorgehängte hinterlüftete Fassaden	–	**–**	–
039	Trockenbauarbeiten	0,0	**1,3**	2,7
	Ausbau	20,5	**38,8**	55,3
040	Wärmeversorgungsanl. - Betriebseinr. inkl. 041	0,0	**1,3**	2,9
042	Gas- u. Wasseranl. - Leitung., Armat. inkl. 043	0,0	**0,2**	0,6
044	Abwasseranl. - Leitungen, Abläufe, Armaturen	0,0	**0,2**	0,7
045	Gas, Wasser, Entwässerung - Ausstattung inkl. 046	0,0	**0,5**	1,5
047	Dämm- und Brandschutzarb. an techn. Anlagen	0,0	**0,1**	0,4
049	Feuerlöschanlagen, Feuerlöschgeräte	–	**–**	–
050	Blitzschutz-/Erdungsanlagen, Überspannungssch.	< 0,1	**0,3**	0,8
052	Mittelspannungsanlagen	–	**–**	–
053	Niederspannungsanl. - Kabel inkl. 054	1,2	**3,1**	4,9
055	Sicherheits- u. Ersatzstromversorgungsanl.	–	**–**	–
057	Gebäudesystemtechnik	–	**–**	–
058	Leuchten und Lampen inkl. 059	0,1	**0,9**	2,8
060	Such, Signal, Zeit, Anten., akust. Anl. inkl. 064	< 0,1	**< 0,1**	0,4
061	Kommunikations- u. Übertragungsnetze inkl. 062	< 0,1	**0,9**	5,5
063	Gefahrenmeldeanlagen	0,0	**0,3**	1,2
069	Aufzüge	0,0	**0,7**	4,4
070	Gebäudeautomation	–	**–**	–
075	Raumlufttechnische Anlagen inkl. 078	–	**–**	–
	Gebäudetechnik	3,5	**8,7**	17,4
084	Abbruch, Rückbau, Schadstoffsanierung	1,6	**5,8**	9,7
	Sonstige Leistungsbereiche inkl. 008, 033, 051	< 0,1	**0,1**	0,7

€/m² BGF

min	275	€/m²
von	710	€/m²
Mittel	**1.705**	**€/m²**
bis	2.505	€/m²
max	2.895	€/m²

Kosten:
Stand 2. Quartal 2026
Bundesdurchschnitt
inkl. 19% MwSt.

A Abbrechen
W Wiederherstellen
H Herstellen

Objektübersicht zur Gebäudeart

7200-0094 Geschäftshaus, Fassadensanierung — BRI 3.009 m³ | BGF 813 m² | NUF 620 m²

Baujahr: 1903
Bauzustand: schlecht
Aufwand: hoch
Nutzung während der Bauzeit: ja
Nutzungsänderung: nein
Grundrissänderungen: keine
Tragwerkseingriffe: umfangreiche

Land: Hamburg
Kreis: Hamburg, Stadt
Standard: mittel
Bauzeit: 17 Wochen
Kennwerte: bis 3. Ebene DIN 276
veröffentlicht: BKI Objektdaten A11

BGF **273 €/m²**

Planung: Atelier Donsbach; Hamburg

Fassadensanierung eines denkmalgeschützten Geschäftshauses **Kosteneinfluss Nutzung:** Denkmalschutz

1. Ebene: 300 Bauwerk – Baukonstruktionen: 95%, **400 Bauwerk – Technische Anlagen:** 5%
3. Ebene: Baukonstruktionen: W: 331 Tragende Außenwände 25%, 334 Außenwandöffnungen 7%, 335 Außenwandbekleidungen, außen 47%, 363 Dachbeläge 3%, Sonstige 2%, **H:** 391 Baustelleneinrichtung 3%, 392 Gerüste 10%, Sonstige 3%, **Technische Anlagen: W:** 429 Sonstiges zur KG 420 15%, 444 Niederspannungsinstallationsanlagen 25%, **H:** 429 Sonstiges zur KG 420 17%, 445 Beleuchtungsanlagen 44%

9100-0138 Veranstaltungsraum, ehemalige Friedhofskapelle — BRI 300 m³ | BGF 63 m² | NUF 49 m²

Baujahr: 1927
Bauzustand: schlecht
Nutzung während der Bauzeit: nein
Nutzungsänderung: ja
Grundrissänderungen: wenige
Tragwerkseingriffe: keine

Land: Hamburg
Kreis: Hamburg, Stadt
Standard: mittel
Bauzeit: 30 Wochen
Kennwerte: bis 3. Ebene DIN 276
veröffentlicht: BKI Objektdaten A11

BGF **2.190 €/m²**

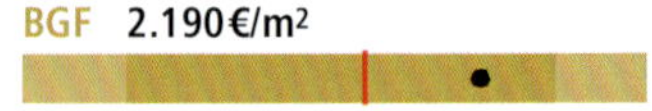

Planung: Atelier Donsbach; Hamburg

Veranstaltungsgebäude, ehemalige Friedhofskapelle **Kosteneinfluss Nutzung:** Denkmalschutz

1. Ebene: 300 Bauwerk – Baukonstruktionen: 93%, **400 Bauwerk – Technische Anlagen:** 7%
3. Ebene: Baukonstruktionen: A: Sonstige 2%, **W:** 331 Tragende Außenwände 7%, 335 Außenwandbekleidungen, außen 26%, 336 Außenwandbekleidungen, innen 8%, 363 Dachbeläge 4%, Sonstige 7%, **H:** 334 Außenwandöffnungen 36%, 391 Baustelleneinrichtung 4%, 392 Gerüste 3%, Sonstige 3%, **Technische Anlagen: W:** 446 Blitzschutz- und Erdungsanlagen 14%, **H:** 444 Niederspannungsinstallationsanlagen 37%, 445 Beleuchtungsanlagen 49%

Objektübersicht zur Gebäudeart

9900-0004 Ateliergebäude

BRI 598 m³ **BGF** 163 m² **NUF** 116 m²

Baujahr: 1899
Bauzustand: schlecht
Aufwand: hoch
Nutzung während der Bauzeit: nein
Nutzungsänderung: nein
Grundrissänderungen: wenige
Tragwerkseingriffe: einige

Land: Brandenburg
Kreis: Brandenburg a. d. Havel
Standard: mittel
Bauzeit: 22 Wochen
Kennwerte: bis 3. Ebene DIN 276
veröffentlicht: BKI Objektdaten A10
BGF **1.289 €/m²**

Planung: Märkplan GmbH; Brandenburg an der Havel

Sanierungsmaßnahme an leerstehendem denkmalgeschütztem Ateliergebäude

1. Ebene: 300 Bauwerk – Baukonstruktionen: 100%, **400 Bauwerk – Technische Anlagen:** < 1%
3. Ebene: Baukonstruktionen: A: Sonstige 10%, **W:** 331 Tragende Außenwände 17%, 335 Außenwandbekleidungen, außen 9%, 351 Deckenkonstruktionen 4%, 361 Dachkonstruktionen 5%, Sonstige 6%, **H:** 331 Tragende Außenwände 5%, 351 Deckenkonstruktionen 8%, 361 Dachkonstruktionen 11%, 363 Dachbeläge 12%, 364 Dachbekleidungen 4%, 392 Gerüste 4%, Sonstige 5%, **Technische Anlagen:** A: 411 Abwasseranlagen 24%, 444 Niederspannungsinstallationsanlagen 76%

1300-0215 Büro (20 AP), Stadtvilla, Denkmalschutz

BRI 2.748 m³ **BGF** 829 m² **NUF** 581 m²

Baujahr: 1894/95
Bauzustand: mittel
Aufwand: hoch
Nutzung während der Bauzeit: nein
Nutzungsänderung: ja
Grundrissänderungen: wenige
Tragwerkseingriffe: wenige

Land: Nordrhein-Westfalen
Kreis: Duisburg, Stadt
Standard: hoch
Bauzeit: 30 Wochen
Kennwerte: bis 3. Ebene DIN 276
veröffentlicht: BKI Objektdaten A10
BGF **842 €/m²**

Planung: Druschke Architektur | BDA; Duisburg

Sanierung einer denkmalgeschützten Stadtvilla. **Kosteneinfluss Nutzung:** Denkmalschutz, Brandschutz, Schallschutz

1. Ebene: 300 Bauwerk – Baukonstruktionen: 82%, **400 Bauwerk – Technische Anlagen:** 18%
3. Ebene: Baukonstruktionen: A: Sonstige 6%, **W:** 334 Außenwandöffnungen 5%, 335 Außenwandbekleidungen, außen 7%, 336 Außenwandbekleidungen, innen 3%, 345 Innenwandbekleidungen 7%, 353 Deckenbeläge 5%, 363 Dachbeläge 7%, Sonstige 9%, **H:** 334 Außenwandöffnungen 15%, 344 Innenwandöffnungen 10%, 353 Deckenbeläge 10%, Sonstige 15%, **Technische Anlagen:** A: Sonstige 3%, **W:** 423 Raumheizflächen 4%, Sonstige 1%, **H:** 411 Abwasseranlagen 5%, 412 Wasseranlagen 13%, 423 Raumheizflächen 3%, 444 Niederspannungsinstallationsanlagen 30%, 451 Telekommunikationsanlagen 4%, 457 Datenübertragungsnetze 25%, Sonstige 10%

€/m² BGF

min	275	€/m²
von	710	€/m²
Mittel	**1.705**	**€/m²**
bis	2.505	€/m²
max	2.895	€/m²

Kosten:
Stand 2. Quartal 2026
Bundesdurchschnitt
inkl. 19% MwSt.

A Abbrechen
W Wiederherstellen
H Herstellen

Objektübersicht zur Gebäudeart

9100-0147 Schloss

BRI 4.647 m³ **BGF** 1.122 m² **NUF** 679 m²

Baujahr: 1620
Bauzustand: schlecht
Aufwand: hoch
Nutzung während der Bauzeit: ja
Nutzungsänderung: ja
Grundrissänderungen: einige
Tragwerkseingriffe: umfangreiche

Land: Niedersachsen
Kreis: Verden
Standard: hoch
Bauzeit: 135 Wochen
Kennwerte: bis 3. Ebene DIN 276
veröffentlicht: BKI Objektdaten A12
BGF 2.661 €/m²

Planung: pmp Projekt GmbH; Hamburg

Instandsetzung des Festsaales und Sanierung des Schieferdaches des Renaissanceschlosses.

1. Ebene: 300 Bauwerk – Baukonstruktionen: 81%, **400 Bauwerk – Technische Anlagen:** 19%
3. Ebene: Baukonstruktionen: A: Sonstige 7%, **W:** 354 Deckenbekleidungen 3%, Sonstige 8%, **H:** 311 Herstellung 3%, 331 Tragende Außenwände 4%, 334 Außenwandöffnungen 6%, 336 Außenwandbekleidungen, innen 5%, 344 Innenwandöffnungen 5%, 351 Deckenkonstruktionen 13%, 353 Deckenbeläge 12%, 354 Deckenbekleidungen 3%, 361 Dachkonstruktionen 3%, 363 Dachbeläge 9%, 392 Gerüste 8%, Sonstige 10%, **Technische Anlagen:** A: Sonstige 2%, **W:** Sonstige < 1%, **H:** 411 Abwasseranlagen 10%, 412 Wasseranlagen 7%, 421 Wärmeerzeugungsanlagen 6%, 422 Wärmeverteilnetze 6%, 423 Raumheizflächen 9%, 431 Lüftungsanlagen 9%, 444 Niederspannungsinstallationsanlagen 12%, 445 Beleuchtungsanlagen 9%, 446 Blitzschutz- und Erdungsanlagen 3%, 461 Aufzugsanlagen 23%, Sonstige 4%

9100-0096 Museum

BRI 3.285 m³ **BGF** 925 m² **NUF** 588 m²

Baujahr: 1936
Bauzustand: mittel
Aufwand: hoch
Nutzung während der Bauzeit: nein
Nutzungsänderung: nein
Grundrissänderungen: wenige
Tragwerkseingriffe: einige

Land: Sachsen-Anhalt
Kreis: Wittenberg
Standard: hoch
Bauzeit: 109 Wochen
Kennwerte: bis 3. Ebene DIN 276
veröffentlicht: BKI Objektdaten A11
BGF 2.893 €/m²

Planung: dietzsch & weber architekten bda; Halle (Saale)

Das Melanchthonhaus ist eine eigenständige museale Einrichtung, steht unter Denkmalschutz und zählt zum UNESCO-Welterbe.

1. Ebene: 300 Bauwerk – Baukonstruktionen: 92%, **400 Bauwerk – Technische Anlagen:** 8%
3. Ebene: Baukonstruktionen: A: Sonstige 11%, **W:** 331 Tragende Außenwände 5%, 334 Außenwandöffnungen 4%, Sonstige 4%, **H:** 331 Tragende Außenwände 6%, 335 Außenwandbekleidungen, außen 4%, 344 Innenwandöffnungen 4%, 345 Innenwandbekleidungen 3%, 351 Deckenkonstruktionen 10%, 353 Deckenbeläge 7%, 354 Deckenbekleidungen 3%, 361 Dachkonstruktionen 10%, 363 Dachbeläge 4%, 391 Baustelleneinrichtung 4%, 392 Gerüste 11%, Sonstige 10%, **Technische Anlagen:** A: Sonstige 2%, **W:** Sonstige 2%, **H:** 422 Wärmeverteilnetze 15%, 423 Raumheizflächen 15%, 429 Sonstiges zur KG 420 3%

Objektübersicht zur Gebäudeart

6400-0058 Ev. Pfarrhaus, Fassadensanierung* — BRI 3.016 m^3 — BGF 987 m^2 — NUF 637 m^2

© Thomas Liedtke Freier Architekt

Baujahr: 15.Jh
Bauzustand: schlecht
Aufwand: mittel
Nutzung während der Bauzeit: ja
Nutzungsänderung: nein
Grundrissänderungen: keine
Tragwerkseingriffe: wenige

Land: Baden-Württemberg
Kreis: Böblingen
Standard: hoch
Bauzeit: 52 Wochen
Kennwerte: bis 3. Ebene DIN 276
veröffentlicht: BKI Objektdaten A8
BGF 231 €/m²

* Nicht in der Auswertung enthalten

Planung: Thomas Liedtke Dipl.-Ing. Freier Architekt; Leonberg

Fassadeninstandsetzung eines Pfarrhauses mit Putz-, Fachwerk- und Natursteinarbeiten.

1. Ebene: 300 Bauwerk – Baukonstruktionen: 98%, **400 Bauwerk – Technische Anlagen:** 2%
3. Ebene: Baukonstruktionen: A: 335 Außenwandbekleidungen, außen 12%, Sonstige < 1%, **W:** 331 Tragende Außenwände 11%, 334 Außenwandöffnungen 4%, 335 Außenwandbekleidungen, außen 5%, 338 Lichtschutz zur KG 330 4%, 363 Dachbeläge 4%, Sonstige 3%, **H:** 335 Außenwandbekleidungen, außen 44%, 338 Lichtschutz zur KG 330 3%, 392 Gerüste 8%, Sonstige 4%, **Technische Anlagen: A:** 446 Blitzschutz- und Erdungsanlagen 6%, **H:** 446 Blitzschutz- und Erdungsanlagen 91%, Sonstige 3%

9100-0130 Windmühle (Baudenkmal) — BRI 862 m^3 — BGF 333 m^2 — NUF 213 m^2

© Angelis & Partner

Baujahr: 1741
Bauzustand: schlecht
Aufwand: hoch
Nutzung während der Bauzeit: nein
Nutzungsänderung: nein
Grundrissänderungen: wenige

Land: Niedersachsen
Kreis: Wittmund
Standard: mittel
Bauzeit: 65 Wochen
Kennwerte: bis 1. Ebene DIN 276
veröffentlicht: BKI Objektdaten A10
BGF 1.785 €/m²

Planung: Angelis & Partner Architekten mbB; Oldenburg

Windmühle (Baudenkmal), Galerieholländer

1. Ebene: 300 Bauwerk – Baukonstruktionen: 97%, **400 Bauwerk – Technische Anlagen:** 3%

Instandsetzungen

Sakralbauten

Kostenkennwerte für die Kosten des Bauwerks (Kostengruppen 300+400 nach DIN 276)

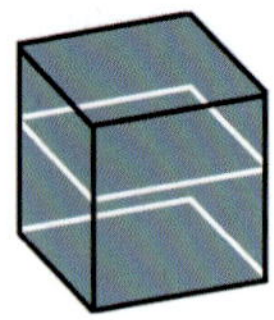

BRI 145 €/m³
von 95 €/m³
bis 180 €/m³

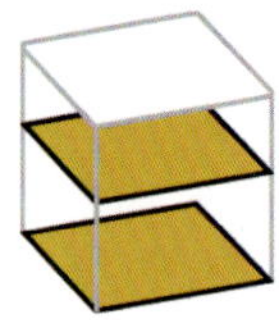

BGF 1.090 €/m²
von 1.045 €/m²
bis 1.175 €/m²

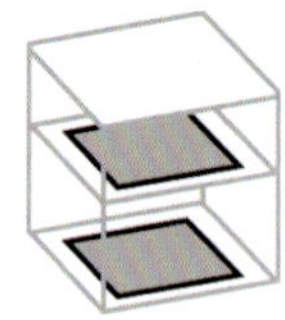

NUF 1.430 €/m²
von 1.390 €/m²
bis 1.450 €/m²

Objektbeispiele

Kosten:
Stand 2. Quartal 2026
Bundesdurchschnitt
inkl. 19% MwSt.

9100-0132

9100-0132

9100-0044

Kosten der 3 Vergleichsobjekte

Seiten 600 bis 602

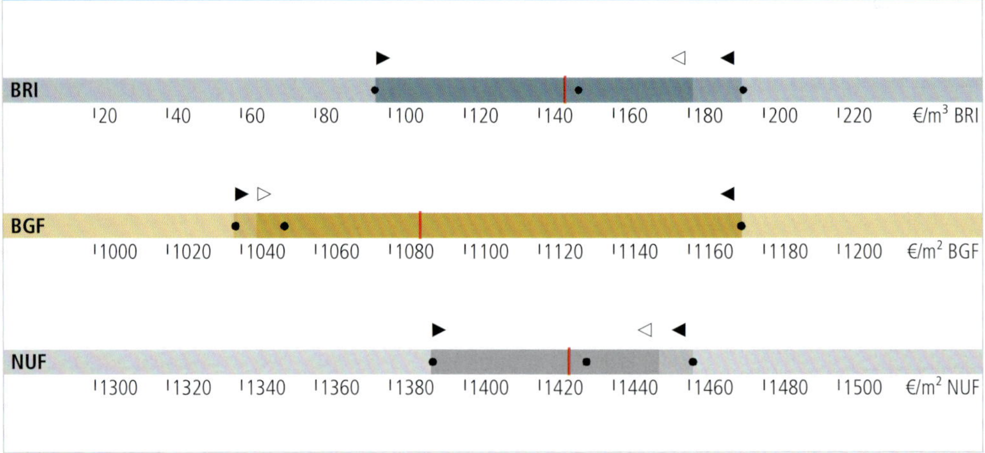

- ● KKW
- ▶ min
- ▷ von
- | Mittelwert
- ◁ bis
- ◀ max

Kostenkennwerte für die Kostengruppen der 1. und 2. Ebene DIN 276

KG	Kostengruppen der 1. Ebene	Einheit	▷	€/Einheit	◁	▷	% an 300+400	◁
100	Grundstück	m²GF	–	**–**	–	–	**–**	–
200	Vorbereitende Maßnahmen	m²GF	–	**–**	–	–	**–**	–
300	Bauwerk – Baukonstruktionen	m²BGF	845	**945**	1.101	76,5	**86,6**	92,1
400	Bauwerk – Technische Anlagen	m²BGF	88	**143**	247	7,9	**13,4**	23,5
	Bauwerk 300+400	m²BGF	1.044	**1.088**	1.174	100,0	**100,0**	100,0
500	Außenanlagen und Freiflächen	m²AF	–	**555**	–	4,8	**16,4**	39,2
600	Ausstattung und Kunstwerke	m²BGF	1	**2**	3	0,1	**0,2**	0,3
700	Baunebenkosten	m²BGF	–	**–**	–	–	**–**	–
800	Finanzierung	m²BGF	–	**–**	–	–	**–**	–

KG	Kostengruppen der 2. Ebene	Einheit	▷	€/Einheit	◁	▷	% an 1. Ebene	◁
310	Baugrube / Erdbau	m³BGI	–	**117**	–	0,0	**0,3**	1,0
320	Gründung, Unterbau	m²GRF	36	**119**	284	2,7	**8,5**	20,1
330	Außenwände / vertikal außen	m²AWF	87	**151**	184	27,2	**40,6**	65,6
340	Innenwände / vertikal innen	m²IWF	53	**1.033**	2.994	1,1	**2,3**	4,2
350	Decken / horizontal	m²DEF	–	**244**	–	0,0	**3,0**	4,7
360	Dächer	m²DAF	205	**309**	362	15,6	**28,5**	54,1
370	Infrastrukturanlagen		–	**–**	–	–	**–**	–
380	Baukonstruktive Einbauten	m²BGF	42	**82**	122	1,7	**6,6**	15,2
390	Sonst. Maßnahmen für Baukonst.	m²BGF	60	**102**	181	6,9	**10,3**	16,4
300	**Bauwerk – Baukonstruktionen**	**m²BGF**					**100,0**	
410	Abwasser-, Wasser-, Gasanlagen	m²BGF	–	**21**	–	0,0	**2,8**	8,3
420	Wärmeversorgungsanlagen	m²BGF	9	**77**	145	4,9	**23,5**	58,6
430	Raumlufttechnische Anlagen	m²BGF	–	**–**	–	–	**–**	–
440	Elektrische Anlagen	m²BGF	40	**58**	91	28,2	**49,8**	83,6
450	Kommunikationstechnische Anlagen	m²BGF	18	**26**	34	0,0	**10,0**	15,2
460	Förderanlagen	m²BGF	–	**–**	–	–	**–**	–
470	Nutzungsspez. / verfahrenstech. Anl.	m²BGF	–	**31**	–	0,0	**13,9**	41,8
480	Gebäude- und Anlagenautomation	m²BGF	–	**–**	–	–	**–**	–
490	Sonst. Maßnahmen f. techn. Anl.	m²BGF	–	**–**	–	–	**–**	–
400	**Bauwerk – Technische Anlagen**	**m²BGF**					**100,0**	

Prozentanteile der Kosten 2. Ebene an den Kosten des Bauwerks nach DIN 276 (Von/Mittel/Bis)

KG	Kostengruppe	%
310	Baugrube / Erdbau	0,3
320	Gründung, Unterbau	6,8
330	Außenwände / vertikal außen	35,2
340	Innenwände / vertikal innen	1,9
350	Decken / horizontal	2,4
360	Dächer	25,5
370	Infrastrukturanlagen	
380	Baukonstruktive Einbauten	5,2
390	Sonst. Maßnahmen für Baukonst.	9,2
410	Abwasser-, Wasser-, Gasanlagen	0,7
420	Wärmeversorgungsanlagen	4,8
430	Raumlufttechnische Anlagen	
440	Elektrische Anlagen	5,4
450	Kommunikationstechnische Anlagen	1,6
460	Förderanlagen	
470	Nutzungsspez. / verfahrenstech. Anl.	0,9
480	Gebäude- und Anlagenautomation	
490	Sonst. Maßnahmen f. techn. Anl.	

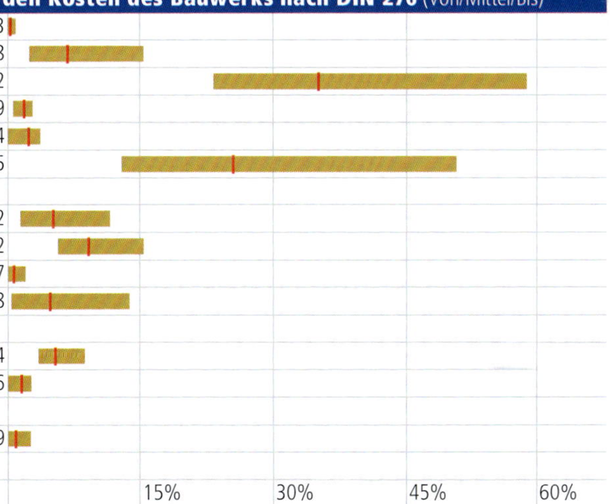

Kostenstand: 2. Quartal 2026, Bundesdurchschnitt, **inkl. 19% MwSt.**

Kostenkennwerte für die Kostengruppen der 3. Ebene DIN 276

KG	Kostengruppen der 3. Ebene	Einheit	▷	€/Einheit	◁	▷	€/m² BGF	◁
311	**Herstellung**	m³	–	**117**	–	–	**11**	–
	Herstellen	m³	–	**117**	–	–	**11**	–
324	**Gründungsbeläge**	m²	284	**560**	836	14	**88**	162
	Abbrechen	*m²*	–	***48***	–	–	***< 1***	–
	Herstellen	m²	284	**536**	788	13	**87**	162
326	**Dränagen**	m²	9	**19**	30	7	**14**	21
	Abbrechen	*m²*	–	***3***	–	–	***2***	–
	Herstellen	m²	6	**18**	30	5	**13**	21
331	**Tragende Außenwände**	m²	–	**96**	–	8	**9**	10
	Wiederherstellen	m²	–	**96**	–	7	**8**	10
334	**Außenwandöffnungen**	m²	71	**120**	201	5	**13**	29
	Wiederherstellen	m²	39	**91**	119	4	**9**	18
	Herstellen	m²	14	**44**	73	3	**7**	10
335	**Außenwandbekleidungen, außen**	m²	49	**120**	157	156	**280**	514
	Abbrechen	*m²*	*37*	***38***	*40*	*49*	***87***	*126*
	Wiederherstellen	m²	10	**39**	54	46	**78**	124
	Herstellen	m²	56	**84**	112	75	**215**	355
336	**Außenwandbekleidungen, innen**	m²	21	**26**	36	18	**53**	76
	Wiederherstellen	m²	1	**8**	20	2	**20**	56
	Herstellen	m²	21	**28**	35	16	**50**	84
339	**Sonstiges zur KG 330**	m²	< 1	**12**	24	< 1	**37**	74
	Abbrechen	*m²*	–	***< 1***	–	–	***3***	–
	Wiederherstellen	m²	< 1	**< 1**	< 1	< 1	**1**	2
	Herstellen	m²	–	**23**	–	–	**69**	–
344	**Innenwandöffnungen**	m²	27	**1.700**	3.372	3	**4**	5
	Abbrechen	*m²*	–	***109***	–	–	***< 1***	–
	Wiederherstellen	m²	–	**27**	–	–	**3**	–
	Herstellen	m²	–	**3.263**	–	–	**5**	–
345	**Innenwandbekleidungen**	m²	25	**124**	321	5	**11**	24
	Herstellen	m²	25	**124**	321	5	**11**	24
346	**Elem. Innenwandkonstruktionen**	m²	–	**302**	–	–	**7**	–
	Herstellen	m²	–	**302**	–	–	**7**	–
353	**Deckenbeläge**	m²	–	**67**	–	–	**12**	–
	Herstellen	m²	–	**67**	–	–	**12**	–
359	**Sonstiges zur KG 350**	m²	–	**177**	–	31	**32**	34
	Wiederherstellen	m²	–	**2**	–	–	**< 1**	–
	Herstellen	m²	–	**175**	–	30	**32**	34
362	**Dachöffnungen**	m²	–	**1.523**	–	–	**2**	–
	Herstellen	m²	–	**1.523**	–	–	**2**	–
363	**Dachbeläge**	m²	203	**292**	349	134	**261**	515
	Abbrechen	*m²*	*8*	***19***	*27*	*7*	***23***	*52*
	Wiederherstellen	m²	20	**70**	162	14	**31**	58
	Herstellen	m²	158	**203**	267	82	**207**	456
364	**Dachbekleidungen**	m²	–	**300**	–	–	**55**	–
	Abbrechen	*m²*	–	***38***	–	–	***7***	–
	Wiederherstellen	m²	–	**48**	–	–	**9**	–
	Herstellen	m²	–	**215**	–	–	**39**	–
369	**Sonstiges zur KG 360**	m²	–	**15**	–	–	**26**	–
	Abbrechen	*m²*	–	***< 1***	–	–	***< 1***	–
	Herstellen	m²	–	**15**	–	–	**25**	–

Kosten:
Stand 2. Quartal 2026
Bundesdurchschnitt
inkl. 19% MwSt.

▷ von
ø Mittel
◁ bis

KG	Kostengruppen der 3. Ebene	Einheit	▷	€/Einheit	◁	▷	€/m² BGF	◁
381	**Allgemeine Einbauten**	m²	–	**10**	–	–	**10**	–
	Herstellen	m²	–	**10**	–	–	**10**	–
382	**Besondere Einbauten**	m²	42	**72**	101	42	**72**	101
	Wiederherstellen	m²	42	**72**	101	42	**72**	101
386	**Orientierungs- u. Informationssys.**	m²	–	**11**	–	–	**11**	–
	Herstellen	m²	–	**11**	–	–	**11**	–
391	**Baustelleneinrichtung**	m²	9	**23**	37	9	**23**	37
	Herstellen	m²	9	**23**	37	9	**23**	37
392	**Gerüste**	m²	42	**74**	137	42	**74**	137
	Herstellen	m²	42	**74**	137	42	**74**	137
396	**Materialentsorgung**	m²	–	**21**	–	–	**21**	–
	Herstellen	m²	–	**21**	–	–	**21**	–
397	**Zusätzliche Maßnahmen**	m²	5	**9**	14	5	**9**	14
	Herstellen	m²	5	**9**	14	5	**9**	14

Kosten:
Stand 2. Quartal 2026
Bundesdurchschnitt
inkl. 19% MwSt.

KG	Kostengruppen der 3. Ebene	Einheit	▷	€/Einheit	◁	▷	€/m² BGF	◁
411	**Abwasseranlagen**	m²	–	**6**	–	–	**6**	–
	Herstellen	m²	–	**6**	–	–	**6**	–
412	**Wasseranlagen**	m²	–	**12**	–	–	**12**	–
	Herstellen	m²	–	**12**	–	–	**12**	–
419	**Sonstiges zur KG 410**	m²	–	**3**	–	–	**3**	–
	Herstellen	m²	–	**3**	–	–	**3**	–
421	**Wärmeerzeugungsanlagen**	m²	–	**54**	–	–	**54**	–
	Abbrechen	*m²*	–	***8***	–	–	***8***	–
	Herstellen	m²	–	**46**	–	–	**46**	–
422	**Wärmeverteilnetze**	m²	–	**17**	–	–	**17**	–
	Herstellen	m²	–	**17**	–	–	**17**	–
423	**Raumheizflächen**	m²	–	**69**	–	–	**69**	–
	Herstellen	m²	–	**69**	–	–	**69**	–
429	**Sonstiges zur KG 420**	m²	5	**7**	9	5	**7**	9
	Herstellen	m²	5	**7**	9	5	**7**	9
444	**Niederspannungsinstallationsanl.**	m²	8	**21**	44	8	**21**	44
	Herstellen	m²	8	**21**	44	8	**21**	44
445	**Beleuchtungsanlagen**	m²	1	**6**	9	1	**6**	9
	Herstellen	m²	1	**6**	9	1	**6**	9
446	**Blitzschutz- und Erdungsanlagen**	m²	21	**30**	36	21	**30**	36
	Wiederherstellen	m²	–	**30**	–	–	**30**	–
	Herstellen	m²	21	**30**	38	21	**30**	38
451	**Telekommunikationsanlagen**	m²	–	**< 1**	–	–	**< 1**	–
	Herstellen	m²	–	**< 1**	–	–	**< 1**	–
453	**Zeitdienstanlagen**	m²	18	**24**	31	18	**24**	31
	Wiederherstellen	m²	18	**24**	31	18	**24**	31
454	**Elektroakustische Anlagen**	m²	–	**3**	–	–	**3**	–
	Herstellen	m²	–	**3**	–	–	**3**	–
476	**Weitere nutzungsspezifische Anl.**	m²	–	**31**	–	–	**31**	–
	Wiederherstellen	m²	–	**31**	–	–	**31**	–

▷ von
ø Mittel
◁ bis

Prozentanteile der Kosten für Leistungsbereiche nach STLB (Kosten Bauwerk nach DIN 276)

LB	Leistungsbereiche	7,5% 15% 22,5% 30%	▷	% an 300+400	◁
000	Baustellen-, Sicherheitseinr. inkl. 001, 089		5,1	**8,2**	10,3
002	Erdarbeiten		0,0	**0,3**	0,6
006	Spezialtiefbauarbeiten inkl. 005		–	**–**	–
009	Entwässerungskanalarbeiten inkl. 011		–	**–**	–
010	Drän- und Versickerarbeiten		< 0,1	**0,9**	1,5
012	Mauerarbeiten		0,0	**0,7**	1,5
013	Betonarbeiten		0,0	**0,4**	0,8
014	Natur-, Betonwerksteinarbeiten		0,3	**0,7**	1,1
016	Zimmer- und Holzbauarbeiten		0,0	**0,8**	1,6
017	Stahlbauarbeiten		–	**–**	–
018	Abdichtungsarbeiten		0,7	**1,3**	2,0
020	Dachdeckungsarbeiten		3,7	**17,8**	29,6
021	Dachabdichtungsarbeiten		–	**–**	–
022	Klempnerarbeiten		2,5	**5,9**	8,1
	Rohbau		19,0	**37,0**	53,4
023	Putz- und Stuckarbeiten, Wärmedämmsysteme		1,6	**10,7**	19,2
024	Fliesen- und Plattenarbeiten		0,0	**5,2**	10,3
025	Estricharbeiten		–	**–**	–
026	Fenster, Außentüren inkl. 029, 032		< 0,1	**0,3**	0,5
027	Tischlerarbeiten		0,6	**4,3**	7,9
028	Parkett-, Holzpflasterarbeiten		–	**–**	–
030	Rollladenarbeiten		–	**–**	–
031	Metallbauarbeiten inkl. 035		1,5	**2,6**	3,5
034	Maler- und Lackiererarb. - Beschicht. inkl. 037		13,7	**18,8**	25,6
036	Bodenbelagarbeiten		0,0	**0,2**	0,4
038	Vorgehängte hinterlüftete Fassaden		–	**–**	–
039	Trockenbauarbeiten		0,0	**0,3**	0,7
	Ausbau		28,4	**42,4**	57,4
040	Wärmeversorgungsanl. - Betriebseinr. inkl. 041		0,0	**4,0**	7,9
042	Gas- u. Wasseranl. - Leitung., Armat. inkl. 043		0,0	**0,2**	0,4
044	Abwasseranl. - Leitungen, Abläufe, Armaturen		0,0	**0,2**	0,3
045	Gas, Wasser, Entwässerung - Ausstattung inkl. 046		0,0	**0,2**	0,5
047	Dämm- und Brandschutzarb. an techn. Anlagen		0,0	**< 0,1**	< 0,1
049	Feuerlöschanlagen, Feuerlöschgeräte		–	**–**	–
050	Blitzschutz-/Erdungsanlagen, Überspannungssch.		2,1	**2,7**	3,2
052	Mittelspannungsanlagen		–	**–**	–
053	Niederspannungsanl. - Kabel inkl. 054		1,3	**2,5**	4,0
055	Sicherheits- u. Ersatzstromversorgungsanl.		–	**–**	–
057	Gebäudesystemtechnik		–	**–**	–
058	Leuchten und Lampen inkl. 059		0,4	**0,6**	0,9
060	Such, Signal, Zeit, Anten., akust. Anl. inkl. 064		–	**–**	–
061	Kommunikations- u. Übertragungsnetze inkl. 062		0,0	**< 0,1**	< 0,1
063	Gefahrenmeldeanlagen		–	**–**	–
069	Aufzüge		–	**–**	–
070	Gebäudeautomation		–	**–**	–
075	Raumlufttechnische Anlagen inkl. 078		–	**–**	–
	Gebäudetechnik		3,9	**10,5**	15,1
084	Abbruch, Rückbau, Schadstoffsanierung		4,9	**8,4**	12,8
	Sonstige Leistungsbereiche inkl. 008, 033, 051		0,9	**1,7**	2,8

€/m² BGF

min	1.040	€/m²
von	1.045	€/m²
Mittel	**1.090**	**€/m²**
bis	1.175	€/m²
max	1.175	€/m²

Kosten:
Stand 2. Quartal 2026
Bundesdurchschnitt
inkl. 19% MwSt.

A Abbrechen
W Wiederherstellen
H Herstellen

Objektübersicht zur Gebäudeart

9700-0032 Friedhofskapelle* — BRI 1.689 m³ | BGF 237 m² | NUF 184 m²

Baujahr: 1886
Bauzustand: schlecht
Aufwand: hoch
Nutzung während der Bauzeit: nein
Nutzungsänderung: nein
Grundrissänderungen: wenige
Tragwerkseingriffe: wenige

Land: Hamburg
Kreis: Hamburg, Stadt
Standard: mittel
Bauzeit: 35 Wochen
Kennwerte: bis 3. Ebene DIN 276
veröffentlicht: BKI Objektdaten A13

BGF 2.742 €/m² *

* Nicht in der Auswertung enthalten

Planung: Dohse und Partner; Hamburg

Denkmalgerechte Sanierung einer Friedhofskapelle, Baudenkmal

1. Ebene: 300 Bauwerk – Baukonstruktionen: 94%, **400 Bauwerk – Technische Anlagen:** 6%
3. Ebene: Baukonstruktionen: A: 336 Außenwandbekleidungen, innen 9%, Sonstige 8%, **W:** 324 Gründungsbeläge 8%, 331 Tragende Außenwände 6%, 334 Außenwandöffnungen 11%, 336 Außenwandbekleidungen, innen 5%, 345 Innenwandbekleidungen 5%, Sonstige 4%, **H:** 331 Tragende Außenwände 14%, 391 Baustelleneinrichtung 4%, 392 Gerüste 15%, 397 Zusätzliche Maßnahmen 3%, Sonstige 9%, **Technische Anlagen:** A: 429 Sonstiges zur KG 420 14%, Sonstige < 1%, **H:** 422 Wärmeverteilnetze 7%, 423 Raumheizflächen 58%, 444 Niederspannungsinstallationsanlagen 15%, 445 Beleuchtungsanlagen 7%

9100-0132 Kirche — BRI 3.920 m³ | BGF 503 m² | NUF 412 m²

Baujahr: 1962
Bauzustand: mittel
Aufwand: mittel
Nutzung während der Bauzeit: nein
Nutzungsänderung: nein
Grundrissänderungen: wenige
Tragwerkseingriffe: keine

Land: Niedersachsen
Kreis: Hildesheim
Standard: mittel
Bauzeit: 39 Wochen
Kennwerte: bis 3. Ebene DIN 276
veröffentlicht: BKI Objektdaten A11

BGF 1.174 €/m²

Planung: Architektur- und Ingenieurbüro Jörg Sauer; Hildesheim

Kirche **Kosteneinfluss Nutzung:** Denkmalschutz

1. Ebene: 300 Bauwerk – Baukonstruktionen: 94%, **400 Bauwerk – Technische Anlagen:** 6%
3. Ebene: Baukonstruktionen: A: 335 Außenwandbekleidungen, außen 4%, 363 Dachbeläge 5%, Sonstige 2%, **W:** 335 Außenwandbekleidungen, außen 7%, Sonstige 5%, **H:** 335 Außenwandbekleidungen, außen 7%, 363 Dachbeläge 41%, 364 Dachbekleidungen 4%, 392 Gerüste 12%, Sonstige 12%, **Technische Anlagen:** **W:** 446 Blitzschutz- und Erdungsanlagen 42%, 476 Weitere nutzungsspezifische Anlagen 42%, **H:** 429 Sonstiges zur KG 420 12%, Sonstige 5%

9100-0091 Kirchturm*

BRI 654 m³ | **BGF** 51 m² | **NUF** 28 m²

Bauzustand: mittel
Aufwand: mittel

Land: Bayern
Kreis: Schwandorf
Standard: mittel
Bauzeit: 78 Wochen
Kennwerte: bis 3. Ebene DIN 276
veröffentlicht: BKI Objektdaten A9

BGF 3.944 €/m²

* Nicht in der Auswertung enthalten

Planung: Architekturbüro Michael Dittmann; Amberg

Kirchturm

1. Ebene: 300 Bauwerk – Baukonstruktionen: 87%, **400 Bauwerk – Technische Anlagen:** 13%
3. Ebene: Baukonstruktionen: A: Sonstige 1%, **W:** 335 Außenwandbekleidungen, außen 39%, 363 Dachbeläge 6%, Sonstige 4%, **H:** 334 Außenwandöffnungen 3%, 339 Sonstiges zur KG 330 26%, 392 Gerüste 19%, Sonstige < 1%, **Technische Anlagen: W:** 411 Abwasseranlagen 16%, 453 Zeitdienstanlagen 41%, **H:** 411 Abwasseranlagen 12%, 446 Blitzschutz- und Erdungsanlagen 31%

9100-0051 Evangelische Kirche

BRI 8.531 m³ | **BGF** 778 m² | **NUF** 588 m²

Baujahr: 1907
Bauzustand: mittel
Aufwand: mittel
Nutzung während der Bauzeit: nein
Nutzungsänderung: nein
Grundrissänderungen: wenige
Tragwerkseingriffe: keine

Land: Baden-Württemberg
Kreis: Zollernalbkreis
Standard: mittel
Bauzeit: 52 Wochen
Kennwerte: bis 3. Ebene DIN 276
veröffentlicht: BKI Objektdaten A6

BGF 1.051 €/m²

Planung: Architekturbüro Walter Haller; Albstadt

Instandsetzung eines Kirchengebäudes von 1907 außen und innen.

1. Ebene: 300 Bauwerk – Baukonstruktionen: 76%, **400 Bauwerk – Technische Anlagen:** 24%
3. Ebene: Baukonstruktionen: A: Sonstige < 1%, **W:** 335 Außenwandbekleidungen, außen 15%, 336 Außenwandbekleidungen, innen 7%, 363 Dachbeläge 7%, 382 Besondere Einbauten 13%, Sonstige 2%, **H:** 324 Gründungsbeläge 20%, 339 Sonstiges zur KG 330 9%, 359 Sonstiges zur KG 350 4%, 363 Dachbeläge 9%, 392 Gerüste 5%, Sonstige 9%, **Technische Anlagen: A:** 421 Wärmeerzeugungsanlagen 3%, **W:** 453 Zeitdienstanlagen 12%, **H:** 412 Wasseranlagen 5%, 421 Wärmeerzeugungsanlagen 19%, 422 Wärmeverteilnetze 7%, 423 Raumheizflächen 28%, 444 Niederspannungsinstallationsanlagen 7%, 445 Beleuchtungsanlagen 4%, 446 Blitzschutz- und Erdungsanlagen 8%, Sonstige 7%

Objektübersicht zur Gebäudeart

9100-0044 Katholische Kirche | **BRI** 1.141 m³ | **BGF** 214 m² | **NUF** 152 m²

Bauzustand: mittel
Aufwand: mittel
Nutzung während der Bauzeit: ja
Nutzungsänderung: nein
Grundrissänderungen: wenige
Tragwerkseingriffe: keine

Land: Niedersachsen
Kreis: Hildesheim
Standard: mittel
Bauzeit: 48 Wochen
Kennwerte: bis 3. Ebene DIN 276
veröffentlicht: www.bki.de

BGF 1.038 €/m²

€/m² BGF

min	1.040	€/m²
von	1.045	€/m²
Mittel	**1.090**	**€/m²**
bis	1.175	€/m²
max	1.175	€/m²

Kosten:
Stand 2. Quartal 2026
Bundesdurchschnitt
inkl. 19% MwSt.

Planung: Architekturbüro Jörg Sauer; Hildesheim

Instandsetzung eines Kirchengebäudes überwiegend an Außenwänden und Dachbelägen.

1. Ebene: 300 Bauwerk – Baukonstruktionen: 90%, **400 Bauwerk – Technische Anlagen:** 10%
3. Ebene: Baukonstruktionen: **A:** 335 Außenwandbekleidungen, außen 14%, Sonstige 1%, **W:** 335 Außenwandbekleidungen, außen 4%, 363 Dachbeläge 3%, 382 Besondere Einbauten 5%, Sonstige 1%, **H:** 335 Außenwandbekleidungen, außen 38%, 336 Außenwandbekleidungen, innen 9%, 359 Sonstiges zur KG 350 4%, 363 Dachbeläge 10%, 391 Baustelleneinrichtung 4%, 392 Gerüste 5%, Sonstige 3%, **Technische Anlagen:** **W:** 453 Zeitdienstanlagen 16%, **H:** 444 Niederspannungsinstallationsanlagen 40%, 445 Beleuchtungsanlagen 8%, 446 Blitzschutz- und Erdungsanlagen 35%

A Abbrechen
W Wiederherstellen
H Herstellen

Sakralbauten mit Restaurierungs-arbeiten

Kostenkennwerte für die Kosten des Bauwerks (Kostengruppen 300+400 nach DIN 276)

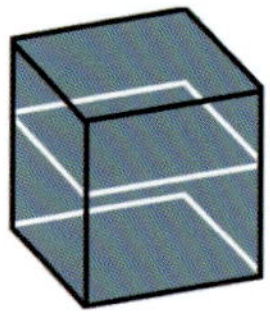

BRI 130€/m³
von 85€/m³
bis 210€/m³

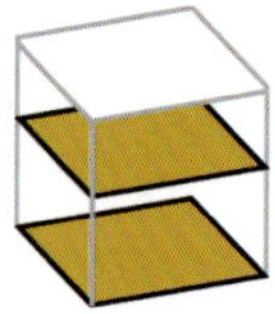

BGF 1.645€/m²
von 1.395€/m²
bis 2.625€/m²

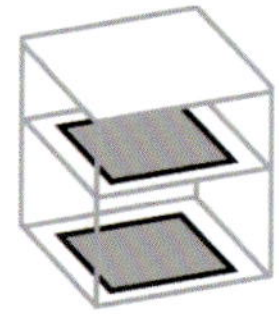

NUF 2.435€/m²
von 2.015€/m²
bis 4.045€/m²

Kosten:
Stand 2. Quartal 2026
Bundesdurchschnitt
inkl. 19% MwSt.

Objektbeispiele

9100-0088

9100-0064

9100-0039

Kosten der 5 Vergleichsobjekte Seiten 610 bis 612

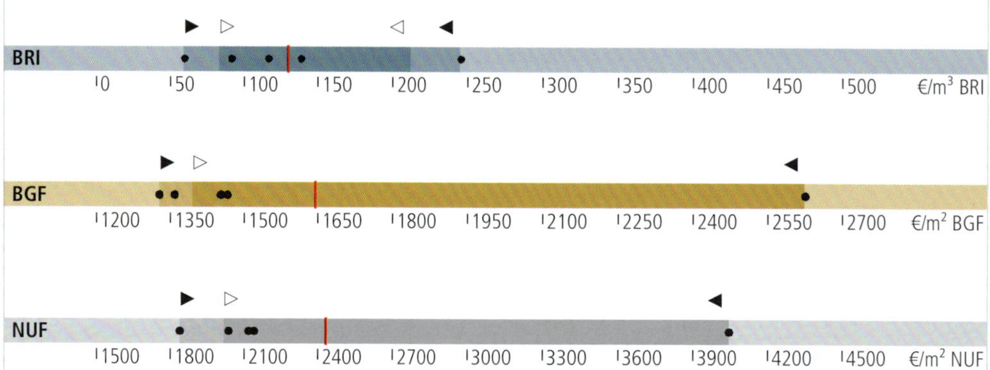

- ● KKW
- ▶ min
- ▷ von
- | Mittelwert
- ◁ bis
- ◀ max

Kostenkennwerte für die Kostengruppen der 1. und 2.Ebene DIN 276

KG	Kostengruppen der 1. Ebene	Einheit	▷	€/Einheit	◁	▷	% an 300+400	◁
100	Grundstück	m²GF	–	**–**	–	–	**–**	–
200	Vorbereitende Maßnahmen	m²GF	–	**–**	–	0,1	**2,1**	4,0
300	Bauwerk – Baukonstruktionen	m²BGF	1.072	**1.339**	2.295	74,4	**80,1**	86,9
400	Bauwerk – Technische Anlagen	m²BGF	230	**307**	354	13,1	**19,9**	25,6
	Bauwerk 300+400	m²BGF	1.394	**1.646**	2.624	100,0	**100,0**	100,0
500	Außenanlagen und Freiflächen	m²AF	21	**264**	508	5,1	**11,6**	18,1
600	Ausstattung und Kunstwerke	m²BGF	5	**113**	438	0,3	**7,7**	29,9
700	Baunebenkosten	m²BGF	–	**–**	–	–	**–**	–
800	Finanzierung	m²BGF	–	**–**	–	–	**–**	–

KG	Kostengruppen der 2. Ebene	Einheit	▷	€/Einheit	◁	▷	% an 1. Ebene	◁
310	Baugrube / Erdbau	m³BGI	–	**717**	–	0,0	**< 0,1**	0,5
320	Gründung, Unterbau	m²GRF	115	**277**	689	0,7	**9,2**	25,3
330	Außenwände / vertikal außen	m²AWF	248	**342**	476	32,8	**46,2**	66,7
340	Innenwände / vertikal innen	m²IWF	671	**759**	808	0,8	**4,2**	17,5
350	Decken / horizontal	m²DEF	215	**553**	882	2,7	**8,9**	18,5
360	Dächer	m²DAF	125	**273**	477	6,3	**16,2**	24,0
370	Infrastrukturanlagen		–	**–**	–	–	**–**	–
380	Baukonstruktive Einbauten	m²BGF	8	**63**	139	0,4	**5,0**	13,2
390	Sonst. Maßnahmen für Baukonst.	m²BGF	105	**132**	172	8,0	**10,3**	11,8
300	**Bauwerk – Baukonstruktionen**	**m²BGF**					**100,0**	
410	Abwasser-, Wasser-, Gasanlagen	m²BGF	8	**12**	18	1,2	**3,0**	5,2
420	Wärmeversorgungsanlagen	m²BGF	8	**55**	113	1,6	**13,7**	36,3
430	Raumlufttechnische Anlagen	m²BGF	2	**23**	35	0,2	**4,4**	10,9
440	Elektrische Anlagen	m²BGF	56	**130**	236	15,6	**39,9**	59,7
450	Kommunikationstechnische Anlagen	m²BGF	35	**49**	86	4,8	**13,5**	24,4
460	Förderanlagen	m²BGF	–	**–**	–	–	**–**	–
470	Nutzungsspez. / verfahrenstech. Anl.	m²BGF	35	**116**	234	0,2	**25,6**	64,4
480	Gebäude- und Anlagenautomation	m²BGF	–	**–**	–	–	**–**	–
490	Sonst. Maßnahmen f. techn. Anl.	m²BGF	–	**–**	–	–	**–**	–
400	**Bauwerk – Technische Anlagen**	**m²BGF**					**100,0**	

Prozentanteile der Kosten 2.Ebene an den Kosten des Bauwerks nach DIN 276 (Von/Mittel/Bis)

KG	Kostengruppe	%
310	Baugrube / Erdbau	< 0,1
320	Gründung, Unterbau	7,1
330	Außenwände / vertikal außen	38,0
340	Innenwände / vertikal innen	3,0
350	Decken / horizontal	6,6
360	Dächer	13,4
370	Infrastrukturanlagen	
380	Baukonstruktive Einbauten	3,7
390	Sonst. Maßnahmen für Baukonst.	8,2
410	Abwasser-, Wasser-, Gasanlagen	0,6
420	Wärmeversorgungsanlagen	3,1
430	Raumlufttechnische Anlagen	1,0
440	Elektrische Anlagen	9,2
450	Kommunikationstechnische Anlagen	2,6
460	Förderanlagen	
470	Nutzungsspez. / verfahrenstech. Anl.	3,3
480	Gebäude- und Anlagenautomation	
490	Sonst. Maßnahmen f. techn. Anl.	

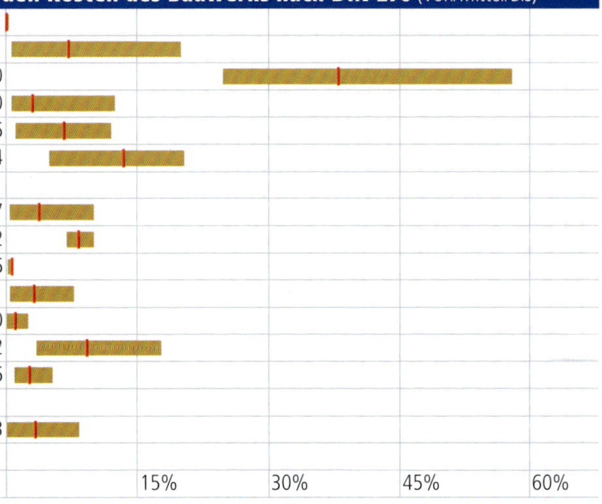

Kostenkennwerte für die Kostengruppen der 3. Ebene DIN 276

KG	Kostengruppen der 3. Ebene	Einheit	▷	€/Einheit	◁	▷	€/m² BGF	◁
311	**Herstellung**	m³	–	**717**	–	–	**4**	–
	Herstellen	m³	–	**717**	–	–	**4**	–
322	**Flachgründungen und Bodenplatten**	m²	30	**114**	197	5	**7**	10
	Abbrechen	*m²*	*–*	***14***	*–*	*–*	***2***	*–*
	Herstellen	m²	17	**107**	197	3	**6**	10
324	**Gründungsbeläge**	m²	184	**307**	541	46	**135**	291
	Abbrechen	*m²*	*14*	***29***	*45*	*10*	***17***	*24*
	Wiederherstellen	m²	23	**32**	42	2	**9**	15
	Herstellen	m²	145	**265**	496	37	**118**	267
325	**Abdichtungen und Bekleidungen**	m²	–	**139**	–	–	**75**	–
	Abbrechen	*m²*	*–*	***40***	*–*	*–*	***22***	*–*
	Herstellen	m²	–	**99**	–	–	**53**	–
326	**Dränagen**	m²	–	**23**	–	–	**21**	–
	Herstellen	m²	–	**23**	–	–	**21**	–
331	**Tragende Außenwände**	m²	277	**874**	2.536	37	**126**	201
	Abbrechen	*m²*	*< 1*	***45***	*91*	*< 1*	***2***	*4*
	Wiederherstellen	m²	164	**930**	2.445	99	**164**	197
	Herstellen	m²	5	**205**	606	2	**3**	7
334	**Außenwandöffnungen**	m²	269	**1.167**	2.509	35	**125**	273
	Abbrechen	*m²*	*4*	***29***	*57*	*< 1*	***4***	*7*
	Wiederherstellen	m²	138	**623**	1.367	19	**68**	153
	Herstellen	m²	102	**521**	1.130	12	**55**	118
335	**Außenwandbekleidungen, außen**	m²	156	**256**	458	201	**630**	1.419
	Wiederherstellen	m²	65	**209**	458	50	**506**	1.419
	Herstellen	m²	–	**143**	–	–	**370**	–
336	**Außenwandbekleidungen, innen**	m²	63	**110**	195	67	**116**	213
	Abbrechen	*m²*	*–*	***< 1***	*–*	*–*	***1***	*–*
	Wiederherstellen	m²	59	**108**	195	63	**113**	213
	Herstellen	m²	–	**5**	–	–	**6**	–
339	**Sonstiges zur KG 330**	m²	2	**7**	15	3	**19**	46
	Abbrechen	*m²*	*< 1*	***< 1***	*< 1*	*< 1*	***1***	*1*
	Wiederherstellen	m²	4	**7**	14	7	**20**	46
	Herstellen	m²	1	**3**	8	1	**8**	17
341	**Tragende Innenwände**	m²	233	**806**	1.379	3	**10**	23
	Wiederherstellen	m²	233	**806**	1.379	–	**3**	–
342	**Nichttragende Innenwände**	m²	237	**576**	1.251	2	**3**	4
	Abbrechen	*m²*	*67*	***659***	*1.251*	*1*	***3***	*5*
	Herstellen	m²	185	**204**	224	2	**2**	3
343	**Innenstützen**	m	–	**240**	–	–	**7**	–
	Wiederherstellen	m	–	**240**	–	–	**7**	–
344	**Innenwandöffnungen**	m²	650	**837**	1.207	7	**27**	67
	Abbrechen	*m²*	*23*	***26***	*29*	*< 1*	***2***	*3*
	Wiederherstellen	m²	124	**261**	398	5	**9**	12
	Herstellen	m²	323	**646**	1.207	4	**20**	52
345	**Innenwandbekleidungen**	m²	86	**170**	254	6	**9**	13
	Wiederherstellen	m²	–	**60**	–	–	**1**	–
	Herstellen	m²	86	**140**	194	4	**9**	13
346	**Elem. Innenwandkonstruktionen**	m²	–	**1.527**	–	–	**58**	–
	Herstellen	m²	–	**1.527**	–	–	**58**	–

Kosten:
Stand 2. Quartal 2026
Bundesdurchschnitt
inkl. 19% MwSt.

▷ von
ø Mittel
◁ bis

KG	Kostengruppen der 3. Ebene	Einheit	▷	€/Einheit	◁	▷	€/m² BGF	◁
349	**Sonstiges zur KG 340**	m²	–	**13**	–	–	**< 1**	–
	Abbrechen	*m²*	*–*	***13***	*–*	*–*	***< 1***	*–*
351	**Deckenkonstruktionen**	m²	231	**2.280**	8.402	21	**58**	95
	Abbrechen	*m²*	*97*	***320***	*757*	*6*	***13***	*25*
	Wiederherstellen	m²	90	**218**	346	6	**33**	60
	Herstellen	m²	77	**3.861**	7.645	35	**65**	94
353	**Deckenbeläge**	m²	138	**283**	514	15	**41**	54
	Abbrechen	*m²*	*45*	***57***	*69*	*7*	***8***	*9*
	Wiederherstellen	m²	27	**48**	79	2	**9**	13
	Herstellen	m²	164	**295**	427	33	**40**	46
354	**Deckenbekleidungen**	m²	71	**233**	395	11	**18**	25
	Wiederherstellen	m²	31	**213**	395	–	**11**	–
	Herstellen	m²	–	**40**	–	–	**14**	–
359	**Sonstiges zur KG 350**	m²	88	**195**	301	31	**32**	33
	Wiederherstellen	m²	33	**61**	88	4	**17**	31
	Herstellen	m²	–	**268**	–	–	**29**	–
361	**Dachkonstruktionen**	m²	40	**129**	226	35	**66**	96
	Wiederherstellen	m²	75	**126**	155	56	**64**	80
	Herstellen	m²	15	**69**	124	23	**37**	50
362	**Dachöffnungen**	m²	–	**455**	–	–	**< 1**	–
	Herstellen	m²	–	**455**	–	–	**< 1**	–
363	**Dachbeläge**	m²	81	**230**	462	11	**207**	307
	Abbrechen	*m²*	*11*	***48***	*85*	*17*	***35***	*52*
	Wiederherstellen	m²	< 1	**11**	20	< 1	**6**	11
	Herstellen	m²	196	**286**	376	231	**270**	309
364	**Dachbekleidungen**	m²	52	**104**	255	26	**53**	127
	Wiederherstellen	m²	52	**103**	254	25	**52**	126
	Herstellen	m²	< 1	**1**	1	< 1	**< 1**	< 1
369	**Sonstiges zur KG 360**	m²	9	**18**	26	15	**21**	26
	Abbrechen	*m²*	*< 1*	***< 1***	*< 1*	*< 1*	***< 1***	*1*
	Herstellen	m²	9	**18**	26	14	**20**	26
381	**Allgemeine Einbauten**	m²	55	**58**	60	55	**58**	60
	Abbrechen	*m²*	*–*	***< 1***	*–*	*–*	***< 1***	*–*
	Wiederherstellen	m²	54	**57**	60	54	**57**	60
	Herstellen	m²	–	**1**	–	–	**1**	–
382	**Besondere Einbauten**	m²	11	**46**	115	11	**46**	115
	Wiederherstellen	m²	4	**35**	98	4	**35**	98
	Herstellen	m²	2	**11**	15	2	**11**	15
389	**Sonstiges zur KG 380**	m²	–	**< 1**	–	–	**< 1**	–
	Wiederherstellen	m²	–	**< 1**	–	–	**< 1**	–
391	**Baustelleneinrichtung**	m²	6	**15**	28	6	**15**	28
	Herstellen	m²	6	**15**	28	6	**15**	28
392	**Gerüste**	m²	70	**101**	145	70	**101**	145
	Herstellen	m²	70	**101**	145	70	**101**	145
393	**Sicherungsmaßnahmen**	m²	–	**15**	–	–	**15**	–
	Herstellen	m²	–	**15**	–	–	**15**	–
396	**Materialentsorgung**	m²	< 1	**3**	6	< 1	**3**	6
	Abbrechen	*m²*	*–*	***6***	*–*	*–*	***6***	*–*
	Herstellen	m²	–	**< 1**	–	–	**< 1**	–
397	**Zusätzliche Maßnahmen**	m²	4	**14**	27	4	**14**	27
	Herstellen	m²	4	**14**	27	4	**14**	27

Instandsetzungen

Sakralbauten mit Restaurierungsarbeiten

KG	Kostengruppen der 3. Ebene	Einheit	▷	€/Einheit	◁	▷	€/m² BGF	◁
411	**Abwasseranlagen**	m²	2	**7**	20	2	**7**	20
	Wiederherstellen	m²	–	**8**	–	–	**8**	–
	Herstellen	m²	2	**5**	12	2	**5**	12
412	**Wasseranlagen**	m²	6	**7**	10	6	**7**	10
	Abbrechen	*m²*	*< 1*	***< 1***	*< 1*	*< 1*	***< 1***	*< 1*
	Herstellen	m²	6	**7**	9	6	**7**	9
419	**Sonstiges zur KG 410**	m²	–	**< 1**	–	–	**< 1**	–
	Herstellen	m²	–	**< 1**	–	–	**< 1**	–
421	**Wärmeerzeugungsanlagen**	m²	2	**27**	51	2	**27**	51
	Abbrechen	*m²*	–	***< 1***	–	–	***< 1***	–
	Wiederherstellen	m²	–	**2**	–	–	**2**	–
	Herstellen	m²	–	**51**	–	–	**51**	–
422	**Wärmeverteilnetze**	m²	2	**10**	14	2	**10**	14
	Abbrechen	*m²*	–	***4***	–	–	***4***	–
	Wiederherstellen	m²	–	**2**	–	–	**2**	–
	Herstellen	m²	8	**12**	15	8	**12**	15
423	**Raumheizflächen**	m²	1	**46**	68	1	**46**	68
	Wiederherstellen	m²	–	**1**	–	–	**1**	–
	Herstellen	m²	66	**68**	70	66	**68**	70
429	**Sonstiges zur KG 420**	m²	–	**< 1**	–	–	**< 1**	–
	Wiederherstellen	m²	–	**< 1**	–	–	**< 1**	–
431	**Lüftungsanlagen**	m²	2	**23**	35	2	**23**	35
	Herstellen	m²	2	**23**	35	2	**23**	35
444	**Niederspannungsinstallationsanl.**	m²	29	**71**	208	29	**71**	208
	Abbrechen	*m²*	*2*	***4***	*7*	*2*	***4***	*7*
	Wiederherstellen	m²	–	**< 1**	–	–	**< 1**	–
	Herstellen	m²	28	**69**	205	28	**69**	205
445	**Beleuchtungsanlagen**	m²	10	**50**	82	10	**50**	82
	Abbrechen	*m²*	*< 1*	***< 1***	*1*	*< 1*	***< 1***	*1*
	Herstellen	m²	10	**50**	82	10	**50**	82
446	**Blitzschutz- und Erdungsanlagen**	m²	1	**11**	15	1	**11**	15
	Wiederherstellen	m²	–	**4**	–	–	**4**	–
	Herstellen	m²	1	**10**	13	1	**10**	13
451	**Telekommunikationsanlagen**	m²	–	**6**	–	–	**6**	–
	Herstellen	m²	–	**6**	–	–	**6**	–
453	**Zeitdienstanlagen**	m²	41	**41**	42	41	**41**	42
	Wiederherstellen	m²	24	**32**	41	24	**32**	41
	Herstellen	m²	–	**18**	–	–	**18**	–
454	**Elektroakustische Anlagen**	m²	21	**54**	86	21	**54**	86
	Wiederherstellen	m²	–	**11**	–	–	**11**	–
	Herstellen	m²	10	**48**	86	10	**48**	86
474	**Feuerlöschanlagen**	m²	–	**2**	–	–	**2**	–
	Herstellen	m²	–	**2**	–	–	**2**	–
476	**Weitere nutzungsspezifische Anl.**	m²	111	**173**	234	111	**173**	234
	Wiederherstellen	m²	–	**234**	–	–	**234**	–
	Herstellen	m²	–	**111**	–	–	**111**	–

Kosten:
Stand 2. Quartal 2026
Bundesdurchschnitt
inkl. 19% MwSt.

▷ von
ø Mittel
◁ bis

Prozentanteile der Kosten für Leistungsbereiche nach STLB (Kosten Bauwerk nach DIN 276)

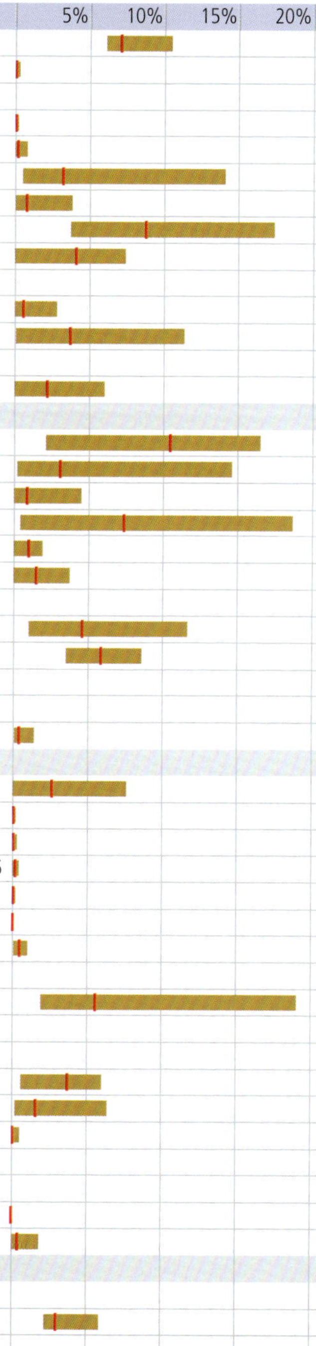

LB	Leistungsbereiche	▷	% an 300+400	◁
000	Baustellen-, Sicherheitseinr. inkl. 001, 089	6,1	**7,1**	10,5
002	Erdarbeiten	0,0	**< 0,1**	0,3
006	Spezialtiefbauarbeiten inkl. 005	–	–	–
009	Entwässerungskanalarbeiten inkl. 011	0,0	**< 0,1**	0,2
010	Drän- und Versickerarbeiten	0,0	**0,2**	0,8
012	Mauerarbeiten	0,5	**3,2**	14,1
013	Betonarbeiten	< 0,1	**0,8**	3,8
014	Natur-, Betonwerksteinarbeiten	3,7	**8,8**	17,4
016	Zimmer- und Holzbauarbeiten	0,0	**4,1**	7,4
017	Stahlbauarbeiten	–	–	–
018	Abdichtungsarbeiten	0,0	**0,6**	2,8
020	Dachdeckungsarbeiten	< 0,1	**3,7**	11,4
021	Dachabdichtungsarbeiten	–	–	–
022	Klempnerarbeiten	0,0	**2,2**	6,0
	Rohbau	20,7	**30,8**	63,3
023	Putz- und Stuckarbeiten, Wärmedämmsysteme	2,1	**10,5**	16,5
024	Fliesen- und Plattenarbeiten	0,2	**3,1**	14,6
025	Estricharbeiten	0,0	**0,9**	4,5
026	Fenster, Außentüren inkl. 029, 032	0,4	**7,4**	18,7
027	Tischlerarbeiten	0,0	**1,0**	1,9
028	Parkett-, Holzpflasterarbeiten	0,0	**1,5**	3,7
030	Rollladenarbeiten	–	–	–
031	Metallbauarbeiten inkl. 035	1,0	**4,6**	11,7
034	Maler- und Lackiererarb. - Beschicht. inkl. 037	3,5	**5,9**	8,6
036	Bodenbelagarbeiten	–	–	–
038	Vorgehängte hinterlüftete Fassaden	–	–	–
039	Trockenbauarbeiten	< 0,1	**0,4**	1,4
	Ausbau	11,2	**35,3**	50,2
040	Wärmeversorgungsanl. - Betriebseinr. inkl. 041	0,0	**2,6**	7,6
042	Gas- u. Wasseranl. - Leitung., Armat. inkl. 043	0,0	**< 0,1**	0,2
044	Abwasseranl. - Leitungen, Abläufe, Armaturen	< 0,1	**0,1**	0,3
045	Gas, Wasser, Entwässerung - Ausstattung inkl. 046	0,0	**0,2**	0,4
047	Dämm- und Brandschutzarb. an techn. Anlagen	< 0,1	**< 0,1**	0,2
049	Feuerlöschanlagen, Feuerlöschgeräte	0,0	**< 0,1**	0,1
050	Blitzschutz-/Erdungsanlagen, Überspannungssch.	0,1	**0,5**	1,0
052	Mittelspannungsanlagen	–	–	–
053	Niederspannungsanl. - Kabel inkl. 054	1,9	**5,6**	19,1
055	Sicherheits- u. Ersatzstromversorgungsanl.	–	–	–
057	Gebäudesystemtechnik	–	–	–
058	Leuchten und Lampen inkl. 059	0,6	**3,7**	6,0
060	Such, Signal, Zeit, Anten., akust. Anl. inkl. 064	0,2	**1,6**	6,4
061	Kommunikations- u. Übertragungsnetze inkl. 062	0,0	**< 0,1**	0,5
063	Gefahrenmeldeanlagen	–	–	–
069	Aufzüge	–	–	–
070	Gebäudeautomation	0,0	**< 0,1**	< 0,1
075	Raumlufttechnische Anlagen inkl. 078	< 0,1	**0,4**	1,8
	Gebäudetechnik	2,2	**15,0**	24,3
084	Abbruch, Rückbau, Schadstoffsanierung	2,2	**3,0**	5,9
	Sonstige Leistungsbereiche inkl. 008, 033, 051	3,5	**16,0**	64,6

Sakralbauten mit Restaurierungsarbeiten

€/m² BGF

min	1.330	€/m²
von	1.395	€/m²
Mittel	**1.645**	**€/m²**
bis	2.625	€/m²
max	2.625	€/m²

Kosten:
Stand 2. Quartal 2026
Bundesdurchschnitt
inkl. 19% MwSt.

Objektübersicht zur Gebäudeart

9100-0114 Glockenturm*

BRI 1.224 m³ **BGF** 209 m² **NUF** 20 m²

Baujahr: 1842
Bauzustand: schlecht
Aufwand: hoch
Nutzung während der Bauzeit: nein
Nutzungsänderung: nein
Grundrissänderungen: wenige
Tragwerkseingriffe: einige

Land: Schleswig-Holstein
Kreis: Pinneberg
Standard: mittel
Bauzeit: 48 Wochen
Kennwerte: bis 3. Ebene DIN 276
veröffentlicht: BKI Objektdaten A10

BGF 1.356 €/m²

* Nicht in der Auswertung enthalten

Planung: Architektengruppe Plandreieck; Elmshorn

Erneuerung der Schwellen, Stiele und Streben im Glockenturm

1. Ebene: 300 Bauwerk – Baukonstruktionen: 72%, **400 Bauwerk – Technische Anlagen:** 28%
3. Ebene: Baukonstruktionen: A: 335 Außenwandbekleidungen, außen 5%, **W:** 324 Gründungsbeläge 3%, 331 Tragende Außenwände 3%, 334 Außenwandöffnungen 15%, 335 Außenwandbekleidungen, außen 7%, 363 Dachbeläge 10%, Sonstige 1%, **H:** 335 Außenwandbekleidungen, außen 29%, 392 Gerüste 25%, Sonstige 1%, **Technische Anlagen:** A: Sonstige < 1%, **W:** 476 Weitere nutzungsspezifische Anlagen 89%, Sonstige 3%, **H:** 446 Blitzschutz- und Erdungsanlagen 8%

9100-0064 Evangelische Kirche

BRI 4.384 m³ **BGF** 410 m² **NUF** 266 m²

Baujahr: 1111
Bauzustand: mittel
Aufwand: hoch
Nutzung während der Bauzeit: ja
Nutzungsänderung: nein
Grundrissänderungen: keine
Tragwerkseingriffe: keine

Land: Baden-Württemberg
Kreis: Esslingen
Standard: mittel
Bauzeit: 70 Wochen
Kennwerte: bis 3. Ebene DIN 276
veröffentlicht: BKI Objektdaten A9

BGF 2.624 €/m²

Planung: Gregor Dahlmann Dipl.-Ing. (FH) Freier Architekt; Stuttgart

Kirche

1. Ebene: 300 Bauwerk – Baukonstruktionen: 87%, **400 Bauwerk – Technische Anlagen:** 13%
3. Ebene: Baukonstruktionen: A: Sonstige 3%, **W:** 331 Tragende Außenwände 8%, 335 Außenwandbekleidungen, außen 62%, Sonstige 6%, **H:** 363 Dachbeläge 10%, 392 Gerüste 6%, Sonstige 5%, **Technische Anlagen:** **W:** 453 Zeitdienstanlagen 12%, 476 Weitere nutzungsspezifische Anlagen 71%, Sonstige 3%, **H:** 411 Abwasseranlagen 4%, 444 Niederspannungsinstallationsanlagen 5%, 446 Blitzschutz- und Erdungsanlagen 4%, Sonstige 1%

A Abbrechen
W Wiederherstellen
H Herstellen

Objektübersicht zur Gebäudeart

9100-0088 Kapelle

BRI 10.400 m³ **BGF** 420 m² **NUF** 291 m²

Baujahr: 13.Jh.
Bauzustand: schlecht
Aufwand: mittel
Nutzung während der Bauzeit: nein
Nutzungsänderung: nein
Grundrissänderungen: wenige
Tragwerkseingriffe: wenige

Land: Brandenburg
Kreis: Brandenburg a. d. Havel
Standard: mittel
Bauzeit: 82 Wochen
Kennwerte: bis 3. Ebene DIN 276
veröffentlicht: BKI Objektdaten A9

BGF 1.465 €/m²

Planung: pmp Architekten; Brandenburg

Kapelle

1. Ebene: 300 Bauwerk – Baukonstruktionen: 80%, **400 Bauwerk – Technische Anlagen:** 20%
3. Ebene: Baukonstruktionen: A: Sonstige 7%, **W:** 331 Tragende Außenwände 9%, 334 Außenwandöffnungen 9%, 335 Außenwandbekleidungen, außen 6%, 336 Außenwandbekleidungen, innen 5%, 351 Deckenkonstruktionen 5%, 361 Dachkonstruktionen 5%, 364 Dachbekleidungen 3%, Sonstige 4%, **H:** 324 Gründungsbeläge 23%, 325 Abdichtungen und Bekleidungen 5%, 334 Außenwandöffnungen 8%, 392 Gerüste 5%, Sonstige 8%, **Technische Anlagen:** A: Sonstige 2%, **H:** 421 Wärmeerzeugungsanlagen 17%, 422 Wärmeverteilnetze 5%, 423 Raumheizflächen 23%, 431 Lüftungsanlagen 9%, 444 Niederspannungsinstallationsanlagen 15%, 445 Beleuchtungsanlagen 20%, 446 Blitzschutz- und Erdungsanlagen 5%, Sonstige 3%

9100-0039 Kirche, Fassadenarbeiten

BRI 7.730 m³ **BGF** 620 m² **NUF** 490 m²

Baujahr: 1910
Bauzustand: mittel
Aufwand: hoch
Nutzung während der Bauzeit: ja
Nutzungsänderung: nein
Grundrissänderungen: keine
Tragwerkseingriffe: keine

Land: Baden-Württemberg
Kreis: Esslingen
Standard: mittel
Bauzeit: 35 Wochen
Kennwerte: bis 3. Ebene DIN 276
veröffentlicht: BKI Objektdaten A6

BGF 1.452 €/m²

Planung: Habrik Architekten Helmut Habrik Freier Architekt BDA; Esslingen

Kirchengebäude von 1919. Turm und Kirchenschiff stehen unter Denkmalschutz. Die Fassade wurde instandgesetzt und teilweise restauriert. **Kosteneinfluss Nutzung:** Das Kirchenensemble mit Turm und Kirchenschiff stehen unter Denkmalschutz.

1. Ebene: 300 Bauwerk – Baukonstruktionen: 86%, **400 Bauwerk – Technische Anlagen:** 14%
3. Ebene: Baukonstruktionen: A: Sonstige 2%, **W:** 331 Tragende Außenwände 16%, Sonstige 5%, **H:** 335 Außenwandbekleidungen, außen 29%, 363 Dachbeläge 25%, 392 Gerüste 12%, Sonstige 11%, **Technische Anlagen:** A: Sonstige < 1%, **W:** 453 Zeitdienstanlagen 12%, Sonstige 2%, **H:** 444 Niederspannungsinstallationsanlagen 5%, 445 Beleuchtungsanlagen 8%, 446 Blitzschutz- und Erdungsanlagen 6%, 453 Zeitdienstanlagen 9%, 476 Weitere nutzungsspezifische Anlagen 56%

Sakralbauten mit Restaurierungs-arbeiten

€/m² BGF

min	1.330	€/m²
von	1.395	€/m²
Mittel	**1.645**	**€/m²**
bis	2.625	€/m²
max	2.625	€/m²

Kosten:
Stand 2. Quartal 2026
Bundesdurchschnitt
inkl. 19% MwSt.

A Abbrechen
W Wiederherstellen
H Herstellen

Objektübersicht zur Gebäudeart

9100-0033 Kirche, Brandschaden

BRI 19.551 m³ **BGF** 1.314 m² **NUF** 877 m²

Baujahr: 1506/09
Bauzustand: schlecht
Aufwand: hoch
Nutzung während der Bauzeit: nein
Nutzungsänderung: nein
Grundrissänderungen: wenige
Tragwerkseingriffe: wenige

Land: Baden-Württemberg
Kreis: Esslingen
Standard: hoch
Bauzeit: 39 Wochen
Kennwerte: bis 3. Ebene DIN 276
veröffentlicht: www.bki.de

BGF 1.358 €/m²

Planung: Gregor Dahlmann Dipl.-Ing. (FH) Freier Architekt; Stuttgart

Kosteneinfluss Nutzung: Evangelische Kirche, dreischiffig, mit Orgelempore und Lagerflächen unter Chor und Sakristei. Instandsetzung nach Brandschaden. Innensanierung nach Brandschaden (Orgelbrand auf der Empore), gleichzeitige Behebung von baulichen Mängeln und Korrekturen an Einbauten aus den 1950/60er Jahren. Beachtung der Auflagen des Landesdenkmalamtes.

1. Ebene: 300 Bauwerk – Baukonstruktionen: 76%, **400 Bauwerk – Technische Anlagen:** 24%
3. Ebene: Baukonstruktionen: **A:** Sonstige 2%, **W:** 334 Außenwandöffnungen 18%, 336 Außenwandbekleidungen, innen 7%, 361 Dachkonstruktionen 8%, 364 Dachbekleidungen 12%, 381 Allgemeine Einbauten 5%, 382 Besondere Einbauten 9%, Sonstige 3%, **H:** 334 Außenwandöffnungen 13%, 353 Deckenbeläge 4%, 392 Gerüste 8%, 397 Zusätzliche Maßnahmen 3%, Sonstige 7%, **Technische Anlagen:** **A:** Sonstige 2%, **W:** Sonstige < 1%, **H:** 431 Lüftungsanlagen 12%, 444 Niederspannungsinstallationsanlagen 20%, 445 Beleuchtungsanlagen 32%, 454 Elektroakustische Anlagen 27%, Sonstige 5%

9100-0035 Evangelische Kirche, Innenrestaurierung

BRI 7.095 m³ **BGF** 740 m² **NUF** 459 m²

Baujahr: 1601
Bauzustand: schlecht
Aufwand: hoch
Nutzung während der Bauzeit: nein
Nutzungsänderung: nein
Grundrissänderungen: wenige
Tragwerkseingriffe: wenige

Land: Baden-Württemberg
Kreis: Böblingen
Standard: hoch
Bauzeit: 26 Wochen
Kennwerte: bis 3. Ebene DIN 276
veröffentlicht: www.bki.de

BGF 1.328 €/m²

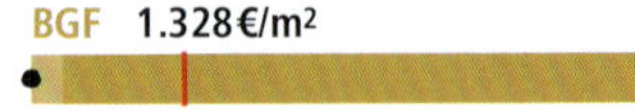

Planung: Gregor Dahlmann Dipl.-Ing. (FH) Freier Architekt; Stuttgart

Denkmalgeschützte Kirche von 1601, einschiffig, mit Orgelempore und Emporen an den Längsseiten, Restaurierungen an Wänden und Fenstern. **Kosteneinfluss Nutzung:** Evangelische Kirche, einschiffig, mit Orgelempore und Emporen an den Längsseiten. Beachtung der Auflagen des Landesdenkmalamtes.

1. Ebene: 300 Bauwerk – Baukonstruktionen: 71%, **400 Bauwerk – Technische Anlagen:** 29%
3. Ebene: Baukonstruktionen: **A:** Sonstige 4%, **W:** 336 Außenwandbekleidungen, innen 23%, 359 Sonstiges zur KG 350 3%, 364 Dachbekleidungen 3%, 381 Allgemeine Einbauten 6%, Sonstige 8%, **H:** 324 Gründungsbeläge 8%, 344 Innenwandöffnungen 5%, 346 Elementierte Innenwandkonstruktionen 6%, 351 Deckenkonstruktionen 10%, 353 Deckenbeläge 4%, 392 Gerüste 8%, Sonstige 11%, **Technische Anlagen:** **A:** Sonstige < 1%, **W:** Sonstige 4%, **H:** 423 Raumheizflächen 17%, 444 Niederspannungsinstallationsanlagen 53%, 445 Beleuchtungsanlagen 17%, Sonstige 8%

Schwammsanierung

Kostenkennwerte für die Kosten des Bauwerks (Kostengruppen 300+400 nach DIN 276)

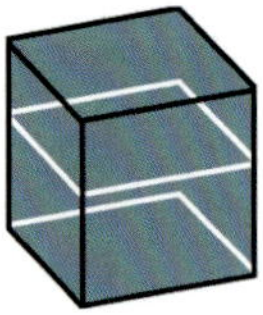

BRI 10€/m³
von 5€/m³
bis 10€/m³

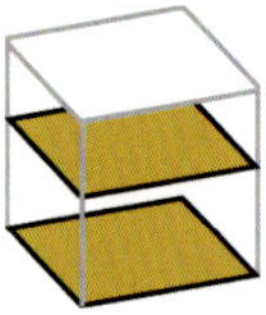

BGF 35€/m²
von 25€/m²
bis 50€/m²

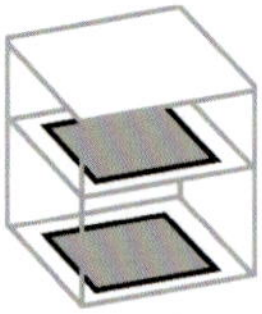

NUF 50€/m²
von 40€/m²
bis 70€/m²

Objektbeispiele

Kosten:
Stand 2.Quartal 2026
Bundesdurchschnitt
inkl. 19% MwSt.

9100-0145

6100-1307

9100-0137

Kosten der 4 Vergleichsobjekte Seiten 618 bis 619

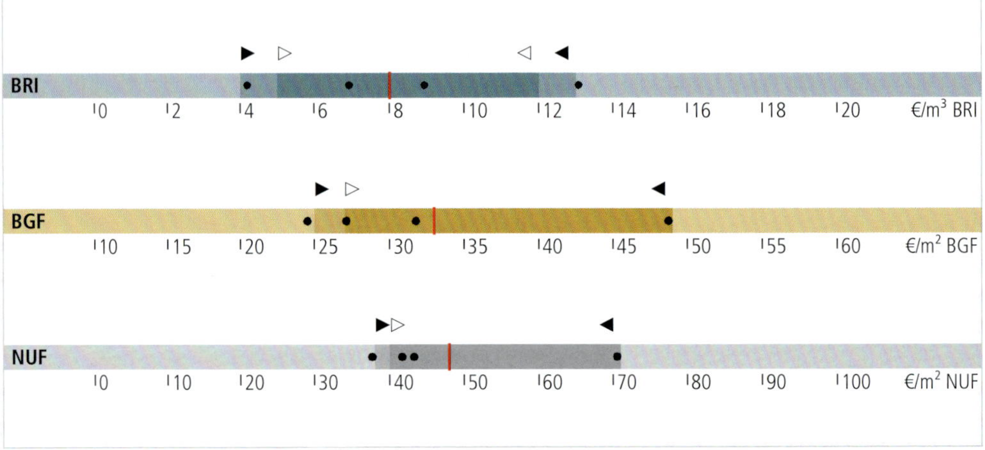

- ● KKW
- ▶ min
- ▷ von
- | Mittelwert
- ◁ bis
- ◀ max

Kostenkennwerte für die Kostengruppen der 1. und 2.Ebene DIN 276

KG	Kostengruppen der 1.Ebene	Einheit	▷	€/Einheit	◁	▷	% an 300+400	◁
100	Grundstück	m²GF	–	**–**	–	–	**–**	–
200	Vorbereitende Maßnahmen	m²GF	–	**–**	–	–	**–**	–
300	Bauwerk – Baukonstruktionen	m²BGF	27	**33**	49	99,9	**100,0**	100,0
400	Bauwerk – Technische Anlagen	m²BGF	–	**< 1**	–	0,1	**0,1**	0,1
	Bauwerk 300+400	m²BGF	27	**33**	49	100,0	**100,0**	100,0
500	Außenanlagen und Freiflächen	m²AF	–	**–**	–	–	**–**	–
600	Ausstattung und Kunstwerke	m²BGF	–	**–**	–	–	**–**	–
700	Baunebenkosten	m²BGF	–	**–**	–	–	**–**	–
800	Finanzierung	m²BGF	–	**–**	–	–	**–**	–

KG	Kostengruppen der 2.Ebene	Einheit	▷	€/Einheit	◁	▷	% an 1.Ebene	◁
310	Baugrube / Erdbau	m³BGI	–	**–**	–	–	**–**	–
320	Gründung, Unterbau	m²GRF	–	**–**	–	–	**–**	–
330	Außenwände / vertikal außen	m²AWF	55	**140**	223	18,4	**30,4**	44,6
340	Innenwände / vertikal innen	m²IWF	60	**85**	130	4,1	**21,5**	72,8
350	Decken / horizontal	m²DEF	36	**204**	532	3,9	**30,9**	58,8
360	Dächer	m²DAF	15	**21**	27	2,4	**13,4**	42,5
370	Infrastrukturanlagen		–	**–**	–	–	**–**	–
380	Baukonstruktive Einbauten	m²BGF	–	**< 1**	–	0,0	**< 0,1**	< 0,1
390	Sonst. Maßnahmen für Baukonst.	m²BGF	< 1	**2**	5	1,4	**3,8**	9,8
300	**Bauwerk – Baukonstruktionen**	**m²BGF**					**100,0**	
410	Abwasser-, Wasser-, Gasanlagen	m²BGF	–	**–**	–	–	**–**	–
420	Wärmeversorgungsanlagen	m²BGF	–	**< 1**	–	100,0	**100,0**	100,0
430	Raumlufttechnische Anlagen	m²BGF	–	**–**	–	–	**–**	–
440	Elektrische Anlagen	m²BGF	–	**–**	–	–	**–**	–
450	Kommunikationstechnische Anlagen	m²BGF	–	**–**	–	–	**–**	–
460	Förderanlagen	m²BGF	–	**–**	–	–	**–**	–
470	Nutzungsspez. / verfahrenstech. Anl.	m²BGF	–	**–**	–	–	**–**	–
480	Gebäude- und Anlagenautomation	m²BGF	–	**–**	–	–	**–**	–
490	Sonst. Maßnahmen f. techn. Anl.	m²BGF	–	**–**	–	–	**–**	–
400	**Bauwerk – Technische Anlagen**	**m²BGF**					**100,0**	

Prozentanteile der Kosten 2.Ebene an den Kosten des Bauwerks nach DIN 276 (Von/Mittel/Bis)

KG	Kostengruppe	%
310	Baugrube / Erdbau	
320	Gründung, Unterbau	
330	Außenwände / vertikal außen	30,4
340	Innenwände / vertikal innen	21,5
350	Decken / horizontal	30,9
360	Dächer	13,4
370	Infrastrukturanlagen	
380	Baukonstruktive Einbauten	< 0,1
390	Sonst. Maßnahmen für Baukonst.	3,8
410	Abwasser-, Wasser-, Gasanlagen	
420	Wärmeversorgungsanlagen	< 0,1
430	Raumlufttechnische Anlagen	
440	Elektrische Anlagen	
450	Kommunikationstechnische Anlagen	
460	Förderanlagen	
470	Nutzungsspez. / verfahrenstech. Anl.	
480	Gebäude- und Anlagenautomation	
490	Sonst. Maßnahmen f. techn. Anl.	

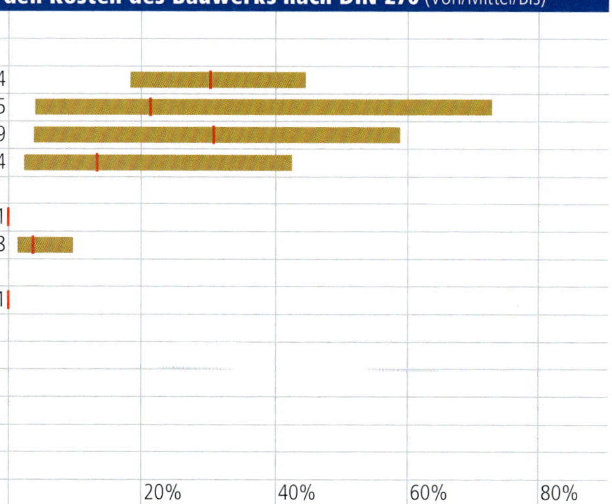

Kosten:
Stand 2. Quartal 2026
Bundesdurchschnitt
inkl. 19% MwSt.

Kostenkennwerte für die Kostengruppen der 3. Ebene DIN 276

KG	Kostengruppen der 3. Ebene	Einheit	▷	€/Einheit	◁	▷	€/m² BGF	◁
331	**Tragende Außenwände**	m²	84	**135**	217	4	**7**	16
	Abbrechen	*m²*	–	***31***	–	–	***2***	–
	Wiederherstellen	m²	82	**124**	185	4	**7**	14
334	**Außenwandöffnungen**	m²	–	**133**	–	–	**1**	–
	Abbrechen	*m²*	–	***28***	–	–	***< 1***	–
	Wiederherstellen	m²	–	**105**	–	–	**< 1**	–
336	**Außenwandbekleidungen, innen**	m²	29	**86**	143	1	**4**	9
	Abbrechen	*m²*	*3*	***15***	*27*	*< 1*	***< 1***	*2*
	Wiederherstellen	m²	–	**26**	–	–	**2**	–
	Herstellen	m²	–	**116**	–	–	**7**	–
341	**Tragende Innenwände**	m²	–	**65**	–	–	**16**	–
	Wiederherstellen	m²	–	**65**	–	–	**16**	–
344	**Innenwandöffnungen**	m²	–	**199**	–	–	**1**	–
	Wiederherstellen	m²	–	**199**	–	–	**1**	–
345	**Innenwandbekleidungen**	m²	26	**40**	55	1	**2**	2
	Wiederherstellen	m²	–	**26**	–	–	**1**	–
	Herstellen	m²	–	**55**	–	–	**2**	–
351	**Deckenkonstruktionen**	m²	28	**139**	352	< 1	**7**	14
	Abbrechen	*m²*	*2*	***25***	*47*	*< 1*	***1***	*2*
	Wiederherstellen	m²	23	**78**	172	< 1	**5**	12
	Herstellen	m²	–	**133**	–	–	**4**	–
353	**Deckenbeläge**	m²	–	**322**	–	–	**3**	–
	Abbrechen	*m²*	–	***14***	–	*< 1*	***1***	*3*
	Wiederherstellen	m²	–	**276**	–	–	**2**	–
	Herstellen	m²	–	**32**	–	–	**< 1**	–
354	**Deckenbekleidungen**	m²	2	**106**	210	1	**5**	10
	Abbrechen	*m²*	–	***7***	–	–	***< 1***	–
	Wiederherstellen	m²	2	**58**	113	1	**3**	5
	Herstellen	m²	–	**89**	–	–	**4**	–
361	**Dachkonstruktionen**	m²	< 1	**10**	21	< 1	**1**	2
	Wiederherstellen	m²	< 1	**10**	21	< 1	**1**	2
364	**Dachbekleidungen**	m²	–	**15**	–	< 1	**7**	13
	Wiederherstellen	m²	–	**15**	–	–	**13**	–
381	**Allgemeine Einbauten**	m²	–	**< 1**	–	–	**< 1**	–
	Abbrechen	*m²*	–	***< 1***	–	–	***< 1***	–
391	**Baustelleneinrichtung**	m²	< 1	**1**	1	< 1	**1**	1
	Wiederherstellen	m²	–	**< 1**	–	–	**< 1**	–
	Herstellen	m²	–	**1**	–	–	**1**	–
392	**Gerüste**	m²	< 1	**< 1**	< 1	< 1	**< 1**	< 1
	Herstellen	m²	< 1	**< 1**	< 1	< 1	**< 1**	< 1
393	**Sicherungsmaßnahmen**	m²	–	**< 1**	–	–	**< 1**	–
	Herstellen	m²	–	**< 1**	–	–	**< 1**	–
396	**Materialentsorgung**	m²	–	**< 1**	–	–	**< 1**	–
	Herstellen	m²	–	**< 1**	–	–	**< 1**	–
397	**Zusätzliche Maßnahmen**	m²	–	**2**	–	–	**2**	–
	Herstellen	m²	–	**2**	–	–	**2**	–
422	**Wärmeverteilnetze**	m²	–	**< 1**	–	–	**< 1**	–
	Abbrechen	*m²*	–	***< 1***	–	–	***< 1***	–

▷ von
ø Mittel
◁ bis

Prozentanteile der Kosten für Leistungsbereiche nach STLB (Kosten Bauwerk nach DIN 276)

LB	Leistungsbereiche	▷	% an 300+400	◁
000	Baustellen-, Sicherheitseinr. inkl. 001, 089	0,8	**3,4**	6,7
002	Erdarbeiten	–	–	–
006	Spezialtiefbauarbeiten inkl. 005	–	–	–
009	Entwässerungskanalarbeiten inkl. 011	–	–	–
010	Drän- und Versickerarbeiten	–	–	–
012	Mauerarbeiten	0,0	**2,4**	9,6
013	Betonarbeiten	–	–	–
014	Natur-, Betonwerksteinarbeiten	–	–	–
016	Zimmer- und Holzbauarbeiten	0,0	**3,6**	14,5
017	Stahlbauarbeiten	0,3	**2,1**	7,3
018	Abdichtungsarbeiten	–	–	–
020	Dachdeckungsarbeiten	–	–	–
021	Dachabdichtungsarbeiten	–	–	–
022	Klempnerarbeiten	–	–	–
	Rohbau	2,0	**11,5**	39,5
023	Putz- und Stuckarbeiten, Wärmedämmsysteme	0,0	**6,2**	24,8
024	Fliesen- und Plattenarbeiten	–	–	–
025	Estricharbeiten	–	–	–
026	Fenster, Außentüren inkl. 029, 032	0,0	**0,2**	0,9
027	Tischlerarbeiten	–	–	–
028	Parkett-, Holzpflasterarbeiten	0,0	**1,2**	4,7
030	Rollladenarbeiten	–	–	–
031	Metallbauarbeiten inkl. 035	–	–	–
034	Maler- und Lackiererarb. - Beschicht. inkl. 037	0,0	**4,7**	18,6
036	Bodenbelagarbeiten	–	–	–
038	Vorgehängte hinterlüftete Fassaden	–	–	–
039	Trockenbauarbeiten	0,0	**0,5**	1,8
	Ausbau	0,0	**12,7**	50,9
040	Wärmeversorgungsanl. - Betriebseinr. inkl. 041	–	–	–
042	Gas- u. Wasseranl. - Leitung., Armat. inkl. 043	–	–	–
044	Abwasseranl. - Leitungen, Abläufe, Armaturen	–	–	–
045	Gas, Wasser, Entwässerung - Ausstattung inkl. 046	–	–	–
047	Dämm- und Brandschutzarb. an techn. Anlagen	–	–	–
049	Feuerlöschanlagen, Feuerlöschgeräte	–	–	–
050	Blitzschutz-/Erdungsanlagen, Überspannungssch.	–	–	–
052	Mittelspannungsanlagen	–	–	–
053	Niederspannungsanl. - Kabel inkl. 054	–	–	–
055	Sicherheits- u. Ersatzstromversorgungsanl.	–	–	–
057	Gebäudesystemtechnik	–	–	–
058	Leuchten und Lampen inkl. 059	–	–	–
060	Such, Signal, Zeit, Anten., akust. Anl. inkl. 064	–	–	–
061	Kommunikations- u. Übertragungsnetze inkl. 062	–	–	–
063	Gefahrenmeldeanlagen	–	–	–
069	Aufzüge	–	–	–
070	Gebäudeautomation	–	–	–
075	Raumlufttechnische Anlagen inkl. 078	–	–	–
	Gebäudetechnik	–	–	–
084	Abbruch, Rückbau, Schadstoffsanierung	7,7	**10,4**	13,5
	Sonstige Leistungsbereiche inkl. 008, 033, 051	1,3	**65,4**	87,3

Übersicht- 1. + 2. Ebene
Erweiterung
Umbau
Moderni- sierung
Instand- setzung
Bau- elemente
Abbrechen
Wieder- herstellen
Herstellen

Objektübersicht zur Gebäudeart

€/m² BGF

min	25	€/m²
von	25	€/m²
Mittel	**35**	**€/m²**
bis	50	€/m²
max	50	€/m²

Kosten:
Stand 2. Quartal 2026
Bundesdurchschnitt
inkl. 19% MwSt.

6100-1502 Mehrfamilienhaus, Schwammsanierung

BRI 11.644m³ **BGF** 3.124m² **NUF** 2.158m²

Baujahr: 1895
Bauzustand: schlecht
Aufwand: hoch
Nutzung während der Bauzeit: ja
Nutzungsänderung: nein
Grundrissänderungen: wenige
Tragwerkseingriffe: wenige

Land: Hamburg
Kreis: Hamburg, Stadt
Standard: hoch
Bauzeit: 122 Wochen
Kennwerte: bis 3. Ebene DIN 276
veröffentlicht: BKI Objektdaten A12
BGF **49€/m²**

Planung: Ostermann Architekten; Hamburg

Schwammsanierung eines Mehrfamilienhauses mit 16 Wohneinheiten (2.140m² WFL).

1. Ebene: 300 Bauwerk – Baukonstruktionen: 100%, **400 Bauwerk – Technische Anlagen:** < 1%
3. Ebene: Baukonstruktionen: A: 336 Außenwandbekleidungen, innen 3%, 351 Deckenkonstruktionen 3%, Sonstige 2%, **W:** 331 Tragende Außenwände 12%, 351 Deckenkonstruktionen 12%, 353 Deckenbeläge 5%, 354 Deckenbekleidungen 11%, Sonstige 4%, **H:** 336 Außenwandbekleidungen, innen 14%, 345 Innenwandbekleidungen 5%, 351 Deckenkonstruktionen 9%, 354 Deckenbekleidungen 8%, 397 Zusätzliche Maßnahmen 5%, Sonstige 6%, **Technische Anlagen:** A: 422 Wärmeverteilnetze 100%

6100-1307 Schwammsanierung Mehrfamilienhaus

BRI 5.268m³ **BGF** 1.488m² **NUF** 875m²

Baujahr: 1897
Bauzustand: schlecht
Aufwand: hoch
Nutzung während der Bauzeit: nein
Nutzungsänderung: nein
Grundrissänderungen: wenige
Tragwerkseingriffe: einige

Land: Sachsen
Kreis: Chemnitz, Stadt
Standard: hoch
Bauzeit: 4 Wochen
Kennwerte: bis 3. Ebene DIN 276
veröffentlicht: BKI Objektdaten A11
BGF **25€/m²**

Planung: Architekturbüro Samuel Jenichen; Dresden

Schwammsanierung eines Mehrfamilienhauses mit fünf Wohneinheiten (760m² WFL). **Kosteneinfluss Nutzung:** Denkmalschutz, historische Bauelemente, Brandschutz, Schallschutz

1. Ebene: 300 Bauwerk – Baukonstruktionen: 100%
3. Ebene: Baukonstruktionen: A: 345 Innenwandbekleidungen 8%, Sonstige 3%, **W:** 331 Tragende Außenwände 21%, 341 Tragende Innenwände 64%, Sonstige 1%, **H:** Sonstige 2%

A Abbrechen
W Wiederherstellen
H Herstellen

9100-0145 Kulturzentrum, Schwammsanierung

BRI 9.914 m³ **BGF** 1.304 m² **NUF** 1.100 m²

Bauzustand: schlecht
Aufwand: hoch
Nutzung während der Bauzeit: nein
Nutzungsänderung: ja
Grundrissänderungen: wenige
Tragwerkseingriffe: einige

Land: Sachsen-Anhalt
Kreis: Salzlandkreis
Standard: mittel
Bauzeit: 8 Wochen
Kennwerte: bis 3. Ebene DIN 276
veröffentlicht: BKI Objektdaten A11

BGF **32 €/m²**

Planung: KÖNIG Architekturbüro; Magdeburg

Schwammsanierung eines Kulturzentrums mit 550 Sitzplätzen. **Kosteneinfluss Nutzung:** Das Gebäude steht unter Denkmalschutz

1. Ebene: 300 Bauwerk – Baukonstruktionen: 100%
3. Ebene: Baukonstruktionen: A**:** 331 Tragende Außenwände 7%, **W:** 331 Tragende Außenwände 43%, 351 Deckenkonstruktionen 3%, 354 Deckenbekleidungen 4%, 364 Dachbekleidungen 42%, Sonstige < 1%

9100-0137 Vereinsgebäude, Schwammsanierung

BRI 4.317 m³ **BGF** 1.423 m² **NUF** 892 m²

Baujahr: 1890
Bauzustand: schlecht
Aufwand: hoch
Nutzung während der Bauzeit: nein
Nutzungsänderung: ja
Grundrissänderungen: umfangreiche
Tragwerkseingriffe: umfangreiche

Land: Sachsen
Kreis: Erzgebirgskreis
Standard: hoch
Bauzeit: 65 Wochen
Kennwerte: bis 3. Ebene DIN 276
veröffentlicht: BKI Objektdaten A11

BGF **27 €/m²**

Planung: heine | reichold architekten Partnerschaftsgesellschaft mbB; Lichtenstein

Schwammsanierung im Zuge der denkmalgerechten Instandsetzung eines Ausstellungs- und Empfangsgebäudes.

1. Ebene: 300 Bauwerk – Baukonstruktionen: 100%
3. Ebene: Baukonstruktionen: A**:** 353 Deckenbeläge 9%, Sonstige 5%, **W:** 331 Tragende Außenwände 6%, 336 Außenwandbekleidungen, innen 8%, 345 Innenwandbekleidungen 5%, 351 Deckenkonstruktionen 54%, 361 Dachkonstruktionen 8%, 391 Baustelleneinrichtung 4%

Altbau
Bauelemente

Kostenkennwerte der Gebäudearten
für die Kostengruppen 300+400

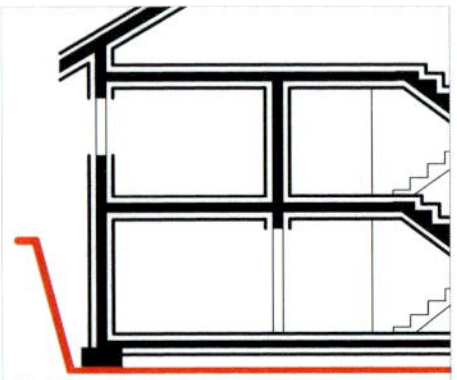

Kosten:
Stand 2. Quartal 2026
Bundesdurchschnitt
inkl. 19% MwSt.

Einheit: m³
Baugrubenrauminhalt /
Erdbaurauminhalt

▷ von
ø Mittel
◁ bis

Gebäudeart	▷	€/Einheit	◁	KG an 300
Erweiterungen				
Büro- und Verwaltungsgebäude	54	**64**	80	1,5%
Schulen	36	**83**	121	2,2%
Kindergärten	96	**179**	345	2,7%
Wohngebäude: Anbau	63	**133**	208	1,7%
Wohngebäude: Aufstockung	103	**181**	259	0,2%
Wohngebäude: Dachausbau	–	**–**	–	–
Gewerbegebäude	32	**66**	98	2,4%
Gebäude anderer Art	50	**125**	296	2,3%
Umbauten				
Büro- und Verwaltungsgebäude	87	**142**	191	0,5%
Arztpraxen	–	**–**	–	–
Schulen	52	**93**	170	1,0%
Kindergärten	127	**196**	269	0,7%
Ein- und Zweifamilienhäuser	65	**177**	403	0,6%
Mehrfamilienhäuser	78	**130**	240	0,7%
Wohnungen	–	**72**	–	0,3%
Hotel und Beherbergung	40	**75**	110	0,5%
Gewerbegebäude	–	**–**	–	–
Museen	–	**141**	–	1,5%
Gemeindezentren	125	**213**	441	1,2%
Gebäude anderer Art	137	**261**	305	0,4%
Modernisierungen				
Büro- und Verwaltungsgebäude	86	**118**	209	0,7%
Schulen und Kindergärten	74	**126**	202	1,1%
Sporthallen	77	**144**	211	0,9%
Ein- und Zweifamilienhäuser vor 1945	154	**227**	321	1,2%
Ein- und Zweifamilienhäuser nach 1945	78	**188**	536	0,8%
Wohngebäude vor 1945	104	**185**	377	0,9%
Wohngebäude nach 1945: nur Oberflächen	69	**132**	218	0,4%
Wohngebäude nach 1945: mit Tragkonstruktion	71	**170**	422	1,2%
Fachwerkhäuser	123	**188**	316	1,4%
Gewerbegebäude	75	**78**	80	0,7%
Gebäude anderer Art	93	**213**	561	0,7%
Instandsetzungen				
Wohngebäude	74	**156**	268	1,6%
Nichtwohngebäude	64	**82**	100	0,8%
Restaurierungsarbeiten	–	**407**	–	0,6%
Sakralbauten	–	**117**	–	0,3%
Sakralbauten mit Restaurierungsarbeiten	–	**717**	–	< 0,1%
Schwammsanierung	–	**–**	–	–

Gebäudeart	▷	€/Einheit	◁	KG an 300
Erweiterungen				
Büro- und Verwaltungsgebäude	25	**589**	1.152	0,7%
Schulen	–	**10**	–	< 0,1%
Kindergärten	–	**–**	–	–
Wohngebäude: Anbau	–	**3**	–	< 0,1%
Wohngebäude: Aufstockung	–	**–**	–	–
Wohngebäude: Dachausbau	–	**–**	–	–
Gewerbegebäude	–	**6**	–	< 0,1%
Gebäude anderer Art	–	**–**	–	–
Umbauten				
Büro- und Verwaltungsgebäude	–	**–**	–	–
Arztpraxen	–	**–**	–	–
Schulen	2	**277**	553	0,4%
Kindergärten	–	**56**	–	< 0,1%
Ein- und Zweifamilienhäuser	–	**–**	–	–
Mehrfamilienhäuser	–	**5**	–	< 0,1%
Wohnungen	–	**–**	–	–
Hotel und Beherbergung	–	**–**	–	–
Gewerbegebäude	–	**–**	–	–
Museen	–	**17**	–	0,1%
Gemeindezentren	–	**99**	–	< 0,1%
Gebäude anderer Art	–	**–**	–	–
Modernisierungen				
Büro- und Verwaltungsgebäude	–	**–**	–	–
Schulen und Kindergärten	–	**–**	–	–
Sporthallen	–	**–**	–	–
Ein- und Zweifamilienhäuser vor 1945	–	**–**	–	–
Ein- und Zweifamilienhäuser nach 1945	–	**–**	–	< 0,1%
Wohngebäude vor 1945	–	**–**	–	–
Wohngebäude nach 1945: nur Oberflächen	–	**–**	–	–
Wohngebäude nach 1945: mit Tragkonstruktion	6	**10**	14	< 0,1%
Fachwerkhäuser	–	**–**	–	–
Gewerbegebäude	–	**194**	–	0,1%
Gebäude anderer Art	–	**188**	–	< 0,1%
Instandsetzungen				
Wohngebäude	–	**81**	–	0,2%
Nichtwohngebäude	–	**–**	–	–
Restaurierungsarbeiten	–	**–**	–	–
Sakralbauten	–	**–**	–	–
Sakralbauten mit Restaurierungsarbeiten	–	**–**	–	–
Schwammsanierung	–	**–**	–	–

Einheit: m²
Umschließungsfläche

313 Wasserhaltung

Kosten:
Stand 2. Quartal 2026
Bundesdurchschnitt
inkl. 19% MwSt.

Einheit: m³
Wasserhaltungsvolumen

▷ von
ø Mittel
◁ bis

Gebäudeart	▷	€/Einheit	◁	KG an 300
Erweiterungen				
Büro- und Verwaltungsgebäude	–	**–**	–	< 0,1%
Schulen	–	**12**	–	0,1%
Kindergärten	–	**–**	–	–
Wohngebäude: Anbau	–	**3**	–	< 0,1%
Wohngebäude: Aufstockung	–	**–**	–	–
Wohngebäude: Dachausbau	–	**–**	–	–
Gewerbegebäude	–	**–**	–	< 0,1%
Gebäude anderer Art	–	**–**	–	–
Umbauten				
Büro- und Verwaltungsgebäude	–	**–**	–	< 0,1%
Arztpraxen	–	**–**	–	–
Schulen	–	**12**	–	< 0,1%
Kindergärten	–	**–**	–	–
Ein- und Zweifamilienhäuser	–	**–**	–	–
Mehrfamilienhäuser	–	**2**	–	< 0,1%
Wohnungen	–	**–**	–	–
Hotel und Beherbergung	–	**–**	–	–
Gewerbegebäude	–	**–**	–	–
Museen	–	**–**	–	–
Gemeindezentren	–	**–**	–	< 0,1%
Gebäude anderer Art	–	**–**	–	< 0,1%
Modernisierungen				
Büro- und Verwaltungsgebäude	–	**–**	–	–
Schulen und Kindergärten	2	**86**	169	< 0,1%
Sporthallen	–	**2**	–	< 0,1%
Ein- und Zweifamilienhäuser vor 1945	–	**–**	–	–
Ein- und Zweifamilienhäuser nach 1945	–	**–**	–	–
Wohngebäude vor 1945	–	**–**	–	–
Wohngebäude nach 1945: nur Oberflächen	–	**–**	–	–
Wohngebäude nach 1945: mit Tragkonstruktion	–	**19**	–	< 0,1%
Fachwerkhäuser	–	**–**	–	–
Gewerbegebäude	–	**–**	–	–
Gebäude anderer Art	–	**17**	–	< 0,1%
Instandsetzungen				
Wohngebäude	–	**–**	–	–
Nichtwohngebäude	–	**–**	–	–
Restaurierungsarbeiten	–	**–**	–	–
Sakralbauten	–	**–**	–	–
Sakralbauten mit Restaurierungsarbeiten	–	**–**	–	–
Schwammsanierung	–	**–**	–	–

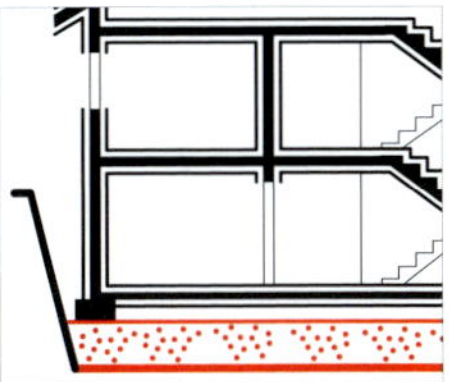

Einheit: m²
Baugrundverbesserungsfläche

Gebäudeart	▷	€/Einheit	◁	KG an 300
Erweiterungen				
Büro- und Verwaltungsgebäude	–	**–**	–	–
Schulen	2	**37**	72	0,3%
Kindergärten	–	**–**	–	–
Wohngebäude: Anbau	–	**220**	–	< 0,1%
Wohngebäude: Aufstockung	–	**–**	–	–
Wohngebäude: Dachausbau	–	**–**	–	–
Gewerbegebäude	–	**81**	–	0,6%
Gebäude anderer Art	17	**39**	84	0,2%
Umbauten				
Büro- und Verwaltungsgebäude	–	**26**	–	< 0,1%
Arztpraxen	–	**–**	–	–
Schulen	153	**176**	198	0,1%
Kindergärten	–	**–**	–	–
Ein- und Zweifamilienhäuser	–	**136**	–	< 0,1%
Mehrfamilienhäuser	33	**60**	112	< 0,1%
Wohnungen	–	**–**	–	–
Hotel und Beherbergung	–	**–**	–	–
Gewerbegebäude	–	**–**	–	–
Museen	–	**–**	–	–
Gemeindezentren	–	**–**	–	< 0,1%
Gebäude anderer Art	–	**98**	–	< 0,1%
Modernisierungen				
Büro- und Verwaltungsgebäude	–	**–**	–	–
Schulen und Kindergärten	–	**–**	–	–
Sporthallen	–	**26**	–	< 0,1%
Ein- und Zweifamilienhäuser vor 1945	–	**–**	–	–
Ein- und Zweifamilienhäuser nach 1945	–	**–**	–	–
Wohngebäude vor 1945	–	**–**	–	–
Wohngebäude nach 1945: nur Oberflächen	–	**–**	–	–
Wohngebäude nach 1945: mit Tragkonstruktion	–	**–**	–	–
Fachwerkhäuser	–	**–**	–	–
Gewerbegebäude	–	**–**	–	< 0,1%
Gebäude anderer Art	–	**–**	–	–
Instandsetzungen				
Wohngebäude	–	**–**	–	–
Nichtwohngebäude	–	**–**	–	–
Restaurierungsarbeiten	–	**–**	–	–
Sakralbauten	–	**–**	–	–
Sakralbauten mit Restaurierungsarbeiten	–	**–**	–	–
Schwammsanierung	–	**–**	–	–

322 Flachgründungen und Bodenplatten

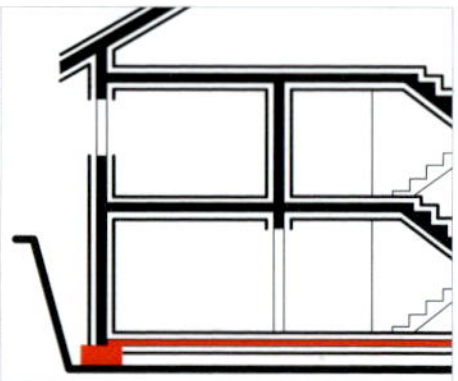

Kosten:
Stand 2. Quartal 2026
Bundesdurchschnitt
inkl. 19% MwSt.

Einheit: m²
Flachgründungsfläche

▷ von
ø Mittel
◁ bis

Gebäudeart	▷	€/Einheit	◁	KG an 300
Erweiterungen				
Büro- und Verwaltungsgebäude	255	**333**	398	3,4%
Schulen	161	**2.521**	11.963	4,1%
Kindergärten	155	**264**	430	4,8%
Wohngebäude: Anbau	243	**368**	511	4,7%
Wohngebäude: Aufstockung	58	**786**	1.316	0,2%
Wohngebäude: Dachausbau	–	**–**	–	–
Gewerbegebäude	205	**285**	451	10,8%
Gebäude anderer Art	197	**321**	543	5,9%
Umbauten				
Büro- und Verwaltungsgebäude	566	**696**	1.078	1,9%
Arztpraxen	–	**–**	–	–
Schulen	195	**1.155**	4.957	1,4%
Kindergärten	243	**785**	3.466	1,2%
Ein- und Zweifamilienhäuser	56	**186**	290	0,9%
Mehrfamilienhäuser	159	**318**	695	1,2%
Wohnungen	–	**485**	–	1,4%
Hotel und Beherbergung	323	**487**	651	1,4%
Gewerbegebäude	–	**–**	–	0,8%
Museen	–	**308**	–	4,1%
Gemeindezentren	230	**724**	3.549	3,3%
Gebäude anderer Art	145	**462**	681	3,3%
Modernisierungen				
Büro- und Verwaltungsgebäude	246	**471**	1.509	1,0%
Schulen und Kindergärten	182	**333**	652	1,8%
Sporthallen	279	**455**	881	1,5%
Ein- und Zweifamilienhäuser vor 1945	318	**736**	1.942	0,9%
Ein- und Zweifamilienhäuser nach 1945	158	**202**	243	0,7%
Wohngebäude vor 1945	153	**447**	1.217	2,1%
Wohngebäude nach 1945: nur Oberflächen	243	**511**	1.015	0,4%
Wohngebäude nach 1945: mit Tragkonstruktion	327	**446**	793	2,0%
Fachwerkhäuser	209	**252**	336	2,3%
Gewerbegebäude	180	**253**	326	1,4%
Gebäude anderer Art	135	**279**	428	0,8%
Instandsetzungen				
Wohngebäude	239	**454**	984	1,0%
Nichtwohngebäude	141	**587**	1.032	8,8%
Restaurierungsarbeiten	–	**328**	–	0,3%
Sakralbauten	–	**–**	–	0,4%
Sakralbauten mit Restaurierungsarbeiten	30	**114**	197	0,3%
Schwammsanierung	–	**–**	–	–

Gebäudeart	▷	€/Einheit	◁	KG an 300
Erweiterungen				
Büro- und Verwaltungsgebäude	–	**321**	–	0,3%
Schulen	–	–	–	–
Kindergärten	–	–	–	–
Wohngebäude: Anbau	–	–	–	–
Wohngebäude: Aufstockung	–	–	–	–
Wohngebäude: Dachausbau	–	–	–	–
Gewerbegebäude	–	–	–	–
Gebäude anderer Art	–	–	–	–
Umbauten				
Büro- und Verwaltungsgebäude	–	–	–	–
Arztpraxen	–	–	–	–
Schulen	–	**912**	–	0,7%
Kindergärten	–	–	–	–
Ein- und Zweifamilienhäuser	–	–	–	–
Mehrfamilienhäuser	–	–	–	< 0,1%
Wohnungen	–	–	–	–
Hotel und Beherbergung	–	–	–	–
Gewerbegebäude	–	–	–	–
Museen	–	–	–	–
Gemeindezentren	–	–	–	–
Gebäude anderer Art	–	–	–	0,5%
Modernisierungen				
Büro- und Verwaltungsgebäude	–	–	–	–
Schulen und Kindergärten	–	**852**	–	< 0,1%
Sporthallen	–	–	–	–
Ein- und Zweifamilienhäuser vor 1945	–	–	–	–
Ein- und Zweifamilienhäuser nach 1945	–	–	–	–
Wohngebäude vor 1945	–	–	–	–
Wohngebäude nach 1945: nur Oberflächen	–	–	–	–
Wohngebäude nach 1945: mit Tragkonstruktion	–	**724**	–	0,7%
Fachwerkhäuser	–	–	–	–
Gewerbegebäude	–	**113**	–	< 0,1%
Gebäude anderer Art	–	–	–	–
Instandsetzungen				
Wohngebäude	–	–	–	–
Nichtwohngebäude	–	–	–	–
Restaurierungsarbeiten	–	–	–	–
Sakralbauten	–	–	–	–
Sakralbauten mit Restaurierungsarbeiten	–	–	–	–
Schwammsanierung	–	–	–	–

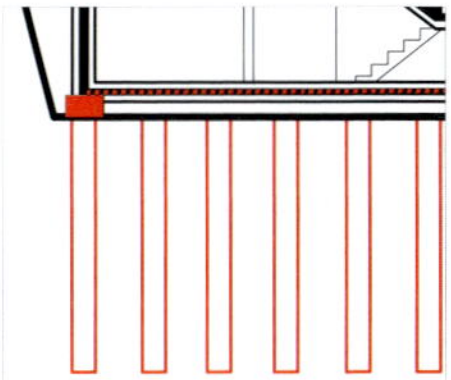

Einheit: m²
Tiefgründungsfläche

Kostenstand: 2. Quartal 2026, Bundesdurchschnitt, **inkl. 19% MwSt.**

324
Gründungsbeläge

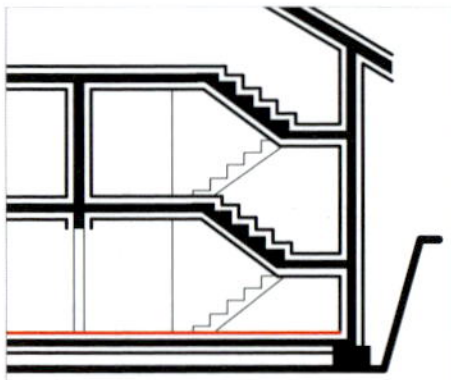

Kosten:
Stand 2. Quartal 2026
Bundesdurchschnitt
inkl. 19% MwSt.

Einheit: m²
Gründungsbelagsfläche

▷ von
ø Mittel
◁ bis

Gebäudeart	▷	€/Einheit	◁	KG an 300
Erweiterungen				
Büro- und Verwaltungsgebäude	157	**200**	246	3,1%
Schulen	90	**171**	200	3,0%
Kindergärten	174	**210**	229	8,8%
Wohngebäude: Anbau	188	**310**	480	4,3%
Wohngebäude: Aufstockung	–	**65**	–	< 0,1%
Wohngebäude: Dachausbau	–	**–**	–	–
Gewerbegebäude	74	**135**	213	5,7%
Gebäude anderer Art	195	**266**	408	6,1%
Umbauten				
Büro- und Verwaltungsgebäude	104	**217**	331	2,5%
Arztpraxen	–	**–**	–	–
Schulen	134	**238**	359	3,7%
Kindergärten	134	**215**	304	8,2%
Ein- und Zweifamilienhäuser	125	**227**	273	2,2%
Mehrfamilienhäuser	82	**172**	267	1,0%
Wohnungen	248	**289**	331	1,8%
Hotel und Beherbergung	267	**285**	303	1,5%
Gewerbegebäude	16	**93**	169	5,7%
Museen	–	**566**	–	6,1%
Gemeindezentren	235	**378**	565	4,6%
Gebäude anderer Art	125	**242**	341	10,8%
Modernisierungen				
Büro- und Verwaltungsgebäude	76	**164**	249	1,8%
Schulen und Kindergärten	136	**226**	289	3,0%
Sporthallen	89	**191**	251	8,8%
Ein- und Zweifamilienhäuser vor 1945	119	**264**	454	3,7%
Ein- und Zweifamilienhäuser nach 1945	70	**156**	276	1,3%
Wohngebäude vor 1945	101	**217**	311	2,8%
Wohngebäude nach 1945: nur Oberflächen	23	**41**	86	0,1%
Wohngebäude nach 1945: mit Tragkonstruktion	94	**136**	221	1,2%
Fachwerkhäuser	–	**115**	–	0,4%
Gewerbegebäude	82	**105**	129	0,1%
Gebäude anderer Art	174	**363**	538	3,1%
Instandsetzungen				
Wohngebäude	79	**144**	221	0,7%
Nichtwohngebäude	105	**169**	302	6,8%
Restaurierungsarbeiten	17	**265**	395	1,0%
Sakralbauten	284	**560**	836	7,1%
Sakralbauten mit Restaurierungsarbeiten	184	**307**	541	7,4%
Schwammsanierung	–	**–**	–	–

Gebäudeart	▷	€/Einheit	◁	KG an 300
Erweiterungen				
Büro- und Verwaltungsgebäude	9	**29**	52	0,2%
Schulen	21	**82**	310	0,5%
Kindergärten	27	**57**	117	1,9%
Wohngebäude: Anbau	30	**50**	78	0,8%
Wohngebäude: Aufstockung	–	**–**	–	–
Wohngebäude: Dachausbau	–	**–**	–	–
Gewerbegebäude	30	**77**	135	2,9%
Gebäude anderer Art	37	**94**	301	1,1%
Umbauten				
Büro- und Verwaltungsgebäude	5	**24**	43	0,1%
Arztpraxen	–	**–**	–	–
Schulen	45	**104**	327	0,3%
Kindergärten	34	**62**	76	0,4%
Ein- und Zweifamilienhäuser	55	**89**	208	0,2%
Mehrfamilienhäuser	28	**91**	185	0,2%
Wohnungen	–	**37**	–	< 0,1%
Hotel und Beherbergung	17	**81**	145	0,2%
Gewerbegebäude	–	**–**	–	–
Museen	–	**34**	–	0,5%
Gemeindezentren	19	**41**	83	1,1%
Gebäude anderer Art	21	**48**	97	0,1%
Modernisierungen				
Büro- und Verwaltungsgebäude	34	**40**	58	0,1%
Schulen und Kindergärten	25	**53**	125	0,4%
Sporthallen	58	**135**	207	0,7%
Ein- und Zweifamilienhäuser vor 1945	50	**142**	317	0,1%
Ein- und Zweifamilienhäuser nach 1945	24	**86**	138	0,3%
Wohngebäude vor 1945	13	**25**	45	0,2%
Wohngebäude nach 1945: nur Oberflächen	38	**191**	486	0,2%
Wohngebäude nach 1945: mit Tragkonstruktion	17	**54**	113	0,3%
Fachwerkhäuser	11	**33**	55	0,3%
Gewerbegebäude	13	**52**	92	< 0,1%
Gebäude anderer Art	7	**111**	252	0,2%
Instandsetzungen				
Wohngebäude	13	**54**	168	< 0,1%
Nichtwohngebäude	–	**11**	–	0,2%
Restaurierungsarbeiten	–	**–**	–	–
Sakralbauten	–	**–**	–	–
Sakralbauten mit Restaurierungsarbeiten	–	**139**	–	1,3%
Schwammsanierung	–	**–**	–	–

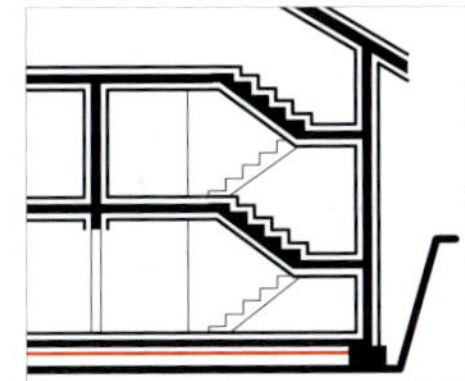

Einheit: m²
Abdichtungs- und Bekleidungsfläche

326
Dränagen

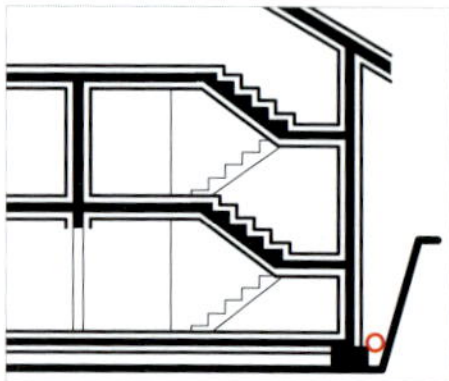

Kosten:
Stand 2. Quartal 2026
Bundesdurchschnitt
inkl. 19% MwSt.

Einheit: m²
Gründungsfläche/
Unterbaufläche

▷ von
ø Mittel
◁ bis

Gebäudeart	▷	€/Einheit	◁	KG an 300
Erweiterungen				
Büro- und Verwaltungsgebäude	–	**24**	–	< 0,1%
Schulen	–	**< 1**	–	< 0,1%
Kindergärten	–	**–**	–	–
Wohngebäude: Anbau	27	**43**	71	0,4%
Wohngebäude: Aufstockung	–	**–**	–	–
Wohngebäude: Dachausbau	–	**–**	–	–
Gewerbegebäude	6	**21**	30	0,2%
Gebäude anderer Art	1	**6**	11	< 0,1%
Umbauten				
Büro- und Verwaltungsgebäude	–	**5**	–	< 0,1%
Arztpraxen	–	**–**	–	–
Schulen	20	**28**	40	0,2%
Kindergärten	–	**–**	–	–
Ein- und Zweifamilienhäuser	14	**16**	18	< 0,1%
Mehrfamilienhäuser	6	**20**	56	< 0,1%
Wohnungen	–	**–**	–	–
Hotel und Beherbergung	3	**5**	10	< 0,1%
Gewerbegebäude	–	**–**	–	–
Museen	–	**35**	–	0,5%
Gemeindezentren	1	**21**	61	< 0,1%
Gebäude anderer Art	–	**–**	–	–
Modernisierungen				
Büro- und Verwaltungsgebäude	2	**16**	30	< 0,1%
Schulen und Kindergärten	17	**35**	48	0,2%
Sporthallen	5	**14**	20	0,2%
Ein- und Zweifamilienhäuser vor 1945	–	**45**	–	0,1%
Ein- und Zweifamilienhäuser nach 1945	3	**21**	42	0,2%
Wohngebäude vor 1945	–	**25**	–	< 0,1%
Wohngebäude nach 1945: nur Oberflächen	–	**128**	–	< 0,1%
Wohngebäude nach 1945: mit Tragkonstruktion	11	**18**	26	0,2%
Fachwerkhäuser	8	**13**	18	0,1%
Gewerbegebäude	–	**24**	–	0,1%
Gebäude anderer Art	–	**19**	–	< 0,1%
Instandsetzungen				
Wohngebäude	39	**55**	71	0,6%
Nichtwohngebäude	–	**–**	–	–
Restaurierungsarbeiten	–	**–**	–	–
Sakralbauten	9	**19**	30	1,0%
Sakralbauten mit Restaurierungsarbeiten	–	**23**	–	0,2%
Schwammsanierung	–	**–**	–	–

Einheit: m²
Gründungsfläche/
Unterbaufläche

Gebäudeart	▷	€/Einheit	◁	KG an 300
Erweiterungen				
Büro- und Verwaltungsgebäude	–	**–**	–	–
Schulen	–	**–**	–	–
Kindergärten	–	**11**	–	0,1%
Wohngebäude: Anbau	–	**–**	–	–
Wohngebäude: Aufstockung	–	**–**	–	–
Wohngebäude: Dachausbau	–	**–**	–	–
Gewerbegebäude	–	**–**	–	–
Gebäude anderer Art	–	**–**	–	–
Umbauten				
Büro- und Verwaltungsgebäude	–	**–**	–	–
Arztpraxen	–	**–**	–	–
Schulen	–	**–**	–	–
Kindergärten	–	**–**	–	–
Ein- und Zweifamilienhäuser	–	**117**	–	0,1%
Mehrfamilienhäuser	–	**3**	–	< 0,1%
Wohnungen	–	**136**	–	0,4%
Hotel und Beherbergung	–	**14**	–	< 0,1%
Gewerbegebäude	–	**–**	–	–
Museen	–	**–**	–	–
Gemeindezentren	–	**–**	–	–
Gebäude anderer Art	–	**–**	–	–
Modernisierungen				
Büro- und Verwaltungsgebäude	–	**–**	–	–
Schulen und Kindergärten	5	**15**	34	< 0,1%
Sporthallen	17	**26**	34	0,2%
Ein- und Zweifamilienhäuser vor 1945	–	**–**	–	–
Ein- und Zweifamilienhäuser nach 1945	–	**–**	–	–
Wohngebäude vor 1945	–	**–**	–	–
Wohngebäude nach 1945: nur Oberflächen	–	**2**	–	< 0,1%
Wohngebäude nach 1945: mit Tragkonstruktion	–	**–**	–	–
Fachwerkhäuser	–	**–**	–	–
Gewerbegebäude	–	**–**	–	–
Gebäude anderer Art	–	**4**	–	< 0,1%
Instandsetzungen				
Wohngebäude	–	**–**	–	–
Nichtwohngebäude	–	**–**	–	–
Restaurierungsarbeiten	–	**–**	–	–
Sakralbauten	–	**–**	–	–
Sakralbauten mit Restaurierungsarbeiten	–	**–**	–	–
Schwammsanierung	–	**–**	–	–

331
Tragende Außenwände

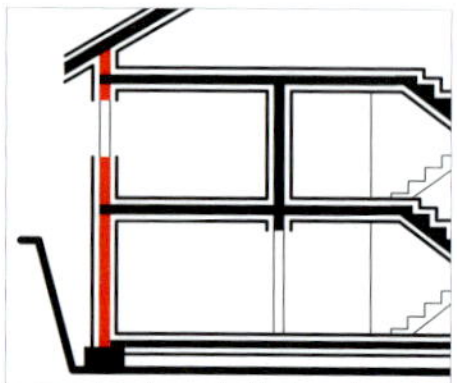

Kosten:
Stand 2. Quartal 2026
Bundesdurchschnitt
inkl. 19% MwSt.

Einheit: m²
Außenwandfläche,
tragend

▷ von
ø Mittel
◁ bis

Gebäudeart	▷	€/Einheit	◁	KG an 300
Erweiterungen				
Büro- und Verwaltungsgebäude	323	**597**	1.199	7,4%
Schulen	255	**414**	1.011	6,7%
Kindergärten	179	**228**	317	4,5%
Wohngebäude: Anbau	304	**572**	1.052	8,7%
Wohngebäude: Aufstockung	225	**324**	454	5,6%
Wohngebäude: Dachausbau	274	**1.279**	3.286	1,5%
Gewerbegebäude	195	**363**	892	4,1%
Gebäude anderer Art	329	**543**	1.297	8,6%
Umbauten				
Büro- und Verwaltungsgebäude	440	**669**	788	6,0%
Arztpraxen	–	**–**	–	< 0,1%
Schulen	476	**2.075**	8.393	4,3%
Kindergärten	137	**446**	786	2,6%
Ein- und Zweifamilienhäuser	244	**549**	1.034	4,4%
Mehrfamilienhäuser	293	**634**	1.601	4,2%
Wohnungen	286	**419**	815	7,0%
Hotel und Beherbergung	254	**340**	427	3,0%
Gewerbegebäude	–	**703**	–	1,7%
Museen	–	**556**	–	5,5%
Gemeindezentren	337	**408**	529	5,2%
Gebäude anderer Art	1.455	**17.105**	48.278	0,3%
Modernisierungen				
Büro- und Verwaltungsgebäude	224	**802**	3.105	1,8%
Schulen und Kindergärten	360	**593**	815	1,8%
Sporthallen	147	**437**	744	1,9%
Ein- und Zweifamilienhäuser vor 1945	379	**996**	2.553	1,8%
Ein- und Zweifamilienhäuser nach 1945	192	**759**	1.377	1,5%
Wohngebäude vor 1945	230	**391**	832	3,5%
Wohngebäude nach 1945: nur Oberflächen	236	**595**	1.048	1,1%
Wohngebäude nach 1945: mit Tragkonstruktion	295	**453**	780	4,9%
Fachwerkhäuser	434	**474**	552	5,5%
Gewerbegebäude	–	**277**	–	2,0%
Gebäude anderer Art	256	**424**	691	3,3%
Instandsetzungen				
Wohngebäude	128	**364**	802	5,7%
Nichtwohngebäude	585	**753**	920	1,3%
Restaurierungsarbeiten	215	**759**	1.356	12,1%
Sakralbauten	–	**96**	–	0,6%
Sakralbauten mit Restaurierungsarbeiten	277	**874**	2.536	6,8%
Schwammsanierung	84	**135**	217	22,4%

Gebäudeart	▷	€/Einheit	◁	KG an 300
Erweiterungen				
Büro- und Verwaltungsgebäude	251	**379**	579	2,4%
Schulen	189	**560**	1.662	0,6%
Kindergärten	–	**–**	–	0,5%
Wohngebäude: Anbau	–	**94**	–	< 0,1%
Wohngebäude: Aufstockung	81	**310**	518	0,6%
Wohngebäude: Dachausbau	107	**283**	460	0,1%
Gewerbegebäude	39	**167**	201	2,0%
Gebäude anderer Art	196	**309**	421	< 0,1%
Umbauten				
Büro- und Verwaltungsgebäude	–	**320**	–	0,1%
Arztpraxen	–	**–**	–	–
Schulen	136	**346**	556	0,3%
Kindergärten	191	**355**	607	0,3%
Ein- und Zweifamilienhäuser	–	**178**	–	0,3%
Mehrfamilienhäuser	288	**316**	345	0,2%
Wohnungen	107	**187**	267	0,8%
Hotel und Beherbergung	–	**–**	–	< 0,1%
Gewerbegebäude	217	**441**	666	0,2%
Museen	–	**–**	–	–
Gemeindezentren	237	**406**	576	< 0,1%
Gebäude anderer Art	241	**255**	270	0,6%
Modernisierungen				
Büro- und Verwaltungsgebäude	227	**317**	408	1,5%
Schulen und Kindergärten	151	**450**	821	0,2%
Sporthallen	224	**453**	736	0,5%
Ein- und Zweifamilienhäuser vor 1945	–	**312**	–	< 0,1%
Ein- und Zweifamilienhäuser nach 1945	213	**259**	304	0,1%
Wohngebäude vor 1945	798	**851**	905	0,3%
Wohngebäude nach 1945: nur Oberflächen	980	**5.078**	19.728	0,3%
Wohngebäude nach 1945: mit Tragkonstruktion	199	**274**	422	0,1%
Fachwerkhäuser	247	**325**	403	0,6%
Gewerbegebäude	835	**1.331**	1.826	0,5%
Gebäude anderer Art	365	**494**	624	< 0,1%
Instandsetzungen				
Wohngebäude	143	**231**	298	0,6%
Nichtwohngebäude	74	**204**	334	0,1%
Restaurierungsarbeiten	498	**1.630**	2.761	0,3%
Sakralbauten	–	**–**	–	–
Sakralbauten mit Restaurierungsarbeiten	–	**–**	–	–
Schwammsanierung	–	**–**	–	–

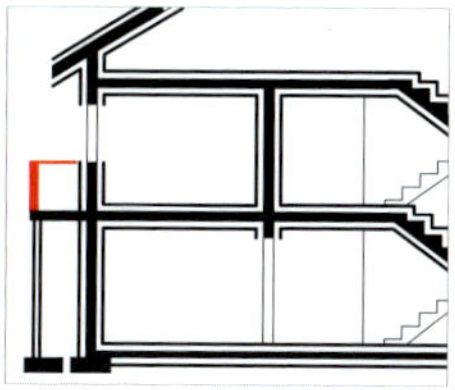

Einheit: m²
Außenwandfläche,
nichttragend

333 Außenstützen

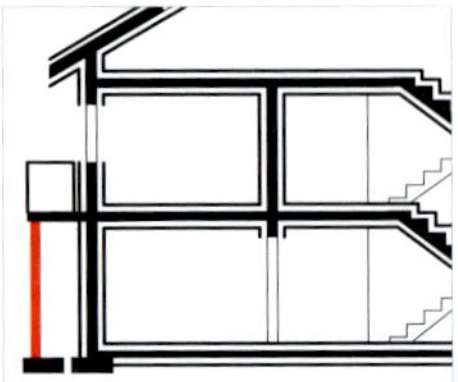

Kosten:
Stand 2. Quartal 2026
Bundesdurchschnitt
inkl. 19% MwSt.

Einheit: m
Außenstützenlänge

▷ von
ø Mittel
◁ bis

Gebäudeart	▷	€/Einheit	◁	KG an 300
Erweiterungen				
Büro- und Verwaltungsgebäude	–	**756**	–	0,5%
Schulen	254	**364**	520	0,6%
Kindergärten	–	**422**	–	0,3%
Wohngebäude: Anbau	115	**202**	272	0,6%
Wohngebäude: Aufstockung	90	**228**	388	0,3%
Wohngebäude: Dachausbau	–	**–**	–	–
Gewerbegebäude	210	**455**	813	1,5%
Gebäude anderer Art	160	**186**	231	0,2%
Umbauten				
Büro- und Verwaltungsgebäude	170	**190**	210	0,2%
Arztpraxen	–	**–**	–	–
Schulen	146	**231**	377	< 0,1%
Kindergärten	143	**251**	359	0,1%
Ein- und Zweifamilienhäuser	–	**568**	–	< 0,1%
Mehrfamilienhäuser	170	**310**	790	< 0,1%
Wohnungen	–	**–**	–	–
Hotel und Beherbergung	104	**218**	332	0,2%
Gewerbegebäude	–	**164**	–	0,1%
Museen	–	**–**	–	0,1%
Gemeindezentren	83	**119**	173	0,2%
Gebäude anderer Art	187	**818**	2.047	1,4%
Modernisierungen				
Büro- und Verwaltungsgebäude	–	**194**	–	< 0,1%
Schulen und Kindergärten	111	**166**	276	0,1%
Sporthallen	220	**512**	975	0,9%
Ein- und Zweifamilienhäuser vor 1945	202	**382**	561	< 0,1%
Ein- und Zweifamilienhäuser nach 1945	106	**111**	116	< 0,1%
Wohngebäude vor 1945	114	**244**	312	0,1%
Wohngebäude nach 1945: nur Oberflächen	–	**102**	–	0,1%
Wohngebäude nach 1945: mit Tragkonstruktion	137	**247**	482	0,6%
Fachwerkhäuser	–	**268**	–	0,1%
Gewerbegebäude	–	**–**	–	–
Gebäude anderer Art	131	**158**	185	< 0,1%
Instandsetzungen				
Wohngebäude	135	**255**	440	0,1%
Nichtwohngebäude	–	**446**	–	0,2%
Restaurierungsarbeiten	–	**–**	–	–
Sakralbauten	–	**–**	–	–
Sakralbauten mit Restaurierungsarbeiten	–	**–**	–	–
Schwammsanierung	–	**–**	–	–

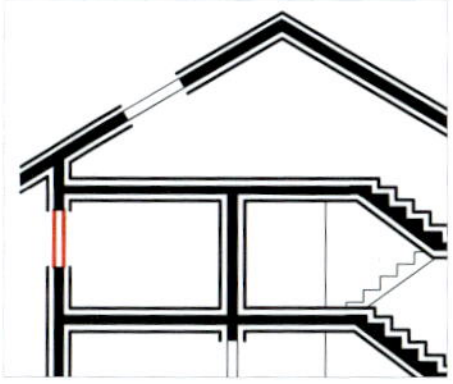

Einheit: m^2
Außenwandöffnungs-
fläche

Gebäudeart	▷	€/Einheit	◁	KG an 300
Erweiterungen				
Büro- und Verwaltungsgebäude	353	**1.008**	1.395	7,6%
Schulen	1.109	**1.398**	2.071	5,3%
Kindergärten	401	**741**	1.082	7,9%
Wohngebäude: Anbau	800	**1.155**	1.673	13,5%
Wohngebäude: Aufstockung	627	**958**	1.556	7,3%
Wohngebäude: Dachausbau	1.013	**1.551**	2.993	7,1%
Gewerbegebäude	579	**905**	1.325	6,3%
Gebäude anderer Art	1.066	**1.840**	4.251	5,9%
Umbauten				
Büro- und Verwaltungsgebäude	376	**832**	1.584	6,1%
Arztpraxen	754	**1.954**	3.154	1,1%
Schulen	789	**1.107**	1.587	10,9%
Kindergärten	556	**1.009**	1.445	11,8%
Ein- und Zweifamilienhäuser	757	**1.266**	1.844	11,3%
Mehrfamilienhäuser	581	**921**	1.220	9,9%
Wohnungen	787	**886**	1.121	11,2%
Hotel und Beherbergung	863	**1.103**	1.443	5,0%
Gewerbegebäude	792	**1.539**	2.059	14,6%
Museen	–	**1.348**	–	10,9%
Gemeindezentren	1.234	**1.570**	2.026	11,2%
Gebäude anderer Art	1.226	**1.934**	3.058	6,4%
Modernisierungen				
Büro- und Verwaltungsgebäude	743	**1.345**	2.524	7,4%
Schulen und Kindergärten	961	**1.321**	2.093	13,7%
Sporthallen	1.124	**1.547**	2.787	10,2%
Ein- und Zweifamilienhäuser vor 1945	754	**1.085**	1.298	15,7%
Ein- und Zweifamilienhäuser nach 1945	626	**1.015**	1.684	15,5%
Wohngebäude vor 1945	983	**1.225**	1.689	13,4%
Wohngebäude nach 1945: nur Oberflächen	337	**788**	1.022	13,9%
Wohngebäude nach 1945: mit Tragkonstruktion	806	**1.022**	1.353	13,1%
Fachwerkhäuser	1.178	**1.679**	2.671	11,9%
Gewerbegebäude	223	**380**	639	3,6%
Gebäude anderer Art	581	**1.300**	1.986	11,7%
Instandsetzungen				
Wohngebäude	620	**1.029**	2.065	8,4%
Nichtwohngebäude	431	**800**	1.177	5,6%
Restaurierungsarbeiten	423	**1.434**	3.111	13,2%
Sakralbauten	71	**120**	201	1,3%
Sakralbauten mit Restaurierungsarbeiten	269	**1.167**	2.509	11,3%
Schwammsanierung	–	**133**	–	0,6%

335 Außenwand-bekleidungen, außen

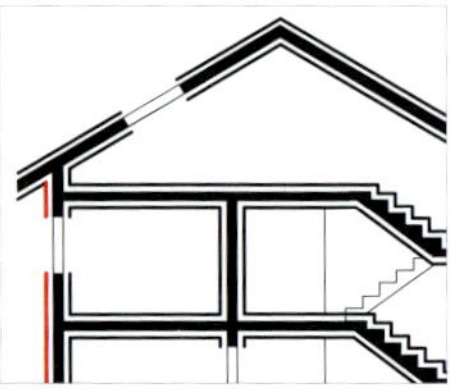

Kosten:
Stand 2. Quartal 2026
Bundesdurchschnitt
inkl. 19% MwSt.

Einheit: m²
Außenwandbekleidungs-fläche, außen

▷ von
ø Mittel
◁ bis

Gebäudeart	▷	€/Einheit	◁	KG an 300
Erweiterungen				
Büro- und Verwaltungsgebäude	121	**277**	418	9,9%
Schulen	190	**319**	417	9,4%
Kindergärten	296	**393**	587	12,2%
Wohngebäude: Anbau	120	**207**	462	7,3%
Wohngebäude: Aufstockung	119	**218**	405	8,0%
Wohngebäude: Dachausbau	299	**351**	403	0,3%
Gewerbegebäude	84	**184**	309	6,4%
Gebäude anderer Art	225	**366**	598	8,2%
Umbauten				
Büro- und Verwaltungsgebäude	120	**205**	279	5,8%
Arztpraxen	50	**168**	285	< 0,1%
Schulen	130	**206**	287	8,4%
Kindergärten	48	**156**	234	5,7%
Ein- und Zweifamilienhäuser	169	**244**	363	11,8%
Mehrfamilienhäuser	106	**184**	279	10,9%
Wohnungen	69	**159**	216	5,2%
Hotel und Beherbergung	257	**386**	515	4,2%
Gewerbegebäude	67	**90**	114	1,8%
Museen	–	**209**	–	9,5%
Gemeindezentren	181	**319**	666	5,3%
Gebäude anderer Art	36	**101**	231	2,0%
Modernisierungen				
Büro- und Verwaltungsgebäude	277	**359**	524	9,8%
Schulen und Kindergärten	179	**322**	650	13,8%
Sporthallen	176	**300**	692	12,0%
Ein- und Zweifamilienhäuser vor 1945	150	**236**	306	16,8%
Ein- und Zweifamilienhäuser nach 1945	143	**223**	319	18,0%
Wohngebäude vor 1945	73	**169**	290	7,1%
Wohngebäude nach 1945: nur Oberflächen	133	**213**	328	30,5%
Wohngebäude nach 1945: mit Tragkonstruktion	162	**234**	358	19,2%
Fachwerkhäuser	178	**204**	254	9,3%
Gewerbegebäude	83	**276**	468	7,1%
Gebäude anderer Art	165	**229**	312	7,7%
Instandsetzungen				
Wohngebäude	110	**228**	478	17,2%
Nichtwohngebäude	156	**258**	528	11,1%
Restaurierungsarbeiten	77	**207**	301	15,6%
Sakralbauten	49	**120**	157	29,6%
Sakralbauten mit Restaurierungsarbeiten	156	**256**	458	19,9%
Schwammsanierung	–	**–**	–	< 0,1%

Gebäudeart	▷	€/Einheit	◁	KG an 300
Erweiterungen				
Büro- und Verwaltungsgebäude	66	**122**	205	2,2%
Schulen	49	**74**	88	1,2%
Kindergärten	67	**93**	135	2,9%
Wohngebäude: Anbau	45	**84**	193	3,3%
Wohngebäude: Aufstockung	57	**92**	129	1,9%
Wohngebäude: Dachausbau	31	**64**	117	0,7%
Gewerbegebäude	23	**61**	98	1,1%
Gebäude anderer Art	64	**145**	304	2,5%
Umbauten				
Büro- und Verwaltungsgebäude	32	**75**	155	2,9%
Arztpraxen	39	**160**	578	1,4%
Schulen	49	**104**	143	2,4%
Kindergärten	57	**115**	214	4,2%
Ein- und Zweifamilienhäuser	72	**137**	211	4,8%
Mehrfamilienhäuser	39	**89**	159	3,1%
Wohnungen	58	**122**	178	4,7%
Hotel und Beherbergung	57	**66**	71	3,4%
Gewerbegebäude	19	**28**	32	1,2%
Museen	–	**97**	–	3,4%
Gemeindezentren	94	**133**	180	4,9%
Gebäude anderer Art	61	**84**	128	2,7%
Modernisierungen				
Büro- und Verwaltungsgebäude	57	**123**	209	3,1%
Schulen und Kindergärten	47	**116**	179	3,1%
Sporthallen	61	**132**	285	3,5%
Ein- und Zweifamilienhäuser vor 1945	31	**71**	128	2,1%
Ein- und Zweifamilienhäuser nach 1945	52	**98**	171	2,5%
Wohngebäude vor 1945	54	**91**	158	3,9%
Wohngebäude nach 1945: nur Oberflächen	42	**77**	111	1,7%
Wohngebäude nach 1945: mit Tragkonstruktion	55	**74**	112	3,1%
Fachwerkhäuser	56	**89**	156	3,1%
Gewerbegebäude	49	**58**	67	2,0%
Gebäude anderer Art	59	**91**	135	3,5%
Instandsetzungen				
Wohngebäude	62	**121**	260	3,4%
Nichtwohngebäude	39	**99**	154	2,1%
Restaurierungsarbeiten	70	**139**	193	4,0%
Sakralbauten	21	**26**	36	5,9%
Sakralbauten mit Restaurierungsarbeiten	63	**110**	195	7,0%
Schwammsanierung	29	**86**	143	7,4%

Einheit: m²
Außenwandbekleidungsfläche, innen

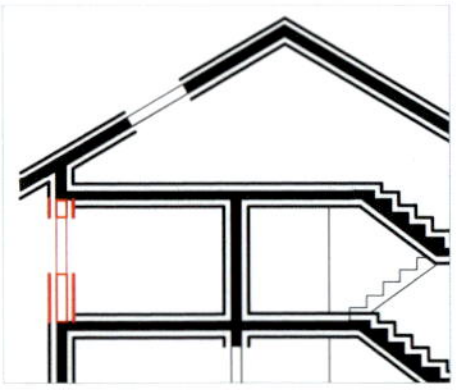

Kosten:
Stand 2. Quartal 2026
Bundesdurchschnitt
inkl. 19% MwSt.

Einheit: m²
Außenwandfläche,
elementiert

▷ von
ø Mittel
◁ bis

Gebäudeart	▷	€/Einheit	◁	KG an 300
Erweiterungen				
Büro- und Verwaltungsgebäude	788	**1.306**	1.785	6,3%
Schulen	750	**1.087**	1.260	9,9%
Kindergärten	–	**676**	–	7,1%
Wohngebäude: Anbau	482	**1.234**	1.505	6,2%
Wohngebäude: Aufstockung	–	**2.206**	–	0,1%
Wohngebäude: Dachausbau	404	**1.197**	1.990	4,7%
Gewerbegebäude	755	**1.415**	3.376	5,3%
Gebäude anderer Art	973	**1.239**	1.717	3,6%
Umbauten				
Büro- und Verwaltungsgebäude	–	**–**	–	–
Arztpraxen	–	**–**	–	–
Schulen	1.116	**1.299**	1.540	3,8%
Kindergärten	–	**–**	–	–
Ein- und Zweifamilienhäuser	–	**1.102**	–	0,3%
Mehrfamilienhäuser	1.072	**1.677**	2.036	0,9%
Wohnungen	–	**–**	–	–
Hotel und Beherbergung	1.302	**1.332**	1.361	3,4%
Gewerbegebäude	203	**938**	1.672	2,3%
Museen	–	**–**	–	–
Gemeindezentren	980	**1.498**	2.250	3,2%
Gebäude anderer Art	1.520	**2.049**	2.577	5,5%
Modernisierungen				
Büro- und Verwaltungsgebäude	1.165	**1.479**	1.617	8,7%
Schulen und Kindergärten	923	**1.328**	1.605	3,6%
Sporthallen	310	**592**	869	6,3%
Ein- und Zweifamilienhäuser vor 1945	–	**–**	–	–
Ein- und Zweifamilienhäuser nach 1945	885	**2.461**	5.611	2,1%
Wohngebäude vor 1945	–	**940**	–	0,6%
Wohngebäude nach 1945: nur Oberflächen	1.703	**1.895**	2.087	0,5%
Wohngebäude nach 1945: mit Tragkonstruktion	–	**784**	–	0,3%
Fachwerkhäuser	–	**–**	–	–
Gewerbegebäude	–	**801**	–	0,4%
Gebäude anderer Art	1.460	**2.544**	3.629	0,4%
Instandsetzungen				
Wohngebäude	538	**786**	1.211	1,5%
Nichtwohngebäude	514	**903**	1.291	1,9%
Restaurierungsarbeiten	–	**–**	–	–
Sakralbauten	–	**–**	–	–
Sakralbauten mit Restaurierungsarbeiten	–	**–**	–	–
Schwammsanierung	–	**–**	–	–

Gebäudeart	▷	€/Einheit	◁	KG an 300
Erweiterungen				
Büro- und Verwaltungsgebäude	223	**384**	802	1,3%
Schulen	160	**253**	337	1,3%
Kindergärten	–	**201**	–	1,5%
Wohngebäude: Anbau	324	**429**	547	3,4%
Wohngebäude: Aufstockung	254	**513**	840	1,6%
Wohngebäude: Dachausbau	–	**559**	–	0,3%
Gewerbegebäude	343	**498**	1.035	1,1%
Gebäude anderer Art	279	**505**	1.565	1,1%
Umbauten				
Büro- und Verwaltungsgebäude	112	**663**	957	0,2%
Arztpraxen	–	**–**	–	–
Schulen	133	**247**	461	0,8%
Kindergärten	159	**272**	386	0,3%
Ein- und Zweifamilienhäuser	259	**378**	604	1,1%
Mehrfamilienhäuser	76	**234**	459	0,5%
Wohnungen	–	**–**	–	–
Hotel und Beherbergung	11	**75**	139	0,3%
Gewerbegebäude	–	**203**	–	0,7%
Museen	–	**–**	–	–
Gemeindezentren	127	**200**	273	0,2%
Gebäude anderer Art	–	**536**	–	0,2%
Modernisierungen				
Büro- und Verwaltungsgebäude	263	**385**	737	1,8%
Schulen und Kindergärten	174	**397**	1.116	1,1%
Sporthallen	92	**292**	552	0,7%
Ein- und Zweifamilienhäuser vor 1945	249	**457**	780	0,9%
Ein- und Zweifamilienhäuser nach 1945	128	**327**	554	1,6%
Wohngebäude vor 1945	270	**386**	563	0,9%
Wohngebäude nach 1945: nur Oberflächen	103	**353**	570	1,2%
Wohngebäude nach 1945: mit Tragkonstruktion	280	**476**	1.039	2,1%
Fachwerkhäuser	483	**660**	933	1,6%
Gewerbegebäude	193	**297**	400	0,9%
Gebäude anderer Art	190	**447**	675	0,3%
Instandsetzungen				
Wohngebäude	486	**731**	887	0,1%
Nichtwohngebäude	120	**191**	262	0,6%
Restaurierungsarbeiten	–	**396**	–	0,4%
Sakralbauten	–	**–**	–	–
Sakralbauten mit Restaurierungsarbeiten	–	**–**	–	–
Schwammsanierung	–	**–**	–	–

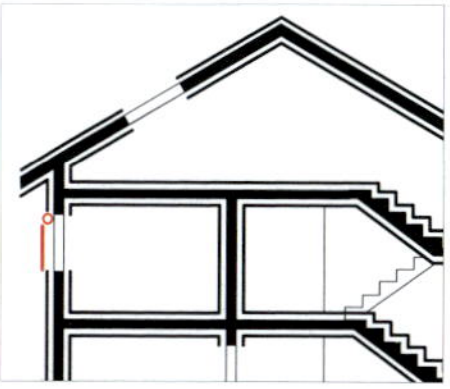

Einheit: m²
Außenwand-Lichtschutzfläche

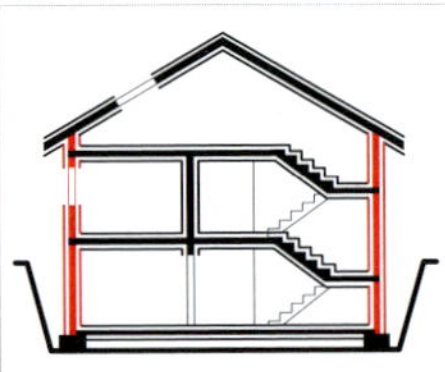

Kosten:
Stand 2. Quartal 2026
Bundesdurchschnitt
inkl. 19% MwSt.

Einheit: m²
Außenwandfläche/
Fläche der vertikalen
Baukonstruktionen

▷ von
ø Mittel
◁ bis

Gebäudeart	▷	€/Einheit	◁	KG an 300
Erweiterungen				
Büro- und Verwaltungsgebäude	2	**10**	23	0,5%
Schulen	6	**15**	23	0,3%
Kindergärten	5	**7**	10	0,3%
Wohngebäude: Anbau	8	**16**	38	0,8%
Wohngebäude: Aufstockung	9	**28**	67	0,9%
Wohngebäude: Dachausbau	–	**–**	–	–
Gewerbegebäude	9	**26**	103	0,6%
Gebäude anderer Art	1	**25**	74	0,6%
Umbauten				
Büro- und Verwaltungsgebäude	7	**23**	70	0,6%
Arztpraxen	–	**–**	–	–
Schulen	8	**16**	42	0,6%
Kindergärten	10	**36**	149	1,5%
Ein- und Zweifamilienhäuser	4	**12**	29	0,8%
Mehrfamilienhäuser	8	**23**	85	1,4%
Wohnungen	–	**16**	–	0,3%
Hotel und Beherbergung	5	**20**	34	0,6%
Gewerbegebäude	–	**15**	–	0,4%
Museen	–	**16**	–	0,7%
Gemeindezentren	7	**13**	23	0,5%
Gebäude anderer Art	4	**10**	22	< 0,1%
Modernisierungen				
Büro- und Verwaltungsgebäude	10	**13**	23	0,3%
Schulen und Kindergärten	6	**14**	29	0,9%
Sporthallen	2	**5**	9	0,3%
Ein- und Zweifamilienhäuser vor 1945	7	**20**	39	1,9%
Ein- und Zweifamilienhäuser nach 1945	8	**26**	55	1,5%
Wohngebäude vor 1945	1	**24**	63	0,7%
Wohngebäude nach 1945: nur Oberflächen	4	**14**	28	1,3%
Wohngebäude nach 1945: mit Tragkonstruktion	3	**12**	24	1,2%
Fachwerkhäuser	11	**16**	19	0,8%
Gewerbegebäude	–	**20**	–	0,3%
Gebäude anderer Art	4	**13**	27	0,4%
Instandsetzungen				
Wohngebäude	6	**18**	60	1,5%
Nichtwohngebäude	6	**86**	401	1,6%
Restaurierungsarbeiten	15	**58**	144	1,2%
Sakralbauten	< 1	**12**	24	3,1%
Sakralbauten mit Restaurierungsarbeiten	2	**7**	15	1,1%
Schwammsanierung	–	**–**	–	–

Gebäudeart	▷	€/Einheit	◁	KG an 300
Erweiterungen				
Büro- und Verwaltungsgebäude	183	**283**	360	2,6%
Schulen	173	**358**	834	4,1%
Kindergärten	121	**252**	383	1,5%
Wohngebäude: Anbau	280	**476**	840	0,5%
Wohngebäude: Aufstockung	175	**299**	481	3,0%
Wohngebäude: Dachausbau	200	**433**	771	1,3%
Gewerbegebäude	168	**287**	713	1,4%
Gebäude anderer Art	204	**297**	462	1,8%
Umbauten				
Büro- und Verwaltungsgebäude	304	**1.562**	5.318	2,5%
Arztpraxen	–	**264**	–	1,4%
Schulen	348	**565**	960	3,7%
Kindergärten	401	**1.123**	2.928	2,0%
Ein- und Zweifamilienhäuser	191	**454**	1.537	1,5%
Mehrfamilienhäuser	152	**272**	408	2,3%
Wohnungen	261	**309**	333	3,0%
Hotel und Beherbergung	131	**258**	386	1,6%
Gewerbegebäude	343	**458**	573	1,1%
Museen	–	**430**	–	1,3%
Gemeindezentren	252	**966**	1.969	2,7%
Gebäude anderer Art	218	**465**	1.066	2,3%
Modernisierungen				
Büro- und Verwaltungsgebäude	297	**912**	3.382	2,9%
Schulen und Kindergärten	457	**1.004**	2.454	2,7%
Sporthallen	222	**535**	1.230	0,4%
Ein- und Zweifamilienhäuser vor 1945	121	**205**	249	0,5%
Ein- und Zweifamilienhäuser nach 1945	192	**349**	567	0,9%
Wohngebäude vor 1945	229	**549**	2.247	3,6%
Wohngebäude nach 1945: nur Oberflächen	257	**453**	678	0,4%
Wohngebäude nach 1945: mit Tragkonstruktion	225	**429**	634	2,0%
Fachwerkhäuser	159	**211**	263	1,9%
Gewerbegebäude	101	**176**	251	2,3%
Gebäude anderer Art	240	**330**	509	1,1%
Instandsetzungen				
Wohngebäude	343	**967**	2.001	1,1%
Nichtwohngebäude	356	**580**	804	1,0%
Restaurierungsarbeiten	299	**821**	1.343	0,3%
Sakralbauten	–	**–**	–	0,1%
Sakralbauten mit Restaurierungsarbeiten	233	**806**	1.379	0,6%
Schwammsanierung	–	**65**	–	16,1%

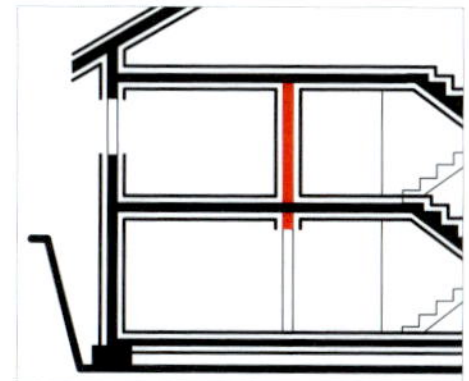

Einheit: m²
Innenwandfläche,
tragend

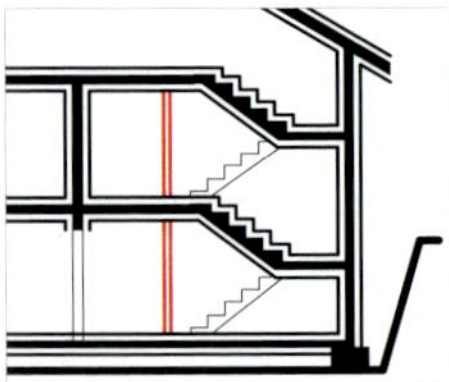

Kosten:
Stand 2. Quartal 2026
Bundesdurchschnitt
inkl. 19% MwSt.

Einheit: m²
Innenwandfläche,
nichttragend

▷ von
ø Mittel
◁ bis

Gebäudeart	▷	€/Einheit	◁	KG an 300
Erweiterungen				
Büro- und Verwaltungsgebäude	124	**217**	639	3,4%
Schulen	112	**130**	158	1,1%
Kindergärten	86	**129**	173	1,1%
Wohngebäude: Anbau	172	**227**	639	1,6%
Wohngebäude: Aufstockung	119	**174**	256	3,3%
Wohngebäude: Dachausbau	87	**147**	219	2,7%
Gewerbegebäude	91	**157**	262	1,8%
Gebäude anderer Art	160	**218**	428	2,8%
Umbauten				
Büro- und Verwaltungsgebäude	123	**165**	214	7,9%
Arztpraxen	181	**224**	300	10,6%
Schulen	181	**374**	1.311	2,8%
Kindergärten	145	**185**	251	6,3%
Ein- und Zweifamilienhäuser	142	**192**	291	3,0%
Mehrfamilienhäuser	132	**236**	446	3,8%
Wohnungen	54	**136**	172	3,0%
Hotel und Beherbergung	123	**157**	175	4,2%
Gewerbegebäude	143	**232**	410	5,9%
Museen	–	**119**	–	4,1%
Gemeindezentren	138	**231**	445	2,4%
Gebäude anderer Art	189	**257**	356	3,9%
Modernisierungen				
Büro- und Verwaltungsgebäude	131	**215**	374	3,2%
Schulen und Kindergärten	161	**248**	432	2,2%
Sporthallen	229	**388**	895	1,2%
Ein- und Zweifamilienhäuser vor 1945	180	**226**	282	1,3%
Ein- und Zweifamilienhäuser nach 1945	165	**275**	373	2,7%
Wohngebäude vor 1945	139	**187**	339	2,6%
Wohngebäude nach 1945: nur Oberflächen	245	**546**	1.052	1,3%
Wohngebäude nach 1945: mit Tragkonstruktion	159	**272**	666	2,7%
Fachwerkhäuser	148	**161**	180	3,9%
Gewerbegebäude	130	**153**	175	5,3%
Gebäude anderer Art	149	**287**	564	0,5%
Instandsetzungen				
Wohngebäude	124	**187**	246	1,3%
Nichtwohngebäude	71	**154**	199	5,4%
Restaurierungsarbeiten	333	**370**	445	1,1%
Sakralbauten	–	**–**	–	0,3%
Sakralbauten mit Restaurierungsarbeiten	237	**576**	1.251	0,2%
Schwammsanierung	–	**–**	–	–

Gebäudeart	▷	€/Einheit	◁	KG an 300
Erweiterungen				
Büro- und Verwaltungsgebäude	211	**262**	290	0,5%
Schulen	304	**407**	670	0,4%
Kindergärten	–	**138**	–	0,2%
Wohngebäude: Anbau	374	**376**	378	0,4%
Wohngebäude: Aufstockung	131	**151**	184	< 0,1%
Wohngebäude: Dachausbau	–	**127**	–	0,3%
Gewerbegebäude	157	**351**	494	0,7%
Gebäude anderer Art	198	**389**	811	0,6%
Umbauten				
Büro- und Verwaltungsgebäude	502	**580**	657	0,1%
Arztpraxen	–	**503**	–	0,2%
Schulen	122	**190**	385	0,1%
Kindergärten	208	**239**	269	0,2%
Ein- und Zweifamilienhäuser	176	**274**	510	0,2%
Mehrfamilienhäuser	152	**282**	619	0,1%
Wohnungen	–	**–**	–	–
Hotel und Beherbergung	–	**103**	–	< 0,1%
Gewerbegebäude	–	**237**	–	< 0,1%
Museen	–	**218**	–	0,6%
Gemeindezentren	215	**500**	956	0,4%
Gebäude anderer Art	606	**1.229**	2.128	1,5%
Modernisierungen				
Büro- und Verwaltungsgebäude	296	**719**	2.186	0,1%
Schulen und Kindergärten	113	**213**	298	< 0,1%
Sporthallen	238	**407**	712	< 0,1%
Ein- und Zweifamilienhäuser vor 1945	86	**147**	232	< 0,1%
Ein- und Zweifamilienhäuser nach 1945	–	**52**	–	< 0,1%
Wohngebäude vor 1945	167	**251**	309	< 0,1%
Wohngebäude nach 1945: nur Oberflächen	–	**–**	–	–
Wohngebäude nach 1945: mit Tragkonstruktion	205	**280**	354	0,1%
Fachwerkhäuser	–	**835**	–	0,1%
Gewerbegebäude	–	**362**	–	0,9%
Gebäude anderer Art	173	**466**	758	< 0,1%
Instandsetzungen				
Wohngebäude	103	**105**	106	< 0,1%
Nichtwohngebäude	–	**115**	–	< 0,1%
Restaurierungsarbeiten	–	**174**	–	< 0,1%
Sakralbauten	–	**–**	–	–
Sakralbauten mit Restaurierungsarbeiten	–	**240**	–	0,1%
Schwammsanierung	–	**–**	–	–

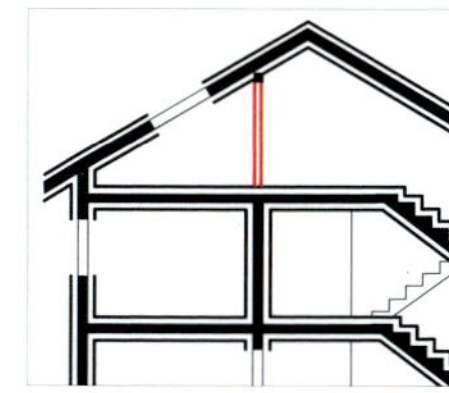

Einheit: m
Innenstützenlänge

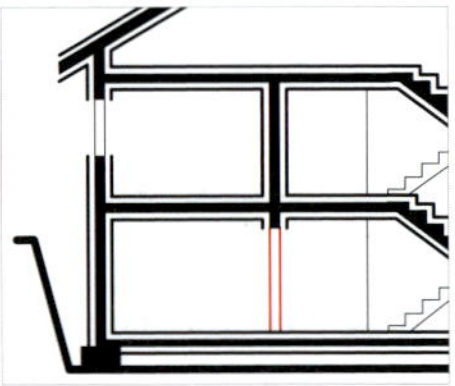

Kosten:
Stand 2. Quartal 2026
Bundesdurchschnitt
inkl. 19% MwSt.

Einheit: m²
Innenwandöffnungsfläche

▷ von
ø Mittel
◁ bis

Gebäudeart	▷	€/Einheit	◁	KG an 300
Erweiterungen				
Büro- und Verwaltungsgebäude	502	**943**	1.242	5,9%
Schulen	1.032	**1.106**	1.364	3,8%
Kindergärten	875	**1.288**	1.701	3,5%
Wohngebäude: Anbau	431	**918**	1.422	2,2%
Wohngebäude: Aufstockung	499	**730**	1.073	3,7%
Wohngebäude: Dachausbau	520	**805**	1.291	2,6%
Gewerbegebäude	712	**1.040**	1.709	2,7%
Gebäude anderer Art	1.033	**1.403**	1.704	4,8%
Umbauten				
Büro- und Verwaltungsgebäude	738	**1.115**	1.516	9,9%
Arztpraxen	298	**657**	1.080	9,0%
Schulen	795	**1.029**	1.322	5,9%
Kindergärten	643	**852**	1.440	8,0%
Ein- und Zweifamilienhäuser	417	**668**	1.430	2,8%
Mehrfamilienhäuser	488	**695**	1.109	4,8%
Wohnungen	400	**683**	1.059	2,4%
Hotel und Beherbergung	892	**979**	1.137	7,8%
Gewerbegebäude	406	**731**	940	3,1%
Museen	–	**1.423**	–	7,1%
Gemeindezentren	1.054	**1.432**	2.441	5,8%
Gebäude anderer Art	666	**1.233**	1.720	4,1%
Modernisierungen				
Büro- und Verwaltungsgebäude	716	**1.392**	1.799	12,9%
Schulen und Kindergärten	892	**1.250**	1.670	5,1%
Sporthallen	116	**734**	1.351	3,4%
Ein- und Zweifamilienhäuser vor 1945	366	**617**	829	2,5%
Ein- und Zweifamilienhäuser nach 1945	273	**494**	637	2,5%
Wohngebäude vor 1945	346	**550**	756	4,5%
Wohngebäude nach 1945: nur Oberflächen	152	**623**	2.035	1,2%
Wohngebäude nach 1945: mit Tragkonstruktion	582	**856**	1.388	3,4%
Fachwerkhäuser	580	**667**	728	3,8%
Gewerbegebäude	343	**438**	532	4,1%
Gebäude anderer Art	1.013	**1.436**	2.129	4,0%
Instandsetzungen				
Wohngebäude	312	**683**	1.131	2,8%
Nichtwohngebäude	543	**992**	1.292	6,1%
Restaurierungsarbeiten	641	**1.495**	4.008	3,9%
Sakralbauten	27	**1.700**	3.372	0,3%
Sakralbauten mit Restaurierungsarbeiten	650	**837**	1.207	1,7%
Schwammsanierung	–	**199**	–	0,7%

Gebäudeart	▷	€/Einheit	◁	KG an 300
Erweiterungen				
Büro- und Verwaltungsgebäude	40	**59**	149	5,1%
Schulen	34	**54**	68	3,6%
Kindergärten	54	**60**	71	5,0%
Wohngebäude: Anbau	47	**79**	120	3,2%
Wohngebäude: Aufstockung	67	**96**	195	5,4%
Wohngebäude: Dachausbau	25	**61**	101	2,1%
Gewerbegebäude	49	**111**	655	2,8%
Gebäude anderer Art	53	**73**	98	4,1%
Umbauten				
Büro- und Verwaltungsgebäude	39	**62**	98	7,9%
Arztpraxen	38	**59**	101	14,2%
Schulen	49	**81**	120	6,6%
Kindergärten	51	**83**	172	9,1%
Ein- und Zweifamilienhäuser	54	**109**	225	5,2%
Mehrfamilienhäuser	55	**81**	144	8,0%
Wohnungen	54	**90**	186	3,9%
Hotel und Beherbergung	60	**82**	120	9,8%
Gewerbegebäude	29	**43**	62	4,7%
Museen	–	**52**	–	4,3%
Gemeindezentren	74	**87**	117	5,3%
Gebäude anderer Art	70	**90**	160	6,5%
Modernisierungen				
Büro- und Verwaltungsgebäude	52	**74**	111	7,8%
Schulen und Kindergärten	45	**83**	135	7,0%
Sporthallen	47	**112**	364	3,4%
Ein- und Zweifamilienhäuser vor 1945	52	**83**	151	5,2%
Ein- und Zweifamilienhäuser nach 1945	61	**116**	395	6,1%
Wohngebäude vor 1945	68	**93**	147	12,1%
Wohngebäude nach 1945: nur Oberflächen	50	**79**	126	3,2%
Wohngebäude nach 1945: mit Tragkonstruktion	50	**72**	99	6,1%
Fachwerkhäuser	66	**92**	143	5,6%
Gewerbegebäude	48	**71**	117	6,9%
Gebäude anderer Art	57	**89**	117	5,8%
Instandsetzungen				
Wohngebäude	79	**96**	126	5,1%
Nichtwohngebäude	33	**54**	81	12,3%
Restaurierungsarbeiten	40	**76**	111	2,7%
Sakralbauten	25	**124**	321	1,3%
Sakralbauten mit Restaurierungsarbeiten	86	**170**	254	0,4%
Schwammsanierung	26	**40**	55	4,7%

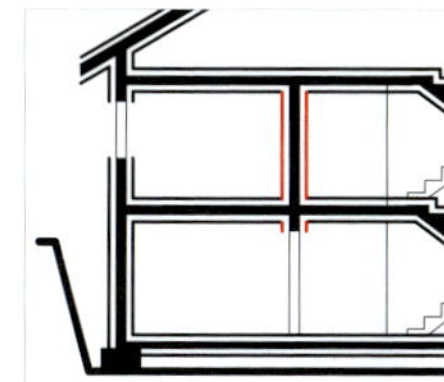

Einheit: m²
Innenwandbekleidungs-
fläche

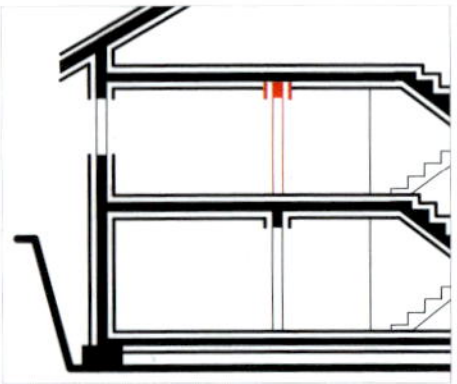

Kosten:
Stand 2. Quartal 2026
Bundesdurchschnitt
inkl. 19% MwSt.

Einheit: m^2
Innenwandfläche,
elementiert

▷ von
ø Mittel
◁ bis

Gebäudeart	▷	€/Einheit	◁	KG an 300
Erweiterungen				
Büro- und Verwaltungsgebäude	386	**702**	1.147	0,7%
Schulen	437	**878**	1.610	0,6%
Kindergärten	567	**998**	1.429	1,1%
Wohngebäude: Anbau	–	**–**	–	–
Wohngebäude: Aufstockung	–	**939**	–	< 0,1%
Wohngebäude: Dachausbau	–	**226**	–	1,2%
Gewerbegebäude	289	**640**	1.049	1,3%
Gebäude anderer Art	697	**1.168**	1.808	2,9%
Umbauten				
Büro- und Verwaltungsgebäude	270	**624**	1.283	2,2%
Arztpraxen	270	**556**	699	1,2%
Schulen	277	**543**	1.055	0,9%
Kindergärten	419	**806**	1.231	2,1%
Ein- und Zweifamilienhäuser	–	**1.307**	–	0,3%
Mehrfamilienhäuser	99	**213**	439	0,3%
Wohnungen	486	**657**	829	2,2%
Hotel und Beherbergung	344	**504**	664	0,6%
Gewerbegebäude	549	**554**	560	1,7%
Museen	–	**–**	–	–
Gemeindezentren	295	**596**	932	0,9%
Gebäude anderer Art	205	**1.478**	2.751	2,1%
Modernisierungen				
Büro- und Verwaltungsgebäude	493	**691**	1.004	1,7%
Schulen und Kindergärten	452	**677**	1.163	1,7%
Sporthallen	221	**358**	533	1,4%
Ein- und Zweifamilienhäuser vor 1945	–	**–**	–	–
Ein- und Zweifamilienhäuser nach 1945	–	**–**	–	–
Wohngebäude vor 1945	–	**–**	–	< 0,1%
Wohngebäude nach 1945: nur Oberflächen	88	**99**	111	< 0,1%
Wohngebäude nach 1945: mit Tragkonstruktion	99	**224**	466	< 0,1%
Fachwerkhäuser	94	**140**	222	0,4%
Gewerbegebäude	222	**489**	756	0,2%
Gebäude anderer Art	360	**583**	890	0,7%
Instandsetzungen				
Wohngebäude	145	**237**	546	0,2%
Nichtwohngebäude	129	**214**	448	1,2%
Restaurierungsarbeiten	–	**656**	–	< 0,1%
Sakralbauten	–	**302**	–	0,3%
Sakralbauten mit Restaurierungsarbeiten	–	**1.527**	–	1,2%
Schwammsanierung	–	**–**	–	–

Gebäudeart	▷	€/Einheit	◁	KG an 300
Erweiterungen				
Büro- und Verwaltungsgebäude	–	**< 1**	–	< 0,1%
Schulen	–	**10**	–	0,1%
Kindergärten	–	**–**	–	–
Wohngebäude: Anbau	–	**–**	–	–
Wohngebäude: Aufstockung	–	**–**	–	–
Wohngebäude: Dachausbau	–	**–**	–	–
Gewerbegebäude	–	**9**	–	< 0,1%
Gebäude anderer Art	7	**14**	26	< 0,1%
Umbauten				
Büro- und Verwaltungsgebäude	–	**2**	–	< 0,1%
Arztpraxen	–	**3**	–	< 0,1%
Schulen	9	**12**	18	0,4%
Kindergärten	–	**2**	–	< 0,1%
Ein- und Zweifamilienhäuser	1	**2**	3	< 0,1%
Mehrfamilienhäuser	< 1	**< 1**	1	< 0,1%
Wohnungen	–	**–**	–	–
Hotel und Beherbergung	–	**3**	–	< 0,1%
Gewerbegebäude	–	**–**	–	–
Museen	–	**–**	–	–
Gemeindezentren	6	**9**	11	0,2%
Gebäude anderer Art	9	**18**	33	0,3%
Modernisierungen				
Büro- und Verwaltungsgebäude	–	**2**	–	< 0,1%
Schulen und Kindergärten	6	**10**	19	0,3%
Sporthallen	2	**3**	5	< 0,1%
Ein- und Zweifamilienhäuser vor 1945	–	**–**	–	–
Ein- und Zweifamilienhäuser nach 1945	–	**49**	–	< 0,1%
Wohngebäude vor 1945	–	**–**	–	–
Wohngebäude nach 1945: nur Oberflächen	–	**< 1**	–	< 0,1%
Wohngebäude nach 1945: mit Tragkonstruktion	3	**7**	12	< 0,1%
Fachwerkhäuser	–	**–**	–	–
Gewerbegebäude	–	**4**	–	0,2%
Gebäude anderer Art	3	**10**	18	0,3%
Instandsetzungen				
Wohngebäude	4	**5**	6	< 0,1%
Nichtwohngebäude	< 1	**< 1**	2	< 0,1%
Restaurierungsarbeiten	–	**–**	–	–
Sakralbauten	–	**–**	–	–
Sakralbauten mit Restaurierungsarbeiten	–	**13**	–	< 0,1%
Schwammsanierung	–	**–**	–	–

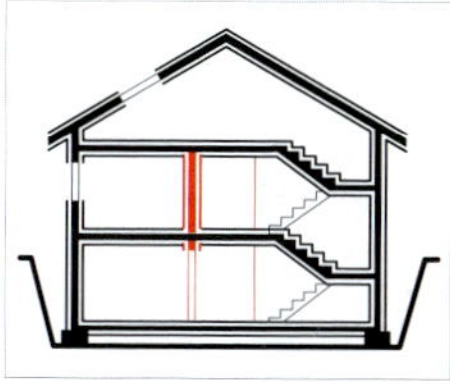

Einheit: m²
Innenwandfläche/
Fläche der vertikalen
Baukonstruktionen

Übersicht- 1. + 2. Ebene
Erweiterung
Umbau
Moderni- sierung
Instand- setzung
Bau- elemente
Abbrechen
Wieder- herstellen
Herstellen

351 Decken-konstruktionen

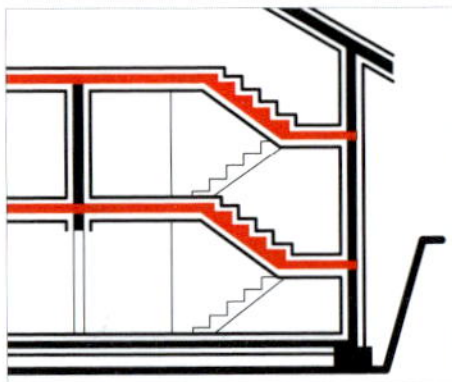

Kosten:
Stand 2. Quartal 2026
Bundesdurchschnitt
inkl. 19% MwSt.

Einheit: m²
Deckenkonstruktions-fläche

Gebäudeart	▷	€/Einheit	◁	KG an 300
Erweiterungen				
Büro- und Verwaltungsgebäude	367	**748**	2.222	4,5%
Schulen	257	**506**	1.230	5,7%
Kindergärten	35	**142**	249	2,8%
Wohngebäude: Anbau	343	**706**	1.584	2,4%
Wohngebäude: Aufstockung	307	**495**	927	4,0%
Wohngebäude: Dachausbau	377	**836**	1.702	4,4%
Gewerbegebäude	263	**369**	921	3,7%
Gebäude anderer Art	310	**447**	489	3,3%
Umbauten				
Büro- und Verwaltungsgebäude	302	**748**	2.057	4,0%
Arztpraxen	71	**267**	369	2,2%
Schulen	163	**298**	411	4,5%
Kindergärten	360	**1.192**	2.807	2,5%
Ein- und Zweifamilienhäuser	345	**992**	2.567	5,6%
Mehrfamilienhäuser	238	**601**	1.315	6,9%
Wohnungen	129	**671**	902	6,8%
Hotel und Beherbergung	–	**463**	–	2,2%
Gewerbegebäude	211	**2.721**	5.231	9,2%
Museen	–	**472**	–	16,7%
Gemeindezentren	253	**840**	2.727	5,5%
Gebäude anderer Art	247	**2.090**	3.278	5,7%
Modernisierungen				
Büro- und Verwaltungsgebäude	140	**274**	405	2,8%
Schulen und Kindergärten	217	**575**	3.554	2,5%
Sporthallen	716	**2.011**	5.448	2,7%
Ein- und Zweifamilienhäuser vor 1945	382	**1.208**	4.367	2,0%
Ein- und Zweifamilienhäuser nach 1945	46	**83**	105	0,5%
Wohngebäude vor 1945	245	**547**	1.605	4,6%
Wohngebäude nach 1945: nur Oberflächen	236	**692**	1.510	1,0%
Wohngebäude nach 1945: mit Tragkonstruktion	217	**625**	1.362	4,5%
Fachwerkhäuser	314	**327**	334	9,2%
Gewerbegebäude	468	**694**	1.147	11,5%
Gebäude anderer Art	356	**878**	1.354	2,7%
Instandsetzungen				
Wohngebäude	246	**661**	2.586	2,7%
Nichtwohngebäude	129	**567**	1.005	1,0%
Restaurierungsarbeiten	514	**739**	1.050	7,0%
Sakralbauten	–	**–**	–	–
Sakralbauten mit Restaurierungsarbeiten	231	**2.280**	8.402	4,4%
Schwammsanierung	28	**139**	352	21,2%

▷ von
ø Mittel
◁ bis

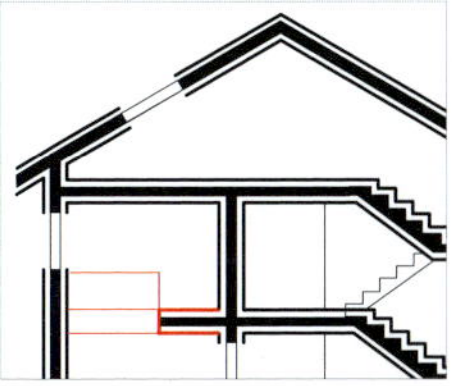

Einheit: m²
Deckenöffnungsfläche

Gebäudeart	▷	€/Einheit	◁	KG an 300
Erweiterungen				
Büro- und Verwaltungsgebäude	–	**–**	–	–
Schulen	–	**–**	–	–
Kindergärten	–	**2.721**	–	< 0,1%
Wohngebäude: Anbau	–	**2.355**	–	< 0,1%
Wohngebäude: Aufstockung	–	**723**	–	< 0,1%
Wohngebäude: Dachausbau	–	**–**	–	–
Gewerbegebäude	–	**–**	–	–
Gebäude anderer Art	–	**–**	–	–
Umbauten				
Büro- und Verwaltungsgebäude	2.240	**4.280**	6.321	< 0,1%
Arztpraxen	–	**–**	–	–
Schulen	–	**5.035**	–	< 0,1%
Kindergärten	–	**1.300**	–	< 0,1%
Ein- und Zweifamilienhäuser	690	**1.459**	2.119	0,1%
Mehrfamilienhäuser	–	**1.329**	–	< 0,1%
Wohnungen	–	**–**	–	–
Hotel und Beherbergung	–	**–**	–	–
Gewerbegebäude	–	**–**	–	–
Museen	–	**–**	–	–
Gemeindezentren	1.414	**5.429**	9.445	< 0,1%
Gebäude anderer Art	–	**4.137**	–	0,2%
Modernisierungen				
Büro- und Verwaltungsgebäude	–	**–**	–	–
Schulen und Kindergärten	1.365	**2.626**	3.887	< 0,1%
Sporthallen	–	**1.178**	–	< 0,1%
Ein- und Zweifamilienhäuser vor 1945	–	**825**	–	< 0,1%
Ein- und Zweifamilienhäuser nach 1945	–	**1.200**	–	< 0,1%
Wohngebäude vor 1945	–	**–**	–	< 0,1%
Wohngebäude nach 1945: nur Oberflächen	–	**–**	–	< 0,1%
Wohngebäude nach 1945: mit Tragkonstruktion	–	**1.828**	–	< 0,1%
Fachwerkhäuser	–	**–**	–	–
Gewerbegebäude	–	**–**	–	–
Gebäude anderer Art	–	**4.308**	–	< 0,1%
Instandsetzungen				
Wohngebäude	–	**857**	–	< 0,1%
Nichtwohngebäude	–	**–**	–	–
Restaurierungsarbeiten	–	**–**	–	–
Sakralbauten	–	**–**	–	–
Sakralbauten mit Restaurierungsarbeiten	–	**–**	–	–
Schwammsanierung	–	**–**	–	–

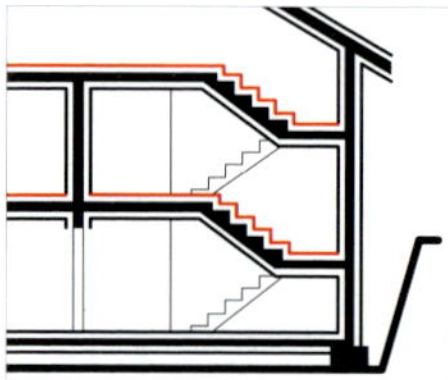

Kosten:
Stand 2. Quartal 2026
Bundesdurchschnitt
inkl. 19% MwSt.

Einheit: m²
Deckenbelagsfläche

▷ von
ø Mittel
◁ bis

Gebäudeart	▷	€/Einheit	◁	KG an 300
Erweiterungen				
Büro- und Verwaltungsgebäude	146	**192**	260	5,0%
Schulen	179	**196**	218	5,4%
Kindergärten	–	**113**	–	0,9%
Wohngebäude: Anbau	206	**281**	371	5,8%
Wohngebäude: Aufstockung	264	**332**	547	8,7%
Wohngebäude: Dachausbau	237	**273**	350	10,7%
Gewerbegebäude	139	**175**	244	2,5%
Gebäude anderer Art	234	**269**	299	3,2%
Umbauten				
Büro- und Verwaltungsgebäude	126	**195**	297	12,2%
Arztpraxen	132	**174**	243	16,9%
Schulen	129	**174**	263	7,5%
Kindergärten	87	**155**	219	6,8%
Ein- und Zweifamilienhäuser	177	**246**	361	8,8%
Mehrfamilienhäuser	177	**227**	315	11,1%
Wohnungen	191	**244**	374	9,6%
Hotel und Beherbergung	184	**250**	286	10,6%
Gewerbegebäude	194	**216**	227	11,8%
Museen	–	**174**	–	6,0%
Gemeindezentren	145	**295**	366	6,4%
Gebäude anderer Art	86	**304**	729	3,0%
Modernisierungen				
Büro- und Verwaltungsgebäude	166	**224**	303	7,4%
Schulen und Kindergärten	110	**178**	244	7,2%
Sporthallen	193	**228**	288	3,1%
Ein- und Zweifamilienhäuser vor 1945	143	**213**	382	6,7%
Ein- und Zweifamilienhäuser nach 1945	116	**230**	361	7,6%
Wohngebäude vor 1945	167	**237**	306	10,5%
Wohngebäude nach 1945: nur Oberflächen	111	**194**	275	5,4%
Wohngebäude nach 1945: mit Tragkonstruktion	163	**259**	532	6,9%
Fachwerkhäuser	205	**232**	275	7,6%
Gewerbegebäude	183	**459**	977	10,9%
Gebäude anderer Art	137	**281**	572	11,1%
Instandsetzungen				
Wohngebäude	159	**285**	496	5,5%
Nichtwohngebäude	97	**134**	207	5,6%
Restaurierungsarbeiten	245	**462**	653	6,8%
Sakralbauten	–	**67**	–	0,5%
Sakralbauten mit Restaurierungsarbeiten	138	**283**	514	2,4%
Schwammsanierung	–	**322**	–	3,8%

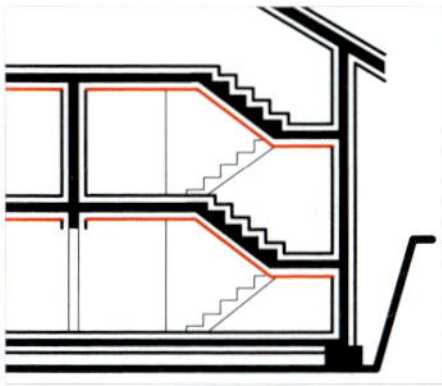

Einheit: m²
Deckenbekleidungsfläche

Gebäudeart	▷	€/Einheit	◁	KG an 300
Erweiterungen				
Büro- und Verwaltungsgebäude	92	**164**	263	2,7%
Schulen	30	**98**	166	3,0%
Kindergärten	87	**93**	98	1,7%
Wohngebäude: Anbau	18	**72**	152	1,2%
Wohngebäude: Aufstockung	35	**59**	92	0,9%
Wohngebäude: Dachausbau	69	**114**	214	0,6%
Gewerbegebäude	28	**61**	109	0,8%
Gebäude anderer Art	44	**100**	172	1,6%
Umbauten				
Büro- und Verwaltungsgebäude	53	**103**	144	5,6%
Arztpraxen	76	**137**	259	11,5%
Schulen	90	**140**	223	6,6%
Kindergärten	51	**100**	153	2,6%
Ein- und Zweifamilienhäuser	23	**69**	126	2,1%
Mehrfamilienhäuser	39	**95**	243	3,0%
Wohnungen	38	**53**	69	0,7%
Hotel und Beherbergung	69	**88**	124	4,0%
Gewerbegebäude	58	**133**	208	6,1%
Museen	–	**50**	–	1,6%
Gemeindezentren	85	**128**	178	4,1%
Gebäude anderer Art	135	**155**	180	3,7%
Modernisierungen				
Büro- und Verwaltungsgebäude	63	**111**	195	4,1%
Schulen und Kindergärten	63	**119**	219	5,0%
Sporthallen	40	**86**	120	0,9%
Ein- und Zweifamilienhäuser vor 1945	60	**91**	136	3,7%
Ein- und Zweifamilienhäuser nach 1945	29	**62**	98	2,9%
Wohngebäude vor 1945	56	**88**	115	3,1%
Wohngebäude nach 1945: nur Oberflächen	44	**74**	124	3,3%
Wohngebäude nach 1945: mit Tragkonstruktion	32	**61**	89	2,4%
Fachwerkhäuser	123	**137**	163	3,1%
Gewerbegebäude	109	**519**	1.338	5,7%
Gebäude anderer Art	56	**150**	324	6,9%
Instandsetzungen				
Wohngebäude	83	**158**	412	3,1%
Nichtwohngebäude	38	**72**	122	2,6%
Restaurierungsarbeiten	102	**192**	400	3,3%
Sakralbauten	–	**–**	–	–
Sakralbauten mit Restaurierungsarbeiten	71	**233**	395	0,7%
Schwammsanierung	2	**106**	210	5,9%

355 Elementierte Deckenkonstruktionen

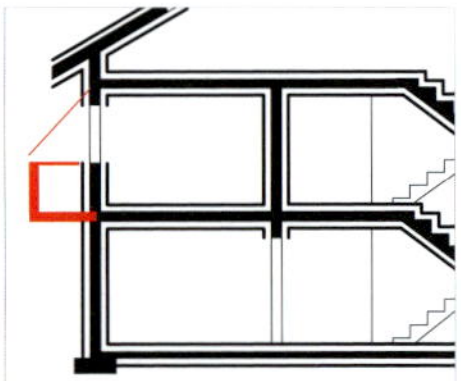

Kosten:
Stand 2. Quartal 2026
Bundesdurchschnitt
inkl. 19% MwSt.

Einheit: m²
Deckenfläche,
elementiert

▷ von
ø Mittel
◁ bis

Gebäudeart	▷	€/Einheit	◁	KG an 300
Erweiterungen				
Büro- und Verwaltungsgebäude	–	**1.379**	–	0,1%
Schulen	–	**1.660**	–	0,1%
Kindergärten	–	**1.926**	–	0,4%
Wohngebäude: Anbau	342	**807**	1.737	0,8%
Wohngebäude: Aufstockung	1.344	**1.700**	2.191	2,1%
Wohngebäude: Dachausbau	1.253	**1.650**	2.427	1,5%
Gewerbegebäude	1.779	**3.056**	3.771	0,3%
Gebäude anderer Art	–	**2.525**	–	< 0,1%
Umbauten				
Büro- und Verwaltungsgebäude	–	**894**	–	< 0,1%
Arztpraxen	–	**–**	–	–
Schulen	1.559	**2.432**	4.102	2,1%
Kindergärten	–	**1.447**	–	0,3%
Ein- und Zweifamilienhäuser	842	**2.131**	4.319	1,4%
Mehrfamilienhäuser	1.335	**2.432**	3.570	1,2%
Wohnungen	–	**–**	–	< 0,1%
Hotel und Beherbergung	–	**4.042**	–	1,8%
Gewerbegebäude	–	**–**	–	–
Museen	–	**–**	–	–
Gemeindezentren	–	**1.914**	–	0,3%
Gebäude anderer Art	–	**–**	–	< 0,1%
Modernisierungen				
Büro- und Verwaltungsgebäude	–	**–**	–	–
Schulen und Kindergärten	2.174	**2.705**	4.063	0,3%
Sporthallen	–	**3.474**	–	< 0,1%
Ein- und Zweifamilienhäuser vor 1945	–	**–**	–	–
Ein- und Zweifamilienhäuser nach 1945	–	**1.934**	–	0,3%
Wohngebäude vor 1945	–	**–**	–	< 0,1%
Wohngebäude nach 1945: nur Oberflächen	1.159	**1.641**	2.234	3,7%
Wohngebäude nach 1945: mit Tragkonstruktion	–	**2.839**	–	0,2%
Fachwerkhäuser	–	**1.277**	–	1,2%
Gewerbegebäude	–	**–**	–	–
Gebäude anderer Art	–	**4.517**	–	0,2%
Instandsetzungen				
Wohngebäude	1.567	**2.336**	2.831	1,5%
Nichtwohngebäude	–	**–**	–	–
Restaurierungsarbeiten	–	**–**	–	–
Sakralbauten	–	**–**	–	–
Sakralbauten mit Restaurierungsarbeiten	–	**–**	–	–
Schwammsanierung	–	**–**	–	–

Gebäudeart	▷	€/Einheit	◁	KG an 300
Erweiterungen				
Büro- und Verwaltungsgebäude	12	**31**	60	0,7%
Schulen	16	**59**	80	1,1%
Kindergärten	–	**24**	–	0,2%
Wohngebäude: Anbau	32	**62**	92	0,2%
Wohngebäude: Aufstockung	16	**41**	59	0,9%
Wohngebäude: Dachausbau	–	**75**	–	0,3%
Gewerbegebäude	26	**50**	87	0,7%
Gebäude anderer Art	15	**42**	78	0,4%
Umbauten				
Büro- und Verwaltungsgebäude	15	**19**	22	0,3%
Arztpraxen	–	**1**	–	< 0,1%
Schulen	11	**25**	38	0,8%
Kindergärten	19	**42**	89	1,6%
Ein- und Zweifamilienhäuser	13	**37**	69	0,7%
Mehrfamilienhäuser	10	**26**	47	1,2%
Wohnungen	7	**84**	123	1,9%
Hotel und Beherbergung	15	**22**	29	0,7%
Gewerbegebäude	–	**13**	–	0,2%
Museen	–	**83**	–	2,9%
Gemeindezentren	9	**26**	50	0,7%
Gebäude anderer Art	4	**41**	78	0,2%
Modernisierungen				
Büro- und Verwaltungsgebäude	11	**28**	72	0,8%
Schulen und Kindergärten	3	**12**	31	0,3%
Sporthallen	17	**49**	135	0,3%
Ein- und Zweifamilienhäuser vor 1945	2	**10**	23	0,3%
Ein- und Zweifamilienhäuser nach 1945	6	**26**	88	0,3%
Wohngebäude vor 1945	11	**21**	37	1,2%
Wohngebäude nach 1945: nur Oberflächen	27	**81**	242	2,7%
Wohngebäude nach 1945: mit Tragkonstruktion	17	**51**	121	2,1%
Fachwerkhäuser	14	**21**	33	0,7%
Gewerbegebäude	10	**15**	21	0,5%
Gebäude anderer Art	16	**86**	433	1,1%
Instandsetzungen				
Wohngebäude	41	**196**	909	1,9%
Nichtwohngebäude	9	**27**	62	0,7%
Restaurierungsarbeiten	12	**39**	85	0,5%
Sakralbauten	–	**177**	–	2,5%
Sakralbauten mit Restaurierungsarbeiten	88	**195**	301	1,3%
Schwammsanierung	–	**–**	–	–

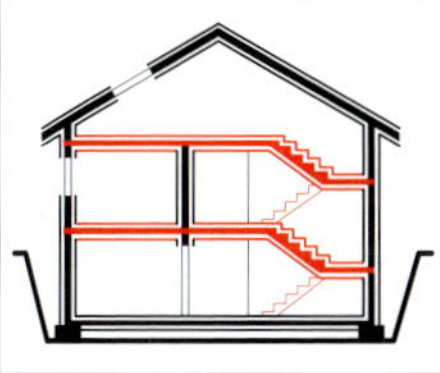

Einheit: m²
Deckenfläche/
Fläche der horizontalen
Baukonstruktionen

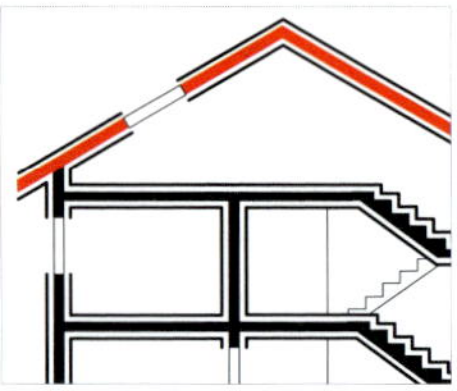

Kosten:
Stand 2. Quartal 2026
Bundesdurchschnitt
inkl. 19% MwSt.

Einheit: m²
Dachkonstruktionsfläche

▷ von
ø Mittel
◁ bis

Gebäudeart	▷	€/Einheit	◁	KG an 300
Erweiterungen				
Büro- und Verwaltungsgebäude	99	**196**	305	3,8%
Schulen	218	**293**	345	5,4%
Kindergärten	151	**221**	357	4,8%
Wohngebäude: Anbau	252	**384**	719	6,1%
Wohngebäude: Aufstockung	195	**342**	604	9,2%
Wohngebäude: Dachausbau	108	**217**	436	14,3%
Gewerbegebäude	86	**192**	259	9,6%
Gebäude anderer Art	180	**309**	508	5,7%
Umbauten				
Büro- und Verwaltungsgebäude	195	**376**	551	1,0%
Arztpraxen	–	**42**	–	0,3%
Schulen	38	**123**	180	1,6%
Kindergärten	55	**156**	239	2,4%
Ein- und Zweifamilienhäuser	93	**202**	403	4,6%
Mehrfamilienhäuser	171	**234**	343	5,0%
Wohnungen	91	**177**	396	6,8%
Hotel und Beherbergung	166	**238**	378	4,3%
Gewerbegebäude	83	**634**	1.185	2,9%
Museen	–	**32**	–	0,8%
Gemeindezentren	89	**209**	393	6,0%
Gebäude anderer Art	15	**1.442**	2.171	2,6%
Modernisierungen				
Büro- und Verwaltungsgebäude	227	**371**	678	2,4%
Schulen und Kindergärten	72	**194**	350	2,0%
Sporthallen	31	**157**	272	3,7%
Ein- und Zweifamilienhäuser vor 1945	101	**243**	645	2,6%
Ein- und Zweifamilienhäuser nach 1945	59	**124**	265	2,1%
Wohngebäude vor 1945	120	**203**	392	3,8%
Wohngebäude nach 1945: nur Oberflächen	66	**169**	414	2,0%
Wohngebäude nach 1945: mit Tragkonstruktion	154	**297**	485	3,7%
Fachwerkhäuser	109	**274**	589	6,3%
Gewerbegebäude	33	**167**	300	1,4%
Gebäude anderer Art	97	**197**	298	1,6%
Instandsetzungen				
Wohngebäude	112	**162**	247	3,1%
Nichtwohngebäude	103	**183**	263	2,2%
Restaurierungsarbeiten	216	**533**	731	6,0%
Sakralbauten	–	**–**	–	–
Sakralbauten mit Restaurierungsarbeiten	40	**129**	226	3,8%
Schwammsanierung	< 1	**10**	21	2,2%

Gebäudeart	▷	€/Einheit	◁	KG an 300
Erweiterungen				
Büro- und Verwaltungsgebäude	1.467	**2.864**	4.376	0,2%
Schulen	1.691	**3.035**	5.724	0,2%
Kindergärten	–	**2.000**	–	1,4%
Wohngebäude: Anbau	1.848	**3.208**	6.374	0,7%
Wohngebäude: Aufstockung	1.295	**3.162**	5.392	1,6%
Wohngebäude: Dachausbau	531	**1.375**	2.204	5,8%
Gewerbegebäude	891	**1.821**	2.898	1,8%
Gebäude anderer Art	1.210	**2.013**	2.959	0,7%
Umbauten				
Büro- und Verwaltungsgebäude	886	**3.017**	5.516	3,6%
Arztpraxen	–	**1.888**	–	0,3%
Schulen	1.910	**3.095**	5.421	0,5%
Kindergärten	2.146	**2.456**	2.933	0,5%
Ein- und Zweifamilienhäuser	1.263	**2.052**	3.433	3,1%
Mehrfamilienhäuser	1.810	**2.771**	4.165	1,1%
Wohnungen	2.151	**3.057**	3.962	1,4%
Hotel und Beherbergung	2.209	**3.134**	4.941	1,6%
Gewerbegebäude	–	–	–	–
Museen	–	–	–	–
Gemeindezentren	2.091	**6.515**	15.456	0,9%
Gebäude anderer Art	–	**1.490**	–	0,8%
Modernisierungen				
Büro- und Verwaltungsgebäude	2.435	**4.022**	11.701	0,6%
Schulen und Kindergärten	975	**1.710**	3.736	1,6%
Sporthallen	905	**1.762**	2.965	0,8%
Ein- und Zweifamilienhäuser vor 1945	2.136	**2.630**	3.686	2,7%
Ein- und Zweifamilienhäuser nach 1945	1.601	**2.484**	3.375	1,8%
Wohngebäude vor 1945	2.130	**3.086**	7.967	1,3%
Wohngebäude nach 1945: nur Oberflächen	1.080	**2.165**	4.806	0,8%
Wohngebäude nach 1945: mit Tragkonstruktion	1.734	**3.133**	4.406	0,5%
Fachwerkhäuser	–	**1.417**	–	0,1%
Gewerbegebäude	–	**1.278**	–	< 0,1%
Gebäude anderer Art	3.664	**6.414**	10.414	0,6%
Instandsetzungen				
Wohngebäude	1.827	**2.742**	4.711	2,1%
Nichtwohngebäude	1.180	**1.350**	1.520	1,3%
Restaurierungsarbeiten	–	–	–	–
Sakralbauten	–	**1.523**	–	< 0,1%
Sakralbauten mit Restaurierungsarbeiten	–	**455**	–	< 0,1%
Schwammsanierung	–	–	–	–

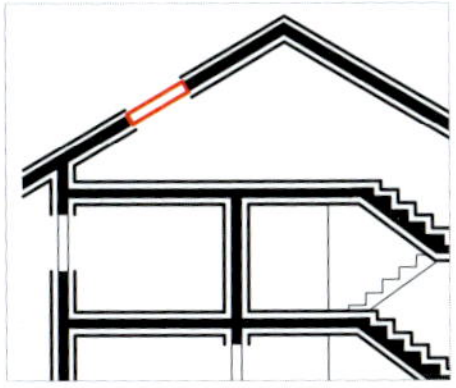

Einheit: m²
Dachöffnungsfläche

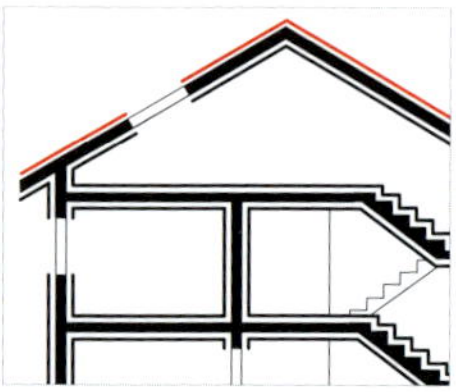

Kosten:
Stand 2. Quartal 2026
Bundesdurchschnitt
inkl. 19% MwSt.

Einheit: m²
Dachbelagsfläche

▷ von
ø Mittel
◁ bis

Gebäudeart	▷	€/Einheit	◁	KG an 300
Erweiterungen				
Büro- und Verwaltungsgebäude	217	**305**	460	6,1%
Schulen	257	**340**	610	8,6%
Kindergärten	217	**279**	379	6,6%
Wohngebäude: Anbau	195	**399**	678	10,1%
Wohngebäude: Aufstockung	226	**427**	730	13,1%
Wohngebäude: Dachausbau	221	**252**	288	19,9%
Gewerbegebäude	145	**203**	260	11,3%
Gebäude anderer Art	229	**383**	527	8,5%
Umbauten				
Büro- und Verwaltungsgebäude	126	**264**	389	2,9%
Arztpraxen	–	**–**	–	< 0,1%
Schulen	190	**262**	339	6,4%
Kindergärten	120	**220**	287	7,3%
Ein- und Zweifamilienhäuser	198	**253**	390	9,2%
Mehrfamilienhäuser	196	**317**	638	6,7%
Wohnungen	143	**264**	332	14,8%
Hotel und Beherbergung	230	**371**	446	8,4%
Gewerbegebäude	–	**1.217**	–	0,2%
Museen	–	**201**	–	0,4%
Gemeindezentren	208	**424**	1.634	5,2%
Gebäude anderer Art	33	**189**	345	2,4%
Modernisierungen				
Büro- und Verwaltungsgebäude	202	**330**	421	4,7%
Schulen und Kindergärten	164	**261**	429	7,0%
Sporthallen	117	**208**	336	10,7%
Ein- und Zweifamilienhäuser vor 1945	230	**352**	526	14,6%
Ein- und Zweifamilienhäuser nach 1945	181	**313**	608	11,7%
Wohngebäude vor 1945	232	**292**	372	6,6%
Wohngebäude nach 1945: nur Oberflächen	172	**308**	519	11,9%
Wohngebäude nach 1945: mit Tragkonstruktion	204	**296**	503	7,6%
Fachwerkhäuser	223	**328**	521	6,1%
Gewerbegebäude	336	**381**	425	4,4%
Gebäude anderer Art	235	**340**	632	3,6%
Instandsetzungen				
Wohngebäude	203	**347**	575	14,4%
Nichtwohngebäude	97	**125**	201	10,7%
Restaurierungsarbeiten	101	**282**	403	7,2%
Sakralbauten	203	**292**	349	25,9%
Sakralbauten mit Restaurierungsarbeiten	81	**230**	462	7,9%
Schwammsanierung	–	**–**	–	–

Gebäudeart	▷	€/Einheit	◁	KG an 300
Erweiterungen				
Büro- und Verwaltungsgebäude	77	**156**	234	5,1%
Schulen	61	**113**	185	2,3%
Kindergärten	110	**197**	365	4,2%
Wohngebäude: Anbau	50	**126**	200	2,8%
Wohngebäude: Aufstockung	51	**95**	149	3,0%
Wohngebäude: Dachausbau	36	**110**	158	7,8%
Gewerbegebäude	39	**72**	112	2,2%
Gebäude anderer Art	85	**175**	341	3,0%
Umbauten				
Büro- und Verwaltungsgebäude	48	**78**	117	3,7%
Arztpraxen	–	**202**	–	1,3%
Schulen	26	**95**	149	1,8%
Kindergärten	81	**122**	224	6,5%
Ein- und Zweifamilienhäuser	94	**124**	151	4,4%
Mehrfamilienhäuser	53	**102**	150	2,7%
Wohnungen	46	**121**	192	4,9%
Hotel und Beherbergung	130	**156**	202	3,4%
Gewerbegebäude	83	**104**	126	2,8%
Museen	–	**100**	–	2,5%
Gemeindezentren	52	**132**	206	1,9%
Gebäude anderer Art	49	**100**	194	3,4%
Modernisierungen				
Büro- und Verwaltungsgebäude	59	**115**	160	1,5%
Schulen und Kindergärten	60	**125**	234	2,1%
Sporthallen	96	**187**	311	8,9%
Ein- und Zweifamilienhäuser vor 1945	74	**123**	219	3,2%
Ein- und Zweifamilienhäuser nach 1945	55	**99**	207	2,8%
Wohngebäude vor 1945	74	**118**	162	2,6%
Wohngebäude nach 1945: nur Oberflächen	69	**126**	203	3,2%
Wohngebäude nach 1945: mit Tragkonstruktion	76	**109**	172	1,2%
Fachwerkhäuser	97	**112**	143	1,4%
Gewerbegebäude	72	**82**	91	0,7%
Gebäude anderer Art	60	**115**	162	1,0%
Instandsetzungen				
Wohngebäude	143	**187**	251	3,1%
Nichtwohngebäude	20	**55**	115	0,9%
Restaurierungsarbeiten	37	**130**	260	1,3%
Sakralbauten	–	**300**	–	1,7%
Sakralbauten mit Restaurierungsarbeiten	52	**104**	255	3,9%
Schwammsanierung	–	**15**	–	11,2%

Einheit: m²
Dachbekleidungsfläche

365 Elementierte Dachkonstruktionen

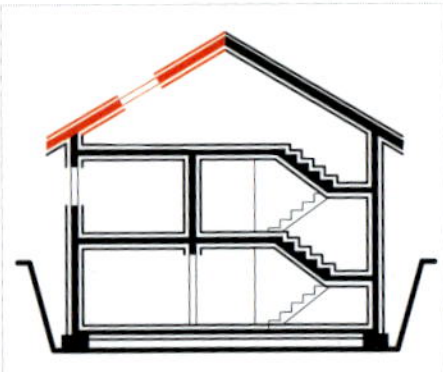

Kosten:
Stand 2. Quartal 2026
Bundesdurchschnitt
inkl. 19% MwSt.

Einheit: m² Dachfläche, elementiert

▷ von
ø Mittel
◁ bis

Gebäudeart	▷	€/Einheit	◁	KG an 300
Erweiterungen				
Büro- und Verwaltungsgebäude	–	**–**	–	–
Schulen	–	**1.418**	–	0,2%
Kindergärten	–	**900**	–	1,2%
Wohngebäude: Anbau	–	**2.491**	–	0,4%
Wohngebäude: Aufstockung	–	**1.071**	–	0,1%
Wohngebäude: Dachausbau	–	**–**	–	–
Gewerbegebäude	–	**–**	–	–
Gebäude anderer Art	–	**–**	–	< 0,1%
Umbauten				
Büro- und Verwaltungsgebäude	–	**–**	–	–
Arztpraxen	–	**–**	–	–
Schulen	–	**–**	–	–
Kindergärten	–	**–**	–	–
Ein- und Zweifamilienhäuser	–	**722**	–	2,2%
Mehrfamilienhäuser	–	**386**	–	0,3%
Wohnungen	–	**–**	–	–
Hotel und Beherbergung	–	**–**	–	–
Gewerbegebäude	–	**–**	–	–
Museen	–	**–**	–	–
Gemeindezentren	–	**–**	–	–
Gebäude anderer Art	–	**–**	–	–
Modernisierungen				
Büro- und Verwaltungsgebäude	–	**–**	–	–
Schulen und Kindergärten	–	**105**	–	0,1%
Sporthallen	89	**121**	153	1,6%
Ein- und Zweifamilienhäuser vor 1945	–	**682**	–	0,2%
Ein- und Zweifamilienhäuser nach 1945	–	**–**	–	–
Wohngebäude vor 1945	–	**1.459**	–	0,6%
Wohngebäude nach 1945: nur Oberflächen	245	**495**	639	0,2%
Wohngebäude nach 1945: mit Tragkonstruktion	–	**–**	–	–
Fachwerkhäuser	–	**–**	–	–
Gewerbegebäude	–	**–**	–	–
Gebäude anderer Art	–	**1.904**	–	< 0,1%
Instandsetzungen				
Wohngebäude	–	**–**	–	–
Nichtwohngebäude	–	**–**	–	–
Restaurierungsarbeiten	–	**–**	–	–
Sakralbauten	–	**–**	–	–
Sakralbauten mit Restaurierungsarbeiten	–	**–**	–	–
Schwammsanierung	–	**–**	–	–

Gebäudeart	▷	€/Einheit	◁	KG an 300
Erweiterungen				
Büro- und Verwaltungsgebäude	–	**–**	–	–
Schulen	–	**–**	–	–
Kindergärten	–	**–**	–	–
Wohngebäude: Anbau	–	**499**	–	< 0,1%
Wohngebäude: Aufstockung	391	**797**	1.069	0,9%
Wohngebäude: Dachausbau	453	**960**	1.529	1,0%
Gewerbegebäude	–	**–**	–	–
Gebäude anderer Art	–	**239**	–	< 0,1%
Umbauten				
Büro- und Verwaltungsgebäude	–	**1.601**	–	0,4%
Arztpraxen	–	**–**	–	–
Schulen	–	**1.712**	–	< 0,1%
Kindergärten	–	**–**	–	–
Ein- und Zweifamilienhäuser	275	**568**	1.402	0,3%
Mehrfamilienhäuser	244	**1.105**	1.545	0,2%
Wohnungen	–	**1.007**	–	0,4%
Hotel und Beherbergung	–	**1.194**	–	0,1%
Gewerbegebäude	–	**–**	–	–
Museen	–	**–**	–	–
Gemeindezentren	–	**–**	–	–
Gebäude anderer Art	–	**831**	–	0,4%
Modernisierungen				
Büro- und Verwaltungsgebäude	–	**–**	–	–
Schulen und Kindergärten	716	**958**	1.201	< 0,1%
Sporthallen	–	**–**	–	–
Ein- und Zweifamilienhäuser vor 1945	706	**1.362**	1.820	0,7%
Ein- und Zweifamilienhäuser nach 1945	–	**865**	–	< 0,1%
Wohngebäude vor 1945	486	**708**	931	0,2%
Wohngebäude nach 1945: nur Oberflächen	–	**945**	–	< 0,1%
Wohngebäude nach 1945: mit Tragkonstruktion	–	**–**	–	–
Fachwerkhäuser	–	**–**	–	–
Gewerbegebäude	–	**–**	–	–
Gebäude anderer Art	–	**–**	–	–
Instandsetzungen				
Wohngebäude	322	**761**	1.630	0,1%
Nichtwohngebäude	–	**–**	–	–
Restaurierungsarbeiten	–	**–**	–	–
Sakralbauten	–	**–**	–	–
Sakralbauten mit Restaurierungsarbeiten	–	**–**	–	–
Schwammsanierung	–	**–**	–	–

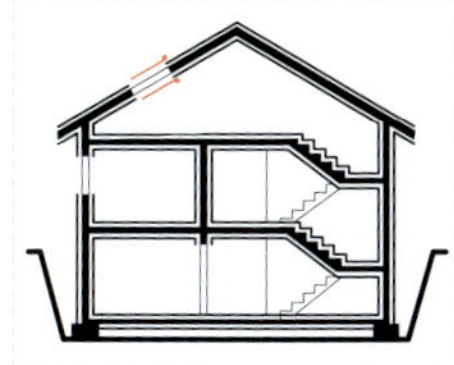

Einheit: m²
Dachlichtschutzfläche

Kosten:
Stand 2. Quartal 2026
Bundesdurchschnitt
inkl. 19% MwSt.

Einheit: m² Dachfläche

▷ von
ø Mittel
◁ bis

Gebäudeart	▷	€/Einheit	◁	KG an 300
Erweiterungen				
Büro- und Verwaltungsgebäude	4	**9**	17	0,2%
Schulen	12	**28**	50	0,7%
Kindergärten	–	**< 1**	–	< 0,1%
Wohngebäude: Anbau	5	**7**	9	< 0,1%
Wohngebäude: Aufstockung	13	**44**	131	1,1%
Wohngebäude: Dachausbau	2	**15**	24	0,6%
Gewerbegebäude	3	**7**	11	0,3%
Gebäude anderer Art	25	**66**	183	1,4%
Umbauten				
Büro- und Verwaltungsgebäude	3	**9**	14	0,1%
Arztpraxen	–	**45**	–	0,3%
Schulen	5	**13**	22	0,3%
Kindergärten	4	**14**	42	0,2%
Ein- und Zweifamilienhäuser	3	**7**	15	0,2%
Mehrfamilienhäuser	8	**19**	47	0,4%
Wohnungen	–	**3**	–	< 0,1%
Hotel und Beherbergung	6	**48**	90	0,8%
Gewerbegebäude	–	**4**	–	0,1%
Museen	–	**19**	–	0,5%
Gemeindezentren	21	**64**	269	0,7%
Gebäude anderer Art	–	**2**	–	< 0,1%
Modernisierungen				
Büro- und Verwaltungsgebäude	6	**16**	64	0,1%
Schulen und Kindergärten	6	**15**	24	0,4%
Sporthallen	5	**9**	31	0,3%
Ein- und Zweifamilienhäuser vor 1945	9	**32**	99	1,0%
Ein- und Zweifamilienhäuser nach 1945	4	**8**	14	0,3%
Wohngebäude vor 1945	7	**21**	69	0,5%
Wohngebäude nach 1945: nur Oberflächen	6	**18**	86	0,5%
Wohngebäude nach 1945: mit Tragkonstruktion	4	**13**	23	0,3%
Fachwerkhäuser	13	**23**	41	0,6%
Gewerbegebäude	–	**31**	–	0,3%
Gebäude anderer Art	2	**22**	42	0,2%
Instandsetzungen				
Wohngebäude	5	**12**	26	0,4%
Nichtwohngebäude	11	**101**	281	1,2%
Restaurierungsarbeiten	5	**12**	38	0,3%
Sakralbauten	–	**15**	–	0,8%
Sakralbauten mit Restaurierungsarbeiten	10	**18**	26	0,7%
Schwammsanierung	–	**–**	–	–

Gebäudeart	▷	€/Einheit	◁	KG an 300
Erweiterungen				
Büro- und Verwaltungsgebäude	7	**34**	132	1,7%
Schulen	< 1	**43**	128	0,9%
Kindergärten	2	**105**	208	4,0%
Wohngebäude: Anbau	37	**59**	118	1,0%
Wohngebäude: Aufstockung	23	**102**	326	2,1%
Wohngebäude: Dachausbau	54	**94**	134	1,5%
Gewerbegebäude	3	**21**	38	0,5%
Gebäude anderer Art	6	**103**	233	1,6%
Umbauten				
Büro- und Verwaltungsgebäude	13	**22**	34	1,3%
Arztpraxen	118	**257**	374	24,8%
Schulen	2	**18**	38	1,8%
Kindergärten	4	**13**	27	0,8%
Ein- und Zweifamilienhäuser	8	**11**	13	0,1%
Mehrfamilienhäuser	2	**7**	35	0,2%
Wohnungen	–	**2**	–	< 0,1%
Hotel und Beherbergung	66	**99**	117	9,8%
Gewerbegebäude	–	**162**	–	4,4%
Museen	–	**–**	–	–
Gemeindezentren	4	**23**	102	0,9%
Gebäude anderer Art	36	**94**	229	5,2%
Modernisierungen				
Büro- und Verwaltungsgebäude	12	**54**	142	2,6%
Schulen und Kindergärten	2	**8**	16	0,5%
Sporthallen	12	**32**	51	0,3%
Ein- und Zweifamilienhäuser vor 1945	4	**15**	45	0,9%
Ein- und Zweifamilienhäuser nach 1945	20	**136**	492	7,1%
Wohngebäude vor 1945	4	**20**	67	0,6%
Wohngebäude nach 1945: nur Oberflächen	2	**3**	4	< 0,1%
Wohngebäude nach 1945: mit Tragkonstruktion	< 1	**6**	12	< 0,1%
Fachwerkhäuser	5	**16**	27	0,7%
Gewerbegebäude	1	**2**	2	< 0,1%
Gebäude anderer Art	21	**122**	389	6,3%
Instandsetzungen				
Wohngebäude	5	**20**	69	0,9%
Nichtwohngebäude	5	**8**	12	0,6%
Restaurierungsarbeiten	4	**6**	11	0,3%
Sakralbauten	–	**10**	–	0,4%
Sakralbauten mit Restaurierungsarbeiten	55	**58**	60	2,3%
Schwammsanierung	–	**< 1**	–	< 0,1%

Einheit: m²
Brutto-Grundfläche (BGF)

Gebäudeart	▷	€/Einheit	◁	KG an 300
Erweiterungen				
Büro- und Verwaltungsgebäude	–	**8**	–	< 0,1%
Schulen	8	**17**	27	0,3%
Kindergärten	–	**40**	–	0,8%
Wohngebäude: Anbau	–	**–**	–	–
Wohngebäude: Aufstockung	–	**1**	–	< 0,1%
Wohngebäude: Dachausbau	–	**–**	–	–
Gewerbegebäude	–	**< 1**	–	< 0,1%
Gebäude anderer Art	–	**41**	–	0,5%
Umbauten				
Büro- und Verwaltungsgebäude	–	**7**	–	< 0,1%
Arztpraxen	–	**–**	–	–
Schulen	3	**6**	10	0,5%
Kindergärten	5	**9**	16	0,5%
Ein- und Zweifamilienhäuser	–	**–**	–	–
Mehrfamilienhäuser	–	**–**	–	–
Wohnungen	–	**–**	–	–
Hotel und Beherbergung	–	**–**	–	–
Gewerbegebäude	9	**156**	303	8,5%
Museen	–	**–**	–	–
Gemeindezentren	2	**30**	86	0,7%
Gebäude anderer Art	14	**287**	636	12,2%
Modernisierungen				
Büro- und Verwaltungsgebäude	< 1	**1**	3	< 0,1%
Schulen und Kindergärten	14	**32**	99	1,5%
Sporthallen	5	**19**	46	1,5%
Ein- und Zweifamilienhäuser vor 1945	–	**–**	–	–
Ein- und Zweifamilienhäuser nach 1945	–	**–**	–	–
Wohngebäude vor 1945	–	**–**	–	–
Wohngebäude nach 1945: nur Oberflächen	–	**–**	–	–
Wohngebäude nach 1945: mit Tragkonstruktion	–	**–**	–	–
Fachwerkhäuser	–	**–**	–	–
Gewerbegebäude	5	**543**	1.082	17,6%
Gebäude anderer Art	186	**465**	1.191	12,6%
Instandsetzungen				
Wohngebäude	–	**–**	–	–
Nichtwohngebäude	2	**24**	47	0,7%
Restaurierungsarbeiten	–	**–**	–	–
Sakralbauten	42	**72**	101	5,7%
Sakralbauten mit Restaurierungsarbeiten	11	**46**	115	2,6%
Schwammsanierung	–	**–**	–	–

Kosten:
Stand 2. Quartal 2026
Bundesdurchschnitt
inkl. 19% MwSt.

Einheit: m²
Brutto-Grundfläche (BGF)

▷ von
ø Mittel
◁ bis

Gebäudeart	▷	€/Einheit	◁	KG an 300
Erweiterungen				
Büro- und Verwaltungsgebäude	–	**8**	–	0,1%
Schulen	–	**2**	–	< 0,1%
Kindergärten	–	**–**	–	–
Wohngebäude: Anbau	–	**–**	–	–
Wohngebäude: Aufstockung	–	**2**	–	< 0,1%
Wohngebäude: Dachausbau	–	**–**	–	–
Gewerbegebäude	< 1	**3**	4	< 0,1%
Gebäude anderer Art	< 1	**2**	3	< 0,1%
Umbauten				
Büro- und Verwaltungsgebäude	1	**1**	2	< 0,1%
Arztpraxen	< 1	**25**	49	0,6%
Schulen	2	**2**	2	< 0,1%
Kindergärten	–	**< 1**	–	< 0,1%
Ein- und Zweifamilienhäuser	–	**–**	–	–
Mehrfamilienhäuser	–	**< 1**	–	< 0,1%
Wohnungen	–	**–**	–	–
Hotel und Beherbergung	< 1	**4**	8	0,3%
Gewerbegebäude	–	**107**	–	2,9%
Museen	–	**–**	–	–
Gemeindezentren	4	**5**	5	< 0,1%
Gebäude anderer Art	–	**4**	–	< 0,1%
Modernisierungen				
Büro- und Verwaltungsgebäude	3	**5**	7	< 0,1%
Schulen und Kindergärten	< 1	**2**	5	< 0,1%
Sporthallen	2	**3**	5	0,2%
Ein- und Zweifamilienhäuser vor 1945	–	**–**	–	–
Ein- und Zweifamilienhäuser nach 1945	–	**–**	–	–
Wohngebäude vor 1945	–	**–**	–	–
Wohngebäude nach 1945: nur Oberflächen	–	**< 1**	–	< 0,1%
Wohngebäude nach 1945: mit Tragkonstruktion	–	**–**	–	–
Fachwerkhäuser	–	**–**	–	–
Gewerbegebäude	–	**5**	–	0,2%
Gebäude anderer Art	18	**27**	37	0,5%
Instandsetzungen				
Wohngebäude	< 1	**< 1**	2	< 0,1%
Nichtwohngebäude	–	**13**	–	0,2%
Restaurierungsarbeiten	–	**–**	–	–
Sakralbauten	–	**11**	–	0,5%
Sakralbauten mit Restaurierungsarbeiten	–	**–**	–	–
Schwammsanierung	–	**–**	–	–

Einheit: m²
Brutto-Grundfläche (BGF)

Kosten:
Stand 2. Quartal 2026
Bundesdurchschnitt
inkl. 19% MwSt.

Einheit: m²
Brutto-Grundfläche (BGF)

Gebäudeart	▷	€/Einheit	◁	KG an 300
Erweiterungen				
Büro- und Verwaltungsgebäude	–	**2**	–	< 0,1%
Schulen	–	**–**	–	–
Kindergärten	–	**–**	–	–
Wohngebäude: Anbau	–	**23**	–	0,1%
Wohngebäude: Aufstockung	–	**–**	–	–
Wohngebäude: Dachausbau	–	**–**	–	–
Gewerbegebäude	–	**–**	–	–
Gebäude anderer Art	–	**–**	–	–
Umbauten				
Büro- und Verwaltungsgebäude	–	**–**	–	–
Arztpraxen	–	**–**	–	–
Schulen	–	**< 1**	–	< 0,1%
Kindergärten	–	**–**	–	–
Ein- und Zweifamilienhäuser	–	**–**	–	–
Mehrfamilienhäuser	< 1	**< 1**	2	< 0,1%
Wohnungen	–	**–**	–	–
Hotel und Beherbergung	–	**–**	–	–
Gewerbegebäude	–	**–**	–	–
Museen	–	**–**	–	–
Gemeindezentren	–	**7**	–	< 0,1%
Gebäude anderer Art	–	**21**	–	0,2%
Modernisierungen				
Büro- und Verwaltungsgebäude	–	**–**	–	–
Schulen und Kindergärten	8	**9**	10	< 0,1%
Sporthallen	–	**–**	–	–
Ein- und Zweifamilienhäuser vor 1945	–	**–**	–	–
Ein- und Zweifamilienhäuser nach 1945	–	**–**	–	–
Wohngebäude vor 1945	–	**–**	–	–
Wohngebäude nach 1945: nur Oberflächen	–	**< 1**	–	< 0,1%
Wohngebäude nach 1945: mit Tragkonstruktion	–	**–**	–	–
Fachwerkhäuser	–	**–**	–	–
Gewerbegebäude	–	**–**	–	–
Gebäude anderer Art	–	**–**	–	–
Instandsetzungen				
Wohngebäude	–	**–**	–	–
Nichtwohngebäude	–	**–**	–	–
Restaurierungsarbeiten	–	**–**	–	–
Sakralbauten	–	**–**	–	–
Sakralbauten mit Restaurierungsarbeiten	–	**< 1**	–	< 0,1%
Schwammsanierung	–	**–**	–	–

▷ von
ø Mittel
◁ bis

Gebäudeart	▷	€/Einheit	◁	KG an 300
Erweiterungen				
Büro- und Verwaltungsgebäude	13	**31**	49	1,6%
Schulen	34	**57**	129	2,6%
Kindergärten	17	**31**	51	2,0%
Wohngebäude: Anbau	22	**57**	118	2,0%
Wohngebäude: Aufstockung	34	**82**	175	3,2%
Wohngebäude: Dachausbau	13	**48**	71	2,5%
Gewerbegebäude	11	**39**	104	2,3%
Gebäude anderer Art	21	**73**	184	3,2%
Umbauten				
Büro- und Verwaltungsgebäude	7	**23**	41	1,4%
Arztpraxen	5	**14**	51	0,7%
Schulen	10	**30**	67	2,0%
Kindergärten	4	**12**	26	1,3%
Ein- und Zweifamilienhäuser	8	**21**	58	1,3%
Mehrfamilienhäuser	7	**17**	34	1,4%
Wohnungen	3	**4**	5	0,1%
Hotel und Beherbergung	1	**6**	9	0,6%
Gewerbegebäude	7	**18**	36	1,4%
Museen	–	**18**	–	1,2%
Gemeindezentren	23	**38**	59	2,4%
Gebäude anderer Art	13	**35**	112	2,0%
Modernisierungen				
Büro- und Verwaltungsgebäude	5	**17**	42	1,4%
Schulen und Kindergärten	6	**15**	40	1,3%
Sporthallen	6	**24**	38	1,5%
Ein- und Zweifamilienhäuser vor 1945	3	**8**	19	0,9%
Ein- und Zweifamilienhäuser nach 1945	4	**11**	26	1,0%
Wohngebäude vor 1945	8	**16**	30	0,8%
Wohngebäude nach 1945: nur Oberflächen	2	**5**	12	1,1%
Wohngebäude nach 1945: mit Tragkonstruktion	7	**21**	41	1,8%
Fachwerkhäuser	22	**25**	29	1,4%
Gewerbegebäude	19	**45**	92	2,4%
Gebäude anderer Art	10	**26**	71	1,2%
Instandsetzungen				
Wohngebäude	4	**13**	41	1,9%
Nichtwohngebäude	5	**25**	64	1,3%
Restaurierungsarbeiten	15	**44**	94	2,5%
Sakralbauten	9	**23**	37	1,6%
Sakralbauten mit Restaurierungsarbeiten	6	**15**	28	1,1%
Schwammsanierung	1	**1**	1	1,5%

Einheit: m²
Brutto-Grundfläche (BGF)

Kosten:
Stand 2. Quartal 2026
Bundesdurchschnitt
inkl. 19% MwSt.

Einheit: m²
Brutto-Grundfläche (BGF)

▷ von
ø Mittel
◁ bis

Gebäudeart	▷	€/Einheit	◁	KG an 300
Erweiterungen				
Büro- und Verwaltungsgebäude	17	**25**	47	1,5%
Schulen	30	**43**	63	2,2%
Kindergärten	–	**13**	–	0,7%
Wohngebäude: Anbau	15	**31**	54	1,3%
Wohngebäude: Aufstockung	32	**117**	343	4,0%
Wohngebäude: Dachausbau	27	**67**	169	3,2%
Gewerbegebäude	12	**23**	46	1,4%
Gebäude anderer Art	24	**39**	68	1,9%
Umbauten				
Büro- und Verwaltungsgebäude	14	**25**	34	1,8%
Arztpraxen	10	**20**	29	0,3%
Schulen	13	**27**	54	1,7%
Kindergärten	2	**9**	27	0,6%
Ein- und Zweifamilienhäuser	16	**21**	29	1,6%
Mehrfamilienhäuser	11	**23**	38	1,9%
Wohnungen	30	**65**	120	3,7%
Hotel und Beherbergung	2	**8**	12	0,7%
Gewerbegebäude	< 1	**12**	19	1,0%
Museen	–	**43**	–	2,9%
Gemeindezentren	25	**50**	82	3,1%
Gebäude anderer Art	8	**15**	31	0,7%
Modernisierungen				
Büro- und Verwaltungsgebäude	12	**23**	44	1,4%
Schulen und Kindergärten	17	**27**	53	2,3%
Sporthallen	17	**31**	49	3,4%
Ein- und Zweifamilienhäuser vor 1945	15	**22**	34	2,5%
Ein- und Zweifamilienhäuser nach 1945	9	**14**	21	1,7%
Wohngebäude vor 1945	13	**28**	40	1,8%
Wohngebäude nach 1945: nur Oberflächen	12	**20**	45	5,1%
Wohngebäude nach 1945: mit Tragkonstruktion	14	**26**	49	2,8%
Fachwerkhäuser	45	**56**	74	3,1%
Gewerbegebäude	14	**24**	33	1,1%
Gebäude anderer Art	10	**38**	78	2,4%
Instandsetzungen				
Wohngebäude	11	**21**	46	3,2%
Nichtwohngebäude	3	**14**	25	2,0%
Restaurierungsarbeiten	38	**106**	244	6,5%
Sakralbauten	42	**74**	137	7,4%
Sakralbauten mit Restaurierungsarbeiten	70	**101**	145	7,8%
Schwammsanierung	< 1	**< 1**	< 1	0,6%

Gebäudeart	▷	€/Einheit	◁	KG an 300
Erweiterungen				
Büro- und Verwaltungsgebäude	–	**–**	–	–
Schulen	–	**–**	–	–
Kindergärten	–	**–**	–	–
Wohngebäude: Anbau	–	**83**	–	0,2%
Wohngebäude: Aufstockung	–	**6**	–	< 0,1%
Wohngebäude: Dachausbau	–	**–**	–	–
Gewerbegebäude	–	**< 1**	–	< 0,1%
Gebäude anderer Art	4	**11**	38	0,3%
Umbauten				
Büro- und Verwaltungsgebäude	14	**24**	35	0,3%
Arztpraxen	–	**–**	–	–
Schulen	3	**6**	14	0,3%
Kindergärten	–	**4**	–	< 0,1%
Ein- und Zweifamilienhäuser	24	**40**	56	0,3%
Mehrfamilienhäuser	5	**8**	17	0,1%
Wohnungen	–	**2**	–	< 0,1%
Hotel und Beherbergung	–	**< 1**	–	< 0,1%
Gewerbegebäude	–	**–**	–	–
Museen	–	**28**	–	1,9%
Gemeindezentren	2	**6**	12	0,3%
Gebäude anderer Art	3	**10**	25	0,5%
Modernisierungen				
Büro- und Verwaltungsgebäude	4	**7**	13	0,2%
Schulen und Kindergärten	2	**14**	91	0,3%
Sporthallen	–	**–**	–	–
Ein- und Zweifamilienhäuser vor 1945	–	**7**	–	< 0,1%
Ein- und Zweifamilienhäuser nach 1945	< 1	**6**	12	< 0,1%
Wohngebäude vor 1945	4	**13**	23	0,2%
Wohngebäude nach 1945: nur Oberflächen	–	**–**	–	–
Wohngebäude nach 1945: mit Tragkonstruktion	–	**25**	–	0,1%
Fachwerkhäuser	39	**53**	75	2,8%
Gewerbegebäude	–	**3**	–	< 0,1%
Gebäude anderer Art	19	**29**	39	0,3%
Instandsetzungen				
Wohngebäude	< 1	**1**	3	< 0,1%
Nichtwohngebäude	–	**–**	–	–
Restaurierungsarbeiten	5	**12**	25	0,4%
Sakralbauten	–	**–**	–	–
Sakralbauten mit Restaurierungsarbeiten	–	**15**	–	0,3%
Schwammsanierung	–	**< 1**	–	0,4%

Einheit: m²
Brutto-Grundfläche (BGF)

Kosten:
Stand 2. Quartal 2026
Bundesdurchschnitt
inkl. 19% MwSt.

Einheit: m²
Brutto-Grundfläche (BGF)

Gebäudeart	▷	€/Einheit	◁	KG an 300
Erweiterungen				
Büro- und Verwaltungsgebäude	–	**16**	–	0,1%
Schulen	–	**–**	–	–
Kindergärten	–	**–**	–	–
Wohngebäude: Anbau	8	**48**	69	0,5%
Wohngebäude: Aufstockung	16	**45**	131	0,5%
Wohngebäude: Dachausbau	–	**–**	–	–
Gewerbegebäude	–	**–**	–	–
Gebäude anderer Art	23	**32**	41	0,3%
Umbauten				
Büro- und Verwaltungsgebäude	–	**114**	–	1,4%
Arztpraxen	–	**25**	–	0,5%
Schulen	6	**12**	23	0,4%
Kindergärten	–	**13**	–	0,2%
Ein- und Zweifamilienhäuser	15	**82**	129	1,6%
Mehrfamilienhäuser	4	**41**	76	1,6%
Wohnungen	–	**13**	–	0,2%
Hotel und Beherbergung	–	**25**	–	1,0%
Gewerbegebäude	–	**–**	–	–
Museen	–	**6**	–	0,4%
Gemeindezentren	–	**–**	–	–
Gebäude anderer Art	–	**–**	–	–
Modernisierungen				
Büro- und Verwaltungsgebäude	3	**10**	18	0,1%
Schulen und Kindergärten	3	**7**	12	< 0,1%
Sporthallen	1	**2**	2	< 0,1%
Ein- und Zweifamilienhäuser vor 1945	< 1	**11**	31	0,5%
Ein- und Zweifamilienhäuser nach 1945	7	**58**	109	0,7%
Wohngebäude vor 1945	< 1	**12**	26	0,6%
Wohngebäude nach 1945: nur Oberflächen	–	**–**	–	–
Wohngebäude nach 1945: mit Tragkonstruktion	1	**4**	9	0,2%
Fachwerkhäuser	–	**43**	–	0,9%
Gewerbegebäude	3	**37**	71	2,5%
Gebäude anderer Art	26	**56**	87	0,8%
Instandsetzungen				
Wohngebäude	3	**9**	34	0,4%
Nichtwohngebäude	–	**3**	–	< 0,1%
Restaurierungsarbeiten	–	**6**	–	0,1%
Sakralbauten	–	**–**	–	–
Sakralbauten mit Restaurierungsarbeiten	–	**–**	–	–
Schwammsanierung	–	**–**	–	–

▷ von
ø Mittel
◁ bis

Gebäudeart	▷	€/Einheit	◁	KG an 300
Erweiterungen				
Büro- und Verwaltungsgebäude	–	**8**	–	< 0,1%
Schulen	–	**–**	–	–
Kindergärten	–	**–**	–	–
Wohngebäude: Anbau	–	**–**	–	–
Wohngebäude: Aufstockung	–	**–**	–	–
Wohngebäude: Dachausbau	–	**–**	–	–
Gewerbegebäude	–	**2**	–	< 0,1%
Gebäude anderer Art	< 1	**2**	2	< 0,1%
Umbauten				
Büro- und Verwaltungsgebäude	< 1	**7**	13	0,2%
Arztpraxen	–	**–**	–	–
Schulen	–	**–**	–	–
Kindergärten	–	**–**	–	–
Ein- und Zweifamilienhäuser	–	**6**	–	< 0,1%
Mehrfamilienhäuser	–	**–**	–	–
Wohnungen	–	**–**	–	–
Hotel und Beherbergung	–	**–**	–	–
Gewerbegebäude	–	**–**	–	–
Museen	–	**–**	–	–
Gemeindezentren	–	**–**	–	–
Gebäude anderer Art	–	**–**	–	–
Modernisierungen				
Büro- und Verwaltungsgebäude	–	**–**	–	–
Schulen und Kindergärten	–	**1**	–	< 0,1%
Sporthallen	–	**1**	–	< 0,1%
Ein- und Zweifamilienhäuser vor 1945	–	**–**	–	–
Ein- und Zweifamilienhäuser nach 1945	–	**–**	–	–
Wohngebäude vor 1945	–	**28**	–	0,2%
Wohngebäude nach 1945: nur Oberflächen	–	**< 1**	–	< 0,1%
Wohngebäude nach 1945: mit Tragkonstruktion	–	**–**	–	–
Fachwerkhäuser	–	**–**	–	–
Gewerbegebäude	–	**–**	–	–
Gebäude anderer Art	–	**< 1**	–	< 0,1%
Instandsetzungen				
Wohngebäude	–	**–**	–	–
Nichtwohngebäude	–	**3**	–	0,2%
Restaurierungsarbeiten	–	**–**	–	–
Sakralbauten	–	**–**	–	–
Sakralbauten mit Restaurierungsarbeiten	–	**–**	–	–
Schwammsanierung	–	**–**	–	–

Einheit: m²
Brutto-Grundfläche (BGF)

Gebäudeart	▷	€/Einheit	◁	KG an 300
Erweiterungen				
Büro- und Verwaltungsgebäude	1	**2**	4	< 0,1%
Schulen	< 1	**2**	4	< 0,1%
Kindergärten	–	**6**	–	0,2%
Wohngebäude: Anbau	–	**–**	–	–
Wohngebäude: Aufstockung	2	**14**	73	0,3%
Wohngebäude: Dachausbau	–	**–**	–	–
Gewerbegebäude	–	**1**	–	< 0,1%
Gebäude anderer Art	1	**5**	11	0,1%
Umbauten				
Büro- und Verwaltungsgebäude	3	**4**	5	0,2%
Arztpraxen	< 1	**3**	4	0,1%
Schulen	–	**10**	–	< 0,1%
Kindergärten	1	**6**	14	0,3%
Ein- und Zweifamilienhäuser	1	**3**	5	< 0,1%
Mehrfamilienhäuser	1	**8**	16	0,2%
Wohnungen	–	**14**	–	0,3%
Hotel und Beherbergung	5	**9**	12	0,5%
Gewerbegebäude	3	**25**	47	1,3%
Museen	–	**–**	–	–
Gemeindezentren	1	**10**	20	0,4%
Gebäude anderer Art	–	**< 1**	–	< 0,1%
Modernisierungen				
Büro- und Verwaltungsgebäude	2	**7**	11	0,1%
Schulen und Kindergärten	< 1	**4**	6	0,2%
Sporthallen	1	**7**	19	0,2%
Ein- und Zweifamilienhäuser vor 1945	3	**6**	9	0,2%
Ein- und Zweifamilienhäuser nach 1945	1	**2**	2	< 0,1%
Wohngebäude vor 1945	–	**9**	–	0,2%
Wohngebäude nach 1945: nur Oberflächen	1	**2**	6	< 0,1%
Wohngebäude nach 1945: mit Tragkonstruktion	1	**3**	9	0,1%
Fachwerkhäuser	–	**6**	–	< 0,1%
Gewerbegebäude	–	**24**	–	0,8%
Gebäude anderer Art	< 1	**2**	4	< 0,1%
Instandsetzungen				
Wohngebäude	5	**13**	33	0,4%
Nichtwohngebäude	< 1	**1**	4	0,3%
Restaurierungsarbeiten	–	**–**	–	–
Sakralbauten	–	**21**	–	0,6%
Sakralbauten mit Restaurierungsarbeiten	< 1	**3**	6	< 0,1%
Schwammsanierung	–	**< 1**	–	0,2%

Kosten:
Stand 2. Quartal 2026
Bundesdurchschnitt
inkl. 19% MwSt.

Einheit: m²
Brutto-Grundfläche (BGF)

▷ von
ø Mittel
◁ bis

Gebäudeart	▷	€/Einheit	◁	KG an 300
Erweiterungen				
Büro- und Verwaltungsgebäude	11	**16**	41	0,9%
Schulen	15	**23**	52	1,2%
Kindergärten	–	**–**	–	–
Wohngebäude: Anbau	5	**18**	28	0,5%
Wohngebäude: Aufstockung	9	**60**	299	1,7%
Wohngebäude: Dachausbau	26	**43**	71	1,0%
Gewerbegebäude	4	**14**	35	0,6%
Gebäude anderer Art	5	**12**	33	0,5%
Umbauten				
Büro- und Verwaltungsgebäude	8	**15**	26	1,3%
Arztpraxen	4	**12**	30	1,0%
Schulen	4	**17**	25	1,2%
Kindergärten	1	**6**	13	0,5%
Ein- und Zweifamilienhäuser	2	**5**	9	0,3%
Mehrfamilienhäuser	3	**9**	19	0,9%
Wohnungen	< 1	**7**	14	0,2%
Hotel und Beherbergung	7	**12**	20	1,1%
Gewerbegebäude	10	**13**	14	1,0%
Museen	–	**28**	–	1,9%
Gemeindezentren	9	**21**	32	1,5%
Gebäude anderer Art	10	**26**	80	1,4%
Modernisierungen				
Büro- und Verwaltungsgebäude	5	**18**	35	1,8%
Schulen und Kindergärten	3	**9**	15	0,7%
Sporthallen	4	**12**	25	1,2%
Ein- und Zweifamilienhäuser vor 1945	1	**6**	17	0,4%
Ein- und Zweifamilienhäuser nach 1945	4	**7**	13	0,6%
Wohngebäude vor 1945	5	**17**	33	1,0%
Wohngebäude nach 1945: nur Oberflächen	1	**4**	11	0,6%
Wohngebäude nach 1945: mit Tragkonstruktion	2	**7**	14	0,5%
Fachwerkhäuser	5	**24**	60	1,4%
Gewerbegebäude	7	**8**	9	0,4%
Gebäude anderer Art	8	**20**	38	1,5%
Instandsetzungen				
Wohngebäude	3	**11**	30	1,2%
Nichtwohngebäude	2	**7**	13	1,1%
Restaurierungsarbeiten	9	**15**	23	1,0%
Sakralbauten	5	**9**	14	0,6%
Sakralbauten mit Restaurierungsarbeiten	4	**14**	27	1,0%
Schwammsanierung	–	**2**	–	1,2%

Einheit: m²
Brutto-Grundfläche (BGF)

Gebäudeart	▷	€/Einheit	◁	KG an 300
Erweiterungen				
Büro- und Verwaltungsgebäude	< 1	**1**	2	< 0,1%
Schulen	–	**39**	–	0,6%
Kindergärten	–	**–**	–	–
Wohngebäude: Anbau	–	**–**	–	–
Wohngebäude: Aufstockung	6	**12**	17	< 0,1%
Wohngebäude: Dachausbau	–	**–**	–	–
Gewerbegebäude	3	**13**	41	0,3%
Gebäude anderer Art	< 1	**1**	2	< 0,1%
Umbauten				
Büro- und Verwaltungsgebäude	< 1	**1**	4	< 0,1%
Arztpraxen	–	**–**	–	–
Schulen	< 1	**1**	3	< 0,1%
Kindergärten	–	**–**	–	–
Ein- und Zweifamilienhäuser	–	**2**	–	< 0,1%
Mehrfamilienhäuser	< 1	**< 1**	< 1	< 0,1%
Wohnungen	–	**–**	–	–
Hotel und Beherbergung	–	**< 1**	–	< 0,1%
Gewerbegebäude	–	**4**	–	0,1%
Museen	–	**–**	–	–
Gemeindezentren	–	**< 1**	–	< 0,1%
Gebäude anderer Art	1	**2**	2	< 0,1%
Modernisierungen				
Büro- und Verwaltungsgebäude	< 1	**< 1**	1	< 0,1%
Schulen und Kindergärten	< 1	**5**	15	< 0,1%
Sporthallen	< 1	**1**	2	< 0,1%
Ein- und Zweifamilienhäuser vor 1945	–	**< 1**	–	< 0,1%
Ein- und Zweifamilienhäuser nach 1945	< 1	**1**	2	< 0,1%
Wohngebäude vor 1945	–	**< 1**	–	< 0,1%
Wohngebäude nach 1945: nur Oberflächen	–	**< 1**	–	< 0,1%
Wohngebäude nach 1945: mit Tragkonstruktion	< 1	**3**	12	0,1%
Fachwerkhäuser	–	**–**	–	–
Gewerbegebäude	–	**–**	–	–
Gebäude anderer Art	2	**3**	5	< 0,1%
Instandsetzungen				
Wohngebäude	< 1	**1**	2	< 0,1%
Nichtwohngebäude	–	**< 1**	–	< 0,1%
Restaurierungsarbeiten	< 1	**4**	5	< 0,1%
Sakralbauten	–	**–**	–	–
Sakralbauten mit Restaurierungsarbeiten	–	**–**	–	–
Schwammsanierung	–	**–**	–	–

Kosten:
Stand 2. Quartal 2026
Bundesdurchschnitt
inkl. 19% MwSt.

Einheit: m²
Brutto-Grundfläche (BGF)

▷ von
ø Mittel
◁ bis

Gebäudeart	▷	€/Einheit	◁	KG an 300
Erweiterungen				
Büro- und Verwaltungsgebäude	–	**5**	–	< 0,1%
Schulen	–	**–**	–	–
Kindergärten	–	**–**	–	–
Wohngebäude: Anbau	–	**–**	–	–
Wohngebäude: Aufstockung	–	**–**	–	–
Wohngebäude: Dachausbau	–	**–**	–	–
Gewerbegebäude	–	**2**	–	< 0,1%
Gebäude anderer Art	3	**4**	5	< 0,1%
Umbauten				
Büro- und Verwaltungsgebäude	–	**36**	–	0,3%
Arztpraxen	–	**–**	–	–
Schulen	2	**3**	3	< 0,1%
Kindergärten	–	**–**	–	–
Ein- und Zweifamilienhäuser	–	**–**	–	–
Mehrfamilienhäuser	2	**3**	3	< 0,1%
Wohnungen	–	**–**	–	–
Hotel und Beherbergung	–	**6**	–	0,1%
Gewerbegebäude	–	**–**	–	–
Museen	–	**–**	–	–
Gemeindezentren	3	**8**	17	0,3%
Gebäude anderer Art	–	**9**	–	0,2%
Modernisierungen				
Büro- und Verwaltungsgebäude	2	**5**	9	0,9%
Schulen und Kindergärten	3	**5**	15	0,2%
Sporthallen	5	**10**	18	0,4%
Ein- und Zweifamilienhäuser vor 1945	–	**–**	–	–
Ein- und Zweifamilienhäuser nach 1945	–	**–**	–	–
Wohngebäude vor 1945	–	**4**	–	< 0,1%
Wohngebäude nach 1945: nur Oberflächen	2	**11**	15	0,3%
Wohngebäude nach 1945: mit Tragkonstruktion	–	**–**	–	–
Fachwerkhäuser	–	**–**	–	–
Gewerbegebäude	–	**5**	–	0,2%
Gebäude anderer Art	11	**32**	53	0,4%
Instandsetzungen				
Wohngebäude	2	**11**	30	0,5%
Nichtwohngebäude	2	**8**	13	0,3%
Restaurierungsarbeiten	–	**4**	–	0,1%
Sakralbauten	–	**–**	–	–
Sakralbauten mit Restaurierungsarbeiten	–	**–**	–	–
Schwammsanierung	–	**–**	–	–

Einheit: m²
Brutto-Grundfläche (BGF)

Kosten:
Stand 2. Quartal 2026
Bundesdurchschnitt
inkl. 19% MwSt.

Einheit: m²
Brutto-Grundfläche (BGF)

▷ von
Ø Mittel
◁ bis

Gebäudeart	▷	€/Einheit	◁	KG an 400
Erweiterungen				
Büro- und Verwaltungsgebäude	10	**24**	52	4,9%
Schulen	13	**19**	29	6,9%
Kindergärten	9	**21**	43	7,8%
Wohngebäude: Anbau	10	**26**	46	6,8%
Wohngebäude: Aufstockung	9	**22**	38	4,3%
Wohngebäude: Dachausbau	4	**9**	14	3,4%
Gewerbegebäude	14	**22**	34	6,7%
Gebäude anderer Art	17	**51**	125	4,6%
Umbauten				
Büro- und Verwaltungsgebäude	5	**15**	31	3,4%
Arztpraxen	6	**30**	55	5,1%
Schulen	20	**25**	30	5,3%
Kindergärten	6	**17**	30	5,7%
Ein- und Zweifamilienhäuser	10	**16**	25	5,7%
Mehrfamilienhäuser	16	**24**	38	8,9%
Wohnungen	11	**16**	20	6,2%
Hotel und Beherbergung	9	**37**	51	5,0%
Gewerbegebäude	10	**20**	25	2,5%
Museen	–	**10**	–	1,5%
Gemeindezentren	13	**25**	57	4,7%
Gebäude anderer Art	10	**14**	19	3,1%
Modernisierungen				
Büro- und Verwaltungsgebäude	4	**14**	23	2,6%
Schulen und Kindergärten	7	**17**	31	4,6%
Sporthallen	16	**26**	42	5,7%
Ein- und Zweifamilienhäuser vor 1945	7	**17**	25	2,9%
Ein- und Zweifamilienhäuser nach 1945	6	**13**	30	3,5%
Wohngebäude vor 1945	12	**28**	77	10,1%
Wohngebäude nach 1945: nur Oberflächen	3	**10**	34	4,6%
Wohngebäude nach 1945: mit Tragkonstruktion	7	**20**	35	5,3%
Fachwerkhäuser	17	**26**	43	8,0%
Gewerbegebäude	–	**98**	–	2,3%
Gebäude anderer Art	2	**14**	23	1,6%
Instandsetzungen				
Wohngebäude	5	**16**	31	8,9%
Nichtwohngebäude	8	**18**	28	15,2%
Restaurierungsarbeiten	3	**14**	47	6,7%
Sakralbauten	–	**6**	–	0,8%
Sakralbauten mit Restaurierungsarbeiten	2	**7**	20	1,6%
Schwammsanierung	–	**–**	–	–

Gebäudeart	▷	€/Einheit	◁	KG an 400
Erweiterungen				
Büro- und Verwaltungsgebäude	5	**14**	28	5,4%
Schulen	15	**23**	33	6,0%
Kindergärten	51	**58**	65	15,5%
Wohngebäude: Anbau	59	**86**	126	11,8%
Wohngebäude: Aufstockung	56	**102**	161	20,6%
Wohngebäude: Dachausbau	38	**76**	144	27,6%
Gewerbegebäude	12	**29**	116	6,2%
Gebäude anderer Art	43	**98**	161	11,3%
Umbauten				
Büro- und Verwaltungsgebäude	17	**33**	82	7,3%
Arztpraxen	30	**68**	105	13,2%
Schulen	42	**50**	59	10,7%
Kindergärten	40	**64**	121	21,6%
Ein- und Zweifamilienhäuser	38	**69**	115	21,6%
Mehrfamilienhäuser	41	**64**	93	21,5%
Wohnungen	58	**86**	156	31,4%
Hotel und Beherbergung	113	**136**	171	21,6%
Gewerbegebäude	48	**61**	88	6,8%
Museen	–	**34**	–	5,0%
Gemeindezentren	21	**31**	43	6,7%
Gebäude anderer Art	30	**47**	94	12,1%
Modernisierungen				
Büro- und Verwaltungsgebäude	17	**32**	60	7,9%
Schulen und Kindergärten	18	**36**	81	9,5%
Sporthallen	13	**53**	85	6,5%
Ein- und Zweifamilienhäuser vor 1945	35	**60**	104	15,5%
Ein- und Zweifamilienhäuser nach 1945	27	**55**	104	13,8%
Wohngebäude vor 1945	45	**66**	81	22,0%
Wohngebäude nach 1945: nur Oberflächen	4	**26**	73	8,1%
Wohngebäude nach 1945: mit Tragkonstruktion	48	**77**	147	14,8%
Fachwerkhäuser	47	**89**	110	27,1%
Gewerbegebäude	–	**125**	–	2,9%
Gebäude anderer Art	7	**41**	55	3,7%
Instandsetzungen				
Wohngebäude	13	**47**	68	11,4%
Nichtwohngebäude	10	**30**	57	16,9%
Restaurierungsarbeiten	< 1	**20**	31	3,7%
Sakralbauten	–	**12**	–	1,6%
Sakralbauten mit Restaurierungsarbeiten	6	**7**	10	1,3%
Schwammsanierung	–	**–**	–	–

Einheit: m²
Brutto-Grundfläche (BGF)

Kosten:
Stand 2. Quartal 2026
Bundesdurchschnitt
inkl. 19% MwSt.

Einheit: m²
Brutto-Grundfläche (BGF)

▷ von
ø Mittel
◁ bis

Gebäudeart	▷	€/Einheit	◁	KG an 400
Erweiterungen				
Büro- und Verwaltungsgebäude	–	**–**	–	–
Schulen	–	**3**	–	< 0,1%
Kindergärten	–	**–**	–	–
Wohngebäude: Anbau	–	**–**	–	–
Wohngebäude: Aufstockung	1	**15**	29	0,4%
Wohngebäude: Dachausbau	–	**–**	–	–
Gewerbegebäude	–	**–**	–	–
Gebäude anderer Art	3	**4**	6	0,1%
Umbauten				
Büro- und Verwaltungsgebäude	–	**3**	–	0,1%
Arztpraxen	–	**–**	–	–
Schulen	–	**2**	–	< 0,1%
Kindergärten	–	**–**	–	–
Ein- und Zweifamilienhäuser	–	**16**	–	0,2%
Mehrfamilienhäuser	< 1	**4**	8	0,3%
Wohnungen	–	**2**	–	0,2%
Hotel und Beherbergung	–	**–**	–	–
Gewerbegebäude	–	**–**	–	–
Museen	–	**–**	–	–
Gemeindezentren	–	**8**	–	0,2%
Gebäude anderer Art	–	**6**	–	0,5%
Modernisierungen				
Büro- und Verwaltungsgebäude	–	**1**	–	< 0,1%
Schulen und Kindergärten	< 1	**< 1**	2	< 0,1%
Sporthallen	–	**2**	–	< 0,1%
Ein- und Zweifamilienhäuser vor 1945	–	**–**	–	–
Ein- und Zweifamilienhäuser nach 1945	–	**6**	–	< 0,1%
Wohngebäude vor 1945	–	**5**	–	0,3%
Wohngebäude nach 1945: nur Oberflächen	–	**–**	–	–
Wohngebäude nach 1945: mit Tragkonstruktion	–	**–**	–	–
Fachwerkhäuser	–	**–**	–	–
Gewerbegebäude	–	**–**	–	–
Gebäude anderer Art	–	**7**	–	< 0,1%
Instandsetzungen				
Wohngebäude	< 1	**< 1**	< 1	< 0,1%
Nichtwohngebäude	–	**< 1**	–	< 0,1%
Restaurierungsarbeiten	–	**–**	–	–
Sakralbauten	–	**–**	–	–
Sakralbauten mit Restaurierungsarbeiten	–	**–**	–	–
Schwammsanierung	–	**–**	–	–

Gebäudeart	▷	€/Einheit	◁	KG an 400
Erweiterungen				
Büro- und Verwaltungsgebäude	1	**4**	10	0,5%
Schulen	1	**3**	4	0,6%
Kindergärten	–	**14**	–	1,5%
Wohngebäude: Anbau	5	**11**	29	0,7%
Wohngebäude: Aufstockung	6	**9**	12	0,5%
Wohngebäude: Dachausbau	–	**–**	–	–
Gewerbegebäude	2	**8**	20	1,4%
Gebäude anderer Art	3	**8**	18	0,8%
Umbauten				
Büro- und Verwaltungsgebäude	5	**9**	16	1,6%
Arztpraxen	2	**9**	14	1,4%
Schulen	3	**4**	6	0,9%
Kindergärten	2	**8**	12	2,0%
Ein- und Zweifamilienhäuser	5	**12**	48	1,5%
Mehrfamilienhäuser	3	**5**	7	1,2%
Wohnungen	4	**5**	5	0,8%
Hotel und Beherbergung	7	**18**	29	2,8%
Gewerbegebäude	3	**6**	9	0,5%
Museen	–	**–**	–	–
Gemeindezentren	3	**6**	9	1,3%
Gebäude anderer Art	2	**4**	10	1,2%
Modernisierungen				
Büro- und Verwaltungsgebäude	3	**5**	9	0,9%
Schulen und Kindergärten	3	**5**	11	0,8%
Sporthallen	4	**5**	9	0,5%
Ein- und Zweifamilienhäuser vor 1945	3	**4**	5	0,3%
Ein- und Zweifamilienhäuser nach 1945	3	**5**	7	0,6%
Wohngebäude vor 1945	3	**6**	12	1,3%
Wohngebäude nach 1945: nur Oberflächen	5	**8**	9	0,4%
Wohngebäude nach 1945: mit Tragkonstruktion	4	**8**	16	1,1%
Fachwerkhäuser	–	**3**	–	0,4%
Gewerbegebäude	–	**–**	–	–
Gebäude anderer Art	4	**6**	10	0,4%
Instandsetzungen				
Wohngebäude	3	**5**	9	0,4%
Nichtwohngebäude	1	**2**	4	1,1%
Restaurierungsarbeiten	1	**5**	8	0,4%
Sakralbauten	–	**3**	–	0,4%
Sakralbauten mit Restaurierungsarbeiten	–	**< 1**	–	< 0,1%
Schwammsanierung	–	**–**	–	–

Einheit: m²
Brutto-Grundfläche (BGF)

421 Wärmeerzeugungsanlagen

Kosten:
Stand 2. Quartal 2026
Bundesdurchschnitt
inkl. 19% MwSt.

Einheit: m²
Brutto-Grundfläche (BGF)

Gebäudeart	▷	€/Einheit	◁	KG an 400
Erweiterungen				
Büro- und Verwaltungsgebäude	6	**17**	40	2,1%
Schulen	2	**17**	32	2,4%
Kindergärten	10	**17**	24	4,9%
Wohngebäude: Anbau	47	**148**	464	18,3%
Wohngebäude: Aufstockung	23	**53**	74	7,8%
Wohngebäude: Dachausbau	3	**21**	58	2,5%
Gewerbegebäude	10	**33**	56	6,5%
Gebäude anderer Art	51	**131**	262	8,3%
Umbauten				
Büro- und Verwaltungsgebäude	23	**31**	40	5,0%
Arztpraxen	6	**8**	9	0,5%
Schulen	11	**17**	25	3,8%
Kindergärten	2	**30**	60	4,8%
Ein- und Zweifamilienhäuser	33	**63**	113	17,2%
Mehrfamilienhäuser	17	**39**	60	11,8%
Wohnungen	58	**76**	94	16,3%
Hotel und Beherbergung	21	**48**	87	9,8%
Gewerbegebäude	28	**44**	60	3,7%
Museen	–	**46**	–	6,6%
Gemeindezentren	8	**24**	50	4,2%
Gebäude anderer Art	1	**7**	10	0,6%
Modernisierungen				
Büro- und Verwaltungsgebäude	7	**20**	39	6,1%
Schulen und Kindergärten	6	**19**	36	5,1%
Sporthallen	8	**31**	64	3,3%
Ein- und Zweifamilienhäuser vor 1945	64	**121**	176	32,6%
Ein- und Zweifamilienhäuser nach 1945	25	**68**	135	22,9%
Wohngebäude vor 1945	18	**38**	72	11,0%
Wohngebäude nach 1945: nur Oberflächen	13	**38**	103	17,4%
Wohngebäude nach 1945: mit Tragkonstruktion	18	**52**	93	16,9%
Fachwerkhäuser	18	**30**	36	9,2%
Gewerbegebäude	–	**–**	–	–
Gebäude anderer Art	8	**28**	56	2,5%
Instandsetzungen				
Wohngebäude	25	**47**	66	7,0%
Nichtwohngebäude	1	**14**	26	2,2%
Restaurierungsarbeiten	< 1	**16**	30	1,1%
Sakralbauten	–	**54**	–	7,3%
Sakralbauten mit Restaurierungsarbeiten	2	**27**	51	3,5%
Schwammsanierung	–	**–**	–	–

▷ von
ø Mittel
◁ bis

Gebäudeart	▷	€/Einheit	◁	KG an 400
Erweiterungen				
Büro- und Verwaltungsgebäude	18	**31**	50	5,0%
Schulen	14	**38**	73	6,8%
Kindergärten	22	**24**	27	9,1%
Wohngebäude: Anbau	10	**23**	52	3,0%
Wohngebäude: Aufstockung	15	**31**	54	5,6%
Wohngebäude: Dachausbau	37	**58**	88	8,0%
Gewerbegebäude	11	**30**	45	7,4%
Gebäude anderer Art	34	**81**	180	8,7%
Umbauten				
Büro- und Verwaltungsgebäude	6	**13**	20	3,3%
Arztpraxen	4	**20**	33	2,8%
Schulen	34	**45**	56	9,7%
Kindergärten	12	**26**	59	8,3%
Ein- und Zweifamilienhäuser	13	**28**	42	7,3%
Mehrfamilienhäuser	13	**23**	43	7,4%
Wohnungen	16	**32**	64	9,9%
Hotel und Beherbergung	10	**22**	29	3,1%
Gewerbegebäude	44	**51**	63	6,0%
Museen	–	**37**	–	5,3%
Gemeindezentren	14	**36**	53	8,1%
Gebäude anderer Art	20	**33**	43	5,8%
Modernisierungen				
Büro- und Verwaltungsgebäude	15	**29**	55	5,3%
Schulen und Kindergärten	19	**27**	40	7,3%
Sporthallen	16	**49**	92	8,7%
Ein- und Zweifamilienhäuser vor 1945	5	**18**	27	4,1%
Ein- und Zweifamilienhäuser nach 1945	10	**20**	29	3,5%
Wohngebäude vor 1945	16	**26**	37	8,0%
Wohngebäude nach 1945: nur Oberflächen	2	**16**	35	4,7%
Wohngebäude nach 1945: mit Tragkonstruktion	17	**28**	58	8,2%
Fachwerkhäuser	15	**26**	32	8,3%
Gewerbegebäude	67	**113**	159	9,9%
Gebäude anderer Art	20	**50**	171	4,7%
Instandsetzungen				
Wohngebäude	12	**26**	43	4,4%
Nichtwohngebäude	7	**17**	37	3,9%
Restaurierungsarbeiten	3	**24**	36	4,2%
Sakralbauten	–	**17**	–	2,3%
Sakralbauten mit Restaurierungsarbeiten	2	**10**	14	1,9%
Schwammsanierung	–	**< 1**	–	100,0%

Einheit: m²
Brutto-Grundfläche (BGF)

Kosten:
Stand 2. Quartal 2026
Bundesdurchschnitt
inkl. 19% MwSt.

Einheit: m²
Brutto-Grundfläche (BGF)

▷ von
ø Mittel
◁ bis

Gebäudeart	▷	€/Einheit	◁	KG an 400
Erweiterungen				
Büro- und Verwaltungsgebäude	19	**41**	56	6,7%
Schulen	16	**39**	61	10,5%
Kindergärten	24	**34**	53	12,8%
Wohngebäude: Anbau	43	**68**	122	22,3%
Wohngebäude: Aufstockung	17	**49**	86	7,9%
Wohngebäude: Dachausbau	31	**60**	98	20,4%
Gewerbegebäude	21	**37**	80	10,4%
Gebäude anderer Art	27	**47**	69	6,6%
Umbauten				
Büro- und Verwaltungsgebäude	15	**28**	49	6,9%
Arztpraxen	8	**31**	62	4,2%
Schulen	23	**31**	39	6,6%
Kindergärten	19	**31**	43	11,3%
Ein- und Zweifamilienhäuser	34	**53**	84	14,1%
Mehrfamilienhäuser	23	**38**	50	12,9%
Wohnungen	30	**39**	66	14,5%
Hotel und Beherbergung	19	**26**	31	4,4%
Gewerbegebäude	4	**26**	33	4,1%
Museen	–	**60**	–	8,6%
Gemeindezentren	19	**35**	52	7,0%
Gebäude anderer Art	21	**29**	35	7,4%
Modernisierungen				
Büro- und Verwaltungsgebäude	14	**33**	82	5,2%
Schulen und Kindergärten	12	**23**	36	6,1%
Sporthallen	37	**90**	211	15,5%
Ein- und Zweifamilienhäuser vor 1945	7	**27**	48	6,6%
Ein- und Zweifamilienhäuser nach 1945	17	**32**	57	10,4%
Wohngebäude vor 1945	15	**42**	63	11,9%
Wohngebäude nach 1945: nur Oberflächen	4	**16**	26	7,9%
Wohngebäude nach 1945: mit Tragkonstruktion	16	**26**	32	6,9%
Fachwerkhäuser	26	**53**	72	17,1%
Gewerbegebäude	24	**29**	33	2,3%
Gebäude anderer Art	32	**67**	261	7,4%
Instandsetzungen				
Wohngebäude	21	**35**	62	6,3%
Nichtwohngebäude	2	**14**	31	5,5%
Restaurierungsarbeiten	12	**29**	40	5,2%
Sakralbauten	–	**69**	–	9,3%
Sakralbauten mit Restaurierungsarbeiten	2	**46**	68	8,2%
Schwammsanierung	–	**–**	–	–

Gebäudeart	▷	€/Einheit	◁	KG an 400
Erweiterungen				
Büro- und Verwaltungsgebäude	< 1	**2**	3	0,2%
Schulen	–	**–**	–	–
Kindergärten	–	**4**	–	0,7%
Wohngebäude: Anbau	17	**52**	113	4,6%
Wohngebäude: Aufstockung	13	**60**	180	5,9%
Wohngebäude: Dachausbau	18	**31**	44	7,9%
Gewerbegebäude	8	**10**	11	0,6%
Gebäude anderer Art	3	**8**	17	0,7%
Umbauten				
Büro- und Verwaltungsgebäude	3	**10**	26	1,1%
Arztpraxen	–	**–**	–	–
Schulen	2	**4**	8	0,4%
Kindergärten	2	**6**	13	1,0%
Ein- und Zweifamilienhäuser	7	**20**	37	3,7%
Mehrfamilienhäuser	8	**14**	51	4,6%
Wohnungen	11	**12**	12	2,3%
Hotel und Beherbergung	< 1	**< 1**	1	< 0,1%
Gewerbegebäude	< 1	**5**	9	0,4%
Museen	–	**3**	–	0,5%
Gemeindezentren	4	**11**	17	0,5%
Gebäude anderer Art	–	**–**	–	–
Modernisierungen				
Büro- und Verwaltungsgebäude	1	**3**	4	0,1%
Schulen und Kindergärten	2	**5**	13	1,2%
Sporthallen	1	**4**	16	4,0%
Ein- und Zweifamilienhäuser vor 1945	13	**23**	54	5,2%
Ein- und Zweifamilienhäuser nach 1945	4	**9**	16	2,6%
Wohngebäude vor 1945	6	**12**	25	3,2%
Wohngebäude nach 1945: nur Oberflächen	3	**9**	17	14,9%
Wohngebäude nach 1945: mit Tragkonstruktion	3	**9**	19	4,6%
Fachwerkhäuser	8	**15**	26	4,6%
Gewerbegebäude	–	**< 1**	–	< 0,1%
Gebäude anderer Art	11	**16**	24	0,6%
Instandsetzungen				
Wohngebäude	5	**10**	21	18,7%
Nichtwohngebäude	–	**2**	–	< 0,1%
Restaurierungsarbeiten	5	**7**	11	6,1%
Sakralbauten	5	**7**	9	4,6%
Sakralbauten mit Restaurierungsarbeiten	–	**1**	–	0,1%
Schwammsanierung	–	**–**	–	–

Einheit: m²
Brutto-Grundfläche (BGF)

431
Lüftungsanlagen

Kosten:
Stand 2. Quartal 2026
Bundesdurchschnitt
inkl. 19% MwSt.

Einheit: m²
Brutto-Grundfläche (BGF)

▷ von
ø Mittel
◁ bis

Gebäudeart	▷	€/Einheit	◁	KG an 400
Erweiterungen				
Büro- und Verwaltungsgebäude	6	**41**	59	4,3%
Schulen	69	**123**	176	16,2%
Kindergärten	5	**8**	11	2,0%
Wohngebäude: Anbau	–	**17**	–	0,3%
Wohngebäude: Aufstockung	24	**56**	98	10,6%
Wohngebäude: Dachausbau	–	**11**	–	0,5%
Gewerbegebäude	5	**24**	85	2,7%
Gebäude anderer Art	4	**195**	355	7,8%
Umbauten				
Büro- und Verwaltungsgebäude	10	**48**	88	8,4%
Arztpraxen	19	**53**	182	4,6%
Schulen	14	**29**	44	6,0%
Kindergärten	9	**52**	95	7,3%
Ein- und Zweifamilienhäuser	29	**51**	79	3,3%
Mehrfamilienhäuser	3	**6**	10	1,3%
Wohnungen	–	**–**	–	–
Hotel und Beherbergung	27	**53**	94	7,4%
Gewerbegebäude	157	**175**	192	15,2%
Museen	–	**–**	–	–
Gemeindezentren	12	**67**	143	15,3%
Gebäude anderer Art	19	**74**	154	12,8%
Modernisierungen				
Büro- und Verwaltungsgebäude	7	**29**	122	5,6%
Schulen und Kindergärten	11	**37**	112	7,9%
Sporthallen	9	**59**	94	11,2%
Ein- und Zweifamilienhäuser vor 1945	22	**58**	92	16,3%
Ein- und Zweifamilienhäuser nach 1945	2	**35**	78	9,9%
Wohngebäude vor 1945	6	**21**	50	3,8%
Wohngebäude nach 1945: nur Oberflächen	9	**32**	77	9,0%
Wohngebäude nach 1945: mit Tragkonstruktion	16	**47**	103	11,2%
Fachwerkhäuser	5	**5**	6	1,2%
Gewerbegebäude	–	**347**	–	8,2%
Gebäude anderer Art	30	**76**	202	4,0%
Instandsetzungen				
Wohngebäude	7	**14**	50	2,0%
Nichtwohngebäude	15	**38**	78	8,6%
Restaurierungsarbeiten	2	**23**	44	1,6%
Sakralbauten	–	**–**	–	–
Sakralbauten mit Restaurierungsarbeiten	2	**23**	35	4,4%
Schwammsanierung	–	**–**	–	–

Gebäudeart	▷	€/Einheit	◁	KG an 400
Erweiterungen				
Büro- und Verwaltungsgebäude	12	**66**	173	4,8%
Schulen	–	**< 1**	–	< 0,1%
Kindergärten	–	**–**	–	–
Wohngebäude: Anbau	–	**–**	–	–
Wohngebäude: Aufstockung	–	**–**	–	–
Wohngebäude: Dachausbau	–	**–**	–	–
Gewerbegebäude	–	**–**	–	–
Gebäude anderer Art	52	**77**	101	3,4%
Umbauten				
Büro- und Verwaltungsgebäude	2	**5**	9	0,4%
Arztpraxen	42	**82**	123	4,0%
Schulen	–	**11**	–	0,4%
Kindergärten	–	**–**	–	–
Ein- und Zweifamilienhäuser	–	**–**	–	–
Mehrfamilienhäuser	–	**–**	–	–
Wohnungen	–	**–**	–	–
Hotel und Beherbergung	–	**–**	–	–
Gewerbegebäude	–	**314**	–	9,2%
Museen	–	**–**	–	–
Gemeindezentren	–	**–**	–	–
Gebäude anderer Art	–	**–**	–	–
Modernisierungen				
Büro- und Verwaltungsgebäude	–	**25**	–	0,8%
Schulen und Kindergärten	8	**55**	150	2,0%
Sporthallen	–	**10**	–	0,1%
Ein- und Zweifamilienhäuser vor 1945	–	**–**	–	–
Ein- und Zweifamilienhäuser nach 1945	–	**–**	–	–
Wohngebäude vor 1945	–	**–**	–	–
Wohngebäude nach 1945: nur Oberflächen	–	**–**	–	–
Wohngebäude nach 1945: mit Tragkonstruktion	–	**–**	–	–
Fachwerkhäuser	–	**–**	–	–
Gewerbegebäude	–	**–**	–	–
Gebäude anderer Art	–	**–**	–	–
Instandsetzungen				
Wohngebäude	–	**–**	–	–
Nichtwohngebäude	–	**–**	–	–
Restaurierungsarbeiten	–	**–**	–	–
Sakralbauten	–	**–**	–	–
Sakralbauten mit Restaurierungsarbeiten	–	**–**	–	–
Schwammsanierung	–	**–**	–	–

Einheit: m²
Brutto-Grundfläche (BGF)

Gebäudeart	▷	€/Einheit	◁	KG an 400
Erweiterungen				
Büro- und Verwaltungsgebäude	8	**70**	131	5,5%
Schulen	–	**–**	–	–
Kindergärten	–	**–**	–	–
Wohngebäude: Anbau	–	**–**	–	–
Wohngebäude: Aufstockung	–	**–**	–	–
Wohngebäude: Dachausbau	–	**–**	–	–
Gewerbegebäude	23	**45**	67	2,4%
Gebäude anderer Art	–	**40**	–	0,7%
Umbauten				
Büro- und Verwaltungsgebäude	16	**33**	50	1,8%
Arztpraxen	–	**147**	–	4,0%
Schulen	–	**–**	–	–
Kindergärten	–	**–**	–	–
Ein- und Zweifamilienhäuser	–	**–**	–	–
Mehrfamilienhäuser	–	**–**	–	–
Wohnungen	–	**–**	–	–
Hotel und Beherbergung	–	**4**	–	0,2%
Gewerbegebäude	–	**46**	–	2,1%
Museen	–	**–**	–	–
Gemeindezentren	–	**1**	–	< 0,1%
Gebäude anderer Art	–	**–**	–	–
Modernisierungen				
Büro- und Verwaltungsgebäude	–	**< 1**	–	0,2%
Schulen und Kindergärten	–	**–**	–	–
Sporthallen	–	**–**	–	–
Ein- und Zweifamilienhäuser vor 1945	–	**–**	–	–
Ein- und Zweifamilienhäuser nach 1945	–	**–**	–	–
Wohngebäude vor 1945	–	**–**	–	–
Wohngebäude nach 1945: nur Oberflächen	–	**–**	–	–
Wohngebäude nach 1945: mit Tragkonstruktion	–	**–**	–	–
Fachwerkhäuser	–	**–**	–	–
Gewerbegebäude	–	**–**	–	–
Gebäude anderer Art	–	**–**	–	–
Instandsetzungen				
Wohngebäude	–	**–**	–	–
Nichtwohngebäude	–	**–**	–	–
Restaurierungsarbeiten	–	**–**	–	–
Sakralbauten	–	**–**	–	–
Sakralbauten mit Restaurierungsarbeiten	–	**–**	–	–
Schwammsanierung	–	**–**	–	–

Kosten:
Stand 2. Quartal 2026
Bundesdurchschnitt
inkl. 19% MwSt.

Einheit: m²
Brutto-Grundfläche (BGF)

▷ von
ø Mittel
◁ bis

Gebäudeart	▷	€/Einheit	◁	KG an 400
Erweiterungen				
Büro- und Verwaltungsgebäude	–	**109**	–	4,3%
Schulen	–	–	–	–
Kindergärten	–	–	–	–
Wohngebäude: Anbau	–	–	–	–
Wohngebäude: Aufstockung	–	–	–	–
Wohngebäude: Dachausbau	–	–	–	–
Gewerbegebäude	–	**25**	–	1,1%
Gebäude anderer Art	–	–	–	–
Umbauten				
Büro- und Verwaltungsgebäude	1	**5**	9	0,5%
Arztpraxen	–	–	–	–
Schulen	–	–	–	–
Kindergärten	–	–	–	–
Ein- und Zweifamilienhäuser	–	–	–	–
Mehrfamilienhäuser	–	–	–	–
Wohnungen	–	–	–	–
Hotel und Beherbergung	–	–	–	–
Gewerbegebäude	–	–	–	–
Museen	–	–	–	–
Gemeindezentren	–	**18**	–	0,2%
Gebäude anderer Art	41	**85**	130	3,5%
Modernisierungen				
Büro- und Verwaltungsgebäude	–	**39**	–	0,4%
Schulen und Kindergärten	–	–	–	–
Sporthallen	–	–	–	–
Ein- und Zweifamilienhäuser vor 1945	–	–	–	–
Ein- und Zweifamilienhäuser nach 1945	–	–	–	–
Wohngebäude vor 1945	–	–	–	–
Wohngebäude nach 1945: nur Oberflächen	–	–	–	–
Wohngebäude nach 1945: mit Tragkonstruktion	–	–	–	–
Fachwerkhäuser	–	–	–	–
Gewerbegebäude	–	**251**	–	5,9%
Gebäude anderer Art	39	**57**	84	2,3%
Instandsetzungen				
Wohngebäude	–	–	–	–
Nichtwohngebäude	–	–	–	–
Restaurierungsarbeiten	–	–	–	–
Sakralbauten	–	–	–	–
Sakralbauten mit Restaurierungsarbeiten	–	–	–	–
Schwammsanierung	–	–	–	–

Einheit: m²
Brutto-Grundfläche (BGF)

442 Eigenstrom-versorgungs-anlagen

Kosten:
Stand 2. Quartal 2026
Bundesdurchschnitt
inkl. 19% MwSt.

Einheit: m²
Brutto-Grundfläche (BGF)

▷ von
ø Mittel
◁ bis

Gebäudeart	▷	€/Einheit	◁	KG an 400
Erweiterungen				
Büro- und Verwaltungsgebäude	5	**16**	27	1,0%
Schulen	–	**23**	–	0,6%
Kindergärten	–	–	–	–
Wohngebäude: Anbau	–	–	–	–
Wohngebäude: Aufstockung	–	**1**	–	< 0,1%
Wohngebäude: Dachausbau	–	**157**	–	4,3%
Gewerbegebäude	–	**< 1**	–	< 0,1%
Gebäude anderer Art	21	**28**	35	0,6%
Umbauten				
Büro- und Verwaltungsgebäude	5	**6**	7	0,4%
Arztpraxen	–	–	–	–
Schulen	2	**6**	10	0,8%
Kindergärten	–	–	–	–
Ein- und Zweifamilienhäuser	–	–	–	–
Mehrfamilienhäuser	–	**61**	–	1,1%
Wohnungen	–	–	–	–
Hotel und Beherbergung	–	**34**	–	1,3%
Gewerbegebäude	–	–	–	–
Museen	–	–	–	–
Gemeindezentren	–	–	–	–
Gebäude anderer Art	–	**23**	–	0,8%
Modernisierungen				
Büro- und Verwaltungsgebäude	5	**15**	34	0,4%
Schulen und Kindergärten	10	**60**	405	5,5%
Sporthallen	3	**11**	27	0,4%
Ein- und Zweifamilienhäuser vor 1945	–	–	–	–
Ein- und Zweifamilienhäuser nach 1945	–	–	–	–
Wohngebäude vor 1945	–	–	–	–
Wohngebäude nach 1945: nur Oberflächen	–	**60**	–	0,9%
Wohngebäude nach 1945: mit Tragkonstruktion	9	**59**	108	1,9%
Fachwerkhäuser	–	–	–	–
Gewerbegebäude	–	–	–	–
Gebäude anderer Art	–	**7**	–	0,1%
Instandsetzungen				
Wohngebäude	23	**48**	76	4,6%
Nichtwohngebäude	–	–	–	–
Restaurierungsarbeiten	–	–	–	–
Sakralbauten	–	–	–	–
Sakralbauten mit Restaurierungsarbeiten	–	–	–	–
Schwammsanierung	–	–	–	–

Gebäudeart	▷	€/Einheit	◁	KG an 400
Erweiterungen				
Büro- und Verwaltungsgebäude	–	**–**	–	–
Schulen	–	**11**	–	0,3%
Kindergärten	–	**–**	–	–
Wohngebäude: Anbau	–	**–**	–	–
Wohngebäude: Aufstockung	–	**4**	–	< 0,1%
Wohngebäude: Dachausbau	–	**–**	–	–
Gewerbegebäude	–	**8**	–	0,1%
Gebäude anderer Art	–	**–**	–	–
Umbauten				
Büro- und Verwaltungsgebäude	–	**–**	–	–
Arztpraxen	–	**–**	–	–
Schulen	4	**14**	24	0,8%
Kindergärten	–	**–**	–	–
Ein- und Zweifamilienhäuser	–	**–**	–	–
Mehrfamilienhäuser	–	**–**	–	–
Wohnungen	–	**–**	–	–
Hotel und Beherbergung	–	**6**	–	0,2%
Gewerbegebäude	–	**–**	–	–
Museen	–	**–**	–	–
Gemeindezentren	< 1	**9**	14	0,9%
Gebäude anderer Art	–	**9**	–	0,3%
Modernisierungen				
Büro- und Verwaltungsgebäude	6	**23**	40	0,5%
Schulen und Kindergärten	–	**24**	–	0,2%
Sporthallen	–	**10**	–	0,1%
Ein- und Zweifamilienhäuser vor 1945	–	**–**	–	–
Ein- und Zweifamilienhäuser nach 1945	–	**–**	–	–
Wohngebäude vor 1945	–	**–**	–	–
Wohngebäude nach 1945: nur Oberflächen	–	**–**	–	–
Wohngebäude nach 1945: mit Tragkonstruktion	–	**–**	–	–
Fachwerkhäuser	–	**–**	–	–
Gewerbegebäude	–	**14**	–	0,3%
Gebäude anderer Art	–	**49**	–	0,5%
Instandsetzungen				
Wohngebäude	–	**–**	–	–
Nichtwohngebäude	–	**11**	–	0,5%
Restaurierungsarbeiten	–	**–**	–	–
Sakralbauten	–	**–**	–	–
Sakralbauten mit Restaurierungsarbeiten	–	**–**	–	–
Schwammsanierung	–	**–**	–	–

Einheit: m^2
Brutto-Grundfläche (BGF)

444
Niederspannungs-installationsanlagen

Kosten:
Stand 2. Quartal 2026
Bundesdurchschnitt
inkl. 19% MwSt.

Einheit: m²
Brutto-Grundfläche (BGF)

Gebäudeart	▷	€/Einheit	◁	KG an 400
Erweiterungen				
Büro- und Verwaltungsgebäude	64	**100**	143	28,6%
Schulen	45	**93**	164	17,3%
Kindergärten	52	**89**	158	32,6%
Wohngebäude: Anbau	35	**60**	108	13,4%
Wohngebäude: Aufstockung	56	**91**	143	16,9%
Wohngebäude: Dachausbau	35	**70**	103	23,3%
Gewerbegebäude	42	**68**	100	19,7%
Gebäude anderer Art	86	**118**	165	15,5%
Umbauten				
Büro- und Verwaltungsgebäude	67	**91**	140	22,8%
Arztpraxen	63	**106**	191	25,2%
Schulen	61	**78**	108	16,3%
Kindergärten	26	**48**	73	16,1%
Ein- und Zweifamilienhäuser	30	**53**	78	16,4%
Mehrfamilienhäuser	35	**54**	74	17,3%
Wohnungen	24	**36**	47	13,4%
Hotel und Beherbergung	37	**72**	89	10,6%
Gewerbegebäude	51	**101**	152	16,6%
Museen	–	**113**	–	16,2%
Gemeindezentren	48	**69**	116	14,0%
Gebäude anderer Art	68	**140**	376	22,7%
Modernisierungen				
Büro- und Verwaltungsgebäude	50	**101**	171	22,4%
Schulen und Kindergärten	34	**56**	103	14,9%
Sporthallen	14	**39**	67	10,7%
Ein- und Zweifamilienhäuser vor 1945	18	**40**	58	12,9%
Ein- und Zweifamilienhäuser nach 1945	35	**54**	72	18,0%
Wohngebäude vor 1945	44	**58**	75	15,9%
Wohngebäude nach 1945: nur Oberflächen	6	**28**	66	8,5%
Wohngebäude nach 1945: mit Tragkonstruktion	31	**48**	101	13,1%
Fachwerkhäuser	42	**57**	66	17,7%
Gewerbegebäude	109	**155**	202	10,5%
Gebäude anderer Art	43	**100**	153	17,1%
Instandsetzungen				
Wohngebäude	15	**45**	88	20,8%
Nichtwohngebäude	9	**29**	48	17,1%
Restaurierungsarbeiten	3	**35**	57	30,0%
Sakralbauten	8	**21**	44	16,9%
Sakralbauten mit Restaurierungsarbeiten	29	**71**	208	20,6%
Schwammsanierung	–	**–**	–	–

▷ von
ø Mittel
◁ bis

Gebäudeart	▷	€/Einheit	◁	KG an 400
Erweiterungen				
Büro- und Verwaltungsgebäude	46	**81**	109	13,4%
Schulen	59	**85**	111	11,2%
Kindergärten	12	**19**	22	7,4%
Wohngebäude: Anbau	7	**24**	55	4,8%
Wohngebäude: Aufstockung	8	**32**	111	3,9%
Wohngebäude: Dachausbau	–	**18**	–	0,5%
Gewerbegebäude	16	**38**	64	10,3%
Gebäude anderer Art	23	**71**	153	6,6%
Umbauten				
Büro- und Verwaltungsgebäude	32	**67**	86	16,5%
Arztpraxen	58	**84**	140	23,8%
Schulen	41	**64**	76	13,2%
Kindergärten	18	**38**	75	11,6%
Ein- und Zweifamilienhäuser	1	**3**	4	0,3%
Mehrfamilienhäuser	2	**6**	14	1,6%
Wohnungen	3	**22**	41	3,3%
Hotel und Beherbergung	28	**48**	89	7,3%
Gewerbegebäude	28	**139**	267	22,5%
Museen	–	**91**	–	13,0%
Gemeindezentren	31	**50**	93	9,8%
Gebäude anderer Art	38	**68**	177	12,4%
Modernisierungen				
Büro- und Verwaltungsgebäude	31	**65**	151	13,3%
Schulen und Kindergärten	29	**51**	82	13,4%
Sporthallen	15	**39**	58	11,0%
Ein- und Zweifamilienhäuser vor 1945	1	**5**	8	0,6%
Ein- und Zweifamilienhäuser nach 1945	5	**23**	100	3,8%
Wohngebäude vor 1945	4	**16**	60	2,4%
Wohngebäude nach 1945: nur Oberflächen	1	**4**	8	6,0%
Wohngebäude nach 1945: mit Tragkonstruktion	3	**8**	17	4,2%
Fachwerkhäuser	3	**5**	6	1,7%
Gewerbegebäude	30	**179**	328	18,0%
Gebäude anderer Art	55	**115**	213	22,5%
Instandsetzungen				
Wohngebäude	2	**8**	33	1,6%
Nichtwohngebäude	6	**20**	40	5,7%
Restaurierungsarbeiten	5	**33**	64	17,5%
Sakralbauten	1	**6**	9	4,4%
Sakralbauten mit Restaurierungsarbeiten	10	**50**	82	15,9%
Schwammsanierung	–	**–**	–	–

Einheit: m²
Brutto-Grundfläche (BGF)

446 Blitzschutz- und Erdungsanlagen

Kosten:
Stand 2. Quartal 2026
Bundesdurchschnitt
inkl. 19% MwSt.

Einheit: m²
Brutto-Grundfläche (BGF)

Gebäudeart	▷	€/Einheit	◁	KG an 400
Erweiterungen				
Büro- und Verwaltungsgebäude	2	**4**	7	0,7%
Schulen	2	**5**	8	1,9%
Kindergärten	< 1	**6**	9	2,1%
Wohngebäude: Anbau	5	**8**	18	1,6%
Wohngebäude: Aufstockung	1	**4**	6	0,6%
Wohngebäude: Dachausbau	< 1	**6**	11	0,3%
Gewerbegebäude	4	**13**	27	2,9%
Gebäude anderer Art	6	**14**	53	1,1%
Umbauten				
Büro- und Verwaltungsgebäude	2	**6**	14	1,2%
Arztpraxen	4	**4**	5	0,2%
Schulen	3	**6**	12	1,2%
Kindergärten	< 1	**4**	11	1,4%
Ein- und Zweifamilienhäuser	< 1	**2**	4	0,2%
Mehrfamilienhäuser	1	**3**	7	0,7%
Wohnungen	–	**< 1**	–	< 0,1%
Hotel und Beherbergung	8	**9**	9	1,4%
Gewerbegebäude	–	**1**	–	< 0,1%
Museen	–	**5**	–	0,7%
Gemeindezentren	5	**10**	14	1,9%
Gebäude anderer Art	2	**6**	14	1,2%
Modernisierungen				
Büro- und Verwaltungsgebäude	2	**7**	11	1,3%
Schulen und Kindergärten	3	**5**	9	1,4%
Sporthallen	7	**13**	24	3,6%
Ein- und Zweifamilienhäuser vor 1945	2	**5**	10	0,6%
Ein- und Zweifamilienhäuser nach 1945	< 1	**1**	2	0,2%
Wohngebäude vor 1945	1	**2**	4	0,5%
Wohngebäude nach 1945: nur Oberflächen	< 1	**1**	3	0,7%
Wohngebäude nach 1945: mit Tragkonstruktion	< 1	**2**	7	3,0%
Fachwerkhäuser	2	**3**	6	1,0%
Gewerbegebäude	–	**–**	–	–
Gebäude anderer Art	1	**10**	14	11,1%
Instandsetzungen				
Wohngebäude	1	**4**	13	0,5%
Nichtwohngebäude	< 1	**6**	10	15,3%
Restaurierungsarbeiten	1	**13**	20	3,1%
Sakralbauten	21	**30**	36	28,5%
Sakralbauten mit Restaurierungsarbeiten	1	**11**	15	3,4%
Schwammsanierung	–	**–**	–	–

▷ von
ø Mittel
◁ bis

Gebäudeart	▷	€/Einheit	◁	KG an 400
Erweiterungen				
Büro- und Verwaltungsgebäude	< 1	**4**	9	0,2%
Schulen	2	**8**	14	0,5%
Kindergärten	< 1	**< 1**	1	0,2%
Wohngebäude: Anbau	3	**5**	10	0,5%
Wohngebäude: Aufstockung	1	**3**	6	0,4%
Wohngebäude: Dachausbau	3	**4**	5	0,3%
Gewerbegebäude	1	**3**	5	0,7%
Gebäude anderer Art	2	**8**	15	0,3%
Umbauten				
Büro- und Verwaltungsgebäude	1	**2**	4	0,5%
Arztpraxen	4	**6**	12	0,7%
Schulen	2	**4**	6	0,8%
Kindergärten	< 1	**3**	14	0,4%
Ein- und Zweifamilienhäuser	< 1	**2**	3	0,2%
Mehrfamilienhäuser	< 1	**1**	2	0,3%
Wohnungen	–	**< 1**	–	< 0,1%
Hotel und Beherbergung	9	**13**	17	1,1%
Gewerbegebäude	3	**4**	5	0,3%
Museen	–	**–**	–	–
Gemeindezentren	1	**3**	5	0,2%
Gebäude anderer Art	–	**–**	–	–
Modernisierungen				
Büro- und Verwaltungsgebäude	2	**6**	8	0,6%
Schulen und Kindergärten	< 1	**2**	4	0,5%
Sporthallen	< 1	**< 1**	2	< 0,1%
Ein- und Zweifamilienhäuser vor 1945	< 1	**1**	2	0,3%
Ein- und Zweifamilienhäuser nach 1945	< 1	**1**	3	0,3%
Wohngebäude vor 1945	< 1	**1**	3	0,4%
Wohngebäude nach 1945: nur Oberflächen	< 1	**2**	4	1,6%
Wohngebäude nach 1945: mit Tragkonstruktion	< 1	**4**	13	0,5%
Fachwerkhäuser	< 1	**1**	2	0,2%
Gewerbegebäude	< 1	**27**	53	1,3%
Gebäude anderer Art	2	**18**	34	0,9%
Instandsetzungen				
Wohngebäude	< 1	**1**	4	0,2%
Nichtwohngebäude	1	**1**	1	0,2%
Restaurierungsarbeiten	< 1	**4**	7	0,7%
Sakralbauten	–	**< 1**	–	< 0,1%
Sakralbauten mit Restaurierungsarbeiten	–	**6**	–	0,3%
Schwammsanierung	–	**–**	–	–

Einheit: m²
Brutto-Grundfläche (BGF)

452 Such- und Signal- anlagen

Kosten:
Stand 2. Quartal 2026
Bundesdurchschnitt
inkl. 19% MwSt.

Einheit: m²
Brutto-Grundfläche (BGF)

▷ von
ø Mittel
◁ bis

Gebäudeart	▷	€/Einheit	◁	KG an 400
Erweiterungen				
Büro- und Verwaltungsgebäude	2	**4**	7	0,5%
Schulen	–	**1**	–	< 0,1%
Kindergärten	1	**2**	2	0,4%
Wohngebäude: Anbau	1	**5**	7	0,3%
Wohngebäude: Aufstockung	5	**9**	19	1,6%
Wohngebäude: Dachausbau	1	**4**	7	0,4%
Gewerbegebäude	< 1	**2**	5	0,3%
Gebäude anderer Art	4	**22**	58	1,5%
Umbauten				
Büro- und Verwaltungsgebäude	2	**7**	20	1,4%
Arztpraxen	9	**25**	56	1,3%
Schulen	< 1	**1**	1	0,2%
Kindergärten	1	**5**	8	1,5%
Ein- und Zweifamilienhäuser	1	**2**	2	0,2%
Mehrfamilienhäuser	2	**5**	12	1,5%
Wohnungen	–	**< 1**	–	< 0,1%
Hotel und Beherbergung	2	**2**	3	0,2%
Gewerbegebäude	2	**5**	8	0,4%
Museen	–	**–**	–	–
Gemeindezentren	1	**3**	11	0,4%
Gebäude anderer Art	1	**2**	3	0,5%
Modernisierungen				
Büro- und Verwaltungsgebäude	2	**5**	10	1,2%
Schulen und Kindergärten	1	**3**	10	0,5%
Sporthallen	2	**3**	9	0,2%
Ein- und Zweifamilienhäuser vor 1945	1	**2**	3	0,2%
Ein- und Zweifamilienhäuser nach 1945	< 1	**4**	6	0,8%
Wohngebäude vor 1945	1	**4**	8	0,9%
Wohngebäude nach 1945: nur Oberflächen	2	**5**	7	4,3%
Wohngebäude nach 1945: mit Tragkonstruktion	4	**7**	22	2,1%
Fachwerkhäuser	2	**5**	9	1,3%
Gewerbegebäude	–	**2**	–	0,1%
Gebäude anderer Art	4	**23**	98	1,5%
Instandsetzungen				
Wohngebäude	1	**4**	8	0,9%
Nichtwohngebäude	–	**2**	–	< 0,1%
Restaurierungsarbeiten	1	**2**	4	0,4%
Sakralbauten	–	**–**	–	–
Sakralbauten mit Restaurierungsarbeiten	–	**–**	–	–
Schwammsanierung	–	**–**	–	–

Gebäudeart	▷	€/Einheit	◁	KG an 400
Erweiterungen				
Büro- und Verwaltungsgebäude	–	**8**	–	0,2%
Schulen	< 1	**< 1**	< 1	< 0,1%
Kindergärten	–	**–**	–	–
Wohngebäude: Anbau	–	**–**	–	–
Wohngebäude: Aufstockung	–	**–**	–	–
Wohngebäude: Dachausbau	–	**–**	–	–
Gewerbegebäude	1	**10**	19	0,2%
Gebäude anderer Art	–	**2**	–	< 0,1%
Umbauten				
Büro- und Verwaltungsgebäude	–	**2**	–	< 0,1%
Arztpraxen	–	**–**	–	–
Schulen	< 1	**1**	1	0,2%
Kindergärten	–	**–**	–	–
Ein- und Zweifamilienhäuser	–	**–**	–	–
Mehrfamilienhäuser	–	**–**	–	–
Wohnungen	–	**–**	–	–
Hotel und Beherbergung	–	**–**	–	–
Gewerbegebäude	–	**–**	–	–
Museen	–	**–**	–	–
Gemeindezentren	–	**< 1**	–	< 0,1%
Gebäude anderer Art	–	**–**	–	–
Modernisierungen				
Büro- und Verwaltungsgebäude	–	**14**	–	0,1%
Schulen und Kindergärten	1	**2**	4	0,3%
Sporthallen	< 1	**2**	3	< 0,1%
Ein- und Zweifamilienhäuser vor 1945	–	**–**	–	–
Ein- und Zweifamilienhäuser nach 1945	–	**–**	–	–
Wohngebäude vor 1945	–	**–**	–	–
Wohngebäude nach 1945: nur Oberflächen	–	**–**	–	–
Wohngebäude nach 1945: mit Tragkonstruktion	–	**–**	–	–
Fachwerkhäuser	–	**–**	–	–
Gewerbegebäude	–	**–**	–	–
Gebäude anderer Art	–	**–**	–	–
Instandsetzungen				
Wohngebäude	–	**–**	–	–
Nichtwohngebäude	–	**1**	–	< 0,1%
Restaurierungsarbeiten	–	**–**	–	–
Sakralbauten	18	**24**	31	9,6%
Sakralbauten mit Restaurierungsarbeiten	41	**41**	42	6,7%
Schwammsanierung	–	**–**	–	–

Einheit: m²
Brutto-Grundfläche (BGF)

Kosten:
Stand 2. Quartal 2026
Bundesdurchschnitt
inkl. 19% MwSt.

Einheit: m²
Brutto-Grundfläche (BGF)

▷ von
ø Mittel
◁ bis

Gebäudeart	▷	€/Einheit	◁	KG an 400
Erweiterungen				
Büro- und Verwaltungsgebäude	–	**2**	–	< 0,1%
Schulen	3	**7**	13	0,6%
Kindergärten	–	**–**	–	–
Wohngebäude: Anbau	< 1	**8**	13	0,7%
Wohngebäude: Aufstockung	–	**2**	–	< 0,1%
Wohngebäude: Dachausbau	–	**–**	–	–
Gewerbegebäude	–	**19**	–	0,2%
Gebäude anderer Art	< 1	**22**	32	0,8%
Umbauten				
Büro- und Verwaltungsgebäude	–	**32**	–	0,6%
Arztpraxen	–	**< 1**	–	< 0,1%
Schulen	5	**10**	33	2,0%
Kindergärten	–	**< 1**	–	< 0,1%
Ein- und Zweifamilienhäuser	–	**3**	–	< 0,1%
Mehrfamilienhäuser	–	**–**	–	–
Wohnungen	–	**–**	–	–
Hotel und Beherbergung	–	**21**	–	0,9%
Gewerbegebäude	4	**6**	9	0,5%
Museen	–	**–**	–	–
Gemeindezentren	7	**22**	37	1,7%
Gebäude anderer Art	–	**16**	–	1,3%
Modernisierungen				
Büro- und Verwaltungsgebäude	–	**49**	–	0,4%
Schulen und Kindergärten	4	**10**	23	1,9%
Sporthallen	3	**9**	14	0,8%
Ein- und Zweifamilienhäuser vor 1945	–	**2**	–	< 0,1%
Ein- und Zweifamilienhäuser nach 1945	–	**2**	–	< 0,1%
Wohngebäude vor 1945	–	**< 1**	–	< 0,1%
Wohngebäude nach 1945: nur Oberflächen	–	**–**	–	–
Wohngebäude nach 1945: mit Tragkonstruktion	–	**2**	–	< 0,1%
Fachwerkhäuser	–	**–**	–	–
Gewerbegebäude	–	**–**	–	–
Gebäude anderer Art	30	**42**	53	1,0%
Instandsetzungen				
Wohngebäude	–	**< 1**	–	< 0,1%
Nichtwohngebäude	–	**11**	–	0,4%
Restaurierungsarbeiten	–	**–**	–	–
Sakralbauten	–	**3**	–	0,4%
Sakralbauten mit Restaurierungsarbeiten	21	**54**	86	6,5%
Schwammsanierung	–	**–**	–	–

Gebäudeart	▷	€/Einheit	◁	KG an 400
Erweiterungen				
Büro- und Verwaltungsgebäude	–	**9**	–	0,3%
Schulen	–	**4**	–	0,1%
Kindergärten	4	**10**	16	2,3%
Wohngebäude: Anbau	4	**9**	13	1,3%
Wohngebäude: Aufstockung	3	**6**	10	1,3%
Wohngebäude: Dachausbau	6	**8**	10	0,5%
Gewerbegebäude	1	**3**	6	0,3%
Gebäude anderer Art	< 1	**3**	6	0,3%
Umbauten				
Büro- und Verwaltungsgebäude	2	**9**	29	0,8%
Arztpraxen	< 1	**2**	6	0,3%
Schulen	< 1	**1**	2	0,2%
Kindergärten	< 1	**1**	2	0,2%
Ein- und Zweifamilienhäuser	1	**2**	4	0,3%
Mehrfamilienhäuser	1	**3**	10	0,9%
Wohnungen	1	**2**	3	0,5%
Hotel und Beherbergung	2	**4**	5	0,5%
Gewerbegebäude	–	**1**	–	< 0,1%
Museen	–	**–**	–	–
Gemeindezentren	< 1	**2**	4	0,3%
Gebäude anderer Art	< 1	**20**	58	3,0%
Modernisierungen				
Büro- und Verwaltungsgebäude	< 1	**2**	6	0,1%
Schulen und Kindergärten	< 1	**< 1**	2	0,2%
Sporthallen	< 1	**3**	5	0,2%
Ein- und Zweifamilienhäuser vor 1945	< 1	**5**	11	1,2%
Ein- und Zweifamilienhäuser nach 1945	2	**4**	8	1,0%
Wohngebäude vor 1945	2	**4**	8	1,1%
Wohngebäude nach 1945: nur Oberflächen	< 1	**< 1**	3	3,7%
Wohngebäude nach 1945: mit Tragkonstruktion	3	**5**	8	1,5%
Fachwerkhäuser	3	**6**	13	2,0%
Gewerbegebäude	–	**–**	–	–
Gebäude anderer Art	2	**18**	49	0,7%
Instandsetzungen				
Wohngebäude	2	**5**	13	1,5%
Nichtwohngebäude	< 1	**1**	3	0,4%
Restaurierungsarbeiten	–	**< 1**	–	< 0,1%
Sakralbauten	–	**–**	–	–
Sakralbauten mit Restaurierungsarbeiten	–	**–**	–	–
Schwammsanierung	–	**–**	–	–

Einheit: m²
Brutto-Grundfläche (BGF)

456 Gefahrenmelde- und Alarmanlagen

Kosten:
Stand 2. Quartal 2026
Bundesdurchschnitt
inkl. 19% MwSt.

Einheit: m²
Brutto-Grundfläche (BGF)

▷ von
ø Mittel
◁ bis

Gebäudeart	▷	€/Einheit	◁	KG an 400
Erweiterungen				
Büro- und Verwaltungsgebäude	4	**21**	42	2,9%
Schulen	12	**33**	63	6,4%
Kindergärten	–	**2**	–	0,2%
Wohngebäude: Anbau	–	**–**	–	–
Wohngebäude: Aufstockung	5	**19**	59	1,2%
Wohngebäude: Dachausbau	–	**–**	–	–
Gewerbegebäude	15	**24**	34	2,3%
Gebäude anderer Art	16	**52**	142	1,9%
Umbauten				
Büro- und Verwaltungsgebäude	13	**34**	62	6,1%
Arztpraxen	–	**20**	–	1,5%
Schulen	13	**28**	53	5,4%
Kindergärten	5	**11**	23	3,9%
Ein- und Zweifamilienhäuser	–	**2**	–	< 0,1%
Mehrfamilienhäuser	1	**16**	46	1,0%
Wohnungen	< 1	**3**	5	0,6%
Hotel und Beherbergung	12	**22**	38	3,8%
Gewerbegebäude	4	**6**	11	0,8%
Museen	–	**–**	–	–
Gemeindezentren	6	**20**	97	3,1%
Gebäude anderer Art	26	**87**	148	3,3%
Modernisierungen				
Büro- und Verwaltungsgebäude	13	**32**	79	9,6%
Schulen und Kindergärten	5	**14**	27	3,0%
Sporthallen	5	**21**	58	2,4%
Ein- und Zweifamilienhäuser vor 1945	–	**–**	–	–
Ein- und Zweifamilienhäuser nach 1945	< 1	**1**	1	< 0,1%
Wohngebäude vor 1945	3	**26**	72	2,0%
Wohngebäude nach 1945: nur Oberflächen	–	**1**	–	< 0,1%
Wohngebäude nach 1945: mit Tragkonstruktion	< 1	**11**	32	0,6%
Fachwerkhäuser	–	**–**	–	–
Gewerbegebäude	–	**1**	–	< 0,1%
Gebäude anderer Art	16	**69**	185	6,1%
Instandsetzungen				
Wohngebäude	2	**3**	5	0,4%
Nichtwohngebäude	3	**7**	14	1,5%
Restaurierungsarbeiten	–	**4**	–	0,4%
Sakralbauten	–	**–**	–	–
Sakralbauten mit Restaurierungsarbeiten	–	**–**	–	–
Schwammsanierung	–	**–**	–	–

Gebäudeart	▷	€/Einheit	◁	KG an 400
Erweiterungen				
Büro- und Verwaltungsgebäude	18	**31**	49	5,1%
Schulen	23	**39**	64	3,6%
Kindergärten	2	**2**	2	0,5%
Wohngebäude: Anbau	6	**13**	20	0,4%
Wohngebäude: Aufstockung	4	**8**	14	0,6%
Wohngebäude: Dachausbau	–	**–**	–	–
Gewerbegebäude	4	**11**	20	2,3%
Gebäude anderer Art	8	**17**	43	1,9%
Umbauten				
Büro- und Verwaltungsgebäude	13	**22**	32	4,5%
Arztpraxen	14	**31**	41	6,0%
Schulen	6	**12**	17	2,3%
Kindergärten	1	**4**	13	1,3%
Ein- und Zweifamilienhäuser	2	**8**	14	0,4%
Mehrfamilienhäuser	3	**6**	9	0,8%
Wohnungen	2	**2**	2	0,3%
Hotel und Beherbergung	4	**6**	7	1,0%
Gewerbegebäude	2	**2**	2	0,1%
Museen	–	**–**	–	–
Gemeindezentren	5	**10**	14	1,7%
Gebäude anderer Art	8	**26**	76	2,5%
Modernisierungen				
Büro- und Verwaltungsgebäude	11	**22**	40	5,1%
Schulen und Kindergärten	3	**9**	18	1,5%
Sporthallen	< 1	**3**	5	0,2%
Ein- und Zweifamilienhäuser vor 1945	2	**4**	7	0,2%
Ein- und Zweifamilienhäuser nach 1945	4	**10**	40	1,7%
Wohngebäude vor 1945	2	**3**	5	0,6%
Wohngebäude nach 1945: nur Oberflächen	1	**2**	3	< 0,1%
Wohngebäude nach 1945: mit Tragkonstruktion	2	**9**	14	0,7%
Fachwerkhäuser	–	**1**	–	0,2%
Gewerbegebäude	–	**–**	–	–
Gebäude anderer Art	6	**14**	22	2,5%
Instandsetzungen				
Wohngebäude	2	**6**	12	0,5%
Nichtwohngebäude	2	**3**	4	0,4%
Restaurierungsarbeiten	2	**21**	40	4,3%
Sakralbauten	–	**–**	–	–
Sakralbauten mit Restaurierungsarbeiten	–	**–**	–	–
Schwammsanierung	–	**–**	–	–

Einheit: m²
Brutto-Grundfläche (BGF)

461 Aufzugsanlagen

Kosten:
Stand 2. Quartal 2026
Bundesdurchschnitt
inkl. 19% MwSt.

Einheit: m²
Brutto-Grundfläche (BGF)

Gebäudeart	▷	€/Einheit	◁	KG an 400
Erweiterungen				
Büro- und Verwaltungsgebäude	–	**9**	–	0,3%
Schulen	28	**29**	31	1,6%
Kindergärten	–	**–**	–	–
Wohngebäude: Anbau	–	**–**	–	–
Wohngebäude: Aufstockung	26	**143**	261	3,4%
Wohngebäude: Dachausbau	–	**–**	–	–
Gewerbegebäude	40	**73**	126	6,1%
Gebäude anderer Art	45	**72**	98	1,4%
Umbauten				
Büro- und Verwaltungsgebäude	28	**90**	153	3,3%
Arztpraxen	–	**–**	–	–
Schulen	12	**27**	50	2,6%
Kindergärten	< 1	**30**	59	1,1%
Ein- und Zweifamilienhäuser	–	**–**	–	–
Mehrfamilienhäuser	35	**85**	235	4,5%
Wohnungen	–	**–**	–	–
Hotel und Beherbergung	4	**22**	40	1,7%
Gewerbegebäude	< 1	**12**	24	1,0%
Museen	–	**–**	–	–
Gemeindezentren	46	**55**	64	6,1%
Gebäude anderer Art	–	**5**	–	0,2%
Modernisierungen				
Büro- und Verwaltungsgebäude	17	**43**	70	5,5%
Schulen und Kindergärten	16	**23**	48	1,7%
Sporthallen	–	**–**	–	–
Ein- und Zweifamilienhäuser vor 1945	–	**–**	–	–
Ein- und Zweifamilienhäuser nach 1945	–	**–**	–	–
Wohngebäude vor 1945	3	**66**	130	2,7%
Wohngebäude nach 1945: nur Oberflächen	–	**–**	–	–
Wohngebäude nach 1945: mit Tragkonstruktion	–	**53**	–	1,8%
Fachwerkhäuser	–	**–**	–	–
Gewerbegebäude	–	**38**	–	0,9%
Gebäude anderer Art	48	**59**	71	3,0%
Instandsetzungen				
Wohngebäude	46	**70**	108	7,3%
Nichtwohngebäude	–	**–**	–	–
Restaurierungsarbeiten	–	**116**	–	3,9%
Sakralbauten	–	**–**	–	–
Sakralbauten mit Restaurierungsarbeiten	–	**–**	–	–
Schwammsanierung	–	**–**	–	–

▷ von
ø Mittel
◁ bis

Gebäudeart	▷	€/Einheit	◁	KG an 400
Erweiterungen				
Büro- und Verwaltungsgebäude	–	**–**	–	–
Schulen	–	**11**	–	0,3%
Kindergärten	–	**–**	–	–
Wohngebäude: Anbau	–	**–**	–	–
Wohngebäude: Aufstockung	–	**–**	–	–
Wohngebäude: Dachausbau	–	**–**	–	–
Gewerbegebäude	–	**–**	–	–
Gebäude anderer Art	–	**365**	–	2,8%
Umbauten				
Büro- und Verwaltungsgebäude	–	**–**	–	–
Arztpraxen	–	**51**	–	1,1%
Schulen	6	**14**	41	1,9%
Kindergärten	–	**–**	–	–
Ein- und Zweifamilienhäuser	–	**–**	–	–
Mehrfamilienhäuser	–	**–**	–	–
Wohnungen	–	**–**	–	–
Hotel und Beherbergung	101	**189**	276	15,2%
Gewerbegebäude	–	**60**	–	2,8%
Museen	–	**–**	–	–
Gemeindezentren	2	**204**	406	5,6%
Gebäude anderer Art	–	**–**	–	–
Modernisierungen				
Büro- und Verwaltungsgebäude	–	**–**	–	–
Schulen und Kindergärten	2	**3**	5	< 0,1%
Sporthallen	–	**–**	–	–
Ein- und Zweifamilienhäuser vor 1945	–	**–**	–	–
Ein- und Zweifamilienhäuser nach 1945	–	**–**	–	–
Wohngebäude vor 1945	–	**–**	–	–
Wohngebäude nach 1945: nur Oberflächen	–	**–**	–	–
Wohngebäude nach 1945: mit Tragkonstruktion	–	**53**	–	0,5%
Fachwerkhäuser	–	**–**	–	–
Gewerbegebäude	–	**–**	–	–
Gebäude anderer Art	–	**234**	–	3,4%
Instandsetzungen				
Wohngebäude	–	**–**	–	–
Nichtwohngebäude	–	**4**	–	0,5%
Restaurierungsarbeiten	–	**–**	–	–
Sakralbauten	–	**–**	–	–
Sakralbauten mit Restaurierungsarbeiten	–	**–**	–	–
Schwammsanierung	–	**–**	–	–

Einheit: m²
Brutto-Grundfläche (BGF)

473 Medienversorgungsanlagen, Medizin- und labortechnische Anlagen

Kosten:
Stand 2. Quartal 2026
Bundesdurchschnitt
inkl. 19% MwSt.

Einheit: m²
Brutto-Grundfläche (BGF)

Gebäudeart	▷	€/Einheit	◁	KG an 400
Erweiterungen				
Büro- und Verwaltungsgebäude	–	**–**	–	–
Schulen	–	**9**	–	0,2%
Kindergärten	–	**–**	–	–
Wohngebäude: Anbau	–	**–**	–	–
Wohngebäude: Aufstockung	–	**–**	–	–
Wohngebäude: Dachausbau	–	**–**	–	–
Gewerbegebäude	11	**12**	14	0,5%
Gebäude anderer Art	–	**49**	–	0,5%
Umbauten				
Büro- und Verwaltungsgebäude	–	**–**	–	–
Arztpraxen	–	**–**	–	–
Schulen	2	**38**	75	2,4%
Kindergärten	–	**–**	–	–
Ein- und Zweifamilienhäuser	–	**–**	–	–
Mehrfamilienhäuser	–	**–**	–	–
Wohnungen	–	**–**	–	–
Hotel und Beherbergung	–	**–**	–	–
Gewerbegebäude	–	**40**	–	1,9%
Museen	–	**–**	–	–
Gemeindezentren	–	**–**	–	–
Gebäude anderer Art	–	**–**	–	–
Modernisierungen				
Büro- und Verwaltungsgebäude	–	**–**	–	–
Schulen und Kindergärten	2	**4**	7	0,4%
Sporthallen	–	**–**	–	–
Ein- und Zweifamilienhäuser vor 1945	–	**–**	–	–
Ein- und Zweifamilienhäuser nach 1945	–	**–**	–	–
Wohngebäude vor 1945	–	**–**	–	–
Wohngebäude nach 1945: nur Oberflächen	–	**–**	–	–
Wohngebäude nach 1945: mit Tragkonstruktion	–	**–**	–	–
Fachwerkhäuser	–	**–**	–	–
Gewerbegebäude	–	**112**	–	2,6%
Gebäude anderer Art	–	**–**	–	–
Instandsetzungen				
Wohngebäude	–	**–**	–	–
Nichtwohngebäude	–	**–**	–	–
Restaurierungsarbeiten	–	**–**	–	–
Sakralbauten	–	**–**	–	–
Sakralbauten mit Restaurierungsarbeiten	–	**–**	–	–
Schwammsanierung	–	**–**	–	–

▷ von
ø Mittel
◁ bis

Gebäudeart	▷	€/Einheit	◁	KG an 400
Erweiterungen				
Büro- und Verwaltungsgebäude	1	**2**	2	0,1%
Schulen	–	**8**	–	0,3%
Kindergärten	–	**–**	–	–
Wohngebäude: Anbau	–	**–**	–	–
Wohngebäude: Aufstockung	–	**–**	–	–
Wohngebäude: Dachausbau	–	**–**	–	–
Gewerbegebäude	2	**3**	8	0,5%
Gebäude anderer Art	3	**13**	24	0,4%
Umbauten				
Büro- und Verwaltungsgebäude	–	**2**	–	< 0,1%
Arztpraxen	–	**1**	–	< 0,1%
Schulen	1	**2**	5	0,4%
Kindergärten	–	**5**	–	0,1%
Ein- und Zweifamilienhäuser	–	**–**	–	–
Mehrfamilienhäuser	–	**–**	–	–
Wohnungen	–	**–**	–	–
Hotel und Beherbergung	–	**–**	–	–
Gewerbegebäude	–	**86**	–	2,5%
Museen	–	**< 1**	–	0,1%
Gemeindezentren	< 1	**1**	2	0,1%
Gebäude anderer Art	–	**–**	–	–
Modernisierungen				
Büro- und Verwaltungsgebäude	< 1	**32**	93	1,0%
Schulen und Kindergärten	1	**3**	7	0,6%
Sporthallen	< 1	**< 1**	1	< 0,1%
Ein- und Zweifamilienhäuser vor 1945	–	**–**	–	–
Ein- und Zweifamilienhäuser nach 1945	–	**–**	–	–
Wohngebäude vor 1945	–	**< 1**	–	< 0,1%
Wohngebäude nach 1945: nur Oberflächen	–	**–**	–	–
Wohngebäude nach 1945: mit Tragkonstruktion	–	**< 1**	–	< 0,1%
Fachwerkhäuser	–	**–**	–	–
Gewerbegebäude	–	**8**	–	0,2%
Gebäude anderer Art	< 1	**1**	2	< 0,1%
Instandsetzungen				
Wohngebäude	–	**–**	–	–
Nichtwohngebäude	–	**1**	–	< 0,1%
Restaurierungsarbeiten	–	**–**	–	–
Sakralbauten	–	**–**	–	–
Sakralbauten mit Restaurierungsarbeiten	–	**2**	–	0,1%
Schwammsanierung	–	**–**	–	–

Einheit: m²
Brutto-Grundfläche (BGF)

475 Prozesswärme-, kälte- und -luftanlagen

Kosten:
Stand 2. Quartal 2026
Bundesdurchschnitt
inkl. 19% MwSt.

Einheit: m²
Brutto-Grundfläche (BGF)

Gebäudeart	▷	€/Einheit	◁	KG an 400
Erweiterungen				
Büro- und Verwaltungsgebäude	–	–	–	–
Schulen	–	–	–	–
Kindergärten	–	–	–	–
Wohngebäude: Anbau	–	–	–	–
Wohngebäude: Aufstockung	–	–	–	–
Wohngebäude: Dachausbau	–	–	–	–
Gewerbegebäude	–	–	–	–
Gebäude anderer Art	–	**66**	–	1,1%
Umbauten				
Büro- und Verwaltungsgebäude	–	–	–	–
Arztpraxen	–	–	–	–
Schulen	–	–	–	–
Kindergärten	–	–	–	–
Ein- und Zweifamilienhäuser	–	–	–	–
Mehrfamilienhäuser	–	–	–	–
Wohnungen	–	–	–	–
Hotel und Beherbergung	–	–	–	–
Gewerbegebäude	–	–	–	–
Museen	–	–	–	–
Gemeindezentren	–	–	–	–
Gebäude anderer Art	–	–	–	–
Modernisierungen				
Büro- und Verwaltungsgebäude	–	–	–	–
Schulen und Kindergärten	4	**5**	6	0,2%
Sporthallen	–	–	–	–
Ein- und Zweifamilienhäuser vor 1945	–	–	–	–
Ein- und Zweifamilienhäuser nach 1945	–	–	–	–
Wohngebäude vor 1945	–	–	–	–
Wohngebäude nach 1945: nur Oberflächen	–	–	–	–
Wohngebäude nach 1945: mit Tragkonstruktion	–	–	–	–
Fachwerkhäuser	–	–	–	–
Gewerbegebäude	–	**5**	–	0,1%
Gebäude anderer Art	–	–	–	–
Instandsetzungen				
Wohngebäude	–	–	–	–
Nichtwohngebäude	–	–	–	–
Restaurierungsarbeiten	–	–	–	–
Sakralbauten	–	–	–	–
Sakralbauten mit Restaurierungsarbeiten	–	–	–	–
Schwammsanierung	–	–	–	–

▷ von
ø Mittel
◁ bis

Gebäudeart	▷	€/Einheit	◁	KG an 400
Erweiterungen				
Büro- und Verwaltungsgebäude	–	**37**	–	1,1%
Schulen	–	**–**	–	–
Kindergärten	–	**–**	–	–
Wohngebäude: Anbau	–	**–**	–	–
Wohngebäude: Aufstockung	–	**–**	–	–
Wohngebäude: Dachausbau	–	**–**	–	–
Gewerbegebäude	51	**108**	166	3,9%
Gebäude anderer Art	–	**25**	–	0,2%
Umbauten				
Büro- und Verwaltungsgebäude	–	**–**	–	–
Arztpraxen	–	**–**	–	–
Schulen	–	**5**	–	0,2%
Kindergärten	–	**–**	–	–
Ein- und Zweifamilienhäuser	–	**–**	–	–
Mehrfamilienhäuser	–	**–**	–	–
Wohnungen	–	**–**	–	–
Hotel und Beherbergung	–	**–**	–	–
Gewerbegebäude	–	**2**	–	< 0,1%
Museen	–	**–**	–	–
Gemeindezentren	–	**43**	–	1,6%
Gebäude anderer Art	–	**2**	–	0,1%
Modernisierungen				
Büro- und Verwaltungsgebäude	–	**–**	–	–
Schulen und Kindergärten	15	**54**	128	2,5%
Sporthallen	–	**–**	–	–
Ein- und Zweifamilienhäuser vor 1945	–	**–**	–	–
Ein- und Zweifamilienhäuser nach 1945	–	**–**	–	–
Wohngebäude vor 1945	–	**22**	–	0,6%
Wohngebäude nach 1945: nur Oberflächen	–	**–**	–	–
Wohngebäude nach 1945: mit Tragkonstruktion	–	**4**	–	0,1%
Fachwerkhäuser	–	**–**	–	–
Gewerbegebäude	–	**27**	–	0,6%
Gebäude anderer Art	–	**–**	–	–
Instandsetzungen				
Wohngebäude	–	**–**	–	–
Nichtwohngebäude	–	**–**	–	–
Restaurierungsarbeiten	–	**–**	–	–
Sakralbauten	–	**31**	–	13,9%
Sakralbauten mit Restaurierungsarbeiten	111	**173**	234	25,5%
Schwammsanierung	–	**–**	–	–

Einheit: m²
Brutto-Grundfläche (BGF)

481 Automationseinrichtungen

Kosten:
Stand 2. Quartal 2026
Bundesdurchschnitt
inkl. 19% MwSt.

Einheit: m²
Brutto-Grundfläche (BGF)

Gebäudeart	▷	€/Einheit	◁	KG an 400
Erweiterungen				
Büro- und Verwaltungsgebäude	–	**40**	–	1,2%
Schulen	22	**42**	53	4,2%
Kindergärten	–	–	–	–
Wohngebäude: Anbau	–	–	–	–
Wohngebäude: Aufstockung	–	–	–	–
Wohngebäude: Dachausbau	–	–	–	–
Gewerbegebäude	1	**3**	4	0,2%
Gebäude anderer Art	20	**41**	72	1,7%
Umbauten				
Büro- und Verwaltungsgebäude	–	**45**	–	0,8%
Arztpraxen	–	–	–	–
Schulen	15	**21**	28	3,9%
Kindergärten	–	–	–	–
Ein- und Zweifamilienhäuser	–	–	–	–
Mehrfamilienhäuser	–	**4**	–	< 0,1%
Wohnungen	–	–	–	–
Hotel und Beherbergung	–	–	–	–
Gewerbegebäude	–	–	–	–
Museen	–	–	–	–
Gemeindezentren	17	**21**	25	1,9%
Gebäude anderer Art	9	**21**	33	1,3%
Modernisierungen				
Büro- und Verwaltungsgebäude	105	**107**	108	1,9%
Schulen und Kindergärten	15	**27**	51	2,2%
Sporthallen	38	**58**	105	3,1%
Ein- und Zweifamilienhäuser vor 1945	–	–	–	–
Ein- und Zweifamilienhäuser nach 1945	–	–	–	–
Wohngebäude vor 1945	–	–	–	–
Wohngebäude nach 1945: nur Oberflächen	–	**19**	–	0,3%
Wohngebäude nach 1945: mit Tragkonstruktion	–	–	–	–
Fachwerkhäuser	–	–	–	–
Gewerbegebäude	–	–	–	–
Gebäude anderer Art	15	**32**	48	0,9%
Instandsetzungen				
Wohngebäude	–	–	–	–
Nichtwohngebäude	1	**19**	38	1,8%
Restaurierungsarbeiten	–	–	–	–
Sakralbauten	–	–	–	–
Sakralbauten mit Restaurierungsarbeiten	–	–	–	–
Schwammsanierung	–	–	–	–

▷ von
ø Mittel
◁ bis

Einheit: m²
Brutto-Grundfläche (BGF)

Gebäudeart	▷	€/Einheit	◁	KG an 400
Erweiterungen				
Büro- und Verwaltungsgebäude	–	**–**	–	–
Schulen	–	**8**	–	0,2%
Kindergärten	–	**–**	–	–
Wohngebäude: Anbau	–	**–**	–	–
Wohngebäude: Aufstockung	–	**–**	–	–
Wohngebäude: Dachausbau	–	**–**	–	–
Gewerbegebäude	–	**–**	–	–
Gebäude anderer Art	17	**20**	23	0,3%
Umbauten				
Büro- und Verwaltungsgebäude	–	**–**	–	–
Arztpraxen	–	**–**	–	–
Schulen	3	**4**	6	0,4%
Kindergärten	–	**–**	–	–
Ein- und Zweifamilienhäuser	–	**–**	–	–
Mehrfamilienhäuser	–	**–**	–	–
Wohnungen	–	**–**	–	–
Hotel und Beherbergung	–	**–**	–	–
Gewerbegebäude	–	**–**	–	–
Museen	–	**–**	–	–
Gemeindezentren	–	**12**	–	0,7%
Gebäude anderer Art	–	**6**	–	0,2%
Modernisierungen				
Büro- und Verwaltungsgebäude	–	**14**	–	0,1%
Schulen und Kindergärten	5	**11**	41	0,7%
Sporthallen	5	**12**	21	0,7%
Ein- und Zweifamilienhäuser vor 1945	–	**–**	–	–
Ein- und Zweifamilienhäuser nach 1945	–	**–**	–	–
Wohngebäude vor 1945	–	**–**	–	–
Wohngebäude nach 1945: nur Oberflächen	–	**1**	–	< 0,1%
Wohngebäude nach 1945: mit Tragkonstruktion	–	**–**	–	–
Fachwerkhäuser	–	**–**	–	–
Gewerbegebäude	–	**–**	–	–
Gebäude anderer Art	–	**8**	–	0,1%
Instandsetzungen				
Wohngebäude	–	**–**	–	–
Nichtwohngebäude	–	**6**	–	0,2%
Restaurierungsarbeiten	–	**–**	–	–
Sakralbauten	–	**–**	–	–
Sakralbauten mit Restaurierungsarbeiten	–	**–**	–	–
Schwammsanierung	–	**–**	–	–

Kosten:
Stand 2.Quartal 2026
Bundesdurchschnitt
inkl. 19% MwSt.

Einheit: m²
Brutto-Grundfläche (BGF)

▷ von
ø Mittel
◁ bis

Gebäudeart	▷	€/Einheit	◁	KG an 400
Erweiterungen				
Büro- und Verwaltungsgebäude	–	**–**	–	–
Schulen	–	**–**	–	–
Kindergärten	–	**–**	–	–
Wohngebäude: Anbau	–	**–**	–	–
Wohngebäude: Aufstockung	–	**–**	–	–
Wohngebäude: Dachausbau	–	**–**	–	–
Gewerbegebäude	–	**–**	–	–
Gebäude anderer Art	–	**18**	–	0,1%
Umbauten				
Büro- und Verwaltungsgebäude	–	**–**	–	–
Arztpraxen	–	**–**	–	–
Schulen	–	**–**	–	–
Kindergärten	–	**–**	–	–
Ein- und Zweifamilienhäuser	–	**–**	–	–
Mehrfamilienhäuser	–	**–**	–	–
Wohnungen	–	**–**	–	–
Hotel und Beherbergung	–	**–**	–	–
Gewerbegebäude	–	**–**	–	–
Museen	–	**–**	–	–
Gemeindezentren	–	**–**	–	–
Gebäude anderer Art	–	**18**	–	0,6%
Modernisierungen				
Büro- und Verwaltungsgebäude	–	**–**	–	–
Schulen und Kindergärten	2	**5**	14	0,3%
Sporthallen	–	**8**	–	0,1%
Ein- und Zweifamilienhäuser vor 1945	–	**–**	–	–
Ein- und Zweifamilienhäuser nach 1945	–	**–**	–	–
Wohngebäude vor 1945	–	**–**	–	–
Wohngebäude nach 1945: nur Oberflächen	–	**–**	–	–
Wohngebäude nach 1945: mit Tragkonstruktion	–	**–**	–	–
Fachwerkhäuser	–	**–**	–	–
Gewerbegebäude	–	**–**	–	–
Gebäude anderer Art	–	**17**	–	0,2%
Instandsetzungen				
Wohngebäude	–	**–**	–	–
Nichtwohngebäude	–	**6**	–	0,2%
Restaurierungsarbeiten	–	**–**	–	–
Sakralbauten	–	**–**	–	–
Sakralbauten mit Restaurierungsarbeiten	–	**–**	–	–
Schwammsanierung	–	**–**	–	–

Gebäudeart	▷	€/Einheit	◁	KG an 400
Erweiterungen				
Büro- und Verwaltungsgebäude	–	**3**	–	< 0,1%
Schulen	–	**7**	–	0,2%
Kindergärten	–	**–**	–	–
Wohngebäude: Anbau	–	**–**	–	–
Wohngebäude: Aufstockung	–	**–**	–	–
Wohngebäude: Dachausbau	–	**–**	–	–
Gewerbegebäude	–	**< 1**	–	< 0,1%
Gebäude anderer Art	7	**27**	47	0,5%
Umbauten				
Büro- und Verwaltungsgebäude	–	**2**	–	< 0,1%
Arztpraxen	–	**–**	–	–
Schulen	2	**2**	2	0,2%
Kindergärten	–	**–**	–	–
Ein- und Zweifamilienhäuser	–	**–**	–	–
Mehrfamilienhäuser	–	**–**	–	–
Wohnungen	–	**–**	–	–
Hotel und Beherbergung	–	**–**	–	–
Gewerbegebäude	–	**–**	–	–
Museen	–	**–**	–	–
Gemeindezentren	4	**6**	10	0,5%
Gebäude anderer Art	5	**11**	18	0,7%
Modernisierungen				
Büro- und Verwaltungsgebäude	–	**9**	–	< 0,1%
Schulen und Kindergärten	2	**4**	10	0,3%
Sporthallen	3	**9**	21	0,3%
Ein- und Zweifamilienhäuser vor 1945	–	**–**	–	–
Ein- und Zweifamilienhäuser nach 1945	–	**–**	–	–
Wohngebäude vor 1945	–	**–**	–	–
Wohngebäude nach 1945: nur Oberflächen	–	**–**	–	–
Wohngebäude nach 1945: mit Tragkonstruktion	–	**–**	–	–
Fachwerkhäuser	–	**–**	–	–
Gewerbegebäude	–	**–**	–	–
Gebäude anderer Art	4	**4**	4	0,1%
Instandsetzungen				
Wohngebäude	–	**–**	–	–
Nichtwohngebäude	–	**< 1**	–	< 0,1%
Restaurierungsarbeiten	–	**–**	–	–
Sakralbauten	–	**–**	–	–
Sakralbauten mit Restaurierungsarbeiten	–	**–**	–	–
Schwammsanierung	–	**–**	–	–

Einheit: m²
Brutto-Grundfläche (BGF)

485 Datenübertragungsnetze

Kosten:
Stand 2. Quartal 2026
Bundesdurchschnitt
inkl. 19% MwSt.

Einheit: m²
Brutto-Grundfläche (BGF)

▷ von
ø Mittel
◁ bis

Gebäudeart	▷	€/Einheit	◁	KG an 400
Erweiterungen				
Büro- und Verwaltungsgebäude	–	**3**	–	< 0,1%
Schulen	10	**12**	14	0,9%
Kindergärten	–	**–**	–	–
Wohngebäude: Anbau	–	**–**	–	–
Wohngebäude: Aufstockung	–	**–**	–	–
Wohngebäude: Dachausbau	–	**–**	–	–
Gewerbegebäude	–	**–**	–	–
Gebäude anderer Art	–	**7**	–	< 0,1%
Umbauten				
Büro- und Verwaltungsgebäude	–	**3**	–	< 0,1%
Arztpraxen	–	**–**	–	–
Schulen	2	**3**	4	0,3%
Kindergärten	–	**–**	–	–
Ein- und Zweifamilienhäuser	–	**–**	–	–
Mehrfamilienhäuser	–	**–**	–	–
Wohnungen	–	**–**	–	–
Hotel und Beherbergung	–	**–**	–	–
Gewerbegebäude	–	**–**	–	–
Museen	–	**–**	–	–
Gemeindezentren	–	**1**	–	< 0,1%
Gebäude anderer Art	–	**–**	–	–
Modernisierungen				
Büro- und Verwaltungsgebäude	–	**10**	–	< 0,1%
Schulen und Kindergärten	< 1	**1**	2	< 0,1%
Sporthallen	–	**< 1**	–	< 0,1%
Ein- und Zweifamilienhäuser vor 1945	–	**–**	–	–
Ein- und Zweifamilienhäuser nach 1945	–	**–**	–	–
Wohngebäude vor 1945	–	**–**	–	–
Wohngebäude nach 1945: nur Oberflächen	–	**–**	–	–
Wohngebäude nach 1945: mit Tragkonstruktion	–	**–**	–	–
Fachwerkhäuser	–	**–**	–	–
Gewerbegebäude	–	**–**	–	–
Gebäude anderer Art	–	**4**	–	< 0,1%
Instandsetzungen				
Wohngebäude	–	**–**	–	–
Nichtwohngebäude	–	**3**	–	0,1%
Restaurierungsarbeiten	–	**–**	–	–
Sakralbauten	–	**–**	–	–
Sakralbauten mit Restaurierungsarbeiten	–	**–**	–	–
Schwammsanierung	–	**–**	–	–

Gebäudeart	▷	€/Einheit	◁	KG an 400
Erweiterungen				
Büro- und Verwaltungsgebäude	–	**–**	–	–
Schulen	< 1	**1**	3	0,2%
Kindergärten	–	**–**	–	–
Wohngebäude: Anbau	–	**–**	–	–
Wohngebäude: Aufstockung	–	**2**	–	< 0,1%
Wohngebäude: Dachausbau	–	**–**	–	–
Gewerbegebäude	–	**–**	–	–
Gebäude anderer Art	1	**6**	13	0,3%
Umbauten				
Büro- und Verwaltungsgebäude	< 1	**2**	7	0,3%
Arztpraxen	–	**–**	–	–
Schulen	< 1	**< 1**	< 1	< 0,1%
Kindergärten	< 1	**8**	16	0,3%
Ein- und Zweifamilienhäuser	–	**–**	–	–
Mehrfamilienhäuser	< 1	**3**	5	0,1%
Wohnungen	–	**–**	–	–
Hotel und Beherbergung	–	**2**	–	< 0,1%
Gewerbegebäude	–	**–**	–	–
Museen	–	**27**	–	3,9%
Gemeindezentren	< 1	**< 1**	< 1	< 0,1%
Gebäude anderer Art	< 1	**23**	45	0,7%
Modernisierungen				
Büro- und Verwaltungsgebäude	< 1	**< 1**	< 1	< 0,1%
Schulen und Kindergärten	< 1	**2**	5	< 0,1%
Sporthallen	–	**2**	–	< 0,1%
Ein- und Zweifamilienhäuser vor 1945	–	**–**	–	–
Ein- und Zweifamilienhäuser nach 1945	–	**–**	–	–
Wohngebäude vor 1945	< 1	**< 1**	1	< 0,1%
Wohngebäude nach 1945: nur Oberflächen	< 1	**2**	4	< 0,1%
Wohngebäude nach 1945: mit Tragkonstruktion	–	**–**	–	–
Fachwerkhäuser	–	**–**	–	–
Gewerbegebäude	–	**–**	–	–
Gebäude anderer Art	< 1	**< 1**	1	< 0,1%
Instandsetzungen				
Wohngebäude	< 1	**3**	7	0,2%
Nichtwohngebäude	–	**< 1**	–	< 0,1%
Restaurierungsarbeiten	–	**–**	–	–
Sakralbauten	–	**–**	–	–
Sakralbauten mit Restaurierungsarbeiten	–	**–**	–	–
Schwammsanierung	–	**–**	–	–

Einheit: m²
Brutto-Grundfläche (BGF)

Gebäudeart	▷	€/Einheit	◁	KG an 400
Erweiterungen				
Büro- und Verwaltungsgebäude	–	**–**	–	–
Schulen	–	**< 1**	–	< 0,1%
Kindergärten	–	**–**	–	–
Wohngebäude: Anbau	–	**–**	–	–
Wohngebäude: Aufstockung	–	**–**	–	–
Wohngebäude: Dachausbau	–	**–**	–	–
Gewerbegebäude	2	**4**	7	0,2%
Gebäude anderer Art	3	**6**	12	0,4%
Umbauten				
Büro- und Verwaltungsgebäude	< 1	**< 1**	< 1	< 0,1%
Arztpraxen	–	**–**	–	–
Schulen	–	**< 1**	–	< 0,1%
Kindergärten	–	**–**	–	–
Ein- und Zweifamilienhäuser	–	**–**	–	–
Mehrfamilienhäuser	–	**< 1**	–	< 0,1%
Wohnungen	–	**–**	–	–
Hotel und Beherbergung	–	**< 1**	–	< 0,1%
Gewerbegebäude	–	**–**	–	–
Museen	–	**–**	–	–
Gemeindezentren	–	**< 1**	–	< 0,1%
Gebäude anderer Art	3	**12**	21	1,1%
Modernisierungen				
Büro- und Verwaltungsgebäude	–	**28**	–	1,0%
Schulen und Kindergärten	–	**< 1**	–	< 0,1%
Sporthallen	2	**6**	13	0,3%
Ein- und Zweifamilienhäuser vor 1945	–	**–**	–	–
Ein- und Zweifamilienhäuser nach 1945	–	**–**	–	–
Wohngebäude vor 1945	–	**–**	–	–
Wohngebäude nach 1945: nur Oberflächen	–	**–**	–	–
Wohngebäude nach 1945: mit Tragkonstruktion	–	**< 1**	–	0,7%
Fachwerkhäuser	–	**–**	–	–
Gewerbegebäude	–	**–**	–	–
Gebäude anderer Art	< 1	**4**	7	0,1%
Instandsetzungen				
Wohngebäude	–	**–**	–	–
Nichtwohngebäude	–	**–**	–	–
Restaurierungsarbeiten	–	**–**	–	–
Sakralbauten	–	**–**	–	–
Sakralbauten mit Restaurierungsarbeiten	–	**–**	–	–
Schwammsanierung	–	**–**	–	–

Kosten:
Stand 2. Quartal 2026
Bundesdurchschnitt
inkl. 19% MwSt.

Einheit: m²
Brutto-Grundfläche (BGF)

▷ von
ø Mittel
◁ bis

Gebäudeart	▷	€/Einheit	◁	KG an 400
Erweiterungen				
Büro- und Verwaltungsgebäude	–	**–**	–	–
Schulen	–	**–**	–	–
Kindergärten	–	**–**	–	–
Wohngebäude: Anbau	–	**–**	–	–
Wohngebäude: Aufstockung	–	**–**	–	–
Wohngebäude: Dachausbau	–	**–**	–	–
Gewerbegebäude	–	**2**	–	< 0,1%
Gebäude anderer Art	–	**–**	–	–
Umbauten				
Büro- und Verwaltungsgebäude	–	**–**	–	–
Arztpraxen	–	**–**	–	–
Schulen	–	**–**	–	–
Kindergärten	–	**–**	–	–
Ein- und Zweifamilienhäuser	–	**–**	–	–
Mehrfamilienhäuser	–	**–**	–	–
Wohnungen	–	**–**	–	–
Hotel und Beherbergung	–	**4**	–	0,3%
Gewerbegebäude	–	**–**	–	–
Museen	–	**–**	–	–
Gemeindezentren	–	**–**	–	–
Gebäude anderer Art	–	**–**	–	–
Modernisierungen				
Büro- und Verwaltungsgebäude	–	**–**	–	–
Schulen und Kindergärten	–	**–**	–	–
Sporthallen	–	**–**	–	–
Ein- und Zweifamilienhäuser vor 1945	–	**–**	–	–
Ein- und Zweifamilienhäuser nach 1945	–	**17**	–	0,3%
Wohngebäude vor 1945	6	**6**	7	0,6%
Wohngebäude nach 1945: nur Oberflächen	–	**–**	–	–
Wohngebäude nach 1945: mit Tragkonstruktion	–	**5**	–	0,1%
Fachwerkhäuser	–	**–**	–	–
Gewerbegebäude	–	**17**	–	0,4%
Gebäude anderer Art	–	**7**	–	< 0,1%
Instandsetzungen				
Wohngebäude	–	**–**	–	–
Nichtwohngebäude	–	**–**	–	–
Restaurierungsarbeiten	–	**–**	–	–
Sakralbauten	–	**–**	–	–
Sakralbauten mit Restaurierungsarbeiten	–	**–**	–	–
Schwammsanierung	–	**–**	–	–

Einheit: m²
Brutto-Grundfläche (BGF)

Gebäudeart	▷	€/Einheit	◁	KG an 400
Erweiterungen				
Büro- und Verwaltungsgebäude	–	**2**	–	< 0,1%
Schulen	–	**< 1**	–	< 0,1%
Kindergärten	–	**–**	–	–
Wohngebäude: Anbau	–	**–**	–	–
Wohngebäude: Aufstockung	–	**6**	–	< 0,1%
Wohngebäude: Dachausbau	–	**–**	–	–
Gewerbegebäude	–	**–**	–	–
Gebäude anderer Art	–	**< 1**	–	< 0,1%
Umbauten				
Büro- und Verwaltungsgebäude	–	**–**	–	–
Arztpraxen	–	**–**	–	–
Schulen	1	**4**	9	0,4%
Kindergärten	–	**5**	–	< 0,1%
Ein- und Zweifamilienhäuser	–	**–**	–	–
Mehrfamilienhäuser	–	**–**	–	–
Wohnungen	–	**–**	–	–
Hotel und Beherbergung	–	**–**	–	–
Gewerbegebäude	–	**–**	–	–
Museen	–	**–**	–	–
Gemeindezentren	< 1	**3**	4	0,2%
Gebäude anderer Art	–	**3**	–	< 0,1%
Modernisierungen				
Büro- und Verwaltungsgebäude	–	**< 1**	–	< 0,1%
Schulen und Kindergärten	< 1	**< 1**	< 1	< 0,1%
Sporthallen	1	**3**	6	0,4%
Ein- und Zweifamilienhäuser vor 1945	–	**–**	–	–
Ein- und Zweifamilienhäuser nach 1945	–	**3**	–	< 0,1%
Wohngebäude vor 1945	–	**–**	–	–
Wohngebäude nach 1945: nur Oberflächen	–	**2**	–	< 0,1%
Wohngebäude nach 1945: mit Tragkonstruktion	–	**–**	–	–
Fachwerkhäuser	–	**–**	–	–
Gewerbegebäude	–	**–**	–	–
Gebäude anderer Art	–	**< 1**	–	< 0,1%
Instandsetzungen				
Wohngebäude	–	**1**	–	< 0,1%
Nichtwohngebäude	–	**–**	–	–
Restaurierungsarbeiten	–	**–**	–	–
Sakralbauten	–	**–**	–	–
Sakralbauten mit Restaurierungsarbeiten	–	**–**	–	–
Schwammsanierung	–	**–**	–	–

Kosten:
Stand 2. Quartal 2026
Bundesdurchschnitt
inkl. 19% MwSt.

Einheit: m²
Brutto-Grundfläche (BGF)

▷ von
ø Mittel
◁ bis

Altbau Elementarten

Abbrechen

Elementarten
zur 3. Ebene DIN 276
für die Kostengruppen 300+400

322 Flachgründungen und Bodenplatten

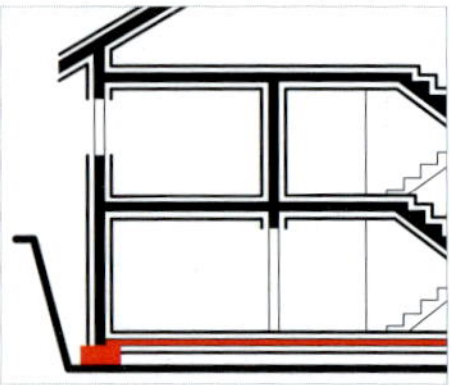

Kosten:
Stand 2. Quartal 2026
Bundesdurchschnitt
inkl. 19% MwSt.

KG.OZ	Abbrechen	▷	€/Einheit	◁	LB an EA
322.10	**Fundamente Beton**				
01	**GR Fundament, Stahlbeton, abbrechen** Gründung, Fundament aus Stahlbeton, abbrechen und entsorgen Einheit: m^3 Fundamentvolumen	251,00	**326,00**	375,00	
	084 Abbruch-, Rückbau- und Schadstoffsanierungsarbeiten				100,0%
322.20	**Fundament- und Bodenplatten**				
01	**GR Bodenplatte, Beton, abbrechen** Gründung, Bodenplatte aus Beton, abbrechen und entsorgen Einheit: m^2 Plattenfläche	55,00	**74,00**	88,00	
	084 Abbruch-, Rückbau- und Schadstoffsanierungsarbeiten				100,0%
02	**GR Bodenplatte, Stahlbeton, abbrechen** Gründung, Bodenplatte aus Stahlbeton, abbrechen und entsorgen Einheit: m^2 Plattenfläche	73,00	**82,00**	86,00	
	084 Abbruch-, Rückbau- und Schadstoffsanierungsarbeiten				100,0%

▷ von
ø Mittel
◁ bis

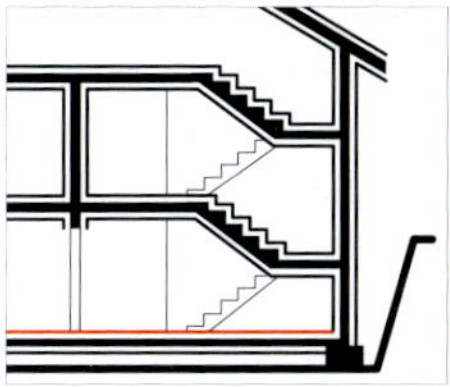

KG.OZ	Abbrechen	▷	€/Einheit	◁	LB an EA
324.10	**Estrich**				
01	**GR Estrich, Verbundestrich, bis 25mm, abbrechen** Bodenaufbau auf Gründungsplatte, als Verbundestrich, bis 25 mm, abbrechen und entsorgen Einheit: m² Belagsfläche	34,00	**37,00**	46,00	
	084 Abbruch-, Rückbau- und Schadstoffsanierungsarbeiten				100,0%
02	**GR Estrich, Verbundestrich, bis 50mm, abbrechen** Bodenaufbau auf Gründungsplatte, als Verbundestrich, bis 50 mm, abbrechen und entsorgen Einheit: m² Belagsfläche	37,00	**45,00**	57,00	
	084 Abbruch-, Rückbau- und Schadstoffsanierungsarbeiten				100,0%
03	**GR Estrich, Verbundestrich, bis 70mm, abbrechen** Bodenaufbau auf Gründungsplatte, als Verbundestrich, bis 70 mm, abbrechen und entsorgen Einheit: m² Belagsfläche	47,00	**57,00**	72,00	
	084 Abbruch-, Rückbau- und Schadstoffsanierungsarbeiten				100,0%
04	**GR Estrich, schwimmend, abbrechen** Bodenaufbau auf Gründungsplatte, als schwimmender Estrich, mit Dämmung, abbrechen und entsorgen Einheit: m² Belagsfläche	42,00	**52,00**	62,00	
	084 Abbruch-, Rückbau- und Schadstoffsanierungsarbeiten				100,0%
05	**GR Estrich, bewehrt, schwimmend, abbrechen** Bodenaufbau auf Gründungsplatte, als schwimmender Estrich, bewehrt, mit Dämmung, abbrechen und entsorgen Einheit: m² Belagsfläche	56,00	**68,00**	83,00	
	084 Abbruch-, Rückbau- und Schadstoffsanierungsarbeiten				100,0%
06	**GR Heizestrich, mit Dämmung, abbrechen** Bodenaufbau auf Gründungsplatte, als Heizestrich, mit Dämmung, abbrechen und entsorgen Einheit: m² Belagsfläche	71,00	**80,00**	96,00	
	084 Abbruch-, Rückbau- und Schadstoffsanierungsarbeiten				100,0%
07	**GR Heizestrich, bewehrt, mit Heizrohren, abbrechen** Bodenaufbau auf Gründungsplatte, als Heizestrich, bewehrt, mit Heizrohren, mit Dämmung, abbrechen und entsorgen Einheit: m² Belagsfläche	95,00	**104,00**	124,00	
	084 Abbruch-, Rückbau- und Schadstoffsanierungsarbeiten				100,0%
324.20	**Fliesen und Platten**				
01	**GR Fliesen, Estrich, Unterbau, Sockelfliesen, abbrechen** Bodenaufbau auf Gründungsplatte, aus Fliesen mit Estrich bis 70 mm, inkl. Sockelfliesen, abbrechen und entsorgen Einheit: m² Belagsfläche	75,00	**87,00**	107,00	
	084 Abbruch-, Rückbau- und Schadstoffsanierungsarbeiten				100,0%
02	**GR Fliesen, Mörtelbett, Sockelfliesen, abbrechen** Bodenaufbau auf Gründungsplatte, aus Fliesen in Mörtelbett bis 50 mm, inkl. Sockelfliesen, abbrechen und entsorgen Einheit: m² Belagsfläche	46,00	**53,00**	61,00	
	084 Abbruch-, Rückbau- und Schadstoffsanierungsarbeiten				100,0%

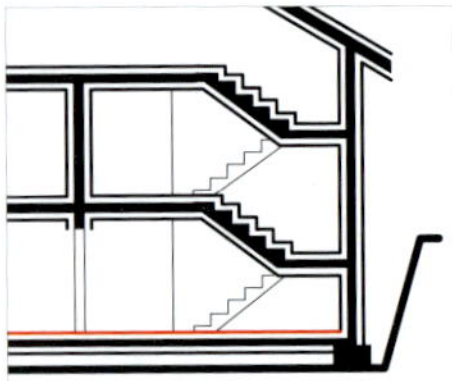

Kosten:
Stand 2. Quartal 2026
Bundesdurchschnitt
inkl. 19% MwSt.

KG.OZ	Abbrechen	▷	€/Einheit	◁	LB an EA
324.20	**Fliesen und Platten**				
03	**GR Fliesen, geklebt, Sockelfliesen, abbrechen**	40,00	**45,00**	55,00	
	Bodenbelag auf Gründungsplatte, Fliesen geklebt, inkl. Sockelfliesen, abbrechen und entsorgen				
	Einheit: m² Belagsfläche				
	084 Abbruch-, Rückbau- und Schadstoffsanierungsarbeiten				100,0%
324.30	**Naturstein**				
01	**GR Natursteinbelag, Mörtelbett, Sockelleisten, abbrechen**	50,00	**55,00**	68,00	
	Bodenbelag auf Gründungsplatte, Naturstein in Mörtelbett, inkl. Natursteinsockel, abbrechen und entsorgen				
	Einheit: m² Belagsfläche				
	084 Abbruch-, Rückbau- und Schadstoffsanierungsarbeiten				100,0%
02	**GR Natursteinbelag, Unterbeton, Sockelleisten, abbrechen**	81,00	**92,00**	115,00	
	Bodenaufbau auf Gründungsplatte, aus Naturstein mit Unterbeton, inkl. Natursteinsockel, abbrechen und entsorgen				
	Einheit: m² Belagsfläche				
	084 Abbruch-, Rückbau- und Schadstoffsanierungsarbeiten				100,0%
324.40	**Textil**				
01	**GR Textilbelag, lose verlegt, Sockelleisten, abbrechen**	18,00	**21,00**	26,00	
	Bodenbelag auf Gründungsplatte, Textilbelag lose verlegt mit Sockelleisten, abbrechen und entsorgen				
	Einheit: m² Belagsfläche				
	084 Abbruch-, Rückbau- und Schadstoffsanierungsarbeiten				100,0%
02	**GR Textilbelag, geklebt, Sockelleisten, abbrechen**	21,00	**24,00**	29,00	
	Bodenbelag auf Gründungsplatte, Textilbelag geklebt verlegt, mit Sockelleisten, abbrechen und entsorgen				
	Einheit: m² Belagsfläche				
	084 Abbruch-, Rückbau- und Schadstoffsanierungsarbeiten				100,0%
324.50	**Holz**				
01	**GR Dielenbretter, Sockelleisten, abbrechen**	20,00	**23,00**	28,00	
	Bodenbelag auf Bodenplatte, aus Dielenbrettern mit Sockelleisten, abbrechen und entsorgen				
	Einheit: m² Belagsfläche				
	084 Abbruch-, Rückbau- und Schadstoffsanierungsarbeiten				100,0%
324.60	**Hartbeläge**				
01	**GR Bodenbelag, PVC-Fliesen, Sockelleisten, abbrechen**	43,00	**50,00**	60,00	
	Bodenbelag auf Gründungsplatte, aus PVC-Fliesenbelag mit Sockelleisten, abbrechen und entsorgen				
	Einheit: m² Belagsfläche				
	084 Abbruch-, Rückbau- und Schadstoffsanierungsarbeiten				100,0%
02	**GR Bodenbelag, Laminat, Sockelleisten, abbrechen**	27,00	**32,00**	39,00	
	Bodenbelag auf Gründungsplatte, Laminatbelag, mit Sockelleisten, abbrechen und entsorgen				
	Einheit: m² Belagsfläche				
	084 Abbruch-, Rückbau- und Schadstoffsanierungsarbeiten				100,0%

▷ von
ø Mittel
◁ bis

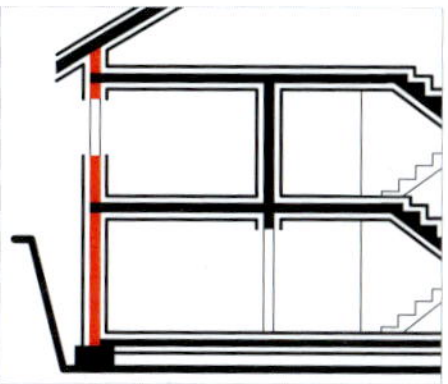

KG.OZ	Abbrechen	▷	€/Einheit	◁	LB an EA
331.10	**Mauerwerkswand**				
01	**AW Mauerwerk, bis 40cm, abbrechen** Außenwand aus Mauerwerk, bis 40 cm, abbrechen und entsorgen Einheit: m² Wandfläche	138,00	**147,00**	168,00	
	084 Abbruch-, Rückbau- und Schadstoffsanierungsarbeiten				100,0%
331.20	**Betonwand**				
01	**AW KG, Beton, bis 30cm, abbrechen** Außenwand der Kellerwand, aus Beton, bis 30 cm, abbrechen und entsorgen Einheit: m² Wandfläche	115,00	**129,00**	147,00	
	084 Abbruch-, Rückbau- und Schadstoffsanierungsarbeiten				100,0%
02	**AW KG, Stahlbeton, bis 30cm, abbrechen** Außenwand der Kellerwand, aus Stahlbeton, bis 30 cm, abbrechen und entsorgen Einheit: m² Wandfläche	136,00	**144,00**	174,00	
	084 Abbruch-, Rückbau- und Schadstoffsanierungsarbeiten				100,0%
03	**AW Stahlbeton, bis 30cm, abbrechen** Außenwand aus Stahlbeton, bis 30 cm, abbrechen und entsorgen Einheit: m² Wandfläche	134,00	**149,00**	168,00	
	084 Abbruch-, Rückbau- und Schadstoffsanierungsarbeiten				100,0%

Übersicht- 1. + 2. Ebene
Erweiterung
Umbau
Moderni- sierung
Instand- setzung
Bau- elemente
Abbrechen
Wieder- herstellen
Herstellen

333 Außenstützen

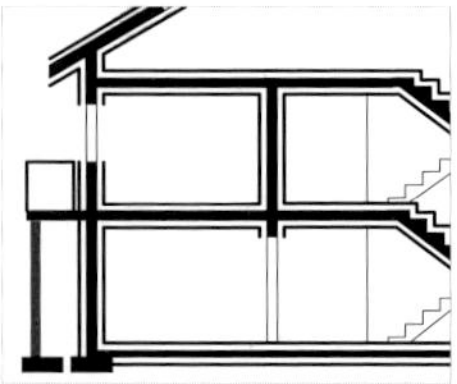

Kosten:
Stand 2. Quartal 2026
Bundesdurchschnitt
inkl. 19% MwSt.

KG.OZ	Abbrechen	▷	€/Einheit	◁	LB an EA
333.10	**Betonstütze**				
01	**AW Stütze, Stahlbeton, bis 30x30cm, abbrechen** Außenstütze aus Stahlbeton, bis 30x30 cm, abbrechen und entsorgen Einheit: m Stützenlänge	50,00	**57,00**	65,00	
	084 Abbruch-, Rückbau- und Schadstoffsanierungsarbeiten				100,0%
02	**AW Stütze, Stahlbeton, bis 40x40cm, abbrechen** Außenstütze aus Stahlbeton, bis 40x40 cm, abbrechen und entsorgen Einheit: m Stützenlänge	89,00	**101,00**	115,00	
	084 Abbruch-, Rückbau- und Schadstoffsanierungsarbeiten				100,0%

▷ von
ø Mittel
◁ bis

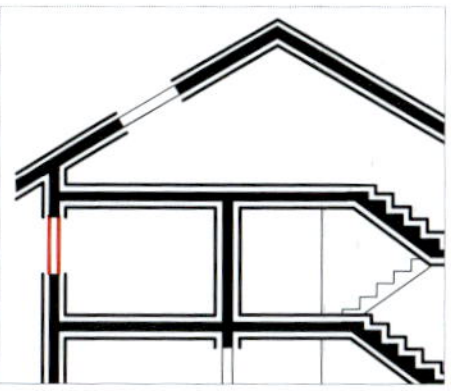

KG.OZ	Abbrechen	▷	€/Einheit	◁	LB an EA
334.10	**Türen**				
01	**AW Eingangstür, abbrechen**	53,00	**64,00**	77,00	
	Eingangstüre mit Rahmen, abbrechen und entsorgen				
	Einheit: m² Türfläche				
	084 Abbruch-, Rückbau- und Schadstoffsanierungsarbeiten				100,0%
334.20	**Fenstertüren**				
01	**AW Fenstertüre, Holz, abbrechen**	34,00	**42,00**	51,00	
	Fenstertüre aus Holz, mit Rahmen, abbrechen und entsorgen				
	Einheit: m² Türfläche				
	084 Abbruch-, Rückbau- und Schadstoffsanierungsarbeiten				100,0%
02	**AW Fenstertüre, Kunststoff, abbrechen**	41,00	**50,00**	61,00	
	Fenstertüre aus Kunststoff, mit Rahmen, abbrechen und entsorgen				
	Einheit: m² Türfläche				
	084 Abbruch-, Rückbau- und Schadstoffsanierungsarbeiten				100,0%
334.30	**Fenster**				
01	**AW Fenster, Holz, bis 1,5m², abbrechen**	52,00	**59,00**	63,00	
	Fenster aus Holz, mit Rahmen, bis 1,5m², abbrechen und entsorgen				
	Einheit: m² Fensterfläche				
	084 Abbruch-, Rückbau- und Schadstoffsanierungsarbeiten				100,0%
02	**AW Fenster, Holz, bis 2,5m², abbrechen**	57,00	**72,00**	86,00	
	Fenster aus Holz, mit Rahmen, bis 2,5m², abbrechen und entsorgen				
	Einheit: m² Fensterfläche				
	084 Abbruch-, Rückbau- und Schadstoffsanierungsarbeiten				100,0%
03	**AW Fenster, Kunststoff, bis 1,5m², abbrechen**	36,00	**45,00**	54,00	
	Fenster aus Kunststoff, mit Rahmen, bis 1,5m², abbrechen und entsorgen				
	Einheit: m² Fensterfläche				
	084 Abbruch-, Rückbau- und Schadstoffsanierungsarbeiten				100,0%
04	**AW Fenster, Kunststoff, bis 2,5m², abbrechen**	50,00	**62,00**	74,00	
	Fenster aus Kunststoff, mit Rahmen, bis 2,5m², abbrechen und entsorgen				
	Einheit: m² Fensterfläche				
	084 Abbruch-, Rückbau- und Schadstoffsanierungsarbeiten				100,0%
334.40	**Sonstige Außentüren und -fenster**				
01	**AW Fensterbank, Naturstein, außen, abbrechen**	43,00	**46,00**	57,00	
	Fensterbank aus Naturstein, außen, abbrechen und entsorgen				
	Einheit: m Fensterbanklänge				
	084 Abbruch-, Rückbau- und Schadstoffsanierungsarbeiten				100,0%

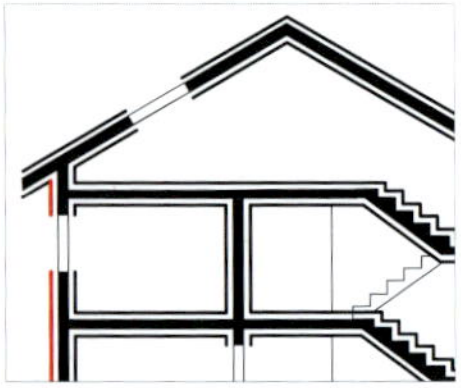

Kosten:
Stand 2. Quartal 2026
Bundesdurchschnitt
inkl. 19% MwSt.

▷ von
ø Mittel
◁ bis

KG.OZ	Abbrechen	▷	€/Einheit	◁	LB an EA
335.10	**Unterkonstruktion**				
01	**AW Abdichtung, Bitumenbeschichtung, entfernen** Außenwandabdichtung mit Bitumenbeschichtung, entfernen und entsorgen Einheit: m² Abdichtungsfläche	22,00	**26,00**	31,00	
	084 Abbruch-, Rückbau- und Schadstoffsanierungsarbeiten				100,0%
02	**AW Abdichtung, Bitumenbahn, entfernen** Außenwandabdichtung mit Bitumenbahnen, entfernen und entsorgen Einheit: m² Abdichtungsfläche	28,00	**33,00**	38,00	
	084 Abbruch-, Rückbau- und Schadstoffsanierungsarbeiten				100,0%
335.20	**Putz**				
01	**AW Putz, zweilagig, in Teilflächen, abschlagen** Außenwandputz, zweilagig, in Teilflächen, entfernen und entsorgen Einheit: m² Bekleidungsfläche	39,00	**42,00**	46,00	
	084 Abbruch-, Rückbau- und Schadstoffsanierungsarbeiten				100,0%
02	**AW Putz, bis 30mm, abschlagen** Außenwandputz, bis 30 mm, entfernen und entsorgen Einheit: m² Bekleidungsfläche	24,00	**27,00**	33,00	
	084 Abbruch-, Rückbau- und Schadstoffsanierungsarbeiten				100,0%
335.30	**Bekleidung auf Unterkonstruktion**				
01	**AW Bekleidung, Holz, abbrechen** Außenwandbekleidung aus Holz, entfernen und entsorgen Einheit: m² Bekleidungsfläche	29,00	**34,00**	43,00	
	084 Abbruch-, Rückbau- und Schadstoffsanierungsarbeiten				100,0%
02	**AW Bekleidung, Holz, mit Dämmung, abbrechen** Außenwandbekleidung aus Holz, mit Wärmedämmung, entfernen und entsorgen Einheit: m² Bekleidungsfläche	45,00	**53,00**	66,00	
	084 Abbruch-, Rückbau- und Schadstoffsanierungsarbeiten				100,0%
03	**AW Bekleidung, FZ-Platten, abbrechen** Außenwandbekleidung aus Faserzementplatten, entfernen und entsorgen Einheit: m² Bekleidungsfläche	25,00	**29,00**	36,00	
	084 Abbruch-, Rückbau- und Schadstoffsanierungsarbeiten				100,0%
04	**AW Bekleidung, FZ-Platten, mit Dämmung, abbrechen** Außenwandbekleidung aus Faserzementplatten, mit Wärmedämmung, entfernen und entsorgen Einheit: m² Bekleidungsfläche	41,00	**47,00**	59,00	
	084 Abbruch-, Rückbau- und Schadstoffsanierungsarbeiten				100,0%
335.40	**Verblendung**				
01	**AW Verblendmauerwerk, abbrechen** Verblendmauerwerk aus Mauerwerkssteinen, entfernen und entsorgen Einheit: m² Bekleidungsfläche	92,00	**99,00**	120,00	
	084 Abbruch-, Rückbau- und Schadstoffsanierungsarbeiten				100,0%

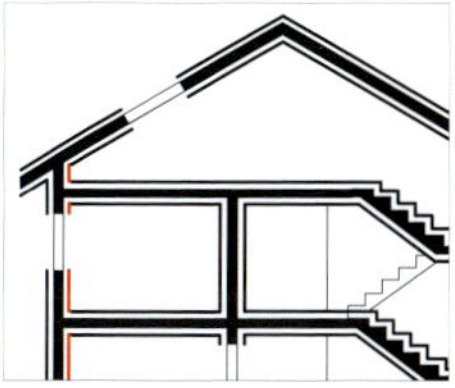

KG.OZ	Abbrechen	▷	€/Einheit	◁	LB an EA
336.10	**Oberflächenbehandlung**				
01	**AW innen, Beschichtung, entfernen** Beschichtung auf Wänden, entfernen und entsorgen Einheit: m² Beschichtungsfläche	2,60	**3,00**	3,40	
	084 Abbruch-, Rückbau- und Schadstoffsanierungsarbeiten				100,0%
02	**AW innen, Beschichtung, Ölfarbe, entfernen** Beschichtung mit Ölfarbe, auf Wänden, entfernen und entsorgen Einheit: m² Beschichtungsfläche	16,00	**18,00**	21,00	
	084 Abbruch-, Rückbau- und Schadstoffsanierungsarbeiten				100,0%
336.20	**Putz**				
01	**AW innen, Putz, abschlagen** Innenwandputz der Außenwand, entfernen und entsorgen Einheit: m² Bekleidungsfläche	15,00	**17,00**	18,00	
	084 Abbruch-, Rückbau- und Schadstoffsanierungsarbeiten				100,0%
336.30	**Bekleidung auf Unterkonstruktion**				
01	**AW innen, Bekleidung, Holzwerkstoff, abbrechen** Innenwandbekleidung aus Holzwerkstoff, abbrechen und entsorgen Einheit: m² Bekleidungsfläche	35,00	**43,00**	52,00	
	084 Abbruch-, Rückbau- und Schadstoffsanierungsarbeiten				100,0%
336.40	**Tapeten**				
01	**AW innen, Tapete, einlagig, entfernen** Tapete als Innenwandbekleidung der Außenwand, einlagig,entfernen und entsorgen Einheit: m² Bekleidungsfläche	4,30	**5,80**	6,30	
	084 Abbruch-, Rückbau- und Schadstoffsanierungsarbeiten				100,0%
02	**AW innen, Tapete, einlagig, beschichtet, entfernen** Tapete als Innenwandbekleidung der Außenwand, einlagig, mit Beschichtung, entfernen und entsorgen Einheit: m² Bekleidungsfläche	5,20	**5,70**	7,40	
	084 Abbruch-, Rückbau- und Schadstoffsanierungsarbeiten				100,0%
03	**AW innen, Tapete, mehrlagig, entfernen** Tapete als Innenwandbekleidung der Außenwand, mehrlagig, entfernen und entsorgen Einheit: m² Bekleidungsfläche	4,90	**6,20**	7,90	
	084 Abbruch-, Rückbau- und Schadstoffsanierungsarbeiten				100,0%
336.50	**Fliesen**				
01	**AW innen, Fliesen, Putz, abschlagen** Innenwandfliesen an Außenwand, mit Mörtel, entfernen und entsorgen Einheit: m² Bekleidungsfläche	36,00	**42,00**	49,00	
	084 Abbruch-, Rückbau- und Schadstoffsanierungsarbeiten				100,0%

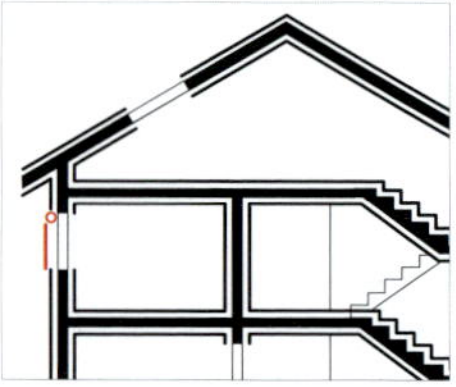

Kosten:
Stand 2. Quartal 2026
Bundesdurchschnitt
inkl. 19% MwSt.

KG.OZ	Abbrechen	▷	€/Einheit	◁	LB an EA
338.10	**Läden**				
01	**AW Rollladen, Gurtwickler, ausbauen** Außenwand, Rollladen mit Rollladenkasten und Gurtwickler, ausbauen und entsorgen Einheit: m² Schutzfläche	102,00	**121,00**	149,00	
	084 Abbruch-, Rückbau- und Schadstoffsanierungsarbeiten				100,0%

▷ von
ø Mittel
◁ bis

KG.OZ	Abbrechen	▷	€/Einheit	◁	LB an EA
341.10	**Mauerwerkswand**				
01	**IW Mauerwerk, 24cm abbrechen**	78,00	**89,00**	110,00	
	Innenwand aus Ziegel-Mauerwerk, 24 cm, abbrechen und entsorgen				
	Einheit: m² Wandfläche				
	084 Abbruch-, Rückbau- und Schadstoffsanierungsarbeiten				100,0%
341.20	**Betonwand**				
01	**IW Stahlbeton, 25cm abbrechen**	111,00	**123,00**	140,00	
	Innenwand aus Beton, bis 25 cm, abbrechen und entsorgen				
	Einheit: m² Wandfläche				
	084 Abbruch-, Rückbau- und Schadstoffsanierungsarbeiten				100,0%

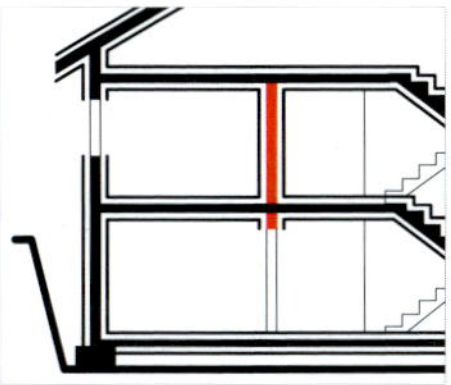

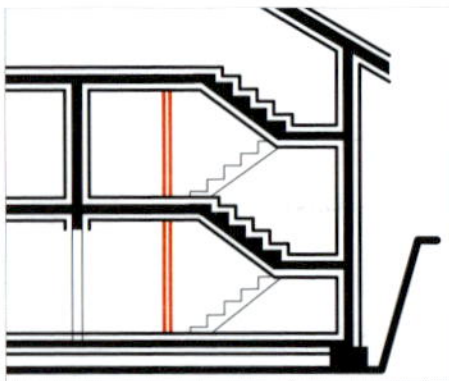

Kosten:
Stand 2. Quartal 2026
Bundesdurchschnitt
inkl. 19% MwSt.

KG.OZ	Abbrechen	▷	€/Einheit	◁	LB an EA
342.10	**Mauerwerkswand**				
01	**IW Mauerwerk, Porenbeton, 17,5cm abbrechen** Innenwand aus Porenbeton-Mauerwerk, 17,5 cm, abbrechen und entsorgen Einheit: m² Wandfläche	68,00	**80,00**	98,00	
	084 Abbruch-, Rückbau- und Schadstoffsanierungsarbeiten				100,0%
02	**IW Mauerwerk, 11,5cm abbrechen** Innenwand aus Ziegel-Mauerwerk, 11,5 cm, abbrechen und entsorgen Einheit: m² Wandfläche	49,00	**60,00**	74,00	
	084 Abbruch-, Rückbau- und Schadstoffsanierungsarbeiten				100,0%
03	**IW Gipsbauplatten, 10cm abbrechen** Innenwand aus Gipsbauwandplatten, 10 cm, abbrechen und entsorgen Einheit: m² Wandfläche	66,00	**76,00**	93,00	
	084 Abbruch-, Rückbau- und Schadstoffsanierungsarbeiten				100,0%
342.20	**Betonwand**				
01	**IW Stahlbeton, 15cm abbrechen** Innenwand aus Beton, bis 15 cm, abbrechen und entsorgen Einheit: m² Wandfläche	57,00	**61,00**	71,00	
	084 Abbruch-, Rückbau- und Schadstoffsanierungsarbeiten				100,0%
342.30	**Holzwand**				
01	**IW Holzständer, mit Bekleidung, abbrechen** Innenwand als Holzständerwand mit Bekleidung, abbrechen und entsorgen Einheit: m² Wandfläche	64,00	**73,00**	88,00	
	084 Abbruch-, Rückbau- und Schadstoffsanierungsarbeiten				100,0%
342.40	**Metallständerwand**				
01	**IW Montagewand, Metall, abbrechen** Innenwand als Montagewand mit Metallständer, abbrechen und entsorgen Einheit: m² Wandfläche	33,00	**41,00**	50,00	
	084 Abbruch-, Rückbau- und Schadstoffsanierungsarbeiten				100,0%

▷ von
ø Mittel
◁ bis

KG.OZ	Abbrechen	▷	€/Einheit	◁	LB an EA
343.10	**Betonstütze**				
01	**IW Stütze, Stahlbeton, bis 30x30cm, abbrechen** Innenstütze aus Stahlbeton, bis 30x30cm, abbrechen und entsorgen Einheit: m Stützenlänge	50,00	**57,00**	65,00	
	084 Abbruch-, Rückbau- und Schadstoffsanierungsarbeiten				100,0%
02	**IW Stütze, Stahlbeton, bis 40x40cm, abbrechen** Innenstütze aus Stahlbeton, bis 40x40cm, abbrechen und entsorgen Einheit: m Stützenlänge	89,00	**101,00**	115,00	
	084 Abbruch-, Rückbau- und Schadstoffsanierungsarbeiten				100,0%

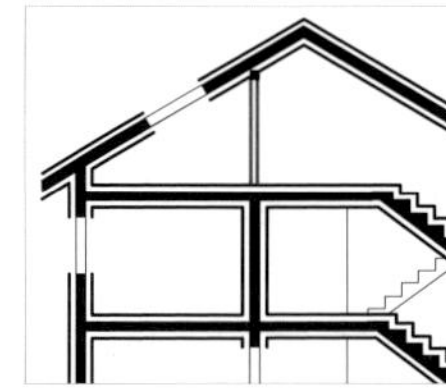

KG.OZ	Abbrechen	▷	€/Einheit	◁	LB an EA
344.10	**Türen**				
01	**IW Türe, einflüglig, Holz, abbrechen** Innentür aus Holz, einschl. Futter, abbrechen und entsorgen Einheit: m² Türfläche	43,00	**52,00**	64,00	
	084 Abbruch-, Rückbau- und Schadstoffsanierungsarbeiten				100,0%

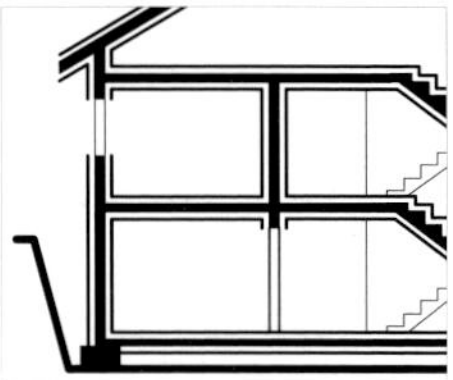

Kosten:
Stand 2. Quartal 2026
Bundesdurchschnitt
inkl. 19% MwSt.

▷ von
ø Mittel
◁ bis

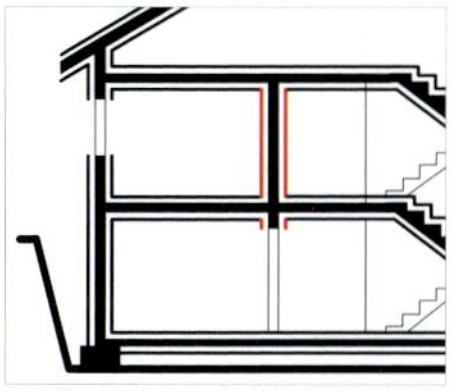

KG.OZ	Abbrechen	▷	€/Einheit	◁	LB an EA
345.10	**Oberflächenbehandlung**				
01	**IW Beschichtung, entfernen** Beschichtung auf Innenwänden, entfernen und entsorgen Einheit: m² Beschichtungsfläche	2,60	**3,00**	3,40	
	084 Abbruch-, Rückbau- und Schadstoffsanierungsarbeiten				100,0%
02	**IW Beschichtung, Ölfarbe, entfernen** Beschichtung mit Ölfarbe, auf Innenwänden, entfernen und entsorgen Einheit: m² Beschichtungsfläche	16,00	**18,00**	21,00	
	084 Abbruch-, Rückbau- und Schadstoffsanierungsarbeiten				100,0%
345.20	**Putz**				
01	**IW Putz, abschlagen** Innenwandputz entfernen und entsorgen Einheit: m² Bekleidungsfläche	15,00	**17,00**	18,00	
	084 Abbruch-, Rückbau- und Schadstoffsanierungsarbeiten				100,0%
02	**IW Fliesen, Putz, abschlagen** Innenwandfliesen mit Mörtel, entfernen und entsorgen Einheit: m² Bekleidungsfläche	36,00	**42,00**	49,00	
	084 Abbruch-, Rückbau- und Schadstoffsanierungsarbeiten				100,0%
345.30	**Bekleidung auf Unterkonstruktion**				
01	**IW, Bekleidung, Holzwerkstoff, abbrechen** Innenwandbekleidung aus Holzwerkstoff, abbrechen und entsorgen Einheit: m² Bekleidungsfläche	35,00	**43,00**	52,00	
	084 Abbruch-, Rückbau- und Schadstoffsanierungsarbeiten				100,0%
345.40	**Tapeten**				
01	**IW Tapete, einlagig, entfernen** Tapete als Innenwandbekleidung, einlagig, entfernen und entsorgen Einheit: m² Bekleidungsfläche	4,30	**5,80**	6,30	
	084 Abbruch-, Rückbau- und Schadstoffsanierungsarbeiten				100,0%
02	**IW Tapete, einlagig, beschichtet, entfernen** Tapete als Innenwandbekleidung, einlagig, mit Beschichtung, entfernen und entsorgen Einheit: m² Bekleidungsfläche	5,20	**5,70**	7,40	
	084 Abbruch-, Rückbau- und Schadstoffsanierungsarbeiten				100,0%
03	**IW Tapete, mehrlagig, entfernen** Tapete als Innenwandbekleidung, mehrlagig, entfernen und entsorgen Einheit: m² Bekleidungsfläche	4,90	**6,20**	7,90	
	084 Abbruch-, Rückbau- und Schadstoffsanierungsarbeiten				100,0%

346 Elementierte Innenwand-konstruktionen

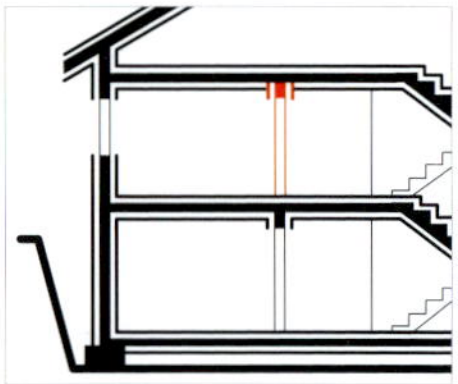

Kosten:
Stand 2. Quartal 2026
Bundesdurchschnitt
inkl. 19% MwSt.

KG.OZ	Abbrechen	▷	€/Einheit	◁	LB an EA
346.10	**Lattenverschläge**				
01	**IW Lattentrennwand, Holz, abbrechen** Kellertrennwand aus Holz abbrechen Einheit: m² Wandfläche	23,00	**29,00**	35,00	
	084 Abbruch-, Rückbau- und Schadstoffsanierungsarbeiten				100,0%

▷ von
ø Mittel
◁ bis

KG.OZ	Abbrechen	▷	€/Einheit	◁	LB an EA
351.10	**Stahlbeton, Ortbeton**				
01	**DE Unterzug, Stahlbeton, abbrechen** Deckenunterzug aus Stahlbeton, abbrechen und entsorgen Einheit: m Balkenlänge	65,00	**84,00**	104,00	
	084 Abbruch-, Rückbau- und Schadstoffsanierungsarbeiten				100,0%
02	**DE Stahlbeton, bis 25cm, abbrechen** Decke aus Stahlbeton, bis 25 cm, abbrechen und entsorgen Einheit: m² Deckenfläche	166,00	**194,00**	214,00	
	084 Abbruch-, Rückbau- und Schadstoffsanierungsarbeiten				100,0%
03	**DE Stahlbeton-Hohldielen, bis 25cm, abbrechen** Decke aus Stahlbeton, bis 25 cm, abbrechen und entsorgen Einheit: m² Deckenfläche	97,00	**104,00**	123,00	
	084 Abbruch-, Rückbau- und Schadstoffsanierungsarbeiten				100,0%
351.20	**Holzkonstruktionen, Holzträgerkonstruktionen**				
01	**DE Unterzug, Holz, abbrechen** Deckenunterzug aus Holz, abbrechen und entsorgen Einheit: m Balkenlänge	24,00	**27,00**	34,00	
	084 Abbruch-, Rückbau- und Schadstoffsanierungsarbeiten				100,0%
02	**DE Holzbalkendecke, Schüttung, Fehlboden, abbrechen** Holzbalkendecke abbrechen und entsorgen Einheit: m² Deckenfläche	207,00	**243,00**	293,00	
	084 Abbruch-, Rückbau- und Schadstoffsanierungsarbeiten				100,0%
351.30	**Treppen, Beton**				
01	**DE Treppe, Stahlbeton, mit Stufen, abbrechen** Treppe aus Stahlbeton, mit Stufen, abbrechen und entsorgen Einheit: m² Treppengrundfläche	296,00	**322,00**	373,00	
	084 Abbruch-, Rückbau- und Schadstoffsanierungsarbeiten				100,0%
351.40	**Treppen, Metallkonstruktionen**				
01	**DE Treppe, Metall, abbrechen** Treppe aus Metall mit Wandbefestigung, innen, abbrechen Einheit: m² Treppengrundfläche	58,00	**68,00**	74,00	
	084 Abbruch-, Rückbau- und Schadstoffsanierungsarbeiten				100,0%
351.50	**Treppen, Holzkonstruktionen**				
01	**DE Treppe, Holz, mit Stufen, Geländer, abbrechen** Treppe aus Holz, mit Stufen und Geländer, abbrechen und entsorgen Einheit: m² Treppengrundfläche	127,00	**153,00**	199,00	
	084 Abbruch-, Rückbau- und Schadstoffsanierungsarbeiten				100,0%

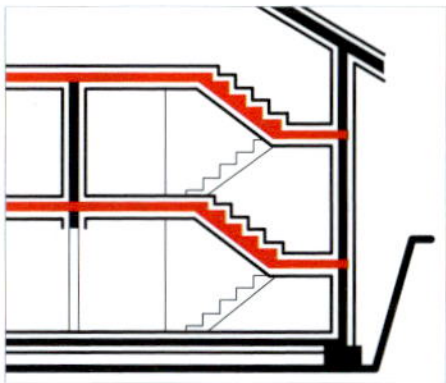

352
Deckenöffnungen

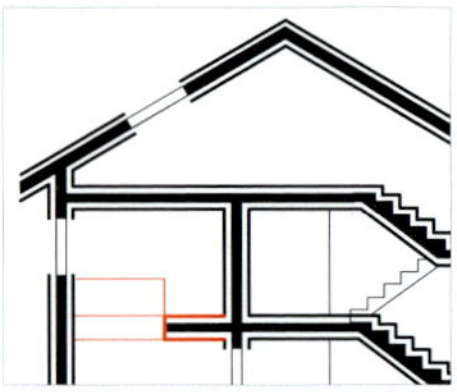

Kosten:
Stand 2. Quartal 2026
Bundesdurchschnitt
inkl. 19% MwSt.

KG.OZ	Abbrechen	▷	€/Einheit	◁	LB an EA
352.10	**Deckenöffnungen**				
01	**DE Treppe, Bodeneinschub, Holz, abbrechen** Treppe aus Stahlbeton, mit Stufen, abbrechen und entsorgen Einheit: m² Treppengrundfläche	38,00	**43,00**	54,00	
	084 Abbruch-, Rückbau- und Schadstoffsanierungsarbeiten				100,0%

▷ von
ø Mittel
◁ bis

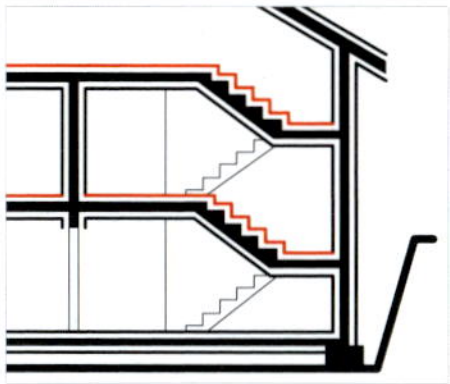

KG.OZ	Abbrechen	▷	€/Einheit	◁	LB an EA
353.10	**Estrich**				
01	**DE Estrich, schwimmend, abbrechen** Decke, Estrich als schwimmender Estrich, mit Dämmung, abbrechen und entsorgen Einheit: m² Belagsfläche	42,00	**52,00**	62,00	
	084 Abbruch-, Rückbau- und Schadstoffsanierungsarbeiten				100,0%
02	**DE Estrich, bewehrt, schwimmend, abbrechen** Decke, Estrich als schwimmender Estrich, bewehrt, mit Dämmung, abbrechen und entsorgen Einheit: m² Belagsfläche	56,00	**68,00**	83,00	
	084 Abbruch-, Rückbau- und Schadstoffsanierungsarbeiten				100,0%
03	**DE Heizestrich, mit Dämmung, abbrechen** Decke, Estrich als Heizestrich, mit Dämmung, abbrechen und entsorgen Einheit: m² Belagsfläche	71,00	**80,00**	96,00	
	084 Abbruch-, Rückbau- und Schadstoffsanierungsarbeiten				100,0%
04	**DE Heizestrich, bewehrt, mit Heizrohren, abbrechen** Decke, Estrich als Heizestrich, bewehrt, mit Heizrohren, mit Dämmung, abbrechen und entsorgen Einheit: m² Belagsfläche	95,00	**104,00**	124,00	
	084 Abbruch-, Rückbau- und Schadstoffsanierungsarbeiten				100,0%
353.20	**Fliesen und Platten**				
01	**DE Fliesen, Estrich, Unterbau, Sockelfliesen, abbrechen** Deckenbelag aus Fliesen mit Estrich, mit Sockelfliesen, abbrechen und entsorgen Einheit: m² Belagsfläche	75,00	**87,00**	107,00	
	084 Abbruch-, Rückbau- und Schadstoffsanierungsarbeiten				100,0%
02	**DE Fliesen, Mörtelbett, Sockelfliesen, abbrechen** Deckenbelag aus Fliesen in Mörtelbett, mit Sockelfliesen, abbrechen und entsorgen Einheit: m² Belagsfläche	46,00	**53,00**	61,00	
	084 Abbruch-, Rückbau- und Schadstoffsanierungsarbeiten				100,0%
03	**DE Fliesen, geklebt, Sockelfliesen, abbrechen** Deckenbelag aus Fliesen, geklebt, mit Sockelfliesen, abbrechen und entsorgen Einheit: m² Belagsfläche	40,00	**45,00**	55,00	
	084 Abbruch-, Rückbau- und Schadstoffsanierungsarbeiten				100,0%
353.30	**Naturstein**				
01	**DE Natursteinbelag, Mörtelbett, Sockelleisten, abbrechen** Deckenbelag aus Naturstein in Mörtelbett, inkl. Natursteinsockel, abbrechen und entsorgen Einheit: m² Belagsfläche	50,00	**55,00**	68,00	
	084 Abbruch-, Rückbau- und Schadstoffsanierungsarbeiten				100,0%
02	**DE Natursteinbelag, Unterbeton, Sockelleisten, abbrechen** Deckenbelag aus Naturstein mit Unterbeton, inkl. Natursteinsockel, abbrechen und entsorgen Einheit: m² Belagsfläche	81,00	**92,00**	115,00	
	084 Abbruch-, Rückbau- und Schadstoffsanierungsarbeiten				100,0%

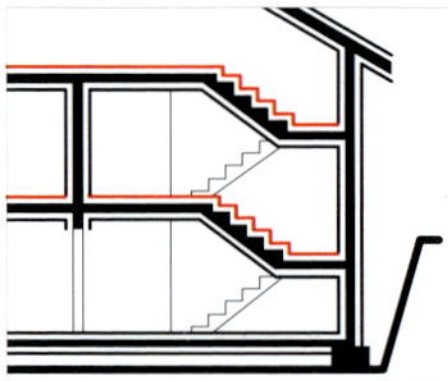

Kosten:
Stand 2. Quartal 2026
Bundesdurchschnitt
inkl. 19% MwSt.

KG.OZ	Abbrechen	▷	€/Einheit	◁	LB an EA
353.40	**Textil**				
01	**DE Bodenbelag, lose verlegt, Sockelleisten, abbrechen**	18,00	**21,00**	26,00	
	Bodenbelag auf Deckenplatte, lose verlegt, mit Sockelleisten, abbrechen und entsorgen				
	Einheit: m² Belagsfläche				
	084 Abbruch-, Rückbau- und Schadstoffsanierungsarbeiten				100,0%
02	**DE Bodenbelag, geklebt, Sockelleisten, abbrechen**	19,00	**23,00**	28,00	
	Bodenbelag auf Deckenplatte, geklebt verlegt, mit Sockelleisten, abbrechen und entsorgen				
	Einheit: m² Belagsfläche				
	084 Abbruch-, Rückbau- und Schadstoffsanierungsarbeiten				100,0%
353.50	**Holz**				
01	**DE Belag, Dielenbretter, Sockelleisten, abbrechen**	20,00	**23,00**	28,00	
	Dielenbretter auf Deckenplatte, mit Sockelleisten, abbrechen und entsorgen				
	Einheit: m² Belagsfläche				
	084 Abbruch-, Rückbau- und Schadstoffsanierungsarbeiten				100,0%
02	**DE Parkettboden, auf Lagerholz, Sockelleisten, abbrechen**	21,00	**25,00**	29,00	
	Parkettboden auf Deckenplatte, auf Lagerhölzer genagelt, mit Sockelleisten, abbrechen und entsorgen				
	Einheit: m² Belagsfläche				
	084 Abbruch-, Rückbau- und Schadstoffsanierungsarbeiten				100,0%
353.60	**Hartbeläge**				
01	**DE Bodenbelag, PVC-Fliesen, Sockelleisten, abbrechen**	43,00	**50,00**	60,00	
	Deckeenbelag aus PVC-Fliesen, inkl. Sockelleisten, abbrechen und entsorgen				
	Einheit: m² Belagsfläche				
	084 Abbruch-, Rückbau- und Schadstoffsanierungsarbeiten				100,0%
02	**DE Bodenbelag, Laminat, Sockelleisten, abbrechen**	27,00	**32,00**	39,00	
	Deckenbelag aus Laminat, inkl. Sockelleisten, abbrechen und entsorgen				
	Einheit: m² Belagsfläche				
	084 Abbruch-, Rückbau- und Schadstoffsanierungsarbeiten				100,0%

▷ von
ø Mittel
◁ bis

KG.OZ	Abbrechen	▷	€/Einheit	◁	LB an EA
354.10	**Putz**				
01	**DE Putz, entfernen** Deckenputz entfernen und entsorgen Einheit: m² Bekleidungsfläche	38,00	**43,00**	50,00	
	084 Abbruch-, Rückbau- und Schadstoffsanierungsarbeiten				100,0%
354.20	**Bekleidung auf Unterkonstruktion**				
01	**DE Bekleidung, Gipsplatten, einlagig, abbrechen** Deckenbekleidung mit Gipsplatten 12,5mm, einlagig, abbrechen und entsorgen Einheit: m² Bekleidungsfläche	32,00	**39,00**	47,00	
	084 Abbruch-, Rückbau- und Schadstoffsanierungsarbeiten				100,0%
354.30	**Tapeten**				
01	**DE Tapete, einlagig, entfernen** Tapete als Deckenbekleidung, einlagig, entfernen und entsorgen Einheit: m² Bekleidungsfläche	4,30	**5,80**	6,30	
	084 Abbruch-, Rückbau- und Schadstoffsanierungsarbeiten				100,0%
02	**DE Tapete, mehrlagig, entfernen** Tapete als Deckenbekleidung, mehrlagig, entfernen und entsorgen Einheit: m² Bekleidungsfläche	4,90	**6,20**	7,90	
	084 Abbruch-, Rückbau- und Schadstoffsanierungsarbeiten				100,0%
354.40	**Abgehängte Bekleidung**				
01	**DE Bekleidung, Gipsplatten, abgehängt, einlagig, abbrechen** Deckenbekleidung mit Gipsplatten 12,5mm, einlagig, als abgehängte Decke, abbrechen und entsorgen Einheit: m² Bekleidungsfläche	27,00	**33,00**	41,00	
	084 Abbruch-, Rückbau- und Schadstoffsanierungsarbeiten				100,0%

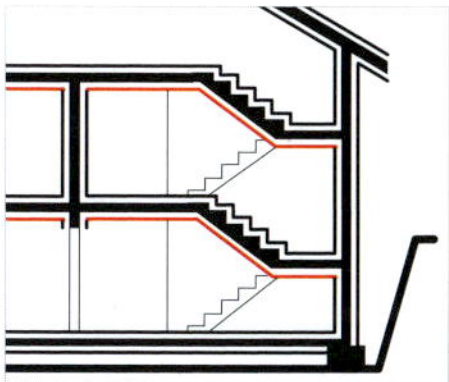

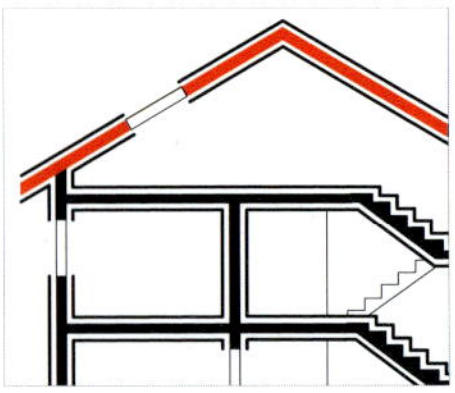

Kosten:
Stand 2. Quartal 2026
Bundesdurchschnitt
inkl. 19% MwSt.

KG.OZ	Abbrechen	▷	€/Einheit	◁	LB an EA
361.10	**Stahlbeton, Ortbeton**				
01	**DA Unterzug, Stahlbeton, abbrechen** Dach, Unterzug, aus Stahlbeton, abbrechen und entsorgen Einheit: m Balkenlänge	65,00	**84,00**	104,00	
	084 Abbruch-, Rückbau- und Schadstoffsanierungsarbeiten				100,0%
02	**DA flach, Stahlbeton, bis 25cm, abbrechen** Dach, flach/flach geneigt, aus Stahlbeton, bis 25 cm, abbrechen und entsorgen Einheit: m² Dachfläche	166,00	**194,00**	214,00	
	084 Abbruch-, Rückbau- und Schadstoffsanierungsarbeiten				100,0%
03	**DA flach, Stahlbeton-Hohldielen, bis 25cm, abbrechen** Dach, flach/flach geneigt, aus Stahlbeton, bis 25 cm, abbrechen und entsorgen Einheit: m² Dachfläche	97,00	**104,00**	123,00	
	084 Abbruch-, Rückbau- und Schadstoffsanierungsarbeiten				100,0%
361.20	**Holzkonstruktionen, Holzträgerkonstruktionen**				
01	**DA Unterzug, Holz, abbrechen** Dach, Unterzug aus Vollholz, abbrechen und entsorgen Einheit: m Balkenlänge	24,00	**27,00**	34,00	
	084 Abbruch-, Rückbau- und Schadstoffsanierungsarbeiten				100,0%
02	**DA Holzbalkenkonstruktion, Spanplatten, Dämmung, Bekleidung, abbrechen** Dach, flach, als Holzbalkendecke, mit Boden aus Spanplatten, Dämmung und Deckenbekleidung aus Holz, abbrechen und entsorgen Einheit: m² Deckenfläche	188,00	**220,00**	265,00	
	084 Abbruch-, Rückbau- und Schadstoffsanierungsarbeiten				100,0%
361.30	**Steildach, Holz**				
01	**DA geneigt, Holz, Kanthölzer/Balken, abbrechen** Dach, geneigt, aus Vollholz, mit Stellbrett, abbrechen und entsorgen Einheit: m² Dachfläche	58,00	**68,00**	84,00	
	084 Abbruch-, Rückbau- und Schadstoffsanierungsarbeiten				100,0%
02	**DA geneigt, Holz, Kanthölzer/Balken, mit Schalung, abbrechen** Dach, geneigt, aus Vollholz, mit Schalung und Stellbrett, abbrechen und entsorgen Einheit: m² Dachfläche	79,00	**92,00**	109,00	
	084 Abbruch-, Rückbau- und Schadstoffsanierungsarbeiten				100,0%

▷ von
ø Mittel
◁ bis

KG.OZ	Abbrechen	▷	€/Einheit	◁	LB an EA
362.10	**Dachflächenfenster**				
01	**DA Fensterluke, abbrechen** Dachfensterluke, mit Anschlussblech, abbrechen und entsorgen Einheit: m² Öffnungsfläche	105,00	**126,00**	156,00	
	084 Abbruch-, Rückbau- und Schadstoffsanierungsarbeiten				100,0%
02	**DA Fenster, abbrechen** Dachfenster, mit Anschlussblech, abbrechen und entsorgen Einheit: m² Öffnungsfläche	106,00	**129,00**	159,00	
	084 Abbruch-, Rückbau- und Schadstoffsanierungsarbeiten				100,0%

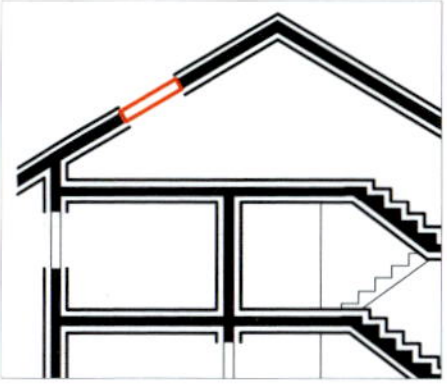

Kosten:
Stand 2. Quartal 2026
Bundesdurchschnitt
inkl. 19% MwSt.

KG.OZ	Abbrechen	▷	€/Einheit	◁	LB an EA
363.10	**Abdichtung**				
01	**DA Bitumenabdichtung, einlagig, abbrechen** Dachabdichtung mit Bitumenbahnen, einlagig, abbrechen und entsorgen Einheit: m² Belagsfläche	29,00	**31,00**	41,00	
	084 Abbruch-, Rückbau- und Schadstoffsanierungsarbeiten				100,0%
02	**DA Bitumenabdichtung, zweilagig, abbrechen** Dachabdichtung mit Bitumenbahnen, zweilagig, abbrechen und entsorgen Einheit: m² Belagsfläche	31,00	**37,00**	46,00	
	084 Abbruch-, Rückbau- und Schadstoffsanierungsarbeiten				100,0%
03	**DA Bitumenabdichtung, einlagig, Kiesschüttung, abbrechen** Dachabdichtung mit Bitumenbahnen, einlagig, abbrechen und entsorgen Einheit: m² Belagsfläche	48,00	**52,00**	67,00	
	084 Abbruch-, Rückbau- und Schadstoffsanierungsarbeiten				100,0%
04	**DA Bitumenabdichtung, zweilagig, Kiesschüttung, abbrechen** Dachabdichtung mit Bitumenbahnen, zweilagig, abbrechen und entsorgen Einheit: m² Belagsfläche	50,00	**59,00**	72,00	
	084 Abbruch-, Rückbau- und Schadstoffsanierungsarbeiten				100,0%
363.20	**Abdichtung, Wärmedämmung**				
01	**DA Bitumenabdichtung, mit Dämmung, abbrechen** Dachabdichtung mit Bitumenbahnen, mit Wärmedämmung, abbrechen und entsorgen Einheit: m² Belagsfläche	42,00	**48,00**	61,00	
	084 Abbruch-, Rückbau- und Schadstoffsanierungsarbeiten				100,0%
02	**DA Bitumenabdichtung, zweilagig, Plattenbelag, abbrechen** Dachabdichtung mit Bitumenbahnen, zweilagig, mit Plattenbelag in Kiesbett, abbrechen und entsorgen Einheit: m² Belagsfläche	82,00	**94,00**	117,00	
	084 Abbruch-, Rückbau- und Schadstoffsanierungsarbeiten				100,0%
363.30	**Dachsteine**				
01	**DA Deckung, mit Lattung, Unterspannbahn, abbrechen** Dachabdichtung mit Lattung und Unterspannbahn, abbrechen und entsorgen Einheit: m² Belagsfläche	35,00	**40,00**	46,00	
	084 Abbruch-, Rückbau- und Schadstoffsanierungsarbeiten				100,0%
02	**DA Deckung, mit Lattung, Schalung, abbrechen** Dachabdichtung mit Lattung und Schalung, abbrechen und entsorgen Einheit: m² Belagsfläche	60,00	**68,00**	82,00	
	084 Abbruch-, Rückbau- und Schadstoffsanierungsarbeiten				100,0%
03	**DA Deckung, mit Lattung, Unterspannbahn, Dämmung, abbrechen** Dachabdichtung mit Lattung und Unterspannbahn, Zwischensparrendämmung, abbrechen und entsorgen Einheit: m² Belagsfläche	48,00	**56,00**	61,00	
	084 Abbruch-, Rückbau- und Schadstoffsanierungsarbeiten				100,0%

▷ von
ø Mittel
◁ bis

KG.OZ	Abbrechen	▷	€/Einheit	◁	LB an EA
363.30	**Dachsteine**				
04	**DA Deckung, mit Lattung, Schalung, Dämmung, abbrechen**	73,00	**83,00**	98,00	
	Dachabdichtung mit Lattung und Schalung, Zwischensparrendämmung, abbrechen und entsorgen				
	Einheit: m² Belagsfläche				
	084 Abbruch-, Rückbau- und Schadstoffsanierungsarbeiten				100,0%
363.40	**Schindeln**				
01	**DA Deckung, FZ-Wellplatten, abbrechen**	26,00	**29,00**	35,00	
	Dachdeckung mit Faserzement-Wellplatten, abbrechen und entsorgen				
	Einheit: m² Belagsfläche				
	084 Abbruch-, Rückbau- und Schadstoffsanierungsarbeiten				100,0%
02	**DA Deckung, FZ-Wellplatten, asbesthaltig, abbrechen**	51,00	**56,00**	65,00	
	Dachdeckung mit Faserzement-Wellplatten, asbesthaltig, abbrechen und entsorgen				
	Einheit: m² Belagsfläche				
	084 Abbruch-, Rückbau- und Schadstoffsanierungsarbeiten				100,0%
03	**DA Deckung, FZ-Platten, asbesthaltig, mit Lattung, Schalung, abbrechen**	80,00	**89,00**	107,00	
	Dachdeckung mit Faserzementplatten, asbesthaltig, einschl. Lattung und Schalung, abbrechen und entsorgen				
	Einheit: m² Belagsfläche				
	084 Abbruch-, Rückbau- und Schadstoffsanierungsarbeiten				100,0%
04	**DA Deckung, Schieferplatten, mit Lattung, Schalung, abbrechen**	91,00	**105,00**	128,00	
	Dachdeckung mit Schieferplatten, einschl. Lattung und Schalung, abbrechen und entsorgen				
	Einheit: m² Belagsfläche				
	084 Abbruch-, Rückbau- und Schadstoffsanierungsarbeiten				100,0%
363.50	**Metall**				
01	**DA Blechdach, mit Schalung, Trennlage, abbrechen**	77,00	**89,00**	112,00	
	Dachdeckung mit Schalung und Trennlage, einschl. Ortgangblech und Blechteilen, abbrechen und entsorgen				
	Einheit: m² Belagsfläche				
	084 Abbruch-, Rückbau- und Schadstoffsanierungsarbeiten				100,0%
363.60	**Dachentwässerung horizontal**				
01	**DA Dachrinne, mit Traufblech, abbrechen**	14,00	**16,00**	21,00	
	Dachrinne mit Traufblech und Rinneneinhangstutzen, Endstück, abbrechen und entsorgen				
	Einheit: m Rinnenlänge				
	084 Abbruch-, Rückbau- und Schadstoffsanierungsarbeiten				100,0%

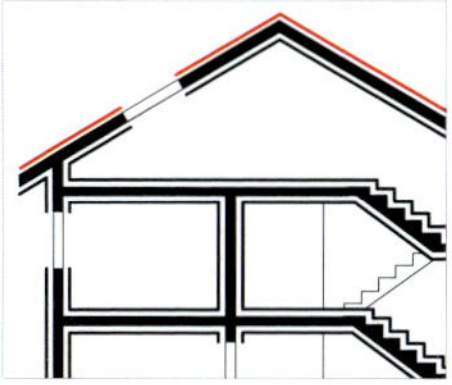

364 Dachbekleidungen

Kosten:
Stand 2. Quartal 2026
Bundesdurchschnitt
inkl. 19% MwSt.

▷ von
ø Mittel
◁ bis

KG.OZ	Abbrechen	▷	€/Einheit	◁	LB an EA
364.10	**Putz**				
01	**DA Bekleidung, Putz, entfernen** Dach, Deckenbekleidung mit Putz, entfernen und entsorgen Einheit: m² Bekleidungsfläche	38,00	**43,00**	50,00	
	084 Abbruch-, Rückbau- und Schadstoffsanierungsarbeiten				100,0%
364.20	**Bekleidung auf Unterkonstruktion**				
01	**DA Bekleidung, Gipsplatten, Unterkonstruktion, abbrechen** Dachbekleidung mit Gipsplatten, mit Unterkonstruktion, abbrechen und entsorgen Einheit: m² Bekleidungsfläche	32,00	**39,00**	47,00	
	084 Abbruch-, Rückbau- und Schadstoffsanierungsarbeiten				100,0%
364.30	**Tapeten**				
01	**DA Bekleidung, Tapete, einlagig, entfernen** Tapete als Dachbekleidung, einlagig, entfernen und entsorgen Einheit: m² Bekleidungsfläche	4,30	**5,80**	6,30	
	084 Abbruch-, Rückbau- und Schadstoffsanierungsarbeiten				100,0%
02	**DA Bekleidung, Tapete, mehrlagig, entfernen** Tapete als Dachbekleidung, mehrlagig, entfernen und entsorgen Einheit: m² Bekleidungsfläche	4,90	**6,20**	7,90	
	084 Abbruch-, Rückbau- und Schadstoffsanierungsarbeiten				100,0%
364.40	**Abgehängte Bekleidung**				
01	**DA Bekleidung, Gipsplatten, abgehängt, einlagig, abbrechen** Dachbekleidung mit Gipsplatten 12,5 mm, einlagig, als abgehängte Decke, abbrechen und entsorgen Einheit: m² Bekleidungsfläche	27,00	**33,00**	41,00	
	084 Abbruch-, Rückbau- und Schadstoffsanierungsarbeiten				100,0%

KG.OZ	Abbrechen	▷	€/Einheit	◁	LB an EA
394.10	**Abfuhr Abbruchmaterial**				
01	**Bauschutt gemischt, entsorgen, Container** Gemischten Bauschutt, mit Bauschuttcontainer entsorgen Einheit: m³ Entsorgungsvolumen	109,00	**120,00**	136,00	
	084 Abbruch-, Rückbau- und Schadstoffsanierungsarbeiten				100,0%
02	**Bauschutt Boden/Steine, entsorgen, Container** Boden und Steinen, mit Container entsorgen Einheit: m³ Entsorgungsvolumen	108,00	**123,00**	150,00	
	084 Abbruch-, Rückbau- und Schadstoffsanierungsarbeiten				100,0%
03	**Bauschutt Beton/Ziegel/Fliesen, entsorgen, Container** Gemisch aus Beton, Ziegel, Fliesen und Keramik, mit Container entsorgen Einheit: m³ Entsorgungsvolumen	116,00	**130,00**	179,00	
	084 Abbruch-, Rückbau- und Schadstoffsanierungsarbeiten				100,0%
04	**Bauschutt Altholz, unbelastet, entsorgen, Container** Unbelastetes Altholz, mit Container, entsorgen Einheit: m³ Entsorgungsvolumen	145,00	**174,00**	211,00	
	084 Abbruch-, Rückbau- und Schadstoffsanierungsarbeiten				100,0%
05	**Bauschutt Metall, gemischt, entsorgen, Container** Gemischtes Metall, mit Container entsorgen Einheit: m³ Entsorgungsvolumen	148,00	**169,00**	216,00	
	084 Abbruch-, Rückbau- und Schadstoffsanierungsarbeiten				100,0%

KG.OZ	Abbrechen	▷	€/Einheit	◁	LB an EA
411.10	**Abwasserleitungen/Abläufe**				
01	**Abwasserleitung, Kunststoff, bis DN/OD110, abbrechen** Abwasserleitung aus Kunststoff, einschl. Form und Verbindungsstücke abbrechen, bis DN/OD110, inkl. Entsorgung Einheit: m Rohrleitung	20,00	**23,00**	27,00	
	084 Abbruch-, Rückbau- und Schadstoffsanierungsarbeiten				100,0%
02	**Abwasserleitung, Guss, bis DN/OD110, abbrechen** Abwasserleitung aus Guss, einschl. Form und Verbindungsstücke abbrechen, bis DN/OD110, inkl. Entsorgung Einheit: m Rohrleitung	21,00	**25,00**	28,00	
	084 Abbruch-, Rückbau- und Schadstoffsanierungsarbeiten				100,0%
03	**Abwasserleitung, Guss, bis DN200, abbrechen** Abwasserleitung aus Guss, einschl. Form und Verbindungsstücke abbrechen, bis DN200, inkl. Entsorgung Einheit: m Rohrleitung	30,00	**35,00**	41,00	
	084 Abbruch-, Rückbau- und Schadstoffsanierungsarbeiten				100,0%
04	**Abwasserleitung, Stahl, bis DN100, abbrechen** Abwasserleitung aus Stahl, einschl. Form und Verbindungsstücke abbrechen, bis DN100, inkl. Entsorgung Einheit: m Rohrleitung	22,00	**25,00**	29,00	
	084 Abbruch-, Rückbau- und Schadstoffsanierungsarbeiten				100,0%

Kosten:
Stand 2. Quartal 2026
Bundesdurchschnitt
inkl. 19% MwSt.

▷ von
ø Mittel
◁ bis

KG.OZ	Abbrechen	▷	€/Einheit	◁	LB an EA
412.10	**Wasserleitungen/Verteiler**				
01	**Wasserleitung, Kupfer, bis DN25, abbrechen** Wasserleitung aus Kupfer, einschl. Form und Verbindungsstücke abbrechen, bis DN25, inkl. Entsorgung Einheit: m Rohrleitung	9,80	**11,00**	13,00	
	084 Abbruch-, Rückbau- und Schadstoffsanierungsarbeiten				100,0%
02	**Wasserleitung, Stahl, bis DN25, abbrechen** Wasserleitung aus Stahl, einschl. Form und Verbindungsstücke abbrechen, bis DN25, inkl. Entsorgung Einheit: m Rohrleitung	12,00	**14,00**	16,00	
	084 Abbruch-, Rückbau- und Schadstoffsanierungsarbeiten				100,0%
03	**Wasserleitung, Stahl, bis DN50, abbrechen** Wasserleitung aus Stahl, einschl. Form und Verbindungsstücke abbrechen, bis DN50, inkl. Entsorgung Einheit: m Rohrleitung	16,00	**19,00**	21,00	
	084 Abbruch-, Rückbau- und Schadstoffsanierungsarbeiten				100,0%
04	**Wasserleitung, Stahl, bis DN100, abbrechen** Wasserleitung aus Stahl, einschl. Form und Verbindungsstücke abbrechen, bis DN100, inkl. Entsorgung Einheit: m Rohrleitung	20,00	**23,00**	26,00	
	084 Abbruch-, Rückbau- und Schadstoffsanierungsarbeiten				100,0%
412.20	**Sanitärobjekte**				
01	**Waschtisch, abbrechen** Waschtisch mit Zu- und Ablaufgarnitur abbrechen und entsorgen Einheit: St Sanitärobjekt	55,00	**64,00**	74,00	
	084 Abbruch-, Rückbau- und Schadstoffsanierungsarbeiten				100,0%
02	**Urinal mit Betätigungsplatte abbrechen** Urinal mit Betätigungsplatte abbrechen und entsorgen Einheit: St Sanitärobjekt	52,00	**52,00**	63,00	
	084 Abbruch-, Rückbau- und Schadstoffsanierungsarbeiten				100,0%
03	**WC mit WC-Sitz und Deckel, mit Betätigungsplatte, abbrechen** WC-Anlage mit WC-Sitz und Deckel, mit Betätigungsplatte abbrechen und entsorgen Einheit: St Sanitärobjekt	46,00	**60,00**	70,00	
	084 Abbruch-, Rückbau- und Schadstoffsanierungsarbeiten				100,0%
04	**Duschwanne, Ablaufgarnitur, abbrechen** Duschwanne mit Ablaufgarnitur abbrechen und entsorgen Einheit: St Sanitärobjekt	105,00	**123,00**	141,00	
	084 Abbruch-, Rückbau- und Schadstoffsanierungsarbeiten				100,0%
05	**Badewanne, Ablaufgarnitur, abbrechen** Badewanne mit Ablaufgarnitur abbrechen und entsorgen Einheit: St Sanitärobjekt	169,00	**196,00**	204,00	
	084 Abbruch-, Rückbau- und Schadstoffsanierungsarbeiten				100,0%

KG.OZ	Abbrechen	▷	€/Einheit	◁	LB an EA
421.10	**Heizkesselanlagen**				
01	**Heiztherme abbrechen** Heiztherme ausbauen und entsorgen, inkl. verschließen eingebundener Leitungen Einheit: St Anlage	255,00	**256,00**	310,00	
	084 Abbruch-, Rückbau- und Schadstoffsanierungsarbeiten				100,0%
02	**Heizkessel abbrechen, bis 50kW** Heizkessel ausbauen und entsorgen, inkl. verschließen eingebundener Leitungen Einheit: St Anlage	707,00	**749,00**	868,00	
	084 Abbruch-, Rückbau- und Schadstoffsanierungsarbeiten				100,0%

Kosten:
Stand 2. Quartal 2026
Bundesdurchschnitt
inkl. 19% MwSt.

▷ von
ø Mittel
◁ bis

KG.OZ	Abbrechen	▷	€/Einheit	◁	LB an EA
422.10	**Rohrleitungen**				
01	**Gewinderohrleitung, bis DN25, abbrechen** Gewinderohrleitung demontieren und entsorgen, inkl. verschließen Anschlussleitung Einheit: m Rohrleitung	9,50	**11,00**	16,00	
	084 Abbruch-, Rückbau- und Schadstoffsanierungsarbeiten				100,0%
02	**Gewinderohrleitung, bis DN100, abbrechen** Gewinderohrleitung demontieren und entsorgen, inkl. verschließen Anschlussleitung Einheit: m Rohrleitung	23,00	**23,00**	25,00	
	084 Abbruch-, Rückbau- und Schadstoffsanierungsarbeiten				100,0%

KG.OZ	Abbrechen	▷	€/Einheit	◁	LB an EA
423.10	**Heizkörper**				
01	**Radiator, bis 50kg, abbrechen** Röhrenradiator demontieren und entsorgen, inkl. verschließen der Anschlussleitung Einheit: St Heizkörper	69,00	**75,00**	83,00	
	084 Abbruch-, Rückbau- und Schadstoffsanierungsarbeiten				100,0%
02	**Radiator, bis 100kg, abbrechen** Röhrenradiator demontieren und entsorgen, inkl. verschließen der Anschlussleitung Einheit: St Heizkörper	95,00	**113,00**	122,00	
	084 Abbruch-, Rückbau- und Schadstoffsanierungsarbeiten				100,0%
03	**Flachheizkörper, bis 50kg, abbrechen** Flachheizkörper demontieren und entsorgen, inkl. verschließen der Anschlussleitung Einheit: St Heizkörper	43,00	**52,00**	60,00	
	084 Abbruch-, Rückbau- und Schadstoffsanierungsarbeiten				100,0%

Kosten:
Stand 2. Quartal 2026
Bundesdurchschnitt
inkl. 19% MwSt.

▷ von
ø Mittel
◁ bis

Altbau Elementarten

Wiederherstellen

Elementarten
zur 3. Ebene DIN 276
für die Kostengruppe 300

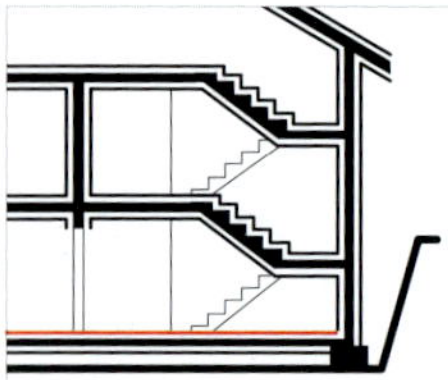

Kosten:
Stand 2. Quartal 2026
Bundesdurchschnitt
inkl. 19% MwSt.

▷ von
ø Mittel
◁ bis

KG.OZ	Wiederherstellen	▷	€/Einheit	◁	LB an EA
324.10	**Estrich**				
01	**GR Kratzspachtelung, Estrich, Betonboden, instandsetzen**	14,00	**17,00**	21,00	
	Ausgleichsschicht auf Gründungsplatte, als Kratzspachtelung für Estrichaufbau, inkl. Untergrundreinigung				
	Einheit: m² Belagsfläche				
	025 Estricharbeiten				100,0%
02	**GR Nivellierestrich, 10mm, Betonboden, instandsetzen**	34,00	**42,00**	52,00	
	Ausgleichsschicht auf Gründungsplatte, aus Nivellierestrich bis 10 mm, als Untergrund für Estrichaufbau, inkl. Untergrundreinigung				
	Einheit: m² Belagsfläche				
	025 Estricharbeiten				100,0%
03	**GR Nivellierestrich, 20mm, Betonboden, instandsetzen**	50,00	**61,00**	72,00	
	Ausgleichsschicht auf Gründungsplatte, aus Nivellierestrich bis 20 mm, als Untergrund für Estrichaufbau, inkl. Untergrundreinigung				
	Einheit: m² Belagsfläche				
	025 Estricharbeiten				100,0%
324.20	**Fliesen und Platten**				
01	**GR Ausgleichsspachtelung, 10mm, Fliesenbelag**	14,00	**16,00**	20,00	
	Ausgleichsschicht auf Gründungsplatte, als Ausgleichsspachtelung bis 10 mm, für Fliesenbelag, inkl. Untergrundreinigung				
	Einheit: m² Belagsfläche				
	024 Fliesen- und Plattenarbeiten				100,0%
324.30	**Textil**				
01	**GR Klebereste entfernen, Textilbelag**	8,60	**10,00**	12,00	
	Bodenbelag auf Gründungsplatte, Klebereste für Textilbelag entfernen				
	Einheit: m² Belagsfläche				
	036 Bodenbelagarbeiten				100,0%
02	**GR Ausgleichsspachtelung, 2mm, Textilbelag**	12,00	**13,00**	16,00	
	Ausgleichsschicht auf Gründungsplatte, Ausgleichsspachtelung, 2 mm, für Textilbelag				
	Einheit: m² Belagsfläche				
	036 Bodenbelagarbeiten				100,0%
03	**GR Ausgleichsspachtelung, 10mm, Textilbelag**	12,00	**14,00**	18,00	
	Ausgleichsschicht auf Gründungsplatte, Ausgleichsspachtelung 10 mm, für Textilbelag				
	Einheit: m² Belagsfläche				
	036 Bodenbelagarbeiten				100,0%
324.40	**Holz**				
01	**GR Parkett, schleifen, ölen, wachsen**	61,00	**73,00**	89,00	
	Bodenbelag auf Gründungsplatte aus Parkett, schleifen, ölen und wachsen				
	Einheit: m² Belagsfläche				
	028 Parkett-, Holzpflasterarbeiten				100,0%

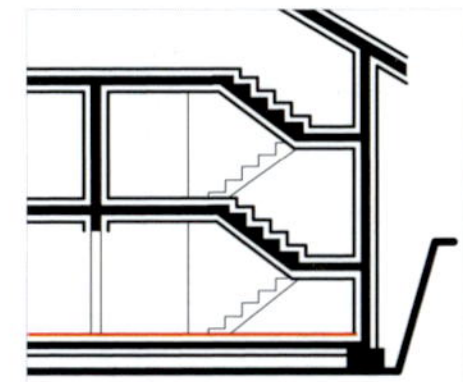

324.50 Hartbeläge

01	**GR Klebereste entfernen, Hartbelag** Bodenbelag auf Gründungsplatte, Klebereste für Hartbelag entfernen Einheit: m² Belagsfläche	8,60	**10,00**	12,00	
	036 Bodenbelagarbeiten				100,0%
02	**GR Ausgleichsspachtelung, 2mm, Hartbelag** Ausgleichsschicht auf Bodenplatte, Ausgleichsspachtelung 2 mm, für Hartbelag, inkl. Untergrundreinigung Einheit: m² Belagsfläche	12,00	**13,00**	16,00	
	036 Bodenbelagarbeiten				100,0%
03	**GR Ausgleichsspachtelung, 10mm, Hartbelag** Ausgleichsschicht auf Bodenplatte, Ausgleichsspachtelung 10 mm, für Hartbelag, inkl. Untergrundreinigung Einheit: m² Belagsfläche	12,00	**14,00**	18,00	
	036 Bodenbelagarbeiten				100,0%

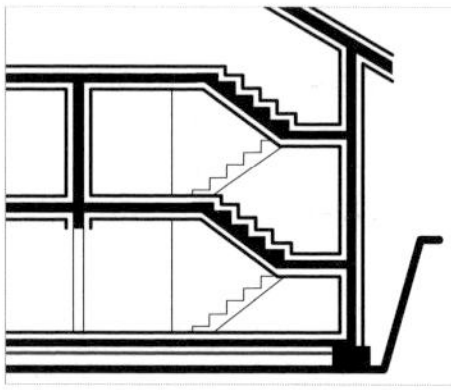

Kosten:
Stand 2. Quartal 2026
Bundesdurchschnitt
inkl. 19% MwSt.

KG.OZ	Wiederherstellen	▷	€/Einheit	◁	LB an EA
325.10	**Bauwerksabdichtung horizontal**				
01	**GR Bodenflächen, reinigen, schleifen** Gründung, Bodenflächen für Abdichtungsarbeiten, reinigen und schleifen Einheit: m² Belagsfläche	21,00	**24,00**	30,00	
	018 Abdichtungsarbeiten				100,0%
02	**GR Bodenflächen, reinigen, kugelstrahlen** Gründung, Bodenflächen für Abdichtungsarbeiten, reinigen und kugelstrahlen Einheit: m² Belagsfläche	21,00	**24,00**	30,00	
	018 Abdichtungsarbeiten				100,0%
03	**GR Bodenflächen, egalisieren, bis 5mm** Gründung, Bodenflächen für Abdichtungsarbeiten, egalisieren, bis 5 mm Einheit: m² Belagsfläche	41,00	**48,00**	57,00	
	018 Abdichtungsarbeiten				100,0%
04	**GR Bodenflächen, egalisieren, bis 10mm** Gründung, Bodenflächen für Abdichtungsarbeiten, egalisieren, bis 10 mm Einheit: m² Belagsfläche	49,00	**58,00**	71,00	
	018 Abdichtungsarbeiten				100,0%

▷ von
ø Mittel
◁ bis

KG.OZ	Wiederherstellen	▷	€/Einheit	◁	LB an EA
331.10	**Mauerwerksband**				
01	**AW Mauerwerk, bis 25cm, ausbessern** Außenwand aus Mauerwerk, bis 25 cm, ausbessern Einheit: m² Wandfläche	158,00	**182,00**	224,00	
	012 Mauerarbeiten				100,0%
02	**AW Mauerwerk, bis 50cm, ausbessern** Außenwand aus Mauerwerk, bis 50 cm, ausbessern Einheit: m² Wandfläche	273,00	**304,00**	368,00	
	012 Mauerarbeiten				100,0%

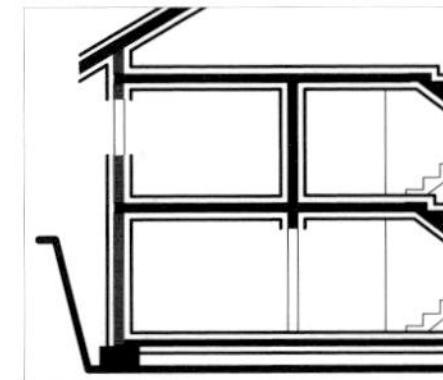

KG.OZ	Wiederherstellen	▷	€/Einheit	◁	LB an EA
334.10	**Türen**				
01	**AW Eingangstür, abbeizen** Eingangstüre abbeizen und nachwaschen Einheit: m² Türfläche	148,00	**165,00**	193,00	
	034 Maler- und Lackierarbeiten - Beschichtungen				100,0%
334.20	**Fenster**				
01	**AW Fenster, vorbereiten, auf Beschichtung** Außenfenster für Beschichtung vorbereiten, lose Farbreste abstoßen und anschleifen Einheit: m² Fensterfläche	37,00	**40,00**	48,00	
	034 Maler- und Lackierarbeiten - Beschichtungen				100,0%

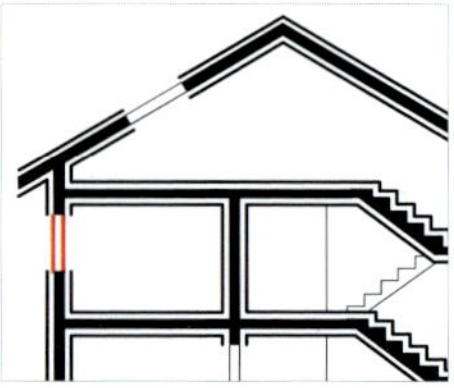

Kosten:
Stand 2. Quartal 2026
Bundesdurchschnitt
inkl. 19% MwSt.

▷ von
ø Mittel
◁ bis

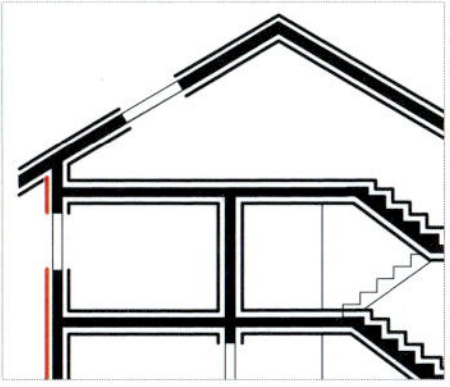

KG.OZ	Wiederherstellen	▷	€/Einheit	◁	LB an EA
335.10	**Oberflächenbehandlung**				
01	**AW Dampfstrahlen, temperiert** Außenwand temperiert Dampfstrahlen Einheit: m² Außenwandfläche	6,10	**7,00**	8,00	
	034 Maler- und Lackierarbeiten - Beschichtungen				100,0%
02	**AW Beschichtung, abblätternd, entfernen** Außenwandbeschichtung, abblätternd, entfernen Einheit: m² Außenwandfläche	21,00	**24,00**	27,00	
	034 Maler- und Lackierarbeiten - Beschichtungen				100,0%
03	**AW, Metallflächen, entrosten, Teilflächen** Metallflächen im Außenbereich, in Teilflächen entrosten Einheit: m² Beschichtungsfläche	8,40	**9,20**	11,00	
	034 Maler- und Lackierarbeiten - Beschichtungen				100,0%
04	**AW, Metallflächen, entrosten, strahlen** Metallflächen im Außenbereich, durch strahlen entrosten Einheit: m² Beschichtungsfläche	11,00	**12,00**	14,00	
	034 Maler- und Lackierarbeiten - Beschichtungen				100,0%
05	**AW, Metallflächen, vorbereiten, ausbessern** Metallflächen im Außenbereich für Beschichtung vorbereiten, lose Teile entfernen und ausbessern Einheit: m² Befestigungsfläche	21,00	**25,00**	28,00	
	034 Maler- und Lackierarbeiten - Beschichtungen				100,0%
06	**AW, Metallflächen, schleifen, grundieren** Metallflächen, im Außenbereich, schleifen und grundieren Einheit: m² Beschichtungsfläche	8,30	**9,50**	11,00	
	034 Maler- und Lackierarbeiten - Beschichtungen				100,0%
335.20	**Putz**				
01	**AW Putz, in Teilflächen, ausbessern** Außenwandputz in Teilflächen ausbessern Einheit: m² Bekleidungsfläche	63,00	**71,00**	81,00	
	023 Putz- und Stuckarbeiten, Wärmedämmsysteme				100,0%
02	**AW Putz, ausbessern** Außenwandputz ausbessern Einheit: m² Bekleidungsfläche	66,00	**74,00**	87,00	
	023 Putz- und Stuckarbeiten, Wärmedämmsysteme				100,0%

336 Außenwand-bekleidungen, innen

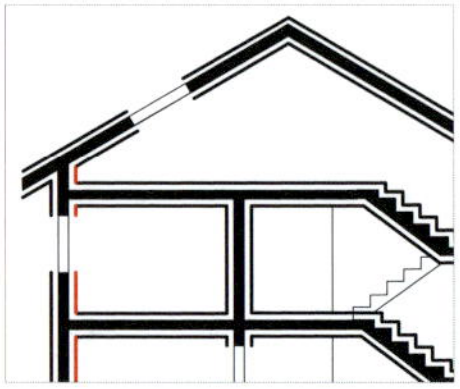

Kosten:
Stand 2. Quartal 2026
Bundesdurchschnitt
inkl. 19% MwSt.

KG.OZ	Wiederherstellen	▷	€/Einheit	◁	LB an EA
336.10	**Oberflächenbehandlung**				
01	**AW innen, Beschichtung, ausbessern** Beschichtung auf Wänden ausbessern Einheit: m² Beschichtungsfläche	9,80	**11,00**	13,00	
	034 Maler- und Lackierarbeiten - Beschichtungen				100,0%
02	**AW innen, Beschichtung, Ölfarbe, anschleifen** Beschichtung mit Ölfarbe, auf Wänden, anschleifen Einheit: m² Beschichtungsfläche	3,10	**3,50**	4,00	
	034 Maler- und Lackierarbeiten - Beschichtungen				100,0%
03	**AW innen Holzflächen, anschleifen, grundieren** Außenwand, Holzflächen im Innenbereich anschleifen und grundieren Einheit: m² Beschichtungsfläche	8,90	**9,90**	12,00	
	034 Maler- und Lackierarbeiten - Beschichtungen				100,0%
04	**AW innen, Metallflächen, anschleifen** Außenwand, Metallflächen im Innenbereich anschleifen Einheit: m² Beschichtungsfläche	6,00	**6,90**	7,90	
	034 Maler- und Lackierarbeiten - Beschichtungen				100,0%
05	**AW innen, Metallflächen, schleifen, grundieren** Außenwand, Metallflächen im Innenbereich, schleifen und grundieren Einheit: m² Beschichtungsfläche	14,00	**16,00**	18,00	
	034 Maler- und Lackierarbeiten - Beschichtungen				100,0%
336.20	**Putz**				
01	**AW innen, Putz, in Teilflächen, ausbessern** Innenwandputz in Teilflächen ausbessern Einheit: m² Bekleidungsfläche	50,00	**57,00**	66,00	
	023 Putz- und Stuckarbeiten, Wärmedämmsysteme				100,0%

▷ von
ø Mittel
◁ bis

KG.OZ	Wiederherstellen	▷	€/Einheit	◁	LB an EA
338.10	**Läden**				
01	**AW Rollladendeckel, Gurtwickler, auswechseln** Außenwand, Rollladendeckel und Gurtwickler, auswechseln Einheit: m² Schutzfläche	125,00	**137,00**	165,00	
	030 Rollladenarbeiten				100,0%
02	**AW Rollladendeckel, Gurtwickler, auswechseln, Kasten dämmen** Außenwand, Rollladendeckel und Gurtwickler, auswechseln, Rollladenkasten dämmen Einheit: m² Schutzfläche	180,00	**200,00**	230,00	
	030 Rollladenarbeiten				100,0%
03	**AW Rollladendeckel, Gurtwickler, Welle, auswechseln** Außenwand, Rollladenwelle mit -deckel und Gurtwickler, auswechseln Einheit: m² Schutzfläche	252,00	**276,00**	331,00	
	030 Rollladenarbeiten				100,0%

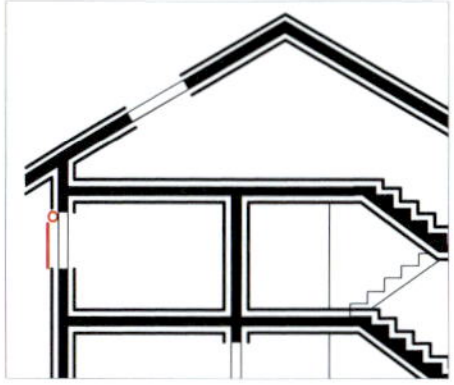

KG.OZ	Wiederherstellen	▷	€/Einheit	◁	LB an EA
339.10	**Umwehrungen/Handläufe**				
01	**AW Stahlgeländer, abbeizen** Außenwand, Stahlgeländer abbeizen und nachwaschen Einheit: m² Geländerfläche	28,00	**32,00**	38,00	
	034 Maler- und Lackierarbeiten - Beschichtungen				100,0%

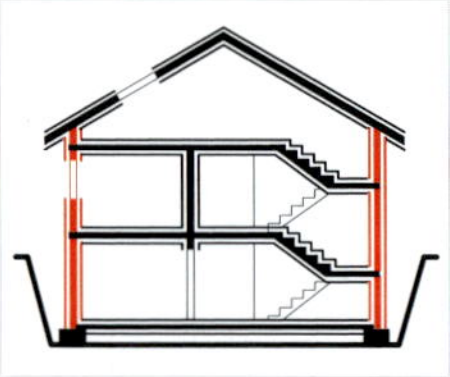

Kosten:
Stand 2. Quartal 2026
Bundesdurchschnitt
inkl. 19% MwSt.

▷ von
ø Mittel
◁ bis

KG.OZ	Wiederherstellen	▷	€/Einheit	◁	LB an EA
344.10	**Türen**				
01	**IW Türe, Beschichtung anschleifen** Beschichtung auf Innentüren anschleifen Einheit: m2 Beschichtungsfläche	19,00	**22,00**	26,00	
	034 Maler- und Lackierarbeiten - Beschichtungen				100,0%
02	**IW Türe, Beschichtung abbeizen** Beschichtung auf Innentüren abbeizen und nachwaschen Einheit: m2 Beschichtungsfläche	180,00	**204,00**	235,00	
	034 Maler- und Lackierarbeiten - Beschichtungen				100,0%

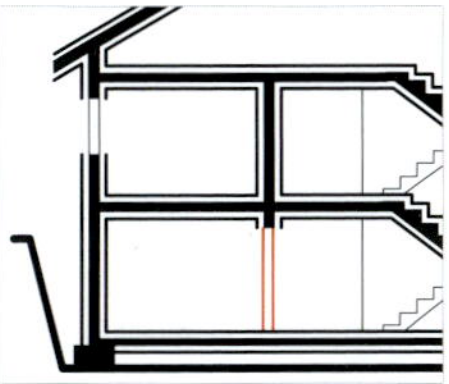

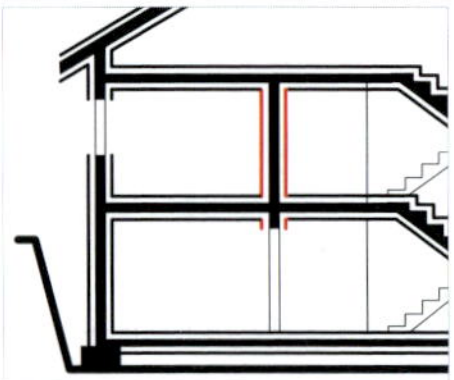

Kosten:
Stand 2. Quartal 2026
Bundesdurchschnitt
inkl. 19% MwSt.

KG.OZ	Wiederherstellen	▷	€/Einheit	◁	LB an EA
345.10	**Oberflächenbehandlung**				
01	**IW Beschichtung, ausbessern** Beschichtung auf Innenwänden ausbessern Einheit: m² Beschichtungsfläche	9,80	**11,00**	13,00	
	034 Maler- und Lackierarbeiten - Beschichtungen				100,0%
02	**IW Beschichtung, Ölfarbe, anschleifen** Beschichtung mit Ölfarbe, auf Innenwänden, anschleifen Einheit: m² Beschichtungsfläche	3,10	**3,50**	4,00	
	034 Maler- und Lackierarbeiten - Beschichtungen				100,0%
03	**IW Holzflächen, anschleifen, grundieren** Holzflächen im Innenbereich anschleifen und grundieren Einheit: m² Beschichtungsfläche	8,90	**9,90**	12,00	
	034 Maler- und Lackierarbeiten - Beschichtungen				100,0%
04	**IW Metallflächen, anschleifen** Metallflächen im Innenbereich anschleifen Einheit: m² Beschichtungsfläche	6,00	**6,90**	7,90	
	034 Maler- und Lackierarbeiten - Beschichtungen				100,0%
05	**IW Metallflächen, schleifen, grundieren** Metallflächen im Innenbereich, schleifen und grundieren Einheit: m² Beschichtungsfläche	14,00	**16,00**	18,00	
	034 Maler- und Lackierarbeiten - Beschichtungen				100,0%
345.20	**Putz**				
01	**IW Putz, in Teilflächen, ausbessern** Innenwandputz in Teilflächen ausbessern Einheit: m² Bekleidungsfläche	50,00	**57,00**	66,00	
	023 Putz- und Stuckarbeiten, Wärmedämmsysteme				100,0%

▷ von
ø Mittel
◁ bis

349.10	**Umwehrungen/Handläufe**				
01	**IW Stahlgeländer, abbeizen** Innenwand, Stahlgeländer abbeizen und nachwaschen Einheit: m² Geländerfläche	28,00	**32,00**	38,00	
	034 Maler- und Lackierarbeiten - Beschichtungen				100,0%
02	**IW Überholungsbeschichtung, Stahlgeländer** Überholungsbeschichtung auf Stahlgeländer mit Kunstharz Einheit: m² Geländerfläche	74,00	**84,00**	97,00	
	034 Maler- und Lackierarbeiten - Beschichtungen				100,0%

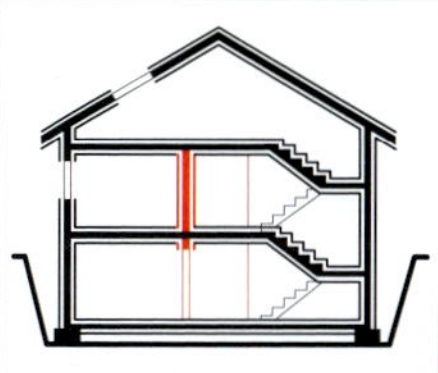

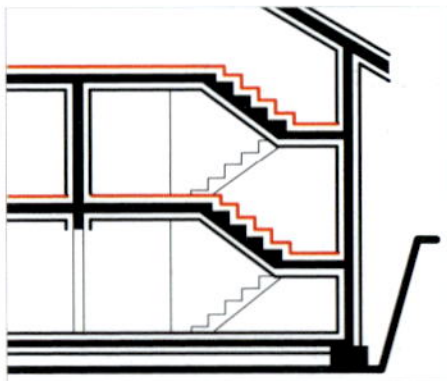

Kosten:
Stand 2. Quartal 2026
Bundesdurchschnitt
inkl. 19% MwSt.

KG.OZ	Wiederherstellen	▷	€/Einheit	◁	LB an EA
353.10	**Estrich**				
01	**DE Kratzspachtelung, Estrich, Betonboden, instandsetzen** Deckenbelag als Kratzspachtelung für Estrich, auf Bodenflächen aus Beton Einheit: m² Belagsfläche 025 Estricharbeiten	14,00	**17,00**	21,00	100,0%
02	**DE Nivellierestrich, bis 10mm, Betonboden, instandsetzen** Deckenbelag als Nivellierestrich, bis 10 mm, als Untergrund für Estrich, auf Bodenflächen aus Beton Einheit: m² Belagsfläche 025 Estricharbeiten	34,00	**42,00**	52,00	100,0%
03	**DE Nivellierestrich, bis 20mm, Betonboden, instandsetzen** Deckenbelag als Nivellierestrich, bis 20 mm, als Untergrund für Estrich, auf Bodenflächen aus Beton Einheit: m² Belagsfläche 025 Estricharbeiten	50,00	**61,00**	72,00	100,0%
353.20	**Fliesen und Platten**				
01	**DE Ausgleichsspachtelung, 10mm, Fliesenbelag** Deckenbelag mit Ausgleichsspachtelung, 10 mm, für Fliesenbelag, auf Bodenflächen instandsetzen Einheit: m² Belagsfläche 024 Fliesen- und Plattenarbeiten	14,00	**16,00**	20,00	100,0%
353.30	**Textil**				
01	**DE Klebereste entfernen, Textilbelag** Klebereste für Textilbelag auf Deckenplatte entfernen Einheit: m² Belagsfläche 036 Bodenbelagarbeiten	8,60	**10,00**	12,00	100,0%
02	**DE Ausgleichsspachtelung, 2mm, Textilbeläge** Ausgleichsschicht auf Deckenplatte, Ausgleichsspachtelung 2 mm, für Textilbeläge Einheit: m² Belagsfläche 036 Bodenbelagarbeiten	12,00	**13,00**	16,00	100,0%
03	**DE Ausgleichsspachtelung, 10mm, Textilbeläge** Ausgleichsschicht auf Deckenplatte, Ausgleichsspachtelung 10 mm, für Textilbeläge Einheit: m² Belagsfläche 036 Bodenbelagarbeiten	12,00	**14,00**	18,00	100,0%
353.40	**Holz**				
01	**DE Ausgleichsspachtelung, 5mm** Ausgleichsschicht auf Deckenplatte, Ausgleichsspachtelung 5 mm, für Fliesenbelag Einheit: m² Belagsfläche 028 Parkett-, Holzpflasterarbeiten	15,00	**18,00**	22,00	100,0%
02	**DE Parkett, schleifen, ölen, wachsen** Parkettbelag auf Deckenplatte, schleifen, ölen und wachsen Einheit: m² Belagsfläche 028 Parkett-, Holzpflasterarbeiten	61,00	**73,00**	89,00	100,0%

▷ von
ø Mittel
◁ bis

KG.OZ	Wiederherstellen	▷	€/Einheit	◁	LB an EA
354.10	**Putz**				
01	**DE Putz, in Teilflächen, ausbessern** Deckenputz in Teilflächen ausbessern Einheit: m² Bekleidungsfläche	38,00	**46,00**	54,00	
	023 Putz- und Stuckarbeiten, Wärmedämmsysteme				100,0%

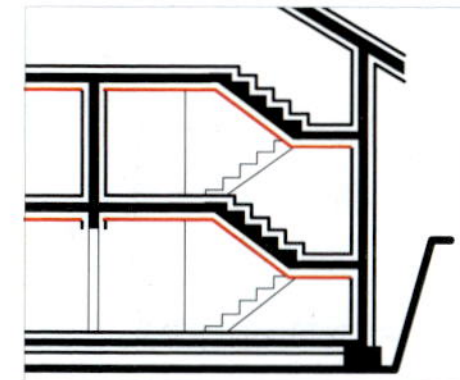

Kosten:
Stand 2. Quartal 2026
Bundesdurchschnitt
inkl. 19% MwSt.

KG.OZ	Wiederherstellen	▷	€/Einheit	◁	LB an EA
361.10	**Steildach, Holz**				
01	**DA geneigt, Zwischensparrendämmung, MW 220mm**	42,00	**46,00**	51,00	
	Dach, geneigt, Wärmedämmung aus Mineralwolle 220 mm				
	Einheit: m² Dachfläche				
	016 Zimmer- und Holzbauarbeiten				100,0%
02	**DA geneigt, Zwischensparrendämmung, WF 220mm**	49,00	**53,00**	56,00	
	Dach, geneigt, Wärmedämmung aus Holzweichfaserplatten 220 mm				
	Einheit: m² Dachfläche				
	016 Zimmer- und Holzbauarbeiten				100,0%
03	**DA geneigt, Zwischensparrendämmung, Zellulose 220mm**	44,00	**49,00**	57,00	
	Dach, geneigt, Wärmedämmung aus Einblasdämmung mit Zellulose 220 mm				
	Einheit: m² Dachfläche				
	016 Zimmer- und Holzbauarbeiten				100,0%

▷ von
ø Mittel
◁ bis

KG.OZ	Wiederherstellen	▷	€/Einheit	◁	LB an EA
364.10	**Putz**				
01	**DA Bekleidung, Putz, in Teilflächen, ausbessern** Dach, Deckenbekleidung als Putz, in Teilflächen, ausbessern Einheit: m² Bekleidungsfläche	38,00	**46,00**	54,00	
	023 Putz- und Stuckarbeiten, Wärmedämmsysteme				100,0%

Altbau Elementarten

Herstellen

Elementarten
zur 3. Ebene DIN 276
für die Kostengruppen 300+400

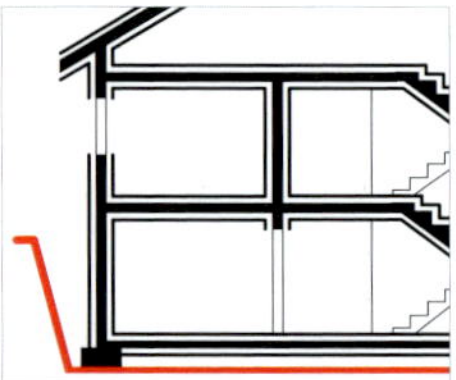

Kosten:
Stand 2. Quartal 2026
Bundesdurchschnitt
inkl. 19% MwSt.

▷ von
ø Mittel
◁ bis

KG.OZ	Herstellen	▷	€/Einheit	◁	LB an EA
311.10	**Oberbodenabtrag**				
01	**BG Oberboden abschieben, 20cm, lagern**	7,00	**7,70**	8,60	
	Oberboden abschieben, bis 20 cm, seitlich lagern				
	Einheit: m² Abtragsfläche				
	002 Erdarbeiten				100,0%
02	**BG Oberboden abschieben, 30cm, lagern**	9,00	**11,00**	12,00	
	Oberboden abschieben, bis 30 cm, seitlich lagern				
	Einheit: m² Abtragsfläche				
	002 Erdarbeiten				100,0%
03	**BG Oberboden abschieben, über 30cm, lagern**	10,00	**12,00**	14,00	
	Oberboden abschieben, über 30 cm, seitlich lagern				
	Einheit: m² Abtragsfläche				
	002 Erdarbeiten				100,0%
04	**BG Oberboden abschieben, lagern, andecken, 30cm**	14,00	**16,00**	18,00	
	Oberboden abschieben, seitlich lagern und andecken, bis 30 cm				
	Einheit: m² Abtragsfläche				
	002 Erdarbeiten				66,7%
	003 Landschaftsbauarbeiten				33,3%
05	**BG Oberboden abschieben, 30cm, abfahren**	10,00	**11,00**	12,00	
	Oberboden abschieben und entsorgen, bis 30 cm				
	Einheit: m² Abtragsfläche				
	002 Erdarbeiten				100,0%
06	**BG Oberboden abschieben, abfahren, liefern, andecken, 30cm**	26,00	**28,00**	30,00	
	Oberboden abschieben, entsorgen,neuen Oberboden liefern, andecken, bis 30 cm				
	Einheit: m² Abtragsfläche				
	002 Erdarbeiten				39,0%
	003 Landschaftsbauarbeiten				61,0%
311.20	**Aushub normal lösbar**				
01	**BG Fundament ausheben, lagern**	51,00	**55,00**	62,00	
	Baugrubenaushub des Fundamentes, normal lösbarer Boden, Material seitlich lagern				
	Einheit: m³ Aushub				
	002 Erdarbeiten				100,0%
02	**BG Fundament ausheben, entsorgen**	60,00	**64,00**	70,00	
	Baugrubenaushub des Fundamentes, normal lösbarer Boden, Material entsorgen				
	Einheit: m³ Aushub				
	002 Erdarbeiten				100,0%
03	**BG Baugrube händisch ausheben, lagern**	141,00	**148,00**	163,00	
	Baugrubenaushub in Handarbeit, normal lösbarer Boden, Material seitlich lagern				
	Einheit: m³ Aushub				
	002 Erdarbeiten				100,0%

KG.OZ	Herstellen	▷	€/Einheit	◁	LB an EA
311.20	**Aushub normal lösbar**				
04	**BG Baugrube händisch ausheben, entsorgen**	182,00	**192,00**	210,00	
	Baugrubenaushub in Handarbeit, normal lösbarer Boden, Material entsorgen				
	Einheit: m³ Aushub				
	002 Erdarbeiten				100,0%
05	**BG Baugrube ausheben, lagern**	25,00	**27,00**	30,00	
	Baugrubenaushub, normal lösbarer Boden, Material seitlich lagern, Baugrube abgeböscht				
	Einheit: m³ Aushub				
	002 Erdarbeiten				100,0%
06	**BG Baugrube ausheben, entsorgen**	44,00	**51,00**	54,00	
	Baugrubenaushub normal lösbarer Boden, Material entsorgen, Baugrube abgeböscht				
	Einheit: m³ Aushub				
	002 Erdarbeiten				100,0%
311.30	**Auf-/hinterfüllen mit Liefermaterial**				
01	**BG Verfüllung, Fundamente**	41,00	**44,00**	49,00	
	Verfüllen von Fundamenten mit Kies, verdichten				
	Einheit: m³ Auffüllvolumen				
	002 Erdarbeiten				100,0%
02	**BG Verfüllung, Fundamente, Liefermaterial**	41,00	**48,00**	55,00	
	Verfüllen von Fundamenten mit geliefertem Kies, verdichten				
	Einheit: m³ Auffüllvolumen				
	002 Erdarbeiten				100,0%
03	**BG Verfüllung, Arbeitsräume**	23,00	**27,00**	33,00	
	Verfüllen von Arbeitsräumen mit Kies, verdichten				
	Einheit: m³ Auffüllvolumen				
	002 Erdarbeiten				100,0%
04	**BG Verfüllung, Arbeitsräume, Liefermaterial**	52,00	**56,00**	60,00	
	Verfüllen von Arbeitsräumen mit geliefertem Kies, verdichten				
	Einheit: m³ Auffüllvolumen				
	002 Erdarbeiten				100,0%
05	**BG Verfüllung, Rohrgräben**	59,00	**64,00**	72,00	
	Verfüllen von Rohrgräben mit Kies, verdichten				
	Einheit: m³ Auffüllvolumen				
	002 Erdarbeiten				100,0%
06	**BG Verfüllung, Rohrgraben, Liefermaterial**	76,00	**83,00**	87,00	
	Verfüllen von Rohrgräben mit geliefertem Kies, verdichten				
	Einheit: m³ Auffüllvolumen				
	002 Erdarbeiten				100,0%

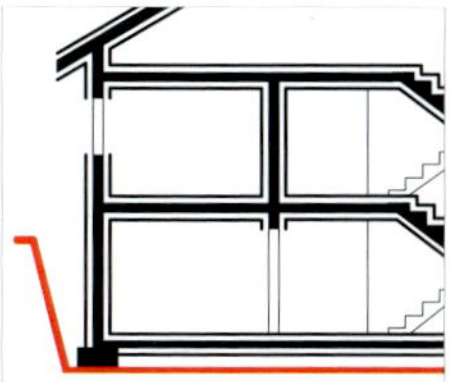

Kosten:
Stand 2. Quartal 2026
Bundesdurchschnitt
inkl. 19% MwSt.

KG.OZ	Herstellen	▷	€/Einheit	◁	LB an EA
313.10	**Leitungen für Wasserhaltung**				
01	**BG Wasserhaltung, Leitungen**	23,00	**26,00**	32,00	
	Rohrleitungen für Wasserhaltung, Saugleitung DN80-150, Armaturen, Form- und Passstücke				
	Einheit: m Leitungslänge				
	008 Wasserhaltungsarbeiten				100,0%
313.20	**Schächte für Wasserhaltung**				
01	**BG Wasserhaltung, Pumpensumpf, 1,00m**	1.152,00	**1.307,00**	1.657,00	
	Pumpensumpf für Wasserhaltung, innerhalb von Baugruben, mit Betonringen, 1,00 m, mit Erdarbeiten				
	Einheit: St Anzahl				
	008 Wasserhaltungsarbeiten				94,4%
	009 Entwässerungskanalarbeiten				5,6%
313.30	**Geräte für Wasserhaltung**				
01	**BG Wasserhaltung, Pumpe**	617,00	**795,00**	994,00	
	Pumpe für Wasserhaltung, mit Elektromotor für Pumpensümpfe, Fördermenge bis 20 m^3/h, ein- und ausbauen				
	Einheit: St Anzahl				
	008 Wasserhaltungsarbeiten				100,0%
02	**BG Wasserhaltung, Absetzbecken, mit Messvorrichtung**	3.297,00	**4.247,00**	4.918,00	
	Absetzbecken für Wasserhaltung, mit Messvorrichtung ein- und ausbauen				
	Einheit: St Anzahl				
	008 Wasserhaltungsarbeiten				100,0%

▷ von
ø Mittel
◁ bis

KG.OZ	Herstellen	▷	€/Einheit	◁	LB an EA
321.10	**Bodenaustausch**				
01	**GR Bodenaustausch, Körnungsstoff** Baugrundverbesserung durch Bodenaustausch, mit Kiessand, lagenweise verdichtet Einheit: m³ Auffüllvolumen	107,00	**124,00**	134,00	
	002 Erdarbeiten				100,0%
321.20	**Bodenauffüllung**				
01	**GR Bodenauffüllung, Körnungsstoff** Baugrundverbesserung durch Bodenauffüllung, Kies/Schotter/Recyclingstoff, lagenweise verdichtet Einheit: m³ Auffüllvolumen	84,00	**97,00**	108,00	
	002 Erdarbeiten				100,0%
321.30	**Bodenverdichtung**				
01	**GR Gründungssohle verdichten** Gründungssohle verdichten, zur Erhöhung der Tragfähigkeit des Baugrunds Einheit: m² Verdichtungsfläche	6,00	**6,80**	7,80	
	002 Erdarbeiten				100,0%

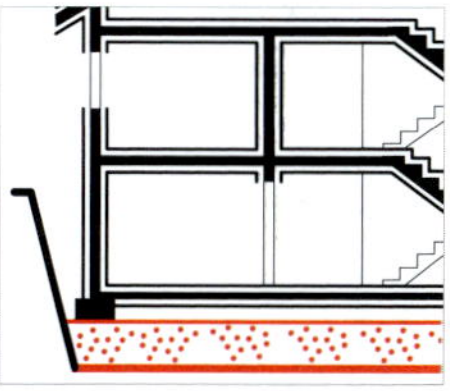

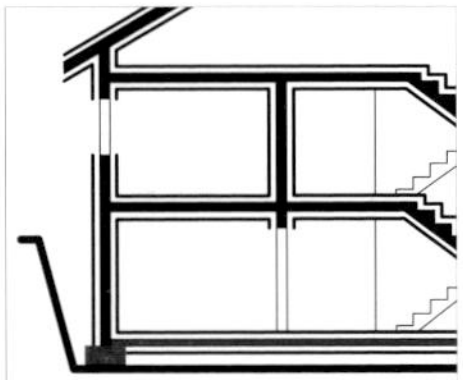

Kosten:
Stand 2. Quartal 2026
Bundesdurchschnitt
inkl. 19% MwSt.

▷ von
ø Mittel
◁ bis

KG.OZ	Herstellen	▷	€/Einheit	◁	LB an EA
322.10	**Fundamente Beton**				
01	**GR Einzelfundament, C30/35, H 50cm, Bewehrung 40kg/m^3, Schalung 8m^2/m^3** Gründung, Einzelfundament C30/35, Bewehrung 40 kg/m^3, Schalung, Fundamenthöhe 50 cm, Schalung 8 m^2/m^3 Einheit: m^3 Fundamentvolumen	906,00	**1.004,00**	1.163,00	
	013 Betonarbeiten				100,0%
02	**GR Einzelfundament, C30/35, H 50cm, Bewehrung 100kg/m^3, Schalung 8m^2/m^3** Gründung, Einzelfundament C30/35, Bewehrung 100 kg/m^3, Schalung, Fundamenthöhe 50 cm, Schalung 8 m^2/m^3 Einheit: m^3 Fundamentvolumen	1.070,00	**1.188,00**	1.365,00	
	013 Betonarbeiten				100,0%
03	**GR Einzelfundament, C30/35, H 50cm, Bewehrung 150kg/m^3, Schalung 8m^2/m^3** Gründung, Einzelfundament C30/35, Bewehrung 150 kg/m^3, Schalung, Fundamenthöhe 50 cm, Schalung 8 m^2/m^3 Einheit: m^3 Fundamentvolumen	1.206,00	**1.340,00**	1.533,00	
	013 Betonarbeiten				100,0%
04	**GR Einzelfundament, C30/35, H 100cm, Bewehrung 30kg/m^3, Schalung 4m^2/m^3** Gründung, Einzelfundament C30/35, Bewehrung 30 kg/m^3, Schalung, Fundamenthöhe 100 cm, Schalung 4 m^2/m^3 Einheit: m^3 Fundamentvolumen	627,00	**688,00**	786,00	
	013 Betonarbeiten				100,0%
05	**GR Einzelfundament, C30/35, H 100cm, Bewehrung 80kg/m^3, Schalung 4m^2/m^3** Gründung, Einzelfundament C30/35, Bewehrung 80 kg/m^3, Schalung, Fundamenthöhe 100 cm, Schalung 4 m^2/m^3 Einheit: m^3 Fundamentvolumen	764,00	**841,00**	954,00	
	013 Betonarbeiten				100,0%
06	**GR Einzelfundament, C30/35, H 100cm, Bewehrung 120kg/m^3, Schalung 4m^2/m^3** Gründung, Einzelfundament C30/35, Bewehrung 120 kg/m^3, Schalung, Fundamenthöhe 100 cm, Schalung 4 m^2/m^3 Einheit: m^3 Fundamentvolumen	873,00	**963,00**	1.089,00	
	013 Betonarbeiten				100,0%
07	**GR Streifenfundament, C30/35, H 50cm, Bewehrung 40kg/m^3, Schalung 4m^2/m^3** Gründung, Streifenfundament C30/35, Bewehrung 40 kg/m^3, Schalung, Fundamenthöhe 50 cm, Schalung 4 m^2/m^3 Einheit: m^3 Fundamentvolumen	655,00	**719,00**	820,00	
	013 Betonarbeiten				100,0%

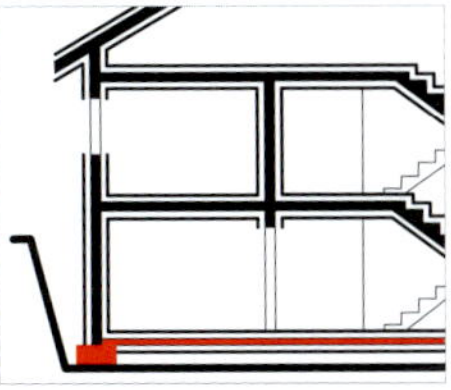

KG.OZ	Herstellen	▷	€/Einheit	◁	LB an EA
322.10	**Fundamente Beton**				
08	**GR Streifenfundament, C30/35, H 50cm, Bewehrung 100kg/m³, Schalung 4m²/m³** Gründung, Streifenfundament C30/35, Bewehrung 100 kg/m³, Schalung, Fundamenthöhe 50 cm, Schalung 4 m²/m³ Einheit: m³ Fundamentvolumen	818,00	**902,00**	1.021,00	
	013 Betonarbeiten				100,0%
09	**GR Streifenfundament, C30/35, H 50cm, Bewehrung 150kg/m³, Schalung 4m²/m³** Gründung, Streifenfundament C30/35, Bewehrung 150 kg/m³, Schalung, Fundamenthöhe 50 cm, Schalung 4 m²/m³ Einheit: m³ Fundamentvolumen	955,00	**1.055,00**	1.189,00	
	013 Betonarbeiten				100,0%
10	**GR Streifenfundament, C30/35, H 100cm, Bewehrung 30kg/m³, Schalung 2m²/m³** Gründung, Streifenfundament C30/35, Bewehrung 30 kg/m³, Schalung, Fundamenthöhe 100 cm, Schalung 2 m²/m³ Einheit: m³ Fundamentvolumen	502,00	**545,00**	614,00	
	013 Betonarbeiten				100,0%
11	**GR Streifenfundament, C30/35, H 100cm, Bewehrung 80kg/m³, Schalung 2m²/m³** Gründung, Streifenfundament C30/35, Bewehrung 80 kg/m³, Schalung, Fundamenthöhe 100 cm, Schalung 2 m²/m³ Einheit: m³ Fundamentvolumen	638,00	**698,00**	782,00	
	013 Betonarbeiten				100,0%
12	**GR Streifenfundament, C30/35, H 100cm, Bewehrung 120kg/m³, Schalung 2m²/m³** Gründung, Streifenfundament C30/35, Bewehrung 120 kg/m³, Schalung, Fundamenthöhe 100 cm, Schalung 2 m²/m³ Einheit: m³ Fundamentvolumen	747,00	**821,00**	917,00	
	013 Betonarbeiten				100,0%
322.20	**Fundament- und Bodenplatten**				
01	**GR Bodenplatte, Stahlbeton, C25/30, 20cm, Bewehrung 80kg/m³** Gründung, Bodenplatte, Ortbeton C25/30, 20 cm, Bewehrung 80 kg/m³, Randschalung Einheit: m² Plattenfläche	110,00	**123,00**	136,00	
	013 Betonarbeiten				100,0%
02	**GR Bodenplatte, Stahlbeton, C25/30, 20cm, Bewehrung 100kg/m³** Gründung, Bodenplatte, Ortbeton C25/30, 20 cm, Bewehrung 100 kg/m³, Randschalung Einheit: m² Plattenfläche	120,00	**134,00**	148,00	
	013 Betonarbeiten				100,0%

Übersicht- 1. + 2. Ebene
Erweiterung
Umbau
Moderni- sierung
Instand- setzung
Bau- elemente
Abbrechen
Wieder- herstellen
Herstellen

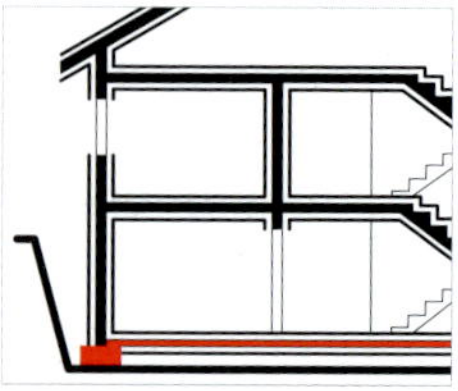

Kosten:
Stand 2. Quartal 2026
Bundesdurchschnitt
inkl. 19% MwSt.

▷ von
ø Mittel
◁ bis

KG.OZ	Herstellen	▷	€/Einheit	◁	LB an EA
322.20	**Fundament- und Bodenplatten**				
03	**GR Bodenplatte, Stahlbeton, C25/30, 25cm, Bewehrung 80kg/m³** Gründung, Bodenplatte, Ortbeton C25/30, 25 cm, Bewehrung 80 kg/m³, Randschalung Einheit: m² Plattenfläche	139,00	**154,00**	169,00	
	013 Betonarbeiten				100,0%
04	**GR Bodenplatte, Stahlbeton, C25/30, 25cm, Bewehrung 100kg/m³** Gründung, Bodenplatte, Ortbeton C25/30, 25 cm, Bewehrung 100 kg/m³, Randschalung Einheit: m² Plattenfläche	153,00	**169,00**	186,00	
	013 Betonarbeiten				100,0%
05	**GR Bodenplatte, Stahlbeton, C25/30, 30cm, Bewehrung 80kg/m³** Gründung, Bodenplatte, Ortbeton C25/30, 30 cm, Bewehrung 80 kg/m³, Randschalung Einheit: m² Plattenfläche	164,00	**181,00**	199,00	
	013 Betonarbeiten				100,0%
06	**GR Bodenplatte, Stahlbeton, C25/30, 30cm, Bewehrung 100kg/m³** Gründung, Bodenplatte, Ortbeton C25/30, 30 cm, Bewehrung 100 kg/m³, Randschalung Einheit: m² Plattenfläche	181,00	**199,00**	219,00	
	013 Betonarbeiten				100,0%
07	**GR Fundamentplatte, Stahlbeton, C25/30, 20cm, Bewehrung 120kg/m³** Gründung, Fundamentplatte, Ortbeton C25/30, 20 cm, Bewehrung 120 kg/m³, Randschalung Einheit: m² Plattenfläche	131,00	**147,00**	162,00	
	013 Betonarbeiten				100,0%
08	**GR Fundamentplatte, Stahlbeton, C25/30, 25cm, Bewehrung 120kg/m³** Gründung, Fundamentplatte, Ortbeton C25/30, 25 cm, Bewehrung 120 kg/m³, Randschalung Einheit: m² Plattenfläche	166,00	**184,00**	202,00	
	013 Betonarbeiten				100,0%
09	**GR Fundamentplatte, Stahlbeton, C25/30, 30cm, Bewehrung 120kg/m³** Gründung, Fundamentplatte, Ortbeton C25/30, 30 cm, Bewehrung 120 kg/m³, Randschalung Einheit: m² Plattenfläche	197,00	**217,00**	238,00	
	013 Betonarbeiten				100,0%
10	**GR Fundamentplatte, Stahlbeton, C25/30, WU, 25cm, Bewehrung 140kg/m³** Gründung, Fundamentplatte, Ortbeton C25/30, wasserundurchlässig, 25 cm, Bewehrung 140 kg/m³, Randschalung Einheit: m² Plattenfläche	212,00	**238,00**	261,00	
	013 Betonarbeiten				100,0%

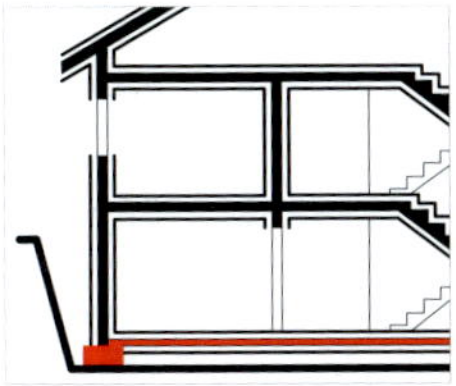

322.20 Fundament- und Bodenplatten

KG.OZ	Herstellen	▷	€/Einheit	◁	LB an EA
11	**GR Fundamentplatte, Stahlbeton, C25/30, WU, 30cm, Bewehrung 140kg/m³** Gründung, Fundamentplatte, Ortbeton C25/30, wasserundurchlässig, 30 cm, Bewehrung 140 kg/m³, Randschalung Einheit: m² Plattenfläche	247,00	**276,00**	302,00	
	013 Betonarbeiten				100,0%
12	**GR Fundamentplatte, Stahlbeton, C25/30, WU, 35cm, Bewehrung 140kg/m³** Gründung, Fundamentplatte, Ortbeton C25/30, wasserundurchlässig, 35 cm, Bewehrung 140 kg/m³, Randschalung Einheit: m² Plattenfläche	281,00	**315,00**	343,00	
	013 Betonarbeiten				100,0%

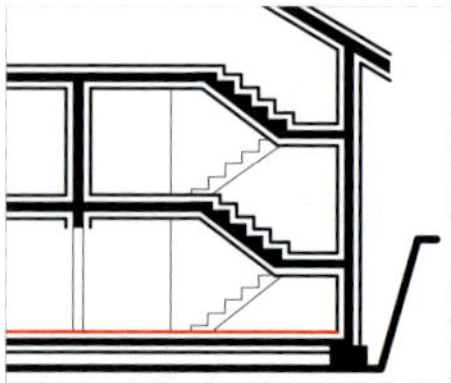

Kosten:
Stand 2. Quartal 2026
Bundesdurchschnitt
inkl. 19% MwSt.

▷ von
ø Mittel
◁ bis

KG.OZ	Herstellen	▷	€/Einheit	◁	LB an EA
324.10	**Beschichtung**				
01	**GR Bodenbeschichtung, Beton, Acryl** Beschichtung auf Gründungsplatte, aus Acrylharzlack Einheit: m² Beschichtungsfläche	30,00	**33,00**	38,00	
	034 Maler- und Lackierarbeiten - Beschichtungen				100,0%
02	**GR Bodenbeschichtung, Beton, Epoxid** Beschichtung auf Gründungsplatte, aus Epoxidharz Einheit: m² Beschichtungsfläche	39,00	**44,00**	61,00	
	034 Maler- und Lackierarbeiten - Beschichtungen				100,0%
03	**GR Bodenbeschichtung, Beton, ölbeständig** Beschichtung auf Gründungsplatte, ölbeständig Einheit: m² Beschichtungsfläche	35,00	**44,00**	61,00	
	034 Maler- und Lackierarbeiten - Beschichtungen				100,0%
324.20	**Estrich**				
01	**GR Verbundestrich, CT F4 V50** Bodenaufbau auf Gründungsplatte, aus Zementestrich im Verbund, 50 mm Einheit: m² Belagsfläche	53,00	**59,00**	68,00	
	024 Fliesen- und Plattenarbeiten				9,2%
	025 Estricharbeiten				90,8%
02	**GR Estrich, Abdichtung, CT F4 S45** Bodenaufbau auf Gründungsplatte, aus Zementestrich, 45 mm mit Abdichtung Einheit: m² Belagsfläche	82,00	**89,00**	97,00	
	018 Abdichtungsarbeiten				49,8%
	025 Estricharbeiten				50,2%
03	**GR Estrich, Abdichtung, CT F4 S45, TSD** Bodenaufbau auf Gründungsplatte, aus Zementestrich 45 mm, mit Abdichtung und Trittschalldämmung 20-2 mm Einheit: m² Belagsfläche	97,00	**106,00**	118,00	
	018 Abdichtungsarbeiten				41,8%
	025 Estricharbeiten				58,2%
04	**GR Estrich, Abdichtung, CT S75 H55, faserbewehrt, TSD** Bodenaufbau auf Gründungsplatte, aus Zementestrich faserbewehrt 75 mm, mit Abdichtung und Trittschalldämmung 20-2 mm Einheit: m² Belagsfläche	104,00	**119,00**	140,00	
	018 Abdichtungsarbeiten				39,0%
	025 Estricharbeiten				61,0%
05	**GR Estrich, Abdichtung, CT F4 S45, EPS60, TSD** Bodenaufbau auf Gründungsplatte, aus Zementestrich 45 mm mit Abdichtung, Wärmedämmung 60 mm und Trittschalldämmung 20-2 mm Einheit: m² Belagsfläche	105,00	**120,00**	135,00	
	018 Abdichtungsarbeiten				37,2%
	025 Estricharbeiten				62,8%

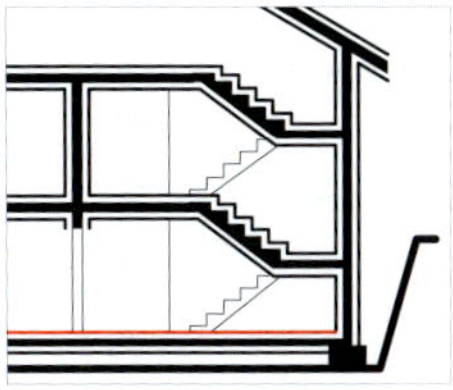

324.20 Estrich

06	**GR Estrich, Abdichtung, CT F4 S45, EPS80, TSD**	108,00	**122,00**	137,00	
	Bodenaufbau auf Gründungsplatte, aus Zementestrich 45mm, mit Abdichtung, Wärmedämmung 80mm und Trittschalldämmung 20-2mm				
	Einheit: m² Belagsfläche				
	018 Abdichtungsarbeiten				36,4%
	025 Estricharbeiten				63,6%
07	**GR Estrich, Abdichtung, CT F4 S45, EPS100, TSD**	111,00	**122,00**	139,00	
	Bodenaufbau auf Gründungsplatte, aus Zementestrich 45mm mit Abdichtung, Wärmedämmung 100mm und Trittschalldämmung 20-2mm				
	Einheit: m² Belagsfläche				
	018 Abdichtungsarbeiten				37,0%
	025 Estricharbeiten				63,0%
08	**GR Heizestrich, CT F4 S65, Abdichtung, EPS60, TSD**	110,00	**126,00**	143,00	
	Bodenaufbau auf Gründungsplatte, als Heizestrich in Bauart A, aus Zementestrich 65mm, mit Abdichtung, Wärmedämmung 60mm und Trittschalldämmung 20-2mm				
	Einheit: m² Belagsfläche				
	018 Abdichtungsarbeiten				35,2%
	025 Estricharbeiten				64,8%
09	**GR Heizestrich, CAF F4 S65, Abdichtung, EPS60, TSD**	109,00	**124,00**	139,00	
	Bodenaufbau auf Gründungsplatte, als Heizestrich in Bauart A, aus Calciumsulfat-Estrich, mit Abdichtung, Wärmedämmung 60mm und Trittschalldämmung 20-2mm				
	Einheit: m² Belagsfläche				
	018 Abdichtungsarbeiten				36,6%
	025 Estricharbeiten				63,4%
10	**GR Heizestrich, Trockenestrich 18mm, Abdichtung, EPS60, TSD**	143,00	**160,00**	180,00	
	Bodenaufbau auf Gründungsplatte, als Trockenestrich aus Gipsfaserplatten 18mm mit Abdichtung, Wärmedämmung 60mm und Trittschalldämmung 20-2mm				
	Einheit: m² Belagsfläche				
	018 Abdichtungsarbeiten				27,6%
	025 Estricharbeiten				25,0%
	039 Trockenbauarbeiten				47,4%

324.30 Fliesen und Platten

01	**GR Bodenfliesen, 20x20cm, Sockelfliesen**	151,00	**166,00**	187,00	
	Bodenbelag auf Gründungsplatte, aus Bodenfliesen, 20x20cm, inkl. Sockelfliesen, Verfugung, elast. Fugen, Trennschiene Metall, Untergrundvorbereitung				
	Einheit: m² Belagsfläche				
	024 Fliesen- und Plattenarbeiten				100,0%
02	**GR Bodenfliesen, 30x30cm, Sockelfliesen**	140,00	**156,00**	172,00	
	Bodenbelag auf Gründungsplatte, aus Bodenfliesen, 30x30cm, inkl. Sockelfliesen, Verfugung, elast. Fugen, Trennschiene Metall, Untergrundvorbereitung				
	Einheit: m² Belagsfläche				
	024 Fliesen- und Plattenarbeiten				100,0%

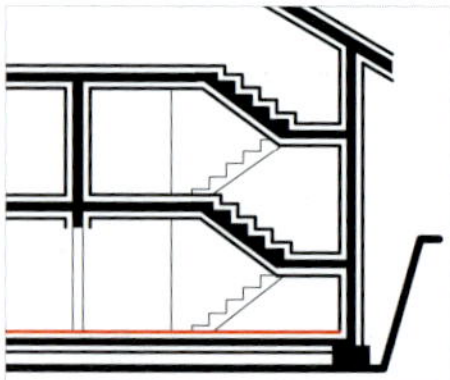

Kosten:
Stand 2. Quartal 2026
Bundesdurchschnitt
inkl. 19% MwSt.

▷ von
ø Mittel
◁ bis

KG.OZ	Herstellen	▷	€/Einheit	◁	LB an EA
324.30	**Fliesen und Platten**				
03	**GR Bodenfliesen, 40x40cm, Sockelfliesen** Bodenbelag auf Gründungsplatte, aus Bodenfliesen, 40x40 cm, inkl. Sockelfliesen, Verfugung, elast. Fugen, Trennschiene Metall, Untergrundvorbereitung Einheit: m² Belagsfläche	140,00	**153,00**	176,00	
	024 Fliesen- und Plattenarbeiten				100,0%
04	**GR Bodenfliesen, 30x60cm, Sockelfliesen** Bodenbelag auf Gründungsplatte, aus Bodenfliesen, 30x60 cm, inkl. Sockelfliesen, Verfugung, elast. Fugen, Trennschiene Metall, Untergrundvorbereitung Einheit: m² Belagsfläche	149,00	**164,00**	190,00	
	024 Fliesen- und Plattenarbeiten				100,0%
324.40	**Naturstein**				
01	**GR Natursteinbelag, Granit, Natursteinsockel** Bodenbelag auf Gründungsplatte, aus Naturstein Granit D= bis 30 mm, inkl. Natursteinsockel, H= 80 mm, Verfugung, elast. Fugen, Trennschiene, Erstpflege Einheit: m² Belagsfläche	337,00	**429,00**	467,00	
	014 Natur-, Betonwerksteinarbeiten				100,0%
02	**GR Natursteinbelag, Marmor, Natursteinsockel** Bodenbelag auf Gründungsplatte, aus Naturstein Marmor D= 10 mm, inkl. Natursteinsockel, H= 80 mm, Verfugung, elast. Fugen, Trennschiene, Erstpflege Einheit: m² Belagsfläche	354,00	**373,00**	413,00	
	014 Natur-, Betonwerksteinarbeiten				100,0%
03	**GR Natursteinbelag, Kalksandstein, Natursteinsockel** Bodenbelag auf Gründungsplatte, aus Naturstein Kalksandstein D= bis 20 mm, inkl. Natursteinsockel, H= 80 mm, Verfugung, elast. Fugen, Trennschiene, Erstpflege Einheit: m² Belagsfläche	338,00	**393,00**	509,00	
	014 Natur-, Betonwerksteinarbeiten				100,0%
324.50	**Textil**				
01	**GR Textilbelag, Nadelvlies, Sockelleiste** Bodenbelag auf Gründungsplatte, aus Nadelvlies verklebt, Sockelleisten aus Holz, Trennschiene, Untergrundvorbereitung Einheit: m² Belagsfläche	89,00	**100,00**	115,00	
	036 Bodenbelagarbeiten				100,0%
02	**GR Textilbelag, Kugelgarn, Sockelleiste** Bodenbelag auf Gründungsplatte, aus Kugelgarn verklebt, Sockelleisten aus Holz, Trennschiene, Untergrundvorbereitung Einheit: m² Belagsfläche	112,00	**120,00**	156,00	
	036 Bodenbelagarbeiten				100,0%
03	**GR Textilbelag, Naturhaar-Polyamid, Sockelleiste** Bodenbelag auf Gründungsplatte, aus Naturhaar-Polyamidmischung, verklebt, Sockelleisten aus Holz, Trennschiene, Untergrundvorbereitung Einheit: m² Belagsfläche	115,00	**123,00**	139,00	
	036 Bodenbelagarbeiten				100,0%

KG.OZ	Herstellen	▷	€/Einheit	◁	LB an EA
324.50	**Textil**				
04	**GR Textilbelag, Tufting, Sockelleiste** Bodenbelag auf Gründungsplatte, aus Tufting, verklebt, Sockelleisten aus Holz Trennschiene, Untergrundvorbereitung Einheit: m² Belagsfläche	122,00	**135,00**	153,00	
	036 Bodenbelagarbeiten				100,0%
05	**GR Textilbelag, Kunstfaser gewebt, Sockelleiste** Bodenbelag auf Gründungsplatte, aus gewebtem Kunstfaserteppich, verklebt, Sockelleisten aus Holz, Trennschiene, Untergrundvorbereitung Einheit: m² Belagsfläche	103,00	**110,00**	125,00	
	036 Bodenbelagarbeiten				100,0%
06	**GR Textilbelag, Naturfaser, Sockelleiste** Bodenbelag auf Gründungsplatte, aus Naturfasern, verklebt, Sockelleisten aus Holz, Trennschiene, Untergrundvorbereitung Einheit: m² Belagsfläche	155,00	**167,00**	192,00	
	036 Bodenbelagarbeiten				100,0%
324.60	**Holz**				
01	**GR Fertigparkett, Eiche, beschichtet, Sockelleiste** Bodenbelag auf Gründungsplatte, aus Fertigparkett, Eiche 14mm versiegelt, Sockelleiste aus Holz, Trennschiene, Untergrundreinigung und Haftgrund Einheit: m² Belagsfläche	181,00	**200,00**	230,00	
	028 Parkett-, Holzpflasterarbeiten				100,0%
02	**GR Fertigparkett, Buche, beschichtet, Sockelleiste** Bodenbelag auf Gründungsplatte, aus Fertigparkett, Buche 14mm versiegelt, Sockelleiste aus Holz, Trennschiene, Untergrundreinigung und Haftgrund Einheit: m² Belagsfläche	165,00	**182,00**	210,00	
	028 Parkett-, Holzpflasterarbeiten				100,0%
03	**GR Stabparkett, Eiche, geschliffen/behandelt, Sockelleiste** Bodenbelag auf Gründungsplatte, aus Stabparkett, Eiche 22mm, schleifen und nachbehandeln, Sockelleiste Holz, Trennschiene, Untergrundreinigung und Haftgrund Einheit: m² Belagsfläche	216,00	**237,00**	257,00	
	028 Parkett-, Holzpflasterarbeiten				100,0%
04	**GR Stabparkett, Buche, geschliffen/behandelt, Sockelleiste** Bodenbelag auf Gründungsplatte, aus Stabparkett, Buche 22mm, schleifen und nachbehandeln, Sockelleiste aus Holz, Trennschiene, Untergrundreinigung und Haftgrund Einheit: m² Belagsfläche	232,00	**242,00**	253,00	
	028 Parkett-, Holzpflasterarbeiten				100,0%
05	**GR Mosaikparkett, Eiche, geschliffen/behandelt, Sockelleiste** Bodenbelag auf Gründungsplatte, aus Mosaikparkett, Eiche 8mm, schleifen und nachbehandeln, Sockelleiste Holz, Trennschiene, Untergrundreinigung und Haftgrund Einheit: m² Belagsfläche	154,00	**175,00**	194,00	
	028 Parkett-, Holzpflasterarbeiten				100,0%

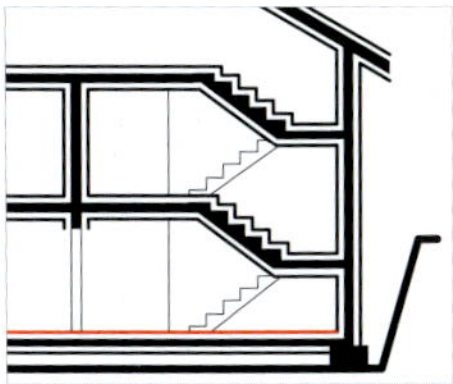

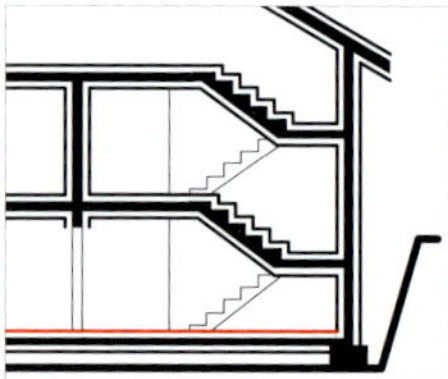

Kosten:
Stand 2. Quartal 2026
Bundesdurchschnitt
inkl. 19% MwSt.

▷ von
ø Mittel
◁ bis

KG.OZ	Herstellen	▷	€/Einheit	◁	LB an EA

324.60 Holz

06 **GR Mosaikparkett, Buche, geschliffen/behandelt, Sockelleiste** — 178,00 | **198,00** | 230,00

Bodenbelag auf Gründungsplatte, aus Mosaikparkett, Buche 8 mm, schleifen und nachbehandeln, Sockelleiste Holz, Trennschiene, Untergrundreinigung und Haftgrund

Einheit: m² Belagsfläche

028 Parkett-, Holzpflasterarbeiten — 100,0%

07 **GR Lamparkett, Eiche, geschliffen/behandelt, Sockelleiste** — 209,00 | **272,00** | 307,00

Bodenbelag auf Gründungsplatte, aus Lamparkett, Eiche 10 mm, schleifen und nachbehandeln, Sockelleiste Holz, Trennschiene, Untergrundreinigung und Haftgrund

Einheit: m² Belagsfläche

028 Parkett-, Holzpflasterarbeiten — 100,0%

324.70 Hartbeläge

01 **GR Naturkorkparkett, Sockelleiste** — 103,00 | **118,00** | 131,00

Bodenbelag auf Gründungsplatte, aus Naturkork-Fertigparkett 12 mm, Sockelleisten aus Holz, Trennschiene, Untergrundvorbereitung

Einheit: m² Belagsfläche

036 Bodenbelagarbeiten — 100,0%

02 **GR Linoleumbelag, 2,5mm, Sockelleiste** — 88,00 | **98,00** | 125,00

Bodenbelag auf Gründungsplatte, aus Linoleumbahnen 2,5 mm, Nähte verschweißt, Sockelleisten Lino, Trennschiene, Untergrundvorbereitung, Erstpflege

Einheit: m² Belagsfläche

036 Bodenbelagarbeiten — 100,0%

03 **GR PVC-Belag, 3,0mm, Sockelleiste** — 89,00 | **99,00** | 116,00

Bodenbelag auf Gründungsplatte, aus PVC-Bahnen 3,0 mm, Nähte verschweißt, Sockelleisten PVC, Trennschiene, Untergrundvorbereitung, Erstpflege

Einheit: m² Belagsfläche

036 Bodenbelagarbeiten — 100,0%

04 **GR Kautschukbelag, 2,0mm, Sockelleiste** — 121,00 | **134,00** | 153,00

Bodenbelag auf Gründungsplatte, aus Kautschuk-Bahnen 2,0 mm, Nähte verschweißt, Sockelleiste Kautschuk, Trennschiene, Untergrundvorbereitung, Erstpflege

Einheit: m² Belagsfläche

036 Bodenbelagarbeiten — 100,0%

05 **GR Laminatbelag, 7,2mm, Sockelleiste** — 96,00 | **109,00** | 131,00

Bodenbelag auf Gründungsplatte, aus mehrschichtigem Laminat 7,2 mm, Sockelleiste Holz, Trennschiene, Untergrundvorbereitung

Einheit: m² Belagsfläche

036 Bodenbelagarbeiten — 100,0%

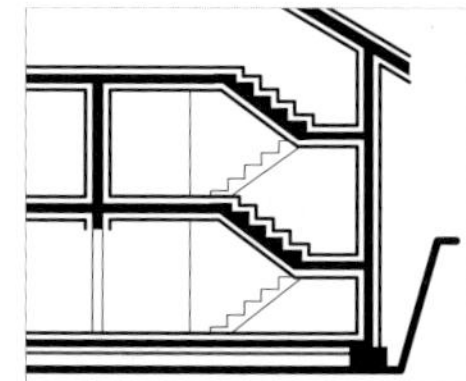

325.10 Bauwerksabdichtung horizontal

Nr.	Position	▷	€/Einheit	◁	LB an EA
01	**GR Abdichtung, Bodenflächen, W1.1-E, MDS flexibel**	42,00	**46,00**	50,00	
	Gründung, Abdichtung von Bodenflächen, mit flexibler mineralischer Dichtungsschlämme, Bodenfeuchte				
	Einheit: m² Abdichtungsfläche				
	018 Abdichtungsarbeiten				100,0%
02	**GR Abdichtung, Bodenflächen, W1.1-E, PMBC**	45,00	**51,00**	58,00	
	Gründung, Abdichtung von Bodenflächen, mit kunststoffmodifizierter Bitumendickbeschichtung, Bodenfeuchte				
	Einheit: m² Abdichtungsfläche				
	018 Abdichtungsarbeiten				100,0%
03	**GR Abdichtung, Bodenflächen, W1.1-E, PYE G200S4**	25,00	**28,00**	30,00	
	Gründung, Abdichtung von Bodenflächen, mit Elastomerbitumen-Schweißbahnen, Bodenfeuchte				
	Einheit: m² Abdichtungsfläche				
	018 Abdichtungsarbeiten				100,0%
04	**GR Abdichtung, Bodenflächen, W1.2-E, MDS flexibel**	95,00	**101,00**	117,00	
	Gründung, Abdichtung von Bodenflächen, mit flexibler mineralischer Dichtungsschlämme, Bodenfeuchte				
	Einheit: m² Abdichtungsfläche				
	018 Abdichtungsarbeiten				100,0%
05	**GR Abdichtung, Bodenflächen, W1.2-E, PMBC**	77,00	**87,00**	97,00	
	Gründung, Abdichtung von Bodenflächen, mit kunststoffmodifizierter Bitumendickbeschichtung, mit Gewebe, Bodenfeuchte				
	Einheit: m² Abdichtungsfläche				
	018 Abdichtungsarbeiten				100,0%
06	**GR Wärmedämmung, CG-Schotter 160, Trennlage**	44,00	**49,00**	58,00	
	Dämmung unter Gründungsbodenplatte, mit Schaumglasschotter, 160 mm, mit Trennlage				
	Einheit: m² Schichtfläche				
	002 Erdarbeiten				6,0%
	013 Betonarbeiten				94,0%
07	**GR Wärmedämmung, CG-Schotter 240, Trennlage**	60,00	**66,00**	78,00	
	Dämmung unter Gründungsbodenplatte, mit Schaumglasschotter, 240 mm, mit Trennlage				
	Einheit: m² Schichtfläche				
	002 Erdarbeiten				4,4%
	013 Betonarbeiten				95,6%
08	**GR Wärmedämmung, CG-Schotter 300, Trennlage**	72,00	**79,00**	93,00	
	Dämmung unter Gründungsbodenplatte, mit Schaumglasschotter, 300 mm, mit Trennlage				
	Einheit: m² Schichtfläche				
	002 Erdarbeiten				3,7%
	013 Betonarbeiten				96,3%
09	**GR Wärmedämmung, XPS120, Trennlage**	63,00	**72,00**	86,00	
	Dämmung unter Gründungsbodenplatte, mit extrudiertem Polystyrolplatten, 120 mm, mit Trennlage				
	Einheit: m² Schichtfläche				
	002 Erdarbeiten				4,1%
	013 Betonarbeiten				95,9%

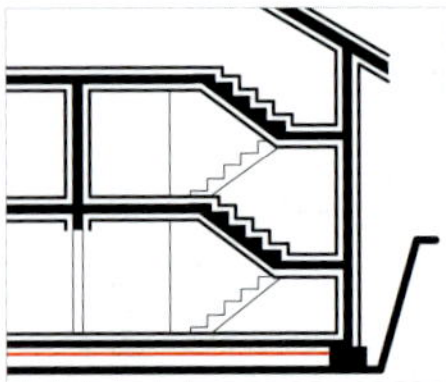

Kosten:
Stand 2. Quartal 2026
Bundesdurchschnitt
inkl. 19% MwSt.

▷ von
ø Mittel
◁ bis

KG.OZ	Herstellen	▷	€/Einheit	◁	LB an EA
325.10	**Bauwerksabdichtung horizontal**				
10	**GR Wärmedämmung, XPS160, Trennlage**	75,00	**90,00**	101,00	
	Dämmung unter Gründungsbodenplatte, mit extrudierten Polystyrolplatten, 160 mm, mit Trennlage				
	Einheit: m² Schichtfläche				
	002 Erdarbeiten				3,2%
	013 Betonarbeiten				96,8%
11	**GR Wärmedämmung, XPS200, Trennlage**	92,00	**110,00**	120,00	
	Dämmung unter Gründungsbodenplatte, mit extrudierten Polystyrolplatten, 200 mm, mit Trennlage				
	Einheit: m² Schichtfläche				
	002 Erdarbeiten				2,7%
	013 Betonarbeiten				97,3%
12	**GR Wärmedämmung, XPS240, Trennlage**	109,00	**126,00**	132,00	
	Dämmung unter Gründungsbodenplatte, mit extrudierten Polystyrolplatten, 240 mm, mit Trennlage				
	Einheit: m² Schichtfläche				
	002 Erdarbeiten				2,3%
	013 Betonarbeiten				97,7%
13	**GR Wärmedämmung, XPS300, Trennlage**	155,00	**172,00**	196,00	
	Dämmung unter Gründungsbodenplatte, mit extrudierten Polystyrolplatten, 300 mm, mit Trennlage				
	Einheit: m² Schichtfläche				
	002 Erdarbeiten				1,7%
	013 Betonarbeiten				98,3%
325.20	**Filterschicht**				
01	**GR Unterbau, Kiesfilter, Trennlage**	25,00	**30,00**	33,00	
	Gründung, Unterbau für Bodenplatten, kapillarbrechende Schicht mit Kies, Trennlage mit Folie				
	Einheit: m² Schichtfläche				
	002 Erdarbeiten				88,6%
	013 Betonarbeiten				11,4%
02	**GR Unterbau, Kiesfilter, Trennlage, Sauberkeitsschicht**	53,00	**62,00**	69,00	
	Gründung, Unterbau für Bodenplatten, kapillarbrechende Schicht mit Kies, Sauberkeitsschicht auf Trennlage mit Folie				
	Einheit: m² Schichtfläche				
	002 Erdarbeiten				42,0%
	013 Betonarbeiten				58,0%
325.30	**Bauwerksabdichtung vertikal**				
01	**GR Wärmedämmung vertikal, XPS100, Schutzschicht**	78,00	**85,00**	97,00	
	Dämmung von Gründungsbauteilen, an vertikalen Flächen, mit extrudierten Polystyrolplatten, 100 mm, mit Schutzschicht				
	Einheit: m² Schichtfläche				
	018 Abdichtungsarbeiten				100,0%
02	**GR Wärmedämmung vertikal, XPS120, Schutzschicht**	82,00	**88,00**	99,00	
	Dämmung von Gründungsbauteilen, an vertikalen Flächen, mit extrudierten Polystyrolplatten, 120 mm, mit Schutzschicht				
	Einheit: m² Schichtfläche				
	018 Abdichtungsarbeiten				100,0%

KG.OZ	Herstellen	▷	€/Einheit	◁	LB an EA
325.30	**Bauwerksabdichtung vertikal**				
03	**GR Wärmedämmung vertikal, XPS160, Schutzschicht** Dämmung von Gründungsbauteilen, an vertikalen Flächen, mit extrudierten Polystyrolplatten, 160 mm, mit Schutzschicht Einheit: m² Schichtfläche	87,00	**99,00**	114,00	
	018 Abdichtungsarbeiten				100,0%
04	**GR Wärmedämmung vertikal, CG120, Schutzschicht** Dämmung von Gründungsbauteilen, an vertikalen Flächen, mit Schaumglasplatten, 120 mm, mit Schutzschicht Einheit: m² Schichtfläche	166,00	**176,00**	202,00	
	018 Abdichtungsarbeiten				100,0%
05	**GR Wärmedämmung vertikal, CG160, Schutzschicht** Dämmung von Gründungsbauteilen, an vertikalen Flächen, mit Schaumglasplatten, 160 mm, mit Schutzschicht Einheit: m² Schichtfläche	190,00	**201,00**	231,00	
	018 Abdichtungsarbeiten				100,0%
06	**GR Wärmedämmung vertikal, CG200, Schutzschicht** Dämmung von Gründungsbauteilen, an vertikalen Flächen, mit Schaumglasplatten, 200 mm, mit Schutzschicht Einheit: m² Schichtfläche	213,00	**229,00**	259,00	
	018 Abdichtungsarbeiten				100,0%

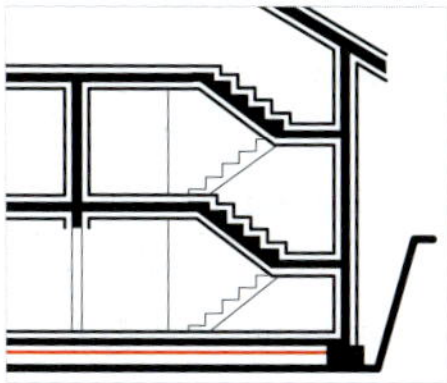

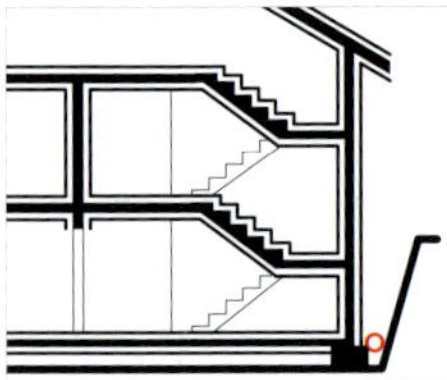

Kosten:
Stand 2. Quartal 2026
Bundesdurchschnitt
inkl. 19% MwSt.

▷ von
ø Mittel
◁ bis

KG.OZ	Herstellen	▷	€/Einheit	◁	LB an EA
326.10	**Dränageleitungen**				
01	**GR Dränage, PVC-Rohre, Sickerpackung, Filtervlies** Dränleitung aus PVC-U Rohren, mit Sickerpackung und Filtervlies Einheit: m Leitungslänge	96,00	**109,00**	126,00	
	010 Drän- und Versickerarbeiten				100,0%
02	**GR Spritzschutz, Kiesstreifen, Filtervlies, Randstein** Spritzschutz als Kiesstreifen im Sockelbereich, mit Filtervlies und Randsteinen Einheit: m Kiesstreifen	69,00	**74,00**	81,00	
	010 Drän- und Versickerarbeiten				33,0%
	080 Straßen, Wege, Plätze				67,0%
326.20	**Dränageschächte**				
01	**GR Spülschacht, DN315, Schachtverlängerung, Deckel** Spülschacht für Dränage, aus PP-Kunststoff, DN315, mit Schachtverlängerung und Deckel Einheit: m Tiefe	723,00	**813,00**	907,00	
	010 Drän- und Versickerarbeiten				100,0%
02	**GR Sickerschacht, B125, Schachtverlängerung, Deckel** Sickerschacht aus Betonringen, DN1.000, mit Schachtverlängerung und Deckel Einheit: m Tiefe	1.045,00	**1.192,00**	1.521,00	
	010 Drän- und Versickerarbeiten				100,0%
326.30	**Dränfilter**				
01	**GR Dränschicht vertikal, Kiessand, 50cm** Sickerschicht vor Gründungsbauteilen, vertikal, mit Kiessand, 50 cm Einheit: m² Schichtfläche	62,00	**71,00**	82,00	
	010 Drän- und Versickerarbeiten				100,0%
02	**GR Sicker-/Filterschicht vertikal, Kies/Kiessand, 20/10cm** Sickerschicht mit Filterschicht vor Gründungsbauteilen, vertikal, mit Kies 20 cm, und Kiessand 10 cm Einheit: m² Schichtfläche	25,00	**27,00**	29,00	
	010 Drän- und Versickerarbeiten				100,0%
03	**GR Sickerschicht vertikal, EPS-Platten/Vlies** Sickerschicht vor Gründungsbauteilen, vertikale Flächen, mit extrudierten Polystyrolplatten, mit Vlies Einheit: m² Schichtfläche	31,00	**38,00**	49,00	
	018 Abdichtungsarbeiten				100,0%
04	**GR Sickerschicht vertikal, Sickersteine** Sickerschicht vor Gründungsbauteilen, vertikale Flächen, mit porösen Sickersteinen Einheit: m² Schichtfläche	46,00	**53,00**	60,00	
	018 Abdichtungsarbeiten				100,0%

KG.OZ	Herstellen	▷	€/Einheit	◁	LB an EA
331.10	**Mauerwerkswand**				
01	**AW Mauerwerk, Beton-Plansteine, 36,5cm** Außenwand aus Mauerwerk, mit Beton-Plansteinen 36,5 cm Einheit: m² Wandfläche	204,00	**238,00**	298,00	
	012 Mauerarbeiten				99,3%
	013 Betonarbeiten				0,7%
02	**AW Mauerwerk, Porenbeton-Plansteine, 30cm** Außenwand aus Mauerwerk, mit Porenbeton-Plansteine 30 cm Einheit: m² Wandfläche	199,00	**214,00**	227,00	
	012 Mauerarbeiten				99,3%
	013 Betonarbeiten				0,7%
03	**AW Mauerwerk, Porenbeton-Plansteine, 36,5cm** Außenwand aus Mauerwerk, mit Porenbeton-Plansteine 36,5 cm Einheit: m² Wandfläche	230,00	**245,00**	271,00	
	012 Mauerarbeiten				99,4%
	013 Betonarbeiten				0,6%
04	**AW Mauerwerk, Kalksandsteine, 17,5cm** Außenwand aus Mauerwerk, mit Kalksandsteinen, 17,5 cm Einheit: m² Wandfläche	138,00	**153,00**	169,00	
	012 Mauerarbeiten				99,3%
	013 Betonarbeiten				0,7%
05	**AW Mauerwerk, Kalksandsteine, 24cm** Außenwand aus Mauerwerk, mit Kalksandsteinen, 24 cm Einheit: m² Wandfläche	175,00	**194,00**	215,00	
	012 Mauerarbeiten				99,4%
	013 Betonarbeiten				0,6%
06	**AW Mauerwerk, Planziegel, 36,5cm** Außenwand aus Mauerwerk, mit Planziegeln LHLz 36,5 cm Einheit: m² Wandfläche	253,00	**276,00**	304,00	
	012 Mauerarbeiten				99,4%
	013 Betonarbeiten				0,6%
07	**AW Mauerwerk, Planziegel, 42,5cm** Außenwand aus Mauerwerk, mit Planziegeln LHLz 42,5 cm Einheit: m² Wandfläche	325,00	**348,00**	374,00	
	012 Mauerarbeiten				99,5%
	013 Betonarbeiten				0,5%
08	**AW Mauerwerk, Planziegel gefüllt, 36,5cm** Außenwand aus Mauerwerk, mit gefüllten Planziegeln LHLz 36,5 cm Einheit: m² Wandfläche	271,00	**288,00**	312,00	
	012 Mauerarbeiten				99,4%
	013 Betonarbeiten				0,6%

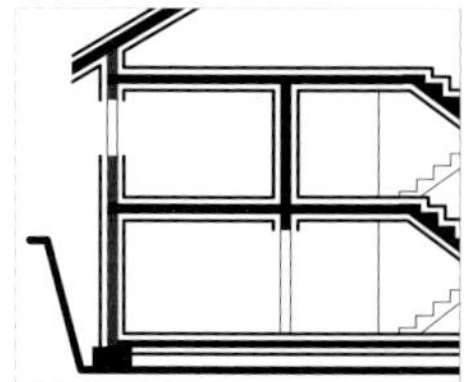

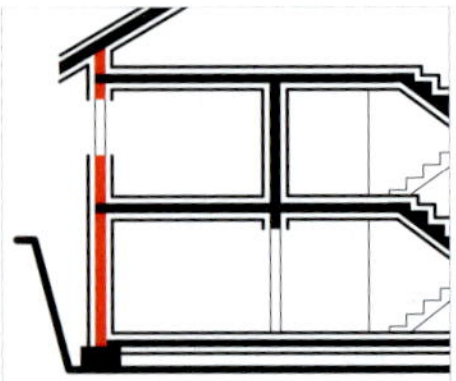

Kosten:
Stand 2. Quartal 2026
Bundesdurchschnitt
inkl. 19% MwSt.

KG.OZ	Herstellen	▷	€/Einheit	◁	LB an EA
331.10	**Mauerwerkswand**				
09	**AW Mauerwerk, Planziegel gefüllt, 42,5cm** Außenwand aus Mauerwerk, mit gefüllten Planziegeln LHLz 42,5cm Einheit: m^2 Wandfläche	315,00	**332,00**	359,00	
	012 Mauerarbeiten				99,5%
	013 Betonarbeiten				0,5%
331.20	**Betonwand**				
01	**AW KG, Stahlbeton, 20cm, Bewehrung 100kg/m^3, Schalung rau** Außenwand der Kellerwand, aus Stahlbeton C25/30, Bewehrung 100kg/m^3, mit rauer Schalung, 20cm Einheit: m^2 Wandfläche	248,00	**269,00**	291,00	
	013 Betonarbeiten				100,0%
02	**AW KG, Stahlbeton, 20cm, Bewehrung 100kg/m^3, Sichtschalung** Außenwand der Kellerwand, aus Stahlbeton C25/30, Bewehrung 100kg/m^3, mit Sichtschalung, 20cm Einheit: m^2 Wandfläche	307,00	**333,00**	355,00	
	013 Betonarbeiten				100,0%
03	**AW KG, Stahlbeton, 25cm, Bewehrung 100kg/m^3, Schalung rau** Außenwand der Kellerwand, aus Stahlbeton C25/30, Bewehrung 100kg/m^3, mit rauer Schalung, 25cm Einheit: m^2 Wandfläche	275,00	**299,00**	322,00	
	013 Betonarbeiten				100,0%
04	**AW KG, Stahlbeton, 25cm, Bewehrung 100kg/m^3, Sichtschalung** Außenwand der Kellerwand, aus Stahlbeton C25/30, Bewehrung 100kg/m^3, mit Sichtschalung, 25cm Einheit: m^2 Wandfläche	334,00	**363,00**	387,00	
	013 Betonarbeiten				100,0%
05	**AW KG, Stahlbeton, WU, 20cm, Bewehrung 100kg/m^3, Schalung glatt** Außenwand der Kellerwand, aus Stahlbeton C25/30, wasserundurchlässig, Bewehrung 100kg/m^3, mit glatter Schalung, 20cm Einheit: m^2 Wandfläche	270,00	**301,00**	345,00	
	013 Betonarbeiten				100,0%
06	**AW KG, Stahlbeton, WU, 20cm, Bewehrung 120kg/m^3, Schalung glatt** Außenwand der Kellerwand, aus Stahlbeton C25/30, wasserundurchlässig, Bewehrung 120kg/m^3, mit glatter Schalung, 20cm Einheit: m^2 Wandfläche	280,00	**313,00**	358,00	
	013 Betonarbeiten				100,0%
07	**AW KG, Stahlbeton, WU, 25cm, Bewehrung 100kg/m^3, Schalung glatt** Außenwand der Kellerwand, aus Stahlbeton C25/30, wasserundurchlässig, Bewehrung 100kg/m^3, mit glatter Schalung, 25cm Einheit: m^2 Wandfläche	298,00	**331,00**	379,00	
	013 Betonarbeiten				100,0%

▷ von
ø Mittel
◁ bis

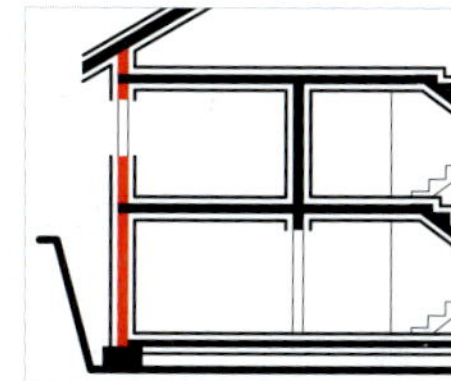

KG.OZ	Herstellen	▷	€/Einheit	◁	LB an EA
331.20	**Betonwand**				
08	**AW KG, Stahlbeton, WU, 25cm, Bewehrung 120kg/m³, Schalung glatt** Außenwand der Kellerwand, aus Stahlbeton C25/30, wasserundurchlässig, Bewehrung 120 kg/m³, mit glatter Schalung, 25 cm Einheit: m² Wandfläche	311,00	**346,00**	395,00	
	013 Betonarbeiten				100,0%
09	**AW Stahlbeton, 20cm, Bewehrung 60kg/m³, Schalung glatt** Außenwand aus Stahlbeton C25/30, Bewehrung 60 kg/m³, mit glatter Schalung, 20 cm Einheit: m² Wandfläche	233,00	**265,00**	301,00	
	013 Betonarbeiten				100,0%
10	**AW Stahlbeton, 20cm, Bewehrung 80kg/m³, Schalung glatt** Außenwand aus Stahlbeton C25/30, Bewehrung 80 kg/m³ mit glatter Schalung, 20 cm Einheit: m² Wandfläche	244,00	**277,00**	314,00	
	013 Betonarbeiten				100,0%
11	**AW Stahlbeton, 20cm, Bewehrung 100kg/m³, Schalung glatt** Außenwand aus Stahlbeton C25/30, Bewehrung 100 kg/m³ mit glatter Schalung, 20 cm Einheit: m² Wandfläche	255,00	**289,00**	327,00	
	013 Betonarbeiten				100,0%
12	**AW Stahlbeton, 25cm, Bewehrung 60kg/m³, Schalung glatt** Außenwand aus Stahlbeton C25/30, Bewehrung 60 kg/m³, mit glatter Schalung, 25 cm Einheit: m² Wandfläche	255,00	**289,00**	326,00	
	013 Betonarbeiten				100,0%
13	**AW Stahlbeton, 25cm, Bewehrung 80kg/m³, Schalung glatt** Außenwand aus Stahlbeton C25/30, Bewehrung 80 kg/m³ mit glatter Schalung, 25 cm Einheit: m² Wandfläche	268,00	**304,00**	343,00	
	013 Betonarbeiten				100,0%
14	**AW Stahlbeton, 25cm, Bewehrung 100kg/m³, Schalung glatt** Außenwand aus Stahlbeton C25/30, Bewehrung 100 kg/m³ mit glatter Schalung, 25 cm Einheit: m² Wandfläche	282,00	**319,00**	359,00	
	013 Betonarbeiten				100,0%
15	**AW Fertigteil, mit Wandbeton, 25cm, Bewehrung** Außenwand aus Halbfertigteil, mit Betonfüllung und Bewehrung, 25 cm Einheit: m² Wandfläche	259,00	**284,00**	321,00	
	013 Betonarbeiten				100,0%

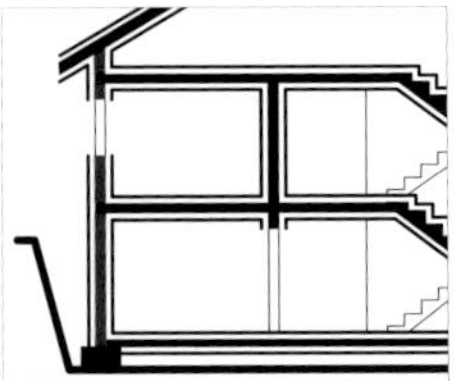

Kosten:
Stand 2. Quartal 2026
Bundesdurchschnitt
inkl. 19% MwSt.

KG.OZ	Herstellen	▷	€/Einheit	◁	LB an EA
331.30	**Holzwand**				
01	**AW Holzrahmen, Dämmung, OSB/WF, 16cm** Außenwand als Holzrahmenkonstruktion, 16 cm, Innenbeplankung mit OSB-Platten, abgeklebt, mit Wärmedämmung aus Mineralwolle 160 mm Einheit: m² Wandfläche	256,00	**269,00**	285,00	
	016 Zimmer- und Holzbauarbeiten				100,0%
02	**AW Holzrahmen, Dämmung, OSB/WF, 20cm** Außenwand als Holzrahmenkonstruktion, 20 cm, Innenbeplankung mit OSB-Platten, abgeklebt, mit Wärmedämmung aus Mineralwolle 200 mm Einheit: m² Wandfläche	270,00	**283,00**	311,00	
	016 Zimmer- und Holzbauarbeiten				100,0%
03	**AW Holzständer, 20cm, KVH, Dämmung, OSB/Sperrholz** Außenwand als Holzständerkonstruktion, Konstruktionsvollholz, 20 cm, Dämmung, Beplankung mit Holzwerkstoffplatten Einheit: m² Wandfläche	227,00	**253,00**	286,00	
	016 Zimmer- und Holzbauarbeiten				100,0%
04	**AW Holzstegträger, 36,5cm, Einblasdämmung, OSB/DWD Platten** Außenwand mit Holz-Doppelstegträgern, Zelluloseeinblasdämmung, OSB-Platten innen, DWD-Platten außen, 36,5 cm Einheit: m² Wandfläche	304,00	**334,00**	382,00	
	016 Zimmer- und Holzbauarbeiten				100,0%
05	**AW Holzbrettstapel, 16cm, OSB Platten, innen** Außenwand mit Holz-Brettstapelelementen, OSB-Platten innen, 16 cm Einheit: m² Wandfläche	334,00	**363,00**	400,00	
	016 Zimmer- und Holzbauarbeiten				100,0%

▷ von
ø Mittel
◁ bis

KG.OZ	Herstellen	▷	€/Einheit	◁	LB an EA
333.10	**Betonstütze**				
01	**AW Stütze, C25/30, rund, 30cm, Sichtschalung, Bewehrung 100kg/m^3** Außenstütze aus Stahlbeton, C25/30, rund, 30 cm, mit Sichtschalung, Bewehrung 100 kg/m^3 Einheit: m Stützenlänge	201,00	**229,00**	256,00	
	013 Betonarbeiten				100,0%
02	**AW Stütze, C25/30, rund, 30cm, Sichtschalung, Bewehrung 200kg/m^3** Außenstütze aus Stahlbeton, C25/30, rund, 30 cm, mit Sichtschalung, Bewehrung 200 kg/m^3 Einheit: m Stützenlänge	220,00	**251,00**	279,00	
	013 Betonarbeiten				100,0%
03	**AW Stütze, C25/30, rund, 30cm, Sichtschalung, Bewehrung 300kg/m^3** Außenstütze aus Stahlbeton, C25/30, rund, 30 cm, mit Sichtschalung, Bewehrung 300 kg/m^3 Einheit: m Stützenlänge	239,00	**272,00**	303,00	
	013 Betonarbeiten				100,0%
04	**AW Stütze, C25/30, eckig, 30x30cm, Sichtschalung, Bewehrung 100kg/m^3** Außenstütze aus Stahlbeton, C25/30, eckig, 30x30 cm, mit Sichtschalung, Bewehrung 100 kg/m^3 Einheit: m Stützenlänge	216,00	**241,00**	279,00	
	013 Betonarbeiten				100,0%
05	**AW Stütze, C25/30, eckig, 30x30cm, Sichtschalung, Bewehrung 200kg/m^3** Außenstütze aus Stahlbeton, C25/30, eckig, 30x30 cm, mit Sichtschalung, Bewehrung 200 kg/m^3 Einheit: m Stützenlänge	241,00	**269,00**	309,00	
	013 Betonarbeiten				100,0%
06	**AW Stütze, C25/30, eckig, 30x30cm, Sichtschalung, Bewehrung 300kg/m^3** Außenstütze aus Stahlbeton, C25/30, eckig, 30x30 cm, mit Sichtschalung, Bewehrung 300 kg/m^3 Einheit: m Stützenlänge	265,00	**296,00**	339,00	
	013 Betonarbeiten				100,0%
07	**AW Stütze, C25/30, eckig, 40x40cm, Sichtschalung, Bewehrung 100kg/m^3** Außenstütze aus Stahlbeton, C25/30, eckig, 40x40 cm, mit Sichtschalung, Bewehrung 100 kg/m^3 Einheit: m Stützenlänge	313,00	**350,00**	401,00	
	013 Betonarbeiten				100,0%
08	**AW Stütze, C25/30, eckig, 40x40cm, Sichtschalung, Bewehrung 200kg/m^3** Außenstütze aus Stahlbeton, C25/30, eckig, 40x40 cm, mit Sichtschalung, Bewehrung 200 kg/m^3 Einheit: m Stützenlänge	357,00	**398,00**	455,00	
	013 Betonarbeiten				100,0%

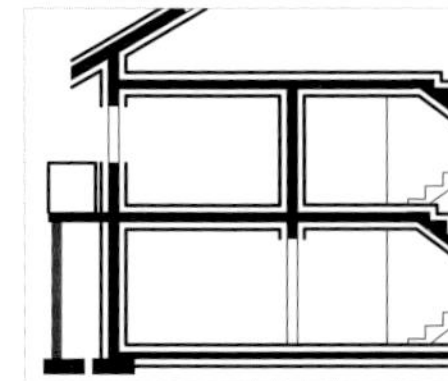

333
Außenstützen

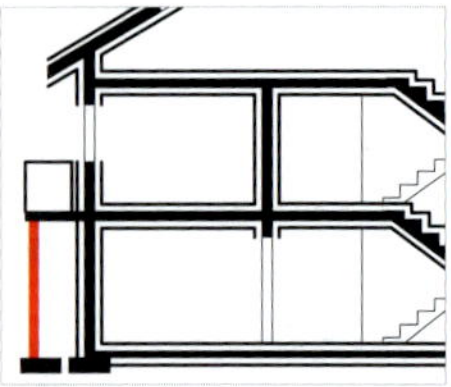

Kosten:
Stand 2. Quartal 2026
Bundesdurchschnitt
inkl. 19% MwSt.

KG.OZ	Herstellen	▷	€/Einheit	◁	LB an EA
333.10	**Betonstütze**				
09	**AW Stütze, C25/30, eckig, 40x40cm, Sichtschalung, Bewehrung 300kg/m³**	401,00	**447,00**	509,00	
	Außenstütze aus Stahlbeton, C25/30, eckig, 40x40 cm, mit Sichtschalung, Bewehrung 300 kg/m³				
	Einheit: m Stützenlänge				
	013 Betonarbeiten				100,0%
333.20	**Holzstütze**				
01	**AW Stütze, BSH, eckig 20x20cm, lasiert**	174,00	**193,00**	233,00	
	Außenstütze aus Holz, Brettschichtholz, rechteckig 20x20 cm, lasiert				
	Einheit: m Stützenlänge				
	016 Zimmer- und Holzbauarbeiten				83,4%
	034 Maler- und Lackierarbeiten - Beschichtungen				16,6%
333.30	**Metallstütze**				
01	**AW Stütze, Stahl, rund, 114mm, beschichtet**	157,00	**185,00**	227,00	
	Außenstütze aus Stahl, rund mit Durchmesser 114,3mm, in Stahl St 37-2, beschichtet				
	Einheit: m Stützenlänge				
	017 Stahlbauarbeiten				100,0%

▷ von
ø Mittel
◁ bis

KG.OZ	Herstellen	▷	€/Einheit	◁	LB an EA

334.10 Türen

		▷	€/Einheit	◁	LB an EA
01	**AW Eingangstür, Holz**	2.089,00	**2.329,00**	2.688,00	
	Außenwand, Eingangstür als einflüglige Drehtüre aus Holz				
	Einheit: m² Türfläche				
	023 Putz- und Stuckarbeiten, Wärmedämmsysteme				2,6%
	026 Fenster, Außentüren				97,4%
02	**AW Eingangstür, Holz, mit Seitenteil**	1.643,00	**1.865,00**	2.116,00	
	Außenwand, Eingangstür als einflüglige Drehtüre aus Holz, mit Seitenteil				
	Einheit: m² Türfläche				
	023 Putz- und Stuckarbeiten, Wärmedämmsysteme				2,5%
	026 Fenster, Außentüren				97,5%
03	**AW Eingangstür, Holz, Passivhaus**	2.330,00	**2.530,00**	2.681,00	
	Außenwand, Eingangstür als einflüglige Drehtüre aus Holz, Passivhausniveau				
	Einheit: m² Türfläche				
	023 Putz- und Stuckarbeiten, Wärmedämmsysteme				2,4%
	026 Fenster, Außentüren				97,6%
04	**AW Eingangstür, Kunststoff**	1.388,00	**2.018,00**	2.430,00	
	Außenwand, Eingangstür als einflüglige Drehtüre aus Kunststoffprofilen und zweifacher Beplankung aus Kunststoff, mit Dämmkern aus Mineralwolle				
	Einheit: m² Türfläche				
	023 Putz- und Stuckarbeiten, Wärmedämmsysteme				3,0%
	026 Fenster, Außentüren				97,0%
05	**AW Eingangstür, Kunststoff, mit Seitenteil**	1.365,00	**1.833,00**	2.289,00	
	Außenwand, Eingangstür als einflüglige Drehtüre aus Kunststoffprofilen und zweifacher Beplankung aus Kunststoff, mit Dämmkern aus Mineralwolle, mit Seitenteil				
	Einheit: m² Türfläche				
	023 Putz- und Stuckarbeiten, Wärmedämmsysteme				2,5%
	026 Fenster, Außentüren				97,5%
06	**AW Eingangstür, Metall, einflüglig**	1.393,00	**1.719,00**	2.005,00	
	Außenwand, Metallrahmentür, Stahlblech, einflüglig, Stahlzarge, Beschläge				
	Einheit: m² Türfläche				
	023 Putz- und Stuckarbeiten, Wärmedämmsysteme				3,5%
	026 Fenster, Außentüren				96,5%
07	**AW Eingangstür, Aluminium/Glas**	2.164,00	**2.483,00**	3.228,00	
	Außenwand, Eingangstür als einflüglige Drehtüre aus Aluminium-Rohrrahmenprofilen mit Glas				
	Einheit: m² Türfläche				
	023 Putz- und Stuckarbeiten, Wärmedämmsysteme				2,4%
	026 Fenster, Außentüren				97,6%

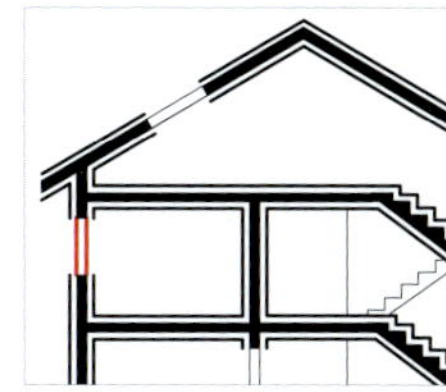

334.20 Fenstertüren

		▷	€/Einheit	◁	LB an EA
01	**AW Fenstertür, Holz, einflüglig, Fensterbank**	518,00	**567,00**	636,00	
	Außenwand, Fenstertür, einflüglig, Holz, mit Wärmeschutzverglasung, Fensterbank außen Aluminium				
	Einheit: m² Türfläche				
	022 Klempnerarbeiten				6,6%
	023 Putz- und Stuckarbeiten, Wärmedämmsysteme				10,4%
	026 Fenster, Außentüren				83,0%

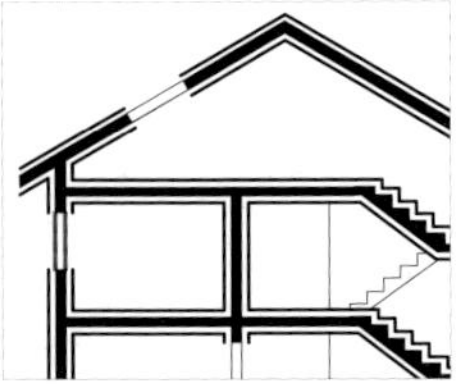

Kosten:
Stand 2. Quartal 2026
Bundesdurchschnitt
inkl. 19% MwSt.

▷ von
ø Mittel
◁ bis

KG.OZ	Herstellen	▷	€/Einheit	◁	LB an EA
334.20	**Fenstertüren**				
02	**AW Fenstertür, Holz, zweiflüglig, Fensterbank**	639,00	**688,00**	721,00	
	Außenwand, Fenstertür, zweiflüglig, Holz, mit Wärmeschutzverglasung, Fensterbank außen Aluminium				
	Einheit: m² Türfläche				
	022 Klempnerarbeiten				5,1%
	023 Putz- und Stuckarbeiten, Wärmedämmsysteme				6,0%
	026 Fenster, Außentüren				88,9%
03	**AW Fenstertür, Kunststoff, einflüglig, Fensterbank**	417,00	**532,00**	652,00	
	Außenwand, Fenstertür, einflüglig, Kunststoff, mit Wärmeschutzverglasung, Fensterbank außen Aluminium				
	Einheit: m² Türfläche				
	022 Klempnerarbeiten				7,1%
	023 Putz- und Stuckarbeiten, Wärmedämmsysteme				11,1%
	026 Fenster, Außentüren				81,8%
04	**AW Fenstertür, Kunststoff, einflüglig, Fensterbank, Passivhaus**	529,00	**683,00**	825,00	
	Außenwand, Fenstertür, einflüglig, Kunststoff, mit Wärmeschutzverglasung, Passivhausniveau, Fensterbank außen Aluminium				
	Einheit: m² Türfläche				
	022 Klempnerarbeiten				5,5%
	023 Putz- und Stuckarbeiten, Wärmedämmsysteme				8,6%
	026 Fenster, Außentüren				85,9%
05	**AW Fenstertür, Kunststoff, zweiflüglig, Fensterbank**	577,00	**590,00**	646,00	
	Außenwand, Fenster, zweiflüglig, Kunststoff, mit Wärmeschutzverglasung, Fensterbank außen Aluminium				
	Einheit: m² Türfläche				
	022 Klempnerarbeiten				6,0%
	023 Putz- und Stuckarbeiten, Wärmedämmsysteme				7,0%
	026 Fenster, Außentüren				87,0%
06	**AW Fenstertür, Holz-Alu, einflüglig, Fensterbank**	974,00	**1.066,00**	1.162,00	
	Außenwand, Fenstertür, einflüglig, Holz-Alu, mit Wärmeschutzverglasung, Fensterbank außen Aluminium				
	Einheit: m² Türfläche				
	022 Klempnerarbeiten				3,5%
	023 Putz- und Stuckarbeiten, Wärmedämmsysteme				5,5%
	026 Fenster, Außentüren				90,9%
07	**AW Fenstertür, Holz-Alu, zweiflüglig, Fensterbank**	933,00	**1.045,00**	1.251,00	
	Außenwand, Fenstertüre, zweiflüglig, Holz-Alu, mit Wärmeschutzverglasung, Fensterbank außen Aluminium				
	Einheit: m² Türfläche				
	022 Klempnerarbeiten				3,4%
	023 Putz- und Stuckarbeiten, Wärmedämmsysteme				4,0%
	026 Fenster, Außentüren				92,7%
08	**AW Fenstertür, Holz, einflüglig, dreischeibig, bis 2,5m², Fensterbank**	3.174,00	**3.556,00**	4.165,00	
	Außenwand, Fenstertür, einflüglig, Holz, dreischeibig mit Wärmeschutzverglasung, Fensterbank außen Aluminium				
	Einheit: St Öffnung				
	026 Fenster, Außentüren				100,0%

KG.OZ	Herstellen	▷	€/Einheit	◁	LB an EA
334.30	**Sondertüren und -fenster**				
01	**AW Kellerfenster, einflüglig, Fensterbank, innen** Außenwand, Kellerfenster, einteilig, Isolierverglasung, mit Fensterbank Einheit: m² Fensterfläche	390,00	**456,00**	496,00	
	013 Betonarbeiten				70,6%
	014 Natur-, Betonwerksteinarbeiten				20,4%
	023 Putz- und Stuckarbeiten, Wärmedämmsysteme				9,1%
334.40	**Fenster**				
01	**AW Fenster, Holz, einflüglig, bis 0,70m², Fensterbank, innen/außen** Außenwand, Fenster, einflüglig bis 0,7 m², Holz, mit Wärmeschutzverglasung, Fensterbank außen Aluminium, innen aus Naturstein Einheit: m² Fensterfläche	1.135,00	**1.206,00**	1.371,00	
	014 Natur-, Betonwerksteinarbeiten				5,4%
	022 Klempnerarbeiten				4,9%
	023 Putz- und Stuckarbeiten, Wärmedämmsysteme				7,7%
	026 Fenster, Außentüren				82,1%
02	**AW Fenster, Holz, einflüglig, bis 1,70m², Fensterbank, innen/außen** Außenwand, Fenster, einflüglig, bis 1,70 m², Holz, mit Wärmeschutzverglasung, Fensterbank außen Aluminium, innen aus Naturstein Einheit: m² Fensterfläche	765,00	**820,00**	870,00	
	014 Natur-, Betonwerksteinarbeiten				7,5%
	022 Klempnerarbeiten				6,7%
	023 Putz- und Stuckarbeiten, Wärmedämmsysteme				8,2%
	026 Fenster, Außentüren				77,6%
03	**AW Fenster, Holz, einflüglig, Fensterbank, innen/außen, Passivhaus** Außenwand, Fenster, einflüglig, Holz, mit Wärmeschutzverglasung, Passivhausniveau, Fensterbank außen Aluminium, innen aus Naturstein Einheit: m² Fensterfläche	1.437,00	**1.542,00**	1.646,00	
	014 Natur-, Betonwerksteinarbeiten				4,0%
	022 Klempnerarbeiten				3,6%
	023 Putz- und Stuckarbeiten, Wärmedämmsysteme				0,8%
	026 Fenster, Außentüren				91,7%
04	**AW Fenster, Holz, zweiflüglig, bis 2,50m², Fensterbank, innen/außen** Außenwand, Fenster, zweiflüglig, bis 2,5 m², Holz, mit Wärmeschutzverglasung, Fensterbank außen Aluminium, innen aus Naturstein Einheit: m² Fensterfläche	1.166,00	**1.286,00**	1.474,00	
	014 Natur-, Betonwerksteinarbeiten				4,3%
	022 Klempnerarbeiten				3,9%
	023 Putz- und Stuckarbeiten, Wärmedämmsysteme				8,8%
	026 Fenster, Außentüren				82,9%

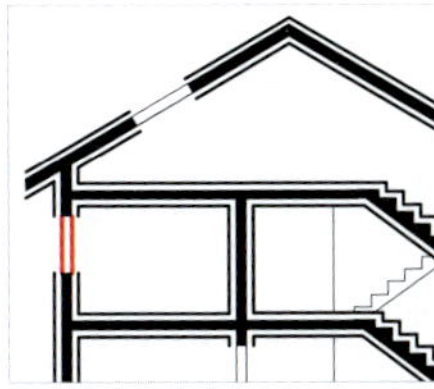

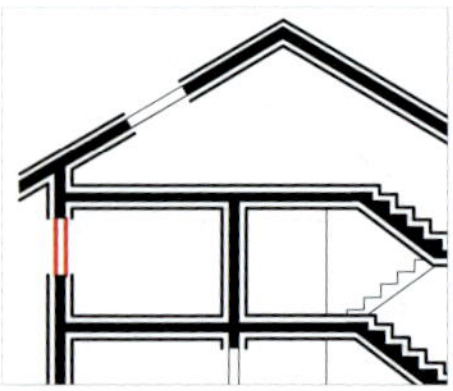

Kosten:
Stand 2. Quartal 2026
Bundesdurchschnitt
inkl. 19% MwSt.

▷ von
ø Mittel
◁ bis

KG.OZ	Herstellen	▷	€/Einheit	◁	LB an EA
334.40	**Fenster**				
05	**AW Fenster, Kunststoff, einflüglig, bis 0,70m², Fensterbank, innen/außen**	965,00	**1.040,00**	1.163,00	
	Außenwand, Fenster, einflüglig, bis 0,70 m², Kunststoff, mit Wärmeschutzverglasung, Fensterbank außen Aluminium, innen aus Naturstein				
	Einheit: m² Fensterfläche				
	014 Natur-, Betonwerksteinarbeiten				6,2%
	022 Klempnerarbeiten				5,6%
	023 Putz- und Stuckarbeiten, Wärmedämmsysteme				8,9%
	026 Fenster, Außentüren				79,2%
06	**AW Fenster, Kunststoff, einflüglig, bis 1,70m², Fensterbank, innen/außen**	555,00	**617,00**	692,00	
	Außenwand, Fenster, einflüglig, bis 1,70 m², Kunststoff, mit Wärmeschutzverglasung, Fensterbank außen Aluminium, innen aus Naturstein				
	Einheit: m² Fensterfläche				
	014 Natur-, Betonwerksteinarbeiten				10,0%
	022 Klempnerarbeiten				9,1%
	023 Putz- und Stuckarbeiten, Wärmedämmsysteme				11,0%
	026 Fenster, Außentüren				69,9%
07	**AW Fenster, Kunststoff, einflüglig, bis 1,70m², dreifach Fensterbank, innen/außen**	744,00	**843,00**	1.027,00	
	Außenwand, Fenster, einflüglig, bis 1,70 m², Kunststoff, Dreifachverglasung, mit Wärmeschutzverglasung, Fensterbank außen Aluminium, innen aus Naturstein				
	Einheit: m² Fensterfläche				
	014 Natur-, Betonwerksteinarbeiten				7,3%
	022 Klempnerarbeiten				6,6%
	023 Putz- und Stuckarbeiten, Wärmedämmsysteme				8,0%
	026 Fenster, Außentüren				78,0%
08	**AW Fenster, Kunststoff, zweiflüglig, bis 2,50m², Fensterbank, innen/außen**	1.064,00	**1.100,00**	1.213,00	
	Außenwand, Fenster, zweiflüglig, bis 2,50 m², Kunststoff, mit Wärmeschutzverglasung, Fensterbank außen Aluminium, innen aus Naturstein				
	Einheit: m² Fensterfläche				
	014 Natur-, Betonwerksteinarbeiten				5,1%
	022 Klempnerarbeiten				4,6%
	023 Putz- und Stuckarbeiten, Wärmedämmsysteme				10,3%
	026 Fenster, Außentüren				80,0%
09	**AW Fenster, Holz-Alu, einflüglig, bis 0,70m², Fensterbank, innen/außen**	1.602,00	**1.747,00**	1.915,00	
	Außenwand, Fenster, einflüglig, bis 0,70 m², Holz-Alu, mit Wärmeschutzverglasung, Fensterbank außen Aluminium, innen aus Naturstein				
	Einheit: m² Fensterfläche				
	014 Natur-, Betonwerksteinarbeiten				3,7%
	022 Klempnerarbeiten				3,4%
	023 Putz- und Stuckarbeiten, Wärmedämmsysteme				5,3%
	026 Fenster, Außentüren				87,6%

334.40 Fenster

10	**AW Fenster, Holz-Alu, einflüglig, bis 1,70m², Fensterbank, innen/außen**	897,00	**955,00**	1.013,00	
	Außenwand, Fenster, einflüglig, bis 1,70 m², Holz-Alu, mit Wärmeschutzverglasung, Fensterbank außen Aluminium, innen aus Naturstein				
	Einheit: m² Fensterfläche				
	014 Natur-, Betonwerksteinarbeiten				6,4%
	022 Klempnerarbeiten				5,8%
	023 Putz- und Stuckarbeiten, Wärmedämmsysteme				1,2%
	026 Fenster, Außentüren				86,6%
11	**AW Fenster, Holz, einflüglig, bis 2,50m², Fensterbank, innen/außen, Passivhaus**	1.422,00	**1.568,00**	1.767,00	
	Außenwand, Fenster, einflüglig, über 2,50 m², Holz, mit Wärmeschutzverglasung, Passivhausniveau, Fensterbank außen Aluminium, innen aus Naturstein				
	Einheit: m² Fensterfläche				
	014 Natur-, Betonwerksteinarbeiten				4,0%
	023 Putz- und Stuckarbeiten, Wärmedämmsysteme				7,2%
	026 Fenster, Außentüren				88,7%

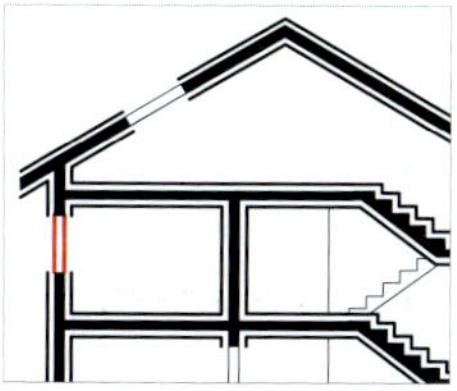

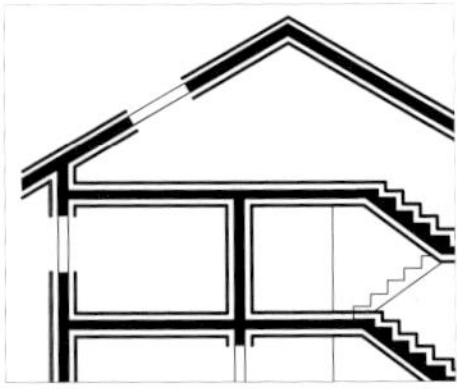

Kosten:
Stand 2. Quartal 2026
Bundesdurchschnitt
inkl. 19% MwSt.

KG.OZ	Herstellen	▷	€/Einheit	◁	LB an EA
335.10	**Unterkonstruktion**				
01	**AW Abdichtung Bodenfeuchte, PMBC**	85,00	**93,00**	106,00	
	Außenwandabdichtung gegen Bodenfeuchte, mit kunststoffmodifizierter Bitumendickbeschichtung				
	Einheit: m² Abdichtungsfläche				
	018 Abdichtungsarbeiten				100,0%
02	**AW Abdichtung Bodenfeuchte, MDS**	85,00	**92,00**	108,00	
	Außenwandabdichtung gegen Bodenfeuchte mit flexibler, mineralischer Schlämme				
	Einheit: m² Abdichtungsfläche				
	018 Abdichtungsarbeiten				100,0%
03	**AW Abdichtung nichtdrückendes Wasser, PMBC**	91,00	**100,00**	113,00	
	Außenwandabdichtung gegen nichtdrückendes Wasser, mit kunststoffmodifizierter Bitumendickbeschichtung				
	Einheit: m² Abdichtungsfläche				
	018 Abdichtungsarbeiten				100,0%
04	**AW Abdichtung nichtdrückendes Wasser, KSK-Bahnen**	80,00	**89,00**	104,00	
	Außenwandabdichtung gegen nichtdrückendes Wasser, mit kaltselbstklebenden Polymerbitumenbahn mit Trägerfolie				
	Einheit: m² Abdichtungsfläche				
	018 Abdichtungsarbeiten				100,0%
05	**AW Abdichtung drückendes Wasser, 2xPV200S5**	104,00	**114,00**	129,00	
	Außenwandabdichtung gegen drückendes Wasser, mit Bitumenschweißbahnen, zweilagig, PV200S5				
	Einheit: m² Abdichtungsfläche				
	018 Abdichtungsarbeiten				100,0%
06	**AW Abdichtung drückendes Wasser, Bitumenbahnen, 2xR500N**	111,00	**120,00**	138,00	
	Außenwandabdichtung gegen drückendes Wasser, mit nackten Bitumenbahnen und Metallband, zweilagig, R500N				
	Einheit: m² Abdichtungsfläche				
	018 Abdichtungsarbeiten				100,0%
07	**AW Abdichtung Bodenfeuchte, PMBC, XPS100, Noppenbahn**	168,00	**184,00**	210,00	
	Außenwandabdichtung gegen Bodenfeuchte mit kunststoffmodifizierter Bitumendickbeschichtung, Noppenbahn mit Vlies und Perimeterdämmung aus extrudiertem Polystyrol 100 mm				
	Einheit: m² Abdichtungsfläche				
	018 Abdichtungsarbeiten				100,0%
08	**AW Abdichtung Bodenfeuchte, PMBC, XPS120, Noppenbahn**	171,00	**187,00**	212,00	
	Außenwandabdichtung gegen Bodenfeuchte mit kunststoffmodifizierter Bitumendickbeschichtung, Noppenbahn mit Vlies und Perimeterdämmung aus extrudiertem Polystyrol 120 mm				
	Einheit: m² Abdichtungsfläche				
	018 Abdichtungsarbeiten				100,0%

▷ von
ø Mittel
◁ bis

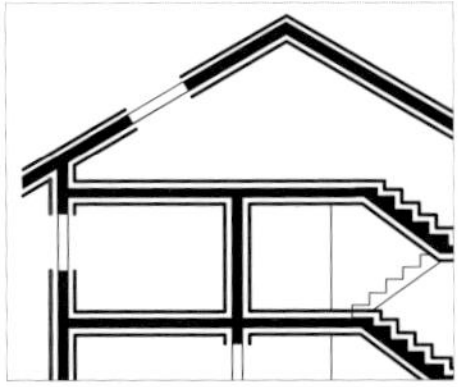

KG.OZ	Herstellen	▷	€/Einheit	◁	LB an EA
335.10	**Unterkonstruktion**				
09	**AW Abdichtung Bodenfeuchte, PMBC, XPS160, Noppenbahn** Außenwandabdichtung gegen Bodenfeuchte mit kunststoffmodifizierter Bitumendickbeschichtung, Noppenbahn mit Vlies und Perimeterdämmung aus extrudiertem Polystyrol 160mm Einheit: m² Abdichtungsfläche	175,00	**197,00**	225,00	
	018 Abdichtungsarbeiten				100,0%
10	**AW Abdichtung Bodenfeuchte, PMBC, CG120, Noppenbahn** Außenwandabdichtung gegen Bodenfeuchte mit kunststoffmodifizierter Bitumendickbeschichtung, Noppenbahn mit Vlies und Perimeterdämmung aus Schaumglasplatten 120mm Einheit: m² Abdichtungsfläche	247,00	**267,00**	305,00	
	018 Abdichtungsarbeiten				100,0%
11	**AW Abdichtung Bodenfeuchte, PMBC, CG140, Noppenbahn** Außenwandabdichtung gegen Bodenfeuchte mit kunststoffmodifizierter Bitumendickbeschichtung, Noppenbahn mit Vlies und Perimeterdämmung aus Schaumglasplatten 140mm Einheit: m² Abdichtungsfläche	257,00	**278,00**	316,00	
	018 Abdichtungsarbeiten				100,0%
12	**AW Abdichtung Bodenfeuchte, PMBC, CG160, Noppenbahn** Außenwandabdichtung gegen Bodenfeuchte mit kunststoffmodifizierter Bitumendickbeschichtung, Noppenbahn mit Vlies und Perimeterdämmung aus Schaumglasplatten 160mm Einheit: m² Abdichtungsfläche	269,00	**289,00**	332,00	
	018 Abdichtungsarbeiten				100,0%
13	**AW Abdichtung nichtdrückendes Wasser, PMBC, XPS100, Noppenbahn** Außenwandabdichtung gegen nichtdrückendes Wasser mit kunststoffmodifizierter Bitumendickbeschichtung, Sickerschicht, Noppenbahn mit Vlies und Perimeterdämmung aus extrudiertem Polystyrol 100mm Einheit: m² Abdichtungsfläche	174,00	**191,00**	216,00	
	018 Abdichtungsarbeiten				100,0%
14	**AW Abdichtung nichtdrückendes Wasser, PMBC, XPS120, Noppenbahn** Außenwandabdichtung gegen nichtdrückendes Wasser mit kunststoffmodifizierter Bitumendickbeschichtung, Sickerschicht, Noppenbahn mit Vlies und Perimeterdämmung aus extrudiertem Polystyrol 120mm Einheit: m² Abdichtungsfläche	177,00	**194,00**	218,00	
	018 Abdichtungsarbeiten				100,0%
15	**AW Abdichtung nichtdrückendes Wasser, PMBC, XPS160, Noppenbahn** Außenwandabdichtung gegen nichtdrückendes Wasser mit kunststoffmodifizierter Bitumendickbeschichtung, Sickerschicht, Noppenbahn mit Vlies und Perimeterdämmung aus extrudiertem Polystyrol 160mm Einheit: m² Abdichtungsfläche	181,00	**203,00**	232,00	
	018 Abdichtungsarbeiten				100,0%

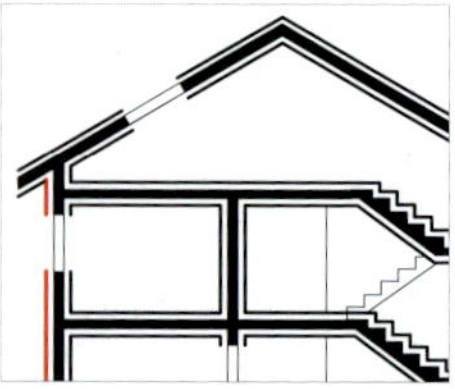

Kosten:
Stand 2.Quartal 2026
Bundesdurchschnitt
inkl. 19% MwSt.

▷ von
ø Mittel
◁ bis

KG.OZ	Herstellen	▷	€/Einheit	◁	LB an EA
335.10	**Unterkonstruktion**				
16	**AW Abdichtung nichtdrückendes Wasser, KSP, XPS160, Noppenbahn** Außenwandabdichtung gegen nichtdrückendes Wasser mit kaltselbstklebenden Polymerbitumenbahn, Noppenbahn mit Vlies und Perimeterdämmung aus extrudiertem Polystyrol 160 mm Einheit: m² Abdichtungsfläche	164,00	**184,00**	214,00	
	018 Abdichtungsarbeiten				100,0%
17	**AW Abdichtung nichtdrückendes Wasser, PMBC, CG120, Noppenbahn** Außenwandabdichtung gegen nichtdrückendes Wasser mit kunststoffmodifizierter Bitumendickbeschichtung, Noppenbahn mit Vlies und Perimeterdämmung aus Schaumglasplatten 120 mm Einheit: m² Abdichtungsfläche	253,00	**273,00**	312,00	
	018 Abdichtungsarbeiten				100,0%
18	**AW Abdichtung nichtdrückendes Wasser, PMBC, CG140, Noppenbahn** Außenwandabdichtung gegen nichtdrückendes Wasser mit kunststoffmodifizierter Bitumendickbeschichtung, Noppenbahn mit Vlies und Perimeterdämmung aus Schaumglasplatten 140 mm Einheit: m² Abdichtungsfläche	263,00	**284,00**	323,00	
	018 Abdichtungsarbeiten				100,0%
19	**AW Abdichtung nichtdrückendes Wasser, PMBC, CG160, Noppenbahn** Außenwandabdichtung gegen nichtdrückendes Wasser mit kunststoffmodifizierter Bitumendickbeschichtung, Noppenbahn mit Vlies und Perimeterdämmung aus Schaumglasplatten 160 mm Einheit: m² Abdichtungsfläche	275,00	**296,00**	338,00	
	018 Abdichtungsarbeiten				100,0%
20	**AW Abdichtung drückendes Wasser, Bitumenbahnen, zweilagig, XPS100, Noppenbahn** Außenwandabdichtung gegen drückendes Wasser mit Bitumendichtungsbahnen, zweilagig, Noppenbahn mit Vlies und Perimeterdämmung aus extrudiertem Polystyrol 100 mm Einheit: m² Abdichtungsfläche	188,00	**205,00**	234,00	
	018 Abdichtungsarbeiten				100,0%
21	**AW Abdichtung drückendes Wasser, Bitumenbahnen, zweilagig, XPS120, Noppenbahn** Außenwandabdichtung gegen drückendes Wasser mit Bitumendichtungsbahnen, zweilagig, Noppenbahn mit Vlies und Perimeterdämmung aus extrudiertem Polystyrol 120 mm Einheit: m² Abdichtungsfläche	191,00	**208,00**	236,00	
	018 Abdichtungsarbeiten				100,0%
22	**AW Abdichtung drückendes Wasser, Bitumenbahnen, zweilagig, XPS160, Noppenbahn** Außenwandabdichtung gegen drückendes Wasser mit Bitumendichtungsbahnen, zweilagig, Noppenbahn mit Vlies und Perimeterdämmung aus extrudiertem Polystyrol 160 mm Einheit: m² Abdichtungsfläche	195,00	**218,00**	249,00	
	018 Abdichtungsarbeiten				100,0%

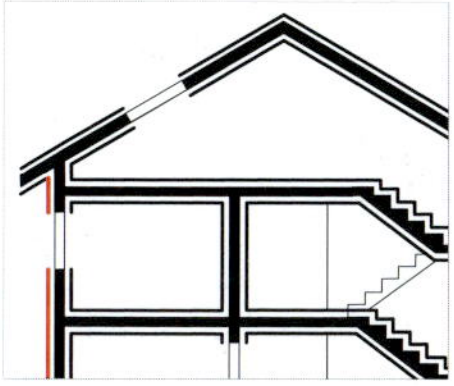

KG.OZ	Herstellen	▷	€/Einheit	◁	LB an EA
335.10	**Unterkonstruktion**				
23	**AW Abdichtung drückendes Wasser, PMBC, CG120, Noppenbahn** Außenwandabdichtung gegen drückendes Wasser mit kunststoffmodifizierter Bitumendickbeschichtung, Noppenbahn mit Vlies und Perimeterdämmung aus Schaumglasplatten 120mm Einheit: m² Abdichtungsfläche	245,00	**263,00**	301,00	
	018 Abdichtungsarbeiten				100,0%
24	**AW Abdichtung drückendes Wasser, PMBC, CG140, Noppenbahn** Außenwandabdichtung gegen drückendes Wasser mit kunststoffmodifizierter Bitumendickbeschichtung, Noppenbahn mit Vlies und Perimeterdämmung aus Schaumglasplatten 140mm Einheit: m² Abdichtungsfläche	254,00	**274,00**	312,00	
	018 Abdichtungsarbeiten				100,0%
25	**AW Abdichtung drückendes Wasser, PMBC, CG160, Noppenbahn** Außenwandabdichtung gegen drückendes Wasser mit kunststoffmodifizierter Bitumendickbeschichtung, Noppenbahn mit Vlies und Perimeterdämmung aus Schaumglasplatten 160mm Einheit: m² Abdichtungsfläche	266,00	**285,00**	328,00	
	018 Abdichtungsarbeiten				100,0%
26	**AW Wärmedämmung, XPS100, Noppenbahn** Außenwanddämmung mit Perimeterdämmung aus extrudiertem Polystyrol, 100mm, Schutz- und Sickerschicht mit Noppenbahn und Vlies Einheit: m² Bekleidungsfläche	78,00	**85,00**	97,00	
	018 Abdichtungsarbeiten				100,0%
27	**AW Wärmedämmung, XPS120, Noppenbahn** Außenwanddämmung mit Perimeterdämmung aus extrudiertem Polystyrol, 120mm, Schutz- und Sickerschicht mit Noppenbahn und Vlies Einheit: m² Bekleidungsfläche	82,00	**88,00**	99,00	
	018 Abdichtungsarbeiten				100,0%
28	**AW Wärmedämmung, XPS160, Noppenbahn** Außenwanddämmung mit Perimeterdämmung aus extrudiertem Polystyrol, 160mm, Schutz- und Sickerschicht mit Noppenbahn und Vlies Einheit: m² Bekleidungsfläche	87,00	**99,00**	114,00	
	018 Abdichtungsarbeiten				100,0%
29	**AW Wärmedämmung, CG120, Noppenbahn** Außenwanddämmung mit Perimeterdämmung aus Schaumglasplatten, 120mm, Schutz- und Sickerschicht mit Noppenbahn und Vlies Einheit: m² Bekleidungsfläche	166,00	**176,00**	202,00	
	018 Abdichtungsarbeiten				100,0%
30	**AW Wärmedämmung, CG140, Noppenbahn** Außenwanddämmung mit Perimeterdämmung aus Schaumglasplatten, 140mm, Schutz- und Sickerschicht mit Noppenbahn und Vlies Einheit: m² Bekleidungsfläche	176,00	**188,00**	214,00	
	018 Abdichtungsarbeiten				100,0%

Kosten:
Stand 2. Quartal 2026
Bundesdurchschnitt
inkl. 19% MwSt.

▷ von
ø Mittel
◁ bis

KG.OZ	Herstellen	▷	€/Einheit	◁	LB an EA
335.10	**Unterkonstruktion**				
31	**AW Wärmedämmung, CG160, Noppenbahn**	190,00	**201,00**	231,00	
	Außenwanddämmung mit Perimeterdämmung aus Schaumglasplatten, 160 mm, Schutz- und Sickerschicht mit Noppenbahn und Vlies				
	Einheit: m² Bekleidungsfläche				
	018 Abdichtungsarbeiten				100,0%
32	**AW Sockelabdichtung, MDS, Sockelprofil**	78,00	**86,00**	100,00	
	Sockelabdichtung der Außenwand, mit flexibler, mineralischer Schlämme, mit Sockelprofil				
	Einheit: m² Sockelfläche				
	018 Abdichtungsarbeiten				71,1%
	023 Putz- und Stuckarbeiten, Wärmedämmsysteme				28,9%
335.20	**Oberflächenbehandlung**				
01	**AW Beschichtung, min. Untergrund, Dispersion**	23,00	**26,00**	31,00	
	Außenwandbeschichtung auf mineralischen Untergrund, mit Dispersionsfarbe				
	Einheit: m² Beschichtungsfläche				
	023 Putz- und Stuckarbeiten, Wärmedämmsysteme				6,0%
	034 Maler- und Lackierarbeiten - Beschichtungen				94,0%
02	**AW Beschichtung, min. Untergrund, Silikatfarbe**	23,00	**28,00**	33,00	
	Außenwandbeschichtung auf mineralischen Untergrund, mit Silikatfarbe				
	Einheit: m² Beschichtungsfläche				
	023 Putz- und Stuckarbeiten, Wärmedämmsysteme				5,6%
	034 Maler- und Lackierarbeiten - Beschichtungen				94,4%
03	**AW Beschichtung, min. Untergrund, Silikonharzfarbe**	30,00	**36,00**	44,00	
	Außenwandbeschichtung auf mineralischen Untergrund, mit Silikonharzfarbe				
	Einheit: m² Beschichtungsfläche				
	023 Putz- und Stuckarbeiten, Wärmedämmsysteme				4,3%
	034 Maler- und Lackierarbeiten - Beschichtungen				95,7%
04	**AW Beschichtung, metallischer Untergrund**	38,00	**53,00**	64,00	
	Außenbeschichtung metallischer Untergründe, Untergrund reinigen				
	Einheit: m² Beschichtungsfläche				
	034 Maler- und Lackierarbeiten - Beschichtungen				100,0%
05	**AW Lasur, Holzflächen, Imprägnierung**	33,00	**40,00**	48,00	
	Außenlasur auf Holzflächen, mit Imprägnierung				
	Einheit: m² Beschichtungsfläche				
	034 Maler- und Lackierarbeiten - Beschichtungen				100,0%
335.30	**Putz**				
01	**AW Sockelausbildung, Abdichtung, Putz, Beschichtung**	130,00	**145,00**	163,00	
	Sockelausbildung mit Putz und Beschichtung, einschl. Abdichtung				
	Einheit: m² Sockelfläche				
	018 Abdichtungsarbeiten				43,4%
	023 Putz- und Stuckarbeiten, Wärmedämmsysteme				43,1%
	034 Maler- und Lackierarbeiten - Beschichtungen				13,5%

KG.OZ	Herstellen	▷	€/Einheit	◁	LB an EA
335.30	**Putz**				
02	**AW Sockelausbildung, Abdichtung, Dämmung, Putz, Beschichtung** Sockelausbildung der Außenwand, mit Putz und Beschichtung, einschl. Abdichtung und Dämmung Einheit: m² Sockelfläche	229,00	**252,00**	288,00	
	018 Abdichtungsarbeiten				23,3%
	023 Putz- und Stuckarbeiten, Wärmedämmsysteme				76,7%
03	**AW Putz, Beschichtung, Silikatfarbe** Außenwandputz aus mineralischem Putz, zweilagig, mit Silikatbeschichtung Einheit: m² Bekleidungsfläche	101,00	**114,00**	126,00	
	018 Abdichtungsarbeiten				3,8%
	023 Putz- und Stuckarbeiten, Wärmedämmsysteme				75,4%
	034 Maler- und Lackierarbeiten - Beschichtungen				20,8%
04	**AW Putz, Beschichtung, Dispersionsfarbe** Außenwandputz aus mineralischem Putz, zweilagig, mit Dispersionsbeschichtung Einheit: m² Bekleidungsfläche	101,00	**112,00**	124,00	
	018 Abdichtungsarbeiten				3,9%
	023 Putz- und Stuckarbeiten, Wärmedämmsysteme				76,8%
	034 Maler- und Lackierarbeiten - Beschichtungen				19,3%
05	**AW Putz, Beschichtung, Silikonharzfarbe** Außenwandputz aus mineralischem Putz, zweilagig, mit Silikonharzbeschichtung Einheit: m² Bekleidungsfläche	107,00	**120,00**	134,00	
	018 Abdichtungsarbeiten				3,6%
	023 Putz- und Stuckarbeiten, Wärmedämmsysteme				71,5%
	034 Maler- und Lackierarbeiten - Beschichtungen				24,9%
06	**AW WDVS, MW160, min. Oberputz, Dispersionssilikatfarbe** Außenwandbekleidung mit Wärmedämm-Verbundsystem, aus Mineralwolleplatten 160 mm und mineralischem Oberputz, mit Beschichtung aus Dispersionssilikatfarbe Einheit: m² Bekleidungsfläche	217,00	**237,00**	258,00	
	023 Putz- und Stuckarbeiten, Wärmedämmsysteme				99,1%
	034 Maler- und Lackierarbeiten - Beschichtungen				0,9%
07	**AW WDVS, MW180, min. Oberputz, Dispersionssilikatfarbe** Außenwandbekleidung mit Wärmedämm-Verbundsystem, aus Mineralwolleplatten 180 mm und mineralischem Oberputz, mit Beschichtung aus Dispersionssilikatfarbe Einheit: m² Bekleidungsfläche	221,00	**242,00**	262,00	
	023 Putz- und Stuckarbeiten, Wärmedämmsysteme				99,1%
	034 Maler- und Lackierarbeiten - Beschichtungen				0,9%
08	**AW WDVS, MW200, min. Oberputz, Dispersionssilikatfarbe** Außenwandbekleidung mit Wärmedämm-Verbundsystem, aus Mineralwolleplatten 200 mm und mineralischem Oberputz, mit Beschichtung aus Dispersionssilikatfarbe Einheit: m² Bekleidungsfläche	232,00	**253,00**	274,00	
	023 Putz- und Stuckarbeiten, Wärmedämmsysteme				99,2%
	034 Maler- und Lackierarbeiten - Beschichtungen				0,8%

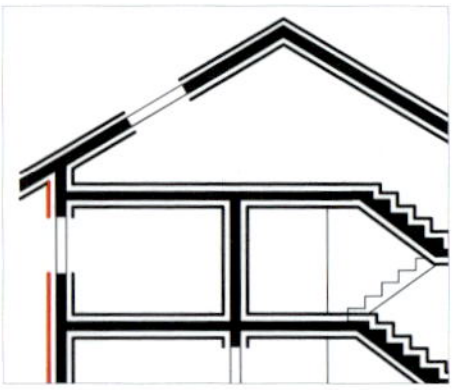

Kosten:
Stand 2. Quartal 2026
Bundesdurchschnitt
inkl. 19% MwSt.

▷ von
ø Mittel
◁ bis

KG.OZ	Herstellen	▷	€/Einheit	◁	LB an EA
335.30	**Putz**				
09	**AW WDVS, WF160, min. Oberputz, Dispersionssilikatfarbe**	212,00	**237,00**	274,00	
	Außenwandbekleidung mit Wärmedämm-Verbundsystem, aus Holzfaserplatten 160 mm und mineralischem Oberputz, mit Beschichtung aus Dispersionssilikatfarbe				
	Einheit: m² Bekleidungsfläche				
	023 Putz- und Stuckarbeiten, Wärmedämmsysteme				99,1%
	034 Maler- und Lackierarbeiten - Beschichtungen				0,9%
10	**AW WDVS, WF240, min. Oberputz, Dispersionssilikatfarbe**	212,00	**242,00**	287,00	
	Außenwandbekleidung mit Wärmedämm-Verbundsystem, aus Holzfaserplatten 240 mm und mineralischem Oberputz, mit Beschichtung aus Dispersionssilikatfarbe				
	Einheit: m² Bekleidungsfläche				
	023 Putz- und Stuckarbeiten, Wärmedämmsysteme				99,1%
	034 Maler- und Lackierarbeiten - Beschichtungen				0,9%
11	**AW WDVS, PS140, min. Oberputz, Dispersionssilikatfarbe**	174,00	**202,00**	223,00	
	Außenwandbekleidung mit Wärmedämm-Verbundsystem, aus Polystyrolplatten 140 mm und mineralischem Oberputz, mit Beschichtung aus Dispersionssilikatfarbe				
	Einheit: m² Bekleidungsfläche				
	023 Putz- und Stuckarbeiten, Wärmedämmsysteme				99,0%
	034 Maler- und Lackierarbeiten - Beschichtungen				1,0%
12	**AW WDVS, PS180, min. Oberputz, Dispersionssilikatfarbe**	194,00	**212,00**	231,00	
	Außenwandbekleidung mit Wärmedämm-Verbundsystem, aus Polystyrolplatten 180 mm und mineralischem Oberputz, mit Beschichtung aus Dispersionssilikatfarbe				
	Einheit: m² Bekleidungsfläche				
	023 Putz- und Stuckarbeiten, Wärmedämmsysteme				99,0%
	034 Maler- und Lackierarbeiten - Beschichtungen				1,0%
13	**AW WDVS, PS200, min. Oberputz, Dispersionssilikatfarbe**	211,00	**226,00**	253,00	
	Außenwandbekleidung mit Wärmedämm-Verbundsystem, aus Polystyrolplatten 200 mm und mineralischem Oberputz, mit Beschichtung aus Dispersionssilikatfarbe				
	Einheit: m² Bekleidungsfläche				
	023 Putz- und Stuckarbeiten, Wärmedämmsysteme				99,1%
	034 Maler- und Lackierarbeiten - Beschichtungen				0,9%
14	**AW WDVS, PS240, min. Oberputz, Dispersionssilikatfarbe**	217,00	**239,00**	259,00	
	Außenwandbekleidung mit Wärmedämm-Verbundsystem, aus Polystyrolplatten 240 mm und mineralischem Oberputz, mit Beschichtung aus Dispersionssilikatfarbe				
	Einheit: m² Bekleidungsfläche				
	023 Putz- und Stuckarbeiten, Wärmedämmsysteme				99,1%
	034 Maler- und Lackierarbeiten - Beschichtungen				0,9%
15	**AW WDVS, PS300, min. Oberputz, Dispersionssilikatfarbe**	254,00	**274,00**	300,00	
	Außenwandbekleidung mit Wärmedämm-Verbundsystem, aus Polystyrolplatten 300 mm und mineralischem Oberputz, mit Beschichtung aus Dispersionssilikatfarbe				
	Einheit: m² Bekleidungsfläche				
	023 Putz- und Stuckarbeiten, Wärmedämmsysteme				99,2%
	034 Maler- und Lackierarbeiten - Beschichtungen				0,8%

KG.OZ	Herstellen	▷	€/Einheit	◁	LB an EA
335.40	**Bekleidung auf Unterkonstruktion**				
01	**AW Bekleidung, Holz, Boden-Deckel, Holz-UK, MW160** Außenwandbekleidung mit Holz als Boden-Deckelschalung, einschl. Holzunterkonstruktion und Dämmung mit Mineralwolle 160 mm Einheit: m² Bekleidungsfläche	350,00	**383,00**	426,00	
	038 Vorgehängte hinterlüftete Fassaden				100,0%
02	**AW Bekleidung, Holz, Stülpschalung, Holz-UK, MW160** Außenwandbekleidung mit Holz als Stülpschalung, einschl. Holzunterkonstruktion und Dämmung mit Mineralwolle 160 mm Einheit: m² Bekleidungsfläche	316,00	**344,00**	393,00	
	038 Vorgehängte hinterlüftete Fassaden				100,0%
03	**AW Bekleidung, Holz, Fasenbretter, Holz-UK, MW160** Außenwandbekleidung mit Holz mit Fasenbrettern, einschl. Holzunterkonstruktion und Dämmung mit Mineralwolle 160 mm Einheit: m² Bekleidungsfläche	318,00	**350,00**	396,00	
	016 Zimmer- und Holzbauarbeiten				45,8%
	038 Vorgehängte hinterlüftete Fassaden				54,2%
04	**AW Bekleidung, Holz, Rhombus, Holz-UK, MW160** Außenwandbekleidung mit Holz mit Rhombusleisten, einschl. Holzunterkonstruktion und Dämmung mit Mineralwolle 160 mm Einheit: m² Bekleidungsfläche	303,00	**333,00**	371,00	
	016 Zimmer- und Holzbauarbeiten				43,0%
	038 Vorgehängte hinterlüftete Fassaden				57,0%
05	**AW Bekleidung, VHF-FZ-Stülpdeckung, Holz-UK, MW160** Außenwandbekleidung mit großformatigen Faserzementplatten, als Stülpdeckung, vorgehängte Konstruktion einschl. Holzunterkonstruktion und Dämmung mit Mineralwolle 160 mm Einheit: m² Bekleidungsfläche	389,00	**419,00**	454,00	
	038 Vorgehängte hinterlüftete Fassaden				100,0%
06	**AW Bekleidung, VHF-FZ-Tafeln, Holz-UK, MW160** Außenwandbekleidung mit großformatigen Faserzementtafeln, vorgehängte Konstruktion einschl. Holzunterkonstruktion und Dämmung mit Mineralwolle 160 mm Einheit: m² Bekleidungsfläche	407,00	**438,00**	483,00	
	038 Vorgehängte hinterlüftete Fassaden				100,0%
07	**AW Bekleidung, VHF-FZ-Tafeln, Metall-UK, MW160** Außenwandbekleidung mit großformatigen Faserzementtafeln, vorgehängte Konstruktion einschl. Metallunterkonstruktion und Dämmung mit Mineralwolle 160 mm Einheit: m² Bekleidungsfläche	443,00	**481,00**	552,00	
	038 Vorgehängte hinterlüftete Fassaden				100,0%
08	**AW Bekleidung, VHF-Harzkompositplatten, Metall-UK, MW160** Außenwandbekleidung mit Harzkompositplatten, vorgehängte Konstruktion einschl. Metallunterkonstruktion und Dämmung mit Mineralwolle 160 mm Einheit: m² Bekleidungsfläche	528,00	**595,00**	694,00	
	038 Vorgehängte hinterlüftete Fassaden				100,0%

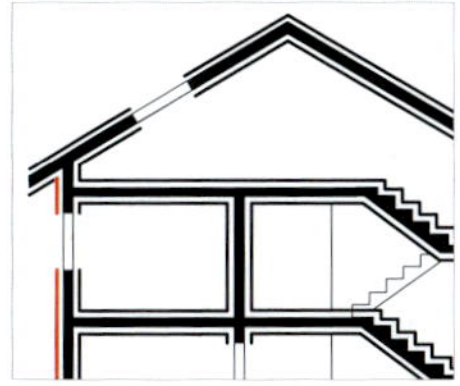

335 Außenwandbekleidungen, außen

Kosten:
Stand 2. Quartal 2026
Bundesdurchschnitt
inkl. 19% MwSt.

▷ von
ø Mittel
◁ bis

KG.OZ	Herstellen	▷	€/Einheit	◁	LB an EA
335.40	**Bekleidung auf Unterkonstruktion**				
09	**AW Bekleidung, VHF-HPL-Platten, Metall-UK, MW160**	474,00	**513,00**	573,00	
	Außenwandbekleidung mit Hochdruckschichtstoffplatten, vorgehängte Konstruktion einschl. Metallunterkonstruktion und Dämmung mit Mineralwolle 160 mm				
	Einheit: m² Bekleidungsfläche				
	038 Vorgehängte hinterlüftete Fassaden				100,0%
10	**AW Bekleidung, Wellblech, Metall-UK, MW160**	306,00	**338,00**	395,00	
	Außenwandbekleidung mit Wellblechplatten, vorgehängte Konstruktion einschl. Metallunterkonstruktion und Dämmung mit Mineralwolle 160 mm				
	Einheit: m² Bekleidungsfläche				
	038 Vorgehängte hinterlüftete Fassaden				100,0%
335.50	**Verblendung**				
01	**AW Verblendmauerwerk, Betonsteine 90mm, Dämmung 120mm**	452,00	**489,00**	514,00	
	Verblendmauerwerk der Außenwand, Betonsteine 90 mm, Drahtanker mit Kerndämmung 120 mm, Winkelkonsole				
	Einheit: m² Bekleidungsfläche				
	012 Mauerarbeiten				100,0%
02	**AW Verblendmauerwerk, Kalksandstein, 11,5cm, Dämmung 120mm**	400,00	**448,00**	472,00	
	Verblendmauerwerk der Außenwand, Kalksandsteinen 11,5 cm, Drahtanker mit Kerndämmung 120 mm, Winkelkonsole				
	Einheit: m² Bekleidungsfläche				
	012 Mauerarbeiten				100,0%
03	**AW Verblendmauerwerk, Klinkerziegel, 11,5cm, Dämmung 120mm**	368,00	**412,00**	456,00	
	Verblendmauerwerk der Außenwand, Klinkermauerziegel 11,5 cm, Drahtanker mit Kerndämmung 120 mm, Winkelkonsole				
	Einheit: m² Bekleidungsfläche				
	012 Mauerarbeiten				100,0%

KG.OZ	Herstellen	▷	€/Einheit	◁	LB an EA
336.10	**Oberflächenbehandlung**				
01	**AW innen, Beschichtung, Dispersion wb, auf Beton** Innenwandbeschichtung auf Außenwand, als Dispersionsbeschichtung auf Beton, waschbeständig Einheit: m² Beschichtungsfläche	13,00	**15,00**	20,00	
	034 Maler- und Lackierarbeiten - Beschichtungen				100,0%
02	**AW innen, Beschichtung, Dispersion wb, auf Putz** Innenwandbeschichtung auf Außenwand, als Dispersionsbeschichtung auf Putz, waschbeständig Einheit: m² Beschichtungsfläche	12,00	**15,00**	19,00	
	034 Maler- und Lackierarbeiten - Beschichtungen				100,0%
03	**AW innen, Beschichtung, Dispersion sb, auf Putz** Innenwandbeschichtung auf Außenwand, als Dispersionsbeschichtung auf Putz, scheuerbeständig Einheit: m² Beschichtungsfläche	12,00	**15,00**	19,00	
	034 Maler- und Lackierarbeiten - Beschichtungen				100,0%
04	**AW innen, Beschichtung, Silikat, auf Putz** Innenwandbeschichtung auf Außenwand, als Silikatbeschichtung auf Putz Einheit: m² Beschichtungsfläche	16,00	**17,00**	20,00	
	034 Maler- und Lackierarbeiten - Beschichtungen				100,0%
05	**AW innen, Beschichtung, Lasur, Holz** Innenwandbeschichtung auf Außenwand, als Lasur auf Holzflächen Einheit: m² Beschichtungsfläche	28,00	**32,00**	37,00	
	034 Maler- und Lackierarbeiten - Beschichtungen				100,0%
336.20	**Putz**				
01	**AW innen, Putz, Lehm, einlagig, gerieben** Innenwandputz der Außenwand, aus Lehmputz, einlagig, Oberfläche gerieben Einheit: m² Bekleidungsfläche	53,00	**54,00**	58,00	
	023 Putz- und Stuckarbeiten, Wärmedämmsysteme				100,0%
02	**AW innen, Putz, Lehm, zweilagig, gerieben** Innenwandputz der Außenwand, aus Lehmputz, zweilagig, Oberfläche gerieben Einheit: m² Bekleidungsfläche	84,00	**88,00**	94,00	
	023 Putz- und Stuckarbeiten, Wärmedämmsysteme				100,0%
03	**AW innen, Putz, Kalkgips, einlagig** Innenwandputz der Außenwand, aus Kalkgips, einlagig, gerieben Einheit: m² Bekleidungsfläche	32,00	**34,00**	38,00	
	023 Putz- und Stuckarbeiten, Wärmedämmsysteme				100,0%
04	**AW innen, Putz, Gips, einlagig** Innenwandputz der Außenwand, aus Gips, einlagig, geglättet, Oberflächenqualität Q2 Einheit: m² Bekleidungsfläche	32,00	**36,00**	40,00	
	023 Putz- und Stuckarbeiten, Wärmedämmsysteme				100,0%
05	**AW innen, Putz, Kalkzement, einlagig, geglättet** Innenwandputz der Außenwand, aus Kalkzement, einlagig, geglättet Einheit: m² Bekleidungsfläche	33,00	**35,00**	42,00	
	023 Putz- und Stuckarbeiten, Wärmedämmsysteme				100,0%

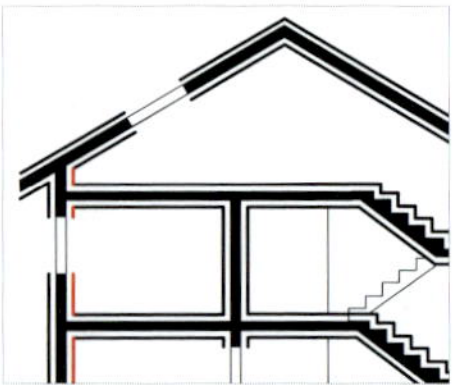

Kosten:
Stand 2. Quartal 2026
Bundesdurchschnitt
inkl. 19% MwSt.

▷ von
ø Mittel
◁ bis

KG.OZ	Herstellen	▷	€/Einheit	◁	LB an EA
336.20	**Putz**				
06	**AW innen, Putz, Kalkgips, einlagig, Dispersion**	45,00	**49,00**	57,00	
	Innenwandputz der Außenwand, aus Kalkgips, einlagig, gerieben, mit Dispersionsbeschichtung				
	Einheit: m² Bekleidungsfläche				
	023 Putz- und Stuckarbeiten, Wärmedämmsysteme				69,9%
	034 Maler- und Lackierarbeiten - Beschichtungen				30,1%
07	**AW innen, Putz, Gips, einlagig Dispersion**	44,00	**51,00**	59,00	
	Innenwandputz der Außenwand, aus Gips, einlagig, geglättet, Oberflächenqualität Q2, mit Dispersionsbeschichtung				
	Einheit: m² Bekleidungsfläche				
	023 Putz- und Stuckarbeiten, Wärmedämmsysteme				71,2%
	034 Maler- und Lackierarbeiten - Beschichtungen				28,8%
336.30	**Bekleidung auf Unterkonstruktion**				
01	**AW innen, Bekleidung, OSB, 15mm**	70,00	**83,00**	94,00	
	Innenwandbekleidung der Außenwand, mit OSB-Platten, 15mm, mit Dichtungsbändern auf Holzunterkonstruktion				
	Einheit: m² Bekleidungsfläche				
	016 Zimmer- und Holzbauarbeiten				98,4%
	023 Putz- und Stuckarbeiten, Wärmedämmsysteme				1,6%
02	**AW innen, Bekleidung, OSB, 22mm, Feuchtebereich**	83,00	**96,00**	110,00	
	Innenwandbekleidung der Außenwand, mit OSB-Platten, 22mm, mit Dichtungsbändern auf Holzunterkonstruktion, für Feuchtebereiche				
	Einheit: m² Bekleidungsfläche				
	016 Zimmer- und Holzbauarbeiten				98,6%
	023 Putz- und Stuckarbeiten, Wärmedämmsysteme				1,4%
03	**AW innen, Bekleidung, Sperrholz, 20mm**	105,00	**125,00**	140,00	
	Innenwandbekleidung der Außenwand, mit Sperrholz-Platten, 20mm, mit Dichtungsbändern auf Holzunterkonstruktion				
	Einheit: m² Bekleidungsfläche				
	016 Zimmer- und Holzbauarbeiten				98,9%
	023 Putz- und Stuckarbeiten, Wärmedämmsysteme				1,1%
04	**AW innen, Trockenputz, GK 12,5mm**	105,00	**123,00**	149,00	
	Innenwandbekleidung der Außenwand, mit Trockenputz aus Gipskartonplatten, 12,5mm				
	Einheit: m² Bekleidungsfläche				
	016 Zimmer- und Holzbauarbeiten				11,1%
	023 Putz- und Stuckarbeiten, Wärmedämmsysteme				1,1%
	039 Trockenbauarbeiten				87,8%
05	**AW innen, Trockenputz, Gipsverbundplatten 12,5mm**	131,00	**149,00**	179,00	
	Innenwandbekleidung der Außenwand, mit Trockenputz aus Gipsverbundplatten, 12,5mm				
	Einheit: m² Bekleidungsfläche				
	016 Zimmer- und Holzbauarbeiten				9,1%
	023 Putz- und Stuckarbeiten, Wärmedämmsysteme				0,9%
	039 Trockenbauarbeiten				90,0%

KG.OZ	Herstellen	▷	€/Einheit	◁	LB an EA
336.40	**Tapeten**				
01	**AW innen, Tapete, Raufaser, fein, beschichtet**	28,00	**31,00**	40,00	
	Innenwandbekleidung der Außenwand, mit Raufasertapete, weiß, fein, mit Beschichtung				
	Einheit: m² Bekleidungsfläche				
	034 Maler- und Lackierarbeiten - Beschichtungen				12,5%
	037 Tapezierarbeiten				87,5%
02	**AW innen, Tapete, Raufaser, grob, beschichtet**	28,00	**32,00**	40,00	
	Innenwandbekleidung der Außenwand, mit Raufasertapete, weiß, grob, mit Beschichtung				
	Einheit: m² Bekleidungsfläche				
	034 Maler- und Lackierarbeiten - Beschichtungen				12,4%
	037 Tapezierarbeiten				87,6%
03	**AW innen, Tapete, Glasfaser, fein, beschichtet**	43,00	**49,00**	55,00	
	Innenwandbekleidung der Außenwand, mit Glasfasertapete, weiß, fein, mit Beschichtung				
	Einheit: m² Bekleidungsfläche				
	034 Maler- und Lackierarbeiten - Beschichtungen				8,1%
	037 Tapezierarbeiten				91,9%
04	**AW innen, Tapete, Glasfaser, grob, beschichtet**	44,00	**51,00**	58,00	
	Innenwandbekleidung der Außenwand, mit Glasfasertapete, weiß, grob, mit Beschichtung				
	Einheit: m² Bekleidungsfläche				
	034 Maler- und Lackierarbeiten - Beschichtungen				7,8%
	037 Tapezierarbeiten				92,2%
336.50	**Fliesen**				
01	**AW innen, Bekleidung, Putz, Fliesen, 15x15cm**	124,00	**138,00**	155,00	
	Innenwandbekleidung der Außenwand, mit Wandfliesen, weiß, 15x15 cm, mit Putz				
	Einheit: m² Bekleidungsfläche				
	023 Putz- und Stuckarbeiten, Wärmedämmsysteme				4,2%
	024 Fliesen- und Plattenarbeiten				94,8%
	034 Maler- und Lackierarbeiten - Beschichtungen				1,0%
02	**AW innen, Bekleidung, Putz, Fliesen, 30x30cm**	141,00	**154,00**	173,00	
	Innenwandbekleidung der Außenwand, mit Wandfliesen, weiß, 30x30 cm, mit Putz				
	Einheit: m² Bekleidungsfläche				
	023 Putz- und Stuckarbeiten, Wärmedämmsysteme				4,9%
	024 Fliesen- und Plattenarbeiten				94,2%
	034 Maler- und Lackierarbeiten - Beschichtungen				0,9%
03	**AW innen, Bekleidung, Putz, Fliesen, 15x15cm, Abdichtung**	151,00	**170,00**	192,00	
	Innenwandbekleidung der Außenwand, mit Wandfliesen, weiß, 15x15 cm, mit Verbundabdichtung und Putz				
	Einheit: m² Bekleidungsfläche				
	023 Putz- und Stuckarbeiten, Wärmedämmsysteme				4,4%
	024 Fliesen- und Plattenarbeiten				94,8%
	034 Maler- und Lackierarbeiten - Beschichtungen				0,8%

Kosten:
Stand 2. Quartal 2026
Bundesdurchschnitt
inkl. 19% MwSt.

KG.OZ	Herstellen	▷	€/Einheit	◁	LB an EA
336.50	**Fliesen**				
04	**AW innen, Bekleidung, Putz, Fliesen, 30x30cm, Abdichtung** Innenwandbekleidung der Außenwand, mit Wandfliesen, weiß, 30x30 cm, mit Verbundabdichtung und Putz Einheit: m² Bekleidungsfläche	168,00	**186,00**	210,00	
	023 Putz- und Stuckarbeiten, Wärmedämmsysteme				4,0%
	024 Fliesen- und Plattenarbeiten				95,2%
	034 Maler- und Lackierarbeiten - Beschichtungen				0,7%

▷ von
ø Mittel
◁ bis

KG.OZ	Herstellen	▷	€/Einheit	◁	LB an EA
338.10	**Läden**				
01	**AW Kunststoffrollladen, manuell betrieben**	569,00	**638,00**	737,00	
	Außenwand, Rollladen manuell betrieben, mit Rollladenkasten und Gurtwickler				
	Einheit: m² Schutzfläche				
	030 Rollladenarbeiten				100,0%
02	**AW Kunststoffrollladen, elektrisch betrieben**	889,00	**975,00**	1.136,00	
	Außenwand, Rollladen elektrisch betrieben, mit Rollladenkasten und Gurtwickler				
	Einheit: m² Schutzfläche				
	030 Rollladenarbeiten				100,0%
338.20	**Jalousien**				
01	**AW Jalousien, Elektroantrieb**	670,00	**732,00**	849,00	
	Außenwand, Sonnenschutzjalousien elektrisch betrieben, bis 2,5 m², Aluminiumlamellen				
	Einheit: m² Schutzfläche				
	030 Rollladenarbeiten				100,0%

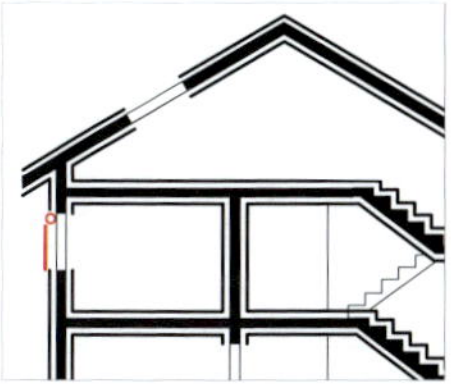

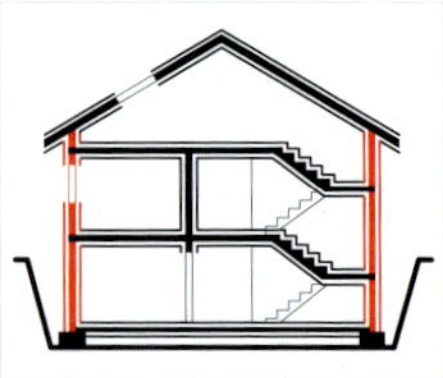

Kosten:
Stand 2. Quartal 2026
Bundesdurchschnitt
inkl. 19% MwSt.

KG.OZ	Herstellen	▷	€/Einheit	◁	LB an EA
339.10	**Schächte**				
01	**AW Kellerlichtschacht, Kunststoff, Gitterrost** Außenwand, Kellerlichtschacht aus Kunststoff, mit Gitterrostabdeckung Einheit: m² Schachtfläche	438,00	**509,00**	606,00	
	013 Betonarbeiten				100,0%
02	**AW Kellerlichtschacht, Betonfertigteil, Gitterrost** Außenwand, Kellerlichtschacht aus Betonfertigteil, mit Gitterrostabdeckung Einheit: m² Schachtfläche	1.031,00	**1.297,00**	1.625,00	
	013 Betonarbeiten				86,1%
	031 Metallbauarbeiten				13,9%
339.20	**Umwehrungen/Handläufe**				
01	**AW Brüstungsgeländer, Metall, nichtrostend** Außenwand, Brüstungsgeländer für Fenstertüre, aus Metall, nichtrostend Einheit: m² Geländerfläche	800,00	**946,00**	1.048,00	
	031 Metallbauarbeiten				98,0%
	034 Maler- und Lackierarbeiten - Beschichtungen				2,0%
02	**AW Brüstungsgeländer, VSG-Glas/Edelstahl** Außenwand, Brüstungsgeländer für Fenstertüre, aus VSG-Glas mit Edelstahlhandlauf Einheit: m² Geländerfläche	1.998,00	**2.075,00**	2.248,00	
	031 Metallbauarbeiten				99,1%
	034 Maler- und Lackierarbeiten - Beschichtungen				0,9%
03	**AW Geländer, Metall, Flachstahl, beschichtet** Außenwand, Geländer aus Metall, mit Flachstahlfüllung, beschichtet Einheit: m² Geländerfläche	652,00	**741,00**	842,00	
	031 Metallbauarbeiten				97,4%
	034 Maler- und Lackierarbeiten - Beschichtungen				2,6%
04	**AW Handlauf, Wandbefestigung, beschichtet** Außenwand, Stahlrohrhandlauf mit Wandbefestigung, beschichtet Einheit: m Handlauflänge	204,00	**232,00**	272,00	
	031 Metallbauarbeiten				91,8%
	034 Maler- und Lackierarbeiten - Beschichtungen				8,2%

▷ von
ø Mittel
◁ bis

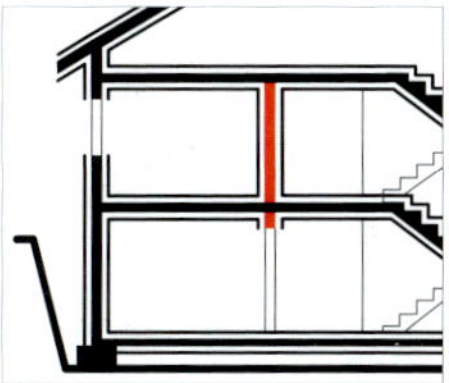

KG.OZ	Herstellen	▷	€/Einheit	◁	LB an EA
341.10	**Mauerwerkswand**				
01	**IW Mauerwerk, Betonsteine, 24cm**	148,00	**154,00**	174,00	
	Innenwand aus Mauerwerk, Beton-Hohlblocksteinen, 24 cm				
	Einheit: m² Wandfläche				
	012 Mauerarbeiten				100,0%
02	**IW Mauerwerk, Porenbeton-Plansteine, 24cm**	151,00	**161,00**	169,00	
	Innenwand aus Mauerwerk, Porenbeton-Plansteinen, 24 cm				
	Einheit: m² Wandfläche				
	012 Mauerarbeiten				100,0%
03	**IW Mauerwerk, Kalksandsteine, 17,5cm**	126,00	**134,00**	146,00	
	Innenwand aus Kalksandsteinen, Lochsteine17,5 cm				
	Einheit: m² Wandfläche				
	012 Mauerarbeiten				100,0%
04	**IW Mauerwerk, Kalksand-Plansteine, 17,5cm**	119,00	**131,00**	145,00	
	Innenwand aus Kalksandsteinen, Plansteine 17,5 cm				
	Einheit: m² Wandfläche				
	012 Mauerarbeiten				100,0%
05	**IW Mauerwerk, Kalksand-Plansteine, 24cm**	136,00	**154,00**	164,00	
	Innenwand aus Kalksandsteinen, Plansteine 24 cm				
	Einheit: m² Wandfläche				
	012 Mauerarbeiten				100,0%
06	**IW Mauerwerk, Mauerziegel, 24cm**	138,00	**151,00**	162,00	
	Innenwand aus Ziegelmauerwerk, Mauerziegel, 24 cm				
	Einheit: m² Wandfläche				
	012 Mauerarbeiten				100,0%
07	**IW Mauerwerk, Planziegel, 24cm**	144,00	**152,00**	161,00	
	Innenwand aus Ziegelmauerwerk, Hochlochziegel, Plansteine, 24 cm				
	Einheit: m² Wandfläche				
	012 Mauerarbeiten				100,0%
341.20	**Betonwand**				
01	**IW Stahlbeton, C25/30, 20cm, Bewehrung 80kg/m³, Schalung glatt**	255,00	**291,00**	343,00	
	Innenwand aus Stahlbeton mit Ortbeton, C25/30, 20 cm, Bewehrung 80 kg/m³ und glatter Schalung				
	Einheit: m² Wandfläche				
	013 Betonarbeiten				100,0%
02	**IW Stahlbeton, C25/30, 20cm, Bewehrung 100kg/m³, Schalung glatt**	265,00	**303,00**	356,00	
	Innenwand aus Stahlbeton mit Ortbeton, C25/30, 20 cm, Bewehrung 100 kg/m³ und glatter Schalung				
	Einheit: m² Wandfläche				
	013 Betonarbeiten				100,0%

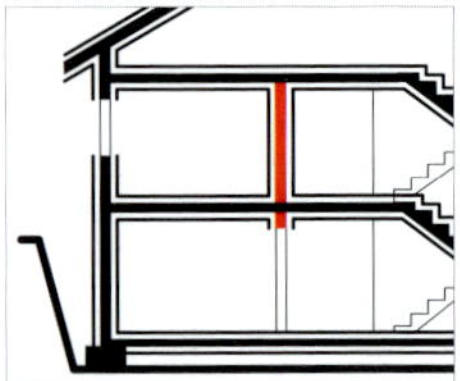

Kosten:
Stand 2. Quartal 2026
Bundesdurchschnitt
inkl. 19% MwSt.

▷ von
ø Mittel
◁ bis

KG.OZ	Herstellen	▷	€/Einheit	◁	LB an EA
341.20	**Betonwand**				
03	**IW Stahlbeton, C25/30, 25cm, Bewehrung 80kg/m³, Schalung glatt** Innenwand aus Stahlbeton mit Ortbeton, C25/30, 25 cm, Bewehrung 80 kg/m³ und glatter Schalung Einheit: m² Wandfläche	275,00	**316,00**	372,00	
	013 Betonarbeiten				100,0%
04	**IW Stahlbeton, C25/30, 25cm, Bewehrung 100kg/m³, Schalung glatt** Innenwand aus Stahlbeton mit Ortbeton, C25/30, 25 cm, Bewehrung 100 kg/m³ und glatter Schalung Einheit: m² Wandfläche	289,00	**331,00**	388,00	
	013 Betonarbeiten				100,0%
05	**IW Stahlbeton, C25/30, 30cm, Bewehrung 80kg/m³, Schalung glatt** Innenwand aus Stahlbeton mit Ortbeton, C25/30, 30 cm, Bewehrung 80 kg/m³ und glatter Schalung Einheit: m² Wandfläche	294,00	**336,00**	398,00	
	013 Betonarbeiten				100,0%
06	**IW Stahlbeton, C25/30, 30cm, Bewehrung 100kg/m³, Schalung glatt** Innenwand aus Stahlbeton mit Ortbeton, C25/30, 30 cm, Bewehrung 100 kg/m³ und glatter Schalung Einheit: m² Wandfläche	310,00	**354,00**	418,00	
	013 Betonarbeiten				100,0%
341.30	**Holzwand**				
01	**IW Holzrahmen, Bekleidung, OSB/GK, MW 12cm** Innenwand als Holzrahmenkonstruktion aus Konstruktionsvollholz, 12 cm, mit Mineralwolledämmung, aussteifende Bekleidung mit OSB-Platten und Bekleidungen aus Gipsplatten Einheit: m² Wandfläche	185,00	**203,00**	228,00	
	016 Zimmer- und Holzbauarbeiten				72,2%
	039 Trockenbauarbeiten				27,8%
02	**IW Holzständer, Bekleidung, OSB/GK, MW 14cm** Innenwand als Holzständerkonstruktion aus Konstruktionsvollholz, 14 cm, mit Mineralwolledämmung, aussteifende Bekleidung mit OSB-Platten und Bekleidungen aus Gipsplatten Einheit: m² Wandfläche	213,00	**233,00**	258,00	
	016 Zimmer- und Holzbauarbeiten				75,8%
	039 Trockenbauarbeiten				24,2%

KG.OZ	Herstellen	▷	€/Einheit	◁	LB an EA
342.10	**Mauerwerkswand**				
01	**IW Mauerwerk, Porenbeton, Plansteine 11,5cm** Innenwand aus Mauerwerk mit Porenbeton-Plansteinen, 11,5 cm Einheit: m² Wandfläche	110,00	**118,00**	130,00	
	012 Mauerarbeiten				100,0%
02	**IW Mauerwerk, Porenbeton, Planstein 17,5cm** Innenwand aus Mauerwerk mit Porenbeton-Plansteinen 17,5 cm Einheit: m² Wandfläche	124,00	**135,00**	146,00	
	012 Mauerarbeiten				100,0%
03	**IW Mauerwerk, Porenbetonplatten, 5cm** Innenwand aus Mauerwerk mit Porenbeton, Planplatten 5 cm Einheit: m² Wandfläche	92,00	**109,00**	116,00	
	012 Mauerarbeiten				100,0%
04	**IW Mauerwerk, Porenbetonplatten, 7,5cm** Innenwand aus Mauerwerk mit Porenbeton, Planplatten 7,5 cm Einheit: m² Wandfläche	110,00	**124,00**	140,00	
	012 Mauerarbeiten				100,0%
05	**IW Mauerwerk, Porenbetonplatten, 10cm** Innenwand aus Mauerwerk mit Porenbeton, Planplatten 10 cm Einheit: m² Wandfläche	117,00	**127,00**	147,00	
	012 Mauerarbeiten				100,0%
06	**IW Mauerwerk, Kalksandsteine, 11,5cm** Innenwand aus Mauerwerk mit Kalksandsteinen,11,5 cm Einheit: m² Wandfläche	113,00	**120,00**	133,00	
	012 Mauerarbeiten				100,0%
07	**IW Mauerwerk, Planziegel, 11,5cm** Innenwand aus Mauerwerk mit Plansteinen, Hochlochziegel, 11,5 cm Einheit: m² Wandfläche	104,00	**113,00**	124,00	
	012 Mauerarbeiten				100,0%
08	**IW Mauerwerk, Planziegel, 17,5cm** Innenwand aus Mauerwerk mit Plansteinen, Hochlochziegel, 17,5 cm Einheit: m² Wandfläche	128,00	**138,00**	158,00	
	012 Mauerarbeiten				100,0%
09	**IW Mauerwerk, Gipsplatten, 5cm** Innenwand aus Mauerwerk mit Gipswandplatten 5 cm Einheit: m² Wandfläche	102,00	**106,00**	121,00	
	012 Mauerarbeiten				100,0%
10	**IW Mauerwerk, Gipsplatten, 8cm** Innenwand aus Mauerwerk mit Gipswandplatten 8 cm Einheit: m² Wandfläche	105,00	**114,00**	120,00	
	012 Mauerarbeiten				100,0%

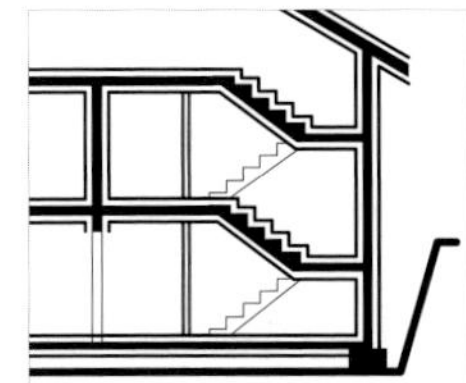

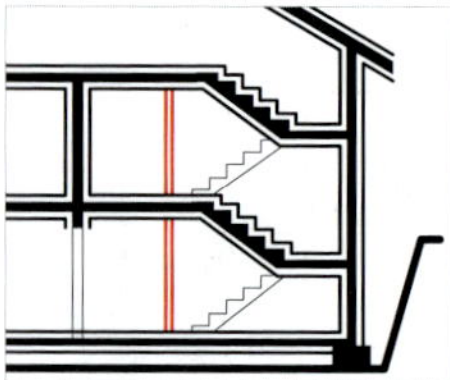

Kosten:
Stand 2. Quartal 2026
Bundesdurchschnitt
inkl. 19% MwSt.

▷ von
ø Mittel
◁ bis

KG.OZ	Herstellen	▷	€/Einheit	◁	LB an EA
342.10	**Mauerwerkswand**				
11	**IW Mauerwerk, Gipsplatten, 10cm**	111,00	**119,00**	129,00	
	Innenwand aus Mauerwerk mit Gipswandplatten 10 cm				
	Einheit: m² Wandfläche				
	012 Mauerarbeiten				100,0%
342.20	**Betonwand**				
01	**IW Stahlbeton, C25/30, 10cm, Bewehrung 60kg/m³, Schalung glatt**	192,00	**218,00**	252,00	
	Innenwand aus Stahlbeton mit Ortbeton, C25/30, 10 cm, Bewehrung 60 kg/m³ und glatter Schalung				
	Einheit: m² Wandfläche				
	013 Betonarbeiten				100,0%
02	**IW Stahlbeton, C25/30, 10cm, Bewehrung 80kg/m³, Schalung glatt**	197,00	**224,00**	258,00	
	Innenwand aus Stahlbeton mit Ortbeton, C25/30, 10 cm, Bewehrung 80 kg/m³ und glatter Schalung				
	Einheit: m² Wandfläche				
	013 Betonarbeiten				100,0%
03	**IW Stahlbeton, C25/30, 15cm, Bewehrung 60kg/m³, Schalung glatt**	213,00	**241,00**	277,00	
	Innenwand aus Stahlbeton mit Ortbeton, C25/30, 15 cm, Bewehrung 60 kg/m³ und glatter Schalung				
	Einheit: m² Wandfläche				
	013 Betonarbeiten				100,0%
04	**IW Stahlbeton, C25/30, 15cm, Bewehrung 80kg/m³, Schalung glatt**	221,00	**250,00**	287,00	
	Innenwand aus Stahlbeton mit Ortbeton, C25/30, 15 cm, Bewehrung 80 kg/m³ und glatter Schalung				
	Einheit: m² Wandfläche				
	013 Betonarbeiten				100,0%
342.30	**Holzwand**				
01	**IW Holzständer, Bekleidung, OSB, MW 10cm**	203,00	**220,00**	246,00	
	Innenwand als Holzständerkonstruktion aus Konstruktionsvollholz, 10 cm, mit Mineralwolledämmung, mit Bekleidungen aus Gipsplatten				
	Einheit: m² Wandfläche				
	016 Zimmer- und Holzbauarbeiten				52,8%
	039 Trockenbauarbeiten				47,2%
342.40	**Holzständerwand**				
01	**IW Montagewand, Holz, 85mm, GF, MW40**	104,00	**121,00**	140,00	
	Innenwand als Montagewand mit Holzständerkonstruktion, 85 mm, mit Mineralwolle 40 mm, beidseitige Bekleidung aus Gipsplatten				
	Einheit: m² Wandfläche				
	039 Trockenbauarbeiten				100,0%

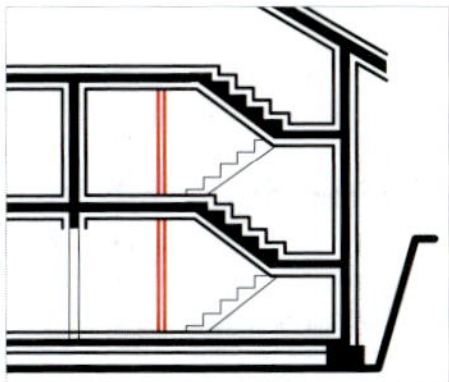

KG.OZ	Herstellen	▷	€/Einheit	◁	LB an EA
342.40	**Holzständerwand**				
02	**IW Montagewand, Holz, 100mm, Gipsplatten doppellagig, MW40** Innenwand als Montagewand mit Holzständerkonstruktion, 100 mm, mit Mineralwolle 40 mm, beidseitige Bekleidung aus Gipsplatten, doppellagig Einheit: m² Wandfläche	145,00	**152,00**	167,00	
	039 Trockenbauarbeiten				100,0%
03	**IW Montagewand, Holz, 100mm, Gipsfaserplatten doppellagig, MW50** Innenwand als Montagewand mit Holzständerkonstruktion, 100 mm, mit Mineralwolle 50 mm, beidseitige Bekleidung aus Gipsfaserplatten, doppellagig Einheit: m² Wandfläche	124,00	**138,00**	161,00	
	039 Trockenbauarbeiten				100,0%
342.50	**Metallständerwand**				
01	**IW Montagewand, Metall, 100mm, GK, MW40** Innenwand als Montagewand mit Metallständerkonstruktion, 100 mm, mit Mineralwolle, 40 mm, beidseitige Bekleidung aus Gipsplatten Einheit: m² Wandfläche	100,00	**113,00**	126,00	
	039 Trockenbauarbeiten				100,0%
02	**IW Montagewand, Metall, 125mm, GK, doppellagig, MW60** Innenwand als Montagewand mit Metallständerkonstruktion, 125 mm, mit Mineralwolle, 60 mm, beidseitige Bekleidung aus Gipsplatten, doppellagig Einheit: m² Wandfläche	120,00	**133,00**	155,00	
	039 Trockenbauarbeiten				100,0%
03	**IW Montagewand, Metall, 150mm, Gipsplatten, doppellagig, MW40** Innenwand als Montagewand mit Metallständerkonstruktion, 150 mm, mit Mineralwolle, 40 mm, beidseitige Bekleidung aus Gipsplatten, doppellagig Einheit: m² Wandfläche	134,00	**144,00**	166,00	
	039 Trockenbauarbeiten				100,0%
04	**IW Montagewand, Metall, 100mm, Zementplatten, MW50** Innenwand als Montagewand mit Metallständerkonstruktion, 100 mm, mit Mineralwolle, 50 mm, beidseitige Bekleidung aus Zementplatten, einlagig Einheit: m² Wandfläche	149,00	**168,00**	209,00	
	039 Trockenbauarbeiten				100,0%
05	**IW Montagewand, Metall, 125mm, Zementplatten, doppellagig, MW50** Innenwand als Montagewand mit Metallständerkonstruktion, 125 mm, mit Mineralwolle, 50 mm, beidseitige Bekleidung aus Zementplatten, doppellagig Einheit: m² Wandfläche	203,00	**219,00**	257,00	
	039 Trockenbauarbeiten				100,0%

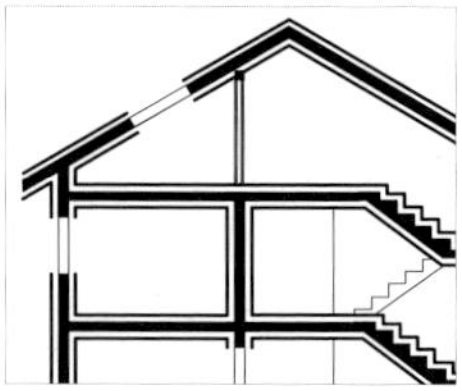

Kosten:
Stand 2. Quartal 2026
Bundesdurchschnitt
inkl. 19% MwSt.

▷ von
ø Mittel
◁ bis

KG.OZ	Herstellen	▷	€/Einheit	◁	LB an EA
343.10	**Betonstütze**				
01	**IW Stütze, C25/30, rund, 30cm, Sichtschalung, Bewehrung 100kg/m^3** Innenstütze aus Stahlbeton C25/30, rund, mit Sichtschalung, 30 cm, Bewehrung mit 100 kg/m^3 Einheit: m Stützenlänge	201,00	**229,00**	256,00	
	013 Betonarbeiten				100,0%
02	**IW Stütze, C25/30, rund, 30cm, Sichtschalung, Bewehrung 200kg/m^3** Innenstütze aus Stahlbeton C25/30, rund, mit Sichtschalung, 30 cm, Bewehrung mit 200 kg/m^3 Einheit: m Stützenlänge	220,00	**251,00**	279,00	
	013 Betonarbeiten				100,0%
03	**IW Stütze, C25/30, rund, 30cm, Sichtschalung, Bewehrung 300kg/m^3** Innenstütze aus Stahlbeton C25/30, rund, mit Sichtschalung, 30 cm, Bewehrung mit 300 kg/m^3 Einheit: m Stützenlänge	239,00	**272,00**	303,00	
	013 Betonarbeiten				100,0%
04	**IW Stütze, C25/30, eckig 20x20cm, Sichtschalung, Bewehrung 100kg/m^3** Innenstütze aus Stahlbeton C25/30, eckig 20x20 cm, mit Sichtschalung, 20 cm, Bewehrung mit 100 kg/m^3 Einheit: m Stützenlänge	150,00	**167,00**	192,00	
	013 Betonarbeiten				100,0%
05	**IW Stütze, C25/30, eckig 20x20cm, Sichtschalung, Bewehrung 200kg/m^3** Innenstütze aus Stahlbeton C25/30, eckig 20x20 cm, mit Sichtschalung, 20 cm, Bewehrung mit 200 kg/m^3 Einheit: m Stützenlänge	161,00	**179,00**	206,00	
	013 Betonarbeiten				100,0%
06	**IW Stütze, C25/30, eckig 20x20cm, Sichtschalung, Bewehrung 300kg/m^3** Innenstütze aus Stahlbeton C25/30, eckig 20x20 cm, mit Sichtschalung, 20 cm, Bewehrung mit 300 kg/m^3 Einheit: m Stützenlänge	172,00	**192,00**	219,00	
	013 Betonarbeiten				100,0%
07	**IW Stütze, C25/30, eckig 30x30cm, Sichtschalung, Bewehrung 100kg/m^3** Innenstütze aus Stahlbeton C25/30, eckig 30x30 cm, mit Sichtschalung, 30 cm, Bewehrung mit 100 kg/m^3 Einheit: m Stützenlänge	216,00	**241,00**	279,00	
	013 Betonarbeiten				100,0%
08	**IW Stütze, C25/30, eckig 30x30cm, Sichtschalung, Bewehrung 200kg/m^3** Innenstütze aus Stahlbeton C25/30, eckig 30x30 cm, mit Sichtschalung, 30 cm, Bewehrung mit 200 kg/m^3 Einheit: m Stützenlänge	241,00	**269,00**	309,00	
	013 Betonarbeiten				100,0%

KG.OZ	Herstellen	▷	€/Einheit	◁	LB an EA
343.10	**Betonstütze**				
09	**IW Stütze, C25/30, eckig 30x30cm, Sichtschalung, Bewehrung 300kg/m³** Innenstütze aus Stahlbeton C25/30, eckig 30x30cm, mit Sichtschalung, 30cm, Bewehrung mit 300kg/m³ Einheit: m Stützenlänge	265,00	**296,00**	339,00	
	013 Betonarbeiten				100,0%
10	**IW Stütze, C25/30, eckig 40x40cm, Sichtschalung, Bewehrung 100kg/m³** Innenstütze aus Stahlbeton C25/30, eckig 40x40cm, mit Sichtschalung, 40/40cm, Bewehrung mit 100kg/m³ Einheit: m Stützenlänge	313,00	**350,00**	401,00	
	013 Betonarbeiten				100,0%
11	**IW Stütze, C25/30, eckig 40x40cm, Sichtschalung, Bewehrung 200kg/m³** Innenstütze aus Stahlbeton C25/30, eckig 40x40cm, mit Sichtschalung, 40/40cm, Bewehrung mit 200kg/m³ Einheit: m Stützenlänge	357,00	**398,00**	455,00	
	013 Betonarbeiten				100,0%
12	**IW Stütze, C25/30, eckig 40x40cm, Sichtschalung, Bewehrung 300kg/m³** Innenstütze aus Stahlbeton C25/30, eckig 40x40cm, mit Sichtschalung, 40/40cm, Bewehrung mit 300kg/m³ Einheit: m Stützenlänge	401,00	**447,00**	509,00	
	013 Betonarbeiten				100,0%
343.20	**Holzstütze**				
01	**IW Stütze, BSH, eckig 20x20cm** Innenstütze aus Holz, Brettschichtholz, rechteckig 20x20cm Einheit: m Stützenlänge	141,00	**154,00**	187,00	
	016 Zimmer- und Holzbauarbeiten				100,0%
343.30	**Metallstütze**				
01	**IW, Stütze, Stahl, rund, 114mm, beschichtet** Innenstütze aus Stahl, rund, mit Durchmesser 114,3mm, beschichtet Einheit: m Stützenlänge	171,00	**200,00**	249,00	
	017 Stahlbauarbeiten				92,9%
	034 Maler- und Lackierarbeiten - Beschichtungen				7,1%

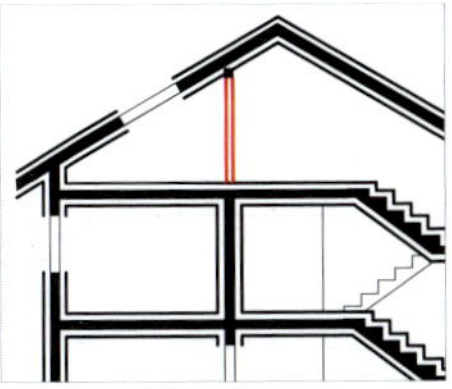

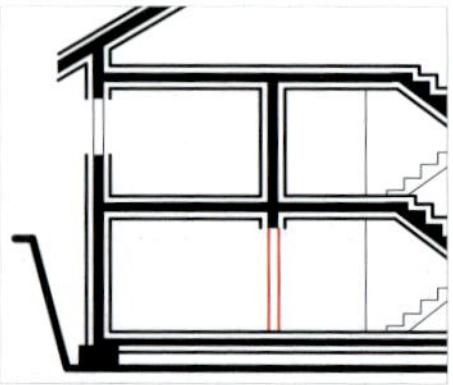

Kosten:
Stand 2.Quartal 2026
Bundesdurchschnitt
inkl. 19% MwSt.

▷ von
ø Mittel
◁ bis

KG.OZ	Herstellen	▷	€/Einheit	◁	LB an EA
344.10	**Türen**				
01	**IW Türelement, Röhrenspan, einflüglig, Eckzarge, 750x2.000mm** Innentür als Drehflügeltür aus Holz, Türblatt mit Röhrenspanplatte und Stahl-Eckzarge, 750x2.000mm, inkl. Öffnung beiputzen und elastischer Verfugung Einheit: m² Türfläche	487,00	**663,00**	772,00	
	023 Putz- und Stuckarbeiten, Wärmedämmsysteme				13,0%
	027 Tischlerarbeiten				87,0%
02	**IW Türelement, Röhrenspan, einflüglig, Eckzarge, 1.000x2.000mm** Innentür als Drehflügeltür aus Holz, Türblatt mit Röhrenspanplatte und Stahl-Eckzarge,1.000x2.000mm, inkl. Öffnung beiputzen und elastischer Verfugung Einheit: m² Türfläche	430,00	**577,00**	624,00	
	023 Putz- und Stuckarbeiten, Wärmedämmsysteme				11,8%
	027 Tischlerarbeiten				88,2%
03	**IW Türelement, Röhrenspan, einflüglig, Umfassungszarge, 750x2.000mm** Innentür als Drehflügeltür aus Holz, Türblatt mit Röhrenspanplatte und Stahl-Umfassungszarge, 750x2.000mm, inkl. Öffnung beiputzen und elastischer Verfugung Einheit: m² Türfläche	662,00	**873,00**	997,00	
	023 Putz- und Stuckarbeiten, Wärmedämmsysteme				19,8%
	027 Tischlerarbeiten				80,2%
04	**IW Türelement, Röhrenspan, einflüglig, Umfassungszarge, 1.000x2.000mm** Innentür als Drehflügeltür aus Holz, Türblatt mit Röhrenspanplatte und Stahl-Umfassungszarge, 1.000x2.000mm, inkl. Öffnung beiputzen und elastischer Verfugung Einheit: m² Türfläche	611,00	**780,00**	850,00	
	023 Putz- und Stuckarbeiten, Wärmedämmsysteme				17,4%
	027 Tischlerarbeiten				82,6%
05	**IW Türelement, Röhrenspan, einflüglig, Umfassungszarge, 1.125x2.000mm** Innentür als Drehflügeltür aus Holz, Türblatt mit Röhrenspanplatte und Stahl-Umfassungszarge, 1.125x2.000mm, inkl. Öffnung beiputzen und elastischer Verfugung Einheit: m² Türfläche	583,00	**741,00**	818,00	
	023 Putz- und Stuckarbeiten, Wärmedämmsysteme				16,7%
	027 Tischlerarbeiten				83,3%
06	**IW Türelement, Vollspan, einflüglig, Eckzarge, 750x2.000mm** Innentür als Drehflügeltür aus Holz, Türblatt mit Vollspanplatte, mit Eckzarge, 750x2.000mm, inkl. Öffnung beiputzen und elastischer Verfugung Einheit: m² Türfläche	598,00	**664,00**	751,00	
	023 Putz- und Stuckarbeiten, Wärmedämmsysteme				13,0%
	027 Tischlerarbeiten				87,0%

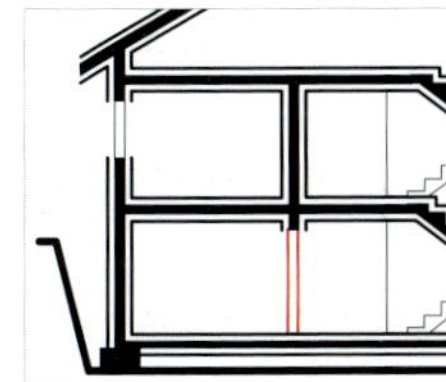

KG.OZ	Herstellen	▷	€/Einheit	◁	LB an EA

344.10 Türen

07	**IW Türelement, Vollspan, einflüglig, Eckzarge, 1.000x2.000mm**	528,00	**628,00**	780,00	
	Innentür als Drehflügeltür aus Holz, Türblatt mit Vollspanplatte und Stahl-Eckzarge, 1.000x2.000mm, inkl. Öffnung beiputzen und elastischer Verfugung				
	Einheit: m² Türfläche				
	023 Putz- und Stuckarbeiten, Wärmedämmsysteme				10,8%
	027 Tischlerarbeiten				89,2%
08	**IW Türelement, Vollspan, einflüglig, Umfassungszarge, 750x2.000mm**	773,00	**874,00**	976,00	
	Innentür als Drehflügeltür aus Holz, Türblatt mit Vollspanplatte und Stahl-Umfassungszarge, 750x2.000mm, inkl. Öffnung beiputzen und elastischer Verfugung				
	Einheit: m² Türfläche				
	023 Putz- und Stuckarbeiten, Wärmedämmsysteme				19,8%
	027 Tischlerarbeiten				80,2%
09	**IW Türelement, Vollspan, einflüglig, Umfassungszarge, 1.000x2.000mm**	709,00	**831,00**	1.006,00	
	Innentür als Drehflügeltür aus Holz, Türblatt mit Vollspanplatte und Stahl-Umfassungszarge, 1.000x2.000mm, inkl. Öffnung beiputzen und elastischer Verfugung				
	Einheit: m² Türfläche				
	023 Putz- und Stuckarbeiten, Wärmedämmsysteme				16,4%
	027 Tischlerarbeiten				83,6%
10	**IW Ganzglastür, Umfassungszarge, 1.000x2.125mm**	871,00	**1.020,00**	1.160,00	
	Innentür mit Ganzglastürblatt, mit Stahl-Umfassungszarge, 1.000x2.125mm, inkl. Öffnung beiputzen und elastischer Verfugung				
	Einheit: m² Türfläche				
	023 Putz- und Stuckarbeiten, Wärmedämmsysteme				6,7%
	027 Tischlerarbeiten				27,0%
	032 Verglasungsarbeiten				66,3%

344.20 Brandschutztüren, -tore

01	**IW Türelement, Metall, einflüglig, 875x2.125mm, EI2 30-C, Umfassungszarge**	1.126,00	**1.238,00**	1.431,00	
	Innentür aus Metall, Stahltürblatt mit Stahl-Umfassungszarge, EI2 30 C, 875x2.125mm, inkl. Obentürschließer, inkl. Öffnung beiputzen und elastischer Verfugung				
	Einheit: m² Türfläche				
	023 Putz- und Stuckarbeiten, Wärmedämmsysteme				11,1%
	031 Metallbauarbeiten				88,9%
02	**IW Türelement, Metall, einflüglig, 1.000x2.125mm, EI2 90-C, Umfassungszarge**	1.839,00	**2.389,00**	2.720,00	
	Innentür aus Metall, Stahltürblatt mit Stahl-Umfassungszarge, EI2 30 C, 1.250x2.125mm, inkl. Obentürschließer, inkl. Öffnung beiputzen und elastischer Verfugung				
	Einheit: m² Türfläche				
	023 Putz- und Stuckarbeiten, Wärmedämmsysteme				5,8%
	027 Tischlerarbeiten				1,1%
	031 Metallbauarbeiten				93,1%

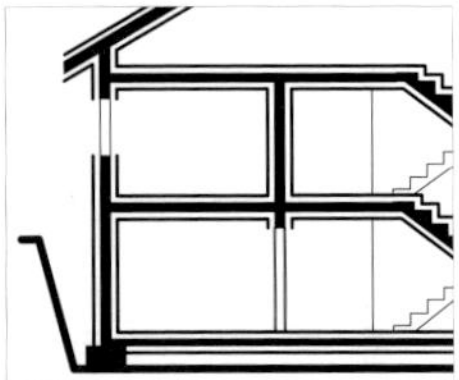

Kosten:
Stand 2. Quartal 2026
Bundesdurchschnitt
inkl. 19% MwSt.

KG.OZ	Herstellen	▷	€/Einheit	◁	LB an EA
344.20	**Brandschutztüren, -tore**				
03	**IW Türelement, Metall, einflüglig, 1.000x2.125mm, EI2 30-C, Umfassungszarge** Innentür aus Metall, Stahltürblatt mit Stahl-Umfassungszarge, EI2 30 C, 1.000x2.125mm, inkl. Obentürschließer, inkl. Öffnung beiputzen und elastischer Verfugung Einheit: m² Türfläche	1.021,00	**1.123,00**	1.296,00	
	023 Putz- und Stuckarbeiten, Wärmedämmsysteme				12,2%
	027 Tischlerarbeiten				2,4%
	031 Metallbauarbeiten				85,4%
04	**IW Türelement, Metall, einflüglig, 1.250x2.125mm, EI2 30-C, Umfassungszarge** Innentür aus Metall, Stahltürblatt mit Stahl-Umfassungszarge, EI2 30 C, 1.250x2.125mm, inkl. Obentürschließer, inkl. Öffnung beiputzen und elastischer Verfugung Einheit: m² Türfläche	1.384,00	**1.514,00**	1.950,00	
	023 Putz- und Stuckarbeiten, Wärmedämmsysteme				9,0%
	027 Tischlerarbeiten				7,8%
	031 Metallbauarbeiten				83,2%

▷ von
ø Mittel
◁ bis

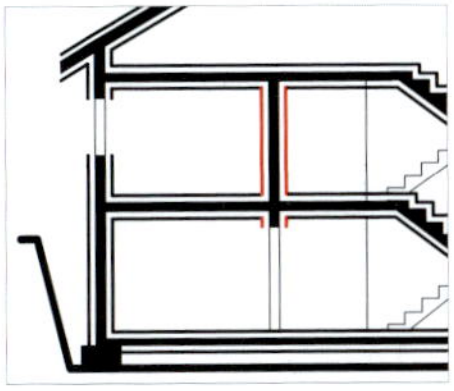

KG.OZ	Herstellen	▷	€/Einheit	◁	LB an EA
345.10	**Oberflächenbehandlung**				
01	**IW Beschichtung, Dispersion wb, auf Beton** Innenwandbeschichtung mit Dispersionsfarbe, waschbeständig, auf Beton Einheit: m² Beschichtungsfläche	12,00	**14,00**	18,00	
	034 Maler- und Lackierarbeiten - Beschichtungen				100,0%
02	**IW Beschichtung, Dispersion wb, auf Putz** Innenwandbeschichtung mit Dispersionsfarbe, waschbeständig, auf Putz Einheit: m² Beschichtungsfläche	11,00	**13,00**	17,00	
	034 Maler- und Lackierarbeiten - Beschichtungen				100,0%
03	**IW Beschichtung, Dispersion sb, auf Putz** Innenwandbeschichtung mit Dispersionsfarbe, scheuerbeständig, auf Putz Einheit: m² Beschichtungsfläche	11,00	**14,00**	17,00	
	034 Maler- und Lackierarbeiten - Beschichtungen				100,0%
04	**IW Beschichtung, Silikatfarbe, auf Putz** Innenwandbeschichtung mit Silikatfarbe, auf Putz Einheit: m² Beschichtungsfläche	15,00	**16,00**	19,00	
	034 Maler- und Lackierarbeiten - Beschichtungen				100,0%
05	**IW Beschichtung, Lasur, Holz** Innenwandbeschichtung als Lasur, auf Holzflächen Einheit: m² Beschichtungsfläche	31,00	**35,00**	42,00	
	034 Maler- und Lackierarbeiten - Beschichtungen				100,0%
345.20	**Putz**				
01	**IW Putz, Gips, einlagig, Q2** Innenwandputz aus Gips, einlagig, geglättet, Oberflächenqualität Q2 Einheit: m² Bekleidungsfläche	40,00	**46,00**	49,00	
	023 Putz- und Stuckarbeiten, Wärmedämmsysteme				100,0%
02	**IW Putz, Kalkgips, einlagig, Q2** Innenwandputz aus Kalkgips, einlagig, geglättet, Oberflächenqualität Q2 Einheit: m² Bekleidungsfläche	40,00	**44,00**	49,00	
	023 Putz- und Stuckarbeiten, Wärmedämmsysteme				100,0%
03	**IW Putz, Kalkzement, einlagig, O2** Innenwandputz aus Kalkzement, einlagig, Oberflächenqualität Q2 Einheit: m² Bekleidungsfläche	40,00	**43,00**	50,00	
	023 Putz- und Stuckarbeiten, Wärmedämmsysteme				100,0%
04	**IW Putz, Lehm, einlagig, gefilzt** Innenwandputz aus Lehmputz, einlagig, Oberfläche gefilzt Einheit: m² Bekleidungsfläche	57,00	**58,00**	62,00	
	023 Putz- und Stuckarbeiten, Wärmedämmsysteme				100,0%
05	**IW Putz, Lehm, zweilagig, gefilzt** Innenwandputz aus Lehmputz, zweilagig, Oberfläche gefilzt Einheit: m² Bekleidungsfläche	89,00	**92,00**	98,00	
	023 Putz- und Stuckarbeiten, Wärmedämmsysteme				100,0%

345 Innenwand-bekleidungen

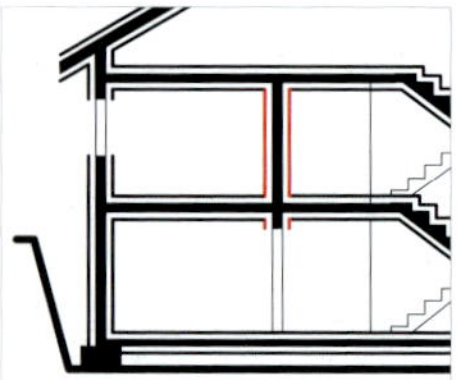

Kosten:
Stand 2. Quartal 2026
Bundesdurchschnitt
inkl. 19% MwSt.

▷ von
ø Mittel
◁ bis

KG.OZ	Herstellen	▷	€/Einheit	◁	LB an EA
345.20	**Putz**				
06	**IW Putz, Gips, einlagig, Q2, beschichtet**	51,00	**57,00**	64,00	
	Innenwandputz aus Gips, einlagig, geglättet, Oberflächenqualität Q2, mit Dispersionsbeschichtung				
	Einheit: m² Bekleidungsfläche				
	023 Putz- und Stuckarbeiten, Wärmedämmsysteme				81,4%
	034 Maler- und Lackierarbeiten - Beschichtungen				18,6%
07	**IW Putz, Kalkgips, einlagig, Q2, beschichtet**	50,00	**56,00**	62,00	
	Innenwandputz aus Kalkgips, einlagig, geglättet, Oberflächenqualität Q2, mit Dispersionsbeschichtung				
	Einheit: m² Bekleidungsfläche				
	023 Putz- und Stuckarbeiten, Wärmedämmsysteme				81,2%
	034 Maler- und Lackierarbeiten - Beschichtungen				18,8%
345.30	**Bekleidung auf Unterkonstruktion**				
01	**IW Bekleidung, OSB,15mm**	50,00	**58,00**	65,00	
	Innenwandbekleidung mit OSB-Platten 15mm, mit Dichtungsbändern für Holzständerwände				
	Einheit: m² Bekleidungsfläche				
	016 Zimmer- und Holzbauarbeiten				100,0%
02	**IW Bekleidung, OSB, 22mm, Feuchtebereich**	83,00	**96,00**	110,00	
	Innenwandbekleidung mit OSB-Platten, 22mm, mit Dichtungsbändern auf Holzunterkonstruktion, für Feuchtebereiche				
	Einheit: m² Bekleidungsfläche				
	016 Zimmer- und Holzbauarbeiten				96,4%
	039 Trockenbauarbeiten				3,6%
03	**IW Bekleidung, Sperrholz, 20mm**	105,00	**125,00**	140,00	
	Innenwandbekleidung mit Sperrholz-Platten, 20mm, mit Dichtungsbändern auf Holzunterkonstruktion				
	Einheit: m² Bekleidungsfläche				
	016 Zimmer- und Holzbauarbeiten				97,2%
	039 Trockenbauarbeiten				2,8%
04	**IW Trockenputz, GK 12,5mm**	68,00	**78,00**	95,00	
	Innenwandbekleidung als Trockenputz aus Gipskartonplatten, 12,5mm				
	Einheit: m² Bekleidungsfläche				
	039 Trockenbauarbeiten				100,0%
05	**IW Trockenputz, Gipsverbundplatten 12,5mm**	131,00	**149,00**	179,00	
	Innenwandbekleidung als Trockenputz aus Gipsverbundplatten, 12,5mm				
	Einheit: m² Bekleidungsfläche				
	016 Zimmer- und Holzbauarbeiten				9,1%
	039 Trockenbauarbeiten				90,9%
345.40	**Tapeten**				
01	**IW Tapete, Raufaser, fein, beschichtet**	28,00	**31,00**	40,00	
	Innenwandbekleidung als Raufasertapete, weiß, fein, mit Beschichtung				
	Einheit: m² Bekleidungsfläche				
	034 Maler- und Lackierarbeiten - Beschichtungen				12,5%
	037 Tapezierarbeiten				87,5%

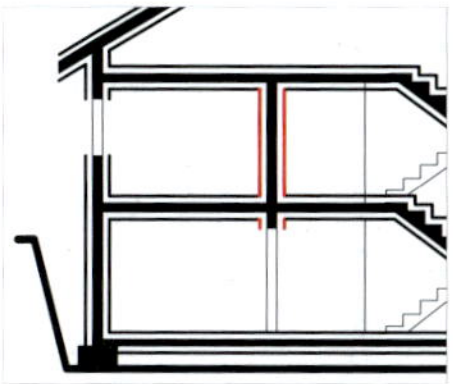

KG.OZ	Herstellen	▷	€/Einheit	◁	LB an EA
345.40	**Tapeten**				
02	**IW Tapete, Raufaser, grob, beschichtet**	28,00	**32,00**	40,00	
	Innenwandbekleidung als Raufasertapete, weiß, grob, mit Beschichtung				
	Einheit: m² Bekleidungsfläche				
	034 Maler- und Lackierarbeiten - Beschichtungen				12,4%
	037 Tapezierarbeiten				87,6%
03	**IW Tapete, Glasfaser, fein, beschichtet**	43,00	**49,00**	55,00	
	Innenwandbekleidung als Glasfasertapete, weiß, fein, mit Beschichtung				
	Einheit: m² Bekleidungsfläche				
	034 Maler- und Lackierarbeiten - Beschichtungen				8,1%
	037 Tapezierarbeiten				91,9%
04	**IW Tapete, Glasfaser, grob, beschichtet**	44,00	**51,00**	58,00	
	Innenwandbekleidung als Glasfasertapete, weiß, grob, mit Beschichtung				
	Einheit: m² Bekleidungsfläche				
	034 Maler- und Lackierarbeiten - Beschichtungen				7,8%
	037 Tapezierarbeiten				92,2%
345.50	**Fliesen**				
01	**IW Bekleidung, Fliesen 15x15cm**	120,00	**129,00**	140,00	
	Innenwandbekleidung mit Wandfliesen 15x15cm				
	Einheit: m² Bekleidungsfläche				
	024 Fliesen- und Plattenarbeiten				100,0%
02	**IW Bekleidung, Fliesen 20x20cm**	107,00	**116,00**	131,00	
	Innenwandbekleidung mit Wandfliesen, 20x20cm				
	Einheit: m² Bekleidungsfläche				
	024 Fliesen- und Plattenarbeiten				100,0%
03	**IW Bekleidung, Fliesen 30x30cm**	138,00	**144,00**	158,00	
	Innenwandbekleidung als Wandfliesen, 30x30cm				
	Einheit: m² Bekleidungsfläche				
	024 Fliesen- und Plattenarbeiten				100,0%
04	**IW Bekleidung, Fliesen 15x15cm, Abdichtung**	160,00	**179,00**	203,00	
	Innenwandbekleidung mit Wandfliesen, 15x15cm, mit Verbundabdichtung				
	Einheit: m² Bekleidungsfläche				
	024 Fliesen- und Plattenarbeiten				100,0%
05	**IW Bekleidung, Fliesen 20x20cm, Abdichtung**	144,00	**159,00**	183,00	
	Innenwandbekleidung mit Wandfliesen, 20x20cm, mit Verbundabdichtung				
	Einheit: m² Bekleidungsfläche				
	024 Fliesen- und Plattenarbeiten				100,0%
06	**IW Bekleidung, Fliesen 30x30cm, Abdichtung**	171,00	**181,00**	202,00	
	Innenwandbekleidung als Wandfliesen, 30x30cm, mit Verbundabdichtung				
	Einheit: m² Bekleidungsfläche				
	024 Fliesen- und Plattenarbeiten				100,0%

345 Innenwand-bekleidungen

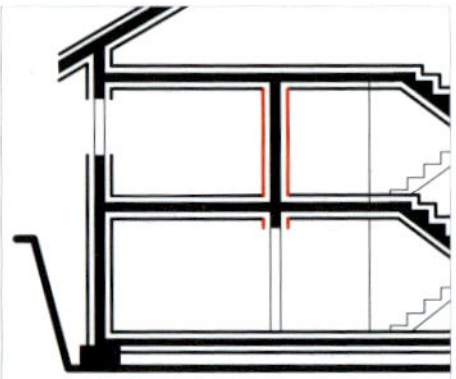

Kosten:
Stand 2. Quartal 2026
Bundesdurchschnitt
inkl. 19% MwSt.

KG.OZ	Herstellen	▷	€/Einheit	◁	LB an EA
345.50	**Fliesen**				
07	**IW Bekleidung, Fliesen 30x60cm** Innenwandbekleidung mit Wandfliesen 30x60 cm Einheit: m² Bekleidungsfläche	132,00	**147,00**	162,00	
	023 Putz- und Stuckarbeiten, Wärmedämmsysteme				< 0,1%
	024 Fliesen- und Plattenarbeiten				99,9%
345.60	**Sonstige Innenwandbekleidungen**				
01	**IW Installationswand, doppelte Metallständer, 200mm, Gipsplatten, zweilagig** Installationswand vor Innenwand, mit doppelten Metallständern, zweilagig mit Gipsplatten beplankt, 200 mm Einheit: m² Wandfläche	184,00	**198,00**	224,00	
	039 Trockenbauarbeiten				100,0%

▷ von
ø Mittel
◁ bis

KG.OZ	Herstellen	▷	€/Einheit	◁	LB an EA
346.10	**Lattenverschläge**				
01	**IW Kellertrennwand, Holzlatten** Holztrennwände im Kellerbereich, Türen, Schlösser	78,00	**94,00**	107,00	
	Einheit: m² Wandfläche				
	029 Beschlagarbeiten				3,6%
	039 Trockenbauarbeiten				96,4%
02	**IW Montagewand, Kellertrennwand, Metalllamellen** Metalllamellentrennwand im Kellerbereich, Türen, Verschlusselemente	79,00	**88,00**	101,00	
	Einheit: m² Wandfläche				
	029 Beschlagarbeiten				3,8%
	031 Metallbauarbeiten				96,2%
03	**IW Montagewand, Kellertrennwand, Metallgitter** Metallgittertrennwand im Kellerbereich, Türen, Verschlusselemente	164,00	**185,00**	203,00	
	Einheit: m² Wandfläche				
	029 Beschlagarbeiten				1,8%
	031 Metallbauarbeiten				98,2%

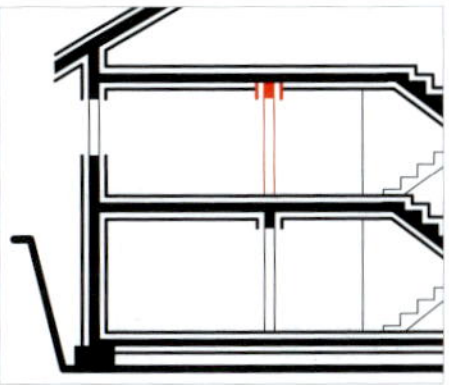

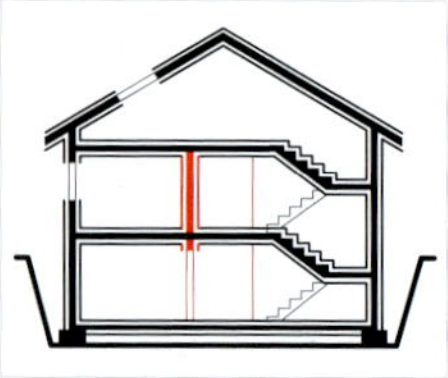

Kosten:
Stand 2.Quartal 2026
Bundesdurchschnitt
inkl. 19% MwSt.

KG.OZ	Herstellen	▷	€/Einheit	◁	LB an EA
349.10	**Umwehrungen/Handläufe**				
01	**IW Brüstung, Metall, Flachstahl, beschichtet** Innenwand, Brüstungsgeländer aus Metall, mit Flachstahlfüllung, beschichtet Einheit: m² Geländerfläche	688,00	**783,00**	890,00	
	031 Metallbauarbeiten				92,2%
	034 Maler- und Lackierarbeiten - Beschichtungen				7,8%
02	**IW Brüstung, Metall, Lochblech, beschichtet** Innenwand, Brüstungsgeländer mit Lochblechfüllung, beschichtet Einheit: m² Geländerfläche	687,00	**769,00**	908,00	
	031 Metallbauarbeiten				92,0%
	034 Maler- und Lackierarbeiten - Beschichtungen				8,0%
03	**IW Geländer, Metall, Flachstahl, beschichtet** Innenwand, Metallgeländer mit Flachstahlfüllung, beschichtet Einheit: m² Geländerfläche	688,00	**783,00**	890,00	
	031 Metallbauarbeiten				92,2%
	034 Maler- und Lackierarbeiten - Beschichtungen				7,8%
04	**IW Geländer, Metall, Lochblech, beschichtet** Innenwand, Metallgeländer mit Lochblechfüllung, beschichtet Einheit: m² Geländerfläche	687,00	**769,00**	908,00	
	031 Metallbauarbeiten				92,0%
	034 Maler- und Lackierarbeiten - Beschichtungen				8,0%
05	**IW Handlauf, Holz, beschichtet** Innenwand, Handlauf aus Metall mit Wandbefestigung, innen, beschichtet Einheit: m Handlauflänge	230,00	**264,00**	306,00	
	031 Metallbauarbeiten				90,7%
	034 Maler- und Lackierarbeiten - Beschichtungen				9,3%
06	**IW Handlauf, Metall, beschichtet** Innenwand, Handlauf aus Metall mit Wandbefestigung, innen, beschichtet Einheit: m Handlauflänge	206,00	**235,00**	282,00	
	031 Metallbauarbeiten				83,4%
	034 Maler- und Lackierarbeiten - Beschichtungen				16,6%

▷ von
ø Mittel
◁ bis

KG.OZ	Herstellen	▷	€/Einheit	◁	LB an EA
351.10	**Stahlbeton, Ortbeton**				
01	**DE Unterzug C25/30, glatte Schalung, 30x30cm, Bewehrung 150kg/m^3** Decke, Unterzug C25/30, Bewehrung 150 kg/m^3, Schalung, 30x30 cm Einheit: m Balkenlänge	179,00	**199,00**	225,00	
	013 Betonarbeiten				100,0%
02	**DE Unterzug C25/30, glatte Schalung, 40x40cm, Bewehrung 150kg/m^3** Decke, Unterzug C25/30, Bewehrung 150 kg/m^3, Schalung, 40x40 cm Einheit: m Balkenlänge	265,00	**293,00**	332,00	
	013 Betonarbeiten				100,0%
03	**DE Unterzug C25/30, glatte Schalung, 30x30cm, Bewehrung 200kg/m^3** Decke, Unterzug C25/30, Bewehrung 200 kg/m^3, Schalung, 30x30 cm Einheit: m Balkenlänge	190,00	**211,00**	238,00	
	013 Betonarbeiten				100,0%
04	**DE Unterzug C25/30, glatte Schalung, 40x40cm, Bewehrung 200kg/m^3** Decke, Unterzug C25/30, Bewehrung 200 kg/m^3, Schalung, 40x40 cm Einheit: m Balkenlänge	286,00	**318,00**	359,00	
	013 Betonarbeiten				100,0%
05	**DE Stahlbeton, Ortbeton, C25/30, 20cm, Bewehrung 80kg/m^3** Decke, Stahlbeton, Ortbeton C25/30, Schalung, Bewehrung 80 kg/m^3, 20 cm Einheit: m^2 Deckenfläche	182,00	**201,00**	233,00	
	013 Betonarbeiten				100,0%
06	**DE Stahlbeton, Ortbeton, C25/30, 20cm, Bewehrung 100kg/m^3** Decke, Stahlbeton, Ortbeton C25/30, Schalung, Bewehrung, 100 kg/m^3, 20 cm Einheit: m^2 Deckenfläche	193,00	**213,00**	246,00	
	013 Betonarbeiten				100,0%
07	**DE Stahlbeton, Ortbeton, C25/30, 25cm, Bewehrung 80kg/m^3** Decke, Stahlbeton, Ortbeton C25/30, Schalung, Bewehrung 80 kg/m^3, 25 cm Einheit: m^2 Deckenfläche	205,00	**226,00**	259,00	
	013 Betonarbeiten				100,0%
08	**DE Stahlbeton, Ortbeton, C25/30, 25cm, Bewehrung 100kg/m^3** Decke, Stahlbeton, Ortbeton C25/30, Schalung, Bewehrung, 100 kg/m^3, 25 cm Einheit: m^2 Deckenfläche	219,00	**241,00**	276,00	
	013 Betonarbeiten				100,0%

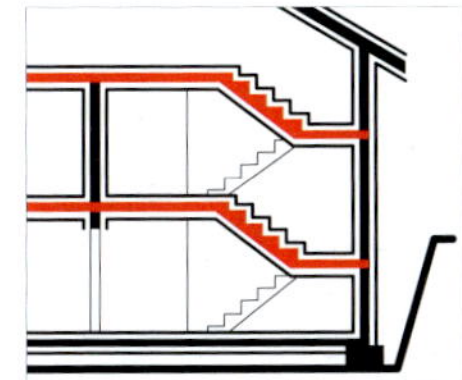

351 Deckenkonstruktionen

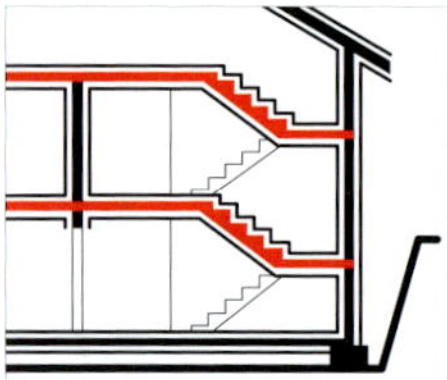

Kosten:
Stand 2. Quartal 2026
Bundesdurchschnitt
inkl. 19% MwSt.

KG.OZ	Herstellen	▷	€/Einheit	◁	LB an EA
351.10	**Stahlbeton, Ortbeton**				
09	**DE Stahlbeton, Ortbeton, C25/30, 25cm, Bewehrung 120kg/m³** Decke, Stahlbeton, Ortbeton C25/30, Schalung, Bewehrung, 120 kg/m³, 25 cm Einheit: m² Deckenfläche	232,00	**256,00**	292,00	
	013 Betonarbeiten				100,0%
10	**DE Stahlbeton, Ortbeton, C25/30, 30cm, Bewehrung 120kg/m³** Decke, Stahlbeton, Ortbeton C25/30, Schalung, Bewehrung, 120 kg/m³, 30 cm Einheit: m² Deckenfläche	261,00	**287,00**	325,00	
	013 Betonarbeiten				100,0%
11	**DE Balkon, Stahlbeton, Ortbeton, C25/30, 20cm, Bewehrung 80kg/m³** Decke für Balkon, Stahlbeton, Ortbeton, C25/30, Schalung, Bewehrung 80 kg/m³, 20 cm, mit Bewehrungsanschluss Einheit: m² Deckenfläche	320,00	**358,00**	414,00	
	013 Betonarbeiten				100,0%
351.20	**Stahlbeton, Fertigteil**				
01	**DE Stahlbeton, Fertigteil, Aufbeton, 20cm, Bewehrung 80kg/m³** Decke, Elementdecke mit Fertigteil und Aufbeton, Bewehrung 80 kg/m³, 20 cm Einheit: m² Deckenfläche	187,00	**206,00**	232,00	
	013 Betonarbeiten				100,0%
02	**DE Stahlbeton, Fertigteil, Aufbeton, 20cm, Bewehrung 100kg/m³** Decke, Elementdecke mit Fertigteil und Aufbeton, Bewehrung 100 kg/m³, 20 cm Einheit: m² Deckenfläche	198,00	**218,00**	246,00	
	013 Betonarbeiten				100,0%
03	**DE Stahlbeton, Fertigteil, Aufbeton, 20cm, Bewehrung 120kg/m³** Decke, Elementdecke mit Fertigteil und Aufbeton, Bewehrung 120 kg/m³, 20 cm Einheit: m² Deckenfläche	209,00	**230,00**	259,00	
	013 Betonarbeiten				100,0%
04	**DE Stahlbeton, Fertigteil, Aufbeton, 22cm, Bewehrung 80kg/m³** Decke, Elementdecke mit Fertigteil und Aufbeton, Bewehrung 80 kg/m³, 22 cm Einheit: m² Deckenfläche	197,00	**215,00**	244,00	
	013 Betonarbeiten				100,0%
05	**DE Stahlbeton, Fertigteil, Aufbeton, 22cm, Bewehrung 100kg/m³** Decke, Elementdecke mit Fertigteil und Aufbeton, Bewehrung 100 kg/m³, 22 cm Einheit: m² Deckenfläche	208,00	**227,00**	257,00	
	013 Betonarbeiten				100,0%

▷ von
ø Mittel
◁ bis

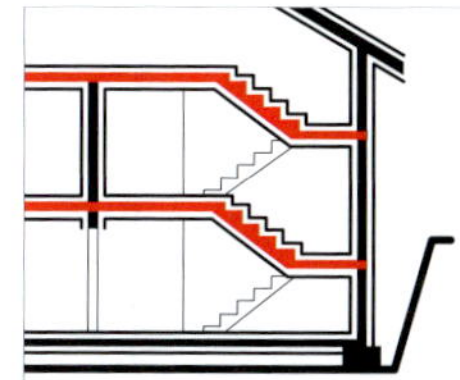

KG.OZ	Herstellen	▷	€/Einheit	◁	LB an EA
351.20	**Stahlbeton, Fertigteil**				
06	**DE Stahlbeton, Fertigteil, Aufbeton, 22cm, Bewehrung 120kg/m³** Decke, Elementdecke mit Fertigteil und Aufbeton, Bewehrung 120 kg/m³, 22 cm Einheit: m² Deckenfläche	219,00	**239,00**	270,00	
	013 Betonarbeiten				100,0%
07	**DE Balkon, Stahlbeton, Fertigteil, 20cm, bewehrt** Decke für Balkon, Stahlbeton, als Fertigteil, Bewehrung, 20 cm, mit Bewehrungsanschluss Einheit: m² Deckenfläche	302,00	**363,00**	386,00	
	013 Betonarbeiten				100,0%
351.30	**Holzkonstruktionen, Holzträgerkonstruktionen**				
01	**DE Unterzug, Nadelholz, 12x20cm** Deckenunterzug aus Vollholz, Nadelholz, 12x20 cm Einheit: m Balkenlänge	49,00	**52,00**	61,00	
	016 Zimmer- und Holzbauarbeiten				100,0%
02	**DE Unterzug, Brettschichtholz, 12x20cm** Deckeunterzug aus Brettschichtholz, 12x20 cm Einheit: m Balkenlänge	54,00	**60,00**	69,00	
	016 Zimmer- und Holzbauarbeiten				100,0%
03	**DE Holz, Brettstapel, gehobelt, 140mm** Decke, Brettschichtholz, 140 mm, gehobelt Einheit: m² Deckenfläche	204,00	**217,00**	219,00	
	016 Zimmer- und Holzbauarbeiten				100,0%
04	**DE Holz, Brettstapel, gehobelt, 160mm** Decke, Brettschichtholz, 160 mm, gehobelt Einheit: m² Deckenfläche	328,00	**379,00**	425,00	
	016 Zimmer- und Holzbauarbeiten				100,0%
05	**DE Holz, Brettstapel, gehobelt, 200mm** Decke, Brettschichtholz, 200 mm, gehobelt Einheit: m² Deckenfläche	349,00	**398,00**	437,00	
	016 Zimmer- und Holzbauarbeiten				100,0%
06	**DE Holz, Balken, Schnittholz, OSB-Belag, Dämmung, Bekleidung** Decke, Holzbalkenkonstruktion, Schnittholz C24, mit OSB-Belag, Mineralwolledämmung 120 mm, Deckenbekleidung mit Gipsplatte auf Federschiene Einheit: m² Deckenfläche	221,00	**239,00**	266,00	
	016 Zimmer- und Holzbauarbeiten				64,0%
	039 Trockenbauarbeiten				36,0%
07	**DE Holz, Balken, Schnittholz, sichtbar, Trockenestrich, Schüttung, Sichtschalung** Decke, Holzbalkenkonstruktion, Schnittholz sichtbar, Deckenschaltung mit N+F Brettern, mit Rieselschutz, Schüttung und Trockenestrich Einheit: m² Deckenfläche	247,00	**274,00**	321,00	
	016 Zimmer- und Holzbauarbeiten				100,0%

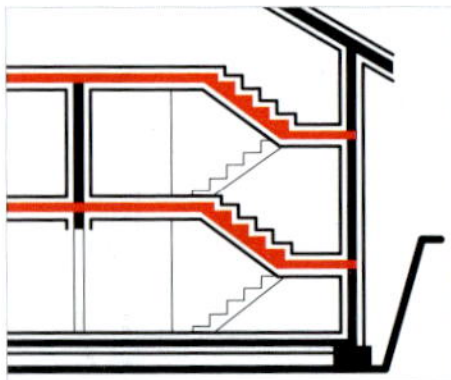

Kosten:
Stand 2. Quartal 2026
Bundesdurchschnitt
inkl. 19% MwSt.

▷ von
ø Mittel
◁ bis

KG.OZ	Herstellen	▷	€/Einheit	◁	LB an EA
351.30	**Holzkonstruktionen, Holzträgerkonstruktionen**				
08	**DE Holz, Balken, Brettschichtholz, OSB-Belag, Dämmung, Deckenbekleidung** Decke, Holzbalkenkonstruktion, Brettschichtholz C24h, mit OSB-Belag, Mineralwolledämmung 120 mm, Deckenbekleidung mit Gipsplatte auf Federschiene Einheit: m² Deckenfläche	244,00	**262,00**	288,00	
	016 Zimmer- und Holzbauarbeiten				67,2%
	039 Trockenbauarbeiten				32,8%
09	**DE Holz, Balken, Brettschichtholz, sichtbar, Trockenestrich, Schüttung, Sichtschalung** Decke, Holzbalkenkonstruktion, Brettschichtholz sichtbar, mit Rieselschutz, Schüttung und Trockenestrich Einheit: m² Deckenfläche	267,00	**298,00**	346,00	
	016 Zimmer- und Holzbauarbeiten				100,0%
351.40	**Treppen, Beton**				
01	**DE Treppe, Ortbeton, gerade, einläufig, 18cm, 1,00m** Treppe aus Stahlbeton, Ortbeton C35/37, gerade, Bewehrung, Schalung, Laufbreite 1,00 m, 18 cm Einheit: m² Treppengrundfläche	679,00	**721,00**	788,00	
	013 Betonarbeiten				100,0%
02	**DE Treppenpodest, Stahlbeton, Ortbeton, 20cm, 1,00/1,00m** Decke als Treppenpodest, Stahlbeton, Ortbeton, Schalung, Bewehrung, 20 cm, 1,00/1,00 m Einheit: m² Podestfläche	228,00	**252,00**	287,00	
	013 Betonarbeiten				100,0%
351.50	**Treppen, Beton-Fertigteil**				
01	**DE Treppe, Betonfertigteil, einläufig, 1,00m** Treppe aus Stahlbeton, Fertigteil, einläufig, Bewehrung, Schalung, Breite 1,00 m Einheit: m² Treppengrundfläche	1.388,00	**1.539,00**	1.662,00	
	013 Betonarbeiten				100,0%
351.60	**Treppen, Metallkonstruktionen**				
01	**DE Treppe, Stahl, gerade, 1,00m, Trittstufen** Treppe aus Stahl mit Trittstufen, gerade, einläufig, Breite 1,00 m, mit Trittstufen Einheit: m² Treppengrundfläche	1.908,00	**2.286,00**	2.844,00	
	031 Metallbauarbeiten				100,0%
02	**DE Treppe, Stahl, gewendelt, 1,00m, Trittstufen** Treppe aus Stahl mit Trittstufen, gewendelt, einläufig, Breite 1,00 m, mit Trittstufen Einheit: m² Treppengrundfläche	2.232,00	**2.479,00**	2.632,00	
	031 Metallbauarbeiten				100,0%
351.70	**Treppen, Holzkonstruktionen**				
01	**DE Treppe, Holz, Wangentreppe, gerade, gestemmt, Trittstufen** Treppe aus Holz, Wangentreppe, gerade, einläufig, mit Trittstufen Einheit: m² Treppengrundfläche	2.434,00	**2.572,00**	2.656,00	
	016 Zimmer- und Holzbauarbeiten				100,0%

KG.OZ	Herstellen	▷	€/Einheit	◁	LB an EA
351.70	**Treppen, Holzkonstruktionen**				
02	**DE Treppe, Holz, Wangentreppe, gerade, aufgesattelt, Tritt-/Setzstufen** Treppe aus Holz, Wangentreppe, gerade, einläufig, aufgesattelt, mit Trittstufen Einheit: m² Treppengrundfläche	4.113,00	**4.651,00**	4.949,00	
	016 Zimmer- und Holzbauarbeiten				100,0%
03	**DE Treppe, Holz, Wangentreppe, halbgewendelt, gestemmt, Trittstufen** Treppe aus Holz, Wangentreppe, halbgewendelt, einläufig, eingestemmt, mit Trittstufen Einheit: m² Treppengrundfläche	3.624,00	**3.736,00**	3.870,00	
	016 Zimmer- und Holzbauarbeiten				100,0%

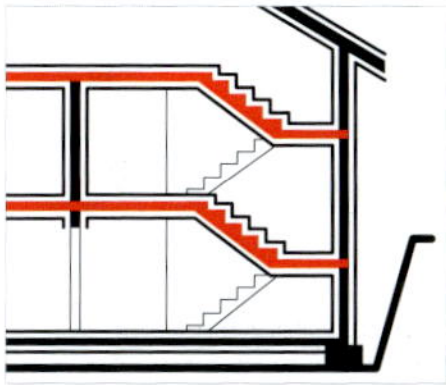

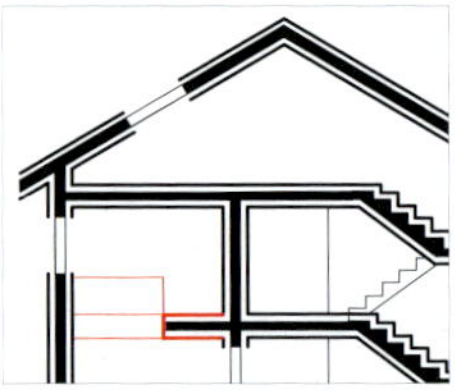

Kosten:
Stand 2. Quartal 2026
Bundesdurchschnitt
inkl. 19% MwSt.

KG.OZ	Herstellen	▷	€/Einheit	◁	LB an EA
352.10	**Deckenöffnungen**				
01	**DE Bodentreppe, Deckel** Bodentreppe in Decke, mit Lukenkasten und Deckel Einheit: m² Öffnungsfläche	1.658,00	**1.862,00**	2.410,00	
	027 Tischlerarbeiten				98,1%
	039 Trockenbauarbeiten				1,9%
02	**DE Bodentreppe, Deckel, EI30** Bodentreppe in Decke, mit Lukenkasten und Deckel, EI30 Einheit: m² Öffnungsfläche	3.525,00	**4.692,00**	6.079,00	
	027 Tischlerarbeiten				99,2%
	039 Trockenbauarbeiten				0,8%

▷ von
ø Mittel
◁ bis

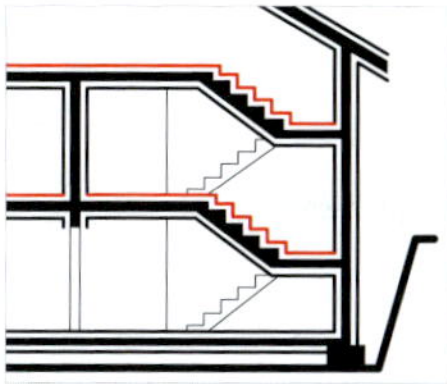

KG.OZ	Herstellen	▷	€/Einheit	◁	LB an EA
353.10	**Beschichtung**				
01	**DE Bodenbeschichtung, Beton, Acryl**	26,00	**29,00**	33,00	
	Decke, Bodenbeschichtung mit Acrylharzlack				
	Einheit: m² Beschichtungsfläche				
	034 Maler- und Lackierarbeiten - Beschichtungen				100,0%
02	**DE Bodenbeschichtung, Beton, Epoxid**	36,00	**40,00**	56,00	
	Decke, Bodenbeschichtung mit Epoxidharz				
	Einheit: m² Beschichtungsfläche				
	034 Maler- und Lackierarbeiten - Beschichtungen				100,0%
03	**DE Bodenbeschichtung, Beton, ölbeständig**	31,00	**40,00**	56,00	
	Decke, Bodenbeschichtung auf Betonuntergrund, ölbeständig				
	Einheit: m² Beschichtungsfläche				
	034 Maler- und Lackierarbeiten - Beschichtungen				100,0%
04	**DE Bodenbeschichtung, Beton, PU**	46,00	**53,00**	72,00	
	Decke, Bodenbeschichtung mit Polyurethanharz				
	Einheit: m² Beschichtungsfläche				
	034 Maler- und Lackierarbeiten - Beschichtungen				100,0%
353.20	**Estrich**				
01	**DE Estrich CT S45, TSD**	44,00	**48,00**	56,00	
	Deckenbelag, schwimmender Estrich, Zementestrich CT S45, mit Trittschalldämmung aus Mineralwolledämmplatten				
	Einheit: m² Belagsfläche				
	025 Estricharbeiten				96,8%
	036 Bodenbelagarbeiten				3,2%
02	**DE Estrich CT S70, TSD**	52,00	**55,00**	63,00	
	Deckenbelag, schwimmender Estrich, Zementestrich CT S70, mit Trittschalldämmung aus Mineralwolledämmplatten				
	Einheit: m² Belagsfläche				
	025 Estricharbeiten				97,1%
	036 Bodenbelagarbeiten				2,9%
03	**DE Estrich CT S55, faserbewehrt, TSD**	48,00	**56,00**	73,00	
	Deckenbelag, schwimmender Estrich, Zementestrich CT S55, faserbewehrt, mit Trittschalldämmung aus Mineralwolledämmplatten				
	Einheit: m² Belagsfläche				
	025 Estricharbeiten				97,1%
	036 Bodenbelagarbeiten				2,9%
04	**DE Estrich CA S45, TSD**	44,00	**48,00**	57,00	
	Deckenbelag, schwimmender Estrich, Calciumsulfat-Estrich CA S45, mit Trittschalldämmung aus Mineralwolledämmplatten				
	Einheit: m² Belagsfläche				
	025 Estricharbeiten				96,6%
	036 Bodenbelagarbeiten				3,4%

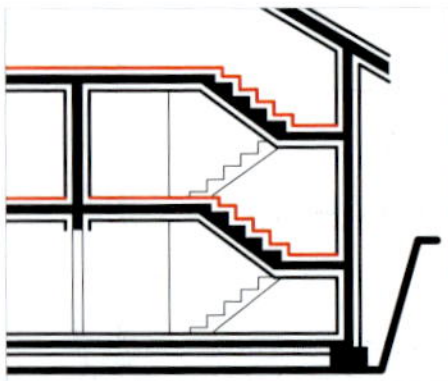

Kosten:
Stand 2. Quartal 2026
Bundesdurchschnitt
inkl. 19% MwSt.

▷ von
ø Mittel
◁ bis

KG.OZ	Herstellen	▷	€/Einheit	◁	LB an EA
353.20	**Estrich**				
05	**DE Estrich CAF S50, TSD**	44,00	**47,00**	56,00	
	Deckenbelag, schwimmender Fliesestrich, Calciumsulfat-Estrich CAF S50, mit Trittschalldämmung aus Mineralwolledämmplatten				
	Einheit: m² Belagsfläche				
	025 Estricharbeiten				96,6%
	036 Bodenbelagarbeiten				3,4%
06	**DE Estrich CT S45, TSD, Abdichtung**	117,00	**125,00**	144,00	
	Deckenbelag, schwimmender Estrich, Zementestrich CT S45, mit Abdichtung und Trittschalldämmung aus Mineralwolledämmplatten				
	Einheit: m² Belagsfläche				
	018 Abdichtungsarbeiten				63,4%
	025 Estricharbeiten				35,3%
	036 Bodenbelagarbeiten				1,3%
07	**DE Estrich CT S70, TSD, Abdichtung**	126,00	**134,00**	154,00	
	Deckenbelag, schwimmender Estrich, Zementestrich CT S70, mit Abdichtung und Trittschalldämmung aus Mineralwolledämmplatten				
	Einheit: m² Belagsfläche				
	018 Abdichtungsarbeiten				58,8%
	025 Estricharbeiten				39,9%
	036 Bodenbelagarbeiten				1,2%
08	**DE Estrich CT S45, EPS 60mm, TSD**	58,00	**63,00**	74,00	
	Deckenbelag, schwimmender Estrich, Zementestrich CT S45, Wärmedämmung EPS 60 mm, mit Trittschalldämmung				
	Einheit: m² Belagsfläche				
	025 Estricharbeiten				97,4%
	036 Bodenbelagarbeiten				2,6%
09	**DE Estrich CT S70, EPS 60mm, TSD**	68,00	**73,00**	83,00	
	Deckenbelag, schwimmender Estrich, Zementestrich CT S70, Wärmedämmung EPS 60 mm, mit Trittschalldämmung				
	Einheit: m² Belagsfläche				
	025 Estricharbeiten				97,8%
	036 Bodenbelagarbeiten				2,2%
10	**DE Estrich CT S70, Gitterbewehrung, EPS 60mm, TSD**	75,00	**81,00**	92,00	
	Deckenbelag, schwimmender Estrich, Zementestrich CT S70, bewehrt mit Gittergewebe, Wärmedämmung EPS 60 mm, mit Trittschalldämmung				
	Einheit: m² Belagsfläche				
	025 Estricharbeiten				98,0%
	036 Bodenbelagarbeiten				2,0%
11	**DE Estrich CA S45, EPS 60mm, TSD**	60,00	**66,00**	77,00	
	Deckenbelag, schwimmender Estrich, Calciumsulfat-Estrich CA S45, Wärmedämmung EPS 60 mm, mit Trittschalldämmung				
	Einheit: m² Belagsfläche				
	025 Estricharbeiten				97,5%
	036 Bodenbelagarbeiten				2,5%

KG.OZ	Herstellen	▷	€/Einheit	◁	LB an EA

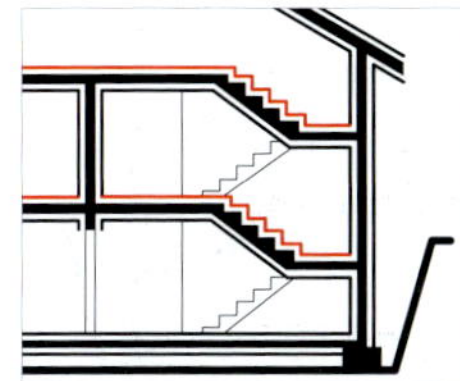

353.20 Estrich

		▷	€/Einheit	◁	LB an EA
12	**DE Estrich CAF S50, EPS 60mm, TSD**	59,00	**65,00**	77,00	
	Deckenbelag, schwimmender Fliesestrich, Calciumsulfat-Estrich CAF S50, Wärmedämmung EPS 60 mm, mit Trittschalldämmung				
	Einheit: m² Belagsfläche				
	025 Estricharbeiten				97,5%
	036 Bodenbelagarbeiten				2,5%
13	**DE Heizestrich CT S45, EPS 60mm, TSD**	67,00	**73,00**	86,00	
	Deckenbelag, Heizestrich in Bauart A auf Decke, Zementestrich CT S45, Wärmedämmung EPS 60 mm, mit Trittschalldämmung				
	Einheit: m² Belagsfläche				
	025 Estricharbeiten				97,8%
	036 Bodenbelagarbeiten				2,2%
14	**DE Heizestrich CAF S45, EPS 60mm, TSD**	69,00	**76,00**	88,00	
	Deckenbelag, Heizfliesestrich in Bauart A auf Decke, Calciumsulfat-Estrich CAF S50, Wärmedämmung EPS 60 mm, mit Trittschalldämmung				
	Einheit: m² Belagsfläche				
	025 Estricharbeiten				97,9%
	036 Bodenbelagarbeiten				2,1%
15	**DE Trockenestrich, GF-Platten, TDS**	70,00	**79,00**	92,00	
	Deckenbelag, Heizestrich in Bauart A, Zementestrich CT S65, Trittschalldämmung				
	Einheit: m² Belagsfläche				
	025 Estricharbeiten				17,3%
	036 Bodenbelagarbeiten				2,1%
	039 Trockenbauarbeiten				80,6%
16	**DE Trockenestrich, GF-Platten, EPS 60mm, TDS**	85,00	**96,00**	112,00	
	Deckenbelag, Heizestrich in Bauart A, Zementestrich CT S65, Wärmedämmung EPS 60 mm, mit Trittschalldämmung				
	Einheit: m² Belagsfläche				
	025 Estricharbeiten				32,4%
	036 Bodenbelagarbeiten				1,7%
	039 Trockenbauarbeiten				65,9%
17	**DE Trockenestrich, GF-Platten, EPS 60mm, TDS**	85,00	**96,00**	112,00	
	Deckenbelag, Heizestrich in Bauart A, Zementestrich CT S65, Wärmedämmung EPS 60 mm, mit Trittschalldämmung				
	Einheit: m² Belagsfläche				
	025 Estricharbeiten				32,4%
	036 Bodenbelagarbeiten				1,7%
	039 Trockenbauarbeiten				65,9%

353.30 Fliesen und Platten

		▷	€/Einheit	◁	LB an EA
01	**DE Bodenfliesen, Sockelfliesen, 20x20cm**	150,00	**165,00**	185,00	
	Deckenbelag aus Bodenfliesen, 20x20 cm, Sockelfliesen, Verfugung, elast. Fugen, Trennschiene, Untergrundvorbereitung				
	Einheit: m² Belagsfläche				
	024 Fliesen- und Plattenarbeiten				100,0%

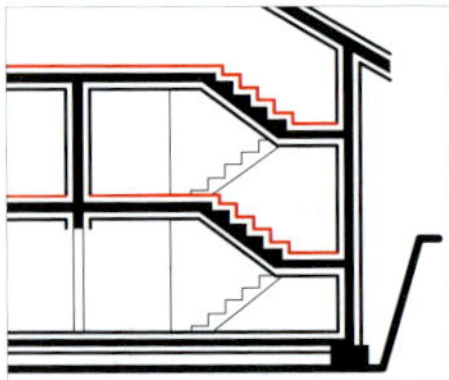

Kosten:
Stand 2. Quartal 2026
Bundesdurchschnitt
inkl. 19% MwSt.

KG.OZ	Herstellen	▷	€/Einheit	◁	LB an EA
353.30	**Fliesen und Platten**				
02	**DE Bodenfliesen, Sockelfliesen, 30x30cm** Deckenbelag aus Bodenfliesen, 30x30 cm, Sockelfliesen, Verfugung, elast. Fugen, Trennschiene, Untergrundvorbereitung Einheit: m² Belagsfläche	139,00	**155,00**	170,00	
	024 Fliesen- und Plattenarbeiten				100,0%
03	**DE Bodenfliesen, Sockelfliesen, 30x60cm** Deckenbelag aus Bodenfliesen, 30x60 cm, Sockelfliesen, Verfugung, elast. Fugen, Trennschiene, Untergrundvorbereitung Einheit: m² Belagsfläche	148,00	**163,00**	187,00	
	024 Fliesen- und Plattenarbeiten				100,0%
04	**DE Bodenfliesen, Sockelfliesen, 60x60cm** Deckenbelag aus Bodenfliesen, 60x60 cm, Sockelfliesen, Verfugung, elast. Fugen, Trennschiene, Untergrundvorbereitung Einheit: m² Belagsfläche	192,00	**211,00**	242,00	
	024 Fliesen- und Plattenarbeiten				100,0%
05	**DE Bodenfliesen, Sockelfliesen, 20x20cm, Verbund-abdichtung** Deckenbelag aus Bodenfliesen, 20x20 cm, Sockelfliesen, Verfugung, elast. Fugen, Trennschiene, Untergrundvorbereitung, Verbundabdichtung Einheit: m² Belagsfläche	173,00	**195,00**	218,00	
	024 Fliesen- und Plattenarbeiten				100,0%
06	**DE Bodenfliesen, Sockelfliesen, 30x30cm, Verbund-abdichtung** Deckenbelag aus Bodenfliesen, 30x30 cm, Sockelfliesen, Verfugung, elast. Fugen, Trennschiene, Untergrundvorbereitung, Verbundabdichtung Einheit: m² Belagsfläche	178,00	**202,00**	221,00	
	024 Fliesen- und Plattenarbeiten				100,0%
07	**DE Bodenfliesen, Sockelfliesen, 30x60cm, Verbund-abdichtung** Deckenbelag aus Bodenfliesen, 30x60 cm, Sockelfliesen, Verfugung, elast. Fugen, Trennschiene, Untergrundvorbereitung, Verbundabdichtung Einheit: m² Belagsfläche	148,00	**163,00**	187,00	
	024 Fliesen- und Plattenarbeiten				100,0%
08	**DE Bodenfliesen, Treppen** Treppenbelag aus Bodenfliesen Einheit: m² Belagsfläche	297,00	**313,00**	368,00	
	024 Fliesen- und Plattenarbeiten				100,0%
353.40	**Naturstein**				
01	**DE Natursteinbelag, Granit, Natursteinsockel** Deckenbelag aus Naturstein, Granit D= bis 30 mm, inkl. Natursteinsockel, H= 80 mm, Verfugung, elast. Fugen, Trennschiene, Untergrundvorbereitung, Erstpflege Einheit: m² Belagsfläche	341,00	**431,00**	470,00	
	014 Natur-, Betonwerksteinarbeiten				100,0%

▷ von
ø Mittel
◁ bis

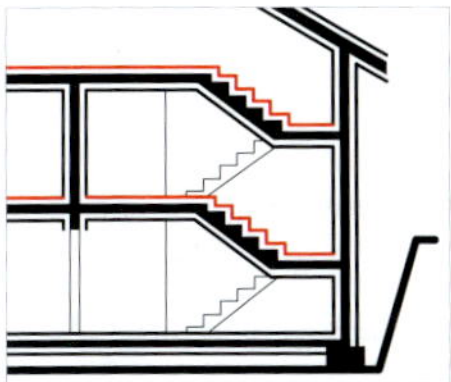

KG.OZ	Herstellen	▷	€/Einheit	◁	LB an EA
353.40	**Naturstein**				
02	**DE Natursteinbelag, Marmor, Natursteinsockel** Deckenbelag aus Naturstein, Marmor D 10mm, inkl. Natursteinsockel, H= 80mm, Verfugung, elast. Fugen, Trennschiene, Untergrundvorbereitung, Erstpflege Einheit: m² Belagsfläche	349,00	**363,00**	397,00	
	014 Natur-, Betonwerksteinarbeiten				100,0%
03	**DE Natursteinbelag, Kalksandstein, Natursteinsockel** Deckenbelag aus Naturstein, Kalksandstein D= bis 20mm, inkl. Natursteinsockel, H= 80mm, Verfugung, elast. Fugen, Trennschiene, Untergrundvorbereitung, Erstpflege Einheit: m² Belagsfläche	342,00	**395,00**	511,00	
	014 Natur-, Betonwerksteinarbeiten				100,0%
04	**DE Natursteinbelag, Sockelfliesen, Verbundabdichtung** Deckenbelag aus Naturstein D= bis 30mm, inkl. Natursteinsockel, H= 80mm, Verfugung, elast. Fugen, Trennschiene, Untergrundvorbereitung, Erstpflege, Verbundabdichtung Einheit: m² Belagsfläche	363,00	**459,00**	499,00	
	014 Natur-, Betonwerksteinarbeiten				100,0%
353.50	**Textil**				
01	**DE Textilbelag, Nadelvlies, Sockelleiste** Belag auf Deckenplatte, aus Nadelvlies verklebt, Sockelleisten aus Holz, Trennschiene, Untergrundreinigung und Haftgrund Einheit: m² Belagsfläche	89,00	**100,00**	115,00	
	036 Bodenbelagarbeiten				100,0%
02	**DE Textilbelag, Kugelgarn, Sockelleiste** Belag auf Deckenplatte, aus Kugelgarn verklebt, Sockelleisten aus Holz, Trennschiene, Untergrundreinigung und Haftgrund Einheit: m² Belagsfläche	112,00	**120,00**	156,00	
	036 Bodenbelagarbeiten				100,0%
03	**DE Textilbelag, Tufting, Sockelleiste** Belag auf Deckenplatte, aus Tufting verklebt, Sockelleisten aus Holz, Trennschiene, Untergrundreinigung und Haftgrund Einheit: m² Belagsfläche	122,00	**135,00**	153,00	
	036 Bodenbelagarbeiten				100,0%
04	**DE Textilbelag, Kunstfaser gewebt, Sockelleiste** Belag auf Deckenplatte, aus gewebter Kunstfaserteppich verklebt, Sockelleisten aus Holz, Trennschiene, Untergrundreinigung und Haftgrund Einheit: m² Belagsfläche	103,00	**110,00**	125,00	
	036 Bodenbelagarbeiten				100,0%
05	**DE Textilbelag, Naturhaar-Polyamid, Sockelleiste** Belag auf Deckenplatte, aus Naturhaar-Polyamidmischung verklebt, Sockelleisten aus Holz, Trennschiene, Untergrundreinigung und Haftgrund Einheit: m² Belagsfläche	115,00	**123,00**	139,00	
	036 Bodenbelagarbeiten				100,0%

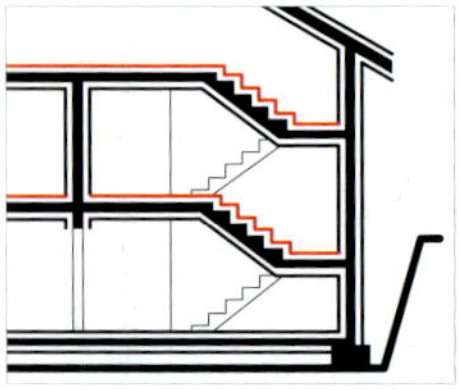

Kosten:
Stand 2. Quartal 2026
Bundesdurchschnitt
inkl. 19% MwSt.

▷ von
ø Mittel
◁ bis

KG.OZ	Herstellen	▷	€/Einheit	◁	LB an EA
353.50	**Textil**				
06	**DE Textilbelag, Naturfaser, Sockelleiste** Belag auf Deckenplatte, aus Naturfasern verklebt, Sockelleisten aus Holz, Trennschiene, Untergrundreinigung und Haftgrund Einheit: m² Belagsfläche	155,00	**167,00**	192,00	
	036 Bodenbelagarbeiten				100,0%
353.60	**Holz**				
01	**DE Fertigparkett, Eiche, beschichtet, Sockelleiste** Deckenbelag als Fertigparkett, Eiche 14 mm, versiegelt, Sockelleiste aus Holz, Trennschiene, Untergrundvorbereitung Einheit: m² Belagsfläche	186,00	**206,00**	237,00	
	028 Parkett-, Holzpflasterarbeiten				100,0%
02	**DE Fertigparkett, Buche, beschichtet, Sockelleiste** Deckenbelag als Fertigparkett, Buche 14 mm, versiegelt, Sockelleiste aus Holz, Trennschiene, Untergrundvorbereitung Einheit: m² Belagsfläche	169,00	**186,00**	213,00	
	028 Parkett-, Holzpflasterarbeiten				100,0%
03	**DE Stabparkett, Eiche, geschliffen/behandelt, Sockelleiste** Deckenbelag als Stabparkett, Eiche 22 mm, schleifen und nachbehandeln, Sockelleiste aus Holz, Trennschiene, Untergrundvorbereitung Einheit: m² Belagsfläche	219,00	**240,00**	260,00	
	028 Parkett-, Holzpflasterarbeiten				100,0%
04	**DE Stabparkett, Buche, geschliffen/behandelt, Sockelleiste** Deckenbelag als Stabparkett, Buche 22 mm, schleifen und nachbehandeln, Sockelleiste aus Holz, Trennschiene, Untergrundvorbereitung Einheit: m² Belagsfläche	235,00	**245,00**	257,00	
	028 Parkett-, Holzpflasterarbeiten				100,0%
05	**DE Mosaikparkett, Eiche, geschliffen/behandelt, Sockelleiste** Deckenbelag als Mosaikparkett, Eiche 8 mm, schleifen und nachbehandeln, Sockelleiste aus Holz, Trennschiene, Untergrundvorbereitung Einheit: m² Belagsfläche	157,00	**177,00**	198,00	
	028 Parkett-, Holzpflasterarbeiten				100,0%
06	**DE Mosaikparkett, Buche, geschliffen/behandelt, Sockelleiste** Deckenbelag als Mosaikparkett, Buche 8 mm, schleifen und nachbehandeln, Sockelleiste aus Holz, Trennschiene, Untergrundvorbereitung Einheit: m² Belagsfläche	181,00	**201,00**	233,00	
	028 Parkett-, Holzpflasterarbeiten				100,0%
07	**DE Lamparkett, Eiche, geschliffen/behandelt, Sockelleiste** Deckenbelag als Lamparkett, Eiche 10 mm, schleifen und nachbehandeln, Sockelleiste aus Holz, Trennschiene, Untergrundvorbereitung Einheit: m² Belagsfläche	212,00	**275,00**	310,00	
	028 Parkett-, Holzpflasterarbeiten				100,0%

353.70 Hartbeläge

01	**DE Naturkorkparkett, 12mm, Sockelleiste** Deckenbelag aus Naturkork-Fertigparkett 12mm, Sockelleisten aus Holz, Trennschiene, Untergrundvorbereitung, Erstpflege Einheit: m² Belagsfläche	108,00	**124,00**	139,00	
	036 Bodenbelagarbeiten				100,0%
02	**DE Linoleumbelag, 2,5mm, Sockelleiste** Deckenbelag aus Linoleumbahnen 2,5mm, Nähte verschweißt, Sockelleisten Lino, Trennschiene, Untergrundvorbereitung, Erstpflege Einheit: m² Belagsfläche	86,00	**97,00**	122,00	
	036 Bodenbelagarbeiten				100,0%
03	**DE PVC-Belag, 3,0mm, Sockelleiste** Deckenbelag aus PVC-Bahnen 3,0mm, Nähte verschweißt, Sockelleisten PVC, Trennschiene, Untergrundvorbereitung, Erstpflege Einheit: m² Belagsfläche	91,00	**103,00**	120,00	
	036 Bodenbelagarbeiten				100,0%
04	**DE PVC-Planken, Vinyl, schwimmend, Sockelleiste** Deckenbelag aus mehrschichtigen PVC-Planken im Klick-Verfahren, Sockelleiste aus Holz, Trennschiene, Untergrundvorbereitung, Erstpflege Einheit: m² Belagsfläche	123,00	**145,00**	184,00	
	036 Bodenbelagarbeiten				100,0%
05	**DE PVC-Planken, Vinyl, geklebt, Sockelleiste** Deckenbelag aus mehrschichtigen PVC-Planken geklebt, Sockelleiste aus Holz, Trennschiene, Untergrundvorbereitung, Erstpflege Einheit: m² Belagsfläche	107,00	**125,00**	153,00	
	036 Bodenbelagarbeiten				100,0%

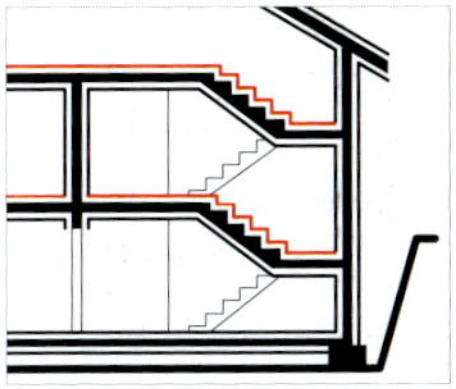

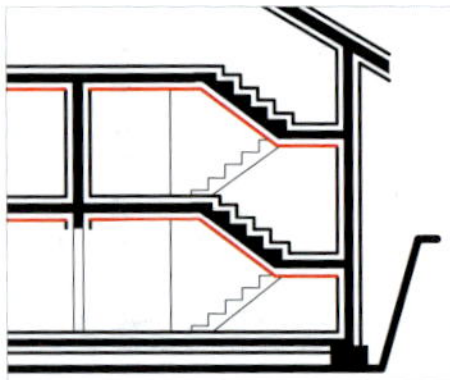

Kosten:
Stand 2. Quartal 2026
Bundesdurchschnitt
inkl. 19% MwSt.

▷ von
ø Mittel
◁ bis

KG.OZ	Herstellen	▷	€/Einheit	◁	LB an EA
354.10	**Oberflächenbehandlung**				
01	**DE Beschichtung, Dispersion, auf Beton, waschbeständig**	12,00	**14,00**	16,00	
	Deckenbeschichtung mit Dispersionsfarbe, waschbeständig, auf Beton				
	Einheit: m² Beschichtungsfläche				
	034 Maler- und Lackierarbeiten - Beschichtungen				100,0%
02	**DE Beschichtung, Dispersion, auf Putz, waschbeständig**	9,80	**11,00**	14,00	
	Deckenbeschichtung mit Dispersionsfarbe, waschbeständig, auf Putz				
	Einheit: m² Beschichtungsfläche				
	034 Maler- und Lackierarbeiten - Beschichtungen				100,0%
03	**DE Beschichtung, Silikatfarbe, auf Putz**	13,00	**14,00**	17,00	
	Deckenbeschichtung mit Silikatbeschichtung, auf Putz				
	Einheit: m² Beschichtungsfläche				
	034 Maler- und Lackierarbeiten - Beschichtungen				100,0%
04	**DE Beschichtung, Lasur, Holz**	26,00	**29,00**	35,00	
	Deckenbeschichtung als Lasur, auf Holzflächen				
	Einheit: m² Beschichtungsfläche				
	034 Maler- und Lackierarbeiten - Beschichtungen				100,0%
354.20	**Putz**				
01	**DE Putz, Gips, einlagig, gefilzt, Q2**	39,00	**44,00**	49,00	
	Deckenbekleidung mit Gipsputz, einlagig, gefilzt, Q2				
	Einheit: m² Bekleidungsfläche				
	023 Putz- und Stuckarbeiten, Wärmedämmsysteme				87,0%
	034 Maler- und Lackierarbeiten - Beschichtungen				13,0%
02	**DE Putz, Gips, einlagig, geglättet, Q3**	42,00	**48,00**	54,00	
	Deckenbekleidung mit Gipsputz, einlagig, geglättet, Q3				
	Einheit: m² Bekleidungsfläche				
	023 Putz- und Stuckarbeiten, Wärmedämmsysteme				87,9%
	034 Maler- und Lackierarbeiten - Beschichtungen				12,1%
03	**DE Putz, Gips, einlagig, gefilzt, Q2, Treppenhaus**	41,00	**50,00**	64,00	
	Deckenbekleidung mit Gipsputz, einlagig, gefilzt, Q2, Treppenhaus				
	Einheit: m² Bekleidungsfläche				
	023 Putz- und Stuckarbeiten, Wärmedämmsysteme				88,5%
	034 Maler- und Lackierarbeiten - Beschichtungen				11,5%
04	**DE Putz, Kalkgips, einlagig, gefilzt, Q2**	40,00	**44,00**	53,00	
	Deckenbekleidung mit Kalkgipsputz, einlagig, gefilzt, Q2				
	Einheit: m² Bekleidungsfläche				
	023 Putz- und Stuckarbeiten, Wärmedämmsysteme				86,9%
	034 Maler- und Lackierarbeiten - Beschichtungen				13,1%
05	**DE Putz, Kalkgips, einlagig, geglättet, Q3**	45,00	**50,00**	60,00	
	Deckenbekleidung mit Kalkgipsputz, einlagig, geglättet, Q3				
	Einheit: m² Bekleidungsfläche				
	023 Putz- und Stuckarbeiten, Wärmedämmsysteme				88,4%
	034 Maler- und Lackierarbeiten - Beschichtungen				11,6%

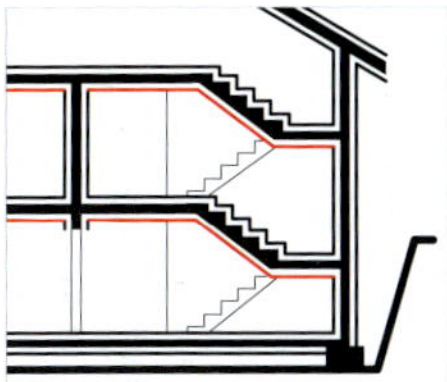

354.30 Bekleidung auf Unterkonstruktion

KG.OZ	Herstellen	▷	€/Einheit	◁	LB an EA
01	**DE Bekleidung, Gipsplatten, einlagig, Federschiene, Randanschluss** Deckenbekleidung mit Gipsplatten 12,5mm, einlagig auf Federschiene, mit Randanschluss Einheit: m² Bekleidungsfläche	114,00	**122,00**	139,00	
	023 Putz- und Stuckarbeiten, Wärmedämmsysteme				1,1%
	039 Trockenbauarbeiten				98,9%

354.40 Tapeten

KG.OZ	Herstellen	▷	€/Einheit	◁	LB an EA
01	**DE Tapete, Raufaser, fein, Dispersionsbeschichtung** Deckenbekleidung mit Raufasertapeten, fein, mit Dispersionsbeschichtung Einheit: m² Bekleidungsfläche	25,00	**28,00**	34,00	
	034 Maler- und Lackierarbeiten - Beschichtungen				9,0%
	037 Tapezierarbeiten				91,0%
02	**DE Tapete, Raufaser, grob, Dispersionsbeschichtung** Deckenbekleidung mit Raufasertapeten, grob, mit Dispersionsbeschichtung Einheit: m² Bekleidungsfläche	27,00	**31,00**	38,00	
	034 Maler- und Lackierarbeiten - Beschichtungen				8,4%
	037 Tapezierarbeiten				91,6%
03	**DE Tapete, Glasfaser, fein, Dispersionsbeschichtung** Deckenbekleidung mit Glasfasertapeten fein, mit Dispersionsbeschichtung Einheit: m² Bekleidungsfläche	44,00	**50,00**	56,00	
	034 Maler- und Lackierarbeiten - Beschichtungen				5,1%
	037 Tapezierarbeiten				94,9%
04	**DE Tapete, Glasfaser, grob, Dispersionsbeschichtung** Deckenbekleidung mit Glasfasertapeten, grob, mit Dispersionsbeschichtung Einheit: m² Bekleidungsfläche	43,00	**49,00**	56,00	
	034 Maler- und Lackierarbeiten - Beschichtungen				5,2%
	037 Tapezierarbeiten				94,8%

354.50 Abgehängte Bekleidung

KG.OZ	Herstellen	▷	€/Einheit	◁	LB an EA
01	**DE Bekleidung, Gipsplatten, abgehängt, einlagig, Randanschluss** Deckenbekleidung mit Gipsplatten 12,5mm, einlagig, als abgehängte Decke, mit Randanschluss Einheit: m² Bekleidungsfläche	111,00	**122,00**	141,00	
	023 Putz- und Stuckarbeiten, Wärmedämmsysteme				1,1%
	039 Trockenbauarbeiten				98,9%
02	**DE Bekleidung, Gipsplatten, abgehängt, zweilagig, Randanschluss** Deckenbekleidung mit Gipsplatten 12,5mm, zweilagig, als abgehängte Decke, mit Randanschluss Einheit: m² Bekleidungsfläche	147,00	**161,00**	190,00	
	023 Putz- und Stuckarbeiten, Wärmedämmsysteme				0,8%
	039 Trockenbauarbeiten				99,2%

Übersicht- 1. + 2. Ebene
Erweiterung
Umbau
Moderni- sierung
Instand- setzung
Bau- elemente
Abbrechen
Wieder- herstellen
Herstellen

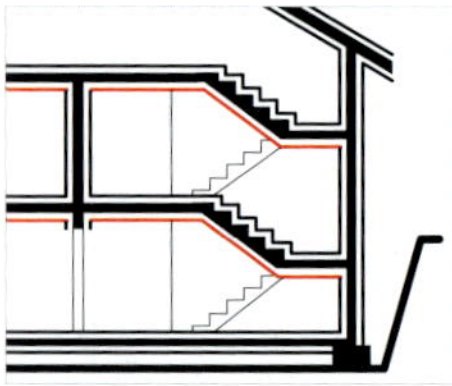

Kosten:
Stand 2. Quartal 2026
Bundesdurchschnitt
inkl. 19% MwSt.

▷ von
ø Mittel
◁ bis

KG.OZ	Herstellen	▷	€/Einheit	◁	LB an EA
354.50	**Abgehängte Bekleidung**				
03	**DE Bekleidung, Gipsplatten, abgehängt, zweilagig, Randanschluss, EI90** Deckenbekleidung mit Gipsplatten 12,5 mm, zweilagig, als abgehängte Decke, mit Randanschluss, mit Brandschutz EI90 Einheit: m² Bekleidungsfläche	203,00	**253,00**	330,00	
	023 Putz- und Stuckarbeiten, Wärmedämmsysteme				0,5%
	039 Trockenbauarbeiten				99,5%
04	**DE Bekleidung, Gipsplatten, abgehängt, einlagig, Dämmung, Randanschluss** Deckenbekleidung mit Gipsplatten 12,5 mm, einlagig, als abgehängte Decke, mit Dämmlage und Randanschluss Einheit: m² Bekleidungsfläche	127,00	**141,00**	164,00	
	023 Putz- und Stuckarbeiten, Wärmedämmsysteme				1,0%
	039 Trockenbauarbeiten				99,0%
05	**DE Bekleidung, Gipsplatten, abgehängt, zweilagig, Dämmung, Randanschluss** Deckenbekleidung mit Gipsplatten 12,5 mm, zweilagig, als abgehängte Decke, mit Dämmlage und Randanschluss Einheit: m² Bekleidungsfläche	163,00	**179,00**	214,00	
	023 Putz- und Stuckarbeiten, Wärmedämmsysteme				0,8%
	039 Trockenbauarbeiten				99,2%
06	**DE Bekleidung, Gipsplatten, abgehängt, zweilagig, Dämmung, Randanschluss, EI90** Deckenbekleidung mit Gipsplatten 12,5 mm, zweilagig, als abgehängte Decke, mit Dämmlage und Randanschluss, mit Brandschutz EI90 Einheit: m² Bekleidungsfläche	219,00	**272,00**	354,00	
	023 Putz- und Stuckarbeiten, Wärmedämmsysteme				0,5%
	039 Trockenbauarbeiten				99,5%
07	**DE Bekleidung, Zementplatten, abgehängt, einlagig, Randanschluss** Deckenbekleidung mit Zementplatten 12,5 mm, einlagig, als abgehängte Decke, mit Randanschluss Einheit: m² Bekleidungsfläche	188,00	**205,00**	231,00	
	023 Putz- und Stuckarbeiten, Wärmedämmsysteme				0,7%
	039 Trockenbauarbeiten				99,3%

KG.OZ	Herstellen	▷	€/Einheit	◁	LB an EA
359.10	**Umwehrungen/Handläufe**				
01	**DE Brüstung, Metall, Flachstahl, beschichtet**	688,00	**783,00**	890,00	
	Brüstungsgeländer aus Metall, mit Flachstahlfüllung, beschichtet				
	Einheit: m² Geländerfläche				
	031 Metallbauarbeiten				92,2%
	034 Maler- und Lackierarbeiten - Beschichtungen				7,8%
02	**DE Brüstung, Metall, Lochblech, beschichtet**	604,00	**677,00**	799,00	
	Brüstungsgeländer aus Metall, mit Lochblechfüllung, beschichtet				
	Einheit: m² Geländerfläche				
	031 Metallbauarbeiten				91,0%
	034 Maler- und Lackierarbeiten - Beschichtungen				9,0%
03	**DE Geländer, Metall, Flachstahl, beschichtet**	688,00	**783,00**	890,00	
	Geländer aus Metall, mit Flachstahlfüllung, beschichtet				
	Einheit: m² Geländerfläche				
	031 Metallbauarbeiten				92,2%
	034 Maler- und Lackierarbeiten - Beschichtungen				7,8%
04	**DE Geländer, Metall, Lochblech, beschichtet**	604,00	**677,00**	799,00	
	Geländer aus Metall, mit Lochblechfüllung, beschichtet				
	Einheit: m² Geländerfläche				
	031 Metallbauarbeiten				91,0%
	034 Maler- und Lackierarbeiten - Beschichtungen				9,0%
05	**DE Geländer, Holz, Handlauf, Füllung, Stäbe**	596,00	**656,00**	771,00	
	Geländer aus Holz, mit Handlauf aus geformtem Vollholzprofil und Füllung aus senkrechten Vollstäben, oberflächenfertig				
	Einheit: m² Geländerfläche				
	027 Tischlerarbeiten				100,0%

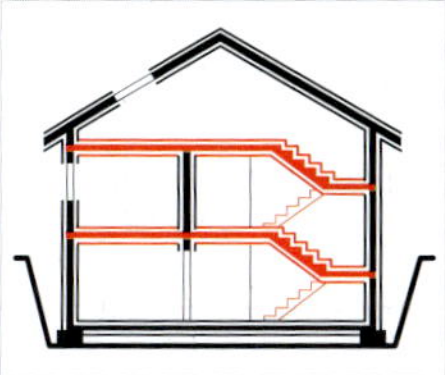

Kosten:
Stand 2. Quartal 2026
Bundesdurchschnitt
inkl. 19% MwSt.

▷ von
ø Mittel
◁ bis

KG.OZ	Herstellen	▷	€/Einheit	◁	LB an EA
361.10	**Stahlbeton, Ortbeton**				
01	**DA Unterzug, C25/30, 30x30cm, Bewehrung 150kg/m³** Dach, Unterzug C25/30, Bewehrung 150 kg/m³, glatte Schalung, 30x30 cm Einheit: m Balkenlänge	179,00	**199,00**	225,00	
	013 Betonarbeiten				100,0%
02	**DA Unterzug, C25/30, 30x30cm, Bewehrung 200kg/m³** Dach, Unterzug C25/30, Bewehrung 200 kg/m³, glatte Schalung, 30x30 cm Einheit: m Balkenlänge	190,00	**211,00**	238,00	
	013 Betonarbeiten				100,0%
03	**DA Unterzug, C25/30, 40x40cm, Bewehrung 150kg/m³** Dach, Unterzug C25/30, Bewehrung 150 kg/m³, glatte Schalung, 40x40 cm Einheit: m Balkenlänge	265,00	**293,00**	332,00	
	013 Betonarbeiten				100,0%
04	**DA Unterzug, C25/30, 40x40cm, Bewehrung 200kg/m³** Dach, Unterzug C25/30, Bewehrung 200 kg/m³, glatte Schalung, 40x40 cm Einheit: m Balkenlänge	286,00	**318,00**	359,00	
	013 Betonarbeiten				100,0%
05	**DA flach, Stahlbetondecke, C25/30, 20cm, Bewehrung 80kg/m³** Dach, flach/flach geneigt, aus Stahlbeton, Ortbeton C25/30, glatte Schalung, Bewehrung, 80 kg/m³, 20 cm Einheit: m² Dachfläche	173,00	**189,00**	217,00	
	013 Betonarbeiten				100,0%
06	**DA flach, Stahlbetondecke, C25/30, 20cm, Bewehrung 100kg/m³** Dach, flach/flach geneigt, aus Stahlbeton, Ortbeton C25/30, glatte Schalung, Bewehrung, 100 kg/m³, 20 cm Einheit: m² Dachfläche	184,00	**201,00**	230,00	
	013 Betonarbeiten				100,0%
07	**DA flach, Stahlbetondecke, C25/30, 25cm, Bewehrung 80kg/m³** Dach, flach/flach geneigt, aus Stahlbeton, Ortbeton C25/30, glatte Schalung, Bewehrung, 80 kg/m³, 25 cm Einheit: m² Dachfläche	196,00	**214,00**	243,00	
	013 Betonarbeiten				100,0%
08	**DA flach, Stahlbetondecke, C25/30, 25cm, Bewehrung 100kg/m³** Dach, flach/flach geneigt, aus Stahlbeton, Ortbeton C25/30, glatte Schalung, Bewehrung, 100 kg/m³, 25 cm Einheit: m² Dachfläche	209,00	**229,00**	260,00	
	013 Betonarbeiten				100,0%
09	**DA flach, Stahlbetondecke, C25/30, 25cm, Bewehrung 120kg/m³** Dach, flach/flach geneigt, aus Stahlbeton, Ortbeton C25/30, glatte Schalung, Bewehrung, 120 kg/m³, 25 cm Einheit: m² Dachfläche	229,00	**252,00**	286,00	
	013 Betonarbeiten				100,0%

361.10 Stahlbeton, Ortbeton

10	**DA flach, Stahlbetondecke, C25/30, 30cm, Bewehrung 120kg/m³**	258,00	**283,00**	319,00	
	Dach, flach/flach geneigt, aus Stahlbeton, Ortbeton C25/30, glatte Schalung, Bewehrung, 120 kg/m³, 30 cm				
	Einheit: m² Dachfläche				
	013 Betonarbeiten				100,0%

361.20 Stahlbeton, Fertigteil

01	**DA flach, Stahlbeton, Fertigteil, Aufbeton, 20cm, Bewehrung 80kg/m³**	184,00	**202,00**	226,00	
	Dach, flach/flach geneigt, aus Stahlbeton, als Elementdecke mit Fertigteil und Aufbeton, Bewehrung 80 kg/m³, 20 cm				
	Einheit: m² Dachfläche				
	013 Betonarbeiten				100,0%
02	**DA flach, Stahlbeton, Fertigteil, Aufbeton, 20cm, Bewehrung 100kg/m³**	195,00	**214,00**	239,00	
	Dach, flach/flach geneigt, aus Stahlbeton, als Elementdecke mit Fertigteil und Aufbeton, Bewehrung 100 kg/m³, 20 cm				
	Einheit: m² Dachfläche				
	013 Betonarbeiten				100,0%
03	**DA flach, Stahlbeton, Fertigteil, Aufbeton, 20cm, Bewehrung 120kg/m³**	206,00	**226,00**	253,00	
	Dach, flach/flach geneigt, aus Stahlbeton, als Elementdecke mit Fertigteil und Aufbeton, Bewehrung 120 kg/m³, 20 cm				
	Einheit: m² Dachfläche				
	013 Betonarbeiten				100,0%
04	**DA flach, Stahlbeton, Fertigteil, Aufbeton, 25cm, Bewehrung 80kg/m³**	230,00	**251,00**	286,00	
	Dach, flach/flach geneigt, aus Stahlbeton, als Elementdecke mit Fertigteil und Aufbeton, Bewehrung 80 kg/m³, 25 cm				
	Einheit: m² Dachfläche				
	013 Betonarbeiten				100,0%
05	**DA flach, Stahlbeton, Fertigteil, Aufbeton, 25cm, Bewehrung 100kg/m³**	241,00	**263,00**	299,00	
	Dach, flach/flach geneigt, aus Stahlbeton, als Elementdecke mit Fertigteil und Aufbeton, Bewehrung 100 kg/m³, 25 cm				
	Einheit: m² Dachfläche				
	013 Betonarbeiten				100,0%
06	**DA flach, Stahlbeton, Fertigteil, Aufbeton, 25cm, Bewehrung 120kg/m³**	251,00	**275,00**	312,00	
	Dach, flach/flach geneigt, aus Stahlbeton, als Elementdecke mit Fertigteil und Aufbeton, Bewehrung 120 kg/m³, 25 cm				
	Einheit: m² Dachfläche				
	013 Betonarbeiten				100,0%

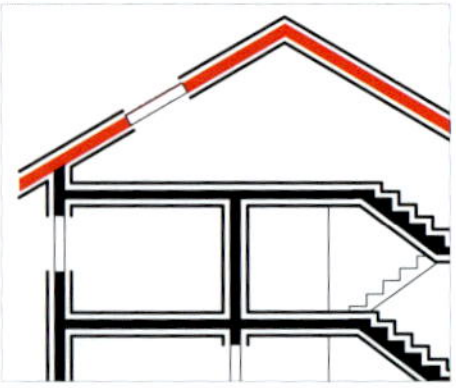

Kosten:
Stand 2. Quartal 2026
Bundesdurchschnitt
inkl. 19% MwSt.

KG.OZ	Herstellen	▷	€/Einheit	◁	LB an EA
361.30	**Holzkonstruktionen, Holzträgerkonstruktionen**				
01	**DA Unterzug, Nadelholz, 12x24cm**	56,00	**59,00**	67,00	
	Dach, Unterzug aus Vollholz, Nadelholz, 12x24cm				
	Einheit: m Balkenlänge				
	016 Zimmer- und Holzbauarbeiten				100,0%
02	**DA Unterzug, Brettschichtholz, 12x24cm**	67,00	**74,00**	84,00	
	Dach, Unterzug aus Brettschichtholz, 12x24cm				
	Einheit: m Balkenlänge				
	016 Zimmer- und Holzbauarbeiten				100,0%
03	**DA Überzug, Nadelholz, 16x24cm**	71,00	**75,00**	85,00	
	Dach, Überzug aus Vollholz, Nadelholz, 16x24cm				
	Einheit: m Balkenlänge				
	016 Zimmer- und Holzbauarbeiten				100,0%
04	**DA Überzug, Brettschichtholz, 16x24cm**	80,00	**89,00**	100,00	
	Dach, Überzug aus Brettschichtholz, 16x24cm				
	Einheit: m Balkenlänge				
	016 Zimmer- und Holzbauarbeiten				100,0%
05	**DA flach, Holz, Brettstapel, 140mm, gehobelt**	201,00	**213,00**	216,00	
	Dach, flach/flach geneigt, aus Holz, Brettstapeldecke mit EPDM-Bahn, 140mm				
	Einheit: m² Dachfläche				
	016 Zimmer- und Holzbauarbeiten				99,8%
	021 Dachabdichtungsarbeiten				0,2%
06	**DA flach, Holz, Brettstapel, 160mm, gehobelt**	218,00	**244,00**	265,00	
	Dach, flach/flach geneigt, aus Holz, Brettstapeldecke mit EPDM-Bahn, 160mm				
	Einheit: m² Dachfläche				
	016 Zimmer- und Holzbauarbeiten				99,9%
	021 Dachabdichtungsarbeiten				0,1%
07	**DA flach, Holz, Brettstapel, 200mm, gehobelt**	323,00	**327,00**	340,00	
	Dach, flach/flach geneigt, aus Holz, Brettstapeldecke mit EPDM-Bahn, 200mm				
	Einheit: m² Dachfläche				
	016 Zimmer- und Holzbauarbeiten				99,9%
	021 Dachabdichtungsarbeiten				< 0,1%
08	**DA flach, Holz, Stegträger, Zellulose 300mm, Unterdeckung 25mm**	350,00	**379,00**	408,00	
	Dach, geneigt, aus Holz, Stegträger, als Pfettendach, mit Wärmedämmung aus Einblasdämmung mit Zellulose 300mm und Unterdeckung aus Holzfaserplatten 20mm, einschl. Verbindungsmitteln				
	Einheit: m² Dachfläche				
	016 Zimmer- und Holzbauarbeiten				100,0%
361.40	**Steildach, Holz**				
01	**DA geneigt, Holz, Nadelholz**	92,00	**101,00**	122,00	
	Dach, geneigt, aus Nadelholz, als Pfettendach, einschl. Verbindungsmitteln				
	Einheit: m² Dachfläche				
	016 Zimmer- und Holzbauarbeiten				100,0%

▷ von
ø Mittel
◁ bis

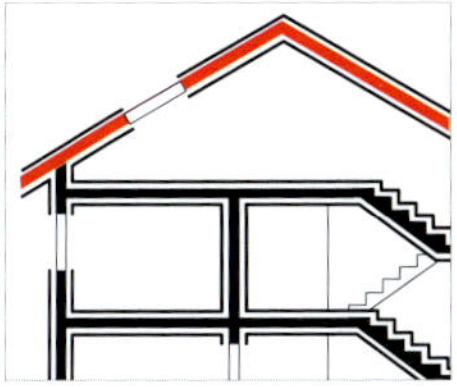

KG.OZ	Herstellen	▷	€/Einheit	◁	LB an EA
361.40	**Steildach, Holz**				
02	**DA geneigt, Holz, Nadelholz, Dachschalung** Dach, geneigt, aus Nadelholz, als Pfettendach, einschl. Verbindungsmitteln, mit Dachschalung Einheit: m² Dachfläche	130,00	**147,00**	170,00	
	016 Zimmer- und Holzbauarbeiten				100,0%
03	**DA geneigt, Holz, Nadelholz, MW 220mm** Dach, geneigt, aus Holz, Nadelholz, als Pfettendach, mit Wärmedämmung aus Mineralwolle 220mm, einschl. Verbindungsmitteln Einheit: m² Dachfläche	134,00	**147,00**	172,00	
	016 Zimmer- und Holzbauarbeiten				100,0%
04	**DA geneigt, Holz, Nadelholz, WF 220mm** Dach, geneigt, aus Holz, Nadelholz, als Pfettendach, mit Wärmedämmung aus Holzweichfaserplatten 220mm, einschl. Verbindungsmitteln Einheit: m² Dachfläche	141,00	**154,00**	177,00	
	016 Zimmer- und Holzbauarbeiten				100,0%
05	**DA geneigt, Holz, Nadelholz, MW 220mm, Dachschalung** Dach, geneigt, aus Holz, Nadelholz, als Pfettendach, mit Wärmedämmung aus Mineralwolle 220mm, einschl. Verbindungsmitteln, mit Dachschalung Einheit: m² Dachfläche	170,00	**189,00**	217,00	
	016 Zimmer- und Holzbauarbeiten				100,0%
06	**DA geneigt, Holz, Nadelholz, WF 220mm, Dachschalung** Dach, geneigt, aus Holz, Nadelholz, als Pfettendach, mit Wärmedämmung aus Holzweichfaserplatten 220mm, einschl. Verbindungsmitteln, mit Dachschalung Einheit: m² Dachfläche	180,00	**199,00**	226,00	
	016 Zimmer- und Holzbauarbeiten				100,0%
07	**DA geneigt, Holz, Nadelholz, MW 200mm, Unterdeckung 52mm** Dach, geneigt, aus Holz, Nadelholz, als Pfettendach, mit Wärmedämmung aus Mineralwolle 200mm und Unterdeckung aus Holzfaserplatten 52mm, einschl. Verbindungsmitteln Einheit: m² Dachfläche	188,00	**204,00**	226,00	
	016 Zimmer- und Holzbauarbeiten				100,0%
08	**DA geneigt, Holz, Nadelholz, WF 220mm, Unterdeckung 52mm** Dach, geneigt, aus Holz, Nadelholz, als Pfettendach, mit Wärmedämmung aus Holzweichfaserplatten 220mm und Unterdeckung aus Holzfaserplatten 52mm, einschl. Verbindungsmitteln Einheit: m² Dachfläche	196,00	**212,00**	237,00	
	016 Zimmer- und Holzbauarbeiten				100,0%
09	**DA geneigt, Holz, Nadelholz, Zellulose 240mm, Unterdeckung 52mm** Dach, geneigt, aus Holz, Nadelholz, als Pfettendach, mit Wärmedämmung aus Zellulose 240mm und Unterdeckung aus Holzfaserplatten 52mm, einschl. Verbindungsmitteln Einheit: m² Dachfläche	196,00	**216,00**	246,00	
	016 Zimmer- und Holzbauarbeiten				100,0%

Kosten:
Stand 2. Quartal 2026
Bundesdurchschnitt
inkl. 19% MwSt.

▷ von
ø Mittel
◁ bis

KG.OZ	Herstellen	▷	€/Einheit	◁	LB an EA
361.40	**Steildach, Holz**				
10	**DA geneigt, Holz, Balkenschichtholz** Dach, geneigt, aus Balkenschichtholz, als Pfettendach, einschl. Verbindungsmitteln Einheit: m² Dachfläche	110,00	**117,00**	136,00	
	016 Zimmer- und Holzbauarbeiten				100,0%
11	**DA geneigt, Holz, Balkenschichtholz, WF 220mm** Dach, geneigt, aus Balkenschichtholz, als Pfettendach, mit Wärmedämmung aus Holzweichfaserplatten 220mm, einschl. Verbindungsmitteln Einheit: m² Dachfläche	159,00	**170,00**	192,00	
	016 Zimmer- und Holzbauarbeiten				100,0%
12	**DA geneigt, Holz, Balkenschichtholz, WF 220mm, Unterdeckung 52mm** Dach, geneigt, aus Holz, Balkenschichtholz, als Pfettendach, mit Wärmedämmung aus Holzweichfaserplatten 220mm und Unterdeckung aus Holzfaserplatten 52mm, einschl. Verbindungsmitteln Einheit: m² Dachfläche	214,00	**228,00**	251,00	
	016 Zimmer- und Holzbauarbeiten				100,0%
13	**DA geneigt, Holz, Stegträger, Zellulose 240mm, Unterdeckung 20mm** Dach, geneigt, aus Holz, Stegträger, als Pfettendach, mit Wärmedämmung aus Einblasdämmung mit Zellulose 240mm und Unterdeckung aus Holzfaserplatten 20mm, einschl. Verbindungsmitteln Einheit: m² Dachfläche	292,00	**318,00**	355,00	
	016 Zimmer- und Holzbauarbeiten				100,0%
14	**DA geneigt, Holz, Stegträger, Zellulose 300mm, Unterdeckung 52mm** Dach, geneigt, aus Holz, Stegträger, als Pfettendach, mit Wärmedämmung aus Einblasdämmung mit Zellulose 300mm und Unterdeckung aus Holzfaserplatten 52mm, einschl. Verbindungsmitteln Einheit: m² Dachfläche	318,00	**345,00**	371,00	
	016 Zimmer- und Holzbauarbeiten				100,0%
15	**DA geneigt, Holz, Stegträger, Zellulose 400mm, Unterdeckung 52mm** Dach, geneigt, aus Holz, Stegträger, als Pfettendach, mit Wärmedämmung aus Einblasdämmung mit Zellulose 400mm und Unterdeckung aus Holzfaserplatten 52mm, einschl. Verbindungsmitteln Einheit: m² Dachfläche	324,00	**351,00**	379,00	
	016 Zimmer- und Holzbauarbeiten				100,0%
361.50	**Sonstige Dachkonstruktionen**				
01	**DA Vordach, Metall, VSG** Vordach aus Metallkonstruktion, beschichtet mit VSG Einheit: m² Dachfläche	1.511,00	**1.867,00**	2.189,00	
	022 Klempnerarbeiten				8,4%
	031 Metallbauarbeiten				79,2%
	032 Verglasungsarbeiten				12,4%

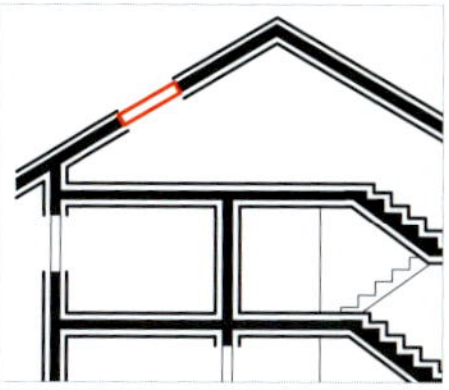

KG.OZ	Herstellen	▷	€/Einheit	◁	LB an EA
362.10	**Dachflächenfenster**				
01	**DA Fenster, Holz, bis 1,00m²**	1.982,00	**2.256,00**	2.531,00	
	Dachflächenfenster aus Holz, Schwingflügel mit Eindeckrahmen, bis 1,00 m²				
	Einheit: m² Öffnungsfläche				
	016 Zimmer- und Holzbauarbeiten				79,4%
	022 Klempnerarbeiten				20,6%
02	**DA Fenster, Holz, bis 1,85m²**	1.496,00	**1.618,00**	1.767,00	
	Dachflächenfenster aus Holz, Schwingflügel mit Eindeckrahmen, bis 1,85 m²				
	Einheit: m² Öffnungsfläche				
	016 Zimmer- und Holzbauarbeiten				71,3%
	022 Klempnerarbeiten				28,7%
03	**DA Fenster, Holz, bis 1,00m², Sonnenschutz**	1.982,00	**2.256,00**	2.531,00	
	Dachflächenfenster aus Holz, Schwingflügel mit Eindeckrahmen, bis 1,00 m², mit Sonnenschutz				
	Einheit: m² Öffnungsfläche				
	016 Zimmer- und Holzbauarbeiten				79,4%
	022 Klempnerarbeiten				20,6%
04	**DA Fenster, Holz, bis 1,85m², Sonnenschutz**	1.736,00	**1.874,00**	2.029,00	
	Dachflächenfenster aus Holz, Schwingflügel mit Eindeckrahmen, bis 1,85 m², Sonnenschutz				
	Einheit: m² Öffnungsfläche				
	016 Zimmer- und Holzbauarbeiten				75,2%
	022 Klempnerarbeiten				24,8%
05	**DA Fenster, Kunststoff, bis 1,85m²**	1.398,00	**1.483,00**	1.648,00	
	Dachflächenfenster aus Kunststoff, Schwingflügel mit Eindeckrahmen, bis 1,85 m²				
	Einheit: m² Öffnungsfläche				
	016 Zimmer- und Holzbauarbeiten				68,7%
	022 Klempnerarbeiten				31,3%
362.20	**Lichtkuppeln**				
01	**DA Lichtkuppel, Metallrahmen/Acyl, rund**	3.145,00	**3.486,00**	4.158,00	
	Lichtkuppel auf Dach, Metallrahmen mit Acrylglas, dreischalig				
	Einheit: m² Öffnungsfläche				
	021 Dachabdichtungsarbeiten				100,0%
02	**DA Lichtkuppel, Metallrahmen/Acyl, eckig**	2.601,00	**2.929,00**	3.802,00	
	Lichtkuppel auf Dach, Metallrahmen mit Acrylglas, zweischalig				
	Einheit: m² Öffnungsfläche				
	021 Dachabdichtungsarbeiten				100,0%

Kostenstand: 2. Quartal 2026, Bundesdurchschnitt, **inkl. 19% MwSt.**

Kosten:
Stand 2. Quartal 2026
Bundesdurchschnitt
inkl. 19% MwSt.

▷ von
ø Mittel
◁ bis

KG.OZ	Herstellen	▷	€/Einheit	◁	LB an EA
363.10	**Abdichtung**				
01	**DA flach, Abdichtung, Kunststoffbahn, einlagig**	68,00	**79,00**	98,00	
	Dachabdichtung mit EPDM-Kunststoffbahn, einlagig, für Flachdach				
	Einheit: m² Belagsfläche				
	021 Dachabdichtungsarbeiten				100,0%
02	**DA flach, Abdichtung, PYE, zweilagig, Schweißbahn**	68,00	**76,00**	88,00	
	Dachabdichtung mit Polymer-Bitumenschweißbahnen, zweilagig, für Flachdach				
	Einheit: m² Belagsfläche				
	021 Dachabdichtungsarbeiten				100,0%
03	**DA flach, Abdichtung, PYE, zweilagig, Wurzelschutz**	74,00	**85,00**	100,00	
	Dachabdichtung mit Polymer-Bitumenbahnen, zweilagig, für Flachdach, mit Wurzelschutz				
	Einheit: m² Belagsfläche				
	021 Dachabdichtungsarbeiten				100,0%
363.20	**Abdichtung, Wärmedämmung**				
01	**DA flach, Kies, PYE, zweilagig, EPS 240mm**	200,00	**232,00**	270,00	
	Dachabdichtung mit Polymer-Bitumenbahnen, zweilagig, für Flachdach, Polystyroldämmung 240 mm, mit Kiesschüttung				
	Einheit: m² Belagsfläche				
	021 Dachabdichtungsarbeiten				99,8%
	022 Klempnerarbeiten				0,2%
02	**DA flach, Plattenbelag, PYE, zweilagig, EPS 240mm**	311,00	**354,00**	410,00	
	Dachabdichtung mit Polymer-Bitumenbahnen, zweilagig, für Flachdach, Polystyroldämmung 240 mm, mit Plattenbelag				
	Einheit: m² Belagsfläche				
	021 Dachabdichtungsarbeiten				99,9%
	022 Klempnerarbeiten				0,1%
03	**DA flach, Begrünung, extensiv, PYE, zweilagig, EPS 240mm**	255,00	**294,00**	332,00	
	Dachabdichtung mit Polymer-Bitumenbahnen, zweilagig, für Flachdach, Polystyroldämmung 240 mm, mit extensiver Dachbegrünung				
	Einheit: m² Belagsfläche				
	003 Landschaftsbauarbeiten				24,5%
	021 Dachabdichtungsarbeiten				75,3%
	022 Klempnerarbeiten				0,2%
04	**DA geneigt, Aufsparrendämmung, PUR 120mm, Folie**	113,00	**121,00**	126,00	
	Dachdämmung, geneigtes Dach, mit Wärmedämmung aus Polyurethan 120 mm, Folie				
	Einheit: m² Dachfläche				
	016 Zimmer- und Holzbauarbeiten				10,8%
	020 Dachdeckungsarbeiten				89,2%
05	**DA geneigt, Aufsparrendämmung, PUR 160mm, Folie**	130,00	**139,00**	148,00	
	Dachdämmung, geneigtes Dach, mit Wärmedämmung aus Polyurethan 160 mm, Folie				
	Einheit: m² Dachfläche				
	016 Zimmer- und Holzbauarbeiten				9,4%
	020 Dachdeckungsarbeiten				90,6%

363.30	**Dachsteine**				
01	**DA geneigt, Flachdachziegel, Unterdeckbahn**	151,00	**167,00**	194,00	
	Dachdeckung mit Flachdachziegel, mit Lattung und Konterlattung, mit Unterdeckbahn				
	Einheit: m² Belagsfläche				
	020 Dachdeckungsarbeiten				85,7%
	022 Klempnerarbeiten				14,3%
02	**DA geneigt, Flachdachziegel, Unterdeckung WF 35mm**	188,00	**202,00**	231,00	
	Dachdeckung mit Flachdachziegel, mit Lattung und Konterlattung, auf Unterdeckung aus Holzfaserplatten 35mm				
	Einheit: m² Belagsfläche				
	020 Dachdeckungsarbeiten				88,2%
	022 Klempnerarbeiten				11,8%
03	**DA geneigt, Tonfalzziegel, Unterdeckbahn**	157,00	**171,00**	197,00	
	Dachdeckung mit Tonfalzziegel, mit Lattung und Konterlattung, mit Unterdeckbahn				
	Einheit: m² Belagsfläche				
	020 Dachdeckungsarbeiten				86,1%
	022 Klempnerarbeiten				13,9%
04	**DA geneigt, Tonfalzziegel, Unterdeckung WF 35mm**	194,00	**207,00**	234,00	
	Dachdeckung mit Tonfalzziegel, mit Lattung und Konterlattung, auf Unterdeckung aus Holzfaserplatten 35mm				
	Einheit: m² Belagsfläche				
	020 Dachdeckungsarbeiten				88,5%
	022 Klempnerarbeiten				11,5%
05	**DA geneigt, Tonfalzziegel, Dachschalung, Unterdeckbahn**	199,00	**219,00**	253,00	
	Dachdeckung mit Tonfalzziegel, mit Lattung und Konterlattung, auf Dachschalung aus Rauspund 24mm, mit Unterdeckbahn				
	Einheit: m² Belagsfläche				
	020 Dachdeckungsarbeiten				89,1%
	022 Klempnerarbeiten				10,9%
06	**DA geneigt, Biberschwanzziegel, Unterdeckbahn**	178,00	**196,00**	222,00	
	Dachdeckung mit Biberschwanzziegel, mit Lattung und Konterlattung, mit Unterdeckbahn				
	Einheit: m² Belagsfläche				
	020 Dachdeckungsarbeiten				87,8%
	022 Klempnerarbeiten				12,2%
07	**DA geneigt, Biberschwanzziegel, Unterdeckung WF 35mm**	215,00	**231,00**	259,00	
	Dachdeckung mit Biberschwanzziegel, mit Lattung und Konterlattung, auf Unterdeckung aus Holzfaser-platten 35mm				
	Einheit: m² Belagsfläche				
	020 Dachdeckungsarbeiten				89,7%
	022 Klempnerarbeiten				10,3%

Kosten:
Stand 2. Quartal 2026
Bundesdurchschnitt
inkl. 19% MwSt.

▷ von
ø Mittel
◁ bis

KG.OZ	Herstellen	▷	€/Einheit	◁	LB an EA
363.30	**Dachsteine**				
08	**DA geneigt, Biberschwanzziegel, Dachschalung, Unterdeckbahn** Dachdeckung mit Biberschwanzziegel, mit Lattung und Konterlattung, auf Dachschalung aus Rauspund 24 mm, mit Unterdeckbahn Einheit: m² Belagsfläche	220,00	**244,00**	278,00	
	020 Dachdeckungsarbeiten				90,2%
	022 Klempnerarbeiten				9,8%
09	**DA geneigt, Betondachsteine, Unterdeckbahn** Dachdeckung mit Betondachsteinen, mit Lattung und Konterlattung, mit Unterdeckbahn Einheit: m² Belagsfläche	144,00	**158,00**	185,00	
	020 Dachdeckungsarbeiten				84,9%
	022 Klempnerarbeiten				15,1%
10	**DA geneigt, Betondachsteine, Unterdeckung WF 35mm** Dachdeckung mit Betondachsteinen, mit Lattung und Konterlattung, auf Unterdeckung aus Holzfaserplatten 35 mm Einheit: m² Belagsfläche	181,00	**194,00**	221,00	
	020 Dachdeckungsarbeiten				87,7%
	022 Klempnerarbeiten				12,3%
11	**DA geneigt, Betondachsteine, Dachschalung, Unterdeckbahn** Dachdeckung mit Betondachsteinen, mit Lattung und Konterlattung, auf Dachschalung aus Rauspund 24 mm, mit Unterdeckbahn Einheit: m² Belagsfläche	186,00	**206,00**	241,00	
	020 Dachdeckungsarbeiten				88,4%
	022 Klempnerarbeiten				11,6%
363.40	**Schindeln**				
01	**DA geneigt, Faserzementplatten, Doppeldeckung, Schalung, Trennlage** Dachdeckung mit Faserzementplatten, als Doppeldeckung, mit Schalung und Trennlage Einheit: m² Belagsfläche	257,00	**295,00**	352,00	
	020 Dachdeckungsarbeiten				76,5%
	022 Klempnerarbeiten				23,5%
02	**DA geneigt, Faserzementplatten, Deutsche Deckung, Schalung, Trennlage** Dachdeckung mit Faserzementplatten, als Deutsche Deckung, mit Schalung und Trennlage Einheit: m² Belagsfläche	282,00	**321,00**	385,00	
	020 Dachdeckungsarbeiten				78,5%
	022 Klempnerarbeiten				21,5%
363.50	**Metall**				
01	**DA geneigt, Titanzink, Doppelstehfalz, Schalung, Trennlage** Dachdeckung mit Titanzinkblech, mit Doppelstehfalz, Schalung und Trennlage Einheit: m² Belagsfläche	327,00	**378,00**	431,00	
	020 Dachdeckungsarbeiten				31,8%
	022 Klempnerarbeiten				68,2%

KG.OZ	Herstellen	▷	€/Einheit	◁	LB an EA
363.50	**Metall**				
02	**DA geneigt, Kupfer, Doppelstehfalz, Schalung, Trennlage**	335,00	**376,00**	414,00	
	Dachdeckung mit Kupferblech, mit Doppelstehfalz, Schalung und Trennlage				
	Einheit: m² Belagsfläche				
	020 Dachdeckungsarbeiten				16,8%
	022 Klempnerarbeiten				83,2%
363.60	**Dachentwässerung horizontal**				
01	**DA Hängerinne, Titanzink, halbrund**	94,00	**103,00**	121,00	
	Dachentwässerung mit Hängerinne, Titanzink, halbrund, mit Rinnenstutzen, Endstücken, Formstücken und Traufblech				
	Einheit: m Rinnenlänge				
	022 Klempnerarbeiten				100,0%
02	**DA Hängerinne, Titanzink, kastenförmig**	102,00	**110,00**	126,00	
	Dachentwässerung mit Hängedachrinne, Titanzink, kastenförmig, Rinnenhalter, Endstücke, Traufblech				
	Einheit: m Rinnenlänge				
	022 Klempnerarbeiten				100,0%
03	**DA Hängerinne, Kupfer, halbrund**	116,00	**128,00**	138,00	
	Dachentwässerung mit Hängedachrinne, Kupfer, Rinnenhalter, Dehnungsausgleicher, Endstücke, Traufblech				
	Einheit: m Rinnenlänge				
	022 Klempnerarbeiten				100,0%
04	**DA Hängerinne, Alu, halbrund**	105,00	**113,00**	125,00	
	Dachentwässerung mit Hängedachrinne, Aluminium, mit Rinnenstutzen, Endstücken, Formstücken, Traufblech				
	Einheit: m Rinnenlänge				
	022 Klempnerarbeiten				100,0%
363.70	**Dachentwässerung vertikal**				
01	**DA Fallrohr, DN100, Titanzink, Standrohr**	83,00	**92,00**	104,00	
	Dachentwässerung mit Regenfallrohr, Titanzink DN100, Bögen, Standrohr				
	Einheit: m Fallrohrlänge				
	022 Klempnerarbeiten				100,0%
02	**DA Fallrohr, DN100, Kupfer, Standrohr**	119,00	**125,00**	143,00	
	Dachentwässerung mit Regenfallrohr, Kupfer DN100, Bögen, Standrohr				
	Einheit: m Fallrohrlänge				
	022 Klempnerarbeiten				100,0%
03	**DA Fallrohr, DN100, Aluminium, Standrohr**	109,00	**120,00**	142,00	
	Dachentwässerung mit Regenfallrohr, Aluminium DN100, Bögen, Standrohr				
	Einheit: m Fallrohrlänge				
	022 Klempnerarbeiten				100,0%

Kosten:
Stand 2. Quartal 2026
Bundesdurchschnitt
inkl. 19% MwSt.

▷ von
ø Mittel
◁ bis

KG.OZ	Herstellen	▷	€/Einheit	◁	LB an EA
364.10	**Oberflächenbehandlung**				
01	**DA Beschichtung, Dispersion, wb, auf Beton**	13,00	**15,00**	19,00	
	Dach, Innenbeschichtung mit Dispersionsfarbe, waschbeständig, auf Beton				
	Einheit: m² Beschichtungsfläche				
	034 Maler- und Lackierarbeiten - Beschichtungen				100,0%
02	**DA Beschichtung, Dispersion, wb, auf Putz, glatt**	12,00	**15,00**	19,00	
	Dach, Innenbeschichtung mit Dispersionsfarbe, waschbeständig, auf Putz, glatt				
	Einheit: m² Beschichtungsfläche				
	034 Maler- und Lackierarbeiten - Beschichtungen				100,0%
03	**DA Beschichtung, Dispersion, wb, auf Putz, rau**	14,00	**17,00**	22,00	
	Dach, Innenbeschichtung mit Dispersionsfarbe, waschbeständig, auf Putz, rau				
	Einheit: m² Beschichtungsfläche				
	034 Maler- und Lackierarbeiten - Beschichtungen				100,0%
04	**DA Beschichtung, Silikatfarbe, auf Gipsplatten**	18,00	**21,00**	25,00	
	Dach, Innenbeschichtung auf Deckenputz mit Silikatfarbe				
	Einheit: m² Beschichtungsfläche				
	034 Maler- und Lackierarbeiten - Beschichtungen				100,0%
05	**DA Beschichtung, Silikatfarbe, auf Putz**	16,00	**18,00**	21,00	
	Dach, Innenbeschichtung mit Silikatbeschichtung auf Putz				
	Einheit: m² Beschichtungsfläche				
	034 Maler- und Lackierarbeiten - Beschichtungen				100,0%
06	**DA Beschichtung, Lasur, Holz**	26,00	**29,00**	35,00	
	Dach, Beschichtung der Holzbekleidung, mit Lasur				
	Einheit: m² Beschichtungsfläche				
	034 Maler- und Lackierarbeiten - Beschichtungen				100,0%
364.20	**Putz**				
01	**DA Bekleidung, Putz, Gips, einlagig, gefilzt, Q2**	33,00	**37,00**	39,00	
	Dach, Deckenbekleidung mit Gipsputz, einlagig, gefilzt, Q2				
	Einheit: m² Bekleidungsfläche				
	023 Putz- und Stuckarbeiten, Wärmedämmsysteme				100,0%
02	**DA Bekleidung, Putz, Gips, einlagig, geglättet, Q3**	36,00	**41,00**	43,00	
	Dach, Deckenbekleidung mit Gipsputz, einlagig, geglättet, Q3				
	Einheit: m² Bekleidungsfläche				
	023 Putz- und Stuckarbeiten, Wärmedämmsysteme				100,0%
03	**DA Bekleidung, Putz, Kalkgips, einlagig, gefilzt, Q2**	34,00	**37,00**	42,00	
	Dach, Deckenbekleidung mit Kalkgipsputz, einlagig, gefilzt, Q2				
	Einheit: m² Bekleidungsfläche				
	023 Putz- und Stuckarbeiten, Wärmedämmsysteme				100,0%
04	**DA Bekleidung, Putz, Kalkgips, einlagig, geglättet, Q3**	39,00	**43,00**	49,00	
	Dach, Deckenbekleidung mit Kalkgipsputz, einlagig, geglättet, Q3				
	Einheit: m² Bekleidungsfläche				
	023 Putz- und Stuckarbeiten, Wärmedämmsysteme				86,4%
	034 Maler- und Lackierarbeiten - Beschichtungen				13,6%

KG.OZ	Herstellen	▷	€/Einheit	◁	LB an EA
364.20	**Putz**				
05	**DA Bekleidung, Putz, Laibung, bis 25cm**	33,00	**38,00**	46,00	
	Innenputz auf Fensterlaibung, Anputzprofil, Eckschiene, bis 25 cm				
	Einheit: m² Bekleidungsfläche				
	023 Putz- und Stuckarbeiten, Wärmedämmsysteme				100,0%
364.30	**Bekleidung auf Unterkonstruktion**				
01	**DA Bekleidung, Gipsplatten, einlagig, Federschiene**	116,00	**124,00**	142,00	
	Dach, Deckenbekleidung mit Gipsplatten 12,5 mm, auf Federschiene, mit Randanschluss als Schattennut				
	Einheit: m² Bekleidungsfläche				
	023 Putz- und Stuckarbeiten, Wärmedämmsysteme				1,1%
	039 Trockenbauarbeiten				98,9%
02	**DA Bekleidung, geneigt, Gipsplatten 12,5mm, einlagig**	93,00	**106,00**	132,00	
	Dach, Innenbekleidung von geneigten Flächen, aus Gipsplatten 12,5 mm, mit Unterkonstruktion und Randanschluss				
	Einheit: m² Bekleidungsfläche				
	023 Putz- und Stuckarbeiten, Wärmedämmsysteme				1,3%
	039 Trockenbauarbeiten				98,7%
03	**DA Bekleidung, geneigt, Gipsplatten 12,5mm, zweilagig**	110,00	**126,00**	156,00	
	Dach, Innenbekleidung von geneigten Flächen, aus Gipsplatten 12,5 mm, zweilagig, mit Unterkonstruktion und Randanschluss				
	Einheit: m² Bekleidungsfläche				
	023 Putz- und Stuckarbeiten, Wärmedämmsysteme				1,1%
	039 Trockenbauarbeiten				98,9%
04	**DA Bekleidung, geneigt, Gipsplatten 12,5mm, einlagig, Dämmung**	128,00	**145,00**	178,00	
	Dach, Innenbekleidung von geneigten Flächen, aus Gipsplatten 12,5 mm, Unterkonstruktion und Randanschluss, mit Dämmung				
	Einheit: m² Bekleidungsfläche				
	023 Putz- und Stuckarbeiten, Wärmedämmsysteme				0,9%
	039 Trockenbauarbeiten				99,1%
364.40	**Tapeten**				
01	**DA Bekleidung, Tapete, Raufaser, fein, beschichtet**	28,00	**32,00**	39,00	
	Dach, Innenbekleidung mit Raufasertapeten, fein, mit Dispersionsbeschichtung				
	Einheit: m² Bekleidungsfläche				
	034 Maler- und Lackierarbeiten - Beschichtungen				10,7%
	037 Tapezierarbeiten				89,3%
02	**DA Bekleidung, Tapete, Raufaser, grob, beschichtet**	28,00	**32,00**	39,00	
	Dach, Innenbekleidung mit Raufasertapeten, grob, mit Dispersionsbeschichtung				
	Einheit: m² Bekleidungsfläche				
	034 Maler- und Lackierarbeiten - Beschichtungen				10,7%
	037 Tapezierarbeiten				89,3%

Kosten:
Stand 2. Quartal 2026
Bundesdurchschnitt
inkl. 19% MwSt.

▷ von
ø Mittel
◁ bis

KG.OZ	Herstellen	▷	€/Einheit	◁	LB an EA
364.40	**Tapeten**				
03	**DA Bekleidung, Tapete, Glasfaser, fein, beschichtet**	46,00	**54,00**	61,00	
	Dach, Innenbekleidung mit Glasfasertapeten, fein, mit Dispersionsbeschichtung				
	Einheit: m² Bekleidungsfläche				
	034 Maler- und Lackierarbeiten - Beschichtungen				6,3%
	037 Tapezierarbeiten				93,7%
04	**DA Bekleidung, Tapete, Glasfaser, grob, beschichtet**	46,00	**53,00**	61,00	
	Dach, Innenbekleidung mit Glasfasertapeten, grob, mit Dispersionsbeschichtung				
	Einheit: m² Bekleidungsfläche				
	034 Maler- und Lackierarbeiten - Beschichtungen				6,5%
	037 Tapezierarbeiten				93,5%
364.50	**Abgehängte Bekleidung**				
01	**DA Bekleidung, Gipsplatten, abgehängt, einlagig, Randanschluss**	111,00	**122,00**	141,00	
	Deckenbekleidung von Dachflächen, mit Gipsplatten 12,5 mm, als abgehängte Decke, mit Randanschluss				
	Einheit: m² Bekleidungsfläche				
	039 Trockenbauarbeiten				100,0%
02	**DA Bekleidung, Gipsplatten, abgehängt, zweilagig, Randanschluss**	147,00	**161,00**	190,00	
	Deckenbekleidung von Dachflächen, mit Gipsplatten 12,5 mm, zweilagig, als abgehängte Decke, mit Randanschluss				
	Einheit: m² Bekleidungsfläche				
	039 Trockenbauarbeiten				100,0%
03	**DA Bekleidung, Gipsplatten, abgehängt, zweilagig, Randanschluss, EI90**	203,00	**253,00**	330,00	
	Deckenbekleidung von Dachflächen, mit Gipsplatten 12,5 mm, zweilagig, als abgehängte Decke, mit Randanschluss, mit Brandschutzanforderungen EI90				
	Einheit: m² Bekleidungsfläche				
	039 Trockenbauarbeiten				100,0%
04	**DA Bekleidung, Gipsplatten, abgehängt, einlagig, Dämmung, Randanschluss**	127,00	**141,00**	164,00	
	Deckenbekleidung von Dachflächen, mit Gipsplatten 12,5 mm, als abgehängte Decke, mit Dämmlage und Randanschluss				
	Einheit: m² Bekleidungsfläche				
	039 Trockenbauarbeiten				100,0%
05	**DA Bekleidung, Gipsplatten, abgehängt, zweilagig, Dämmung, Randanschluss**	163,00	**179,00**	214,00	
	Deckenbekleidung von Dachflächen, mit Gipsplatten 12,5 mm, zweilagig, als abgehängte Decke, mit Dämmlage und Randanschluss				
	Einheit: m² Bekleidungsfläche				
	039 Trockenbauarbeiten				100,0%

		▷	€/Einheit	◁	LB an EA
364.50	**Abgehängte Bekleidung**				
06	**DA Bekleidung, Gipsplatten, abgehängt, Dämmung, zweilagig, Randanschluss, EI90** Deckenbekleidung von Dachflächen, mit Gipsplatten 12,5mm, zweilagig, als abgehängte Decke, mit Dämmlage und Randanschluss, mit Brandschutzanforderungen EI90 Einheit: m² Bekleidungsfläche	219,00	**272,00**	354,00	
	039 Trockenbauarbeiten				100,0%
07	**DA Bekleidung, Zementplatten, abgehängt, einlagig, Randanschluss** Deckenbekleidung von Dachflächen, mit Zementplatten 12,5mm, als abgehängte Decke, mit Randanschluss Einheit: m² Bekleidungsfläche	188,00	**205,00**	231,00	
	039 Trockenbauarbeiten				100,0%

KG.OZ	Herstellen	▷	€/Einheit	◁	LB an EA
392.10	**Standgerüste**				
01	**Gerüst, Fassaden, LK3, 6 Wochen** Fassadengerüst mit Lastklasse 3, Mindestbelagsbreite 60 cm, 6 Wochen Gebrauchsüberlassung Einheit: m² Gerüstfläche	13,00	**14,00**	16,00	
	001 Gerüstarbeiten				100,0%
02	**Gerüst, Fassaden, LK3, 20 Wochen** Fassadengerüst mit Lastklasse 3, Mindestbelagsbreite 60 cm, 20 Wochen Gebrauchsüberlassung Einheit: m² Gerüstfläche	22,00	**24,00**	28,00	
	001 Gerüstarbeiten				100,0%
03	**Gerüst, Fassaden, LK3, 50 Wochen** Fassadengerüst mit Lastklasse 3, Mindestbelagsbreite 60 cm, 50 Wochen Gebrauchsüberlassung Einheit: m² Gerüstfläche	40,00	**44,00**	55,00	
	001 Gerüstarbeiten				100,0%
04	**Dachfanggerüst, Erweiterung, 6 Wochen** Dachfanggerüst als Erweiterung des Fassadengerüstes, 6 Wochen Gebrauchsüberlassung Einheit: m Gerüstfläche	22,00	**25,00**	28,00	
	001 Gerüstarbeiten				100,0%
05	**Dachfanggerüst, Erweiterung, 20 Wochen** Dachfanggerüst als Erweiterung des Fassadengerüstes, 20 Wochen Gebrauchsüberlassung Einheit: m Gerüstfläche	32,00	**36,00**	44,00	
	001 Gerüstarbeiten				100,0%
06	**Dachfanggerüst, Erweiterung, 50 Wochen** Dachfanggerüst als Erweiterung des Fassadengerüstes, 50 Wochen Gebrauchsüberlassung Einheit: m Gerüstfläche	54,00	**62,00**	78,00	
	001 Gerüstarbeiten				100,0%

Kosten:
Stand 2. Quartal 2026
Bundesdurchschnitt
inkl. 19% MwSt.

▷ von
ø Mittel
◁ bis

411.10	**Abwasserleitungen/Abläufe**				
01	**Abwasser, PP-Rohrleitungen, Formteile, DN/OD75, gedämmt** Abwasserleitung aus PP mit Formteilen einschl. Verbindungs- und Befestigungsmaterial, DN/OD75, gedämmt Einheit: m Abwasserleitung	77,00	**88,00**	101,00	
	044 Abwasseranlagen - Leitungen, Abläufe, Armaturen				78,2%
	047 Dämm- und Brandschutzarbeiten an technischen Anlagen				21,8%
02	**Abwasser, PP-Rohrleitungen, Formteile, DN/OD90, gedämmt** Abwasserleitung aus PP mit Formteilen einschl. Verbindungs- und Befestigungsmaterial, DN/OD90, gedämmt Einheit: m Abwasserleitung	100,00	**117,00**	134,00	
	044 Abwasseranlagen - Leitungen, Abläufe, Armaturen				83,6%
	047 Dämm- und Brandschutzarbeiten an technischen Anlagen				16,4%
03	**Abwasser, PP-Rohrleitungen, Formteile, DN/OD110, gedämmt** Abwasserleitung aus PP mit Formteilen einschl. Verbindungs- und Befestigungsmaterial, DN/OD110, gedämmt Einheit: m Abwasserleitung	129,00	**148,00**	171,00	
	044 Abwasseranlagen - Leitungen, Abläufe, Armaturen				87,0%
	047 Dämm- und Brandschutzarbeiten an technischen Anlagen				13,0%
04	**Abwasser, HT-Rohrleitungen, Formteile, DN/OD75, gedämmt** Abwasserleitung aus HT mit Formteilen einschl. Verbindungs- und Befestigungsmaterial, DN/OD75, gedämmt Einheit: m Abwasserleitung	69,00	**75,00**	96,00	
	044 Abwasseranlagen - Leitungen, Abläufe, Armaturen				74,5%
	047 Dämm- und Brandschutzarbeiten an technischen Anlagen				25,5%
05	**Abwasser, HT-Rohrleitungen, Formteile, DN/OD110, gedämmt** Abwasserleitung aus HT mit Formteilen einschl. Verbindungs- und Befestigungsmaterial, DN/OD110, gedämmt Einheit: m Abwasserleitung	85,00	**92,00**	109,00	
	044 Abwasseranlagen - Leitungen, Abläufe, Armaturen				79,1%
	047 Dämm- und Brandschutzarbeiten an technischen Anlagen				20,9%
06	**Abwasser, Guss-Rohrleitungen, Formteile, DN80, gedämmt** Abwasserleitung aus Guss mit Formteilen einschl. Verbindungs- und Befestigungsmaterial, DN80, gedämmt Einheit: m Abwasserleitung	123,00	**135,00**	146,00	
	044 Abwasseranlagen - Leitungen, Abläufe, Armaturen				85,8%
	047 Dämm- und Brandschutzarbeiten an technischen Anlagen				14,2%

KG.OZ	Herstellen	▷	€/Einheit	◁	LB an EA
411.10	**Abwasserleitungen/Abläufe**				
07	**Bodenablauf, Guss, DN/OD110, Anschlussleitung** Bodenablauf aus Gusseisen, mit Rostrahmen und Aufstockelement, Geruchsverschluss und Reinigungsöffnung, Anschlussleitung Einheit: St Ablauf	1.047,00	**1.076,00**	1.167,00	
	044 Abwasseranlagen - Leitungen, Abläufe, Armaturen				100,0%
08	**Duschablauf, Guss, bis DN100, Anschlussleitung** Duschablauf aus Gusseisen, mit Rostrahmen und Aufstockelement, Geruchsverschluss und Reinigungsöffnung, Anschlussleitung Einheit: St Ablauf	867,00	**974,00**	1.159,00	
	044 Abwasseranlagen - Leitungen, Abläufe, Armaturen				100,0%
09	**Duschrinne, Edelstahl, Anschlussleitung** Bodenablauf als Rinne für Dusche aus Edelstahl mit herausnehmbarem Kammeinsatz, Rinnenlänge kürzbar, mit umlaufender Anschlussrandabdichtung und Anschlussleitung Einheit: St Ablauf	834,00	**903,00**	1.053,00	
	044 Abwasseranlagen - Leitungen, Abläufe, Armaturen				100,0%
10	**Flachdachentwässerungsablauf, innenliegend, Freispiegel, HT, DN/OD75** Innenliegender Freispiegel-/Flachdachentwässerungsablauf inkl. Laub-/Kiesfang, mit 0,5m HT-Regenwasserleitungsrohr DN/OD75 inkl. Rohrdämmung Einheit: St Ablauf	264,00	**302,00**	379,00	
	021 Dachabdichtungsarbeiten				81,9%
	044 Abwasseranlagen - Leitungen, Abläufe, Armaturen				15,0%
	047 Dämm- und Brandschutzarbeiten an technischen Anlagen				3,2%
11	**Flachdachentwässerungsablauf, innenliegend, Freispiegel, HT, DN/OD110** Innenliegender Freispiegel-/Flachdachentwässerungsablauf inkl. Laub-/Kiesfang, mit 0,5m HT-Regenwasserleitungsrohr DN/OD110 inkl. Rohrdämmung Einheit: St Ablauf	301,00	**312,00**	323,00	
	044 Abwasseranlagen - Leitungen, Abläufe, Armaturen				96,9%
	047 Dämm- und Brandschutzarbeiten an technischen Anlagen				3,1%
12	**Flachdachentwässerungsablauf, innenliegend, Freispiegel, PP, DN/OD75** Innenliegender Freispiegel-/Flachdachentwässerungsablauf inkl. Laub-/Kiesfang, mit 0,5m PP-Regenwasserleitungsrohr DN/OD75 inkl. Rohrdämmung Einheit: St Ablauf	279,00	**322,00**	389,00	
	021 Dachabdichtungsarbeiten				76,7%
	044 Abwasseranlagen - Leitungen, Abläufe, Armaturen				20,4%
	047 Dämm- und Brandschutzarbeiten an technischen Anlagen				3,0%
13	**Flachdachentwässerungsablauf, innenliegend, Freispiegel, PP, DN/OD110** Innenliegender Freispiegel-/Flachdachentwässerungsablauf inkl. Laub-/Kiesfang, mit 0,5m PP-Regenwasserleitungsrohr DN/OD110 inkl. Rohrdämmung Einheit: St Ablauf	394,00	**420,00**	454,00	
	044 Abwasseranlagen - Leitungen, Abläufe, Armaturen				97,7%
	047 Dämm- und Brandschutzarbeiten an technischen Anlagen				2,3%

Kosten:
Stand 2. Quartal 2026
Bundesdurchschnitt
inkl. 19% MwSt.

▷ von
ø Mittel
◁ bis

411.10 Abwasserleitungen/Abläufe

KG.OZ	Herstellen	▷	€/Einheit	◁	LB an EA
14	**Rohrbelüfter, HT-Leitung, DN/OD75, Formstücke, gedämmt** Rohrbelüfter mit Abwasserleitung, HT-Rohr DN/OD75, Formstücke, gedämmt Einheit: St Belüfter	306,00	**347,00**	405,00	
	044 Abwasseranlagen - Leitungen, Abläufe, Armaturen				94,5%
	047 Dämm- und Brandschutzarbeiten an technischen Anlagen				5,5%
15	**Rohrbelüfter, HT-Leitung, DN/OD110, Formstücke, gedämmt** Rohrbelüfter mit Abwasserleitung, HT-Rohr DN/OD110, Formstücke, gedämmt Einheit: St Belüfter	374,00	**413,00**	544,00	
	044 Abwasseranlagen - Leitungen, Abläufe, Armaturen				97,7%
	047 Dämm- und Brandschutzarbeiten an technischen Anlagen				2,3%
16	**Rohrbelüfter, PE-Leitung, DN/OD75, Formstücke, gedämmt** Rohrbelüfter mit Abwasserleitung, PE-Rohr DN/OD75, Formstücke, gedämmt Einheit: St Belüfter	314,00	**360,00**	406,00	
	044 Abwasseranlagen - Leitungen, Abläufe, Armaturen				97,3%
	047 Dämm- und Brandschutzarbeiten an technischen Anlagen				2,7%
17	**Rohrbelüfter, PE-Leitung, DN/OD110, Formstücke, gedämmt** Rohrbelüfter mit Abwasserleitung, PE-Rohr DN/OD110, Formstücke, gedämmt Einheit: St Belüfter	409,00	**470,00**	623,00	
	044 Abwasseranlagen - Leitungen, Abläufe, Armaturen				98,0%
	047 Dämm- und Brandschutzarbeiten an technischen Anlagen				2,0%
18	**Rohrbelüfter, Gussleitung, DN/OD110, Formstücke, gedämmt** Rohrbelüfter mit Abwasserleitung, Gussrohr DN/OD110, Formstücke, gedämmt Einheit: St Belüfter	483,00	**544,00**	586,00	
	044 Abwasseranlagen - Leitungen, Abläufe, Armaturen				98,2%
	047 Dämm- und Brandschutzarbeiten an technischen Anlagen				1,8%

KG.OZ	Herstellen	▷	€/Einheit	◁	LB an EA
412.10	**Wasseraufbereitungsanlagen**				
01	**Hauseinführung, Rohrleitung, Hauswasserstation, Druckminderer, Filter** Hauseinführung DN25 mit Hauptabsperreinrichtung, Metallverbundrohr, DN25, Hauswasserstation für Trinkwasser, mit Druckminderer, Filter und Rückflussverhinderer, mit Anschluss DN40 Einheit: St Hauswasserstation	1.320,00	**1.475,00**	1.590,00	
	042 Gas- und Wasseranlagen - Leitungen, Armaturen				100,0%
412.20	**Wasserleitungen/Verteiler**				
01	**Trinkwasserleitung, Metallverbundrohr, DN15** Trinkwasserleitung aus Metallverbundrohr, DN15, inkl. Form und Verbindungsstücke Einheit: m Wasserleitung	23,00	**26,00**	30,00	
	042 Gas- und Wasseranlagen - Leitungen, Armaturen				100,0%
02	**Trinkwasserleitung, Metallverbundrohr, DN20** Trinkwasserleitung aus Metallverbundrohr, DN20, inkl. Form und Verbindungsstücke Einheit: m Wasserleitung	28,00	**32,00**	37,00	
	042 Gas- und Wasseranlagen - Leitungen, Armaturen				100,0%
03	**Trinkwasserleitung, Kupferrohr, DN12** Trinkwasserleitung aus Kupferrohr, DN12, inkl. Form und Verbindungsstücke Einheit: m Wasserleitung	39,00	**39,00**	42,00	
	042 Gas- und Wasseranlagen - Leitungen, Armaturen				100,0%
04	**Trinkwasserleitung, Kupferrohr, DN20** Trinkwasserleitung aus Kupferrohr, DN20, inkl. Form und Verbindungsstücke Einheit: m Wasserleitung	45,00	**46,00**	51,00	
	042 Gas- und Wasseranlagen - Leitungen, Armaturen				100,0%
05	**Trinkwasserleitung, Edelstahlrohr, DN12** Trinkwasserleitung aus Edelstahlrohr, DN12, inkl. Form und Verbindungsstücke Einheit: m Wasserleitung	28,00	**35,00**	38,00	
	042 Gas- und Wasseranlagen - Leitungen, Armaturen				100,0%
06	**Trinkwasserleitung, Edelstahlrohr, DN20** Trinkwasserleitung aus Edelstahlrohren, DN20, inkl. Form und Verbindungsstücke Einheit: m Wasserleitung	37,00	**48,00**	53,00	
	042 Gas- und Wasseranlagen - Leitungen, Armaturen				100,0%
07	**Trinkwasserleitung, Kupferrohr, DN15, Dämmung** Trinkwasserleitung aus Kupferrohr, DN15, mit Dämmung, inkl. Form und Verbindungsstücke Einheit: m Wasserleitung	73,00	**79,00**	83,00	
	042 Gas- und Wasseranlagen - Leitungen, Armaturen				53,2%
	047 Dämm- und Brandschutzarbeiten an technischen Anlagen				46,8%
08	**Trinkwasserleitung, Kupferrohr, DN20, Dämmung** Trinkwasserleitung aus Kupferrohr, DN20, mit Dämmung, inkl. Form und Verbindungsstücke Einheit: m Wasserleitung	82,00	**83,00**	97,00	
	042 Gas- und Wasseranlagen - Leitungen, Armaturen				54,9%
	047 Dämm- und Brandschutzarbeiten an technischen Anlagen				45,1%

Kosten:
Stand 2. Quartal 2026
Bundesdurchschnitt
inkl. 19% MwSt.

▷ von
ø Mittel
◁ bis

KG.OZ	Herstellen	▷	€/Einheit	◁	LB an EA
412.20	**Wasserleitungen/Verteiler**				
09	**Trinkwasserleitung, Edelstahlrohr, DN15, Dämmung** Trinkwasserleitung aus Edelstahlrohr, DN15, mit Dämmung, inkl. Form und Verbindungsstücke Einheit: m Wasserleitung	62,00	**72,00**	73,00	
	042 Gas- und Wasseranlagen - Leitungen, Armaturen				49,1%
	047 Dämm- und Brandschutzarbeiten an technischen Anlagen				50,9%
10	**Trinkwasserleitung, Edelstahlrohr, DN20, Dämmung** Trinkwasserleitung aus Edelstahlrohr, DN20, mit Dämmung, inkl. Form und Verbindungsstücke Einheit: m Wasserleitung	74,00	**86,00**	100,00	
	042 Gas- und Wasseranlagen - Leitungen, Armaturen				56,1%
	047 Dämm- und Brandschutzarbeiten an technischen Anlagen				43,9%
11	**Trinkwasserleitung, Metallverbundrohr, DN15, Dämmung** Trinkwasserleitung aus Metallverbundrohr, DN15, mit Dämmung, inkl. Form und Verbindungsstücke Einheit: m Wasserleitung	55,00	**63,00**	68,00	
	042 Gas- und Wasseranlagen - Leitungen, Armaturen				41,3%
	047 Dämm- und Brandschutzarbeiten an technischen Anlagen				58,7%
12	**Trinkwasserleitung, Metallverbundrohr, DN20, Dämmung** Trinkwasserleitung aus Metallverbundrohr, DN20, mit Dämmung, inkl. Form und Verbindungsstücke Einheit: m Wasserleitung	65,00	**70,00**	83,00	
	042 Gas- und Wasseranlagen - Leitungen, Armaturen				46,2%
	047 Dämm- und Brandschutzarbeiten an technischen Anlagen				53,8%
13	**Umwälzpumpe, Nassläufer, bis 2,5m³/h, Wärmedämmschale** Umwälzpumpe als Nassläufer, bis 2,5m³/h, mit Wärmedämmschale Einheit: St Pumpe	774,00	**870,00**	940,00	
	040 Wärmeversorgungsanlagen - Betriebseinrichtungen				94,5%
	047 Dämm- und Brandschutzarbeiten an technischen Anlagen				5,5%
14	**Umwälzpumpe, Nassläufer, bis 5,0m³/h, Wärmedämmschale** Umwälzpumpe als Nassläufer, bis 5,0m³/h, mit Wärmedämmschale Einheit: St Pumpe	1.068,00	**1.143,00**	1.226,00	
	040 Wärmeversorgungsanlagen - Betriebseinrichtungen				94,8%
	047 Dämm- und Brandschutzarbeiten an technischen Anlagen				5,2%
15	**Umwälzpumpe, Nassläufer, über 5,0m³/h, Wärmedämmschale** Umwälzpumpe als Nassläufer, über 5,0m³/h, mit Wärmedämmschale Einheit: St Pumpe	1.838,00	**1.954,00**	2.327,00	
	040 Wärmeversorgungsanlagen - Betriebseinrichtungen				96,3%
	047 Dämm- und Brandschutzarbeiten an technischen Anlagen				3,7%

KG.OZ	Herstellen	▷	€/Einheit	◁	LB an EA
412.30	**Dezentrale Wassererwärmer**				
01	**Wohnungsstation, dezentral, Trinkwarmwasserbereitung, Durchflussprinzip, bis 15l/min, Anschluss** Wohnungsstation für die dezentrale Trinkwassererwärmung im Durchflussprinzip, bis 15 l/min, wird nach Anforderung über einen Edelstahl Plattenwärmetauscher erwärmt, Anschluss Rohrleitung mit Dämmung Einheit: St Durchlauferhitzer	6.049,00	**6.714,00**	7.723,00	
	040 Wärmeversorgungsanlagen - Betriebseinrichtungen				98,8%
	042 Gas- und Wasseranlagen - Leitungen, Armaturen				0,7%
	047 Dämm- und Brandschutzarbeiten an technischen Anlagen				0,6%
02	**Wohnungsstation, dezentral, Trinkwarmwasserbereitung, Durchflussprinzip, bis 30l/min, Anschluss** Wohnungsstation für die dezentrale Trinkwassererwärmung im Durchflussprinzip, bis 30 l/min, wird nach Anforderung über einen Edelstahl Plattenwärmetauscher erwärmt, Anschluss Rohrleitung mit Dämmung Einheit: St Durchlauferhitzer	6.767,00	**7.511,00**	8.639,00	
	040 Wärmeversorgungsanlagen - Betriebseinrichtungen				98,9%
	042 Gas- und Wasseranlagen - Leitungen, Armaturen				0,6%
	047 Dämm- und Brandschutzarbeiten an technischen Anlagen				0,5%
412.40	**Sanitärobjekte**				
01	**Ausgussbecken, Stahl, Armatur, Siphon, Eckventile** Ausgussbecken aus Stahl, Armatur, Siphon, Eckventile, Silikon Einheit: St Ausgussbecken	740,00	**849,00**	1.105,00	
	042 Gas- und Wasseranlagen - Leitungen, Armaturen				12,4%
	045 Gas-, Wasser- und Entwässerungsanlagen - Ausstattung, Elemente, Fertigbäder				87,6%
02	**Ausgussbecken, Stahl, Installationselement, Armatur, Siphon, Eckventile** Ausgussbecken aus Stahl, mit Installationselement und Armatur, Siphon, Eckventile, Silikon Einheit: St Ausgussbecken	977,00	**1.096,00**	1.390,00	
	042 Gas- und Wasseranlagen - Leitungen, Armaturen				9,6%
	045 Gas-, Wasser- und Entwässerungsanlagen - Ausstattung, Elemente, Fertigbäder				90,4%
03	**Waschtisch, 550x450mm, Armatur, Siphon, Eckventile** Waschtisch aus Keramik, 550x450 mm, Einhebelmischbatterie, Standmontage, Siphon, Eckventile, Silikon Einheit: St Waschbecken	890,00	**1.002,00**	1.226,00	
	042 Gas- und Wasseranlagen - Leitungen, Armaturen				10,5%
	045 Gas-, Wasser- und Entwässerungsanlagen - Ausstattung, Elemente, Fertigbäder				89,5%
04	**Waschtisch, 550x450mm, Installationselement, Armatur, Siphon, Eckventile** Waschtisch aus Keramik, 550x450 mm, Installationselement, Einhebelmischarmatur, Standmontage, Siphon, Eckventile, Silikon Einheit: St Waschbecken	1.127,00	**1.248,00**	1.511,00	
	042 Gas- und Wasseranlagen - Leitungen, Armaturen				8,5%
	045 Gas-, Wasser- und Entwässerungsanlagen - Ausstattung, Elemente, Fertigbäder				91,5%
05	**Waschtisch, 600x500mm, Armatur, Siphon, Eckventile** Waschtisch aus Keramik, 600x500 mm, Einhebelmischarmatur, Standmontage, Siphon, Eckventile, Silikon Einheit: St Waschbecken	1.030,00	**1.143,00**	1.400,00	
	042 Gas- und Wasseranlagen - Leitungen, Armaturen				9,2%
	045 Gas-, Wasser- und Entwässerungsanlagen - Ausstattung, Elemente, Fertigbäder				90,8%

Kosten:
Stand 2. Quartal 2026
Bundesdurchschnitt
inkl. 19% MwSt.

▷ von
ø Mittel
◁ bis

412.40 Sanitärobjekte

		▷	€/Einheit	◁	LB an EA
06	**Waschtisch, 600x500mm, Installationselement, Armatur, Siphon, Eckventile** Waschtisch aus Keramik, 600x500 mm, Installationselement, Einhebelmischarmatur, Standmontage, Siphon, Eckventile, Silikon Einheit: St Waschbecken	1.267,00	**1.389,00**	1.685,00	
	042 Gas- und Wasseranlagen - Leitungen, Armaturen				7,6%
	045 Gas-, Wasser- und Entwässerungsanlagen - Ausstattung, Elemente, Fertigbäder				92,4%
07	**Waschtisch, barrierefrei, Armatur berührungslos, Siphon, Eckventile** Waschtisch aus Keramik, barrierefrei, mit berührungsloser Mischarmatur, Siphon, Eckventile, Silikon Einheit: St Waschbecken	1.598,00	**1.942,00**	2.586,00	
	042 Gas- und Wasseranlagen - Leitungen, Armaturen				5,4%
	045 Gas-, Wasser- und Entwässerungsanlagen - Ausstattung, Elemente, Fertigbäder				94,6%
08	**Waschtisch, barrierefrei, Installationselement, Armatur berührungslos, Siphon, Eckventile** Waschtisch aus Keramik, barrierefrei, Installationselement, mit berührungsloser Mischarmatur, Siphon, Eckventile, Silikon Einheit: St Waschbecken	1.835,00	**2.189,00**	2.871,00	
	042 Gas- und Wasseranlagen - Leitungen, Armaturen				4,8%
	045 Gas-, Wasser- und Entwässerungsanlagen - Ausstattung, Elemente, Fertigbäder				95,2%
09	**Waschtisch, barrierefrei, Installationselement mit Stützgriffen, Armatur, Siphon, Eckventile** Waschtisch aus Keramik, Installationselement mit Stützgriffen, mit berührungsloser Mischarmatur, Siphon, Eckventile, Silikon Einheit: St Waschbecken	3.633,00	**4.301,00**	5.326,00	
	042 Gas- und Wasseranlagen - Leitungen, Armaturen				2,5%
	045 Gas-, Wasser- und Entwässerungsanlagen - Ausstattung, Elemente, Fertigbäder				97,5%
10	**Bidet, wandhängend, Armatur, Siphon, Eckventile** Bidet, wandhängend, mit Armatur, Siphon, Eckventile, Silikon Einheit: St Bidet	1.209,00	**1.516,00**	1.844,00	
	042 Gas- und Wasseranlagen - Leitungen, Armaturen				7,0%
	045 Gas-, Wasser- und Entwässerungsanlagen - Ausstattung, Elemente, Fertigbäder				93,0%
11	**Bidet, wandhängend, Installationselement, Armatur, Siphon, Eckventile** Bidet, wandhängend, Installationselement, Armatur, Siphon, Eckventile, Silikon Einheit: St Bidet	1.634,00	**1.990,00**	2.357,00	
	042 Gas- und Wasseranlagen - Leitungen, Armaturen				5,3%
	045 Gas-, Wasser- und Entwässerungsanlagen - Ausstattung, Elemente, Fertigbäder				94,7%
12	**Urinal, wandhängend, Betätigungsplatte, Siphon** Urinal-wandhängend, Betätigungsplatte, Siphon, Silikon Einheit: St Urinal	468,00	**526,00**	592,00	
	045 Gas-, Wasser- und Entwässerungsanlagen - Ausstattung, Elemente, Fertigbäder				100,0%

Kosten:
Stand 2. Quartal 2026
Bundesdurchschnitt
inkl. 19% MwSt.

KG.OZ	Herstellen	▷	€/Einheit	◁	LB an EA
412.40	**Sanitärobjekte**				
13	**Urinal, wandhängend, Betätigungsplatte, Urinalsteuerung, Siphon** Urinal-wandhängend, Betätigungsplatte, Urinalsteuerung, Siphon, Silikon Einheit: St Urinal	930,00	**1.103,00**	1.388,00	
	045 Gas-, Wasser- und Entwässerungsanlagen - Ausstattung, Elemente, Fertigbäder				100,0%
14	**Urinal, wandhängend, Installationselement, Betätigungsplatte, Siphon** Urinal-wandhängend, Installationselement, Betätigungsplatte, Siphon, Silikon Einheit: St Urinal	871,00	**957,00**	1.083,00	
	045 Gas-, Wasser- und Entwässerungsanlagen - Ausstattung, Elemente, Fertigbäder				100,0%
15	**Urinal, wandhängend, Installationselement, Betätigungsplatte, Urinalsteuerung, Siphon** Urinal-wandhängend, Installationselement, Betätigungsplatte, Urinalsteuerung, Siphon, Silikon Einheit: St Urinal	1.332,00	**1.533,00**	1.879,00	
	045 Gas-, Wasser- und Entwässerungsanlagen - Ausstattung, Elemente, Fertigbäder				100,0%
16	**WC, wandhängend, WC-Sitz, Betätigungsplatte** WC, wandhängend, Schallschutz, WC-Sitz mit Deckel, mit Betätigungsplatte, Silikon Einheit: St WC-Becken	871,00	**906,00**	1.112,00	
	045 Gas-, Wasser- und Entwässerungsanlagen - Ausstattung, Elemente, Fertigbäder				100,0%
17	**WC, wandhängend, WC-Sitz, Betätigung berührungslos** WC, wandhängend, Schallschutz, WC-Sitz mit Deckel, Betätigung berührungslos, Silikon Einheit: St WC-Becken	1.634,00	**1.826,00**	2.169,00	
	045 Gas-, Wasser- und Entwässerungsanlagen - Ausstattung, Elemente, Fertigbäder				100,0%
18	**WC, wandhängend, Spülkasten, WC-Sitz, Betätigungsplatte** WC, wandhängend, mit Unterputz-Spülkasten, Schallschutz, WC-Sitz mit Deckel, Betätigungsplatte, Silikon Einheit: St WC-Becken	1.134,00	**1.192,00**	1.366,00	
	045 Gas-, Wasser- und Entwässerungsanlagen - Ausstattung, Elemente, Fertigbäder				100,0%
19	**WC, wandhängend, Installationselement, Spülkasten, WC-Sitz, Betätigungsplatte** WC, wandhängend, Installationselement, mit Unterputz-Spülkasten, WC-Sitz mit Deckel, Betätigungsplatte, Silikon Einheit: St WC-Becken	1.559,00	**1.665,00**	1.880,00	
	045 Gas-, Wasser- und Entwässerungsanlagen - Ausstattung, Elemente, Fertigbäder				100,0%
20	**WC, barrierefrei, wandhängend, WC-Sitz, Betätigungsplatte** WC, barrierefrei, wandhängend, WC-Sitz mit Deckel, Schallschutz, Betätigungsplatte, Silikon Einheit: St WC-Becken	1.167,00	**1.272,00**	1.482,00	
	045 Gas-, Wasser- und Entwässerungsanlagen - Ausstattung, Elemente, Fertigbäder				100,0%
21	**WC, barrierefrei, wandhängend, WC-Sitz, Betätigung berührungslos** WC, barrierefrei, wandhängend, WC-Sitz mit Deckel, Schallschutz, Betätigung berührungslos, Silikon Einheit: St WC-Becken	1.931,00	**2.192,00**	2.539,00	
	045 Gas-, Wasser- und Entwässerungsanlagen - Ausstattung, Elemente, Fertigbäder				100,0%

▷ von
ø Mittel
◁ bis

 Erläuterungen zu den Tabellen siehe Seite 40

412.40 Sanitärobjekte

KG.OZ	Herstellen	▷	€/Einheit	◁	LB an EA
22	**WC, barrierefrei, wandhängend, Spülkasten, WC-Sitz, Betätigungsplatte** WC, barrierefrei, wandhängend, mit Unterputz-Spülkasten, WC-Sitz mit Deckel, Schallschutz, Betätigungsplatte, Silikon Einheit: St WC-Becken	1.430,00	**1.557,00**	1.736,00	
	045 Gas-, Wasser- und Entwässerungsanlagen - Ausstattung, Elemente, Fertigbäder				100,0%
23	**WC, barrierefrei, wandhängend, Installationselement, Spülkasten, WC-Sitz, Betätigungsplatte** WC, barrierefrei, wandhängend, Installationselement, mit Unterputz-Spülkasten, WC-Sitz mit Deckel, Schallschutz, Betätigungsplatte, Silikon Einheit: St WC-Becken	1.592,00	**1.745,00**	1.995,00	
	045 Gas-, Wasser- und Entwässerungsanlagen - Ausstattung, Elemente, Fertigbäder				100,0%
24	**WC, barrierefrei, wandhängend, Installationselement, Spülkasten, WC-Sitz, Betätigung berührungslos** WC, barrierefrei, wandhängend, Installationselement, mit Unterputz-Spülkasten, WC-Sitz mit Deckel, Schallschutz, Betätigung berührungslos, Silikon Einheit: St WC-Becken	2.749,00	**3.094,00**	3.526,00	
	045 Gas-, Wasser- und Entwässerungsanlagen - Ausstattung, Elemente, Fertigbäder				100,0%
25	**WC, barrierefrei, Installationselement, Hygienespülung, Stützgriffe, Notruf, berührungslos** WC, barrierefrei, wandhängend, Installationselement, mit Unterputz-Spülkasten, Hygienespülung, Schallschutz, WC-Sitz mit Deckel, Notruf, Stützklappgriffe fest und klappbar, Betätigung berührungslos, Silikon Einheit: St WC-Becken	11.435,00	**13.373,00**	16.031,00	
	045 Gas-, Wasser- und Entwässerungsanlagen - Ausstattung, Elemente, Fertigbäder				93,3%
	060 Such-, Signal-, Zeitdienst-, Antennen-, elektroakustische Anlagen, Medientechnik				6,7%
26	**WC-Garnitur, Bürste, Papierhalter** WC-Garnitur mit Bürste und Toilettenpapierhalter Einheit: St WC-Garniturset	138,00	**201,00**	226,00	
	045 Gas-, Wasser- und Entwässerungsanlagen - Ausstattung, Elemente, Fertigbäder				100,0%
27	**Duschwanne, 80x80cm, mit Einhebel-Wandarmatur, Ablauf und Brausegarnitur** Duschwanne 80x80cm, mit Einhebel-Wandarmatur, Ablauf und Brausegarnitur, Silikon Einheit: St Duschwanne	1.122,00	**1.316,00**	1.504,00	
	045 Gas-, Wasser- und Entwässerungsanlagen - Ausstattung, Elemente, Fertigbäder				100,0%
28	**Duschwanne, 80x80cm, mit Thermostat-Wandarmatur, Ablauf und Brausegarnitur** Duschwanne 80x80cm, mit Thermostat-Wandarmatur, Ablauf und Brausegarnitur, Silikon Einheit: St Duschwanne	1.241,00	**1.471,00**	1.892,00	
	045 Gas-, Wasser- und Entwässerungsanlagen - Ausstattung, Elemente, Fertigbäder				100,0%
29	**Duschwanne, 100x100cm, mit Einhebel-Wandarmatur, Ablauf und Brausegarnitur** Duschwanne 100x100cm, mit Einhebel-Wandarmatur, Ablauf und Brausegarnitur, Silikon Einheit: St Duschwanne	1.362,00	**1.617,00**	1.850,00	
	045 Gas-, Wasser- und Entwässerungsanlagen - Ausstattung, Elemente, Fertigbäder				100,0%

Übersicht- 1. + 2. Ebene | Erweiterung | Umbau | Moderni- sierung | Instand- setzung | Bau- elemente | Abbrechen | Wieder- herstellen | Herstellen

KG.OZ	Herstellen	▷	€/Einheit	◁	LB an EA
412.40	**Sanitärobjekte**				
30	**Duschwanne, 100x100cm, mit Thermostat-Wandarmatur, Ablauf und Brausegarnitur** Duschwanne 100x100 cm, mit Thermostat-Wandarmatur, Ablauf und Brausegarnitur, Silikon Einheit: St Duschwanne	1.480,00	**1.771,00**	2.238,00	
	045 Gas-, Wasser- und Entwässerungsanlagen - Ausstattung, Elemente, Fertigbäder				100,0%
31	**Duschwanne 100x100cm, mit Einhebel-Wandarmatur, Duschabtrennung, Ablauf und Brausegarnitur** Duschwanne 100x100 cm, Einhebel-Wandarmatur, mit Duschabtrennung aus Kunststoff, Ablauf und Brausegarnitur, Silikon Einheit: St Duschwanne	2.708,00	**3.053,00**	3.390,00	
	045 Gas-, Wasser- und Entwässerungsanlagen - Ausstattung, Elemente, Fertigbäder				100,0%
32	**Duschwanne, 100x100cm, mit Thermostat-Wandarmatur, Duschabtrennung, Ablauf und Brausegarnitur** Duschwanne aus Stahl, 100x100 cm, Einhebel-Wandarmatur, mit Duschabtrennung aus Kunststoff, Ablauf und Brausegarnitur, Silikon Einheit: St Duschwanne	2.826,00	**3.207,00**	3.778,00	
	045 Gas-, Wasser- und Entwässerungsanlagen - Ausstattung, Elemente, Fertigbäder				100,0%
33	**Badewanne, 170x80cm, Einhebel-Wandarmatur, Ablauf und Brausegarnitur** Badewanne aus Stahl, 170x80 cm, mit Einhebel-Wandarmatur, Ablauf und Brausegarnitur, Silikon Einheit: St Badewanne	1.333,00	**1.549,00**	1.981,00	
	045 Gas-, Wasser- und Entwässerungsanlagen - Ausstattung, Elemente, Fertigbäder				100,0%
34	**Badewanne, 170x80cm, mit Türeinstieg, Einhebel-Wandarmatur, Ablauf und Brausegarnitur** Badewanne 170x80 cm, mit Türeinstieg, mit Einhebel-Wandarmatur, Ablauf und Brausegarnitur, Silikon Einheit: St Badewanne	8.301,00	**9.820,00**	12.852,00	
	045 Gas-, Wasser- und Entwässerungsanlagen - Ausstattung, Elemente, Fertigbäder				100,0%
35	**Badewanne, 170x80cm, Thermostat-Wandarmatur, Ablauf und Brausegarnitur** Badewanne aus Stahl, 170x80 cm, mit Thermostat-Wandarmatur, Ablauf und Brausegarnitur, Silikon Einheit: St Badewanne	1.764,00	**2.038,00**	2.562,00	
	045 Gas-, Wasser- und Entwässerungsanlagen - Ausstattung, Elemente, Fertigbäder				100,0%
36	**Badewannen-Duschkombi, 170x80cm, Türeinstieg, Duschwand, Thermostat-Wandarmatur, Ablauf** Badewannen-Duschkombi, 170x80 cm, mit Türeinstieg und Duschwand, mit Thermostat-Wandarmatur, Ablauf und Brausegarnitur, Silikon Einheit: St Badewanne	11.613,00	**14.481,00**	17.792,00	
	045 Gas-, Wasser- und Entwässerungsanlagen - Ausstattung, Elemente, Fertigbäder				100,0%
37	**Waschtischgarnitur, Seifen und Papierspender** Waschtischgarnitur, mit Papierspender, Seifenspender Einheit: St Garnitur	235,00	**281,00**	319,00	
	045 Gas-, Wasser- und Entwässerungsanlagen - Ausstattung, Elemente, Fertigbäder				100,0%

Kosten:
Stand 2. Quartal 2026
Bundesdurchschnitt
inkl. 19% MwSt.

▷ von
ø Mittel
◁ bis

421.10 Heizkesselanlagen

01	**Gas-Brennwerttherme, 15-25kW, mit Pufferspeicher, Ausdehnungsgefäß** Gas-Brennwerttherme 15-25kW, wandhängend, mit Pufferspeicher und Ausdehnungsgefäß Einheit: St Anlage	12.990,00	**14.573,00**	17.098,00	
	040 Wärmeversorgungsanlagen - Betriebseinrichtungen				100,0%
02	**Gas-Brennwertkessel, bis 25kW, mit Pufferspeicher, Ausdehnungsgefäß** Gas-Brennwertkessel bis 25kW, mit Pufferspeicher und Ausdehnungsgefäß Einheit: St Anlage	14.177,00	**15.492,00**	17.470,00	
	040 Wärmeversorgungsanlagen - Betriebseinrichtungen				100,0%
03	**Öl-Brennwerttherme, 15-25kW, mit Pufferspeicher, Ausdehnungsgefäß** Öl-Brennwerttherme 15 bis 25kW, wandhängend, mit Pufferspeicher und Ausdehnungsgefäß Einheit: St Anlage	15.782,00	**18.330,00**	22.047,00	
	040 Wärmeversorgungsanlagen - Betriebseinrichtungen				100,0%
04	**Öl-Brennwertkessel, bis 25kW, mit Pufferspeicher, Ausdehnungsgefäß** Öl-Brennwertkessel bis 25kW, mit Pufferspeicher und Ausdehnungsgefäß Einheit: St Anlage	17.781,00	**19.503,00**	22.596,00	
	040 Wärmeversorgungsanlagen - Betriebseinrichtungen				100,0%
05	**Gas-Brennwerttherme, 15-25kW, mit Pufferspeicher, Ausdehnungsgefäß, Neutralisationsanlage** Gas-Brennwerttherme 15-25kW, wandhängend, mit Pufferspeicher, Ausdehnungsgefäß und Neutralisationsanlage Einheit: St Anlage	13.759,00	**15.465,00**	18.144,00	
	040 Wärmeversorgungsanlagen - Betriebseinrichtungen				100,0%
06	**Gas-Brennwertkessel, bis 25kW, mit Pufferspeicher, Ausdehnungsgefäß, Neutralisationsanlage** Gas-Brennwertkessel bis 25kW, mit Pufferspeicher, Ausdehnungsgefäß und Neutralisationsanlage Einheit: St Anlage	14.945,00	**16.385,00**	18.515,00	
	040 Wärmeversorgungsanlagen - Betriebseinrichtungen				100,0%
07	**Gas-Brennwertkessel, bis 70kW, mit Pufferspeicher, Ausdehnungsgefäß, Neutralisationsanlage** Gas-Brennwertkessel bis 70kW, mit Pufferspeicher, Ausdehnungsgefäß und Neutralisationsanlage Einheit: St Anlage	18.938,00	**21.619,00**	26.387,00	
	040 Wärmeversorgungsanlagen - Betriebseinrichtungen				100,0%
08	**Öl-Brennwerttherme, 15-25kW, mit Pufferspeicher, Ausdehnungsgefäß, Neutralisationsanlage** Öl-Brennwerttherme 15-25kW, wandhängend, Ausdehnungsgefäß, mit Pufferspeicher und Neutralisationsanlage Einheit: St Anlage	16.551,00	**19.223,00**	23.093,00	
	040 Wärmeversorgungsanlagen - Betriebseinrichtungen				100,0%

KG.OZ	Herstellen	▷	€/Einheit	◁	LB an EA
421.10	**Heizkesselanlagen**				
09	**Öl-Brennwertkessel, bis 25kW, mit Pufferspeicher, Ausdehnungsgefäß, Neutralisationsanlage** Öl-Brennwertkessel bis 25 kW, mit Pufferspeicher, Ausdehnungsgefäß und Neutralisationsanlage Einheit: St Anlage 040 Wärmeversorgungsanlagen - Betriebseinrichtungen	18.549,00	**20.396,00**	23.642,00	100,0%
10	**Öl-Brennwertkessel, bis 50kW, mit Pufferspeicher, Ausdehnungsgefäß, Neutralisationsanlage** Öl-Brennwertkessel bis 50 kW, mit Pufferspeicher, Ausdehnungsgefäß und Neutralisationsanlage Einheit: St Anlage 040 Wärmeversorgungsanlagen - Betriebseinrichtungen	20.472,00	**22.485,00**	25.860,00	100,0%
11	**Öl-Brennwertkessel, bis 70kW, mit Pufferspeicher, Ausdehnungsgefäß, Neutralisationsanlage** Öl-Brennwertkessel bis 70 kW, mit Pufferspeicher, Ausdehnungsgefäß und Neutralisationsanlage Einheit: St Anlage 040 Wärmeversorgungsanlagen - Betriebseinrichtungen	26.016,00	**29.531,00**	35.463,00	100,0%
12	**Holz/Pellet-Heizkessel, bis 25kW, Fördersystem, Ausdehnungsgefäß, mit Pufferspeicher** Holz/Pellet-Heizkessel, bis 25 kW, mit Pellet- Fördersystem, Ausdehnungsgefäß und Pufferspeicher Einheit: St Anlage 040 Wärmeversorgungsanlagen - Betriebseinrichtungen	28.825,00	**31.271,00**	35.389,00	100,0%
13	**Holz/Pellet-Heizkessel, bis 50kW, Fördersystem, Ausdehnungsgefäß, mit Pufferspeicher** Holz/Pellet-Heizkessel, bis 50 kW, mit Pellet- Fördersystem, Ausdehnungsgefäß und Pufferspeicher Einheit: St Anlage 040 Wärmeversorgungsanlagen - Betriebseinrichtungen	31.307,00	**37.123,00**	43.670,00	100,0%
421.20	**Wärmepumpenanlagen**				
01	**Wärmepumpe, bis 15kW, Luft, mit Speicher** Wärmepumpe bis 15 kW, für Wärmequelle Luft, mit Speicher Einheit: St Anlage 040 Wärmeversorgungsanlagen - Betriebseinrichtungen	20.203,00	**21.465,00**	23.435,00	100,0%
02	**Wärmepumpe, bis 35kW, Luft, mit Speicher** Wärmepumpe bis 35kW, für Wärmequelle Luft, mit Speicher Einheit: St Anlage 040 Wärmeversorgungsanlagen - Betriebseinrichtungen	43.349,00	**44.353,00**	48.002,00	100,0%
03	**Wärmepumpe, bis 15kW, Wasser, mit Speicher, Brunnen** Wärmepumpe bis 15 kW, Wasser, mit Brunnenanlage Einheit: St Anlage 040 Wärmeversorgungsanlagen - Betriebseinrichtungen	47.625,00	**53.983,00**	60.488,00	100,0%
04	**Wärmepumpe, bis 35kW, Wasser, mit Speicher, Brunnen** Wärmepumpe bis 35 kW, Wasser, mit Brunnenanlage Einheit: St Anlage 040 Wärmeversorgungsanlagen - Betriebseinrichtungen	56.532,00	**67.632,00**	78.959,00	100,0%

Kosten:
Stand 2. Quartal 2026
Bundesdurchschnitt
inkl. 19% MwSt.

▷ von
ø Mittel
◁ bis

KG.OZ	Herstellen	▷	€/Einheit	◁	LB an EA
421.30	**Solaranlagen**				
01	**Solaranlage, thermisch, bis 10m², mit Speicher** Solaranlage, thermisch, bis 10 m², mit Trinkwasserspeicher bis 400 l Einheit: St Anlage	17.780,00	**20.246,00**	23.752,00	
	040 Wärmeversorgungsanlagen - Betriebseinrichtungen				100,0%
02	**Solaranlage, thermisch, bis 20m², mit Speicher** Solaranlage, thermisch, bis 20 m², mit Trinkwasserspeicher bis 400 l Einheit: St Anlage	24.341,00	**26.476,00**	29.040,00	
	040 Wärmeversorgungsanlagen - Betriebseinrichtungen				100,0%

Kosten:
Stand 2.Quartal 2026
Bundesdurchschnitt
inkl. 19% MwSt.

▷ von
ø Mittel
◁ bis

KG.OZ	Herstellen	▷	€/Einheit	◁	LB an EA
422.10	**Verteilungen**				
01	**Heizungsverteiler, Umwälzpumpe 2,5m³/h, Absperrklappe** Heizungsverteiler, Umwälzpumpe Heizwasser 2,5 m³/h, Absperrklappe DN25 Einheit: St Umwälzpumpe	6.128,00	**6.485,00**	7.865,00	
	040 Wärmeversorgungsanlagen - Betriebseinrichtungen				100,0%
02	**Heizungsverteiler, Umwälzpumpe 5m³/h, Absperrklappe** Heizungsverteiler, Umwälzpumpe Heizwasser 5 m³/h, Absperrklappe DN32 Einheit: St Umwälzpumpe	7.206,00	**7.577,00**	9.021,00	
	040 Wärmeversorgungsanlagen - Betriebseinrichtungen				100,0%
03	**Heizungsverteiler, 5 Heizkreise, Fußbodenheizung, Verteilerschrank, Unterputz** Heizungsverteiler für Fußbodenheizung, mit Verteilerschrank für Unterputz Einheit: St Umwälzpumpe	1.219,00	**1.355,00**	1.448,00	
	041 Wärmeversorgungsanlagen - Leitungen, Armaturen, Heizflächen				100,0%
04	**Heizungsverteiler, 5 Heizkreise, Umwälzpumpe 5m³/h, Absperrklappe** Heizungsverteiler, Umwälzpumpe Heizwasser 5 m³/h, Absperrklappe DN50 Einheit: St Umwälzpumpe	10.969,00	**11.910,00**	13.959,00	
	040 Wärmeversorgungsanlagen - Betriebseinrichtungen				100,0%
422.20	**Rohrleitungen**				
01	**Heizleitung, Kupferrohre DN15, Dämmung** Heizleitung mit Kupferrohren, DN15, mit Wärmedämmung Einheit: m Leitung	54,00	**64,00**	74,00	
	041 Wärmeversorgungsanlagen - Leitungen, Armaturen, Heizflächen				48,3%
	047 Dämm- und Brandschutzarbeiten an technischen Anlagen				51,7%
02	**Heizleitung, Kupferrohre DN20, Dämmung** Heizleitung mit Kupferrohren, DN20, mit Wärmedämmung Einheit: m Leitung	74,00	**77,00**	88,00	
	041 Wärmeversorgungsanlagen - Leitungen, Armaturen, Heizflächen				51,2%
	047 Dämm- und Brandschutzarbeiten an technischen Anlagen				48,8%
03	**Heizleitung, Kupferrohre DN25, Dämmung** Heizleitung mit Kupferrohren, DN25, mit Wärmedämmung Einheit: m Leitung	84,00	**90,00**	104,00	
	041 Wärmeversorgungsanlagen - Leitungen, Armaturen, Heizflächen				50,9%
	047 Dämm- und Brandschutzarbeiten an technischen Anlagen				49,1%

KG.OZ	Herstellen	▷	€/Einheit	◁	LB an EA
423.10	**Heizkörper**				
01	**Heizkörper, 500/700mm, Thermostatventil** Heizkörper als Kompaktheizkörper, Stahl 500 / 700 mm, Thermostatventil, Heizkörperverschraubung Einheit: St Heizkörper	361,00	**391,00**	437,00	
	041 Wärmeversorgungsanlagen - Leitungen, Armaturen, Heizflächen				100,0%
02	**Heizkörper, 500 bis 1.400mm, Thermostatventil** Heizkörper als Kompaktheizkörper, Stahl 500 bis 1.400 mm, Thermostatventil, Heizkörperverschraubung Einheit: St Heizkörper	577,00	**625,00**	700,00	
	041 Wärmeversorgungsanlagen - Leitungen, Armaturen, Heizflächen				100,0%
03	**Heizkörper, 500 bis 2.100mm, Thermostatventil** Heizkörper als Kompaktheizkörper, Stahl 500 bis 2.100 mm, Thermostatventil, Heizkörperverschraubung Einheit: St Heizkörper	802,00	**871,00**	975,00	
	041 Wärmeversorgungsanlagen - Leitungen, Armaturen, Heizflächen				100,0%
04	**Heizkörper, 600/700mm, Thermostatventil** Heizkörper als Kompaktheizkörper, Stahl 600 / 700 mm, Thermostatventil, Heizkörperverschraubung Einheit: St Heizkörper	397,00	**430,00**	481,00	
	041 Wärmeversorgungsanlagen - Leitungen, Armaturen, Heizflächen				100,0%
05	**Heizkörper, 600 bis 1.400mm, Thermostatventil** Heizkörper als Kompaktheizkörper, Stahl 600 bis 1.400 mm, Thermostatventil, Heizkörperverschraubung Einheit: St Heizkörper	664,00	**721,00**	807,00	
	041 Wärmeversorgungsanlagen - Leitungen, Armaturen, Heizflächen				100,0%
06	**Heizkörper, 600 bis 2.100mm, Thermostatventil** Heizkörper als Kompaktheizkörper, Stahl 600 bis 2.100 mm, Thermostatventil, Heizkörperverschraubung Einheit: St Heizkörper	822,00	**892,00**	999,00	
	041 Wärmeversorgungsanlagen - Leitungen, Armaturen, Heizflächen				100,0%
07	**Heizkörper, 900/700mm, Thermostatventil** Heizkörper als Kompaktheizkörper, Stahl 900 / 700 mm, Thermostatventil, Heizkörperverschraubung Einheit: St Heizkörper	498,00	**540,00**	604,00	
	041 Wärmeversorgungsanlagen - Leitungen, Armaturen, Heizflächen				100,0%
08	**Heizkörper, 900 bis 1.400mm, Thermostatventil** Heizkörper als Kompaktheizkörper, Stahl 900 bis 1.400 mm, Thermostatventil, Heizkörperverschraubung Einheit: St Heizkörper	916,00	**995,00**	1.114,00	
	041 Wärmeversorgungsanlagen - Leitungen, Armaturen, Heizflächen				100,0%
09	**Heizkörper, 900 bis 2.100mm, Thermostatventil** Heizkörper als Kompaktheizkörper, Stahl 900 bis 2.100 mm, Thermostatventil, Heizkörperverschraubung Einheit: St Heizkörper	1.048,00	**1.138,00**	1.274,00	
	041 Wärmeversorgungsanlagen - Leitungen, Armaturen, Heizflächen				100,0%
423.20	**Flächenheizsysteme**				
01	**Fußbodenheizung Typ A, PE Rohr, 100mm, Systemträger, EPS 30** Fußbodenheizung Typ A, mit PE-X Rohrleitung, Verlegeabstand 100 mm, mit Systemträger und 30 mm Dämmung Einheit: m² Bodenfläche	58,00	**62,00**	69,00	
	041 Wärmeversorgungsanlagen - Leitungen, Armaturen, Heizflächen				100,0%

KG.OZ	Herstellen	▷	€/Einheit	◁	LB an EA
423.20	**Flächenheizsysteme**				
02	**Fußbodenheizung Typ A, PE-Rohr, 100mm, Systemträger, EPS 50** Fußbodenheizung Typ A, mit PE-X Rohrleitung, Verlegeabstand 100 mm, mit Systemträger und 50 mm Dämmung Einheit: m² Bodenfläche	62,00	**68,00**	77,00	
	041 Wärmeversorgungsanlagen - Leitungen, Armaturen, Heizflächen				100,0%

Kosten:
Stand 2. Quartal 2026
Bundesdurchschnitt
inkl. 19% MwSt.

▷ von
ø Mittel
◁ bis

KG.OZ	Herstellen	▷	€/Einheit	◁	LB an EA
429.10	**Schornsteinanlagen**				
01	**IW Schornstein, Formsteine, einzügig, 11,0m** Schornstein-Fertigteil, einzügig, mit Grundausstattung, h=11,0m Einheit: m Schornstein	564,00	**633,00**	759,00	
	012 Mauerarbeiten				100,0%
02	**IW Schornstein, Formsteine, zweizügig, 11,0m** Schornstein-Fertigteil, zweizügig, mit Grundausstattung, h=11,0m Einheit: m Schornstein	766,00	**814,00**	924,00	
	012 Mauerarbeiten				100,0%

KG.OZ	Herstellen	▷	€/Einheit	◁	LB an EA
431.10	**Abluftanlagen**				
01	**Lüftungsgerät, Abluft, bis 100m³/h, mit Luftleitungsanschluss** Lüftungsgerät für Abluft, in Wand, Nennleistung bis 100 m³/h, mit 2,0 m Leitungsanschluss Einheit: St Lüftungsgerät	482,00	**499,00**	539,00	
	075 Raumlufttechnische Anlagen				100,0%
431.20	**Wärmerückgewinnungsanlagen**				
01	**Lüftungsgerät, dezentral, WRG, bis 100m³/h, mit Außenwanddurchlass** Dezentrales Lüftungsgerät mit Wärmerückgewinnung, in Wand, Nennleistung bis 100 m³/h Einheit: St Anlage	3.751,00	**4.318,00**	4.881,00	
	075 Raumlufttechnische Anlagen				100,0%
02	**Lüftungsgerät, dezentral, WRG, bis 200m³/h, mit Luftleitungsanschluss, Schalldämpfer** Dezentrales Lüftungsgerät mit Wärmerückgewinnung, in Wand, Nennleistung bis 200 m³/h Einheit: St Anlage	7.930,00	**8.967,00**	10.160,00	
	075 Raumlufttechnische Anlagen				100,0%

Kosten:
Stand 2. Quartal 2026
Bundesdurchschnitt
inkl. 19% MwSt.

▷ von
ø Mittel
◁ bis

KG.OZ	Herstellen	▷	€/Einheit	◁	LB an EA
442.10	**Photovoltaikanlagen**				
01	**Photovoltaikanlage 10kWp** Photovoltaikanlage 10 kWp, Montagesystem Einheit: St Anlage	18.964,00	**22.576,00**	26.639,00	
	053 Niederspannungsanlagen - Kabel / Leitungen, Verlegesysteme, Installationsgeräte				100,0%
02	**Photovoltaikanlage 10kWp, Batteriespeicher bis 10kWp** Photovoltaikanlage 10 kWp, Montagesystem, Batteriespeicher bis 10 kWp Einheit: St Anlage	26.642,00	**31.717,00**	37.152,00	
	053 Niederspannungsanlagen - Kabel / Leitungen, Verlegesysteme, Installationsgeräte				100,0%
03	**Photovoltaikanlage 10kWp, Batteriespeicher bis 10kWp, mit E-Heizeinsatz** Photovoltaikanlage 10 kWp, Montagesystem, Batteriespeicher bis 10 kWp, mit Elektro-Heizeinsatz Einheit: St Anlage	27.251,00	**32.387,00**	37.836,00	
	040 Wärmeversorgungsanlagen - Betriebseinrichtungen				2,1%
	053 Niederspannungsanlagen - Kabel / Leitungen, Verlegesysteme, Installationsgeräte				97,9%

KG.OZ	Herstellen	▷	€/Einheit	◁	LB an EA
444.10	**Kabel und Leitungen**				
01	**Kunststoffmantelleitung, NYM-J, Installationsrohr**	11,00	**11,00**	14,00	
	Kunststoffmantelleitung aus Kupfer mit Mantel, NYM-J, mit Installationsleerrohr				
	Einheit: m Elektroleitung				
	053 Niederspannungsanlagen - Kabel / Leitungen, Verlegesysteme, Installationsgeräte				100,0%
444.20	**Unterverteiler**				
01	**Installationskleinverteiler, uP, 356x348mm**	328,00	**357,00**	403,00	
	Installationskleinverteiler unter Putz, 356x348mm, mit Sicherungssockel und Fehlstromschutzschalter				
	Einheit: St Verteiler				
	054 Niederspannungsanlagen - Verteilersysteme und Einbaugeräte				100,0%
444.30	**Installationsgeräte**				
01	**Schutzkontaktsteckdose, Mantelleitung/Installationsrohr 2,0m**	59,00	**65,00**	73,00	
	Schutzkontaktsteckdose mit Mantelleitung und Installationsleerrohr, 2,0m				
	Einheit: St Installationsgerät				
	053 Niederspannungsanlagen - Kabel / Leitungen, Verlegesysteme, Installationsgeräte				44,0%
	054 Niederspannungsanlagen - Verteilersysteme und Einbaugeräte				56,0%
02	**Kreuzschalter, Mantelleitung/Installationsrohr 2,0m**	63,00	**68,00**	76,00	
	Schukosteckdose mit Mantelleitung und Installationsleerrohr, 2,0m				
	Einheit: St Installationsgerät				
	053 Niederspannungsanlagen - Kabel / Leitungen, Verlegesysteme, Installationsgeräte				41,8%
	054 Niederspannungsanlagen - Verteilersysteme und Einbaugeräte				58,2%

Kosten:
Stand 2. Quartal 2026
Bundesdurchschnitt
inkl. 19% MwSt.

▷ von
ø Mittel
◁ bis

445.10 Ortsfeste Leuchten, Allgemeinbeleuchtung

01 **Anbauleuchte, LED, Feuchtraum, Mantelleitung/ Installationsrohr 2,0m** 232,00 **260,00** 291,00

Anbauleuchte mit LED, in Feuchtraum, mit Mantelleitung und Installationsleerrohr, 2,0m

Einheit: St Leuchte

053 Niederspannungsanlagen - Kabel / Leitungen, Verlegesysteme, Installationsgeräte	8,7%
058 Leuchten und Lampen	91,3%

02 **Einbaudownlight, LED 9W, Mantelleitung/ Installationsrohr 2,0m** 106,00 **120,00** 131,00

Einbaudownlight mit LED 9W, mit Mantelleitung und Installationsleerrohr, 2,0m

Einheit: St Leuchte

053 Niederspannungsanlagen - Kabel / Leitungen, Verlegesysteme, Installationsgeräte	19,0%
058 Leuchten und Lampen	81,0%

03 **Wannenleuchte, 1x58W, Mantelleitung/ Installationsrohr 2,0m** 253,00 **284,00** 357,00

Wannenleuchte aus lackiertem Metall mit Plexiglas, 1x58W, mit Mantelleitung und Installationsleerrohr, 2,0m

Einheit: St Leuchte

053 Niederspannungsanlagen - Kabel / Leitungen, Verlegesysteme, Installationsgeräte	8,0%
058 Leuchten und Lampen	92,0%

04 **Pendelleuchte, LED 47W, bis 598mm, Mantelleitung/ Installationsrohr 2,0m** 426,00 **460,00** 604,00

Pendelleuchte aus Alu mit Abdeckung aus Stahlblech, Abhängung mit Stahlseilen, mit LED 47W, bis 598mm, mit Mantelleitung und Installationsleerrohr, 2,0m

Einheit: St Leuchte

053 Niederspannungsanlagen - Kabel / Leitungen, Verlegesysteme, Installationsgeräte	4,9%
058 Leuchten und Lampen	95,1%

KG.OZ	Herstellen	▷	€/Einheit	◁	LB an EA
461.10	**Personenaufzüge**				
01	**Personenaufzug, bis 320kg** Personenaufzug mit Seilzug, bis 320 kg, mit Prüfgebühr der Inbetriebnahme Einheit: St Aufzugsanlage 069 Aufzüge	67.452,00	**73.522,00**	78.166,00	100,0%
02	**Personenaufzug, barrierefrei, bis 630kg** Personenaufzug mit Seilzug, barrierefrei, bis 630 kg, mit Notrufeinrichtung, Prüfgebühr der Inbetriebnahme Einheit: St Aufzugsanlage 069 Aufzüge	83.682,00	**89.345,00**	96.579,00	100,0%
03	**Personenaufzug, barrierefrei, bis 1.275kg** Personenaufzug mit Seilzug, barrierefrei, bis 1.275 kg, mit Notrufeinrichtung, Prüfgebühr der Inbetriebnahme Einheit: St Aufzugsanlage 069 Aufzüge	122.408,00	**132.552,00**	153.869,00	100,0%
461.20	**Kleingüteraufzüge**				
01	**Kleingüteraufzug, bis 300kg** Kleingüteraufzug, bis 300 kg Nutzlast, mit Prüfgebühr der Inbetriebnahme Einheit: St Aufzugsanlage 069 Aufzüge	19.400,00	**21.833,00**	22.837,00	100,0%

Kosten:
Stand 2. Quartal 2026
Bundesdurchschnitt
inkl. 19% MwSt.

▷ von
ø Mittel
◁ bis

Anhang

Regionalfaktoren

Regionalfaktoren Deutschland

Diese Faktoren geben Aufschluss darüber, inwieweit die Baukosten in einer bestimmten Region Deutschlands teurer oder günstiger liegen als im Bundesdurchschnitt. Sie können dazu verwendet werden, die BKI Baukosten an das besondere Baupreisniveau einer Region anzupassen.
Hinweis: Alle Angaben wurden durch Untersuchungen des BKI weitgehend verifiziert. Dennoch können Abweichungen zu den angegebenen Werten entstehen. In Grenznähe zu einem Land-/Stadtkreis mit anderen Baupreisfaktoren sollte dessen Baupreisniveau mit berücksichtigt werden, da die Übergänge zwischen den Land-/Stadtkreisen fließend sind. Die Besonderheiten des Einzelfalls können ebenfalls zu Abweichungen führen.
Für die größeren Inseln Deutschlands wurden separate Regionalfaktoren ermittelt. Dazu wurde der zugehörige Landkreis in Festland und Inseln unterteilt. Alle Inseln eines Landkreises erhalten durch dieses Verfahren den gleichen Regionalfaktor. Der Regionalfaktor des Festlandes erhält keine Inseln mehr und ist daher gegenüber früheren Ausgaben verringert.

Land- / Stadtkreis / Insel	**Bundeskorrekturfaktor**
Aachen, Städteregion	0,926
Ahrweiler	0,982
Aichach-Friedberg	1,077
Alb-Donau-Kreis	1,015
Altenburger Land	0,852
Altenkirchen (Westerwald)	0,985
Altmarkkreis Salzwedel	0,833
Altötting	0,973
Alzey-Worms	0,983
Amberg, Stadt	1,100
Amberg-Sulzbach	1,023
Ammerland	0,794
Amrum, Insel	1,288
Anhalt-Bitterfeld	0,815
Ansbach	1,032
Ansbach, Stadt	1,068
Aschaffenburg	1,124
Aschaffenburg, Stadt	1,093
Augsburg	1,098
Augsburg, Stadt	1,265
Aurich, Festlandanteil	0,735
Aurich, Inselanteil	1,199
Bad Dürkheim	0,983
Bad Kissingen	1,045
Bad Kreuznach	0,963
Bad Tölz-Wolfratshausen	1,216
Baden-Baden, Stadtkreis	1,063
Baltrum, Insel	1,199
Bamberg	1,048
Bamberg, Stadt	1,160
Barnim	0,879
Bautzen	0,894
Bayreuth	1,077
Bayreuth, Stadt	1,042
Berchtesgadener Land	1,131
Bergstraße	1,008
Berlin, Stadt	1,141
Bernkastel-Wittlich	1,022
Biberach	1,020
Bielefeld, Stadt	0,870
Birkenfeld	1,033
Bochum, Stadt	0,912
Bodenseekreis	0,990
Bonn, Stadt	0,920
Borken	0,901
Borkum, Insel	1,100
Bottrop, Stadt	0,794
Brandenburg an der Havel, Stadt	0,969
Braunschweig, Stadt	0,726
Breisgau-Hochschwarzwald	1,117
Bremen, Stadt	0,921
Bremerhaven, Stadt	0,946
Burgenlandkreis	0,930
Böblingen	1,083
Börde	0,877
Calw	1,032
Celle	0,834
Cham	0,887
Chemnitz, Stadt	0,878
Cloppenburg	0,784
Coburg	1,016
Coburg, Stadt	1,155
Cochem-Zell	1,065
Coesfeld	0,943
Cottbus, Stadt	1,030
Cuxhaven	0,758
Dachau	1,228
Dahme-Spreewald	0,925
Darmstadt, Stadt	1,066
Darmstadt-Dieburg	1,017
Deggendorf	0,978

Delmenhorst, Stadt	0,774
Dessau-Roßlau, Stadt	0,860
Diepholz	0,791
Dillingen a.d.Donau	1,054
Dingolfing-Landau	0,942
Dithmarschen	1,033
Donau-Ries	0,993
Donnersbergkreis	0,919
Dortmund, Stadt	0,757
Dresden, Stadt	0,911
Duisburg, Stadt	0,949
Düren	0,950
Düsseldorf, Stadt	0,983
Ebersberg	1,361
Eichsfeld	0,906
Eichstätt	1,065
Eifelkreis Bitburg-Prüm	0,961
Elbe-Elster	0,842
Emden, Stadt	0,703
Emmendingen	1,146
Emsland	0,794
Ennepe-Ruhr-Kreis	0,875
Enzkreis	1,003
Erding	1,118
Erfurt, Stadt	0,926
Erlangen, Stadt	1,101
Erlangen-Höchstadt	1,026
Erzgebirgskreis	0,918
Essen, Stadt	0,839
Esslingen	1,035
Euskirchen	0,859
Fehmarn, Insel	1,164
Flensburg, Stadt	0,808
Forchheim	1,126
Frankenthal (Pfalz), Stadt	0,888
Frankfurt (Oder), Stadt	0,871
Frankfurt am Main, Stadt	1,019
Freiburg im Breisgau, Stadtkreis	1,120
Freising	1,105
Freudenstadt	1,033
Freyung-Grafenau	0,980
Friesland, Festlandanteil	0,775
Friesland, Inselanteil	1,442
Fulda	1,039
Föhr, Insel	1,288
Fürstenfeldbruck	1,216
Fürth	0,993
Fürth, Stadt	1,076
Garmisch-Partenkirchen	1,268
Gelsenkirchen, Stadt	0,891
Gera, Stadt	0,906
Germersheim	1,002
Gießen	1,010
Gifhorn	0,848
Goslar	0,752
Gotha	0,876
Grafschaft Bentheim	0,792
Greiz	0,925
Groß-Gerau	1,058
Göppingen	0,998
Görlitz	0,893
Göttingen	0,856
Günzburg	1,054
Gütersloh	0,872
Hagen, Stadt	0,884
Halle (Saale), Stadt	0,709
Hamburg, Freie und Hansestadt	1,106
Hameln-Pyrmont	0,829
Hamm, Stadt	0,866
Hannover, Region	0,904
Harburg	0,904
Harz	0,819
Havelland	0,999
Haßberge	1,131
Heidekreis	0,862
Heidelberg, Stadtkreis	1,119
Heidenheim	1,032
Heilbronn	1,023
Heilbronn, Stadtkreis	1,011
Heinsberg	0,920
Helgoland, Insel	1,410
Helmstedt	0,834
Herford	0,871
Herne, Stadt	0,922
Hersfeld-Rotenburg	0,985
Herzogtum Lauenburg	0,975
Hiddensee, Insel	1,126
Hildburghausen	0,882
Hildesheim	0,794
Hochsauerlandkreis	0,895
Hochtaunuskreis	1,063
Hof	1,152
Hof, Stadt	1,123
Hohenlohekreis	1,034
Holzminden	0,766
Höxter	0,867
Ilm-Kreis	0,860
Ingolstadt, Stadt	1,093
Jena, Stadt	1,088
Jerichower Land	0,813
Juist, Insel	1,199

Kaiserslautern	0,970
Kaiserslautern, Stadt	0,977
Karlsruhe	0,953
Karlsruhe, Stadtkreis	1,098
Kassel	1,019
Kassel, Stadt	0,933
Kaufbeuren	1,160
Kelheim	0,982
Kempten (Allgäu)	1,140
Kiel, Stadt	1,209
Kitzingen	1,077
Kleve	0,915
Koblenz, Stadt	0,938
Konstanz	1,025
Krefeld, Stadt	0,836
Kronach	1,108
Kulmbach	1,130
Kusel	0,956
Kyffhäuserkreis	0,891
Köln, Stadt	0,936
Lahn-Dill-Kreis	1,014
Landau in der Pfalz, Stadt	1,000
Landsberg am Lech	1,130
Landshut	0,967
Landshut, Stadt	1,039
Langeoog, Insel	1,052
Leer, Festlandanteil	0,743
Leer, Inselanteil	1,100
Leipzig	0,941
Leipzig, Stadt	0,859
Leverkusen, Stadt	0,805
Lichtenfels	1,006
Limburg-Weilburg	0,980
Lindau (Bodensee)	1,071
Lippe	0,903
Ludwigsburg	1,037
Ludwigshafen am Rhein, Stadt	1,033
Ludwigslust-Parchim	0,911
Lörrach	0,992
Lübeck, Hansestadt	0,921
Lüchow-Dannenberg	0,850
Lüneburg	0,851
Magdeburg, Stadt	0,851
Main-Kinzig-Kreis	0,996
Main-Spessart	1,104
Main-Tauber-Kreis	1,027
Main-Taunus-Kreis	1,005
Mainz, Stadt	0,938
Mainz-Bingen	1,032
Mannheim, Stadtkreis	1,049
Mansfeld-Südharz	0,882
Marburg-Biedenkopf	1,031
Mayen-Koblenz	0,972
Mecklenburgische Seenplatte	0,879
Meißen	0,891
Memmingen	1,016
Merzig-Wadern	0,951
Mettmann	0,869
Miesbach	1,306
Miltenberg	1,180
Minden-Lübbecke	0,848
Mittelsachsen	0,902
Märkisch-Oderland	0,890
Märkischer Kreis	0,873
Mönchengladbach, Stadt	0,895
Mühldorf a.Inn	1,047
Mülheim an der Ruhr, Stadt	0,905
München	1,340
München, Stadt	1,546
Münster, Stadt	0,863
Neckar-Odenwald-Kreis	1,074
Neu-Ulm	1,059
Neuburg-Schrobenhausen	1,064
Neumarkt i.d.OPf.	0,944
Neumünster, Stadt	0,906
Neunkirchen	0,975
Neustadt a.d.Aisch-Bad Windsheim	1,037
Neustadt a.d.Waldnaab	1,047
Neustadt an der Weinstraße, Stadt	0,915
Neuwied	0,949
Nienburg (Weser)	0,740
Norderney, Insel	1,199
Nordfriesland, Festlandanteil	1,163
Nordfriesland, Inselanteil	1,288
Nordhausen	0,820
Nordsachsen	0,893
Nordwest-Mecklenburg, Inselanteil	1,224
Nordwestmecklenburg, Festlandanteil	0,947
Northeim	0,874
Nürnberg, Stadt	1,037
Nürnberger Land	1,165
Oberallgäu	1,107
Oberbergischer Kreis	0,898
Oberhausen, Stadt	0,852
Oberhavel	1,024
Oberspreewald-Lausitz	0,889
Odenwaldkreis	0,995
Oder-Spree	0,968
Offenbach	0,958
Offenbach am Main, Stadt	0,970
Oldenburg	0,853
Oldenburg (Oldb), Stadt	0,815
Olpe	0,968
Ortenaukreis	1,024

Osnabrück	0,828
Osnabrück, Stadt	0,760
Ostalbkreis	1,075
Ostallgäu	1,051
Osterholz	0,833
Ostholstein, Festlandanteil	0,957
Ostholstein, Inselanteil	1,164
Ostprignitz-Ruppin	0,939
Paderborn	0,888
Passau	0,971
Passau, Stadt	1,007
Peine	0,815
Pellworm, Insel	1,288
Pfaffenhofen a.d.Ilm	1,082
Pforzheim, Stadtkreis	0,976
Pinneberg, Festlandanteil	0,973
Pinneberg, Inselanteil	1,410
Pirmasens, Stadt	0,961
Plön	1,027
Poel, Insel	1,224
Potsdam, Stadt	1,007
Potsdam-Mittelmark	0,973
Prignitz	0,803
Rastatt	1,024
Ravensburg	0,960
Recklinghausen	0,889
Regen	0,901
Regensburg	1,044
Regensburg, Stadt	1,063
Rems-Murr-Kreis	1,057
Remscheid, Stadt	0,860
Rendsburg-Eckernförde	0,922
Reutlingen	0,984
Rhein-Erft-Kreis	0,914
Rhein-Hunsrück-Kreis	1,023
Rhein-Kreis Neuss	0,924
Rhein-Lahn-Kreis	1,005
Rhein-Neckar-Kreis	1,062
Rhein-Pfalz-Kreis	0,988
Rhein-Sieg-Kreis	0,927
Rheingau-Taunus-Kreis	1,010
Rheinisch-Bergischer Kreis	0,896
Rhön-Grabfeld	1,133
Rosenheim	1,207
Rosenheim, Stadt	1,252
Rostock	0,941
Rostock, Stadt	1,001
Rotenburg (Wümme)	0,744
Roth	1,073
Rottal-Inn	0,960
Rottweil	0,991
Rügen, Insel	1,126
Saale-Holzland-Kreis	0,821
Saale-Orla-Kreis	0,940
Saalekreis	0,874
Saalfeld-Rudolstadt	0,918
Saarbrücken, Regionalverband	0,923
Saarlouis	0,944
Saarpfalz-Kreis	0,945
Salzgitter, Stadt	0,770
Salzlandkreis	0,841
Schaumburg	0,799
Schleswig-Flensburg	0,901
Schmalkalden-Meiningen	0,966
Schwabach, Stadt	1,061
Schwalm-Eder-Kreis	0,962
Schwandorf	0,993
Schwarzwald-Baar-Kreis	0,903
Schweinfurt	1,069
Schweinfurt, Stadt	1,042
Schwerin, Stadt	1,119
Schwäbisch Hall	0,928
Segeberg	0,940
Siegen-Wittgenstein	0,934
Sigmaringen	0,976
Soest	0,847
Solingen, Stadt	0,878
Sonneberg	0,877
Speyer, Stadt	1,049
Spiekeroog, Insel	1,052
Spree-Neiße	0,744
St. Wendel	0,944
Stade	0,808
Starnberg	1,361
Steinburg	0,952
Steinfurt	0,885
Stendal	0,728
Stormarn	0,921
Straubing, Stadt	1,223
Straubing-Bogen	1,051
Stuttgart, Stadtkreis	1,114
Suhl, Stadt	0,880
Sylt, Insel	1,288
Sächsische Schweiz-Osterzgebirge	0,951
Sömmerda	0,875
Südliche Weinstraße	1,041
Südwestpfalz	0,954
Teltow-Fläming	0,961
Tirschenreuth	1,059
Traunstein	1,133
Trier, Stadt	1,066
Trier-Saarburg	1,063
Tuttlingen	1,061
Tübingen	1,029

Uckermark	0,895
Uelzen	0,844
Ulm, Stadtkreis	1,120
Unna	0,898
Unstrut-Hainich-Kreis	0,805
Unterallgäu	0,980
Usedom, Insel	1,060
Vechta	0,855
Verden	0,761
Viersen	0,918
Vogelsbergkreis	0,949
Vogtlandkreis	0,948
Vorpommern-Greifswald, Festlandanteil	0,981
Vorpommern-Greifswald, Inselanteil	1,060
Vorpommern-Rügen, Festlandanteil	0,972
Vorpommern-Rügen, Inselanteil	1,126
Vulkaneifel	0,975
Waldeck-Frankenberg	0,950
Waldshut	1,049
Wangerooge, Insel	1,442
Warendorf	0,890
Wartburgkreis	0,958
Weiden i.d.OPf., Stadt	1,003
Weilheim-Schongau	1,156
Weimar, Stadt	1,187
Weimarer Land	0,902
Weißenburg-Gunzenhausen	1,007
Werra-Meißner-Kreis	0,956
Wesel	0,904
Wesermarsch	0,808
Westerwaldkreis	0,994
Wetteraukreis	0,971
Wiesbaden, Stadt	0,985
Wilhelmshaven, Stadt	0,858
Wittenberg	0,758
Wittmund, Festlandanteil	0,804
Wittmund, Inselanteil	1,052
Wolfenbüttel	0,821
Wolfsburg, Stadt	0,817
Worms, Stadt	1,019
Wunsiedel i.Fichtelgebirge	1,125
Wuppertal, Stadt	0,832
Würzburg	1,095
Würzburg, Stadt	1,158
Zingst, Insel	1,126
Zollernalbkreis	1,000
Zweibrücken, Stadt	1,055
Zwickau	0,918

Regionalfaktoren Österreich

Bundesland	Korrekturfaktor
Burgenland	1,006
Kärnten	1,092
Niederösterreich	0,924
Oberösterreich	1,044
Salzburg	1,091
Steiermark	1,014
Tirol	1,095
Vorarlberg	1,083
Wien	1,153

Regionalfaktoren für den Europa-Raum

Land	Korrekturfaktor
Albanien	0,345
Belgien	0,616
Bosnien und Herzegowina	0,317
Bulgarien	0,446
Dänemark	0,833
Deutschland	1,000
Estland	0,518
Finnland	0,826
Frankreich	0,783
Griechenland	0,477
Irland	0,664
Island	0,785
Italien	0,562
Kroatien	0,368
Lettland	0,544
Litauen	0,500
Luxemburg	0,859
Malta	0,584
Mazedonien	0,359
Montenegro	0,356
Niederlande	0,823
Norwegen	0,838
Österreich	1,081
Polen	0,466
Portugal	0,440
Rumänien	0,385
Schweden	0,937
Schweiz	1,042
Serbien	0,371
Slowakei	0,500
Slowenien	0,473
Spanien	0,540
Tschechien	0,507
Türkei	0,357
Ungarn	0,462
Zypern	0,491